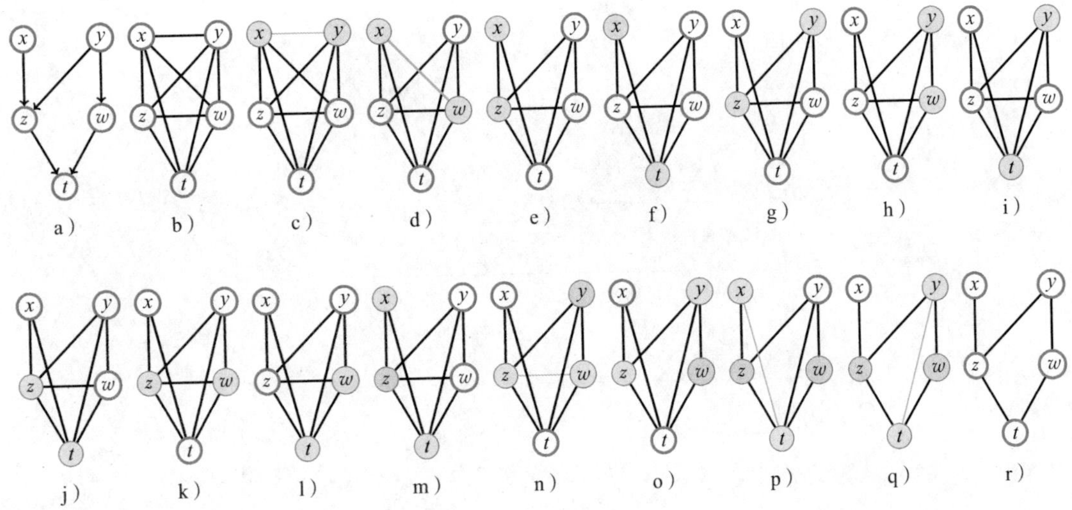

图 9.10

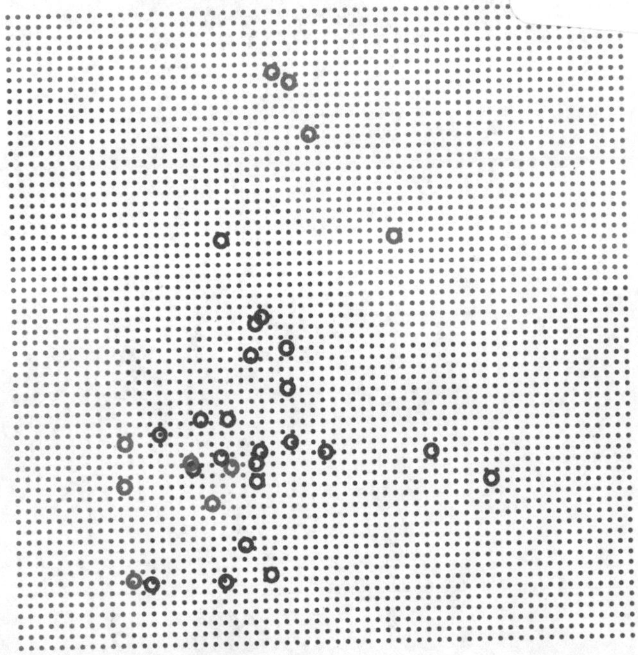

图 14.1

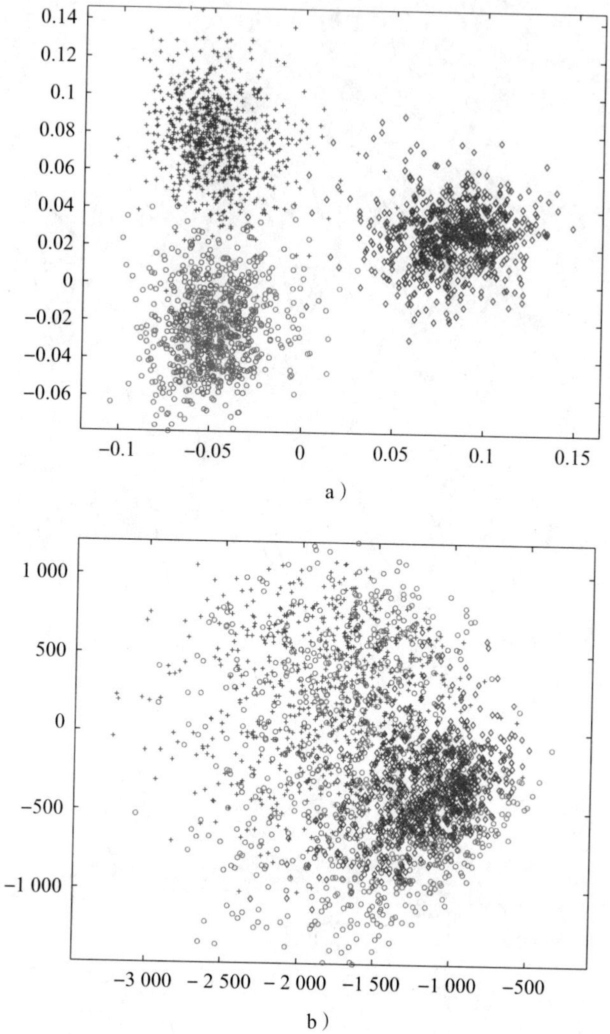
0.14
0.12
0.1
0.08
0.06
0.04
0.02
0
−0.02
−0.04
−0.06
−0.1
−0.05
0
0.05
0.1
0.15
a）
1 000
500
0
−500
−1 000
−3 000
− 2 500
− 2 000
−1 500
−1 000
−500
b）

图 16.3

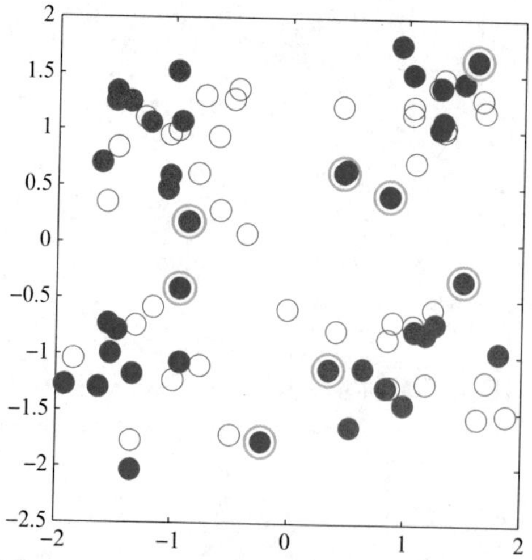
2
1.5
1
0.5
0
−0.5
−1
−1.5
−2
−2.5
−2
−1
0
1
2

图 17.15

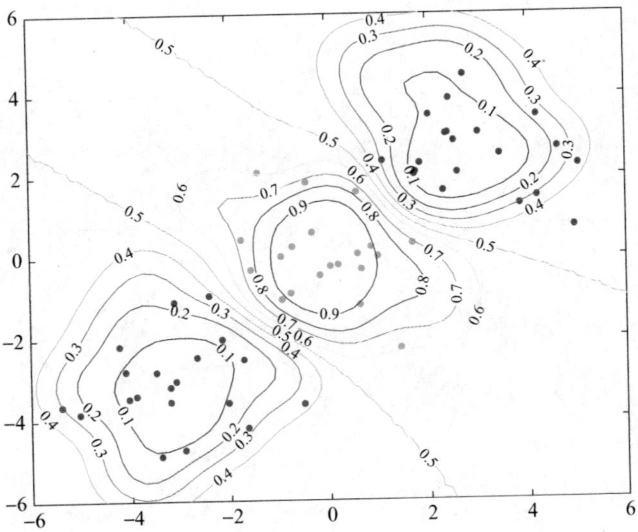

图 18.5

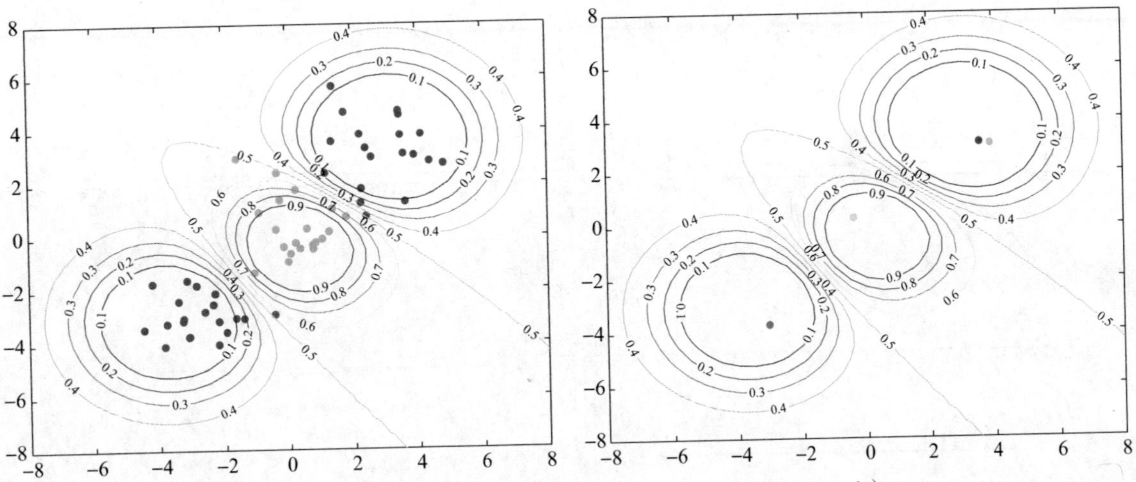

图 18.8

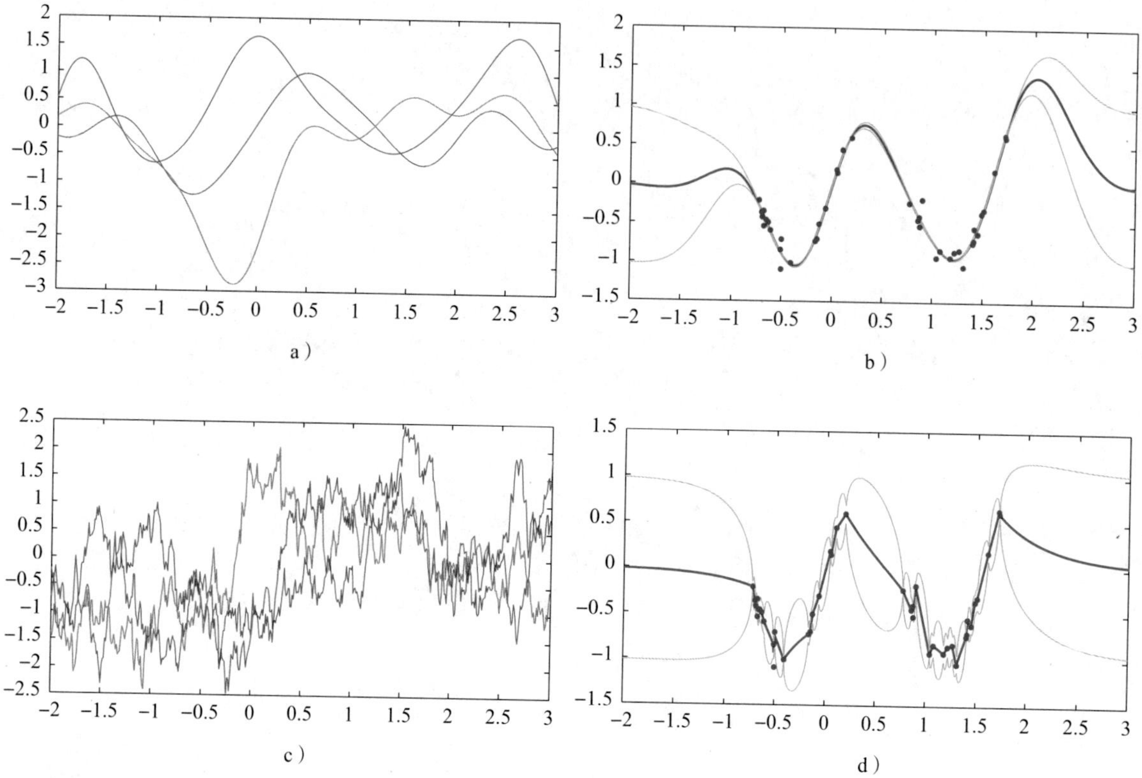

图 19.2

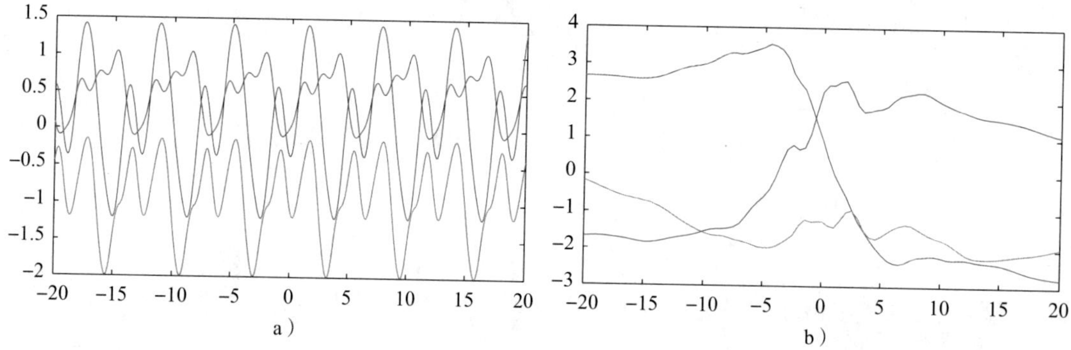

图 19.3

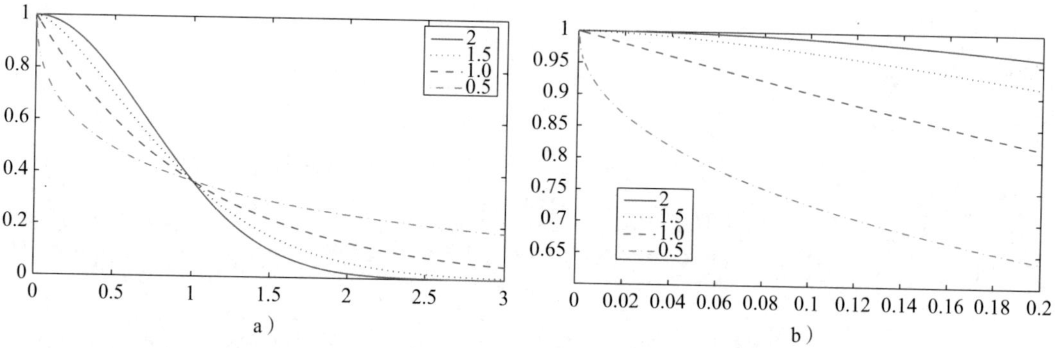

图 19.4

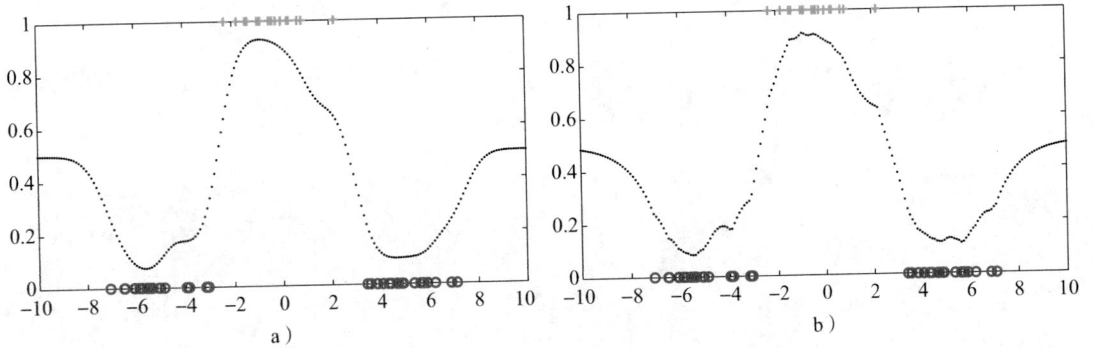

图 19.6

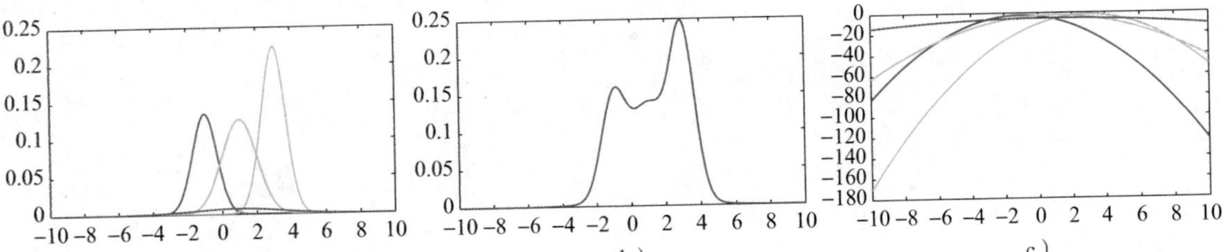

图 20.8

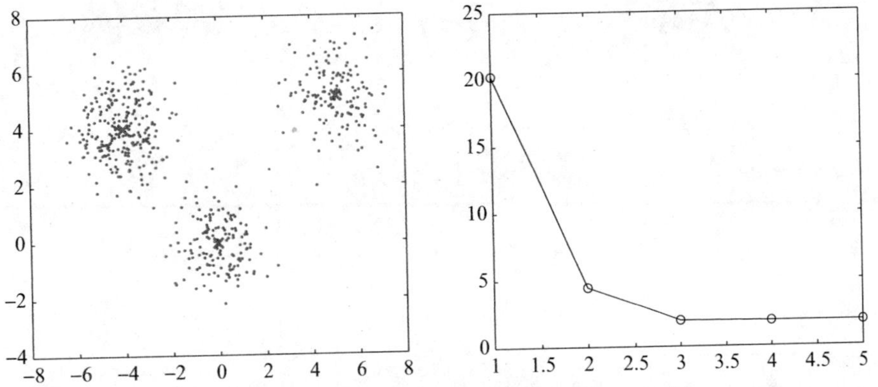

图 20.10

Arts	Budgets	Children	Education
new	million	children	school
film	tax	women	students
show	program	people	schools
music	budget	child	education
movie	billion	years	teachers
play	federal	families	high
musical	year	work	public
best	spending	parents	teacher
actor	new	says	bennett
first	state	family	manigat
york	plan	welfare	namphy
opera	money	men	state
theater	programs	percent	president
actress	government	care	elementary
love	congress	life	haiti

a）

The William Randolph Hearst Foundation will give $1.25 million to Lincoln Center, Metropolitan Opera Co., New York Philharmonic and Juilliard School. Our board felt that we had a real opportunity to make a mark on the future of the performing arts with these grants an act every bit as important as our traditional areas of support in health, medical research, education and the social services, Hearst Foundation President Randolph A. Hearst said Monday in announcing the grants. Lincoln Centers share will be $200,000 for its new building, which will house young artists and provide new public facilities. The Metropolitan Opera Co. and New York Philharmonic will receive $400,000 each. The Juilliard School, where music and the performing arts are taught, will get $250,000. The Hearst Foundation, a leading supporter of the Lincoln Center Consolidated Corporate Fund, will make its usual annual $100,000 donation, too.

b）

图 20.15

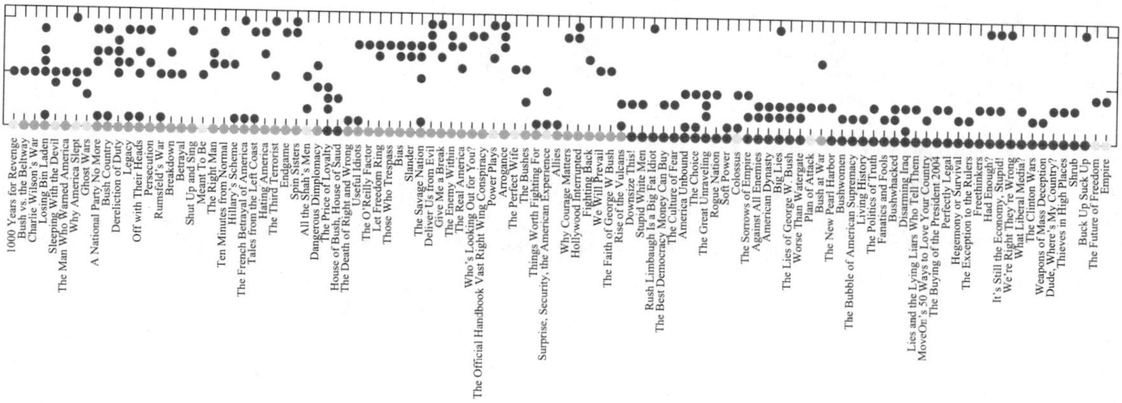

图 20.22

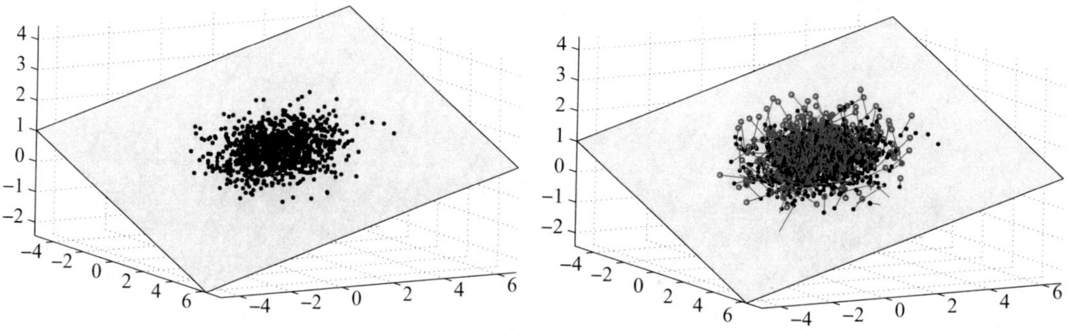

a）　　b）

图 21.2

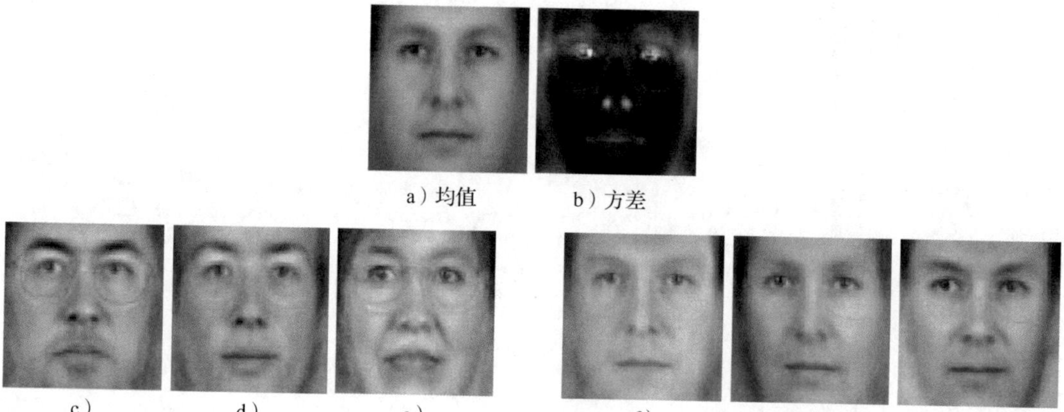

a）均值　b）方差

c）　d）　e）　f）　g）　h）

图 21.5

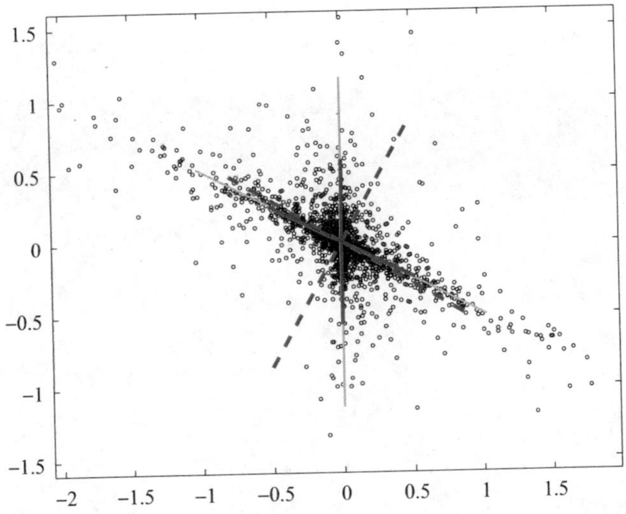

图 21.10

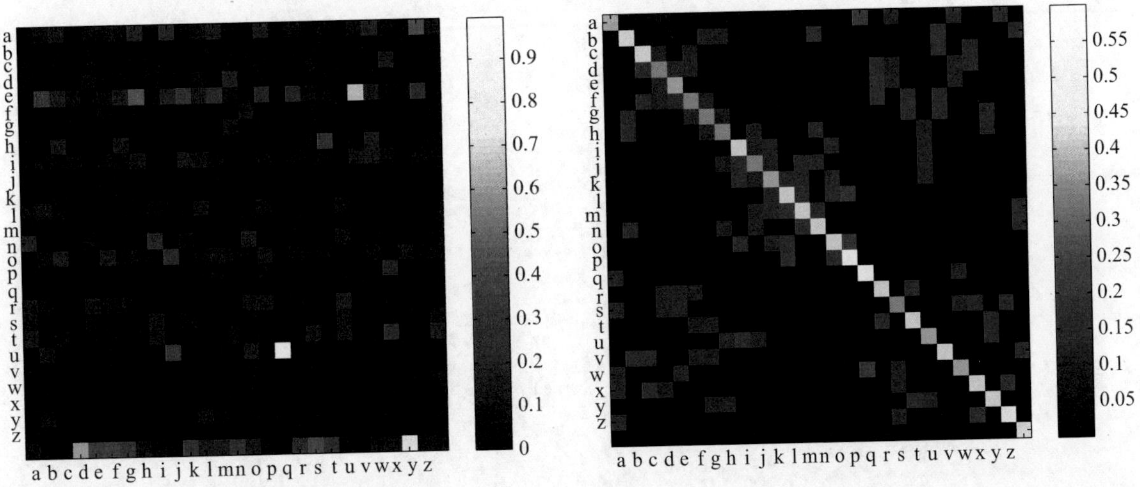

a）　　b）

图 23.10

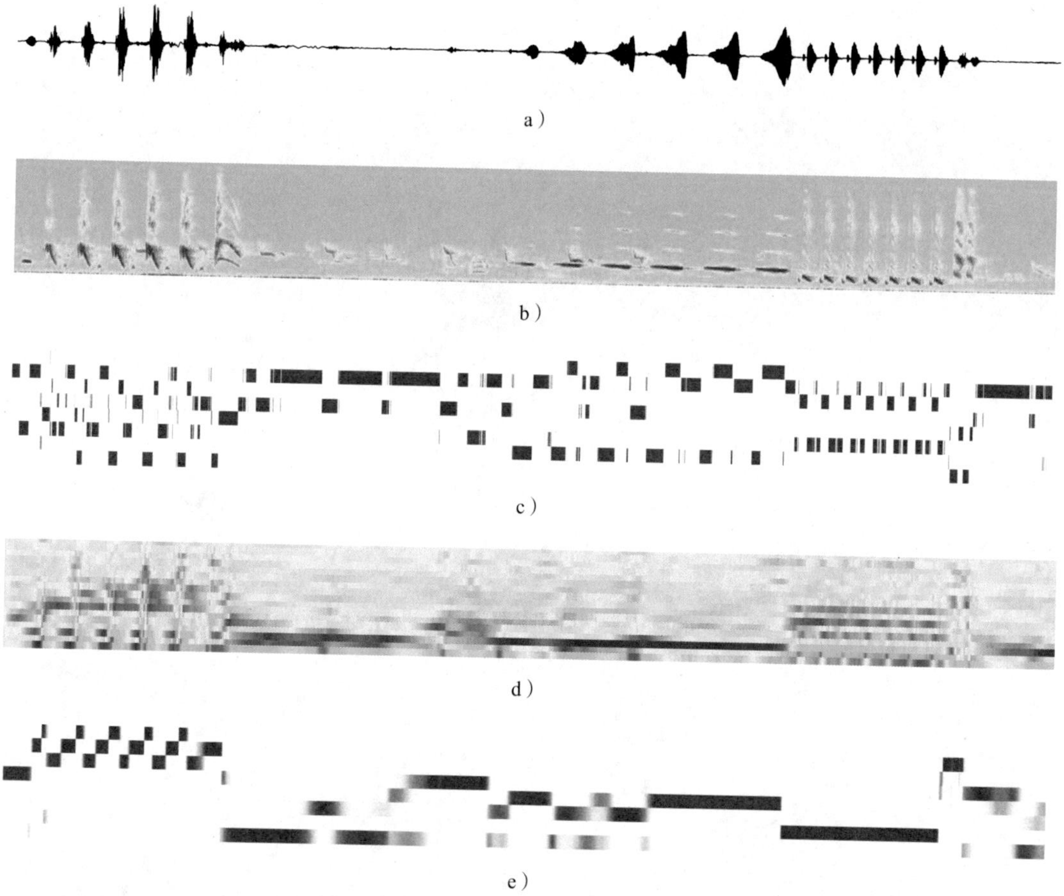
a)
b)
c)
d)
e)

图 24.3

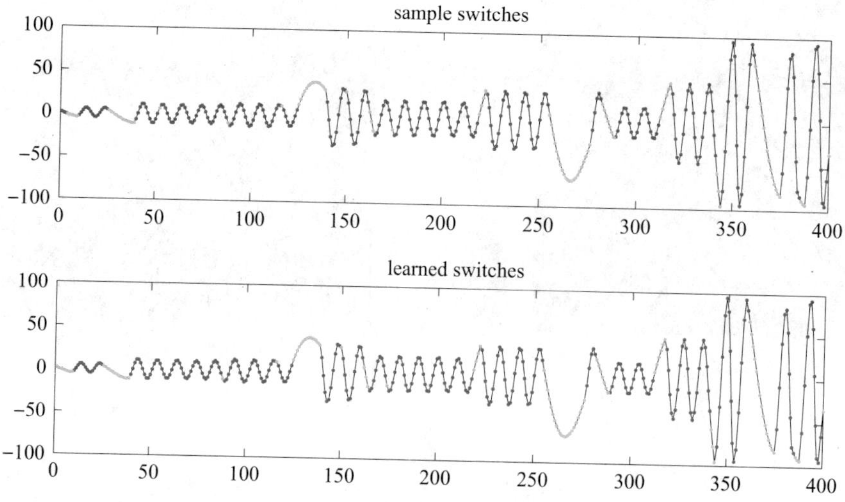
sample switches
100
50
0
−50
−100
0
50
100
150
200
250
300
350
400
learned switches
100
50
0
−50
−100
0
50
100
150
200
250
300
350
400

图 24.9

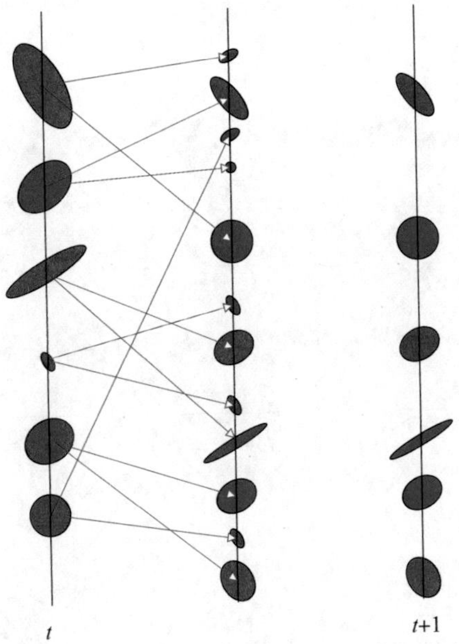

图 25.2

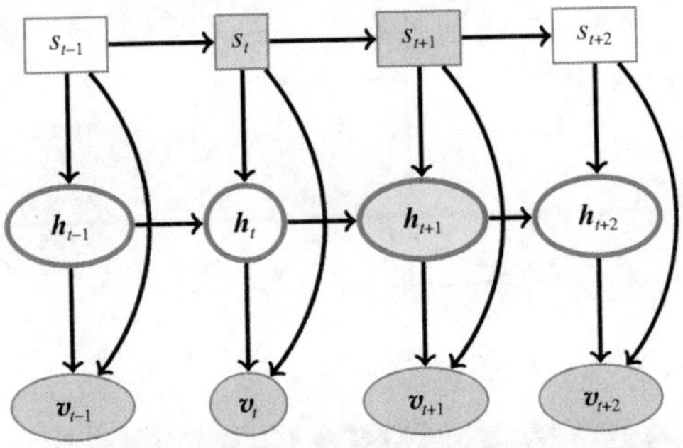

图 25.3

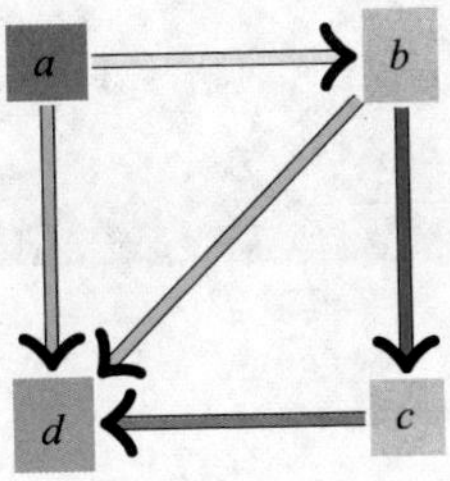

图 25.4

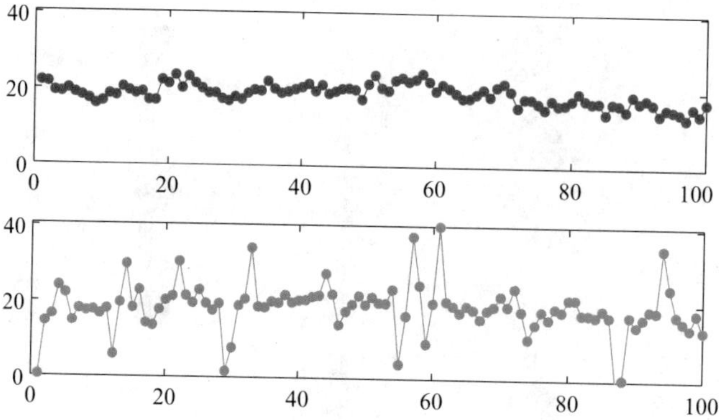
40
20
0
0
20
40
60
80
100
40
20
0
0
20
40
60
80
100

图 25.5

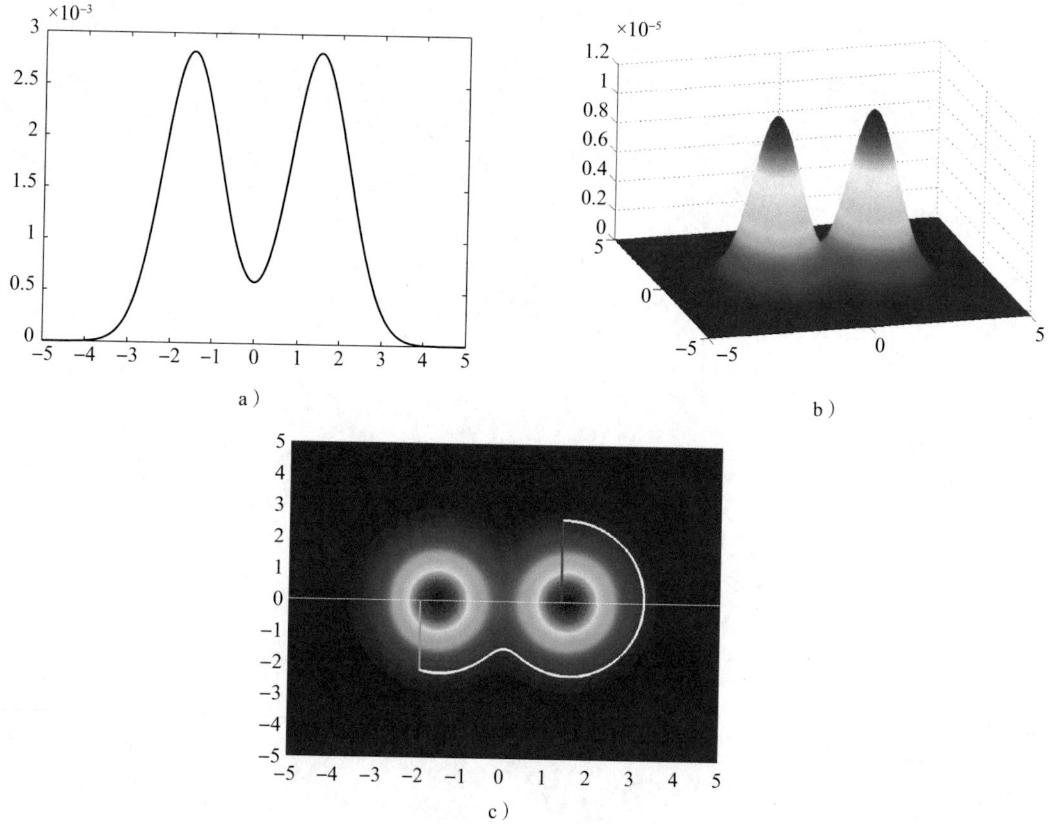
×10⁻³
3
2.5
2
1.5
1
0.5
0
−5 −4 −3 −2 −1 0 1 2 3 4 5
a）
×10⁻⁵
1.2
1
0.8
0.6
0.4
0.2
0
5
0
−5 −5
0
5
b）
5 4 3 2 1 0 −1 −2 −3 −4 −5
−5 −4 −3 −2 −1 0 1 2 3 4 5
c）

图 27.9

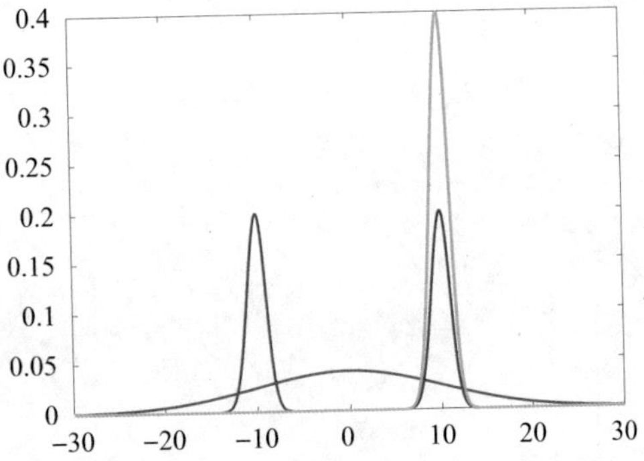
0.4
0.35
0.3
0.25
0.2
0.15
0.1
0.05
0
−30
−20
−10
0
10
20
30

图 28.1

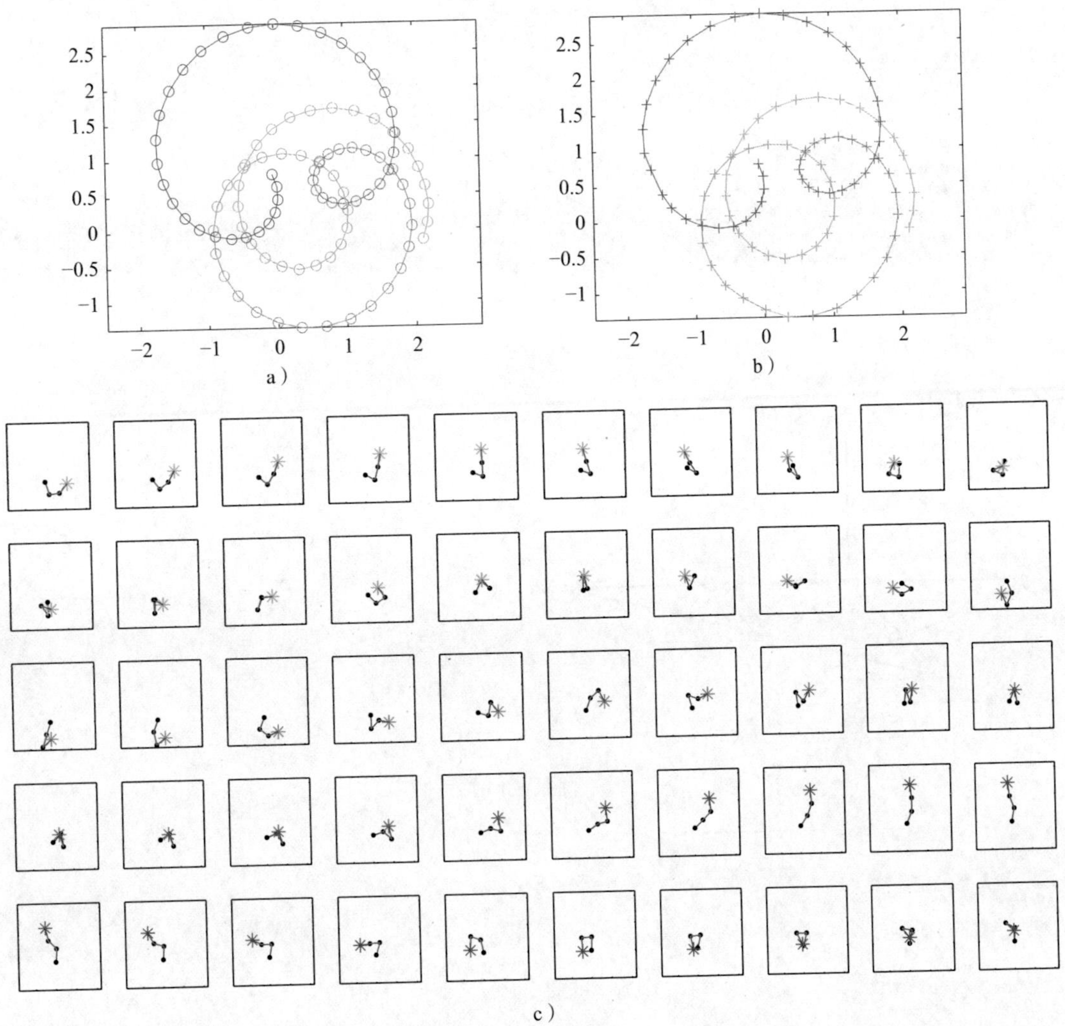
2.5
2
1.5
1
0.5
0
−0.5
−1
−2
−1
0
1
2
a）
b）
c）

图 28.6

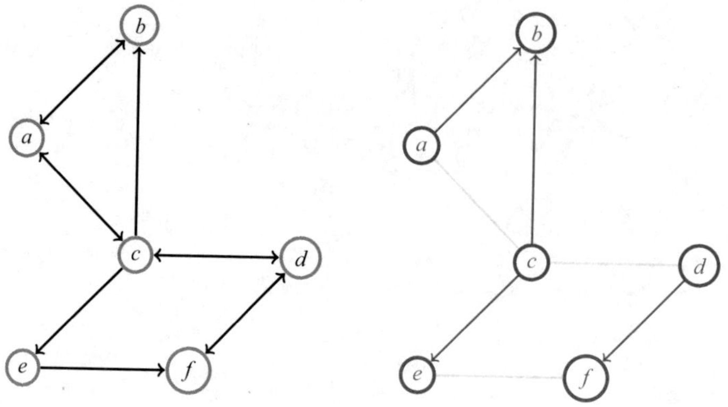

a）　b）

图 28.13

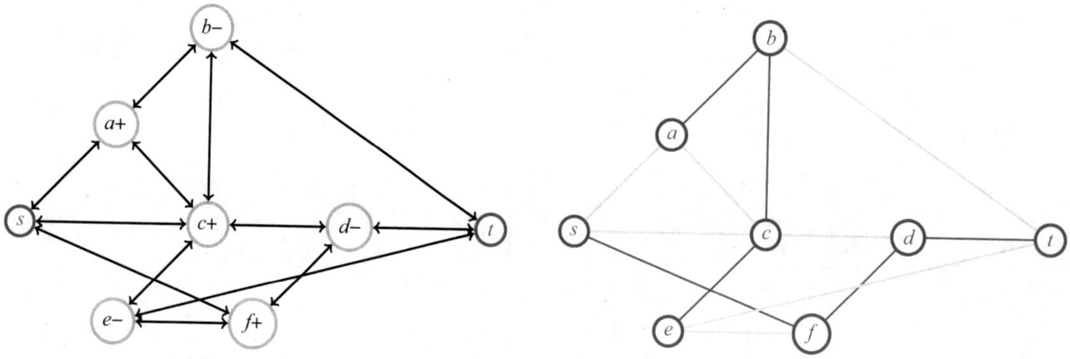

a）　b）

图 28.14

智能科学与技术丛书

Bayesian Reasoning and Machine Learning

贝叶斯推理与机器学习

[英] 大卫·巴伯 (David Barber) 著
徐增林 译

机械工业出版社
CHINA MACHINE PRESS

本书全面介绍贝叶斯推理与机器学习，涉及基本概念、理论推导和直观解释，涵盖各种实用的机器学习算法，包括朴素贝叶斯、高斯模型、马尔可夫模型、线性动态系统等。本书在介绍方法的同时，强调概率层面的理论支持，可帮助读者加强对机器学习本质的认识，尤其适合想要学习机器学习中的概率方法的读者阅读。本书首先介绍概率论和图的基础概念，然后以图模型为切入点，用统一的框架讲解从基本推断到高阶算法的知识。本书不仅配有 BRML 工具箱，而且提供大量 MATLAB 代码实例，将概率模型与编程实践相结合，从而帮助读者更好地理解模型方法。

北京市版权局著作权合同登记　图字：01-2019-0747 号。

图书在版编目（CIP）数据

贝叶斯推理与机器学习 /（英）大卫・巴伯（David Barber）著；徐增林译. —北京：机械工业出版社，2023.6（2024.11 重印）

（智能科学与技术丛书）

书名原文：Bayesian Reasoning and Machine Learning

ISBN 978-7-111-73296-9

Ⅰ. ①贝…　Ⅱ. ①大…②徐…　Ⅲ. ①贝叶斯推断②机器学习　Ⅳ. ① O212 ② TP181

中国国家版本馆 CIP 数据核字（2023）第 101347 号

机械工业出版社（北京市百万庄大街 22 号　邮政编码 100037）

策划编辑：曲　熠　　　　责任编辑：曲　熠

责任校对：贾海霞　梁　静　　责任印制：单爱军

北京虎彩文化传播有限公司印刷

2024 年 11 月第 1 版第 2 次印刷

185mm × 260mm · 38.25 印张 · 6 插页 · 974 千字

标准书号：ISBN 978-7-111-73296-9

定价：199.00 元

电话服务	网络服务
客服电话：010-88361066	机　工　官　网：www.cmpbook.com
010-88379833	机　工　官　博：weibo.com/cmp1952
010-68326294	金　　书　　网：www.golden-book.com
封底无防伪标均为盗版	机工教育服务网：www.cmpedu.com

译者序

机器学习是近30年兴起的一门学科，是人工智能的核心分支，其最初的动机是研究和设计一些计算机算法，使计算机可以像人一样自动学习。这也是自计算机问世以来，我们一直期望实现的目标，尤其是面对各领域日益增长的数据，我们急迫需要利用机器学习算法对海量数据进行自动分析并进行预测。在此大趋势下，机器学习发展迅猛，已成功运用于互联网、金融、医学和生物等领域，并起着主导作用。

我们注意到，贝叶斯推理对机器学习研究十分重要。首先，它提供了一种概率手段，可以显式地计算出假设概率，从而定量地衡量各个假设的置信度，同时也给出了不确定性的预测；其次，它也提供了一种理解大多数研究算法的手段，可以使用其理论框架分析其他算法。

本书全面介绍贝叶斯推理与机器学习，并提供BRML工具箱算法实现，涵盖概率论、统计学以及各种实用的机器学习算法，主要包括机器学习中的概率方法，例如朴素贝叶斯、高斯模型、马尔可夫模型、线性动态系统等，并涉及基本概念、理论推导和直观解释。

本书首先详细介绍概率论和图的基础概念，然后以图模型为切入点，用统一的框架循序渐进地讲解从基本推断到高阶算法的所有内容，读者可以根据自己的需要学习相应的内容。

从结构上看，本书分为五大部分，除附录外共有28章。对于每一部分，本书不仅进行了详尽的介绍与解释，还附带MATLAB工具箱，提供一些示例算法代码，将概率模型和实践相结合，帮助读者更好地理解模型方法。

本书可作为对机器学习中的概率方法感兴趣的读者的学习教材，需要读者具备一定的微积分和线性代数等数学知识。本书在全方位汇总学习方法的同时，着重强调概率层面的理论支持，有助于读者学习其中的精髓，加强对机器学习本质的认识。

本书是伦敦大学学院(UCL)David Barber教授的经典之作，翻译基本忠实于原著的风格与结构，书中出现的专业术语尽量遵循其标准译法。感谢参与翻译的学生，包括贺丽荣、刘史毓、艾庆忠、温良剑、罗旭、雷雨晴、代勇、潘星霖、唐姝炅、陈宇轩、罗聪健、唐佳丞、刘剑、张倩、杨香丽、周弈吉、王茂林、杨薪诚、廖雅晴等，感谢潘力立老师提供的修改意见。同时，感谢机械工业出版社编辑精心细致的审阅与修改。翻译过程中出现的错误和不当之处，敬请读者批评指正，我们万分感谢。

译　者

数据爆炸

我们生活在一个数据丰富且数据规模日益增长的世界里。这些数据来源于科学界（生物信息学、天文学、物理学、环境监测）和商业界（客户数据库、金融交易、发动机监控、语音识别、监测和搜索）。因此，处理数据并从中提取有价值的信息是一项非常关键且越来越重要的技能。我们的社会也希望最终能够以自然的方式与计算机互动，以便计算机可以与人类“交谈”，“理解”人类所说的话并“解析”周围的视觉世界。这些是大规模的信息处理任务，是计算机科学和相关领域的重大挑战。类似地，我们需要控制日益复杂的系统，其中可能包含许多人机交互的部分，例如机器人和自主导航。要想成功掌握此类系统，需要了解其行为背后的流程。因此，处理和理解复杂系统中的大量数据是当前迫切需要关注的问题，并且在可预见的未来可能仍然如此。

机器学习

机器学习是一种数据驱动的研究方法，它能够模仿、理解和辅助人类以及其他生物的信息处理任务。在这样的目标下，出现了许多相关问题，例如如何压缩、解释和处理数据等。通常，机器学习方法不一定直接模仿人类的处理方式，而是优化这些方式，例如股票市场预测或快速信息检索。这里，概率论可以起到关键作用，因为数据的有限性和对问题的理解程度迫使我们不得不面临不确定性问题。从最广泛的意义上讲，机器学习和相关领域的目标是从智能体运行的环境中“学习一些有用的东西”。机器学习也与人工智能密切相关，而机器学习更强调使用数据来驱动和调整模型。

在机器学习和相关领域的早期阶段，一些相对孤立的研究团体也曾发现类似的（数据分析）技术。由于图模型为图和概率论的桥梁，因此本书将通过图模型提供一种统一的处理方式，方便读者理解机器学习的概念在数学和计算科学的不同分支之间的迁移。

本书读者对象

本书适用于对大学微积分和线性代数等数学知识有一定基础的读者。虽然熟悉概率论、微积分和线性代数是很有用的，但是没有正式的计算机科学或统计背景的读者也可以学习本书。本书非常适用于想要学习机器学习中的概率方法的学生，无论他们具有何种学科背景，如计算机科学、工程学、应用统计学、物理学和生物信息学等。为了与读者形成良好的互动，本书在介绍推断的基本概念时尽可能地减少对代数和微积分的引用。更多的数学技术会等到需要时再提及，所以本书总是以概念为主，数学为辅。

本书借助许多实例来描述概念和算法。本书通过附带的 MATLAB 工具箱进行练习和演示，读者可通过这些实验更深入地理解书中内容。本书的最终目的是使读者能够构建新颖的算法。因此，本书更强调技能学习，而不仅是作为方法的集合。这是一个非常关键的方面，因为现代应用程序通常非常专业，所以需要新颖的方法。本书通篇采用的方法是将问题描述为图模型，再将其转换为数学框架，最终用 BRML 工具箱中的算法进行实现。

本书主要针对没有专业数学经验的本科生。完成本书的阅读后，读者将对机器学习的技术、实用性以及概率层面的思想体系有很好的理解，并且能够很好地理解更高级别的研究内容。

本书结构

本书从图模型和推断的基本概念开始介绍。对于自学的读者，第 1～5、9、10、13～17、21 和 23 章对概率推理、建模和机器学习做了很好的介绍。第 19、24、25 和 28 章中的内容更为高阶。其余内容则为更特殊的主题。请注意，在每一章中，内容的级别都存在差异，通常在每章末尾放置更具挑战性的内容。如图 1 所示，本书的部分章节可以作为概率建模领域的入门课程。

部分	章节	图模型课程	概率机器学习课程	近似推断简短课程	时间序列简短课程	概率建模课程
第一部分：概率模型中的推断	1：概率推理	●	○	○	○	●
	2：图的基础概念	●	○	●	○	●
	3：信念网络	●	●	●	●	●
	4：图模型	●	○	●	●	○
	5：树中的有效推断	●	○	●	●	○
	6：联结树算法	●	○	●	○	○
	7：决策	●	○	○	●	○
第二部分：学习概率模型	8：统计机器学习	●	○	○	○	●
	9：推断学习	●	○	○	○	●
	10：朴素贝叶斯	●	●	○	○	○
	11：隐变量学习	●	●	○	○	●
	12：贝叶斯模型选择	●	○	○	○	●
第三部分：机器学习	13：机器学习的概念	○	●	○	○	○
	14：最近邻分类	○	●	○	○	○
	15：无监督的线性降维	○	●	○	○	○
	16：有监督的线性降维	○	●	○	○	○
	17：线性模型	○	●	○	○	○
	18：贝叶斯线性模型	○	○	○	○	●
	19：高斯过程	○	●	○	○	○
	20：混合模型	○	●	○	○	●
	21：潜线性模型	○	○	○	○	●
	22：潜能力模型	○	○	○	○	●
第四部分：动态模型	23：离散状态的马尔可夫模型	○	●	○	●	○
	24：连续状态的马尔可夫模型	○	○	○	●	●
	25：转换线性动态系统	○	○	○	●	○
	26：分布式计算	○	●	○	●	○
第五部分：近似推断	27：抽样	○	○	●	○	○
	28：确定性近似推断	○	○	●	○	○

图 1　本书结构及对应的课程设置

第一部分和第二部分的内容已成功用于图模型课程。如上所述，我主要用第三部分的内容作为概率机器学习导论课程的材料。这两门课程可以单独讲授，一种有用的方法是先教授图模型课程，再教授单独的概率机器学习课程。

第一部分的导论性内容和第五部分更高级的内容可以作为近似推断简短课程的材料。对第一部分的精确推断方法可以相对快速地进行讲解，而第五部分的材料则需要更深入的思考。

时间序列简短课程可以主要使用第四部分的内容，考虑到不熟悉概率建模方法的读者，可以将其与第一部分的内容相结合。其中一些内容，特别是第 25 章中的知识更为高阶，可以推迟到课程结束或在更高级的课程中再介绍。

参考文献普遍与书中内容难易程度一致，并且大部分是容易获取的。

配套代码

本书提供的 BRML 工具箱用于帮助读者了解数学模型如何转化为实际的 MATLAB 代码。授课教师可能希望使用或调整大量示例来帮助说明内容。此外，许多练习配有代码，帮助读者加强对概念及其应用的理解。除了提供许多机器学习方法的完整例程之外，本书还提供一些低级例程，它们的构成遵循算法的数学描述。通过这种方式，读者可以轻松地将数学与相应的算法相结合。

网站

可以从下面的网址获取 BRML 工具箱以及本书的电子版本：

www. cs. ucl. ac. uk/staff/D.Barber/brml

教师可以在该网站上找到练习题的答案，还可以找到其他教学材料。

该领域的其他书籍

关于机器学习的文献有很多，其中有很多文献也包含在统计学、工程学和其他物理科学中。为了更深入地处理特定主题任务，可以参考以下更专业的书籍。

图模型：

—*Graphical models* by S. Lauritzen，Oxford University Press，1996.

—*Bayesian Networks and Decision Graphs* by F. Jensen and T. D. Nielsen，Springer Verlag，2007.

—*Probabilistic Networks and Expert Systems* by R. G. Cowell，A. P. Dawid，S. L. Lauritzen and D. J. Spiegelhalter，Springer Verlag，1999.

—*Probabilistic Reasoning in Intelligent Systems* by J. Pearl，Morgan Kaufmann，1988.

—*Graphical Models in Applied Multivariate Statistics* by J. Whittaker，Wiley，1990.

—*Probabilistic Graphical Models：Principles and Techniques* by D. Koller and N. Friedman，MIT Press，2009.

机器学习和信息处理：

—*Information Theory, Inference and Learning Algorithms* by D. J. C. MacKay, Cambridge University Press, 2003.

—*Pattern Recognition and Machine Learning* by C. M. Bishop, Springer Verlag, 2006.

—*An Introduction To Support Vector Machines*, N. Cristianini and J. Shawe-Taylor, Cambridge University Press, 2000.

—*Gaussian Processes for Machine Learning* by C. E. Rasmussen and C. K. I. Williams, MIT press, 2006.

致谢

许多人对本书进行审阅并提出了修改建议，并且同意我在书中展示他们的工作成果，这对本书有着很大的帮助。其中，我要感谢 Dan Cornford、Massimiliano Pontil、Mark Herbster、John Shawe-Taylor、Vladimir Kolmogorov、Yuri Boykov、Tom Minka、Simon Prince、Silvia Chiappa、Bertrand Mesot、Robert Cowell、Ali Taylan Cemgil、David Blei、Jeff Bilmes、David Cohn、David Page、Peter Sollich、Chris Williams、Marc Toussaint、Amos Storkey、Zakria Hussain、Le Chen、Serafín Moral、Milan Studený、Luc De Raedt、Tristan Fletcher、Chris Vryonides、Yannis Haralambous(特别是对例 1.5 的帮助)、Tom Furmston、Ed Challis 和 Chris Bracegirdle。我还要感谢许多学生多年来在课程中帮助改进本书内容。特别感谢 Taylan Cemgil 允许将他的 GraphLayout 包与 BRML 工具箱捆绑在一起。

剑桥大学出版社的工作人员都非常乐意与我合作，我要特别感谢 Heather Bergman 最初的努力以及 Diana Gillooly 持续的热情。

衷心感谢我的父母和妹妹——我希望这座小小的里程碑会让他们感到骄傲。感谢我的朋友，很幸运能够在整个过程得到朋友的支持和理解。最后，我要感谢 Silvia，她让这一切都非常值得。

符号表

$\mathcal{V}$	书法风格的符号，通常表示一组随机变量
$\mathrm{dom}(x)$	变量的域
$x=s$	变量处于状态 s
$p(x=\mathrm{tr})$	事件/变量 x 处于真实状态的概率
$p(x=\mathrm{fa})$	事件/变量 x 处于错误状态的概率
$p(x,y)$	x 和 y 共同发生的概率
$p(x\cap y)$	x 与 y 发生的概率
$p(x\cup y)$	x 或 y 发生的概率
$p(x\mid y)$	x 在 y 发生的条件下发生的概率
$\mathcal{X}\perp\!\!\!\perp\mathcal{Y}\mid\mathcal{Z}$	变量集 $\mathcal{X}$ 和变量集 $\mathcal{Y}$ 在给定变量集 $\mathcal{Z}$ 时条件独立
$\mathcal{X}\top\!\!\!\top\mathcal{Y}\mid\mathcal{Z}$	变量集 $\mathcal{X}$ 和变量集 $\mathcal{Y}$ 在给定变量集 $\mathcal{Z}$ 时条件相关
$\int_x f(x)$	对于连续变量，这是 $\int f(x)\mathrm{d}x$ 的简写；对于离散变量，这表示对 x 的状态求和，即 $\sum_x f(x)$
$\mathbb{I}[S]$	指示器：如果语句 S 为真，则值为 1，否则为 0
$\mathrm{pa}(x)$	节点 x 的父节点
$\mathrm{ch}(x)$	节点 x 的子节点
$\mathrm{ne}(x)$	节点 x 的邻居节点
$\mathrm{dom}(x)$	对于离散变量 x，这表示 x 可取的状态数
$\langle f(x)\rangle_{p(x)}$	函数 $f(x)$ 关于分布 $p(x)$ 的均值
$\delta(a,b)$	δ 函数。对于离散变量 a 和 b，为克罗内克 δ 函数 $\delta_{a,b}$；对于连续变量 a 和 b，为狄拉克 δ 函数 $\delta(a-b)$
$\dim\boldsymbol{x}$	向量/矩阵 $\boldsymbol{x}$ 的维数
$\sharp(x=s,y=t)$	x 处于状态 s 的同时，y 处于状态 t 的次数
$\sharp_y^x$	变量 x 处于状态 y 的次数
$\mathcal{D}$	数据集
n	数据索引
N	数据集训练点的数量
$\boldsymbol{S}$	样本协方差矩阵
$\sigma(x)$	逻辑 sigmoid 函数 $1/(1+\exp(-x))$
$\mathrm{erf}(x)$	（高斯）误差函数
$x_{a:b}$	$x_a,x_{a+1},\cdots,x_b$
$i\sim j$	图上唯一相邻边的集合
$\boldsymbol{I}_m$	$m\times m$ 的单位矩阵

BRML 工具箱是一套轻量级的例程，使读者能够通过实验理解图论、概率论和机器学习中的概念。该代码包含用于操作离散变量分布的基本例程，以及对连续变量的有限支持。此外，还有许多硬编码的标准机器学习算法。网站还包含所有教学演示和相关练习材料的完整列表。

图论

ancestors	返回 DAG A 中节点 x 的祖先
ancestralorder	返回祖先排序或 DAG A(辈分大的在前)
descendents	返回 DAG A 中节点 x 的后代
children	返回给定邻接矩阵 $\boldsymbol{A}$ 的变量 x 的子节点
edges	从邻接矩阵 $\boldsymbol{A}$ 返回边列表
elimtri	返回三角化图的变量消除序列
connectedComponents	求邻接矩阵的连通分量
istree	检查图是否单连通
neigh	求出邻接矩阵为 $\boldsymbol{G}$ 的图中顶点 v 的邻居
noselfpath	返回不包括自转移的路径
parents	返回给定邻接矩阵 $\boldsymbol{A}$ 的变量 x 的父变量
spantree	从边列表中查找生成树
triangulate	三角邻接矩阵 $\boldsymbol{A}$
triangulatePorder	基于偏序的三角邻接矩阵 $\boldsymbol{A}$

势操作

condpot	返回以另一个变量为条件的势
changevar	更改势中的变量名称
dag	返回信念网络的邻接矩阵(对角线上元素为零)
deltapot	δ 函数势
disptable	打印势表
divpots	用势 potb 划分势 pota
drawFG	绘制因子图 A
drawID	绘制影响图
drawJTree	绘制联结树
drawNet	绘制网络
evalpot	评估变量集合的势表
exppot	势的指数

eyepot	返回单位势
grouppot	将变量组合在一起形成势
groupstate	查找与给定未分组状态对应的组变量的状态
logpot	势的对数
markov	在 pot 中返回马尔可夫网络的对称邻接矩阵
maxpot	最大化变量的势
maxsumpot	最大化或求和变量的势
multpots	将多个势相乘求得一个势
numstates	势中变量的状态数
orderpot	返回变量重新排序的势
orderpotfields	对势的字段排序，在必要时创建空白项
potsample	从单个势中抽取样本
potscontainingonly	返回仅包含所需变量的势值
potvariables	返回有关一组势中所有变量的信息
setevpot	将势变量设置为证据状态
setpot	将势变量设置为指定状态
setstate	将势的指定联合状态设置为指定值
squeezepot	消除冗余势(完全包含在另一个势中的势)
sumpot	求和变量的势 pot
sumpotID	从影响图返回总概率和效用表
sumpots	对一组势求和
table	返回势表
ungrouppot	根据未分组变量形成势
uniquepots	消除冗余势(完全包含在另一个势中的势)
whichpot	返回包含一组变量的势

例程还扩展了工具箱以处理高斯势：multpotsGaussianMoment. m，sumpotGaussianCanonical. m，sumpotGaussianMoment. m，multpotsGaussianCanonical. m。见 demoSumprodGaussCanon. m，demoSumprodGaussCanonLDS. m，demoSumprodGaussMoment. m。

推断

absorb	更新在联结树上传递的吸收消息中的势
absorption	在联结树上执行完整的吸收
absorptionID	在影响图上执行完整的吸收
ancestralsample	来自信念网络的祖先抽样
binaryMRFmap	获取具有正 W 的二元马尔可夫随机场的 MAP 分配
bucketelim	对一组势使用桶消元法
condindep	使用变量交互图进行条件独立性检查
condindepEmp	针对独立性/相关性计算经验对数贝叶斯因子和互信息
condindepPot	数值条件独立性度量
condMI	势的条件互信息 $I(x,y\|z)$

FactorConnectingVariable	连接到一组变量的因子节点
FactorGraph	返回基于一组势的因子图邻接矩阵
IDvars	来自偏序的概率和决策变量
jtassignpot	为联结树中的团分配势
jtree	根据一组势设置联结树
jtreeID	根据影响图设置联结树
LoopyBP	使用和-积算法的环信念传播
MaxFlow	Ford Fulkerson 最大流最小割算法(广度优先搜索)
maxNpot	查找势中 N 个最可能的值和状态
maxNprodFG	因子图上的 N -最大-积算法(返回 N 个最可能的状态)
maxprodFG	因子图上的最大-积算法
MDPemDeterministicPolicy	使用具有确定性策略的 EM 求解 MDP
MDPsolve	求解马尔可夫决策过程
MesstoFact	返回连接到因子势的消息数量
metropolis	Metropolis 抽样
mostprobablepath	寻找马尔可夫链中最可能的路径
mostprobablepathmult	在马尔可夫链中查找所有源点和终点之间最可能的路径
sumprodFG	由 A 表示的因子图上的和-积算法

特定模型

ARlds	使用线性动态系统学习 AR(自回归)系数
ARtrain	拟合 L 到 v 阶的 AR 系数
BayesLinReg	使用基函数 phi(x)进行贝叶斯线性回归训练
BayesLogRegressionRVM	相关向量机的贝叶斯逻辑回归
CanonVar	典型变量(变量无后旋转)
cca	典型相关分析
covfnGE	伽马指数协方差函数
EMbeliefnet	使用期望最大化训练信念网络
EMminimizeKL	MDP 确定性策略求解器，找到最佳行为
EMqTranMarginal	MDP 中的 EM 边缘转移
EMqUtilMarginal	返回与效用项的 q 边缘成比例的项
EMTotalBetaMessage	使用消息传递解决 MDP 过程所需的反向信息
EMvalueTable	MDP 求解器使用当前策略计算 MDP 的值函数
FA	因子分析
GMMem	使用 EM 将高斯混合模型拟合到数据 X
GPclass	高斯过程二分类
GPreg	高斯过程回归
HebbML	学习 Hopfield 神经网络的序列
HMMbackward	HMM 反向传递

HMMbackwardSAR	用于可切换自回归 HMM 的反向传递(Beta 方法)
HMMem	用于 HMM 的 EM 算法
HMMforward	HMM 前向传递
HMMforwardSAR	仅在每 T 跳时间步更新转换的转换自回归 HMM
HMMgamma	使用 Rauch-Tung-Striebel 校正方法进行 HMM 后验平滑
HMMsmooth	用于 HMM 的平滑
HMMsmoothSAR	转换自回归 HMM 平滑
HMMviterbi	找到最可能的 HMM 联合隐状态的维特比算法
kernel	在两点评估的核
Kmeans	K-均值聚类算法
LDSbackward	潜线性动态系统的完全后向传递(RTS 校正法)
LDSbackwardUpdate	潜线性动态系统的单后向更新(RTS 平滑更新)
LDSforward	潜线性动态系统的完全前向传递(Kalman 滤波器)
LDSforwardUpdate	潜线性动态系统的单前向更新(Kalman 滤波器)
LDSsmooth	线性动态系统：滤波和平滑
LDSsubspace	用于识别线性动态系统的子空间方法
LogReg	使用梯度上升法学习逻辑线性回归(批处理版本)
MIXprodBern	混合伯努利分布乘积的 EM 训练
mixMarkov	混合马尔可夫模型的 EM 训练
NaiveBayesDirichletTest	使用狄利克雷先验做训练的朴素贝叶斯预测
NaiveBayesDirichletTrain	使用狄利克雷先验进行朴素贝叶斯训练
NaiveBayesTest	在极大似然训练后测试朴素贝叶斯伯努利分布
NaiveBayesTrain	使用极大似然训练朴素贝叶斯伯努利分布
nearNeigh	最近邻分类
pca	主成分分析
plsa	概率潜在语义分析
plsaCond	条件 PLSA(概率潜在语义分析)
rbf	径向基函数输出
SARlearn	转换 AR 模型的 EM 训练
SLDSbackward	使用高斯混合进行前向传递
SLDSforward	转换潜线性动态系统高斯和前向传递
SLDSmargGauss	从加权 SLDS 混合计算单高斯
softloss	软损失函数
svdm	具有缺失值的奇异值分解
SVMtrain	训练支持向量机

常规

argmax	执行 argmax 返回索引和值
assign	为变量赋值

betaXbiggerY	对于 $x \sim B(a,b)$，$y \sim B(c,d)$，有 $p(x>y)$
bar3zcolor	绘制矩阵 $\mathbf{Z}$ 的 3D 条形图
avsigmaGauss	高斯下的逻辑 sigmoid 的均值
cap	限制 x 为绝对值 c
chi2test	卡方累积密度的倒数
count	对于数据矩阵(每列是数据点)，返回状态计数
condexp	计算与 exp(log$p$)成比例的归一化 p
condp	从矩阵中进行条件分布
dirrnd	来自狄利克雷分布的样本
field2cell	将结构的字段放在一个 cell 中
GaussCond	返回条件高斯的均值和协方差矩阵
hinton	绘制 Hinton 图
ind2subv	来自线性索引的下标向量
ismember_sorted	对于有序集合的成员为 True
lengthcell	每个 cell 元素的长度
logdet	以数值稳定的方式计算的正定矩阵的对数行列式
logeps	计算 log(x+eps)
logGaussGamma	高斯-伽马分布的非归一化对数
logsumexp	计算 log(sum(exp(a). * b))，对非常大的 a 有效
logZdirichlet	使用参数 u 记录狄利克雷分布的归一化常数
majority	返回矩阵每列中的大多数值
maxarray	在一组维度上最大化多维数组
maxNarray	在一组维度上查找数组的最高值和状态
mix2mix	用一种高斯混合拟合另一种高斯混合
mvrandn	来自多变量标准(高斯)分布的样本
mygamrnd	伽马随机变量生成器
mynanmean	非 nan 值的均值
mynansum	非 nan 值的总和
mynchoosek	二项式系数 v 选择 k
myones	与 ones(x)相同，但如果 x 是标量，则解释为 ones([x 1])
myrand	与 rand(x)相同，但如果 x 是标量，则解释为 rand([x 1])
myzeros	与 zeros(x)相同，但如果 x 是标量，则解释为 zeros([x 1])
normp	从数组中形成归一化分布
randgen	给定 pdf 生成离散随机变量
replace	用一个值替换另一个值的实例
sigma	计算 1./(1+exp($-x$))
sigmoid	计算 1./(1+exp(−beta * x))
sqdist	$\boldsymbol{x}$ 和 $\boldsymbol{y}$ 向量之间的平方距离

subv2ind	下标向量的线性索引
sumlog	sum(log(x))，截止值为 10^{-200}

杂项

compat	对象 F 在网格 G_x,G_y 上的图像 v 中位置 h 处的兼容性
logp	特定非高斯分布的对数
placeobject	将对象 F 放置在网格 G_x,G_y 中的位置 h 处
plotCov	返回用于绘制协方差椭圆的点
pointsCov	具有均值 $\boldsymbol{m}$ 和协方差 $\boldsymbol{S}$ 的二维高斯的单位方差等值线
setup	在初始化时运行该方法检查 matlab 中的错误并初始化路径
validgridposition	如果点位于已定义的网格上，则返回 1

第二部分 学习概率模型

第三部分　机器学习

第一部分

Bayesian Reasoning and Machine Learning

概率模型中的推断

概率模型可以清晰地表达不确定性，从而帮助我们解决现实世界中那些我们没有完全理解的问题。这样的模型在机器学习中尤为重要，原因就在于我们对世界的认知总是被我们的观察和理解所限制。首先我们将概率模型作为一种专家系统来使用，并将其作为我们的核心关注点。

在第一部分中，我们假设模型是完全确定的，即给定一个环境模型，讨论如何利用其来回答我们感兴趣的问题。我们会将推断感兴趣量的复杂度与描述模型的图结构相关联。另外，我们会介绍对应图模型上的操作。正如后文所介绍的，在给定像树这样较为简单的图结构时，大多数感兴趣的量是可以得到高效计算的。

第一部分主要讨论对离散变量分布的操作，并介绍本书后续章节所需的背景知识。

下图展示了一些图模型家族的成员及其用处。图中除根节点以外的节点都是对双亲节点的划分，离根节点越远的节点划分得越细。我们会在第一部分讨论图中的许多模型，而有些细分模型会在本书后面的部分再进行介绍。

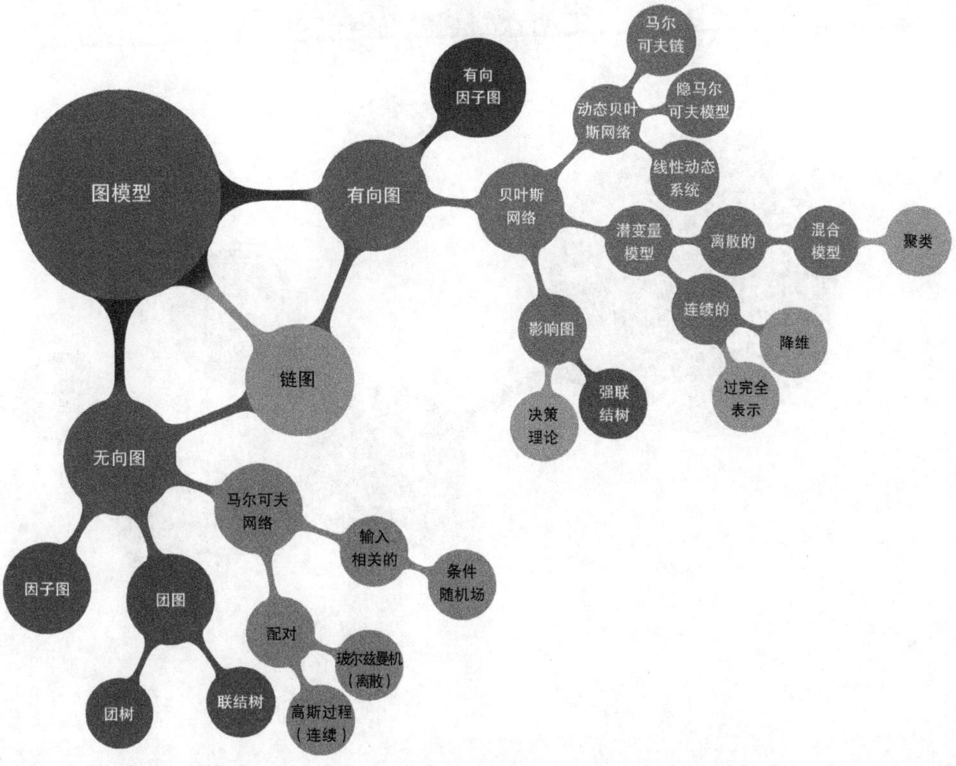

下图展示的是图模型及其相关的(边缘)推断方法。特定的推断方法以浅色标注。从更宏观的角度来看，在图模型是单连通图的情形下，大部分标准(边缘)推断方法是适用的。多连通图一般来说难以解决，但有一些特殊的例子仍是易解决的。

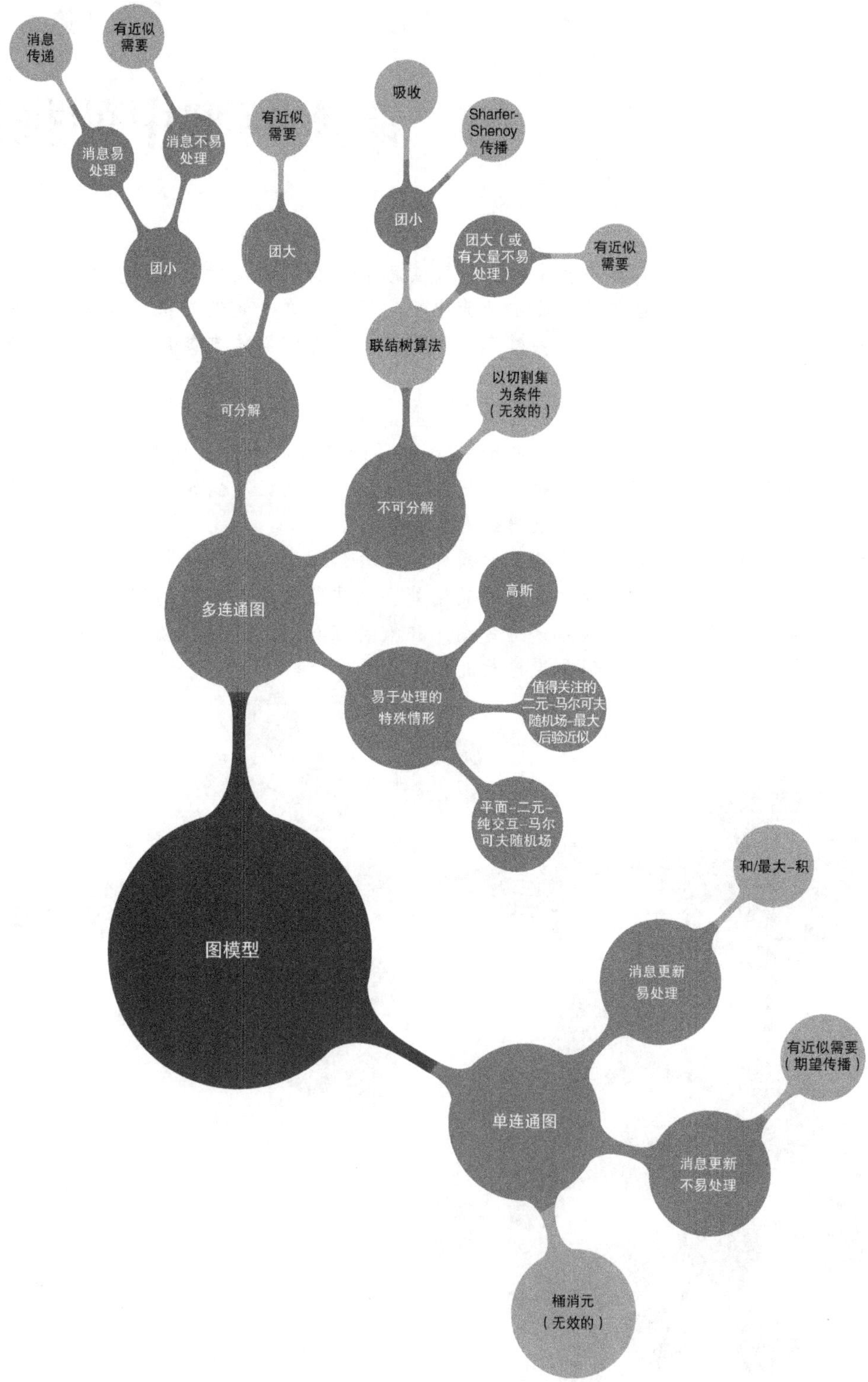

概率推理

在简单的情形下，直觉会告诉我们不确定性是如何起作用的。但在复杂的情形下，有许多(可能的)相关事件及可能的输出结果。因此，为了推出合理的结论，我们需要进行形式化的“数学演算”来完善那些直觉。而那些概念、数学语言和概率规则就提供了我们所需的形式化框架。在这一章，我们将回顾概率中的基本概念——特别是条件概率和贝叶斯定理，它们也是机器学习的主要工具。概率语言的另一个优点是能遵循计算机实现的方式来解决问题。本章还将介绍 BRML 工具箱的特性，该工具箱支持对概率分布进行操作。

1.1 概率知识复习

变量、状态与符号简记

变量一般用大写 X 或小写 x 表示，一些变量会用特殊符号表示，比如 $\mathcal{V}=\{a,B,c\}$。

变量 x 的定义域记为 $\mathrm{dom}(x)$，表示 x 能取值的状态。比如，对于硬币 c，$\mathrm{dom}(c)=\{$正面,反面$\}$。$p(c=$正面$)$表示 c 处在“正面”状态的概率。p(状态)的含义通常是明确的，无须关联某个变量。例如，我们讨论投掷硬币 c 的实验，p(正面)为 $p(c=$正面$)$的简写，其含义是明确的。关于某一变量求和时，$\sum_x f(x)$覆盖了 x 的所有可能状态，即 $\sum_x f(x)\equiv\sum_{s\in\mathrm{dom}(x)} f(x=s)$。给定一个变量 x 和它的定义域 $\mathrm{dom}(x)$，及其在该定义域上所有可能取值对应的概率值 $p(x)$，我们就有了 x 的分布。有时我们不能确定整个分布，而只了解一些性质，例如对变量 x 和 y，我们可能不知道 $p(x)$和 $p(y)$具体是什么，但知道 $p(x,y)=p(x)p(y)$。当需要进行说明时，我们会说这是具有结构 $p(x)p(y)$的分布，或是一类分布 $p(x)p(y)$。

对于我们来说，事件是关于随机变量的表达，比如投 6 枚硬币，其中 2 枚正面朝上便是一个事件。若两个事件不能同时成立则称它们是互斥的。比如投一枚硬币，正面朝上和反面朝上这两个事件就是互斥事件。我们可以根据事件的名字定义一个新的随机变量，比如 p(硬币反面朝上)可以表示为 p(硬币反面朝上=true)。利用简写 $p(x=\mathrm{tr})$来表示事件或变量 x 处于状态 true 的概率，利用 $p(x=\mathrm{fa})$来表示 x 处于状态 false 的概率。

定义 1.1(离散随机变量的概率规则)　变量 x 取状态 s 的概率 $p(x=s)$由一个介于 0 到 1 之间的数值表示。$p(x=s)=1$ 表示我们确信 x 处于状态 s。反之，$p(x=s)=0$ 表示确信 x 不处于状态 s。其他 0 到 1 之间的值表示对 x 所处状态的确定程度。

该变量处于所有状态的概率累加和等于 1：

$$\sum_{s\in\mathrm{dom}(x)} p(x=s)=1 \tag{1.1.1}$$

这被称作归一化条件。为方便起见，我们常将其记为 $\sum_x p(x)=1$。

两个随机变量可以关联起来，通过：

$$p(x=a \text{ or } y=b)=p(x=a)+p(y=b)-p(x=a \text{ and } y=b) \tag{1.1.2}$$

或者更一般地，有：

$$p(x \text{ or } y)=p(x)+p(y)-p(x \text{ and } y) \tag{1.1.3}$$

我们将 $p(x \text{ and } y)$简写为 $p(x,y)$。要注意的是，$p(y,x)=p(x,y)$，$p(x \text{ or } y)=p(y \text{ or } x)$。

定义 1.2(集合符号) 根据集合论，存在符号替换：

$$p(x \text{ or } y)\equiv p(x\cup y),\quad p(x,y)\equiv p(x\cap y) \tag{1.1.4}$$

定义 1.3(边缘) 给定联合分布 $p(x,y)$，其中一个变量的分布由下式给定：

$$p(x)=\sum_{y} p(x,y) \tag{1.1.5}$$

这里 $p(x)$被称作联合分布 $p(x,y)$的边缘分布。从联合分布中求得边缘分布的过程称作边缘化。更一般地：

$$p(x_1,\cdots,x_{i-1},x_{i+1},\cdots,x_n)=\sum_{x_i} p(x_1,\cdots,x_n) \tag{1.1.6}$$

定义 1.4(条件概率/贝叶斯定理) 在事件 y 已知的条件下，x 的概率(或简单地，给定 y 条件下 x 的概率)定义为：

$$p(x|y)\equiv\frac{p(x,y)}{p(y)} \tag{1.1.7}$$

如果 $p(y)=0$，那么 $p(x|y)$无定义。根据此定义及 $p(x,y)=p(y,x)$可立即得到贝叶斯定理：

$$p(x|y)=\frac{p(y|x)p(x)}{p(y)} \tag{1.1.8}$$

贝叶斯定理可由条件概率公式简单推出，因此我们有时会将贝叶斯定理和条件概率看作同义词。

正如我们将在本书中看到的，贝叶斯定理在概率推理中扮演核心角色，因为它能帮助我们“转变”条件关系，即对 $p(y|x)$和 $p(x|y)$进行转换。

定义 1.5(概率密度函数) 对于一个连续随机变量 x，其概率密度 $f(x)$定义如下：

$$\int_{-\infty}^{\infty} f(x)\mathrm{d}x=1,\quad f(x)\geqslant 0 \tag{1.1.9}$$

x 落在区间$[a,b]$的概率为：

$$p(a\leqslant x\leqslant b)=\int_{a}^{b} f(x)\mathrm{d}x \tag{1.1.10}$$

简单起见，我们有时写为 $\int_x f(x)$，尤其在希望对连续或离散随机变量的表达都有效时。多元的情形与此类似，对 x 在所有有定义的区域上依概率值积分。不同于概率，概率密度可以取大于 1 的正数。

对于一个连续随机变量，不应该有“$x=0.2$ 的概率”这样的表述，因为一个连续随机变量取任意值的概率均为 0。但是我们常常将连续变量也表示为 $p(x)$，因此无法区分概率与概率密度函数值。这看上去有些奇怪，因此逻辑严密的读者可能会简单地将记号

$p(x)$替换为$\int_{x\in\Delta} f(x)\mathrm{d}x$，其中$\Delta$是$x$的一个邻域。这样的替换从概率上说得通，当$\Delta$非常小时，该式会近似于$\Delta f(x)$。如果我们在概率密度函数的所有取值处统一使用相同的Δ，那么所有的积分表达式都会乘以系数Δ。我们的策略是忽略这些值(因为最后只有相对的概率值会起作用)并记为$p(x)$。这样一切标准化的概率规则均成立，包括贝叶斯定理。

备注 1.1(客观概率) 概率是一个有争议的话题，我们不希望为此花费太多篇章。实际上，规范的说法是对概率规则的解释是有争议的。在某些情形中，设想反复开展的实验，“长期”(或频率派)的定义与一个能够无限重复的实验是相关的。例如，在硬币投掷实验中，正面朝上的概率可能被解释为“无限次重复硬币投掷实验(随机地)，在投掷次数趋于无穷大的情况下，正面朝上的次数与总投掷次数的比值”。

有一个我们在机器学习中常常遇到的典型问题。一个电影爱好者参与了一项线上电影服务。线上电影服务公司尝试基于用户提供的喜欢看和不喜欢看的少量电影，估计该用户对数据库中10 000部电影的喜欢概率。如果定义概率为无限重复相同实验后的极限取值，那么在该例子中，由于我们无法重复实验，因此此定义没有多少实际意义。但是，当我们假设该用户的行为与其他用户一致时，便可以从其他用户提供的大量数据中挖掘信息，进而对这位顾客的喜好做出合理“推测”。这种被称作信念程度或贝叶斯客观概率解释的方法回避了不可重复的问题——这只是一个框架，便于我们使用真实的数值来表达直觉上的概率[159]。

1.1.1 条件概率

条件概率与我们对不确定性的直觉相吻合。例如，想象一个被划分为20个相同区域的圆形飞镖靶，给区域分别标记1～20的数字。飞镖投手兰迪，等概率随机地击中这20个区域中的1个。因此，他投掷1个飞镖击中20个区域中任意1个区域i的概率为$p(\text{区域}\ i)=1/20$。兰迪的一个朋友告诉他没有击中20号区域，那么兰迪击中5号区域的概率是多少呢？在已知条件下，只有1～19号区域是可能被击中的，而且这些区域被击中的概率是均等的，都是1/19。限制条件意味着某些状态是不可达的，因此最初的概率分布在剩余可达的状态中。通过概率规则可知：

$$p(\text{区域}\ 5\,|\,\text{非区域}\ 20)=\frac{p(\text{区域}\ 5,\text{非区域}\ 20)}{p(\text{非区域}\ 20)}=\frac{p(\text{区域}\ 5)}{p(\text{非区域}\ 20)}=\frac{1/20}{19/20}=\frac{1}{19}$$

这是符合直觉的结果。需要重点说明的是，不能把$p(A=a\,|\,B=b)$理解为“$p(A=a\,|\,B=b)$是在事件$B=b$发生以后，事件$A=a$发生的概率”。多数情况下，没有明确暗示这样的时序因果关系㊀，正确的解释应当为“$p(A=a\,|\,B=b)$是在B处于状态b的前提下，A处于状态a的概率”。

条件概率$p(A=a\,|\,B=b)$与联合概率$p(A=a,B=b)$相差的仅仅是一个常数正则项，因为$p(A=a,B=b)$不是关于A的分布——换句话说，$\sum_a p(A=a,B=b)\neq 1$。为使其成为有效分布需做除法：$p(A=a,B=b)/\sum_a p(A=a,B=b)$。该表达式遍历$a$的取值时求和等于1。这恰恰是$p(A=a\,|\,B=b)$的定义。

㊀ 3.4节将讨论和因果关系相关的情形。

定义 1.6(独立性)　对于随机变量 x 和 y，若已知其中某变量的状态(或者连续情形下的值)，而无法获取任何关于另一变量的额外信息，则称二者为独立的。数学上可表示为：

$$p(x,y)=p(x)p(y) \tag{1.1.11}$$

在给定 $p(x)\neq 0$ 和 $p(y)\neq 0$ 的条件下，x 与 y 独立等价于：

$$p(x|y)=p(x)\Leftrightarrow p(y|x)=p(y) \tag{1.1.12}$$

如果 $p(x|y)=p(x)$ 对 x 和 y 的任何状态都成立，则称变量 x 和 y 是独立的。如果

$$p(x,y)=kf(x)g(y) \tag{1.1.13}$$

对某个常数 k 成立，并且 $f(\cdot)$ 和 $g(\cdot)$ 均为正值函数，那么 x 和 y 独立并可写作 $x \perp\!\!\!\perp y$。

例 1.1(独立性)　令 x 表示一周中女性出生的那天，y 表示一周中男性出生的那天，则 $\text{dom}(x)=\text{dom}(y)=\{1,\cdots,7\}$。推测 x 和 y 独立是合理的。随机从通讯录中选择一位女性爱丽丝，发现她是星期二出生。同样随机选择一名男性鲍勃。在打电话问鲍勃的生日之前，知道爱丽丝的生日是否有助于我们知道关于鲍勃生日的信息？在独立性假设下，答案是否。这并非意味着鲍勃生日的概率分布一定是均匀分布——这仅仅意味着知道爱丽丝的生日无法提供任何关于鲍勃生日的额外信息，即 $p(y|x)=p(y)$。实际上，生日日期的分布 $p(y)$ 和 $p(x)$ 并非均匀分布(统计上，婴儿出生在周末的概率会更低)，即便没有任何信息表明 x 和 y 是相关的。

决定性相关

有时独立性的概念可能有些奇怪。考虑下述情形：随机变量 x 和 y 均为二元(定义域由两个状态组成)。定义一个分布使得 x 和 y 总是在某个联合状态中：

$$p(x=a,y=1)=1,\quad p(x=a,y=2)=0,\quad p(x=b,y=2)=0,\quad p(x=b,y=1)=0$$

x 和 y 相关吗？读者可能可以推断出 $p(x=a)=1$，$p(x=b)=0$ 以及 $p(y=1)=1$，$p(y=2)=0$。因此 $p(x)p(y)=p(x,y)$ 对 x 和 y 的所有状态成立，以及 x 和 y 是独立的。这可能会有点奇怪——我们知道了 x 和 y 之间的确切关系，即它们始终在同一个联合状态中，即使它们是独立的。既然 x 和 y 的分布集中在一个联合状态下，那么知道 x 的状态不能获得任何额外的关于 y 的状态信息，反之亦然。这一潜在的困惑来自我们经常想利用“独立性”这一术语来表明我们讨论的变量间没有关联。理解统计独立最好的方式是想一下已知 y 的状态是否能获得比之前知道的更多的关于 x 的信息，其中“之前知道”的意思是通过联合分布 $p(x,y)$ 得到的关于 x 的信息，即 $p(x)$。

定义 1.7(条件独立性)

$$\mathcal{X} \perp\!\!\!\perp \mathcal{Y} | \mathcal{Z} \tag{1.1.14}$$

表示两个变量 $\mathcal{X}$ 和 $\mathcal{Y}$ 的集合在给定变量 $\mathcal{Z}$ 的集合的情况下是相互独立的。对于条件独立性，$\mathcal{X}$ 和 $\mathcal{Y}$ 必须在给定 $\mathcal{Z}$ 的任意状态下均独立，这意味着

$$p(\mathcal{X},\mathcal{Y}|\mathcal{Z})=p(\mathcal{X}|\mathcal{Z})p(\mathcal{Y}|\mathcal{Z}) \tag{1.1.15}$$

对所有 $\mathcal{X}$、$\mathcal{Y}$、$\mathcal{Z}$ 的状态均成立。在条件集为空的情况下，我们会将 $\mathcal{X} \perp\!\!\!\perp \mathcal{Y} | \varnothing$ 写为 $\mathcal{X} \perp\!\!\!\perp \mathcal{Y}$，其中 $\mathcal{X}$(无条件地)与 $\mathcal{Y}$ 独立。

如果 $\mathcal{X}$ 和 $\mathcal{Y}$ 不是条件独立的，则它们条件相关。这可以表示为

$$\mathcal{X} \top\!\!\!\top \mathcal{Y} | \mathcal{Z} \tag{1.1.16}$$

类似地，把 $\mathcal{X} \top\!\!\!\top \mathcal{Y} | \varnothing$ 写为 $\mathcal{X} \top\!\!\!\top \mathcal{Y}$。

直觉上，如果 x 与 y 在给定 z 的前提下条件独立，则意味着给定 z，y 不包含关于 x 的任何额外信息。类似地，给定 z，已知 x 也不能获得任何关于 y 的信息。注意，$\mathcal{X} \perp\!\!\!\perp \mathcal{Y} | \mathcal{Z} \Rightarrow \mathcal{X}' \perp\!\!\!\perp \mathcal{Y}' | \mathcal{Z}$ 对于任何 $\mathcal{X}' \subseteq \mathcal{X}$ 和 $\mathcal{Y}' \subseteq \mathcal{Y}$ 均成立。

备注 1.2(独立性的传递性) 很容易想到的是，如果 a 独立于 b，b 独立于 c，那么 a 一定独立于 c：

$$\{a \perp\!\!\!\perp b, b \perp\!\!\!\perp c\} \Rightarrow a \perp\!\!\!\perp c \tag{1.1.17}$$

但是，这并不成立。考虑一个具有下述形式的分布：

$$p(a,b,c)=p(b)p(a,c) \tag{1.1.18}$$

由此可得

$$p(a,b)=\sum_c p(a,b,c)=p(b)\sum_c p(a,c) \tag{1.1.19}$$

则 $p(a,b)$ 是一个关于 b 的函数乘上一个关于 a 的函数，因此 a 和 b 是独立的。类似地，读者可以推断出 b 和 c 也是独立的。但是，a 和 c 不一定是独立的，这是因为分布 $p(a,c)$ 可以是任意的。

类似地，很容易想到如果 a 和 b 是相关的，b 和 c 是相关的，那么 a 和 c 一定相关：

$$\{a \top\!\!\!\top b, b \top\!\!\!\top c\} \Rightarrow a \top\!\!\!\top c \tag{1.1.20}$$

但是，这也不成立。我们在练习 3.17 中给出了一个显式的数值例子。

最后，注意条件独立性 $x \perp\!\!\!\perp y | z$ 不能推出边缘独立性 $x \perp\!\!\!\perp y$。

1.1.2 概率表

已知英格兰(E)、苏格兰(S)以及威尔士(W)的人口数分别为 60 776 238、5 116 900 和 2 980 700，随机选取一个来自这三个地区的人，他(她)住在英格兰、苏格兰和威尔士的先验概率分别大约是 0.88、0.08 和 0.04。我们可以将其记为一个向量(或者概率表)：

$$\begin{pmatrix} p(\mathrm{Cnt}=E) \\ p(\mathrm{Cnt}=S) \\ p(\mathrm{Cnt}=W) \end{pmatrix} = \begin{pmatrix} 0.88 \\ 0.08 \\ 0.04 \end{pmatrix} \tag{1.1.21}$$

这些概率值之和为 1。向量中元素的顺序是任意的，元素的意义与现实是相符的。

为简便起见，假设只有三种母语存在：英语(Eng)、苏格兰语(Scot)和威尔士语(Wel)。根据给定居住地区(E、S 和 W)后三种母语的条件概率，我们列出(虚构的)条件概率表：

$$\begin{array}{lll} p(\mathrm{MT}=\mathrm{Eng}|\mathrm{Cnt}=E)=0.95 & p(\mathrm{MT}=\mathrm{Eng}|\mathrm{Cnt}=S)=0.7 & p(\mathrm{MT}=\mathrm{Eng}|\mathrm{Cnt}=W)=0.6 \\ p(\mathrm{MT}=\mathrm{Scot}|\mathrm{Cnt}=E)=0.04 & p(\mathrm{MT}=\mathrm{Scot}|\mathrm{Cnt}=S)=0.3 & p(\mathrm{MT}=\mathrm{Scot}|\mathrm{Cnt}=W)=0.0 \\ p(\mathrm{MT}=\mathrm{Wel}|\mathrm{Cnt}=E)=0.01 & p(\mathrm{MT}=\mathrm{Wel}|\mathrm{Cnt}=S)=0.0 & p(\mathrm{MT}=\mathrm{Wel}|\mathrm{Cnt}=W)=0.4 \end{array} \tag{1.1.22}$$

由此我们可以构建联合分布 $p(\mathrm{Cnt},\mathrm{MT})=p(\mathrm{MT}|\mathrm{Cnt})p(\mathrm{Cnt})$。其可被记为一个 3×3 的矩阵，其中列表示地区，行表示语言：

$$\begin{pmatrix} 0.95\times 0.88 & 0.7\times 0.08 & 0.6\times 0.04 \\ 0.04\times 0.88 & 0.3\times 0.08 & 0.0\times 0.04 \\ 0.01\times 0.88 & 0.0\times 0.08 & 0.4\times 0.04 \end{pmatrix} = \begin{pmatrix} 0.836 & 0.056 & 0.024 \\ 0.0352 & 0.024 & 0 \\ 0.0088 & 0 & 0.016 \end{pmatrix} \tag{1.1.23}$$

联合分布包含这一模型的所有信息。加总该表的各列，我们得到边缘概率 $p(\mathrm{Cnt})$。加总各行得到边缘概率 $p(\mathrm{MT})$。类似地，读者可以通过除以每行之和，从这个联合分布中轻易推断出 $p(\mathrm{Cnt}|\mathrm{MT})\propto p(\mathrm{MT}|\mathrm{Cnt})p(\mathrm{Cnt})$。

对于拥有大量变量的联合分布，其中每个变量 x_i，$i=1,\cdots,D$ 拥有 K_i 个可能状态，概率表是一个描述该联合分布的拥有 $\prod_{i=1}^{D} K_i$ 个元素的表格。显式地存储该概率表需要指数量级的空间。我们会在第 3、4 章讨论如何解决该问题。

概率分布给变量的每个联合状态都赋予一个值。基于此，可以认为 $p(T,J,R,S)$ 与 $p(J,S,R,T)$（或其他对各变量重排列的结果）是相同的，因为每种情况下变量位置的顺序仅仅是对应于相同概率的索引。这在集合论记号 $p(J\cap S\cap T\cap R)$ 下更易解释，这里我们用逗号简写了该集合论符号。但是，读者应该小心，勿将其与和变量位置有关的函数 $f(x,y)$ 混淆。我们知道在条件记号左边的变量可记作任何顺序，同样，条件记号右边的变量也可记作任何顺序，但穿过条件记号移动变量通常会导致不一样的结果，即 $p(x_1|x_2)\neq p(x_2|x_1)$。

1.2　概率推理

概率推理的典型范式是识别环境中的所有变量 $x_1,\cdots,x_N$，并根据其相互关系得到一个概率模型 $p(x_1,\cdots,x_N)$。推理（推断）是引入变量已知状态的依据，并基于这些依据计算感兴趣的概率。概率规则与贝叶斯定理补全了一个完整的推理系统，这个系统包含传统的演绎逻辑（作为一个特殊的例子[159]）。在例 1.2 中，变量个数尤其少。在第 3 章，我们会讨论在包含许多变量的网络中的推理，其中在第 2 章介绍的图将会扮演关键角色。

例 1.2（汉堡）　考虑下述虚构的科学信息：医生发现得 Kreuzfeld-Jacob（KJ）病的病人几乎会一直吃汉堡，因此 $p(\text{Hamburger Eater}|\text{KJ})=0.9$。但一个人得 KJ 病的概率相当低，大约 100 000 人中有 1 个人。

1. 假设吃很多汉堡很普遍，$p(\text{Hamburger Eater})=0.5$，则 1 个吃汉堡的人得 KJ 病的概率是多少？

可以这样计算：

$$p(\text{KJ}|\text{Hamburger Eater})=\frac{p(\text{Hamburger Eater},\text{KJ})}{p(\text{Hamburger Eater})}=\frac{p(\text{Hamburger Eater}|\text{KJ})p(\text{KJ})}{p(\text{Hamburger Eater})} \tag{1.2.1}$$

$$=\frac{\frac{9}{10}\times\frac{1}{100\,000}}{\frac{1}{2}}=1.8\times10^{-5} \tag{1.2.2}$$

2. 如果吃汉堡的人占比很小，如 $p(\text{Hamburger Eater})=0.001$，那么 1 个经常吃汉堡的人得 KJ 病的概率是多少？重复以上计算有：

$$\frac{\frac{9}{10}\times\frac{1}{100\,000}}{\frac{1}{1\,000}}\approx1/100 \tag{1.2.3}$$

概率远比问题 1 中的大，因此我们更加确认吃汉堡与得 KJ 病相关。

例 1.3(侦探克鲁索) 侦探克鲁索抵达了一个犯罪现场。已经死亡的受害者躺在一个房间里，他旁边有一把可能是凶手作案时用的刀。管家(B)和女仆(M)是侦探锁定的主要嫌疑犯，侦探认为管家犯案的先验概率为0.6，女仆为0.2。这些先验概率是独立的，即 $p(B,M)=p(B)p(M)$(管家和女仆同时作案或者都没作案的情况都是可能的)。根据侦探对罪犯的先验假设可进行如下数学建模：

$$\mathrm{dom}(B)=\mathrm{dom}(M)=\{\text{murderer}, \text{not murderer}\}, \quad \mathrm{dom}(K)=\{\text{knife used}, \text{knife not used}\} \tag{1.2.4}$$

$$p(B=\text{murderer})=0.6, \quad p(M=\text{murderer})=0.2 \tag{1.2.5}$$

$$\begin{aligned} p(\text{knife used}\mid B=\text{not murderer}, &\ M=\text{not murderer})=0.3\\ p(\text{knife used}\mid B=\text{not murderer}, &\ M=\text{murderer})=0.2\\ p(\text{knife used}\mid B=\text{murderer}, &\ M=\text{not murderer})=0.6\\ p(\text{knife used}\mid B=\text{murderer}, &\ M=\text{murderer})=0.1 \end{aligned} \tag{1.2.6}$$

另外有 $p(K,B,M)=p(K\mid B,M)p(B)p(M)$。假设那把刀是作案工具，那么管家作案的概率是多少?(记住可能两个人都不是凶手)。记 b 和 m 分别为 B 和 M 的两个状态，

$$\begin{aligned} p(B\mid K) &= \sum_m p(B,m\mid K)=\sum_m \frac{p(B,m,K)}{p(K)}\\ &= \frac{\sum_m p(K\mid B,m)p(B,m)}{\sum_{m,b} p(K\mid b,m)p(b,m)}=\frac{p(B)\sum_m p(K\mid B,m)p(m)}{\sum_b p(b)\sum_m p(K\mid b,m)p(m)} \end{aligned} \tag{1.2.7}$$

其中，用到了 $p(B,M)=p(B)p(M)$(在我们建立的模型中成立)。代入已知值(或者查看 demoClouseau.m 文件)可以得到：

$$p(B=\text{murderer}\mid \text{knife used})=\frac{\frac{6}{10}\left(\frac{2}{10}\times\frac{1}{10}+\frac{8}{10}\times\frac{6}{10}\right)}{\frac{6}{10}\left(\frac{2}{10}\times\frac{1}{10}+\frac{8}{10}\times\frac{6}{10}\right)+\frac{4}{10}\left(\frac{2}{10}\times\frac{2}{10}+\frac{8}{10}\times\frac{3}{10}\right)}=\frac{300}{412}\approx 0.73 \tag{1.2.8}$$

由此知道刀是作案工具增加了我们认为管家是凶手的判断依据。

备注 1.3 在例1.3中，$p(\text{knife used})$可能会引起困惑。在上述解答中，

$$p(\text{knife used})=\sum_b p(b)\sum_m p(\text{knife used}\mid b,m)p(m) \tag{1.2.9}$$

计算得到的值为0.412。但是我们确切地知道 $p(\text{knife used})=1$，因为这是已知条件。注意，$p(\text{knife used})$与模型认定“刀是作案工具”的先验概率相关(在没有其他信息时)。如果已知刀是凶器，那么后验概率为：

$$p(\text{knife used}\mid \text{knife used})=\frac{p(\text{knife used}, \text{knife used})}{p(\text{knife used})}=\frac{p(\text{knife used})}{p(\text{knife used})}=1 \tag{1.2.10}$$

这次的结果自然符合我们的预期。

例 1.4(谁在浴室?)　假设爱丽丝、鲍勃和塞西尔居住在同一栋房子中。塞西尔想用浴室，但发现里面有人了。于是他去爱丽丝的房间，发现她在房间里。由于塞西尔知道只有爱丽丝或鲍勃可能在浴室里，因此他推断鲍勃一定在浴室里。

为了在数学框架下得到同样的结论，我们定义下述事件：

$$A=\text{Alice is in her bedroom},\quad B=\text{Bob is in his bedroom},\quad O=\text{Bathroom occupied} \tag{1.2.11}$$

我们将"如果爱丽丝或者鲍勃不在自己的房间，那么他们一定在浴室(他们可能同时在浴室)"这一信息编码为：

$$p(O=\text{tr}|A=\text{fa},B)=1,\quad p(O=\text{tr}|A,B=\text{fa})=1 \tag{1.2.12}$$

第 1 项表明无论鲍勃在哪里，只要爱丽丝不在自己的房间，那么浴室一定有人。类似地，第 2 项表明只要鲍勃不在自己的房间，那么浴室一定有人。于是可得：

$$\begin{aligned}p(B=\text{fa}|O=\text{tr},A=\text{tr})&=\frac{p(B=\text{fa},O=\text{tr},A=\text{tr})}{p(O=\text{tr},A=\text{tr})}\\&=\frac{p(O=\text{tr}|A=\text{tr},B=\text{fa})p(A=\text{tr},B=\text{fa})}{p(O=\text{tr},A=\text{tr})}\end{aligned} \tag{1.2.13}$$

其中：

$$\begin{aligned}p(O=\text{tr},A=\text{tr})=\,&p(O=\text{tr}|A=\text{tr},B=\text{fa})p(A=\text{tr},B=\text{fa})+\\&p(O=\text{tr}|A=\text{tr},B=\text{tr})p(A=\text{tr},B=\text{tr})\end{aligned} \tag{1.2.14}$$

"如果爱丽丝在房间，鲍勃不在，那么浴室一定有人"以及类似的"如果爱丽丝和鲍勃都在房间，那么浴室一定没人"的编码为 $p(O=\text{tr}|A=\text{tr},B=\text{fa})=1$ 和 $p(O=\text{tr}|A=\text{tr},B=\text{tr})=0$，使用这两项，得到

$$p(B=\text{fa}|O=\text{tr},A=\text{tr})=\frac{p(A=\text{tr},B=\text{fa})}{p(A=\text{tr},B=\text{fa})}=1 \tag{1.2.15}$$

此例很有趣，因为不必在这种情况下构建全概率模型，这多亏了对概率的限制条件(我们不需要明确 $p(A,B)$)。对于传统的逻辑系统而言，限制概率为 0 或 1 的情况很普遍。

例 1.5(亚里士多德：演绎推理)　根据逻辑规则，由"所有苹果都是水果"和"所有水果都长在树上"可推出结论"所有苹果都长在树上"。这种推理代表了一种传递性：由 $A\Rightarrow F$ 和 $F\Rightarrow T$ 可以推出 $A\Rightarrow T$。

为利用贝叶斯定理推出相同结论，我们用 $p(F=\text{tr}|A=\text{tr})=1$ 表示语句"所有苹果都是水果"对应于，用 $p(T=\text{tr}|F=\text{tr})=1$ 表示语句"所有水果长在树上"。之后，我们想使用这两项推出 $p(T=\text{tr}|A=\text{tr})=1$。而这等价于 $p(T=\text{fa}|A=\text{tr})=0$，又反过来(假设 $p(A=\text{tr})>0$)等价于 $p(T=\text{fa},\ A=\text{tr})=0$。考虑：

$$p(T=\text{fa},A=\text{tr})=p(T=\text{fa},A=\text{tr},F=\text{tr})+p(T=\text{fa},A=\text{tr},F=\text{fa}) \tag{1.2.16}$$

我们可以推出右边两项均为 0。首先，考虑：

$$p(T=\text{fa},A=\text{tr},F=\text{tr})\leqslant p(T=\text{fa},F=\text{tr})=p(T=\text{fa}|F=\text{tr})p(F=\text{tr}) \tag{1.2.17}$$

由假设可得，$p(T=\text{fa}|F=\text{tr})=1-p(T=\text{tr}|F=\text{tr})=1-1=0$，因此上式为0。类似地，

$$p(T=\text{fa},A=\text{tr},F=\text{fa})\leqslant p(A=\text{tr},F=\text{fa})=p(F=\text{fa}|A=\text{tr})p(A=\text{tr}) \tag{1.2.18}$$

再次由假设，$p(F=\text{fa}|A=\text{tr})=0$。

例 1.6(亚里士多德：逆否推理) 根据逻辑规则，“A 正确则 B 正确”可推导出“B 错误则 A 错误”。为通过概率推理系统得出这一结论，我们首先将“A 正确则 B 正确”表示为 $p(B=\text{tr}|A=\text{tr})=1$。随即可以推出：

$$\begin{aligned}p(A=\text{fa}|B=\text{fa})&=1-p(A=\text{tr}|B=\text{fa})\\&=1-\frac{p(B=\text{fa}|A=\text{tr})p(A=\text{tr})}{p(B=\text{fa}|A=\text{tr})p(A=\text{tr})+p(B=\text{fa}|A=\text{fa})p(A=\text{fa})}=1\end{aligned} \tag{1.2.19}$$

这是由于 $p(B=\text{fa}|A=\text{tr})=1-p(B=\text{tr}|A=\text{tr})=1-1=0$，从而可以将第2项消去。

上述两个例子都是演绎推理逻辑的直观解释。因此，亚里士多德逻辑的标准规则可被视为概率推理的极限情况。

例 1.7(软异或门) 一个标准的异或逻辑门如下表所示：

A	B	A xor B
0	0	0
0	1	1
1	0	1
1	1	0

观察表中输出为0的项，可得到 A 和 B 的哪些信息呢？在该情况下，要么 A 和 B 均为0，要么 A 和 B 均为1。这意味着我们并不知道 A 处于哪一状态——A 等于1或0有相同的可能性。

考虑一个异或门的“软”版本，如下表所示：

A	B	$p(C=1\|A,B)$
0	0	0.1
0	1	0.99
1	0	0.8
1	1	0.25

这个门根据其输入随机地输出 $C=0$ 或 $C=1$，并已知额外条件：$A\perp\!\!\!\perp B$，$p(A=1)=0.65$ 以及 $p(B=1)=0.77$。那么 $p(A=1|C=0)$ 的概率为多少？

$$\begin{aligned}p(A=1,C=0)&=\sum_B p(A=1,B,C=0)=\sum_B p(C=0|A=1,B)p(A=1)p(B)\\&=p(A=1)(p(C=0|A=1,B=0)p(B=0)+p(C=0|A=1,B=1)p(B=1))\\&=0.65\times(0.2\times0.23+0.75\times0.77)=0.405\,275\end{aligned} \tag{1.2.20}$$

$$p(A=0,C=0)=\sum_{B}p(A=0,B,C=0)=\sum_{B}p(C=0\mid A=0,B)p(A=0)p(B)$$
$$=p(A=0)(p(C=0\mid A=0,B=0)p(B=0)+p(C=0\mid A=0,B=1)p(B=1))$$
$$=0.35\times(0.9\times0.23+0.01\times0.77)=0.075\,145$$

因此

$$p(A=1\mid C=0)=\frac{p(A=1,C=0)}{p(A=1,C=0)+p(A=0,C=0)}=\frac{0.405\,275}{0.405\,275+0.075\,145}=0.843\,6 \tag{1.2.21}$$

例 1.8(拉里) 拉里上学经常迟到。我们把“拉里迟到了”记为 $L=\text{late}$，把“拉里没迟到”记为 $L=\text{not late}$。当妈妈问他是否迟到时，他从不说自己迟到了。拉里的回答 R_L 记为：

$$p(R_L=\text{not late}\mid L=\text{not late})=1,\quad p(R_L=\text{late}\mid L=\text{late})=0 \tag{1.2.22}$$

剩下的两个值由加总为 1 得到：

$$p(R_L=\text{late}\mid L=\text{not late})=0,\quad p(R_L=\text{not late}\mid L=\text{late})=1 \tag{1.2.23}$$

给定 $R_L=\text{not late}$，求拉里迟到的概率，即 $p(L=\text{late}\mid R_L=\text{not late})$。

利用贝叶斯定理，我们有：

$$p(L=\text{late}\mid R_L=\text{not late})=\frac{p(L=\text{late},R_L=\text{not late})}{p(R_L=\text{not late})}$$
$$=\frac{p(L=\text{late},R_L=\text{not late})}{p(L=\text{late},R_L=\text{not late})+p(L=\text{not late},R_L=\text{not late})} \tag{1.2.24}$$

式子中：

$$p(L=\text{late},R_L=\text{not late})=\underbrace{p(R_L=\text{not late}\mid L=\text{late})}_{=1}p(L=\text{late}) \tag{1.2.25}$$

以及：

$$p(L=\text{not late},R_L=\text{not late})=\underbrace{p(R_L=\text{not late}\mid L=\text{not late})}_{=1}p(L=\text{not late}) \tag{1.2.26}$$

因此：

$$p(L=\text{late}\mid R_L=\text{not late})=\frac{p(L=\text{late})}{p(L=\text{late})+p(L=\text{not late})}=p(L=\text{late}) \tag{1.2.27}$$

最后一步利用了概率加总为 1 的性质，即 $p(L=\text{late})+p(L=\text{not late})=1$。这个结果符合直觉——拉里的妈妈知道他不会承认自己迟到，因此无论拉里说了什么，她对于他是否真的迟到的判断不会改变。

例 1.9(拉里和苏) 继续例 1.8，拉里的姐姐苏总是向妈妈汇报拉里是否上学迟到的事情。

$$p(R_S=\text{not late}|L=\text{not late})=1,\quad p(R_S=\text{late}|L=\text{late})=1 \tag{1.2.28}$$

剩下的两个值由加总为 1 得到：

$$p(R_S=\text{late}|L=\text{not late})=0,\quad p(R_S=\text{not late}|L=\text{late})=0 \tag{1.2.29}$$

同时我们假设 $p(R_S, R_L|L)=p(R_S|L)p(R_L|L)$。因此有

$$p(R_L,R_S,L)=p(R_L|L)p(R_S|L)p(L) \tag{1.2.30}$$

给定 $R_S=\text{late}$ 以及 $R_L=\text{not late}$，拉里迟到的概率是多少？

利用贝叶斯定理，我们有：

$$\begin{aligned}&p(L=\text{late}|R_L=\text{not late},R_S=\text{late})\\&=\frac{1}{Z}p(R_S=\text{late}|L=\text{late})p(R_L=\text{not late}|L=\text{late})p(L=\text{late})\end{aligned} \tag{1.2.31}$$

其中归一化因子 Z 由下式给定：

$$\begin{aligned}&p(R_S=\text{late}|L=\text{late})p(R_L=\text{not late}|L=\text{late})p(L=\text{late})+\\&p(R_S=\text{late}|L=\text{not late})p(R_L=\text{not late}|L=\text{not late})p(L=\text{not late})\end{aligned} \tag{1.2.32}$$

因此

$$p(L=\text{late}|R_L=\text{not late},R_S=\text{late})=\frac{1\times1\times p(L=\text{late})}{1\times1\times p(L=\text{late})+0\times1\times p(L=\text{not late})}=1 \tag{1.2.33}$$

这一结果依然符合直觉——由于拉里的妈妈知道苏总会说出真相，因此不管拉里说了什么，她都知道他一定迟到了。

例 1.10（卢克） 卢克被告知他幸运地中了彩票。一共有 5 种规格的奖金，分别为 10、100、1 000、10 000 和 1 000 000 英镑。赢得这 5 种奖金的先验概率分布为 p_1、p_2、p_3、p_4 和 p_5，p_0 是没有得奖的先验概率。卢克激动地问："我是否赢得了 1 000 000 英镑?!""很抱歉，没有，先生"，彩票电话接听员回答到。"我是否赢得了 10 000 英镑?!"卢克问道。"也没有，先生。"卢克赢得 1 000 英镑的概率有多大？

首先注意，$p_0+p_1+p_2+p_3+p_4+p_5=1$。我们用事件 W 代表赢得奖金的规格，$W=1$ 代表 10 英镑奖金，$W=2,\cdots,5$ 表示剩下的奖金，$W=0$ 表示无奖金。我们需要计算：

$$\begin{aligned}p(W=3|W\neq5,W\neq4,W\neq0)&=\frac{p(W=3,W\neq5,W\neq4,W\neq0)}{p(W\neq5,W\neq4,W\neq0)}\\&=\frac{p(W=3)}{p(W=1\text{ or }W=2\text{ or }W=3)}=\frac{p_3}{p_1+p_2+p_3}\end{aligned} \tag{1.2.34}$$

其中，分母的计算利用了事件 W 互斥（1 个人只能得 1 种奖）的性质。这个结果符合直觉：移除 W 的不可能状态后，卢克得某种奖的概率与那种奖的先验概率成比例，其中归一化因子就是剩余可能概率的加总。

1.3 先验、似然与后验

科学很多时候是在解决这种形式的问题：给定观测数据集 $\mathcal{D}$，告诉我关于变量 θ 的一些信息和一些潜在的数据生成机制。我们研究的是：

$$p(\theta|\mathcal{D})=\frac{p(\mathcal{D}|\theta)p(\theta)}{p(\mathcal{D})}=\frac{p(\mathcal{D}|\theta)p(\theta)}{\int_\theta p(\mathcal{D}|\theta)p(\theta)} \tag{1.3.1}$$

这展示了如何在已知数据集的前向或生成式模型 $p(\mathcal{D}|\theta)$，以及代表哪些变量值合适的先验概率 $p(\theta)$的情况下，推断变量的后验分布 $p(\theta|\mathcal{D})$。最大后验估计(MAP)是求取令后验概率最大的参数，即 $\theta_*=\underset{\theta}{\operatorname{argmax}}\,p(\theta|\mathcal{D})$。对于一个“平”的先验($p(\theta)$是常数，不随 θ 而改变)，MAP 的解与极大似然估计的解相同，极大似然估计是求取令生成观察数据的模型的似然 $p(\mathcal{D}|\theta)$取最大值的 θ。我们会在第 9 章再次讨论关于后验和参数的知识。

生成式模型的这种用途适用于真实世界的某些物理模型，这些物理模型往往会假设人类所观察到的现象的生成方式，并且假设这样的模型为人类所知。举个例子，一个人可能会假定如何生成一个正在摆动的摆钟的位移时间序列，但他并不知道摆钟的质量、长度以及阻尼系数等物理特性。利用生成式模型，就可以在只给定位移数据的前提下，推断出摆钟的物理特性。

例 1.11(摆钟) 作为学习科学推断和连续变量的开始，我们考虑一个理想情况下的摆钟，x_t 是摆钟在 t 时刻的角位移。假设每次测量是独立的，给定问题参数 θ，已知一观察序列 $x_1,\cdots,x_T$ 的似然为：

$$p(x_1,\cdots,x_T|\theta)=\prod_{t=1}^{T}p(x_t|\theta) \tag{1.3.2}$$

如果模型是正确的，且位移 x 的测量是准确的，那么物理模型为：

$$x_t=\sin(\theta t) \tag{1.3.3}$$

其中 θ 代表摆钟的未知物理常量($\sqrt{g/L}$，其中 g 为重力加速度，L 为摆长)。但是如果只有一个相对较差的仪器可用来测量位移，并带有未知方差 σ^2(见第 8 章)，那么：

$$x_t=\sin(\theta t)+\varepsilon_t \tag{1.3.4}$$

其中 ε_t 是一个方差为 σ^2 的零均值高斯噪声。我们也可以考虑一个可能的参数集合 θ，并设置先验概率 $p(\theta)$，从而通过不同的 θ 值恰当地表示先验可能性的大小(在得到观测值之前)。那么后验分布为：

$$p(\theta|x_1,\cdots,x_T)\propto p(\theta)\prod_{t=1}^{T}\frac{1}{\sqrt{2\pi\sigma^2}}\mathrm{e}^{-\frac{1}{2\sigma^2}(x_t-\sin(\theta t))^2} \tag{1.3.5}$$

尽管测量存在噪声，但在大量测量后，所有可能取值的 θ 后验分布在一个点出现峰值，见图 1.1。

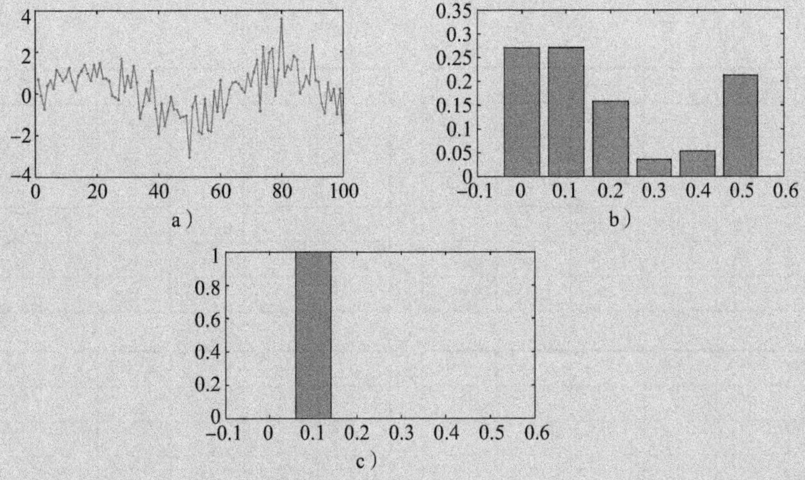

图 1.1　a) 摆钟位移的包含噪声的观察 $x_1,\cdots,x_{100}$，b) 5 个 θ 可能值的先验概率取值，c) θ 的后验概率取值

1.3.1　两枚骰子：各自的分数是多少

投掷两枚公平的骰子，有人告诉你这两枚骰子的点数之和是 9，求骰子点数的后验分布[㊀]。

骰子 a 的点数用 s_a 来表示，$\text{dom}(s_a)=\{1,2,3,4,5,6\}$，$s_b$ 与之类似。那么三个变量分别为 s_a、s_b 以及总点数 $t=s_a+s_b$。包含这三个变量的模型自然取如下形式：

$$p(t,s_a,s_b)=\underbrace{p(t\,|\,s_a,s_b)}_{\text{似然}}\underbrace{p(s_a,s_b)}_{\text{先验}} \tag{1.3.6}$$

先验 $p(s_a,s_b)$是在不知道任何信息的条件下 s_a 和 s_b 的联合概率。假设每次投掷相互独立，

$$p(s_a,s_b)=p(s_a)p(s_b) \tag{1.3.7}$$

既然骰子是公平的，那么 $p(s_a)$和 $p(s_b)$都服从均匀分布，即 $p(s_a)=p(s_b)=1/6$。

似然为：

$$p(t\,|\,s_a,s_b)=\mathbb{I}[t=s_a+s_b] \tag{1.3.8}$$

这说明总点数为 s_a+s_b。其中 $\mathbb{I}[A]$代表指示函数，函数定义为：当 A 为真时，$\mathbb{I}[A]$为 1，否则为 0。

由此，整个模型为：

$$p(t,s_a,s_b)=p(t\,|\,s_a,s_b)p(s_a)p(s_b) \tag{1.3.9}$$

其中式子右边的项被明确定义了。

可推出后验为：

$$p(s_a,s_b\,|\,t=9)=\frac{p(t=9\,|\,s_a,s_b)p(s_a)p(s_b)}{p(t=9)} \tag{1.3.10}$$

其中：

$$p(t=9)=\sum_{s_a,s_b}p(t=9\,|\,s_a,s_b)p(s_a)p(s_b) \tag{1.3.11}$$

可计算得 $p(t=9)=\sum_{s_a,s_b}p(t=9\,|\,s_a,s_b)p(s_a)p(s_b)=4\times1/36=1/9$。因此，后验是

㊀ 这个例子源自 Taylan Cemgil。

表中显示的仅 4 个非 0 元素的等比重分布。

$p(s_a)p(s_b)$：

	$s_a=1$	$s_a=2$	$s_a=3$	$s_a=4$	$s_a=5$	$s_a=6$
$s_b=1$	1/36	1/36	1/36	1/36	1/36	1/36
$s_b=2$	1/36	1/36	1/36	1/36	1/36	1/36
$s_b=3$	1/36	1/36	1/36	1/36	1/36	1/36
$s_b=4$	1/36	1/36	1/36	1/36	1/36	1/36
$s_b=5$	1/36	1/36	1/36	1/36	1/36	1/36
$s_b=6$	1/36	1/36	1/36	1/36	1/36	1/36

$p(t=9\mid s_a,s_b)p(s_a)p(s_b)$：

	$s_a=1$	$s_a=2$	$s_a=3$	$s_a=4$	$s_a=5$	$s_a=6$
$s_b=1$	0	0	0	0	0	0
$s_b=2$	0	0	0	0	0	0
$s_b=3$	0	0	0	0	0	1/36
$s_b=4$	0	0	0	0	1/36	0
$s_b=5$	0	0	0	1/36	0	0
$s_b=6$	0	0	1/36	0	0	0

$p(t=9\mid s_a,s_b)$：

	$s_a=1$	$s_a=2$	$s_a=3$	$s_a=4$	$s_a=5$	$s_a=6$
$s_b=1$	0	0	0	0	0	0
$s_b=2$	0	0	0	0	0	0
$s_b=3$	0	0	0	0	0	1
$s_b=4$	0	0	0	0	1	0
$s_b=5$	0	0	0	1	0	0
$s_b=6$	0	0	1	0	0	0

$p(s_a,s_b\mid t=9)$：

	$s_a=1$	$s_a=2$	$s_a=3$	$s_a=4$	$s_a=5$	$s_a=6$
$s_b=1$	0	0	0	0	0	0
$s_b=2$	0	0	0	0	0	0
$s_b=3$	0	0	0	0	0	1/4
$s_b=4$	0	0	0	0	1/4	0
$s_b=5$	0	0	0	1/4	0	0
$s_b=6$	0	0	1/4	0	0	0

例 1.12(爆炸)　我们考虑对斯图尔特·罗素的“地球/核爆炸”检测问题[9]进行修改后的一个简单形式。假设在地球内部有爆炸事件发生，我们想要通过对爆炸的地表检测估计爆炸发生点。为简便起见，我们假设地球只有两个维度。

地球表面上均匀分布着 N 个传感器，位置分别为(x_i,y_i)，其中 $i=1,\cdots,N$，由下面的点表示：

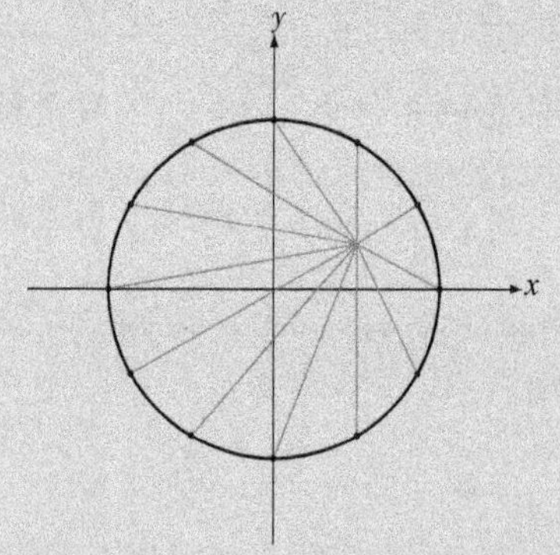

爆炸发生在地球内部(未知)的某点(e_x,e_y)，并向地表传播能量波，后由传感器感知。传感器接收到的爆炸信号为：

$$\frac{1}{d_i^2+0.1}$$

其中 d_i^2 是爆炸发生点到传感器 i 的距离的平方，即

$$d_i^2=(x_i-e_x)^2+(y_i-e_y)^2$$

这意味着爆炸的信号强度随爆炸发生点到传感器的距离增加而减少。

传感器并不能探测准确的信号强度，其探测的信号带有标准差为 σ 的高斯噪声。这意味着传感器 i 上的观察值 v_i 服从高斯分布：

$$p(v_i|d_i)=\frac{1}{\sqrt{2\pi\sigma^2}}e^{-\frac{1}{2\sigma^2}\left(v_i-\frac{1}{d_i^2+0.1}\right)^2}$$

假设各传感器上的观察值是相互独立的（在给定爆炸位置的情况下），一个简单的生成模型为：

$$p(v_1,\cdots,v_N,e_x,e_y)=p(e_x,e_y)\prod_{i=1}^{N}p(v_i|d_i)$$

其信念网络表示如下（见第 3 章）：

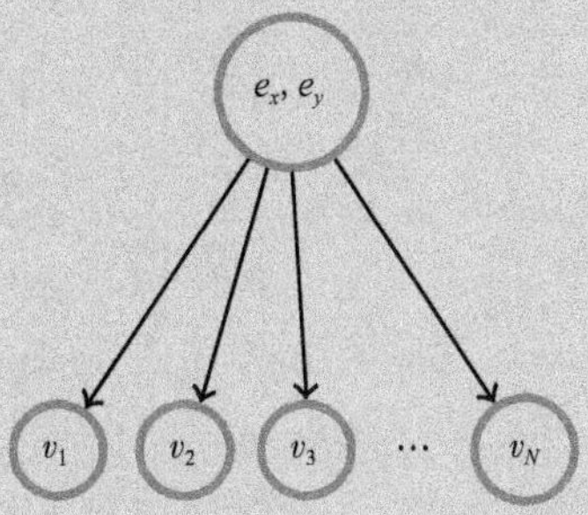

给定观察值集合 $v_1,\cdots,v_N$，我们感兴趣的是后验分布：

$$p(e_x,e_y|v_1,\cdots,v_N)$$

对于均匀先验 $p(e_x,e_y)=C$，有：

$$p(e_x,e_y|v_1,\cdots,v_N)\propto\prod_{i=1}^{N}p(v_i|d_i)$$

在图 1.2 中我们绘制了后验分布和最可能的爆炸发生点：

$$\underset{p}{\operatorname{argmax}}(e_x,e_y|v_1,\cdots,v_N)$$

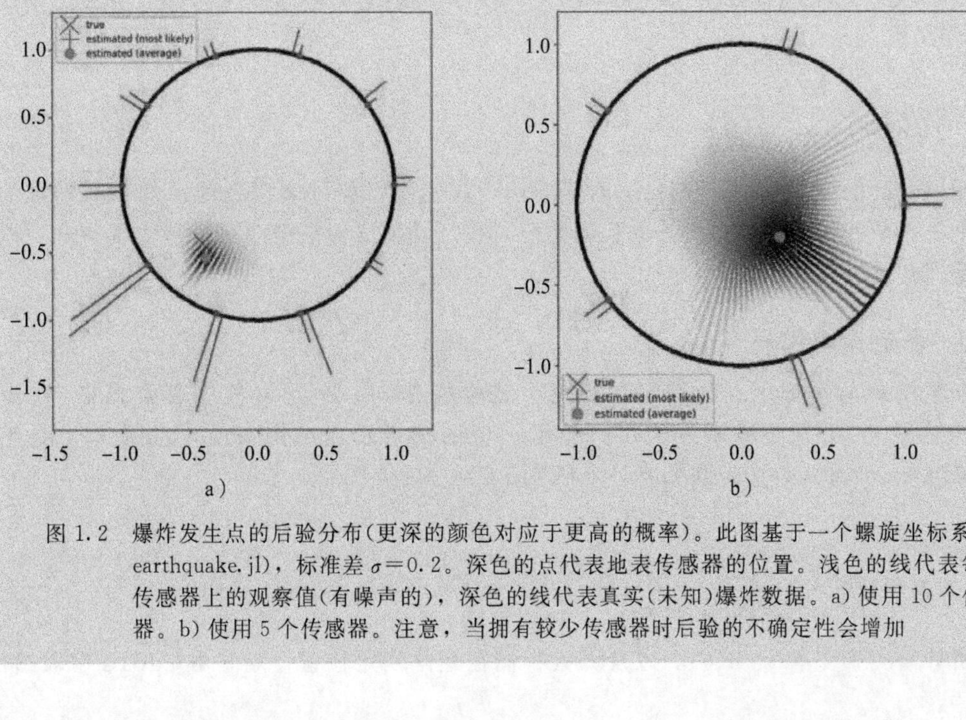

a）　　　　　　　　　　　　b）

图 1.2　爆炸发生点的后验分布（更深的颜色对应于更高的概率）。此图基于一个螺旋坐标系（见 earthquake.jl），标准差 $\sigma=0.2$。深色的点代表地表传感器的位置。浅色的线代表每个传感器上的观察值（有噪声的），深色的线代表真实（未知）爆炸数据。a）使用 10 个传感器。b）使用 5 个传感器。注意，当拥有较少传感器时后验的不确定性会增加

读者也可以基于本例探索解决多爆炸发生点问题的方法，图 1.3 给出了一个双爆炸发生点的例子。

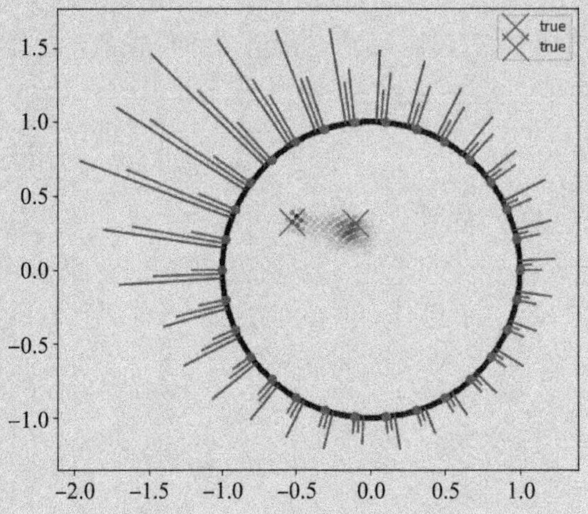

图 1.3　有两个爆炸发生点时的后验分布(更深的颜色对应于更高的概率)。此图基于螺旋坐标系(见 earthquake.jl)，标准差 $\sigma=0.2$。深色的点是地表传感器的位置。浅色的线是每个传感器上的观察值(有噪声的)，深色的线是真实(未知)的两个爆炸数据

1.4　总结

- 标准的概率规则是一种带有不确定性的始终一致且富有逻辑的推理方法。
- 贝叶斯定理用数学语言描述了概率推理过程。

文献[293]对概率进行了介绍。对概率的解释是有争议的，更详细的讨论请读者参考[159，198，194]。网站 understandinguncertaunty.org 包含关于带不确定性的概率推理的有趣讨论。

1.5　代码

本书配套的 BRML 工具箱代码用于向读者展示离散概率表以及简单的推断过程的具体实现。本节我们只提供最简洁的代码介绍，我们鼓励读者根据演示自行实现一遍，以更深刻地理解其过程和目的。

1.5.1　基础概率代码

在最简单的情形下，我们仅需要两个基本操作，一个是将概率表乘起来(在代码中称为势)，一个是将概率表加总。势用一个结构表示。举例来说，在例 1.3 的代码 demoClouseau.m 文件中，我们将一个概率表定义为：

```
>> pot(1)
ans =
    variables: [1 3 2]
        table: [2x2x2 double]
```

这说明势取决于变量 1、3、2，以及元素存储在矩阵指定位置，矩阵由 table 字段给出。

矩阵的大小由每个变量的状态数目决定，并以 variables 的顺序给定。在矩阵索引一致的情况下，势中变量的顺序无关紧要。设置表中元素的基本操作见 setstate. m 文件。例如，

```
>> pot(1) = setstate(pot(1),[2 1 3],[2 1 1],0.3)
```

意思是对于势 1，表中第 2 个变量在第 2 个状态、第 1 个变量在第 1 个状态以及第 3 个变量在第 1 个状态的值均被设为 0.3。

代码的书写准则是使计算量最小化。变量的标签以及定义域的额外信息也对阐述结果有用，但是并没有要求实施计算。例如，我们可以具体阐明每个变量的名字和定义域。

```
>>variable(3)
ans =
    domain: {'murderer'  'not murderer'}
      name: 'butler'
```

例 1.3 中关于变量名和定义域的信息被存储在结构 variable 中，而这对展示势表可能有帮助：

```
>> disptable(pot(1),variable);
knife   =   used       maid    = murderer       butler  =  murderer      0.100000
knife   =   not used   maid    = murderer       butler  =  murderer      0.900000
knife   =   used       maid    = not murderer   butler  =  murderer      0.600000
knife   =   not used   maid    = not murderer   butler  =  murderer      0.400000
knife   =   used       maid    = murderer       butler  =  not murderer  0.200000
knife   =   not used   maid    = murderer       butler  =  not murderer  0.800000
knife   =   used       maid    = not murderer   butler  =  not murderer  0.300000
knife   =   not used   maid    = not murderer   butler  =  not murderer  0.700000
```

势乘

为将势相乘，(就向量来说)每个势的表必须在维数上一致，即变量 i 的可能状态个数一定在所有势上都一致。可用 potvariables. m 检查一致性。这样的一致性对其他基本操作也是必需的，例如加总势。

multpots. m：将两个或多个势相乘。

divpots. m：将一个势与另一势相除。

势加总

sumpot. m：在变量集上加总(边缘化)一个势。

sumpots. m：将几个势加总。

生成条件势

condpot. m：生成一个以变量为条件的势。

设置势

setpot. m：给定状态，设置势中的变量。

setvpot. m：给定状态，设置势中的变量，并返回一个给定状态上的单位势。

在 BRML 工具箱中，所有关于变量的信息都是局部的，并从势中读取。使用 setevpot. m 可在一个状态里设置变量，并保存该变量状态数量的信息。

最大化势

maxpot. m：在变量集上最大化一个势。

也可以使用 maxNarray. m 和 maxNpot. m 来返回 N 个最大值以及相关的状态。

其他势相关工具

setstate. m：根据给定值设置势的状态。

table. m：根据势返回一个表。

whichpot. m：返回包含一系列变量的势。

potvariables. m：一系列势中的变量及其状态数量。

orderpotfields. m：将一个势结构排序。

uniquepots. m：将冗余势用乘法融合为一个势。

numstates. m：定义域中一个变量的状态数。

squeezepots. m：寻找特定势并重命名变量 1,2,…。

normpot. m：正则化势使其形成一个分布。

1.5.2 通用工具

condp. m：根据 $p(x,y)$返回表 $p(x|y)$。

condexp. m：通过对数值构建条件分布。

logsumexp. m：通过数值的精确计算方法计算指数和的对数。

normp. m：正则化一个表。

assign. m：给多个变量赋值。

maxarray. m：在子集上最大化一个多维向量。

1.5.3 示例

下面的代码通过解决例 1.3 重点展示了以上各函数的用法，建议读者运行代码，以熟悉如何用数值表示概率表。

demoClouseau. m：解决例 1.3 中的问题。

1.6 练习题

练习 1.1 证明：

$$p(x,y|z)=p(x|z)p(y|x,z) \tag{1.6.1}$$

并且

$$p(x|y,z)=\frac{p(y|x,z)p(x|z)}{p(y|z)} \tag{1.6.2}$$

练习 1.2 证明 Bonferroni 不等式：

$$p(a,b)\geqslant p(a)+p(b)-1 \tag{1.6.3}$$

练习 1.3(改编自[182]) 有两个盒子，盒子 1 装有 3 个红球和 5 个白球，盒子 2 装有 2 个红球和 5 个白球。随机选择一个盒子的概率是 $p(\text{box}=1)=p(\text{box}=2)=0.5$。从中随机拿出 1 个球是红球，请问该球属于盒子 1 的后验概率是多少？

练习 1.4(改编自[182]) 按以下方式将 2 个球放入一个盒子：投掷一枚硬币，若正面朝上则放入白球，反之放入红球。再次投掷硬币，若反面朝上则放入红球，反之放入白球。此时，分三次有放回地从盒子里取出 1 个球，发现均为红球。那么盒子里两个球均为红色的概率是多少？

练习 1.5(改编自 David Spiegelhalter 的 understandinguncertainty. org) 一个政府秘密机构制造出了一种能识别一个人是否是恐怖分子的扫描器。扫描器在一定程度上是可靠的，95%的恐怖分子和一般居民被正确分类。1 位线人告诉该机构在 100 个登上某飞机的乘客中有 1 个是恐怖分子。警察将第 1 个被扫描器检测为恐怖分子的人拖下飞机。那么这个人是恐怖分子的概率是多少？

练习 1.6 考虑满足下面分解的一个三变量分布：

$$p(a,b,c)=p(a|b)p(b|c)p(c) \tag{1.6.4}$$

其中所有变量都是二值的。为确定该分布，需要指定多少参数的值？

练习 1.7 再次回到例 1.3，但是加上管家和女仆不能同时为凶手这一限制。显然，女仆是凶手的概率为 0.04，管家为凶手的概率为 0.64。请据此修改 demoClouseau.m。

练习 1.8 证明：

$$p(a,(b \text{ or } c))=p(a,b)+p(a,c)-p(a,b,c) \tag{1.6.5}$$

练习 1.9 证明：

$$p(x|z)=\sum_{y}p(x|y,z)p(y|z)=\sum_{y,w}p(x|w,y,z)p(w|y,z)p(y|z) \tag{1.6.6}$$

练习 1.10 年轻的戈特先生在 1969 年来到柏林。他惊讶地发现由于一堵墙分隔了这座城市，因此他不能穿过这座墙前往东柏林。有人告诉他这堵墙建于 8 年前。他做了如下推理：这堵墙只有有限的寿命；他不知道这堵墙的存在，因此他可能在任意（等概率）一个时间点到达这堵墙。由于墙前后 2.5%的寿命只占了 5%的时间，他断定有 95%的把握相信这座墙还会挺立 8/0.975≈8.2 至 8/0.025=320 年。1989 年戈特教授高兴地发现他的预测是准确的，并将预测方法发表在知名期刊上。这个“delta-t”方法被广泛应用，并在研究者“完全忽略”的领域建立了预测模型。你认可戈特教授的预测吗？谨慎地解释你的推理过程。

练习 1.11 用 BRML 工具箱实现例 1.7 中的软异或门。你可能会用到 condpot.m。

练习 1.12 用 BRML 工具箱实现例 1.2（所有场景）中的汉堡模型。为此，你需要定义联合分布 p(hamburgers，KJ)，其中 dom(hamburgers)=dom(KJ)={tr，fa}。

练习 1.13 用 BRML 工具箱实现 1.3.1 节的两枚骰子的例子。

练习 1.14 再分配彩票涉及在 1 到 9 中选择 4 个正确数字（不能重复，比如 3,4,4,1 是不可能的）。每周有 100 万人参加该游戏，每个人支付 1 英镑参加费。不考虑数字的顺序，人们选择最多的数字组合是 3,5,7,9（100 个人里有 1 个人选）。100 万英镑的奖励将会被平分给所有获胜者，在 4 个数字组合随机出现的情况下，每一个选择 3,5,7,9 的人获奖的期望是多少？最少被选择的数字组合是 1,2,3,4，10 000 个人里仅有 1 人选。他们每周平均得奖是多少？你认为玩这个游戏有什么“技巧”吗？

练习 1.15 在一个心理测试中，5 个人的车钥匙和手表被交给一个中间人。中间人接着尝试将手表和车钥匙与每个人配对。中间人配对正确（恰好）的人数的期望是多少？至少 1 人正确的概率有多大？

练习 1.16 1. 证明对于任意函数 f，有：

$$\sum_{x}p(x|y)f(y)=f(y) \tag{1.6.7}$$

2. 解释为什么一般情况下，有：

$$\sum_{x}p(x|y)f(x,y)\neq\sum_{x}f(x,y) \tag{1.6.8}$$

练习 1.17（受 singingbanana.com 启发） 7 个好友准备通过电话从 Pizza4U 订比萨，该比萨店雇佣配送员来将比萨放入顾客的信箱中。Pizza4U 有 4 种比萨，每一个人都会独立地选择一种比萨。鲍勃打电话给 Pizza4U 订了组合比萨订单，并告知每种比萨需要多少。不幸的是，准确的订单丢失了，因此厨师随机地做了 7 种比萨并将其交给配送员。

1. 有多少种可能的组合订单？

2. 配送员手里的比萨组合正确的概率有多大？

练习 1.18 莎莉刚来不久，正在听一些朋友讨论另一个女性朋友。莎莉知道讨论的是爱丽丝或者贝拉，但不能确定是谁。通过之前的讨论，莎莉知道了一些独立的信息：她有 90%的把握相信爱丽丝有一辆白色的车，但并不知道贝拉的车是白色还是黑色。类似地，她有 90%的把握相信贝拉喜欢吃寿司，但并不知道爱丽丝喜欢不喜欢。莎莉从对话中得知被讨论的人讨厌寿司，并且有一辆白色的车。那个被讨论的朋友是爱丽丝的概率有多大？假设不知道任何概率信息的情况下可最大化不确定性。

练习 1.19 伦敦的天气可以被总结为：如果今天下雨，那明天将会有 70%的概率下雨；如果今天是晴天，那明天将会有 40%的概率也是晴天。

1. 假设昨天下雨的先验概率为 0.5，在知道今天是晴天的情况下，昨天下雨的概率是多少？
2. 假设每天天气都随上面的概率变化，在任意一天下雨的概率有多大？（基于无数天有效的观察。）
3. 使用第 2 题中的概率结果作为新的昨天下雨的先验概率，在已知今天是晴天的情况下，重新计算昨天下雨的概率。

练习 1.20 一个赛艇游戏在 10×10 的像素网格上进行。有两艘长为 5 像素的赛艇均匀随机地放置在网格上，并受限制：(1) 赛艇互相不能重叠；(2) 一艘赛艇是竖直的，另一艘赛艇是水平的。当两艘赛艇成功在位置(1,10)、(2,2)、(3,8)、(4,4)、(5,6)、(6,5)、(7,4)、(7,7)、(9,2)、(9,9)处避免撞上后，计算哪一个像素包含一艘赛艇的概率最大。写出这一像素以及最大概率值。

练习 1.21 一个赛艇游戏在 8×8 的像素网格上进行。该网格上水平放置着两艘 5 像素的赛艇，竖直也放置着两艘 5 像素的赛艇。赛艇受的限制和上题类似。给定两个未撞上的位置(1,1)、(2,2)，以及一个撞上的位置(5,5)，哪个像素最有可能包含一艘赛艇？并求其概率。

练习 1.22 我们考虑例 1.12 的扩展版。有两个爆炸发生点 s_1 和 s_2，传感器 i 上的观察值为：

$$v_i=\frac{1}{d_i^2(1)+0.1}+\frac{1}{d_i^2(2)+0.1}+\sigma\epsilon_i$$

其中 $d_i(1)$、$d_i(2)$分别是从爆炸发生点 1、2 到传感器的距离，σ 是高斯传感器噪声的标准差，噪声 ϵ_i 抽样自零均值单位协方差矩阵的高斯分布，每个传感器上的噪声相互独立。文件 EarthquakeExerciseData.jl 里的数据代表传感器观察值 v_i，坐标系的设置在 earthquakeExerciseSetup.jl 中给定。假设两个爆炸事件的先验发生点是独立且均匀的(在螺旋坐标系中)：

1. 计算后验 $p(s_1 \mid \boldsymbol{v})$并绘制类似于图 1.3 的图片，用于可视化后验。
2. 记 $\mathcal{H}_2$ 为有 2 个爆炸事件的假设，$\mathcal{H}_1$ 为仅有 1 个的假设，写出 $\log p(\boldsymbol{v} \mid \mathcal{H}_2)-\log p(\boldsymbol{v} \mid \mathcal{H}_1)$的值。
3. 假设我们没有先验偏好，即 $p(\mathcal{H}_1)=p(\mathcal{H}_2)=C$，解释为什么相较于仅有 1 个爆炸事件的 $\log p(\boldsymbol{v} \mid \mathcal{H}_2)-\log p(\boldsymbol{v} \mid \mathcal{H}_1)$与有 2 个爆炸事件的概率有关。
4. 如果我们假设有 K 个爆炸事件，写出计算 $\log p(\boldsymbol{v} \mid \mathcal{H}_K)$的计算复杂度。

练习 1.23 类似上一个练习，使用一个不同类型的爆炸传感器测量两个爆炸事件的均值，有：

$$v_i=\frac{0.5}{d_i^2(1)+0.1}+\frac{0.5}{d_i^2(2)+0.1}+\sigma\epsilon_i$$

传感器的观察值存储在文件 EarthquakeExerciseMeanData.txt 中。

1. 计算后验 $p(s_1 \mid \boldsymbol{v})$并绘制类似于图 1.3 的用于可视化后验的图片。
2. 记 $\mathcal{H}_2$ 为有 2 个爆炸事件的假设，$\mathcal{H}_1$ 为仅有 1 个的假设，写出 $\log p(\boldsymbol{v} \mid \mathcal{H}_2)-\log p(\boldsymbol{v} \mid \mathcal{H}_1)$的值。
3. 解释为什么在这种情况下，精确地估计两个爆炸发生点的位置以及确定爆炸点的个数会更难(与之前的练习相比较)。

图的基础概念

通常我们有足够的理由相信一个事件会影响另一个事件，或者相反，一些事件是互相独立的。引入这些知识能够构建更确切的、计算更加有效的模型。图可以描述事物之间是如何联系的，并为描述相关的事物提供一个直观的画面。在后面一些章节我们会介绍描述多变量概率模型的图结构，并构建一个捕捉变量间关系和不确定性的“图模型”。本章我们先介绍所需的基础知识，这些知识来自图理论。

2.1 图

定义 2.1(图) 图 G 由节点(也称顶点)和节点间的边(也称连接)组成。边可以是有向的(单一方向有箭头)，可以是无向的，边也可以有权重。如果一个图的边全是有向边，则称为有向图；如果全是无向边，则称为无向图。

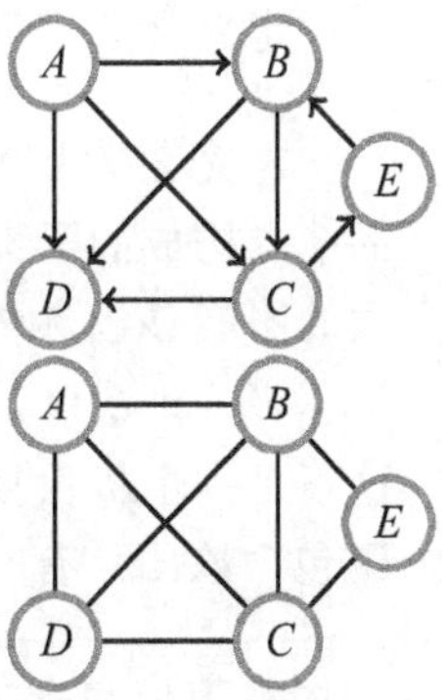

右图分别为由节点间的有向边构成的有向图和由节点间的无向边构成的无向图。

带权重的图经常用来构建通过“管道”流通的网络，或者描述城市间的距离(一个节点代表一个城市)。我们在第 5 章和第 28 章也会使用这些概念。但是我们使用图主要是为了赋予其概率解释，并在第 3 章为有向图和概率构建联系。无向图将在利用不确定性构建模型和推理时起到关键作用。从本质上讲，如果两个变量在一个图中没有相连的路径，那么它们是互相独立的。我们会在第 4 章讲到马尔可夫网络时再详细讨论这一点。

定义 2.2(路径，祖先，子孙) 一条从 A 到 B 的路径 $A\to B$ 是一个连接 A 和 B 的节点序列，形如 $A_0,A_1,\cdots,A_{n-1},A_n$，其中 $A_0=A$，$A_n=B$，$(A_{k-1},A_k)(k=1,\cdots,n)$为图的边。一条有向路径即我们跟随箭头的方向从 A 到 B 途中所经节点组成的序列。在有向图中，如果 $A\to B$ 但 $B\not\to A$，则 A 是 B 的祖先，B 是 A 的子孙。

定义 2.3(环、圈和桥) 环是起始点和终止点相同的一条有向路径 $a\to b\to\cdots\to z\to a$。圈是和边的方向无关，包含不止两个结点，且起始点和终止点相同的一条路径。比如，图 2.2b 里的 1-2-4-3-1 组成了一个圈，但是这个图是无环的(不包含环)。桥是在圈中连接两个不相邻结点的一条边，比如在图 2.2a 中，边 2-3 是圈 1-2-4-3-1 中的桥。

定义 2.4(有向无环图)　有向无环图(DAG)是指随着边指向的路径移动，不会重复访问该路径中任何一个节点的有向图。在 DAG 中，B 的祖先是所有终止于 B 的有向路径上的节点。反之，A 的子孙是所有起始于 A 的有向路径上的节点。

定义 2.5(DAG 里的关系)　如右图所示，x_4 的双亲是 $\mathrm{pa}(x_4)=\{x_1,x_2,x_3\}$。$x_4$ 的孩子是 $\mathrm{ch}(x_4)=\{x_5,x_6\}$。一个节点的家族是它自己及其双亲。一个节点的马尔可夫毯是它自己的双亲、孩子以及它孩子的双亲(除自己外)。在右图中，x_4 的马尔可夫毯为 x_1,x_2,x_3,x_5,x_6,x_7。

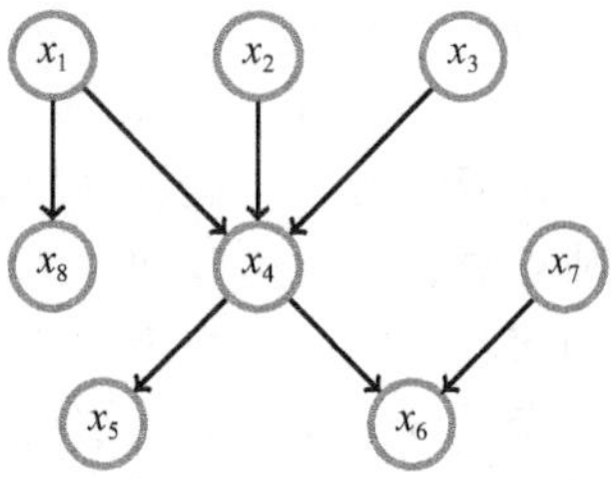

DAG 在多变量环境的建模中具有关键作用，尤其是对于后续章节将讲到的信念网络。可以将图中的有向边看作双亲和孩子变量之间的“直接依赖”。直接地说，无环的条件避免了循环推理。这些联系会在第 3 章进行更细致的讨论。

定义 2.6(邻居)　对于无向图 G，节点 x 的邻居 $\mathrm{ne}(x)$是所有与 x 直接相连的节点。

定义 2.7(团)　给定一个无向图，团(clique)是完全有连接的节点构成的子集，团的所有成员均为邻居。极大团是指没有更大的团能够包含该团的团。比如右图中有两个极大团，$\mathcal{C}_1=\{A,B,C,D\}$和 $\mathcal{C}_2=\{B,C,E\}$。虽然 A、B、C 是完全连接的，但是这不是一个极大团，因为有一个更大的全连接集合 A、B、C、D 包含该团。有时称非极大团为 cliquo。

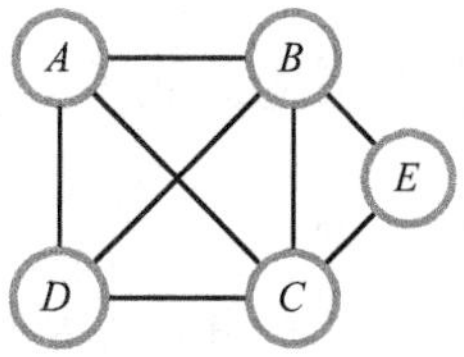

团在建模和推断中都起着关键作用。在建模中，团描述了互相依赖的一组变量，参见第 4 章。在推断中，团描述了一个变量集，没有能比该集更简单的可描述变量间关系的结构，因此不可能存在更简单的有效的推断过程。我们会在第 5 章和第 6 章详细讨论这一点。

定义 2.8(连通图)　如果任意两节点间均有路径(即没有孤岛)，则一个无向图是连通的。连通分量是非连通图中那些连通的极大子图。

定义 2.9(单连通图)　如果一个图中任意两节点 A 和 B 间只有一条路径，则该图是单连通的，如图 2.1a 所示；反之为多连通的，如图 2.1b 所示。不管图中的边是否有向，这一定义均成立。单连通图也叫作树。多连通图也称 loopy。

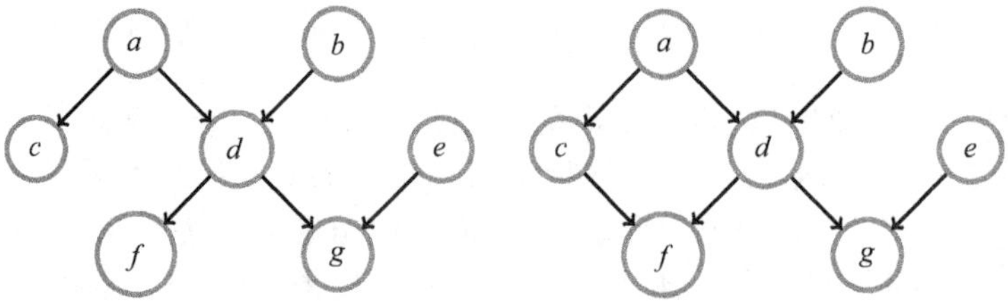

a)　　　　　　b)

图 2.1　a) 单连通图。b) 多连通图

定义 2.10(生成树)　无向图 G 的生成树是边的一个单连通子集，包含 G 的所有节点。右图包含一个图及其生成树。如果 G 的一个生成树中所有边的权重之和大于等于 G 的其他所有生成树中边的权重之和，则称其为 G 的最大权重生成树。

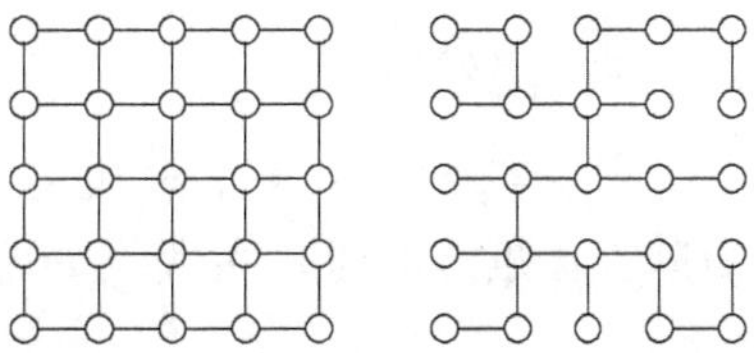

过程 2.1(求最大权重生成树)　求最大权重生成树的算法如下：首先选出拥有最大权重的边并将其加入边集；然后选出下一个最大权重候选边并将其加入边集，如果加入后该边集有环了，则拒绝该候选边并考虑下一最大权重边；这样一直下去，直到无边可选。注意，可能有不止一个最大权重生成树。

2.2　图的数值表示

我们的最终目标是用计算机实现概率推断过程。因此，要想将图结构应用于我们的模型，需要用一种计算机能够理解并操作的方法来表示图。下面介绍两种表示方法。

2.2.1　边表

正如其名，边表简单列出了图中所有的节点对。在图 2.2a 中，一个边表为 $L=\{(1,2),(2,1),(1,3),(3,1),(2,3),(3,2),(2,4),(4,2),(3,4),(4,3)\}$。无向边会被列 2 次，1 个方向 1 次。

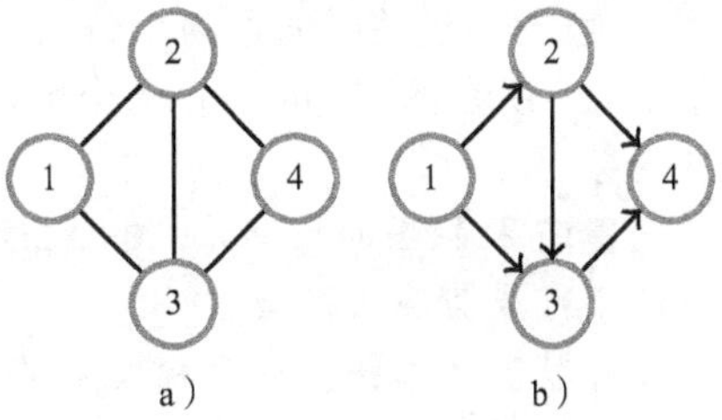

图 2.2　a) 一个无向图能被表示为一个对称邻接矩阵。b) 一个拓扑排序的有向无环图对应于一个上三角矩阵

2.2.2　邻接矩阵

另一种方法是用邻接矩阵。若图中从节点 i 到 j 有边相连，则 A_{ij} 为 1，否则为 0。有些邻接矩阵包含自连接，并规定对角线上元素为 1。无向图的邻接矩阵是对称矩阵，图 2.2a 的邻接矩阵为：

$$\boldsymbol{A}=\begin{pmatrix}0&1&1&0\\1&0&1&1\\1&1&0&1\\0&1&1&0\end{pmatrix} \tag{2.2.1}$$

若有向图中的节点以拓扑排序(双亲在孩子之前)，则该有向图的邻接矩阵为上三角矩阵，图 2.2b 的邻接矩阵为：

$$\boldsymbol{T}=\begin{pmatrix}0&1&1&0\\0&0&1&1\\0&0&0&1\\0&0&0&0\end{pmatrix} \tag{2.2.2}$$

邻接矩阵的幂

由于邻接矩阵的许多元素为 0，因此会浪费存储空间。但是，其具有一个优点，可以弥补这个不足。对于一个 $N\times N$ 的邻接矩阵 $\boldsymbol{A}$，其幂 $[\boldsymbol{A}^k]_{ij}$ 表示从节点 i 到 j 经过 k 条边的路径有多少条。如果将 A 的对角元素填补为 1，则只要图中有从 i 到 j 的路径，$[\boldsymbol{A}^{N-1}]_{ij}$ 就不为 0。如果 A 为 DAG，则 $[\boldsymbol{A}^{N-1}]$ 的第 j 行非 0 元素对应于节点 j 的子孙。

2.2.3 团矩阵

对于一个有 N 个节点和 K 个极大团 $\mathcal{C}_1,\cdots,\mathcal{C}_K$ 的无向图，其团矩阵为一个 $N\times K$ 的矩阵，该矩阵的列 c_k 中除了一些描述团的元素为 1 外，其他元素都为 0。比如

$$\boldsymbol{C}=\begin{pmatrix}1&0\\1&1\\1&1\\0&1\end{pmatrix} \tag{2.2.3}$$

是图 2.2a 的团矩阵。cliquo 矩阵没有团必须为极大的限制。一个只包含由两个节点组成的团的 cliquo 矩阵称为关联矩阵。比如

$$\boldsymbol{C}_{\text{inc}}=\begin{pmatrix}1&1&0&0&0\\1&0&1&1&0\\0&1&1&0&1\\0&0&0&1&1\end{pmatrix} \tag{2.2.4}$$

是图 2.2a 的关联矩阵。显然 $\boldsymbol{C}_{\text{inc}}\boldsymbol{C}_{\text{inc}}^{\mathrm{T}}$ 和邻接矩阵一致，除了其对角线元素表示的是每个节点的度（与节点关联的边的个数）。类似地，任何一个 cliquo 矩阵的对角元素$[\boldsymbol{C}\boldsymbol{C}^{\mathrm{T}}]_{ii}$ 都表示节点 i 所在的 cliquo（列）的个数，非对角元素$[\boldsymbol{C}\boldsymbol{C}^{\mathrm{T}}]_{ij}$ 表示同时包含节点 i 和 j 的 cliquo 的个数。

备注 2.1（图的困惑） 图的应用很广泛，但在表示不同模型时用途很不一样。下面讨论两个可能易混的模型。

- **状态转移图**。这种模型存在于马尔可夫链和有限自动机中。每个状态都是一个节点，从节点 i 到节点 j 的权重为 p_{ij} 的有向边表示从状态 i 转移到状态 j 的概率为 p_{ij}。以图模型的观点来看，我们使用有向图 $x(t)\to x(t+1)$ 来表示马尔可夫链。状态转移图是对条件概率表 $p(x(t+1)\mid x(t))$ 的更为详细的图表述。
- **神经网络**。神经网络也有节点和边。但是一般地，神经网络是函数的图表示，图模型是分布的表示。

2.3 总结

- 图由节点和边构成，两者分别表示变量及变量间的关系。
- DAG 是一个无环图，能表示变量间的“因果”关系。
- 无向图中的邻居节点表示相关变量。
- 如果图中任意两点间都只有一条路径，则该图是单连通的，否则是多连通的。
- 团由一组互相都有连接的节点构成。
- 邻接矩阵是一种机器能够识别的图表示方式。邻接矩阵的幂给出了节点间路径的信息。

图与其相关理论和应用参考[87，122]。

2.4 代码

2.4.1 实用程序

drawNet.m：基于邻接矩阵作图。

ancestors. m：在 DAG 中寻找一个节点的所有祖先。

edges. m：根据邻接矩阵求边表。

ancestralorder. m：求 DAG 的祖先排序。

connectedCompnents. m：求连通分量。

parents. m：给定邻接矩阵，求一个节点的双亲。

children. m：给定邻接矩阵，求一个节点的孩子。

neigh. m：给定邻接矩阵，求一个节点的所有邻居。

如果一个连通图的边数加 1 等于节点个数，那么该图为树。对于非连通图，此结论不成立。下面的代码 istree. m 解决了可能的非连通情形，该程序是基于“任意单连通图一定拥有这样一个单节点(叶节点)，使得去掉该节点后仍是一个单连通图”实现的。

istree. m：若图是单连通的，则返回 1 并删除序列。

spantree. m：给定一个有序边表，返回一个生成树。

singleparenttree. m：给定一个无向树，返回一个有向树，其最多有一个双亲。

关于基本图操作的其他程序在第 6 章末尾给出。

2.5 练习题

练习 2.1 考虑一个邻接矩阵 $\mathbf{A}$，如果从状态 j 能一步转移到状态 i，则$[\mathbf{A}]_{ij}$ 为 1，否则为 0。证明矩阵$[\mathbf{A}^k]_{ij}$ 表示能以 k 步从状态 j 到 i 的路径的个数，并写出一个求从状态 j 到 i 的最短路径长度的算法。

练习 2.2 对于一个 $N\times N$ 的对称邻接矩阵 $\mathbf{A}$，写出一个求其连通分量的算法。你可以用 connectedComponents. m 进行检验。

练习 2.3 证明对于一个单连通图，边数 E 一定等于节点数 V 减 1，即 $E=V-1$。给出一个非单连通但满足这一关系的图。这表明该条件对于单连通图是必要的但并非充分的。

练习 2.4 写出判断一个图是否为单连通图的推导过程。

练习 2.5 写出对 DAG 中节点进行祖先排序的推导过程。

练习 2.6 WikiAdjSmall. mat 包含 1 000 名随机选择的维基作者，若两个作者认识彼此，则在二者之间存在一条边(参见 snap. stanford. edu/data/wiki-Vote. html)。假设如果 i 认识 j，则 j 认识 i。绘制所有用户的(根据邻接矩阵求得的两个节点间的最短路径长度)直方图，区间从 1 到 20。直方图的一个竖块 $n(s)$表示处在区间 s 的节点对个数。

练习 2.7 cliques. mat 包含一个由 100 个团组成的列表，这些团来自一个节点数为 10 的图。要求去掉那些完全包含在其他团里的团，返回剩余的极大团集合。你可以将发现的团表示为二进制数字，比如

$$(1110011110)$$

的意思是这个团从左到右包含变量 1、2、3、6、7、8、9。将这个数字用十进制表示，就是 926。要求使用这种十进制表示法表示团，写出团列表，列表元素按十进制数字从小到大的顺序排列。请详细描述寻找这些团元素的算法步骤。你可以用 uniquepots. m 来检验算法。

练习 2.8 解释如何构建一个包含 N 个节点的图，并且该图包含至少$(N/2)^2$ 个极大团，其中 N 为偶数。

练习 2.9 令 N 为 3 的倍数。将 N 个节点划分到 $N/3$ 个子集中，每个子集包含 3 个节点，再将不处于同一个子集的所有节点相连，得到一个含 N 个节点的图。证明这个图有 $3^{N/3}$ 个极大团。这表示一个图能拥有指数级别的极大团数量[218]。

练习 2.10 在一个聚会上，一件珠宝被盗了。每个客人(A,B,C,D,E,F)都曾进入房间待了一段时间，然后离开。他们给警察的口供如下：

- A：我曾和 E、B 待在房间里。
- B：我曾和 A、F、E 待在房间里。
- C：我曾和 F、D 待在房间里。

- D：我曾和 A、F 待在房间里。
- E：我曾和 C 待在房间里。
- F：我曾和 C、E 待在房间里。

有一个人在说谎，是谁呢？

注意，如果有两个人曾在某时刻同时待在房间里，那么其中至少有一个人会说自己曾和另一个人待在房间里。客人 A 的口供可以解释为：我曾和 B 同时待在房间里，但这并不一定意味着 A 曾和E、B 同时待在房间里(可能 A 和 B 在时刻 t_1 待在房间里，而 A 和 E 在另一时刻 t_2 待在房间里)。对其他口供的解释是类似的。部分口供可能是假的。如果 X 说他曾和 Y、Z 待在房间里，那么可能和 Y 待过是真的，和 Z 待过是假的。

信念网络

我们现在可以着手在概率和图论之间建立第一个联系了。信念网络(Belief Network, BN)利用图来表示变量之间的独立性假设，从而将图结构引入概率模型。边缘概率和条件概率等概率运算对应于简单的图操作，并且可以从图中“读取”有关模型的详细信息。此外，信念网络在提高计算效率方面也有所帮助。信念网络虽无法捕捉变量之间所有可能的关系，却能顺理成章地代表“因果关系”，我们在第 4 章将进一步研究图模型来阐释这一点。

3.1 结构化的优势

如果将大量没有预处理的数据和概率分布输入计算机，能在极其复杂的环境中得到相对准确的预测结果和有用的观察数据，这将是非常值得一试的。不幸的是，这种简单的方法往往并不能得到理想的结果。变量之间相互作用的方式非常多，因此如果没有一些合理的假设，我们就不可能训练出有效的模型。基于二值变量 x_i，独立地说明 $p(x_1,\cdots,x_N)$ 所有可能的状态需要 $O(2^N)$ 的空间复杂度。对变量较多的情形，在实际操作中，这并不具备可行性。许多机器学习和相关应用领域的实践已经证明这显然是不可行的，因为可能需要处理数百甚至数百万变量的分布。结构化对相关变量推断时的可行性计算也尤为重要。给定 N 个二值变量的分布 $p(x_1,\cdots,x_N)$，计算边缘化分布诸如 $p(x_1)$时，需要计算其他变量的 2^{N-1} 个状态之和。即使对 $N=100$ 的变量系统，在最快的超级计算机上计算也会耗费大量时间。

处理数量如此庞大的变量分布的唯一办法是以某种方式约束变量之间的相互影响，从而使计算过程和最终推断结果都易于处理。其关键在于指定哪些变量独立于其他变量，从而实现联合概率分布的结构化因子分解。目前，对于链式分布 $p(x_1,\cdots,x_{100})=\prod_{i=1}^{99}\phi(x_i,x_{i+1})$，边缘分布 $p(x_1)$的计算可以在计算机上瞬间实现。信念网络可以以框架形式轻松地表示这种独立性假设。我们在 3.3 节将详细讨论信念网络，并首先讨论它们作为“因果”模型的本质。

信念网络(也称为贝叶斯网络或贝叶斯信念网络)是描述分布中的独立性假设的一种方式[162,183]。其应用领域非常广泛，包括故障排除[54]、不确定性的专家推理及机器学习等。在提出信念网络的正式定义之前，我们先以下面的例子展开论述㊀。

3.1.1 独立性建模

一天早上，特蕾西离开她的房间，走到户外，发现草坪湿漉漉的。她想是因为夜间下雨了，还是自己昨晚忘关喷水器了？同时，她注意到邻居杰克的草坪也湿了。这在某种程

㊀ 该方案改编自[237]。

度上消除了她忘记关喷水器的可能，因此她得出结论，可能是下雨了。

首先，我们可以通过定义模型变量来对上述情况进行建模。在这样的情况下，自然变量是：

$R\in\{0,1\}$，R 为 1 表示晚上下雨了，为 0 表示没有。

$S\in\{0,1\}$，S 为 1 表示特蕾西忘记关喷水器，为 0 表示没有。

$J\in\{0,1\}$，J 为 1 表示杰克的草坪是湿的，为 0 表示不是。

$T\in\{0,1\}$，T 为 1 表示特蕾西的草坪是湿的，为 0 表示不是。

特蕾西的模型对应感兴趣变量的联合概率分布 $p(T,J,R,S)$(变量顺序无关紧要)。

由于此案例中，每个变量都有 2 种状态，因此联合变量有 $2^4=16$ 种状态，如 $p(T=1,J=0,R=0,S=1)=0.057$。概率归一化条件使得我们不需要指定所有联合状态的概率。如需要查看指定的状态数，可以考虑以下分解。不失一般性，重复使用条件概率的定义，我们可以得到：

$$p(T,J,R,S)=p(T\mid J,R,S)p(J,R,S) \tag{3.1.1}$$

$$=p(T\mid J,R,S)p(J\mid R,S)p(R,S) \tag{3.1.2}$$

$$=p(T\mid J,R,S)p(J\mid R,S)p(R\mid S)p(S) \tag{3.1.3}$$

也就是说，可以将联合分布写为条件分布的乘积。第 1 项 $p(T\mid J,R,S)$ 要求我们列举 $2^3=8$ 种值——我们需要列举 $p(T=1\mid J,R,S)$ 中 J,R,S 的 8 种联合状态。其他值 $p(T=0\mid J,R,S)$ 可以通过归一化得到：$p(T=0\mid J,R,S)=1-p(T=1\mid J,R,S)$。类似地，其他项的状态有 $4+2+1$ 种，即总共需要列举 15 种状态。通常对于一个 n 维二值变量的分布，需要列出 2^n-1 个在 $[0,1]$ 内的值。此处要明确，要列出值的数量一般随模型变量数呈指数级增长——列出所有变量显然是不切实际的，我们还需要对此进行简化。

条件独立性

建模时，我们需要知道系统的约束条件。例如，在上述场景中，可以假设特蕾西的草坪潮湿与否，只取决于是否下雨以及她的喷水器是否打开。也就是说，我们在此处进行条件独立性假设：

$$p(T\mid J,R,S)=p(T\mid R,S) \tag{3.1.4}$$

类似地，我们假设杰克的草坪湿了只会因为下雨：

$$p(J\mid R,S)=p(J\mid R) \tag{3.1.5}$$

此外，我们还假设下雨和喷水器开着没有直接关系：

$$p(R\mid S)=p(R) \tag{3.1.6}$$

这意味着我们的模型方程(3.1.3)变成：

$$p(T,J,R,S)=p(T\mid R,S)p(J\mid R)p(R)p(S) \tag{3.1.7}$$

我们可以用图形表示这些条件的独立性，如图 3.1a 所示。这减少了我们需要列出的值的数量，为 $4+2+1+1=8$，比先前没有假定条件独立性的情况下的 15 个值有所减少。

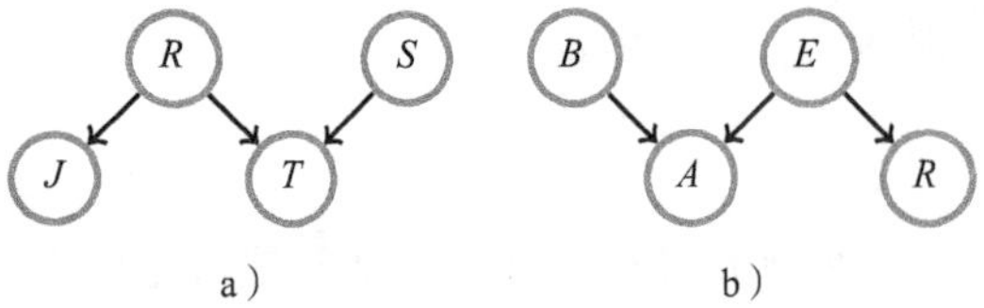

图 3.1　a) 湿草坪的信念网络结构。图中节点表示联合分布的变量，输入另一变量的变量(父节点)为被输入变量的条件变量。b) 被盗模型的信念网络

为完成建模，我们需要列出每个条件概率表(CPT)的值。R 和 S 的先验概率分布分别是 $p(R=1)=0.2$ 和 $p(S=1)=0.1$。我们将余下情况的概率设置为：$p(J=1\mid R=1)=1$

和 $p(J=1|R=0)=0.2$，因为有时不知道杰克的草坪是否是由于下雨以外的因素而变湿；$p(T=1|R=1,\ S=0)=1$、$p(T=1|R=1,\ S=1)=1$ 和 $p(T=1|R=0,\ S=1)=0.9$，因为洒水喷头掉在草坪上的可能性很小，所以喷水器不可能大面积地弄湿草地；以及 $p(T=1|R=0,\ S=0)=0$。

推断

现在已经建立了一个环境模型，我们可以基于此进行推断。在“特蕾西的草坪是湿的”这样一个条件下，可以计算夜间喷水器打开的概率 $p(S=1|T=1)$：

$$p(S=1|T=1)=\frac{p(S=1,T=1)}{p(T=1)}=\frac{\sum_{J,R}p(T=1,J,R,S=1)}{\sum_{J,R,S}p(T=1,J,R,S)} \tag{3.1.8}$$

$$=\frac{\sum_{J,R}p(J|R)p(T=1|R,S=1)p(R)p(S=1)}{\sum_{J,R,S}p(J|R)p(T=1|R,S)p(R)p(S)} \tag{3.1.9}$$

$$=\frac{\sum_{R}p(T=1|R,S=1)p(R)p(S=1)}{\sum_{R,S}p(T=1|R,S)p(R)p(S)} \tag{3.1.10}$$

$$=\frac{0.9\times0.8\times0.1+1\times0.2\times0.1}{0.9\times0.8\times0.1+1\times0.2\times0.1+0\times0.8\times0.9+1\times0.2\times0.9}=0.3382 \tag{3.1.11}$$

因此喷水器打开的后验相对于先验增加了 0.1，这是因为草坪的的确确是湿的。注意在式(3.1.9)中，分子中 J 的总和是1，因为对于任何函数 $f(R)$，形如 $\sum_{J}p(J|R)f(R)$ 的总和等于 $f(R)$。这遵循分布 $p(J|R)$ 的总和必须为1的定义，以及 $f(R)$ 不依赖于 J 的事实。对于分母中 J 的求和，道理是类似的。

下面计算特蕾西的喷水器在夜间开启的概率，假设她的草坪是湿的，杰克的草坪也是湿的，$p(S=1|T=1,\ J=1)$。我们再次使用条件概率：

$$p(S=1|T=1,J=1)=\frac{p(S=1,T=1,J=1)}{p(T=1,J=1)} \tag{3.1.12}$$

$$=\frac{\sum_{R}p(T=1,J=1,R,S=1)}{\sum_{R,S}p(T=1,J=1,R,S)} \tag{3.1.13}$$

$$=\frac{\sum_{R}p(J=1|R)p(T=1|R,S=1)p(R)p(s=1)}{\sum_{R,S}p(J=1|R)p(T=1|R,S)p(R)p(S)} \tag{3.1.14}$$

$$=\frac{0.0344}{0.2144}=0.1604 \tag{3.1.15}$$

考虑到杰克的草坪也是湿的，我们可以将其作为附加证据，打开喷水器的可能性低于只有特雷西的草坪是湿的的概率。这是因为杰克的草坪也湿了，增加了是下雨导致特蕾西的草坪变湿的可能。

当然，我们并不希望一直依靠手工计算来进行这样的推理。这里我们运用了通用算法，如联结树算法，详细介绍见第6章。

例 3.1（是否被盗）　这是另一个使用二值变量的例子，改编自[237]。莎莉回家后发现防盗警报响起($A=1$)。是她家被盗窃($B=1$)，还是地震引发的警报($E=1$)？她打开汽车收音机，听到发生地震的相关消息，发现收音机播放了地震警报($R=1$)。

使用贝叶斯定理，不失一般性，有：

$$p(B,E,A,R)=p(A|B,E,R)p(B,E,R) \tag{3.1.16}$$

接下来可以继续分解 $p(B,E,R)$：

$$p(B,E,A,R)=p(A|B,E,R)p(R|B,E)p(E|B)p(B) \tag{3.1.17}$$

然而，警报肯定不会受到任何电台报道的影响，也就是说 $p(A|B,E,R)=p(A|B,E)$。类似地，我们可以做出如图 3.1b 描述的其他条件独立性假设：

$$p(B,E,A,R)=p(A|B,E)p(R|E)p(E)p(B) \tag{3.1.18}$$

由此，可以得到条件概率表：

$A=1$	B	E
0.999 9	1	1
0.99	1	0
0.99	0	1
0.000 1	0	0

$R=1$	E
1	1
0	0

没有写在表中的是 $p(B=1)=0.01$ 和 $p(E=1)=0.000\,001$。凭借表格和图形结构就可以确定分布。

现在考虑当我们手握观测证据时会发生什么。初步证据是警报响起。

$$p(B=1|A=1)=\frac{\sum_{E,R}p(B=1,E,A=1,R)}{\sum_{B,E,R}p(B,E,A=1,R)} \tag{3.1.19}$$

$$=\frac{\sum_{E,R}p(A=1|B=1,E)p(B=1)p(E)p(R|E)}{\sum_{B,E,R}p(A=1|B,E)p(B)p(E)p(R|E)}\approx 0.99 \tag{3.1.20}$$

附加证据是电台播放地震预警。经过类似的计算得到 $p(B=1|A=1,R=1)\approx 0.01$。因此，起初因为警报响起，莎莉认为她家被盗了。然而，当她听到发生地震的消息时，之前的猜测很可能就不成立了。也就是说，地震“在一定程度上解释了警报响起的原因”。

备注 3.1（因果直觉）　信念网络是某种表达变量独立性的方式。在表达这些独立性时，考虑“是什么导致某事发生”可能是有用的(尽管也可能是误导性的)。在例 3.1 中，因为 B 和 E 可以被认作根“原因”而 A 和 R 可以被认作“效果”，所以我们将式(3.1.17)中的变量(从右到左读取)按 B、E、R、A 的顺序排列。

3.1.2　降低说明的负担

考虑图 3.2a 中具有许多离散父变量 $x_1,\cdots,x_n$ 的离散变量 y。形式上，图结构并不意味着表 $p(y|x_1,\cdots,x_n)$的参数化形式。如果每一个父节点 x_i 有 $\dim(x_i)$个状态，并且表

$p(y|x_1,\cdots,x_n)$中没有其他约束关系，则该表含有$(\dim(y)-1)\prod_i \dim(x_i)$个元素。如果每个状态都需要显式存储，则需要大量的潜在存储空间。另一种方法是约束表只能使用简单的参数形式来表达。例如，可以列一个分解式，式中只需要有限数量的父节点交互(这在[162]中称为父节点分离)。

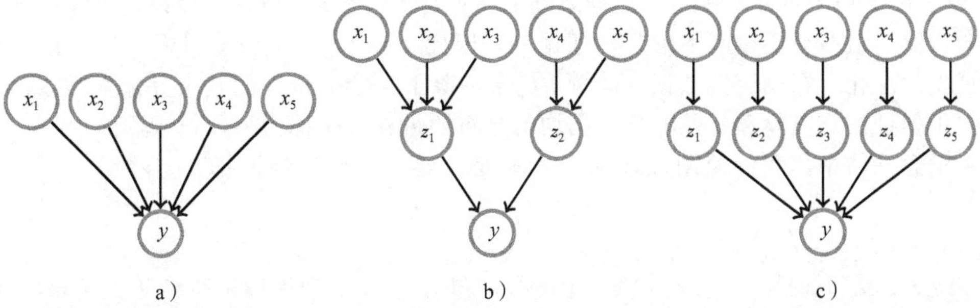

图 3.2 a)如果所有变量为二值的，对于$p(y|x_1,\cdots,x_5)$需要列出$2^5=32$种状态。b)只需要列出16种状态。c)噪声逻辑门

例如在图3.2b中，有：

$$p(y|x_1,\cdots,x_5)=\sum_{z_1,z_2}p(y|z_1,z_2)p(z_1|x_1,x_2,x_3)p(z_2|x_4,x_5) \quad (3.1.21)$$

假设所有变量都是二值的，具体要求明确的状态数为$2^3+2^2+2^2=16$，而在缺少约束条件的情况下则有$2^5=32$种状态。

逻辑门

约束表的另一种方法是使用简单的条件表。例如，在图3.2c中，可使用一个OR逻辑门表示二值变量z_i，具体含义如下：

$$p(y|z_1,\cdots,z_5)=\begin{cases}1 & \text{至少有一个 } z_i \text{ 处在状态 } 1\\ 0 & \text{其他}\end{cases} \quad (3.1.22)$$

这时我们可以通过加入额外项$p(z_i=1|x_i)$生成表$p(y|x_1,\cdots,x_5)$。当任意x_i都是二值时，$p(y|x)$的状态总共有$2+2+2+2+2=10$种。在这种情况下，图3.2c能用来表述任何噪声逻辑门，例如噪声OR或者噪声AND，而噪声门所需的参数数量在父节点的数量上是线性的。

噪声OR在疾病症状网络中特别常见，许多疾病x可以引起相同的症状y——只要存在一种疾病，上述症状出现的概率就很高。

3.2 不确定性和不可靠的证据

在下文中，我们来区分不确定性证据和不可靠证据。

3.2.1 不确定性证据

不确定性证据也称软证据，其中证据变量处于多个状态，我们可以通过概率得知每个状态的信念强度。例如，如果x含有状态$\text{dom}(x)=\{\text{red},\text{blue},\text{green}\}$，向量$(0.6,0.1,0.3)$表示不同状态的信念强度。相反，对于确定性(硬)证据，我们可以确定某个变量处于特定状态。在这种情况下，所有概率都在向量的某一分量上，例如$(0,0,1)$。

使用不确定性证据进行推断直截了当，可以利用贝叶斯定理来实现。例如，对模型 $p(x,y)$，假设我们有变量 y 的不确定性证据 $\tilde{y}$，并且希望知道这对变量 x 的影响，即我们希望计算 $p(x|\tilde{y})$。根据贝叶斯定理和假设 $p(x|y,\tilde{y})=p(x|y)$，我们可以得出：

$$p(x|\tilde{y})=\sum_y p(x,y|\tilde{y})=\sum_y p(x|y,\tilde{y})p(y|\tilde{y})=\sum_y p(x|y)p(y|\tilde{y}) \tag{3.2.1}$$

这里 $p(y=i|\tilde{y})$ 表示在不确定性证据条件下，y 处于状态 i 的概率。假设如果知道确定性证据 y，我们则不需要知道不确定性证据 $\tilde{y}$，因此 $p(x|y,\tilde{y})=p(x|y)$。这可以看作确定性证据的泛化，在确定性证据中向量 $p(y|\tilde{y})$ 除了某个分量外的其余分量均为零值。这个首先根据证据定义模型，然后把证据均匀分布的过程也被称为 Jeffrey 规则。

在信念网络中，我们使用虚线圆来表示变量处于不确定性证据状态。

例 3.2（软证据） 继续例 3.1，想象我们只有 70% 的把握确定听到防盗警报响起。对于这种存在二值变量的情况，我们将状态（1,0）的不确定性证据表示为 $\tilde{A}=(0.7,0.3)$。在这种软证据条件下莎莉家被盗的可能性有多大？

$$p(B=1|\tilde{A})=\sum_A p(B=1|A)p(A|\tilde{A})=p(B=1|A=1)\times 0.7+p(B=1|A=0)\times 0.3 \tag{3.2.2}$$

概率 $p(B=1|A=1)\approx 0.99$ 和 $p(B=1|A=0)\approx 0.0001$ 是通过贝叶斯定理计算得来的，而且得到：

$$p(B=1|\tilde{A})\approx 0.6930 \tag{3.2.3}$$

这低于 0.99，也就是低于我们确定听到警报是因为被盗的概率。

福尔摩斯、华生和吉本夫人

Pearl 给出了一个关于不确定性证据的有趣例子[237]，在这里我们根据不同目的进行修改。

环境包含四个变量：

$B\in\{\text{tr},\text{fa}\}$，$B=\text{tr}$ 意味着福尔摩斯的房子被盗了

$A\in\{\text{tr},\text{fa}\}$，$A=\text{tr}$ 意味着福尔摩斯的房子警报响起

$W\in\{\text{tr},\text{fa}\}$，$W=\text{tr}$ 意味着华生听到了警报

$G\in\{\text{tr},\text{fa}\}$，$G=\text{tr}$ 意味着吉本夫人听到了警报

图 3.3 说明的场景与以下信念网络对应：

$$p(B,A,G,W)=p(A|B)p(B)p(W|A)p(G|A) \tag{3.2.4}$$

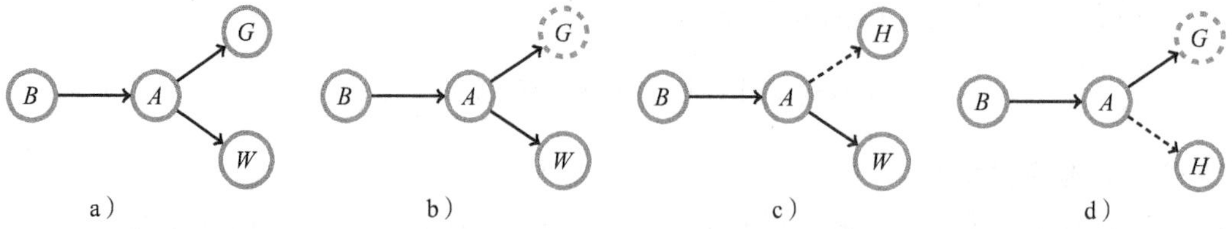

图 3.3　a）福尔摩斯的房子被盗案（B 表示被盗，A 表示警报，W 表示华生，G 表示吉本夫人）。b）吉本夫人的不确定性证据以虚线圆表示。c）虚拟证据或对不可靠证据的替换可以用虚线表示。d）吉本夫人的证据不确定，福尔摩斯还用自己的解释取代了不可靠的华生证据

华生说，他听到了警报。吉本夫人有点失聪，不能确定自己是否听到了警报，但有80%的概率确定自己听到了警报。这可以用不确定性证据技术来处理，如图 3.3b 所示。根据 Jeffrey 规则，可使用原始模型方程(3.2.4)，首先计算以证据为条件的模型：

$$p(B=\mathrm{tr}\mid W=\mathrm{tr},G)=\frac{p(B=\mathrm{tr},W=\mathrm{tr},G)}{p(W=\mathrm{tr},G)}=\frac{\sum_{A}p(G\mid A)p(W=\mathrm{tr}\mid A)p(A\mid B=\mathrm{tr})p(B=\mathrm{tr})}{\sum_{B,A}p(G\mid A)p(W=\mathrm{tr}\mid A)p(A\mid B)p(B)} \tag{3.2.5}$$

然后使用不确定性证据：

$$p(G\mid\widetilde{G})=\begin{cases}0.8 & G=\mathrm{tr}\\0.2 & G=\mathrm{fa}\end{cases} \tag{3.2.6}$$

计算得到：

$$p(B=\mathrm{tr}\mid W=\mathrm{tr},\widetilde{G})=p(B=\mathrm{tr}\mid W=\mathrm{tr},G=\mathrm{tr})p(G=\mathrm{tr}\mid\widetilde{G})+p(B=\mathrm{tr}\mid W=\mathrm{tr},G=\mathrm{fa})p(G=\mathrm{fa}\mid\widetilde{G}) \tag{3.2.7}$$

完整的计算要求我们指定等式(3.2.4)中的所有项，见练习 3.8。

3.2.2　不可靠证据

福尔摩斯打电话给吉本夫人，他意识到自己并不相信她的证据(他怀疑她一直在喝酒)。为此，他解释到，如果警报响起，那么有 80%的可能，吉本夫人说她听到了；如果警报没有响，那么吉本夫人有 20%的可能会说她听到了。请注意，这与吉本夫人有 80%的把握确定她听到了警报是不一样的——这个 80%是不确定性证据，会对含有 $p(G\mid A)$项的计算产生影响，如式(3.2.5)。福尔摩斯宁愿放弃这一切证据，只相信他自己对事件的理解。他可以通过用所谓的*虚拟证据*代替 $p(G\mid A)$来实现这一目标：

$$p(G\mid A)\to p(H\mid A),\quad 其中\ p(H\mid A)=\begin{cases}0.8 & A=\mathrm{tr}\\0.2 & A=\mathrm{fa}\end{cases} \tag{3.2.8}$$

这里状态 H 是任意的，但一旦确定就不再改变。这可以用于修改联合分布：

$$p(B,A,H,W)=p(A\mid B)p(B)p(W\mid A)p(H\mid A), \tag{3.2.9}$$

参考图 3.3c。当我们计算 $p(B=\mathrm{tr}\mid W=\mathrm{tr},\ H)$时，福尔摩斯判断的效果将比警报的效果好，前者在数值上为后者的 4 倍。由于任何常数都可以被吸收到比例常数中，因此表中元素的值与归一化无关。还要注意，$p(H\mid A)$不是 A 中的分布，因此不需要归一化。这种形式的证据也称为*似然证据*。

不确定性和不可靠证据

为了说明如何将这类不可靠证据和不确定性证据的作用结合起来，可以考虑吉本夫人证据中带有不确定性，而福尔摩斯认为华生的证据不可靠，并希望用自己的解释来代替它的情况，见图 3.3d。为了解释这一点，我们首先处理不可靠证据：

$$p(B,A,W,G)\to p(B,A,H,G)=p(B)p(A\mid B)p(G\mid A)p(H\mid A) \tag{3.2.10}$$

使用这个修改过的模型，可以使用 Jeffrey 规则来计算以证据为条件的模型：

$$p(B,A\mid H,G)=\frac{p(B)p(A\mid B)p(G\mid A)p(H\mid A)}{\sum_{A,B}p(B)p(A\mid B)p(G\mid A)p(H\mid A)} \tag{3.2.11}$$

我们现在加入不确定性证据 $\widetilde{G}$ 以形成最终模型：

$$p(B,A\mid H,\widetilde{G})=\sum_{G}p(B,A\mid H,G)p(G\mid\widetilde{G}) \tag{3.2.12}$$

由此可以计算边缘分布 $p(B|H, \widetilde{G})$：

$$p(B|H,\widetilde{G})=\sum_{A} p(B,A|H,\widetilde{G}) \tag{3.2.13}$$

3.3 信念网络

定义 3.1(信念网络) 信念网络是具有以下形式的分布：

$$p(x_1,\cdots,x_D)=\prod_{i=1}^{D} p(x_i|\mathrm{pa}(x_i)) \tag{3.3.1}$$

这里 $\mathrm{pa}(x_i)$表示变量 x_i 的父变量。信念网络对应于 DAG，箭头从父变量指向子变量，图中第 i 个节点对应因子 $p(x_i|\mathrm{pa}(x_i))$。

备注 3.2(图和分布) 一个有点微妙的观点是，信念网络是否对应分布的特定实例(如定义 3.1 中给出的)，还要求明确条件概率表的数值，或者它是否涉及任何与特定结构一致的分布。这一点可以潜在地用来区分信念网络分布(包含具体的数值声明)和信念网络图(不包含具体的数值声明)。通常，本书不会出现太多这样的问题，但这在阐述独立/相关性方面可能很重要。

在湿草坪和被盗的例子中，我们可以选择如何递归使用贝叶斯定理。在一般的四变量情况下，我们可以选择因子分解：

$$p(x_1,x_2,x_3,x_4)=p(x_1|x_2,x_3,x_4)p(x_2|x_3,x_4)p(x_3|x_4)p(x_4) \tag{3.3.2}$$

一个等效选择是(参考图 3.4)：

$$p(x_1,x_2,x_3,x_4)=p(x_3|x_4,x_1,x_2)p(x_4|x_1,x_2)p(x_1|x_2)p(x_2). \tag{3.3.3}$$

一般而言，两个不同的图可能代表相同的独立性假设，我们将在 3.3.1 节进一步讨论。如果希望做出独立性假设，那么因子分解的选择就变得很重要。

我们可以发现，任何分布都可以以级联形式写入，如图 3.4 所示，该图给出了一个构造关于变量 $x_1,\cdots,x_n$ 的信念网络的算法：写下 n 节点级联图，以任意顺序标记带有变量的节点，现在每个连续的独立性声明都对应于删除图中的一条边。更形式化地，这与变量的顺序相对应，在不失一般性的情况下，可以写成 $x_1,\cdots,x_n$。然后，根据贝叶斯定理，有：

$$p(x_1,\cdots,x_n)=p(x_1|x_2,\cdots,x_n)p(x_2,\cdots,x_n) \tag{3.3.4}$$

$$=p(x_1|x_2,\cdots,x_n)p(x_2|x_3,\cdots,x_n)p(x_3,\cdots,x_n) \tag{3.3.5}$$

$$=p(x_n)\prod_{i=1}^{n-1} p(x_i|x_{i+1},\cdots,x_n) \tag{3.3.6}$$

因此，任何信念网络都可表示为有向无环图(DAG)。

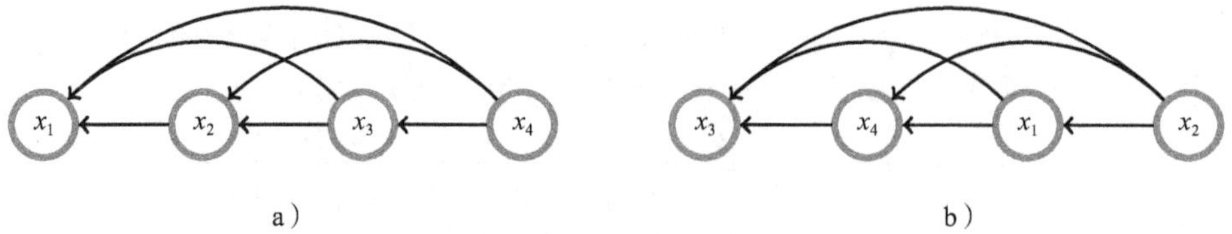

图 3.4 两个用于四变量分布的信念网络，都表示相同的分布 $p(x_1,x_2,x_3,x_4)$。严格地说，两个信念网络代表(缺乏)相同的独立性假设——图中没有说明表的内容。可将这个“级联”扩展到多变量情况，并且由此总是会产生 DAG

每个概率分布都可以写成信念网络，即使它可能对应全连通的“级联”DAG。信念网络的特殊作用在于，DAG的结构可与一组条件独立性假设相对应，即祖先父变量能充分列出每个条件概率表。请注意，这并不意味着非父变量就没有作用。例如，对DAG为$x_1 \leftarrow x_2 \leftarrow x_3$的分布$p(x_1|x_2)p(x_2|x_3)p(x_3)$，DAG规定了变量对其祖先变量的条件独立性声明——哪个祖先变量是它的直接“原因”。由变量的后代展现出的“效果”通常取决于该变量。另见备注3.3。

备注3.3(相关性和马尔可夫毯)　考虑一组变量$\mathcal{X}$上的分布。对变量$x_i \in \mathcal{X}$和由有向无环图G表示的信念网络，令$\mathrm{MB}(x_i)$为x_i的马尔可夫毯中的变量。对任何其他不在x_i的马尔可夫毯中的变量$y(y \in \mathcal{X} \backslash \{x_i \cup \mathrm{MB}(x_i)\})$，有$x_i \perp\!\!\!\perp y | \mathrm{MB}(x_i)$。也就是说，$x_i$的马尔科夫毯承载了有关于$x_i$的所有信息。如图3.2b所示，$\mathrm{MB}(z_1)=\{x_1, x_2, x_3, y, z_2\}$和$z_1 \perp\!\!\!\perp x_4 \mathrm{MB}(z_1)$。

DAG对应于模型中的条件独立性声明。为了明确信念网络，我们需要定义条件概率表中的所有元素$p(x_i|\mathrm{pa}(x_i))$。一旦定义了图结构，就可以得到条件概率表的元素。对于父变量的每种可能状态$\mathrm{pa}(x_i)$，需指定x_i的每个状态值(可以有一个不指定，因为能通过归一化确定)。对于有大量父变量的情况，列出一个取值表是有一定难度的，并且这些表通常以低维方式实现参数化表示。这将是我们讨论信念网络在机器学习中的应用时的核心话题。

3.3.1 条件独立性

虽然信念网络对应于一组条件独立性假设，但DAG并不总是能立刻反映一组变量是否条件独立于其他变量(参见定义1.7)。例如，在图3.5中，给定x_4的状态，x_1和x_2是独立的吗?

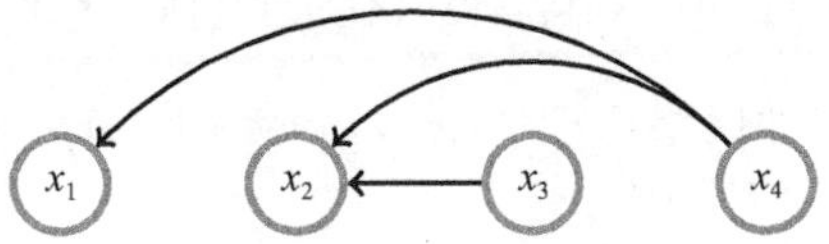

图3.5　$p(x_1, x_2, x_3, x_4)=p(x_1|x_4)p(x_2|x_3, x_4)p(x_3)p(x_4)$

答案是肯定的，因为我们有：

$$p(x_1, x_2|x_4)=\frac{1}{p(x_4)}\sum_{x_3} p(x_1, x_2, x_3, x_4)=\frac{1}{p(x_4)}\sum_{x_3} p(x_1|x_4)p(x_2|x_3, x_4)p(x_3)p(x_4) \tag{3.3.7}$$

$$=p(x_1|x_4)\sum_{x_3} p(x_2|x_3, x_4)p(x_3) \tag{3.3.8}$$

现在：

$$p(x_2|x_4)=\frac{1}{p(x_4)}\sum_{x_1, x_3} p(x_1, x_2, x_3, x_4)=\frac{1}{p(x_4)}\sum_{x_1, x_3} p(x_1|x_4)p(x_2|x_3, x_4)p(x_3)p(x_4) \tag{3.3.9}$$

$$=\sum_{x_3} p(x_2|x_3, x_4)p(x_3) \tag{3.3.10}$$

结合上面两个结果，有：

$$p(x_1, x_2|x_4)=p(x_1|x_4)p(x_2|x_4) \tag{3.3.11}$$

因此以 x_4 为条件，x_1 和 x_2 的确是独立的。

我们希望有一个通用算法，可直接从图中读取结果，从而避免这种乏味的操作。为了获得构建这种算法的直觉，可考虑三变量分布 $p(x_1,x_2,x_3)$。我们可以用 6 种方式中的任何一种来表达：

$$p(x_1,x_2,x_3)=p(x_{i_1}\mid x_{i_2},x_{i_3})p(x_{i_2}\mid x_{i_3})p(x_{i_3}) \tag{3.3.12}$$

这里 (i_1,i_2,i_3) 是 $(1,2,3)$ 的 6 种排列中的任意一种。虽然每个因子分解会产生不同的 DAG，但它们都表示相同的分布，即不会产生独立性声明。如果 DAG 是级联形式，则没有独立性假设。然后，最小独立性假设对应丢弃级联图中的单个连接。这产生了图 3.6 中的 4 个 DAG，这些图都是等价的，是因为它们代表相同的分布吗？应用贝叶斯定理可得：

$$\underbrace{p(x_2\mid x_3)p(x_3\mid x_1)p(x_1)}_{\text{图3.6c}}=p(x_2,x_3)p(x_3,x_1)/p(x_3)=p(x_1\mid x_3)p(x_2,x_3) \tag{3.3.13}$$

$$=\underbrace{p(x_1\mid x_3)p(x_3\mid x_2)p(x_2)}_{\text{图3.6d}}=\underbrace{p(x_1\mid x_3)p(x_2\mid x_3)p(x_3)}_{\text{图3.6b}} \tag{3.3.14}$$

因此图 3.6b、图 3.6c 和图 3.6d 中的有向无环图代表相同的条件独立性(CI)假设——给定变量 x_3 的状态，变量 x_1 和 x_2 是独立的，即 $x_1 \perp\!\!\!\perp x_2 \mid x_3$。

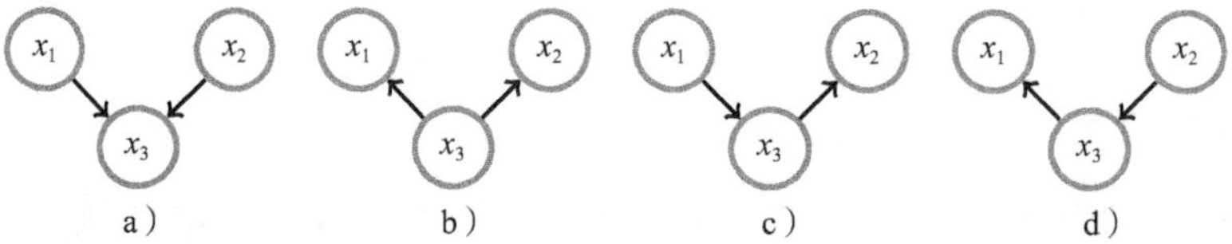

图 3.6　通过丢弃变量 x_1 和 x_2 之间的连接，可将关于三个变量的 6 个可能的信念网络图减少到 4 个。6 个全连通“级联”图对应于 $x_1\to x_2$(图 a)、$x_2\to x_1$(图 a)、$x_1\to x_2$(图 b)、$x_2\to x_1$(图 b)、$x_1\to x_2$(图 c)和 $x_2\to x_1$(图 d)。任何其他图都是有环的，因此不能将其视为分布

图 3.6a 则表示截然不同的网络，即 $p(x_1,x_2)=p(x_1)p(x_2)$。无法将分布 $p(x_3\mid x_1,x_2)p(x_1)p(x_2)$ 转换为任何其他分布。

备注 3.4(图相关性)　信念网络(图)适用于编码条件独立性，但不适合编码相关性。例如，考虑图 $a\to b$，这似乎可以对 a 和 b 的相关性进行编码。然而，信念网络分布的特定数值实例可以是 $p(b\mid a)=p(b)$，其中 $a \perp\!\!\!\perp b$。由此获得的经验是，即使 DAG 看起来似乎显示了“图”相关性，也可能存在不遵循相关性的分布实例。这也适用于 4.2 节中的马尔可夫网络，我们将在 3.3.5 节中更深入地讨论这个问题。

3.3.2　对撞的影响

> **定义 3.2**　给定路径 $\mathcal{P}$，对撞是指 $\mathcal{P}$ 上的节点 c 与其在 $\mathcal{P}$ 上的邻居节点 a 和 b 之间具有 $a\to c\leftarrow b$ 关系。请注意，对撞路径是特定的，见图 3.8。

在普通的信念网络中，我们如何确认是否 $x \perp\!\!\!\perp y\mid z$？在图 3.7a 中，$x$ 和 y 在条件 z 下是相互独立的，这是因为：

$$p(x,y\mid z)=p(x\mid z)p(y\mid z) \tag{3.3.15}$$

类似地，对于图 3.7b，x 和 y 在条件 z 下相互独立：

$$p(x,y\mid z)\propto p(z\mid x)p(x)p(y\mid z) \tag{3.3.16}$$

这是 x 的函数乘以 y 的函数。然而，因为 $p(x,y\mid z)\propto p(z\mid x,y)p(x)p(y)$，所以

图 3.7c 中的 x 和 y 在图上是相关的。在这种情况下，变量 z 是一个对撞节点——其邻居的箭头都指向它。图 3.7d 又是什么情况？其中，当 z 为条件时，x 和 y 在图上是相关的，因为：

$$p(x,y|z)=\frac{p(x,y,z)}{p(z)}=\frac{1}{p(z)}\sum_{w}p(z|w)p(w|x,y)p(x)p(y)\neq p(x|z)p(y|z) \tag{3.3.17}$$

直观来看，变量 w 变得和 z 的值相关，并且由于 x 和 y 与 w 条件相关，所以它们也和 z 条件相关。

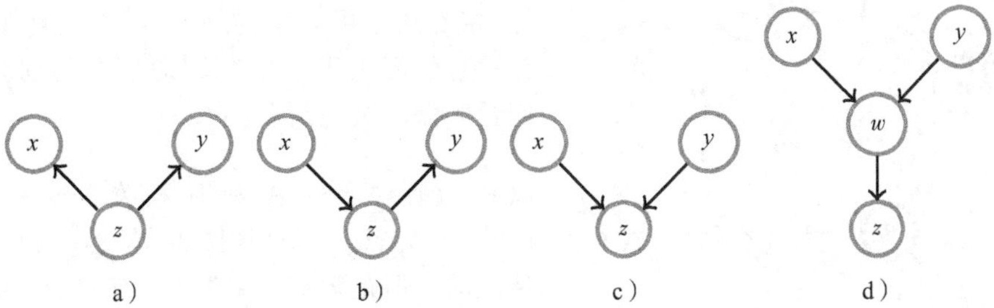

图 3.7　图 a 和图 b 中的变量 z 不是对撞节点。图 c 中的变量 z 是对撞节点。图 a 和图 b 表示条件独立性 $x\perp\!\!\!\perp y|z$。在图 c 和图 d 中，给定变量 z，x 和 y 在图上是条件相关的

如果沿着 x 和 y 之间的路径存在非对撞节点 z(如图 3.7a 和 b 所示)，则该路径不会引起 x 和 y 之间的相关性。类似地，如果 x 和 y 之间存在包含对撞节点的路径，只要该对撞节点不在条件集合中(并且它的任何后代都不是)，则此路径也不会使 x 和 y 相关。如果 x 和 y 之间的路径不包含对撞节点且没有条件变量，则此路径“d-连接” x 和 y。请注意，我们参照路径定义了对撞节点。在图 3.8a 中，变量 d 是沿着路径 a-b-d-c 的对撞节点，但沿着路径 a-b-d-e 不是(因为参照该路径，没有两个箭头同时指向 d)。

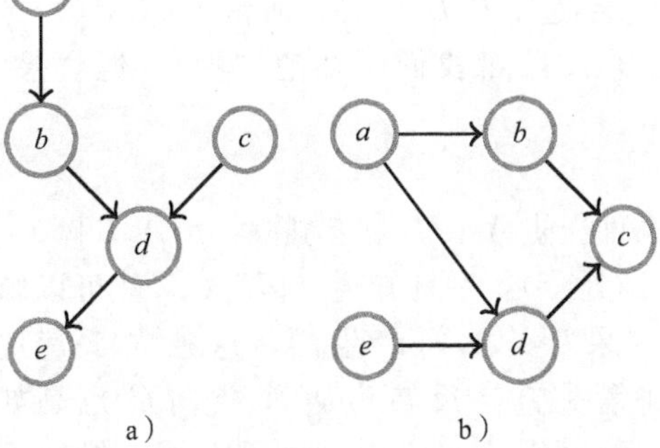

图 3.8　a) 变量 d 是沿路径 a-b-d-c 的对撞节点，而沿路径 a-b-d-e 不是。是否 $a\perp\!\!\!\perp e|b$? 因为在 a 和 e 之间的唯一路径上没有对撞节点，并且非对撞节点 b 在条件集中，所以 a 和 e 不是 d-连接的。因此 a 和 e 是通过 b 而 d-分离的，由此得出 $a\perp\!\!\!\perp e|b$。b) 变量 d 是沿路径 a-d-e 的对撞节点，而沿路径 a-b-c-d-e 不是。是否 $a\perp\!\!\!\perp e|c$? 在 a 和 e 之间有两条路径，即 a-d-e 和 a-b-c-d-e。路径 a-d-e 没有被阻挡，这是因为虽然 d 是该路径上的对撞节点且 d 不在条件集中，但是在条件集中有对撞节点 d 的后代 c。对于路径 a-b-c-d-e，c 是该路径上的对撞节点，且 c 在条件集中。对这条路径，d 不是对撞节点。因此，该路径未被阻挡，并且给定条件 c，a 和 e 是相关的

考虑信念网络 $A\rightarrow B\leftarrow C$。这里 A 和 C 是(无条件)独立的。然而，B 条件使它们在图中呈现相关性。直觉上，虽然我们认为根本原因是独立的，但在给定观察值的情况下，可知两个原因的状态，这使它们耦合并(通常)使它们相关。在下面的定义 3.3 中，我们描述了条件化或边缘化变量对图中其余变量的影响。

定义 3.3(信念网络的一些性质) 理解在信念网络中条件化或边缘化变量会产生什么影响，这会对我们有所帮助。我们在此说明这些操作是如何影响图中其余变量的，并在 3.3.4 节借助这种直觉进行更详细的描述。

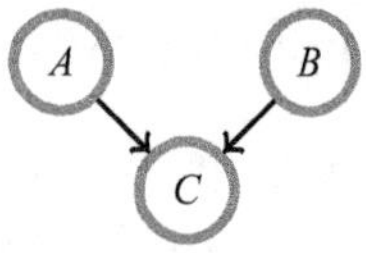

$$p(A,B,C)=p(C|A,B)p(A)p(B) \quad (3.3.18)$$

从“因果关系”的角度看，这里将“因”A 和 B 建模为先验独立的，它们都对“果”C 有决定作用。

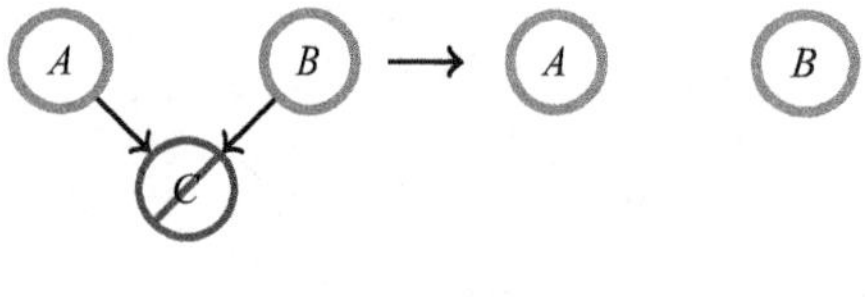

边缘化 C 会使 A 和 B 相互独立。A 和 B(无条件)相互独立可表示为 $p(A,B)=p(A)p(B)$。在没有任何关于“果”C 的信息的前提下，我们暂时保留这一信念。

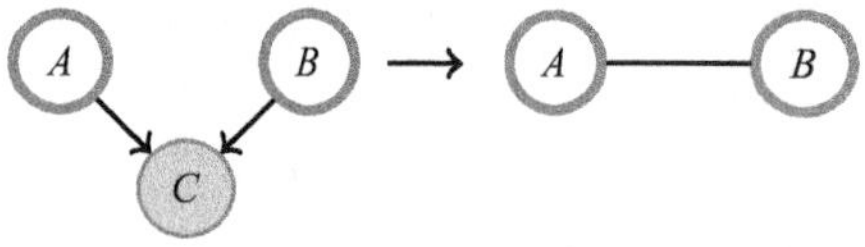

以 C 为条件会使 A 和 B 相关——一般 $p(A,B|C)\neq p(A|C)p(B|C)$。虽然“因”是先验独立的，但是知道“果”$C$，有助于我们理解这些“因”是如何联系并产生观察到的“果”的。

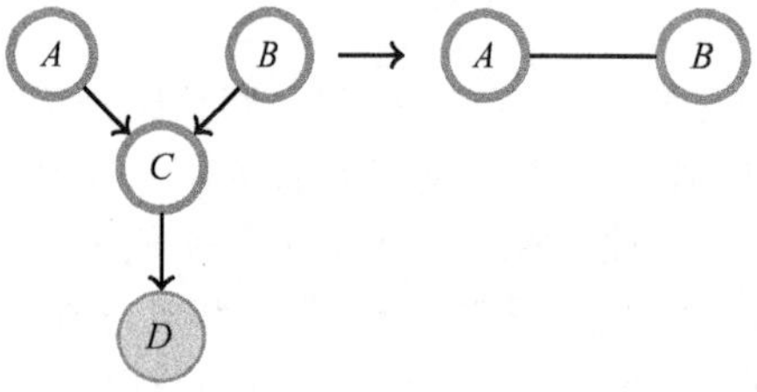

以对撞节点 C 的子节点 D 为条件，会使 A 和 B 相关——一般 $p(A,B|D)\neq p(A|D)p(B|D)$。

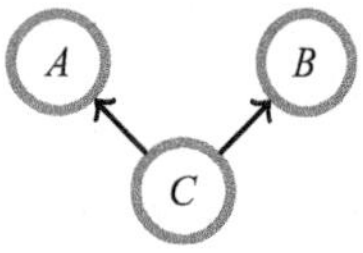

$$p(A,B,C)=p(A|C)p(B|C)p(C) \quad (3.3.19)$$

这里是“因”C 和相互独立的“果”A 和 B。

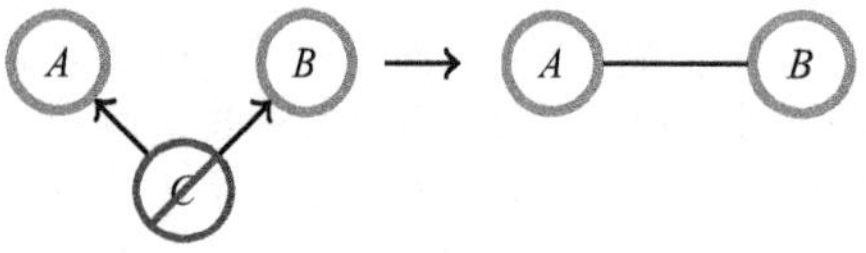

边缘化 C 会使 A 和 B 相关。通常，$p(A,B)\neq p(A)p(B)$。虽然我们不知道“因”，但“果”是相关的。

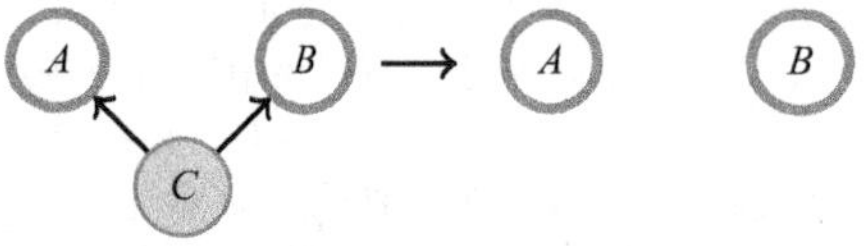

以 C 为条件会使 A 和 B 相互独立：$p(A,B|C)=p(A|C)p(B|C)$。一旦知道“因”C，就可以知道某个“果”是如何产生的，这独立于其他“果”。将箭头方向反转为从 A 指向 C 也是如此，在这种情况下，A 将“导致”C，然后 C“导致”B。条件化 C 将阻挡 A 对 B 产生影响。

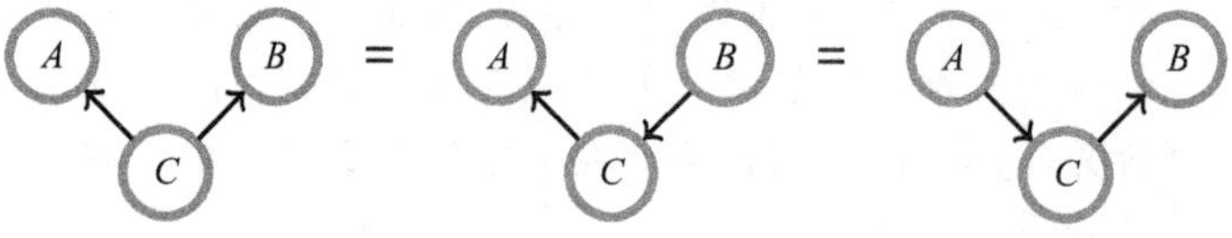

这些图都表达了相同的条件独立性假设。

3.3.3 图路径独立性操作

直观地讲，我们现在拥有了以 z 为条件，x 独立于 y 时需要我们理解的所有知识。检验定义 3.3 中的规则，我们需要查看 x 和 y 之间的每条路径，并根据图 3.9 中的直观规则调整边。

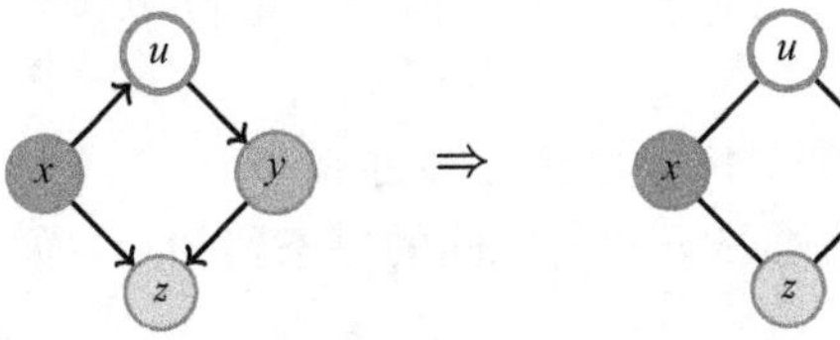

如果 z 是对撞节点(下部路径)，则保持相邻对撞节点之间的无向连接。

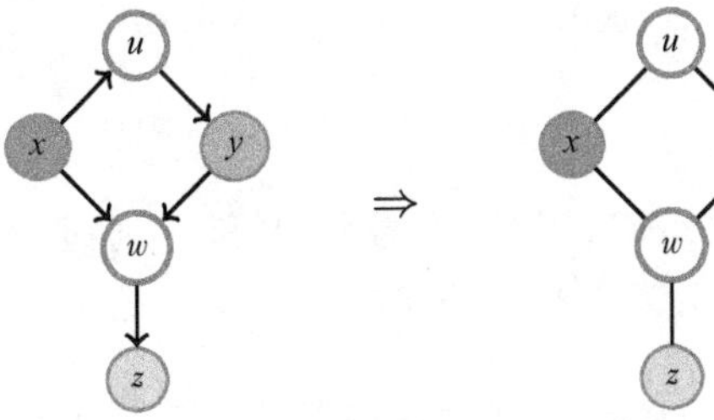

如果 z 是对撞节点的子节点，则会导致相关性，因此我们要保留连接(使它们无向)。

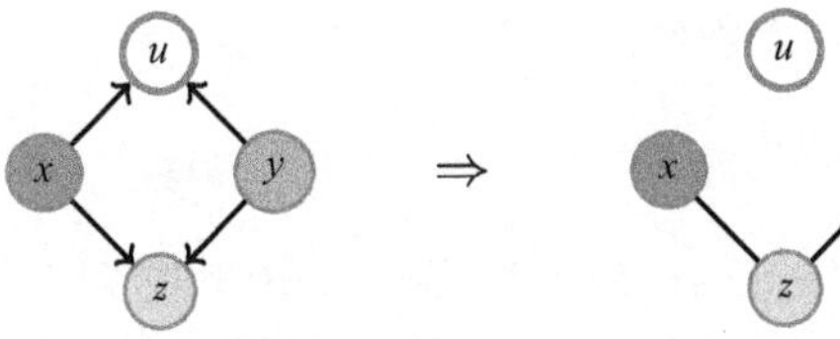

如果有的对撞节点不在条件集中(上部路径)，则切断到对撞节点变量的连接。在这种情况下，x 和 y 之间的上部路径是“阻塞”的。

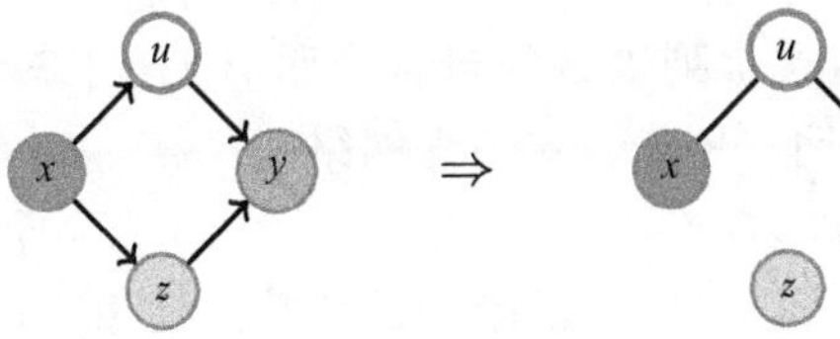

如果在条件集中存在非对撞节点(下部路径)，则切断非对撞节点的邻居之间的连接，这就不会导致 x 和 y 之间产生相关性，即下部路径被“阻塞”了。

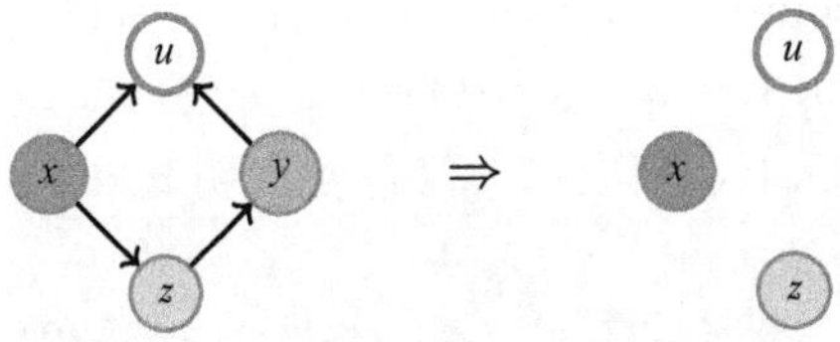

在这种情况下，两条路径都不会导致相关性，因此 $x \perp\!\!\!\perp y \mid z$。两条路径都被“阻塞”了。

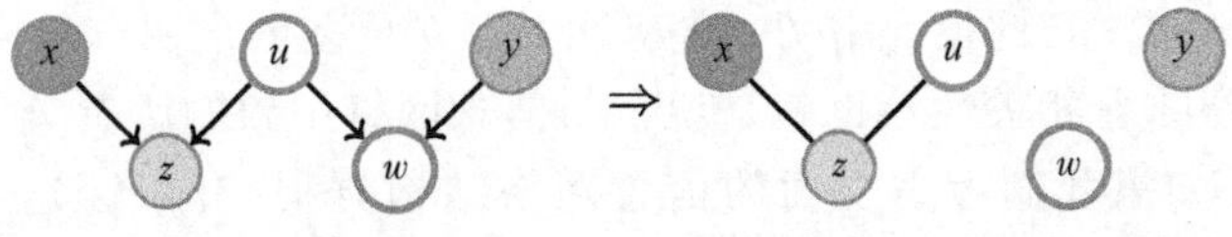

z 是条件集中的对撞节点，但是 w 是不在条件集中的对撞节点。这意味着 x 和 y 之间没有路径，因此可以得出给定 z，x 和 y 是相互独立的。

图 3.9 用于确定独立性 $x \perp\!\!\!\perp y \mid z$ 的图操作。在完成这些操作之后，如果在 x 和 y 之间没有无向路径，那么以 z 为条件，x 和 y 是相互独立的。请注意，此处的图所遵循的规则与定义 3.3 中的规则不同，后者考虑(通过条件化或边缘化)消除变量对图的作用。在这里，我们基于图表示来考虑用于确定独立性的规则，其中的变量也保留在图中

3.3.4 d-分离

以上描述比较直观，我们可以根据这些描述找到一种更适合通过计算实现且更形式化

的处理方式。首先，我们需要定义“d-分离”和“d-连接”的 DAG 概念，这些概念对确定任何信念网络中的条件独立性至关重要，信念网络的结构为 DAG[305]。

定义 3.4(d-连接，d-分离)　G 是有向图，其中 $\mathcal{X}$、$\mathcal{Y}$ 和 $\mathcal{Z}$ 是互不相交的顶点集，当且仅当 $\mathcal{X}$ 中一些顶点和 $\mathcal{Y}$ 中一些顶点之间存在一条无向路径 U，使得路径上的每一个对撞节点 C 及其子节点都在 $\mathcal{Z}$ 中，并且路径上的非对撞节点都不在 $\mathcal{Z}$ 中时，$\mathcal{X}$ 和 $\mathcal{Y}$ 在 G 中通过 $\mathcal{Z}$ d-连接。

$\mathcal{X}$ 和 $\mathcal{Y}$ 在图 G 中通过 $\mathcal{Z}$ d-分离，当且仅当 $\mathcal{X}$ 和 $\mathcal{Y}$ 不被 $\mathcal{Z}$ d-连接。

也可以这样表述。对于每个变量 $x\in\mathcal{X}$ 和 $y\in\mathcal{Y}$，检查 x 和 y 之间的每条路径 U。如果 U 上有节点 w 使得：

1. w 是一个对撞节点，它和它的任何子节点都不在 $\mathcal{Z}$ 中
2. w 不是 U 上的对撞节点且 w 在 $\mathcal{Z}$ 中

中有一个成立，则称路径 U 被阻塞。

如果所有路径都被阻塞，那么 $\mathcal{X}$ 和 $\mathcal{Y}$ 通过 $\mathcal{Z}$ d-分离。如果变量集 $\mathcal{X}$ 和 $\mathcal{Y}$ 通过 $\mathcal{Z}$ d-分离，则它们在所有可由图表示的概率分布中以 $\mathcal{Z}$ 为条件相互独立。

备注 3.5(贝叶斯球)　贝叶斯球算法[259]是能提供线性时间复杂度的算法，其给定一组节点 $\mathcal{X}$ 和 $\mathcal{Z}$，并确定节点集 $\mathcal{Y}$，满足 $\mathcal{X}\perp\!\!\!\perp\mathcal{Y}\mid\mathcal{Z}$，$\mathcal{Y}$ 是 $\mathcal{Z}$ 条件下 $\mathcal{X}$ 的无关节点集。

3.3.5　图和分布的独立性与相关性

前文已经介绍，$\mathcal{X}$ 和 $\mathcal{Y}$ 通过 $\mathcal{Z}$ d-分离⇒在与信念网络结构一致的所有分布中 $\mathcal{X}\perp\!\!\!\perp\mathcal{Y}\mid\mathcal{Z}$。换句话说，如果根据信念网络结构得到分布 P 的实例，并记下可以从 P 中获得的所有条件独立声明列表 $\mathcal{L}_P$，如果 $\mathcal{X}$ 和 $\mathcal{Y}$ 通过 $\mathcal{Z}$ d-分离，那么这个列表必须包含声明 $\mathcal{X}\perp\!\!\!\perp\mathcal{Y}\mid\mathcal{Z}$。请注意，列表 $\mathcal{L}_P$ 可能包含的声明多于从图中获得的声明。例如，对信念网络图：

$$p(a,b,c)=p(c\mid a,b)p(a)p(b) \tag{3.3.20}$$

这可以由有向无环图 $a\to c\leftarrow b$ 表示，那么 $a\perp\!\!\!\perp b$ 是我们可以判断出的唯一的图独立性声明。考虑与方程(3.3.20)一致的分布，例如，对于二值变量 $\mathrm{dom}(a)=\mathrm{dom}(b)=\mathrm{dom}(c)=\{0,1\}$：

$$p_{[1]}(c=1\mid a,b)=(a-b)^2,\quad p_{[1]}(a=1)=0.3,\quad p_{[1]}(b=1)=0.4 \tag{3.3.21}$$

那么对于分布 $p_{[1]}$，我们必须在数值上确保 $a\perp\!\!\!\perp b$。实际上，列表 $\mathcal{L}_{[1]}$ 仅包含声明 $a\perp\!\!\!\perp b$。另外，我们也可以考虑分布：

$$p_{[2]}(c=1\mid a,b)=0.5,\quad p_{[2]}(a=1)=0.3,\quad p_{[2]}(b=1)=0.4 \tag{3.3.22}$$

从中可以得到 $\mathcal{L}_{[2]}=\{a\perp\!\!\!\perp b,a\perp\!\!\!\perp c,b\perp\!\!\!\perp c\}$。在此情况下 $\mathcal{L}_{[2]}$ 含有比 $a\perp\!\!\!\perp b$ 更多的声明。

一个有趣的问题是 d-连接是否也意味着相关性？也就是说，与信念网络一致的所有分布 P 是否都具有图所暗示的相关性？如果我们考虑上面的信念网络结构方程(3.3.20)，a 和 b 通过 c 进行 d-连接，那么以 c 为条件，a 和 b 相关。对于具体的实例 $p_{[1]}$，在数值上有 $a\top\!\!\!\top b\mid c$，使得 $p_{[1]}$ 的相关性声明列表包含图的相关性声明。现在考虑 $p_{[2]}$，$p_{[2]}$ 的相关性声明列表是空的。因此，图的相关性声明不一定能在与信念网络一致的所有分布中找到。因此，$\mathcal{X}$ 和 $\mathcal{Y}$ 通过 $\mathcal{Z}$ d-连接$\not\Rightarrow$在与信念网络结构一致的所有分布中 $\mathcal{X}\top\!\!\!\top\mathcal{Y}\mid\mathcal{Z}$。

另见练习 3.17。这表明信念网络在确保分布必然遵循我们从图中期望的独立性假设时是强大的。但是，信念网络不适合确保分布遵循所需的相关性声明。

例 3.3 考虑图 3.10a。

1. 变量 t 和 f 是否无条件独立，即 $t \perp\!\!\!\perp f \mid \varnothing$？这里有两个对撞节点，即 g 和 s。然而，它们不在条件集(空集)中，因此 t 和 f 是 d-分离的，因此它们无条件地相互独立。

2. 如何才能使 $t \perp\!\!\!\perp f \mid g$？在 t 和 f 之间有一条路径，所有对撞节点都在这条路径上。因此 t 和 f 通过 g 而 d-连接，继而以 g 为条件，t 和 f 在图上相关。

例 3.4 在图 3.10b 中 $\{b, f\} \perp\!\!\!\perp u \mid \varnothing$ 成立吗？由于条件集是空集，并且从 b 或 f 到 u 的每条路径都包含一个对撞节点，因此 b 和 f 无条件地独立于 u。

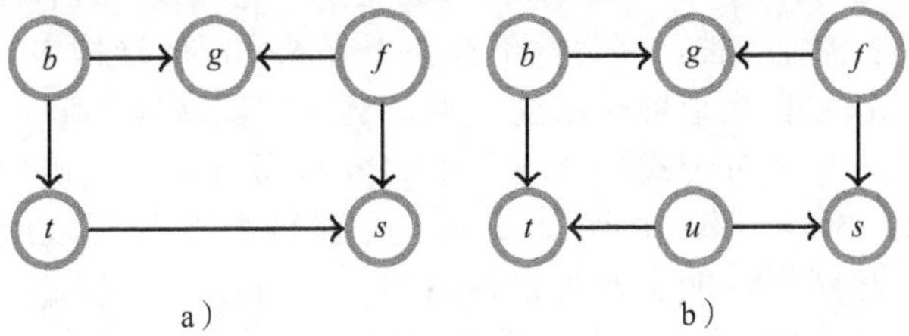

图 3.10 a) t 和 f 通过 g 而 d-连接。b) b 和 f 通过 u 而 d-分离

3.3.6 信念网络中的马尔可夫等价性

我们已经花了很多篇幅来学习如何从 DAG 中读取条件独立性关系。令人高兴的是，我们可以使用相对简单的规则来确定两个 DAG 是否代表同一组条件独立性声明(即使不知道它们是什么)。

定义 3.5(马尔可夫等价性) 如果两个图代表同一组条件独立性声明，则这两个图是马尔可夫等价的。该定义适用于有向图和无向图。

例 3.5 考虑边为 $A \to C \leftarrow B$ 的信念网络，条件独立性声明集合为 $A \perp\!\!\!\perp B \mid \varnothing$。对于边为 $A \to C \leftarrow B$ 和 $A \to B$ 的另一个信念网络，条件独立性声明集合是空集。在这种情况下，两个信念网络就不是马尔可夫等价的。

过程 3.1(确定马尔可夫等价) 将 DAG 中的对撞结构(immorality)定义为三个节点 A、B、C 的一种配置关系，使得 C 是 A 和 B 的子节点，A 和 B 不直接连接。通过删除箭头上的方向来定义图的骨架。当且仅当两个 DAG 具有相同的骨架和相同的对撞结构时，它们代表相同的独立性假设(它们是马尔可夫等价的)集合[79]。

使用过程 3.1，我们看到在图 3.6 中，信念网络 b、c、d 具有相同的没有对撞结构的骨架，因此是等价的。但是，信念网络 a 具有对撞结构，因此不等价于信念网络 b、c、d。需要注意，未匹配父节点拥有子节点是否应该被视为没有对撞结构，超出了本书的范围。

3.3.7 信念网络的有限表达性

信念网络与我们对“因果”独立性建模的直观概念非常吻合。然而，从形式上讲，它们不一定能够以图的方式表示给定分布的所有独立性。

考虑图 3.11a 中的 DAG[250]。该 DAG 可用于表示两个成功的实验，其中 t_1 和 t_2 是两个治疗方案，y_1 和 y_2 代表两个感兴趣的结果，h 是患者的潜在健康状况。第一次治疗对第二次的结果没有影响，因此从 y_1 到 y_2 没有边。现在考虑边缘分布 $p(t_1,t_2,y_1,y_2)$ 中隐含的独立性，这个分布通过边缘化 h 的分布就可以得到。这里没有仅包含顶点 t_1、y_1、t_2 和 y_2 的 DAG，而这代表独立性关系，并且也不包含图 3.11a 中未暗示的某些其他独立性关系。因此，任何只在顶点 t_1、y_1、t_2 和 y_2 上的 DAG 都不能表示 $p(t_1,t_2,y_1,y_2)$ 的独立性关系，或者施加一些 DAG 未暗示的附加独立性限制。在上面的例子中，

$$p(t_1,t_2,y_1,y_2)=p(t_1)p(t_2)\sum_h p(y_1|t_1,h)p(y_2|t_2,h)p(h) \tag{3.3.23}$$

通常不能表示为在有限的变量集上定义的函数的乘积。然而，在 $p(t_1,t_2,y_1,y_2)$ 中，满足条件独立性的条件 $t_1 \perp\!\!\!\perp (t_2,y_2)$ 和 $t_2 \perp\!\!\!\perp (t_1,y_1)$ 成立——它们以条件概率表的形式编码。只是我们无法“看到”这种独立性，因为它不存在于边缘化图的结构中——尽管可以在较大的图 $p(t_1,t_2,y_1,y_2,h)$ 中自然地推断出这一点。例如，在从 y_2 到 y_1 有连接的信念网络中，我们有 $y_1 \perp\!\!\!\perp t_2 | y_2$，这对于式(3.3.23)中的分布而言是不正确的。类似地，对于从 y_1 到 y_2 有连接的信念网络，隐含声明 $y_2 \perp\!\!\!\perp t_1 | y_1$ 对于式(3.3.23)也不是正确的。

此示例证明了信念网络不能表达可以对变量进行描述的所有条件独立性声明(但是可以通过考虑其他变量来增加条件独立性声明)。这种情况相当普通，因为任何图模型对独立性声明的表达程度都是有限的[282]。值得注意的是，信念网络可能并不总是表达独立性假设和直觉的最合适的框架。

一个自然的考虑是在变量被边缘化时使用双向箭头。对于图 3.11a，可以使用双向边来描绘边缘分布，如图 3.11b 所示。有关使用双向边的信念网络的讨论，请参阅[250]。

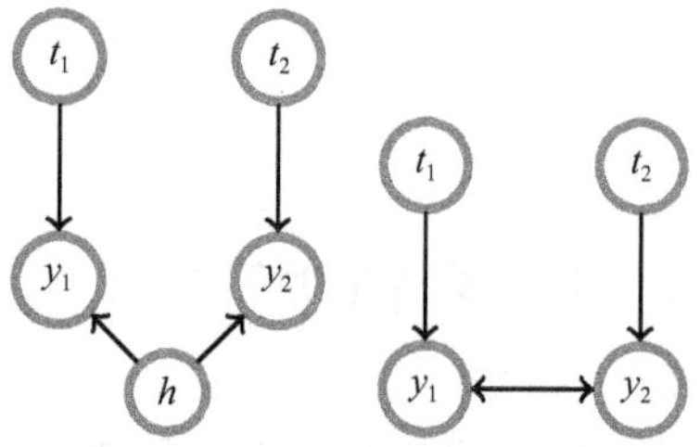

a)　　b)

图 3.11 a) 该 DAG 体现了条件独立性声明 $t_1 \perp\!\!\!\perp t_2$、$y_2 | \varnothing$、$t_2 \perp\!\!\!\perp | t_1$ 和 $y_1 | \varnothing$，即治疗方案之间彼此没有影响。b) 使用双向边来表示边缘化 h 产生的影响

3.4 因果关系

因果关系是一个有争议的话题，本节的目的是让读者意识到可能存在的一些陷阱，这可能会导致错误的推论。更多详细信息请参阅[238]和[79]。

“因果”这个词是有争议的，特别是在数据模型不包含明确的时间信息的情况下，因此形式化地，只能推断出相关性。对于分布 $p(a,b)$，我们可以将其写为 $p(a|b)p(b)$ 或 $p(b|a)p(a)$。对于前者，我们可能认为 b“导致”a，对于后者则是 a“导致”b。显然，这并没有多少意义，因为它们都代表完全相同的分布，见图 3.12。信念网络只会产生独立性声明，而不是因果关系声明。然而，在构建信念网络时，从因果关系的角度思考相关性可能会有所帮助，因为我们的直觉理解通常以一个变量如何“影响”另一个变量为框架。首先我们会讨论一个经典的难题，强调可能出现的潜在陷阱。

a)　　b)　　c)　　d)

图 3.12 图 a 和图 b 代表相同的分布 $p(a,b)=p(a|b)p(b)=p(b|a)p(a)$。图 c 表示 $p(\text{rain},\text{grasswet})=p(\text{grasswet}|\text{rain})p(\text{rain})$。尽管这因果关系似乎是不合理的，但如图 d 所示，也可以等价地写成 $p(\text{rain}|\text{grasswet})p(\text{grasswet})$

3.4.1 辛普森悖论

辛普森“悖论”是在信念网络中进行因果推断时带有一定警示意义的故事。考虑一项医学试验，可以重复得到患者的治疗方案和结果。我们先进行两项试验，一项实验有 40 名女性，另一项有 40 名男性。数据总结在表 3.1 中。问题是：药物是否会使恢复的可能性增加？根据男性的表格，答案是否定的，因为没有服用药物就恢复健康的男性数量比用药物治疗的男性数量要多。同样，没有用药物进行治疗而恢复的女性数量要比用药物治疗的女性数量多。结论似乎是，药物治疗于恢复健康无益，因为它对于两个子群都没有帮助。

然而，忽略性别信息，并将男性和女性数据整理成一个组合表，我们发现服用药物恢复健康的人数比不服用药物的多。因此，即使药物对男性或女性似乎都不起作用，但总体上似乎有一些作用！那我们是否应该推荐这种药物呢？

悖论的解决方案

出现“悖论”是因为我们在解决一个因果(介入)问题——如果我们给某人服用药物，会发生什么？但我们正在进行观察性计算。Pearl 提醒我们，“我们看到的”(观察证据)和“我们所做的”(介入证据)之间存在差异[238]。我们期望模拟一个因果实验，首先就要进行介入，设定药物状态，然后观察它对恢复健康的影响。

一个包含性别(G)、药物(D)和恢复健康(R)数据的模型(没有条件独立性假设，见图 3.13a)是：

$$p(G,D,R)=p(R|G,D)p(D|G)p(G) \tag{3.4.1}$$

表 3.1 辛普森悖论的表[238]

男性	恢复健康	没有恢复健康	恢复比例
服用药物	18	12	60%
未服用药物	7	3	70%
女性	**恢复健康**	**没有恢复健康**	**恢复比例**
服用药物	2	8	20%
未服用药物	9	21	30%
组合	**恢复健康**	**没有恢复健康**	**恢复比例**
服用药物	20	20	50%
未服用药物	16	24	40%

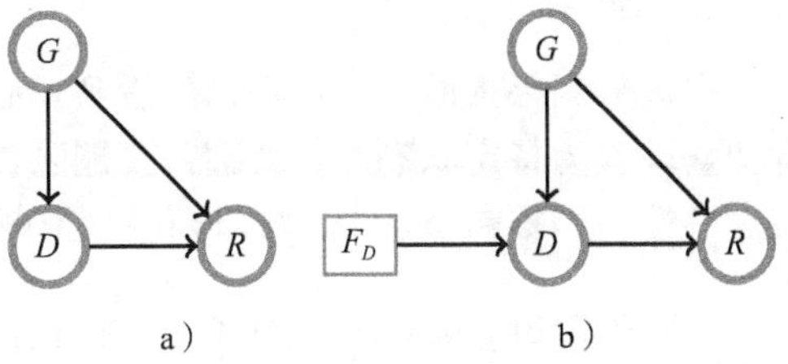

图 3.13 a) 表示表 3.1 中关系的 DAG。b) 影响图。由于 G 没有父节点，因此 G 不需要决策变量

然而在因果解释中，如果我们介入并使用药物，则等式(3.4.1)中的 $p(D|G)$应该在实验中不起作用——我们决定使用药物和性别无关。因此，$p(D|G)$项需要用反映实验设置的项代替。我们使用原子介入的概念，并在特定状态设置单个变量。在设置 D 的原子因果介入中，我们处理修改后的分布：

$$\tilde{p}(G,R|D)=p(R|G,D)p(G) \tag{3.4.2}$$

其中等式右边的项取自数据的原始信念网络，我们使用“‖”表示介入：

$$p(R\|G,D)\equiv\tilde{p}(R|G,D)=\frac{p(R|G,D)p(G)}{\sum_{R}p(R|G,D)p(G)}=p(R|G,D) \tag{3.4.3}$$

我们也可以考虑将 G 作为介入——在这种情况下它并不重要，因为变量 G 没有父节点的事实意味着，对以 G 为条件的任何分布，先验因子 $p(G)$将不存在。使用公式(3.4.3)，对于男性，使用药物时有 60%的男性恢复健康，未使用药物时有 70%的男性恢复健康；对于女性，

使用药物时有20%的女性恢复健康，未使用药物时有30%的女性恢复健康。类似地，

$$p(R\|D)\equiv\tilde{p}(R|D)=\frac{\sum_{G}p(R|G,D)p(G)}{\sum_{R,G}p(R|G,D)p(G)}=\sum_{G}p(R|G,D)p(G) \tag{3.4.4}$$

使用后介入分布方程(3.4.4)，有：

$$p(\text{recovery}|\text{drug})=0.6\times0.5+0.2\times0.5=0.4 \tag{3.4.5}$$

$$p(\text{recovery}|\text{no drug})=0.7\times0.5+0.3\times0.5=0.5 \tag{3.4.6}$$

因此，我们推断药物总体上没有帮助，正如直观预期的那样，并且这与从两个子群得到的结果一致。

总结上述论点，$p(G,D,R)=p(R|G,D)p(G)p(D)$意味着我们选择男性或女性患者，选择使用或不使用药物与性别无关，因此联合分布中没有$p(D|G)$项。如果我们纯粹通过观察来计算$p(R|D)$，那么D的条件会引起对性别的依赖(通过$p(D|G)$项)，从而引起对恢复健康的依赖。这种设置相当于医生先决定是否使用药物，然后根据$p(G|D)$随机选择一个性别，这不是我们期望的“药物试验”的过程。进行随机试验意味着根据$p(D)$随机使用药物(或不使用药物)，就可以打破对性别的依赖，从而实现合理的干预实验。一种考虑这种模型的方法是思考如何从随机变量的联合分布中抽取样本——在大多数情况下，这要阐明因果关系在实验中的作用。

与介入计算相反，观察性计算没有条件独立性假设。这意味着$p(D|G)$项在计算中起作用(读者可能希望验证表3.1中组合数据给出的结果等同于利用完整分布方程(3.4.1)的推断)。

3.4.2 do算子

在进行因果推断时，我们已经看到，必须调整模型以反映所有因果实验条件。在将所有变量设置为特定状态时，我们需要删除该变量的所有父连接。Pearl称之为do算子，并将观察性(看)推断$p(x|y)$与因果(做)推断$p(x|\text{do}(y))$进行对比。

定义3.6(Pearl的do算子) 将所有变量$\mathcal{X}=\mathcal{X}_{\mathcal{C}}\cup\mathcal{X}_{\bar{\mathcal{C}}}$写成介入变量$\mathcal{X}_{\mathcal{C}}$和非介入变量$\mathcal{X}_{\bar{\mathcal{C}}}$。对于一个信念网络$p(\mathcal{X})=\prod_{i}p(X_i|\text{pa}(X_i))$，推断将变量$X_{c_1},\cdots,X_{c_K}(c_k\in\mathcal{C})$设置为状态$x_{c_1},\cdots,x_{c_K}$的作用，等效为后介入分布中的标准证据推断：

$$p(\mathcal{X}_{\bar{\mathcal{C}}}|\text{do}(X_{c_1}=x_{c_1}),\cdots,\text{do}(X_{c_K}=x_{c_K}))=\prod_{j\in\bar{\mathcal{C}}}p(X_j|\text{pa}(X_j)) \tag{3.4.7}$$

其中，X_j中的任何父状态$\text{pa}(X_j)$都被设置在证据状态。另一种表示法是$p(\mathcal{X}_{\bar{\mathcal{C}}}\|x_{c_1},\cdots,x_{c_K})$。

换句话说，对于那些我们进行了因果介入并设置在特定状态的变量，相应的$p(X_{c_i}|\text{pa}(X_{c_i}))$项将从原始信念网络中被删除。在图上的影响是切断每个介入变量与其父变量的连接，并将介入变量设置在其介入状态。对于非因果变量的证据变量，不会从分布中删除相应的因子。这是因为在后介入分布对应的实验中，首先设置因果变量并随后观察到非因果变量。

为了使信念网络具有因果解释，其变量的祖先顺序必须对应于时间顺序。这意味着，如果我们从没有父节点的变量开始，则这些变量必须在时间上先出现，其子节点稍后出

现，依此类推。故而从因果信念网络进行祖先抽样，对应于物理实验的时间演化。

3.4.3 影响图和 do 算子

表示介入的另一种方式是通过将父决策变量 F_X 附加到可以进行介入的任何变量 X 上来修改基本的信念网络，从而产生所谓的影响图[79]。例如，对于辛普森悖论的例子，我们可以使用图 3.13b ㊀，

$$\tilde{p}(D,G,R,F_D)=p(D|F_D,G)p(G)p(R|G,D)p(F_D) \tag{3.4.8}$$

其中：

$$p(D|F_D=\emptyset,G)\equiv p(D|\mathrm{pa}(D))$$

$$p(D|F_D=d,C)=\begin{cases}1, & D=d\\ 0, & \text{其他}\end{cases}$$

因此，如果决策变量 F_D 被设置为空状态，则变量 D 可由标准观察项 $p(D|\mathrm{pa}(D))$ 确定。如果将决策变量设置为状态 D，则变量将其所有概率置于 $D=d$ 的单个状态。这具有用单位因子替换条件概率项的效果，D 的所有实例被设置为它的介入状态中的变量㊁。这种影响图方法相对于 do 算子的潜在优势在于，可以使用增广信念网络中的方法导出条件独立性声明。另外，对于学习，可应用标准方法将决策变量设置为每个数据样本的采集的条件（因果或非因果样本）。

备注 3.6（学习边的方向） 在没有因果实验数据的情况下，人们应该对学习“因果”网络持怀疑态度。然而，人们可能更倾向于连接有特定方向，并能够基于条件概率表的“简单性”假设。这种偏好可能来自直觉，虽然根本原因可能不确定，但因果关系的确相对简单。在这个意义上，我们需要衡量条件概率表的复杂性，例如熵。类似地，一个有用的启发是：根本原因是独立的，并且在等可能的信念网络中，边数最少的网络将对应于“因果”网络。可以对这种启发式进行数字编码并在马尔可夫等价图中学习边的方向。另见练习 12.6。

3.5 总结

- 我们可以通过重复应用贝叶斯定理得出某些不确定的证据。
- 信念网络表示将分布分解为依赖于父变量的变量条件概率。
- 信念网络对应 DAG。
- 如果 $p(x,y|z)=p(x|z)p(y|z)$，则变量是条件独立的，即 $x \perp\!\!\!\perp y|z$。信念网络中缺失的连接对应条件独立性声明。
- 如果在表示信念网络的图中，两个变量是独立的，那么它们在与信念网络结构一致的任何分布中都是独立的。
- 信念网络很自然地代表“因果”的作用。
- 因果问题必须通过合适的因果模型来解决。

3.6 代码

3.6.1 简单的推断演示

demoBurglar.m：是否被盗。

㊀ 这里的影响图是包含决策变量的变量分布，与第 7 章中影响图的应用形成对比。

㊁ 可以考虑更一般的情况，其中变量被置于状态分布中，参见[79]。

demoChestClinic.m：胸部诊断问题的简单推断。参见练习 3.4。

3.6.2 条件独立性演示

以下例子展示了图 3.15 中的胸部诊断信念网络是否存在 $\mathcal{X} \perp\!\!\!\perp \mathcal{Y} \mid \mathcal{Z}$，并检查数值结果[⊖]。独立性测试基于 4.2.4 节的马尔可夫方法。这是 d-分离方法的替代方案，这种方案更通用，因为它还涉及马尔可夫网络中的条件独立性以及信念网络。运行下面的演示代码，可能会发现存在数值相关性非常小的问题，即

$$p(\mathcal{X},\mathcal{Y} \mid \mathcal{Z}) \approx p(\mathcal{X} \mid \mathcal{Z})\,p(\mathcal{Y} \mid \mathcal{Z}) \tag{3.6.1}$$

即使 $\mathcal{X} \top\!\!\!\top \mathcal{Y} \mid \mathcal{Z}$。这突出了“结构”和“数值”独立性之间的区别。

condindepPot.m：条件独立性的数值度量。

demoCondindep.m：条件独立性的演示(使用马尔可夫方法)。

3.6.3 实用程序

dag.m：找到信念网络的 DAG 结构。

3.7 练习题

练习 3.1(派对达人) 派对达人问题对应图 3.14 中的网络。老板很生气，工人很头疼——工人参加派对的可能性有多大？为补全具体信息，给出概率如下：

$p(U=\text{tr} \mid P=\text{tr},D=\text{tr})=0.999$　$p(U=\text{tr} \mid P=\text{fa},D=\text{tr})=0.9$　$p(H=\text{tr} \mid P=\text{tr})=0.9$

$p(U=\text{tr} \mid P=\text{tr},D=\text{fa})=0.9$　$p(U=\text{tr} \mid P=\text{fa},D=\text{fa})=0.01$　$p(H=\text{tr} \mid P=\text{fa})=0.2$

$p(A=\text{tr} \mid U=\text{tr})=0.95$　$p(A=\text{tr} \mid U=\text{fa})=0.5$　$p(P=\text{tr})=0.2, p(D=\text{tr})=0.4$

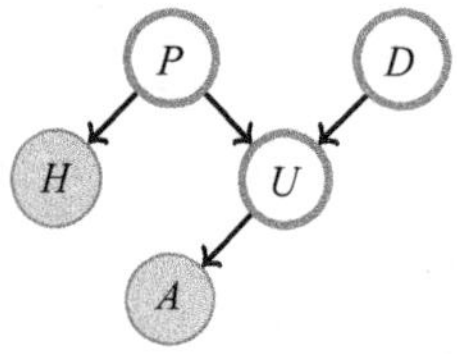

图 3.14 派对达人。这里所有变量都是二值的，P = 去过派对，H = 头痛，D=在工作中失去动力，U=在工作中表现不佳，A=老板很生气，阴影变量表示真实状态

练习 3.2 考虑分布 $p(a,b,c)=p(c \mid a,b)p(a)p(b)$。是否 $a \perp\!\!\!\perp b \mid \varnothing$？是否 $a \perp\!\!\!\perp b \mid c$？

练习 3.3 胸部诊断信念网络[185]涉及肺部疾病(肺结核、肺癌、两者都有或两者都没有)的诊断，见图 3.15。在这个模型中，假设去 A 市会增加患肺结核的可能性。说明以下条件独立性关系是真还是假。

1. 肺结核⫫吸烟 | 呼吸急促。
2. 肺癌⫫支气管炎 | 吸烟。
3. 去过 A 市⫫吸烟 | 肺癌。
4. 去过 A 市⫫吸烟 | 肺癌，呼吸急促。

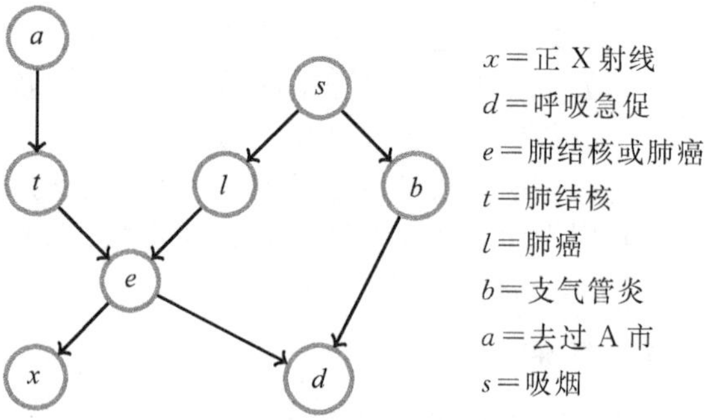

图 3.15 胸部诊断信念网络的结构示例

练习 3.4 考虑图 3.15 中的胸部诊断信念网络。手动计算 $p(d)$、$p(d \mid s=\text{tr})$，$p(d \mid s=\text{fa})$的值。表值为：

⊖ 图的条件独立的代码在第 4 章中给出。

$p(a=\mathrm{tr})$	$=0.01$	$p(s=\mathrm{tr})$	$=0.5$
$p(t=\mathrm{tr}\mid a=\mathrm{tr})$	$=0.05$	$p(t=\mathrm{tr}\mid a=\mathrm{fa})$	$=0.01$
$p(l=\mathrm{tr}\mid s=\mathrm{tr})$	$=0.1$	$p(l=\mathrm{tr}\mid s=\mathrm{fa})$	$=0.01$
$p(b=\mathrm{tr}\mid s=\mathrm{tr})$	$=0.6$	$p(b=\mathrm{tr}\mid s=\mathrm{fa})$	$=0.3$
$p(x=\mathrm{tr}\mid e=\mathrm{tr})$	$=0.98$	$p(x=\mathrm{tr}\mid e=\mathrm{fa})$	$=0.05$
$p(d=\mathrm{tr}\mid e=\mathrm{tr},b=\mathrm{tr})$	$=0.9$	$p(d=\mathrm{tr}\mid e=\mathrm{tr},b=\mathrm{fa})$	$=0.7$
$p(d=\mathrm{tr}\mid e=\mathrm{fa},b=\mathrm{tr})$	$=0.8$	$p(d=\mathrm{tr}\mid e=\mathrm{fa},b=\mathrm{fa})$	$=0.1$

当且仅当 t 和 l 都是 fa 时 $p(e=\mathrm{tr}\mid t,\ l)=0$，否则为 1。

练习 3.5 如果从因果上解释胸部诊断信念网络，我们如何帮助医生回答“如果我能治愈患支气管炎的患者，那么对于治愈他们的呼吸急促能有多少帮助?”如何将其与在非因果解释中得到的 $p(d=\mathrm{tr}\mid b=\mathrm{fa})$ 相比？这意味着什么？

练习 3.6 图 3.16 中的网络是有关汽车启动概率的，具有表值：

$p(b=\mathrm{bad})=0.02$	$p(f=\mathrm{empty})=0.05$
$p(g=\mathrm{empty}\mid b=\mathrm{good},f=\mathrm{not\ empty})=0.04$	$p(g=\mathrm{empty}\mid b=\mathrm{good},f=\mathrm{empty})=0.97$
$p(g=\mathrm{empty}\mid b=\mathrm{bad},f=\mathrm{not\ empty})=0.1$	$p(g=\mathrm{empty}\mid b=\mathrm{bad},f=\mathrm{empty})=0.99$
$p(t=\mathrm{fa}\mid b=\mathrm{good})=0.03$	$p(t=\mathrm{fa}\mid b=\mathrm{bad})=0.98$
$p(s=\mathrm{fa}\mid t=\mathrm{tr},f=\mathrm{not\ empty})=0.01$	$p(s=\mathrm{fa}\mid t=\mathrm{tr},f=\mathrm{empty})=0.92$
$p(s=\mathrm{fa}\mid t=\mathrm{fa},f=\mathrm{not\ empty})=1.0$	$p(s=\mathrm{fa}\mid t=\mathrm{fa},f=\mathrm{empty})=0.99$

计算 $P(f=\mathrm{empty}\mid s=\mathrm{no})$，这是在观察到汽车没有启动的条件下燃料箱空置的概率。

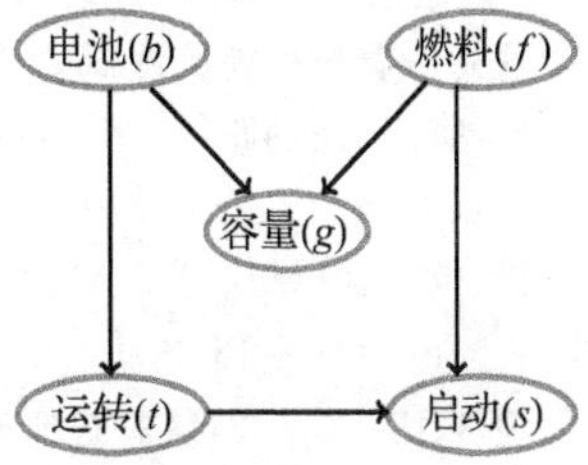

图 3.16 汽车启动示例的信念网络

练习 3.7 在接触石棉(A)、吸烟(S)和患肺癌(C)之间存在协同关系。描述这种关系的模型由下式给出：

$$p(A,S,C)=p(C\mid A,S)p(A)p(S) \tag{3.7.1}$$

1. 是否 $A \perp\!\!\!\perp S\mid\varnothing$?
2. 是否 $A \perp\!\!\!\perp S\mid C$?
3. 如何调整模型以解释在建筑行业工作的人更有可能吸烟并且更有可能接触石棉的事实？

练习 3.8 考虑图 3.3a 中的信念网络，所有变量都是二值的，为{tr,fa}。表元素是：

$$\begin{array}{llll} p(B=\mathrm{tr}) & =0.01 & & \\ p(A=\mathrm{tr}\mid B=\mathrm{tr}) & =0.99 & p(A=\mathrm{tr}\mid B=\mathrm{fa}) & =0.05 \\ p(W=\mathrm{tr}\mid A=\mathrm{tr}) & =0.9 & p(W=\mathrm{tr}\mid A=\mathrm{fa}) & =0.5 \\ p(G=\mathrm{tr}\mid A=\mathrm{tr}) & =0.7 & p(G=\mathrm{tr}\mid A=\mathrm{fa}) & =0.2 \end{array} \tag{3.7.2}$$

1. “手动”计算：
 (a) $p(B=\mathrm{tr}\mid W=\mathrm{tr})$
 (b) $p(B=\mathrm{tr}\mid W=\mathrm{tr},G=\mathrm{fa})$
2. 考虑与上述相同的情况，但现在证据不确定。吉本夫人认为状态 $G=\mathrm{fa}$ 的概率为 0.9。同样，华生认为状态 $W=\mathrm{fa}$ 的概率为 0.7。在这些不确定性证据下，“手工”计算后验概率：
 (a) $p(B=\mathrm{tr}\mid \widetilde{W})$
 (b) $p(B=\mathrm{tr}\mid \widetilde{W},\widetilde{G})$

练习 3.9 医生根据患者的年龄(A，老年人或年轻人)和性别(G，男性或女性)对患者进行药物治疗(D，给药或不给药)。患者是否康复(R，康复或不康复)取决于所有 D、A 和 G。另外 $A \perp\!\!\!\perp G\mid\varnothing$。

1. 为上述情况写下信念网络。
2. 解释如何计算 p(康复 | 给药)。

3. 解释如何计算 p(康复$\|$do(给药)，年轻人)。

练习 3.10　使用 BRML 工具箱执行 3.1.1 节中湿草坪场景的推断。

练习 3.11(洛杉矶盗窃)　考虑窃贼情景，如例 3.1。我们现在希望建模这样一件事：在洛杉矶，如果发生地震，被盗的可能性就会增加。解释如何在模型中包含此假设。

练习 3.12　给定两个表示为具有相关邻接矩阵 $\boldsymbol{A}$ 和 $\boldsymbol{B}$ 的 DAG 的信念网络，写一个 MATLAB 函数 MarkovEquiv(A,B).m，如果 $\boldsymbol{A}$ 和 $\boldsymbol{B}$ 马尔可夫等价则返回 1，否则返回 0。

练习 3.13　下面给出了两个信念网络的邻接矩阵(参见 ABmatrices.mat)。说明它们是马尔可夫等价的。

$$\boldsymbol{A}=\begin{pmatrix}0&0&1&1&0&1&0&0&0\\0&0&1&0&1&0&0&0&0\\0&0&0&0&0&0&1&0&0\\0&0&0&0&0&0&0&1&1\\0&0&1&0&0&0&1&0&0\\0&0&0&1&0&0&0&1&0\\0&0&0&0&0&0&0&0&1\\0&0&0&0&0&0&0&0&0\\0&0&0&0&0&0&0&0&0\end{pmatrix},\quad \boldsymbol{B}=\begin{pmatrix}0&0&1&1&0&0&0&0&0\\0&0&1&0&0&0&0&0&0\\0&0&0&0&0&0&1&0&0\\0&0&0&0&0&0&0&1&1\\0&1&1&0&0&0&1&0&0\\1&0&0&1&0&0&0&1&0\\0&0&0&0&0&0&0&0&1\\0&0&0&0&0&0&0&0&0\\0&0&0&0&0&0&0&0&0\end{pmatrix}\tag{3.7.3}$$

练习 3.14　三台计算机由 $i\in\{1,2,3\}$索引。如果计算机 i 可以在一个时间步中向计算机 j 发送消息，则 $C_{ij}=1$，反之 $C_{ij}=0$。网络中存在故障，我们的任务是找出有关通信矩阵 $\boldsymbol{C}$ 的一些信息($\boldsymbol{C}$ 不一定是对称的)。要做到这一点，工程师托马斯将进行一些测试，揭示计算机是否可以在 t 时间步内，向计算机 j 发送消息，其中 $t\in\{1,2\}$。这表示为 $C_{ij}(t)$，其中 $C_{ij}(1)\equiv C_{ij}$。例如，工程师可能知道 $C_{13}(2)=1$，这意味着根据他的测试，从计算机 1 发送的消息将以最多 2 个时间步到达计算机 3。请注意，此消息可以通过不同的路径——可以在一个时间步内直接从 1 到 3，也可以间接地从 1 到 2 然后从 2 到 3。可以假设 $C_{ii}=1$。先验是托马斯认为 $C_{ij}=1(i\neq j)$的概率为 10%，并假设每个这样的连接独立于其余连接。给定测试信息 $\mathcal{C}=\{C_{12}(2)=1,\ C_{23}(2)=0\}$，计算后验概率向量：

$$[p(C_{12}=1\mid\mathcal{C}),p(C_{13}=1\mid\mathcal{C}),p(C_{23}=1\mid\mathcal{C}),p(C_{32}=1\mid\mathcal{C}),p(C_{21}=1\mid\mathcal{C}),p(C_{31}=1\mid\mathcal{C})]\tag{3.7.4}$$

练习 3.15　信念网络对石油价格(oil)、通货膨胀率(inf)、经济健康状况(eh)、英国石油股票价格(bp)、零售商股票价格(rt)之间的关系进行了模拟。除了 bp 以外的其他变量都采用低(low)和高(high)两种状态，bp 具有低(low)、高(high)和正常(normal)三种状态。这些变量的信念网络模型对应的表元素是：

$p(eh=\text{low})=0.2$	
$p(bp=\text{low}\mid oil=\text{low})=0.9$	$p(bp=\text{normal}\mid oil=\text{low})=0.1$
$p(bp=\text{low}\mid oil=\text{high})=0.1$	$p(bp=\text{normal}\mid oil=\text{high})=0.4$
$p(oil=\text{low}\mid eh=\text{low})=0.9$	$p(oil=\text{low}\mid eh=\text{high})=0.05$
$p(rt=\text{low}\mid inf=\text{low},eh=\text{low})=0.9$	$p(rt=\text{low}\mid inf=\text{low},eh=\text{high})=0.1$
$p(rt=\text{low}\mid inf=\text{high},eh=\text{low})=0.1$	$p(rt=\text{low}\mid inf=\text{high},eh=\text{high})=0.01$
$p(inf=\text{low}\mid oil=\text{low},eh=\text{low})=0.9$	$p(inf=\text{low}\mid oil=\text{low},eh=\text{high})=0.1$
$p(inf=\text{low}\mid oil=\text{high},eh=\text{low})=0.1$	$p(inf=\text{low}\mid oil=\text{high},eh=\text{high})=0.01$

1. 为此分布绘制信念网络。
2. 在英国石油股票价格正常且零售商股票价格高的条件下，通胀率高的概率是多少？

练习 3.16　存在一组 C 个势，其具有在变量 $\mathcal{X}_c$ 的子集上定义的势 c。如果 $\mathcal{X}_c\subseteq\mathcal{X}_d$ 则我们可以合并(乘以)势 c 和 d，这是因为势 c 中的变量包含在势 d 内。参考合适的图结构，描述有效的算法来合并一组势，使得对于新的一组势，没有势包含在其他势中。

练习 3.17 本练习探讨 d-连接和相关性之间的区别。考虑分布类：

$$p(a,b,c)=p(c\mid b)p(b\mid a)p(a) \tag{3.7.5}$$

其中 a 与 c 是 d-连接的。有人可能会认为这意味着 a 和 c 是相关的，即 $a \top\!\!\!\top c$。我们关心的是证明存在非平凡分布，其中 $a \perp\!\!\!\perp c$。

1. 考虑 $\mathrm{dom}(a)=\mathrm{dom}(c)=\{1,2\}$ 和 $\mathrm{dom}(b)=\{1,2,3\}$。对于：

$$p(a)=\begin{pmatrix}3/5\\2/5\end{pmatrix},\quad p(b\mid a)=\begin{pmatrix}1/4 & 15/40\\1/12 & 1/8\\2/3 & 1/2\end{pmatrix},\quad p(c\mid b)=\begin{pmatrix}1/3 & 1/2 & 15/40\\2/3 & 1/2 & 5/8\end{pmatrix} \tag{3.7.6}$$

证明 $a \perp\!\!\!\perp c$。

2. 考虑：

$$p(a,b,c)=\frac{1}{Z}\phi(a,b)\psi(b,c) \tag{3.7.7}$$

其中 ϕ、ψ 表示正函数，$Z=\sum_{a,b,c}\phi(a,b)\psi(b,c)$。定义矩阵 $\boldsymbol{M}$ 和 $\boldsymbol{N}$，它们包含元素：

$$M_{ij}=\phi(a=i,b=j),\quad N_{kj}=\psi(b=j,c=k) \tag{3.7.8}$$

证明边缘分布 $p(a=i,c=k)$ 由矩阵元素表示为：

$$p(a=i,c=k)=\frac{1}{Z}[\boldsymbol{MN}^{\mathrm{T}}]_{ik} \tag{3.7.9}$$

3. 证明如果对向量 $\boldsymbol{m}_0$ 和 $\boldsymbol{n}_0$，有：

$$\boldsymbol{MN}^{\mathrm{T}}=\boldsymbol{m}_0\boldsymbol{n}_0^{\mathrm{T}} \tag{3.7.10}$$

则 $a \perp\!\!\!\perp c$。

4. 对于二维向量 $\boldsymbol{m}_i$ 和 $\boldsymbol{n}_i(i=1,\cdots,3)$，有：

$$\boldsymbol{M}=[\boldsymbol{m}_1\quad \boldsymbol{m}_2\quad \boldsymbol{m}_3],\quad \boldsymbol{N}=[\boldsymbol{n}_1\quad \boldsymbol{n}_2\quad \boldsymbol{n}_3] \tag{3.7.11}$$

证明：

$$\boldsymbol{MN}^{\mathrm{T}}=\boldsymbol{m}_1\boldsymbol{n}_1^{\mathrm{T}}+\boldsymbol{m}_2\boldsymbol{n}_2^{\mathrm{T}}+\boldsymbol{m}_3\boldsymbol{n}_3^{\mathrm{T}} \tag{3.7.12}$$

5. 证明对于标量 λ 和 γ，通过设置：

$$\boldsymbol{m}_2=\lambda\boldsymbol{m}_1,\quad \boldsymbol{n}_3=\gamma(\boldsymbol{n}_1+\lambda\boldsymbol{n}_2) \tag{3.7.13}$$

$\boldsymbol{MN}^{\mathrm{T}}$ 能被写成 $\boldsymbol{m}_0\boldsymbol{n}_0^{\mathrm{T}}$，其中：

$$\boldsymbol{m}_0\equiv\boldsymbol{m}_1+\gamma\boldsymbol{m}_3,\quad \boldsymbol{n}_0\equiv\boldsymbol{n}_1+\lambda\boldsymbol{n}_2 \tag{3.7.14}$$

6. 因此，构建示例表 $p(a)$，$p(b\mid a)$，$p(c\mid b)$，其中 $a \perp\!\!\!\perp c$。使用 BRML 工具箱显式验证你的示例。

练习 3.18 Alice 和 Bob 共享一个银行账户，其中包含一个先验未知的总金额 T。每当 Alice 查看自动提款机时，Alice 的可用提款金额 A 总是 T 的 10%。同样，当 Bob 查看自动提款机时，可用金额 B 为 T 的 10%。无论银行中的金额是多少，Alice 和 Bob 都会独立检查其提取的可用金额。绘制一个表达这种情况的信念网络并证明 $A \top\!\!\!\top B$。

练习 3.19 假设 x 代表女性出生在星期几，与男性出生在星期几的 y 无关。假设每个人的性格取决于他出生在星期几。如果 a 代表女性性格类型，b 代表男性性格类型，那么 $a \top\!\!\!\top x$ 且 $b \top\!\!\!\top y$，但是 $a \perp\!\!\!\perp b$。m 代表男性和女性是否已婚，这在很大程度上取决于他们的性格类型，即 $m \top\!\!\!\top \{a,b\}$，但如果我们知道 a 和 b，则与 x 和 y 无关。绘制一个可以代表此设置的信念网络。已知 John 和 Jane 没有结婚，关于他们出生在星期几之间的(图)相关性，我们可以如何表示？

第 4 章

Bayesian Reasoning and Machine Learning

图 模 型

在第 3 章中，我们介绍了如何用信念网络表示概率模型中变量的独立性声明。信念网络只是统一概率和图表示的一种方式，还有许多其他方式，都包含在“图模型”这个大标题下，各有优点和缺点。从广义上讲，图模型可分为两类，一类是对建模有用的模型，如信念网络，一类是对推断有用的模型。本章将介绍这两类中最普遍的模型。

4.1 图模型简介

图模型(GM)描述了分布间的独立性或相关性。每类 GM 都是图和概率的特定结合，构建了独立假设的形式并将其具体化。GM 很有用，因为它们为研究各种概率模型和相关算法提供了框架。特别是它们能够解释建模假设，并提供一个统一的框架。在此框架下，不同类型的推断算法可以相互关联起来。

需要强调的是，所有形式的 GM 图形化表达条件独立性(相关性)声明的能力都是有限的[282]。正如我们所见，信念网络对于建模祖先条件独立性非常有用。在本章中，我们将介绍更适合表示不同假设的其他类型的 GM。在这里，我们将重点关注马尔可夫网络、链图(信念网络和马尔可夫网络结合而成)和因子图。还有很多其他 GM 可以参考，见[74,315]。

我们采纳的一般观点是使用概率模型描述问题环境，之后基于概率推断进行推理。因此，这个过程包含两个部分：

- **建模** 在确定问题环境中所有可能的相关变量之后，我们的任务是描述这些变量如何相互作用。这可以利用符合结构假设的所有变量的联合概率分布来实现，通常对应于变量独立性的假设。每类图模型都对应于联合分布的一种分解特性。
- **推断** 一旦形成关于变量如何相互作用的基本假设(即构建概率模型)，就可以通过对分布进行推断来解决所有感兴趣的问题。在计算上，这可能是非常重要的步骤，因此将 GM 与准确推断算法结合对成功的图建模至关重要。

GM 往往分为两大类(不严格)——在建模中有用的模型，以及在表示推断算法时有用的模型。对于建模而言，信念网络、马尔可夫网络、链图和影响图是最受欢迎的几个。对于推断，通常将模型“编译”成算法容易应用的 GM，这种推断 GM 包括因子图和联结树。

4.2 马尔可夫网络

信念网络对应联合概率分布的一种特殊的因子分解，其中每个因子本身就是一个分布。例如，一种因子分解是：

$$p(a,b,c)=\frac{1}{Z}\phi(a,b)\phi(b,c) \tag{4.2.1}$$

其中 $\phi(a,b)$ 和 $\phi(b,c)$ 是势(potential，参见下面)函数，Z 是归一化常数，可称为配分函数(partition function)：

$$Z=\sum_{a,b,c}\phi(a,b)\phi(b,c) \tag{4.2.2}$$

定义 4.1(势函数) 势函数 $\phi(x)$ 是变量 x 的非负函数，$\phi(x)\geqslant 0$。联合势函数 $\phi(x_1,\cdots,x_n)$ 是一组变量的非负函数。分布是势函数满足归一化，即 $\sum_x \phi(x)=1$ 的特殊情况。对于连续变量，这同样适用，只是求和由积分代替。

我们通常会使用以下约定：变量的顺序在势函数中不相关(对于分布来说)——联合变量只是势函数表中一个元素的索引。马尔可夫网络被定义为无向图中极大团上的势函数乘积，参见下文和图 4.1。

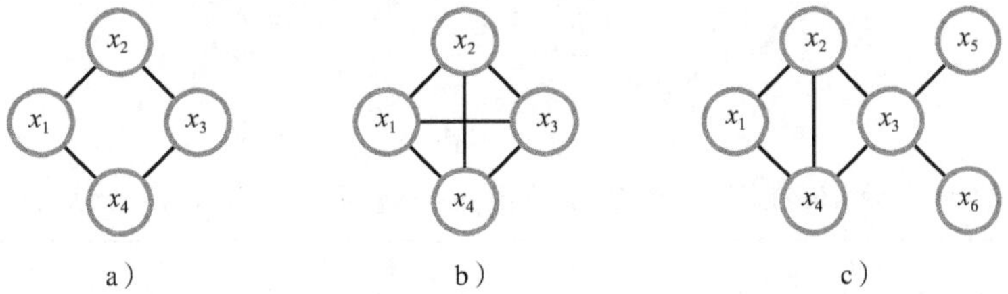

图 4.1 a) $\phi(x_1,x_2)\phi(x_2,x_3)\phi(x_3,x_4)\phi(x_4,x_1)/Z_a$。b) $\phi(x_1,x_2,x_3,x_4)/Z_b$。c) $\phi(x_1,x_2,x_4)\phi(x_2,x_3,x_4)\phi(x_3,x_5)\phi(x_3,x_6)/Z_c$。

定义 4.2(马尔可夫网络) 对于一组变量 $\mathcal{X}=\{x_1,\cdots,x_n\}$，马尔可夫网络被定义为变量 $\mathcal{X}_c\subseteq\mathcal{X}$ 的子集上的势函数乘积：

$$p(x_1,\cdots,x_n)=\frac{1}{Z}\prod_{c=1}^{C}\phi_c(\mathcal{X}_c) \tag{4.2.3}$$

常数 Z 可确保分布归一化。在图上，这可由具有 $\mathcal{X}_c$ 的无向图 G 表示，$c=1,\cdots,C$ 是 G 的极大团。对团的势函数严格为正的情况，可称其为吉布斯分布。

定义 4.3(配对马尔可夫网络) 如果图仅包含大小为 2 的团，则该分布可称为配对马尔可夫网络，势被定义在两个变量之间的所有连接上。

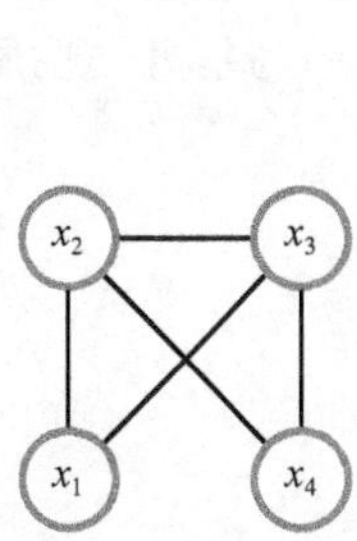

虽然马尔可夫网络是在极大团上形式化定义的，但在实践中，人们经常使用该术语来指代非极大团。例如，在右图中，极大团是 x_1,x_2,x_3 和 x_2,x_3,x_4，因此该图描述了分布 $p(x_1,x_2,x_3,x_4)=\phi(x_1,x_2,x_3)\phi(x_2,x_3,x_4)/Z$。然而在配对网络中，假设势被定义在超过两个的团上，则有 $p(x_1,x_2,x_3,x_4)=\phi(x_1,x_2)\phi(x_1,x_3)\phi(x_2,x_3)\phi(x_2,x_4)\phi(x_3,x_4)/Z$。

例 4.1(玻尔兹曼机) 玻尔兹曼机是基于二值变量 $\mathrm{dom}(x_i)=\{0,1\}$ 的马尔可夫网络，其形式如下：

$$p(\boldsymbol{x})=\frac{1}{Z(\boldsymbol{w},b)}\mathrm{e}^{\sum_{i<j}w_{ij}x_ix_j+\sum_i b_ix_i} \tag{4.2.4}$$

其中交互项 w_{ij} 是“权重”，b_i 是“偏移量”。人们已就该模型在机器学习领域作为分布式存储和计算的基本模型进行了研究。玻尔兹曼机的 GM 是无向图，其中节点 i 和 j 之间的连接为 $w_{ij}\neq 0$。因此，除了特别受约束的 $\boldsymbol{w}$，图是多连通的，且推断通常是难以处理的。

定义 4.4（马尔可夫网络的性质）

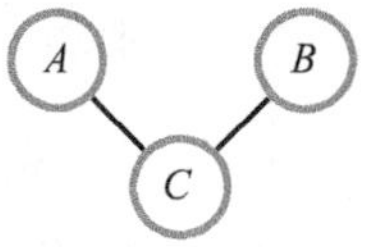

$$p(A,B,C)=\phi_{AC}(A,C)\phi_{BC}(B,C)/Z \tag{4.2.5}$$

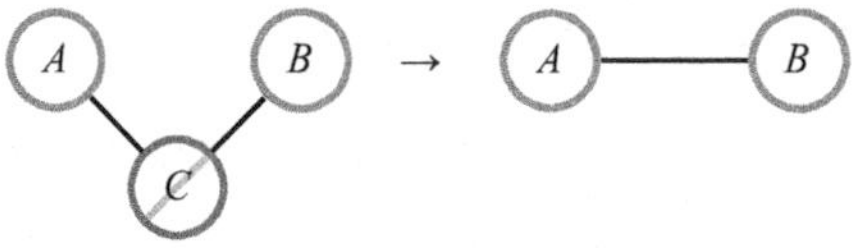

对 C 边缘化会使 A 和 B（在图上）产生相关性。一般而言，$p(A,B)\neq p(A)p(B)$。

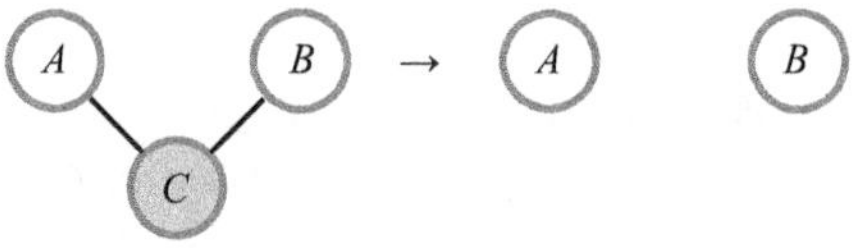

条件化 C 会使 A 和 B 相互独立：$p(A,B|C)=p(A|C)p(B|C)$。

4.2.1　马尔可夫性质

我们在这里非形式化地考虑马尔可夫网络的性质，读者可以参考[183]以获得详细的说明。考虑图 4.2a 中的马尔可夫网络，其中我们使用简写 $p(1)\equiv p(x_1)$ 和 $\phi(1,2,3)\equiv\phi(x_1,x_2,x_3)$ 等。我们将使用这个无向图展示条件独立性。请注意，在整个过程中通常会除以势，为了确保这是良好定义的，我们假设势是正的。对于正势，以下局部、配对和全局马尔可夫性质都等价。

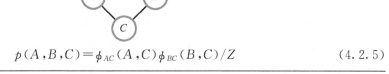

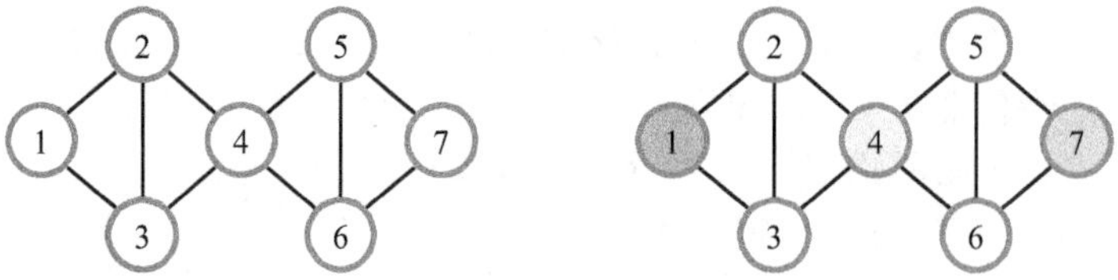

a)　　b)

图 4.2　a) $\phi(1,2,3)\phi(2,3,4)\phi(4,5,6)\phi(5,6,7)$。b) 依据全局马尔可夫性质，因为从 1 到 7 的每条路径都经过 4，那么 $1\perp\!\!\!\perp 7\,|\,4$

定义 4.5（分离）　如果从 $\mathcal{A}$ 的任何成员到 $\mathcal{B}$ 的任何成员的每条路径都通过 $\mathcal{S}$，则子集 $\mathcal{S}$ 将子集 $\mathcal{A}$ 与子集 $\mathcal{B}$（对于不相交的 $\mathcal{A}$ 和 $\mathcal{B}$）分离。如果没有从 $\mathcal{A}$ 的成员到 $\mathcal{B}$ 的成员的路径，那么 $\mathcal{A}$ 与 $\mathcal{B}$ 分离。如果 $\mathcal{S}=\varnothing$，则没有从 $\mathcal{A}$ 到 $\mathcal{B}$ 的路径，$\mathcal{A}$ 和 $\mathcal{B}$ 分离。

定义 4.6(全局马尔可夫性质) 对于不相交的变量集$(\mathcal{A},\mathcal{B},\mathcal{S})$，在图$G$中$\mathcal{S}$将$\mathcal{A}$和$\mathcal{B}$分离，则$\mathcal{A} \perp\!\!\!\perp \mathcal{B} \mid \mathcal{S}$。

作为全局马尔可夫性质的一个例子，考虑：

$$p(1,7\mid 4) \propto \sum_{2,3,5,6} p(1,2,3,4,5,6,7) \tag{4.2.6}$$

$$= \sum_{2,3,5,6} \phi(1,2,3)\phi(2,3,4)\phi(4,5,6)\phi(5,6,7) \tag{4.2.7}$$

$$= \left\{ \sum_{2,3} \phi(1,2,3)\phi(2,3,4) \right\} \left\{ \sum_{5,6} \phi(4,5,6)\phi(5,6,7) \right\} \tag{4.2.8}$$

这意味着$p(1,7\mid 4)=p(1\mid 4)p(7\mid 4)$。因为图4.2a中从1到7的所有路径都通过4，所以这是可以推断出来的。

过程 4.1(独立性算法) 分离性代表一种用于确定$\mathcal{A} \perp\!\!\!\perp \mathcal{B} \mid \mathcal{S}$的简单算法。我们只删除与变量集$\mathcal{S}$相邻的所有连接，如果删除后没有从$\mathcal{A}$的任何成员到$\mathcal{B}$的任何成员的路径，那么$\mathcal{A} \perp\!\!\!\perp \mathcal{B} \mid \mathcal{S}$为真——另见4.2.4节。

对于正势，所谓的局部马尔可夫性质：

$$p(x \mid \mathcal{X} \backslash x) = p(x \mid \mathrm{ne}(x)) \tag{4.2.9}$$

成立。也就是说，当以邻居为条件时，x独立于图中的剩余变量。另外，对任何非相邻顶点x和y都有配对马尔可夫性质：

$$x \perp\!\!\!\perp y \mid \mathcal{X} \backslash \{x, y\} \tag{4.2.10}$$

成立。

4.2.2 马尔可夫随机场

马尔可夫随机场(MRF)就是一组条件分布，每个分布对应一个有索引的“位置”。

定义 4.7(马尔可夫随机场) 马尔可夫随机场由一组分布$p(x_i \mid \mathrm{ne}(x_i))$定义，其中$i\in\{1,\cdots,n\}$索引了分布；$\mathrm{ne}(x_i)$是变量$x_i$的邻居节点，即由$x_1,\cdots,x_n$中与变量$x_i$相关的变量组成的一个子集。马尔可夫一词暗含这是变量的适当子集。我们说一个分布是关于无向图G的马尔可夫随机场，如果它满足：

$$p(x_i \mid x_{\backslash i}) = p(x_i \mid \mathrm{ne}(x_i)) \tag{4.2.11}$$

其中$\mathrm{ne}(x_i)$是变量x_i在无向图G中的邻居变量。符号$x_{\backslash i}$是变量$\mathcal{X}$中除变量x_i之外的所有变量的集合的简写，即集合表示法$\mathcal{X}\backslash x_i$的简写。

4.2.3 Hammersley-Clifford 理论

无向图G指定了一组独立性声明，一个有趣的挑战是为满足这些独立性声明分布找到最通用的函数形式。一个简单的例子是图$x_1 - x_2 - x_3$，从中可得到$x_1 \perp\!\!\!\perp x_3 \mid x_2$。这要求我们必须有：

$$p(x_1 \mid x_2, x_3) = p(x_1 \mid x_2) \tag{4.2.12}$$

因此：

$$p(x_1,x_2,x_3) = p(x_1 \mid x_2,x_3)p(x_2,x_3) = p(x_1 \mid x_2)p(x_2,x_3) = \phi_{12}(x_1,x_2)\phi_{23}(x_2,x_3) \tag{4.2.13}$$

其中ϕ是势函数。

更笼统来说，对于任何可分解的图G(参见定义6.8)，我们可以从边开始向内分析以揭示函数形式一定是 G 中团上的势之积。例如，对于图 4.2a，我们可以从变量 x_1 和相应的局部马尔可夫声明 $x_1 \perp\!\!\!\perp x_4, x_5, x_6, x_7 \mid x_2, x_3$ 开始，写：

$$p(x_1,\cdots,x_7)=p(x_1 \mid x_2,x_3)p(x_2,x_3,x_4,x_5,x_6,x_7) \tag{4.2.14}$$

现在考虑 x_1 被消除并移动到 x_1 的邻居 x_2、x_3 处。该图在给定 x_4 的条件下，指定 x_1、x_2、x_3 独立于 x_5、x_6、x_7：

$$p(x_1,x_2,x_3 \mid x_4,x_5,x_6,x_7)=p(x_1,x_2,x_3 \mid x_4) \tag{4.2.15}$$

通过将上面的两边关于 x_1 边缘化，可得到 $p(x_2,x_3 \mid x_4,x_5,x_6,x_7)=p(x_2,x_3 \mid x_4)$。于是：

$$\begin{aligned} p(x_2,x_3,x_4,x_5,x_6,x_7)&=p(x_2,x_3 \mid x_4,x_5,x_6,x_7)p(x_4,x_5,x_6,x_7) \\ &=p(x_2,x_3 \mid x_4)p(x_4,x_5,x_6,x_7) \end{aligned} \tag{4.2.16}$$

并且：

$$p(x_1,\cdots,x_7)=p(x_1 \mid x_2,x_3)p(x_2,x_3 \mid x_4)p(x_4,x_5,x_6,x_7) \tag{4.2.17}$$

消除了 x_2、x_3 后，我们移动到图上剩下的邻居，即 x_4 处。继续以这种方式分析，必然得到如下最终的分布：

$$p(x_1,\cdots,x_7)=p(x_1 \mid x_2,x_3)p(x_2,x_3 \mid x_4)p(x_4 \mid x_5,x_6)p(x_5,x_6 \mid x_7)p(x_7) \tag{4.2.18}$$

这里的模式是清楚的，并且证明马尔可夫条件意味着分布可以表示为在图中团上定义的势的乘积，即 $G\Rightarrow F$，其中 F 是对 G 上因势的因子分解。反过来也很容易证明，即给定团势的因子分解，则 G 上已暗含马尔可夫条件。因此 $G\Leftrightarrow F$。很明显，对于任何可分解的 G，这总是成立的，因为我们总是可以从图的边开始向内分析。

Hammersley-Clifford 理论作用强，其证明这个因子分解的性质可适用于任何具有正势的无向图。对于形式化证明，读者可参考[183，37，220]。此处通过引入一个具体的例子来进行非形式化论证，我们采用图 4.1a 的 4-循环 $x_1-x_2-x_3-x_4-x_1$。理论指出，对于正势函数 ϕ，图中隐含的马尔可夫条件意味着分布一定具有如下形式：

$$p(x_1,x_2,x_3,x_4)=\phi_{12}(x_1,x_2)\phi_{23}(x_2,x_3)\phi_{34}(x_3,x_4)\phi_{41}(x_4,x_1) \tag{4.2.19}$$

可以很容易地对具有这种形式的所有分布验证 $x_1 \perp\!\!\!\perp x_3 \mid x_2,x_4$。考虑附加一个项，该项将 x_1 连接到一个变量，该变量不是 x_1 所在团的成员，即加入项 $\phi_{13}(x_1,x_3)$。我们的目的是证明形如：

$$p(x_1,x_2,x_3,x_4)=\phi_{12}(x_1,x_2)\phi_{23}(x_2,x_3)\phi_{34}(x_3,x_4)\phi_{41}(x_4,x_1)\phi_{13}(x_1,x_3) \tag{4.2.20}$$

的分布不满足马尔可夫性质 $x_1 \perp\!\!\!\perp x_3 \mid x_2,x_4$。为此，我们检查：

$$p(x_1 \mid x_2,x_3,x_4)=\frac{\phi_{12}(x_1,x_2)\phi_{23}(x_2,x_3)\phi_{34}(x_3,x_4)\phi_{41}(x_4,x_1)\phi_{13}(x_1,x_3)}{\sum_{x_1}\phi_{12}(x_1,x_2)\phi_{23}(x_2,x_3)\phi_{34}(x_3,x_4)\phi_{41}(x_4,x_1)\phi_{13}(x_1,x_3)} \tag{4.2.21}$$

$$=\frac{\phi_{12}(x_1,x_2)\phi_{41}(x_4,x_1)\phi_{13}(x_1,x_3)}{\sum_{x_1}\phi_{12}(x_1,x_2)\phi_{41}(x_4,x_1)\phi_{13}(x_1,x_3)} \tag{4.2.22}$$

假设势函数 ϕ_{13} 与 x_1、x_3 弱相关，

$$\phi_{13}(x_1,x_3)=1+\epsilon\psi(x_1,x_3) \tag{4.2.23}$$

其中$\epsilon \ll 1$，则此时 $p(x_1 \mid x_2,x_3,x_4)$由下式得出：

$$\frac{\phi_{12}(x_1,x_2)\phi_{41}(x_4,x_1)}{\sum_{x_1}\phi_{12}(x_1,x_2)\phi_{41}(x_4,x_1)}(1+\epsilon\psi(x_1,x_3))\left(1+\epsilon\frac{\sum_{x_1}\phi_{12}(x_1,x_2)\phi_{41}(x_4,x_1),\psi(x_1,x_3)}{\sum_{x_1}\phi_{12}(x_1,x_2)\phi_{41}(x_4,x_1)}\right)^{-1} \tag{4.2.24}$$

通过展开$(1+\epsilon f)^{-1}=1-\epsilon f+O(\epsilon^2)$并只保留$\epsilon$的一阶项，可以得到：

$$p(x_1|x_2,x_3,x_4)=\frac{\phi_{12}(x_1,x_2)\phi_{41}(x_4,x_1)}{\sum_{x_1}\phi_{12}(x_1,x_2)\phi_{41}(x_4,x_1)}\times$$
$$\left(1+\epsilon\left[\psi(x_1,x_3)-\frac{\sum_{x_1}\phi_{12}(x_1,x_2)\phi_{41}(x_4,x_1)\psi(x_1,x_3)}{\sum_{x_1}\phi_{12}(x_1,x_2)\phi_{41}(x_4,x_1)}\right]\right)+O(\epsilon^2) \tag{4.2.25}$$

根据马尔可夫条件，上面的第一个因子与 x_3 无关。但是对于$\epsilon\neq 0$，第二项随 x_3 的变化而变化。这样的原因是总能找到一个函数 $\psi(x_1,x_3)$满足：

$$\psi(x_1,x_3)\neq\frac{\sum_{x_1}\phi_{12}(x_1,x_2)\phi_{41}(x_4,x_1)\psi(x_1,x_3)}{\sum_{x_1}\phi_{12}(x_1,x_2)\phi_{41}(x_4,x_1)} \tag{4.2.26}$$

因为左边的项 $\psi(x_1,x_3)$在函数上与 x_1 相关，而右边的项不是 x_1 的函数，因此我们能够确保马尔可夫条件成立的唯一要求是，如果$\epsilon=0$，那么 x_1 和 x_3 之间没有连接。

我们可以推广该论证以证明如果分布中的势图包含 G 中不存在的连接，则存在一些分布，对其相应的马尔可夫条件不成立。因此，可非形式化地得出 $G\Rightarrow F$。反过来 $F\Rightarrow G$ 是可得的。

Hammersley-Clifford 理论还有助于解决何时一组正的局部条件分布 $p(x_i|\text{pa}(x_i))$能形成一致的联合分布 $p(x_1,\cdots,x_n)$的问题。每个局部条件分布 $p(x_i|\text{pa}(x_i))$对应变量集的$\{x_i,\text{pa}(x_i)\}$上的因子，因此必须在联合分布中包含这样的项。当且仅当 $p(x_1,\cdots,x_n)$根据下式分解时，马尔可夫网络可以形成与局部条件分布一致的联合分布：

$$p(x_1,\cdots,x_n)=\frac{1}{Z}\exp\left(-\sum_c V_c(\mathcal{X}_c)\right) \tag{4.2.27}$$

其中累加是针对所有团的，$V_c(\mathcal{X}_c)$是定义在由 c 索引的团变量上的实函数。公式(4.2.27)相当于 $\prod_c \phi(\mathcal{X}_c)$，即在正的团势函数上定义的马尔可夫网络。团基于无向图定义，该无向图通过取每个局部条件分布 $p(x_i|\text{pa}(x_i))$，并在$\{x_i,\text{pa}(x_i)\}$上抽取一个团构建而得。然后，在所有局部条件分布上重复这一过程，见图 4.3。注意，Hammersley-Clifford 理论并不意味着，给定一组条件分布，我们总是可以从它们中得到一致的联合分布，而是联合分布的函数形式必须是条件分布与联合分布一致，可参见练习 4.8。

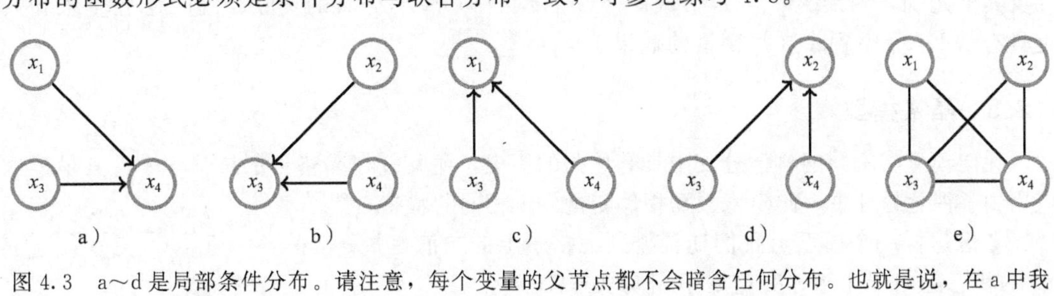

图 4.3 a～d 是局部条件分布。请注意，每个变量的父节点都不会暗含任何分布。也就是说，在 a 中我们可以得到条件分布 $p(x_4|x_1,x_3)$，但不暗含 x_1 和 x_3 是边缘独立的。e 是与局部分布一致的马尔可夫网络。如果局部分布是正的，则根据 Hammersley-Clifford 理论，唯一可以与局部分布一致的联合分布必须是具有图 4.3e 中所给结构的吉布斯分布

4.2.4　使用马尔可夫网络的条件独立性

$\mathcal{X}$、$\mathcal{Y}$、$\mathcal{Z}$ 是三个变量集合，在 3.3.4 节中我们讨论了一种算法来确定对于信念网络是否有 $\mathcal{X} \perp\!\!\!\perp \mathcal{Y} \mid \mathcal{Z}$。另一种更通用的方法(因为它可以处理有向图和无向图)是以下面的过程来确定(见[79，184])。相关示例请参见图 4.4。

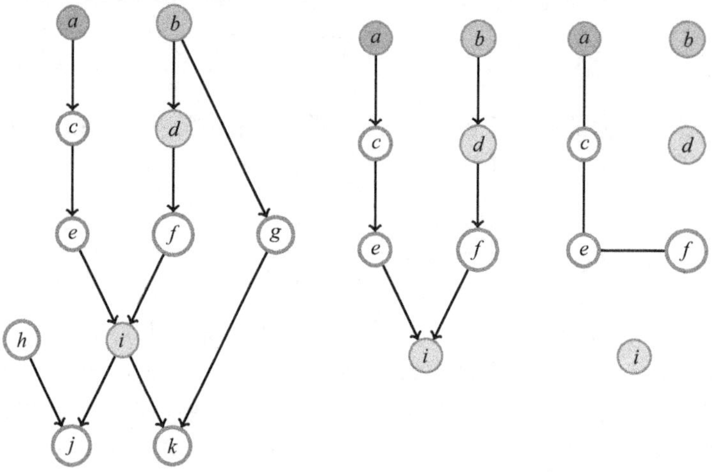

a)　　　　b)　　　　c)

图 4.4　a 展示了用于检查条件独立性 $a \perp\!\!\!\perp b \mid \{d,i\}$ 的信念网络。b 是祖先图。c 是为了 $a \perp\!\!\!\perp b \mid \{d,i\}$，祖先的伦理化和分离图。从 a 到 b 没有路径，所以在给定 d、i 的条件下，a 和 b 是相互独立的

过程 4.2(确定马尔可夫网络和信念网络的独立性)　对于马尔可夫网络，只需要应用最后一个分离准则。

- **祖先图**：识别节点 $\mathcal{X} \cup \mathcal{Y} \cup \mathcal{Z}$ 的祖先 $\mathcal{A}$。保留节点 $\mathcal{X} \cup \mathcal{Y} \cup \mathcal{Z}$，但删除不在 $\mathcal{A}$ 中的所有其他节点，以及这些节点的入向边和出向边。
- **伦理化**：在任何具有共有子节点但尚未连接的两个剩余节点之间添加连接，再删除剩余的箭头。
- **分离**：删除 $\mathcal{Z}$ 相邻的连接。在这样构造出的无向图中，查找将 $\mathcal{X}$ 中节点连接到 $\mathcal{Y}$ 中节点的路径。如果没有这样的路径则可推出 $\mathcal{X} \perp\!\!\!\perp \mathcal{Y} \mid \mathcal{Z}$。

注意，在针对信念网络的过程 4.2 中，祖先相关的步骤是直观的，因为给定一组节点 $\mathcal{X}$ 及其祖先 $\mathcal{A}$，剩余的节点 $\mathcal{D}$ 形成对 $p(\mathcal{D} \mid \mathcal{X},\mathcal{A})p(\mathcal{X},\mathcal{A})$ 分布的贡献，因此在 $\mathcal{D}$ 上求和只是具有从 DAG 中删除这些变量的效果。

4.2.5　晶格模型

无向模型在不同的科学分支中具有悠久的历史，尤其是在晶格上的统计学中，其最近也应用到了视觉处理中，此模型鼓励相邻变量处于相同的状态[37-38,117]。

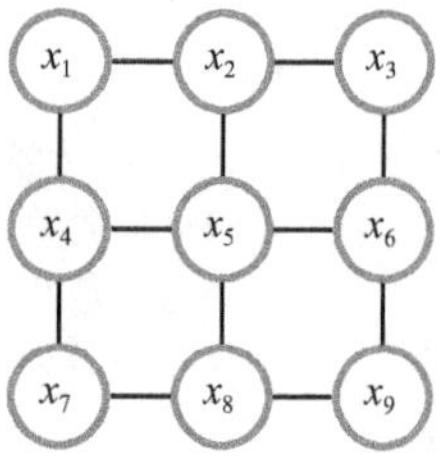

考虑这样一个模型，我们期望排列在格子上的二值变量 $x_1,\cdots,x_9$ 的状态趋向于让相邻变量处于相同状态：

$$p(x_1,\cdots,x_9)=\frac{1}{Z}\prod_{i\sim j}\phi_{ij}(x_i,x_j) \tag{4.2.28}$$

其中 $i\sim j$ 表示索引集合，i 和 j 是无向图中的邻居。

Ising 模型

等式(4.2.28)的势促使相邻变量具有相同的状态：

$$\phi_{ij}(x_i,x_j)=\mathrm{e}^{-\frac{1}{2T}(x_i-x_j)^2},\quad x_i\in\{-1,+1\} \tag{4.2.29}$$

这对应一个众所周知的磁系统物理模型，称为 Ising 模型，它由“迷你磁铁”组成，这些迷你磁铁在相同的状态下更趋向于对齐，具体取决于温度 T。对于高温 T，变量表现出独立性，这样就不会出现全局磁化现象。对于低温 T，非常趋向于使相邻的迷你磁铁对齐，从而产生强大的磁力。值得注意的是，人们可以证明，在一个非常大的二维晶格中，低于所谓的居里温度 $T_c\approx 2.269$(对于±1 变量)，系统允许相变，因为大部分变量会对齐——若温度在 T_c 之上，平均而言，变量是不对齐的。图 4.5 说明了这一点，其中 $M=\left|\sum_{i=1}^{N}x_i\right|/N$ 是变量的平均对齐值。发生在非零温度的这种相变，已引起本领域和相关领域的人员对其开展大量研究[42]。这种由于局部约束较弱而产生的全局一致性效应存在于允许应急行为的系统中。在噪声不会显示任何局部空间相关性，而“信号”会显示空间相关性的假设下，类似的局部约束在图像恢复算法中很流行，可用来清除噪声。

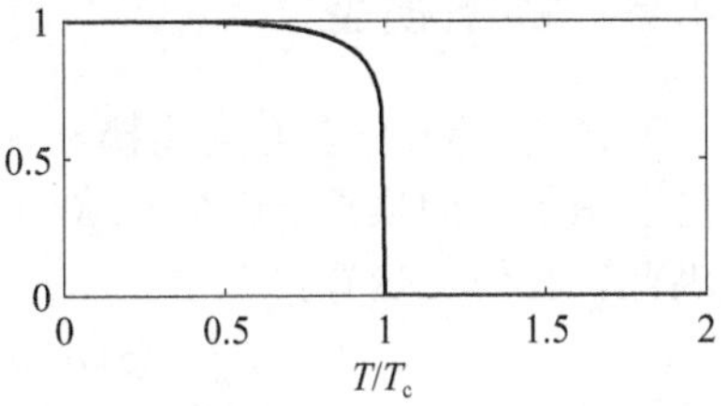

图 4.5　Onsager 磁化。随着温度 T 朝向临界温度 T_c 降低，发生相变，其中大部分变量在相同状态下对齐

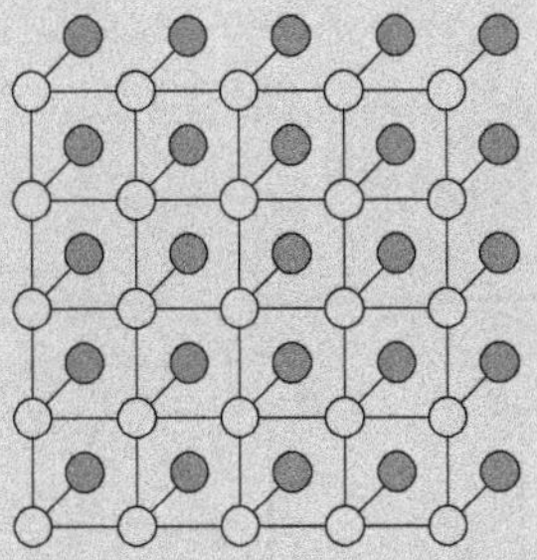

例 4.2(图像去噪)　考虑在一组像素 $x_i\in\{-1,+1\}$ $(i=1,\cdots,D)$ 上定义的二维图像。我们观察到，每个像素 x_i 的噪声损坏版本 $y_i\in\{-1,+1\}$，其状态以一定概率与 x_i 的相反。这里实心节点表示观察到的噪声像素，空心节点表示潜在的干净像素。我们感兴趣的是如何“清理”观察到的污染图像 $\mathcal{Y}$，并找到最可能的干净图像 $\mathcal{X}$。

此情况下模型定义如下：

$$p(\mathcal{X},\mathcal{Y})=\frac{1}{Z}\left[\prod_{i=1}^{D}\phi(x_i,y_i)\right]\left[\prod_{i\sim j}\psi(x_i,x_j)\right],\quad \phi(x_i,y_i)=\mathrm{e}^{\beta x_i y_i},\quad \psi(x_i,x_j)=\mathrm{e}^{\alpha x_i x_j} \tag{4.2.30}$$

这里 $i\sim j$ 用于指示互为邻居的潜变量集。势函数 ϕ 可使噪声像素和干净像素处于相同状态。类似地，势函数 $\psi(x_i,x_j)$ 可使相邻像素处于相同状态。要找到最可能的干净图像，我们需要计算：

$$\underset{\mathcal{X}}{\operatorname{argmax}}\,p(\mathcal{X}|\mathcal{Y})=\underset{\mathcal{X}}{\operatorname{argmax}}\,p(\mathcal{X},\mathcal{Y}) \tag{4.2.31}$$

这项计算十分困难，但可以使用迭代方法进行近似，请参阅 28.9 节。

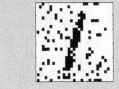

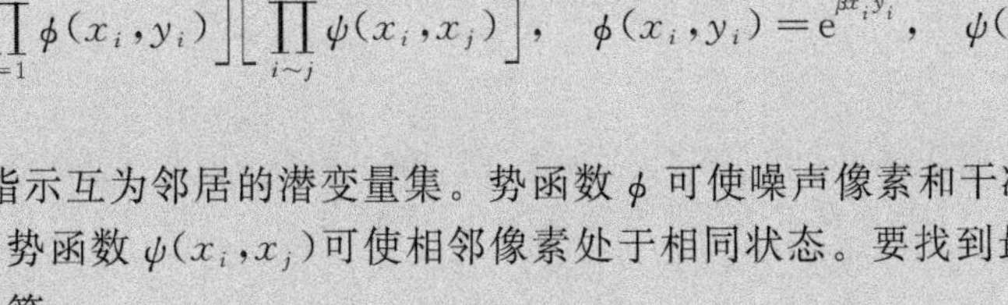

上图中左边是干净的图像，中间是加入噪声形成的损坏图像 $\mathcal{Y}$，右边是最可能的恢复图像。请参阅示例 demoMRFclean. m。注意，在知道损坏概率 p_{corrupt} 的情况下，参数 β 是直接设置的，由于 $p(y_i \neq x_i | x_i) = \sigma(-2\beta)$，因此 $\beta = -\frac{1}{2}\sigma^{-1}(p_{\text{corrupt}})$。设置 α 将更加复杂，因为将 $p(x_i = x_j)$ 与 α 关联起来并不简单，见 28.4.1 节。在示例中我们设置 $\alpha = 10$，$p_{\text{corrupt}} = 0.15$。

4.3　链图模型

链图(CG)包含有向连接和无向连接。为了获得直观感受，可参见图 4.6a，我们从中能明确指定的项是 $p(a)$ 和 $p(b)$，因为在顶点 a 和 b 处没有有向边和无向边的混合作用。因此，我们必然有：

$$p(a,b,c,d) = p(a)p(b)p(c,d|a,b) \tag{4.3.1}$$

看一下图，我们可能希望得到：

$$p(c,d|a,b) = \phi(c,d)p(c|a)p(d|b) \tag{4.3.2}$$

但是，为了确保归一化，并保证不失一般性，我们将其写为：

$$p(c,d|a,b) = \phi(c,d)p(c|a)p(d|b)\phi(a,b), \quad 有\ \phi(a,b) \equiv \left(\sum_{c,d} \phi(c,d)p(c|a)p(d|b)\right)^{-1} \tag{4.3.3}$$

这将导致把链图解释为建立在链分支上的 DAG，见下文。

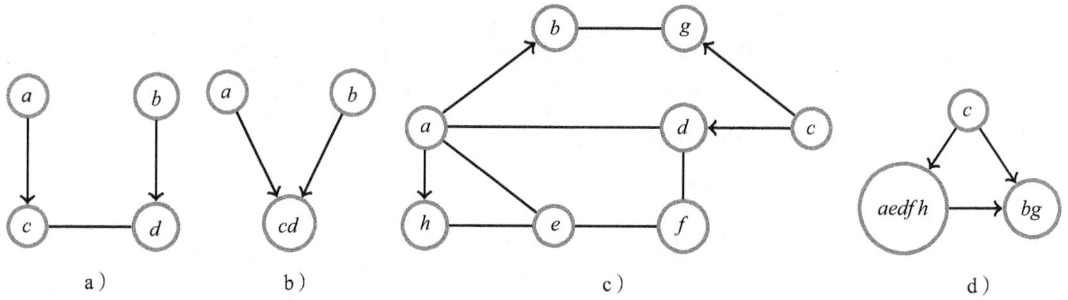

图 4.6　链图，通过删除有向边并识别剩余的连接分支来确定链分支。a) 链分支是 $(a)(b)(c,d)$，在 b 中其可以表示为用簇变量的信念网络表示 a 中的链分支。c) 链分支是 $(a,e,d,f,h)(b,g)(c)$，其可以在 d 中表示成一个簇信念网络

定义 4.8(链分支)　通过以下方式获得图 G 的链分支：

1. 把有向边从图 G 中移除形成图 G'；
2. G' 中每个连接的分支构成链分支。

每个链分支都代表以父分支为条件，分支变量的分布。条件分布本身就是无向分支部分的团和伦理化后父分支的乘积，该乘积也包含用于确保链分支归一化的因子。

定义 4.9(链图分布)　为找到与链图 G 相关联的分布，首先识别链分支 τ，然后：

$$p(x) = \prod_{\tau} p(\mathcal{X}_\tau | \text{pa}(\mathcal{X}_\tau)) \tag{4.3.4}$$

并且：

$$p(\mathcal{X}_\tau \mid \mathrm{pa}(\mathcal{X}_\tau)) \propto \prod_{d \in \mathcal{D}_\tau} p(x_d \mid \mathrm{pa}(x_d)) \prod_{c \in \mathcal{C}_\tau} \phi(\mathcal{X}_c) \tag{4.3.5}$$

其中 $\mathcal{C}_\tau$ 表示分支 τ 中团的集合以及 τ 的伦理化父分支，ϕ 是在每个团上定义的函数，$\mathcal{D}_\tau$ 表示对应于有向分支 $p(x_d \mid \mathrm{pa}(x_d))$的变量的集合。比例因子受分布总和为 1 的隐式约束。

信念网络是连接分支是单例的链图。马尔可夫网络也是一种链图，它的链分支为无向图的连接分支。链图是有用的，因为它比信念网络或单独的马尔可夫网络更能表达条件独立性声明。更多详细信息，请参阅[183]和[107]。

例 4.3(链图比信念网络和马尔可夫网络更具表达能力)　考虑图 4.7a 中的链图，其具有以下链分支分解：

$$p(a,b,c,d,e,f) = p(a)p(b)p(c,d,e,f \mid a,b) \tag{4.3.6}$$

其中：

$$p(c,d,e,f \mid a,b) = p(c \mid a)\phi(c,e)\phi(e,f)\phi(d,f)p(d \mid b)\phi(a,b) \tag{4.3.7}$$

归一化要求为：

$$\phi(a,b) \equiv \left(\sum_{c,d,e,f} p(c \mid a)\phi(c,e)\phi(e,f)\phi(d,f)p(d \mid b) \right)^{-1} \tag{4.3.8}$$

边缘分布 $p(c,d,e,f)$是：

$$\phi(c,e)\phi(e,f)\phi(d,f) \underbrace{\sum_{a,b} \phi(a,b)p(a)p(b)p(c \mid a)p(d \mid b)}_{\phi(c,d)} \tag{4.3.9}$$

由于 $p(c,d,e,f)$的边缘分布是无向 4-循环，因此没有 DAG 可以表示包含边缘分布 $p(c,d,e,f)$的条件独立性声明。类似地，在与图 4.7a 骨架相同的无向分布中，没有可表示 a 和 b(无条件)相互独立即 $p(a,b)=p(a)p(b)$的分布。

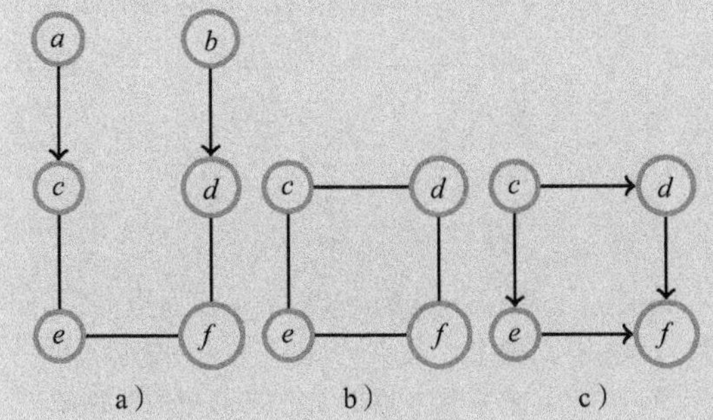

图 4.7　链图。a) 表示 $a \perp\!\!\!\perp b \mid \varnothing$ 和 $d \perp\!\!\!\perp e \mid (c,f)$，由于 $p(c,d,e,f)$的边缘分布是一个无向 4-循环，如 b 所示，所以没有无向图可以表示这两个条件独立性。4-循环上的任何 DAG 都一定包含一个对撞节点，就像 c 中所展示的，因此能与 b 表示不同的条件独立性声明。类似地，没有连接的马尔可夫网络可以表达无条件的独立性，因此 a 表达的条件独立性声明只有信念网络或马尔可夫网络才能表达

4.4　因子图

因子图(FG)是推断算法的重要组成部分㊀。

㊀ 形式上，因子图是超图[87]的另一种图描述，超图中顶点表示变量，超边是与超边关联变量的函数。因此，因子图是一个超图，带有附加解释——图代表一个函数，该函数定义为相关超边的乘积。非常感谢 Robert Cowell 的研究。

定义 4.10（因子图） 给定函数：

$$f(x_1,\cdots,x_n)=\prod_i \psi_i(\mathcal{X}_i) \tag{4.4.1}$$

因子图由对应每个因子 ψ_i 的节点（正方形）和对应每个变量 x_j 的变量节点（圆）构成。对每个 $x_j\in\mathcal{X}_i$，因子 ψ_i 和变量 x_j 无向连接。

用于表示分布时，有：

$$p(x_1,\cdots,x_n)=\frac{1}{Z}\prod_i \psi_i(\mathcal{X}_i) \tag{4.4.2}$$

假定归一化常数 $Z=\sum_{\mathcal{X}}\prod_i \psi_i(\mathcal{X}_i)$。这里 $\mathcal{X}$ 代表分布中的所有变量。

因子 $\psi_i(\mathcal{X}_i)$ 是一个条件分布 $p(x_i\mid \mathrm{pa}(x_i))$，我们可以使用从父节点到因子节点的有向连接，以及从因子节点到子节点 x_i 的有向连接。它与（无向）因子图具有相同的结构，但保留了因子是分布的信息。

因子图是有用的，因为它们可以保存关于分布形式的更多信息，这比单单依靠信念网络或马尔可夫网络（或链图）能做的更多。考虑分布：

$$p(a,b,c)=\phi(a,b)\phi(a,c)\phi(b,c) \tag{4.4.3}$$

用马尔可夫网络表示它，则一定有一个单独的团，如图 4.8c 所示。然而图 4.8c 可能也表示一些没有被分解的团势函数 $\phi(a,b,c)$，这样团内的分解结构就丢失了。从这个意义上说，图 4.8b 中的因子图更精确地表达了式（4.4.3）中的分布。没有被分解的团势函数 $\phi(a,b,c)$ 由因子图 4.8a 表示。因此，不同的因子图可能具有相同的马尔可夫网络，因为关于团势结构的信息在马尔可夫网络中丢失了。同样，对一个信念网络而言（如图 4.8d 所示），我们可以使用一个标准的无向因子图来表示它，尽管使用图 4.8e 所示的有向因子图表示可以保留更多关于独立性的信息。还可以考虑同时包含有向边和无向边的部分有向因子图，这需要明确如何标准化结构，其中之一就是使用类似链图的方法（详见[104]）。

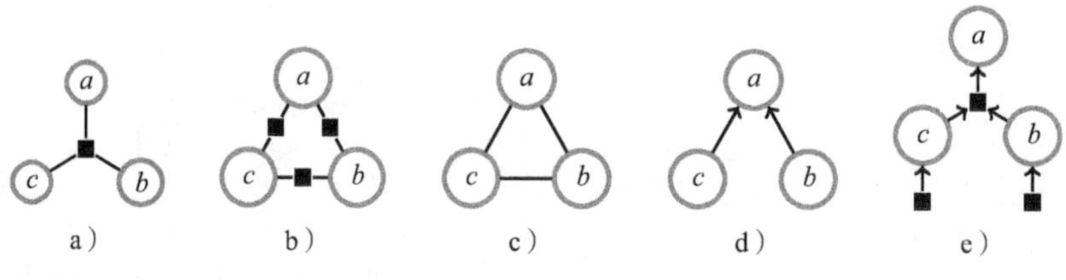

图 4.8　a) $\phi(a,b,c)$。b) $\phi(a,b)\phi(b,c)\phi(c,a)$。c) $\phi(a,b,c)$。a 和 b 具有相同的无向图模型 c，a 是 d 的无向因子图，e 是 d 的有向因子图。一个有向因子表示一个 p（子节点 | 父节点）项。e 相对于 a 的优点是，从 e 中看，关于变量 b 和 c 边缘独立性的信息是清楚的，而 a 中只有通过检查各因子的数字才能确定这一点

4.4.1　因子图中的条件独立性

条件独立性问题可以使用对有向、无向和部分有向因子图都有效的规则来解决[104]。若给定一组条件变量后，要确定两个变量是否独立，则要考虑连接这两个变量的所有路径。如果所有路径都被阻塞，则两个变量是条件独立的。如果满足下列条件之一或多个，则路径被阻塞：

- 路径中的一个变量在条件集中。

- 路径中的一个变量或因子有两条入向边，它们是路径的一部分(变量或因子对撞节点)，并且变量或因子及它们的后代都不在条件集中。

4.5　图模型的表达能力

很明显，有向分布可以表示为无向分布，因为我们可以用势来表示联合分布的每个(归一化)因子。例如，分布 $p(a|b)p(b|c)(c)$ 可以被分解为 $\phi(a,b)\phi(b,c)$，这里 $\phi(a,b)=p(a|b)$ 和 $\phi(b,c)=p(b|c)(c)$，并且 $Z=1$。因此，每个信念网络都可以通过简单地识别分布中的因子来表示为马尔可夫网络。然而，通常对应的无向图(对应于伦理化的有向图)包含额外的连接，并且可能丢失独立性信息。例如 $p(c|a,b)p(a)p(b)$ 的马尔可夫网络是一个单个团 $\phi(a,b,c)$，从中我们不能从图形化地推断出 $a \perp\!\!\!\perp b$。

相反的问题是，是否每一个无向模型都可以用一个具有易于推导的连接结构的信念网络表示？考虑图 4.9 中的例子，在这种情况下，没有具有相同连接结构的有向模型可以在无向图中表达独立性和相关性。当然，每个概率分布都可以用某个信念网络表示，尽管它不一定有一个简单的结构和一个“完全连接”的级联样式图。在这个意义上，DAG 不能总是可以在图上表示关于无向分布的独立性。

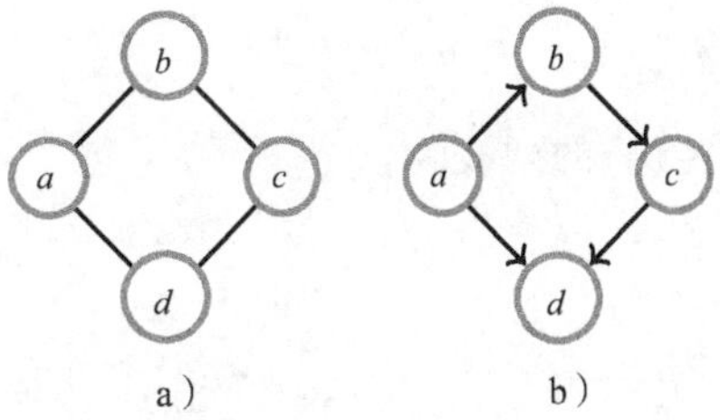

图 4.9　a) 一个无向模型，我们希望为其找到一个等效的有向模型。b) 每个与无向模型结构相同的 DAG 中一定有两个箭头指向一个节点，如节点 d(否则其中一个会有一个循环图)。对变量 d 的状态求和将使变量 a、b、c 上的 DAG 与 a、b、c 之间没有联系，这不能代表无向模型，因为当在 d 上边缘化时，就增加了 a 和 c 之间的联系

定义 4.11(独立性映射)　如果从图 G 中得到的每个条件独立性声明在给定的分布 P 中都为真，则图是分布 P 的独立性映射(I-map)。也就是说：

$$\mathcal{X} \perp\!\!\!\perp \mathcal{Y} | \mathcal{Z}_G \Rightarrow \mathcal{X} \perp\!\!\!\perp \mathcal{Y} | \mathcal{Z}_P \tag{4.5.1}$$

这适用于所有不相交的集合 $\mathcal{X}$、$\mathcal{Y}$、$\mathcal{Z}$。

同样，如果从给定的分布 P 中得到的每个条件独立性声明在图 G 中都为真，则图是分布 P 的相关性映射(D-map)。也就是说：

$$\mathcal{X} \perp\!\!\!\perp \mathcal{Y} | \mathcal{Z}_G \Leftarrow \mathcal{X} \perp\!\!\!\perp \mathcal{Y} | \mathcal{Z}_P \tag{4.5.2}$$

这适用于所有不相交的集合 $\mathcal{X}$、$\mathcal{Y}$、$\mathcal{Z}$。

若图 G 既是 P 的 I-映射也是 P 的 D-映射，则可称其为完全映射，并且

$$\mathcal{X} \perp\!\!\!\perp \mathcal{Y} | \mathcal{Z}_G \Leftrightarrow \mathcal{X} \perp\!\!\!\perp \mathcal{Y} | \mathcal{Z}_P \tag{4.5.3}$$

这适用于所有不相交的集合 $\mathcal{X}$、$\mathcal{Y}$、$\mathcal{Z}$。在这种情况下，图 G 中表示的所有条件独立性和相关性声明都与 P 一致，反之亦然。

注意，通过构造，相关性映射等价于：

$$\mathcal{X} \top\!\!\!\top \mathcal{Y} | \mathcal{Z}_G \Rightarrow \mathcal{X} \top\!\!\!\top \mathcal{Y} | \mathcal{Z}_P \tag{4.5.4}$$

也就是说，如果 $\mathcal{X}$ 和 $\mathcal{Y}$ 在给定 $\mathcal{Z}$ 的情况下是图相关的，那么它们在分布中也是相关的。

考虑这个问题的一种方法是取一个分布 P，写出所有独立性声明的列表 $\mathcal{L}_P$。对于一个图 G，我们写出所有可能的独立性声明的列表。此时：

$$\begin{aligned}&\mathcal{L}_P \subseteq \mathcal{L}_G \text{ 相关性映射(D-映射)}\\&\mathcal{L}_P \supseteq \mathcal{L}_G \text{ 独立性映射(I-映射)}\\&\mathcal{L}_P = \mathcal{L}_G \text{ 完全映射}\end{aligned} \tag{4.5.5}$$

在上面的例子中，如果声明 l 与 $\mathcal{L}$ 中的独立性声明一致(即可从中推导出)，则我们假设声明 l 包含在 $\mathcal{L}$ 中。

还可以就分布类是否具有相关的映射进行讨论。也就是说，是否所有与指定形式一致的分布的数值实例都遵从映射所需的约束。为此，我们取一个与给定类 P 一致的分布 P_i 的任何数值实例，并写出包含所有独立性声明的列表 $\mathcal{L}_{P_i}$。然后从所有可能的分布实例中获取所有列表的交集 $\mathcal{L}_P = \bigcap_i \mathcal{L}_{P_i}$。之后在公式(4.5.5)中使用这个列表来确定是否存在相关映射。例如，分布类：

$$p(x,y,z)=p(z\mid x,y)p(x)p(y) \tag{4.5.6}$$

有一个有向完全映射 $x \rightarrow z \leftarrow y$。然而，类方程(4.5.6)的无向图是完全连通的，因此 $\mathcal{L}_G$ 是空的。对于任何与方程(4.5.6)相一致的分布，x 和 y 是独立的，这是 $\mathcal{L}_G$ 中不包含的一个声明，因此对于方程(4.5.6)所表示的类，没有无向 D-映射，也没有完全无向映射。

例 4.4　考虑定义在变量 t_1、t_2、y_1、y_2 上的分布(类)[250]：

$$p(t_1,t_2,y_1,y_2)=p(t_1)p(t_2)\sum_h p(y_1\mid t_1,h)p(y_2\mid t_2,h)p(h) \tag{4.5.7}$$

在本例中，所有独立性声明(对于与 p 一致的所有分布实例)的列表为：

$$\mathcal{L}_P=\{y_1 \perp\!\!\!\perp t_2\mid t_1, y_2 \perp\!\!\!\perp t_1\mid t_2, t_2 \perp\!\!\!\perp t_1\} \tag{4.5.8}$$

考虑以下信念网络的图：

$$p(y_2\mid y_1,t_1,t_2)p(y_1\mid t_1)p(t_1)p(t_2) \tag{4.5.9}$$

我们有：

$$\mathcal{L}_G=\{y_1 \perp\!\!\!\perp t_2\mid t_1, t_2 \perp\!\!\!\perp t_1\} \tag{4.5.10}$$

信念网络的每个独立性声明都适用于方程(4.5.7)中的分布类，因此 $\mathcal{L}_G \subset \mathcal{L}_P$，这样信念网络就是方程(4.5.7)的一个 I-映射。但因为 $\mathcal{L}_P \not\subseteq \mathcal{L}_G$，所以它不是一个 D-映射。在这种情况下，没有完全映射(信念网络或马尔可夫网络)可以表示方程(4.5.7)。

备注 4.1(强制相关性)　虽然我们已经定义了图模型来确保指定的独立性，但是它们似乎不适用于确保指定的相关性。考虑无向图 x-y-z，它表示 x 和 z 图形相关。然而，在一些分布的数值实例中，这并不满足，如以下分布：

$$p(x,y,z)=\phi(x,y)\phi(y,z)/Z_1 \tag{4.5.11}$$

其中 $\phi(x,y)=C$。有人可能会抱怨这是一种病态的情况，因为这个特定实例的任何图表示都不包含 x 和 y 之间的连接。也许应该因此“强制”势成为它们自变量的非平凡函数，从而确保相关性？考虑：

$$\phi(x,y)=\frac{x}{y},\quad \phi(y,z)=yz \tag{4.5.12}$$

在这种情况下，这两种可能性都不是易得的，因为它们在函数上真正与它们的自变量相关。因此，无向网络包含“真正的”连接 x-y 和 y-z。

$$p_2(x,y,z)=\phi(x,y)\phi(y,z)/Z_2 \propto \frac{x}{y}yz=xz \tag{4.5.13}$$

因此 $p_2(x,z)\propto xz\Rightarrow x \perp\!\!\!\perp z$。"强制"局部非平凡函数并不保证路径连接变量之间的相关性。在这种情况下，代数上的取消是清晰的，因为 p_2、$x \perp\!\!\!\perp y$ 和 $y \perp\!\!\!\perp z$，问题变得相当容易，所以可以假设 $x \perp\!\!\!\perp z$(参见备注 1.2)。然而，在某些情况下，这样的代数简化是非常重要的。例如，练习 3.17 中我们构建 $p(x,y,z)\propto\phi(x,y)\phi(y,z)$，因为 $x \top\!\!\!\top y$ 和 $y \top\!\!\!\top z$，而且 $x \perp\!\!\!\perp z$。

4.6　总结

- 图建模是一门用图表示概率模型的学科。
- 信念网络直观地描述了哪些变量"因果性地"对其他变量产生影响，并表示为有向图。
- 直观地，马尔可夫网络中相连的变量是图相关的，描述了图相关变量的局部团。
- 马尔可夫网络在物理学上具有重要的历史意义，它可以用来解释全局相互作用的现象是如何从局部相关性中产生的。
- 图模型在表示概率模型的所有可能逻辑结果时通常受到限制。
- 一些特殊的概率模型可以"完全"地以图方式映射。
- 因子图描述了函数的因子分解，而这与概率分布不一定有关。

[48]和[281]中详细讨论了公认的条件独立性基础，并以一定的逻辑形式呈现出来。

4.7　代码

condindep. m：条件独立性测试 $\text{tp}(X,Y|Z)=p(X|Z)p(Y|Z)$?

4.8　练习题

练习 4.1　1. 考虑配对马尔可夫网络：

$$p(x)=\phi(x_1,x_2)\phi(x_2,x_3)\phi(x_3,x_4)\phi(x_4,x_1) \tag{4.8.1}$$

以 ϕ 表达以下内容：

$$p(x_1|x_2,x_4),\quad p(x_2|x_1,x_3),\quad p(x_3|x_2,x_4),\quad p(x_4|x_1,x_3) \tag{4.8.2}$$

2. 对一组如下定义的局部条件分布：

$$p_1(x_1|x_2,x_4),\quad p_2(x_2|x_1,x_3),\quad p_3(x_3|x_2,x_4),\quad p_4(x_4|x_1,x_3) \tag{4.8.3}$$

找到一个与它们一致的联合分布 $p(x_1,x_2,x_3,x_4)$可能吗?

练习 4.2　考虑马尔可夫网络：

$$p(a,b,c)=\phi_{ab}(a,b)\phi_{bc}(b,c) \tag{4.8.4}$$

表面上通过对 b 边缘化，变量 a 和 c 是相关的。对二值变量 b，请列举出一种不满足前面状况的情况，其中 a 和 c 是边缘独立的。

练习 4.3　证明对于定义在二值变量 x_i 上的玻尔兹曼机有如下分布：

$$p(\boldsymbol{x})=\frac{1}{Z(\boldsymbol{W},\boldsymbol{b})}\exp(\boldsymbol{x}^{\mathrm{T}}\boldsymbol{W}\boldsymbol{x}+\boldsymbol{x}^{\mathrm{T}}\boldsymbol{b}) \tag{4.8.5}$$

不失一般性，可以假设 $\boldsymbol{W}=\boldsymbol{W}^{\mathrm{T}}$。

练习 4.4　以下受限玻尔兹曼机(Harmonium[270])是双边图上的受限玻尔兹曼机，包含一层可见变量 $\boldsymbol{v}=(v_1,\cdots,v_V)$和隐藏变量 $\boldsymbol{h}=(h_1,\cdots,h_H)$：

$$p(\boldsymbol{v},\boldsymbol{h})=\frac{1}{Z(\boldsymbol{W},\boldsymbol{a},\boldsymbol{b})}\exp(\boldsymbol{v}^{\mathrm{T}}\boldsymbol{W}\boldsymbol{h}+\boldsymbol{a}^{\mathrm{T}}\mathrm{v}+\boldsymbol{b}^{\mathrm{T}}\boldsymbol{h}) \tag{4.8.6}$$

所有二值变量取 0 或 1。

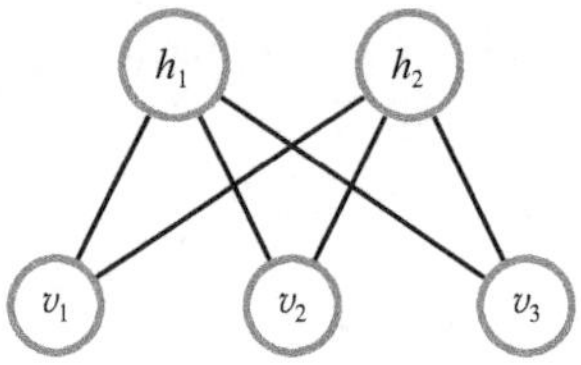

1. 证明以可见单位为条件，隐单位分布能分解为：

$$p(\boldsymbol{h}\mid\boldsymbol{v})=\prod_i p(h_i\mid\boldsymbol{v}),\quad 有\ p(h_i=1\mid\boldsymbol{v})=\sigma\left(b_i+\sum_j W_{ji}v_j\right) \tag{4.8.7}$$

其中 $\sigma(x)=\mathrm{e}^x/(1+\mathrm{e}^x)$。

2. 根据对称性参数，写出条件分布 $p(\boldsymbol{v}\mid\boldsymbol{h})$。
3. 是否 $p(\boldsymbol{h})$可以因子分解？
4. RBM 的配分函数 $Z(W,a,b)$能否有效计算？

练习 4.5　给定：

$$x \perp\!\!\!\perp y \mid (z,u),\quad u \perp\!\!\!\perp -z \mid \varnothing \tag{4.8.8}$$

推导与这些声明一致的概率分布 $p(x,y,z,u)$的最一般形式。这个分布有一个简单的图模型吗？

练习 4.6　无向图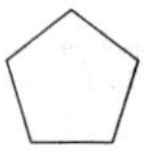代表一个有 x_1、x_2、x_3、x_4 和 x_5 节点的马尔可夫网络，按顺时针方向计算势 $\phi(x_i,x_j)$。证明联合分布可以写成：

$$p(x_1,x_2,x_3,x_4,x_5)=\frac{p(x_1,x_2,x_5)p(x_2,x_4,x_5)p(x_2,x_3,x_4)}{p(x_2,x_5)p(x_2,x_4)} \tag{4.8.9}$$

并且显式地表示边缘概率表为势 $\phi(x_i,x_j)$的函数。

练习 4.7　考虑信念网络：

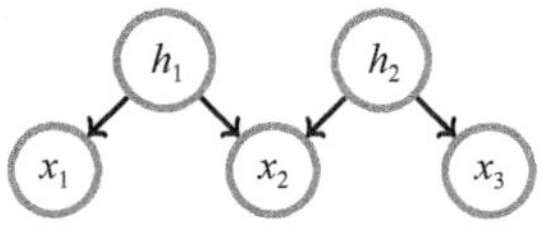

1. 写出 $p(x_1,x_2,x_3)$的马尔可夫网络。
2. 马尔可夫网络是否是 $p(x_1,x_2,x_3)$的完全映射？

练习 4.8　两个研究实验室独立研究离散变量 x 和 y 之间的关系，实验室 A 宣布他们已经从数据中确定了分布 $p_{\mathrm{A}}(x\mid y)$。实验室 B 宣布他们已经从数据中确定了 $p_{\mathrm{B}}(y\mid x)$。

1. 是否总能找到一个与两个实验结果一致的联合分布 $p(x,y)$？
2. 如果 $p(x)=\sum_y p_{\mathrm{A}}(x\mid y)p(y)$且 $p(y)=\sum_x p_{\mathrm{B}}(y\mid x)p(x)$，那么是否能定义相一致的边缘分布 $p(x)$和 $p(y)$？如果能，解释如何找到这样的边缘分布。如果不能，解释原因。

练习 4.9　研究实验室 A 陈述他们发现了一组变量 $x_1,\cdots,x_n$ 的一个条件独立性声明列表 L_{A}。实验室 B 同样提供了条件独立性声明列表 L_{B}。

1. 有可能找到一个与 L_{A} 和 L_{B} 一致的分布吗？
2. 如果列表也包含相关性声明，那么如何才能找到与两个列表一致的分布呢？

练习 4.10　考虑分布：

$$p(x,y,w,z)=p(z\mid w)p(w\mid x,y)p(x)p(y) \tag{4.8.10}$$

1. 使用 $p(z\mid w)$，$p(w\mid x,y)$，$p(x)$，$p(y)$的一部分或全部来表达 $p(x\mid z)$。
2. 使用 $p(z\mid w)$，$p(w\mid x,y)$，$p(x)$，$p(y)$的一部分或全部来表达 $p(y\mid z)$。

3. 使用上面的结果，为 $x \perp\!\!\!\perp y \mid z$ 导出一个显式的条件，并解释是否满足这个分布。

练习 4.11 考虑分布：

$$p(t_1,t_2,y_1,y_2,h)=p(y_1 \mid y_2,t_1,t_2,h)p(y_2 \mid t_2,h)p(t_1)p(t_2)p(h) \tag{4.8.11}$$

1. 画出此分布的信念网络。
2. 此分布：

$$p(t_1,t_2,y_1,y_2)=\sum_h p(y_1 \mid y_2,t_1,t_2,h)p(y_2 \mid t_2,h)p(t_1)p(t_2)p(h) \tag{4.8.12}$$

是否有一个完全映射的信念网络。

3. 证明对于上面的分布 $p(t_1,t_2,y_1,y_2)$，$t_1 \perp\!\!\!\perp y_2 \mid \varnothing$成立。

练习 4.12 考虑分布：

$$p(a,b,c,d)=\phi_{ab}(a,b)\phi_{bc}(b,c)\phi_{cd}(c,d)\phi_{da}(d,a) \tag{4.8.13}$$

其中 ϕ 是势。

1. 画出此分布的信念网络。
2. 解释是否此分布可以表示成(非完全的)信念网络。
3. 显式推导是否有 $a \perp\!\!\!\perp c \mid \varnothing$。

练习 4.13 说明对于任何单连通的马尔可夫网络，如何可以构造一个马尔可夫等价信念网络。

练习 4.14 考虑一个配对马尔可夫网络，其定义在变量 $s_i \in \{0,1\}(i=1,\cdots,N)$上，有分布 $p(s)=\prod_{ij\in\mathcal{E}}\phi_{ij}(s_i,s_j)$，其中 $\mathcal{E}$是一个给定的边设置且势函数 φ_{ij} 是任意的。解释如何将这样一个马尔可夫网络转换成玻尔兹曼机。

第 5 章 树中的有效推断

在前面的章节中，我们讨论了如何建立模型。推断则指的是诸如对变量子集求和之类的操作。在机器学习及相关领域中，我们经常会处理包含数百个变量的分布。一般来说，推断有着很高的计算代价，了解哪些图结构可能降低计算代价，有助于我们建立进行后续计算的模型。在这一章中，我们讨论了一种低代价情况下的推断，即在树中推断，它与从计算机科学（动态规划）到物理学（传递矩阵法）的许多领域中的经典算法都有联系。

5.1 边缘推断

给定一个分布 $p(x_1,\cdots,x_n)$，推断是对分布函数的计算过程，而边缘推断往往是基于一个变量子集对另外一个变量子集的分布展开计算的过程。比如，给定一个联合分布 $p(x_1,x_2,x_3,x_4,x_5)$ 和变量 $x_1=\text{tr}$，其边缘推断计算式为：

$$p(x_5 \mid x_1=\text{tr}) \propto \sum_{x_2,x_3,x_4} p(x_1=\text{tr},x_2,x_3,x_4,x_5) \tag{5.1.1}$$

对离散模型的边缘推断涉及求和操作，它将成为我们后续讨论的重点。原则上，这些算法可以延伸到连续变量模型，尽管在边缘化下大多数连续分布缺乏闭包（高斯分布是一个显著的例外），会使这些算法直接转移到连续域存在的问题。这一节主要讨论在单连通结构中进行边缘推断的有效推断算法。多连通图的有效算法将在第 6 章讨论。

5.1.1 马尔可夫链中的变量消除和消息传递

高效推断中的一个关键概念是消息传递，其中来自图的信息由局部边缘信息汇总而得。为了更好地阐述这个想法，考虑具有四个变量的马尔可夫链（马尔可夫链将在 23.1 节进行深入讨论）：

$$p(a,b,c,d)=p(a \mid b)p(b \mid c)p(c \mid d)p(d) \tag{5.1.2}$$

如图 5.1 所示，我们的任务是计算边缘分布 $p(a)$。为简单起见，我们假设每个变量的取值范围是 $\{0,1\}$，则有：

$$\begin{aligned} p(a=0) &= \sum_{b\in\{0,1\},c\in\{0,1\},d\in\{0,1\}} p(a=0,b,c,d) \\ &= \sum_{b\in\{0,1\},c\in\{0,1\},d\in\{0,1\}} p(a=0 \mid b)p(b \mid c)p(c \mid d)p(d) \end{aligned} \tag{5.1.3}$$

我们可以在变量 b、c 和 d 的 $2\times2\times2=8$ 个状态中，通过简单地对所有概率进行求和解出这个式子。这需要调用 7 次两个数的加法运算。

图 5.1　当赋值某些变量给标签 x_t 时，马尔可夫链的形式为 $p(x_T)\prod_{t=1}^{T-1} p(x_t \mid x_{t+1})$。在马尔可夫链中，变量消除的时间复杂度与链中变量的数量呈线性关系

一种更有效的方法是把基于 d 的求和操作尽可能向右推：

$$p(a=0)=\sum_{b\in\{0,1\},c\in\{0,1\}} p(a=0|b)p(b|c)\underbrace{\sum_{d\in\{0,1\}} p(c|d)p(d)}_{\gamma_d(c)} \tag{5.1.4}$$

这里的 $\gamma_d(c)$是一种具有两种状态的势。定义 $\gamma_d(c)$需要调用 2 次两个数的加法运算，调用 1 次变量 c 的所有状态。类似地，我们可以把基于 c 的求和操作尽量往右靠拢：

$$p(a=0)=\sum_{b\in\{0,1\}} p(a=0|b)\underbrace{\sum_{c\in\{0,1\}} p(b|c)\gamma_d(c)}_{\gamma_c(b)} \tag{5.1.5}$$

最后将得到：

$$p(a=0)=\sum_{b\in\{0,1\}} p(a=0|b)\gamma_c(b) \tag{5.1.6}$$

通过分布求和，我们调用了 3×2－1=5 次两个数的加法运算，与之相比较，原始的算法需要调用 $2^3-1=7$ 次。虽然这种节约可能看起来不多，但重要的一点是，这个算法的计算量与链长 $T+1$ 呈线性关系(即 $2T$)，而不是指数关系(即 2^T-1)。

此过程称为变量消除，因为每次我们对一个变量的状态求和时，都会从分布中消除它。因为存在一种自然的方式来分布求和，即从边向内求和，所以我们总是可以有效地在链中执行变量消除。值得注意的是，在上述情况下，势实际上总是一些分布——我们只是递归地计算链的右叶子节点的边缘分布。

我们可以将变量的消除视为将消息(信息)传递给图上的相邻节点。我们可以计算任何树(单连通图)的单变量的边缘分布，具体方法是从树的叶子节点开始，消除对应的变量，然后向内传递，每次都消除剩余树的一个叶子节点。我们从叶子节点向内进行消除，此时剩余的图结构将是原来树的一棵子树，虽然这同时伴随着条件概率表元素的修改。这也将保证我们能够用与树中变量数线性相关的计算量来计算任何边缘分布 $p(x_i)$。

为链寻找条件边缘

考虑以下推断问题，图 5.1 给出：

$$p(a,b,c,d)=p(a|b)p(b|c)p(c|d)p(d) \tag{5.1.7}$$

我们的目的是寻找 $p(d|a)$。它可以由下式计算：

$$\begin{aligned}p(d|a)\propto\sum_{b,c}p(a,b,c,d)&=\sum_{b,c}p(a|b)p(b|c)p(c|d)p(d)\\&=\sum_{c}\underbrace{\sum_{b}p(a|b)p(b|c)}_{\gamma_b(c)}p(c|d)p(d)\equiv\gamma_c(d)\end{aligned} \tag{5.1.8}$$

通过重复计算变量 d 的所有状态，可以找到缺失的比例常数。因为我们知道 $p(d|a)=k\gamma_c(d)$，这里的 $\gamma_c(d)$是求和的非归一化结果，我们可以使用结果 $\sum_d p(d|a)=1$ 进行推断得到 $k=1/\sum_d \gamma_c(d)$。

在这个例子中，势 $\gamma_b(c)$不是 c 中的分布，同样 $\gamma_c(d)$也不是。通常，可以将变量消除视为从节点到其邻居节点的势消息传递。对于信念网络，沿着边方向消除变量时传递的是分布消息，逆着边方向时传递的是非归一化的势。

备注 5.1(基于矩阵乘法的树中的变量消除)　变量消除与矩阵乘法的结合律有关。对于式(5.1.2)，我们可以定义矩阵：

$$[\boldsymbol{M}_{ab}]_{i,j}=p(a=i\mid b=j),\quad [\boldsymbol{M}_{bc}]_{i,j}=p(b=i\mid c=j),$$
$$[\boldsymbol{M}_{cd}]_{i,j}=p(c=i\mid d=j),\quad [\boldsymbol{M}_{d}]_{i}=p(d=i),\quad [\boldsymbol{M}_{a}]_{i}=p(a=i). \tag{5.1.9}$$

然后可以写出边缘 $\boldsymbol{M}_a$：

$$\boldsymbol{M}_a=\boldsymbol{M}_{ab}\boldsymbol{M}_{bc}\boldsymbol{M}_{cd}\boldsymbol{M}_d=\boldsymbol{M}_{ab}(\boldsymbol{M}_{bc}(\boldsymbol{M}_{cd}\boldsymbol{M}_d)) \tag{5.1.10}$$

其中用到了矩阵乘法的结合律。这种计算边缘的矩阵公式称为*传递矩阵法*，在物理学文献[27]中特别普遍。

例 5.1（苍蝇会在哪里） 你住的房子有三个房间，分别标记为 1，2，3。在房间 1 和 2 之间有一扇门，在房间 2 和 3 之间有另一扇门。不能在一个时间步内直接穿过房间 1 和房间 3。一只讨厌的苍蝇从一个房间飞到另一个房间并嗡嗡作响，房间 1 里有一些臭奶酪似乎更能吸引苍蝇。使用 x_t 表示苍蝇在时间 t 所在的房间，则 $\mathrm{dom}(x_t)=\{1,2,3\}$，苍蝇的移动可以通过以下转移函数来描述：

$$p(x_{t+1}=i\mid x_t=j)=M_{ij} \tag{5.1.11}$$

这里的 M_{ij} 是以下转移矩阵的元素：

$$\boldsymbol{M}=\begin{pmatrix}0.7 & 0.5 & 0\\ 0.3 & 0.3 & 0.5\\ 0 & 0.2 & 0.5\end{pmatrix} \tag{5.1.12}$$

矩阵 $\boldsymbol{M}$ 被认为是“随机的”，这意味着根据条件概率表的要求，其列总和为 1，即 $\sum_{i=1}^{3}M_{ij}=1$。如果在时间 $t=1$ 时苍蝇在房间 1 中，那么在时间 $t=5$ 时苍蝇在各房间的概率是多少？假设由联合分布定义的马尔可夫链为：

$$p(x_1,\cdots,x_T)=p(x_1)\prod_{t=1}^{T-1}p(x_{t+1}\mid x_t) \tag{5.1.13}$$

我们要计算的是 $p(x_5\mid x_1=1)$，可由下式给出：

$$\sum_{x_4,x_3,x_2}p(x_5\mid x_4)p(x_4\mid x_3)p(x_3\mid x_2)p(x_2\mid x_1=1) \tag{5.1.14}$$

由于分布图是马尔可夫链，因此我们可以很容易地基于不同项分布求和。使用传递矩阵方法最容易完成，给定：

$$p(x_5=i\mid x_1=1)=[\boldsymbol{M}^4\boldsymbol{v}]_i \tag{5.1.15}$$

这里的 $\boldsymbol{v}$ 是向量 $(1,0,0)^{\mathrm{T}}$，表明在时间 $t=1$ 时，苍蝇在房间 1。计算可得（精确到小数点后 4 位）：

$$\boldsymbol{M}^4\boldsymbol{v}=\begin{pmatrix}0.5746\\ 0.3180\\ 0.1074\end{pmatrix} \tag{5.1.16}$$

类似地，在时间 $t=6$ 时，占用概率为 $(0.5612,0.3215,0.1173)$。苍蝇在各房间的概率将收敛到特定分布——马尔可夫链的*平稳分布*。有人可能会问：经过*无数个*时间点之后，苍蝇在哪里？也就是说，我们对 t 取较大值时的下式更感兴趣：

$$p(x_{t+1})=\sum_{x_t}p(x_{t+1}\mid x_t)p(x_t) \tag{5.1.17}$$

收敛时有 $p(x_{t+1})=p(x_t)$。我们用向量 $\boldsymbol{p}$ 来描述平稳分布，这就意味着：

$$\boldsymbol{p}=\boldsymbol{M}\boldsymbol{p} \tag{5.1.18}$$

换句话说，$\boldsymbol{p}$ 是 $\boldsymbol{M}$ 的特征值为 1 的特征向量[135]。进行数值计算后平稳分布为(0.543 5，0.326 1，0.130 4)。注意到软件包返回的特征向量通常具有 $\sum_i e_i^2=1$，因此，对单位特征向量通常需要归一化以使其具有 $\sum_i e_i=1$ 的概率。

5.1.2　因子图上的和-积算法

马尔可夫网络和信念网络都可以使用因子图来表示。基于这个原因，为因子图导出边缘推断算法将很方便，因为这适用于马尔可夫网络和信念网络。这也被称为和-积算法，因为要进行边缘计算，我们需要在因子乘积的变量状态上分布求和。在其他文献中，这也被称为信念传播。

非分支图：变量到变量的消息

我们考虑以下分布：

$$p(a,b,c,d)=f_1(a,b)f_2(b,c)f_3(c,d)f_4(d) \tag{5.1.19}$$

其因子图如图 5.2 所示。因为变量 d 只是局部出现，所以用下式来计算边缘分布 $p(a,b,c)$：

$$\begin{aligned}p(a,b,c)&=\sum_d p(a,b,c,d)=\sum_d f_1(a,b)f_2(b,c)f_3(c,d)f_4(d)\\&=f_1(a,b)f_2(b,c)\underbrace{\sum_d f_3(c,d)f_4(d)}_{\mu_{d\to c}(c)}\end{aligned} \tag{5.1.20}$$

这里的 $\mu_{d\to c}(c)$ 定义了从节点 d 到节点 c 的消息，它是变量 c 的一个函数。类似地，

$$p(a,b)=\sum_c p(a,b,c)=f_1(a,b)\underbrace{\sum_c f_2(b,c)\mu_d\to c(c)}_{\mu_{c\to b}(b)} \tag{5.1.21}$$

因此：

$$\mu_{c\to b}(b)=\sum_c f_2(b,c)\mu_{d\to c}(c) \tag{5.1.22}$$

很明显，我们可以递归这个消息定义，以便对于一个具有 n 个变量的链，第一个节点的边缘概率可以在 n 的线性时间内计算完成。项 $\mu_{c\to b}(b)$ 可以被解释为图中携带的超出 c 的边缘信息。对于没有分支的简单线性结构，从变量到变量的消息是足够的。但是，正如我们将在下面更一般的带有分支的结构中看到的那样，考虑两种类型的消息是有用的，即从变量到因子的消息和从因子到变量的消息。

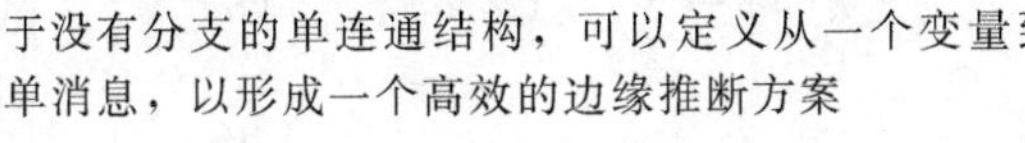

图 5.2　对于没有分支的单连通结构，可以定义从一个变量到其邻居的简单消息，以形成一个高效的边缘推断方案

一般单连通因子图

稍微复杂的例子是，

$$p(a|b)p(b|c,d)p(c)p(d)p(e|d) \tag{5.1.23}$$

其因子图如图 5.3 所示，

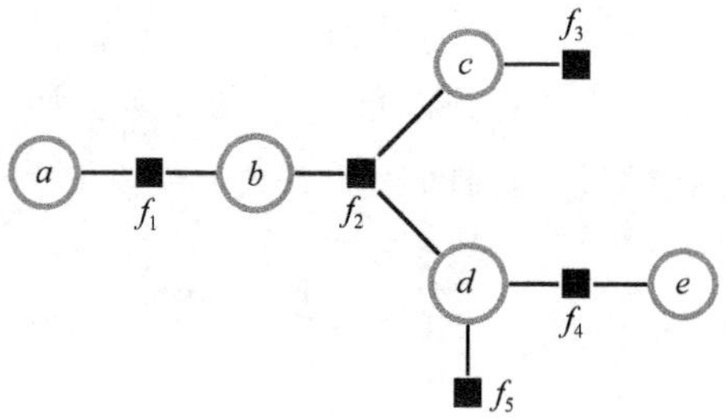

图 5.3　对分支单连通图，定义从因子到变量的消息以及从变量到因子的消息是有用的

$$f_1(a,b)f_2(b,c,d)f_3(c)f_4(d,e)f_5(d) \tag{5.1.24}$$

边缘分布 $p(a,b)$ 可以用带有消息的截断图表示，因为

$$p(a,b)=f_1(a,b)\underbrace{\sum_{c,d}f_2(b,c,d)f_3(c)f_5(d)\sum_e f_4(d,e)}_{\mu_{f_2\to b}(b)} \tag{5.1.25}$$

这里 $\mu_{f_2\to b}(b)$ 是从因子到变量的消息。此消息可以由通过 c 和 d 的两个分支到达的消息构成，即

$$\mu_{f_2\to b}(b)=\sum_{c,d}f_2(b,c,d)\underbrace{f_3(c)}_{\mu_{c\to f_2}(c)}\underbrace{f_5(d)\sum_e f_4(d,e)}_{\mu_{d\to f_2}(d)} \tag{5.1.26}$$

类似地，我们可以解释：

$$\mu_{d\to f_2}(d)=\underbrace{f_5(d)}_{\mu_{f_5\to d}(d)}\underbrace{\sum_e f_4(d,e)}_{\mu_{f_4\to d}(d)} \tag{5.1.27}$$

为完成解释，我们认为 $\mu_{c\to f_2}(c)\equiv\mu_{f_3\to c}(c)$。在非分支连接中，可以更简单地使用变量到变量的消息。为了计算边缘分布 $p(a)$，我们有：

$$p(a)=\underbrace{\sum_b f_1(a,b)\mu_{f_2\to b}(b)}_{\mu_{f_1\to a}(a)} \tag{5.1.28}$$

为了解释的一致性，也可以将上述过程视为：

$$\mu_{f_1\to a}(a)=\sum_b f_1(a,b)\underbrace{\mu_{f_2\to b}(b)}_{\mu_{b\to f_1}(b)} \tag{5.1.29}$$

我们现在可以看到如何通过对传入的节点到因子信息的乘积求和来形成从因子到节点的消息。类似地，从节点到因子的消息可由传入的因子到节点消息的乘积得出。

这种方法的一个便利之处在于可以重用消息来评估其他边缘推断。例如，很明显 $p(b)$ 为：

$$p(b)=\underbrace{\sum_a f_1(a,b)}_{\mu_{f_1\to b}(b)}\mu_{f_2\to b}(b) \tag{5.1.30}$$

如果我们还希望得到 $p(c)$，就需要定义从 f_2 到 c 的消息为：

$$\mu_{f_2\to c}(c)=\sum_{b,d}f_2(b,c,d)\mu_{b\to f_2}(b)\mu_{d\to f_2}(d) \tag{5.1.31}$$

其中 $\mu_{b\to f_2}(b)\equiv\mu_{f_1\to b}(b)$。这证明了重用已得到的从 d 到 f_2 的消息可以计算边缘概率 $p(c)$。

定义 5.1(消息调度)　消息调度是一个指定的消息更新序列。一个有效的调度是，只有当一个节点从它的邻居接收到所有必需的消息时，该节点才能发送消息。通常，会有多个有效的更新调度。

和-积算法

下面介绍和-积算法，其中消息被更新为传入消息的函数。我们可以通过计算调度里面的消息来执行该算法，这将允许基于以前已经计算好的信息来完成对新消息的计算，直到已经计算了所有从因子到变量、从变量到因子的消息。

过程 5.1(因子图上的和-积消息)　给定一个分布，将其定义为变量子集的积，即 $p(\mathcal{X})=\frac{1}{Z}\prod_f \phi_f(\mathcal{X}_f)$，如果因子图是单连通的，则我们可以有效地对变量进行求和。

- **初始化**：来自叶子节点因子的消息被初始化为因子，将来自叶子变量节点的消息设置为 1。
- **变量到因子的消息**：

$$\mu_{x\to f}(x)=\prod_{g\in\{\mathrm{ne}(x)\setminus f\}}\mu_{g\to x}(x)$$

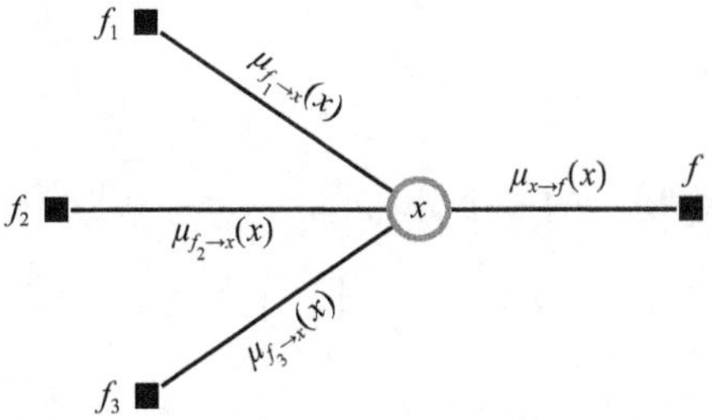

- **因子到变量的消息**：

$$\mu_{f\to x}(x)=\sum_{\mathcal{X}_f\setminus x}\phi_f(\mathcal{X}_f)\prod_{y\in\{\mathrm{ne}(f)\setminus x\}}\mu_{y\to f}(y)$$

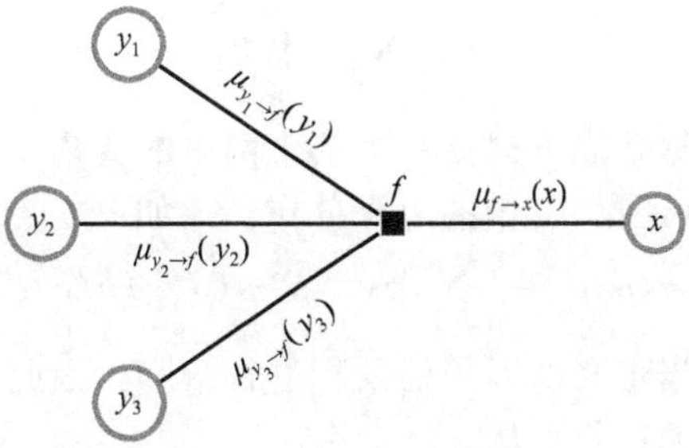

我们用 $\sum_{\mathcal{X}_f\setminus x}$ 来表示关于变量集 $\mathcal{X}_f\setminus x$ 所有状态的求和。

- **边缘概率**：

$$p(x)\propto\prod_{f\in\mathrm{ne}(x)}\mu_{f\to x}(x)$$

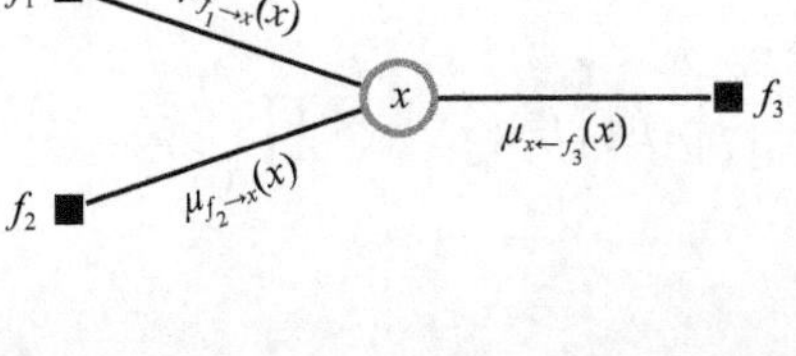

对边缘推断，重要的信息是消息状态的相对大小，以便我们可以根据需要重新归一化消息。由于边缘概率将与该变量的传入消息成比例，因此使用边缘概率必须总和为 1 的事实可以轻松地获得归一化常数。但是，如果我们还想使用这些消息计算任何归一化常量，就无法对消息进行归一化，因为这样会丢失这些全局信息。

5.1.3　处理证据

对于区分证据变量和非证据变量，即 $\mathcal{X}=\mathcal{X}_e \cup \mathcal{X}_n$ 的分布，非证据变量的边缘分布 $p(x_i,\mathcal{X}_e)$是通过对 $\mathcal{X}_n$ 中的所有变量(x_i 除外)进行求和而得的，其中 $\mathcal{X}_e$ 为证据状态。有两种方法可以将其与因子图的形式相协调。可以简单地通过设置变量 $\mathcal{X}_e$，在 $\mathcal{X}_n$ 上定义一个新的因子图，然后传递此新因子图上的消息。或者，我们可以定义包含变量 $\mathcal{X}_e$ 的势，方法是将每个包含一个证据变量的势乘以一个 δ 函数(一个指示器)，该函数的值为 0，除非变量 x_n 处于指定的证据状态。然后，当我们执行因子到变量的消息传递时，除了与证据状态相关的状态之外，任何关于证据变量状态的被修改后的势的求和将为零。这个问题也可以被视为，因子到变量消息的总和仅仅是关于非证据变量的，潜在的任何证据变量都将被置于其证据状态。

5.1.4　计算边缘似然

对于定义在势 $\phi_f(\mathcal{X}_f)$乘积上的一个分布：

$$p(\mathcal{X})=\frac{1}{Z}\prod_f \phi_f(\mathcal{X}_f) \tag{5.1.32}$$

其归一化由下式给出：

$$Z=\sum_{\mathcal{X}}\prod_f \phi_f(\mathcal{X}_f) \tag{5.1.33}$$

为了有效地计算求和，我们取所有传入消息到任意选定的变量 x 的乘积，然后关于变量所有状态求和：

$$Z=\sum_x \prod_{f\in \mathrm{ne}(x)} \mu_{f\to x}(x) \tag{5.1.34}$$

如果因子图是通过在证据状态下建立一个信念网络的变量子集得到的，那么对所有非证据变量的求和将得到可见(证据)变量的边缘分布。比如：

$$p(b,d)=\sum_{a,c} p(a|b)p(b|c)p(c|d)p(d) \tag{5.1.35}$$

这可以解释为需要对适当定义的因子的乘积进行求和。因此，我们可以很容易地找到单连通信念网络的证据变量的边缘似然。

对数消息

为了使上述方法起作用，需要消息的绝对值(非相对值)，这禁止在消息传递过程的每个阶段重新归一化。但是，如果没有归一化，则消息的数值可能变得非常小，特别是对于较大的图，并且可能出现数值精度问题。此情况下的补救措施是使用对数消息，

$$\lambda=\log\mu \tag{5.1.36}$$

为此，变量到因子的消息：

$$\mu_{x\to f}(x)=\prod_{g\in\{\mathrm{ne}(x)\backslash f\}} \mu_{g\to x}(x) \tag{5.1.37}$$

化简为：

$$\lambda_{x\to f}(x)=\sum_{g\in\{\mathrm{ne}(x)\backslash f\}}\lambda_{g\to x}(x) \tag{5.1.38}$$

因子到变量的消息需要更多关注，它被定义为：

$$\mu_{f\to x}(x)=\sum_{\mathcal{X}_f\backslash x}\phi_f(\mathcal{X}_f)\prod_{y\in\{\mathrm{ne}(f)\backslash x\}}\mu_{y\to f}(y) \tag{5.1.39}$$

我们可以写为：

$$\lambda_{f\to x}(x)=\log\Big(\sum_{\mathcal{X}_{f\backslash x}}\phi_f(\mathcal{X}_f)\exp\Big(\sum_{y\in\{\mathrm{ne}(f)\backslash x\}}\lambda_{y\to f}(y)\Big)\Big) \tag{5.1.40}$$

但是对数消息的取幂操作将导致潜在的数值精度问题。该数值精度问题的一个解决方案是找到传入对数消息的最大值：

$$\lambda^*_{y\to f}=\max_{y\in\{\mathrm{ne}(f)\backslash x\}}\lambda_{y\to f}(y) \tag{5.1.41}$$

然后：

$$\lambda_{f\to x}(x)=\lambda^*_{y\to f}+\log\Big(\sum_{\mathcal{X}_f\backslash x}\phi_f(\mathcal{X}_f)\exp\Big(\sum_{y\in\{\mathrm{ne}(f)\backslash x\}}\lambda_{y\to f}(y)-\lambda^*_{y\to f}\Big)\Big) \tag{5.1.42}$$

通过构造，将有 $\exp\Big(\sum_{y\in\{\mathrm{ne}(f)\backslash x\}}\lambda_{y\to f}(y)-\lambda^*_{y\to f}\Big)\leqslant 1$，其中至少有一项等于 1。这确保了精确计算对求和的主要数值贡献。对数边缘可通过下式求得：

$$\log p(x)=\sum_{f\in\mathrm{ne}(x)}\lambda_{f\to x}(x) \tag{5.1.43}$$

5.1.5　循环问题

循环会导致变量消除(或消息传递)的问题，因为一旦消除了变量，“截断”图的结构通常也会发生变化。比如，我们考虑因子图：

$$p(a,b,c,d)=f_1(a,b)f_2(b,c)f_3(c,d)f_4(a,d) \tag{5.1.44}$$

如图 5.4a 所示。边缘分布 $p(a,b,c)$ 由下式给出：

$$p(a,b,c)=f_1(a,b)f_2(b,c)\underbrace{\sum_d f_3(c,d)f_4(a,d)}_{f_5(a,c)} \tag{5.1.45}$$

这在截断图中添加了连接 ac，见图 5.4b。这意味着通过简单地更新原始图中连接上的势，无法获得来自变量 d 的信息——我们需要考虑图结构发生变化的事实。第 6 章的联结树算法通过组合变量来处理这一点，以形成新的单连通图，其中图结构在变量消除后保持单连通。

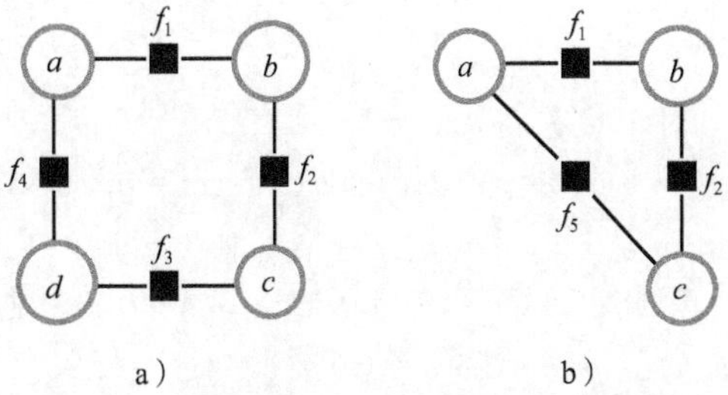

图 5.4　a) 具有循环的因子图。b) 消除变量 d 会在 a 和 c 之间添加连接，这表明通常无法通过在原始图中沿现有边传递消息来在循环图中执行边缘推断

5.2　其他形式的推断

5.2.1　最大-积

通常，我们的目标是为分布计算最可能的状态值，即

$$\underset{x_1,x_2,\cdots,x_n}{\operatorname{argmax}}\,p(x_1,x_2,\cdots,x_n) \tag{5.2.1}$$

为了有效地在树结构上进行计算，我们利用分布的所有因子分解结构，类似于和-积算法。

也就是说，我们旨在分配最大化，以便只进行局部变量计算。为了设计算法，可考虑一个可以表示为无向链的函数：

$$f(x_1,x_2,x_3,x_4)=\phi(x_1,x_2)\phi(x_2,x_3)\phi(x_3,x_4) \tag{5.2.2}$$

我们希望找到一个联合状态 x_1^*，x_2^*，x_3^*，x_4^* 来最大化 f。首先我们计算 f 的最大值。因为势是非负的，所以我们有：

$$\max_{\boldsymbol{x}} f(\boldsymbol{x})=\max_{x_1,x_2,x_3,x_4}\phi(x_1,x_2)\phi(x_2,x_3)\phi(x_3,x_4)=\max_{x_1,x_2,x_3}\phi(x_1,x_2)\phi(x_2,x_3)\underbrace{\max_{x_4}\phi(x_3,x_4)}_{\gamma_4(x_3)}$$

$$=\max_{x_1,x_2}\phi(x_1,x_2)\underbrace{\max_{x_3}\phi(x_2,x_3)\gamma_4(x_3)}_{\gamma_3(x_2)}=\max_{x_1,x_2}\phi(x_1,x_2)\gamma_3(x_2)=\max_{x_1}\underbrace{\max_{x_2}\phi(x_1,x_2)\gamma_3(x_2)}_{\gamma_2(x_1)}$$

最终的等式对应于求解单个变量优化，并且确定函数 f 的最优值以及最优状态 $x_1^*=\underset{x_1}{\operatorname{argmax}}\gamma_2(x_1)$。给定 x_1^*，最优的 x_2 由 $x_2^*=\underset{x_2}{\operatorname{argmax}}\phi(x_1^*,x_2)\gamma_3(x_2)$ 给出。类似地，$x_3^*=\underset{x_3}{\operatorname{argmax}}\phi(x_2^*,x_3)\gamma_4(x_3)$，$x_4^*=\underset{x_4}{\operatorname{argmax}}\phi(x_3^*,x_4)$。此过程称为**回溯**。注意，通过定义由 x_i 传递到 x_{i+1} 的消息 γ，我们也可以在链的另一端开始。函数的链结构可以确保及时计算最大值(及其状态)，该最大值与函数中的因子数量呈线性关系。这里没有要求函数 f 对应于概率分布(尽管因子必须是非负的)。

例 5.2 考虑在二值变量上定义的分布：

$$p(a,b,c)\equiv p(a|b)p(b|c)p(c) \tag{5.2.3}$$

其中：

$p(a=\text{tr}|b=\text{tr})=0.3$，$p(a=\text{tr}|b=\text{fa})=0.2$，$p(b=\text{tr}|c=\text{tr})=0.75$

$p(b=\text{tr}|c=\text{fa})=0.1$，$p(c=\text{tr})=0.4$

最可能的联合取值 $\underset{a,b,c}{\operatorname{argmax}}\, p(a,b,c)$ 是什么？

简单来说，我们可以在 a,b,c 的总共 8 个联合状态上评估 $p(a,b,c)$ 并选择具有最高概率的状态。另一种消息传递方法是定义：

$$\gamma_c(b)\equiv\max_c p(b|c)p(c) \tag{5.2.4}$$

对于状态 $b=\text{tr}$，

$$p(b=\text{tr}|c=\text{tr})p(c=\text{tr})=0.75\times0.4,\quad p(b=\text{tr}|c=\text{fa})p(c=\text{fa})=0.1\times0.6 \tag{5.2.5}$$

因此，$\gamma_c(b=\text{tr})=0.75\times0.4=0.3$。类似地，对于 $b=\text{fa}$，

$$p(b=\text{fa}|c=\text{tr})p(c=\text{tr})=0.25\times0.4\quad p(b=\text{fa}|c=\text{fa})p(c=\text{fa})=0.9\times0.6 \tag{5.2.6}$$

因此，$\gamma_c(b=\text{fa})=0.9\times0.6=0.54$。

我们现在考虑：

$$\gamma_b(a)\equiv\max_b p(a|b)\gamma_c(b) \tag{5.2.7}$$

对于 $a=\text{tr}$，状态 $b=\text{tr}$ 具有以下值：

$$p(a=\text{tr}|b=\text{tr})\gamma_c(b=\text{tr})=0.3\times0.3=0.09 \tag{5.2.8}$$

状态 $b=\text{fa}$ 具有以下值：

$$p(a=\mathrm{tr}|b=\mathrm{fa})\gamma_c(b=\mathrm{fa})=0.2\times0.54=0.108 \tag{5.2.9}$$

因此，$\gamma_b(a=\mathrm{tr})=0.108$。类似地，对于 $a=\mathrm{fa}$，状态 $b=\mathrm{tr}$ 具有以下值：

$$p(a=\mathrm{fa}|b=\mathrm{tr})\gamma_c(b=\mathrm{tr})=0.7\times0.3=0.21 \tag{5.2.10}$$

状态 $b=\mathrm{fa}$ 具有以下值：

$$p(a=\mathrm{fa}|b=\mathrm{fa})\gamma_c(b=\mathrm{fa})=0.8\times0.54=0.432 \tag{5.2.11}$$

因此，$\gamma_b(a=\mathrm{fa})=0.432$。现在我们可以计算最优状态：

$$a^*=\underset{a}{\mathrm{argmax}}\gamma_b(a)=\mathrm{fa} \tag{5.2.12}$$

鉴于这种最佳状态，我们可以回溯，得到：

$$b^*=\underset{b}{\mathrm{argmax}}p(a=\mathrm{fa}|b)\gamma_c(b)=\mathrm{fa},\quad c^*=\underset{c}{\mathrm{argmax}}p(b=\mathrm{fa}|c)p(c)=\mathrm{fa} \tag{5.2.13}$$

注意，在回溯过程中，我们已经得到了计算消息 γ 所需的所有信息。

如果我们想要找到链中心变量的最可能状态，那么可以将消息从一端传递到另一端，然后进行回溯。这也是在 23.2 节中采用维特比算法分析隐马尔可夫模型时将采取的方法。或者，可以从链的两端同时发送消息(携带最大化的结果)，然后从使得传入消息的乘积最大化的状态中获得变量的最大状态。第一个是串行过程，因为我们必须先传递消息，然后才能回溯。第二个是并行过程，可以同时发送消息。第二个方法可以使用如下所述的因子图表示。

使用因子图

还可以使用因子图来计算可能性最大的联合状态。假设完整的消息传递调度已经获得，则变量消息的乘积等于联合函数关于所有其他变量的最大值。然后，可以通过将这种局部势最大化来简单地读取最有可能的状态。

过程 5.2(因子图上的最大-积消息)　给定一个分布，它是定义在变量子集上的积，即 $p(\mathcal{X})=\frac{1}{Z}\prod_f\phi_f(\mathcal{X}_f)$，如果因子图是单连通的，则我们可以有效地对变量进行最大化。

- **初始化**：来自叶子节点因子的消息被初始化为因子，将来自叶子变量节点的消息设置为 1。
- **变量到因子的消息**：

$$\mu_{x\to f}(x)=\prod_{g\in\{\mathrm{ne}(x)\setminus f\}}\mu_{g\to x}(x)$$

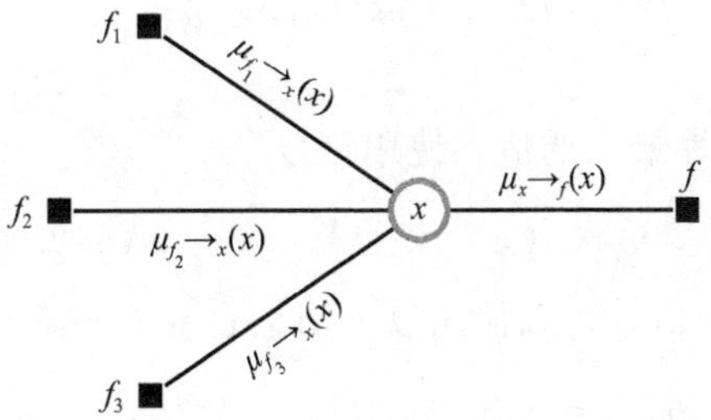

- **因子到变量的消息**：

$$\mu_{f\to x}(x)=\max_{\mathcal{X}_f\setminus x}\phi_f(\mathcal{X}_f)\prod_{y\in\{\mathrm{ne}(f)\setminus x\}}\mu_{y\to f}(y)$$

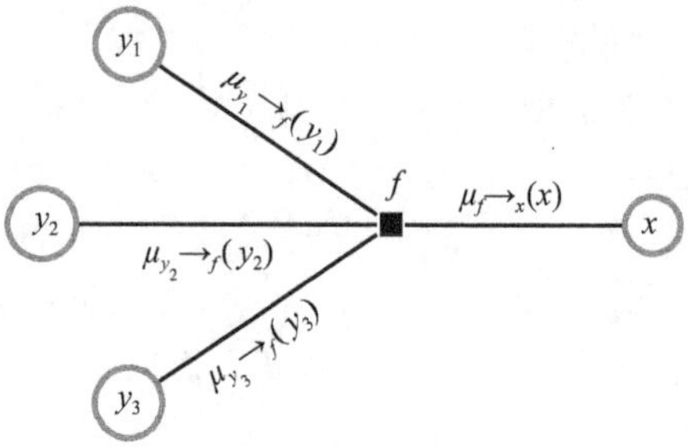

- **最大状态：**

$$x^*=\underset{x}{\operatorname{argmax}}\prod_{f\in \mathrm{ne}(x)}\mu_{f\to x}(x)$$

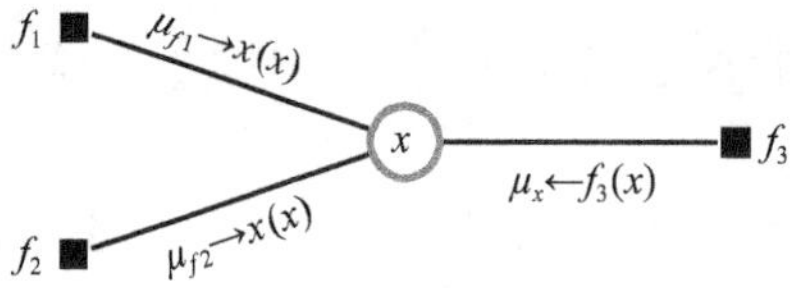

该算法也被称为信念修正。

5.2.2　寻找 N 个最可能的状态

通常我们感兴趣的不仅是计算可能性最大的联合状态，还要计算 N 个可能性最大的状态，特别是在最优状态仅比其他状态的可能性稍微大一点的情况下。这本身就是一个有趣的问题，我们可以通过各种方法解决。Nilsson 给出了一种通用方法[227]，它基于联结树形式(第 6 章)和候选列表的构造，可参见[73]。

对于单连通结构，已经存在几种方法[228,320,286,273]。对于 23.2 节中的隐马尔可夫模型，一个简单的算法是 N 维特比方法，它在传播的每个阶段存储 N 个最可能的消息。对于更一般的单连通图，可以通过在每个阶段保留 N 个最可能的消息来将最大-积算法扩展到 N-最大-积算法，见下文。

N-最大-积

N-最大-积算法基于标准的最大-积算法，并进行了细微的修改。在计算上，一种直接的方法是为每条消息引入一个附加变量，为最可能的消息创建索引。我们首先针对无向图的消息传递讨论这个算法。考虑分布：

$$p(a,b,c,d,e)=\phi(e,a)\phi(a,b)\phi(b,c)\phi(b,d) \tag{5.2.14}$$

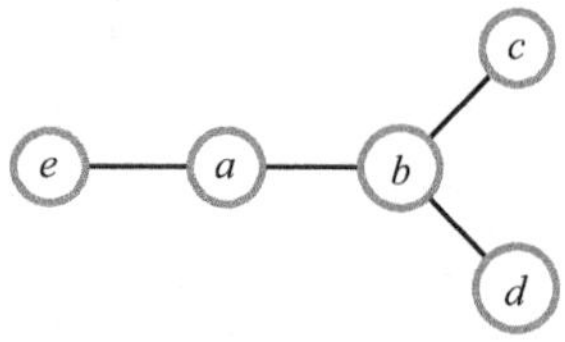

我们希望找到两个可能性最大的值。使用符号

$$\overset{i}{\underset{x}{\max}} f(x) \tag{5.2.15}$$

表示 $f(x)$的第 i 个最大值。可以使用以下消息表示关于 d 的最大值：

$$\gamma_d(b,1)=\overset{1}{\underset{d}{\max}}\phi(b,d),\quad \gamma_d(b,2)=\overset{2}{\underset{d}{\max}}\phi(b,d) \tag{5.2.16}$$

类似地，可以定义消息，$p(a,b,c,d,e)$最可能的两个值可以通过下式计算：

$$\mathop{\max}\limits^{1:2}_{a,b,c,d,e} \phi(e,a)\phi(a,b)\phi(b,c)\phi(b,d) = \mathop{\max}\limits^{1:2}_{e,m_a}\underbrace{\mathop{\max}\limits^{1:2}_{a,m_b}\phi(e,a)\underbrace{\mathop{\max}\limits^{1:2}_{b,m_c,m_d}\phi(a,b)\underbrace{\mathop{\max}\limits^{1:2}_{c}\phi(b,c)}_{\gamma_c(b,m_c)}\underbrace{\mathop{\max}\limits^{1:2}_{d}\phi(b,d)}_{\gamma_d(b,m_d)}}_{\gamma_b(a,m_b)}}_{\gamma_a(e,m_a)} \tag{5.2.17}$$

这里由 m_a、m_b、m_c 和 m_d 对可能性最大的两个值进行索引。在最后阶段，得到一个包含 $\dim(e)\times 2$ 个元素的表，从中计算出 e，m_a 的两个概率最大的联合状态。给定这两个联合状态 e^*，m_a^* 后，使用 $\mathop{\mathrm{argmax}}\limits^{1:2}_{a,m_b}\phi(e^*,a)\gamma_b(a,m_b)$ 回溯以找到 a,m_b 的可能性最大的状态。继续回溯，找到 b,m_c,m_d 的可能性最大的状态。最后是 c 和 d 的可能性最大的状态。之后可以使用 e,m_a 的可能性第二大的状态重新进行回溯，并且继续找到引起这些的可能性最大的状态，以得到可能性第二大的联合状态。

将其转换为因子图形式的过程是直截了当的，这也包含在 maxNprodFG. m 中，基本上唯一需要做的修改是定义扩展消息，其中包含在每个阶段计算 N 个可能性最大的消息。变量到因子的消息由扩展消息的乘积组成。对于因子到变量的消息，来自邻居的所有扩展消息相乘，得到一个更大的表。保留 N 个可能性最大的消息，定义新的扩展消息。然后，通过找到最大化所传入扩展消息乘积的变量状态，得到每个变量的 N 个可能性最大的状态。

分支是上述计算中的瓶颈。考虑这样一项，其是一个更大系统的一部分，该系统有：

$$\phi(z,a)\phi(a,b)\phi(a,c) \tag{5.2.18}$$

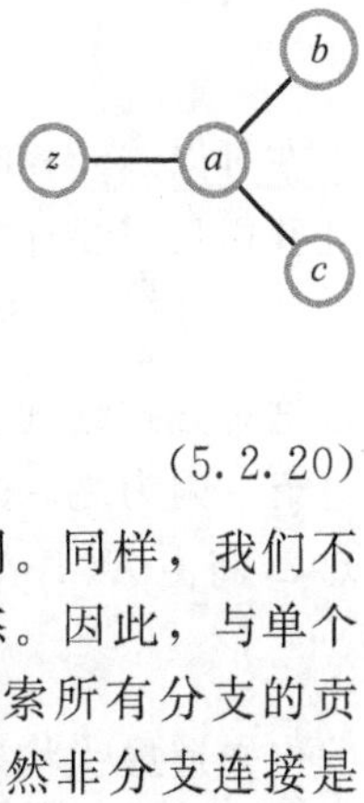

我们希望沿着从 b 到 a，然后从 c 到 a，再从 a 到图的其余部分的分支传递消息。为了计算可能性最大的值，我们可以从下式中找到它：

$$\max_a \phi(z,a)\{\max_b \phi(a,b)\}\{\max_c \phi(a,c)\} \tag{5.2.19}$$

这代表一种有效的方法，因为最大化可以在每个分支上分别进行。但是，要找到可能性第二大的值，我们不可以从下式中找：

$$\mathop{\max}\limits^{2}_{a}\phi(z,a)\{\max_b \phi(a,b)\}\{\max_c \phi(a,c)\} \tag{5.2.20}$$

对固定的 z，这将总是错误地迫使 a 的状态与可能性最大的值的状态不同。同样，我们不能假设可能性第二大的状态对应于找到的每个因子的可能性第二大的状态。因此，与单个可能性最大的状态不同，不能在每个分支上分配最大化，但必须同时搜索所有分支的贡献。因此，这对应于对 N 个最高联合分支状态的指数复杂度的搜索。虽然非分支连接是没有问题的，但是变量节点的度 D(在因子图或无向表示中)使计算复杂度额外增加了指数项 N^D。

5.2.3　最可能的路径和最短的路径

对于 N 状态的马尔可夫链，从状态 a 到状态 b 的可能性最大的路径是什么？请注意，这不一定与最短路径相同，如图 5.5 所示。如果我们考虑长度为 T 的路径，则有概率：

$$p(s_2|s_1=a)p(s_3|s_2)\cdots p(s_T=b|s_{T-1}) \tag{5.2.21}$$

然后，可以使用简单序列因子图上的最大-积算法(或对数转换的最大-和算法)找到最有可能的路径。为了解决我们不知道最优 T 的问题，可采用的一种方法是重新定义概率转换，使得期望状态 b 是链的吸收状态(即可以进入该状态但不可离开)。通过这种重新定义，最可能的联合状态将对应于 $N-1$ 个转换的乘积上的可能性最大的状态。这种方法的示例见 demoMostProbablePath. m。

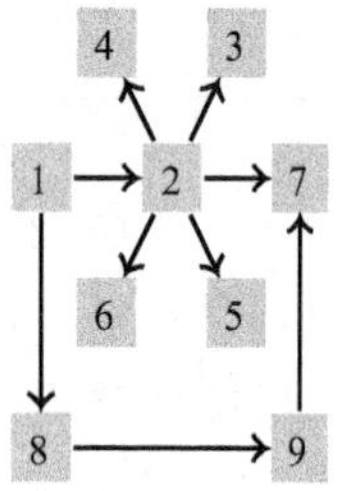

图 5.5　状态转移图(权重未显示)。从状态 1 到状态 7 的最短(未加权)路径是 1-2-7。作为一个马尔可夫链(随机游走)，从状态 1 到状态 7 的可能性最大的路径是 1-8-9-7。后一路径更长但可能性也更大，因为对于路径 1-2-7，从状态 2 转移到状态 7 的概率是 1/5(假设每个转移的可能性相同)。请注意，在此示例中，状态 3、4、5、6、7 是“吸收”的——可以进入，但不能退出这些状态。这将对应于在节点 3、4、5、6、7 上添加自循环，这里没有画出以使图的效果更清晰。具体可参见 demoMostProbablePath. m

另一种更简洁直接的方法如下：对于马尔可夫链，我们可以省去变量到因子和因子到变量的消息，并且只使用变量到变量的消息。如果我们想要通过找到最可能的状态集 $a, s_2, \cdots, s_{T-1}, b$ 来达到目的，那么可以定义最大路径概率 $E(a \to b, T)$ 并得到 T 时间步中从 a 到 b 的状态：

$$E(a \to b, T) = \max_{s_2, \cdots, s_{T-1}} p(s_2 \mid s_1 = a) p(s_3 \mid s_2) p(s_4 \mid s_3) \cdots p(s_T = b \mid s_{T-1}) \tag{5.2.22}$$

$$= \max_{s_3, \cdots, s_{T-1}} \underbrace{\max_{s_2} p(s_2 \mid s_1 = a) p(s_3 \mid s_2)}_{\gamma_{2 \to 3}(s_3)} p(s_4 \mid s_3) \cdots p(s_T = b \mid s_{T-1}) \tag{5.2.23}$$

为了有效地计算，我们定义消息：

$$\gamma_{t \to t+1}(s_{t+1}) = \max_{s_t} \gamma_{t-1 \to t}(s_t) p(s_{t+1} \mid s_t), t \geqslant 2, \quad \gamma_{1 \to 2}(s_2) = p(s_2 \mid s_1 = a) \tag{5.2.24}$$

直到到达点：

$$E(a \to b, T) = \max_{s_{T-1}} \gamma_{T-2 \to T-1}(s_{T-1}) p(s_T = b \mid s_{T-1}) = \gamma_{T-1 \to T}(s_T = b) \tag{5.2.25}$$

现在可以继续找时间步 $T+1$ 的最大路径概率。由于在时间 $T-1$ 之间的消息都相同，因此我们只需要计算一个额外的消息 $\gamma_{T-1 \to T}(s_T)$，根据下式：

$$E(a \to b, T+1) = \max_{s_T} \gamma_{T-1 \to T}(s_T) p(s_{T+1} = b \mid s_T) = \gamma_{T \to T+1}(s_{T+1} = b) \tag{5.2.26}$$

以这种方式继续进行，直到到达点 $E(a \to b, N)$，其中 N 是图中节点的数量。不需要继续进行，因为之后的时间步中包含非简单路径。(简单路径不会多次包含同一状态。)最优时间点 t^* 将由 $E(a \to b, 2), \cdots, E(a \to b, N)$ 达到最大值时得出。给定 t^*，可以开始回溯。[㊀]因为：

$$E(a \to b, t^*) = \max_{s_{t^*-1}} \gamma_{t^*-2 \to t^*-1}(s_{t^*-1}) p(s_{t^*} = b \mid s_{t^*-1}) \tag{5.2.27}$$

我们知道最优状态为：

$$s_{t^*-1}^* = \operatorname{argmax}_{s_{t^*-1}} \gamma_{t^*-2 \to t^*-1}(s_{t^*-1}) p(s_{t^*} = b \mid s_{t^*-1}) \tag{5.2.28}$$

我们可以继续回溯：

$$s_{t^*-2}^* = \operatorname{argmax}_{s_{t^*-2}} \gamma_{t^*-3 \to t^*-2}(s_{t^*-2}) p(s_{t^*-1}^* \mid s_{t^*-2}) \tag{5.2.29}$$

这样继续回溯下去。可参见 mostprobablepath. m。

要注意以下几点。

- 在上面的推导中，没有使用概率的任何性质，除了 p 必须是非负的。(否则符号更

㊀ 找到 t^* 的另一种方法是定义概率为 1 的自转移，然后使用固定时间 $T=N$。一旦达到期望的状态 b，则自转移将状态 b 中的链保留剩余的时间步。此过程见 mostprobablepathmult. m。

改可以翻转整个序列“概率”并且局部消息递归不再适用。)可以将算法视为找到从 a 到 b 的最优“积”的路径。

- 修改算法以解决(单源单接收)最短加权路径问题是直截了当的。一种方法是用 $\exp(-u(s_t|s_{t-1}))$ 替换马尔可夫转移概率，其中 $u(s_t|s_{t-1})$ 是边权重，如果从 s_{t-1} 到 s_t 没有边，则该权重为无穷大。这种方法见 shortestpath. m，能够处理正边权重或负边权重。因此，该方法比众所周知的 Dijkstra 算法[122]更通用，因为它要求权重为正。如果存在负边循环，则代码返回最短加权长度 N 路径，其中 N 是图中节点的数量。请参阅 demoShortestPath. m。
- 上述算法适用于单源单接收场景，因为消息仅包含 N 个状态，所以整个空间复杂度为 $O(N^2)$。
- 就目前而言，该算法在数值上是不切实际的，因为消息递归地乘以通常小于 1 的值(至少对于概率的情况)。因此，用这种方法很快就会遇到数值下溢(或者在非概率的情况下可能溢出)问题。

为了解决上述的最后一点，最好的解决办法是定义 E 的对数。由于这是单调转换，因此通过 $\log E$ 定义的最可能路径与从 E 获得的路径相同。在这种情况下：

$$L(a\to b,T)=\max_{s_2,\cdots,s_{T-1}}\log[p(s_2|s_1=a)p(s_3|s_2)p(s_4|s_3)\cdots p(s_T=b|s_{T-1})] \tag{5.2.30}$$

$$=\max_{s_2,\cdots,s_{T-1}}\left[\log p(s_2|s_1=a)+\sum_{t=3}^{T-1}\log p(s_t|s_{t-1})+\log p(s_T=b|s_{T-1})\right] \tag{5.2.31}$$

因此，我们可以定义新消息：

$$\lambda_{t\to t+1}(s_{t+1})=\max_{s_t}[\lambda_{t-1\to t}(s_t)+\log p(s_{t+1}|s_t)] \tag{5.2.32}$$

然后找到在 L 上定义的最可能的 t^* 并回溯，就像前面一样。

备注 5.2 可能引起混淆的是，“当图是循环的时”，可以有效地找到最优路径。请注意，图 5.5 中的图是状态转移图，而不是图模型。与这种简单马尔可夫链的图模型对应的是信念网络 $\prod_t p(s_t|s_{t-1})$，这是一种线性序列结构。因此，潜在的图模型是一个简单的链，它解释了为什么计算是有效的。

最可能的路径(多源多接收)

如果我们需要所有状态 a 和 b 之间的可能性最大的路径，则可以为所有 a 和 b 重新运行上述单源单接收算法。计算上更有效的方法是为每个起始状态 a 定义消息：

$$\gamma_{t\to t+1}(s_{t+1}|a)\max_{s_t}\gamma_{t-1\to t}(s_t|a)p(s_{t+1}|s_t) \tag{5.2.33}$$

继续这一过程，直到找到在 T 个时间步内从任何状态 a 到达任何状态 b 的最大路径概率矩阵：

$$E(a\to b,T)=\max_{s_{T-1}}\gamma_{T-2\to T-1}(s_{T-1}|a)p(s_T=b|s_{T-1}) \tag{5.2.34}$$

由于我们知道所有状态 a 的消息 $\gamma_{T-2\to T-1}(s_{T-1}|a)$，因此可以很容易地计算 T 个时间步之后从所有起始状态 a 到所有状态 b 的最可能路径。这需要传递一个 $N\times N$ 的矩阵消息 γ。然后我们可以进入下一个时间步 $T+1$。因为时间步 $T-1$ 之前的消息都相同，所以我们只需要从下式计算一个额外消息 $\gamma_{T-1\to T}(s_T)$，

$$E(a\to b,T+1)=\max_{s_T}\gamma_{T-1\to T}(s_T|a)p(s_{T+1}=b|s_T) \tag{5.2.35}$$

以这种方式进行，可以在 t 个时间步之后有效地为所有起始状态 a 和结束状态 b 计算最优

路径概率。为找到最优路径，回溯的方式与之前一样，请参阅 mostprobablepathmult. m 和 demoMostProbablePathMult. m。此外，也可以使用相同的算法来解决使用指数负边权重的多源多接收最短加权路径问题，如前面所述。这是 Floyd-Warshall-Roy 算法[122]的变体。

5.2.4　混合推断

常见的情况是在可能给定一些证据变量后，推断联合边缘分布的可能性最大的状态。例如，给定分布 $p(x_1,\cdots,x_n)$，求：

$$\underset{x_1,x_2,\cdots,x_m}{\operatorname{argmax}} p(x_1,x_2,\cdots,x_m)=\underset{x_1,x_2,\cdots,x_m}{\operatorname{argmax}} \sum_{x_{m+1},\cdots,x_n} p(x_1,\cdots,x_n) \tag{5.2.36}$$

通常，即使对于树形结构的 $p(x_1,\cdots,x_n)$，也不能有效地计算最优边缘分布状态。一种看法是，由于求和得到的联合边缘没有结构化的因子形式作为边缘变量的简单函数的乘积，因此找到最可能的联合边缘分布需要搜索所有联合边缘状态——以 m 为指数的任务复杂度。EM 算法提供了近似解决方案(参见 11.2 节和练习 5.7)。

5.3　多连通图中的推断

我们在这里简要讨论一些相对简单的方法，用来处理概念上较为直接的或者建立在单连通结构的重复使用上的多连通图。我们将在第 6 章讨论更加通用的算法。

5.3.1　桶消元

我们在这里考虑一种适用于任何分布(包括多连通图)的一般条件边缘变量消除方法。桶消元在算法 5.1 中给出，可以把它看作组织分布求和的一种方法[84]。该算法可以用一个简单的例子来解释，见例 5.3。

算法 5.1　桶消元算法

procedure 桶消元($p(x)=\prod_f \phi_f(\{x\}_f)$.)
　　将所有的桶势初始化为单位 1　　▷满桶
　　while 分布中还有剩余势 **do**
　　　　对于每个势 ϕ_f，寻找其最高变量 x_j(根据排序)
　　　　将 ϕ_f 与桶 j 中的势相乘，并去除分布中的 ϕ_f
　　end while
　　for $i=$ 桶 n 到 1 **do**　　▷空桶
　　　　对于桶 i，将变量 x_i 的状态求和，并将其称为势 γ_i
　　　　确定势 γ_i 的最高变量 x_h
　　　　将桶 h 中的现有势乘以 γ_i
　　end for
　　边缘 $p(x_1|\text{evidence})$ 正比于 γ_1.
　　return $p(x_1|\text{evidence})$　　▷条件边缘
end procedure

例 5.3(桶消元)　考虑计算下式的边缘分布 $p(f)$：

$$p(a,b,c,d,e,f,g)=p(f|d)p(g|d,e)p(c|a)p(d|a,b)p(a)p(b)p(e) \tag{5.3.1}$$

见图 2.1a。虽然这是单连通的，但可以解释一般过程。

$$p(f)=\sum_{a,b,c,d,e,g} p(a,b,c,d,e,f,g) \tag{5.3.2}$$
$$=\sum_{a,b,c,d,e,g} p(f|d)p(g|d,e)p(c|a)p(d|a,b)p(a)p(b)p(e)$$

我们可以对以下各种项分布求和。e、b 和 c 是末端节点，所以可以对它们求和：

$$p(f)=\sum_{d,a,g} p(f|d)p(a)\Big(\sum_b p(d|a,b)p(b)\Big)\Big(\sum_c p(c|a)\Big)\Big(\sum_e p(g|d,e)p(e)\Big) \tag{5.3.3}$$

为方便起见，将括号中的项写为 $\sum_b p(d|a,b)p(b)\equiv\gamma_b(a,d)$，$\sum_e p(g|d,e)p(e)\equiv\gamma_e(d,g)$。由于 $\sum_c p(c|a)$项等于 1，所以直接消除这个节点。重新调整各项，可得到：

$$p(f)=\sum_{d,a,g} p(f|d)p(a)\gamma_b(a,d)\gamma_e(d,g) \tag{5.3.4}$$

如果我们以图方式考虑这一点，那么对 b、c、e 求和的效果就是有效地移除或“消除”那些变量。我们现在可以对 a 和 g 进行求和，因为这些是新图的末端节点：

$$p(f)=\sum_d p(f|d)\Big(\sum_a p(a)\gamma_b(a,d)\Big)\Big(\sum_g \gamma_e(d,g)\Big) \tag{5.3.5}$$

同样，这定义了新的势 $\gamma_a(d)$和 $\gamma_g(d)$，于是可以得到最终结果：

$$p(f)=\sum_d p(f|d)\gamma_a(d)\gamma_g(d) \tag{5.3.6}$$

图 5.6 中展示了这一点。初始化时，我们定义变量的顺序，从希望找到边缘分布的变量开始——因此合适的顺序是 f,d,a,g,b,c,e。然后，从最高的桶 e 开始(根据顺序 f,d,a,g,b,c,e)，将所有涉及 e 的势放在桶 e 中。继续使用次高桶 c，将所有剩余涉及 c 的势放入桶 c 中。这样进行下去。该初始化过程的结果是把 DAG 中的项(条件分布)分配到了桶中，如图 5.6 最左列所示。然后消除最高桶 e，将消息传递给节点 g。我们也可以立即消除桶 c，因为总和是 1。在下一列中我们有两个桶，消除了剩余最高的桶(这次是 b)，将消息传递给桶 a。依此类推。

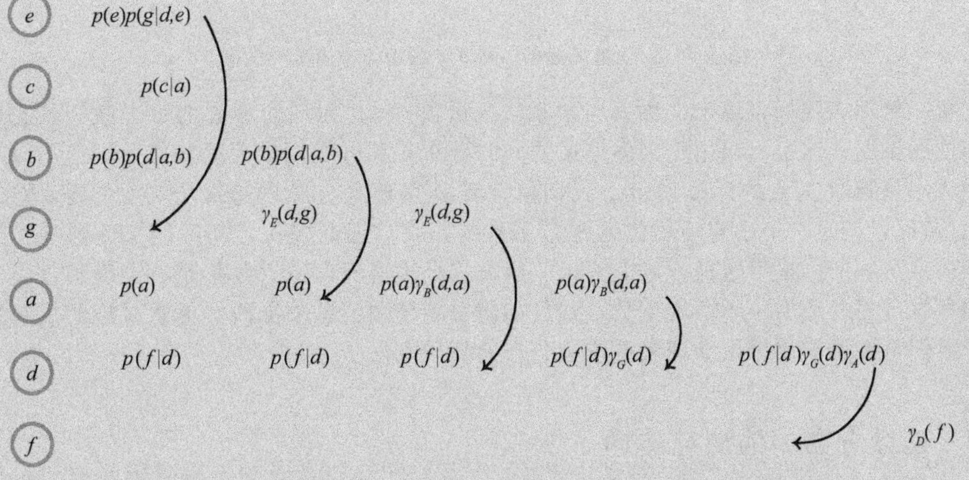

图 5.6　应用于图 2.1 的桶消元算法。在每个阶段，从图中消除至少一个节点。消除 c 的第二阶段因为 $\sum_c p(c|a)=1$ 而变得容易，这个存储桶不会发送任何消息，因此可以跳过

关于桶消元算法，我们可以得到一些重要的观察：

- 为了计算 $p(x_1 \mid \text{evidence})$，我们需要对变量重新排序(以便将所需的边缘变量标记为 x_1)并重复桶消元算法。因此，每次查询(在这种情况下计算边缘)都需要重新运行算法。重复使用消息比每次都重新计算消息更有效。
- 通常，桶消元算法构造从桶到桶的多变量消息 γ。多变量消息的存储空间是消息变量数量的指数倍。
- 对于树，总是可以选择一个变量顺序，以使计算复杂度与变量数量呈线性关系。这种顺序被称为完全的，见定义 6.9。实际上这可以证明对于单连通图，总能较为容易地找到完全的顺序(见[93])。但是也存在变量顺序，使桶消元非常低效。

5.3.2　环切条件

对于多连通分布，我们遇到了一些关于消息传递路径的困难，例如和-积算法被设计为仅用于单连通图。解决多连通(循环)图中的困难时可使用识别节点这种方法，其中当节点被移除时，将显示单连通的子图[237]。考虑图 5.7 的例子，想象我们希望计算一个边缘分布，比如 $p(d)$。然后：

$$p(d)=\sum_{c}\sum_{a,b,e,f,g}\underbrace{p(c\mid a)p(a)}_{p^*(a)}p(d\mid a,b)p(b)\underbrace{p(f\mid c,d)}_{p^*(f\mid d)}p(g\mid d,e) \tag{5.3.7}$$

其中势 p^* 不一定是分布。对于 c 的每个状态，变量 a,b,e,f,g 上新势的乘积是单连通的，因此标准的单连通消息传递可用于进行推断。我们需要对变量 c 的每个状态进行推断，每个状态都定义了一个新的单连通图(具有相同的结构)，只是修改了势。

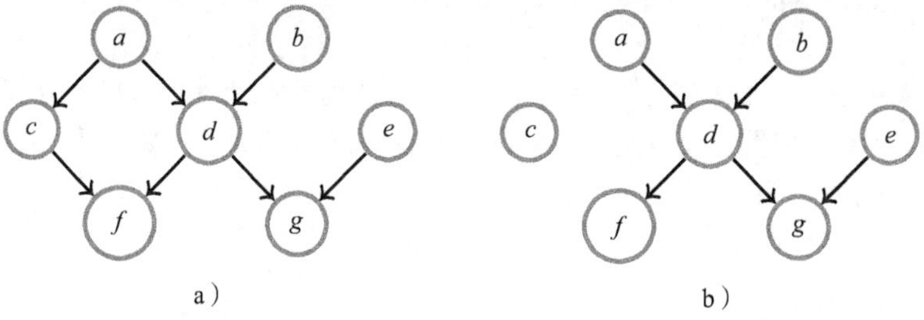

图 5.7　以变量 c 为条件将 a 中的图缩小为 b 中的图

更一般地，我们可以定义称为*环切集*的变量集 $\mathcal{C}$，并为环切集 $\mathcal{C}$ 的每个联合状态运行单连通的推断。这也可以用于为多连通的联合分布找到可能性最大的状态。因此，以与环切集大小呈指数关系的计算代价，我们可以计算多连通分布的边缘分布(或最可能的状态)。然而，确定一个小的环切集通常是困难的，并且无论如何，都不能保证这对于给定的图而言是小的。虽然这种方法能够以一般方式处理循环，但它并不是特别优雅，因为消息的概念现在仅适用于环切集变量，并且如何重新使用消息来推断其他感兴趣的量尚不清楚。我们将在第 6 章讨论处理多重连通分布的替代方法。

5.4　连续分布中的消息传递

对于包含参数的连续分布 $p(x\mid\theta_x)$，消息传递对应于传递分布的参数 θ。对于和-积算法，这要求对变量的乘法和积分运算相对于分布族是闭合的。例如，高斯分布就是这种情况。高斯分布的边缘分布(积分)是另一个高斯分布，两个高斯分布的乘积是高斯分布，见 8.4 节。这意味着我们可以基于传递均值和协方差参数来实现和-积算法。要实现这一点，需要一些烦琐的代数来计算适当的消息参数更新。在此阶段，执行此类计算的复杂性可能会分散注意力，感兴趣的读者可以参考 demoSumprodGaussMoment. m、demoSumprodGaussCanon. m 和 demoSumprodGaussCanonLDS. m 以及第 24 章中的高斯消息传递示例。对于更一般的指数族分布，消息传递基本上是直截了当的，但是更新的具体细节可能是烦琐的。如果边缘化和乘积的操作在分布族中没有闭合，则需要将分布投影回选择的消息族。在这种情况下，这与 28.8 节的内容是相关的。

5.5　总结

- 对于树结构的因子图，非混合推断与图中的节点数基本上呈线性关系(假设变量是离散的，或者推断操作形成易处理的闭合族)。
- 使用局部“消息传递”算法可以实现在树上的计算，类似于动态规划。
- 和-积和最大-积算法分别用于计算边缘分布和可能性最大的推断。
- 基于传递更新分步参数的消息，消息传递也适用于连续变量。
- 使用这种消息传递方法可以解决最短路径问题。
- 非树(多连通分布)中的推断更复杂，因为在消除变量时会产生填充效应，从而为图添加额外的连接。
- 多连通图中的推断可以使用诸如环切集条件之类的技术来实现，该技术通过对变量的子集进行条件化，显示单连通结构。然而，这通常是无效的，因为不能简单地重复使用消息。

本章的一个重要的信息是，单连通结构中的(非混合)推断通常在计算上是易于处理的。值得注意的例外是，消息传递操作未在消息族中闭合，或者显式表示消息需要指数级的空间。例如，当分布可以包含离散变量和连续变量(如我们在第 25 章中讨论的转换线性动态系统)时，就会发生这种情况。

从广义上讲，多连通结构中的推断更复杂，可能难以处理。但是，我们不希望让人们觉得这种情况总是如此。值得注意的例外是：在有吸引力的配对马尔可夫网络中找到最可能的状态，见 28.9 节；在具有纯交互的二元平面马尔可夫网络中找到最可能的状态和边缘，参见[128, 261]。对于图中的 N 个变量，对通用例程的使用(例如用于这些推断的联结树算法)将导致 $O(2^N)$的计算量，而更好的算法能够在 $O(N^3)$计算量的操作中返回精确结果。有趣的是键传播[192]，它是一种直接消除节点的方法，可用于在纯交互 Ising 模型中执行边缘推断。

5.6　代码

下面的代码实现了树结构的因子图上的消息传递。因子图被存储为邻接矩阵，且 A_{ij} 中是因子图节点 i 和 j 之间的消息。

FactorGraph. m：返回因子图邻接矩阵和消息编号。

sumprodFG. m：因子图上的和-积算法。

通常，最大-积情况下，建议在对数空间中工作，特别是对于大图，因为消息的乘积可能变得非常小。提供的代码在对数空间中不起作用，因此可能无法在大图上工作，使用对数消息写代码很简单，但会导致代码不太易读。基于对数消息的实现留给感兴趣的读者练习。

maxprodFG. m：因子图上的最大-积算法。

maxNprodFG. m：因子图上的 N-最大-积算法

5.6.1 因子图示例

对于图 5.3 中的分布，下面的代码找到了边缘和可能性最大的联合状态。随机选择每个变量的状态数。

demoSumprod. m：测试和-积算法。

demoMaxprod. m：测试最大-积算法。

demoMaxNprod. m：测试 N-最大-积算法。

5.6.2 最可能和最短路径

mostprobablepath. m：最可能路径。

demoMostProbablePath. m：最可能与最短路径的演示。

demoShortestPath. m：最短路径演示(适用于正边权重和负边权重)。如果存在负权重循环，则代码找到最优长度为 N 的最短路径。

mostprobablepathmult. m：最可能路径(多源多接收)。

demoMostProbablePathMult. m：最可能路径的演示(多源多接收)。

5.6.3 桶消元

桶消元的效率主要取决于所选择的消除序列。在下面的演示中，我们使用随机选择的消除序列在胸部诊所练习中找到变量的边缘分布。所需的边缘变量被指定为要消除的最后一个。为了进行比较，我们使用基于抽取模型的三角图的消除序列，如 6.5 节中所述，在约束下，“被消除”的最后一个变量是感兴趣的边缘变量。对于这种更智能的消除序列选择，计算该单个边缘分布的复杂性与使用相同三角测量的联结树算法的复杂性大致相同。

bucketelim. m：桶消元。

demoBucketElim. m：桶消元演示。

5.6.4 基于高斯的消息传递

以下代码提示如何为连续分布实现消息传递。读者可以参考 BRMLtoolbox 获取更多细节，还可以参考 8.4 节关于执行边缘化和高斯乘积所需的代数操作。同样的原则适用于在乘积和边缘化下闭合的任何分布族，读者可能希望按照高斯概述的方法实施特定的族。

demoSumprodGaussMoment. m：基于高斯矩参数化的和-积消息传递。

5.7 练习题

练习 5.1 给定配对单连通马尔可夫网络：

$$p(x)=\frac{1}{Z}\prod_{i\sim j}\phi(x_i,x_j) \tag{5.7.1}$$

解释如何有效地计算归一化因子(也称为配分函数)Z，其作为势的函数。

练习 5.2　考虑在二值变量上定义的配对马尔可夫网络：

$$p(x)=\phi(x_1,x_{100})\prod_{i=1}^{99}\phi(x_i,x_{i+1}) \tag{5.7.2}$$

是否有可能有效地计算 $\underset{x_1,\cdots,x_{100}}{\operatorname{argmax}}\,p(x)$？

练习 5.3　你受雇于一家设计虚拟环境的网络创业公司，玩家可以在房间之间移动。在一个时间步中，你可以从一个房间到达另一个房间，这个房间表示为 100×100 的矩阵 $\boldsymbol{M}$，存储在 virtualworlds.mat 中，其中 $M_{ij}=1$ 意味着在房间 i 和 j 之间存在门($M_{ij}=M_{ji}$)，$M_{ij}=0$ 表示房间 i 和 j 之间没有门，$M_{ii}=1$ 意味着在一个时间步中一个人一直待在同一个房间。你可以通过键入 `imagesc(M)` 来显示此矩阵。

1. 写下 10 个时间步后无法从 2 号房间到达的房间列表。
2. 经理抱怨从 1 号房间到 100 号房间需要至少 13 个时间步。这是真的吗？
3. 找到从 1 号房间到 100 号房间的可能性最大的路径(房间序列)。
4. 如果一个玩家从一个房间随机跳到另一个房间(或者留在同一个房间)，房间之间没有偏好，那么在时间 $t\gg 1$ 时玩家将进入 1 号房间的概率是多少？假设有效地经过了无限长的时间，玩家在 $t=1$ 时(开始)在 1 号房间。
5. 如果两个玩家在房间之间随机跳(或停留在同一个房间)，如何计算在无限长时间后，其中至少有一个玩家将在 1 号房间中的概率？假设两个玩家都在 1 号房间开始。

练习 5.4　考虑隐马尔可夫模型：

$$p(v_1,\cdots,v_T,h_1,\cdots,h_T)=p(h_1)p(v_1\,|\,h_1)\prod_{t=2}^{T}p(v_t\,|\,ht)p(h_t\,|\,h_{t-1}) \tag{5.7.3}$$

其中对于所有 $t=1,\cdots,T$，有 $\mathrm{dom}(h_t)=\{1,\cdots,H\}$ 以及 $\mathrm{dom}(v_t)=\{1,\cdots,V\}$。

1. 绘制上述分布的信念网络表示。
2. 绘制上述分布的因子图表示。
3. 使用因子图来导出和-积算法以计算边缘分布 $p(h_t\,|\,v_1,\cdots,v_T)$。解释在因子图上传递的消息的顺序。
4. 解释如何计算 $p(h_t,h_{t+1}\,|\,v_1,\cdots,v_T)$。
5. 证明 $p(h_1,\cdots,h_T)$ 的信念网络是一个简单的线性链，而 $p(v_1,\cdots,v_T)$ 是一个完全连通的级联信念网络。

练习 5.5　对于单连通的马尔可夫网络 $p(x)=p(x_1,\cdots,x_n)$，可以有效地执行边缘分布 $p(x_i)$ 的计算。类似地，可以有效地计算可能性最大的联合状态 $x^*=\underset{x_1,\cdots,x_n}{\operatorname{argmax}}\,p(x)$。何时可以有效地计算边缘的可能性最大的联合状态，即在什么情况下可以有效地(在 $O(m)$ 时间内)计算当 $m<n$ 时的 $\underset{x_1,x_2,\cdots,x_m}{\operatorname{argmax}}\,p(x_1,\cdots,x_m)$？

练习 5.6　考虑网页带有标签 $1,\cdots,N$ 的互联网。如果网页 j 有到网页 i 的连接，那么我们置矩阵元素 $L_{ij}=1$，否则 $L_{ij}=0$。通过考虑由以下转移概率给出的从网页 j 到网页 i 的随机跳转：

$$M_{ij}=\frac{L_{ij}}{\sum_i L_{ij}} \tag{5.7.4}$$

在随机浏览无限个网页之后，最终停在网页 i 上的概率是多少？你如何将这与网页在搜索引擎方面的潜在“相关性”联系起来？

练习 5.7　一个特殊的时间齐次隐马尔可夫模型为：

$$p(x_1,\cdots,x_T,y_1,\cdots,y_T,h_1,\cdots,h_T)=p(x_1\,|\,h_1)p(y_1\,|\,h_1)p(h_1)\prod_{t=2}^{T}p(h_t\,|\,h_{t-1})p(x_t\,|\,h_t)p(y_t\,|\,h_t) \tag{5.7.5}$$

变量 x_t 具有 4 种状态，$\mathrm{dom}(x_t)=\{A,C,G,T\}$(数字标记为状态 1，2，3，4)。变量 y_t 有 4 种状态，$\mathrm{dom}(y_t)=\{A,C,G,T\}$。隐(潜)变量 h_t 有 5 个状态，$\mathrm{dom}(h_t)=\{1,\cdots,5\}$。

隐马尔可夫模型构造了以下(虚构的)过程。

在人体中，Z 因子蛋白是变量 $x_1, x_2, \cdots, x_T$ 的状态序列。在香蕉中，Z 因子蛋白也存在，但由不同的序列 $y_1, y_2, \cdots, y_T$ 表示。给定来自人类的序列 $x_1, x_2, \cdots, x_T$，任务是找到香蕉中相应的序列 $y_1, y_2, \cdots, y_T$。为此，首先找到可能性最大的联合潜序列，可能性最大的香蕉序列由这个最优潜序列给出。也就是说，我们要求：

$$\underset{y_1, \cdots, y_T}{\operatorname{argmax}} p(y_1, \cdots, y_T \mid h_1^*, \cdots, h_T^*) \tag{5.7.6}$$

其中：

$$h_1^*, \cdots, h_T^* = \underset{h_1, \cdots, h_T}{\operatorname{argmax}} p(h_1, \cdots, h_T \mid x_1, \cdots, x_T) \tag{5.7.7}$$

文件 banana. mat 包含输出分布 pxgh($p(x \mid h)$)、pygh($p(y \mid h)$)和转移分布 phtghtm($p(h_t \mid h_{t-1})$)，最初的隐分布在 ph1($p(h_1)$)中，观察到的 x 序列在 x 中。

1. 使用如上所述的两阶段过程，以数学运算方式详细解释如何计算最优 y 序列。
2. 编写一个 MATLAB 例程，根据观察到的 x 序列计算并显示最优 y 序列。你的例程必须使用因子图形式。
3. 解释下式是否易于计算：

$$\underset{y_1, \cdots, y_T}{\operatorname{argmax}} p(y_1, \cdots, y_T \mid x_1, \cdots, x_T) \tag{5.7.8}$$

4. 奖金问题：通过考虑以 $y_1, \cdots, y_T$ 为参数，解释如何使用 *EM* 算法(11.2 节)来求 $\underset{y_1, \cdots, y_T}{\operatorname{argmax}} p(y_1, \cdots, y_T \mid x_1, \cdots, x_T)$。通过对最优参数 $y_1, \cdots, y_T$ 的适当初始化来证明该方法。

练习 5.8　有一组姓氏 david，anton，fred，jim，barry 被编为 1(david)到 5(barry)，一组名字 barber，ilsung，fox，chain，fitzwilliam，quinceadams，grafvonunterhosen，被编为 1(barber)到 7(grafvonunterhosen)。通过首先从 a 到 z 随机采样字符来生成字符串。然后我们以概率 0.8 继续随机字符采样，或者开始生成名字。随机均匀地选择名字。生成名字后，我们随机生成一个字符。之后继续以概率 0.8 随机生成另一个字符，或者开始生成一个姓氏(从姓氏集中统一选择)。继续这一过程，直到生成姓氏的最后一个字符。然后返回起始状态(除非我们在结束时间点 $T=10\ 000$)。例如，我们可能会生成 dtyjimdfilsungffdavidmjfox…，问题是字符生成过程噪声比较大。我们想要生成的字符只能以 0.3 的概率正确生成，生成另一个字符的概率为 0.7(均匀随机)。文件 noisystring. mat 中给定了 10 000 个字符序列，你必须解码 noisystring 以找到最可能的“干净”序列。一旦有了这个序列，你就可以沿着干净序列遍历并找到一组(名字,姓氏)对。构造一个矩阵 $m(i,j)$，其中包含干净序列中对的出现次数(firstname(i),surname(j))，并显示该矩阵。

练习 5.9　一家保安公司被雇佣来监测人们在火车站移动的行为。使用摄像机，他们可以跟踪 500 人的 (x,y) 位置。drunkproblemX. mat 中的矩阵包含 500 个人随时间变化的位置，矩阵中的 1 代表一个人占据该位置。使用你可能希望检查的程序 drunkmover. m 生成此矩阵。如果一个人离开网格，他们会被随机移回网格中的某一位置，如 drunkmover. m 中所述。除了一个人之外的所有人都只在一个时间步中移动到 x-y 网格上的一个相邻点。然而，人物 1 是我们想要跟踪的行动快速和危险的醉酒者。醉酒者可以在下一个时间步骤从 (x,y) 移动到 $(x \pm 2, y \pm 2)$。

练习 5.10　BearBulldata 文件包含 $T=200$ 个时间点的资产价格。其中的价格从 1 变化到 100。如果市场处于“熊市”状态，价格从时间 $t-1$ 变为 t，概率转移矩阵为 pbear($t, t-1$)。如果市场处于“牛市”状态，则价格从时间 $t-1$ 变为 t，其中转移矩阵为 pbull($t, t-1$)。如果市场处于“熊市”状态，它将保持 0.8 的概率。如果市场处于牛市状态，则概率为 0.7。你可以假设在时间步 1，市场均匀地处于熊市或牛市状态，并且时间点为 1 的价格分布是均匀的。根据从时间 1 到 T 的所有观察到的价格，使用此模型计算在时间 $T+1$ 处的价格概率，即 $p(\text{price}(T+1) \mid \text{price}(1:T))$。使用此概率，计算资产价格中的预期收益价格 price($T+1$)$-$price(T)，以及此价格的标准差。

练习 5.11　在空间站发生灾难后，你发现自己漂浮在外太空。你的火箭套装只有非常简单的控制装置，你可以在时间 t 独立地处于空间的三个维度中的每个维度，并以量 $a_i(t) \in \{-1, 0, 1\}$ 进行加速。因此，在每个时间 t，你可以命令你的太空服提供加速度向量：

$$a_t=\begin{pmatrix}a_1(t)\\a_2(t)\\a_3(t)\end{pmatrix},\quad a_i(t)\in\{-1,0,+1\} \tag{5.7.9}$$

根据离散时间牛顿定律，基于马尔可夫更新规则，这改变了速度 $\boldsymbol{v}_t$ 和位置 $\boldsymbol{x}_t$：

$$\boldsymbol{v}_{t+1}=\boldsymbol{v}_t+\delta\boldsymbol{a}_t \tag{5.7.10}$$

$$\boldsymbol{x}_{t+1}=\boldsymbol{x}_t+\delta\boldsymbol{v}_t \tag{5.7.11}$$

其中 $\delta=0.1$ 是对应于实时单位的给定值。每次应用加速度 $+1$ 或 -1 时，使用单位量的燃料。你的任务是从原点 $\boldsymbol{x}_1=(0,0,0)^{\mathrm{T}}$（在时刻 1）到达位于点 $\boldsymbol{x}_{102}=(4.71,-6.97,8.59)^{\mathrm{T}}$（在时刻 102）的救援站会合，并使用最少量的燃料（只要你与救援站会合，你的速度无关紧要）。在时刻 $t=1$，你是静止的，$\boldsymbol{v}_1=(0,0,0)^{\mathrm{T}}$。使用的燃料总量是 $\sum_{t=1}^{100}\sum_{i=1}^{3}|a_i(t)|$。

1. 对于三个空间维度 $i\in\{1,2,3\}$ 中的每一个，给出在 $\boldsymbol{x}_{102}$ 处将 $a_i(t)(t\in\{1,2,\cdots,100\})$ 与救援站相关联的单个等式。
2. 在时刻 102，可用于与救援站会合的最小燃料量是多少？
3. 假设在时刻 102 处有一个序列 $\boldsymbol{a}_1,\cdots,\boldsymbol{a}_{100}$ 将与救援站进行会合，请说明你是否认为有足够的方法来计算最小燃料量。如果有一个有效的算法，请说明该算法，否则解释为什么没有有效的算法可用。

练习 5.12　存在一种算法（例如 Dijkstra 算法），该算法在图上的两个指定节点之间找到最小加权路径；然而，该算法通常仅在所有权重都是非负的情况下才有效。你有一个最小加权路径问题，但权重可能是负数。一位朋友建议你仍然可以使用 Dijkstra 算法，制作一组非负的边缘权重 $w_{ij}=u_{ij}-u^*$，其中 u^* 是所有 u_{ij} 权重的最小值。解释为什么这通常不会给出正确的最小权重路径。

练习 5.13　假设 2515 年，税务员 Simo Hurtta 的旅行需要从行星 1 开始到行星 1 725 结束。行星际旅行只能在某些行星之间进行，从行星 i 到行星 j 的成本等于行星之间的欧几里得距离 $\sqrt{(x^i-x^j)^2}$ 减去他将在行星 j 上收集的税。给定行星位置 x 和行星际旅行的可能性[如果有可能从行星 i 到行星 j，并且每个行星可收取税 planet(t)，则矩阵元素 $A_{ij}=1$（参见 SimoHurtta. mat）]，从行星 1 到行星 1 725 的最低成本是多少？（假设 Hurtta 不从行星 1 收税。）

第 6 章

Bayesian Reasoning and Machine Learning

联结树算法

当分布是多连通的时，使用一种通用推断方法来有效地重用消息是很有帮助的。在本章中将讨论一个重要的结构，即联结树，它通过聚类变量高效地执行消息传递(尽管发生消息传递的结构可能由难以处理的大簇组成)。最重要的是根据不同的消息传递过程，可以考虑到联结树本身。在从计算机科学到统计学和物理学的领域中，联结树可以帮助我们与推断的计算复杂度建立联系。

6.1 聚类变量

第 5 章讨论了单连通图的有效推断，其中变量消除和消息传递算法是适用的。然而，在多连通图的情况下，通常不能仅沿图中现有的连接传递消息来执行推断。联结树算法(junction tree algorithm，JTA)背后的思想是构建一个新的图表示，其中变量聚类在一个集合，这样在集合间形成一个单连通的图(尽管不在原始图上)。尽管类似的技术适用于不同的推断，但研究主要关注的还是边缘推断，例如寻找可能性最大的分布状态。

需指出的是联结树算法不是处理由多连通图引起的棘手问题的奇妙方法，它只是一种通过将多连通图转换为单连通图来进行正确推断的方法。此外，对得到的联结树进行推断可能在计算上仍然是不可行的。例如，一般二维 Ising 模型的联结树表示的是包含所有变量的一个超级节点。在这种情况下，推断的复杂度为变量数量的指数级。尽管如此，即使在联结树算法可能无法求解的情况下，它也对分布表示提供了有用的见解，从而形成近似推断的基础。从这个意义上讲，联结树算法是理解与表示及推断复杂度相关的问题的关键，也是研究高效推断算法的核心。

6.1.1 重参数化

考虑马尔可夫链：

$$p(a,b,c,d)=p(a|b)p(b|c)p(c|d)p(d) \tag{6.1.1}$$

根据条件概率的定义，可以重新表示为：

$$p(a,b,c,d)=\frac{p(a,b)}{p(b)}\frac{p(b,c)}{p(c)}\frac{p(c,d)}{p(d)}p(d)=\frac{p(a,b)p(b,c)p(c,d)}{p(b)p(c)} \tag{6.1.2}$$

一个有用的观察结果是，分布可以写成边缘分布乘积除以交集上的边缘分布乘积：$p(a,b)p(b,c)p(c,d)$不是 a,b,c,d 的分布，因为重复计算了 b 和 c。重复计算 b 是由集合$\{a,b\}$和$\{b,c\}$的重叠产生的。同理，重复计算 c 源于集合$\{b,c\}$和$\{c,d\}$的重叠。直觉上，需要通过除以交集上的分布来纠正这种重复计算。鉴于转换后的表示是边缘分布的乘积除以它们的交集分布的乘积，如式(6.1.2)的右侧，故可以直接从新表达式中的因子读出诸如$p(a,b)$的边缘概率。联结树算法的目的是形成包含边缘分布的显式表示。我们希望联结树算法适用于信念网络和马尔可夫网络，同时也能处理多连通情况。为了做到这一点，可以利用团图对分布进行参数化，这将在下一节详细阐述。

6.2　团图

定义 6.1(团图)　团图由一组势函数构成，即 $\phi_1(\mathcal{X}^1),\cdots,\phi_n(\mathcal{X}^n)$，每个势函数都定义在一个变量集 $\mathcal{X}^i$ 上。对于图上定义在变量集 $\mathcal{X}^i$ 和 $\mathcal{X}^j$ 上的一对相邻的团，交集 $\mathcal{X}^s=\mathcal{X}^i\cap\mathcal{X}^j$ 称为分隔符(separator)并具有相应的势函数 $\phi_s(\mathcal{X}^s)$。团图可以表示成函数：

$$\frac{\prod_c \phi_c(\mathcal{X}^c)}{\prod_s \phi_s(\mathcal{X}^s)} \tag{6.2.1}$$

为简化定义，我们通常会省略团的索引 c。用图表示时，团的势由圆或椭圆表示，分隔符的势函数由矩形表示。下图表示 $\phi(\mathcal{X}^1)\phi(\mathcal{X}^2)/\phi(\mathcal{X}^1\cap\mathcal{X}^2)$。

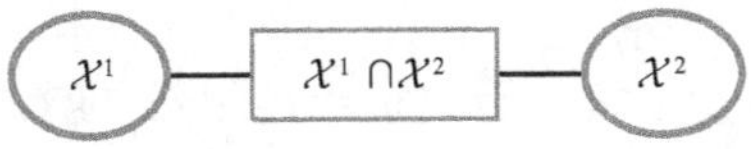

团图将马尔可夫网络转换为便于进行推断的结构。考虑图 6.1a 中的马尔可夫网络：

$$p(a,b,c,d)=\frac{\phi(a,b,c)\phi(b,c,d)}{Z} \tag{6.2.2}$$

图 6.1b 中的团图给出了等价表示，定义为团势函数的乘积除以分隔符势函数的乘积。在这种情况下，归一化常数 Z 可以设置为分隔符势。通过求和可得：

$$Z_p(a,b,c)=\phi(a,b,c)\sum_d \phi(b,c,d),\quad Z_p(b,c,d)=\phi(b,c,d)\sum_a \phi(a,b,c) \tag{6.2.3}$$

将两个表达式相乘得到：

$$\begin{aligned} Z^2 p(a,b,c)p(b,c,d) &= \Big(\phi(a,b,c)\sum_d \phi(b,c,d)\Big)\Big(\phi(b,c,d)\sum_a \phi(a,b,c)\Big) \\ &= Z^2 p(a,b,c,d)\sum_{a,d} p(a,b,c,d) \end{aligned} \tag{6.2.4}$$

换句话说：

$$p(a,b,c,d)=\frac{p(a,b,c)p(b,c,d)}{p(c,b)} \tag{6.2.5}$$

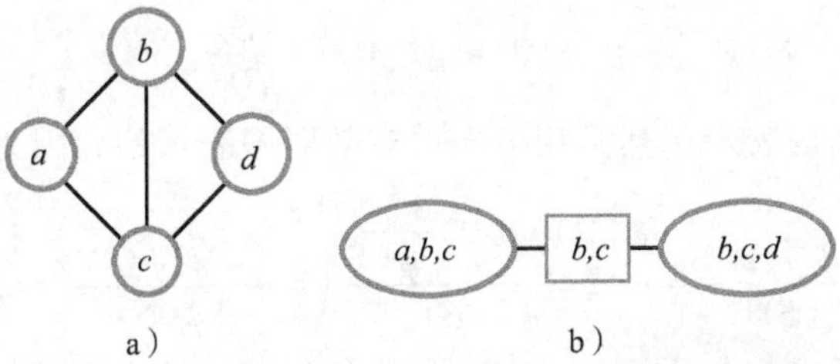

图 6.1　a) 马尔可夫网络 $\phi(a,b,c)\phi(b,c,d)$。b) 图 a 的团图表示

一个重要的发现是，分布可以根据原始团中变量的边缘概率来表示，作为团图，它具有与之前相同的结构。变化的只是原来的团势函数被边缘分布取代，分隔符被定义在分隔符变量上的边缘分布所代替：$\phi(a,b,c)\rightarrow p(a,b,c)$，$\phi(b,c,d)\rightarrow p(b,c,d)$，$Z\rightarrow p(c,b)$。这种表示的有用之处在于，如果对边缘分布 $p(a,b,c)$ 感兴趣，就可以从转换后的团势函数中读出它。为了使用这种表示方式，需要一种系统的方法来转换势函数，以便在转换结

束时，新的势函数包含边缘分布。

备注 6.1　请注意，虽然在视觉上相似，但因子图和团图是不同的表示。在团图中，节点包含变量集合，这些变量可以与其他节点共享。

6.2.1 吸收

考虑相邻的团 $\mathcal{V}$ 和 $\mathcal{W}$，它们共享变量集 $\mathcal{S}$。在这种情况下，变量 $\mathcal{X}=\mathcal{V}\cup\mathcal{W}$ 上的分布是：

$$p(\mathcal{X})=\frac{\phi(\mathcal{V})\phi(\mathcal{W})}{\phi(\mathcal{S})} \tag{6.2.6}$$

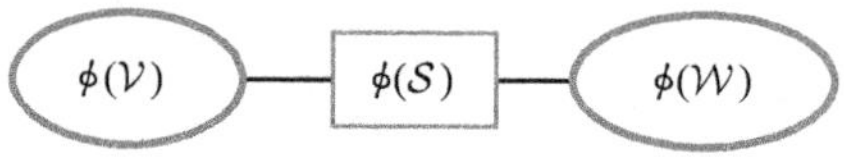

本章的目标是寻找新的表示：

$$p(\mathcal{X})=\frac{\hat{\phi}(\mathcal{V})\hat{\phi}(\mathcal{W})}{\hat{\phi}(\mathcal{S})} \tag{6.2.7}$$

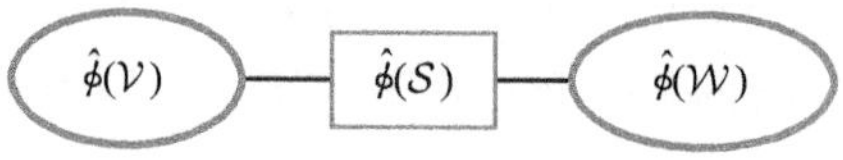

其中势函数为：

$$\hat{\phi}(\mathcal{V})=p(\mathcal{V}),\quad \hat{\phi}(\mathcal{W})=p(\mathcal{W}),\quad \hat{\phi}(\mathcal{S})=p(\mathcal{S}) \tag{6.2.8}$$

在上方公式右侧的图中，我们也表示了团中的势函数，以强调势函数在吸收操作下是如何更新的。在该例中，我们可以通过计算边缘概率来把新势函数显式地写为旧势函数的函数：

$$p(\mathcal{W})=\sum_{\mathcal{V}\backslash\mathcal{S}}p(\mathcal{X})=\sum_{\mathcal{V}\backslash\mathcal{S}}\frac{\phi(\mathcal{V})\phi(\mathcal{W})}{\phi(\mathcal{S})}=\phi(\mathcal{W})\frac{\sum_{\mathcal{V}\backslash\mathcal{S}}\phi(\mathcal{V})}{\phi(\mathcal{S})} \tag{6.2.9}$$

和

$$p(\mathcal{V})=\sum_{\mathcal{W}\backslash\mathcal{S}}p(\mathcal{X})=\sum_{\mathcal{W}\backslash\mathcal{S}}\frac{\phi(\mathcal{V})\phi(\mathcal{W})}{\phi(\mathcal{S})}=\phi(\mathcal{V})\frac{\sum_{\mathcal{W}\backslash\mathcal{S}}\phi(\mathcal{W})}{\phi(\mathcal{S})} \tag{6.2.10}$$

在上面的两个方程中存在对称表达——它们在 $\mathcal{V}$ 和 $\mathcal{W}$ 互换的情况下是相同的。描述这些方程的一种方法是通过“吸收”，我们说集合 $\mathcal{W}$ 通过以下更新过程“吸收”了集合 $\mathcal{V}$ 中的信息。首先，定义一个新的分隔符：

$$\phi^*(\mathcal{S})=\sum_{\mathcal{V}\backslash\mathcal{S}}\phi(\mathcal{V}) \tag{6.2.11}$$

使用下式简化 $\mathcal{W}$ 的势：

$$\phi^*(\mathcal{W})=\phi(\mathcal{W})\frac{\phi^*(\mathcal{S})}{\phi(\mathcal{S})} \tag{6.2.12}$$

这种解释的优点是，新的表示仍然是用分布的有效团图表示的，因为：

$$\frac{\phi(\mathcal{V})\phi^*(\mathcal{W})}{\phi^*(\mathcal{S})}=\frac{\phi(\mathcal{V})\phi(\mathcal{W})\frac{\phi^*(\mathcal{S})}{\phi(\mathcal{S})}}{\phi^*(\mathcal{S})}=\frac{\phi(\mathcal{V})\phi(\mathcal{W})}{\phi(\mathcal{S})}=p(\mathcal{X}) \tag{6.2.13}$$

对于这个简单的两团图，我们看到在 $\mathcal{W}$ 吸收了来自 $\mathcal{V}$ 的信息之后，有 $\phi^*(\mathcal{W})=p(\mathcal{W})$，这可以通过将公式(6.2.9)的右侧与公式(6.2.12)进行比较来验证。基于更新后的势，现在沿着图返回，从 $\mathcal{W}$ 到 $\mathcal{V}$。在 $\mathcal{V}$ 从 $\mathcal{W}$ 吸收信息之后，$\phi^*(\mathcal{V})$ 包含边缘分布 $p(\mathcal{V})$。在分隔符 $\mathcal{S}$ 沿两个方向参与吸收之后，分隔符的势将包含 $p(\mathcal{S})$（仅单次吸收后并非如此）。为了验证这一点，使用更新后的势 $\phi^*(\mathcal{W})$ 和 $\phi^*(\mathcal{S})$，考虑从 $\mathcal{W}$ 到 $\mathcal{V}$ 的吸收：

$$\phi^{**}(\mathcal{S})=\sum_{\mathcal{W}\backslash\mathcal{S}}\phi^*(\mathcal{W})=\sum_{\mathcal{W}\backslash\mathcal{S}}\frac{\phi(\mathcal{W})\phi^*(\mathcal{S})}{\phi(\mathcal{S})}=\sum_{\{\mathcal{W}\cup\mathcal{V}\}\backslash\mathcal{S}}\frac{\phi(\mathcal{W})\phi(\mathcal{V})}{\phi(\mathcal{S})}=p(\mathcal{S}) \tag{6.2.14}$$

接下来，我们有新的势 $\phi^{*}(\mathcal{V})$：

$$\phi^{*}(\mathcal{V})=\frac{\phi(\mathcal{V})\phi^{**}(\mathcal{S})}{\phi^{*}(\mathcal{S})}=\frac{\phi(\mathcal{V})\sum_{\mathcal{W}\backslash\mathcal{S}}\phi(\mathcal{W})\phi^{*}(\mathcal{S})/\phi(\mathcal{S})}{\phi^{*}(\mathcal{S})}=\frac{\sum_{\mathcal{W}\backslash\mathcal{S}}\phi(\mathcal{V})\phi(\mathcal{W})}{\phi(\mathcal{S})}=p(\mathcal{V}) \tag{6.2.15}$$

因此，根据等式(6.2.7)，新的表示为 $\hat{\phi}(\mathcal{V})=\phi^{*}(\mathcal{V})$、$\hat{\phi}(\mathcal{S})=\phi^{**}(\mathcal{S})$、$\hat{\phi}(\mathcal{W})=\phi^{*}(\mathcal{W})$。

定义 6.2(吸收)　假设 $\mathcal{V}$ 和 $\mathcal{W}$ 在团图中相邻，令 $\mathcal{S}$ 是它们的分隔符，令 $\phi(\mathcal{V})$、$\phi(\mathcal{W})$和 $\phi(\mathcal{S})$表示它们的势函数。通过 $\mathcal{S}$ 从 $\mathcal{V}$ 到 $\mathcal{W}$ 的吸收可替换 $\phi(\mathcal{S})$和 $\phi(\mathcal{W})$为：

$$\phi^{*}(\mathcal{S})=\sum_{\mathcal{V}\backslash\mathcal{S}}\phi(\mathcal{V})\quad \phi^{*}(\mathcal{W})=\phi(\mathcal{W})\frac{\phi^{*}(\mathcal{S})}{\phi(\mathcal{S})} \tag{6.2.16}$$

我们说团 $\mathcal{W}$从团 $\mathcal{V}$中吸收了信息。下图把势函数写在团图中以突出显示势函数的更新过程。

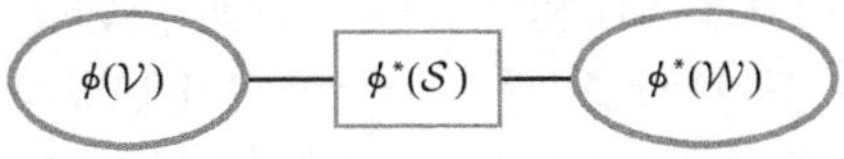

6.2.2　团树上的吸收顺序

定义了局部消息传递方法之后，我们需要定义一个用于吸收的更新顺序。一般情况下，节点 $\mathcal{V}$ 只可以向相邻节点 $\mathcal{W}$ 发送一条消息，并且只有当 $\mathcal{V}$ 从其他每个邻居处都收到一条消息时才可以发送该消息。我们继续这个吸收顺序，直到消息沿着每条边的两个方向都传递过。例如，参见图 6.2。注意，在本例中有许多有效的消息传递方案。

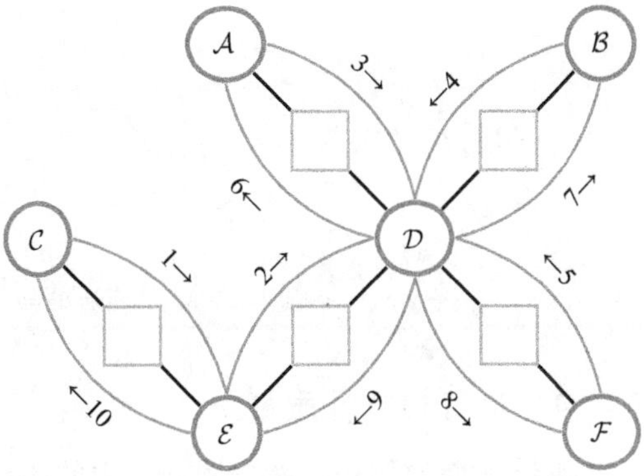

图 6.2　团树上的吸收顺序示例。在约束下，存在许多有效的顺序，即只有在收到所有其他消息时才能将消息传递给相邻节点

定义 6.3(吸收顺序)　如果团已经收到来自所有其他相邻节点的消息，则团可以向相邻节点发送消息。

6.3　联结树

为了将分布转换为用于推断的适当结构，需要经历几个步骤。首先，我们在单连通结构上解释如何做到这一点，再讨论多连通情况。

考虑单连通马尔可夫网络(图 6.3a)：

$$p(x_1,x_2,x_3,x_4)=\phi(x_1,x_4)\phi(x_2,x_4)\phi(x_3,x_4) \tag{6.3.1}$$

这个单连通马尔可夫网络的团图是多连通的，如图 6.3b 所示，其中分隔符的势函数都设置为单位 1。尽管如此，我们试着用边缘分布重新表示马尔可夫网络。首先，我们有如下关系：

$$p(x_1,x_4)=\sum_{x_2,x_3}p(x_1,x_2,x_3,x_4)=\phi(x_1,x_4)\sum_{x_2}\phi(x_2,x_4)\sum_{x_3}\phi(x_3,x_4) \tag{6.3.2}$$

$$p(x_2,x_4)=\sum_{x_1,x_3}p(x_1,x_2,x_3,x_4)=\phi(x_2,x_4)\sum_{x_1}\phi(x_1,x_4)\sum_{x_3}\phi(x_3,x_4) \tag{6.3.3}$$

$$p(x_3,x_4)=\sum_{x_1,x_2}p(x_1,x_2,x_3,x_4)=\phi(x_3,x_4)\sum_{x_1}\phi(x_1,x_4)\sum_{x_2}\phi(x_2,x_4) \tag{6.3.4}$$

将三个边缘分布相乘，可以得到：

$$\begin{aligned}&p(x_1,x_4)p(x_2,x_4)p(x_3,x_4)\\&=\phi(x_1,x_4)\phi(x_2,x_4)\phi(x_3,x_4)\underbrace{\left(\sum_{x_1}\phi(x_1,x_4)\sum_{x_2}\phi(x_2,x_4)\sum_{x_3}\phi(x_3,x_4)\right)^2}_{p(x_4)^2}\end{aligned} \tag{6.3.5}$$

这意味着马尔可夫网络可以用边缘分布表示为：

$$p(x_1,x_2,x_3,x_4)=\frac{p(x_1,x_4)p(x_2,x_4)p(x_3,x_4)}{p(x_4)p(x_4)} \tag{6.3.6}$$

因此，图 6.3c 也给出了一种有效的团树。实际上，如果变量(此处为 x_4)出现在团图环中的所有分隔符上，则可以从环中任意选择一个分隔符并删除其中的该变量。如果这导致出现了一个空的分隔符，则可以直接删除它。这表明在这种情况下可以将团图转换为团树(即单连通的团图)。如果原始马尔可夫网络是单连通的，则可以总是以这种方式形成团树。

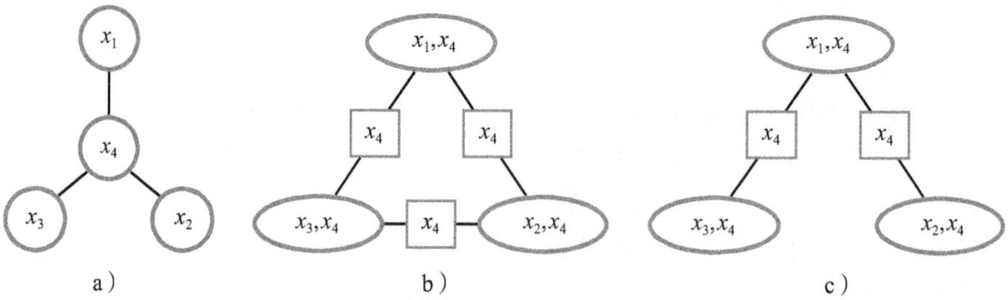

图 6.3　a) 单连通的马尔可夫网络。b) 团图。c) 团树

6.3.1　运行相交性质

继续上面的例子，考虑图 6.3 中的团树：

$$\frac{\phi(x_3,x_4)\phi(x_1,x_4)\phi(x_2,x_4)}{\phi_1(x_4)\phi_2(x_4)} \tag{6.3.7}$$

作为式(6.3.1)中分布的表示，我们设置 $\phi_1(x_4)=\phi_2(x_4)=1$，以使两者匹配。现在在团树上进行吸收操作。

首先，进行吸收$(x_3,x_4)\rightsquigarrow(x_1,x_4)$，新的分隔符为：

$$\phi_1^*(x_4)=\sum_{x_3}\phi(x_3,x_4) \tag{6.3.8}$$

新的势函数为：

$$\phi^*(x_1,x_4)=\phi(x_1,x_4)\frac{\phi_1^*(x_4)}{\phi_1(x_4)}=\phi(x_1,x_4)\phi_1^*(x_4) \tag{6.3.9}$$

接下来，考虑$(x_1,x_4)\rightsquigarrow(x_2,x_4)$。新的分隔符为：

$$\phi_2^*(x_4)=\sum_{x_1}\phi^*(x_1,x_4) \tag{6.3.10}$$

新的势函数为：

$$\phi^*(x_2,x_4)=\phi(x_2,x_4)\frac{\phi_2^*(x_4)}{\phi_2(x_4)}=\phi(x_2,x_4)\phi_2^*(x_4) \tag{6.3.11}$$

进行了上述两个吸收后，对势函数 $\phi(x_2,x_4)$就不能再进一步更新了。我们来更仔细地研究新的势函数的值，

$$\phi^*(x_2,x_4) = \phi(x_2,x_4)\phi_2^*(x_4) = \phi(x_2,x_4)\sum_{x_1}\phi^*(x_1,x_4) \tag{6.3.12}$$

$$= \phi(x_2,x_4)\sum_{x_1}\phi(x_1,x_4)\sum_{x_3}\phi(x_3,x_4) = \sum_{x_1,x_3}p(x_1,x_2,x_3,x_4) = p(x_2,x_4) \tag{6.3.13}$$

因此新势函数 $\phi^*(x_2,x_4)$包含边缘分布 $p(x_2,x_4)$。

为了完成完整的消息传递，需要沿着每个分隔符的两个方向以有效的吸收顺序来传递消息。为此，继续如下计算过程。

考虑$(x_2,x_4)\rightsquigarrow(x_1,x_4)$，新的分隔符为：

$$\phi_2^{**}(x_4) = \sum_{x_2}\phi^*(x_2,x_4) \tag{6.3.14}$$

新的势函数为：

$$\phi^{**}(x_1,x_4)=\phi^*(x_1,x_4)\frac{\phi_2^{**}(x_4)}{\phi_2^*(x_4)} \tag{6.3.15}$$

注意，$\phi_2^{**}(x_4)=\sum_{x_2}\phi^*(x_2,x_4)=\sum_{x_2}p(x_2,x_4)=p(x_4)$，所以在沿两个方向吸收后，分隔符的势函数包含边缘分布 $p(x_4)$。同理可以证明 $\phi^{**}(x_1,x_4)=p(x_1,x_4)$。

最后，考虑$(x_1,x_4)\rightsquigarrow(x_3,x_4)$。新的分隔符为：

$$\phi_1^{**}(x_4)=\sum_{x_1}\phi^{**}(x_1,x_4)=p(x_4) \tag{6.3.16}$$

新的势函数为：

$$\phi^*(x_3,x_4)=\phi(x_3,x_4)\frac{\phi_1^{**}(x_4)}{\phi_1^*(x_4)}=p(x_3,x_4) \tag{6.3.17}$$

因此在完成完整的消息传递之后，新势函数都包含正确的边缘分布。

新的表示对任何(不一定是相邻的)交集为 $\mathcal{L}$ 的团 $\mathcal{V}$ 和 $\mathcal{W}$，以及相应的势函数 $\phi(\mathcal{V})$和 $\phi(\mathcal{W})$是一致的，

$$\sum_{\mathcal{V}\backslash\mathcal{I}}\phi(\mathcal{V}) = \sum_{\mathcal{W}\backslash\mathcal{I}}\phi(\mathcal{W}) \tag{6.3.18}$$

请注意，遵循有效吸收顺序的双向吸收保证了相邻团的局部一致性，如上例所示，前提就在于从一个为分布的正确表示的团树开始。为了确保全局一致性，如果一个变量出现在两个团中，则它必须存在于连接这两个团的所有路径上的所有团中。一个极端的例子是，移除团(x_3,x_4)和(x_1,x_4)之间的连接，这仍然是一个团树。然而，由于保持团(x_3,x_4)与图的其余部分一致所需的信息无法达到此团，因此无法保证全局一致性。

形式化地，局部到全局一致性传递要求团树是一个联结树，如下所述。

> **定义 6.4**(联结树) 对每对节点 $\mathcal{V}$ 和 $\mathcal{W}$，若 $\mathcal{V}$ 和 $\mathcal{W}$ 之间的路径上的所有节点都包含交集 $\mathcal{V}\cap\mathcal{W}$，则这样的团树是联结树。这也被称为运行相交性质(running intersection property，RIP)。

根据此定义，局部一致性将传递给任何相邻节点，并且分布将是全局一致的。这些结果的证明见[162]。

例 6.1(一致的联结树)　为了获得关于一致性的一些直觉，请考虑图 6.4d 中的联结树。在该树上完整地传递消息之后，每条边是一致的，并且势函数的乘积除以分隔符势函数的乘积就是原始分布本身。想象一下，我们要计算节点 abc 的边缘概率，那么需要对所有其他变量 $defgh$ 求和。我们考虑对 h 进行求和，因为边是一致的，所以：

$$\sum_h \phi^*(e,h)=\phi^*(e) \tag{6.3.19}$$

故 $\frac{\sum_h \phi^*(e,h)}{\phi^*(e)}=1$，对节点 h 求和的结果是 eh 和 dce 之间的连接可以与分隔符一起被移除。对于 eg 和 dce 之间的连接以及 cf 到 abc 的连接也是如此。至此剩下的节点只有 dce 和 abc，以及它们的分隔符 c，它们还没有受到求和的影响。我们还需要对 d 和 e 求和，还是因为边是一致的，所以：

$$\sum_{de} \phi^*(d,c,e)=\phi^*(c) \tag{6.3.20}$$

故 $\frac{\sum_{de} \phi^*(d,c,e)}{\phi^*(c)}=1$。因此对团和它们的分隔符来说，对不在 abc 中的所有变量求和得到 1，并且求和后的势表示简化为势 $\phi^*(a,b,c)$，即边缘分布 $p(a,b,c)$。很明显，其他节点也会产生类似的结果。之后，我们可以通过对该势函数中的其他变量暴力求和来获得单个变量的边缘分布，如 $p(f)=\sum_c \phi^*(c,f)$。

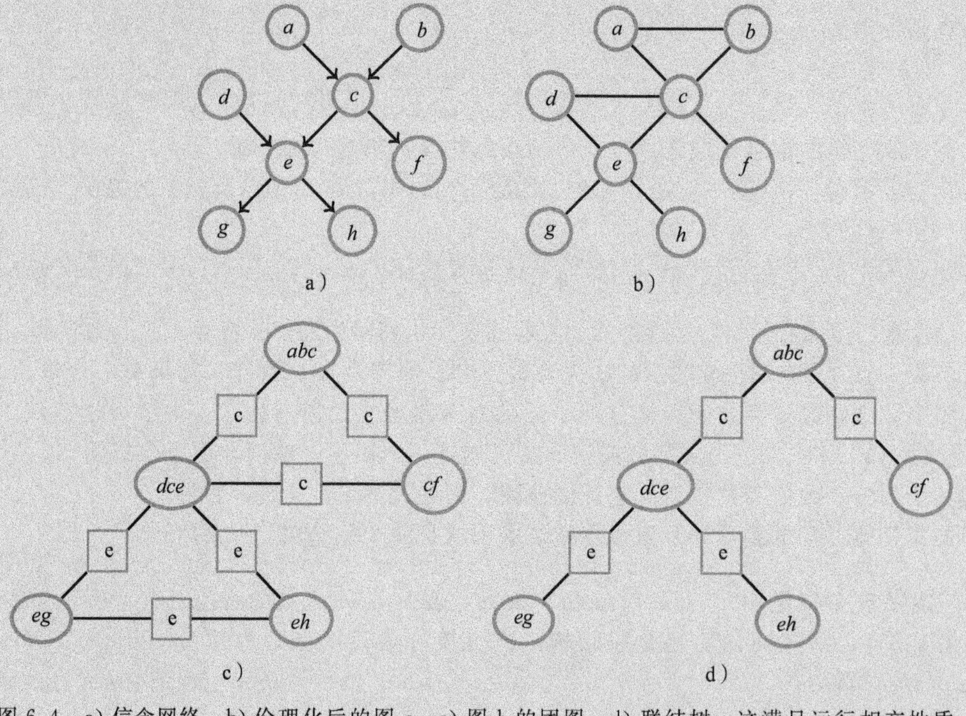

图 6.4　a) 信念网络。b) 伦理化后的图 a。c) 图 b 的团图。d) 联结树。这满足运行相交性质，对于包含共同变量的任意两个节点，两个节点的路径上的任何节点也包含该变量

6.4 为单连通分布构建联结树

6.4.1 伦理化

对于信念网络，需要一个初始步骤，而在无向图的情况下不需要。

定义 6.5(伦理化) 对于每个变量 x，在 x 的所有父节点之间添加无向边，并把从 x 指向其父节点的有向边替换成无向边，这构建了一个“伦理化的”马尔可夫网络。

6.4.2 构建团图

通过识别马尔可夫网络中的团并在具有非空交集的团之间添加边来形成团图。在有交集的团之间添加分隔符。

6.4.3 根据团图构建联结树

对于单连通分布，团图的任何最大权重生成树都是联结树。

定义 6.6(联结树) 联结树可以通过团图的最大权重生成树获得。树的权重可定义为树的所有分隔符权重的总和，其中分隔符权重是分隔符中的变量数。

如果团图包含环，则环上的所有分隔符都包含相同的变量。联结树可以通过不断删除环得到。

例 6.2(构建联结树) 考虑如图 6.4a 所示的信念网络，伦理化过程如图 6.4b 所示。找出图中的团并将它们相连，得到的团图如图 6.4c 所示。可以从该团图中获得几种可能的联结树，图 6.4d 中展示了其中一种。

6.4.4 为团分配势函数

定义 6.7(团势函数分配) 给定联结树和一个函数，该函数定义为一组势函数 $\phi(\mathcal{X}^1)$，$\phi(\mathcal{X}^2),\cdots,\phi(\mathcal{X}^n)$的乘积，一个有效的团势函数分配将势函数分配给满足下述条件的联结树团：这些团的变量包含这些势函数，使得联结树团势函数的乘积除以联结树分隔符势函数等于该函数。

完成这项任务的一个简单方法是列出所有的势函数，并任意排列联结树团。然后，查找每个势函数的联结树团，直到第一次遇到势函数的变量是联结树团变量的一个子集。随后，每个联结树团的势函数被视为分配到联结树团的所有团势函数的乘积。最后，我们将所有的联结树分隔符设为 1。详细过程可以参考 jtassignpot. m。注意，在某些情况下，可能一个联结树团也被分配为 1。

例 6.3 对于图 6.4a 的信念网络，我们希望将它的势函数分配给图 6.4d 中的联结树。在这种情况下，分配是唯一的，即

$$\begin{aligned}\phi(abc)&=p(a)p(b)p(c|a,b)\\ \phi(dce)&=p(d)p(e|d,c)\\ \phi(cf)&=p(f|c)\\ \phi(eg)&=p(g|e)\\ \phi(eh)&=p(h|e)\end{aligned} \tag{6.4.1}$$

将所有的分隔符势函数初始化为 1。

6.5 为多连通分布构建联结树

当分布包含环时，6.4 节中构造建联结树的方法就不适用了。由于环的存在，变量消除会改变剩余图的结构。考虑以下分布：

$$p(a,b,c,d)=\phi(a,b)\phi(b,c)\phi(c,d)\phi(d,a) \tag{6.5.1}$$

如图 6.5a 所示。我们首先尝试得到团图，需要选择先对哪个变量进行边缘化。不妨选择 d：

$$p(a,b,c)=\phi(a,b)\phi(b,c)\sum_d \phi(c,d)\phi(d,a) \tag{6.5.2}$$

此时，在剩下的子图中 a 和 c 之间有了一个额外的边，见图 6.5b。用下式表达边缘联合分布：

$$p(a,b,c,d)=\frac{p(a,b,c)}{\sum_d \phi(c,d)\phi(d,a)}\phi(c,d)\phi(d,a) \tag{6.5.3}$$

为了进一步转换为边缘分布，我们尝试将分子都换成边缘分布：

$$p(a,c,d)=\phi(c,d)\phi(d,a)\sum_b \phi(a,b)\phi(b,c) \tag{6.5.4}$$

代入上式得到：

$$p(a,b,c,d)=\frac{p(a,b,c)p(a,c,d)}{\sum_d \phi(c,d)\phi(d,a)\sum_b \phi(a,b)\phi(b,c)} \tag{6.5.5}$$

分母明显是 $p(a,c)$，因此：

$$p(a,b,c,d)=\frac{p(a,b,c)p(a,c,d)}{p(a,c)}. \tag{6.5.6}$$

这意味着对于图 6.5a 中的分布，有效的团图必须包含比原始分布中更大的团。我们基于团势函数的乘积除以分隔符的乘积来构建联结树，可以从导出表示(induced representation)图 6.5c 开始。或者，可将变量 a 和 c 边缘化，最终都会得到等价表示图 6.5d。

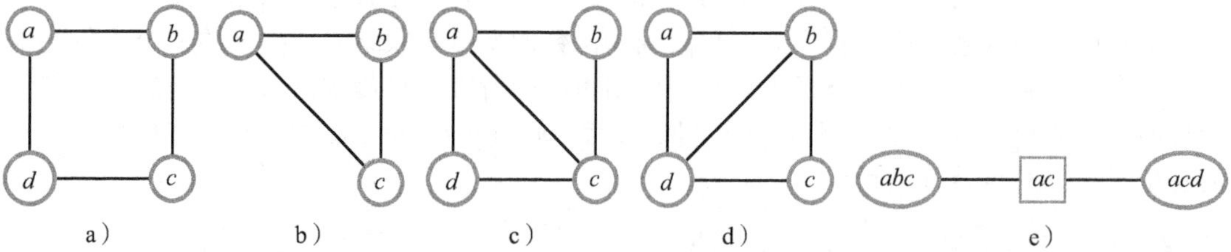

图 6.5　a) 一个包含环的无向图。b) 消除节点 d 使节点 a 和 c 之间添加了一条边。c) 图 a 的导出表示。d) 图 a 的另一种导出表示。e) 图 a 的联结树

通常，以导出图为基础进行的变量消除和重新表示，实际上是在没有弦的环(长度为 4 或更长)上的任意两个变量之间增加了边。这也被称为三角化(triangulation)，三角化图上的马尔可夫网络总是可以用边缘分布的乘积除以分隔符的乘积来表示。有了这种新的导出表示，就可以形成一个联结树。

例 6.4　稍微复杂的环分布如图 6.6a 所示，

$$p(a,b,c,d,e,f)=\phi(a,b)\phi(b,c)\phi(c,d)\phi(d,e)\phi(e,f)\phi(a,f)\phi(b,e) \quad (6.5.7)$$

消除不同的变量，就有不同的导出表示。图 6.6b 给出了一个这样的导出表示。

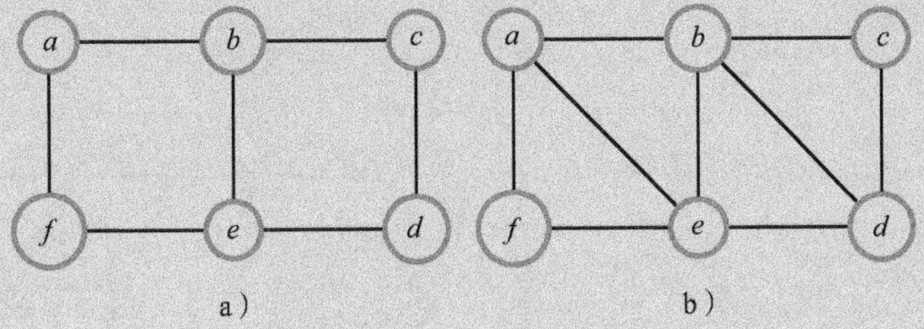

图 6.6　a) 环“阶梯”马尔可夫网络。b) 诱导表示

定义 6.8(三角图)　如果无向图中每个长度大于 3 的环都有 1 个弦，则称该无向图为三角图。与其等价的术语是可分解图或弦图。根据该定义可以证明，当且仅当无向图的团图中有联结树时，该无向图为三角图。

6.5.1　三角化算法

当从图中消除一个变量时，在所消除变量的所有邻居之间会添加一条边。三角化算法可以生成一个图，在该图中存在一个不会为图引入额外边的变量消除顺序。

对于离散变量，推断的复杂度随着三角图中团的增大呈指数级增长，因为吸收的过程需要计算团上的表。因此，寻找有小规模团的三角图是很有意义的。然而，对于一般的图来说，找到具有最小极大团的三角图是一个难以计算的问题，启发式算法是不可避免的。本节将描述两种合理的简单算法，尽管在某些情况下，其他算法可能更有效率[57,29,207]。

备注 6.2(三角形)　请注意，三角图并不是指“在三角图中，原始图中的正方形包含三角形”。虽然图 6.6b 是这样，但图 6.10d 并非如此。三角化这个术语指的是每个“正方形”(即长度为 4 的环)都必须有一个“三角形”，必须添加边直到满足这个条件。参见图 6.7。

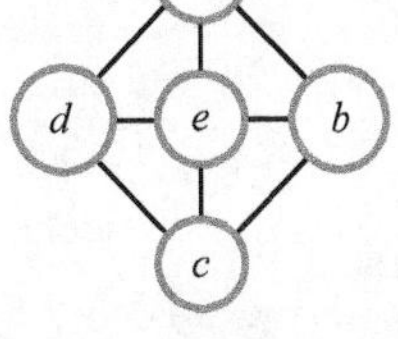

图 6.7　该图并非三角图，尽管看着很像，但是环 a-b-c-d-a 并没有弦

消除贪婪变量

思考三角化的直观方法首先从单纯节点(simplicial node)开始，即在消除它时不会向剩余图中引入任何额外边。接下来，考虑剩余图中具有最小邻居数的非单纯节点，并在此节点的所有邻居之间添加边，再从图中消除该节点。重复该操作，直到所有节点都被消除。(此过程对应于具有特定节点消除选择的 Rose-Tarjan 消除[251]。)通过按顺序标记消除的节点，我们获得了最佳消除序列(见下文)。在(离散)变量具有不同数量状态的情况下，更精练的版本是选择非单纯节点 i，当该节点被消除时，留

下最小的团表大小(节点 i 的邻居节点的所有状态维度大小的乘积)。参见图 6.8 中的例子，以及图 6.9 中的联结树结果。

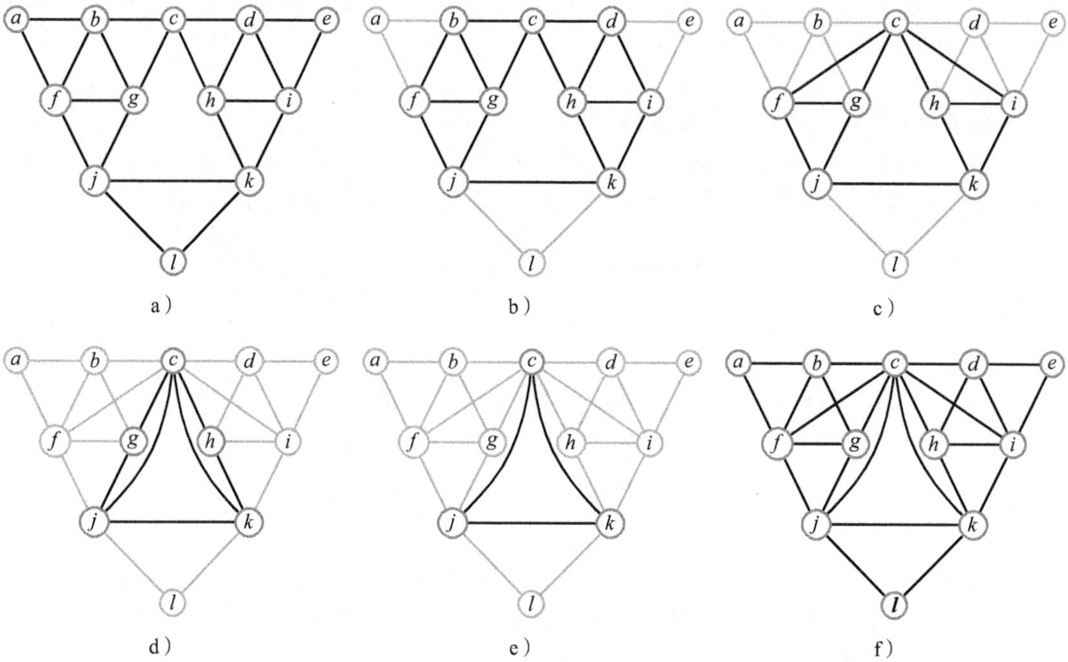

图 6.8　图 a 中是马尔可夫网络，我们通过消除贪婪变量对其进行三角化，首先消除单纯节点 a、e、l。然后消除变量 b、d，因为它们各自向导出表示图添加了一个额外的边(图 b)。图 c 中的这个阶段没有单纯节点，选择消除 f、i，每个消除对应只添加一条边。之后消除 g、h，因为它们是单纯节点(图 d)。其余变量$\{c,j,k\}$可按任何顺序消除(图 e)。图 f 展示了最后的弦图。变量消除序列(部分)是$\{a,e,l\}$,$\{b,d\}$,$\{f,i\}$,$\{g,h\}$,$\{c,j,k\}$，括号表示对括号内变量的消除顺序无关紧要。与图 6.10d 中用最大势算法生成的弦图相比，这种弦图更简单

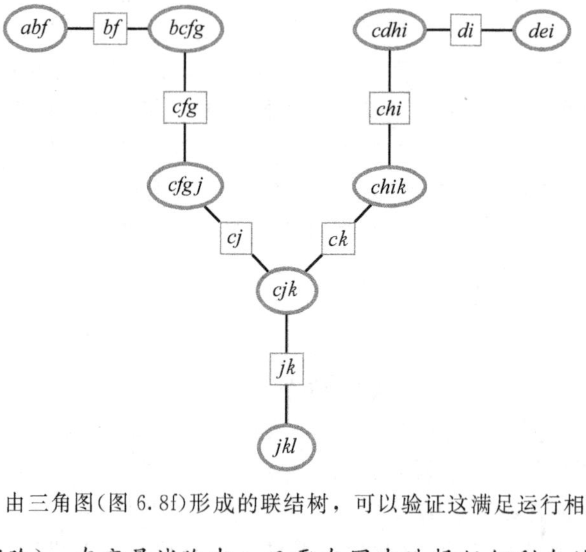

图 6.9　由三角图(图 6.8f)形成的联结树，可以验证这满足运行相交性质

过程 6.1(变量消除)　在变量消除中，只需在图中选择任何剩余的节点 x，然后将边添加到 x 的所有邻居节点之间，再消除节点 x。重复这个过程，直到所有节点都被消除[251]。

定义 6.9（最佳消除顺序）　将马尔可夫网络中的 n 个变量按 1 到 n 的顺序排列。如果对每个节点 i，排在其后的邻居节点和其本身形成一个（极大）团，则该顺序是最佳的。这意味着当按从 1 到 n 的顺序消除变量时，不会向剩余的边缘图中引入额外边。一个允许最佳消除顺序的图是可分解的，反之亦然。

虽然这样的变量消除保证了一个三角图，但其效率在很大程度上取决于所选择的节点消除顺序。为此本章提出了几种启发式方法，包括下面要介绍的这一种，它对应于用 x 表示邻居数量最少的节点。

最大基数检查

如果图被三角化了，则算法 6.1 成功终止。这不仅是图被三角化的一个充分条件，而且也是必要条件[288]。它需要处理每个节点，处理节点的时间是相邻节点数量的二次方。这种三角化检查算法还建议了一种三角化构造算法——我们只需在相邻节点之间添加导致算法失败的边，然后重新启动算法。算法从开始处重新启动，而不仅是从当前节点继续。这一点很重要，因为新添加的边可能会改变先前标记的节点之间的连通性。相关示例㊀请参见图 6.10。

算法 6.1　最大基数检查

```
随机选择图中一个节点，并将其标记为 1
for i = 2 到 n do
    选择具有最多标记邻居的节点，并将其标记为 i
    如果 i 的任何两个标记邻居彼此不相邻，则失败
end for
```

如果有多个节点具有最多标记的邻居，则可能任意破坏此算法

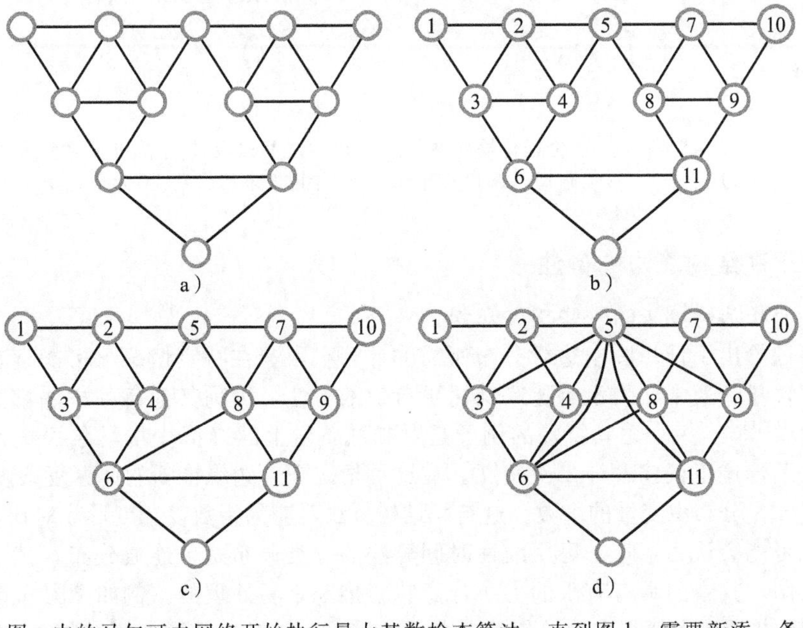

图 6.10　从图 a 中的马尔可夫网络开始执行最大基数检查算法，直到图 b，需要新添一条边，见图 c。之后继续执行，直到找到完整的三角图，如图 d 所示

㊀ 这个例子来自 David 网页 www.cs.wisc.edu/～dpage/cs731。

6.6　联结树算法及示例

现在已经完成了在多连通图中推断所需的所有步骤，如下面的过程所示。

过程 6.2(联结树)

- **伦理化**。连接父节点。这仅在有向分布中需要。请注意，要把变量的所有父节点连接在一起——常见错误是只把互为“邻居”的父节点连接。
- **三角化**。确保任意一个长度大于 3 的环都有一个弦。
- **联结树**。从三角图的团中形成一个联结树，消除团图环中的任意不必要的边。算法上可以通过找到最大权重生成树来实现，其中权重 w_{ij} 为团 i 和 j 之间的分隔符中的变量数量。或者给定一个团消除顺序(首先移除标号最小的团)，可以将每个团 i 连接到具有最大边权重 w_{ij} 的单个相邻团 $j(j>i)$上。
- **分配势函数**。将势函数分配给联结树的团，并将分隔符的势设置为 1。
- **消息传播**。执行吸收操作直到沿联结树的每个边的两个方向都完成更新传递。之后，可以从联结树中读取团的边缘分布。

图 6.11 讨论了一个具体例子。

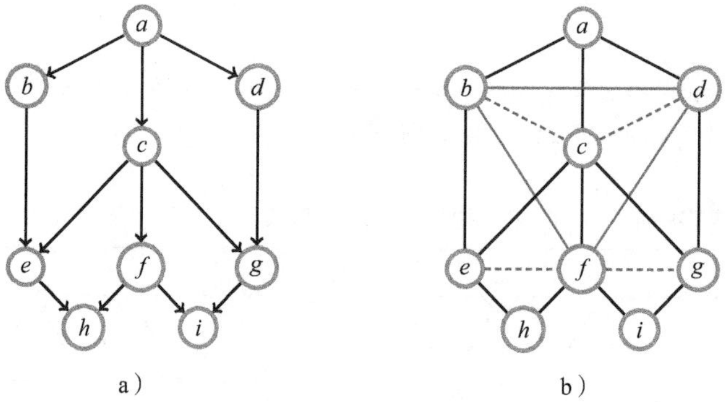

图 6.11　a) 信念网络。b) 伦理化操作在节点 e 和 f 之间以及节点 f 和 g 之间增加了边(虚线)。其他附加边来自三角化。所得团树(未示出)的团大小为 4

6.6.1　关于联结树算法的备注

本节补充联结树算法的一些相关知识。

- 该算法给出了计算图中边缘分布所需的计算上限。在特定情况下可能存在更有效的算法，尽管通常认为没有比联结树更有效的方法，因为其他每种方法都必须执行三角化[161,188]。一个尤其特殊的例子是对二维晶格上的二值变量马尔可夫网络进行边缘推断，这里仅包含纯二次交互。在这种情况下，边缘推断的计算复杂度是 $O(n^3)$，其中 n 是分布中变量的个数。这与联结树算法对应的指数复杂度形成对比。
- 有人可能会认为，唯一可用线性时间算法的一类分布是单连通分布。然而存在可分解的图，其中团具有有限的大小，意味着推断是易处理的。例如，图 6.6a 中“阶梯图”的扩展版本便具有简单的导出表示(图 6.6b)，其边缘推断的复杂度与阶梯图中的阶梯数量呈线性关系。事实上，这些结构是超树，其复杂度与图的树宽相关[87]。
- 理想情况下，我们希望找到一个具有最小团大小的三角图。然而可以证明找到最有效的三角化是一个难以解决的计算问题。在实践中，大多数通用三角化算法被选择用来提供合理但不一定最优的性能。

- 在势函数连乘的情况下可能发生浮点上/下溢问题。如果我们只关心边缘分布，那么可以通过在每一步归一化势函数来避免溢出，这些丢失的归一化常数总是可在归一化约束下找到。如果必要的话，可以始终存储这些局部的再归一化值，例如在需要分布的全局归一化常数时，请参见 6.6.2 节。
- 将变量与证据状态绑定后，运行联结树算法会得到团中非证据变量 $\mathcal{X}_c$ 上的联合分布，该团中所有证据变量都与其证据状态 $p(\mathcal{X}_c, \text{evidence})$相绑定。此后，条件分布可以直接计算。
- 表示不包含在单个团中的变量集 $\mathcal{X}$ 的边缘分布通常在计算上是困难的。虽然可以有效地计算 $p(\mathcal{X})$任何状态的概率，但通常存在指数量级的这种状态。在这方面的经典示例是 23.2 节的隐马尔可夫模型，其具有单连通的联合分布 $p(\mathcal{V},\mathcal{H})$，然而边缘分布 $p(\mathcal{V})$是全连通的。这意味着，比如 $p(\mathcal{V},\mathcal{H})$的熵是可以直接计算的，边缘分布 $p(\mathcal{V})$的熵却难以计算。

6.6.2 计算分布的归一化常数

对于马尔可夫网络：

$$p(\mathcal{X})=\frac{1}{Z}\prod_i \phi(\mathcal{X}_i) \tag{6.6.1}$$

怎样才能有效地找到 Z？在非归一化分布 $\prod_i \phi(\mathcal{X}_i)$上使用联结树算法，将得到以下等价表示：

$$p(\mathcal{X})=\frac{1}{Z}\frac{\prod_c \phi(\mathcal{X}_c)}{\prod_s \phi(\mathcal{X}_s)} \tag{6.6.2}$$

其中 s 和 c 是分隔符和团的索引。由于分布必须归一化，因此 Z 可以表示为：

$$Z=\sum_{\mathcal{X}}\frac{\prod_c \phi(\mathcal{X}_c)}{\prod_s \phi(\mathcal{X}_s)} \tag{6.6.3}$$

对于一致的联结树，首先对一个单纯的联结树团(不包括分隔符变量)的变量求和，边缘团将消除对应的分隔符，得出为 1 的项，这样团和分隔符可以被消除。这将形成一个新的联结树，然后我们针对该树消除另一个单纯团。之后以这种方式继续，最终我们得到单个分子项，使得

$$Z=\sum_{\mathcal{X}_c}\phi(\mathcal{X}_c) \tag{6.6.4}$$

对于任何团 c 都是如此，因此我们选择变量少的团，这样求和是比较高效的。为了计算分布的归一化常数，在非归一化分布上运行联结树算法，然后通过任何团的局部归一化给出全局归一化。请注意，如果图是非连通的(有孤立的团)，则归一化常数是连通分量归一化常数的乘积。

6.6.3 边缘似然

如果要计算 $p(\mathcal{V})(\mathcal{V}\subset\mathcal{X})$的结果，其中 $\mathcal{X}$ 表示完整的变量集，则可以直接对所有非证据变量(隐变量 $\mathcal{H}=\mathcal{X}\setminus\mathcal{V}$)求和。若该方法在计算上不切实际，则可以使用：

$$p(\mathcal{H}|\mathcal{V})=\frac{p(\mathcal{V},\mathcal{H})}{p(\mathcal{V})} \tag{6.6.5}$$

我们将其视为团势函数除以归一化系数 $p(\mathcal{V})$，对此可以直接应用 6.6.2 节的一般方法。请参阅 demoJTree. m。

6.6.4　联结树算法示例

例 6.5（联结树算法的一个简单例子）　考虑在一个简单图上运行联结树算法：

$$p(a,b,c)=p(a|b)p(b|c)p(c) \tag{6.6.6}$$

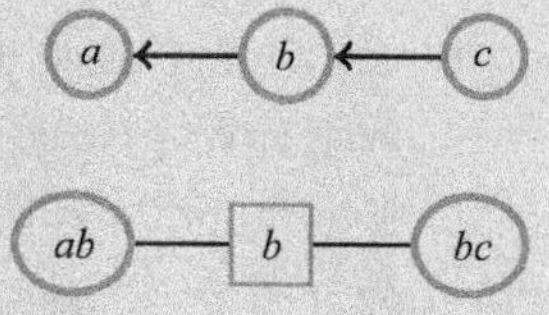

略过伦理化和三角化步骤，联结树由右边的图给出。一个有效的设置是：

$$\phi(a,b)=p(a|b),\quad \phi(b)=1,\quad \phi(b,c)=p(b|c)p(c) \tag{6.6.7}$$

为了求边缘分布 $p(b)$，运行一次联结树算法：

- 吸收来自 ab 经过 b 的消息，新的分隔符函数为 $\phi^*(b)=\sum_a \phi(a,b)=\sum_a p(a|b)=1$。
- (b,c)上新的势函数为：

$$\phi^*(b,c)=\frac{\phi(b,c)\phi^*(b)}{\phi(b)}=\frac{p(b|c)p(c)\times 1}{1} \tag{6.6.8}$$

- 吸收来自 bc 经过 b 的消息，新的分隔符函数为：

$$\phi^{**}(b)=\sum_c \phi^*(b,c)=\sum_c p(b|c)p(c) \tag{6.6.9}$$

- (a,b)上新的势函数为：

$$\phi^*(a,b)=\frac{\phi(a,b)\phi^{**}(b)}{\phi^*(b)}=\frac{p(a|b)\sum_c p(b|c)p(c)}{1} \tag{6.6.10}$$

新的势函数就是边缘分布，因为 $\sum_c p(a,b,c)=p(a,b)$。

新的分隔符函数 $\phi^{**}(b)$包含边缘分布 $p(b)$，因为：

$$\phi^{**}(b)=\sum_c p(b|c)p(c)=\sum_c p(b,c)=p(b) \tag{6.6.11}$$

例 6.6（求条件边缘）　继续以例 6.5 中的分布为例，考虑如何计算 $p(b|a=1,c=1)$。首先，我们将证据变量与它们的状态相绑定。然后，运行联结树算法的结果是在团变量集 $\mathcal{X}$ 上生成团上的边缘分布 $p(\mathcal{X},\mathcal{V})$。这个过程演示如下。

- 通常情况下，新的分隔符函数为 $\phi^*(b)=\sum_a \phi(a,b)=\sum_a p(a|b)=1$。但是由于绑定变量 a 的状态为 $a=1$，不应该对变量 a 进行求和，所以新的分隔符函数为 $\phi^*(b)=p(a=1|b)$。
- 团(b,c)上新的势函数为：

$$\phi^*(b,c)=\frac{\phi(b,c)\phi^*(b)}{\phi(b)}=\frac{p(b|c=1)p(c=1)p(a=1|b)}{1} \tag{6.6.12}$$

- 一般情况下，新分隔符函数为：

$$\phi^{**}(b)=\sum_c \phi^*(b,c) \tag{6.6.13}$$

但是由于绑定变量 c 的状态为 $c=1$，所以：

$$\phi^{**}(b)=p(b|c=1)p(c=1)p(a=1|b) \tag{6.6.14}$$

- (a,b)上新的势函数为：

$$\begin{aligned}\phi^*(a,b)&=\frac{\phi(a,b)\phi^{**}(b)}{\phi^*(b)}=\frac{p(a=1|b)p(b|c=1)p(c=1)p(a=1|b)}{p(a=1|b)}\\&=p(a=1|b)p(b|c=1)p(c=1)\end{aligned} \tag{6.6.15}$$

为联合概率 $p(a=1,b,c=1)$。

将一组变量 $\mathcal{V}$ 绑定在证据状态运行联结树算法的作用是，对包含非证据变量集合 $\mathcal{H}^i$ 的团 i，联结树算法得出的一致势函数包含边缘分布 $p(\mathcal{H}^i,\mathcal{V})$。确保归一化使得计算条件边缘分布是明确可得的。

例 6.7(求似然 $p(a=1,c=1)$)　可以利用联结树算法计算不在同一团中变量的边缘似然，因为将变量绑定在其证据状态并运行联结树算法会产生联合分布，例如 $\phi^*(a,b)=p(a=1,b,c=1)$。之后，计算似然就很容易了，因为只需要在所有收敛势函数的非证据变量上进行求和：$p(a=1,c=1)=\sum_b \phi^*(a,b)=\sum_b p(a=1,b,c=1)$。

6.6.5　Shafer-Shenoy 传播

考虑图 6.12a 中的马尔可夫网络，对应的联结树如图 6.12b 所示。图中使用了一种简写方法，即只写变量下标。在吸收过程中，我们基本上把消息传递的结果存储在势函数和分隔符中。可以推导出联结树的另一种消息传递方案，即考虑计算变量 2、3、4 的边缘分布，其中包括在变量 1、5、6 上进行求和：

$$p(2,3,4)=\sum_{1,5,6}\phi(1,2,5)\phi(1,3,6)\phi(1,2,3)\phi(2,3,4) \tag{6.6.16}$$

$$=\underbrace{\sum_1 \underbrace{\sum_5 \phi(1,2,5)}_{\lambda_{125\to123}}\underbrace{\sum_6 \phi(1,3,6)}_{\lambda_{136\to123}}\phi(1,2,3)\phi(2,3,4)}_{\lambda_{123\to234}} \tag{6.6.17}$$

一般来说，对于势函数为 $\phi(\mathcal{V}_i)$的团 i 和势函数为 $\phi(\mathcal{V}_j)$的相邻团 j，如果我们已经从 i 的其他邻居处接收到消息，则可以发送消息：

$$\lambda_{i\to j}=\sum_{\mathcal{V}_i\setminus\mathcal{V}_j}\phi(\mathcal{V}_i)\prod_{k\neq j}\lambda_{k\to i} \tag{6.6.18}$$

一旦完成一轮完整的消息传递，则团的边缘分布为传入消息的乘积。

这种消息传递顺序被称为 Shafer-Shenoy 传播，与吸收不同，这种传播不需要势函数

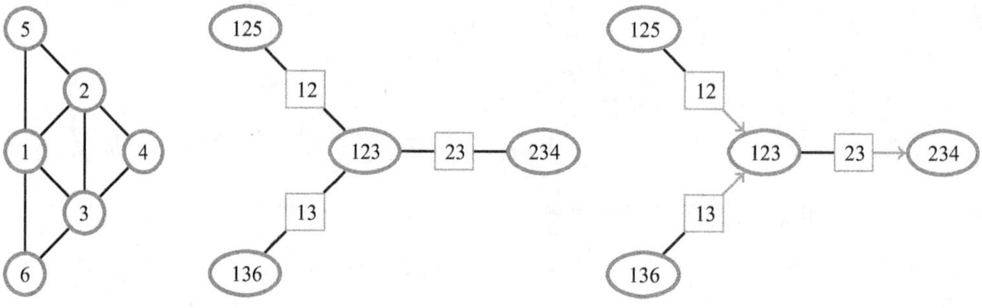

a) b) c)

图 6.12 图 a 中是马尔可夫网络。图 b 中是联结树。在吸收过程中，一旦吸收了 125 到 123 和 136 到 123，这些吸收的结果就存储在 123 的新势函数中。之后可以通过吸收 123 到 234，将此信息发送到 234。图 c 展示了在 Shafer-Shenoy 更新中，根据所有传入消息的乘积，从团向邻居团发送消息

的划分。此外，为了计算消息，我们需要计算所有传入消息的乘积。在吸收中这种操作是不必要的，因为消息传播的值被记录在团势函数中，分隔符在 Shafer-Shenoy 传播中是不需要的，在此方法中仅使用它们来指示消息所依赖的变量。吸收和 Shafer-Shenoy 传播都是联结树上的有效消息传递方法，并且其相对效率都取决于联结树的拓扑结构[188]。

6.7 寻找最可能的状态

我们通常对计算分布的最可能联合状态感兴趣：

$$\underset{x_1,\cdots,x_n}{\operatorname{argmax}} p(x_1,\cdots,x_n) \tag{6.7.1}$$

由于联结树算法的执行过程是以变量消除为基础的，最大化分布的操作也满足变量消除原理，因此在图结构上通过将变量最大化来消除变量与求和产生的效果是一样的。这意味着联结树也是适用于执行最大化操作的结构。一旦构建了联结树，就使用最大吸收过程(见下文)对变量进行最大化。在进行了一轮完整的吸收之后，团包含团内变量的分布，剩余所有变量都设置为各自的最优状态。然后可以通过显式地分别优化每个团势函数来找到最优局部状态。

请注意，此过程也适用于不是分布的情况——在此意义上，这是在图为多连通情况下应用的更广的动态规划示例。这演示了如何有效地计算定义为势函数乘积的多连通函数的最优值。

定义 6.10(最大吸收) 令 $\mathcal{V}$ 和 $\mathcal{W}$ 是团图中相邻的团，$\mathcal{S}$ 为它们之间的分隔符，用 $\phi(\mathcal{V})$、$\phi(\mathcal{W})$和 $\phi(\mathcal{S})$表示对应的势函数。吸收会使用下式更新 $\phi(\mathcal{S})$和 $\phi(\mathcal{W})$：

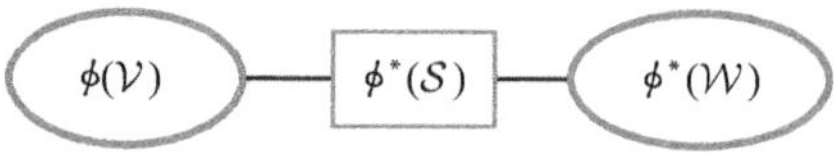

$$\phi^*(\mathcal{S})=\max_{\mathcal{V}\backslash\mathcal{S}}\phi(\mathcal{V}) \quad \phi^*(\mathcal{W})=\phi(\mathcal{W})\frac{\phi^*(\mathcal{S})}{\phi(\mathcal{S})}$$

根据有效的顺序，一旦消息在所有分隔符上双向传递，就可以从最大化团势状态中读出最可能的联合状态。absorb.m 和 absorption.m 中实现了该过程，其中 `flag` 变量用于在求和和最大吸收之间切换。

6.8 重吸收：将联结树转换为有向网络

有时将联结树转换回具有所需形式的信念网络是有用的。例如，如果希望从马尔可夫网络中抽样，则可以通过在等效的有向结构上进行祖先抽样来实现，参见 27.2.2 节。

定义 6.11(重吸收) 令 $\mathcal{V}$ 和 $\mathcal{W}$ 是有向联结树中的相邻团，其中树中的每个团最多有一个父节点。令 $\mathcal{S}$ 为它们的分隔符，并令 $\phi(\mathcal{V})$、$\phi(\mathcal{W})$ 和 $\phi(\mathcal{S})$ 是势函数。将分隔符重吸收到 $\mathcal{W}$ 中并形成(集合)条件分布：

$$p(\mathcal{W}\backslash\mathcal{S}|\mathcal{V})=\frac{\phi(\mathcal{W})}{\phi(\mathcal{S})} \tag{6.8.1}$$

我们说团 $\mathcal{W}$ 重吸收了分隔符 $\mathcal{S}$。

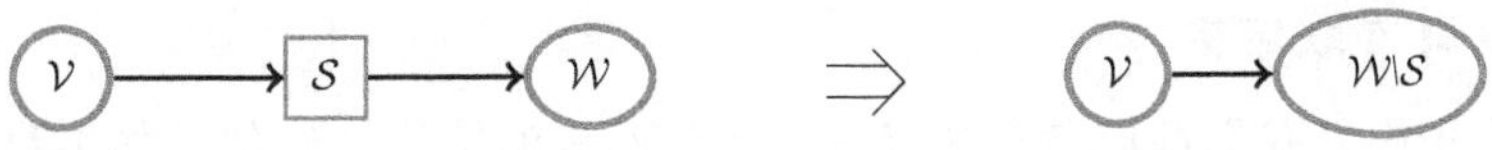

回顾图 6.4 中的例子，图 6.13a 给出了对应的联结树。为了找到一个有效的有向表示，首先将联结树的边一致定向为从所选的根节点指出(请参阅 singleparenttree. m)，从而形成一个有向联结树，它的特点是每个团最多有一个父节点。考虑图 6.13a，其表示分布：

$$p(a,b,c,d,e,f,g,h)=\frac{p(e,g)p(d,c,e)p(a,b,c)p(c,f)p(e,h)}{p(e)p(c)p(c)p(e)} \tag{6.8.2}$$

对于使用哪个团重吸收分隔符，可以有多种选择。其中一个为：

$$p(a,b,c,d,e,f,g,h)=p(g|e)p(d,e|c)p(a,b,c)p(f|c)p(h|e) \tag{6.8.3}$$

这可以使用图 6.13c 中所谓的集合链(set chain)[185]来表示(集合链将信念网络概括为以父节点为条件的变量集合的乘积)。通过将每个集合的条件概率写为局部条件信念网络，我们也可以得到信念网络。例如，这样的一个信念网络可以通过以下分解得到：

$$p(c|a,b)p(b|a)p(a)p(g|e)p(f|c)p(h|e)p(d|e,c)p(e|c) \tag{6.8.4}$$

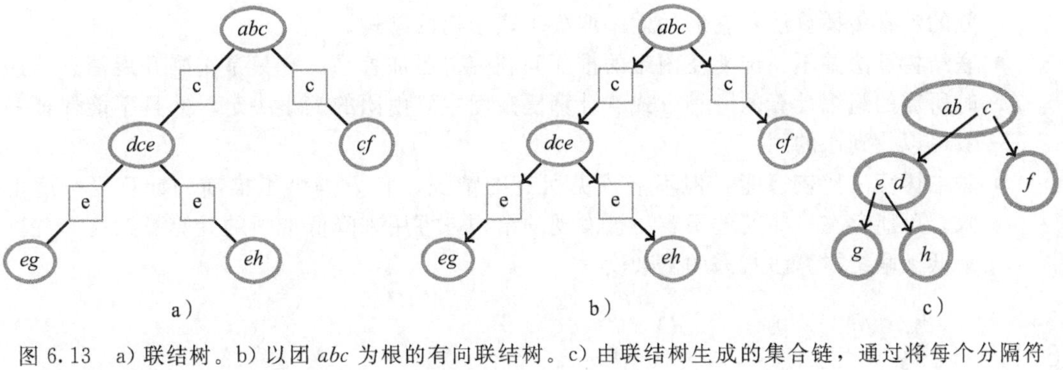

图 6.13 a) 联结树。b) 以团 *abc* 为根的有向联结树。c) 由联结树生成的集合链，通过将每个分隔符重吸收到它的子团中

6.9 近似的必要性

联结树算法给出了(边缘/最大)推断的复杂度上限，并试图利用图的结构来减少计算

量。然而，在许多应用中，使用联结树算法会导致三角图中的团非常大。可能出现这种情况的典型例子是疾病-症状网络。例如，对于图 6.14 中的图，疾病的三角图是完全连通的，这意味着一般不会发生简化。这种情况在这样的二分图中很常见，即使孩子节点只有很少的父节点。直观上，当移除每个父节点时，会通过共有子节点进行沟通，而在其他父节点之间添加边。除非图是高度规则的，类似于隐马尔可夫模型的一种形式，否则这种填充效应会迅速导致出现大的团和难以处理的计算复杂度。

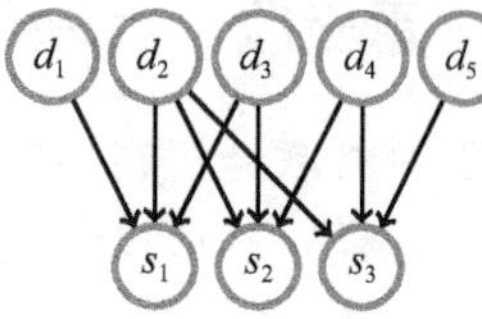

图 6.14 5 种疾病导致 3 种症状。三角图包含一个所有疾病的 5-团

处理三角图中的大规模团是一个热门的研究课题，我们将在第 28 章讨论近似推断的策略。

6.9.1 宽度有界联结树

在某些应用中，我们可以随意选择马尔可夫网络的结构。例如，如果我们希望将马尔可夫网络用于数据，可能希望使用计算可以负担的尽可能复杂的马尔可夫网络。在这种情况下，我们希望得到的三角化马尔可夫网络的团大小小于指定的“树宽”(将对应的联结树视为超树)。这将形成“瘦的”联结树。一种简单的方法是从图开始并包含随机选择的边，前提是所得到的三角图中所有团的宽度都小于指定的最大宽度。参见 demoThinJT. m 和 makeThinJT. m，假定初始图 G 和候选边图 C，迭代地扩展 G 直到达到最大树宽限制。另见[11]中关于基于数据的近似马尔可夫结构的讨论。

6.10 总结

- 联结树是变量簇上的结构，在边缘推断等算法的推断下，联结树结构保持不变。这解决了在多连通图中使用消息传递时的填充问题。
- 关键阶段是伦理化、三角化、分配势函数和消息传播。
- 有不同的传播算法，包括吸收和 Shafer-Shenoy 传播。这两种方法都是联结树上有效的消息传播算法，它们的效率取决于联结树的结构。
- 联结树算法并不一定能使困难的推断问题变得更加容易，它只是正确开展消息传递时所需的组织计算的一种方式。计算复杂度主要由团的大小决定，并且不能保证一般可以找到小的团。
- 联结树算法比较智能，但不能预见所有的情况。它只提供了推断的计算复杂度上限。可能存在一些其他不容易被发现的结构，可用来降低推断的计算复杂度，并远远低于联结树算法所需的复杂度。

6.11 代码

absorb. m：吸收更新 $\mathcal{V}\to\mathcal{S}\to\mathcal{W}$。

absorption. m：树上的完全吸收顺序。

jtree. m：构建一个联结树。

triangulate. m：基于简单节点消除的三角化。

6.11.1　实用程序

知道无向图是否是树，并返回有效的消除序列是有用的。如果边数加 1 等于节点数，则连通图是树。但是，对于可能有多个连通分量的图，情况并非如此。代码 istree. m 处理了可能没有连通的情况，如果图是单连通的，则返回有效的消除序列。该例程基于以下观察：任何单连通图必须始终具有单纯节点，该单纯节点可被消除以得到更小的单连通图。

istree. m：如果图是单连通的，则返回 1 和消除序列。

elimtri. m：在给定末端节点的三角图上消除节点。

demoJTree. m：胸部诊断示例。

6.12　练习题

练习 6.1　证明右图所示马尔可夫网络的消除顺序并非最优，并给出该图的最优消除顺序。

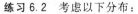

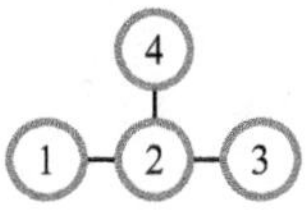

练习 6.2　考虑以下分布：

$$p(x_1,x_2,x_3,x_4)=\phi(x_1,x_2)\phi(x_2,x_3)\phi(x_3,x_4) \tag{6.12.1}$$

1. 画出表示这个分布的团图，并在图上标出分隔符。
2. 用边缘概率 $p(x_1,x_2)$，$p(x_2,x_3)$，$p(x_3,x_4)$，$p(x_2)$，$p(x_3)$表示分布 $p(x_1,x_2,x_3,x_4)$。

练习 6.3　考虑以下分布：

$$p(x_1,x_2,x_3,x_4)=\phi(x_1,x_2)\phi(x_2,x_3)\phi(x_3,x_4)\phi(x_4,x_1) \tag{6.12.2}$$

1. 写出上述分布的联结树。
2. 完成吸收过程并证明其中给出了边缘分布 $p(x_1)$的正确结果。

练习 6.4　考虑以下分布：

$$p(a,b,c,d,e,f,g,h,i)=p(a)p(b|a)p(c|a)p(d|a)p(e|b) \\ p(f|c)p(g|d)p(h|e,f)p(i|f,g) \tag{6.12.3}$$

1. 为此分布绘制信念网络。
2. 绘制伦理化图。
3. 绘制三角图。三角图应包含尽可能小的团。
4. 为上图绘制联结树，并验证它是否满足变量连通性。
5. 给出适当的团势函数初始化。
6. 给出吸收过程并给出适当的消息更新顺序。

练习 6.5　考虑以下分布：

$$p(a,b,c,d,e,f)=p(a)p(b|a)p(c|b)p(d|c)p(e|d)p(f|a,e) \tag{6.12.4}$$

1. 为此分布绘制信念网络。
2. 绘制伦理化图。
3. 绘制三角图。三角图应包含尽可能小的团。
4. 为上图绘制联结树，并验证它是否满足变量连通性。
5. 给出适当的团势函数初始化。
6. 给出吸收过程并给出适当的消息更新顺序。
7. 尝试将分布表示成以下形式：

$$p(a|f)p(b|a,c)p(c|a,d)p(d|a,e)p(e|a,f)p(f) \tag{6.12.5}$$

练习 6.6　对于方形晶格上的无向图，如图所示，绘制一个团规模尽可能小的三角图。

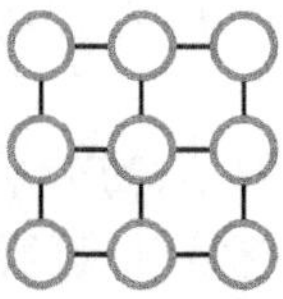

练习 6.7　考虑一个二值变量的马尔可夫随机场 $p(x)=Z^{-1}\prod_{i>j}\phi(x_i,x_j)$，该随机场定义在 $n\times n$ 的晶格上，其中 $\phi(x_i,x_j)=e^{\mathbb{I}[x_i=x_j]}$，$i$ 是格子上的 j 的相邻节点并且 $i>j$。进行推断的一种简单方法是首先堆叠第 t 列中的所有变量并命名此团为 X_t，如图所示。结果得到一个单连通图，基于这种集合表示计算归一化常数的复杂度是多少？计算 $n=10$ 的 $\log Z$。

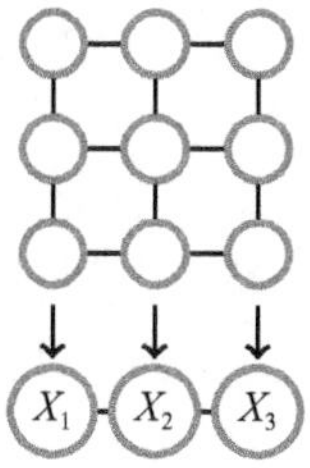

练习 6.8　给定已进行一轮完整消息传递的一致性联结树，解释联结树如何形成信念网络。

练习 6.9　文件 diseaseNet.mat 包含疾病-症状二分图信念网络的势函数，有 20 种疾病 $d_1,\cdots,d_{20}$ 和 40 种症状 $s_1,\cdots,s_{40}$。疾病变量编号为 1 至 20，症状编号为 21 至 60。每种疾病和症状都是二值变量，每种症状都与 3 种疾病相关。

1. 使用 BRML 工具箱为此分布构建联结树，并使用它来计算所有症状的边缘分布 $p(s_i=1)$。
2. 解释如何使用比联结树形式更有效的方式来计算边缘分布 $p(s_i=1)$。通过实现此方法，将其与联结树算法的结果进行比较。
3. 症状 1 至 5 存在（状态 1），症状 6 至 10 不存在（状态 2），其余未知。计算所有疾病的边缘分布 $p(d_i=1\mid s_{1:10})$。

练习 6.10　考虑以下分布：

$$p(y\mid x_1,\cdots,x_T)p(x_1)\prod_{t=2}^{T}p(x_t\mid x_{t-1})$$

其中所有变量都是二值的。

1. 绘制此分布的联结树，并解释计算 $p(x_T)$ 的计算复杂度，建议使用联结树算法。
2. 通过使用与上述联结树算法不同的方法，解释如何以 $O(T)$ 的复杂度计算 $p(x_T)$。

练习 6.11　类似于 `jtpot=absorption(jtpot,jtsep,infostruct)`，编写一个例程 `[jtpot jtmess]=ShaferShenoy(jtpot,infostruct)`，它返回 Shafer-Shenoy 更新下联结树中团的边缘分布和消息。修改 demoJTree.m 以额外输出边缘分布和条件边缘分布（包含使用吸收操作得到的）。

决　　策

前面我们已经学习了分布的建模与推断。而当我们需要在不确定性的场景下做出决策时，决策正确与否就变得很关键。在本章中，我们主要关注序列决策问题。而序列决策问题可以用一般的决策树方法解决，或者我们可以利用基于信念网络扩展的结构与相关推断的方法来解决。这类问题的解决框架与控制理论和强化学习有一定的相关性。

7.1 期望效用

本章主要讨论在不确定性的场景下做决策的问题。我们先来考虑这样一个场景：你被问到是否要参加一场关于硬币投掷结果的打赌。如果你最终决定参与并猜对结果，就能赢得100英镑；如果猜错了，则输掉200英镑；如果不参与则不输钱也不赢钱。我们可以为此建模，将存在两种状态的变量设为 x，$\mathrm{dom}(x)=\{\mathrm{win},\mathrm{lose}\}$；一个决策变量设为 d，$\mathrm{dom}(d)=\{\mathrm{bet},\mathrm{no\ bet}\}$，则期望效用为：

$$U(\mathrm{win},\mathrm{bet})=100,\quad U(\mathrm{lose},\mathrm{bet})=-200,\quad U(\mathrm{win},\mathrm{no\ bet})=0,\quad U(\mathrm{lose},\mathrm{no\ bet})=0 \tag{7.1.1}$$

因为我们并不知道 x 的状态，因此为了确定是否参与这次赌博，我们最好能算出参与和不参与这两种情况下的输或赢的期望值[258]。如果决定参与，则参与的期望效用为：

$$U(\mathrm{bet})=p(\mathrm{win})\times U(\mathrm{win},\ \mathrm{bet})+p(\mathrm{lose})\times U(\mathrm{lose},\ \mathrm{bet})=0.5\times 100-0.5\times 200=-50$$

如果不参与，则期望效用为0，$U(\mathrm{no\ bet})=0$。基于做能够最大化期望效用的决策，决定不参与赌博。

定义7.1(主观期望效用)　决策的效用为：

$$U(d)=\langle U(d,x)\rangle_{p(x)} \tag{7.1.2}$$

其中 $p(x)$ 表示投掷硬币结果 x 的分布，d 表示决策。

7.1.1 货币效用

假设你是一个富翁，在你的银行账户里有1 000 000英镑。你被问到是否想要参与一场关于硬币投掷结果的打赌，如果参与并猜对结果，则该银行账户里的钱将变为1 000 000 000英镑；相反，如果参与但猜错结果，则账户里的钱仅变成1 000英镑。假设硬币投掷游戏是公平的，你是否应该参与这场打赌呢？如果参与，则期望效用为：

$$U(\mathrm{bet})=0.5\times 1\,000\,000\,000+0.5\times 1\,000=500\,000\,500.00 \tag{7.1.3}$$

如果不参与，则银行资产还是1 000 000英镑。计算期望效用，可得知参与这场打赌是明智的选择。(注意，如果不考虑输赢的量，则无论是否打赌，期望效用的结果都是一样的。)

尽管以上内容在数学计算上有些道理，但事实是很少会有百万富翁冒着几乎失去一切的风险来成为亿万富翁。这意味着主观货币效用并不能单纯考虑钱的金额。为了更好地反映这个情景，货币效用需要用非线性函数来建模，效用会随货币量的增加而缓慢增长，且随货币的减少而急剧减少，见练习7.2。

7.2 决策树

决策树(DT)是一种能够以图的方式组织序列决策问题的方法。决策树包含决策节点，每一个分支对应每一个可选决策。机会节点(随机变量)包含每一个分支叶子节点计算所得的效用。任意决策的期望效用可由从决策到所有叶子节点的所有分支加权和表示。

例 7.1(派对) 考虑一个决策问题：我们是否要参加一场募集资金的派对。一种是参加了且事后下雨，那么我们会遭受损失(因为下雨几乎没人到场)。另一种是未参加且没有下雨，我们也没干其他的。为将这两种情况量化，可得：

$$p(Rain=\text{rain})=0.6,\quad p(Rain=\text{no rain})=0.4 \tag{7.2.1}$$

且将效用定义为：

$$\begin{aligned}&U(\text{party},\text{rain})=-100,\quad U(\text{party},\text{no rain})=500,\\&U(\text{no party},\text{rain})=0,\quad U(\text{no party},\text{no rain})=50\end{aligned} \tag{7.2.2}$$

如图 7.1 所示。现在的问题是，我们是否应该参加这个派对？因为我们并不知道到时候天气会是什么样，此时可用以下方法来计算每一个决策的期望效用：

$$U(\text{party})=\sum_{Rain}U(\text{party},Rain)p(Rain)=-100\times0.6+500\times0.4=140 \tag{7.2.3}$$

$$U(\text{no party})=\sum_{Rain}U(\text{no party},Rain)p(Rain)=0\times0.6+50\times0.4=20 \tag{7.2.4}$$

根据计算结果，可以做出参加派对的决策。最大期望效如下所示(demo. DecParty. m)：

$$\max_{Party}\sum_{Rain}p(Rain)U(Party,Rain)=140 \tag{7.2.5}$$

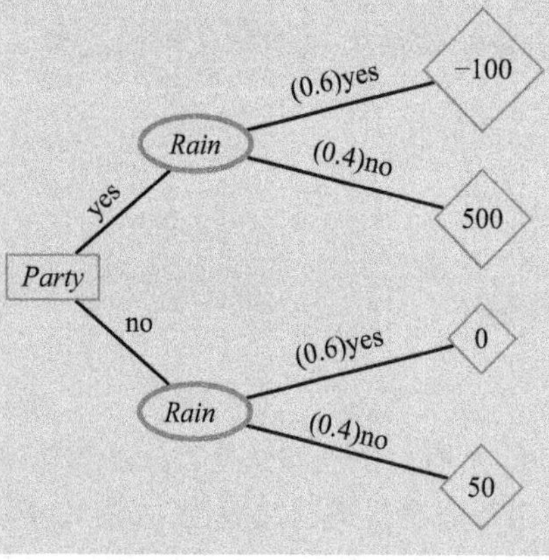

图 7.1　包含机会节点(表示为椭圆形)、决策节点(矩形)和效用节点(菱形)的决策树。请注意，决策树不是带有附加节点信念网络的图形。相反，决策树是一个显式的选择枚举，从最左边决策节点开始。机会节点连接上设有相关概率

例 7.2(派对-访友) 派队问题的扩展问题为：如果我们决定不去参加派对，就有时间去拜访好友了。然而，去之前我们并不能确定朋友是否在家。此时，最终的问题仍然是：是否应该去参加派对？

我们可以量化所有不确定性与效用。如果选择参加派对，则效用跟之前一样：

$$U_{party}(\text{party},\text{rain})=-100,\quad U_{party}(\text{party},\text{no rain})=500 \tag{7.2.6}$$

且：

$$p(Rain=\text{rain})=0.6,\quad p(Rain=\text{no rain})=0.4 \tag{7.2.7}$$

如果决定不去参加派对，转而考虑是否要去拜访朋友，则有不去参加派对的效用：

$$U_{party}(\text{no party},\text{rain})=0,\quad U_{party}(\text{no party},\text{no rain})=50 \tag{7.2.8}$$

且好友是否在家的概率取决于天气的变化：

$$p(Friend=\text{in}\mid\text{rain})=0.8,\quad p(Friend=\text{in}\mid\text{no rain})=0.1, \tag{7.2.9}$$

其他概率由归一化确定，且有：

$$U_{visit}(\text{friend in},\text{visit})=200,\quad U_{visit}(\text{friend out},\text{visit})=-100 \tag{7.2.10}$$

其余效用为 0。总效用则可表示为两种效用的加和，即 $U_{party}+U_{visit}$。本例的决策树如图 7.2 所示。对每个决策序列，该序列的效用由相应的决策树叶子节点给出。注意，叶子节点包含了总效用 $U_{party}+U_{visit}$。求解决策树意味着寻找每个决策节点的最大期望效用(通过优化未来决策)。对决策树中的任意一点，选取能够得到最大期望效用子节点的动作就能得到该节点的最优策略。这样一来，我们发现在这个例子中最大期望效用的值为 140，即参加派对，见 demoDecPartyFriend.m。

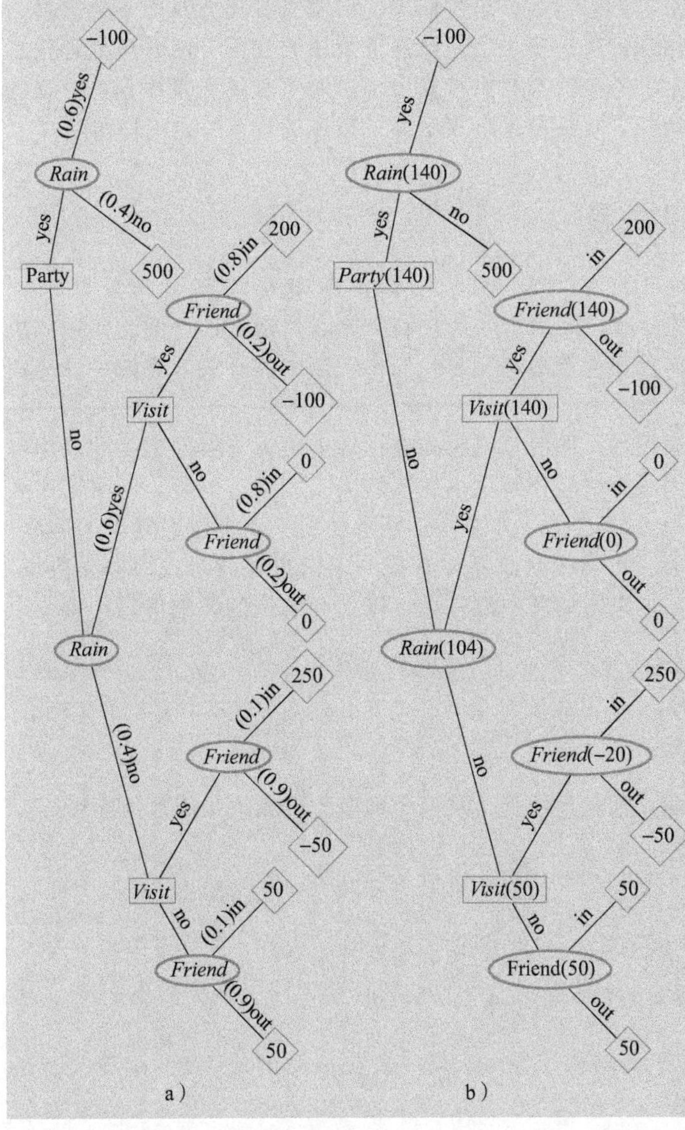

图 7.2 决策树 a 展示了派对-访友问题的决策树。b 展示了用最大期望效用求解决策树。这可以从叶子(效用)开始。对于父节点 x，该父节点的效用为该变量的期望效用。例如，在决策树的顶部有 *Rain* 变量和子节点 -100(概率 0.6)和 500(概率 0.4)。因此 *Rain* 节点期望效用为 $-100\times0.6+500\times0.4=140$。对于决策节点，该节点的值为其子节点的最优值。从叶节点到根结点递归。例如，对分支 *Rain* 节点有 $140\times0.6+50\times0.4=104$，对每个决策节点，最优决策策略由通过最大值的子节点决定。因此整体而言最好的决定是参加派对。如果我们不这样做，且不下雨，那么最好的决定是不去拜访朋友(预期效用为 50)。一个更简洁的描述由影响图给出，如图 7.4 所示。另请参见 demoDecPartyFriend.m

数学上，我们可以将派对-访友问题的最优期望效用以在未揭露变量上求和与对未来决策优化表示：

$$\max_{Party}\sum_{Rain} p(Rain)\max_{Visit}\sum_{Friend} p(Friend\,|Rain) \tag{7.2.11}$$
$$[U_{party}(Party,Rain)+U_{visit}(Visit,Friend)\mathbb{I}[Party=no]]$$

其中，如果派对继续，则项 $\mathbb{I}[Party=\text{no}]$可用于决策树的剪枝。为了决定是否参加派对，我们采取拥有最大期望效用的 *Party* 状态。在 *Visit* 的情况下，从最后一个决策开始读取等式(7.2.11)。此时假设我们已有关于 *Party* 的决策，也已经观察到是否下雨。然而，我们不知道朋友是否在家，所以我们使用这个未知数的平均值来计算预期效用。然后，最大化 *Visit* 来求出最优决策。随后移动到倒数第二个决策，并假设我们将来要做的事情是最优的。因为未来需要在非确定变量 *Friend* 下做出决策，现在可在不确定的 *Rain* 变量和 *Party* 最大化期望效用下考虑决策。请注意，最大化与求和问题的顺序很重要，改变顺序通常会使期望效用不同。

对例 7.2 而言，决策树是不对称的，因为如果我们决定出发去参加派对而不会去拜访朋友，则这减少了在树的下半部出现的进一步决定。虽然决策树方法很灵活并可处理任意结构的决策问题，但相同节点经常在整个决策树中重复出现。对更长的决策序列，分支的数量会随着决策的数量呈指数级增长，这使得这种表示方式在该场景下有些不切实际。

7.3　扩展贝叶斯网络以做出决策

影响图（influence diagrams，ID）是有额外的决策节点和效用节点的贝叶斯网络[150,162,176]。决策节点没有相关的分布，效用节点是它们父节点的确定性函数。效用和决策节点可以是连续的也可以是离散的，为简单起见，我们将示例中的决策节点统一设为离散的。

决策树的一个优点在于它的通用性，同时可以明确地对每个决策与事件相关的效用和概率进行编码。此外，我们可以用决策树轻松解决小规模的决策问题。但是，当决策序列增加时，决策树中的叶子节点数也大幅增长，树的表征可能成为一个指数级复杂的问题。在这种情况下，影响图就大有可为。影响图状态需要掌握一定信息才能帮我们做出决策，而这些决策的顺序稍后才能决定。如果影响图中没有指定概率和效用的详细信息，就会令决策问题的描述更为简洁。

7.3.1　影响图的语法

首先，描述几个概念。

- **信息连接**(information link)。信息连接是指从一个随机变量到决策节点的连接。

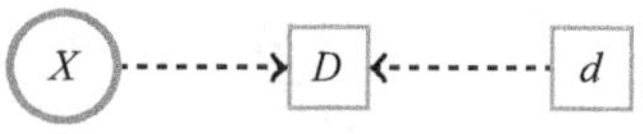

  表示在采取决策 D 之前可获知变量 X 的状态。类似地，从另一个决策节点 d 到 D 的信息连接表示采取决策 D 之前可得到决策 d。我们使用虚线表示决策 D 在功能上与其父节点无关。
- **随机变量**。随机变量取决于父随机变量的状态(如在信念网络中)及决策节点的状态：

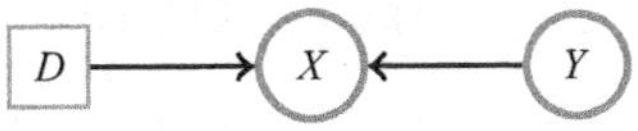

在做出决策时，将揭示一些随机变量的状态。为了强调这一点，我们通常用阴影表示节点，在顺序决策过程中将显示其状态。

- **效用**。效用节点是其父节点项的确定性函数。父节点可以是随机变量或决策节点。

在例 7.1 中，信念网络通常由单个节点组成，而影响图如图 7.3 所示。更复杂的例 7.2 的影响图如图 7.4 所示。尽管未在影响图中表示出具体概率和效用的详细信息，但影响图通常能够提供比决策树更简洁的表示结构。

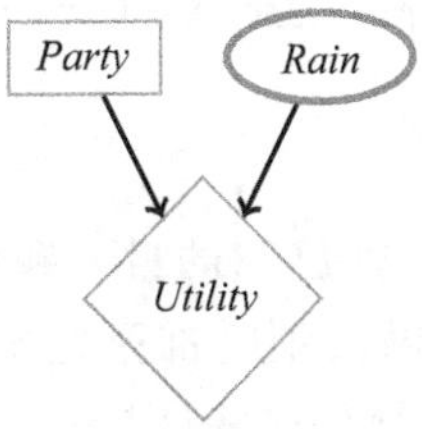

图 7.3 包含随机变量(用椭圆/圆圈表示)，决策节点(用矩形表示)和效用节点(用菱形表示)的影响图。图 7.1 为更紧凑的表示。该图表示 $p(\text{rain})u(\text{party},\text{rain})$。另外，图表示偏序关系 party<rain[参见等式(7.3.1)]

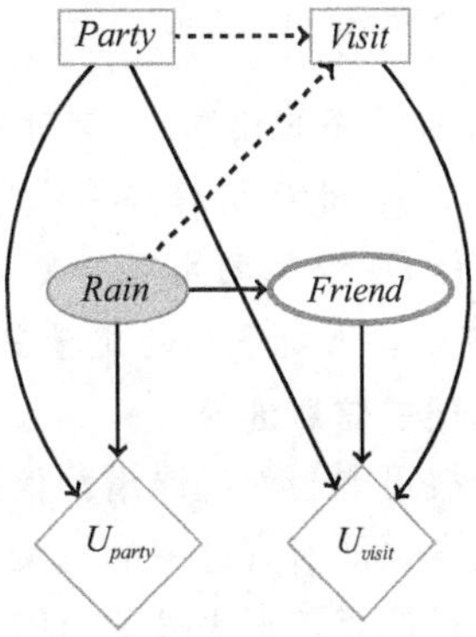

图 7.4 例 7.2 的影响图。所述偏序关系是 $Party^* \prec Rain \prec Visit^* \prec Friend$。从 *Party* 到 *Visit* 的虚线连接并不严格，只是为了满足约定，即存在有向路径连接所有决策节点

偏序

影响图定义节点的偏序。我们首先写出那些状态在第一个决策 D_1 之前已知的变量 χ_0(证据变量)，然后我们找到那些状态在第二个决策 D_2 之前已知的变量 χ_1，随后找出状态在决策 D_{t+1} 之前已知的变量 χ_t。其余完全未观察到的变量放在排序的末尾：

$$\mathcal{X}_0 \prec D_1 \prec \mathcal{X}_1 \prec D_2, \cdots, \prec \mathcal{X}_{n-1} \prec D_n \prec \mathcal{X}_n \tag{7.3.1}$$

其中 χ_k 是决策 D_k 与 D_{k+1} 之间已知的变量。术语“偏(partial)”是指：在集合 χ_n 中的变量之间没有指定的顺序。可用 * 表示最大化的值，且对未加星标的变量求和。集合是空集时省略。图 7.5a 中我们考虑石油勘探情况，首先决定是否进行地震测试，其相关效用(成本)设为 U_1。该测试的结果用变量表示为 *Seismic*，结果与是否存在石油相关，存在石油的效用为 U_2。该排序为 $Test^* \prec Seismic \prec Drill^* \prec Oil$。

给定 $\mathcal{X}_0$，通过计算可确定最优的第一决策 D_1：

$$U(D_1 \mid \mathcal{X}_0) \equiv \sum_{\mathcal{X}_1} \max_{D_2} \cdots \sum_{\mathcal{X}_{n-1}} \max_{D_n} \sum_{\mathcal{X}_n} \prod_{i \in \mathcal{I}} p(x_i \mid \text{pa}(x_i)) \sum_{j \in \mathcal{J}} U_j(\text{pa}(u_j)) \tag{7.3.2}$$

对于决策 D_1 的每个状态。在上面的等式(7.3.2)中，$\mathcal{I}$ 表示随机变量的集合的索引，$\mathcal{J}$ 是效用节点的索引。对条件变量的每个状态，最优决策 D_1 由下式表示：

$$\underset{D_1}{\operatorname{argmax}} U(D_1 \mid \mathcal{X}_0) \tag{7.3.3}$$

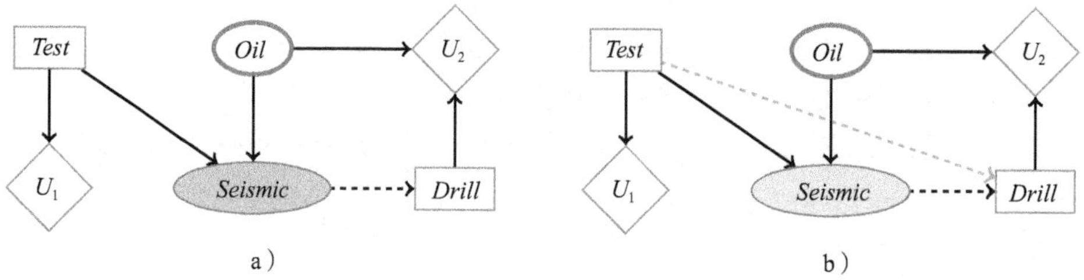

图 7.5　a 偏序是 $Test^* \prec Seismic \prec Drill^* \prec Oil$。从 *Test* 到 *Seismic* 以及从 *Seismic* 到 *Drill* 的显式信息连接都是基本信息连接，即去除其中任何一个都会导致偏序发生变化。阴影节点强调该变量的状态可在顺序决策过程中观察到。相反，非阴影节点永远不会被观察到。b 中是根据 a 中的影响图，从 *Test* 到 *Drill* 有一个隐式信息连接，因为在 *Seismic* 可知之前已有 *Test* 的决策

备注 7.1(偏序的读取)　有时从影响图读取偏序关系可能会很棘手，一种方法是识别第一个决策 D_1，然后识别需要观察的任意变量 $\mathcal{X}_0$ 来做出决策。然后确定第二个决策 D_2 和可在 D_1 和 D_2 决策之间得知变量 $\mathcal{X}_1$ 的具体值并进行扩展。这时偏序为 $\mathcal{X}_0 \prec D_1 \prec \mathcal{X}_1 \prec D_2$，我们可以把未观察到的变量安排在末尾。

隐式和显式信息连接

信息连接可能会引起混淆。信息连接明确指出做决策之前已知的量。我们也假设没有遗漏任何信息，即所有过去的决策和观察到的变量在当下做决策时都是已知的(已观察到的变量必然是所有未来决策节点的父节点)。如果我们要将所有这些信息连接都包含在内，则影响图可能会变得非常混乱。图 7.5 表示出了所有显式和隐式信息连接。如果删除信息连接会改变偏序，我们就称其为基本信息连接。

因果一致性

对一个影响图而言，要与当前决策保持一致，不能影响过去。这意味着在影响图中，任何决策 D 的随机变量后代必须在偏序中靠后的位置出现。

不对称

当相应的决策树对称时，影响图是最方便的。但是，在影响图框架中处理某些不对称的形式也相对简单。对于我们的例 7.2，决策树是不对称的。然而，这很容易在影响图中通过使用从 *Party* 到 U_{visit}(且在选择参加派对后移除 U_{visit} 效用)的连接解决。

当变量集的观察值可以靠决策序列获得时，更复杂的问题就会出现。在这种情况下，决策树是不对称的。一般来说，影响图不太适合建模这样的不对称性，尽管有些不良效果可以通过小心地使用额外的变量或扩展影响图表示法来减缓。有关这些问题和可能的解决方案的更多详细信息，请参见[73]和[162]。

例 7.3(我应该读博士吗?)　考虑对是否要攻读博士学位以作为教育(E)的一部分做决策。攻读博士需要投入成本 U_C，无论是在费用方面，还是在收入损失方面都要付出成本。但是，如果我们拥有博士学位，我们更有可能获得诺贝尔奖(P)，这肯定会增加我们的收入(I)，并慢慢改善我们的财务状况(U_B)。这样的设想如图 7.6a 所示。偏序为(除空集以外)：

$$E^* \prec \{I, P\} \tag{7.3.4}$$

且：

$$\mathrm{dom}(E)=(\text{do PhD}, \text{no PhD}), \quad \mathrm{dom}(I)=(\text{low}, \text{average}, \text{high}), \quad \mathrm{dom}(P)=(\text{prize}, \text{no prize}) \tag{7.3.5}$$

概率为：

$$p(\text{win Nobel prize} \mid \text{no PhD})=0.000\,000\,1 \quad p(\text{win Nobel prize} \mid \text{do PhD})=0.001 \tag{7.3.6}$$

$$\begin{array}{lll}
p(\text{low} \mid \text{do PhD}, \text{no prize})=0.1 & p(\text{average} \mid \text{do PhD}, \text{no prize})=0.5 & p(\text{high} \mid \text{do PhD}, \text{no prize})=0.4 \\
p(\text{low} \mid \text{no PhD}, \text{no prize})=0.2 & p(\text{average} \mid \text{no PhD}, \text{no prize})=0.6 & p(\text{high} \mid \text{no PhD}, \text{no prize})=0.2 \\
p(\text{low} \mid \text{do PhD}, \text{prize})=0.01 & p(\text{average} \mid \text{do PhD}, \text{prize})=0.04 & p(\text{high} \mid \text{do PhD}, \text{prize})=0.95 \\
p(\text{low} \mid \text{no PhD}, \text{prize})=0.01 & p(\text{average} \mid \text{no PhD}, \text{prize})=0.04 & p(\text{high} \mid \text{no PhD}, \text{prize})=0.95
\end{array} \tag{7.3.7}$$

效用是：

$$U_C(\text{do PhD})=-50\,000, \quad U_C(\text{no PhD})=0, \tag{7.3.8}$$

$$U_B(\text{low})=100\,000, \quad U_B(\text{average})=200\,000, \quad U_B(\text{high})=500\,000 \tag{7.3.9}$$

教育的期望效用是：

$$U(E)=\sum_{I,P} p(I \mid E,P)\,p(P \mid E)[U_C(E)+U_B(I)] \tag{7.3.10}$$

所以 $U(\text{do phD})=260\,174.000$，且没有攻读博士学位的效用是 $U(\text{no phD})=240\,000.024\,4$，整体来说，攻读博士学位会带来很多益处。请参阅 demoDecPhD. m。

例 7.4(博士和初创公司)　在序列决策已定时，影响图非常有用。例如，在图 7.6b 中，我们就一个新场景(删除从 E 到 I 的连接以减少下方表的大小)进行建模。该场景中人们首先需要决定是否攻读博士学位。十年后，在他们的职业生涯中，他们再决定是否成立一家初创公司，这个决策取决于他们是否获得诺贝尔奖。创业决策由 S 表示，$\mathrm{dom}(S)=(\mathrm{tr}, \mathrm{fa})$。如果我们选择创业，就会花一些钱用于投资。就我们的收入而言，潜在的好处可能很多。

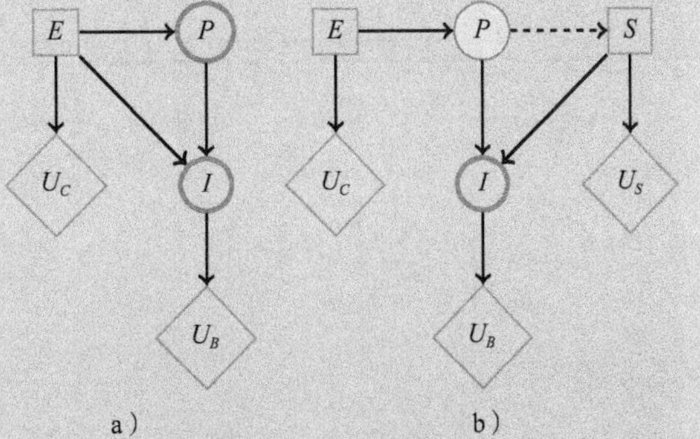

图 7.6　a) 教育 E 需要一定成本，但也有机会赢得一个在学界富有声誉的奖项。这两项都可能影响收入与相应的长期财务收益。b) 初创公司场景

我们建模(其他必需的表元素取自例 7.3)：

$$\begin{array}{lll}
p(\text{low} \mid \text{start up}, \text{no prize})=0.1 & p(\text{average} \mid \text{start up}, \text{no prize})=0.5 & p(\text{high} \mid \text{start up}, \text{no prize})=0.4 \\
p(\text{low} \mid \text{no start up}, \text{no prize})=0.2 & p(\text{average} \mid \text{no start up}, \text{no prize})=0.6 & p(\text{high} \mid \text{no start up}, \text{no prize})=0.2 \\
p(\text{low} \mid \text{start up}, \text{prize})=0.005 & p(\text{average} \mid \text{start up}, \text{prize})=0.005 & p(\text{high} \mid \text{start up}, \text{prize})=0.99 \\
p(\text{low} \mid \text{no start up}, \text{prize})=0.05 & p(\text{average} \mid \text{no start up}, \text{prize})=0.15 & p(\text{high} \mid \text{no start up}, \text{prize})=0.8
\end{array} \tag{7.3.11}$$

且有：

$$U_S(\text{start up})=-200\,000,\quad U_S(\text{no start up})=0 \tag{7.3.12}$$

我们的问题是现在是否需要(就期望效用而言)攻读博士学位。请记住，以后可能会或不会获得诺贝尔奖，并且可能会或不会创建公司。

偏序是(忽略空集)：

$$E^*<P<S^*<I \tag{7.3.13}$$

对 E 的所有状态下的最优期望效用是：

$$U(E)=\sum_P \max_S \sum_I p(I|S,P)p(P|E)[U_S(S)+U_C(E)+U_B(I)] \tag{7.3.14}$$

我们假设在未来采取最优决策。通过计算上面的式子，我们发现：

$$U(\text{do phD})=190\,195.00,\quad U(\text{no phD})=240\,000.02 \tag{7.3.15}$$

因此，我们最好不攻读博士学位。请参阅 demoDecPhd. m。

7.4　求解影响图

求解影响图意味着计算最优决策或决策顺序。直接的变量消除方法是采用方程(7.3.2)并执行所需的求和并使其最大化。由于因果一致性的要求，未来不能影响过去。为了方便理解符号，我们对变量和决策进行排序以使可将影响图的信念网络写为：

$$p(x_{1:T},d_{1:T})=\prod_{t=1}^{T} p(x_t|x_{1:t-1},d_{1:t}) \tag{7.4.1}$$

对一般效用 $u(x_{1:T},d_{1:T})$，求解影响图对应于执行以下操作：

$$\max_{d_1}\sum_{x_1}\cdots\max_{d_T}\sum_{x_T}\prod_{t=1}^{T} p(x_t|x_{1:t-1},d_{1:t})u(x_{1:T},d_{1:T}) \tag{7.4.2}$$

让我们来消除第一个 x_T 和 d_T。我们的目标是在减少的变量 $x_{1:T-1}$，$d_{1:T-1}$ 上写一个新的影响图。由于 x_T 和 d_T 只出现在信念网络的最后一个因子中，因此可以得出：

$$\max_{d_1}\sum_{x_1}\cdots\max_{d_{T-1}}\sum_{x_{T-1}}\prod_{t=1}^{T-1} p(x_t|x_{1:t-1},d_{1:t})\max_{d_T}\sum_{x_T} p(x_T|x_{1:T-1},d_{1:T})u(x_{1:T},d_{1:T}) \tag{7.4.3}$$

然后新影响图：

$$\max_{d_1}\sum_{x_1}\cdots\max_{d_{T-1}}\sum_{x_{T-1}}\prod_{t=1}^{T-1} p(x_t|x_{1:t-1},d_{1:t})\tilde{u}(x_{1:T-1},d_{1:T-1}) \tag{7.4.4}$$

具有修改了的势：

$$\tilde{u}(x_{1:T-1},d_{1:T-1})\equiv\max_{d_T}\sum_{x_T} p(x_T|x_{1:T-1},d_{1:T})u(x_{1:T},d_{1:T}) \tag{7.4.5}$$

然而，这并没有利用效用的结构。在不失一般性的情况下，我们也可以写出独立于 x_T、d_T 和相关于 x_T、d_T 的效用：

$$u(x_{1:T},d_{1:T})=u_a(x_{1:T-1},d_{1:T-1})+u_b(x_{1:T},d_{1:T}) \tag{7.4.6}$$

然后消除 x_T、d_T，将效用更新为：

$$\tilde{u}(x_{1:T-1},d_{1:T-1})=u_a(x_{1:T-1},d_{1:T-1})+\max_{d_T}\sum_{x_T} p(x_T|x_{1:T-1},d_{1:T})u_b(x_{1:T},d_{1:T}) \tag{7.4.7}$$

7.4.1 影响图上的消息

对于有两个变量集 $\mathcal{X}_1$、$\mathcal{X}_2$ 和相关决策集 $\mathcal{D}_1$ 和 $\mathcal{D}_2$ 的影响图，我们可以将信念网络写为：

$$p(\mathcal{X}|\mathcal{D})=p(\mathcal{X}_2|\mathcal{X}_1,\mathcal{D}_1,\mathcal{D}_2)p(\mathcal{X}_1|\mathcal{D}_1) \tag{7.4.8}$$

其中 $\mathcal{D}_1 \prec \mathcal{X}_1 \prec \mathcal{D}_2 \prec \mathcal{X}_2$，且相应的效用为：

$$u(\mathcal{X},\mathcal{D})=u(\mathcal{X}_1,\mathcal{D})+u(\mathcal{X}_1,\mathcal{X}_2,\mathcal{D}) \tag{7.4.9}$$

最优效用由下式给出：

$$u^{\text{opt}}=\max_{\mathcal{D}_1}\sum_{\mathcal{X}_1}\max_{\mathcal{D}_2}\sum_{\mathcal{X}_2}p(\mathcal{X}|\mathcal{D})u(\mathcal{X},\mathcal{D}) \tag{7.4.10}$$

消除 $\mathcal{X}_2$ 和 $\mathcal{D}_2$ 后，我们获得影响图：

$$p(\mathcal{X}_1|\mathcal{D}_1)\left(u(\mathcal{X}_1,\mathcal{D})+\max_{\mathcal{D}_2}\sum_{\mathcal{X}_2}p(\mathcal{X}_2|\mathcal{X}_1,\mathcal{D}_1,\mathcal{D}_2)u(\mathcal{X}_1,\mathcal{X}_2,\mathcal{D})\right) \tag{7.4.11}$$

我们可以用原始分布 $p(\mathcal{X}|\mathcal{D})$ 表示其为：

$$\left(\sum_{(\mathcal{X},\mathcal{D})_2}^{*}p(\mathcal{X}|\mathcal{D})\right)\left(u(\mathcal{X}_1,\mathcal{D})+\frac{1}{\sum\limits_{(\mathcal{X},\mathcal{D})_2}^{*}p(\mathcal{X}|\mathcal{D})}\sum_{(\mathcal{X},\mathcal{D})_2}^{*}p(\mathcal{X}|\mathcal{D})u(\mathcal{X}_1,\mathcal{X}_2,\mathcal{D})\right) \tag{7.4.12}$$

其中 $\sum\limits_{\mathcal{Y}}^{*}$ 指的是首先对 $\mathcal{Y}$ 中的机会变量进行求和，然后对 $\mathcal{Y}$ 中的决策变量求最大值。最后，这些更新在缩减的变量集上定义影响图，并可以被视为消息。等式(7.4.12)的潜在用途是它可以应用于因果一致的影响图(未来的决策不能影响过去)，但它并不是用因果形式来直接进行表达。

7.4.2 使用联结树

在复杂的影响图中，一系列求和和最大化操作的计算效率成为一个难题，因此可利用一种方式寻求影响图中的结构。应用某些联结树算法是很直观的。这里的做法受到[160]的启发，在[73]中给出了求更一般的链图的方法。我们可以首先使用由两部分组成的决策势(clique potential)来表示影响图，如下所述。

定义 7.2(决策势)　一个在团 C 上的决策势包含两个势：概率势 ρ_C 和效用势 μ_C。联结树的联合势定义为：

$$\rho=\prod_{C\in\mathcal{C}}\rho_C,\quad \mu=\sum_{C\in\mathcal{C}}\mu_C \tag{7.4.13}$$

用联结树表示项 $\rho\mu$。

在这种情况下，因偏序限制了变量消除顺序，故三角化受到限制，这就是所谓的强联结树。

以下给出了为影响图构造联结树所需的过程。

过程 7.1(建立一个强联结树)。

- **删除信息边缘**　删除决策节点的父节点连接。
- **伦理化**　将剩余节点的所有父节点相连接。
- **删除效用节点**　删除效用节点及其父节点连接。
- **强三角化**　基于消除顺序形成三角化，消除顺序遵循变量偏序。

- **强联结树**　通过强三角图，形成联结树和指向强根节点的定向边(在消除序列中最后出现的团)。

然后根据消除团的顺序对团进行排序。把分隔符概率团初始化为单位值，把分隔符效用初始化为零。概率团通过将条件概率因子放入最低可用团来进行初始化(即概率因子被置于最接近树的叶子且距离根最远的团中)。团可以包含它们，对效用进行类似的处理。剩余的概率团被设置为单位值且将效用团设为零。

例 7.5(联结树)　影响图的联结树的示例如图 7.7a 所示，伦理化和三角化连接如图 7.7b 所示。边的方向遵循偏序关系，其中叶团在求和与最大化操作下最先消失。

上述步骤得到了描述和先前决策和观察的基本相关性的团。例如，在图 7.7a 中，伦理三角图(图 7.7b)与相关团(图 7.7c)中都不存在从 f 到 D_2 的信息连接。这是因为一旦得到 e，效用 U_4 就与 f 无关，从而产生了双分支结构(图 7.7b)。尽管如此，从 f 到 D_2 的信息连接是基本信息连接，因为它可通过指定 f 获得——删除该连接将改变偏序。

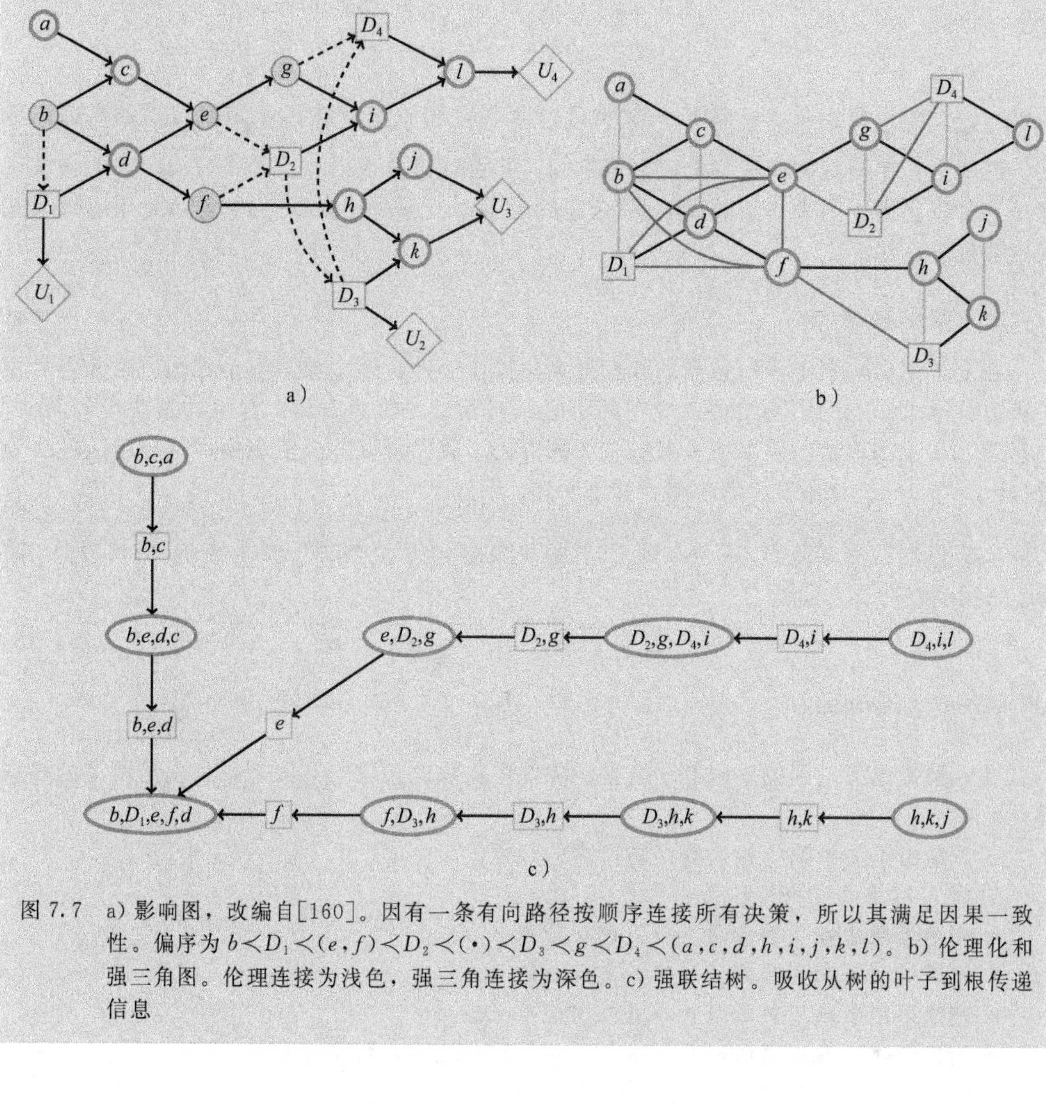

图 7.7　a) 影响图，改编自[160]。因有一条有向路径按顺序连接所有决策，所以其满足因果一致性。偏序为 $b \prec D_1 \prec (e,f) \prec D_2 \prec (\cdot) \prec D_3 \prec g \prec D_4 \prec (a,c,d,h,i,j,k,l)$。b) 伦理化和强三角图。伦理连接为浅色，强三角连接为深色。c) 强联结树。吸收从树的叶子到根传递信息

吸收

通过与7.4.1节中的消息定义类比，对于两个相邻的团 C_1 和 C_2，且 C_1 更接近联结树的强根节点(通过消除顺序定义的最后一个团)，我们定义：

$$\rho_S = \sum_{C_2 \backslash S}^{*} \rho_{C_2}, \quad \mu_S = \sum_{C_2 \backslash S}^{*} \rho_{C_2} \mu_{C_2} \tag{7.4.14}$$

$$\rho_{C_1}^{\text{new}} = \rho_{C_1} \rho_S, \quad \mu_{C_1}^{\text{new}} = \mu_{C_1} + \frac{\mu_S}{\rho_S} \tag{7.4.15}$$

在上式中，$\sum_{C}^{*}$ 是一个“广义边缘化”的操作——它对团 C 中的随机变量求和，并将决策变量最大化。求和与最大化操作序列遵循由 $\prec$ 定义的偏序。

然后从叶子开始向内进行吸收直到强联结树的根部。D_1 的最优设置可以由根节点团计算。随后可以应用回溯推断出最优决策轨迹。D 的最优决策可以通过以下方式获得：参考含有最接近强根节点的 D 团，并在证据状态中设置已知观察值、先前决策。有关示例，请参见 demoDecAsia.m。

例7.6(链上的吸收)　对于图7.8中的影响图，伦理化和三角化步骤较为烦琐且给出了联结树：

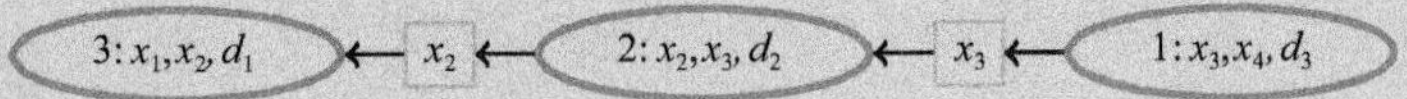

其中团由消除顺序索引。概率和效用团可初始化为：

$$\begin{aligned} &\rho_3(x_1, x_2, d_1) = p(x_2 | x_1, d_1) \mu_3(x_1, x_2, d_1) = 0 \\ &\rho_2(x_2, x_3, d_2) = p(x_3 | x_2, d_2) \mu_2(x_2, x_3, d_2) = u(x_2) \\ &\rho_1(x_3, x_4, d_3) = p(x_4 | x_3, d_3) \mu_1(x_3, x_4, d_3) = u(x_3) + u(x_4) \end{aligned} \tag{7.4.16}$$

且分隔符团初始化为：

$$\begin{aligned} \rho_{1-2}(x_3) = 1 \quad \mu_{1-2}(x_3) = 0 \\ \rho_{2-3}(x_2) = 1 \quad \mu_{2-3}(x_2) = 0 \end{aligned} \tag{7.4.17}$$

更新分隔符，得到新的概率势：

$$\rho_{1-2}(x_3)^* = \max_{d_3} \sum_{x_4} \rho_1(x_3, x_4, d_3) = 1 \tag{7.4.18}$$

和效用势：

$$\mu_{1-2}(x_3)^* = \max_{d_3} \sum_{x_4} \rho_1(x_3, x_4, d_3) \mu_1(x_3, x_4, d_3) = \max_{d_3} \sum_{x_4} p(x_4 | x_3, d_3)(u(x_3) + u(x_4)) \tag{7.4.19}$$

$$= \max_{d_3} \left(u(x_3) + \sum_{x_4} p(x_4 | x_3, d_3) u(x_4) \right) \tag{7.4.20}$$

在下一步，我们更新概率势：

$$\rho_2(x_2, x_3, d_2)^* = \rho_2(x_2, x_3, d_2) \rho_{1-2}(x_3)^* = p(x_3 | x_2, d_2) \tag{7.4.21}$$

和效用势：

$$\mu_2(x_2,x_3,d_2)^* = \mu_2(x_2,x_3,d_2) + \frac{\mu_{1-2}(x_3)^*}{\rho_{1-2}(x_3)} \tag{7.4.22}$$

$$= u(x_2) + \max_{d_3}\left(u(x_3) + \sum_{x_4} p(x_4 | x_3, d_3) u(x_4)\right)$$

下一个分隔符决策势是：

$$\rho_{2-3}(x_2)^* = \max_{d_2} \sum_{x_3} \rho_2(x_2,x_3,d_2)^* = 1 \tag{7.4.23}$$

$$\mu_{2-3}(x_2)^* = \max_{d_2} \sum_{x_3} \rho_2(x_2,x_3,d_2)\mu_2(x_2,x_3,d_2)^* \tag{7.4.24}$$

$$= \max_{d_2} \sum_{x_3} p(x_3 | x_2, d_2)\left(u(x_2) + \max_{d_3}\left(u(x_3) + \sum_{x_4} p(x_4 | x_3, d_3) u(x_4)\right)\right) \tag{7.4.25}$$

最后，我们确定根节点决策势：

$$\rho_3(x_1,x_2,d_1)^* = \rho_3(x_1,x_2,d_1)\rho_{2-3}(x_2)^* = p(x_2 | x_1, d_1) \tag{7.4.26}$$

且：

$$\mu_3(x_1,x_2,d_1)^* = \mu_3(x_2,x_1,d_1) + \frac{\mu_{2-3}(x_2)^*}{\rho_{2-3}(x_2)^*} \tag{7.4.27}$$

$$= \max_{d_2} \sum_{x_3} p(x_3 | x_2,\ d_2)\left(u(x_2) + \max_{d_3}\left(u(x_3) + \sum_{x_4} p(x_4 | x_3,\ d_3) u(x_4)\right)\right) \tag{7.4.28}$$

由最终的决策势，可得：

$$\rho_3(x_1,x_2,d_1)^* \mu_3(x_1,x_2,d_1)^* \tag{7.4.29}$$

这与在原影响图上分步求和和最大化的所得相等。至少对这种特殊例子，我们验证了联结树的方法可以得到正确的根节点团势。

7.5　马尔可夫决策过程

考虑一个马尔可夫链，其具有转移概率 $p(x_{t+1}=i | x_t=j)$。在时刻 t 选择一个动作(决策)，该动作将影响下一时刻 $t+1$ 的状态。将此描述为：

$$p(x_{t+1}=i | x_t=j, d_t=k) \tag{7.5.1}$$

效用 $u(x_t)$ 与每个状态有关，如图 7.8 所示。更一般地，可以认为效用和转移与决策相关，$u(x_{t+1}=i, x_t=j, d_t=k)$ 并且时间依赖版本为 $p_t(x_{t+1}=i | x_t=j, d_t=k)$，$u_t(x_{t+1}=i, x_t=j, d_t=k)$。在这里仅考虑与时间无关(静态)的情况。马尔可夫决策过程(Markov decision process，MDP)可以用来解决规划问题，例如如何尽快地到达目标地点。

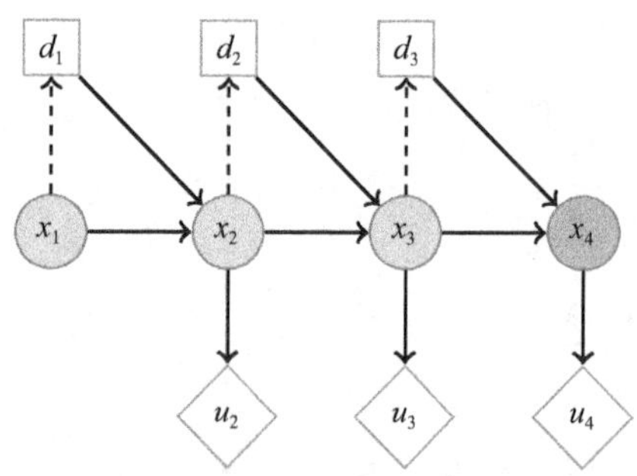

图 7.8　马尔可夫决策过程。可以用于如何用最小成本到达目的地的建模问题，通过使用消息传递算法很容易解决它们

对大于零的效用，任何状态-决策路径 $x_{1:T}$，$d_{1:T}$ 的总效用都被定义为(假设已知初始状态 x_1)：

$$U(x_{1:T}) \equiv \sum_{t=2}^{T} u(x_t) \tag{7.5.2}$$

且发生的概率可由下式求得：

$$p(x_{2:T} \mid x_1, d_{1:T-1}) = \prod_{t=1}^{T-1} p(x_{t+1} \mid x_t, d_t) \tag{7.5.3}$$

在时刻 $t=1$ 做将会最大化期望总效用的决策 d_1：

$$U(d_1 \mid x_1) \equiv \sum_{x_2} \max_{d_2} \sum_{x_3} \max_{d_3} \sum_{x_4} \cdots \max_{d_{T-1}} \sum_{x_T} p(x_{2:T} \mid x_1, d_{1:T-1}) U(x_{1:T}) \tag{7.5.4}$$

我们的任务是为 d_1 的每一个状态计算 $U(d_1 \mid x_1)$，然后选择具有最大期望总效用的状态。为有效地进行加和跟最大化操作，我们可以利用之前所介绍的联合树算法。在这个例子中，影响图足够简单，因此可以利用直接的信息传递方法来计算期望效用。

7.5.1 利用消息传递来最大化期望效用

考虑时间相关决策(非静态策略)的 MDP：

$$\prod_{t=1}^{T-1} p(x_{t+1} \mid x_t, d_t) \sum_{t=2}^{T} u(x_t) \tag{7.5.5}$$

对图 7.8 中的具体例子，信念网络的联合模型与效用为：

$$p(x_4 \mid x_3, d_3) p(x_3 \mid x_2, d_2) p(x_2 \mid x_1, d_1)(u(x_2) + u(x_3) + u(x_4)) \tag{7.5.6}$$

为决定如何采取第一个最优决策，我们需要计算：

$$\begin{aligned} U(d_1 \mid x_1) = \sum_{x_2} \max_{d_2} \sum_{x_3} \max_{d_3} \sum_{x_4} & p(x_4 \mid x_3, d_3) p(x_3 \mid x_2, d_2) \\ & p(x_2 \mid x_1, d_1)(u(x_2) + u(x_3) + u(x_4)) \end{aligned} \tag{7.5.7}$$

因为只有 $u(x_4)$ 显式地依赖于 x_4，所以上式可以写成：

$$\begin{aligned} U(d_1 \mid x_1) = \sum_{x_2} \max_{d_2} \sum_{x_3} & p(x_3 \mid x_2, d_2) p(x_2 \mid x_1, d_1) \\ & \left(u(x_2) + u(x_3) + \max_{d_3} \sum_{x_4} p(x_4 \mid x_3, d_3) u(x_4) \right) \end{aligned} \tag{7.5.8}$$

定义消息和相关值函数为：

$$u_{3\leftarrow 4}(x_3) \equiv \max_{d_3} \sum_{x_4} p(x_4 \mid x_3, d_3) u(x_4), \quad v(x_3) \equiv u(x_3) + u_{3\leftarrow 4}(x_3) \tag{7.5.9}$$

可写为：

$$U(d_1 \mid x_1) = \sum_{x_2} \max_{d_2} \sum_{x_3} p(x_3 \mid x_2, d_2) p(x_2 \mid x_1, d_1)(u(x_2) + v(x_3)) \tag{7.5.10}$$

同样地，因为只有最后的一部分依赖于 x_3，因此：

$$U(d_1 \mid x_1) = \sum_{x_2} p(x_2 \mid x_1, d_1) \left(u(x_2) + \max_{d_2} \sum_{x_3} p(x_3 \mid x_2, d_2) v(x_3) \right) \tag{7.5.11}$$

定义相似的值函数为：

$$v(x_2) \equiv u(x_2) + \max_{d_2} \sum_{x_3} p(x_3 \mid x_2, d_2) v(x_3) \tag{7.5.12}$$

则：

$$U(d_1 \mid x_1) = \sum_{x_2} p(x_2 \mid x_1, d_1) v(x_2) \tag{7.5.13}$$

由上已知 $U(d_1 \mid x_1)$，则最优决策 d_1 为：

$$d_1^*(x_1) = \underset{d_1}{\operatorname{argmax}} U(d_1 \mid x_1) \tag{7.5.14}$$

7.5.2 贝尔曼方程

在马尔可夫决策过程中，如上，可以递归地定义效用信息为：

$$u_{t-1\leftarrow t}(x_{t-1})\equiv\max_{d_{t-1}}\sum_{x_t}p(x_t|x_{t-1},d_{t-1})[u(x_t)+u_{t\leftarrow t+1}(x_t)] \tag{7.5.15}$$

更常见地，定义状态 x_t 的值函数为：

$$v_t(x_t)\equiv u(x_t)+u_{t\leftarrow t+1}(x_t),\quad v_T(x_T)=u(x_T) \tag{7.5.16}$$

等价的递归等式可写为：

$$v_{t-1}(x_{t-1})=u(x_{t-1})+\max_{d_{t-1}}\sum_{x_t}p(x_t|x_{t-1},d_{t-1})v_t(x_t) \tag{7.5.17}$$

最优决策 d_t^* 为：

$$d_t^*(x_t)=\underset{d_t}{\operatorname{argmax}}\sum_{x_{t+1}}p(x_{t+1}|x_t,d_t)v_{t+1}(x_{t+1}) \tag{7.5.18}$$

等式(7.5.17)正是贝尔曼方程[31]。

7.6 时间无穷的马尔可夫决策过程

在之前对 MDP 的讨论中，我们假设给定了结束时间 T，从链末端的结束时间后向传递信息。而对时间 T 无穷的情况，之前效用的定义将难以适用，因为：

$$u(x_1)+u(x_2)+\cdots+u(x_T) \tag{7.6.1}$$

通常情况下趋于无穷。我们可以使用一种简单的方式来规避这个难题。如果我们令 $u^*=\max_s u(s)$ 为效用的最大值，且对修改过的效用和添加折扣因子 $0<\gamma<1$：

$$\sum_{t=1}^{T}\gamma^t u(x_t)\leqslant u^*\sum_{t=1}^{T}\gamma^t=\gamma u^*\frac{1-\gamma^T}{1-\gamma} \tag{7.6.2}$$

如等比级数。在 $T\to\infty$ 时，调整过的效用和 $\gamma^t u(x_t)$ 是有限的。唯一要在原来讨论的基础上修改的就是：在信息定义中添加折扣因子 γ。假设在收敛时，定义仅和状态 s 的值 $v(x_t=s)$ 相关(注意，此处不和时间相关)。因此，我们可以用时间独立的等式代替时间相关的贝尔曼值迭代等式(7.5.17)：

$$v(s)\equiv u(s)+\gamma\max_d\sum_{s'}p(x_t=s'|x_{t-1}=s,d_{t-1}=d)v(s') \tag{7.6.3}$$

之后对所有状态 s 下的值 $v(s)$ 求解等式(7.6.3)。当处于给定的状态 $x_t=s$ 下时，得到最优决策策略(policy)为：

$$d^*(s)=\underset{d}{\operatorname{argmax}}\sum_{s'}p(x_{t+1}=s'|x_t=s,d_t=d)v(s') \tag{7.6.4}$$

对确定性转移 p(即对每个决策 d，仅有一个可用的状态 s')，此时最优决策为取得最大值的可达状态。

等式(7.6.3)看起来很容易求解，但最大化的操作意味着该等式在值 v 中为非线性的且无可用的封闭式解。两种比较常用的解决方式为值迭代、策略迭代，下面我们将会介绍。当状态 S 数量非常大时，可以考虑近似解。抽样与状态降维技巧在[62]中具体讲解。

7.6.1 值迭代

值迭代(value iteration)是一种简单地迭代等式(7.6.3)直到收敛的方法，在初始阶段随机设置假设值(常为均匀分布)。[36]证明值迭代可以收敛到唯一最优值。收敛速率依赖于折扣因子 γ，它越小，收敛越快。图 7.10 给出了值迭代的示例。

7.6.2 策略迭代

在策略迭代(policy iteration)中，假设已知每个状态 s 的最优决策 $d^*(s)$。可以代入等式(7.6.3)：

$$v(s)=u(s)+\gamma \sum_{s'} p(x_t=s' \mid x_{t-1}=s, d^*(s))v(s') \tag{7.6.5}$$

由于假设已知最优决策，因此消去了 d 的最大化操作。对固定的 d，等式(7.6.5)与值呈线性关系。定义值 $\boldsymbol{v}$、效用 $\boldsymbol{u}$ 和转移矩阵 $\boldsymbol{P}$：

$$[\boldsymbol{v}]_s=v(s),\quad [\boldsymbol{u}]_s=u(s),\quad [\boldsymbol{P}]_{s',s}=p(s' \mid s, d^*(s)) \tag{7.6.6}$$

在矩阵表示法中，等式(7.6.5)为：

$$\boldsymbol{v}=\boldsymbol{u}+\gamma \boldsymbol{P}^{\mathrm{T}}\boldsymbol{v} \Leftrightarrow (\boldsymbol{I}-\gamma \boldsymbol{P}^{\mathrm{T}})\boldsymbol{v}=\boldsymbol{u} \Leftrightarrow \boldsymbol{v}=(\boldsymbol{I}-\gamma \boldsymbol{P}^{\mathrm{T}})^{-1}\boldsymbol{u} \tag{7.6.7}$$

这些线性方程用高斯消元法可以很快求解。使用这个方法，最优策略用公式(7.6.4)计算。迭代求解值和重新计算策略的两个步骤直到收敛，该过程可以以假设 $d^*(s)$ 初始值作为初始化，再求解线性方程(7.6.5)的值，或者假设初始值和求解策略初始值。

例 7.7(网格世界的 MDP) 在 $N \times N$ 的网格上定义状态集，且对每个状态都设置相应的效用值，如图 7.9 所示。在每个时间步，智能体可以确定性地移动到相邻网格状态。初始化每个网格状态的值为效用之后，可得到每个状态的值(已收敛)，如图 7.10 所示。此时最优的策略通过移动至具有最高效用值的相邻网格状态得到。

1 0	11 0	21 0	31 0	41 0	51 1	61 0	71 0	81 0	91 0
2 0	12 0	22 0	32 0	42 0	52 0	62 0	72 0	82 0	92 1
3 1	13 0	23 0	33 0	43 0	53 0	63 0	73 1	83 0	93 0
4 0	14 0	24 0	34 0	44 0	54 0	64 0	74 0	84 0	94 0
5 0	15 0	25 0	35 0	45 0	55 0	65 0	75 0	85 0	95 0
6 0	16 0	26 0	36 0	46 1	56 0	66 0	76 0	86 0	96 0
7 0	17 0	27 0	37 0	47 0	57 0	67 0	77 0	87 0	97 0
8 0	18 1	28 0	38 0	48 0	58 0	68 0	78 0	88 0	98 0
9 0	19 0	29 0	39 0	49 0	59 0	69 0	79 0	89 0	99 0
10 0	20 0	30 0	40 0	50 0	60 0	70 1	80 0	90 1	100 0

图 7.9 定义在二维网格上的状态。在每个方格中，左上角表示状态的序数，右下角表示在该状态时的效用。一个“智能体”可以从一个状态移动到相邻状态，如图所示。目前的任务是对任意位置(状态)选择能够最大化期望效用的移动方式，也就是说向目标状态移动(非零效用的状态)。示例为 demoMDP

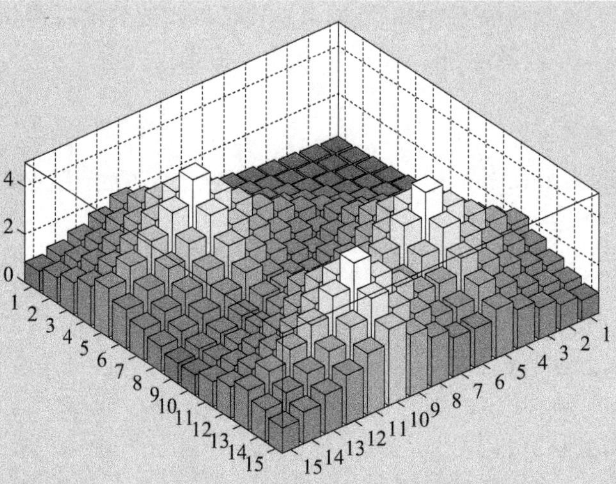

图 7.10　在 225 个状态的集合上做值迭代，对应于 15×15 的二维网格。确定性转移允许转向相邻状态，{原状态,左,右,上,下}。有三个目标状态，且仅有这三个状态的效用为 1，其余状态效用为 0。图中所示为当 $\gamma=0.9$ 时 30 次值迭代后的值函数 $v(s)$，且 s 索引了(x,y)。网格上任意状态的最优决策为到达拥有最大值的相邻状态。见 demoMDP

7.6.3　维度灾难

考虑下面的汉诺塔问题。有 4 个柱子分别标记为 a、b、c、d，同时有 10 个盘子，其编号从 1 到 10。你可以把一个盘子从一个柱子移动到另一个柱子。但是，你不能把大编号盘子放在小编号盘子上。所有盘子开始时都放在柱子 a 上，如何用最少的移动次数把所有盘子放在柱子 d 上？

这显然是一个简单的 MDP，其中状态转移是盘子的移动。如果我们用 x 来表示 4 个柱子上放置盘子的状态，那么大约有 $4^{10}=1\,048\,576$ 个状态(除去有些重复的排列状态，这可以减少一半)，这个状态数字很大而难以计算。

许多真实世界中类似的场景也存在维度灾难的问题，使用简单的方法是难以求解的。而寻找精确解与状态表征是解决大规模 MDP 的关键，参见[209]。

7.7　变分推断和规划

对有限范围的固定策略 MDP，可以用多种方法来解决学习最优策略的问题。策略梯度和 EM 方法是其中两种较为流行的方法——参见[110]和 11.2 节。

对许多 MDP 来说，最优策略是确定性的[284]，因此相关明确求解确定性策略的方法是可用的。出于这个原因，并为了与我们对策略和价值迭代的讨论(已涉及确定性策略)联系起来，在这里我们仅讨论简单案例，读者可以参照其他文本[82,299,108-109]来了解在非确定性策略情况下的细节。如有与时间无关的确定性策略 $d(s)$，即将状态 s 映射到决策 d(常写作 π)，则期望效用可表示为：

$$U(\pi)=\sum_{t=1}^{T}\sum_{x_t}u_t(x_t)\sum_{x_{1:t-1}}\prod_{\tau=1}^{t}p(x_\tau|x_{\tau-1},d(x_{\tau-1}))\tag{7.7.1}$$

按照惯例，其中 $p(x_1|x_0,d(x_0))=p(x_1)$。如果把它看作因子图，这就是一个简单的链

集，所以对任何策略 π 来说，都可以轻松计算期望效用。理论上，可以尝试直接计算策略以优化 U。另一种方法是使用 EM 方法[108]。为此首先定义一个(跨维)分布：

$$\hat{p}(x_{1:t},t)=\frac{u_t(x_t)}{Z(\pi)}\prod_{\tau=1}^{t}p(x_\tau|x_{\tau-1},d(x_{\tau-1})) \tag{7.7.2}$$

该分布的归一化常数 $Z(\pi)$ 是：

$$\sum_{t=1}^{T}\sum_{x_{1:t}}u_t(x_t)\prod_{\tau=1}^{t}p(x_\tau|x_{\tau-1},d(x_{\tau-1}))=\sum_{t=1}^{T}\sum_{x_{1:t}}u_t(x_t)\prod_{\tau=1}^{t}p(x_\tau|x_{\tau-1},d(x_{\tau-1}))=U(\pi) \tag{7.7.3}$$

如果现在定义一个变分分布 $q(x_{1:t},t)$，并考虑：

$$\mathrm{KL}(q(x_{1:t},t)|\hat{p}(x_{1:t},t))\geqslant 0 \tag{7.7.4}$$

这就给出了下界：

$$\log U(\pi)\geqslant -H(q(x_{1:t},t))+\left\langle \log u_t(x_t)\prod_{\tau=1}^{t}p(x_\tau|x_{\tau-1},d(x_{\tau-1}))\right\rangle_{q(x_{1:t},t)} \tag{7.7.5}$$

其中 $H(q(x_{1:t},t))$ 是分布 $q(x_{1:t},t)$ 的熵。从 EM 算法的观点出发，M-步仅需要依赖于 π，则有：

$$E(\pi)=\sum_{t=1}^{T}\sum_{\tau=1}^{t}\langle\log p(x_\tau|x_{\tau-1},d(x_{\tau-1}))\rangle_{q(x_\tau,x_{\tau-1},t)} \tag{7.7.6}$$

$$=\sum_{t=1}^{T}\sum_{\tau=1}^{t}q(x_\tau=s',x_{\tau-1}=s,t)\log p(x_\tau=s'|x_{\tau-1}=s,d(x_{\tau-1})=d) \tag{7.7.7}$$

对于每个给定的状态，尝试寻找最优决策 d，也相当于最大化下式：

$$\hat{E}(d|s)=\sum_{s'}\left\{\sum_{t=1}^{T}\sum_{\tau=1}^{t}q(x_\tau=s',x_{\tau-1}=s,t)\right\}\log p(s'|s,d) \tag{7.7.8}$$

定义：

$$q(s'|s)\propto\sum_{t=1}^{T}\sum_{\tau=1}^{t}q(x_\tau=s',x_{\tau-1}=s,t) \tag{7.7.9}$$

可以看到，对于给定的 s，直到常数，$\hat{E}(d|s)$ 是 $q(s'|s)$ 和 $p(s'|s,d)$ 之间的 KL 散度。最优决策 d 由分布 $p(s'|s,d)$ 的索引给出，该分布与 $q(s'|s)$ 相关：

$$d^*(s)=\underset{d}{\mathrm{argmin}}\,\mathrm{KL}(q(s'|s)|p(s'|s,d)) \tag{7.7.10}$$

E-步包含 M-步中所需的边缘分布的计算。最优 q 分布与在先前决策函数 d 处评估的 $\hat{p}$ 成比例：

$$q(x_{1:t},t)\propto u_t(x_t)\prod_{\tau=1}^{t}p(x_\tau|x_{\tau-1},d(x_{\tau-1})) \tag{7.7.11}$$

对常数折扣因子 γ，和与时间无关的效用，有：

$$u_t(x_t)=\gamma^t u(x_t) \tag{7.7.12}$$

使用：

$$q(x_{1:t},t)\propto\gamma^t u(x_t)\prod_{\tau=1}^{t}p(x_\tau|x_{\tau-1},d(x_{\tau-1})) \tag{7.7.13}$$

对每个 t，其中 M-步所需的配对转移边缘是一个简单的马尔可夫链，可顺理成章地得到等式(7.7.9)。这需要在一系列不同长度的马尔可夫模型中进行推断。可以通过有效使用前向和后向传递解决[299,110]。

EM 和相关方法严格遵循图模型中的推断规则，但可能出现令人失望的情况——收敛

缓慢。最近，另一种使用拉格朗日对偶性的方法表现出非常好的效果，可参考[111]了解详情。注意，EM 算法往往在确定性环境下不可用(转移概率 $p(x_t|x_{t-1},d_{t-1})$是确定性的)，参见练习 7.8 的解释说明和练习 7.9 提供的解决方案。

备注 7.2(求解 MDP——简单还是困难?)　7.5.1 节中的讨论强调了解决线性影响图(在每个时间步内找到最优决策)是比较简单的，而且可以使用简单的消息传递算法实现，其与链的长度成线性比例。相反，寻找最优的与时间无关的策略 π 通常要复杂得多——这也是许多算法尝试在与时间无关的控制、强化学习与游戏领域等寻找最优策略的原因。从数学上来看，造成这种差异的原因是，在与时间无关的情况中，限制策略必须在所有时间步中相同，从而导致图结构不再是一个链，所有时间点都连接到单个 π。在这种情况下，一般来说，无法得到可用的线性消息传递方法以优化最终目标。

7.8　金融事项

效用和决策理论在金融方面起着重要作用，比如基于预期未来收益设定价格与确定最优投资。在本节，我们简要介绍两个这样的基本应用。

7.8.1　期权定价和期望效用

持有者拥有目前市场价为 S 的资产，并想给我们在时间 T 以商定价格 S_* 购买该资产的机会。在时间 T，如果市场价格上涨至 S_u，超过了执行价格，则我们作为买方可以以商定价格 S_* 购买资产，见图 7.11。如果相反，价格下跌至 S_d，低于了执行价格，则我们放弃购买。问题是，持有者应该收取多少费用 C，以让我们能够在时间 T 以约定价格购买资产(期权金)? 为了解答这个问题，我们还需要知道无风险投资在同一时期内会产生多少利益(即我们把钱存入安全银行能得到的利益)。假设利率 R 在该时间段 T 内是已知的，假如是 0.06，同时称这两个人为持有者(owner)和客户(client)(客户可能会，也可能不会购买资产)。

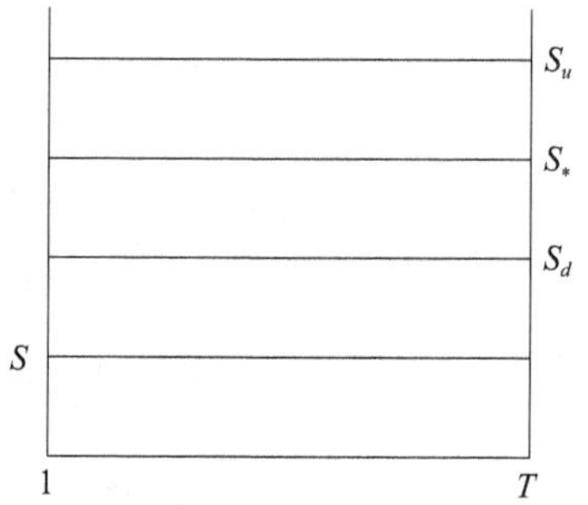

图 7.11　期权定价：某资产于时间点 $t=1$ 时的市场价为 S。假设在时间 T 时资产市场价为 S_u 或 S_d。持有者与期权买方(客户)一致同意如果市场价大于“行使价 S_*”，则客户有权以 S_* 购买资产。问题是：资产所有者应该向客户收取多少费用以让客户有机会获得购买资产的权利(权利金)

两种可能情况

为简单起见，我们假设资产在时间 T 只能将价格设定为 S_u 或 S_d。我们也假设已知相关事件的概率(参见下文)，即 ρ 和 $1-\rho$，则得出如下两种情况的期望效用为。

- 资产价格上涨

$$U(\text{up},\text{client})=\underbrace{S_u-S_*}_{\text{直接销售利润}}-\underbrace{C}_{\text{期权费}}-\underbrace{CR}_{\text{期权成本利息损失}} \tag{7.8.1}$$

$$U(\text{up},\text{owner})=\underbrace{S_*-S}_{\text{直接销售损失}}+\underbrace{C}_{\text{期权费}}+\underbrace{CR}_{\text{期权成本权益}}-\underbrace{SR}_{\text{损失利息}} \tag{7.8.2}$$

上面最终的 SR 项来自进入期权交易所——否则所有者可能在时间点 1 卖出资产，然后将得到的钱存入银行。

- 资产下降

$$U(\text{down},\text{client}) = -\underbrace{C}_{\text{期权费}} - \underbrace{CR}_{\text{期权成本利息损失}} \tag{7.8.3}$$

这是因为在这种情况下，客户不再售卖资产，

$$U(\text{down},\text{owner}) = \underbrace{S_d - S}_{\text{资产价值变动}} + \underbrace{C}_{\text{期权费}} + \underbrace{CR}_{\text{期权成本权益}} - \underbrace{SR}_{\text{损失利息}} \tag{7.8.4}$$

对于客户来说，期望效用为：

$$U(\text{client}) = \rho \times U(\text{up},\text{client}) + (1-\rho) \times U(\text{down},\text{client}) \tag{7.8.5}$$

$$= \rho(S_u - S_* - C - CR) + (1-\rho)(-C - CR) \tag{7.8.6}$$

$$= \rho(S_u - S_*) - C(1+R) \tag{7.8.7}$$

对于持有者来说，期望效用为：

$$U(\text{owner}) = \rho \times U(\text{up},\text{owner}) + (1-\rho) \times U(\text{down},\text{owner}) \tag{7.8.8}$$

$$= \rho(S_* - S + C + CR - SR) + (1-\rho)(S_d - S + C + CR - SR) \tag{7.8.9}$$

$$= \rho(S_* - S_d) + S_d - S + C(1+R) - SR \tag{7.8.10}$$

假设客户和持有者应该具有相同的期望收益似乎是合理的，即 $U(\text{client}) = U(\text{owner})$。于是：

$$\rho(S_u - S_*) - C(1+R) = \rho(S_* - S_d) + S_d - S + C(1+R) - SR \tag{7.8.11}$$

解 C，有：

$$C = \frac{\rho(S_u - 2S_* + S_d) - S_d + S(1+R)}{2(1+R)} \tag{7.8.12}$$

除了 ρ，我们假设了期权价格所需的全部量。其中一种设定 ρ 的方法如下文所述。

设定 ρ

一种很合理的想法是，ρ 可根据真实的价格上涨概率大概设定。然而，如果给定 ρ 的值并知道两个可能的价格 S_u 和 S_d，持有者就可以计算持有资产的预期效用。这是：

$$\rho S_u + (1-\rho) S_d - S \tag{7.8.13}$$

或者，持有者可以以 S 出售资产并把钱存入银行，在时间 T 收取利息 RS。在公平的市场中，必须使持有资产的预期回报与资产无风险回报相同：

$$\rho S_u + (1-\rho) S_d - S = RS \quad \Rightarrow \quad \rho = \frac{S(1+R) - S_d}{S_u - S_d} \tag{7.8.14}$$

使用这个值来为等式(7.8.14)中的期权定价，可以确保无论是否准备提供期权，对于持有者来说期望收益是一样的，并且如果期权可得，这两种情况下的期望收益也是一样的。

7.8.2 二项式期权定价模型

如果我们有两个以上的时间点，就可以很容易地扩展上述内容。最简单的假设是每一个时间 t 都有两种价格变化的可能性——价格可以以一个因子 $u>1$ 上涨或以因子 $d<1$ 下跌。对于 T 个时间步，我们有一组资产在时间 T 可以得到的可能值。对其中一些，客户将出售资产(当 $S_T > S_*$ 时)，或者选择不出售。如前所述，我们需要解出持有者与客户的预期收益，假设我们已知 ρ(即一个时间步内以因子 u 上涨的价格概率)。对于一个有 n 个上涨，$T-n$ 个下跌的序列来说，此时价格为 $S_T = Su^n d^{T-n}$。如果求得值大于 S_*，则客

户选择出售资产且效用为：

$$\mathbb{I}[Su^n d^{T-n} > S_*](Su^n d^{T-n} - S_* - C(1+R)) \tag{7.8.15}$$

N 个上涨和 $T-n$ 个下跌的概率为：

$$\beta(T,n,\rho) \equiv \binom{T}{n} \rho^n (1-\rho)^{T-n} \tag{7.8.16}$$

其中 $\binom{T}{n}$ 为二项式系数。因此对客户来说，上涨的总期望效用为：

$$U(\text{client},\text{up}) = \sum_{n=0}^{T} \beta(T,n,\rho)\mathbb{I}[Su^n d^{T-n} > S_*](Su^n d^{T-n} - S_* - C(1+R)) \tag{7.8.17}$$

类似地，有：

$$U(\text{client},\text{down}) = -C(1+R)\sum_{n=0}^{T} \beta(T,n,\rho)\mathbb{I}[Su^n d^{T-n} < S_*] \tag{7.8.18}$$

则客户的总期望效用为：

$$U(\text{client}) = U(\text{client},\text{up}) + U(\text{client},\text{down}) \tag{7.8.19}$$

类似地，对持有者来说，

$$U(\text{owner},\text{up}) = (S_* - S(1+R) + C(1+R))\sum_{n=0}^{T} \beta(T,n,\rho)\mathbb{I}[Su^n d^{T-n} > S_*] \tag{7.8.20}$$

且：

$$U(\text{owner},\text{down}) = \sum_{n=0}^{T} \beta(T,n,\rho)\mathbb{I}[Su^n d^{T-n} < S_*](Su^n d^{T-n} - S(1+R) + C(1+R)) \tag{7.8.21}$$

以及：

$$U(\text{owner}) = U(\text{owner},\text{up}) + U(\text{owner},\text{down}) \tag{7.8.22}$$

设定：

$$U(\text{client}) = U(\text{owner}) \tag{7.8.23}$$

则可得 C 的简单线性方程。

设定 ρ

为了设置 ρ，我们可以使用与两个时间步情况类似的逻辑。首先，我们计算在时间 T 资产的期望值，即

$$\sum_{n=0}^{T} \beta(T,n,\rho)Su^n d^{T-n} \tag{7.8.24}$$

使预期收益与无风险投资的收益相等：

$$\sum_{n=0}^{T} \beta(T,n,\rho)Su^n d^{T-n} - S = RS \quad \Rightarrow \quad \sum_{n=0}^{T} \beta(T,n,\rho)u^n d^{T-n} = R+1 \tag{7.8.25}$$

已知 u 和 d，可以由上式求出 ρ，并将其代入 C 的等式中。u 和 d 可从过去的观察数据中学得(在文献中，它们通常与观察到的价格变化有关[75])。

二项式期权定价方法是一种相对简单的价格选择方法。著名的布莱克-肖尔斯模型[46]本质上是其在无限时间步下的特例[151]。

7.8.3 最优投资

在金融领域，效益的另一个例子是与 MDP 有关的问题，即如何最合理地进行投资并

使某些未来的准则最大化。我们在这里考虑很简单的设定，但它可以很容易地扩展到更复杂的场景。我们假设有两个资产 a 和 b，时间 t 时的价格由 s_t^a 和 s_t^b 给出。假设价格由马尔可夫更新决定：

$$s_t^a = s_{t-1}^a(1+\epsilon_t^a) \quad \Rightarrow \quad p(s_t^a \mid s_{t-1}^a, \epsilon_t^a) = \delta(s_t^a - (1+\epsilon_t^a)s_{t-1}^a) \tag{7.8.26}$$

其中 $\delta(\cdot)$ 为狄拉克三角函数。价格增量遵循马尔可夫转移规则：

$$p(\epsilon_t^a, \epsilon_t^b \mid \epsilon_{t-1}^a, \epsilon_{t-1}^b) = p(\epsilon_t^a \mid \epsilon_{t-1}^a) p(\epsilon_t^b \mid \epsilon_{t-1}^b) \tag{7.8.27}$$

使用以上等式可对价格增量基本不变的场景进行有效建模(如银行利息)或者应用在有更多变量的场景中(如股票市场)。

我们有一个投资决策 $0 \leqslant d_t \leqslant 1$，其表示将用现有财产 w_t 的多少份额来在时间 t 购买资产 a，且把剩余的财富投资于资产 b。假设资产 a 定价为 s_t^a，此时决定使用我们目前财产 w_t 的份额 d_t 以购买 a 资产(量为 q_t^a)和购买 b 资产(量为 q_t^b)。则有：

$$q_t^a = \frac{d_t w_t}{s_t^a}, \quad q_t^b = \frac{w_t(1-d_t)}{s_t^b} \tag{7.8.28}$$

在时间步 $t+1$，资产 a 的价格与 b 的价格将变为 s_{t+1}^a 与 s_{t+1}^b，因此时间步 $t+1$ 的财产值为：

$$w_{t+1} = q_t^a s_{t+1}^a + q_t^b s_{t+1}^b = \frac{d_t w_t s_{t+1}^a}{s_t^a} + \frac{w_t(1-d_t)s_{t+1}^b}{s_t^b} = w_t(d_t(1+\epsilon_{t+1}^a) + (1-d_t)(1+\epsilon_{t+1}^b)) \tag{7.8.29}$$

可用转移概率表示：

$$p(w_{t+1} \mid w_t, \epsilon_{t+1}^a, \epsilon_{t+1}^b, d_t) = \delta(w_{t+1} - w_t(d_t(1+\epsilon_{t+1}^a) + (1-d_t)(1+\epsilon_{t+1}^b))) \tag{7.8.30}$$

在结束时间 T，我们有一个效用 $u(w_T)$ 用以表达财产满意度。已知我们从财产值 w_1 开始，假设已知 ϵ_1^a 和 ϵ_1^b，我们想要找到将在时间 T 最大化期望效用的最优决策 d_1。为此，在任何时间 $1 < t < T$，资产 a 中财产的份额 d_t 可调整。马尔可夫链为(也可见 23.1 节)：

$$p(\epsilon_{1:T}^a, \epsilon_{1:T}^b, w_{2:T} \mid \epsilon_1^a, \epsilon_1^b, w_1, d_{1:T-1}) = \prod_{t=2}^{T} p(\epsilon_t^a \mid \epsilon_{t-1}^a) p(\epsilon_t^b \mid \epsilon_{t-1}^b) p(w_t \mid w_{t-1}, \epsilon_t^a, \epsilon_t^b, d_{t-1}) \tag{7.8.31}$$

决策 d_1 的期望效用是：

$$\begin{aligned} &U(d_1 \mid \epsilon_1^a, \epsilon_1^b, w_1) \\ &= \sum_{\epsilon_2^a, \epsilon_2^b, w_2} \cdots \max_{d_{T-2}} \sum_{\epsilon_{T-1}^a, \epsilon_{T-1}^b, w_{T-1}} \max_{d_{T-1}} \sum_{\epsilon_T^a, \epsilon_T^b, w_T} p(\epsilon_{1:T}^a, \epsilon_{1:T}^b, w_{2:T} \mid \epsilon_1^a, \epsilon_1^b, w_1, d_{1:T-1}) u(w_T) \end{aligned} \tag{7.8.32}$$

对于相应的影响图，有偏序：

$$d_1 \prec \{\epsilon_2^a, \epsilon_2^b, w_2\} \prec d_2 \prec \cdots \prec \{\epsilon_{T-1}^a, \epsilon_{T-1}^b, w_{T-1}\} \prec d_{T-1} \prec \{\epsilon_T^a, \epsilon_T^b, w_T\} \tag{7.8.33}$$

为了计算 $U(d_1 \mid \epsilon_1^a, \epsilon_1^b, w_1)$，首先在时间 T 执行操作以给出消息：

$$\gamma_{T-1 \leftarrow T}(\epsilon_{T-1}^a, \epsilon_{T-1}^b, w_{T-1}) \equiv \max_{d_{T-1}} \sum_{\epsilon_T^a, \epsilon_T^b, w_T} p(\epsilon_T^a \mid \epsilon_{T-1}^a) p(\epsilon_T^b \mid \epsilon_{T-1}^b) p(w_T \mid w_{T-1}, \epsilon_T^a, \epsilon_T^b, d_{T-1}) u(w_T) \tag{7.8.34}$$

并且，一般有：

$$\begin{aligned} &\gamma_{t-1 \leftarrow t}(\epsilon_{t-1}^a, \epsilon_{t-1}^b, w_{t-1}) \\ &\equiv \max_{d_{t-1}} \sum_{\epsilon_t^a, \epsilon_t^b, w_t} p(\epsilon_t^a \mid \epsilon_{t-1}^a) p(\epsilon_t^b \mid \epsilon_{t-1}^b) p(w_t \mid w_{t-1}, \epsilon_t^a, \epsilon_t^b, d_{t-1}) \gamma_{t \leftarrow t+1}(\epsilon_t^a, \epsilon_t^b, w_t) \end{aligned} \tag{7.8.35}$$

使得：

$$U(d_1 \mid \epsilon_1^a, \epsilon_1^b, w_1) = \sum_{\epsilon_2^a, \epsilon_2^b, w_2} p(\epsilon_2^a \mid \epsilon_1^a) p(\epsilon_2^b \mid \epsilon_1^b) p(w_2 \mid w_1, \epsilon_2^a, \epsilon_2^b, d_1) \gamma_{2\leftarrow 3}(\epsilon_2^a, \epsilon_2^b, w_2) \tag{7.8.36}$$

注意这个过程并不等同于做最大化预期的下一期财富时的决策时投资近视(myopic)决策。

上述消息难以表示连续的财富值 w_t。因此，一个简单的策略是离散化所有的财富值，也是价格变动ϵ_t^a、ϵ_t^b 和投资决策 d_t，见练习 7.13。在这种情况下，需要通过分布来近似函数 $\delta(x)$，该分布对于除最接近实际值 x 的离散状态之外，每个都状态都是零。

例 7.8(最优投资)　图 7.12 为我们描述了一个简单的最优投资组合问题，其中有一种安全银行资产和一种有风险的股票市场资产。我们从单位财富开始并且希望在时间 $t=40$ 时获得 1.5 的财富。如果我们将所有资金存入银行，将不能够达到预期金额，所以我们必须至少将我们的一些财富放在风险资产中。刚开始股市表现不佳，且我们的财富数额不多。当股市回升到一定值之后，如在 $t=20$，不再需要承担很多风险，我们就可以将大部分钱存在银行，确保实现我们的投资目标。

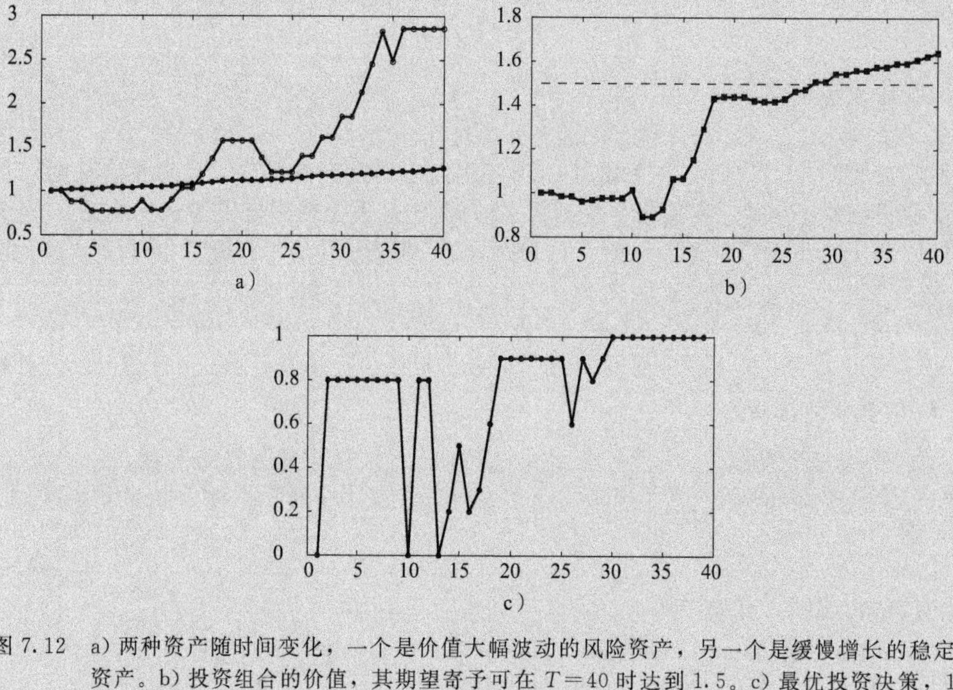

图 7.12　a) 两种资产随时间变化，一个是价值大幅波动的风险资产，另一个是缓慢增长的稳定资产。b) 投资组合的价值，其期望寄予可在 $T=40$ 时达到 1.5。c) 最优投资决策，1 对应将所有财富存入安全资产，0 对应将所有资金存入风险资产

7.9　进一步的主题

7.9.1　部分可观察的 MDP

在 POMDP 中，存在未观察到的状态。这看似无坏处的 MDP 案例扩展却可能会导致计算困难。让我们考虑一下图 7.13 中的情况，尝试根据求和序列和最大值求解最优期望

效用。对隐变量的求和耦合了所有的决策和观察，这意味着我们不能在剩余求最大化操作中利用简单的链结构。对于长度为 t 的 POMDP，这会带来难以处理的指数复杂度问题。另一种观点是认识到所有过去的决定和观察 $v_{1:t}$，$d_{1:t-1}$，可以在信念方面被概括在当前潜状态，$p(h_t|v_{1:t}, d_{1:t-1})$。这表明，与 MDP 案例中的实际状态不同，我们需要使用状态分布来代表我们目前的知识。因此，与有限的状态相反，我们可以利用信念分布写出高效的 MDP 信念分布。如果需要近似技术来解无限状态的 MDP，可以参考更详细的文章来研究。例如[162，165]。

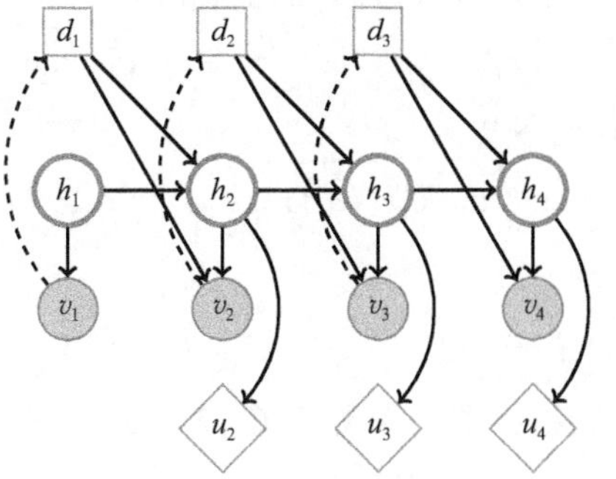

图 7.13　部分可观察马尔可夫决策过程(POMDP)的示例。隐变量 h 永远不会被观察到。为解觉影响图，需要首先对从未观察到的变量进行求和，因此要将所有过去观察到的变量和决策全部整合，任何在时间 t 时的决策取决于之前的所有决策。注意，不遗忘原则意味着我们不需要明确地写出每个取决于所有以前的观察数据的决策——以上作为隐含的假设

7.9.2　强化学习

强化学习(RL)主要涉及与时间无关的 MDP，这增加了未知的转移 $p(s'|s,d)$(可能是效用)。最初，一个智能体开始探索与决策相关的状态集和效用(奖励)。智能体遍历其环境时，得到可访问的状态集和相关奖励。考虑迷宫问题，设定为给定起点和目标状态，但迷宫结构未知。任务用最小移动次数从起点到达目标。显然，需要保持好奇心与最大化预期奖励的平衡。如果我们太好奇(不遵循目前有关迷宫结构可用信息所制定的最优决策并继续探索可能的迷宫路线)，可能效果不好；如果我们不探索可能的迷宫状态，我们可能永远不会意识到根据我们目前的知识会有一个更加优化的捷径。这个探索-利用之间的平衡取舍正是强化学习难点之一，具体可参见[284]中有关强化学习的扩展讨论。

从基于模型到无模型学习

考虑具有状态转移分布 $p(x_{t+1}|x_t,d_t)$ 和策略分布 $p(d_t|x_t)$ 的 MDP。为简单起见，我们设定效用仅取决于状态 x_t。在状态 x_t，采取决策 d_t 时的期望效用 $U(d_t|x_t)$ 可用 7.5.2 节中类似的参数导出，折扣因子是 γ。类似于等式(7.5.10)，我们有(包括折扣)：

$$U(d_t|x_t)=\sum_{x_{t+1}}p(x_{t+1}|x_t,d_t)\Big(u(x_{t+1})+\gamma\max_d\sum_{x'}p(x'|x_{t+1},d)v(x')\Big) \tag{7.9.1}$$

使用值递归：

$$v(x_{t+1})=u(x_{t+1})+\gamma\max_d\sum_{x'}p(x'|x_{t+1},d)v(x') \tag{7.9.2}$$

我们可以写出：

$$U(d_t|x_t)=\sum_{x_{t+1}}p(x_{t+1}|x_t,d_t)v(x_{t+1}) \tag{7.9.3}$$

将其代入等式(7.9.2)，我们有：

$$v(x_{t+1})=u(x_{t+1})+\gamma\max_d U(d\mid x_{t+1}) \tag{7.9.4}$$

将等式(7.9.4)代入等式(7.9.3)，我们得到：

$$U(d_t\mid x_t)=\sum_{x_{t+1}} p(x_{t+1}\mid x_t,d_t)\left(u(x_{t+1})+\gamma\max_d U(d\mid x_{t+1})\right) \tag{7.9.5}$$

如果我们已知模型 p，就可以解方程(7.9.5)的 $U(d\mid x)$。鉴于此解决方案，当处于状态 x 时，最优策略是决定 $d=\operatorname{argmax}_d U(d\mid x)$。在我们不希望显式存储或描述模型 $p(x_{t+1}\mid x_t,d_t)$ 的情况下，可以使用抽自该转移的样本来近似等式(7.9.5)；如果处于状态 x_t 且采取决策 d_t，则环境反馈我们一个样本 x_{t+1}。这给出了一样本情况下对等式(7.9.5)的估计：

$$\widetilde{U}(d_t\mid x_t)=u(x_{t+1})+\gamma\max_d\widetilde{U}(d\mid x_{t+1}) \tag{7.9.6}$$

这给出了一个高度随机更新并为了确保收敛，最好使用(见下文)：

$$\widetilde{U}_{t+1}(d_t\mid x_t)=(1-\alpha_t)\widetilde{U}_t(d_t\mid x_t)+\alpha_t\left(u(x_{t+1})+\gamma\max_d\widetilde{U}_t(d\mid x_{t+1})\right) \tag{7.9.7}$$

可以写作：

$$\widetilde{U}_{t+1}(d_t\mid x_t)=\widetilde{U}_t(d_t\mid x_t)+\alpha_t\left(u(x_{t+1})+\gamma\max_d\widetilde{U}_t(d\mid x_{t+1})-\widetilde{U}_t(d_t\mid x_t)\right) \tag{7.9.8}$$

其中学习率满足 $0\leqslant\alpha<1$，$\sum_t \alpha_t^2<\infty$，例如 $\alpha_t=1/t$。这给出了一个称为 Q-学习的过程，可根据来自环境的样本更新 U 的近似值。这是一个简单而有效的方案，因此也是最受欢迎的无模型方法之一。但一个复杂的点是，如果我们根据 $d=\operatorname{argmax}_d\widetilde{U}(d\mid x)$ 选择一个决策就会影响下次所抽的样本。然而，在某些条件下(基本上所有决策都是在每个状态上重复采样的)，在 $t\to\infty$[312] 时，样本估计 $\widetilde{U}_t(d\mid x)$ 收敛到精确的 $U(d\mid x)$。

均值的移动均值估计量

为了求解上述 Q-学习方法，我们考虑根据单个样本的序列 $x_1,\cdots,x_t$ 来估计分布 $p(x)$ 的均值 $\mu\equiv\sum_x xp(x)$。基于序列，一个简单的方法是取单个样本：

$$\tilde{\mu}_t\equiv x_t \tag{7.9.9}$$

这虽然是一个无偏估计，但并非始终成立。随着 t 增加，近似值并不会趋近于正确的答案 μ。更好的近似方法是考虑移动的均值。定义：

$$\hat{\mu}_t\equiv\frac{1}{t}(x_1+\cdots+x_t) \tag{7.9.10}$$

有：

$$\hat{\mu}_{t+1}=\frac{1}{t+1}(x_1+\cdots+x_t+x_{t+1}) \tag{7.9.11}$$

因此可得

$$\hat{\mu}_{t+1}=(1-\alpha_t)\hat{\mu}_t+\alpha_t x_{t+1} \tag{7.9.12}$$

其中 $\alpha_t\equiv 1/(t+1)$。这是 μ 的无偏估计，并且在 $t\to\infty$ 时收敛于精确均值 μ。这是也在 Q-学习中使用的过程，其中使用移动的均值来估预期奖励。

贝叶斯强化学习

对于给定的环境数据集 $\mathcal{X}$(观察到的转移和效用)，强化学习问题被看作求解最大化预期奖励的策略，只考虑环境、观察到的决定和状态之类的先验信念。如果我们假设已知效用函数而非转移，可以写出：

$$U(\pi\mid\mathcal{X})=\langle U(\pi\mid\theta)\rangle_{p(\theta\mid\mathcal{X})} \tag{7.9.13}$$

其中 θ 代表环境状态转移，

$$\theta=p(x_{t+1}|x_t,d_t) \tag{7.9.14}$$

鉴于观察到的状态和决策，

$$p(\theta|\mathcal{X})\propto p(\mathcal{X}|\theta)p(\theta) \tag{7.9.15}$$

其中 $p(\theta)$是转移的先验。这里可以采用与 EM 方法类似的技术[82,299,109]。除策略是状态与环境 θ 的函数外，最理想的是考虑策略 $p(d_t|x_t,b(\theta))$作为状态和环境信念的函数，$b(\theta)\equiv p(\theta|\mathcal{X})$。这意味着，如果环境信念有很高的熵，则智能体可以识别这一点并明确地执行决策/行动以探索环境。强化学习中的另一个复杂因素是收集的 $\mathcal{X}$ 数据取决于策略 π。如果我们写 t 为"回合"(episode)，其中遵循策略 π 且收集数据 $\mathcal{X}_t$，之后给定策略 π 的效用，全部历史信息为：

$$U(\pi|\pi_{1:t},\mathcal{X}_{1:t})=\langle U(\pi|\theta)\rangle_{p(\theta|\mathcal{X}_{1:t},\pi_{1:t})} \tag{7.9.16}$$

根据环境的先验和回合的长度，将有不同的环境参数的后验，假设：

$$\pi_{t+1}=\underset{\pi}{\operatorname{argmax}}U(\pi|\pi_{1:t},\mathcal{X}_{1:t}) \tag{7.9.17}$$

这会影响在下一回合收集的数据 $\mathcal{X}_{t+1}$。这样一来，策略 $\pi_1,\pi_2,\cdots$的踪迹可以因回合与先验的不同而不同。

7.10 总结

- 一种做出决策的方法是采取最大化决策期望效用的决策。
- 可以使用决策树对时序决策问题进行建模。这些效果都很好但不适用于时间长的决策序列。
- 在影响图中，将信念网络扩展到决策领域。有效推断方法对这种情况也同样适用，包括使用强联结树形式的扩展。
- 在影响图中指定了显示信息和做出决定的顺序。最优效用随相应的偏序关系的变化而改变。
- 马尔可夫决策过程对应一个简单的链式影响图，对应于经典的贝尔曼方程。
- 当环境建模时，强化学习可以视为是马尔可夫决策框架的扩展。

在本章中，我们就将规划和控制作为一个对离散变量特别关注的推理问题进行了讨论。关于连续控制的近似推断的应用，可参见例 28.2。

7.11 代码

7.11.1 偏序下的求和/最大化

maxsumpot.m：根据偏序进行广义消除操作。

sumpotID.m：求和/最大化作为具有概率和决策势的影响图。

demoDecParty.m：求和/最大化影响图的演示。

7.11.2 用于影响图的联结树

在提供偏序的情况下，没有必要指定信息连接。在代码 jtreeID.m 中没有检查偏序是否与影响图一致。在这种情况下，过程 7.1 中的联结树的第一步骤是不需要的。而且，通过定义效用势并将其包含在伦理化过程中，可以很容易地处理效用节点的伦理化和移除。

通过简单的变量消除方案找到强三角化，该方案试图消除具有最少数量邻居的变量，假设该变量可以根据指定的偏序消除。联结树仅基于消除序列 $\mathcal{C}_1,\cdots,\mathcal{C}_N$ 来构造，且其从三角化程序中获得。通过连接团 C_i 与第一个团 $j>i$(其连接到该团)，从图中消除团 C_i。形成相连团的联结树。我们不需要分隔符，以此使影响图吸收。

请注意，代码仅计算从叶节点到联结树根的消息，即在根节点处做决策是足够的。如果一个人希望在非根节点处做出最优决策，那么需要将概率吸收到包含所需决策的团中。这些额外的前向概率吸收是必需的，因为任何不可观察变量的信息会被过去的决策和观察影响。这个额外的前向概率并没有在代码中给出。

jtreeID. m：影响图的联结树。

absorption ID：影响图上的吸收。

triangulatePorder. m：基于偏序的三角化。

demoDecPhD. m：做 PhD 和 Startup 实用程序的演示。

7.11.3 派对-朋友示例

下面的代码实现了派对-朋友示例。为了处理在选择拜访朋友时效用的不对称性，在排队状态为 yes 时，拜访效用值为 0。

demoDecPartyFriend. m：派对-朋友的演示。

7.11.4 胸部诊断

下表为胸部诊断决策网络，图 7.14 取自练习 3.4，见[132, 73]。这里对 $p(x|e)$表做了轻微的修改。如果决定拍摄 X 射线，则可获得有关 x 的信息；如果决定不拍摄 X 射线，则无法获得有关 x 的信息。这是一种不对称的形式。在这种情况下，简单的方法是使 d_x 成为 x 变量的父节点并设置如果 $d_x=\text{fa}$，则 x 的分布是无信息的。

$$
\begin{array}{ll}
p(a=\text{tr})=0.01 & p(s=\text{tr})=0.5 \\
p(t=\text{tr}|a=\text{tr})=0.05 & p(t=\text{tr}|a=\text{fa})=0.01 \\
p(l=\text{tr}|s=\text{tr})=0.1 & p(l=\text{tr}|s=\text{fa})=0.01 \\
p(b=\text{tr}|s=\text{tr})=0.6 & p(b=\text{tr}|s=\text{fa})=0.3 \\
p(x=\text{tr}|e=\text{tr};d_x=\text{tr})=0.98 & p(x=\text{tr}|e=\text{fa};d_x=\text{tr})=0.05 \\
p(x=\text{tr}|e=\text{tr};d_x=\text{fa})=0.5 & p(x=\text{tr}|e=\text{fa};d_x=\text{fa})=0.5 \\
p(d=\text{tr}|e=\text{tr};b=\text{tr})=0.9 & p(d=\text{tr}|e=\text{tr};b=\text{fa})=0.3 \\
p(d=\text{tr}|e=\text{fa};b=\text{tr})=0.2 & p(d=\text{tr}|e=\text{fa};b=\text{fa})=0.1
\end{array}
\tag{7.11.1}
$$

两种效用可用来反映拍摄 X 射线和住院患者的成本和收益：

$$
\begin{array}{lll|l}
d_h=\text{tr} & t=\text{tr} & l=\text{tr} & 180 \\
d_h=\text{tr} & t=\text{tr} & l=\text{fa} & 120 \\
d_h=\text{tr} & t=\text{fa} & l=\text{tr} & 160 \\
d_h=\text{tr} & t=\text{fa} & l=\text{fa} & 15 \\
d_h=\text{fa} & t=\text{tr} & l=\text{tr} & 2 \\
d_h=\text{fa} & t=\text{tr} & l=\text{fa} & 4 \\
d_h=\text{fa} & t=\text{fa} & l=\text{tr} & 0 \\
d_h=\text{fa} & t=\text{fa} & l=\text{fa} & 40
\end{array}
\tag{7.11.2}
$$

$$
\begin{array}{l|l}
d_x=\text{tr}\ \ t=\text{tr} & 0 \\
d_x=\text{tr}\ \ t=\text{fa} & 1 \\
d_x=\text{fa}\ \ t=\text{tr} & 10 \\
d_x=\text{fa}\ \ t=\text{fa} & 10
\end{array}
\tag{7.11.3}
$$

在决定接受 X 射线检查之前，假设我们知道患者是否去过 A 市。偏序为：

$$a \prec d_x \prec \{d,x\} \prec d_h \prec \{b,e,l,s,t\} \tag{7.11.4}$$

演示 demoDecA. m 生成的结果是：

```
utility table:
a = yes takexray = yes  49.976202
a = no  takexray = yes  46.989441
a = yes takexray = no   48.433043
a = no  takexray = no   47.460900
```

这表明，最好是只有在患者去过 A 市时，才接受 X 射线检查。

demoDecA. m：联结树的影响图的演示。

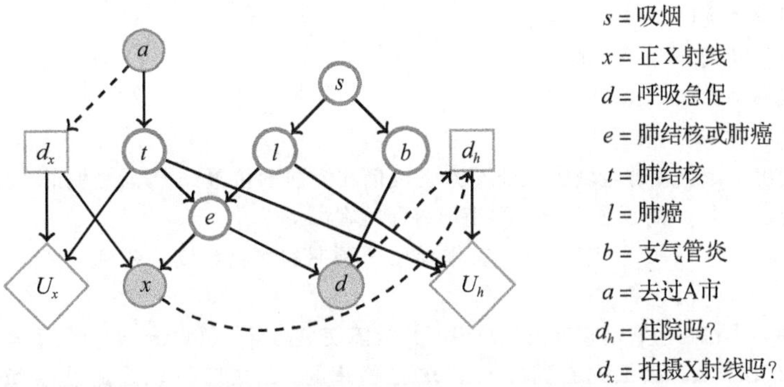

图 7.14 胸部诊断决策举例的影响图

7.11.5 马尔可夫决策过程

在 demoMDP. m 中，我们考虑一个简单的二维网格，其中智能体可以移动到当前正方形的上方、下方、左侧、右侧，或留在当前正方形里。我们定义目标状态(网格)具有高效用，其他状态具有零效用。

demoMDPclean. m：简单 MDP 的值和策略迭代演示。

MDPsolve. m：使用值或策略迭代的 MDP 求解器。

求解 MDP 的多种方法可从电子版图书获得。快速拉格朗日对偶技术代码也同样超出了我们讨论的范围。

7.12 练习题

练习 7.1 玩游戏且获胜概率为 p。如果你赢了比赛就获得 S 英镑，如果你输了比赛则输掉 S 英镑。求预期效用为$(2p-1)S$。

练习 7.2 假设货币的效用不是基于金额，而是基于我们与其他人的关系。假设分布 $p(i)(i=1,\cdots,10)$ 为直方图的 10 项，每项代表收入区间。使用直方图来表示在社会中的相对收入，亦即大部分分布在均值处，其余极富与极穷的情况占比很少。现在将收入 x 的效用定义为收入 x 高于随机选择收入 y(在定义的分布下)的概率，并将其与 p 的累积分布联系起来。

编写一个程序来计算这个概率，并作为收入函数的效用值做图。现在重复 7.1.1 节中的硬币投掷实验，这样如果一个人赢了打赌，则它的新收入将被放入直方图顶部的项，如果输了则其新收入放在直方图最底部的项里。假设一个人的原始收入有两种情况，即(i)平均值，(ii)比平均水平高得多，比较这两种的情况下的效用决策值。

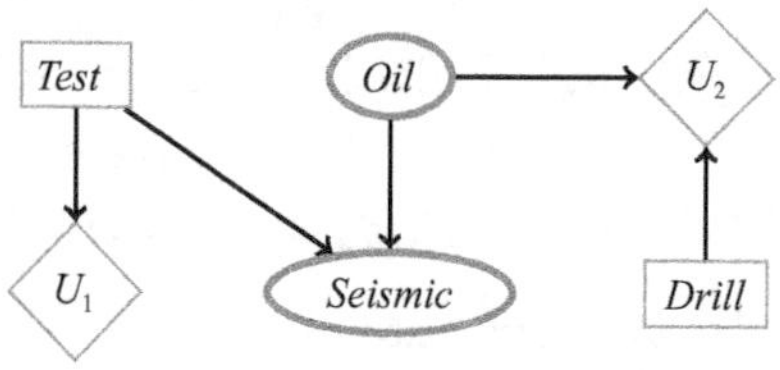

练习 7.3　为右侧的影响图推导偏序关系，并解释其与图 7.5 中的影响图有何不同。

练习 7.4　这个问题涉及 demoMDP. m，并表示为飞行员降落飞机的问题场景。文件 airplane. mat 中的矩阵 `U(x, y)` 表示处于位置(x,y)时的效用，并且仅为跑道和滑行区域的粗略模型。空域表示为 18×15 的网格(在 demoMDP. m 中使用的符号中，$G_x=18$、$G_y=15$)。矩阵 `U(8,4)=2` 表示位置(8,4)是飞机的期望降落地点(不考虑飞机的垂直高度)。

`U` 中的正值表示跑道和允许飞行的区域 0 代表中间位置，负值代表飞机的不利位置。通过检查矩阵 `U` 你会看到，飞机最好不要转向偏离跑道，且要回避两个靠近机场的小村庄。

在每个时间步，飞机可以执行以下操作之一：原地、向上、向下、向左、向右。

- 对原地，飞机停留在同一(x,y)位置。
- 对向上，飞机移动到$(x,y+1)$位置。
- 对向下，飞机移动到$(x,y-1)$位置。
- 对向左，飞机移动到$(x-1,y)$位置。
- 对向右，飞机移动到$(x+1,y)$位置。

不允许将飞机驶出空域，超越空域边缘处设为飞机仍在当前的位置(x,y)。例如，如果发出向右的操作，且下一位置$(x+1,y)$离开了空域，则坐标将保持在(x,y)。

1. 飞机起点为$(x=1,y=13)$。假设一个动作导致了预期的网格移动，找到 $t=1,\cdots$ 的最优(x_t,y_t)序列。

2. 飞行员告诉你，飞机在向右动作处出现故障。该故障使得在当前位置(x,y)时显示坐标为$(x+1,y)$。如果$(x,y+1)$超出空域，那么向右到$(x+1,y)$的概率为 1。如果$(x,y+1)$在空域中，那么向右到$(x+1,y)$的概率为 0.9，向上到$(x,y+1)$的概率 0.1。

再次假设飞机起点$(x=1,y=13)$，计算 $t=1,\cdots$的飞机理想位置序列(x_t,y_t)。

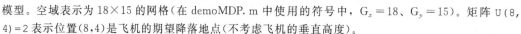

练习 7.5　影响图描述了游戏的第一关。决策变量 $\mathrm{dom}(d_1)=\{\text{play},\text{no play}\}$，表示是否参加游戏的第一关。如果你决定参加比赛，则费用为 $c_1(\text{play})=C_1$，不参加则没有费用 $c_1(\text{no play})=0$。变量 x_1 描述了你赢了还是输了比赛，$\mathrm{dom}(x_1)=\{\text{win},\text{lose}\}$，概率：

$$p(x_1=\text{win}\mid d_1=\text{play})=p_1,\quad p(x_1=\text{win}\mid d_1=\text{no play})=0 \tag{7.12.1}$$

赢/输的效用是：

$$u_1(x_1=\text{win})=W_1,\quad u_1(x_1=\text{lose})=0 \tag{7.12.2}$$

玩这个游戏的预期效用收益是：

$$U(d_1=\text{play})=p_1W_1-C_1 \tag{7.12.3}$$

练习 7.6　练习 7.5 描述了共有两关的游戏的第一关的情况。如果你赢了第一关即 $x_1=\text{win}$，那你必须做出决定 d_2 以示是否玩第二关，有 $\mathrm{dom}(d2)=\{\text{play}\}$。如果你没有赢得第一关，你就无法进入第二关。如果你决定玩第二关，获胜概率为 p_2：

$$p(x_2=\text{win}\mid x_1=\text{win},d_2=\text{play})=p_2 \tag{7.12.4}$$

如果你决定不参加第二关，则没有机会获胜：

$$p(x_2=\text{win}\mid x_1=\text{win},d_2=\text{no play})=0 \tag{7.12.5}$$

第二关的费用是：

$$c_2(d_2=\text{play})=C_2,\quad c_2(d_2=\text{no play})=0 \tag{7.12.6}$$

赢得/输掉第二关的效用是：

$$u_2(x_2=\text{win})=W_2,\quad u_2(x_2=\text{lose})=0 \tag{7.12.7}$$

1. 绘制上文描述的两关游戏的影响图。
2. 参加者需要决定他是否应该参加第一关。基于最优未来决策 d_2，第一个决策的预期效用是：

$$U(d_1=\text{play})=\begin{cases}p_1(p_2W_2-C_2)+p_1W_1-C_1 & p_2W_2-C_2\geqslant 0\\ p_1W_1-C_1 & p_2W_2-C_2\leqslant 0\end{cases} \tag{7.12.8}$$

练习 7.7 你的银行账户中有 B 英镑。请问你是否愿意参加投注游戏。如果你赢了，你的银行账户将变成 W 英镑。但是，如果你输了，你的银行账户将只剩 L 英镑。获胜概率为 p_w。

1. 假设期望效用由银行账户中的钱数给出，计算下注的期望效用 $U(\text{bet})$ 以及不下注的期望效用 $U(\text{no bet})$。
2. 上述情况可以用不同形式表示。如果你赢得了赌注则获得$(W-B)$英镑。如果你输了则失去$(B-L)$英镑。计算如果参与赌注且赢钱的(增长量)预期效用收益 $U_{\text{gain}}(\text{bet})$，与如果不参与赌注的增长量期望效用 $U_{\text{gain}}(\text{no bet})$。
3. 证明 $U(\text{bet})-U(\text{no bet})=U_{\text{gain}}(\text{bet})-U_{\text{gain}}(\text{no bet})$

练习 7.8 考虑一个目标函数：

$$F(\theta)=\sum_x U(x)p(x|\theta) \tag{7.12.9}$$

对于正函数 $U(x)$，我们的任务是最大化关于 θ 的函数 F。可以通过定义辅助分布得出一个 EM 求界方法(参见 11.2 节)：

$$\tilde{p}(x|\theta)=\frac{U(x)p(x|\theta)}{F(\theta)} \tag{7.12.10}$$

因此，通过考虑某些变分分布 $q(x)$ 的 $\text{KL}(q(x)|\tilde{p}(x))$，我们得到了界：

$$\log F(\theta)\geqslant-\langle\log q(x)\rangle_{q(x)}+\langle\log U(x)\rangle_{q(x)}+\langle\log p(x|\theta)\rangle_{q(x)} \tag{7.12.11}$$

M-步指出最优 q 分布由下式给出：

$$q(x)=\tilde{p}(x|\theta_{\text{old}}) \tag{7.12.12}$$

E-步中的新参数 θ_{new} 由最大化能量项给出：

$$\theta_{\text{new}}=\underset{\theta}{\operatorname{argmax}}\langle\log p(x|\theta)\rangle_{\tilde{p}(x|\theta_{\text{old}})} \tag{7.12.13}$$

证明确定性分布：

$$p(x|\theta)=\delta(x,f(\theta)) \tag{7.12.14}$$

E-步失败，给出 $\theta_{\text{new}}=\theta_{\text{old}}$。

练习 7.9 考虑目标函数：

$$F_\epsilon(\theta)=\sum_x U(x)p_\epsilon(x|\theta) \tag{7.12.15}$$

其中有正函数 $U(x)$，且有：

$$p_\epsilon(x|\theta)=(1-\epsilon)\delta(x,f(\theta))+\epsilon n(x),\quad 0\leqslant\epsilon\leqslant 1 \tag{7.12.16}$$

和任意分布 $n(x)$。我们的任务是最大化关于 θ 的函数 F。练习 7.8 表明，如果我们在确定性模型 $\epsilon=0$ 的限制下尝试 EM 算法，则会发生不更新问题且无法借助 EM 算法找到优化 F 的 θ。

1. 证明：

$$F_\epsilon(\theta)=(1-\epsilon)F_0(\theta)+\epsilon\sum_x n(x)U(x) \tag{7.12.17}$$

并因此：

$$F_\epsilon(\theta_{\text{new}})-F_\epsilon(\theta_{\text{old}})=(1-\epsilon)[F_0(\theta_{\text{new}})-F_0(\theta_{\text{old}})] \tag{7.12.18}$$

2. 证明如果 $\epsilon>0$ 则我们可以找到 θ_{new} 使得 $F_\epsilon(\theta_{\text{new}})>F_\epsilon(\theta_{\text{old}})$，然后必有 $F_0(\theta_{\text{new}})>F_0(\theta_{\text{old}})$
3. 使用这个结论，找到一种 EM 方法，它能保证 $F_\epsilon(\theta)$ 增加，其中 $\epsilon>0$(除非我们已经达到最优值)，并因此保证 $F_0(\theta)$ 增加。提示：使用

$$\tilde{p}(x|\theta)=\frac{U(x)p_\epsilon(x|\theta)}{F_\epsilon(\theta)} \tag{7.12.19}$$

并考虑一些变分分布 $a(x)$ 的 $\mathrm{KL}(a(x) \mid \tilde{p}(x))$。

练习 7.10 文件 IDjensen.mat 包含图 7.7a 的影响图的概率和效用表。使用 BRML 工具箱，编写一个程序，其中使用强联结树算法返回此影响图的最大期望效用，并显式地使用求和与最大化检查结果。同样，程序应该可以输出 d_1 两个状态的最大期望效用，并检查使用强联结树算法和显式求和与最大化的结果是否一致。

练习 7.11 对 POMDP，解释强联结树的结构，并把这与 POMDP 中推断的复杂性联系起来。

练习 7.12

(i) 定义所描述影响图的偏序。

(ii) 画一个此影响图的(强)联结树。

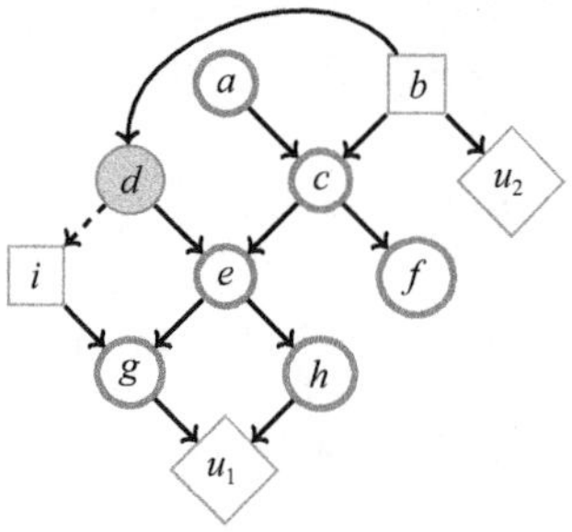

练习 7.13 exerciseInvest.m 包含如 7.8.3 节所述的简单投资问题的参数。有两个资产 a 和 b，且遵循马尔可夫更新。此时，转移矩阵已给出。已知结束时间 T，初始财富 w_1，初始价格变化 ϵ_1^a、ϵ_1^b，财富和投资状态。编写函数：

```
[d1 val]=optdec(epsilonA1,epsilonB1,desired,T,w1,pars)
```

其中 desired 是在时间 T 期望的财富水平。最终效用定义为：

$$u(w_T)=\begin{cases}10\,000 & w_T \geqslant 1.5w_1 \\ 0 & w_T < 1.5w_1\end{cases} \tag{7.12.20}$$

使用这个例程计算 $t=1$ 时的最优期望效用和决策。画出描述马尔可夫决策过程的影响图。

练习 7.14 汤姆写了两张支票，其中一张的价值是另一张的两倍。在无法看到支票价值的情况下，要求你选择一张支票。如果你选到了那个价值 100 英镑的支票，就可以兑现这张支票，或用它来交换另一张支票。你的朋友兰迪认为无论怎么选择都可以，因为你有 50% 的机会拥有更高价值的支票。你觉得应该怎么做？甚至如果在第一次选定支票后不去看支票价值又会怎么样？

练习 7.15 你打算去夏季旅行，并正在考虑最好的路线。你从位置 a 开始，想要到达位置 d。位置和位置间的(单向)道路如下图所示。

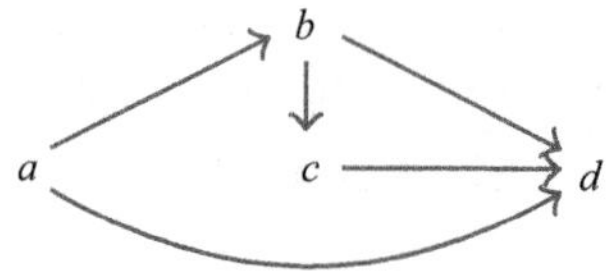

每个分段都有相关的道路长度成本。例如，C_{ab} 表示从 a 到 b 的成本。然而，我们并不知道道路从 b 到 d 是否开放；从历史数据看，开放的概率为 p。同时，我们也不知道当我们从 a 点出发时，b 至 d 路段是否开放。如果我们决定沿着路线 $a \to b$，当我们到达 b 时，就会知道 $b \to d$ 是否开放。如果它是开放的，我们可以决定是走 $b \to d$，还是选择另一路线 $b \to c \to d$。如果 $b \to d$ 不开放，那么我们必须走路线 $b \to c \to d$。

1. 使用上图，道路成本 C_{ab}、C_{bc}、C_{bd}、C_{cd} 和 C_{ad}，以及概率 p，决定路线 $a \to b$ 和 $a \to d$ 哪个选择更好(最小的预期总成本)。
2. 对于与上面相同的图，朋友提出一个建议来决定采取哪条路线。假设 $C_{bd} < C_{bc} + C_{cd}$，且 $b \to d$ 是开

放的，很明显(如果从 a 到 b)会选择直接从 b 到 d 的路线。如果 $b \to d$ 没有开放，则可能选择 $b \to c \to d$。

看看可能的路线，即 $a \to d$、$a \to b \to d$、$a \to b \to c \to d$，并计算每条路线的预期成本。你应该选择具有最低预期成本的路线，并且决定如果具有最小成本的路径包括从 a 到 b 则选择 a 到 b。这种方法与上一问之间的方法有何不同?

练习 7.16 1. 考虑关于两个变量 x 和 y 的任何函数 $f(x, y)$，

$$\max_x f(x,y) \geqslant f(x,y)$$

证明：

$$\sum_y \max_x f(x,y) \geqslant \max_x \sum_y f(x,y)$$

2. 对于有限 T，马尔可夫决策过程指定了在一组状态 $s_{2:T}$ 上的分布，给定动作 $a_{1:T}$ 如下：

$$p(s_{2:T} \mid a_{1:T-1}) = \prod_{t=2}^{T} p(s_t \mid s_{t-1}, a_{t-1})$$

一旦采取动作 a_t，即可得到新状态 s_{t+1}。给定初始状态 s_1，且 s_T 处于状态 1 的最优概率由下式给出：

$$p^*(s_1) \equiv \max_{a_1} \sum_{s_2} \max_{a_2} \cdots \sum_{s_{T-1}} \max_{a_{T-1}} p(s_{2:T-1}, s_T = 1 \mid a_{1:T-1}, s_1)$$

求用来计算 $P^*(s_1)$的 $O(T)$算法，且决定在时间步 1 时应该采取的动作。

3. 定义：

$$P^{**}(s_1) \equiv \max_{a_{1:T-1}} p(s_T = 1 \mid a_{1:T-1}, s_1)$$

证明 $P^*(s_1) \geqslant P^{**}(s_1)$，并对为什么一定是这样给出一个直观的解释。

练习 7.17 在时间步为 1 时，从位置 $s_1 = 0$ 开始。在每个时间步，有 3 个动作：向下、原地、向上。向下表现为 $s_{t+1} = s_t - 1$，原地表现为 $s_{t+1} = s_t$，向上表现为 $s_{t+1} = s_t + 1$，你的任务是在时间点 $t = 50$ 时击中两个可能的目标之一。其中一个目标在“位置+25”处，而另一个在“位置−25”处。如果击中目标，将获得 1 的奖励，否则为 0。不幸的是，环境中的噪声意味着当你采取动作时，指定动作得到执行的概率为 0.8，其他两个可能动作得到执行的概率分别为 0.1。在时间步 1，采取向下、原地、向上动作时的最优预期奖励为多少?

学习概率模型

在第二部分，我们讨论如何从数据中学习模型。特别地，我们将讨论把学习模型作为广义分布的一种推理形式，同时考虑模型的参数。

从数据中学习模型或者学习模型参数的需求迫使我们必须考虑不确定性，因为仅通过有限的数据，我们永远无法确定哪一个是“正确”的模型。我们会讨论在理论上如何学习模型的结构，而不仅是其参数。

我们还将展示如何在简单的假设下实现模型学习，比如极大似然通过调整参数去尽可能地重现观测数据，并讨论经常出现的缺失数据的问题。

结合本书的第一部分，第二部分给出了理解机器学习模型所需的基本知识，以及从数据中学习模型和针对自身感兴趣的问题寻找合适解决方案所需的工具。

下图展示了图模型学习中的极大似然算法。叶节点代表第二部分将会说明的算法。

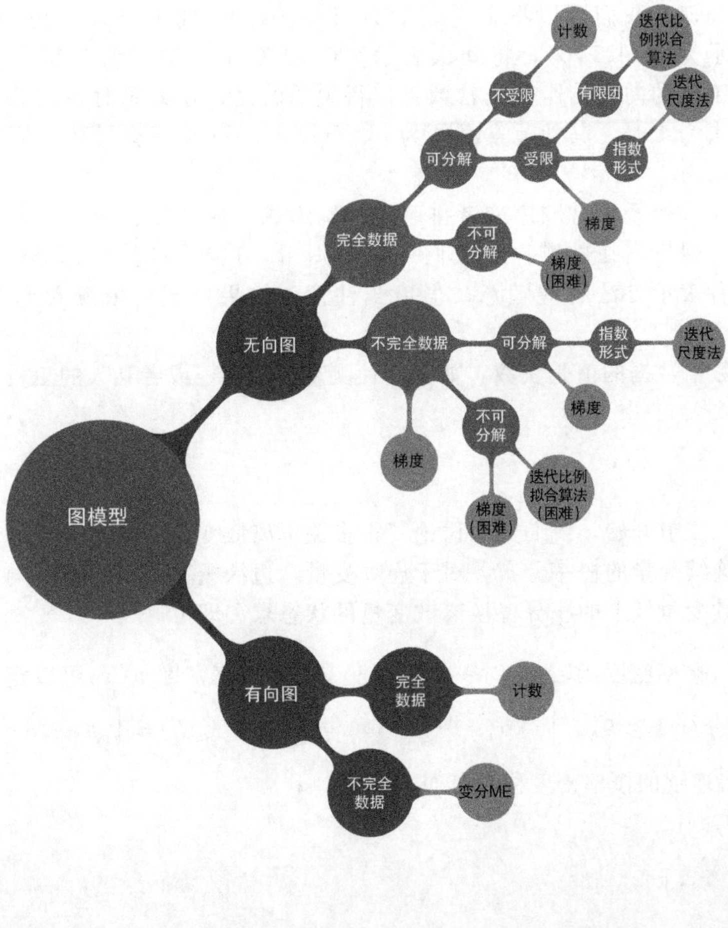

统计机器学习

在本章中，我们将讨论一些经典的概率分布及操作。在前一章中，我们假设已经知道了概率分布，然后主要讨论了推断问题。在机器学习中，通常我们并不能完全知道分布情况，这就需要从获得的数据中学习。这意味着我们要熟悉标准的概率分布，并使用数据来设置它们的参数。

8.1 数据的表示

数据的数字编码会对模型的表现产生非常大的影响，因此理解数据的表示方式非常重要。我们在下面简要总结了三种核心的编码方式：分类、序号和数值。

- **分类**。对分类(或标准)数据，观察到的数据属于多个分类中的一个，没有遵循一定的内在顺序，并且可以简单地用整数表示。有一些可使用分类变量来描述某个人所从事的工作类型的例子，比如医疗、教育、经济、服务、交通、家政、待业和工程等。上述工作类型可以表示为数字：1、2、3、4、5、6 和 7。另一种将数据转化为数字编码的方式是使用 1-of-m 编码。比如，有四种工作：士兵、海员、裁缝和间谍。我们可以将士兵表示为(1,0,0,0)，将海员表示为(0,1,0,0)，将裁缝表示为(0,0,1,0)，将间谍表示为(0,0,0,1)。在这种编码方式中，表示两种不同工作的向量的距离是常数。值得说明的是，在编码时，因为它要求当其中一个元素为 1 时，其他元素必须为 0，所以 1-of-m 编码会导致不同属性之间存在依赖关系。
- **序号**。序号变量由有顺序或者排序的类别组成，在“冰、冷、温、热”这个例子中，为了保持内在的顺序，我们可以分别用 −1、0、1、2 表示这四个不同的温度。这种表示方法有些随意，但应当注意，结果可能会依赖我们所使用的数字编码。
- **数值**。数值数据的值是实数，如温度计测量的温度，或者某人的工资。

8.2 分布

从本书的 1.1 节开始，我们集中讨论了很多关于离散变量的概率分布。在本节中，我们将讨论关于连续变量的概率分布。对于连续变量，边缘概率和条件概率与离散的情况类似，只需用连续变量域上的积分替换离散变量的状态求和即可。

定义 8.1(概率密度函数)　对一个连续变量 x，概率密度 $p(x)$可以定义为：

$$p(x) \geqslant 0, \quad \int_{-\infty}^{\infty} p(x)\mathrm{d}x = 1, \quad p(a \leqslant x \leqslant b) = \int_{a}^{b} p(x)\mathrm{d}x \tag{8.2.1}$$

我们也将连续的概率密度称为分布。

定义 8.2(均值和期望)

$$\langle f(x)\rangle_{p(x)} \tag{8.2.2}$$

表示 $f(x)$在分布 $p(x)$下的均值或者期望。当上下文表述清楚，不会造成误解时，我们通常可以省略符号 $p(x)$，将上述表达式写为：

$$\mathbb{E}(f(x)) \tag{8.2.3}$$

$f(x)$在已知变量 y 的状态的均值，即 $f(x)$在分布 $p(x|y)$下的均值，我们可以简写为：

$$\langle f(x)|y\rangle \tag{8.2.4}$$

使用期望符号的优势在于，通过表达式，我们可以清晰地知道一个分布是连续分布还是离散分布。在离散分布的情况下，表达式为：

$$\langle f(x)\rangle \equiv \sum_a f(x=a)p(x=a) \tag{8.2.5}$$

在连续分布的情况下，表达式为：

$$\langle f(x)\rangle \equiv \int_{-\infty}^{\infty} f(x)p(x)\mathrm{d}x \tag{8.2.6}$$

读者可能会疑惑，当 x 是离散变量的时候$\langle x\rangle$是什么含义。这里给出一个例子：我们假设 $\mathrm{dom}(x)=\{\mathrm{apple},\mathrm{orange},\mathrm{pear}\}$，每个状态都有一个对应的概率 $p(x)$，这时$\langle x\rangle$代表什么？显然，当 $f(x=a)$将每个状态 a 映射到一个数值时，$\langle f(x)\rangle$才是有意义的，如 $f(x=\mathrm{apple})=1$、$f(x=\mathrm{orange})=2$ 和 $f(x=\mathrm{pear})=3$。如果离散变量的状态不能和整数相关联，那么$\langle x\rangle$是没有意义的。

结果 8.1(变量替换)　对一个服从 $p(x)$分布的连续随机单变量 x，当 $f(x)$是单调函数时，变换 $y=f(x)$具有分布：

$$p(y)=p(x)\left(\frac{\mathrm{d}f}{\mathrm{d}x}\right)^{-1},\quad x=f^{-1}(y) \tag{8.2.7}$$

对多变量 $\boldsymbol{x}$[㊀]和双射函数 $\boldsymbol{f}(\boldsymbol{x})$，$\boldsymbol{y}=\boldsymbol{f}(\boldsymbol{x})$具有分布：

$$p(\boldsymbol{y})=p(x=f^{-1}(\boldsymbol{y}))\left|\det\left(\frac{\partial f}{\partial x}\right)\right|^{-1} \tag{8.2.8}$$

其中雅可比矩阵包含元素

$$\left[\frac{\partial \boldsymbol{f}}{\partial \boldsymbol{x}}\right]_{ij}=\frac{\partial f_i(\boldsymbol{x})}{\partial x_j} \tag{8.2.9}$$

有时候，我们需要考虑不同维度间的变换。比如，如果 $\boldsymbol{z}$ 的维度比 $\boldsymbol{x}$ 低，那么我们需要引入和 $\boldsymbol{x}$ 有着相同维度的额外变量 $\boldsymbol{z}'$去定义一个新的多变量 $\boldsymbol{y}=(\boldsymbol{z},\boldsymbol{z}')$。然后通过上述变换，我们就可以求得联合变量 $\boldsymbol{y}$ 的分布，其中 $p(\boldsymbol{z})$可以通过边缘概率得到。

定义 8.3(矩)　分布的第 k 个矩可以由 x^k 的均值给出，x^k 服从分布：

$$\langle x^k\rangle_{p(x)} \tag{8.2.10}$$

当 $k=1$ 时，我们有均值(通常由 μ 表示)：

$$\mu \equiv \langle x\rangle \tag{8.2.11}$$

㊀ 此处字母加粗是为了和单变量时的符号做区分。——编辑注

定义 8.4(累积分布函数)　对于一个单变量分布 $p(x)$，累积分布函数(cumulative distribution function)定义为：

$$\mathrm{cdf}(y)\equiv p(x\leqslant y)=\langle\mathbb{I}[x\leqslant y]\rangle_{p(x)} \tag{8.2.12}$$

规定 $\mathrm{cdf}(-\infty)=0$ 并且 $\mathrm{cdf}(\infty)=1$。

定义 8.5(矩生成函数)　对于分布 $p(x)$，我们定义矩生成函数 $g(t)$为：

$$g(t)=\langle e^{tx}\rangle_{p(x)} \tag{8.2.13}$$

它的作用在于，通过对 $g(t)$求微分，我们就可以“生成”矩：

$$\lim_{t\to 0}\frac{d^k}{dt^k}g(t)=\langle x^k\rangle_{p(x)} \tag{8.2.14}$$

定义 8.6(众数)　分布 $p(x)$的众数 x_* 是该分布取最高值时 x 的状态，即 $x_*=\underset{x}{\operatorname{argmax}}\,p(x)$。一个分布可能有不止一个众数(多众数)。此处常常存在的误区是将 $p(x)$ 的某一局部最大值作为一个众数。

定义 8.7(方差和相关性)

$$\sigma^2\equiv\langle(x-\langle x\rangle)^2\rangle_{p(x)} \tag{8.2.15}$$

是方差公式，方差衡量的是一个分布在均值附近的“离散程度”。方差的平方根 σ 称为*标准差*，它是一个自然的长度尺，用来表明从 $p(x)$中抽取的典型值距离均值有多远。符号 $\mathrm{var}(\sigma)$用来表示求解哪个变量的方差。读者可能会发现一个等价的表达式，如下所示：

$$\sigma^2\equiv\langle x^2\rangle-\langle x\rangle^2 \tag{8.2.16}$$

对一个多变量的分布，元素为

$$\sum_{ij}=\langle(x_i-\mu_i)(x_j-\mu_j)\rangle \tag{8.2.17}$$

的矩阵称为*协方差矩阵*，其中 $\mu_i=\langle x_i\rangle$。协方差矩阵的对角线元素为每个变量的方差。一个等价表达式为：

$$\sum_{ij}=\langle x_ix_j\rangle-\langle x_i\rangle\langle x_j\rangle \tag{8.2.18}$$

*相关矩阵*的元素为

$$\rho_{ij}=\left\langle\frac{(x_i-\mu_i)}{\sigma_i}\frac{(x_j-\mu_j)}{\sigma_j}\right\rangle \tag{8.2.19}$$

其中，σ_i 为变量 x_i 的偏差。相关矩阵是协方差的一种标准化形式，其每个元素都是有界的($-1\leqslant\rho_{ij}\leqslant 1$)。应当注意相关系数与点积[等式(A.1.3)]的相似之处，可参见练习 8.40。

对于变量 x_i 和 x_j，当它们相互独立时，协方差Σ_{ij} 为 0。类似地，相互独立的变量之间相关性为 0——它们是“不相关的”。要说明的是，这个结论反过来并不成立。两个变量可以既不相关，又不相互独立。一个特例是当 x_i 和 x_j 服从高斯分布时，独立性等价于不相关性，请参阅练习 8.2。

定义 8.8(偏度和峰度)　偏度是衡量分布不对称性的指标：

$$\gamma_1\equiv\frac{\langle(x-\langle x\rangle)^3\rangle_{p(x)}}{\sigma^3} \tag{8.2.20}$$

偏度为正意味着分布的重心靠右，偏度为负意味着分布的重心靠左。

峰度是衡量均值周围分布曲线陡峭程度的指标。

$$\gamma_2 \equiv \frac{\langle (x-\langle x \rangle)^4 \rangle_{p(x)}}{\sigma^4} - 3 \tag{8.2.21}$$

对于峰度为正的分布，其在均值周围比与其具有相同均值和方差的高斯分布拥有更大的质量，这些分布也称为超高斯分布。类似地，对于峰度为负的分布(亚高斯分布)，其在均值周围比对应的高斯分布拥有更小的质量。峰度的定义使得高斯分布函数的峰度为零[这解释了公式(8.2.21)中的“-3”项的含义]。

定义 8.9(delta 函数)　对于连续变量 x，我们定义 Dirac delta 函数为：

$$\delta(x-x_0) \tag{8.2.22}$$

该函数除了在 x_0 点处有峰值，其他地方处处为 0。规定 $\int_{-\infty}^{\infty} \delta(x-x_0)\mathrm{d}x = 1$ 并且 $\int_{-\infty}^{\infty} \delta(x-x_0) f(x) \mathrm{d}x = f(x_0)$。我们可以将 Dirac delta 函数视为无限窄的高斯分布：

$$\delta(x-x_0) = \lim_{\sigma \to 0} \mathcal{N}(x \mid x_0, \sigma^2) \tag{8.2.23}$$

定义 Kronecker delta 函数为：

$$\delta_{x,x_0} \tag{8.2.24}$$

该函数除了在 x_0 点处取值为 1，其他地方处处为 0。Kronecker delta 函数等价于 $\delta_{x,x_0} = \mathbb{I}[x = x_0]$。我们需要根据上下文来确定使用表达式 $\delta(x, x_0)$ 是表示 Dirac delta 函数还是 Kronecker delta 函数。

定义 8.10(经验分布)　对一组数据点 $x^1, \cdots, x^N$(也是随机变量 x 的状态)，经验分布的概率均匀分布在数据点上，其他地方为 0。

离散变量 x 的经验分布(也见图 8.1)：

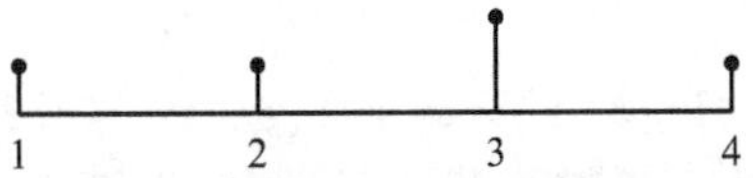

图 8.1　有 4 个状态的离散变量的经验分布。经验采样的结果为在状态 1、2、4 上分别获得了 n 个样本，在状态 3 上获得了 $2n$ 个样本($n>0$)。通过正则化，就得到了在 4 个状态下分别具有值 0.2、0.2、0.4 和 0.2 的分布

$$p(x) = \frac{1}{N} \sum_{n=1}^{N} \mathbb{I}[x = x^n] \tag{8.2.25}$$

其中，N 为数据点的个数。

对于连续变量有：

$$p(x) = \frac{1}{N} \sum_{n=1}^{N} \delta(x - x^n) \tag{8.2.26}$$

其中，$\delta(x)$为 Dirac delta 函数。

把数据点的样本均值作为经验分布的均值：

$$\hat{\mu} = \frac{1}{N} \sum_{n=1}^{N} x^n \tag{8.2.27}$$

类似地，把样本方差作为经验分布的方差：

$$\hat{\sigma}^2=\frac{1}{N}\sum_{n=1}^{N}(x^n-\hat{\mu})^2 \tag{8.2.28}$$

对于向量，样本均值向量的元素为：

$$\hat{\mu}_i=\frac{1}{N}\sum_{n=1}^{N}x_i^n \tag{8.2.29}$$

样本协方差矩阵的元素为：

$$\hat{\Sigma}_{ij}=\frac{1}{N}\sum_{n=1}^{N}(x_i^n-\hat{\mu}_i)(x_j^n-\hat{\mu}_j) \tag{8.2.30}$$

8.2.1　KL 散度

Kullback-Leibler(KL)散度 $\mathrm{KL}(q|p)$用来衡量不同分布 q 和 p 之间的“差异”[72]。

定义 8.11(KL 散度)　对两个分布 $q(x)$和 $p(x)$，

$$\mathrm{KL}(q|p)\equiv\langle\log q(x)-\log p(x)\rangle_{q(x)}\geqslant 0 \tag{8.2.31}$$

KL 散度不小于 0

KL 散度的应用非常广泛，因此理解为什么 KL 散度总是正数是非常重要的。

要说明这一点，首先考虑函数 $\log(x)$的线性界限：

$$\log(x)\leqslant x-1 \tag{8.2.32}$$

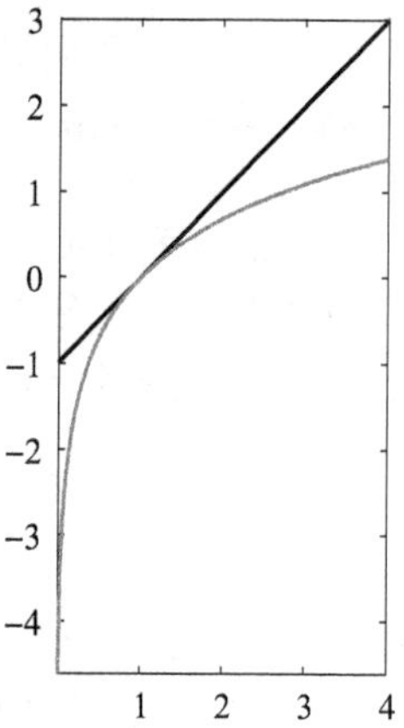

也可以参考这里给出的图片。使用 $p(x)/q(x)$替换上述公式中的 x：

$$\frac{p(x)}{q(x)}-1\geqslant\log\frac{p(x)}{q(x)} \tag{8.2.33}$$

因为概率都是非负数，因此我们可以在公式两侧同乘 $q(x)$得到：

$$p(x)-q(x)\geqslant q(x)\log p(x)-q(x)\log q(x) \tag{8.2.34}$$

然后对两侧同时进行积分(对于离散变量，该步为求和)，代入 $\int p(x)\mathrm{d}x=1$ 和 $\int q(x)\mathrm{d}x=1$，得到：

$$1-1\geqslant\langle\log p(x)-\log q(x)\rangle_{q(x)} \tag{8.2.35}$$

最后，进行简单的调整，我们就可以得到：

$$\langle\log q(x)-\log p(x)\rangle_{q(x)}\equiv\mathrm{KL}(q|p)\geqslant 0 \tag{8.2.36}$$

当且仅当两个分布完全相同时，它们的 KL 散度为 0。

定义 8.12(α 散度)　对两个分布 $q(x)$、$p(x)$和实数 α，α 散度定义为：

$$\mathrm{D}_\alpha(p|q)\equiv\frac{1-\left\langle\dfrac{p^{\alpha-1}(x)}{q^{\alpha-1}(x)}\right\rangle_{p(x)}}{\alpha(1-\alpha)}\geqslant 0 \tag{8.2.37}$$

由 L'Hôpital 法则我们可以证明 $\mathrm{KL}(p|q)=\mathrm{D}_1(p|q)$，同时 $\mathrm{KL}(q|p)=\mathrm{D}_0(p|q)$。

8.2.2 熵和信息

对离散变量和连续变量，熵的定义是相同的：

$$\mathrm{H}(p) \equiv -\langle \log p(x) \rangle_{p(x)} \tag{8.2.38}$$

对连续变量，熵也称为微分熵，在练习 8.34 中会再次碰到这个词。熵用于度量一个分布的不确定性。熵的一种表达方式为：

$$\mathrm{H}(p) = -\mathrm{KL}(p|u) + \mathrm{C} \tag{8.2.39}$$

其中，u 为均匀分布。由于 $\mathrm{KL}(p|u) \geqslant 0$，因此分布 p 和均匀分布越不相似，熵就越小。反之亦然，分布 p 和均匀分布越相似，熵就越大。由于均匀分布包含 $p(x)$ 的先验状态信息最少，因此熵是先验不确定性的度量。对离散分布，我们可以在不改变熵的情况下交换状态符号。对离散分布，可能熵是正的，而微分熵是负的。

定义 8.13(互信息) 互信息用于度量以变量 Z 为条件的情况下(一组)变量 X 和 Y 的相关性。

$$\mathrm{MI}(\mathcal{X};\mathcal{Y}|\mathcal{Z}) \equiv \langle \mathrm{KL}(p(\mathcal{X},\mathcal{Y}|\mathcal{Z}) | p(\mathcal{X}|\mathcal{Z})p(\mathcal{Y}|\mathcal{Z})) \rangle_{p(\mathcal{Z})} \geqslant 0 \tag{8.2.40}$$

若 $\mathcal{X} \perp\!\!\!\perp \mathcal{Y}|\mathcal{Z}$ 为真，则 $\mathrm{MI}(\mathcal{X};\mathcal{Y}|\mathcal{Z})$ 为 0，反之亦然。当 $Z=\varnothing$ 时，$p(\mathcal{Z})$ 的均值不存在，写作 $\mathrm{MI}(\mathcal{X};\mathcal{Y})$。

8.3 经典概率分布

定义 8.14(伯努利分布) 伯努利分布针对离散的二元变量 x，$\mathrm{dom}(x)=\{0,1\}$。两种状态不仅仅是符号，也是实数 0 和 1。令

$$p(x=1)=\theta \tag{8.3.1}$$

则根据归一化条件，$p(x=0)=1-\theta$。由公式

$$\langle x \rangle = 0 \times p(x=0) + 1 \times p(x=1) = \theta \tag{8.3.2}$$

求得 x 的方差 $\mathrm{var}(x)=\theta(1-\theta)$。

定义 8.15(类别分布) 类别分布将伯努利分布推广到含有两个以上状态(符号)的情形。对离散变量 x，$\mathrm{dom}(x)=\{1,\cdots,C\}$，有

$$p(x=c)=\theta_c, \quad \sum_c \theta_c = 1 \tag{8.3.3}$$

狄利克雷分布与类别分布是共轭的。

定义 8.16(二项分布) 二项分布描述了一个离散的双状态变量 x 的分布，并且 $\mathrm{dom}(x)=\{1,0\}$，其中状态是符号。在 n 次伯努利试验(独立样本)中，$x^1,\cdots,x^n$ 有 k 个“成功”状态 1 被观察到的概率是：

$$p(y=k|\theta)=\binom{n}{k}\theta^k(1-\theta)^{n-k}, \quad y \equiv \sum_{i=1}^{n} \mathbb{I}[x^i=1] \tag{8.3.4}$$

其中 $\binom{n}{k} \equiv n!/(k!(n-k)!)$ 称为二项式系数。二项分布的均值和方差为：

$$\langle y \rangle = n\theta, \quad \mathrm{var}(y)=n\theta(1-\theta) \tag{8.3.5}$$

Beta 分布是二项分布的共轭先验。

定义 8.17(多项分布)　考虑多状态变量 x，并且 $\mathrm{dom}(x)=\{1,\cdots,K\}$，每个状态分别对应概率 $\theta_1,\cdots,\theta_K$。然后我们从这个分布中抽取 n 个样本。在这 n 个样本中观察到状态“1” y_1 次，状态“2” y_2 次，……，状态“K” y_K 次的概率为

$$p(y_1,\cdots,y_K|\theta)=\frac{n!}{y_1!\cdots y_K!}\prod_{i=1}^{K}\theta_i^{y_i} \tag{8.3.6}$$

其中 $n=\sum_{i=1}^{K}y_i$。多项分布的均值和方差为：

$$\langle y_i\rangle=n\theta_i,\quad \mathrm{var}(y_i)=n\theta_i(1-\theta_i),\quad \langle y_iy_j\rangle-\langle y_i\rangle\langle y_j\rangle=-n\theta_i\theta_j\,(i\neq j) \tag{8.3.7}$$

狄利克雷分布是多项分布的共轭先验。

定义 8.18(泊松分布)　泊松分布适合用于描述单位时间内随机事件发生的次数的概率分布。如果 λ 是每单位时间内预期事件的发生次数，则在时间 $t\lambda$ 内事件的发生次数 x 服从的分布是

$$p(x=k|\lambda)=\frac{1}{k!}\mathrm{e}^{-\lambda t}(\lambda t)^k,\quad k=0,1,2,\cdots \tag{8.3.8}$$

当时间为单位时间($t=1$)时，泊松分布的均值和方差为：

$$\langle x\rangle=\lambda,\quad \mathrm{var}(x)=\lambda \tag{8.3.9}$$

可以把泊松分布看作二项分布的极限分布。当 $n\to\infty$ 时，成功概率 $\theta=\lambda/n$。

定义 8.19(均匀分布)　对于变量 x，如果在变量的整个定义域中，$p(x)$都为常数，则分布是均匀分布。

定义 8.20(指数分布)　对于 $x\geqslant 0$，指数分布见图 8.2a。

$$p(x|\lambda)\equiv\lambda\mathrm{e}^{-\lambda x} \tag{8.3.10}$$

可以证明，指数分布的均值与方差均和率参数(rate parameter)λ 有关：

$$\langle x\rangle=\frac{1}{\lambda},\quad \mathrm{var}(x)=\frac{1}{\lambda^2} \tag{8.3.11}$$

另一个参数 $b=1/\lambda$ 称为尺度。

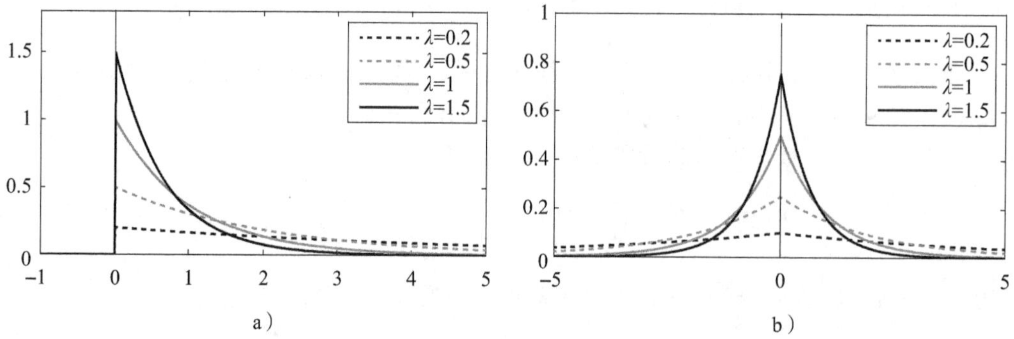

图 8.2　a) 指数分布图。b) 拉普拉斯分布(双指数)分布

定义 8.21(伽马分布)

$$\mathrm{Gam}(x\mid\alpha,\beta)=\frac{1}{\beta\Gamma(\alpha)}\left(\frac{x}{\beta}\right)^{\alpha-1}\mathrm{e}^{-\frac{x}{\beta}},\quad x\geqslant 0,\alpha>0,\beta>0 \tag{8.3.12}$$

其中 α 为形状参数(shape parameter)，β 为尺度参数(scale parameter)，以及伽马函数 $\Gamma(\alpha)$定义为

$$\Gamma(\alpha)=\int_0^\infty t^{\alpha-1}\mathrm{e}^{-t}\mathrm{d}t \tag{8.3.13}$$

上述参数和 Gamma 分布的均值、方差有关：

$$\alpha=\left(\frac{\mu}{s}\right)^2,\quad \beta=\frac{s^2}{\mu} \tag{8.3.14}$$

其中 μ 是 Gamma 分布的均值，s 是标准差。伽马分布的众数可以表示为$(\alpha-1)\beta$，其中 $\alpha\geqslant 1$，见图 8.3。另一种参数表示方式是使用尺度的逆：

$$\mathrm{Gam}^{is}(x\mid\alpha,\beta)=\mathrm{Gam}(x\mid\alpha,1/\beta)\propto x^{\alpha-1}\mathrm{e}^{-\beta x} \tag{8.3.15}$$

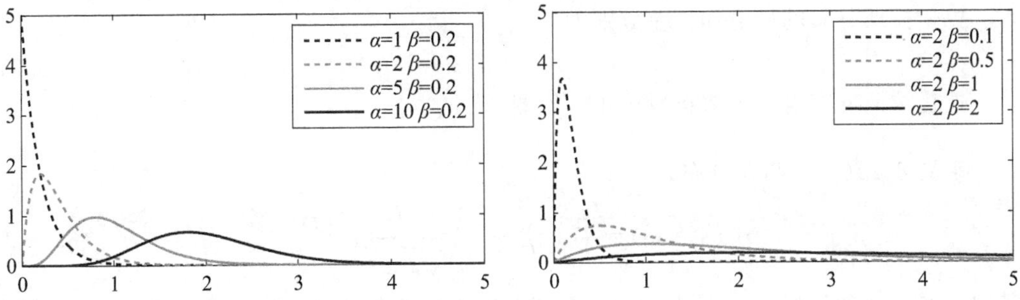

a) 固定β，改变α　　b) 固定α，改变β

图 8.3 伽马分布

定义 8.22(伽马分布的逆)

$$\mathrm{InvGam}(x\mid\alpha,\beta)=\frac{\beta^\alpha}{\Gamma(\alpha)}\frac{1}{x^{\alpha+1}}\mathrm{e}^{-\beta/x} \tag{8.3.16}$$

当 $\alpha>1$ 时，该分布的均值为 $\beta/(\alpha-1)$；当 $\alpha>2$ 时，该分布的方差为$\frac{\beta^2}{(\alpha-1)^2(\alpha-2)}$。

定义 8.23(Beta 分布)

$$p(x\mid\alpha,\beta)=B(x\mid\alpha,\beta)=\frac{1}{B(\alpha,\beta)}x^{\alpha-1}(1-x)^{\beta-1},\quad 0\leqslant x\leqslant 1 \tag{8.3.17}$$

见图 8.4，其中 Beta 函数 $B(\alpha,\beta)$定义为

$$B(\alpha,\beta)=\frac{\Gamma(\alpha)\Gamma(\beta)}{\Gamma(\alpha+\beta)} \tag{8.3.18}$$

其中，$\Gamma()$是伽马函数。注意，交换 x 和 $1-x$ 可以翻转分布，这相当于交换参数 α 和 β。

Beta 分布的均值和方差分别为：

$$\langle x\rangle=\frac{\alpha}{\alpha+\beta},\quad \mathrm{var}(x)=\frac{\alpha\beta}{(\alpha+\beta)^2(\alpha+\beta+1)} \tag{8.3.19}$$

可以使用均值和方差来替换参数 α 和 β，获得另一种参数表示方式，见练习 8.16。

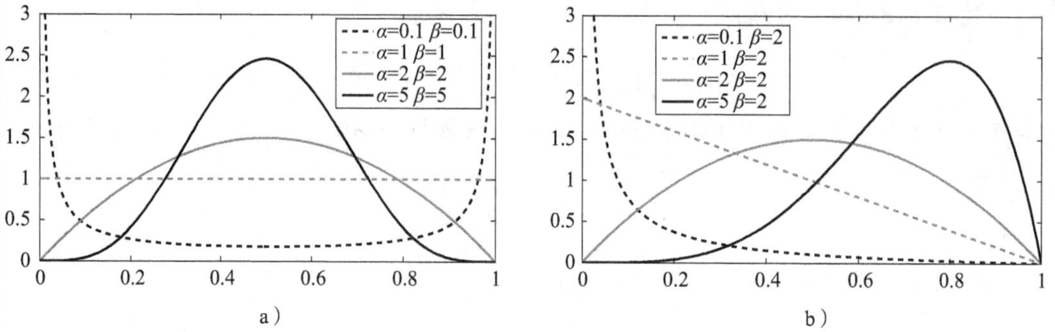

图 8.4　Beta 分布

定义 8.24（拉普拉斯分布）

$$p(x|\lambda)\equiv\lambda e^{-\frac{1}{b}|x-\mu|} \tag{8.3.20}$$

拉普拉斯分布的均值和方差分别为：

$$\langle x\rangle=\mu,\quad \mathrm{var}(x)=2b^2 \tag{8.3.21}$$

拉普拉斯分布也称为双指数分布，见图 8.2b。

定义 8.25（一元高斯分布）

$$p(x|\mu,\sigma^2)=\mathcal{N}(x|\mu,\sigma^2)\equiv\frac{1}{\sqrt{2\pi\sigma^2}}e^{-\frac{1}{2\sigma^2}(x-\mu)^2} \tag{8.3.22}$$

其中 μ 是分布的均值，σ^2 是方差。这个分布也称为正态分布。可以证明这两个参数满足

$$\mu=\langle x\rangle_{\mathcal{N}(x|\mu,\sigma^2)},\quad \sigma^2=\langle(x-\mu)^2\rangle_{\mathcal{N}(x|\mu,\sigma^2)} \tag{8.3.23}$$

当 $\mu=0$ 和 $\sigma=1$ 时，一元高斯分布称为标准正态分布。一元高斯分布和采样结果见图 8.5。

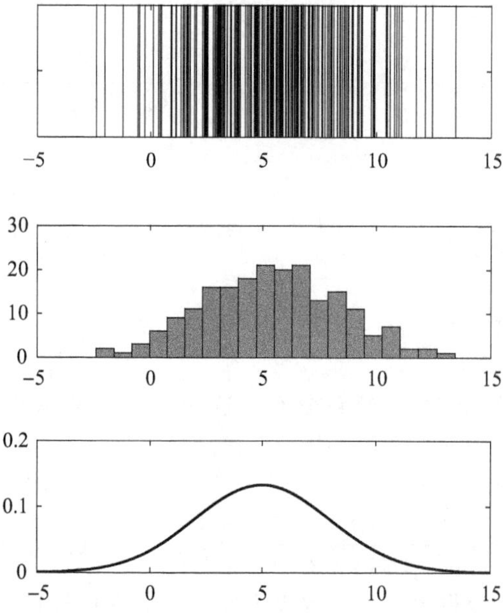

图 8.5　顶部的图展示了从一个高斯分布中抽取的 200 个数据点 $x^1,\cdots,x^{200}$，竖直方向的直线表示和水平轴上 x 值对应的数据点。中间的图展示了将数据点分为 10 个等距离的区间绘制的直方图。底部的图展示了高斯分布 $\mathcal{N}(x|\mu=5,\sigma=3)$，我们就是从这个高斯分布中抽取的数据点。通过对有限个数据进行进行无限小细分，经过标准化的直方图会趋近于高斯分布的概率密度函数

定义 8.26(学生 t 分布)

$$p(x|\mu,\lambda,\nu)=\mathrm{Student}(x|\mu,\lambda,\nu)=\frac{\Gamma\left(\frac{\nu+1}{2}\right)}{\Gamma\left(\frac{\nu}{2}\right)}\left(\frac{\lambda}{\nu\pi}\right)^{\frac{1}{2}}\left[1+\frac{\lambda(x-\mu)^2}{\nu}\right]^{-\frac{\nu+1}{2}} \tag{8.3.24}$$

其中 μ 是均值，ν 是自由度，λ 是分布的尺度。分布的方差为

$$\mathrm{var}(x)=\frac{\nu}{\lambda(\nu-2)},\quad \nu>2 \tag{8.3.25}$$

当 $\nu\to\infty$ 时，该分布趋近于具有均值 μ 和方差 $1/\lambda$ 的高斯分布。随着 ν 减小，分布图像的尾部变得越来越宽。

t 分布可以由其他分布按照比例混合得到：

$$p(x|\mu,a,b)=\int_{\tau=0}^{\infty}\mathcal{N}(x|\mu,\tau^{-1})\mathrm{Gam}^{is}(\tau|a,b)\mathrm{d}\tau \tag{8.3.26}$$

$$=\int_{\tau=0}^{\infty}\left(\frac{\tau}{2\pi}\right)^{\frac{1}{2}}\mathrm{e}^{-\frac{\tau}{2}(x-\mu)^2}b^a\mathrm{e}^{-b\tau}\tau^{a-1}\frac{1}{\Gamma(a)}\mathrm{d}\tau \tag{8.3.27}$$

$$=\frac{b^a}{\Gamma(a)}\frac{\Gamma\left(a+\frac{1}{2}\right)}{\sqrt{2\pi}}\frac{1}{\left(b+\frac{1}{2}(x-\mu)^2\right)^{a+\frac{1}{2}}} \tag{8.3.28}$$

当 $\nu=2a$，$\lambda=a/b$ 时，该式等价于等式(8.3.24)。

定义 8.27(狄利克雷分布)　狄利克雷分布是关于概率分布的分布：

$$p(\boldsymbol{\alpha})=\frac{1}{Z(\boldsymbol{u})}\delta\left(\sum_{i=1}^{Q}\alpha_i-1\right)\prod_{q=1}^{Q}\alpha_q^{u_q-1}\mathbb{I}[\alpha_q\geqslant 0] \tag{8.3.29}$$

其中，$\boldsymbol{\alpha}=(\alpha_1,\cdots,\alpha_Q)$，$\alpha_i\geqslant 0$，$\sum_i\alpha_i=1$，并且

$$Z(\boldsymbol{u})=\frac{\prod_{q=1}^{Q}\Gamma(u_q)}{\Gamma\left(\sum_{q=1}^{Q}u_q\right)} \tag{8.3.30}$$

通常将狄利克雷分布表示为

$$\mathrm{Dirichlet}(\boldsymbol{\alpha}|\boldsymbol{u}) \tag{8.3.31}$$

参数 $\boldsymbol{u}$ 能够控制概率分布的质量被推到单纯形(simplex)的各个角的强度。遍历所有 q 设置 $u_q=1$ 就得到了一个均匀分布，图 8.6 在单纯形($x_1+x_2+x_3=1$，其中 $x_1,x_2,x_3\geqslant 0$)中显示了参数为(u_1,u_2,u_3)的狄利克雷分布，黑色表示低概率，白色表示高概率。在二分类情形下($Q=2$)时，该分布等价于 Beta 分布。

两个狄利克雷分布的乘积是另一个狄利克雷分布：

$$\mathrm{Dirichlet}(\boldsymbol{\theta}|\boldsymbol{u}_1)\mathrm{Dirichlet}(\boldsymbol{\theta}|\boldsymbol{u}_2)=\mathrm{Dirichlet}(\boldsymbol{\theta}|\boldsymbol{u}_1+\boldsymbol{u}_2) \tag{8.3.32}$$

Dirichlet 分布的边缘分布仍然是 Dirichlet 分布：

$$\int_{\theta_j}\mathrm{Dirichlet}(\boldsymbol{\theta}|\boldsymbol{u})=\mathrm{Dirichlet}(\boldsymbol{\theta}_{\setminus j}|\boldsymbol{u}_{\setminus j}) \tag{8.3.33}$$

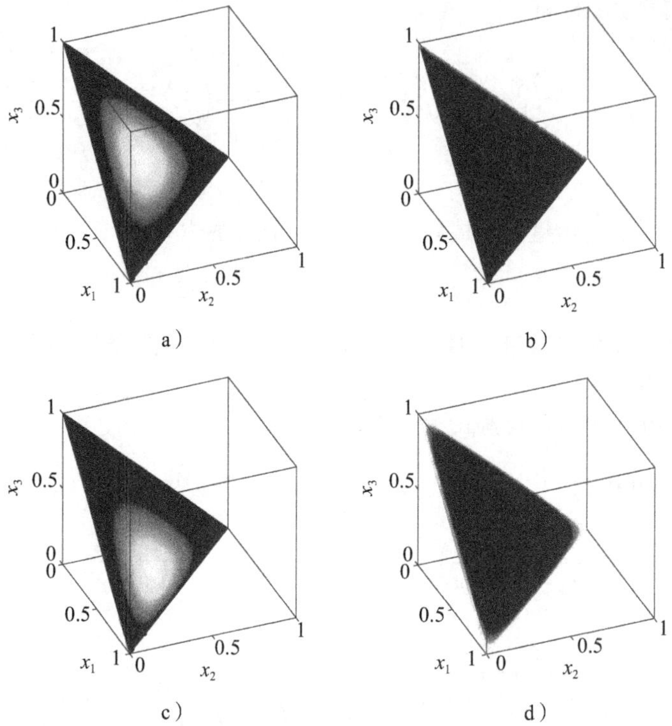

图 8.6　在单纯形 $x_1+x_2+x_3=1$ 中显示狄利克雷分布，其中 $x_1,x_2,x_3\geqslant 0$。黑色表示低概率，白色表示高概率。a) (3,3,3)；b) (0.1,1,1)；c) (4,3,2)；d) (0.05,0.05,0.05)

单个元素 θ_i 的边缘分布是 Beta 分布：

$$p(\theta_i)=B\left(\theta_i\,|\,u_i,\sum_{j\neq i}u_j\right) \tag{8.3.34}$$

8.4　多元高斯

多元高斯在数据分析中起着核心作用，因此我们会详细讨论其属性。

定义 8.28(多元高斯分布)

$$p(\boldsymbol{x}\,|\,\boldsymbol{\mu},\boldsymbol{\Sigma})=\mathcal{N}(\boldsymbol{x}\,|\,\boldsymbol{\mu},\boldsymbol{\Sigma})\equiv\frac{1}{\sqrt{\det(2\pi\boldsymbol{\Sigma})}}\mathrm{e}^{-\frac{1}{2}(\boldsymbol{x}-\boldsymbol{\mu})^{\mathrm{T}}\boldsymbol{\Sigma}^{-1}(\boldsymbol{x}-\boldsymbol{\mu})} \tag{8.4.1}$$

其中，$\boldsymbol{\mu}$ 为分布的均值向量，$\boldsymbol{\Sigma}$ 为协方差矩阵。协方差矩阵的逆 $\boldsymbol{\Sigma}^{-1}$ 称为精度。有：

$$\boldsymbol{\mu}=\langle\boldsymbol{x}\rangle_{\mathcal{N}(\boldsymbol{x}|\boldsymbol{\mu},\boldsymbol{\Sigma})},\quad \boldsymbol{\Sigma}=\langle(\boldsymbol{x}-\boldsymbol{\mu})(\boldsymbol{x}-\boldsymbol{\mu})^{\mathrm{T}}\rangle_{\mathcal{N}(\boldsymbol{x}|\boldsymbol{\mu},\boldsymbol{\Sigma})} \tag{8.4.2}$$

注意 $\det(\rho\boldsymbol{M})=\rho^D\det(\boldsymbol{M})$，其中 $\boldsymbol{M}$ 是 $D\times D$ 的矩阵，这解释了定义 8.28 中的标准化常数中与维度无关的符号。

矩表示使用 $\boldsymbol{\mu}$ 和 $\boldsymbol{\Sigma}$ 来参数化高斯分布。另一种标准表示的公式为：

$$p(\boldsymbol{x}\,|\,\boldsymbol{b},\boldsymbol{M},\boldsymbol{c})=c\,\mathrm{e}^{-\frac{1}{2}\boldsymbol{x}^{\mathrm{T}}\boldsymbol{M}\boldsymbol{x}+\boldsymbol{x}^{\mathrm{T}}\boldsymbol{b}} \tag{8.4.3}$$

两种表示通过以下关系建立联系：

$$\boldsymbol{\Sigma}=\boldsymbol{M}^{-1},\quad \boldsymbol{\mu}=\boldsymbol{M}^{-1}\boldsymbol{b},\quad \frac{1}{\sqrt{\det(2\pi\boldsymbol{\Sigma})}}=c\,\mathrm{e}^{\frac{1}{2}\boldsymbol{b}^{\mathrm{T}}\boldsymbol{M}^{-1}\boldsymbol{b}} \tag{8.4.4}$$

多元高斯分布的应用非常广泛，理解几何图形非常重要，这可以通过观察不同坐标系中的分布来实现。首先，我们利用实对称矩阵的特征分解的特性，假设有一个 $D\times D$ 的实对称矩阵 $\boldsymbol{\Sigma}$，则

$$\boldsymbol{\Sigma}=\boldsymbol{E\Lambda E}^{\mathrm{T}} \tag{8.4.5}$$

其中，$\boldsymbol{EE}^{\mathrm{T}}=\boldsymbol{I}$，$\boldsymbol{\Lambda}=\mathrm{diag}(\lambda_1,\cdots,\lambda_n)$。如果 $\boldsymbol{\Sigma}$ 是协方差矩阵，则所有特征值 λ_i 都是正的。这意味着可以使用变换

$$\boldsymbol{y}=\boldsymbol{\Lambda}^{-\frac{1}{2}}\boldsymbol{E}^{\mathrm{T}}(\boldsymbol{x}-\boldsymbol{\mu}) \tag{8.4.6}$$

得到

$$(\boldsymbol{x}-\boldsymbol{\mu})^{\mathrm{T}}\boldsymbol{\Sigma}^{-1}(\boldsymbol{x}-\boldsymbol{\mu})=(\boldsymbol{x}-\boldsymbol{\mu})^{\mathrm{T}}\boldsymbol{E\Lambda}^{-1}\boldsymbol{E}^{\mathrm{T}}(\boldsymbol{x}-\boldsymbol{\mu})=\boldsymbol{y}^{\mathrm{T}}\boldsymbol{y} \tag{8.4.7}$$

经过这种变换，多元高斯简化为 D 个具有零均值单位方差矩阵的单元高斯的乘积(因为变换的雅可比矩阵是常数)。这意味着我们可以将多元高斯视为对“标准”高斯(具有零均值和单位协方差矩阵)进行平移、缩放和旋转得到的结果。多元高斯的中心由均值给出，特征向量控制其旋转，并且根据特征值的平方根缩放。一些协方差矩阵为 $\boldsymbol{\Sigma}=\rho\boldsymbol{I}$ 的高斯分布是同性的，即“在旋转后相同”，其中 ρ 是标量。对任何同性的分布来说，相同概率的等值线在原点周围形成球形。

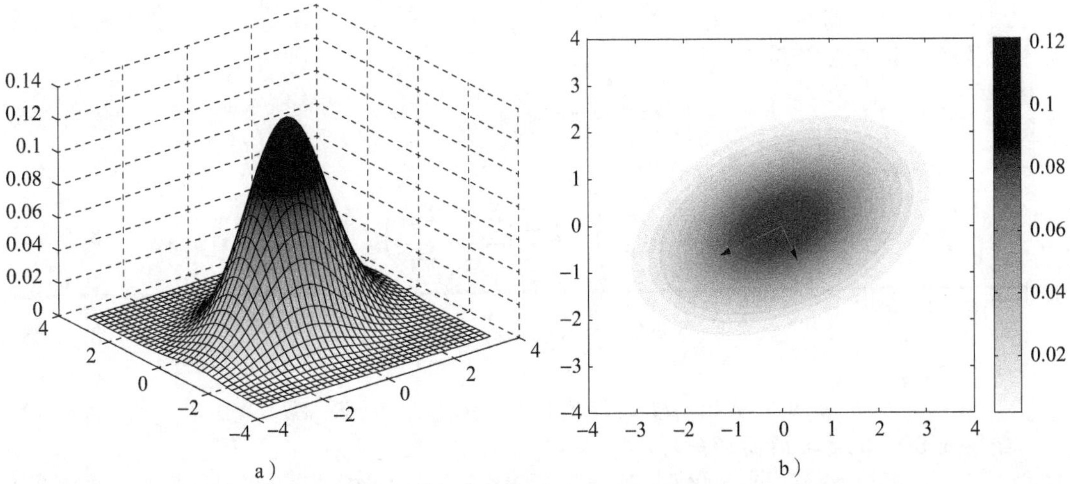

图 8.7　a) 具有均值(0,0)和协方差[1,0.5;0.5,1.75]的二元高斯分布，纵轴为概率密度值 $p(x)$。b) 同一个二元高斯的概率密度等值线。带箭头的线段是由特征值的平方根 $\sqrt{\lambda_i}$ 控制的单位特征向量

结果 8.2(两个高斯分布的乘积)　两个高斯分布相乘等于另一个高斯分布与一个乘法因子相乘：

$$\mathcal{N}(\boldsymbol{x}\mid\boldsymbol{\mu}_1,\boldsymbol{\Sigma}_1)\mathcal{N}(\boldsymbol{x}\mid\boldsymbol{\mu}_2,\boldsymbol{\Sigma}_2)=\mathcal{N}(\boldsymbol{x}\mid\boldsymbol{\mu},\boldsymbol{\Sigma})\frac{\exp\left(-\frac{1}{2}(\boldsymbol{\mu}_1-\boldsymbol{\mu}_2)^{\mathrm{T}}\boldsymbol{S}^{-1}(\boldsymbol{\mu}_1-\boldsymbol{\mu}_2)\right)}{\sqrt{\det(2\pi\boldsymbol{S})}} \tag{8.4.8}$$

其中 $\boldsymbol{S}\equiv\boldsymbol{\Sigma}_1+\boldsymbol{\Sigma}_2$，均值和方差分别为

$$\boldsymbol{\mu}=\boldsymbol{\Sigma}_1\boldsymbol{S}^{-1}\boldsymbol{\mu}_2+\boldsymbol{\Sigma}_2\boldsymbol{S}^{-1}\boldsymbol{\mu}_1\quad\boldsymbol{\Sigma}=\boldsymbol{\Sigma}_1\boldsymbol{S}^{-1}\boldsymbol{\Sigma}_2 \tag{8.4.9}$$

8.4.1　完全平方

在处理高斯分布时，一个有用的技巧是使用完全平方。例如，对表达式

$$\exp\left(-\frac{1}{2}\boldsymbol{x}^{\mathrm{T}}\boldsymbol{A}\boldsymbol{x}+\boldsymbol{b}^{\mathrm{T}}\boldsymbol{x}\right) \tag{8.4.10}$$

可以进行如下变换。首先进行完全平方：

$$\frac{1}{2}\boldsymbol{x}^{\mathrm{T}}\boldsymbol{A}\boldsymbol{x}-\boldsymbol{b}^{\mathrm{T}}\boldsymbol{x}=\frac{1}{2}(\boldsymbol{x}-\boldsymbol{A}^{-1}\boldsymbol{b})^{\mathrm{T}}\boldsymbol{A}(\boldsymbol{x}-\boldsymbol{A}^{-1}\boldsymbol{b})-\frac{1}{2}\boldsymbol{b}^{\mathrm{T}}\boldsymbol{A}^{-1}\boldsymbol{b} \tag{8.4.11}$$

于是

$$\exp\left(-\frac{1}{2}\boldsymbol{x}^{\mathrm{T}}\boldsymbol{A}\boldsymbol{x}+\boldsymbol{b}^{\mathrm{T}}\boldsymbol{x}\right)=\mathcal{N}(\boldsymbol{x}\mid\boldsymbol{A}^{-1}\boldsymbol{b},\boldsymbol{A}^{-1})\sqrt{\det(2\pi\boldsymbol{A}^{-1})}\exp\left(\frac{1}{2}\boldsymbol{b}^{\mathrm{T}}\boldsymbol{A}^{-1}\boldsymbol{b}\right) \tag{8.4.12}$$

继而可以推出

$$\int\exp\left(-\frac{1}{2}\boldsymbol{x}^{\mathrm{T}}\boldsymbol{A}\boldsymbol{x}+\boldsymbol{b}^{\mathrm{T}}\boldsymbol{x}\right)\mathrm{d}x=\sqrt{\det(2\pi\boldsymbol{A}^{-1})}\exp\left(\frac{1}{2}\boldsymbol{b}^{\mathrm{T}}\boldsymbol{A}^{-1}\boldsymbol{b}\right) \tag{8.4.13}$$

结果 8.3(高斯的线性变换)　通过

$$\boldsymbol{y}=\boldsymbol{M}\boldsymbol{x}+\boldsymbol{\eta} \tag{8.4.14}$$

令 $\boldsymbol{y}$ 与 $\boldsymbol{x}$ 线性相关。其中 $\boldsymbol{x}\perp\!\!\!\perp\boldsymbol{\eta}$，$\boldsymbol{\eta}\sim\mathcal{N}(\boldsymbol{\mu},\boldsymbol{\Sigma})$，并且 $\boldsymbol{x}\sim\mathcal{N}(\boldsymbol{\mu}_x,\boldsymbol{\Sigma}_x)$。那么边缘概率 $p(\boldsymbol{y})=\int_x p(\boldsymbol{y}\mid\boldsymbol{x})p(\boldsymbol{x})$也是高斯的：

$$p(\boldsymbol{y})=\mathcal{N}(\boldsymbol{y}\mid\boldsymbol{M}\boldsymbol{\mu}_x+\boldsymbol{\mu},\boldsymbol{M}\boldsymbol{\Sigma}_x\boldsymbol{M}^{\mathrm{T}}+\boldsymbol{\Sigma}) \tag{8.4.15}$$

结果 8.4(分区高斯)　考虑一个分布 $\mathcal{N}(z\mid\boldsymbol{\mu},\boldsymbol{\Sigma})$，它由两个向量 $\boldsymbol{x}$ 和 $\boldsymbol{y}$ 共同定义，这两个向量的维数可能不同：

$$\boldsymbol{z}=\begin{pmatrix}\boldsymbol{x}\\\boldsymbol{y}\end{pmatrix} \tag{8.4.16}$$

该向量的均值和分区协方差矩阵为：

$$\boldsymbol{\mu}=\begin{pmatrix}\boldsymbol{\mu}_x\\\boldsymbol{\mu}_y\end{pmatrix}\quad\boldsymbol{\Sigma}=\begin{pmatrix}\boldsymbol{\Sigma}_{xx}&\boldsymbol{\Sigma}_{xy}\\\boldsymbol{\Sigma}_{yx}&\boldsymbol{\Sigma}_{yy}\end{pmatrix} \tag{8.4.17}$$

其中 $\boldsymbol{\Sigma}_{yx}\equiv\boldsymbol{\Sigma}_{xy}^{\mathrm{T}}$，边缘分布为：

$$p(\boldsymbol{x})=\mathcal{N}(\boldsymbol{x}\mid\boldsymbol{\mu}_x,\boldsymbol{\Sigma}_{xx}) \tag{8.4.18}$$

条件分布为：

$$p(\boldsymbol{x}\mid\boldsymbol{y})=\mathcal{N}(\boldsymbol{x}\mid\boldsymbol{\mu}_x+\boldsymbol{\Sigma}_{xy}\boldsymbol{\Sigma}_{yy}^{-1}(\boldsymbol{y}-\boldsymbol{\mu}_y),\boldsymbol{\Sigma}_{xx}-\boldsymbol{\Sigma}_{xy}\boldsymbol{\Sigma}_{yy}^{-1}\boldsymbol{\Sigma}_{yx}) \tag{8.4.19}$$

结果 8.5(二次函数的高斯平均)

$$\langle\boldsymbol{x}^{\mathrm{T}}\boldsymbol{A}\boldsymbol{x}\rangle_{\mathcal{N}(\boldsymbol{x}\mid\boldsymbol{\mu},\boldsymbol{\Sigma})}=\boldsymbol{\mu}^{\mathrm{T}}\boldsymbol{A}\boldsymbol{\mu}+\mathrm{trace}(\boldsymbol{A}\boldsymbol{\Sigma}) \tag{8.4.20}$$

8.4.2　系统反向的条件

对一个联合高斯分布 $p(x,y)$，我们关注它的条件分布 $p(\boldsymbol{x}\mid\boldsymbol{y})$，这个分布的公式如式(8.4.19)所示。本节用一个等价公式来表达这个式子，首先考虑一个“反向”线性系统，形如

$$\boldsymbol{x}=\overleftarrow{\boldsymbol{A}}\boldsymbol{y}+\overleftarrow{\boldsymbol{\eta}} \tag{8.4.21}$$

其中$\overleftarrow{\boldsymbol{\eta}}\sim\mathcal{N}(\overleftarrow{\boldsymbol{\eta}}\mid\overleftarrow{\boldsymbol{\mu}},\overleftarrow{\boldsymbol{\Sigma}})$，然后证明“反向”噪声 $\overleftarrow{\boldsymbol{\eta}}$ 的边缘分布等同于条件分布。也就是说，对于适当的 $\overleftarrow{\boldsymbol{A}}$、$\overleftarrow{\boldsymbol{\mu}}$ 和 $\overleftarrow{\boldsymbol{\Sigma}}$，有高斯分布：

$$p(\boldsymbol{x}\mid\boldsymbol{y})=\int\delta(\boldsymbol{x}-\overleftarrow{\boldsymbol{A}}y-\overleftarrow{\boldsymbol{\eta}})p(\overleftarrow{\boldsymbol{\eta}}),\quad p(\overleftarrow{\boldsymbol{\eta}})=\mathcal{N}(\overleftarrow{\boldsymbol{\eta}}\mid\overleftarrow{\boldsymbol{\mu}},\overleftarrow{\boldsymbol{\Sigma}}) \tag{8.4.22}$$

为了证明这一点，我们需要让 x 在线性系统中的统计结果和在条件分布下的统计结果相匹配。线性系统公式(8.4.21)的均值和协方差矩阵为

$$\boldsymbol{\mu}_x=\overleftarrow{\boldsymbol{A}}y+\overleftarrow{\boldsymbol{\mu}},\quad\boldsymbol{\Sigma}_{xx}=\overleftarrow{\boldsymbol{\Sigma}} \tag{8.4.23}$$

我们可以通过设置下述三个参数：

$$\overleftarrow{\boldsymbol{A}}=\boldsymbol{\Sigma}_{xy}\boldsymbol{\Sigma}_{yy}^{-1},\quad \overleftarrow{\boldsymbol{\Sigma}}=\boldsymbol{\Sigma}_{xx}-\boldsymbol{\Sigma}_{xy}\boldsymbol{\Sigma}_{yy}^{-1}\boldsymbol{\Sigma}_{yx},\quad \overleftarrow{\boldsymbol{\mu}}=\boldsymbol{\mu}_x-\boldsymbol{\Sigma}_{xy}\boldsymbol{\Sigma}_{yy}^{-1}\mu_y \tag{8.4.24}$$

让它们对式(8.4.19)也成立。这意味着我们可以写出一个形式如式(8.4.21)的显式线性系统，其中参数是根据原系统的统计量给出的。

这在推导 24.3 节的线性动力系统的推论时特别有用。

8.4.3 美化和居中

对一组数据 $\boldsymbol{x}^1,\cdots,\boldsymbol{x}^n$(其中 $\boldsymbol{x}^n$ 的维数为 D，$n=1,2,3,\cdots,N$)使用居中操作，我们可以将这组数据变换为均值为零的另一组数据 $\boldsymbol{y}^1,\cdots,\boldsymbol{y}^N$，即：

$$\boldsymbol{y}^n=\boldsymbol{x}^n-m \tag{8.4.25}$$

其中第一组数据的均值 m 由公式(8.4.26)求得：

$$m=\frac{1}{N}\sum_{n=1}^{N}\boldsymbol{x}^n \tag{8.4.26}$$

此外，我们还可以使用美化操作，将本节开头的一组数据变换为具有零均值以及单位协方差矩阵的一组数据 $\boldsymbol{z}^1,\cdots,\boldsymbol{z}^N$，即：

$$\boldsymbol{z}^n=S^{-\frac{1}{2}}(\boldsymbol{x}^n-m) \tag{8.4.27}$$

其中，第一组数据的协方差 S 为：

$$S=\frac{1}{N}\sum_{n=1}^{N}(\boldsymbol{x}^n-m)(\boldsymbol{x}^n-m)^{\mathrm{T}} \tag{8.4.28}$$

一种等效的方法是计算中心数据点矩阵的 SVD 分解：

$$\boldsymbol{USV}^{\mathrm{T}}=\boldsymbol{Y},\quad \boldsymbol{Y}=[\boldsymbol{y}^1,\cdots,\boldsymbol{y}^N] \tag{8.4.29}$$

那么对于 $D\times N$ 的矩阵：

$$\boldsymbol{Z}=\sqrt{N}\,\mathrm{diag}(1/\boldsymbol{S}_{1,1},\cdots,1/\boldsymbol{S}_{D,D})\boldsymbol{U}^{\mathrm{T}}\boldsymbol{Y} \tag{8.4.30}$$

$\boldsymbol{Z}=(\boldsymbol{z}^1,\cdots,\boldsymbol{z}^N)$的列向量具有零均值和单位协方差矩阵，参见练习 8.32。

结果 8.6(高斯的熵)　多元高斯 $p(\boldsymbol{x})=\mathcal{N}(\boldsymbol{x}|\boldsymbol{\mu},\boldsymbol{\Sigma})$的微分熵为

$$H(\boldsymbol{x})\equiv-\langle\log p(\boldsymbol{x})\rangle_{p(\boldsymbol{x})}=\frac{1}{2}\log\det(2\pi\boldsymbol{\Sigma})+\frac{D}{2} \tag{8.4.31}$$

其中 $D=\dim\boldsymbol{x}$。请注意，熵和均值 $\boldsymbol{\mu}$ 是相互独立的。

8.5 指数族

指数族是理论上最常见的分布，它包含许多标准分布，包括高斯分布、伽马分布、泊松分布、狄利克雷分布、Wishart 分布和多项分布。

定义 8.29(指数族)　对于在变量 x(可能是多维的)上的(连续或离散)分布，指数族模型形如：

$$p(x|\boldsymbol{\theta})=h(x)\exp\Big(\sum_i\eta_i(\boldsymbol{\theta})T_i(x)-\psi(\boldsymbol{\theta})\Big) \tag{8.5.1}$$

其中 $\boldsymbol{\theta}$ 是参数，$T_i(x)$ 是测试统计量，$\psi(\boldsymbol{\theta})$ 是用于确保标准化的对数分区函数：

$$\psi(\boldsymbol{\theta})=\log\int_x h(x)\exp\Big(\sum_i\eta_i(\boldsymbol{\theta})T_i(x)\Big) \tag{8.5.2}$$

此处存在参数变换 $\eta(\boldsymbol{\theta})=\boldsymbol{\theta}$，利用这种变换，可将分布变成规范形式：

$$p(x|\boldsymbol{\theta})=h(x)\exp(\boldsymbol{\theta}^{\mathrm{T}}\boldsymbol{T}(x)-\psi(\boldsymbol{\theta})) \tag{8.5.3}$$

例如，单元高斯分布可以写成：

$$\frac{1}{\sqrt{2\pi\sigma^2}}\exp\left(-\frac{1}{2\sigma^2}(x-\mu)^2\right)=\exp\left(-\frac{1}{2\sigma^2}x^2+\frac{\mu}{\sigma^2}x-\frac{\mu^2}{2\sigma^2}-\frac{1}{2}\log 2\pi\sigma^2\right) \tag{8.5.4}$$

假设 $t_1(x)=x$、$t_2(x)=-x^2/2$，以及 $\theta_1=\mu$、$\theta_2=\sigma^2$、$h(x)=1$，那么

$$\eta_1(\boldsymbol{\theta})=\frac{\theta_1}{\theta_2},\quad \eta_2(\boldsymbol{\theta})=\frac{1}{\theta_2},\quad \psi(\boldsymbol{\theta})=\frac{1}{2}\left(\frac{\theta_1^2}{\theta_2}+\log 2\pi\theta_2\right) \tag{8.5.5}$$

请注意，这里的参数设定不是唯一的。例如，可以重新对函数 $T_i(x)$进行缩放并将 η_i 的逆缩放相同的量以得到等价的表示。

8.5.1 共轭先验

指数族的似然为：

$$p(x|\boldsymbol{\theta})=h(x)\exp(\boldsymbol{\theta}^{\mathrm{T}}\boldsymbol{T}(x)-\psi(\boldsymbol{\theta})) \tag{8.5.6}$$

带有超参数 α 和 γ 的先验为：

$$p(\boldsymbol{\theta}|\alpha,\gamma)\propto\exp(\boldsymbol{\theta}^{\mathrm{T}}\alpha-\gamma\psi(\boldsymbol{\theta})) \tag{8.5.7}$$

后验为：

$$p(\boldsymbol{\theta}|x,\alpha,\gamma)\propto p(x|\boldsymbol{\theta})p(\boldsymbol{\theta}|\alpha,\gamma)\propto\exp(\boldsymbol{\theta}^{\mathrm{T}}[\boldsymbol{T}(x)+\alpha]-[\gamma+1]\psi(\boldsymbol{\theta})) \tag{8.5.8}$$

$$=p(\boldsymbol{\theta}|\boldsymbol{T}(x)+\alpha,1+\gamma) \tag{8.5.9}$$

因此，指数族的先验等式(8.5.7)与似然等式(8.5.6)是共轭的；也就是说，后验与先验的形式相同，但具有不同的超参数。虽然似然在指数族中，但它的共轭先验不一定在指数族中。

8.6 学习分布

对分布 $p(x|\theta)$(其中 θ 为参数)以及数据 $\mathcal{X}=\{x^1,\cdots,x^N\}$，学习过程就是推断最能解释数据 $\mathcal{X}$的 θ 的过程。有很多标准可以定义它。

- **贝叶斯**　这个方法会检验后验 $p(\theta|\mathcal{X})\propto p(\mathcal{X}|\theta)p(\theta)$，并产生一个在 θ 上的分布。贝叶斯方法本身并没有说明如何得到这个后验最好。
- **最大后验(MAP)**　这个方法主要关注后验，即

$$\theta_{\mathrm{MAP}}=\underset{\theta}{\operatorname{argmax}}\,p(\theta|\mathcal{X}) \tag{8.6.1}$$

- **极大似然(ML)**　对于一个平滑的先验，即 $p(\theta)$为常数，最大后验的方案相当于将 θ 设置为所观察数据的极大似然：

$$\theta_{\mathrm{ML}}=\underset{\theta}{\operatorname{argmax}}\,p(\mathcal{X}|\theta) \tag{8.6.2}$$

- **矩匹配**　基于对矩的经验估计(比如均值)，设置 θ 使得分布(一个或多个)的矩与经验相匹配。
- **伪似然**　对多变量 $\boldsymbol{x}=(x_1,\cdots,x_N)$，设置参数 θ 为：

$$\theta=\underset{\theta}{\operatorname{argmax}}\sum_{n=1}^{N}\sum_{i=1}^{D}\log p(x_i^n|x_{\backslash i}^n,\theta) \tag{8.6.3}$$

当完全似然 $p(x|\theta)$难以计算时，会使用伪似然方法。

在寻找“最佳”单个参数 θ 时，我们经常需要进行数值优化。这并不是一个微不足道的步骤，而且我们往往要花费相当大的精力试图为其定义计算复杂度最小的模型或者寻找复杂目标函数有效的最优解，详见 A.5 节。

在本书中，我们主要关注贝叶斯方法和极大似然方法。我们首先复习 1.3 节中涉及贝叶斯方法和极大似然方法的一些基本内容。

定义 8.30(先验、似然和后验)　有数据 $\mathcal{X}$ 和变量 θ，贝叶斯定理展示了如何根据数据将关于变量 θ 的先验更新为后验：

$$\underbrace{p(\theta \mid \mathcal{X})}_{\text{后验}}=\frac{\overbrace{p(\mathcal{X}|\theta)}^{\text{似然}}\overbrace{p(\theta)}^{\text{先验}}}{\underbrace{p(\mathcal{X})}_{\text{证据}}} \tag{8.6.4}$$

证据也称为边缘似然。请注意，“证据”一词(相当不幸地)同时用于观察数据的边缘似然和观察数据本身。

术语“似然”用于表示模型生成观察数据的概率。更详细地，如果我们以模型 M 为条件，则可得：

$$p(\theta \mid \mathcal{X},M)=\frac{p(\mathcal{X}|\theta,M)p(\theta|M)}{p(\mathcal{X}|M)}$$

从中，我们可以看到似然 $p(\theta|X,M)$和模型似然 $p(X|M)$的关系。

最大后验用于设置最大化后验概率的参数：

$$\theta_{\text{MAP}}=\underset{\theta}{\operatorname{argmax}}\, p(\theta \mid \mathcal{X},M) \tag{8.6.5}$$

对“平滑先验”，$p(\theta|M)$是常数，此时最大后验等价于极大似然(θ 能最大化 $p(X|\theta,M)$)：

$$\theta_{\text{ML}}=\underset{\theta}{\operatorname{argmax}}\, p(\mathcal{X}|\theta,M) \tag{8.6.6}$$

定义 8.31(共轭性)　如果后验与先验具有相同的参数形式，那么我们将先验称为似然分布的共轭分布。也就是说，对基于参数 θ，具有超参数 α 的先验 $p(\theta|\alpha)$，给定数据 $\mathcal{D}$ 的后验与先验形式相同，但是超参数不同，即 $p(\theta \mid \mathcal{D},\alpha)=p(\theta|\alpha')$。

定义 8.32(独立同分布)　对变量 x 和一组观察到的独立同分布(i. i. d.)数据 $x^1,\cdots,x^N$，以 θ 为条件，并且假设所观察数据之间没有相关性，则：

$$p(x^1,\cdots,x^N|\theta)=\prod_{n=1}^{N}p(x^n|\theta) \tag{8.6.7}$$

对基于数据 $\mathcal{X}$，返回 θ 的单个值的非贝叶斯方法，我们想知道过程有多“好”。在这种情况下可以借助指标“偏差”和“一致性”。偏差基于平均值衡量 θ 的估计值是否是正确的。使参数 θ 随着数据序列的增加收敛于真实模型参数 θ^0 的估计量具有的特性称为一致性。

定义 8.33(无偏估计量)　在分布 $p(x|\theta)$上进行 i. i. d. 采样，获得一组数据 $\mathcal{X}=\{x^1,\cdots,x^N\}$，我们可以使用数据 $\mathcal{X}$ 来估计用于生成数据的参数 θ。估计量是数据的函数，写作 $\hat{\theta}(\mathcal{X})$。对于无偏估计量，有：

$$\langle\hat{\theta}(\mathcal{X})\rangle_{p(\mathcal{X}|\theta)}=\theta \tag{8.6.8}$$

更一般地，可以考虑具有标量值 θ 的分布 $p(x)$的任何函数，例如均值 $\theta=\langle x\rangle_{p(x)}$。如果$\langle\hat{\theta}(\mathcal{X})\rangle_{\tilde{p}(\mathcal{X})}=\theta$，那么 $\hat{\theta}(\mathcal{X})$是 θ 关于数据分布 $\tilde{p}(\mathcal{X})$的无偏估计量。

估计量有偏差的一个经典例子是均值和方差的估计量。令均值的估计量为：

$$\hat{\mu}(\mathcal{X})=\frac{1}{N}\sum_{n=1}^{N}x^n \tag{8.6.9}$$

这是均值$\langle x\rangle_{p(x)}$的无偏估计量，因为对于 i.i.d. 数据，有：

$$\langle\hat{\mu}(\mathcal{X})\rangle_{p(\mathcal{X})}=\frac{1}{N}\sum_{n=1}^{N}\langle x^n\rangle_{p(x^n)}=\frac{1}{N}N\langle x\rangle_{p(x)}=\langle x\rangle_{p(x)} \tag{8.6.10}$$

同理，令方差的估计量为：

$$\hat{\sigma}^2(\mathcal{X})=\frac{1}{N}\sum_{n=1}^{N}(x^n-\hat{\mu}(\mathcal{X}))^2 \tag{8.6.11}$$

这是有偏见的估计量，因为(此处省去了部分过程)：

$$\langle\hat{\sigma}^2(\mathcal{X})\rangle_{p(\mathcal{X})}=\frac{1}{N}\sum_{n=1}^{N}\langle(x^n-\hat{\mu}(\mathcal{X}))^2\rangle=\frac{N-1}{N}\sigma^2 \tag{8.6.12}$$

8.7　极大似然的性质

对后验的粗略概括是由一个分布给出的，其所有参数都处于一个最可能的状态$\delta(\theta,\theta_{\mathrm{MAP}})$，见定义 8.30。在进行这种近似时，丢失了反映参数估计的可靠性的潜在有用的信息。相比之下，完全后验反映了我们对可能性范围及其相关可信度的信念。

术语“极大似然”是指模型最有可能生成观察数据的参数θ。可以从决策理论的角度来理解最大后验。如果我们假设一个效用是除了正确的θ等于 1 之外都等于 0：

$$U(\theta_{\text{true}},\theta)=\mathbb{I}[\theta_{\text{true}}=\theta] \tag{8.7.1}$$

那么θ的期望效用是：

$$U(\theta)=\sum_{\theta_{\text{true}}}\mathbb{I}[\theta_{\text{true}}=\theta]p(\theta_{\text{true}}|\mathcal{X})=p(\theta|\mathcal{X}) \tag{8.7.2}$$

这意味着最大效用决定是返回具有最高后验值的θ。

对于“平滑”先验，使用最大后验设置参数等价于使用下述极大似然：

$$\theta_{\mathrm{ML}}=\underset{\theta}{\operatorname{argmax}}\,p(\mathcal{X}|\theta) \tag{8.7.3}$$

由于 log 函数是一个严格递增的函数，因此对于正值函数$f(\theta)$，

$$\theta_{\mathrm{opt}}=\underset{\theta}{\operatorname{argmax}}\,f(\theta)\Leftrightarrow\theta_{\mathrm{opt}}=\underset{\theta}{\operatorname{argmax}}\log f(\theta) \tag{8.7.4}$$

使得可以通过优化最大后验目标或该后验目标的对数：

$$\log p(\theta|\mathcal{X})=\log p(\mathcal{X}|\theta)+\log p(\theta)-\log p(\mathcal{X}) \tag{8.7.5}$$

来找到最大后验参数。其中正则化常数$p(\mathcal{X})$不是变量θ的函数。对数似然很方便求，因为在 i.i.d. 假设下，它是数据项的总和：

$$\log p(\theta|\mathcal{X})=\sum_{n}\log p(x^n|\theta)+\log p(\theta)-\log p(\mathcal{X}) \tag{8.7.6}$$

所以诸如对数似然的导数之类的量就很容易计算，比如θ。

8.7.1　假设模型正确时的训练

考虑由潜在的参数模型$p(x|\theta^0)$生成的数据集$\mathcal{X}=\{x^n\}$，其中$n=1,\cdots,N$。我们的目标是拟合一个与正确的潜在模型$p(x|\theta^0)$形式相同的模型$p(x|\theta)$，并检查在大量数据的限制下，极大似然方法学习到的参数θ是否能够和正确的参数θ^0相匹配。下面的推导并不严格，但强调了论点的本质。

假设数据服从 i. i. d.，则加权的对数似然为

$$L(\theta)\equiv\frac{1}{N}\log p(\mathcal{X}|\theta)=\frac{1}{N}\sum_{n=1}^{N}\log p(x^n|\theta) \tag{8.7.7}$$

当 $N\to\infty$时，样本平均值可以用生成数据的分布的平均值替换：

$$L(\theta)\overset{N\to\infty}{=}\langle\log p(x|\theta)\rangle_{p(x|\theta^0)}=-\mathrm{KL}(p(x|\theta^0)|p(x|\theta))+\langle\log p(x|\theta^0)\rangle_{p(x|\theta^0)} \tag{8.7.8}$$

这里有一个可以忽略不计的常数，这是 x 中两个分布的 KL 散度，这两个分布只是参数设置不同。使 $L(\theta)$最大的 θ 就是使 KL 散度最小化的 θ，即 $\theta=\theta^0$。因此，在大量数据的限制下，原则上我们可以学习出正确的参数(假设我们知道正确的模型类)。也就是说，极大似然是一致的估计量。

8.7.2 假设模型不正确时的训练

假设模型写作 $q(x|\theta)$，$p(x|\phi)$表示正确的生成模型。在假设模型正确的前提下，重复上节介绍的计算过程，可以得到在大量数据的限制下，加权的对数似然为

$$L(\theta)=\langle\log q(x|\theta)\rangle_{p(x|\phi)}=-\mathrm{KL}(p(x|\phi)|q(x|\theta))+\langle\log p(x|\phi)\rangle_{p(x|\phi)} \tag{8.7.9}$$

由于 q 和 p 的形式不相同，因此将 θ 设置为 ϕ 不一定能使 $\mathrm{KL}(q(x|\theta)|p(x|\phi))$最小，因此不一定能够优化 $L(\theta)$。

8.7.3 极大似然和经验分布

给定由离散变量组成的数据集 $\mathcal{X}=\{x^1,\cdots,x^N\}$，我们将经验分布定义为

$$q(x)=\frac{1}{N}\sum_{n=1}^{N}\mathbb{I}[x=x^n] \tag{8.7.10}$$

当 x 是变量向量时，

$$\mathbb{I}[x=x^n]=\prod_i\mathbb{I}[x_i=x_i^n] \tag{8.7.11}$$

经验分布 $q(x)$和分布 $p(x)$之间的 KL 散度是

$$\mathrm{KL}(q|p)=\langle\log q(x)\rangle_{q(x)}-\langle\log p(x)\rangle_{q(x)} \tag{8.7.12}$$

我们关注的是 $\mathrm{KL}(q|p)$对 p 的函数依赖性。由于熵项$\langle\log q(x)\rangle_{q(x)}$独立于 $q(x)$，因此我们可以视该项为常数，仅关注第 2 项。于是

$$\mathrm{KL}(q|p)=-\langle\log p(x)\rangle_{q(x)}+C=-\frac{1}{N}\sum_{n=1}^{N}\log p(x^n)+C \tag{8.7.13}$$

我们将 $\sum_{n=1}^{N}\log p(x^n)$认作模型 $p(x)$下的对数似然，假设数据服从 i. i. d.，这意味着通过极大似然设置参数等同于通过最小化经验分布和参数化分布之间的 KL 散度来设置参数。在 $p(x)$不受约束的情况下，最优选择是设置 $p(x)=q(x)$，即极大似然最优分布与经验分布相对应。

8.8 学习高斯分布

鉴于高斯分布的重要性，明确地讨论极大似然方法和贝叶斯方法对于给数据拟合一个高斯分布，是具有指导意义的。

8.8.1 极大似然训练

从均值 $\boldsymbol{\mu}$ 和协方差矩阵 $\boldsymbol{\Sigma}$ 未知的高斯分布 $N(\boldsymbol{x}|\boldsymbol{\mu},\boldsymbol{\Sigma})$中抽取一组训练数据 $\mathcal{X}=$

$\{\boldsymbol{x}^1,\cdots,\boldsymbol{x}^N\}$，我们如何获得 $\boldsymbol{\mu}$ 和 $\boldsymbol{\Sigma}$？假设数据服从 i. i. d.，那么对数似然为

$$L(\boldsymbol{\mu},\boldsymbol{\Sigma})\equiv\sum_{n=1}^{N}\log p(\boldsymbol{x}\,|\,\boldsymbol{\mu},\boldsymbol{\Sigma})=-\frac{1}{2}\sum_{n=1}^{N}(\boldsymbol{x}^n-\boldsymbol{\mu})^{\mathrm{T}}\boldsymbol{\Sigma}^{-1}(\boldsymbol{x}^n-\boldsymbol{\mu})-\frac{N}{2}\log\det(2\pi\boldsymbol{\Sigma}) \tag{8.8.1}$$

最优 $\boldsymbol{\mu}$

求 L 对 $\boldsymbol{\mu}$ 的偏导数，我们得到向量导数

$$\nabla_{\boldsymbol{\mu}}L(\boldsymbol{\mu},\boldsymbol{\Sigma})=\sum_{n=1}^{N}\boldsymbol{\Sigma}^{-1}(\boldsymbol{x}^n-\boldsymbol{\mu}) \tag{8.8.2}$$

令上式等于 0，解出对数似然的最优值

$$\sum_{n=1}^{N}\boldsymbol{\Sigma}^{-1}\boldsymbol{x}^n=N\boldsymbol{\mu}\boldsymbol{\Sigma}^{-1} \tag{8.8.3}$$

因此，最优 $\boldsymbol{\mu}$ 由样本均值给出：

$$\boldsymbol{\mu}=\frac{1}{N}\sum_{n=1}^{N}\boldsymbol{x}^n \tag{8.8.4}$$

最优 $\boldsymbol{\Sigma}$

L 相对于 $\boldsymbol{\Sigma}$ 的偏导数求起来要麻烦一些，一种简便的方法是不直接使用它，而是使用它的逆 $\boldsymbol{\Sigma}^{-1}$ 进行参数化，如下：

$$L=-\frac{1}{2}\mathrm{trace}\left(\boldsymbol{\Sigma}^{-1}\underbrace{\sum_{n=1}^{N}(\boldsymbol{x}^n-\boldsymbol{\mu})(\boldsymbol{x}^n-\boldsymbol{\mu})^{\mathrm{T}}}_{\equiv\boldsymbol{M}}\right)+\frac{N}{2}\log\det(2\pi\boldsymbol{\Sigma}^{-1}) \tag{8.8.5}$$

代入 $\boldsymbol{M}=\boldsymbol{M}^{\mathrm{T}}$，我们可以得到

$$\frac{\partial}{\partial\boldsymbol{\Sigma}^{-1}}L=-\frac{1}{2}\boldsymbol{M}+\frac{N}{2}\boldsymbol{\Sigma} \tag{8.8.6}$$

令导数等于零矩阵，求解 $\boldsymbol{\Sigma}$ 得到样本协方差矩阵：

$$\boldsymbol{\Sigma}=\frac{1}{N}\sum_{n=1}^{N}(\boldsymbol{x}^n-\boldsymbol{\mu})(\boldsymbol{x}^n-\boldsymbol{\mu})^{\mathrm{T}} \tag{8.8.7}$$

方程(8.8.4)和方程(8.8.7)分别解得均值 $\boldsymbol{\mu}$ 和协方差矩阵 $\boldsymbol{\Sigma}$。与我们先前的结果一致，实际上这些式子只是简单地将参数设置为其样本统计量的经验分布。也就是说，将均值设置为数据的样本均值，将协方差矩阵设置为样本协方差矩阵。

8.8.2　均值和方差的贝叶斯推断

简单起见，我们这里仅处理单元情况。假设服从 i. i. d. 的数据的似然是

$$p(\mathcal{X}|\mu,\sigma^2)=\frac{1}{(2\pi\sigma^2)^{N/2}}\exp\left(-\frac{1}{2\sigma^2}\sum_{n=1}^{N}(x^n-\mu)^2\right) \tag{8.8.8}$$

要使用贝叶斯方法，需要用到参数的后验：

$$p(\mu,\sigma^2\,|\,\mathcal{X})\propto p(\mathcal{X}|\mu,\sigma^2)p(\mu,\sigma^2)=p(\mathcal{X}|\mu,\sigma^2)p(\mu|\sigma^2)p(\sigma^2) \tag{8.8.9}$$

我们的目标是找到均值和方差的共轭先验。一种简便的选择是将高斯分布的中心 μ_0 作为均值 μ 的先验：

$$p(\mu|\mu_0,\sigma_0^2)=\frac{1}{\sqrt{2\pi\sigma_0^2}}\exp\left(-\frac{1}{2\sigma_0^2}(\mu_0-\mu)^2\right) \tag{8.8.10}$$

那么后验为：

$$p(\mu,\sigma^2 \mid \mathcal{X}) \propto \frac{1}{\sigma_0}\frac{1}{\sigma^N}\exp\left(-\frac{1}{2\sigma_0^2}(\mu_0-\mu)^2-\frac{1}{2\sigma^2}\sum_n (x^n-\mu)^2\right)p(\sigma^2) \tag{8.8.11}$$

其可简写为如下形式：

$$p(\mu,\sigma^2 \mid \mathcal{X}) = p(\mu \mid \sigma^2,\mathcal{X})p(\sigma^2 \mid \mathcal{X}) \tag{8.8.12}$$

式(8.8.11)中 exp 函数里有 μ 的平方项，条件后验 $p(\mu \mid \sigma^2,\mathcal{X})$是高斯分布。为了确定这个高斯分布，我们把 exp 函数中的平方项乘出来得到：

$$\exp\left(-\frac{1}{2}(a\mu^2-2b\mu+c)\right) \tag{8.8.13}$$

其中，

$$a=\frac{1}{\sigma_0^2}+\frac{N}{\sigma^2},\quad b=\frac{\mu_0}{\sigma_0^2}+\frac{\sum_n x^n}{\sigma^2},\quad c=\frac{\mu_0^2}{\sigma_0^2}+\sum_n \frac{(x^n)^2}{\sigma^2} \tag{8.8.14}$$

根据：

$$a\mu^2-2b\mu+c=a\left(\mu-\frac{b}{a}\right)^2+\left(c-\frac{b^2}{a}\right) \tag{8.8.15}$$

式(8.8.12)也可以写成：

$$p(\mu,\sigma^2 \mid \mathcal{X}) \propto \underbrace{\sqrt{a}\exp\left(-\frac{1}{2}a\left(\mu-\frac{b}{a}\right)^2\right)}_{p(\mu \mid \mathcal{X},\sigma^2)}\underbrace{\frac{1}{\sqrt{a}}\exp\left(-\frac{1}{2}\left(c-\frac{b^2}{a}\right)\right)\frac{1}{\sigma_0}\frac{1}{\sigma^N}p(\sigma^2)}_{p(\sigma^2 \mid \mathcal{X})} \tag{8.8.16}$$

在试图找 σ^2 的共轭先验时我们遇到一个困难，公式 b^2/a 不是σ^2 的简单表达式。出于这个原因，增加约束：

$$\sigma_0^2 \equiv \gamma\sigma^2 \tag{8.8.17}$$

其中 γ 为固定的超参数。定义常数：

$$\tilde{a}=\frac{1}{\gamma}+N,\quad \tilde{b}=\frac{\mu_0}{\gamma}+\sum_n x^n,\quad \tilde{c}=\frac{\mu_0^2}{\gamma}+\sum_n (x^n)^2 \tag{8.8.18}$$

于是我们有：

$$c-\frac{b^2}{a}=\frac{1}{\sigma^2}\left(\tilde{c}-\frac{\tilde{b}^2}{\tilde{a}}\right) \tag{8.8.19}$$

使用式(8.8.16)中的表达式可以得到：

$$p(\sigma^2 \mid \mathcal{X}) \propto (\sigma^2)^{-N/2}\exp\left(-\frac{1}{2\sigma^2}\left(\tilde{c}-\frac{\tilde{b}^2}{\tilde{a}}\right)\right)p(\sigma^2) \tag{8.8.20}$$

因此，先验 $p(\sigma^2)$的伽马分布的逆是共轭的。对于高斯-逆-伽马先验：

$$p(\mu,\sigma^2)=\mathcal{N}(\mu \mid \mu_0,\gamma\sigma^2)\text{InvGam}(\sigma^2 \mid \alpha,\beta) \tag{8.8.21}$$

后验也是高斯-逆-伽马的：

$$p(\mu,\sigma^2 \mid \mathcal{X})=\mathcal{N}\left(\mu \,\middle|\, \frac{\tilde{b}}{\tilde{a}}\frac{\sigma^2}{\tilde{a}}\right)\text{InvGam}\left(\sigma^2 \mid \alpha+\frac{N}{2},\beta+\frac{1}{2}\left(\tilde{c}-\frac{\tilde{b}^2}{\tilde{a}}\right)\right) \tag{8.8.22}$$

8.8.3 高斯-伽马分布

通常在精度上使用先验定义方差的逆：

$$\lambda \equiv \frac{1}{\sigma^2} \tag{8.8.23}$$

如果使用伽马先验

$$p(\lambda|\alpha,\beta)=\mathrm{Gam}(\lambda|\alpha,\beta)=\frac{1}{\beta^{\alpha}\Gamma(\alpha)}\lambda^{\alpha-1}\mathrm{e}^{-\lambda/\beta} \tag{8.8.24}$$

则后验为：

$$p(\lambda|\mathcal{X},\alpha,\beta)=\mathrm{Gam}(\lambda|\alpha+N/2,\widetilde{\beta}) \tag{8.8.25}$$

其中，

$$\frac{1}{\widetilde{\beta}}=\frac{1}{\beta}+\frac{1}{2}\left(\widetilde{c}-\frac{\widetilde{b}^{2}}{\widetilde{a}}\right) \tag{8.8.26}$$

因此，高斯-伽马先验分布

$$p(\mu,\lambda|\mu_0,\alpha,\beta,\gamma)=\mathcal{N}(\mu|\mu_0,\gamma\lambda^{-1})\mathrm{Gam}(\lambda|\alpha,\beta) \tag{8.8.27}$$

是均值 μ 和精度 λ 未知的高斯分布的共轭先验。该先验的后验是带有下述参数的高斯-伽马分布：

$$p(\mu,\lambda|\mathcal{X},\mu_0,\alpha,\beta,\gamma)=\mathcal{N}\left(\mu\left|\frac{\widetilde{b}}{\widetilde{a}},\frac{1}{\widetilde{a}\lambda}\right.\right)\mathrm{Gam}(\lambda|\alpha+N/2,\widetilde{\beta}) \tag{8.8.28}$$

边缘分布 $p(\mu|\mathcal{X},\mu_0,\alpha,\beta,\gamma)$ 是学生的 t 分布。高斯-伽马先验/后验的一个例子见图 8.8。求解极大似然方法在“平滑”先验($\mu_0=0,\gamma\to\infty,\alpha=1/2,\beta\to\infty$)限制下解的过程，见练习 8.23。练习 8.24 给出了在先验 $\mu_0=0,\gamma\to\infty,\alpha=1,\beta\to\infty$ 的条件下的均值和方差的无偏估计量。

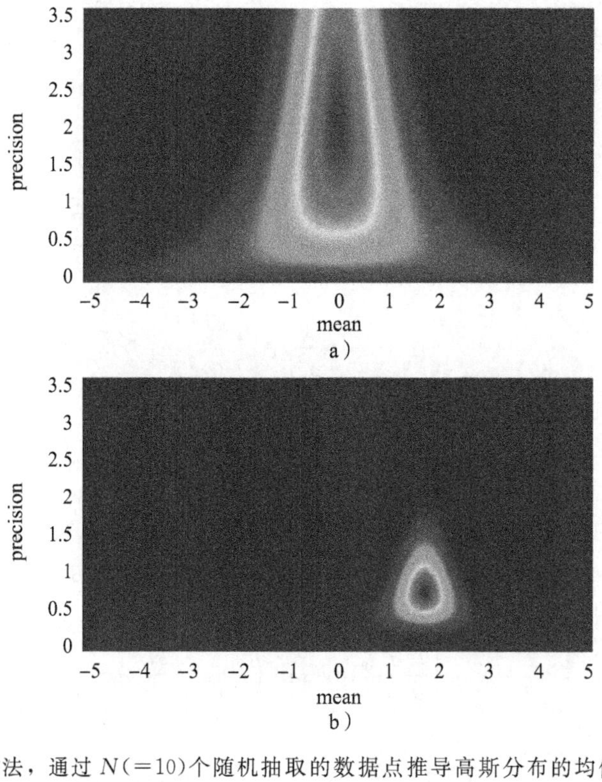

图 8.8 使用贝叶斯方法，通过 $N(=10)$个随机抽取的数据点推导高斯分布的均值和精度(方差的逆)。a) 高斯-伽马先验，其中 $\mu_0=0$、$\alpha=2$、$\beta=1$、$\gamma=1$。b) 以数据为条件的高斯-伽马后验。为了比较，数据的样本均值为 1.87，极大似然最优方差为 1.16(使用 N 归一化计算而得)。10 个数据点是从均值为 2、方差为 1 的高斯分布中抽取出来的。详情见 demoGaussBayes.m

对多元情况，可以使用多元高斯分布在均值上的共轭先验和 Wishart 分布的逆在协方差矩阵上的共轭先验对前述技巧进行推广[137]。

8.9 总结

- 经典的单变量分布包括指数分布、伽马分布、Beta 分布、高斯分布和泊松分布。
- 对分布的经典分布是狄利克雷分布。
- 多元分布通常在计算上难以处理。一个特殊情况是多元高斯，其边缘和正则化常数可以在与模型中变量数成三次方的时间复杂度上计算。
- 一个有用的衡量分布之间差异的标准是 KL 散度。
- 贝叶斯定理使我们能够通过将先验参数知识转换为基于观察数据的后验参数知识来实现参数学习。
- 贝叶斯定理本身并没有说明如何最好地总结后验分布。
- 共轭分布指的是先验和后验来自相同的分布，只是具有不同的参数。
- 极大似然是对平滑先验下的后验的简单概括。
- 如果我们使用了正确的模型类，那么极大似然能够在数据量达到无穷大时学习到最优参数，否则就无法保证学到。

8.10 代码

demoGaussBayes.m：贝叶斯拟合单元高斯分布。
logGaussGamma.m：绘制了高斯-伽马分布的例程。

8.11 练习题

练习 8.1 在一次公开演讲中，实验心理学教授发表了以下讲话："在最近的一项数据调查中，90%的人声称其智商高于平均水平，这显然是无稽之谈！"（观众笑了）。从理论上讲，90%的人有可能拥有高于平均水平的智商吗？如果是这样，那举个例子，否则解释原因。那么智商中位数是多少呢？

练习 8.2 考虑在实数变量 x、y 上定义的分布：

$$p(x,y)\propto(x^2+y^2)^2\mathrm{e}^{-x^2-y^2},\quad \mathrm{dom}(x)=\mathrm{dom}(y)=\{-\infty\cdots\infty\} \tag{8.11.1}$$

请证明 $\langle x\rangle=\langle y\rangle=0$。此外，请证明 x 和 y 是不相关的，$\langle xy\rangle=\langle x\rangle\langle y\rangle$。虽然 x 和 y 是不相关的，请证明它们相关。

练习 8.3 对于具有 $\mathrm{dom}(x)=\{0,1\}$ 和 $p(x=1)=\theta$ 的变量 x，证明从该分布中独立抽取的 n 个样本 $x_1,\cdots,x_n$，其中包含 k 个状态为 1 的概率是二项分布：

$$\binom{n}{k}\theta^k(1-\theta)^{n-k} \tag{8.11.2}$$

练习 8.4（高斯的归一化常数） 高斯分布的归一化常数与以下积分有关：

$$I=\int_{-\infty}^{\infty}\mathrm{e}^{-\frac{1}{2}x^2}\mathrm{d}x \tag{8.11.3}$$

考虑：

$$I^2=\int_{-\infty}^{\infty}\mathrm{e}^{-\frac{1}{2}x^2}\mathrm{d}x\int_{-\infty}^{\infty}\mathrm{e}^{-\frac{1}{2}y^2}\mathrm{d}y=\int_{-\infty}^{\infty}\int_{-\infty}^{\infty}\mathrm{e}^{-\frac{1}{2}(x^2+y^2)}\mathrm{d}x\mathrm{d}y \tag{8.11.4}$$

和极坐标转换：

$$x=r\cos\theta,\quad y=r\sin\theta,\quad dxdy\to rdrd\theta,\quad r=0,\cdots,\infty,\quad \theta=0,\cdots,2\pi$$

证明：

1. $I=\sqrt{2\pi}$

2. $\int_{-\infty}^{\infty} e^{-\frac{1}{2\sigma^2}(x-\mu)^2}dx=\sqrt{2\pi\sigma^2}$

练习 8.5 对单元高斯分布，请证明：

1. $\mu=\langle x\rangle_{\mathcal{N}(x|\mu,\sigma^2)}$

2. $\sigma^2=\langle(x-\mu)^2\rangle_{\mathcal{N}(x|\mu,\sigma^2)}$

练习 8.6 请使用：

$$\mathbf{x}^{\mathrm{T}}\mathbf{A}\mathbf{x}=\mathrm{trace}(\mathbf{A}\mathbf{x}\mathbf{x}^{\mathrm{T}}) \tag{8.11.5}$$

推导结果 8.5。

练习 8.7 证明狄利克雷分布的边缘分布是另一个狄利克雷分布：

$$\int_{\theta_j}\mathrm{Dirichlet}(\theta|\mathbf{u})=\mathrm{Dirichlet}(\theta_{\setminus j}|\mathbf{u}_{\setminus j}) \tag{8.11.6}$$

练习 8.8 对于 Beta 分布，请证明：

$$\langle x^k\rangle=\frac{B(\alpha+k,\beta)}{B(\alpha,\beta)}=\frac{(\alpha+k-1)(\alpha+k-2)\cdots(\alpha)}{(\alpha+\beta+k-1)(\alpha+\beta+k)\cdots(\alpha+\beta)} \tag{8.11.7}$$

其中用到了 $\Gamma(x+1)=x\Gamma(x)$。

练习 8.9 对矩生成函数，请证明：

$$\lim_{t\to 0}\frac{d^k}{dt^k}g(t)=\langle x^k\rangle_{p(x)} \tag{8.11.8}$$

练习 8.10(变量的变换) 考虑具有对应分布 $p(x)$的一维连续随机变量 x。对变量 $y=f(x)$，其中 $f(x)$ 是单调函数，请证明 y 的分布是：

$$p(y)=p(x)\left(\frac{df}{dx}\right)^{-1},\quad x=f^{-1}(y) \tag{8.11.9}$$

更一般地，对向量变量 $\mathbf{y}=\mathbf{f}(\mathbf{x})$，我们有：

$$p(\mathbf{y})=p(\mathbf{x}=\mathbf{f}^{-1}(\mathbf{y}))\left|\det\left(\frac{\partial\mathbf{f}}{\partial\mathbf{x}}\right)\right|^{-1} \tag{8.11.10}$$

其中雅可比矩阵有元素：

$$\left[\frac{\partial\mathbf{f}}{\partial\mathbf{x}}\right]_{ij}=\frac{\partial f_i(\mathbf{x})}{\partial x_j} \tag{8.11.11}$$

练习 8.11(多元高斯的归一化) 考虑：

$$I=\int_{-\infty}^{\infty}\exp\left(-\frac{1}{2}(\mathbf{x}-\boldsymbol{\mu})^{\mathrm{T}}\boldsymbol{\Sigma}^{-1}(\mathbf{x}-\boldsymbol{\mu})\right)d\mathbf{x} \tag{8.11.12}$$

通过使用变换：

$$z=\boldsymbol{\Sigma}-\frac{1}{2}(x-\mu) \tag{8.11.13}$$

请证明：

$$I=\sqrt{\det(2\pi\boldsymbol{\Sigma})} \tag{8.11.14}$$

练习 8.12 考虑分块矩阵：

$$\mathbf{M}=\begin{pmatrix}\mathbf{A} & \mathbf{B}\\ \mathbf{C} & \mathbf{D}\end{pmatrix} \tag{8.11.15}$$

我们希望找到逆 $\mathbf{M}^{-1}$。我们假设矩阵 $\mathbf{A}$ 是 $m\times m$ 的并且是可逆的，矩阵 $\mathbf{D}$ 是 $n\times n$ 的并且是可逆的。通过定义，分块逆：

$$\mathbf{M}^{-1}=\begin{pmatrix}\mathbf{P} & \mathbf{Q}\\ \mathbf{R} & \mathbf{S}\end{pmatrix} \tag{8.11.16}$$

必须满足：

$$\begin{pmatrix} \boldsymbol{A} & \boldsymbol{B} \\ \boldsymbol{C} & \boldsymbol{D} \end{pmatrix}\begin{pmatrix} \boldsymbol{P} & \boldsymbol{Q} \\ \boldsymbol{R} & \boldsymbol{S} \end{pmatrix}=\begin{pmatrix} \boldsymbol{I}_m & \boldsymbol{O} \\ \boldsymbol{O} & \boldsymbol{I}_n \end{pmatrix} \tag{8.11.17}$$

其中 $\boldsymbol{I}_m$ 是 $m\times m$ 单位矩阵，$\boldsymbol{O}$ 是与 $\boldsymbol{D}$ 相同维度的零矩阵。使用上述方法，证明：

$$\boldsymbol{P}=(\boldsymbol{A}-\boldsymbol{B}\boldsymbol{D}^{-1}\boldsymbol{C})^{-1} \quad \boldsymbol{Q}=-\boldsymbol{A}^{-1}\boldsymbol{B}(\boldsymbol{D}-\boldsymbol{C}\boldsymbol{A}^{-1}\boldsymbol{B})^{-1}$$

$$\boldsymbol{R}=-\boldsymbol{D}^{-1}\boldsymbol{C}(\boldsymbol{A}-\boldsymbol{B}\boldsymbol{D}^{-1}\boldsymbol{C})^{-1} \quad \boldsymbol{S}=(\boldsymbol{D}-\boldsymbol{C}\boldsymbol{A}^{-1}\boldsymbol{B})^{-1} \tag{8.11.18}$$

练习 8.13 证明高斯分布 $p(x)=\mathcal{N}(x|\mu,\sigma^2)$的偏度和峰度均为零。

练习 8.14 考虑一小段时间间隔 δt，并令在这个小间隔内发生事件的概率为 $\theta\delta t$。请给出，在 0 到 t 的区间中至少发生一个事件的概率分布。

练习 8.15 考虑向量变量 $\boldsymbol{x}=(x_1,\cdots,x_n)^{\mathrm{T}}$ 和一组在 x 的每个分量上定义的函数 $\phi_i(x_i)$。例如，对于 $\boldsymbol{x}=(x_1,x_2)^{\mathrm{T}}$，我们可能有：

$$\phi_1(x_1)=-|x_1|, \quad \phi_2(x_2)=-x_2^2 \tag{8.11.19}$$

考虑分布：

$$p(\boldsymbol{x}|\boldsymbol{\theta})=\frac{1}{Z}\exp(\boldsymbol{\theta}^{\mathrm{T}}\boldsymbol{\phi}(\boldsymbol{x})) \tag{8.11.20}$$

其中 $\boldsymbol{\phi}(\boldsymbol{x})$是第 i 个分量为 $\phi_i(x_i)$的向量函数，$\boldsymbol{\theta}$ 是参数向量。从这个意义上说，每个分量都是可积的：

$$\int_{-\infty}^{\infty}\exp(\theta_i\phi_i(x_i))\mathrm{d}x_i \tag{8.11.21}$$

通过分析或可接受的数值精度计算。请证明：

1. $x_i \perp\!\!\!\perp x_j$。
2. 归一化常数 Z 可以计算出来。
3. 考虑变换：

$$\boldsymbol{x}=\boldsymbol{M}\boldsymbol{y} \tag{8.11.22}$$

对可逆矩阵 $\boldsymbol{M}$，请证明分布 $p(\boldsymbol{y}|\boldsymbol{M},\theta)$易于处理(其归一化常数已知)，并且通常有 $y_i \top\!\!\!\top y_j$。在推导多元分布时，解释这一点的重要性。

练习 8.16 请证明，我们可以通过将参数 α 和 β 作为均值 m 和方差 s 的函数来重新参数化 β 分布(定义 8.23)：

$$\alpha=\beta\gamma, \quad \gamma\equiv m/(1-m) \tag{8.11.23}$$

$$\beta=\frac{1}{1+\gamma}\left(\frac{\gamma}{s(1+\gamma)^2}-1\right) \tag{8.11.24}$$

练习 8.17 考虑函数：

$$f(\gamma+\alpha,\beta,\theta)\equiv\theta^{\gamma+\alpha-1}(1-\theta)^{\beta-1} \tag{8.11.25}$$

请证明：

$$\lim_{\gamma\to 0}\frac{\partial}{\partial\gamma}f(\gamma+\alpha,\beta,\theta)=\theta^{\alpha-1}(1-\theta)^{\beta-1}\log\theta \tag{8.11.26}$$

则：

$$\int\theta^{\alpha-1}(1-\theta)^{\beta-1}\log\theta\mathrm{d}\theta=\lim_{\gamma\to 0}\frac{\partial}{\partial\gamma}\int f(\gamma+\alpha,\beta,\theta)\mathrm{d}\theta=\frac{\partial}{\partial\alpha}\int f(\alpha,\beta,\theta)\mathrm{d}\theta \tag{8.11.27}$$

使用这个结论，证明：

$$\langle\log\theta\rangle_{B(\theta|\alpha,\beta)}=\frac{\partial}{\partial\alpha}\log B(\alpha,\beta) \tag{8.11.28}$$

其中 $B(\alpha,\beta)$是 Beta 函数。另外，证明：

$$\langle\log(1-\theta)\rangle_{B(\theta|\alpha,\beta)}=\frac{\partial}{\partial\beta}\log B(\alpha,\beta) \tag{8.11.29}$$

可以利用这个结论：

$$B(\alpha,\beta)=\frac{\Gamma(\alpha)\Gamma(\beta)}{\Gamma(\alpha+\beta)} \tag{8.11.30}$$

其中 $\Gamma(x)$ 是伽马函数，将上述均值与 digamma 函数联系起来，定义为：

$$\psi(x)=\frac{\mathrm{d}}{\mathrm{d}x}\log\Gamma(x) \tag{8.11.31}$$

练习 8.18　使用与练习 8.17 中类似的"生成函数"方法，解释如何计算：

$$\langle \log\theta_i \rangle_{\text{Dirichlet}(\boldsymbol{\theta}|\boldsymbol{u})} \tag{8.11.32}$$

练习 8.19　给定函数：

$$f(x)=\int_0^\infty \delta\left(\sum_{i=1}^n \theta_i - x\right)\prod_i \theta_i^{u_i-1}\mathrm{d}\theta_1\cdots\mathrm{d}\theta_n \tag{8.11.33}$$

请证明拉普拉斯变换 $\widetilde{f}(s)\equiv\int_0^\infty \mathrm{e}^{-sx}f(x)\mathrm{d}x$ 为：

$$\widetilde{f}(s)=\prod_{i=1}^n\left\{\int_0^\infty \mathrm{e}^{-s\theta_i}\theta_i^{u_i-1}\mathrm{d}\theta_i\right\}=\frac{1}{s\sum_i u_i}\prod_{i=1}^n\Gamma(u_i) \tag{8.11.34}$$

通过使用 $1/s^{1+q}$ 的逆拉普拉斯变换，证明：

$$f(x)=\frac{\prod_{i=1}^n\Gamma(u_i)}{\Gamma\left(\sum_i u_i\right)}x^{\sum_i u_i} \tag{8.11.35}$$

然后，请证明具有参数 $\boldsymbol{u}$ 的狄利克雷分布的归一化常数由下式给出：

$$\frac{\prod_{i=1}^n\Gamma(u_i)}{\Gamma\left(\sum_i u_i\right)} \tag{8.11.36}$$

练习 8.20　导出多元高斯分布的微分熵的公式。

练习 8.21　证明对 Gamma 分布 $\mathrm{Gam}(x|\alpha,\beta)$，当 $\alpha\geqslant 1$ 时，模型可以由下式给出：

$$x^*=(\alpha-1)\beta \tag{8.11.37}$$

练习 8.22　考虑具有小 δ 的分布 $p(x|\theta)$ 和分布 $p(x|\theta+\delta)$。

1. 取下式的泰勒展开：

$$\mathrm{KL}(p(x|\theta)\,|\,p(x|\theta+\delta)) \tag{8.11.38}$$

　其中 δ 很小，请证明这等于：

$$-\frac{\delta^2}{2}\left\langle\frac{\partial^2}{\partial\theta^2}\log p(x|\theta)\right\rangle_{p(x|\theta)} \tag{8.11.39}$$

2. 更一般地，对由具有元素 $\theta_i+\delta_i$ 的向量参数化的分布，请证明参数的一个小变化会导致：

$$\sum_{i,j}\frac{\delta_i\delta_j}{2}F_{ij} \tag{8.11.40}$$

　其中，Fisher 信息矩阵定义为：

$$F_{ij}=-\left\langle\frac{\partial^2}{\partial\theta_i\partial\theta_j}\log p(x|\theta)\right\rangle_{p(x|\theta)} \tag{8.11.41}$$

3. 通过将 Fisher 信息矩阵等效表示为下式，证明它是半正定的：

$$F_{ij}=\left\langle\frac{\partial}{\partial\theta_i}\log p(x|\theta)\frac{\partial}{\partial\theta_j}\log p(x|\theta)\right\rangle_{p(x|\theta)} \tag{8.11.42}$$

练习 8.23　考虑联合先验分布：

$$p(\mu,\lambda|\mu_0,\alpha,\beta,\gamma)=\mathcal{N}(\mu|\mu_0,\gamma\lambda^{-1})\mathrm{Gam}(\lambda|\alpha,\beta) \tag{8.11.43}$$

证明对 $\mu_0=0$、$\gamma\to\infty$、$\beta\to\infty$，先验分布变为"均匀"的(与 μ 和 λ 无关)，其中 $\alpha=1/2$。在这些设置下，证明联合最大化后验方程(8.8.28)的均值和方差可以由标准极大似然解出：

$$\mu_* = \frac{1}{N}\sum_n x^n,\quad \sigma_*^2 = \frac{1}{N}\sum_n (x^n - \mu_*)^2 \tag{8.11.44}$$

练习 8.24　证明对于方程(8.8.28)，在极限 $\mu_0=0$、$\gamma\to\infty$、$\alpha=1$、$\beta\to\infty$ 下，联合最优的均值和方差可以由

$$\underset{\mu,\lambda}{\operatorname{argmax}}\, p(\mu,\lambda \mid \mathcal{X},\mu_0,\alpha,\beta,\gamma) \tag{8.11.45}$$

解得。得到：

$$\mu_* = \frac{1}{N}\sum_n x^n,\quad \sigma_*^2 = \frac{1}{N+1}\sum_n (x^n - \mu_*)^2 \tag{8.11.46}$$

其中，$\sigma_*^2 = 1/\lambda_*$。请注意，这些对应均值和方差的标准"无偏"估计。

练习 8.25　对方程(8.8.28)中给出的高斯-伽马后验 $p(\mu,\lambda \mid \mu_0,\alpha,\beta,\mathcal{X})$，计算边缘后验 $p(\mu \mid \mu_0,\alpha,\beta,\mathcal{X})$。这个分布的含义是什么？

练习 8.26　这个练习和方程(8.4.15)的推导有关。

1. 考虑：

$$p(\boldsymbol{y}) = \int p(\boldsymbol{y}\mid\boldsymbol{x})p(\boldsymbol{x})\mathrm{d}\boldsymbol{x} \tag{8.11.47}$$

$$\propto \int \exp\left(-\frac{1}{2}(\boldsymbol{y}-\boldsymbol{M}\boldsymbol{x}-\boldsymbol{\mu})^{\mathrm{T}}\boldsymbol{\Sigma}^{-1}(\boldsymbol{y}-\boldsymbol{M}\boldsymbol{x}-\boldsymbol{\mu}) - \frac{1}{2}(\boldsymbol{x}-\boldsymbol{\mu}_x)^{\mathrm{T}}\boldsymbol{\Sigma}_x^{-1}(\boldsymbol{x}-\boldsymbol{\mu}_x)\right)\mathrm{d}\boldsymbol{x} \tag{8.11.48}$$

证明：

$$p(\boldsymbol{y}) \propto \exp\left(-\frac{1}{2}\boldsymbol{y}^{\mathrm{T}}\boldsymbol{\Sigma}^{-1}\boldsymbol{y}\right)\int \exp\left(-\frac{1}{2}\boldsymbol{x}^{\mathrm{T}}\boldsymbol{A}\boldsymbol{x} + \boldsymbol{x}^{\mathrm{T}}(\boldsymbol{B}\boldsymbol{y}+\boldsymbol{c})\right) \tag{8.11.49}$$

其中有适当定义的 $\boldsymbol{A}$、$\boldsymbol{B}$、$\boldsymbol{c}$。

2. 使用等式(8.4.13)证明：

$$p(\boldsymbol{y}) \propto \exp\left(-\frac{1}{2}\boldsymbol{y}^{\mathrm{T}}\boldsymbol{\Sigma}^{-1}\boldsymbol{y} - \frac{1}{2}(\boldsymbol{B}\boldsymbol{y}+\boldsymbol{c})^{\mathrm{T}}\boldsymbol{A}^{-1}(\boldsymbol{B}\boldsymbol{y}+\boldsymbol{c})\right)$$

3. 我们已经确定了 $p(\boldsymbol{y})$是高斯分布。现在需要找到这个高斯分布的均值和协方差矩阵。我们可以通过完全平方的复杂计算来做到这一点。或者，我们可以计算：

$$\langle \boldsymbol{y}\rangle = \boldsymbol{M}\langle \boldsymbol{x}\rangle + \langle \boldsymbol{\eta}\rangle = \boldsymbol{M}\boldsymbol{\mu}_x + \boldsymbol{\mu}$$

通过考虑：

$$\langle(\boldsymbol{y}-\langle\boldsymbol{y}\rangle)(\boldsymbol{y}-\langle\boldsymbol{y}\rangle)^{\mathrm{T}}\rangle = \langle(\boldsymbol{M}\boldsymbol{x}+\boldsymbol{\eta}-\boldsymbol{M}\boldsymbol{\mu}_x-\boldsymbol{\mu})(\boldsymbol{M}\boldsymbol{x}+\boldsymbol{\eta}-\boldsymbol{M}\boldsymbol{\mu}_x-\boldsymbol{\mu})^{\mathrm{T}}\rangle \tag{8.11.50}$$

和 x 与 η 相互独立的事实，推导出 $p(\boldsymbol{y})$协方差的公式。

练习 8.27　考虑多元高斯分布 $p(\boldsymbol{x})\sim\mathcal{N}(\boldsymbol{x}\mid\boldsymbol{\mu},\boldsymbol{\Sigma})$，它定义在向量 $\boldsymbol{x}$(分量为 $x_1,\cdots,x_n$)上：

$$p(\boldsymbol{x}) = \frac{1}{\sqrt{\det(2\pi\boldsymbol{\Sigma})}}\mathrm{e}^{-\frac{1}{2}(\boldsymbol{x}-\boldsymbol{\mu})^{\mathrm{T}}\boldsymbol{\Sigma}^{-1}(\boldsymbol{x}-\boldsymbol{\mu})} \tag{8.11.51}$$

计算 $p(x_i \mid x_1,\cdots,x_{i-1},x_{i+1},\cdots,x_n)$。提示：利用等式(8.4.19)。

练习 8.28　观察值 $y_0,\cdots,y_{n-1}$ 是对底层变量 x(具有 $p(x)\sim\mathcal{N}(x\mid 0,\sigma_0^2)$和 $p(y_i\mid x)\sim\mathcal{N}(y_i\mid x,\sigma^2)$)的噪声独立同分布测量。证明 $p(x\mid y_0,\cdots,y_{n-1})$是高斯分布，其均值为：

$$\mu = \frac{n\sigma_0^2}{n\sigma_0^2+\sigma^2}\overline{y} \tag{8.11.52}$$

其中 $\overline{y}=(y_0+y_1+\cdots+y_{n-1})/n$ 和有方差 σ_n^2，使得：

$$\frac{1}{\sigma_n^2} = \frac{n}{\sigma^2} + \frac{1}{\sigma_0^2} \tag{8.11.53}$$

练习 8.29　考虑一组数据 $\mathcal{X}=x^1,\cdots,x^N$，其中每个 x^n 独立地抽样自具有已知平均 μ 和未知方差 σ^2 的高斯分布。假设定义在 $\tau=1/\sigma^2$ 上的伽马分布先验：

$$p(\tau) = \mathrm{Gam}^{\mathrm{is}}(\tau\mid a,b) \tag{8.11.54}$$

1. 证明后验分布为：

$$p(\tau \mid \mathcal{X})=\mathrm{Gam}^{is}\left(\tau \mid a+\frac{N}{2}, b+\frac{1}{2} \sum_{n=1}^{N}\left(x^{n}-\mu\right)^{2}\right) \tag{8.11.55}$$

2. 证明对 x 的分布为：

$$p(x \mid \mathcal{X})=\int p(x \mid \tau) p(\tau \mid \mathcal{X}) \mathrm{d} \tau=\operatorname{Student}\left(x \mid \mu, \lambda=\frac{a'}{b'}, \nu=2 a'\right) \tag{8.11.56}$$

其中 $a'=a+\frac{1}{2}N$，$b'=b+\frac{1}{2}\sum_{n=1}^{N}(x^n-\mu)^2$。

练习 8.30 泊松分布是定义在非负整数的离散分布，形如：

$$p(x)=\frac{\mathrm{e}^{-\lambda} \lambda^{x}}{x!} \quad x=0,1,2, \cdots \tag{8.11.57}$$

已知从分布中独立抽样的 n 个观察值 $x_1,\cdots,x_n$ 的样本。确定泊松参数 λ 的极大似然估计。

练习 8.31 对于高斯混合模型：

$$p(\boldsymbol{x})=\sum_{i} p_{i} \mathcal{N}\left(\boldsymbol{x} \mid \boldsymbol{\mu}_{i}, \boldsymbol{\Sigma}_{i}\right), \quad p_{i}>0, \sum_{i} p_{i}=1 \tag{8.11.58}$$

请证明 $p(\boldsymbol{x})$有均值：

$$\langle\boldsymbol{x}\rangle=\sum_{i} p_{i} \boldsymbol{\mu}_{i} \tag{8.11.59}$$

和方差：

$$\sum_{i} p_{i}\left(\boldsymbol{\Sigma}_{i}+\boldsymbol{\mu}_{i} \boldsymbol{\mu}_{i}^{\mathrm{T}}\right)-\sum_{i} p_{i} \boldsymbol{\mu}_{i} \sum_{j} p_{j} \boldsymbol{\mu}_{j}^{\mathrm{T}} \tag{8.11.60}$$

练习 8.32 请证明对公式(8.4.30)中的数据矩阵，有 $\boldsymbol{Z}\boldsymbol{Z}^{\mathrm{T}}=N\boldsymbol{I}$。

练习 8.33 考虑在状态 $i=1,\cdots,N$ 上定义的均匀分布 $p_i=1/N$。证明此分布的熵是

$$H=-\sum_{i=1}^{N} p_{i} \log p_{i}=\log N \tag{8.11.61}$$

并且，当状态的数量 N 增加到无穷大时，熵就会发散为无穷大。

练习 8.34 考虑连续分布 $p(x)$，$x\in[0,1]$。通过对这个连续分布的每一个状态 $i=1,\cdots,N$ 确定一个连续的值 i/N，生成一个概率为 p_i 的离散近似：

$$p_{i}=\frac{p(i / N)}{\sum_{i} p(i / N)} \tag{8.11.62}$$

请证明熵 $H=-\sum_{i} p_i \log p_i$ 为：

$$H=-\frac{1}{\sum_{i} p(i / N)} \sum_{i} p(i / N) \log p(i / N)+\log \sum_{i} p(i / N) \tag{8.11.63}$$

因为对于一个连续分布，有：

$$\int_{0}^{1} p(x) \mathrm{d} x=1 \tag{8.11.64}$$

所以把该积分离散近似到大小为 $1/N$ 的箱中，得到

$$\frac{1}{N} \sum_{i=1}^{N} p(i / N)=1 \tag{8.11.65}$$

请证明对于很大的 N，

$$H \approx-\int_{0}^{1} p(x) \log p(x) \mathrm{d} x+C \tag{8.11.66}$$

其中，随着 $N\to\infty$ 常数趋于无穷大。请注意，这个结果表明，由于连续分布本质上有无限多个状态，所以分布中的不确定性是无限的(或者，我们需要无限个位来指定连续值)。这就引出了微分熵的定义，它忽略了离散熵在极限情况下的无穷常数。

练习 8.35 考虑两个多元高斯 $\mathcal{N}(\boldsymbol{x} \mid \boldsymbol{\mu}_1,\boldsymbol{\Sigma}_1)$和 $\mathcal{N}(\boldsymbol{x} \mid \boldsymbol{\mu}_2,\boldsymbol{\Sigma}_2)$。

1. 请证明两个高斯的对数乘积为：

$$-\frac{1}{2}\boldsymbol{x}^{\mathrm{T}}(\boldsymbol{\Sigma}_1^{-1}+\boldsymbol{\Sigma}_2^{-1})\boldsymbol{x}+\boldsymbol{x}^{\mathrm{T}}(\boldsymbol{\Sigma}_1^{-1}\boldsymbol{\mu}_1+\boldsymbol{\Sigma}_2^{-1}\boldsymbol{\mu}_2)-\frac{1}{2}(\boldsymbol{\mu}_1^{\mathrm{T}}\boldsymbol{\Sigma}_1^{-1}\boldsymbol{\mu}_1+\boldsymbol{\mu}_2^{\mathrm{T}}\boldsymbol{\Sigma}_2^{-1}\boldsymbol{\mu}_2)-\frac{1}{2}\mathrm{logdet}(2\pi\boldsymbol{\Sigma}_1)\det(2\pi\boldsymbol{\Sigma}_2)$$

2. 定义 $\boldsymbol{A}=\boldsymbol{\Sigma}_1^{-1}+\boldsymbol{\Sigma}_2^{-1}$ 和 $\boldsymbol{b}=\boldsymbol{\Sigma}_1^{-1}\boldsymbol{\mu}_1+\boldsymbol{\Sigma}_2^{-1}\boldsymbol{\mu}_2$，我们可以将上式改写为：

$$-\frac{1}{2}(\boldsymbol{x}-\boldsymbol{A}^{-1}\boldsymbol{b})^{\mathrm{T}}\boldsymbol{A}(\boldsymbol{x}-\boldsymbol{A}^{-1}\boldsymbol{b})+\frac{1}{2}\boldsymbol{b}^{\mathrm{T}}\boldsymbol{A}^{-1}\boldsymbol{b}-\frac{1}{2}(\boldsymbol{\mu}_1^{\mathrm{T}}\boldsymbol{\Sigma}_1^{-1}\boldsymbol{\mu}_1+\boldsymbol{\mu}_2^{\mathrm{T}}\boldsymbol{\Sigma}_2^{-1}\boldsymbol{\mu}_2)-$$

$$\frac{1}{2}\mathrm{logdet}(2\pi\boldsymbol{\Sigma}_1)\det(2\pi\boldsymbol{\Sigma}_2)$$

给定 $\boldsymbol{\Sigma}=\boldsymbol{A}-1$ 和 $\boldsymbol{\mu}=\boldsymbol{A}-1\boldsymbol{b}$，证明两个高斯的乘积是高斯分布，其协方差矩阵为：

$$\boldsymbol{\Sigma}=\boldsymbol{\Sigma}_1(\boldsymbol{\Sigma}_1+\boldsymbol{\Sigma}_2)^{-1}\boldsymbol{\Sigma}_2 \tag{8.11.67}$$

均值为：

$$\boldsymbol{\mu}=\boldsymbol{\Sigma}_1(\boldsymbol{\Sigma}_1+\boldsymbol{\Sigma}_2)^{-1}\boldsymbol{\mu}_2+\boldsymbol{\Sigma}_2(\boldsymbol{\Sigma}_1+\boldsymbol{\Sigma}_2)^{-1}\boldsymbol{\mu}_1 \tag{8.11.68}$$

和对数因子为：

$$\frac{1}{2}\boldsymbol{b}^{\mathrm{T}}\boldsymbol{A}^{-1}\boldsymbol{b}-\frac{1}{2}(\boldsymbol{\mu}_1^{\mathrm{T}}\boldsymbol{\Sigma}_1^{-1}\boldsymbol{\mu}_1+\boldsymbol{\mu}_2^{\mathrm{T}}\boldsymbol{\Sigma}_2^{-1}\boldsymbol{\mu}_2)-\frac{1}{2}\mathrm{logdet}(2\pi\boldsymbol{\Sigma}_1)\det(2\pi\boldsymbol{\Sigma}_2)+\frac{1}{2}\mathrm{logdet}(2\pi\boldsymbol{\Sigma})$$

3. 证明这可以写成：

$$\mathcal{N}(\boldsymbol{x}\mid\boldsymbol{\mu}_1,\boldsymbol{\Sigma}_1)\mathcal{N}(\boldsymbol{x}\mid\boldsymbol{\mu}_2,\boldsymbol{\Sigma}_2)=\mathcal{N}(\boldsymbol{x}\mid\boldsymbol{\mu},\boldsymbol{\Sigma})\frac{\exp\left(-\frac{1}{2}(\boldsymbol{\mu}_1-\boldsymbol{\mu}_2)^{\mathrm{T}}\mathrm{S}^{-1}(\boldsymbol{\mu}_1-\boldsymbol{\mu}_2)\right)}{\sqrt{\det(2\pi\boldsymbol{S})}} \tag{8.11.69}$$

其中 $\boldsymbol{S}=\boldsymbol{\Sigma}_1+\boldsymbol{\Sigma}_2$。

练习 8.36　请证明

$$\frac{\partial}{\partial\theta}\langle\log p(x\mid\theta)\rangle_{p(x\mid\theta^0)}\Big|_{\theta=\theta^0}=0 \tag{8.11.70}$$

练习 8.37　已知$\langle f^2(x)\rangle-\langle f(x)\rangle^2\geqslant 0$和一个适当选择的函数 $f(x)$，请证明对分布 $q(x)$和 $p(x)$有：

$$\left\langle\frac{p(x)}{q(x)}\right\rangle_{p(x)}\geqslant 1 \tag{8.11.71}$$

这与 $\alpha=2$ 散度有关。

练习 8.38　证明，对任何 α，$D_{\alpha(p\mid p)}\geqslant 0$，这适用于任何分布 $p(x)$和 $q(x)$。

练习 8.39　证明对两个 D 维高斯，

$$2\mathrm{KL}(\mathcal{N}(\boldsymbol{x}\mid\boldsymbol{\mu}_1,\boldsymbol{\Sigma}_1)\mid\mathcal{N}(\boldsymbol{x}\mid\boldsymbol{\mu}_2,\boldsymbol{\Sigma}_2))=\mathrm{trace}(\boldsymbol{\Sigma}_2^{-1}\boldsymbol{\Sigma}_1)+(\boldsymbol{\mu}_1-\boldsymbol{\mu}_2)^{\mathrm{T}}\boldsymbol{\Sigma}_2^{-1}(\boldsymbol{\mu}_1-\boldsymbol{\mu}_2)+\mathrm{logdet}(\boldsymbol{\Sigma}_2\boldsymbol{\Sigma}_1^{-1})-D$$

练习 8.40　对数据对(x^n,y^n)，其中 $n=1,\cdots,N$，相关性可以用来衡量 x 和 y 之间线性关系的程度。为简便起见，我们考虑 x 和 y 均有零均值，希望考虑以下线性关系的有效性：

$$x=\alpha y \tag{8.11.72}$$

一种衡量这种线性假设的差异的方法为：

$$E(\alpha)\equiv\sum_{n=1}^{N}(x^n-\alpha y^n)^2 \tag{8.11.73}$$

1. 证明最小化 $E(\alpha)$的 α 由下式给出：

$$\alpha^*=\frac{c}{\sigma_y^2} \tag{8.11.74}$$

其中：

$$c=\frac{1}{N}\sum_n x^n y^n,\quad \sigma_y^2=\frac{1}{N}\sum_n (y^n)^2 \tag{8.11.75}$$

2. 一种衡量 x 和 y 之间的“线性”的方法为：

$$\frac{E(\alpha^*)}{E(0)} \tag{8.11.76}$$

当没有线性关系($\alpha=0$)时这为 1，当存在完美的线性关系时为 0(因为此后 $E(\alpha^*)=0$)。请证明相关系数(定义 8.7)由下式给出：

$$\rho=\sqrt{1-\frac{E(\alpha^*)}{E(0)}} \tag{8.11.77}$$

3. 定义向量 $\boldsymbol{x}=(x^1,\cdots,x^N)^n$ 和 $\boldsymbol{y}=(y^1,\cdots,y^N)^n$，请证明相关系数是 $\boldsymbol{x}$ 和 $\boldsymbol{y}$ 之间角度的余弦，

$$\rho=\frac{\boldsymbol{x}^{\mathrm{T}}\boldsymbol{y}}{|\boldsymbol{x}||\boldsymbol{y}|} \tag{8.11.78}$$

并因此证明 $-1\leqslant\rho\leqslant 1$。

4. 证明对更一般的线性关系：

$$x=\alpha y+\gamma \tag{8.11.79}$$

其中 γ 为常数偏移量，设定 γ 以最小化下式：

$$E(\alpha,\gamma)\equiv\sum_{n=1}^{N}(x^n-\alpha y^n-\gamma)^2 \tag{8.11.80}$$

具有简单地用 $x^n-\bar{x}$ 替换 x^n 和用 $y^n-\bar{y}$ 替换 y^n 的效果，其中 $\bar{x}$ 和 $\bar{y}$ 分别是 x 和 y 数据的均值。

练习 8.41　对变量 x、y 和 $z=x+y$，证明相关系数与 $\rho_{x,z}\geqslant\rho_{x,y}$ 相关。将相关系数作为两个向量之间的角度，解释为什么 $\rho_{x,z}\geqslant\rho_{x,y}$ 在几何上是显而易见的。

练习 8.42　考虑在二值变量 $x_i\in\{0,1\}(i=1,\cdots,D)$ 上定义的“玻尔兹曼机”分布：

$$p(\boldsymbol{x}|\boldsymbol{W})=\frac{1}{Z_p(\boldsymbol{W})}\exp(\boldsymbol{x}^{\mathrm{T}}\boldsymbol{W}\boldsymbol{x}) \tag{8.11.81}$$

并且我们希望为 p 拟合一个相同形式的另一个分布 q：

$$q(\boldsymbol{x}|\boldsymbol{U})=\frac{1}{Z_q(\boldsymbol{U})}\exp(\boldsymbol{x}^{\mathrm{T}}\boldsymbol{U}\boldsymbol{x}) \tag{8.11.82}$$

1. 请证明：

$$\underset{\boldsymbol{U}}{\operatorname{argmin}}\mathrm{KL}(p|q)=\underset{\boldsymbol{U}}{\operatorname{argmax}}\operatorname{trace}(\boldsymbol{U}\boldsymbol{C})-\log Z_q(\boldsymbol{U}),\quad C_{ij}\equiv\langle x_i x_j\rangle_p \tag{8.11.83}$$

2. 因此，请证明已知 p 的“交叉矩”矩阵 $\boldsymbol{C}$ 足以完全确定 p。
3. 将上述结果推广到指数族中的所有模型。

练习 8.43　考虑分布 $\mathcal{N}(\boldsymbol{z}|\boldsymbol{\mu},\boldsymbol{\Sigma})$，它联合定义在两个不同维度的向量 $\boldsymbol{x}$ 和 $\boldsymbol{y}$ 上，

$$\boldsymbol{z}=\begin{pmatrix}\boldsymbol{x}\\\boldsymbol{y}\end{pmatrix} \tag{8.11.84}$$

的均值和分块协方差为：

$$\boldsymbol{\mu}=\begin{pmatrix}\boldsymbol{\mu}_x\\\boldsymbol{\mu}_y\end{pmatrix}\quad\boldsymbol{\Sigma}=\begin{pmatrix}\boldsymbol{\Sigma}_{xx}&\boldsymbol{\Sigma}_{xy}\\\boldsymbol{\Sigma}_{yx}&\boldsymbol{\Sigma}_{yy}\end{pmatrix} \tag{8.11.85}$$

其中 $\boldsymbol{\Sigma}_{yx}\equiv\boldsymbol{\Sigma}_{xy}^{\mathrm{T}}$。

1. 考虑 $p(\boldsymbol{x}|\boldsymbol{y})\propto p(\boldsymbol{x},\boldsymbol{y})$，请证明：

$$p(\boldsymbol{x}|\boldsymbol{y})\propto\exp-\frac{1}{2}\{(\boldsymbol{x}-\boldsymbol{\mu}_x)^{\mathrm{T}}\boldsymbol{P}(\boldsymbol{x}-\boldsymbol{\mu}_x)+2(\boldsymbol{x}-\boldsymbol{\mu}_x)^{\mathrm{T}}\boldsymbol{Q}(\boldsymbol{y}-\boldsymbol{\mu}_y)\} \tag{8.11.86}$$

其中：

$$\begin{pmatrix}\boldsymbol{\Sigma}_{xx}&\boldsymbol{\Sigma}_{xy}\\\boldsymbol{\Sigma}_{yx}&\boldsymbol{\Sigma}_{yy}\end{pmatrix}^{-1}=\begin{pmatrix}\boldsymbol{P}&\boldsymbol{Q}\\\boldsymbol{Q}^{\mathrm{T}}&\boldsymbol{S}\end{pmatrix} \tag{8.11.87}$$

2. 通过完全平方，请证明：

$$p(\boldsymbol{x}|\boldsymbol{y})\propto\exp-\frac{1}{2}\{(\boldsymbol{x}-\boldsymbol{\mu}_x+\boldsymbol{P}^{-1}\boldsymbol{Q}(\boldsymbol{y}-\boldsymbol{\mu}_y))^{\mathrm{T}}\boldsymbol{P}(\boldsymbol{x}-\boldsymbol{\mu}_x+\boldsymbol{P}^{-1}\boldsymbol{Q}(\boldsymbol{y}-\boldsymbol{\mu}_y))\} \tag{8.11.88}$$

3. 使用分块矩阵的逆证明：

$$\boldsymbol{\Sigma}_{yx}\boldsymbol{P}+\boldsymbol{\Sigma}_{yy}\boldsymbol{Q}^{\mathrm{T}}=\boldsymbol{0} \tag{8.11.89}$$

因此，

$$\boldsymbol{P}^{-1}\boldsymbol{Q}=-\boldsymbol{\Sigma}_{xy}\boldsymbol{\Sigma}_{yy}^{-1} \tag{8.11.90}$$

并进一步证明：

$$\boldsymbol{P}=(\boldsymbol{\Sigma}_{xx}-\boldsymbol{\Sigma}_{xy}\boldsymbol{\Sigma}_{yy}^{-1}\boldsymbol{\Sigma}_{yx})^{-1} \tag{8.11.91}$$

4. 根据上述结论，证明：

$$p(\boldsymbol{x}|\boldsymbol{y})=\mathcal{N}(\boldsymbol{x}|\boldsymbol{\mu}_x+\boldsymbol{\Sigma}_{xy}\boldsymbol{\Sigma}_{yy}^{-1}(\boldsymbol{y}-\boldsymbol{\mu}_y),\boldsymbol{\Sigma}_{xx}-\boldsymbol{\Sigma}_{xy}\boldsymbol{\Sigma}_{yy}^{-1}\boldsymbol{\Sigma}_{yx}) \tag{8.11.92}$$

练习 8.44 对上述问题，考虑联合高斯分布 $p(z)$，结合

$$p(\boldsymbol{x})=\int p(\boldsymbol{x},\boldsymbol{y})\mathrm{d}\boldsymbol{y}=\int p(z)\mathrm{d}\boldsymbol{y} \tag{8.11.93}$$

1. 证明：

$$p(\boldsymbol{x})\propto\exp-\frac{1}{2}\{(\boldsymbol{x}-\boldsymbol{\mu}_x)^{\mathrm{T}}\boldsymbol{P}(\boldsymbol{x}-\boldsymbol{\mu}_x)\}\int\exp-\frac{1}{2}(2(\boldsymbol{x}-\boldsymbol{\mu}_x)^{\mathrm{T}}\boldsymbol{Q}(\boldsymbol{y}-\boldsymbol{\mu}_y)+(\boldsymbol{y}-\boldsymbol{\mu}_y)^{\mathrm{T}}\boldsymbol{S}(\boldsymbol{y}-\boldsymbol{\mu}_y))\mathrm{d}\boldsymbol{y} \tag{8.11.94}$$

2. 通过完全平方，证明：

$$2(\boldsymbol{x}-\boldsymbol{\mu}_x)^{\mathrm{T}}\boldsymbol{Q}(\boldsymbol{y}-\boldsymbol{\mu}_y)+(\boldsymbol{y}-\boldsymbol{\mu}_y)^{\mathrm{T}}\boldsymbol{S}(\boldsymbol{y}-\boldsymbol{\mu}_y)= \tag{8.11.95}$$

$$(\boldsymbol{y}-\boldsymbol{\mu}_y+\boldsymbol{S}^{-1}\boldsymbol{Q}^{\mathrm{T}}(\boldsymbol{x}-\boldsymbol{\mu}_x))^{\mathrm{T}}\boldsymbol{S}(\boldsymbol{y}-\boldsymbol{\mu}_y+\boldsymbol{S}^{-1}\boldsymbol{Q}^{\mathrm{T}}(\boldsymbol{x}-\boldsymbol{\mu}_x))-(\boldsymbol{x}-\boldsymbol{\mu}_x)^{\mathrm{T}}\boldsymbol{Q}\boldsymbol{S}^{-1}\boldsymbol{Q}^{\mathrm{T}}(\boldsymbol{x}-\boldsymbol{\mu}_x) \tag{8.11.96}$$

3. 已知

$$\int\exp-\frac{1}{2}\{(\boldsymbol{y}-\boldsymbol{\mu}_y+\boldsymbol{S}^{-1}\boldsymbol{Q}^{\mathrm{T}}(\boldsymbol{x}-\boldsymbol{\mu}_x))^{\mathrm{T}}\boldsymbol{S}(\boldsymbol{y}-\boldsymbol{\mu}_y+\boldsymbol{S}^{-1}\boldsymbol{Q}^{\mathrm{T}}(\boldsymbol{x}-\boldsymbol{\mu}_x))\}\mathrm{d}\boldsymbol{y}=\sqrt{\det(2\pi\boldsymbol{S}^{-1})} \tag{8.11.97}$$

请证明：

$$p(\boldsymbol{x})\propto\exp-\frac{1}{2}(\boldsymbol{x}-\boldsymbol{\mu}_x)^{\mathrm{T}}(\boldsymbol{P}-\boldsymbol{Q}\boldsymbol{S}^{-1}\boldsymbol{Q}^{\mathrm{T}})(\boldsymbol{x}-\boldsymbol{\mu}_x) \tag{8.11.98}$$

4. 根据

$$\begin{pmatrix}\boldsymbol{\Sigma}_{xx} & \boldsymbol{\Sigma}_{xy}\\ \boldsymbol{\Sigma}_{yx} & \boldsymbol{\Sigma}_{yy}\end{pmatrix}=\begin{pmatrix}\boldsymbol{P} & \boldsymbol{Q}\\ \boldsymbol{Q}^{\mathrm{T}} & \boldsymbol{S}\end{pmatrix}^{-1} \tag{8.11.99}$$

使用分块矩阵的逆证明：

$$\boldsymbol{\Sigma}_{xx}=(\boldsymbol{P}-\boldsymbol{Q}\boldsymbol{S}^{-1}\boldsymbol{Q}^{\mathrm{T}})^{-1} \tag{8.11.100}$$

5. 最后请证明：

$$p(\boldsymbol{x})=\mathcal{N}(\boldsymbol{x}\,|\,\boldsymbol{\mu}_x,\boldsymbol{\Sigma}_{xx}) \tag{8.11.101}$$

练习 8.45 考虑不一定是方阵的矩阵 $\boldsymbol{T}$ 和高斯分布 $\boldsymbol{x}$，且 $p(\boldsymbol{x})=\mathcal{N}(\boldsymbol{x}\,|\,\boldsymbol{\mu},\boldsymbol{\Sigma})$。我们关注的是变量 $\boldsymbol{y}=\boldsymbol{T}\boldsymbol{x}$ 的分布，其中 $\dim(\boldsymbol{y})\leqslant\dim(\boldsymbol{x})$。定义下式：

$$z=\begin{pmatrix}\boldsymbol{y}\\ \widetilde{\boldsymbol{x}}\end{pmatrix}=\underbrace{\begin{pmatrix}\boldsymbol{T}\\ \widetilde{\boldsymbol{I}}\end{pmatrix}}_{\boldsymbol{M}}\boldsymbol{x} \tag{8.11.102}$$

其中 $\widetilde{\boldsymbol{I}}$ 是任何矩阵，使得 $\boldsymbol{M}$ 是方阵和可逆阵。

1. 请证明：

$$p(z)=\int p(z\,|\,\boldsymbol{x})p(\boldsymbol{x})\mathrm{d}\boldsymbol{x}=\delta(z-\boldsymbol{M}\boldsymbol{x})p(\boldsymbol{x})\mathrm{d}\boldsymbol{x}\propto\exp-\frac{1}{2}(\boldsymbol{M}^{-1}z-\boldsymbol{\mu})^{\mathrm{T}}\boldsymbol{\Sigma}^{-1}(\boldsymbol{M}^{-1}z-\boldsymbol{\mu}) \tag{8.11.103}$$

2. 请证明：

$$p(z)=\mathcal{N}(z\,|\,\boldsymbol{M}\boldsymbol{\mu},\boldsymbol{M}\boldsymbol{\Sigma}\boldsymbol{M}^{\mathrm{T}}) \tag{8.11.104}$$

3. 使用 $p(\boldsymbol{y})=\int p(z)\mathrm{d}\widetilde{\boldsymbol{x}}$ 和高斯的边缘分布也是高斯的结论(参考上述练习)，证明：

$$p(\boldsymbol{y})=\mathcal{N}(\boldsymbol{y}\,|\,\boldsymbol{T}\boldsymbol{\mu},\boldsymbol{T}\boldsymbol{\Sigma}\boldsymbol{T}^{\mathrm{T}}) \tag{8.11.105}$$

推断学习

在前面的章节中，我们很大程度上假设所有分布都完全适用于推断任务。然而，在机器学习及其相关领域，这些分布需要基于数据来学习。学习就是用模型环境的领域知识来集成数据。在本章中，我们将讨论如何将学习表述为推断问题。

9.1 推断学习简介

9.1.1 学习硬币的偏向率

考虑抛一枚硬币的结果数据集。如果抛第 n 次，硬币正面朝上，则我们记 $v^n=1$；如果反面朝上，则我们记 $v^n=0$。我们的目标是估计硬币正面朝上的概率 θ，记 $p(v^n=1|\theta)=\theta$ 为硬币的偏向率。对于一个公平的硬币来说，$\theta=0.5$。这个环境中的变量是 $v^1,\cdots,v^N$ 和 θ，我们需要对它们的联合概率 $p(v^1,\cdots,v^N,\theta)$ 进行建模。假设每次抛硬币都是独立的，除了 θ，我们有下面的信念网络：

$$p(v^1,\cdots,v^N,\theta)=p(\theta)\prod_{n=1}^{N}p(v^n|\theta) \tag{9.1.1}$$

如图 9.1 所述。这种每次观察都是独立的且服从同一分布的假设被称为独立同分布(i.i.d.)假设。

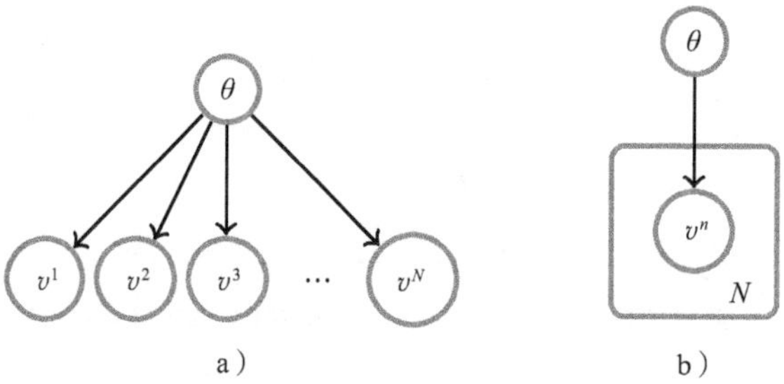

图 9.1 a) 抛硬币模型的信念网络。b) 等同于 a 的板符号表示。板按照板中指定的次数进行复制板内的数量

学习就是使用观察数据 $v^1,\cdots,v^N$ 来推断 θ。在这里，我们要关注下面的式子：

$$p(\theta|v^1,\cdots,v^N)=\frac{p(v^1,\cdots,v^N,\theta)}{p(v^1,\cdots,v^N)}=\frac{p(v^1,\cdots,v^N|\theta)p(\theta)}{p(v^1,\cdots,v^N)} \tag{9.1.2}$$

我们仍然需要充分地具体化先验分布 $p(\theta)$。简单起见，我们不考虑连续变量，只考虑 θ 是离散变量的情况，这里假设 θ 只有三种可能的状态，即 $\theta\in\{0.1,0.5,0.8\}$。更详细地，假设：

$$p(\theta=0.1)=0.15,\quad p(\theta=0.5)=0.8,\quad p(\theta=0.8)=0.05 \tag{9.1.3}$$

正如图 9.2a 中所示。这个先验表达了我们有 80% 的信念认为硬币是公平的，有 5% 的信念认为抛出的硬币更加偏向于正面朝上落地($\theta=0.8$)，有 15% 的信念认为抛出的硬币更加偏向于反面朝上落地($\theta=0.1$)。给定观察数据和信念网络以后，θ 的分布可表示为：

$$p(\theta|v^1,\cdots,v^N) \propto p(\theta)\prod_{n=1}^{N} p(v^n|\theta) = p(\theta)\prod_{n=1}^{N}\theta^{\mathbb{I}[v^n=1]}(1-\theta)^{\mathbb{I}[v^n=0]} \tag{9.1.4}$$

$$\propto p(\theta)\theta^{\sum_{n=1}^{N}\mathbb{I}[v^n=1]}(1-\theta)^{\sum_{n=1}^{N}\mathbb{I}[v^n=0]} \tag{9.1.5}$$

在上式中，$\sum_{n=1}^{N}\mathbb{I}[v^n=1]$是 N 次试验中正面朝上的次数，我们把它记为 N_H。同样地，$\sum_{n=1}^{N}\mathbb{I}[v^n=0]$是反面朝上的次数，记为 N_T。由此：

$$p(\theta|v^1,\cdots,v^N) \propto p(\theta)\theta^{N_H}(1-\theta)^{N_T} \tag{9.1.6}$$

对一次 $N_H=2$、$N_T=8$ 的试验，后验分布可以被表示为：

$$p(\theta=0.1|\mathcal{V}) = k\times 0.15\times 0.1^2\times 0.9^8 = k\times 6.46\times 10^{-4} \tag{9.1.7}$$

$$p(\theta=0.5|\mathcal{V}) = k\times 0.8\times 0.5^2\times 0.5^8 = k\times 7.81\times 10^{-4} \tag{9.1.8}$$

$$p(\theta=0.8|\mathcal{V}) = k\times 0.05\times 0.8^2\times 0.2^8 = k\times 8.19\times 10^{-8} \tag{9.1.9}$$

在这里，$\mathcal{V}$是 $v^1,\cdots,v^N$ 的简记。根据归一化条件，我们可以求出 $\frac{1}{k}=6.46\times 10^{-4}+7.81\times 10^{-4}+8.19\times 10^{-8}=0.001\,4$，由此，

$$p(\theta=0.1|\mathcal{V})=0.452\,5,\quad p(\theta=0.5|\mathcal{V})=0.547\,5,\quad p(\theta=0.8|\mathcal{V})=0.000\,1 \tag{9.1.10}$$

正如图 9.2b 中所示。这些是我们对“后验”参数的信念。在这种情况下，如果要求我们从中为 θ 选择一个最有可能的后验值，那么我们会选 $\theta=0.5$，即使我们对于这个选择并没有足够的信心，因为 $\theta=0.1$ 的后验信念与此相差不大且依旧适合。这样选择是符合直觉的，因为即使我们观察到反面朝上的次数比正面朝上的多，我们给出的先验信念也让我们更倾向于认为硬币是公平的。

重复上述试验，且 $N_H=20$，$N_T=80$，这时后验分布变成了：

$$p(\theta=0.1|\mathcal{V})\approx 1-1.93\times 10^{-6},\quad p(\theta=0.5|\mathcal{V})\approx 1.93\times 10^{-6},\quad p(\theta=0.8|\mathcal{V})\approx 2.13\times 10^{-35} \tag{9.1.11}$$

正如图 9.2c 所示。此时，$\theta=0.1$ 的后验信念占主导。这是合理的，因为在这种情况下，对于一个公平的硬币，不可能反面朝上的次数比正面朝上的次数多这么多。即使我们的先验假设更倾向于认为硬币是公平的，但后续的后验有足够的说服力来改变这个最初的想法。

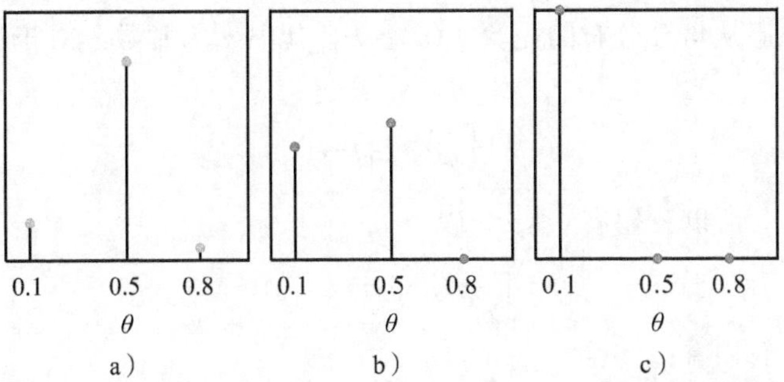

图 9.2　a) 对硬币偏离率的先验分布。b) 在观察到 $N_H=2$ 和 $N_T=8$ 后的后验分布。c) 在观察到 $N_H=20$ 和 $N_T=80$ 后的后验分布。假设 $0\leqslant\theta\leqslant 1$ 的任何值都是可能的，同时在 $N_H=2$ 和 $N_T=8$，$N_H=20$ 和 $N_T=80$ 的情况下极大似然设置 $\theta=0.2$

9.1.2 做决策

本质上，贝叶斯后验只是代表了我们对参数取值的置信度，但对参数的选择并没有提供一个结论。当我们需要在充满不确定性的情景下做决策时，我们需要额外地明确每一种决策的效用(utility)是什么，就像在第 7 章讨论的那样。

在抛硬币的情景中，我们假定 θ 的取值是 0.1、0.5 或 0.8。我们可以建立这样一个决策问题：如果我们能正确地描述硬币的偏向率，则得到 10 分；如果不能，则失去 20 分。我们可以用公式表述这个问题，如下：

$$U(\theta,\theta^0)=10\mathbb{I}[\theta=\theta^0]-20\mathbb{I}[\theta\neq\theta^0] \tag{9.1.12}$$

在这里，θ^0 表示正确的偏向率。那么硬币是 $\theta=0.1$ 的这个决策的期望效用可表示为：

$$\begin{aligned}U(\theta=0.1)=&U(\theta=0.1,\theta^0=0.1)p(\theta^0=0.1\mid\mathcal{V})+U(\theta=0.1,\theta^0=0.5)p(\theta^0=0.5\mid\mathcal{V})+\\&U(\theta=0.1,\theta^0=0.8)p(\theta^0=0.8\mid\mathcal{V})\end{aligned} \tag{9.1.13}$$

再将式(9.1.10)的结果代入，我们可以得到：

$$U(\theta=0.1)=10\times0.4525-20\times0.5475-20\times0.0001=-6.4270 \tag{9.1.14}$$

同样地：

$$U(\theta=0.5)=10\times0.5475-20\times0.4525-20\times0.0001=-3.5770 \tag{9.1.15}$$

$$U(\theta=0.8)=10\times0.0001-20\times0.4525-20\times0.5475=-19.999 \tag{9.1.16}$$

由此可以看出，最好(期望效用最高)的决策是“硬币是公平的”，即 $\theta=0.5$。

在 $N_H=20$，$N_T=80$ 的情况下重新计算上述式子，有：

$$U(\theta=0.1)=10\times(1-1.93\times10^{-6})-20(1.93\times10^{-6}+2.13\times10^{-35})=9.9999 \tag{9.1.17}$$

$$U(\theta=0.5)=10\times1.93\times10^{-6}-20(1-1.93\times10^{-6}+2.13\times10^{-35})\approx-20.0 \tag{9.1.18}$$

$$U(\theta=0.8)=10\times2.13\times10^{-35}-20(1-1.93\times10^{-6}+1.93\times10^{-6})\approx-20.0 \tag{9.1.19}$$

可以看出此时最好的决策是 $\theta=0.1$。

随着我们得到更多关于分布 $p(v,\theta)$ 的信息，后验分布 $p(\theta\mid\mathcal{V})$ 逐渐趋近于一个尖峰，会有助于我们做出决策。

9.1.3 连续参数的情况

在 9.1.1 节，我们只考虑了 3 种可能的 θ 状态。这里我们讨论 θ 为连续变量的情形。

使用均匀先验

我们首先考虑服从均匀分布的先验 $p(\theta)=k$，其中 k 为常数。对于连续变量，由归一化条件可得：

$$\int p(\theta)\mathrm{d}\theta=1 \tag{9.1.20}$$

注意 θ 是一个概率，所以我们有 $0\leqslant\theta\leqslant1$，

$$\int_0^1 p(\theta)\mathrm{d}\theta=k=1 \tag{9.1.21}$$

重复之前的推导，我们有：

$$p(\theta\mid\mathcal{V})=\frac{1}{c}\theta^{N_H}(1-\theta)^{N_T} \tag{9.1.22}$$

在这里，c 是一个归一化常数：

$$c=\int_0^1 \theta^{N_H}(1-\theta)^{N_T}\mathrm{d}\theta \equiv B(N_H+1,N_T+1) \tag{9.1.23}$$

在这里，$B(\alpha,\beta)$是 Beta 分布，示例详见图 9.3。

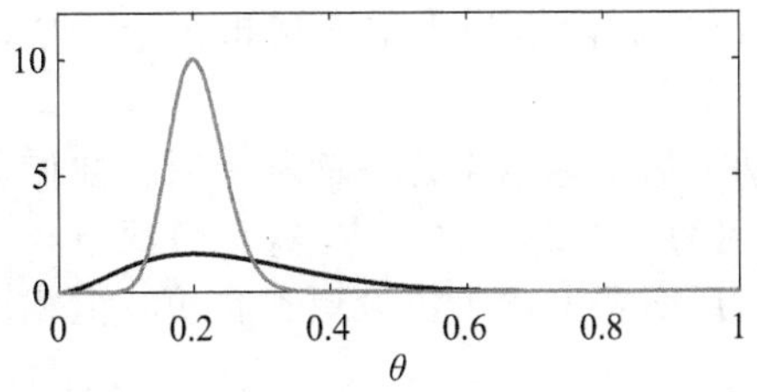

图 9.3　假设一个建立在 θ 上的服从均匀分布的先验，后验分布为 $p(\theta\mid\mathcal{V})$。深线表示的是 $N_H=2$、$N_T=8$ 时的后验分布，实线表示的是 $N_H=20$、$N_T=80$ 时的后验分布。在两种情况下，后验概率最可能的状态值(峰值)都是 0.2，这从直观上是很容易得到的，因为两种情况下都是从 0.2 开始由正面朝上的次数较多变为反面朝上的次数较多。观察数据越多，后验概率分布在峰值周围就越确定和越陡峭

使用共轭先验

计算一个连续分布的归一化常数的前提是非归一化的后验分布的积分可以算得。对抛硬币问题，很明显，如果先验分布是 Beta 分布，那么后验将会有同样的参数形式。对于先验：

$$p(\theta)=\frac{1}{B(\alpha,\beta)}\theta^{\alpha-1}(1-\theta)^{\beta-1} \tag{9.1.24}$$

后验可以表示为：

$$p(\theta\mid\mathcal{V})\propto\theta^{\alpha-1}(1-\theta)^{\beta-1}\theta^{N_H}(1-\theta)^{N_T} \tag{9.1.25}$$

所以：

$$p(\theta\mid\mathcal{V})=B(\theta\mid\alpha+N_H,\beta+N_T) \tag{9.1.26}$$

可以看出，先验分布和后验分布拥有同样的形式(均为 Beta 分布)，只是参数不同。因此，Beta 分布是伯努利分布的共轭分布。

9.1.4　连续间隔下的决策

为了说明在连续变量情况下如何做决策，我们考虑一种简单的做决策问题。假设一次抛硬币试验的结果是 $N_H=2$ 和 $N_T=8$，现在你需要做出一个决策：猜硬币落地时哪面朝上。如果猜对了，将获得 10 美元；如果猜错了，将会失去 100 万美元。你将会做出怎样的决策?(在无信息先验分布的假设下。)

定义 θ 为我们的猜测量，θ^0 为真实的落地结果。那么猜测结果为正面朝上的效用为：

$$U(\theta>0.5,\theta^0>0.5)p(\theta^0>0.5\mid\mathcal{V})+U(\theta>0.5,\theta^0<0.5)p(\theta^0<0.5\mid\mathcal{V}) \tag{9.1.27}$$

在这个式子中：

$$p(\theta^0<0.5\mid\mathcal{V})=\int_0^{0.5}p(\theta^0\mid\mathcal{V})\mathrm{d}\theta^0 \tag{9.1.28}$$

$$=\frac{1}{B(\alpha+N_H,\ \beta+N_T)}\int_0^{0.5}\theta^{\alpha+N_H-1}(1-\theta)^{\beta+N_T-1}\mathrm{d}\theta \tag{9.1.29}$$

$$\equiv I_{0.5}(\alpha+N_H,\beta+N_T) \tag{9.1.30}$$

在这里，$I_x(a,b)$是正则不完整 Beta 分布。对 $N_H=2$、$N_T=8$ 的情况，在均匀先验的假设下，有：

$$p(\theta^0<0.5\mid\mathcal{V})=I_{0.5}(N_H+1,N_{T+1})=0.967\,3 \tag{9.1.31}$$

由事件的互斥性，有 $p(\theta^0\geqslant0.5\mid\mathcal{V})=1-0.967\,3=0.032\,7$。由此，猜测结果为正面朝上

的期望效用更可能为：

$$10\times 0.0327-1000000\times 0.9673=-9.673\times 10^5 \tag{9.1.32}$$

类似地，猜测结果为反面朝上的期望效用更可能为：

$$10\times 0.9673-1000000\times 0.0327=-3.269\times 10^4 \tag{9.1.33}$$

因为猜测结果为反面朝上的期望效用更大，所以我们做出的决策是硬币落地时反面朝上。

如果我们修改一下条件，使得当我们猜测反面朝上但实际结果是正面朝上时，我们会失去一亿美元，那么猜测结果为反面朝上的期望效用为 -3.27×10^6。在这种情况下，一旦猜错我们将面临更加严重的惩罚，所以即使我们对反面朝上这个决策更加自信，但相比之下还是说正面朝上要稳妥一些。

9.2 贝叶斯方法和第二类极大似然

考虑一个含参数的分布 $p(v|\theta)$，我们希望能根据给定数据集学习该分布的最优参数 θ。$p(v|\theta)$的模型由图 9.4 给出，图中的点表示那个变量上没有分布。如图 9.4a 所示，对单个观察数据 v，通过标准的极大似然来设置 θ 相当于找到一个使 $p(v|\theta)$最大的 θ。

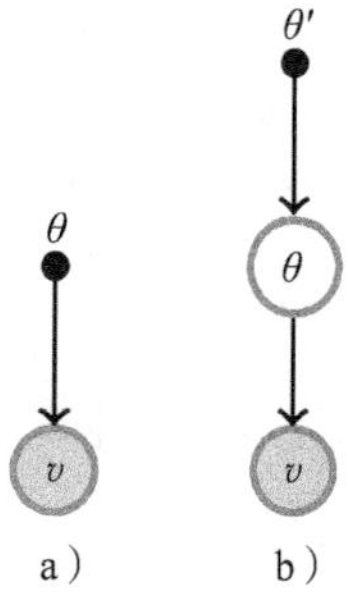

图 9.4　a) 标准的极大似然学习。通过最大化模型生成观察数据集的概率来得到最优的 θ，即 $\theta_{\text{opt}}=\underset{\theta}{\text{argmax}}\,p(v|\theta)$。b) 第二类极大似然学习(ML-Ⅱ)。这种情况下，我们对于 θ 有一个先验的假设，对于超参数 θ'却没有。我们通过 $\theta'_{\text{opt}}=\underset{\theta'}{\text{argmax}}\,p(v|\theta')=\underset{\theta'}{\text{argmax}}\langle p(v|\theta)\rangle_{p(\theta|\theta')}$来找到最优的 θ'

在有些情况下，我们会更加倾向于认为某些 θ 的取值是更合适的，并且使用一个分布 $p(\theta)$来表达这种先验倾向。如果给出了先验分布的具体形式，就用不着“学习”了，因为现在 $p(\theta|v)$是完全已知的。然而，在很多情况下，我们对先验分布的超参数是没有先验假设的，由此使用具有超参数 θ'的分布 $p(\theta|\theta')$来指定含参数的先验，具体可参见图 9.4b。此时，学习对应于找到最优的 θ'(能够最大化似然 $p(v|\theta')=\int_\theta p(v|\theta)p(\theta|\theta')$)。这个就被称为第二类极大似然，因为它对应于在更高的超参数层面最大化似然。通过将参数 θ 视为变量，我们可以把这个看成一个隐变量学习过程，这个方法将会在第 11 章中讨论。之后，我们会在 18.1.2 节继续讨论第二类极大似然的问题。

9.3 信念网络的极大似然训练

对接触石棉(a)、吸烟(s)与患肺癌(c)之间的关系进行建模：

$$p(a,s,c)=p(c|a,s)p(a)p(s) \tag{9.3.1}$$

如图 9.5a 所示。每个变量都是二值变量，$\text{dom}(a)=\{0,1\}$，$\text{dom}(s)=\{0,1\}$，$\text{dom}(c)=\{0,1\}$。

我们假设吸烟和接触石棉之间没有直接关系，这种假设可以从医学专家那里得到。此

外，假设我们有一个患者记录列表，如图 9.6 所示，其中一行代表一位患者的数据。为了学习条件概率表元素 $p(c|a,s)$，我们可以计算变量 c 在 a、s 取值的 4 种组合下处于状态 1 的概率：

$$\begin{aligned} &p(c=1|a=0,s=0)=0, \quad &p(c=1|a=0,s=1)=0.5 \\ &p(c=1|a=1,s=0)=0.5 \quad &p(c=1|a=1,s=1)=1 \end{aligned} \tag{9.3.2}$$

类似地，可算得，$p(a=1)=4/7$，$p(s=1)=4/7$。这三个条件概率表(CPT)能表示出完整的分布规格说明。通过计算事件发生的相对次数来设置 CPT 元素，在数学上对应于独立同分布假设下的极大似然学习，接下来详细介绍这点。

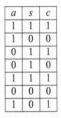

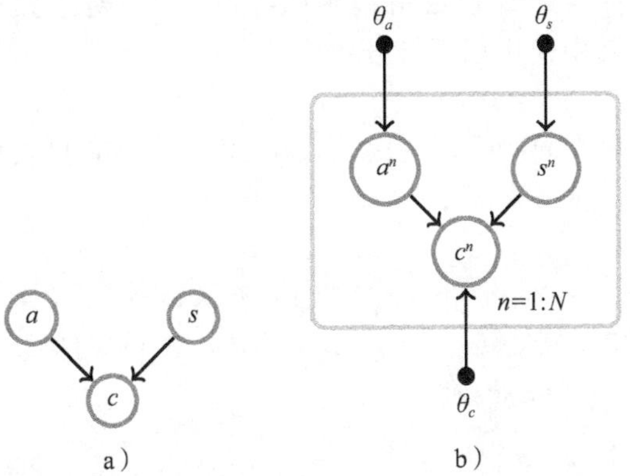

图 9.5　a) 描述接触石棉、吸烟和患肺癌之间关系的模型。b) 板符号表示随着条件概率表和所有数据点有连接，重复了可观察的 n 个数据点

a	s	c
1	1	1
1	0	0
0	1	1
0	1	0
1	1	1
0	0	0
1	0	1

图 9.6　一个关于接触石棉(1 表示接触)、吸烟(1 表示吸烟)与患肺癌(1 表示此人患有肺癌)间关系的数据库。每一行包含了数据库中一个人的信息

极大似然对应于计数

对形如下式的信念网络 $p(x)$：

$$p(x)=\prod_{i=1}^{K} p(x_i|\mathrm{pa}(x_i)) \tag{9.3.3}$$

如 8.7.3 节所讲，为了计算每一项 $p(x_i|\mathrm{pa}(x_i))$的极大似然，我们可以等效地最小化经验分布 $q(x)$和 $p(x)$之间的 KL 散度。对信念网络 $p(x)$和经验分布 $q(x)$，我们有：

$$\mathrm{KL}(q|p)=-\left\langle \sum_{i=1}^{K} \log p(x_i|\mathrm{pa}(x_i))\right\rangle_{q(x)}+C=-\sum_{i=1}^{K}\langle \log p(x_i|\mathrm{pa}(x_i))\rangle_{q(x_i,\mathrm{pa}(x_i))}+C \tag{9.3.4}$$

接着，使用一般性结论：

$$\langle f(\mathcal{X}_i)\rangle_{q(\mathcal{X})}=\langle f(\mathcal{X}_i)\rangle_{q(\mathcal{X}_i)} \tag{9.3.5}$$

意味着如果函数 f 只依赖于变量的一个子集，那么我们只需要知道这个变量子集的边缘概率分布，就可以得到均值。由于 $q(x)$是固定的，因此我们可以在 q 中加上 q 的熵项，并等价地最小化下式：

$$\mathrm{KL}(q|p)=\sum_{i=1}^{K}\left[\langle \log q(x_i|\mathrm{pa}(x_i))\rangle_{q(x_i,\mathrm{pa}(x_i))}-\langle \log p(x_i|\mathrm{pa}(x_i))\rangle_{q(x_i,\mathrm{pa}(x_i))}\right]+C \tag{9.3.6}$$

$$=\sum_{i=1}^{K}\langle \mathrm{KL}(q(x_i|\mathrm{pa}(x_i))|p(x_i|\mathrm{pa}(x_i)))\rangle_{q(\mathrm{pa}(x_i))}+C \tag{9.3.7}$$

其中最后一行是对所有独立 KL 散度的正数加权和。由此，最小 KL 散度(对应于极大似然)是：

$$p(x_i \mid \mathrm{pa}(x_i)) = q(x_i \mid \mathrm{pa}(x_i)) \tag{9.3.8}$$

使用原始数据，有：

$$p(x_i = s \mid \mathrm{pa}(x_i) = \boldsymbol{t}) \propto \sum_{n=1}^{N} \mathbb{I}[x_i^n = s, \mathrm{pa}(x_i^n) = \boldsymbol{t}] \tag{9.3.9}$$

这个表达式符合我们的直觉，即表元素 $p(x_i \mid \mathrm{pa}(x_i))$ 可以通过计算状态 $\{x_i = s, \mathrm{pa}(x_i) = \boldsymbol{t}\}$（$\boldsymbol{t}$ 是表示父状态的向量）在图 9.6 所示的表中出现的次数来设置。对于固定的联合父状态 $\boldsymbol{t}$，条件概率表可以通过统计 x_i 处在状态 s 相较于处在其他状态 s' 的相对次数来给出。

推导这种直觉结果的另一种方法是使用拉格朗日乘数法，参见练习 9.4。对不熟悉 KL 散度的读者，下面给出了更直接的示例，其中使用如下符号：

$$\sharp(x_1 = s_1, x_2 = s_2, x_3 = s_3, \cdots) \tag{9.3.10}$$

来表示状态 $x_1 = s_1, x_2 = s_2, x_3 = s_3, \cdots$ 在训练集中同时出现的次数。在 10.1 节会有更具体的例子。

例 9.1　我们希望学习分布 $p(x_1, x_2, x_3) = p(x_1 \mid x_2, x_3) p(x_2) p(x_3)$ 的 CPT 元素，在此将讨论如何使用极大似然来找到 CPT 元素 $p(x_1 = 1 \mid x_2 = 1, x_3 = 0)$。对服从独立同分布的数据，$p(x_1 \mid x_2, x_3)$ 对于对数似然的贡献为：

$$\sum_n \log p(x_1^n \mid x_2^n, x_3^n)$$

$p(x_1 = 1 \mid x_2 = 1, x_3 = 0)$ 在对数似然函数中出现的次数是 $\sharp(x_1 = 1, x_2 = 1, x_3 = 0)$，即在训练集中出现这种状态的次数。由于（根据归一化条件）$p(x_1 = 0 \mid x_2 = 1, x_3 = 0) = 1 - p(x_1 = 1 \mid x_2 = 1, x_3 = 0)$，因此 $p(x_1 = 1 \mid x_2 = 1, x_3 = 0)$ 对于对数似然的总贡献为：

$$\begin{aligned} &\sharp(x_1 = 1, x_2 = 1, x_3 = 0) \log p(x_1 = 1 \mid x_2 = 1, x_3 = 0) + \\ &\sharp(x_1 = 0, x_2 = 1, x_3 = 0) \log(1 - p(x_1 = 1 \mid x_2 = 1, x_3 = 0)) \end{aligned} \tag{9.3.11}$$

使用 $\theta \equiv p(x_1 = 1 \mid x_2 = 1, x_3 = 0)$，我们有：

$$\sharp(x_1 = 1, x_2 = 1, x_3 = 0) \log \theta + \sharp(x_1 = 0, x_2 = 1, x_3 = 0) \log(1 - \theta) \tag{9.3.12}$$

将这个式子对 θ 求导并令导数为 0，有：

$$\frac{\sharp(x_1 = 1, x_2 = 1, x_3 = 0)}{\theta} - \frac{\sharp(x_1 = 0, x_2 = 1, x_3 = 0)}{1 - \theta} = 0 \tag{9.3.13}$$

由此，解出最优的 θ：

$$p(x_1 = 1 \mid x_2 = 1, x_3 = 0) = \frac{\sharp(x_1 = 1, x_2 = 1, x_3 = 0)}{\sharp(x_1 = 1, x_2 = 1, x_3 = 0) + \sharp(x_1 = 0, x_2 = 1, x_3 = 0)} \tag{9.3.14}$$

这对应于直觉中的计数过程。

条件概率函数

考虑具有 n 个二值父变量的二值变量 y，父变量集合是 $\boldsymbol{x} = (x_1, \cdots, x_n)$，见图 9.7。在 $p(\boldsymbol{y} \mid \boldsymbol{x})$ 的 CPT 中，一共有 2^n 个元素，即使 n 取值适中，显式地储存这些元素也是不方便的。为减少这个 CPT 的复杂性，我们可以对其形式做一些限制。比如，我们可以用一个函数：

$$p(y=1|\boldsymbol{x},\boldsymbol{w})=\frac{1}{1+e^{-\boldsymbol{w}^{\mathrm{T}}\boldsymbol{x}}} \tag{9.3.15}$$

这里我们只需要确定 n 维参数向量 $\boldsymbol{w}$。

在这种情况下，我们不直接用极大似然来学习 CPT 中的元素，而是学习参数 $\boldsymbol{w}$ 的值，因为 $\boldsymbol{w}$ 中的参数较少(只有 n 个，与无限制情况下的 2^n 相比较小)，所以我们希望通过少量的训练数据来获得可靠的 $\boldsymbol{w}$ 值。

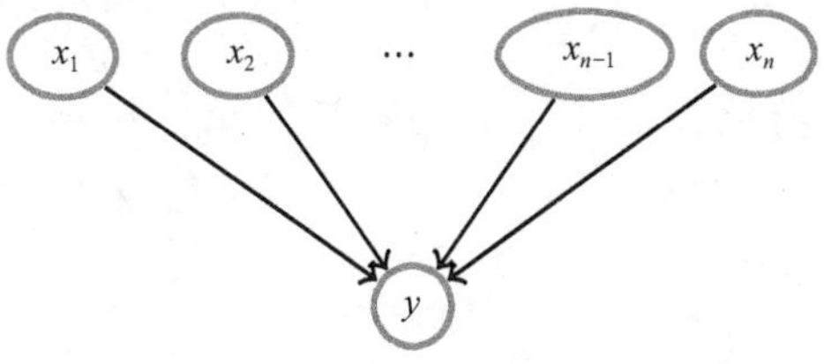

图 9.7 一个有着大量父节点 $x_1,\cdots,x_n$ 的变量 y，它的条件概率表元素 $p(y|x_1,\cdots,x_n)$的取值是指数级的。解决这个难题的一种方法是对条件概率进行参数化建模，即 $p(y|x_1,\cdots,x_n,\theta)$

例 9.2 考虑一个三变量模型 $p(x_1,x_2,x_3)=p(x_1|x_2,x_3)p(x_2)p(x_3)$，这里 $x_i\in\{0,1\}$，$i=1,2,3$。我们假设使用 $\theta=(\theta_1,\theta_2)$来参数化 CPT，具体形式为：

$$p(x_1=1|x_2,x_3,\theta)\equiv e^{-\theta_1^2-\theta_2^2(x_2-x_3)^2} \tag{9.3.16}$$

可以验证，这个概率始终为正且处在 0 和 1 之间。由于归一化，我们有：

$$p(x_1=0|x_2,x_3)=1-p(x_1=1|x_2,x_3) \tag{9.3.17}$$

对无限制的 $p(x_2)$和 $p(x_3)$，极大似然被设定为 $p(x_2=1)\propto\#(x_2=1)$和 $p(x_3=1)\propto\#(x_3=1)$，$p(x_1|x_2,x_3,\theta)$项对于对数似然的贡献为(假设数据服从独立同分布)：

$$L(\theta_1,\theta_2)=\sum_{n=1}^{N}\mathbb{I}[x_1^n=1](-\theta_1^2-\theta_2^2(x_2^n-x_3^n)^2)+\mathbb{I}[x_1^n=0]\log(1-e^{-\theta_1^2-\theta_2^2(x_2^n-x_3^n)^2}) \tag{9.3.18}$$

对这个目标函数进行数值优化可以找到最优的 θ_1 和 θ_2，它们的梯度为：

$$\frac{dL}{d\theta_1}=\sum_{n=1}^{N}-2\mathbb{I}[x_1^n=1]\theta_1+2\mathbb{I}[x_1^n=0]\frac{\theta_1 e^{-\theta_1^2-\theta_2^2(x_2^n-x_3^n)^2}}{1-e^{-\theta_1^2-\theta_2^2(x_2^n-x_3^n)^2}} \tag{9.3.19}$$

$$\frac{dL}{d\theta_2}=\sum_{n=1}^{N}-2\mathbb{I}[x_1^n=1]\theta_2(x_2^n-x_3^n)^2+2\theta_2\mathbb{I}[x_1^n=0]\frac{(x_2^n-x_3^n)^2e^{-\theta_1^2-\theta_2^2(x_2^n-x_3^n)^2}}{1-e^{-\theta_1^2-\theta_2^2(x_2^n-x_3^n)^2}} \tag{9.3.20}$$

这个梯度可以作为标准优化过程的一部分(如共轭梯度，参见附录 A.5)，我们可以由此找到极大似然参数 θ_1 和 θ_2。

9.4 贝叶斯信念网络训练

信念网络的极大似然训练的另一种技巧是使用贝叶斯方法，我们要保持参数分布不变。继续 9.3 节的模型：

$$p(a,c,s)=p(c|a,s)p(a)p(s) \tag{9.4.1}$$

到目前为止，我们只指定了相互独立的结构，并没有指定 CPT 元素 $p(c|a,s)$、$p(a)$、

$p(s)$。给定一组可见的观察数据 $\mathcal{V}=\{(a^n,s^n,c^n),n=1,\cdots,N\}$，我们希望能够为表元素学习一个恰当的分布。

在开始之前，我们先为表元素定义一些记号。在所有变量都是二值变量的情况下，我们有如下参数：

$$p(a=1|\theta_a)=\theta_a,\quad p(c=1|a=0,s=1,\theta_c)=\theta_c^{0,1} \tag{9.4.2}$$

类似地，我们有其余参数 $\theta_c^{1,1}$、$\theta_c^{0,0}$、$\theta_c^{1,0}$。对我们的例子，有以下参数：

$$\theta_a,\theta_s,\underbrace{\theta_c^{0,0},\theta_c^{0,1},\theta_c^{1,0},\theta_c^{1,1}}_{\theta_c} \tag{9.4.3}$$

在 9.4.1 节中，我们首先描述了关于先验变量一般形式的一个有用独立假设，然后在 9.4.2 节中进行具体的数值先验说明。

9.4.1　全局和局部参数独立

在信念网络的贝叶斯学习中，我们需要在联合 CPT 元素上指定一个先验。处理多维连续分布在计算上通常是很复杂的，所以只在先验中指定单变量分布是有用的。如下所述，对独立同分布数据来说，后验分布也可以分解成单变量分布，这是一个令人愉快的结果。

全局参数独立

一个简便的假设是先验对于各个参数是可分解的。对于 9.3 节的模型，我们假设：

$$p(\theta_a,\theta_s,\theta_c)=p(\theta_a)p(\theta_s)p(\theta_c) \tag{9.4.4}$$

假设数据是服从独立同分布的，我们有联合概率模型：

$$p(\theta_a,\theta_s,\theta_c,\mathcal{V})=p(\theta_a)p(\theta_s)p(\theta_c)\prod_n p(a^n|\theta_a)p(s^n|\theta_s)p(c^n|s^n,a^n,\theta_c) \tag{9.4.5}$$

这个模型的信念网络见图 9.8。

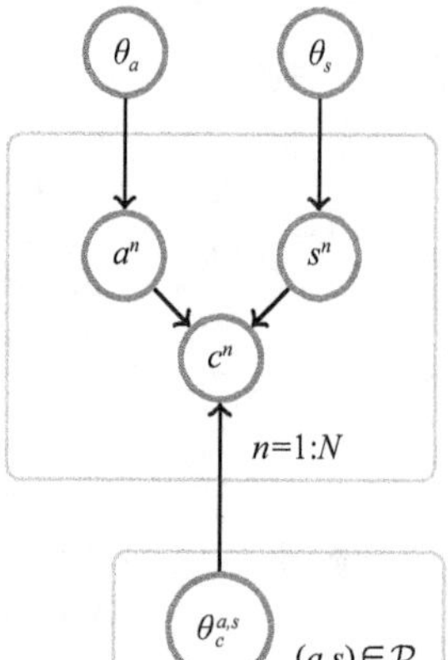

图 9.8　一个具有可因子分解参数先验的描述患肺癌、接触石棉与吸烟关系的贝叶斯参数模型。全局参数独立的假设意味着所有 CPT 上的先验能被因子分解成每一个 CPT 上的先验。对局部参数独立的假设，这种情况下只有 $p(c|a,s)$ 受影响，意味着 $p(\theta_c)$ 被分解为 $\prod_{a,s\in\mathcal{P}} p(\theta_c^{a,s})$，这里 $\mathcal{P}=\{(0,0),(0,1),(1,0),(1,1)\}$

对信念网络，先验可分解的假设意味着后验也是可分解的，因为：

$$\begin{aligned}p(\theta_a,\theta_s,\theta_c|\mathcal{V})&\propto p(\theta_a,\theta_s,\theta_c,\mathcal{V})\\&=\left\{p(\theta_a)\prod_n p(a^n|\theta_a)\right\}\left\{p(\theta_s)\prod_n p(s^n|\theta_s)\right\}\left\{p(\theta_c)\prod_n p(c^n|s^n,a^n,\theta_c)\right\}\\&\propto p(\theta_a|\mathcal{V}_a)p(\theta_s|\mathcal{V}_s)p(\theta_c|\mathcal{V}_c)\end{aligned} \tag{9.4.6}$$

所以我们可以分别考虑各个参数后验。在这种情况下，“学习”就包含了计算后验分布 $p(\theta_i|\mathcal{V}_i)$，其中 $\mathcal{V}_i$ 表示受限于变量 i 的训练数据的集合。

全局参数独立的假设很自然地导致了 CPT 上后验分布的分解。然而，参数 θ_c 本身是四维的。为简化这一点，我们需要对每个局部参数的结构做进一步的假设。

局部参数独立

如果进一步假设 CPT 的先验能够对所有状态 a，c 分解：

$$p(\theta_c)=p(\theta_c^{0,0})p(\theta_c^{1,0})p(\theta_c^{0,1})p(\theta_c^{1,1}) \tag{9.4.7}$$

后验就可以这样给出：

$$\begin{aligned}
p(\theta_c|\mathcal{V}_c)\propto p(\mathcal{V}_c|\theta_c)p(\theta_c^{0,0})p(\theta_c^{1,0})p(\theta_c^{0,1})p(\theta_c^{1,1})= \\
\underbrace{[\theta_c^{0,0}]^{\#(a=0,s=0,c=1)}[1-\theta_c^{0,0}]^{\#(a=0,s=0,c=0)}p(\theta_c^{0,0})}_{\propto p(\theta_c^{0,0}|\mathcal{V}_c)} \\
\underbrace{[\theta_c^{0,1}]^{\#(a=0,s=1,c=1)}[1-\theta_c^{0,1}]^{\#(a=0,s=1,c=0)}p(\theta_c^{0,1})}_{\propto p(\theta_c^{0,1}|\mathcal{V}_c)}\times \\
\underbrace{[\theta_c^{1,0}]^{\#(a=1,s=0,c=1)}[1-\theta_c^{1,0}]^{\#(a=1,s=0,c=0)}p(\theta_c^{1,0})}_{\propto p(\theta_c^{1,0}|\mathcal{V}_c)}\underbrace{[\theta_c^{1,1}]^{\#(a=1,s=1,c=1)}[1-\theta_c^{1,1}]^{\#(a=1,s=1,c=0)}p(\theta_c^{1,1})}_{\propto p(\theta_c^{1,1}|\mathcal{V}_c)}
\end{aligned} \tag{9.4.8}$$

因此，后验也能在局部 CPT 的父状态上做分解。

后验边缘概率表

有这样一个边缘概率表：

$$p(c=1|a=1,s=0,\mathcal{V})=\int_{\theta_c}p(c=1|a=1,s=0,\theta_c^{1,0})p(\theta_c|\mathcal{V}_c) \tag{9.4.9}$$

式(9.4.9)中所有其他表的积分是单元值，我们只剩下：

$$p(c=1|a=1,s=0,\mathcal{V})=\int_{\theta_c^{1,0}}p(c=1|a=1,s=0,\theta_c^{1,0})p(\theta_c^{1,0}|\mathcal{V}_c)=\int_{\theta_c^{1,0}}\theta_c^{1,0}p(\theta_c^{1,0}|\mathcal{V}_c) \tag{9.4.10}$$

9.4.2 使用 Beta 先验学习二值变量表

我们继续讨论 9.4.1 节的例子，其中所有变量都是二值的，但这里使用连续值表先验。最简单的情况是从 $p(a|\theta_a)$开始，因为这只需要单变量先验分布 $p(\theta_a)$。似然取决于表变量，表现为：

$$p(a=1|\theta_a)=\theta_a \tag{9.4.11}$$

所以总的似然项为：

$$\theta_a^{\#(a=1)}(1-\theta_a)^{\#(a=0)} \tag{9.4.12}$$

后验可以表示为：

$$p(\theta_a|\mathcal{V}_a)\propto p(\theta_a)\theta_a^{\#(a=1)}(1-\theta_a)^{\#(a=0)} \tag{9.4.13}$$

这意味着如果先验也是 $\theta_a^{\alpha}(1-\theta_a)^{\beta}$ 的形式，那么将会保持共轭性，数学上的积分也是能直接计算的。这就表明最简单的先验选择是 Beta 分布，

$$p(\theta_a)=B(\theta_a|\alpha_a,\beta_a)=\frac{1}{B(\alpha_a,\beta_a)}\theta_a^{\alpha_a-1}(1-\theta_a)^{\beta_a-1} \tag{9.4.14}$$

这样后验也是 Beta 分布：

$$p(\theta_a|\mathcal{V}_a)=B(\theta_a|\alpha_a+\#(a=1),\beta_a+\#(a=0)) \tag{9.4.15}$$

边缘概率表为[推理过程同式(9.4.10)的类似]：

$$p(a=1|\mathcal{V}_a)=\int_{\theta_a}p(\theta_a|\mathcal{V}_a)\theta_a=\frac{\alpha_a+\#(a=1)}{\alpha_a+\#(a=1)+\beta_a+\#(a=0)} \tag{9.4.16}$$

定义 8.23 对 Beta 分布的均值使用了该结果。

表 $p(c|a,s)$的情况稍微复杂一些，因为我们需要为每个父表指定一个先验。如上所述，我们为(四个)父状态分别指定一个 Beta 先验是最方便的。来看一个具体的表：

$$p(c=1|a=1,s=0) \tag{9.4.17}$$

假设局部参数独立，则我们有由下式

$$B(\theta_c^{1,0}|\alpha_c(a=1,s=0)+\#(c=1,a=1,s=0),\beta_c(a=1,s=0)+\#(c=0,a=1,s=0)) \tag{9.4.18}$$

给出的 $p(\theta_c^{1,0}|\mathcal{V}_c)$。和之前一样，边缘概率表是由这个式子给出的：

$$p(c=1|a=1,s=0,\mathcal{V}_c)=\frac{\alpha_c(a=1,s=0)+\#(c=1,a=1,s=0)}{\alpha_c(a=1,s=0)+\beta_c(a=1,s=0)+\#(a=1,s=0)} \tag{9.4.19}$$

因为 $\#(a=1,s=0)=\#(c=0,a=1,s=0)+\#(c=1,a=1,s=0)$

先验分布里面的参数 $\alpha_c(a,s)$被称为超参数。一个完全的无信息先验对应于设置 $\alpha=\beta=1$，见图 8.4。

在各种情况下研究这种贝叶斯方法是有指导意义的。

- 数据量趋于 0($N\to 0$)。在该极限下，边缘概率表对应于下式表示的先验：

$$p(c=1|a=1,s=0)=\frac{\alpha_c(a=1,s=0)}{\alpha_c(a=1,s=0)+\beta_c(a=1,s=0)} \tag{9.4.20}$$

  对于均匀分布，对所有状态 a,c，有 $\alpha=\beta=1$，这会给出 $p(c=1|a=1,s=0)=0.5$ 的先验概率。

- 数据量趋于无穷($N\to\infty$)。在这一极限下，边缘概率表由数据计数确定，因为它们会随着数据集的大小成比例地增长。这意味着 $N\to\infty$时，

$$p(c=1|a=1,s=0,\mathcal{V})\to\frac{\#(c=1,a=1,s=0)}{\#(c=1,a=1,s=0)+\#(c=0,a=1,s=0)} \tag{9.4.21}$$

  这对应于极大似然解。

  贝叶斯过程的这种极限对应于极大似然解这一现象是普遍的，除非先验具有病态强的效果。

- 零超参。当 $\alpha_c=\beta_c=0$ 时，边缘概率表等式(9.4.19)对应数据量任意的极大似然设置。Beta 分布将 0 处的值设为 0.5，将 1 处的值设为 0.5。请注意，在零超参条件下，极大似然解和边缘概率表的等价性与在均匀超参数情况下 MAP 表的等价性形成了对比。

例 9.3(接触石棉-吸烟-患肺癌)　考虑二值变量网络：

$$p(c,a,s)=p(c|a,s)p(a)p(s) \tag{9.4.22}$$

数据 $\mathcal{V}$ 由图 9.6 给出。对所有的条件概率表用一个均匀 Beta 先验 $\alpha=\beta=1$，边缘后验表可以表示为：

$$p(a=1|\mathcal{V})=\frac{1+\#(a=1)}{2+N}=\frac{1+4}{2+7}=\frac{5}{9}\approx 0.556 \tag{9.4.23}$$

对比之前的极大似然被设置为 4/7=0.571，贝叶斯的结果更加保守，这和我们之前给出的先验有关，即对概率的任何设定都是相同的，从而将后验概率拉向 0.5。

类似地，

$$p(s=1|\mathcal{V})=\frac{1+\#(s=1)}{2+N}=\frac{1+4}{2+7}=\frac{5}{9}\approx 0.556 \tag{9.4.24}$$

还有：

$$p(c=1|a=1,s=1,\mathcal{V})=\frac{1+\#(c=1,a=1,s=1)}{2+\#(c=1,a=1,s=1)+\#(c=0,a=1,s=1)}=\frac{1+2}{2+2}=\frac{3}{4} \tag{9.4.25}$$

$$p(c=1|a=1,s=0,\mathcal{V})=\frac{1+\#(c=1,a=1,s=0)}{2+\#(c=1,a=1,s=0)+\#(c=0,a=1,s=0)}=\frac{1+1}{2+2}=\frac{1}{2} \tag{9.4.26}$$

$$p(c=1|a=0,s=1,\mathcal{V})=\frac{1+\#(c=1,a=0,s=1)}{2+\#(c=1,a=0,s=1)+\#(c=0,a=0,s=1)}=\frac{1+1}{2+2}=\frac{1}{2} \tag{9.4.27}$$

$$p(c=1|a=0,s=0,\mathcal{V})=\frac{1+\#(c=1,a=0,s=0)}{2+\#(c=1,a=0,s=0)+\#(c=0,a=0,s=0)}=\frac{1+0}{2+1}=\frac{1}{3} \tag{9.4.28}$$

9.4.3 使用狄利克雷先验学习多变量离散表

对信念网络的贝叶斯学习的讨论的自然推广是讨论具有两种以上状态的变量。在这种情况下，共轭先验由狄利克雷分布给出，它将 Beta 分布推广到两个以上状态的情形。我们再一次假设数据服从独立同分布，且局部和全局先验参数独立。由于在全局参数独立的假设下，后验分布能对每个变量做因子分解(如式 9.4.6)，我们可以专注于考虑单个变量的后验。

无父节点

考虑一个变量 v，且 $\mathrm{dom}(v)=\{1,\cdots,I\}$。如果我们定义 v 处在状态 i 的概率为 θ_i，即 $p(v=i|\boldsymbol{\theta})=\theta_i$，那么第 n 个数据点 v^n 对后验概率的贡献为：

$$p(v^n|\boldsymbol{\theta})=\prod_{i=1}^{I}\theta_i^{\mathbb{I}[v^n=i]},\quad \sum_{i=1}^{I}\theta_i=1 \tag{9.4.29}$$

所以给定数据集 $\mathcal{V}=\{v^1,\cdots,v^N\}$，对于 $\boldsymbol{\theta}$ 的后验可以表示为：

$$p(\boldsymbol{\theta}|\mathcal{V})\propto p(\boldsymbol{\theta})\prod_{n=1}^{N}\prod_{i=1}^{I}\theta_i^{\mathbb{I}[v^n=i]}=p(\boldsymbol{\theta})\prod_{i=1}^{I}\theta_i^{\sum_{n=1}^{N}\mathbb{I}[v^n=i]} \tag{9.4.30}$$

简单地，可以使用带超参数 $\boldsymbol{u}$ 的狄利克雷分布：

$$p(\boldsymbol{\theta})=\mathrm{Dirichlet}(\boldsymbol{\theta}|\boldsymbol{u})\propto\prod_{i=1}^{I}\theta_i^{u_i-1} \tag{9.4.31}$$

使用这个先验后，后验就可以表示为：

$$p(\boldsymbol{\theta}|\mathcal{V})\propto\prod_{i=1}^{I}\theta_i^{u_i-1}\prod_{i=1}^{I}\theta_i^{\sum_{n=1}^{N}\mathbb{I}[v^n=i]}=\prod_{i=1}^{I}\theta_i^{u_i-1+\sum_{n=1}^{N}\mathbb{I}[v^n=i]} \tag{9.4.32}$$

这意味着后验为：

$$p(\boldsymbol{\theta}|\mathcal{V})=\mathrm{Dirichlet}(\boldsymbol{\theta}|\boldsymbol{u}+\boldsymbol{c}) \tag{9.4.33}$$

这里 $\boldsymbol{c}$ 是一个计数向量，它的元素为：

$$c_i=\sum_{n=1}^{N}\mathbb{I}[v^n=i] \tag{9.4.34}$$

即状态 i 在训练集中出现的次数。

边缘概率表由积分的形式给出：

$$p(v=i\mid\mathcal{V})=\int_{\boldsymbol{\theta}}p(v=i\mid\boldsymbol{\theta})p(\boldsymbol{\theta}\mid\mathcal{V})=\int_{\theta_i}\theta_i p(\theta_i\mid\mathcal{V}) \tag{9.4.35}$$

狄利克雷分布的单个变量的边缘分布是 Beta 分布：

$$p(\theta_i\mid\mathcal{V})=B\left(\theta_i\mid u_i+c_i,\sum_{j\neq i}u_j+c_j\right) \tag{9.4.36}$$

边缘概率表就可以由 Beta 分布的均值给出：

$$p(v=i\mid\mathcal{V})=\frac{u_i+c_i}{\sum_j u_j+c_j} \tag{9.4.37}$$

这样就推广了式(9.4.16)中二值变量的情形。

有父节点

为了能处理更加一般的情况，即变量 v 有父节点 $\mathrm{pa}(v)$ 的情况，我们定义在父节点处于状态 j 的条件下，v 处于状态 i 的概率为：

$$p(v=i\mid\mathrm{pa}(v)=j,\boldsymbol{\theta})=\theta_i(v;j) \tag{9.4.38}$$

这里 $\sum_i\theta_i(v;j)=1$。向量 $\boldsymbol{\theta}(v;j)$ 的元素就由此形成。注意如果 v 有 K 个父节点，那么父状态 S 的数量就会与 K 成指数关系。

记 $\boldsymbol{\theta}(v)=[\boldsymbol{\theta}(v;1),\cdots,\boldsymbol{\theta}(v;S)]$，局部参数(父状态)独立意味着：

$$p(\boldsymbol{\theta}(v))=\prod_j p(\boldsymbol{\theta}(v;j)) \tag{9.4.39}$$

全局参数独立意味着：

$$p(\boldsymbol{\theta})=\prod_v p(\boldsymbol{\theta}(v)) \tag{9.4.40}$$

这里 $\boldsymbol{\theta}=(\boldsymbol{\theta}(v),v=1,\cdots,V)$ 代表所有变量的结合表。

参数后验

由于有全局参数独立的假设，后验可因子分解，使每个变量都有一个后验表。变量 v 的每个后验表只依赖于变量族的数据 $\mathcal{D}(v)$。假设一个 Dirichlet 分布为先验分布：

$$p(\boldsymbol{\theta}(v;j))=\text{Dirichlet}(\boldsymbol{\theta}(v;j)\mid\boldsymbol{u}(v;j)) \tag{9.4.41}$$

后验也是狄利克雷分布：

$$p(\boldsymbol{\theta}(v)\mid\mathcal{D}(v))=\prod_j\text{Dirichlet}(\boldsymbol{\theta}(v;j)\mid\boldsymbol{u}'(v;j)) \tag{9.4.42}$$

其中超参数先验项由观察到的计数更新：

$$u_i'(v;j)\equiv u_i(v;j)+\sharp(v=i,\mathrm{pa}(v)=j) \tag{9.4.43}$$

通过类比无父节点的情形，边缘概率表由下式给出：

$$p(v=i\mid\mathrm{pa}(v)=j,\mathcal{D}(v))\propto u_i'(v;j) \tag{9.4.44}$$

例 9.4(接触石棉-吸烟-患癌)　考虑 $p(c\mid a,s)p(s)p(a)$，且 $\mathrm{dom}(a)=\mathrm{dom}(s)=\{0,1\}$；变量 c 存在 3 个状态，$\mathrm{dom}(c)=\{0,1,2\}$，表示不同类型的癌症，见图 9.9。

在狄利克雷分布作为先验的情况下，边缘表能被表示出来，例如：

$$p(c=0|a=1,s=1,\mathcal{V})=\frac{u_0(a=1,s=1)+\sharp(c=0,a=1,s=1)}{\sum_{i\in\{0,1,2\}}u_i(a=1,s=1)+\sharp(c=i,a=1,s=1)} \tag{9.4.45}$$

假设一个均匀的狄利克雷先验，这对应于设置 $\boldsymbol{u}$ 的所有元素为 1，这就给出了：

$$p(c=0|a=1,s=1,\mathcal{V})=\frac{1+0}{3+2}=\frac{1}{5} \tag{9.4.46}$$

$$p(c=1|a=1,s=1,\mathcal{V})=\frac{1+0}{3+2}=\frac{1}{5} \tag{9.4.47}$$

$$p(c=2|a=1,s=1,\mathcal{V})=\frac{1+2}{3+2}=\frac{3}{5} \tag{9.4.48}$$

a	s	c
1	1	2
1	0	0
0	1	1
0	1	0
1	1	2
0	0	0
1	0	1

图 9.9 例 9.4 的患者记录数据库

对于其他三张表 $p(c|a=1,s=0)$、$p(c|a=0,s=1)$ 和 $p(c|a=1,s=1)$，求法是类似的。

模型似然

对于变量 v，和其变量族服从独立同分布的数据 $\mathcal{D}(v)=\{(v^n|\text{pa}(v^n)),n=1,\cdots,N\}$，有：

$$\prod_n p(v^n|\text{pa}(v^n))=\int_{\boldsymbol{\theta}(v)}p(\boldsymbol{\theta}(v))\prod_n p(v^n|\text{pa}(v^n),\boldsymbol{\theta}(v)) \tag{9.4.49}$$

$$=\int_{\boldsymbol{\theta}(v)}\left\{\prod_j\frac{1}{Z(\boldsymbol{u}(v;j))}\prod_i\theta_i(v;j)^{u_i(v;j)-1}\right\}\prod_n\prod_j\prod_i\theta_i(v;j)^{\mathbb{I}[v^n=i,\text{pa}(v^n)=j]} \tag{9.4.50}$$

$$=\prod_j\frac{1}{Z(\boldsymbol{u}(v;j))}\int_{\boldsymbol{\theta}(v;j)}\prod_i\theta_i(v;j)^{u_i(v;j)-1+\sharp(v=i,\text{pa}(v)=j)} \tag{9.4.51}$$

$$=\prod_j\frac{Z(\boldsymbol{u}'(v;j))}{Z(\boldsymbol{u}(v;j))} \tag{9.4.52}$$

这里 $Z(\boldsymbol{u})$是超参数为 $\boldsymbol{u}$ 的狄利克雷分布的归一化常数。$\boldsymbol{u}'$在等式(9.4.43)中给出。

对变量$\boldsymbol{v}=(v_1,\cdots,v_D)$上的信念网络，所有变量的联合概率能分解成每个变量以自己的父节点为条件的局部概率。完整的独立同分布数据集 $\mathcal{D}=\{\boldsymbol{v}^1,\cdots,\boldsymbol{v}^N\}$的似然函数由下式给出：

$$p(\mathcal{D})=\prod_k\prod_n p(v_k^n|\text{pa}(v_k^n))=\prod_k\prod_j\frac{Z(\boldsymbol{u}'(v_k;j))}{Z(\boldsymbol{u}(v_k;j))} \tag{9.4.53}$$

该式可以显式地用伽马函数表示，参见练习 9.9。在上面的表达式中，每个变量 v_k 的父状态数都不同，因此上述公式中隐含的一点是，j 上的状态积从 1 变为变量 v_k 的父状态数。由于局部和全局参数独立的假设，模型似然的对数是一些项之积，其中第 k 项和变量 v_k 及其父节点 j 相关，这称为似然可分解性质。

9.5 学习结构

到目前为止，我们假设同时获得了分布的结构和数据集 $\mathcal{D}$。更复杂的任务是我们需要学习信念网络的结构。我们将考虑数据完整的情况(即没有缺失的观察数据)。对于 $\mathcal{D}$ 中的变量，信念网络的结构数量(在 $\mathcal{D}$ 中)是指数级的，很明显，我们不能找到所有可能的结构。因此，对结构的学习是一个在计算方面很有挑战性的问题，我们必须依靠约束和启发来指导寻找。一般而言，学习结构是棘手的，但当把信念网络限制为最多有一层父节点时就好处理了，这是个有名的例子，具体见 9.5.4 节。

对于除稀疏网络以外的所有网络，对任意精度估计依赖性都需要大量的数据，使得检验依赖性变得困难。考虑以下针对两个独立变量的简单例子，$p(x,y)=p(x)p(y)$。我们想要基于从该联合概率分布中抽取的有限样本 $\mathcal{D}=\{(x^n,y^n),n=1,\cdots,N\}$，得到 x 与 y 是否相互独立的信息。一种方法是计算经验互信息 $I(x,y)$。如果结果为 0，那么按照经验，x 和 y 相互独立。然而，对于有限的数据，两个变量通常具有非零的互信息，因此需要设置一个阈值来确定在有限样本情况下衡量的依赖性是否显著，参见 9.5.2 节。

另一个复杂的方法是，仅凭可见变量的信念网络或马尔可夫网络可能并不是表示观察数据的简便方式，例如，可能存在潜变量来影响观察到的依赖性。我们在这里将不讨论这些问题，并将表示限制为两种中心方法，一种是试图使网络结构与局部经验依赖性相一致(PC 算法)，另一种是建立最适合全局数据的结构(网络评分)。

9.5.1　PC 算法

在 PC 算法中，首先要学习图的骨架，然后学习可能有向的边以形成(部分有向)DAG。学习骨架的过程是基于使用经验数据来检验两个变量是否独立的。如 9.5.2 节所述，我们可以采用多种方法来确定独立性。

在第一轮，PC 算法从一个完整的骨架 G 开始，并试图删除尽可能多的连接。在第一步我们检测所有的对 $x \perp\!\!\!\perp y \mid \varnothing$。如果 x 和 y 对被认为是独立的，则从 G 中删除连接 $x-y$。对所有对和连接，重复此操作。在第二轮，对剩余的图，我们以 x 的一个邻居变量 z 为条件并检测每一个 $x-y$ 连接。如果 $x \perp\!\!\!\perp y \mid z$，那么我们删除连接 $x-y$。对所有变量重复此操作。在每一轮，条件集合中的邻居变量数量都增加 1。详细步骤见算法 9.1，图 9.10 和 dempPCoracle.m。对于必要的路径，PC 算法限制了独立性检查的次数，以消除由条件互信息的经验估计引起的不一致，NPC 算法针对这种限制对 PC 算法进行了改进。

算法 9.1　PC 算法

```
从所有顶点集合 𝒱 上的完整无向图 G 开始
i = 0
repeat
    for x ∈ 𝒱 do
        for y ∈ Adj {x} do
            确定 x 的邻居(不包括 y)是否存在大小为 i 的子集 𝒮,其中 x ⫫ y | 𝒮。如果该集合存在,则
            从图 G 中删除 x − y 连接,并设置 𝒮_xy = 𝒮
        end for
    end for
    i = i + 1.
until 所有节点的邻居数 ≤ i
```

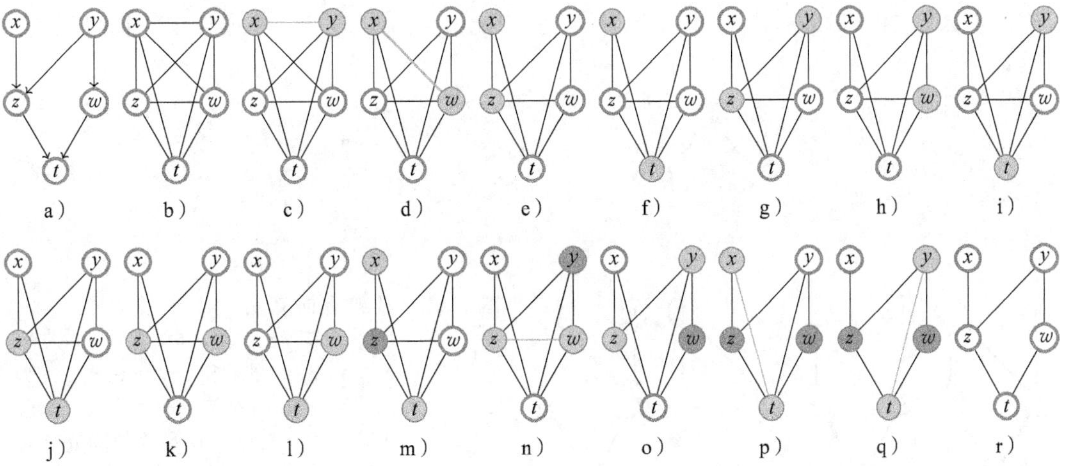

图 9.10 PC 算法。a) 假定用于生成数据的信念网络，将对其执行条件独立性测试。b) 初始化的骨架是全连通的。c)～l) 在第一轮中($i=0$)检查所有的配对互信息 $x \perp\!\!\!\perp y \mid \varnothing$，如果 x 和 y 被认为是相互独立的，则移除它们之间的连接(绿色线)。m)～o) $i=1$，我们现在关注剩余图上三个变量 x、y、z 在的连通子集，如果 $x \perp\!\!\!\perp y \mid z$ 为真则移除连接 $x-y$。这里并未展示所有的步数。p,q) $i=2$，我们检查所有的 $x \perp\!\!\!\perp y \mid \{a,b\}$，该算法在此轮(当 i 增加到 3 时)之后终止，因为没有节点具有 3 个或更多的邻居节点。r) 最终的骨架。在这个过程中我们找到了集合 $S_{x,y}=\varnothing$、$S_{x,w}=\varnothing$、$S_{z,w}=y$、$S_{x,t}=\{z,w\}$ 和 $S_{y,t}=\{z,w\}$，可参考 demoPCoracle. m

给定学习到的骨架，可以使用算法 9.2 构造部分 DAG。注意，这是必要的，因为无向图 G 是一个骨架，而不是所发现的独立性假设的信念网络。比如，我们有一张图 G，在它的 x-z-y 连接中，x-y 连接基于 $x \perp\!\!\!\perp y \mid \varnothing \to S_{xy}=\varnothing$ 而被删除。作为 MN，图 x-z-y 意味着 $x \top\!\!\!\top y$，虽然这与第一轮中发现的 $x \perp\!\!\!\perp y$ 不一致。这导致有向部分：为了一致性，我们必须有 $x \to z \leftarrow y$，这意味着 $x \perp\!\!\!\perp y$ 和 $x \top\!\!\!\top y \mid z$，见例 9.5，也可见图 9.11。

算法 9.2 骨架有向算法(返回一个 DAG)

未匹配对撞：检查所有无向连接 $x-z-y$. 若 $z \notin S_{xy}$ 则设置 $x \to z \leftarrow y$.
repeat
    $x \to z - y \Rightarrow x \to z \to y$
    对于 $x-y$，如果存在从 x 到 y 的有向路径，则方向为 $x \to y$
    如果对于 $x-z-y$ 有一个 w 使得 $x \to w$，$y \to w$，$z-w$，那么方向为 $z \to w$
until 所有边都确定了方向
其余的边可以任意定向，前提是图仍是一个 DAG，并且没有引入额外的对撞

例 9.5(骨架有向) 如果 x 是(无条件)独立于 y 的，则 z 处必定发生方向对撞，否则 z 会在 x 和 y 之间引入一个依赖关系。

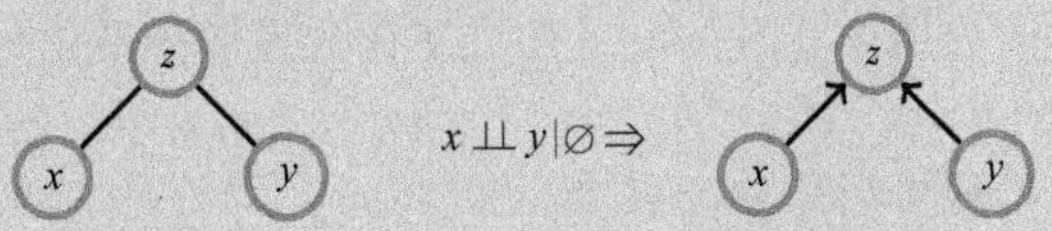

如果 x 在 z 的条件下与 y 独立，z 处就不能发生方向对撞，其他任何方向都是合适的。

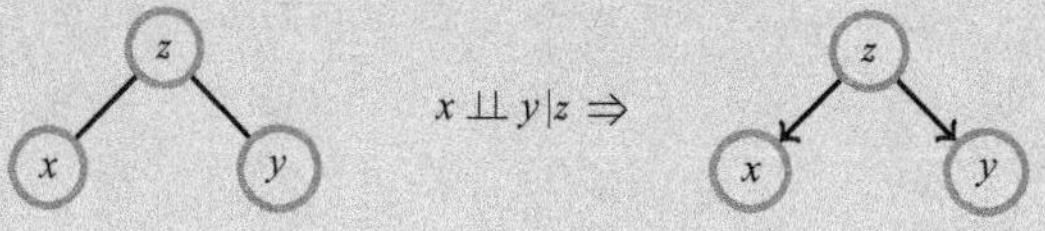

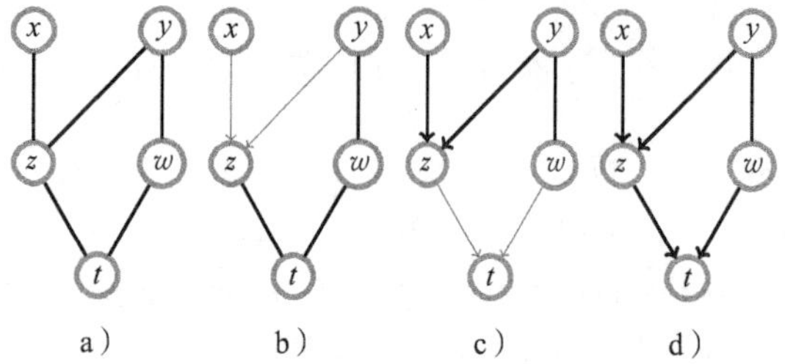

图 9.11　骨架有向算法。a) 沿着 $S_{x,y}=\varnothing$、$S_{x,w}=\varnothing$、$S_{z,w}=y$、$S_{x,t}=\{z,w\}$ 和 $S_{y,t}=\{z,w\}$ 的骨架。b) $z\notin S_{x,y}$，所以形成了方向对撞。c) $t\notin S_{z,w}$，也形成了方向对撞。d) 最终的部分有向 DAG。剩余边可以在不违反 DAG 条件的情况下根据需要变为有向边。见 demoPCoracle. m

例 9.6　在图 9.10 中，我们描述了 PC 算法在变量 x，y，z，w，t 上学习信念网络结构的过程。在这种情况下，我们假设可以访问一个能够正确回答任何独立性问题的“预言”，而不是使用数据来评估独立性。当然在实践中我们不会那么幸运。一旦找到骨架，我们就会定向骨架，如图 9.11 所示。

9.5.2　经验独立

互信息测试

给定数据，我们可以通过简单统计数据的出现次数来估计经验分布 $p(x,y,z)$，并使用经验分布获得条件互信息的估计。然而，在实践中，我们只有有限的数据用来估计经验分布。这意味着对于从变量真正独立的分布中抽样的数据而言，经验互信息却总是大于零。因此，一个问题是对于经验条件互信息，用以确定由相关性导致的互信息是否显著地远大于零的阈值是什么。一个使用更频繁的方法是计算条件互信息的分布，然后将样本值和分布做比较。根据[179]，在零假设下，变量是独立的，$2N\mathrm{MI}(x;y|z)$服从卡方分布(chi-square distribution)，其自由度为$(X-1)(Y-1)Z$，其中 X、Y、Z 分别为变量 x、y、z 的维度。然后可以用其形成假设检验；如果经验互信息的样本值“显著地”位于卡方分布的尾部，我们就认为变量是条件相关的。这种经典方法适用于大量数据的情况，在数据较少的情况下效果较差。另一种实用方法是在受控制的独立/相关条件下基于 MI 的经验样本估计阈值。demoCondindepEmp. m 对这些方法做了一个比较。

贝叶斯条件独立测试

比较独立性假设下的数据似然与相关性假设下的数据似然，是一种测试独立性的贝叶斯方法。对独立性假设，见图 9.12a，我们有建立在变量和参数上的联合概率分布：

$$p(x,y,z,\theta|\mathcal{H}_{独立})=p(x|z,\theta_{x|z})p(y|z,\theta_{y|z})p(z|\theta_z)p(\theta_{x|z})p(\theta_{y|z})p(\theta_z) \tag{9.5.1}$$

对类别分布，很简单地可以用建立在参数 θ 上的先验狄利克雷$(\theta|u)$，并假设全局和局部参数独立。对服从独立同分布的数据集$(\mathcal{X},\mathcal{Y},\mathcal{Z})=(x^n,y^n,z^n)$，其中 $n=1,\cdots,N$，它的似然由对参数 θ 的积分得到：

$$p(\mathcal{X},\mathcal{Y},\mathcal{Z}|\mathcal{H}_{独立})=\int_{\theta}p(\theta|\mathcal{H}_{独立})\prod_{n}p(x^n,y^n,z^n|\theta,\mathcal{H}_{独立})$$

由于共轭性，很直接地可以得到：

$$p(\mathcal{X},\mathcal{Y},\mathcal{Z}|\mathcal{H}_{独立})=\frac{Z(\boldsymbol{u}_z+\sharp(z))}{Z(u_z)}\prod_{z}\frac{Z(\boldsymbol{u}_{x|z}+\sharp(x,z))}{Z(u_{x|z})}\frac{Z(\boldsymbol{u}_{y|z}+\sharp(y,z))}{Z(u_{y|z})} \tag{9.5.2}$$

在这里，$\boldsymbol{u}_{x|z}$ 是在给定 z 的每个状态后对 x 的每个状态的伪计数(pseudo count)的超参数矩阵。$Z(v)$是狄利克雷分布对向量参数 v 的归一化常数。

如图 9.12b 所示，对相关性假设我们有：

$$p(x,y,z,\theta|\mathcal{H}_{相关})=p(x,y,z|\theta_{x,y,z})p(\theta_{x,y,z}) \tag{9.5.3}$$

似然函数为：

$$p(\mathcal{X},\mathcal{Y},\mathcal{Z}|\mathcal{H}_{相关})=\frac{Z(\boldsymbol{u}_{x,y,z}+\sharp(x,y,z))}{Z(\boldsymbol{u}_{x,y,z})} \tag{9.5.4}$$

设每个假设具有同样的可能，对大于 1 的贝叶斯因子：

$$\frac{p(\mathcal{X},\mathcal{Y},\mathcal{Z}|\mathcal{H}_{独立})}{p(\mathcal{X},\mathcal{Y},\mathcal{Z}|\mathcal{H}_{相关})} \tag{9.5.5}$$

我们假设依然具有条件独立性；否则我们假设变量是条件相关的。

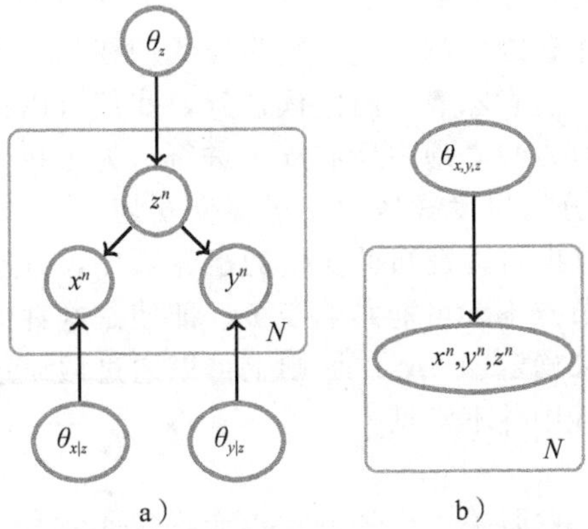

图 9.12 在概率表中使用狄利克雷先验的贝叶斯条件独立测试。a) 条件独立性 $x \perp\!\!\!\perp y \mid z$ 的模型 $\mathcal{H}_{独立}$。b) 条件相关性 $x \top\!\!\!\top y \mid z$ 的模型 $\mathcal{H}_{相关}$ 通过计算图 9.12 中两个模型下数据的似然，可以形成一个验证条件独立性假设的数值分数。见 demoCondindepEmp. m。

demoCondindepEmp. m 说明了贝叶斯假设检验更倾向于输出条件互信息的方式，尤其是在较小的抽样尺寸情形下，见图 9.13。

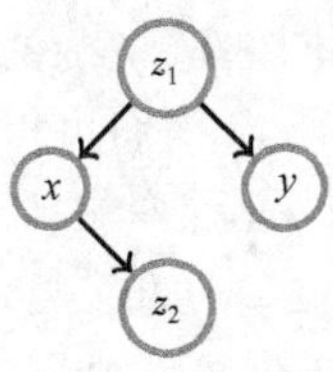

图 9.13 $x \perp\!\!\!\perp y \mid z_1,z_2$ 的条件独立性测试，图中变量 x、y、z_1、z_2 各自有 3、2、4、2 个状态。从该预言信念网络中，在每次实验中，随机抽取概率表，抽样 20 个示例形成数据集。对每个数据集，执行测试以确定 x 和 y 在 z_1、z_2 的条件下是否独立(正确答案是它们是独立的)。进行 500 次实验后，贝叶斯条件独立性测试正确地指出变量在 74% 的实验内是独立的，而使用卡方互信息测试的准确度仅为 50%

9.5.3 网络得分

另一些对 PC 算法等局部方法的替代方法是在变量集 $\boldsymbol{v}$ 上评估整个网络结构，即确定具有特有结构 $p(\boldsymbol{v})=\prod_{k}p(v_k|\mathrm{pa}(v_k))$的信念网络对数据拟合得有多好。从概率角度描述，给定一个模型 M，我们希望计算 $p(M|\mathcal{D})\propto p(\mathcal{D}|M)p(M)$。因为我们必须先为数据 $\mathcal{D}$“拟合”带参数 θ 的模型 $p(\boldsymbol{v}|\theta,M)$，所以需要注意的是，如果我们单独使用极大似

然，而没有 θ 的限制，我们将更倾向于选择有复杂结构的模型 M（假设 $p(M)=C$）。这可以使用贝叶斯方法来解决：

$$p(\mathcal{D}|M)=\int_\theta p(\mathcal{D}|\theta,M)p(\theta|M) \tag{9.5.6}$$

在有向网络的情况下，正如 9.4 节所述，局部和全局参数独立性的假设使得积分易于处理。对于离散状态网络和狄利克雷先验，我们有由贝叶斯狄利克雷得分方程(9.4.53)明确给出的 $p(\mathcal{D}|M)$。首先，我们指定超参数 $\mathbf{u}(v;j)$，然后搜索结构 M，找到得分最高的那个 $p(\mathcal{D}|M)$。对超参数的最简单设置是将它们都设置为单位值[70]。另一种设置方法是"无信息的先验"[56]：

$$u_i(v;j)=\frac{\alpha}{\dim(v)\dim(\mathrm{pa}(v))} \tag{9.5.7}$$

其中 $\dim(x)$是变量 x 的状态数，对"等效样本大小"参数 α，给出 BDeu 分数。在[142]中，在似然等价的概念下给出了对这些设置的讨论，即马尔可夫等价的两个网络应该具有相同的分数。最终网络的密集程度可能对 α 敏感[279,267,278]。在网络上涵盖显式的先验 $p(M)$以支持具有稀疏连接的那些也是一个有启发性的想法，即考虑修改了的得分 $p(\mathcal{D}|M)p(M)$。

搜索结构是一项对计算要求很高的任务。然而，由于对数分数分解仅涉及每个变量 v 族的加项，因此我们可以有效地比较两个网络在一个边缘中的不同，因为当我们在一个族中进行调整时，在该族之外的其他项不会受到影响。这意味着，给定候选族，我们可以找到这个族中哪些父节点该与子节点相连，这种计算可以独立地在所有族中进行。为了找到最好的族，基于局部添加、移除、反转边来增加得分的启发式搜索变得很受欢迎[142]。在 learnBayesNet. m 中，我们简化问题用于演示，其中我们假设知道变量的祖先顺序，以及每个变量的父节点的最大数量。在实践中，大量父节点不太可能影响变量；即使是这种情况，我们通常也需要与父节点数量成指数级的数据来确定这一点。原则上可以通过假设这种大型表的参数形式来解决这个问题，尽管这在实践中并不常见。

例 9.7(PC 算法与网络得分)　在图 9.14 中，我们基于已知的从信念网络上抽取的 1 000 个样本对 PC 算法与网络得分(狄利克雷超参数设置为单位值 1)进行了比较。PC 算法条件独立性测试是基于贝叶斯因子(式 9.5.5)的，其中始终使用 $u=0.1$ 的狄利克雷先验。

在网络得分方法中，通常不需要假设祖先顺序。但是，这里假设我们知道正确的祖先顺序，并且将每个变量的父节点数量限制为最多两个。在这种情况下，我们可以轻松搜索所有可能的图结构，选择具有最高后验分数的图结构，比如通过查看变量 x_7 及其族的贡献。根据给定的祖先顺序，x_1、x_2、x_3、x_4、x_5 和 x_8 可能是 x_7 的父类，原则上我们需要搜索该族的所有 2^6 个父类配置，但由于我们假设最多只有两个父类，因此这减少到 $1+\binom{6}{1}+\binom{6}{2}=22$ 个父配置。得益于网络得分的似然可分解性，可以独立于其他变量的父结构对变量 x_7 的父结构执行此优化。类似地，基于由祖先顺序确定的可能的父类，可以分别对其他变量进行优化。

在图 9.14 中，网络得分方法优于 PC 算法。这在一定程度上可以通过提供正确的祖先顺序的网络得分技术和每个变量最多有两个父变量的约束来解释。

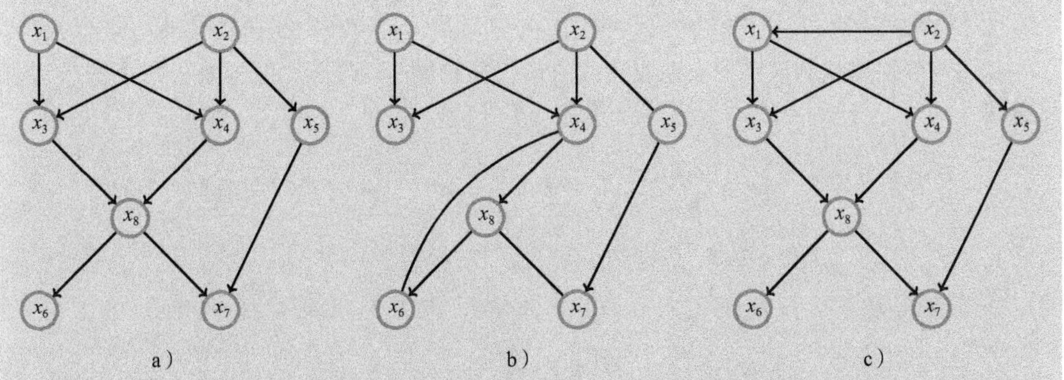

图 9.14 学习贝叶斯网络的结构。a) 所有变量都是二值的，正确结构的祖先顺序是 $x_2, x_1, x_5, x_4, x_3, x_8, x_7, x_6$。数据集由来自该网络的 1 000 个样本组成。b) 基于 PC 算法学习的结构图 b 中 PC 算法使用了贝叶斯经验条件独立性测试，对无向边可以任意定向(假设图保持无环)。c) 基于贝叶斯狄利克雷网络得分方法学习的结构请参阅 demoPCdata.m 和 demoBDscore.m

9.5.4 Chow-Liu 树

考虑一个多变量分布 $p(x)$，我们希望用分布 $q(x)$ 来近似它。此外，我们将近似 $q(x)$ 约束为一个信念网络，其中每个节点最多有一个父节点，见图 9.15。首先，假设我们选择了 D 变量的特定标记，使得子节点比父节点有更高的父指数。然后，DAG 单个父节点的约束意味着：

$$q(x)=\prod_{i=1}^{D} q(x_i \mid x_{\mathrm{pa}(i)}), \quad \mathrm{pa}(i)<i, \quad \text{或 } \mathrm{pa}(i)=\varnothing \tag{9.5.8}$$

其中 $\mathrm{pa}(i)$ 是节点 i 的单个父节点索引。为了在该约束类中找到最优近似分布 q，可以最小化 KL 散度：

$$\mathrm{KL}(p \mid q)=\langle \log p(x)\rangle_{p(x)}-\sum_{i=1}^{D}\langle \log q(x_i \mid x_{\mathrm{pa}(i)})\rangle_{p(x_i, x_{\mathrm{pa}(i)})} \tag{9.5.9}$$

这里 $p(x)$ 是固定的，所以第一项为常数。通过加一个只依赖 $p(x)$ 的项 $\langle \log p(x_i \mid x_{\mathrm{pa}(i)})\rangle_{p(x_i, x_{\mathrm{pa}(z)})}$，我们可以写出：

$$\mathrm{KL}(p \mid q)=C-\sum_{i=1}^{D}\left\langle \langle \log q(x_i \mid x_{\mathrm{pa}(i)})\rangle_{p(x_i \mid x_{\mathrm{pa}(i)})}-\langle \log p(x_i \mid x_{\mathrm{pa}(i)})\rangle_{p(x_i \mid x_{\mathrm{pa}(i)})}\right\rangle_{p(x_{\mathrm{pa}(i)})} \tag{9.5.10}$$

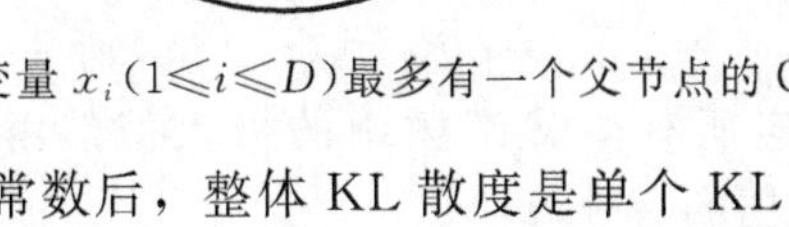

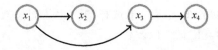

图 9.15 变量 $x_i(1 \leqslant i \leqslant D)$ 最多有一个父节点的 Chow-Liu 树

这使我们认识到，忽略常数后，整体 KL 散度是单个 KL 散度的正加和，因此最优设置是：

$$q(x_i \mid x_{\mathrm{pa}(i)})=p(x_i \mid x_{\mathrm{pa}(i)}) \tag{9.5.11}$$

将这个式子代入式(9.5.9)，并且使用公式 $\log p(x_i \mid x_{\mathrm{pa}(i)})=\log p(x_i, x_{\mathrm{pa}(i)})-\log p(x_{\mathrm{pa}(i)})$ 可以得到：

$$\mathrm{KL}(p|q)=C-\sum_{i=1}^{D}\langle\log p(x_i,x_{\mathrm{pa}(i)})\rangle_{p(x_i,x_{\mathrm{pa}(i)})}+\sum_{i=1}^{D}\langle\log p(x_{\mathrm{pa}(i)})\rangle_{p(x_{\mathrm{pa}(i)})} \tag{9.5.12}$$

我们仍然需要找到最小化上述表达式的最优父结构 pa(i)。加上再减去一个熵项后可以得到：

$$\mathrm{KL}(p|q)=-\sum_{i=1}^{D}\langle\log p(x_i,x_{\mathrm{pa}(i)})\rangle_{p(x_i,x_{\mathrm{pa}(i)})}+\sum_{i=1}^{D}\langle\log p(x_{\mathrm{pa}(i)})\rangle_{p(x_{\mathrm{pa}(i)})}+\sum_{i=1}^{D}\langle\log p(x_i)\rangle_{p(x_i)}-\sum_{i=1}^{D}\langle\log p(x_i)\rangle_{p(x_i)}+C \tag{9.5.13}$$

对两个变量 x_i 和 x_j，以及分布 $p(x_i,x_j)$，**互信息**(定义 8.13)可以写为：

$$\mathrm{MI}(x_i;x_j)=\left\langle\log\frac{p(x_i,x_j)}{p(x_i)p(x_j)}\right\rangle_{p(x_i,x_j)} \tag{9.5.14}$$

这个可以看成 KL 散度 $\mathrm{KL}(p(x_i,x_j)|p(x_i)p(x_j))$，所以是非负的。使用这个，等式(9.5.13)就可以写为：

$$\mathrm{KL}(p|q)=-\sum_{i=1}^{D}\mathrm{MI}(x_i;x_{\mathrm{pa}(i)})-\sum_{i=1}^{D}\langle\log p(x_i)\rangle_{p(x_i)}+C \tag{9.5.15}$$

由于我们的任务是找到最优的父索引 pa(i)，并且固定分布 $p(x)$的熵项 $\sum_i\langle\log p(x_i)\rangle_{p(x_i)}$ 独立于该映射，因此找到最优映射等同于最大化互信息之和：

$$\sum_{i=1}^{D}\mathrm{MI}(x_i;x_{\mathrm{pa}(i)}) \tag{9.5.16}$$

以上是在 $\mathrm{pa}(i)<i$ 的限制下。我们还需要选择变量的最优初始标记，这个问题相当于计算所有成对的互信息：

$$w_{ij}=\mathrm{MI}(x_i;x_j) \tag{9.5.17}$$

然后找到边权重为 w 的图的最大生成树(参见 spantree.m)[65]。一旦找到，我们需要识别最多有一个父节点的有向树。这可以通过选择任何节点，再一致定向远离该节点的边来实现。

极大似然 Chow-Liu 树

如果 $p(x)$服从经验分布：

$$p(x)=\frac{1}{N}\sum_{n=1}^{N}\delta(x,x^n) \tag{9.5.18}$$

那么：

$$\mathrm{KL}(p|q)=C-\frac{1}{N}\sum_{n}\log q(x^n) \tag{9.5.19}$$

因此，找最小化 $\mathrm{KL}(p|q)$的分布 q 等同于选择最大化数据似然的分布。这意味着如果我们使用从经验分布中找到的互信息，以及：

$$p(x_i=a,x_j=b)\propto\sharp(x_i=a,x_j=b) \tag{9.5.20}$$

那么产生的 Chow-Liu 树对应所有单父亲树中的极大似然解。算法 9.3 概述了该过程。[206]提供了一种针对稀疏数据的有效算法。

算法 9.3　Chow-Liu 树

1：**for** $i=1$ 到 D **do**

2：　　**for** $j=1$ 到 D **do**

计算变量对 x_i，x_j 的互信息：$w_{ij} = \mathrm{MI}(x_i; x_j)$.
end for
end for
对于边权值为 w 的无向图 $\mathcal{G}$，求最大权值无向生成树 $\mathcal{T}$
选择一个任意变量作为树 $\mathcal{T}$ 的根节点
所有边都确定了方向

备注 9.1（学习树结构化的信念网络） Chow-Liu 算法涉及在 9.5 节中讨论的从数据中学习信念网络结构。在每个变量最多只有一个父变量的特殊限制下，可运用 Chow-Liu 算法返回极大似然的结构来拟合数据。

9.6 无向模型的极大似然

考虑一个定义在（不一定是极大）具有参数 $\theta=(\theta_1,\cdots,\theta_C)$ 的团 $\mathcal{X}_c \subseteq \mathcal{X}(c=1,\cdots,C)$ 上的马尔可夫网络：

$$p(\mathcal{X}|\theta)=\frac{1}{Z(\theta)}\prod_c \phi_c(\mathcal{X}_c|\theta_c) \tag{9.6.1}$$

项：

$$Z(\theta)=\sum_{\mathcal{X}}\prod_c \phi_c(\mathcal{X}_c|\theta_c) \tag{9.6.2}$$

能够确保归一化，其中记号 $\sum_{\mathcal{X}}$ 表明对变量 $\mathcal{X}$ 集的所有状态求和。给定一个数据集 $\{\mathcal{X}^n, n=1,\cdots,N\}$，并且假设数据服从独立同分布，则对数似然为：

$$L(\theta)=\sum_n \log p(\mathcal{X}^n|\theta)=\sum_n\sum_c \log\phi_c(\mathcal{X}_c^n|\theta_c)-N\log Z(\theta) \tag{9.6.3}$$

我们希望找到最大化对数似然 $L(\theta)$ 的参数。一般来说，学习最优参数 $\theta_c(c=1,\cdots,C)$ 很困难，因为它们通过 $Z(\theta)$ 耦合。与信念网络不同，目标函数不会分成一组孤立的参数项，通常我们需要借助于数值方法。然而，在特殊情况下，准确的结果仍然适用，特别是当马尔可夫网络是可分解的并且没有对团势形式的限制时，正如 9.6.3 节所述。然而，从更一般的情况来看，可以使用基于梯度的方法，而且能得出对极大似然解的一些洞察。

9.6.1 似然梯度

对数似然关于团参数 θ_c 的梯度如下式所示：

$$\frac{\partial}{\partial\theta_c}L(\theta)=\sum_n\frac{\partial}{\partial\theta_c}\log\phi_c(\mathcal{X}_c^n|\theta_c)-N\left\langle\frac{\partial}{\partial\theta_c}\log\phi_c(\mathcal{X}_c|\theta_c)\right\rangle_{p(\mathcal{X}_c|\theta)} \tag{9.6.4}$$

这个通过使用以下结果得到：

$$\frac{\partial}{\partial\theta_c}\log Z(\theta)=\frac{1}{Z(\theta)}\sum_{\mathcal{X}}\frac{\partial}{\partial\theta_c}\phi_c(\mathcal{X}_c|\theta_c)\prod_{c'\neq c}\phi_{c'}(\mathcal{X}_{c'}|\theta_{c'})=\left\langle\frac{\partial}{\partial\theta_c}\log\phi_c(\mathcal{X}_c|\theta_c)\right\rangle_{p(\mathcal{X}_c|\theta)} \tag{9.6.5}$$

然后，梯度可以用作标准数值优化包的一部分。

指数形式势

参数化的一种常见形式是使用指数形式：

$$\phi_c(\mathcal{X}_c)=\exp(\boldsymbol{\theta}_c^{\mathrm{T}}\boldsymbol{\psi}_c(\mathcal{X}_c)) \tag{9.6.6}$$

其中 $\boldsymbol{\theta}_c$ 是向量参数，$\boldsymbol{\psi}_c(\mathcal{X}_c)$ 是一个在团 c 的变量上定义的固定“特征函数”。从等式(9.6.4)寻找梯度，我们需要用到：

$$\frac{\partial}{\partial\theta_c}\log\phi_c(\mathcal{X}_c|\theta_c)=\frac{\partial}{\partial\boldsymbol{\theta}_c}\boldsymbol{\theta}_c^{\mathrm{T}}\boldsymbol{\psi}_c(\mathcal{X}_c)=\boldsymbol{\psi}_c(\mathcal{X}_c) \tag{9.6.7}$$

将这个式子运用到式(9.6.4)中，我们发现当

$$\frac{1}{N}\sum_n \psi_c(\mathcal{X}_c^n)=\langle\psi_c(\mathcal{X}_c)\rangle_{p(\mathcal{X}_c)} \tag{9.6.8}$$

时，$L(\theta)$有零导数。因此，极大似然解满足：特征函数的经验平均值匹配于特征函数对于模型的平均值。通过在团变量 $\mathcal{X}_c$ 上定义经验分布：

$$\epsilon(\mathcal{X}_c)\equiv\frac{1}{N}\sum_{n=1}^{N}\mathbb{I}[\mathcal{X}_c=\mathcal{X}_c^n] \tag{9.6.9}$$

我们可以将式(9.6.8)写得更简洁：

$$\langle\boldsymbol{\psi}_c(\mathcal{X}_c)\rangle_{\epsilon(\mathcal{X}_c)}=\langle\boldsymbol{\psi}_c(\mathcal{X}_c)\rangle_{p(\mathcal{X}_c)} \tag{9.6.10}$$

例 9.8 就是学习这种指数形式的一个例子。对这些模型的参数的学习可参见 9.6.4 节。

例 9.8(学习玻尔兹曼机) 我们定义玻尔兹曼机(BM)为：

$$p(\boldsymbol{v}|\boldsymbol{W})=\frac{1}{Z(\boldsymbol{W})}\mathrm{e}^{\frac{1}{2}\boldsymbol{v}^{\mathrm{T}}\boldsymbol{W}\boldsymbol{v}},\quad Z(\boldsymbol{W})=\sum_{\boldsymbol{v}}\mathrm{e}^{\frac{1}{2}\boldsymbol{v}^{\mathrm{T}}\boldsymbol{W}\boldsymbol{v}} \tag{9.6.11}$$

其中 $\boldsymbol{W}$ 为对称阵，对二值变量 v_i 有 $\mathrm{dom}(v_i)=\{0,1\}$。给定一个训练集 $\mathcal{D}=\{\boldsymbol{v}^1,\cdots,\boldsymbol{v}^N\}$，对数似然为：

$$L(\boldsymbol{W})=\frac{1}{2}\sum_{n=1}^{N}(\boldsymbol{v}^n)^{\mathrm{T}}\boldsymbol{W}\boldsymbol{v}^n-N\log Z(\boldsymbol{W}) \tag{9.6.12}$$

分别对 $w_{ij}(i\neq j)$和 w_{ii} 求偏导，得到梯度：

$$\frac{\partial L}{\partial w_{ij}}=\sum_{n=1}^{N}(v_i^n v_j^n-\langle v_i v_j\rangle_{p(\boldsymbol{v}|\boldsymbol{W})}),\quad \frac{\partial L}{\partial w_{ii}}=\frac{1}{2}\sum_{n=1}^{N}(v_i^n-\langle v_i\rangle_{p(\boldsymbol{v}|\boldsymbol{W})}) \tag{9.6.13}$$

一个简单的优化权重矩阵 $\boldsymbol{W}$ 的算法是使用梯度上升，

$$w_{ij}^{\mathrm{new}}=w_{ij}^{\mathrm{old}}+\eta_1\frac{\partial L}{\partial w_{ij}},\quad w_{ii}^{\mathrm{new}}=w_{ii}^{\mathrm{old}}+\eta_2\frac{\partial L}{\partial w_{ii}} \tag{9.6.14}$$

学习率 $\eta_1,\eta_2>0$。直观的解释是，当模型 $\langle v_i v_j\rangle_{p(\boldsymbol{v}|\boldsymbol{W})}$ 的二阶统计量与经验分布 $\sum_n v_i^n v_j^n/N$ 的二阶统计量匹配时，学习将停止(梯度为零)。然而，学习玻尔兹曼机是困难的，因为对任意交互矩阵 $\boldsymbol{W}$ 而言，$\langle v_i v_j\rangle_{p(\boldsymbol{v}|\boldsymbol{W})}$ 在计算上是复杂的，因此需要近似。实际上，我们无法精确计算一般矩阵 $\boldsymbol{W}$ 的似然 $L(\boldsymbol{W})$，因此监测性能也是很困难的。

9.6.2 一般表格团势

对于无限制的团势，团中定义的每个状态都有一个单独的表格。在写对数似然时，使用

$$\phi_c(\mathcal{X}_c^n)=\prod_{\mathcal{Y}_c}\phi_c(\mathcal{Y}_c)^{\mathbb{I}[\mathcal{Y}_c=\mathcal{X}_c^n]} \tag{9.6.15}$$

这种特性很方便，这里的乘是对势 c 的所有状态进行的。由于除了单个观察到的状态 $\mathcal{X}_c^n$ 之外，所有标志都为零，所以有该表达式。对数似然可以写为：

$$L(\theta)=\sum_{c}\sum_{\mathcal{Y}_c}\sum_{n}\mathbb{I}[\mathcal{Y}_c=\mathcal{X}_c^n]\log\phi_c(\mathcal{Y}_c)-N\log Z(\phi) \tag{9.6.16}$$

在这里：

$$Z(\phi)=\sum_{\mathcal{Y}_c}\prod_{c}\phi_c(\mathcal{Y}_c) \tag{9.6.17}$$

求对数似然关于一个特定表元素 $\phi_c(\mathcal{Y}_c)$的导数，我们可以得到：

$$\frac{\partial}{\partial\phi_c(\mathcal{Y}_c)}L(\theta)=\sum_{n}\mathbb{I}[\mathcal{Y}_c=\mathcal{X}_c^n]\frac{1}{\phi_c(\mathcal{Y}_c)}-N\frac{p(\mathcal{Y}_c)}{\phi_c(\mathcal{Y}_c)} \tag{9.6.18}$$

令其为 0，我们可以根据变量 $\mathcal{X}$进行重写，当有下式时得到极大似然解：

$$p(\mathcal{X}_c)=\epsilon(\mathcal{X}_c) \tag{9.6.19}$$

其中经验分布由式(9.6.9)定义。也就是说，无限制的最优极大似然解是通过设置团势来给出的，使得每个团 $p(\mathcal{X}_c)$上的边缘分布与每个团$\epsilon(\mathcal{X}_c)$上的经验分布相匹配。请注意，这里仅描述了最优极大似然解应采用的形式，并未提供用于设置表的闭式表达式。要在这种情况下找到最优表仍然需要数值方法，例如方程(9.6.18)中基于梯度的方法，或下面描述的 IPF 方法。

迭代比例拟合

根据等式(9.6.19)的一般结果，极大似然解使得团边缘与经验边缘相匹配。假设我们可以将归一化常数吸收到任意选择的团中，则可以显式地表示归一化常量。对一个团 c，要求 p 的边缘与团中变量的经验边缘相匹配：

$$\phi(\mathcal{X}_c)\sum_{\mathcal{X}_{\backslash c}}\prod_{d\neq c}\phi(\mathcal{X}_d)=\epsilon(\mathcal{X}_c) \tag{9.6.20}$$

给定一个势的初始设置，我们可以更新 $\phi(\mathcal{X}_c)$来满足以上边缘要求，

$$\phi^{\text{new}}(\mathcal{X}_c)=\frac{\epsilon(\mathcal{X}_c)}{\sum_{\mathcal{X}_{\backslash c}}\prod_{d\neq c}\phi(\mathcal{X}_d)} \tag{9.6.21}$$

这是 $\mathcal{X}_c$ 的每个状态都要求的。将右侧乘以再除以 $\phi(\mathcal{X}_c)$，这相当于确定是否有：

$$\phi^{\text{new}}(\mathcal{X}_c)=\frac{\phi(\mathcal{X}_c)\epsilon(\mathcal{X}_c)}{p(\mathcal{X}_c)} \tag{9.6.22}$$

这就是所谓的迭代比例拟合(IPF)更新，它相当于的对数似然的坐标优化，其中坐标对应于 $\phi_c(\mathcal{X}_c)$，其他参数都是固定的。在这种情况下，通过上述的设置能解析出该条件最优解。通过选择另一个势来更新，并继续更新直到满足一定的收敛标准。请注意，通常每次更新时，需要重新计算边缘分布 $p(\mathcal{X}_c)$。计算这些边缘的代价可能是昂贵的，除非对形成自图的联结树的宽度做了适当限制。

9.6.3　可分解的马尔可夫网络

虽然对于一般的马尔可夫网络，我们需要用数值方法来找到极大似然解，但有一个重要的特殊情况，对其我们可以很容易地找到最优表。如果对应的马尔可夫网络是可分解的，那么我们可以(从联结树表示)以局部边缘乘积除以分隔符分布的形式表示分布：

$$p(\mathcal{X})=\frac{\prod_{c}p(\mathcal{X}_c)}{\prod_{s}p(\mathcal{X}_s)} \tag{9.6.23}$$

通过将分隔符重新吸收到分子项中，我们可以形成一个集合链分布，见 6.8 节

$$p(\mathcal{X})=\prod_c p(\mathcal{X}_c \mid \mathcal{X}_{\backslash c}) \tag{9.6.24}$$

由于这是有向的，并且没有对表进行限制，因此基于对数据集中的实例进行计数来给每个集合链分配因子 $p(\mathcal{X}_c \mid \mathcal{X}_{\backslash c})$，可以给出用来学习表的极大似然解[183]，请参阅 learnMarkovDecom.m。这个步骤最好用一个例子来解释，下面会给出。有关更一般的描述，请参阅算法 9.4。

算法 9.4　使用极大似然解学习不受限的可分解的马尔可夫网络。我们有一个定义在团 $\phi_c(\mathcal{X}_c)(c=1,\cdots,C)$ 上的三角(可分解)的马尔可夫网络，以及定义在所有团和分隔符上的经验边缘分布 $\epsilon(\mathcal{X}_c)$ 和 $\epsilon(\mathcal{X}_s)$

1：根据团形成一个联结树
2：初始化每个团 $\phi_c(\mathcal{X}_c)$ 为 $\epsilon(\mathcal{X}_c)$，初始化每个分隔符 $\phi_s(\mathcal{X}_s)$ 为 $\epsilon(\mathcal{X}_s)$
3：在联结树上选择一个根团，并从这个根团开始持续定向边
4：对于这个定向的联结树，用父分隔符划分每个团
5：返回每个团的新势作为极大似然解

例 9.9　给定一个数据集 $\{\mathcal{X}^n, n=1,\cdots,N\}$，相应的经验分布为 $\epsilon(\mathcal{X})$。我们希望通过极大似然来拟合具有以下形式的马尔可夫网络：

$$p(x_1,\cdots,x_6)=\frac{1}{Z}\phi(x_1,x_2)\phi(x_2,x_3,x_5)\phi(x_2,x_4,x_5)\phi(x_5,x_6) \tag{9.6.25}$$

其中势是无限制表，见图 9.16a。由于图是可分解的，因此可以得出一个除以分隔符的团势的分解：

$$p(x_1,\cdots,x_6)=\frac{p(x_1,x_2)p(x_2,x_3,x_5)p(x_2,x_4,x_5)p(x_5,x_6)}{p(x_2)p(x_2,x_5)p(x_5)} \tag{9.6.26}$$

我们可以通过将分母重新吸收为分子项来将其转换为集合链，参见 6.8 节。例如，通过选择团 x_2、x_3、x_5 作为根，我们可以写出：

$$p(x_1,\cdots,x_6)=\underbrace{p(x_1 \mid x_2)}_{\phi(x_1,x_2)}\underbrace{p(x_2,x_3,x_5)}_{\phi(x_2,x_3,x_5)}\underbrace{p(x_4 \mid x_2,x_5)}_{\phi(x_2,x_4,x_5)}\underbrace{p(x_6 \mid x_5)}_{\phi(x_5,x_6)} \tag{9.6.27}$$

其中我们确定了具有团势的因子，归一化常数 Z 是单元值，见图 9.16b。这样做有一个好处是，在该表示中团势是独立的，因为分布是聚类变量上的信念网络。独立同分布的数据集的对数似然是：

$$L=\sum_n \log p(x_1^n \mid x_2^n)+\log p(x_2^n,x_3^n,x_5^n)+\log p(x_4^n \mid x_2^n,x_5^n)+\log p(x_6^n \mid x_5^n) \tag{9.6.28}$$

其中每一项都是模型的独立参数。然后，极大似然解对应(对于信念网络情况)于将每个因子设置为经验分布：

$$\phi(x_1,x_2)=\epsilon(x_1 \mid x_2),\phi(x_2,x_3,x_5)=\epsilon(x_2,x_3,x_5),\phi(x_2,x_4,x_5)=\epsilon(x_4 \mid x_2,x_5),\phi(x_5,x_6)=\epsilon(x_6 \mid x_5) \tag{9.6.29}$$

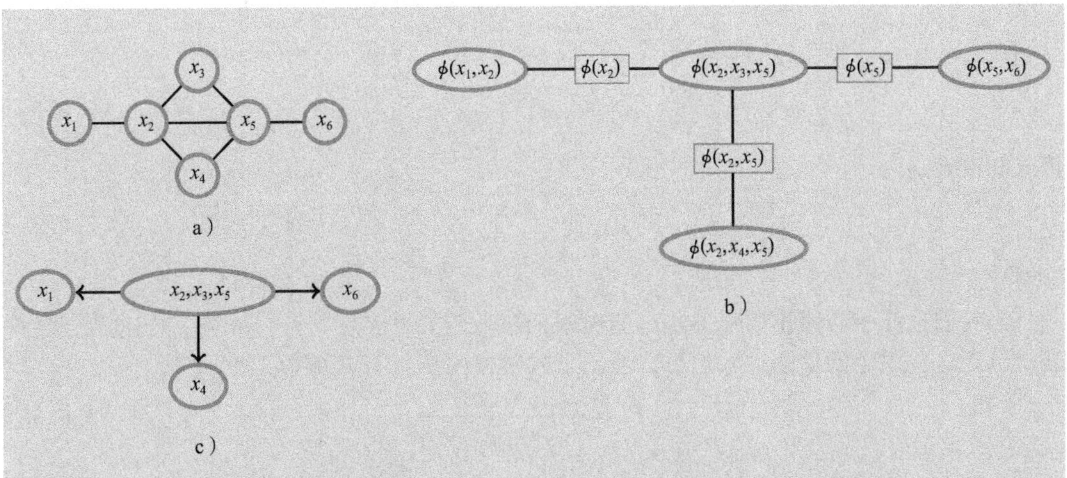

图 9.16 a）一个可分解的马尔可夫网络。b）a 的联结树。c）设置 a 的链（通过选择团 x_2、x_3、x_5 作为根并且将边一致定向为由根指出去，每个分隔符被吸收到其子团中以形成集合链）

受限可分解的马尔可夫网络

正如我们所见，如果对马尔可夫网络的最大团势的形式没有限制，那么学习是直接的。在这里，我们希望极大团的函数形式被限制为较小团的势的乘积时：

$$\phi_c(\mathcal{X}_c)=\prod_i \phi_c^i(\mathcal{X}_c^i) \tag{9.6.30}$$

对非极大团的势 $\phi_c^i(\mathcal{X}_c^i)$ 没有限制。通常，在这种情况下，不能直接写出非极大团势 $\phi_c^i(\mathcal{X}_c^i)$ 的极大似然解。

结合图 9.17，我们考虑一个配对马尔可夫网络。在这种情况下，团势受到限制，因此我们不能简单地像在无限制可分解的情况下那样求出解。该图是可分解的，在这种情况下可以节省计算量[11]。对经验分布ϵ，极大似然要求马尔可夫网络的所有配对边缘与从ϵ获得的相应边缘匹配。如图 9.17 所示，我们可以选择将每个势分配给哪个联结树团，其中一个有效选择在图 9.17b 中给出。

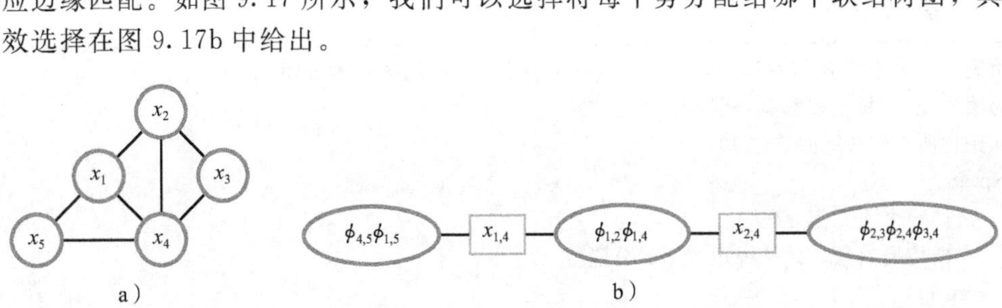

图 9.17 a）作为马尔可夫网络，图表示分布 $\phi(x_1,x_4,x_5)\phi(x_1,x_2,x_4)\phi(x_2,x_4,x_3)$，作为配对马尔可夫网络，图表示 $\phi(x_4,x_5)\phi(x_1,x_4)\phi(x_4,x_5)\phi(x_1,x_2)\phi(x_2,x_4)\phi(x_2,x_3)\phi(x_3,x_4)$。b）a 中配对马尔可夫网络的联结树，我们需要选择在哪里放置配对的团，该图是一个有效的选择，简记为 $\phi_{a,b}=\phi_{a,b}(x_a,x_b)$ 和 $x_{a,b}=\{x_a,x_b\}$

让我们考虑更新 1,2,4 团中的势。固定其他团 $\phi_{4,5}\phi_{1,5}$ 和 $\phi_{2,3}\phi_{2,4}\phi_{3,4}$ 的势，我们可以更新势 $\phi_{1,2}$，$\phi_{1,4}$。使用条(bar)来表示固定的势，马尔可夫网络边缘分布 $p(x_1,x_2,x_4)$ 与经验边缘分布$\epsilon(x_1,x_2,x_4)$相匹配这一边缘要求可以简记为：

$$p_{1,2,4}=\epsilon_{1,2,4} \tag{9.6.31}$$

我们可以根据 $\phi_{1,2}\phi_{1,4}$ 团内的变量配对 x_1，x_2 和 x_1，x_4 来表达这个要求：

$$p_{1,2}=\epsilon_{1,2}, \quad p_{1,4}=\epsilon_{1,4} \tag{9.6.32}$$

使用第一个边缘要求，这意味着：

$$p_{1,2}=\sum_{x_3,x_4,x_5}\overline{\phi}_{1,5}\overline{\phi}_{4,5}\phi_{1,4}\phi_{1,2}\overline{\phi}_{2,4}\overline{\phi}_{2,3}\overline{\phi}_{3,4}=\epsilon_{1,2} \tag{9.6.33}$$

该式能被表达为：

$$\sum_{x_4}\underbrace{\left(\sum_{x_5}\overline{\phi}_{1,5}\overline{\phi}_{4,5}\right)}_{\gamma_{1,4}}\phi_{1,4}\phi_{1,2}\underbrace{\left(\sum_{x_3}\overline{\phi}_{2,4}\overline{\phi}_{2,3}\overline{\phi}_{3,4}\right)}_{\gamma_{2,4}}=\epsilon_{1,2} \tag{9.6.34}$$

当我们选择中心团作为根并执行朝向根的吸收时，“信息” $\gamma_{1,4}$ 和 $\gamma_{1,2}$ 是边界分隔符表。给定这些固定的信息，我们可以使用下式对根团执行 IPF 更新：

$$\phi_{1,2}^{\text{new}}=\frac{\epsilon_{1,2}}{\sum_{x_4}\gamma_{1,4}\phi_{1,4}\gamma_{2,4}} \tag{9.6.35}$$

在更新之后，我们同样可以使用以下限制条件更新 $\phi_{1,4}$：

$$\sum_{x_2}\underbrace{\left(\sum_{x_5}\overline{\phi}_{1,5}\overline{\phi}_{4,5}\right)}_{\gamma_{1,4}}\phi_{1,4}\phi_{1,2}\underbrace{\left(\sum_{x_3}\overline{\phi}_{2,4}\overline{\phi}_{2,3}\overline{\phi}_{3,4}\right)}_{\gamma_{2,4}}=\epsilon_{1,4} \tag{9.6.36}$$

所以：

$$\phi_{1,4}^{\text{new}}=\frac{\epsilon_{1,4}}{\sum_{x_2}\gamma_{1,4}\phi_{1,2}\gamma_{2,4}} \tag{9.6.37}$$

然后我们迭代这些更新，直到在这个 1,2,4 团内收敛。给定该团收敛的更新，我们可以选择另一个团作为根，向根传播并计算根边界上的分隔符团。给定这些固定的边界团势，我们再次在团内执行 IPF。

对经验分布ϵ，算法 9.5 中描述了这种“有效”的 IPF 步骤。一般来说，IPF 最小化了给定参考分布ϵ和马尔可夫网络之间的 KL 散度。请参阅 demoIPFeff. m 和 IPF. m.

算法 9.5 有效 IPF

给定一个关于势 $\phi_i(i=1,\cdots,I)$ 的马尔可夫网络，三角化图并形成团 $\mathcal{C}_1,\cdots,\mathcal{C}_C$
为团分配势，每个团都有一组相关的势 $\mathcal{F}_c$
初始化所有势（例如单位 1）
repeat
  选择一个团 c 作为根
  向根传播消息并计算根边界上的分隔符
  repeat
    在团 c 中选择一个势 ϕ_i，$i\in\mathcal{F}_c$.
    基于固定边界分隔符和 c 中的其他势，对 ϕ_i 执行 IPF 更新
  until 团 c 中的势收敛
until 所有马尔可夫网络边缘收敛到给定经验边缘

例 9.10（使用结构化的马尔可夫网络学习） 在这个例子中，我们的目标是为数据拟合一个马尔可夫网络，通过限制马尔可夫网络的联合树的团尺寸来使马尔可夫网络中的推断在计算上是容易的。

在图 9.18 中，呈现了 36 个拥有 18×14＝252 个二值像素的手写数字 2 的示例，形成了我们希望用其拟合马尔可夫网络的训练集。首先是计算所有配对经验熵 $H(x_i, x_j)$，其中 $i,j=1,\cdots,252$，并依其对边进行排序，熵最高的边排在最前面。边被包括在图 G 中的，最高的排最前，如果三角化图 G 具有所有大小小于 15 的团。这给出了 238 个独一无二的团和三角化图 G 的邻接矩阵，如图 9.19a 所示。在图 9.19b 中，展示了像素出现在 238 个团中的次数，并且指示出了每个像素在区分 36 个示例中的重要程度。训练两个模型并基于缺失数据 $p(x_{\text{missing}} | x_{\text{visible}})$ 计算出最可能的重建。

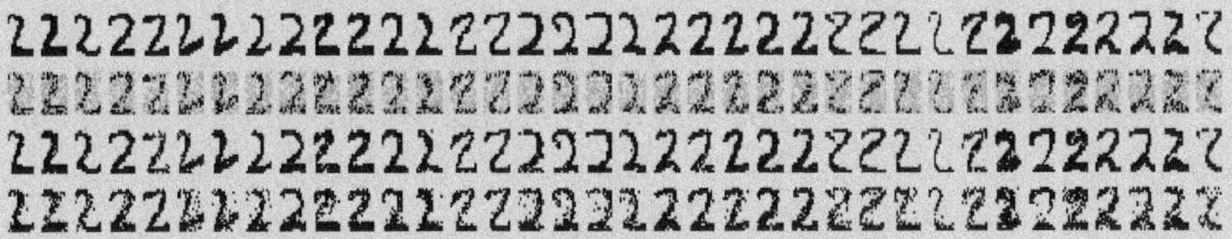

图 9.18 使用马尔可夫网络学习数字(来自 Simon Lucas 的 algoval 系统)。第一行：36 个训练样例。每个示例都是 18×14 像素的二值图像。第二行：具有 50%缺失像素的训练数据(灰色表示缺失像素)。第三行：使用最大团大小为 15 的瘦联结树马尔可夫网络重建缺失数据。底行：使用具有最大团尺寸为 15 的瘦联结树玻尔兹曼机进行重建，使用高效的 IPF 训练

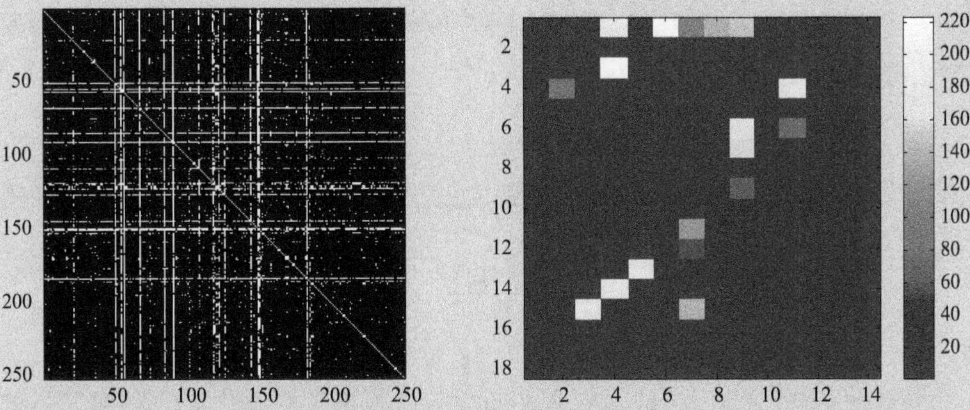

a) b)

图 9.19 a) 基于配对的经验熵 $H(x_i, x_j)$对边排序，熵最高的边排第 1 个。展示的是结果马尔可夫网络的邻接矩阵，其联结树的团大小≤15(白色代表边)。b) 表示其中每个像素都能指示重要程度的团的数量。请注意，最低团成员值为 1，因此每个像素都至少是一个团的成员

第一个模型是关于图的最大团马尔可夫网络，没有训练的必要，并且可以如算法 9.4 中所解释的那样获得每个团势的设置。该模型在重建缺失像素时出现了 3.8%的误差。注意，由黑色像素包围的白色像素的重建负面影响是因为训练数据有限。对大量数据，模型就不会造成这样的影响。

在第二个模型中，使用相同的最大团，但最大团势被限制为最大团内所有成对双团的乘积。这相当于使用结构化的玻尔兹曼机，并使用高效的 IPF 方法(算法 9.5)进行训练。相应的重建误差为 20%。这种性能比第一个模型差，因为玻尔兹曼机是一个受限的马尔可夫网络，并且在表示数据方面有所欠缺。请参阅 demoLearnThinMNDigit. m。

9.6.4　指数形式的势

对指数形式的势：

$$\phi_c(\mathcal{X}_c)=\exp(\boldsymbol{\theta}_c^{\mathrm{T}}\boldsymbol{\psi}_c(\mathcal{X}_c)) \tag{9.6.38}$$

在 9.6.1 节中我们介绍了如何用标准数值优化过程来计算导数。在本节中，我们将介绍另一种常用的数值方法。

迭代尺度法

我们考虑马尔可夫网络的指数形式：

$$p(\mathcal{X}|\theta)=\frac{1}{Z(\theta)}\prod_c \mathrm{e}^{\theta_c f_c(\mathcal{X}_c)} \tag{9.6.39}$$

在这里“特征函数” $f_c(\mathcal{X}_c)\geqslant 0$，非极大团 $\mathcal{X}_c\subset\mathcal{X}$(注意，可以通过在同一个团中放多种势将等式(9.6.38)写成这种形式)，有归一化要求：

$$Z(\theta)=\sum_{\mathcal{X}}\prod_c \exp(\theta_c f_c(\mathcal{X}_c)) \tag{9.6.40}$$

马尔可夫网络的极大似然训练算法有点类似于 11.2 节的 EM 方法，推导过程如下[33]。考虑边界：

$$\log x\leqslant x-1\Rightarrow -\log x\geqslant 1-x \tag{9.6.41}$$

其中 x 为正数，由此：

$$-\log\frac{Z(\theta)}{Z(\theta^{\mathrm{old}})}\geqslant 1-\frac{Z(\theta)}{Z(\theta^{\mathrm{old}})}\Rightarrow -\log Z(\theta)\geqslant -\log Z(\theta^{\mathrm{old}})+1-\frac{Z(\theta)}{Z(\theta^{\mathrm{old}})} \tag{9.6.42}$$

之后我们可以写出对数似然的边界：

$$\frac{1}{N}L(\theta)\geqslant\frac{1}{N}\sum_{c,n}\theta_c f_c(\mathcal{X}_c^n)-\log Z(\theta^{\mathrm{old}})+1-\frac{Z(\theta)}{Z(\theta^{\mathrm{old}})} \tag{9.6.43}$$

目前，边界[式(9.6.43)]通常不易直接优化，因为每个势的参数通过 $Z(\theta)$ 项耦合。为了方便，我们可以首先进行再参数化：

$$\theta_c=\underbrace{\theta_c-\theta_c^{\mathrm{old}}}_{\alpha_c}+\theta_c^{\mathrm{old}} \tag{9.6.44}$$

然后，有：

$$Z(\theta)=\sum_{\mathcal{X}}\exp\Big(\sum_c f_c(\mathcal{X}_c)\theta_c\Big)=\sum_{\mathcal{X}}\exp\Big(\sum_c f_c(\mathcal{X}_c)\theta_c^{\mathrm{old}}\Big)\exp\Big(\sum_c f_c(\mathcal{X}_c)\alpha_c\Big) \tag{9.6.45}$$

可以使用一个额外的边界来解耦上式，为推导边界，先考虑下式：

$$\exp\Big(\sum_c \alpha_c f_c(\mathcal{X}_c)\Big)=\exp\Big(\sum_c p_c\Big[\alpha_c\sum_d f_d(\mathcal{X}_d)\Big]\Big) \tag{9.6.46}$$

在这里：

$$p_c\equiv\frac{f_c(\mathcal{X}_c)}{\sum_d f_d(\mathcal{X}_d)} \tag{9.6.47}$$

由于 $p_c\geqslant 0$ 和 $\sum_c p_c=1$，我们可以应用琴生不等式得到：

$$\exp\Big(\sum_c \alpha_c f_c(\mathcal{X}_c)\Big)\leqslant\sum_c p_c\exp\Big(\sum_d f_d(\mathcal{X}_d)\alpha_c\Big) \tag{9.6.48}$$

由此得到：

$$Z(\theta)\leqslant\sum_{\mathcal{X}}\exp\Big(\sum_c f_c(\mathcal{X}_c)\theta_c^{\mathrm{old}}\Big)\sum_c p_c\exp\Big(\alpha_c\sum_f f_d(\mathcal{X}_c)\Big) \tag{9.6.49}$$

将这个边界代入式(9.6.43)。我们有：

$$\frac{1}{N}L(\theta) \geqslant \sum_c \underbrace{\left\{\frac{1}{N}\sum_n f_c(\mathcal{X}_c^n)\theta_c - \left\langle p_c \exp\left(\alpha_c \sum_d f_d(\mathcal{X}_c)\right)\right\rangle_{p(\mathcal{X}|\theta^{\text{old}})}\right\}}_{LB(\theta_c)} + 1 - \log Z(\theta^{\text{old}}) \tag{9.6.50}$$

大括号中的项包含未耦合的势参数 θ_c。求关于 θ_c 的导数，每个下界的梯度可以写为：

$$\frac{\partial LB(\theta_c)}{\partial \theta_c} = \frac{1}{N}\sum_n f_c(\mathcal{X}_c^n) - \left\langle f_c(\mathcal{X}_c)\exp\left((\theta_c - \theta_c^{\text{old}})\sum_d f_d(\mathcal{X}_d)\right)\right\rangle_{p(\mathcal{X}|\theta^{\text{old}})} \tag{9.6.51}$$

这可以用作基于梯度的优化过程的一部分来学习参数 θ_c。直观来看，当函数 f 的经验均值与关于从分布中所抽样本的函数的均值相匹配时，参数收敛，这符合我们对极大似然最优解的一般条件。

一般而言，上述步骤与 9.6.1 节中提到的一般梯度方法相比并没有太大的优势。然而，对函数加和为 1，即 $\sum_c f_c(\mathcal{X}_c) = 1$ 的特殊情况，式(9.6.51)中梯度为 0 的点能被求出，给出了迭代尺度(IS)更新：

$$\theta_c = \theta_c^{\text{old}} + \log \frac{1}{N}\sum_n f_c(\mathcal{X}_c^n) - \log\langle f_c(\mathcal{X}_c)\rangle_{p(\mathcal{X}_c|\theta^{\text{old}})} \tag{9.6.52}$$

对函数 f_c 需非负的限制可以解除，代价是增加额外的变分参数，见练习 9.12。

如果由这种指数形式的马尔可夫网络形成的联结树具有有限的树宽，则可以通过在联结树的团上执行 IPF 并使用 IS 更新每个团内的参数 θ 来节省计算开销[11]。这是受限可分解情况的修改版本。关于对联结树上的传播和缩放的统一处理见[291]。

9.6.5 条件随机场

对一个输入 x 和输出 y，条件随机场(CRF)由以下条件分布定义[283,181]：

$$p(y|x) = \frac{1}{Z(x)}\prod_k \phi_k(y,x) \tag{9.6.53}$$

其中 $\phi_k(y,x)$为(正)势。为了使学习更加直接，通常把势定义为 $\exp(\lambda_k f_k(y,x))$，其中有固定函数 $f(y,x)$和参数 λ_k。在这种情况下，在输入条件下的输出分布为：

$$p(y|x,\lambda) = \frac{1}{2(x,\lambda)}\prod_k \exp(\lambda_k f_k(y,x)) \tag{9.6.54}$$

条件随机场也可以简单地被视为具有指数形式势的马尔可夫网络，如 9.6.4 节所述。等式(9.6.54)等价于等式(9.6.39)，只是参数 θ 在这里用 λ 表示，变量 x 在这里用 y 表示。在条件随机场的情况下，输入 x 仅具有确定特征 $f_k(y,x)$的效果。

对服从独立同分布的输入-输出数据集 $\mathcal{D} = \{(x^n, y^n), n=1,\cdots,N\}$，基于条件极大似然的训练需要最大化下式：

$$L(\lambda) \equiv \sum_{n=1}^{N} \log p(y^n|x^n,\lambda) = \sum_{n=1}^{N}\sum_k \lambda_k f_k(y^n,x^n) - \log Z(x^n,\lambda) \tag{9.6.55}$$

通常，最优的 λ 不存在闭式解，这需要通过数值方法确定。在我们讨论过的方法中，例如迭代尺度法就适用于这个优化问题，尽管在实践中基于梯度的方法是首选的[212]。为了完整，我们描述基于梯度的训练。梯度的分量为：

$$\frac{\partial}{\partial \lambda_i}L = \sum_n \left(f_i(y^n,x^n) - \langle f_i(y,x^n)\rangle_{p(y|x^n,\lambda)}\right) \tag{9.6.56}$$

项$\langle f_i(y,x^n)\rangle_{p(y|x^n,\lambda)}$是不好处理的，处理它的难易程度取决于势的结构。对于多变量 $\mathbf{y}$，假如定义在 $\mathbf{y}$ 的子集上的团结构是单连接的，那么计算均值是很困难的。更一般地，如果得到的联结树的团具有有限的宽度，则可以获得精确的边缘。23.4.3 节给出了线性链条件随机场的一个例子，也可参见下面的例子(例 9.11)。

另一个通常用于数值优化的量是黑塞矩阵，它的分量为：

$$\frac{\partial^2}{\partial\lambda_i\partial\lambda_j}L=\sum_n\left(\langle f_i(y,x^n)\rangle\langle f_j(y,x^n)\rangle-\langle f_i(y,x^n)f_j(y,x^n)\rangle\right)\tag{9.6.57}$$

其中上述均值是关于 $p(y|x^n,\lambda)$的。该表达式是协方差元素的和，所以是(半)负定的。因此，函数 $L(\lambda)$是凹的并且仅具有一个全局最优值。在实践中，条件随机场通常具有数千甚至数百万个参数 λ，因此计算与黑塞矩阵的逆相关的牛顿更新，其开销会非常大。在这种情况下，诸如共轭梯度的优化方法是更好的。

在实践中，通常会添加正则化项以防止过拟合(有关正则化的讨论，请参阅 13.2.2 节)。使用一个项：

$$-\sum_k c_k^2\lambda_k^2\tag{9.6.58}$$

其中正的正则化常数 c_k^2 使权重 λ 不会过大。该项也被定义为负的，因此整体目标函数仍然是凹的。

经过训练后，条件随机场可用于预测新输入 x^* 的输出分布。最可能的输出 y^* 可由下式等价得出：

$$y^*=\underset{y}{\operatorname{argmax}}\log p(y|x^*)=\underset{y}{\operatorname{argmax}}\sum_k\lambda_kf_k(y,x^*)-\log Z(x^*,\lambda)\tag{9.6.59}$$

正则化项与 y 是独立的，故找到最可能的输出等价于：

$$y^*=\underset{y}{\operatorname{argmax}}\sum_k\lambda_kf_k(y,x^*)\tag{9.6.60}$$

自然语言处理

在自然语言处理的应用中，x_t 可以表示一个词语，y_t 为对应的语言学标签(“名词”“动词”等)。在这种情况下，一个更合适的形式是将条件随机场限制为以下形式：

$$\exp\left(\sum_k\mu_kg_k(y_t,y_{t-1})+\sum_l\rho_lh_l(y_t,x_t)\right)\tag{9.6.61}$$

其中有二元函数 g_k 和 h_l，以及参数 μ_k 和 ρ_l。标签-标签转换的语法结构以 $g_k(y_t,y_{t-1})$和 $h_k(y_t,x_t)$中的语言学标签信息编码，这些的重要性由相应的参数确定[181]。在这种情况下，边缘$\langle y_ty_{t-1}|x_{1:T}\rangle$的推断是直截了当的，因为对应于推断问题的因子图是线性链。

线性链条件随机场的变体在自然语言处理中被大量使用，包括词性标注和机器翻译(其中输入序列 x 表示用英语语句，输出序列 y 表示翻译成法语的语句)。可参见[230]的例子。

例 9.11(线性链条件随机场)　我们考虑一个有 $X=5$ 个输入状态，$Y=3$ 个输出状态的条件随机场，形式为：

$$p(y_{1:T}|x_{1:T})=\prod_{t=2}^{T}\mathrm{e}^{\sum_k\mu_kg_k(y_t,y_{t-1})+\sum_l\rho_lh_l(y_t,x_t)}\tag{9.6.62}$$

在这里，二元函数

$$g_k(y_t,y_{t-1})=\mathbb{I}[y_t=a_k]\mathbb{I}[y_{t-1}=b_k](k=1,\cdots,9,\quad a_k\in\{1,2,3\},\quad b_k\in\{1,2,3\})$$

简单地索引了两个连续输出之间的转移。二元函数

$$h_l(y_t,x_t)=\mathbb{I}[y_t=a_l]\mathbb{I}[x_t=c_l](l=1,\cdots,15,\quad a_l\in\{1,2,3\},\quad c_l\in\{1,2,3,4,5\})$$

索引了从输入到输出的转移。所以一共有 9+15=24 个参数。在图 9.20 中，我们基于一小组数据绘制出了训练和测试的结果。正如我们所见，不管是训练数据还是测试数据，模型都能够很好地预测输出。以 0.1 的学习率进行 50 次梯度上升迭代来训练条件随机场。请参阅 demoLinearCRF.m。

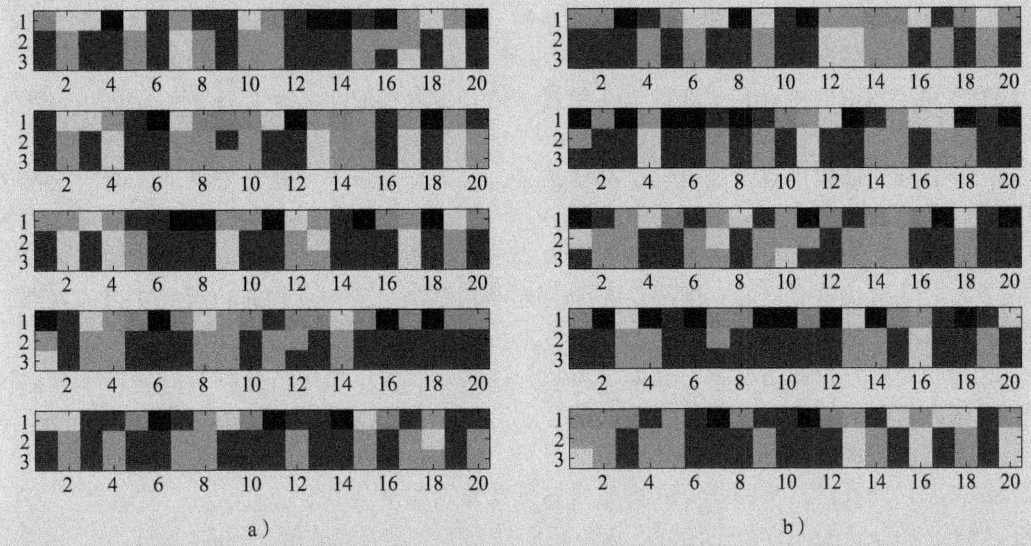

图 9.20 a) 线性链条件随机场的训练结果。有 5 个训练序列，每一个面板代表一个。在每个面板中，顶行对应输入序列 $x_{1:20}, x_t \in \{1,\cdots,5\}$（每种状态由不同的颜色代表）；中间行是正确的输出序列 $y_{1:20}, y_t \in \{1,2,3\}$（每种状态由不同的颜色表示）。输入和输出序列一起产生训练数据 $\mathcal{D}$；底行包含给定训练好的条件随机场后最可能的输出序列 $\underset{y_{1:20}}{\operatorname{argmax}} p(y_{1:20} \mid x_{1:20}, \mathcal{D})$。b) 五个额外的测试输入序列（顶行），正确的输出序列（中间行）和预测的输出序列（底行）

9.6.6 伪似然

考虑有如下形式的马尔可夫网络：

$$p(\boldsymbol{x} \mid \theta) = \frac{1}{Z} \prod_c \phi_c(\mathcal{X}_c \mid \theta_c) \tag{9.6.63}$$

其定义在变量 $\boldsymbol{x}$ 上，且 $\dim(\boldsymbol{x}) = D$。除了特别约束的 ϕ_c，配分函数 Z 和独立同分布数据的似然都是很难处理的。一种替代方法是，对每个变量使用以所有其他变量为条件的伪似然（这相当于仅基于马尔可夫网络变量的邻居），即使用：

$$L'(\theta) = \sum_{n=1}^{N} \sum_{i=1}^{D} \log p(x_i^n \mid \boldsymbol{x}_{\setminus i}^n \mid \theta) \tag{9.6.64}$$

项 $p(x_i^n \mid \boldsymbol{x}_{\setminus i}^n \mid \theta)$ 通常很容易解决，因为它们只需要找到单变量分布的归一化。在这种情况下，可以精确计算梯度，并学习参数 θ。通常，找到的解与极大似然解不对应。然而，至少对一些特殊情况，例如玻尔兹曼机，这形成了一致的估计器[153]。

9.6.7 对结构的学习

我们也可以基于独立性测试学习马尔可夫网络的结构，例如 9.5 节中的信念网络。用于在一组节点 $\mathcal{X}$ 上找到马尔可夫网络的准则基于下面的事实：如果以其他所有节点为条件，x 与 y 之间不存在边，则认为 x 和 y 是独立的。这是 4.2.1 节中描述的配对马尔可夫性质。通过检查每对变量 x 和 y 的 $x \perp\!\!\!\perp y \mid \mathcal{X} \setminus \{x, y\}$，这种删除边的方法原则上给出了网络的结构[237]。为了从预言学习结构，这种方法是合理的。然而，在根据数据确定独立性的情况下，实际困难是检查 $x \perp\!\!\!\perp y \mid \mathcal{X} \setminus \{x, y\}$ 是否成立在原则上需要大量数据。这样做的原因是条件仅选择数据集中与条件一致的部分。在实践中，这将导致只有非常少的剩余数据点，并且在此基础上估计独立性是不可靠的。

马尔可夫边界准则[237]使用局部马尔可夫性质，见 4.2.1 节，即以其邻居为条件，一个变量独立于图中的所有其他变量。从变量 x 和空邻域集开始，可以逐渐包括邻居，测试它们的包含集合是否使得剩余的非邻居独立于 x。不幸的是，如果它没有正确的马尔可夫边界，那么在邻域集中包括变量就是必要的了。为搞清这一点，就要考虑一个对应线性链的网络，并且 x 位于链的边缘。在这种情况下，只有 x 的最近邻居在 x 的马尔可夫边界内。但是，如果最近邻居当前不在该集合中，则将包括其他任意非最近邻居，即使这不是严格要求。为解决这个问题，如果在 x 周围包含的邻居变量被认作对边界是多余的，那么它们就可以在之后被移除[113]。

在强加特定约束的情况下，例如学习结构，其导致的三角化结构具有有界的树宽，这样仍然很困难，可以使用近似步骤[276]。

就无向网络的网络评分方法而言，由于每个团的参数在分布的归一化常数中耦合，计算分数会变得困难。这个问题可以用超马尔可夫先验[80]来解决。

9.7　总结

- 对离散的信念网络，使用狄利克雷参数先验会特别方便，因为这与类别分布共轭。
- 假设局部参数和全局参数独立，信念网络表的后验就能因子分解。
- 学习信念网络的结构更复杂。PC 算法使用局部独立性检测来确定是否连接两个变量。全局的替代方法是网络评分，例如狄利克雷先验下的网络结构的模型似然。
- 学习可分解马尔可夫网络的极大似然参数是直接的，并且可以通过计数来实现。
- 对不可分解的马尔可夫网络，不存在封闭式解。极大似然准则等同于确保团边缘与经验边缘相匹配。迭代比例拟合算法就是通过设置表来确保这些边缘匹配的技术。
- 对使用特征函数参数化的马尔可夫网络，迭代比例法是一种极大似然技术，可以进行单个参数的更新。基于梯度的方法在条件随机场中也是直接的，并且也是经常用到的。

9.8　代码

condindepEmp. m：贝叶斯检验和经验条件独立性的互信息。

condMI. m：条件互信息。

condMIemp. m：经验分布的条件互信息。

MIemp. m：经验分布的互信息。

9.8.1　使用预言的 PC 算法

该演示使用预言来确定 $x \perp\!\!\!\perp y \mid z$，而不是使用数据来确定经验相关性。预言本身就是一个信念网络。对部分方向，仅遵循第一个“未匹配对撞”规则。

demoPCoracle. m：使用预言的 PC 算法的演示。

PCkeletonOracle. m：使用预言的 PC 算法。

PCorient. m：骨架定向。

9.8.2 经验条件独立性的示例

对一半的实验，数据是从 $x \perp\!\!\!\perp y \mid z$ 为真的分布中提取的。对另一半实验，数据来自随机分布，其中 $x \perp\!\!\!\perp y \mid z$ 为假。然后，我们评估贝叶斯检测正确确定 $x \perp\!\!\!\perp y \mid z$ 的实验部分。我们还评估了互信息检测正确确定 $x \perp\!\!\!\perp y \mid z$ 的实验部分，其中将阈值设置为所有经验条件互信息的中值。对贝叶斯因子也可以获得类似的经验阈值(尽管在纯贝叶斯理念中这不是严格的，因为原则上应该将阈值设置为零)，包括用于比较的基于卡方分布互信息假设测试也是如此，尽管在这些小数据集的情况下是不切实际的。

demoCondIndepEmp. m：基于数据的经验条件独立性演示。

9.8.3 贝叶斯狄利克雷结构学习

将 demoPCdata. m 的结果与 demoBDscore. m 的进行比较是很有趣的。

PCkeletonData. m：使用经验条件独立性的 PC 算法。

demoPCdata. m：有数据的 PC 算法的演示。

BDscore. m：给定父节点的节点的贝叶斯狄利克雷得分。

learnBayesNet. m：给定祖先顺序和最大父节点，学习网络。

demoBDscore. m：结构学习的演示。

9.9 练习题

练习 9.1(打印机噩梦) Cheapco 是一个让人头疼的顾客。他从 StopPress 购买了一台老式激光打印机并拼命地使用它，而且不能使用不合格的元件和材料。这对 StopPress 这是很麻烦的，他们签订了 Cheapco 的打印机保修合同，因此要经常派修理师去修理打印机。他们决定制作 Cheapco 的打印机的统计模型，这样他们就可以根据 Cheapco 秘书在电话中告诉他们的信息，对故障有一个初步认识。通过电话诊断出大致的故障，StopPress 希望能够只派出一名初级修理师直接去修理。

根据制造商的信息，StopPress 可以很好地了解打印机中各个组件的依赖关系，以及各个组件出问题所带来的影响。图 9.21 中的信念网络表示了这种关系。然而，Cheapco 滥用他的打印机的具体方式依旧不为人所知。因此，故障和原因之间的确切概率关系是 Cheapco 特有的。StopPress 具有以下故障表，其中每列代表一个样本。

fuse assembly malfunction	0	0	0	1	0	0	0	0	0	0	0	0	1	0	1
drum unit	0	0	0	0	1	0	0	1	0	0	1	1	0	0	0
toner out	1	1	0	0	0	1	0	1	0	0	0	1	0	0	0
poor paper quality	1	0	1	0	1	0	1	0	1	1	0	1	1	0	0
worn roller	0	0	0	0	0	0	1	0	0	0	0	0	0	1	1
burning smell	0	0	0	1	0	0	0	0	0	0	0	0	1	0	0
poor print quality	1	1	1	0	1	1	0	1	0	0	1	1	0	0	0
wrinkled pages	0	0	1	0	0	0	0	0	1	0	0	0	1	1	1
multiple pages fed	0	0	1	0	0	0	1	0	1	0	0	0	0	0	1
paper jam	0	0	1	1	0	0	1	1	1	1	0	0	0	1	0

1. 上表包含在 printer. mat 中。根据极大似然学习所有表元素。

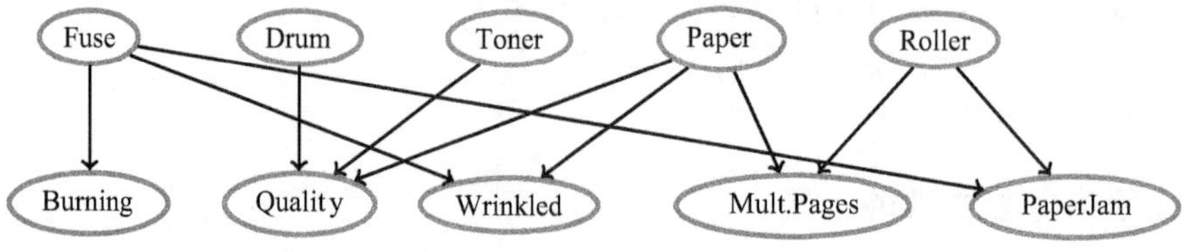

图 9.21　打印机噩梦问题的信念网络。其中所有变量都是二值的，没有父节点的上层变量可能是原因(需诊断)，下层变量是原因导致的结果(故障)

2. 使用极大似然表和 BRML 工具箱对信念网络进行编程。在秘书抱怨有一股烧焦的味道且纸张卡住了的情况下(除此之外没有其他问题)计算保险丝组件故障的可能性。
3. 使用贝叶斯方法重复上述计算，其中在所有表上使用平滑 Beta 先验。
   继续使用这些表来解决此问题的其余部分。
4. 根据秘书提供的信息，对诊断变量的最可能的联合诊断是什么，即最可能的联合概率(Fuse,Drum,T oner,P aper,Roller | evidence)是什么？在关联的联合树上使用最大吸收方法。
5. 计算分布的最可能的联合状态：

$$p(\text{Fuse},\text{Drum},\text{T oner},\text{P aper},\text{Roller}\,|\,\text{燃烧气味},\text{纸被卡住})$$

解释如何使用最大吸收方法有效地计算它。

练习 9.2　考虑一个数据集 $x^n(n=1,\cdots,N)$，证明，如果其服从高斯分布，则均值为 $\hat{m}=\frac{1}{N}\sum_{n=1}^{N}x^n$，方差为 $\hat{\sigma}^2=\frac{1}{N}\sum_{n=1}^{N}(x^n-\hat{m})^2$

练习 9.3　一个数据集由从两个类别中抽样得到的一维示例组成。从类别 1 中抽样的数据为：

$$0.5,0.1,0.2,0.4,0.3,0.2,0.2,0.1,0.35,0.25 \tag{9.9.1}$$

从类别 2 中抽样的数据为：

$$0.9,0.8,0.75,1.0 \tag{9.9.2}$$

使用极大似然方法用(一维的)高斯分布去拟合每个类别。再使用极大似然估计类别概率 p_1 和 p_2。如果给出测试数据 $x=0.6$，它有多大的概率被分为类别 1?

练习 9.4　对有 N 个观察值的数据集(训练集)$\mathcal{X}=\{\boldsymbol{x}^1,\cdots,\boldsymbol{x}^N\}$，独立地收集其观察数据，生成 $\mathcal{X}$ 的信念网络的对数似然为：

$$\log p(\mathcal{X})=\sum_{n=1}^{N}\sum_{i=1}^{K}\log p(x_i^n\,|\,\mathrm{pa}(x_i^n)) \tag{9.9.3}$$

我们定义记号：

$$\theta_s^i(t)=p(x_i=s\,|\,\mathrm{pa}(x_i)=t) \tag{9.9.4}$$

代表在给定 x_i 的父节点处于状态向量 $\boldsymbol{t}$ 的情况下变量 x_i 处于状态 s 的概率，使用拉格朗日函数：

$$L\equiv\sum_{n=1}^{N}\sum_{i=1}^{K}\log p(x_i^n\,|\,\mathrm{pa}(x_i^n))+\sum_{i=1}^{K}\sum_{t^i}\lambda_{t^i}^i\left(1-\sum_s\theta_s^i(t^i)\right) \tag{9.9.5}$$

证明 $\theta_s^i(\boldsymbol{t})$的极大似然为：

$$\theta_s^j(t^j)=\frac{\sum_{n=1}^{N}\mathbb{I}[x_j^n=s]\mathbb{I}[\mathrm{pa}(x_j^n)=t^j]}{\sum_{n=1}^{N}\sum_s\mathbb{I}[x_j^n=s]\mathbb{I}[\mathrm{pa}(x_j^n)=t^j]} \tag{9.9.6}$$

练习 9.5(条件似然训练)　考虑一种情况，我们将可观察变量划分为不相交的集合 x 和 y，并且对训练集 $\{(x^n,y^n),n=1,\cdots,N\}$，我们想要找到最大化以下条件似然的参数，

$$\mathrm{CL}(\theta)=\frac{1}{N}\sum_{n=1}^{N}\log p(y^n\,|\,x^n,\theta) \tag{9.9.7}$$

所有数据都被假设从同一个分布 $p(x,y\,|\,\theta^0)=p(y\,|\,x,\theta^0)p(x\,|\,\theta^0)$中生成，其中 θ^0 是未知的参数。在

大量服从独立同分布的训练数据的极限下，CL(θ)在 θ^0 处有最优解吗？

练习 9.6（矩匹配） 设置分布参数的一种方法是将分布的矩与经验矩相匹配。有时这对应极大似然（如高斯分布），虽然通常来说这个与极大似然不一致。

对有均值 m 和方差 s 的数据，证明通过矩匹配去拟合一个 Beta 分布 $B(x|\alpha,\beta)$，有：

$$\alpha=\frac{m(m-m^2-s)}{s}, \quad \beta=\alpha\frac{1-m}{m} \tag{9.9.8}$$

这与极大似然对应吗？

练习 9.7 对独立同分布的数据 $0\leqslant x^n\leqslant 1(n=1,\cdots,N)$，它从 Beta 分布 $B(x|a,b)$中生成，证明似然为：

$$L(a,b)\equiv(a-1)\sum_{n=1}^{N}\log x^n+(b-1)\sum_{n=1}^{N}\log(1-x^n)-N\log B(a,b) \tag{9.9.9}$$

在这里 $B(a,b)$是 Beta 函数。证明导数为：

$$\frac{\partial}{\partial a}L=\sum_{n=1}^{N}\log x^n-N\psi(a)+N\psi(a+b), \quad \frac{\partial}{\partial b}L=\sum_{n=1}^{N}\log(1-x^n)-N\psi(b)+N\psi(a+b) \tag{9.9.10}$$

这里，$\psi(x)\equiv \mathrm{d}\log\Gamma(x)/\mathrm{d}x$ 是双伽马函数，并建议一种方法去学习参数 a、b。

练习 9.8 考虑例 9.8 中定义的玻尔兹曼机。写下对独立同分布数据 $\boldsymbol{v}^1,\cdots,\boldsymbol{v}^N$ 的伪似然，并得到关于 $w_{ij}(i\neq j)$的梯度。

练习 9.9 证明模型似然方程(9.4.53)可以明确地写成：

$$p(\mathcal{D}|M)=\prod_k\prod_j\frac{\Gamma\left(\sum_i u_i(v_k;j)\right)}{\Gamma\left(\sum_i u_i'(v_k;j)\right)}\prod_i\left[\frac{\Gamma(u_i'(v_k;j))}{\Gamma(u_i(v_k;j))}\right] \tag{9.9.11}$$

练习 9.10 定义一个集合 $\mathcal{N}$，它由 8 个节点的信念网络组成，其中每个节点最多有两个父节点。给定祖先顺序 a，被限制的集合写为 $\mathcal{N}_a$

1. 在 $\mathcal{N}_a$ 中有多少信念网络？
2. 使用贝叶斯狄利克雷分数找到最优的 $\mathcal{N}_a$ 成员的计算时间是多少？假设计算 $\mathcal{N}_a$ 的任意成员的贝叶斯狄利克雷分数需要 1s，注意贝叶斯狄利克雷分数的可分解性。
3. 估计找到 $\mathcal{N}$ 的最优成员的时间。

练习 9.11 对马尔可夫网络：

$$p(x,y,z)=\frac{1}{Z}\phi_1(x,y)\phi_2(y,z) \tag{9.9.12}$$

基于独立同分布的数据集 $\mathcal{X}$、$\mathcal{Y}$、$\mathcal{Z}$，使用迭代比例算法来学习不受限的表 $\phi_1(x,y)$和 $\phi_2(x,y)$。

练习 9.12 在 9.6.4 节，考虑参数为 θ_c 的马尔可夫网络 $p(\mathcal{X})\propto\prod_c\phi_c(\mathcal{X}_c)$的极大似然学习，它的势为：

$$\phi_c(\mathcal{X}_c)=\exp(\theta_c f_c(\mathcal{X}_c)) \tag{9.9.13}$$

其中限制 $f_c(\mathcal{X}_c)\geqslant 0$。我们对丢掉 $f_c(\mathcal{X}_c)$的非负性限制比较感兴趣，通过考察，可知：

$$\sum_c\theta_c f_c(\mathcal{X}_c)=\sum_c p_c\frac{\theta_c f_c(\mathcal{X}_c)}{p_c} \tag{9.9.14}$$

其中辅助变量 $p_c>0$ 以至 $\sum_c p_c=1$，阐述如何得到一种对一般的 f_c 的迭代比例训练算法形式，其中每个参数 θ_c 都可以单独更新。

练习 9.13 写一个 MATLAB 程序 `A = ChowLiu(X)`，其中 X 是 $D\times N$ 的数据矩阵，每个列上包含一个多变量数据点，返回 X 的 Chow-Liu 极大似然树。树结构将在稀疏矩阵 $\boldsymbol{A}$ 中返回。你可能发现程序 spantree. m 很有用。文件 ChowLiuData. mat 包含 10 个变量的数据矩阵。运行你的程序找到 Chow-Liu 树的极大似然值，并绘制最终的 DAG 的图片，其边被定向为由变量 1 指出。

练习 9.14 证明对有 $N>1$ 个节点的图，最少有 $\prod_{n=1}^{N}2^{n-1}=2^{N(N-1)/2}$ 个，最多有 $N!2^{N(N-1)/2}$ 个合理的 DAG。

第 10 章

Bayesian Reasoning and Machine Learning

朴素贝叶斯

到目前为止，本书只讨论了一些一般的方法，并没有涉及如何在实际环境中使用这些方法。在本章中，我们将讨论在实践中得到广泛应用的一种最简单的数据分类方法。这是一种有用的结合，因为它能使我们讨论从数据中学习参数和学习(受限的)结构的问题。

10.1 朴素贝叶斯和条件独立性

我们将在第 13 章中详细讨论机器学习概念。在这里，我们只需要直观的分类概念，即对输入数据给定一个离散的标签。例如，人们可能希望将输入图像划分到两个类别，即男性和女性类别。朴素贝叶斯(NB)是一种流行的分类方法，有助于我们开展对条件独立性、过拟合和贝叶斯方法的讨论。在朴素贝叶斯中，可用 D 维特征(输入)向量 $\boldsymbol{x}$ 和对应的类别标签 c 形成一个联合模型，如下：

$$p(\boldsymbol{x},c)=p(c)\prod_{i=1}^{D}p(x_i|c) \tag{10.1.1}$$

对应的信念网络如图 10.1a 所示。结合每个条件分布 $p(x_i|c)$ 的结果，我们可以使用贝叶斯定理来为新的输入向量 $\boldsymbol{x}^*$ 构造分类器：

$$p(c|\boldsymbol{x}^*)=\frac{p(\boldsymbol{x}^*|c)p(c)}{p(\boldsymbol{x}^*)}=\frac{p(\boldsymbol{x}^*|c)p(c)}{\sum_c p(\boldsymbol{x}^*|c)p(c)} \tag{10.1.2}$$

在实践中，通常只考虑两类别情况，即 $\text{dom}(c)=\{0,1\}$。下面将介绍的理论适用于任意数量的类别 c，尽管示例仅限于两类别情况。此外，特征 x_i 通常取二值的，下面我们也将这样初始化。可以很容易地将结论推广到含两个以上特征状态或有连续特征的情况。

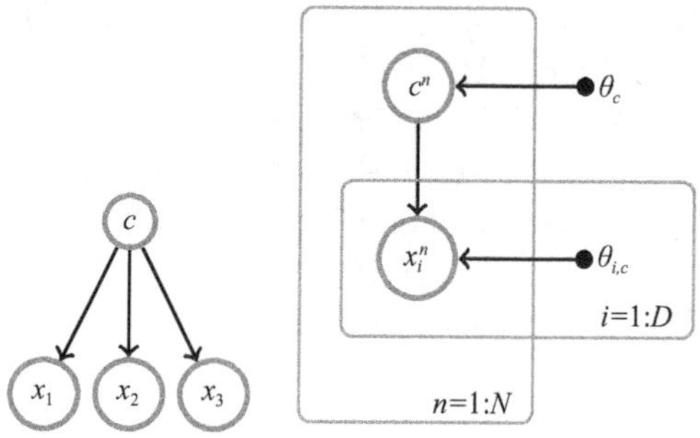

a)　　b)

图 10.1　朴素贝叶斯分类。a) 核心假设是，给定类别 c，特征 x_i 是独立的。b) 假设数据服从 i.i.d.，极大似然学习分布 $p(c)$ 的最优参数 θ_c 和类别相关特征分布 $p(x_i|c)$ 的最优参数 $\theta_{i,c}$

例 10.1　EZsurvey.org 将电台听众分为两组：年轻人一组，老年人一组。他们假设，在已知客户是“年轻”或“年老”的情况下，足以确定客户是否会喜欢某个电台，且与他们喜不喜欢其他电台无关：

$$p(r_1,r_2,r_3,r_4|\text{年龄})=p(r_1|\text{年龄})p(r_2|\text{年龄})p(r_3|\text{年龄})p(r_4|\text{年龄}) \tag{10.1.3}$$

其中，r_1、r_2、r_3、r_4 变量都可以取喜欢或不喜欢的状态，“年龄”变量可以取年轻或年老的值。因此，根据客户的年龄信息即可确定个人对电台的偏好，而不需要知道其他任何信息。假设如果一个客户是年轻的，那么他有 95%的概率喜欢电台 1，5%的概率喜欢电台 2，2%的概率喜欢电台 3，20%的概率喜欢电台 4；类似地，一个年老的听众有 3%的概率喜欢电台 1，82%的概率喜欢电台 2，34%的概率喜欢电台 3，92%的概率喜欢电台 4；并且电台 90%的听众是年老的。

给定这个模型，并假设一个新客户喜欢电台 1 和电台 3，不喜欢电台 2 和电台 4，那么这个新客户是年轻人的概率是多少？我们可以通过如下计算公式得出：

$$p(\text{年轻}|r_1=|\text{喜欢},r_2=\text{不喜欢},r_3=\text{喜欢},r_4=\text{不喜欢})$$
$$=\frac{p(r_1=\text{喜欢},r_2=\text{不喜欢},r_3=\text{喜欢},r_4=\text{不喜欢}|\text{年轻})p(\text{年轻})}{\sum_{\text{年龄}}p(r_1=\text{喜欢},r_2=\text{不喜欢},r_3=\text{喜欢},r_4=\text{不喜欢}|\text{年龄})p(\text{年龄})} \tag{10.1.4}$$

使用朴素贝叶斯结构，上面的分子由下式给出：

$$p(r_1=\text{喜欢}|\text{年轻})p(r_2=\text{不喜欢}|\text{年轻})$$
$$p(r_3=\text{喜欢}|\text{年轻})p(r_4=\text{不喜欢}|\text{年轻})p(\text{年轻}) \tag{10.1.5}$$

代入我们已知的值：

$$0.95\times0.95\times0.02\times0.8\times0.1=0.001\,4$$

分母是上述值加上以下假设客户是老年人的相应项的值：

$$0.03\times0.18\times0.34\times0.08\times0.9=1.321\,9\times10^{-4}$$

最后求得：

$$p(\text{年轻}|r_1=\text{喜欢},r_2=\text{不喜欢},r_3=\text{喜欢},r_4=\text{不喜欢})$$
$$=\frac{0.001\,4}{0.001\,4+1.321\,9\times10^{-4}}=0.916\,1 \tag{10.1.6}$$

10.2　使用极大似然进行估计

学习朴素贝叶斯的表元素是对 9.3 节中讨论的更一般的信念网络学习的一个直接应用。对可以完全观察到的数据集，表元素的极大似然学习对应于计算训练数据中表元素出现的次数，如下所述。这是强化和具象化 9.3 节中一般理论的一个有用练习。

10.2.1　二值特征

考虑二值特征的数据集$\{(\boldsymbol{x}^n,c^n),\ n=1,\cdots,N\}$，其中 $x_i^n\in\{0,1\}$，$i=1,\cdots,D$，c^n 是对应的类别标签。来自类别 $c=0$ 的数据点的数量表示为 n_0，来自类别 $c=1$ 的数量表示为 n_1。对两个类别中的每个特征，我们需要估计值 $p(x_i=1|c)\equiv\theta_i^c$。$p(x_i=0|c)\equiv\theta_i^c$ 则可由归一化的性质解出：$p(x_i=0|c)=1-p(x_i=1|c)=1-\theta_i^c$。

根据朴素贝叶斯条件独立性假设，观察到向量 $\boldsymbol{x}$ 的概率可以简写成[㊀]：

$$p(\boldsymbol{x}|c)=\prod_{i=1}^{D}p(x_i|c)=\prod_{i=1}^{D}(\theta_i^c)^{x_i}(1-\theta_i^c)^{1-x_i} \tag{10.2.1}$$

㊀ 这里使用了任何数的 0 次幂都是 1，即 $x^0\equiv1$ 这一概念。麻烦的是，数学符号 x^y 可能会引起混淆，它可以表示 x 的 y 次幂，或者 y 是一组 x 变量的索引。这种潜在的冲突不会经常发生，并且可以通过考虑相关符号的含义来解决。

在此表达式中，x_i 取 0 或 1。如果 $x_i=1$，则每个 i 项贡献一个因子 θ_i^c；如果 $x_i=0$，则每个 i 项贡献一个因子 $1-\theta_i^c$。再加上生成的训练数据服从 i. i. d. 这一假设，得到以下特征和类别标签的对数似然：

$$L=\sum_n \log p(\boldsymbol{x}^n,c^n)=\sum_n \log p(c^n)\prod_i p(x_i^n|c^n) \tag{10.2.2}$$

$$=\left\{\sum_{i,n} x_i^n \log\theta_i^{c^n}+(1-x_i^n)\log(1-\theta_i^{c^n})\right\}+n_0\log p(c=0)+n_1\log p(c=1) \tag{10.2.3}$$

这可以用参数更显式地表示出来：

$$L=\sum_{i,n}\{\mathbb{I}[x_i^n=1,c^n=0]\log\theta_i^0+\mathbb{I}[x_i^n=0,c^n=0]\log(1-\theta_i^0)+\mathbb{I}[x_i^n=1,c^n=1]\log\theta_i^1+\mathbb{I}[x_i^n=0,c^n=1]\log(1-\theta_i^1)\}+n_0\log p(c=0)+n_1\log p(c=1) \tag{10.2.4}$$

令 L 关于 θ_i^c 的微分等于零，可以找到极大似然的最优 θ_i^c 为：

$$\theta_i^c=p(x_i=1|c)=\frac{\sum_n \mathbb{I}[x_i^n=1,c^n=c]}{\sum_n \mathbb{I}[x_i^n=0,c^n=c]+\mathbb{I}[x_i^n=1,c^n=c]} \tag{10.2.5}$$

$$=\frac{\text{类别 } c \text{ 中 } x_i=1 \text{ 的次数}}{\text{类别 } c \text{ 中的数据量}} \tag{10.2.6}$$

类似地，优化关于 $p(c)$ 的式(10.2.3)可以解出：

$$p(c)=\frac{\text{归为类别 } c \text{ 的数据量}}{\text{总数据量}} \tag{10.2.7}$$

这些结果与我们在 9.3 节中的一般理论一致，即极大似然通过计数设定对应的表元素。

分类边界

当

$$p(c=1|\boldsymbol{x}^*)>p(c=0|\boldsymbol{x}^*) \tag{10.2.8}$$

时，我们认为新的输入 $\boldsymbol{x}^*$ 属于类别 1。使用贝叶斯定理写出上述表达式的对数形式，等价于：

$$\log p(\boldsymbol{x}^*|c=1)+\log p(c=1)-\log p(\boldsymbol{x}^*)>\log p(\boldsymbol{x}^*|c=0)+\log p(c=0)-\log p(\boldsymbol{x}^*) \tag{10.2.9}$$

从分类器的定义来看，这相当于(两侧同时消去归一化常数 $\log p(\boldsymbol{x}^*)$)：

$$\sum_i \log p(x_i^*|c=1)+\log p(c=1)>\sum_i \log p(x_i^*|c=0)+\log p(c=0) \tag{10.2.10}$$

使用二值编码 $x_i\in\{0,1\}$，如果

$$\sum_i\{x_i^*\log\theta_i^1+(1-x_i^*)\log(1-\theta_i^1)\}+\log p(c=1)>\sum_i\{x_i^*\log\theta_i^0+(1-x_i^*)\log(1-\theta_i^0)\}+\log p(c=0) \tag{10.2.11}$$

我们就把 $\boldsymbol{x}^*$ 归为类别 1。该决策规则也可以用以下形式表示：对某适当的权重 w_i 和常数 a，如果 $\sum_i w_i x_i^*+a>0$，则将 $\boldsymbol{x}^*$ 归为类别 1，参见练习 10.4。几何解释是 $\boldsymbol{w}$ 指定了特征空间中的一个超平面，如果 $\boldsymbol{x}^*$ 位于该超平面的正侧，则 $\boldsymbol{x}^*$ 被归为类别 1。

例 10.2(他们是英国人吗?)　考虑以下二值特征的向量：

$$(\text{脆饼},\text{啤酒},\text{威士忌},\text{粥},\text{足球}) \tag{10.2.12}$$

向量 $\boldsymbol{x}=(1,0,1,1,0)^{\mathrm{T}}$ 表示一个人喜欢脆饼，不喜欢啤酒，喝威士忌，喝粥，并且没看英格兰队踢足球。与每个向量 $\boldsymbol{x}$ 一起，有一个描述此人国籍的标签 nat，且 dom(nat)＝{英国人，美国人}，见图 10.2。

0	1	1	1	0	0
0	0	1	1	1	0
1	1	0	0	0	0
1	1	0	0	0	1
1	0	1	0	1	0

a)

1	1	1	1	1	1	1
0	1	1	1	1	0	0
0	0	1	0	0	1	1
1	0	1	1	1	1	0
1	1	0	0	1	0	0

b)

图 10.2　a) 6 个美国人在 5 种食物(脆饼，啤酒，威士忌，粥，足球)上的口味，每一列代表一个人的口味。b) 7 个英国人的口味

我们希望将向量 $\boldsymbol{x}=(1,0,1,1,0)^{\mathrm{T}}$ 分类为英国人或美国人。使用贝叶斯定理：

$$\begin{aligned} p(\text{英国人}\mid\boldsymbol{x}) &= \frac{p(\boldsymbol{x}\mid\text{英国人})p(\text{英国人})}{p(\boldsymbol{x})} \\ &= \frac{p(\boldsymbol{x}\mid\text{英国人})p(\text{英国人})}{p(\boldsymbol{x}\mid\text{英国人})p(\text{英国人})+p(\boldsymbol{x}\mid\text{美国人})p(\text{美国人})} \end{aligned} \tag{10.2.13}$$

通过极大似然，“先验”类别概率 $p(\text{英国人})$ 为数据库中英国人所占的比例；类似地，$p(\text{美国人})$ 为数据库中美国人所占的比例。这里假设 $p(\text{英国人})=7/13$ 和 $p(\text{美国人})=6/13$。

朴素贝叶斯假设下的 $p(\boldsymbol{x}\mid\text{nat})$ 为：

$$p(\boldsymbol{x}\mid\text{nat})=p(x_1\mid\text{nat})p(x_2\mid\text{nat})p(x_3\mid\text{nat})p(x_4\mid\text{nat})p(x_5\mid\text{nat}) \tag{10.2.14}$$

所以，在确定一个人是否是英国人时，我们不需要知道任何其他信息来计算他们喜欢和不喜欢某事的概率。基于图 10.2 中的表并使用极大似然，可得：

$$\begin{array}{ll} p(x_1=1\mid\text{美国人})=1/2 & p(x_1=1\mid\text{英国人})=1 \\ p(x_2=1\mid\text{美国人})=1/2 & p(x_2=1\mid\text{英国人})=4/7 \\ p(x_3=1\mid\text{美国人})=1/3 & p(x_3=1\mid\text{英国人})=3/7 \\ p(x_4=1\mid\text{美国人})=1/2 & p(x_4=1\mid\text{英国人})=5/7 \\ p(x_5=1\mid\text{美国人})=1/2 & p(x_5=1\mid\text{英国人})=3/7 \end{array} \tag{10.2.15}$$

对 $\boldsymbol{x}=(1,0,1,1,0)^{\mathrm{T}}$，我们有：

$$p(\text{英国人}\mid\boldsymbol{x})=\frac{1\times\frac{3}{7}\times\frac{3}{7}\times\frac{5}{7}\times\frac{4}{7}\times\frac{7}{13}}{1\times\frac{3}{7}\times\frac{3}{7}\times\frac{5}{7}\times\frac{4}{7}\times\frac{7}{13}+\frac{1}{2}\times\frac{1}{2}\times\frac{1}{3}\times\frac{1}{2}\times\frac{1}{2}\times\frac{6}{13}}=0.8076 \tag{10.2.16}$$

因为这个概率值大于 0.5，于是我们认为他是英国人。

小数据很重要

在例 10.2 中，考虑对向量 $\boldsymbol{x}=(0,1,1,1,1)^{\mathrm{T}}$ 进行分类。在训练数据中，所有英国人都喜欢脆饼。这意味着对这个特定的 $\boldsymbol{x}$，$p(\boldsymbol{x},\text{英国人})=0$，因此我们做出非常自信的分类 $p(\text{英国人}\mid\boldsymbol{x})=0$。这体现了对稀疏数据使用极大似然的困难性。改善这种情况的一种方法是平滑化概率，例如向每个特征的频率计数添加一个小数字，这确保了模型中没有零概率。另一种方法是使用贝叶斯方法来阻止极端概率，如 10.3 节所述。

编码的潜在缺陷

在许多实现朴素贝叶斯的现成包中，假定特征是二值的。然而，在现实中，非二值特征的情况经常发生。请考虑以下特征：年龄。在一个调查中，使用变量 a 来记录一个人的年龄，$a\in\{1,2,3\}$。$a=1$ 表示年龄在 0～10 岁之间，$a=2$ 表示年龄在 10～20 岁之间，$a=3$ 表示年龄大于 20 岁。一种将变量 a 转化为二值表示的方式是使用三个二值变量(a_1, a_2, a_3)，即用$(1,0,0)$、$(0,1,0)$、$(0,0,1)$分别表示 $a=1$、$a=2$、$a=3$。这被称为 1-of-M 编码，因为只有 1 个二值变量在编码 M 个状态时是激活的(为 1)，这种构造意味着变量 a_1、a_2、a_3 是相关的。比如，我们知道 $a_1=1$，就意味着我们知道 $a_2=0$ 和 $a_3=0$。无论以哪个类别为条件，这些变量总是相关的，这与朴素贝叶斯的假设相违背。正确的方法是使用具有两种以上状态(值)的变量，如 10.2.2 节所述。

10.2.2 多状态变量

将上述方法的适用对象推广到具有两个以上状态的类别变量 c 是很简单的。下面，我们将重点说明如何将特征变量扩展到具有两个以上的状态。对变量 x_i，$\mathrm{dom}(x_i)=\{1,\cdots,S\}$，观察到状态 $x_i=s$ 的似然表示为：

$$p(x_i=s\mid c)=\theta_s^i(c) \tag{10.2.17}$$

其中 $\sum_s p(x_i=s\mid c)=1$。生成服从 i. i. d. 的数据 $\mathcal{D}=\{(\boldsymbol{x}^n,c^n),\ n=1,\cdots,N\}$的类别条件似然为：

$$\prod_{n=1}^{N} p(\boldsymbol{x}^n\mid c^n)=\prod_{n=1}^{N}\prod_{i=1}^{D}\prod_{s=1}^{S}\prod_{c=1}^{C}\theta_s^i(c)^{\mathbb{I}[x_i^n=s]\mathbb{I}[c^n=c]} \tag{10.2.18}$$

仅当特征 i 处在属于 c 类别 s 状态时 θ_s^i 才会起作用。下式给出了类别条件对数似然：

$$L(\theta)=\sum_{n=1}^{N}\sum_{i=1}^{D}\sum_{s=1}^{S}\sum_{c=1}^{C}\mathbb{I}[x_i^n=s]\mathbb{I}[c^n=c]\log\theta_s^i(c) \tag{10.2.19}$$

我们可以使用拉格朗日乘子(特征 i 和类别 c 各一个)针对参数 θ 进行优化，以确保归一化。由此得到拉格朗日函数：

$$\mathcal{L}(\theta,\lambda)=\sum_{n=1}^{N}\sum_{i=1}^{D}\sum_{s=1}^{S}\sum_{c=1}^{C}\mathbb{I}[x_i^n=s]\mathbb{I}[c^n=c]\log\theta_s^i(c)+\sum_{c=1}^{C}\sum_{i=1}^{D}\lambda_i^c\left(1-\sum_{s=1}^{S}\theta_s^i(c)\right) \tag{10.2.20}$$

我们求其关于 θ_s^i 的导数，令导数等于零，得到函数的最优解。求解结果式，得到：

$$\sum_{n=1}^{N}\frac{\mathbb{I}[x_i^n=s]\mathbb{I}[c^n=c]}{\theta_s^i(c)}=\lambda_i^c \tag{10.2.21}$$

最后，通过归一化，得：

$$\theta_s^i(c)=p(x_i=s\mid c)=\frac{\sum_n \mathbb{I}[x_i^n=s]\mathbb{I}[c^n=c]}{\sum_{s',n'}\mathbb{I}[x_i^{n'}=s']\mathbb{I}[c^{n'}=c]} \tag{10.2.22}$$

对 $p(x_i=s|c)$的极大似然设置等于特征 i 处在属于类别 c 的状态 s 的相对次数。

10.2.3 文档分类

考虑一组关于政治的文档，一组关于体育的文档。我们的目标是设计一种方法，可以自动将新文档归类为体育或政治类别。我们检索两组文档，找出 100 个最常出现的单词(不包括所谓的“停止词”，如“a”或“the”)。然后每个文档都使用 100 维向量表示，该向量表示每个单词在该文档中出现的次数——这也被称为词袋模型(这是对文档的粗略表示，因为它丢弃了单词顺序的信息)。朴素贝叶斯模型 $p(x_i|c)$定义了这些出现次数的分布，其中 x_i 是单词i 出现在c 类文档中的次数。可以使用多状态表示(如 10.2.2 节中所讨论的)或使用连续变量 x_i 来表示文档中单词 i 的相对频率。在后一种情况下，使用例如 Beta 分布的分布可以方便地对 $p(x_i|c)$进行建模。

尽管朴素贝叶斯非常简单，但是它可以很好地对新文档进行分类[138](尽管自然地，真正的现实方法可以处理更多的特征并智能地选择它们)。从直觉来说，条件独立性假设的一个潜在理由是，如果我们知道一个文档是属于政治类别的，那这对我们将在文档中找到的其他单词来说就是一个非常好的类别指示。朴素贝叶斯在这个意义上是一种非常合适的分类器，且存储量小，训练速度快，所以对时间和存储要求很高的应用已经开始使用它，如自动对网页分类的应用[310]、垃圾邮件过滤应用。它是最简单并且最常用的基本机器学习分类例子之一。

10.3 贝叶斯框架下的朴素贝叶斯

正如我们在上一节中所看到的，朴素贝叶斯可以是一种强有力的分类方法，但在小数量的情况下可能出现太过度的情况。如果单个特征 i 在类别c 上没有计数，则无论其他特征如何，分类器都认为 $\boldsymbol{x}$ 不可能属于类别 c。发生这种情况是因为 0 与其他任何数的乘积仍为 0。为了对抗过度自信的影响，我们可以使用简单的贝叶斯方法。

给定数据集 $\mathcal{D}=\{(\boldsymbol{x}^n,c^n),n=1,\cdots,N\}$，使用下式来预测输入的 $\boldsymbol{x}$ 的类别c：

$$p(c|\boldsymbol{x},\mathcal{D})\propto p(\boldsymbol{x},\mathcal{D},c)\propto p(\boldsymbol{x}|\mathcal{D},c)p(c|\mathcal{D}) \tag{10.3.1}$$

出于方便，我们使用极大似然设置 $p(c|\mathcal{D})$：

$$p(c|\mathcal{D})=\frac{1}{N}\sum_n \mathbb{I}[c^n=c] \tag{10.3.2}$$

然而，正如我们所见，使用极大似然的方式设置 $p(\boldsymbol{x}|\mathcal{D},c)$的参数，训练过程可能会在稀疏数据的情况下产生过度自信的预测。解决这种困难的贝叶斯方法是对概率 $p(x_i=s|c)=\theta_s^i(c)$使用先验概率，以避免出现极端值。该模型如图 10.3 所示。

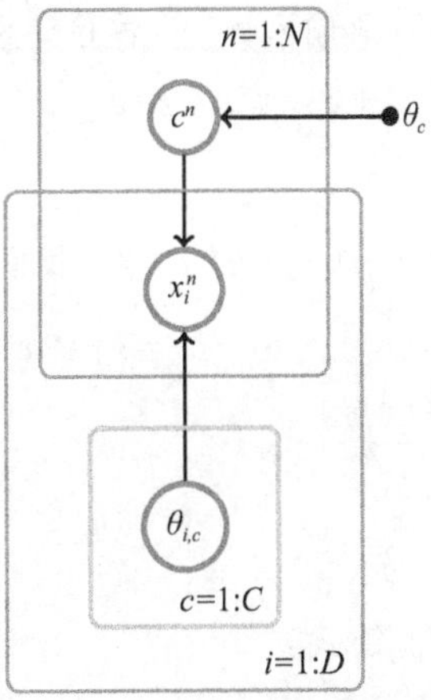

图 10.3 在类别条件特征概率 $p(x_i=s|c)$上的具有可分解先验的贝叶斯框架下的朴素贝叶斯模型。为简单起见，我们假设类别概率 $\theta_c\equiv p(c)$是通过极大似然估计学习的，因此在这个参数上没有分布设置

先验

有概率向量$\boldsymbol{\theta}^i(c)=(\theta_1^i(c),\cdots,\theta_S^i(c))$，和 $\theta=$

$\{\boldsymbol{\theta}^i(c),\ i=1,\cdots,D,\ c=1,\cdots,C\}$，我们做了全局因子分解假设(见第 9.4 节)，使用了如下先验：

$$p(\theta)=\prod_{i,c}p(\boldsymbol{\theta}^i(c)) \tag{10.3.3}$$

考虑离散变量 x_i，且 $\mathrm{dom}(x_i)=\{1,\cdots,S\}$。那么，$p(x_i=s|c)$对应分类分布，其共轭先验是一个狄利克雷分布。在式(10.3.3)的前提下，我们为每个特征 i 和类别 c 定义一个先验：

$$p(\boldsymbol{\theta}^i(c))=\mathrm{Dirichlet}(\boldsymbol{\theta}^i(c)|\boldsymbol{u}^i(c)) \tag{10.3.4}$$

其中$\boldsymbol{u}^i(c)$是表示 $p(x_i|c)$的狄利克雷分布的超参数向量。

后验

与我们在 9.4 节中的一般朴素贝叶斯训练结果一致，参数后验因子分解下式：

$$p(\theta(c^*)|\mathcal{D})=\prod_i p(\boldsymbol{\theta}^i(c^*)|\mathcal{D}) \tag{10.3.5}$$

其中：

$$p(\boldsymbol{\theta}^i(c^*)|\mathcal{D})\propto p(\boldsymbol{\theta}^i(c^*))\prod_{n:c^n=c^*}p(x_i^n|\boldsymbol{\theta}^i(c^*)) \tag{10.3.6}$$

通过共轭，对类别 c^* 的后验是一个狄利克雷分布：

$$p(\boldsymbol{\theta}^i(c^*)|\mathcal{D})=\mathrm{Dirichlet}(\boldsymbol{\theta}^i(c^*)|\hat{\boldsymbol{u}}^i(c^*)) \tag{10.3.7}$$

其中向量 $\hat{\boldsymbol{u}}(c^*)$的元素为：

$$[\hat{\boldsymbol{u}}^i(c^*)]_s=u_s^i(c^*)+\sum_{n:c^n=c^*}\mathbb{I}[x_i^n=s] \tag{10.3.8}$$

对狄利克雷超参数 $\hat{\boldsymbol{u}}^i(c^*)$，上述等式通过变量 i 处在属于类别 c^* 的状态 s 的次数来更新超参数。一种通常的做法是将 $\boldsymbol{u}$ 的所有元素默认都设为 1。

分类

对新输入 $\boldsymbol{x}^*$ 的后验类别分布为：

$$p(c^*|\boldsymbol{x}^*,\mathcal{D})\propto p(c^*,\boldsymbol{x}^*,\mathcal{D})\propto p(c^*|\mathcal{D})p(\boldsymbol{x}^*|\mathcal{D},c^*)=p(c^*|\mathcal{D})\prod_i p(x_i^*|\mathcal{D},c^*) \tag{10.3.9}$$

为计算 $p(x_i^*|\mathcal{D},c^*)$，我们使用：

$$\begin{aligned}p(x_i^*=s|\mathcal{D},c^*)&=\int_{\boldsymbol{\theta}^i(c^*)}p(x_i^*=s,\boldsymbol{\theta}^i(c^*)|\mathcal{D},c^*)\\&=\int_{\boldsymbol{\theta}^i(c^*)}p(x_i^*=s|\boldsymbol{\theta}^i(c^*))p(\boldsymbol{\theta}^i(c^*)|\mathcal{D}) &(10.3.10)\\&=\int_{\boldsymbol{\theta}^i(c^*)}\theta_s^i(c^*)p(\boldsymbol{\theta}^i(c^*)|\mathcal{D}) &(10.3.11)\end{aligned}$$

通过恒等式：

$$\int\theta_s\mathrm{Dirichlet}(\cdot|\boldsymbol{u})\mathrm{d}\boldsymbol{\theta}=\frac{1}{Z(\boldsymbol{u})}\int\prod_{s'}\boldsymbol{\theta}_{s'}^{u_{s'}-1+\mathbb{I}[s'=s]}\mathrm{d}\boldsymbol{\theta}=\frac{Z(\boldsymbol{u}')}{Z(\boldsymbol{u})} \tag{10.3.12}$$

其中 $Z(\boldsymbol{u})$是分布 $\mathrm{Dirichlet}(\cdot|\boldsymbol{u})$的归一化常数，且：

$$u'_s=\begin{cases}u_s & s\neq s'\\u_s+1 & s=s'\end{cases} \tag{10.3.13}$$

得到：

$$p(c^*|\boldsymbol{x}^*,\mathcal{D})\propto p(c^*|\mathcal{D})\prod_i\frac{Z(\boldsymbol{u}^{*i}(c^*))}{Z(\hat{\boldsymbol{u}}^i(c^*))} \tag{10.3.14}$$

其中

$$u_s^{*i}(c^*) = \hat{u}_s^i(c^*) + \mathbb{I}[x_i^* = s] \tag{10.3.15}$$

例 10.3(朴素贝叶斯) 重复对例 10.2 的数据分析，所有表中均匀狄利克雷先验的概率，给出了(1,0,1,1,0)是英国人的概率值 0.764，而标准朴素贝叶斯假设下的概率值为 0.8076，见 demoNaiveBayes.m。

10.4 树增广朴素贝叶斯

朴素贝叶斯的一个自然扩展是放松给定类情况下，特征相互独立的假设，即：

$$p(\mathbf{x}|c) \neq \prod_{i=1}^{D} p(x_i|c) \tag{10.4.1}$$

那么问题出现了——我们应该为 $p(\mathbf{x}|c)$选择哪种结构？正如 9.5 节中所述，学习一个结构在计算上是不可行的，除非特征数非常少。因此，一个实际的算法需要对结构进行特定形式的限制。在 9.5.4 节中，我们可以有效地学习单亲树结构网络。下面我们将其推广到学习类别相关的树网络来进行分类。

10.4.1 学习树增广朴素贝叶斯网络

对于形式为具有单父限制的树结构的分布 $p(x_1,\cdots,x_D|c)$，见图 10.4，我们通过计算每个类别的 Chou-Liu 树，可以很容易地找到类别条件极大似然解。然后，添加从类别节点 c 到每个变量的连接，并学习从 c 到 x 的类别条件概率，可以取出它并用于使用一般计数增强方法的极大似然。请注意，这通常会为每个类别生成一个不同的 Chou-Liu 树。

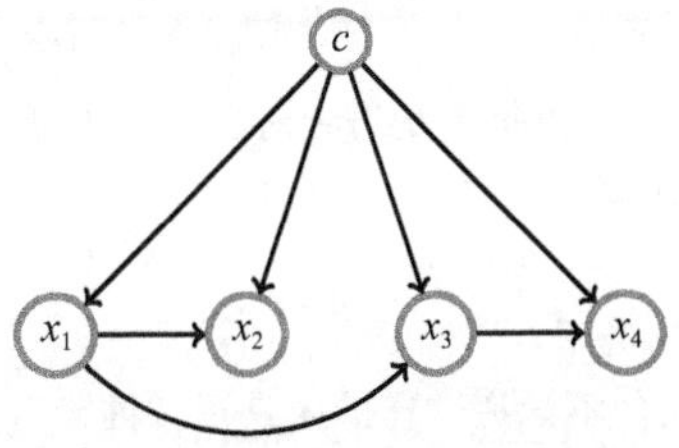

图 10.4　树增广朴素贝叶斯每个变量 x_i 最多有一个父变量。极大似然优化的树增广朴素贝叶斯结构通过使用修改了的 Chow-Liu 算法算得，该算法中计算了针对所有 i、j 的条件互信息 $\mathrm{MI}(x_i,x_j|c)$。然后找到最大权重生成树，并通过将边定向为从所选根节点向外将其转变为有向图。之后可以使用一般的极大似然计数增广来设置表元素

人们通常限制所有类别都具有相同的网络结构，在树增广朴素贝叶斯限制下的极大似然目标对应于条件互信息的最大化[105]：

$$\mathrm{MI}(x_i;x_j|c) = \langle \mathrm{KL}(p(x_i,x_j|c)|p(x_i|c)p(x_j|c))\rangle_{p(c)} \tag{10.4.2}$$

见练习 10.7。一旦学习到结构，就可以通过极大似然计数来设置参数。文献[105]对防止过拟合的技术进行了讨论，并且对于更简单的朴素贝叶斯结构，可以使用狄利克雷先验来解决。

人们可以很容易地找到比单亲贝叶斯网络限制更少的结构。然而，寻找最优的朴素贝叶斯结构通常在计算上是不可行的，需要启发式地在受限空间进行搜索。

10.5 总结

- 朴素贝叶斯是一个简单的类别条件下的数据生成模型，可用于构造一个简单的分类器。

- 参数的贝叶斯训练很简单。
- 标准朴素贝叶斯模型的推广是考虑至多具有一个单父特征的特征(除了类别标签之外)。寻找极大似然最优树增广结构是一种简单的方法，它对应于权重为类别条件互信息的最大生成树问题。

10.6 代码

NaiveBayesTrain.m：用极大似然的方法训练朴素贝叶斯。
NaiveBayesTest.m：朴素贝叶斯测试。
NaiveBayesDirichletTrain.m：使用贝叶斯狄利克雷训练朴素贝叶斯。
NaiveBayesDirichletTest.m：使用贝叶斯狄利克雷测试朴素贝叶斯。
demoNaiveBayes.m：朴素贝叶斯的演示。

10.7 练习题

练习 10.1 一家专营早餐谷物的当地超市决定分析其顾客的购买模式。他们做了一项小调查，询问了6个随机选择的年龄(年龄大于或小于60岁)的人以及他们喜欢的早餐谷物(脆玉米片，粟米片，糖泡，布兰薄片)。每个被调查者提供一个向量，向量元素1或0表示他们是否喜欢对应谷物。因此，(1101)的受访者会喜欢脆玉米片、粟米片和布兰薄片，但不喜欢糖泡。年龄大于60岁的受访者提供数据(1000)、(1001)、(1111)和(0001)，年龄小于60岁的受访者提供的数据为(0110)和(1110)。这时一位新顾客走进超市，说她只喜欢粟米片和糖泡。请使用由极大似然方式训练的朴素贝叶斯，求她年龄小于60岁的概率。

练习 10.2 心理学家对“幸福”做了一个小调查。每个被调查者提供一个向量，向量元素1或0表示他们就问题的回答。问题向量为：

$$\mathbf{x}=(\text{富有},\text{已婚},\text{健康}) \tag{10.7.1}$$

因此，回答(1,0,1)表明受访者是“富有”“未婚”“健康”的。此外，如果每个受访者对自己的生活方式满意，则给出 $c=1$ 的值，反之给出 $c=0$。声称也是“幸福”的人回答：(1,1,1)、(0,0,1)、(1,1,0)和(1,0,1)。“不幸福”的人回答：(0,0,0)、(1,0,0)、(0,0,1)、(0,1,0)和(0,0,0)。

1. 使用朴素贝叶斯，求“不富有”“已婚”“健康”的人“幸福”的概率。
2. “不富有”“已婚”的人“幸福”的概率是多少?(也就是说，我们不知道这样的人是否“健康”)。
3. 考虑以下特征向量：

$$x_1=\begin{cases}1 & \text{若消费者年龄小于 20}\\ 0 & \text{其他}\end{cases} \tag{10.7.2}$$

$$x_2=\begin{cases}1 & \text{若消费者年龄介于 20 和 30 之间}\\ 0 & \text{其他}\end{cases} \tag{10.7.3}$$

$$x_3=\begin{cases}1 & \text{若消费者年龄大于 30}\\ 0 & \text{其他}\end{cases} \tag{10.7.4}$$

$$x_4=\begin{cases}1 & \text{若消费者步行上班}\\ 0 & \text{其他}\end{cases} \tag{10.7.5}$$

每个特征向量都有一个关联的类别标签“富有”或“贫穷”。指出使用前面描述的方法(用于使用朴素贝叶斯进行训练)会出现的问题，并描述如何推广前述的朴素贝叶斯方法来处理此数据集。

练习 10.3 Whizzco 决定制作一个文档分类器。他们打算将文档归类为体育或政治，并决定将每个文档表示为描述单词存在或不存在的特征(行)向量：

$$\mathbf{x}=(\text{goal},\text{football},\text{golf},\text{defence},\text{offence},\text{wicket},\text{office},\text{strategy}) \tag{10.7.6}$$

如下为来自体育文档和政治文档的训练数据在 MATLAB 中的矩阵表示，其中每行代表 8 个特征。

```
xS=[1 1 0 0 0 0 0 0; % Sport
    0 0 1 0 0 0 0 0;
    1 1 0 1 0 0 0 0;
    1 1 0 1 0 0 0 1;
    1 1 0 1 1 0 0 0;
    0 0 0 1 0 1 0 0;
    1 1 1 1 1 0 1 0]
```

```
xP=[1 0 1 1 1 0 1 1; % Politics
    0 0 0 1 0 0 1 1;
    1 0 0 1 1 0 1 0;
    0 1 0 0 1 1 0 1;
    0 0 0 1 1 0 1 1;
    0 0 0 1 1 0 0 1]
```

使用极大似然朴素贝叶斯分类器，求文档 $x=(1,0,0,1,1,1,1,0)$ 属于政治类别的概率。

练习 10.4　二值特征 $x_i\in\{0,1\}$ 的朴素贝叶斯分类器由 $\theta_i^1=p(x_i=1\mid \text{class}=1)$、$\theta_i^0=p(x_i=1\mid \text{class}=0)$、$p_1=p(\text{class}=1)$ 和 $p_0=p(\text{class}=0)$ 参数化。请证明对于特定的 $\boldsymbol{w}$ 和 b，如果 $\boldsymbol{w}^{\mathrm{T}}\boldsymbol{x}+b>0$，则数据点 $\boldsymbol{x}$ 被归为类别 1，并且显式给出 $\boldsymbol{w}$ 和 b（$\boldsymbol{\theta}^1$、$\boldsymbol{\theta}^0$、p_1 和 p_0 的函数）。

练习 10.5　这个问题涉及垃圾邮件过滤。每封电子邮件都由一个向量表示：

$$x=(x_1,\cdots,x_D) \tag{10.7.7}$$

其中 $x_i\in\{0,1\}$。向量的元素指电子邮件中是否出现了特定符号或单词。符号或单词是：

$$\text{money},\text{cash},!!!,\text{viagra},\cdots \tag{10.7.8}$$

例如，如果电子邮件中出现“cash”一词，则 $x_2=1$。训练集由一组向量和类别标签 c 组成，其中 $c=1$ 表示电子邮件是垃圾邮件，$c=0$ 表示不是垃圾邮件。因此，训练集由一组对 $\{(x_n,\ c_n),\ n=1,\cdots,N\}$ 组成。朴素贝叶斯模型为：

$$p(c,x)=p(c)\prod_{i=1}^{D}p(x_i\mid c) \tag{10.7.9}$$

1. 假设数据服从 i. i. d.：

$$p(c^1,\cdots,c^N,x^1,\cdots,x^N)=\prod_{n=1}^{N}p(c^n,x^n) \tag{10.7.10}$$

使用极大似然性根据训练数据为该模型的参数导出表达式。

显式地，参数是：

$$p(c=1),p(x_i=1\mid c=1),p(x_i=1\mid c=0),i=1,\cdots,D \tag{10.7.11}$$

2. 给定训练的模型 $p(x,c)$，解释如何构造分类器 $p(c\mid x)$。
3. 如果“viagra”从未出现在垃圾邮件训练数据中，请讨论这将对包含“viagra”一词的新电子邮件的分类产生什么影响。解释你如何应对这种影响。解释垃圾邮件发送者如何试图绕过朴素贝叶斯垃圾邮件过滤器的检查。

练习 10.6　假设数据是服从 i. i. d. 的，对于分布 $p(x,c)$ 和近似 $q(x,c)$，证明当 $p(x,c)$ 对应于经验分布时，求解使得以下 KL 散度最小的 $q(x,c)$：

$$\mathrm{KL}(p(x,c)\mid q(x,c)) \tag{10.7.12}$$

对应于 $q(x,c)$ 的极大似然训练。

练习 10.7　考虑分布 $p(x,c)$ 和树增广近似：

$$q(x,c)=q(c)\prod_{i}q(x_i\mid x_{\mathrm{pa}(i)},c),\quad \mathrm{pa}(i)<i \text{ 或 } \mathrm{pa}(i)=\varnothing \tag{10.7.13}$$

请证明对于在上述限制条件下的最优 $q(x,c)$，当把其代入 KL 表达式时，最小化 $\mathrm{KL}(p(x,c)\mid q(x,c))$ 的解 $q(x,c)$ 可以作为父结构的函数给出，KL 表达式为：

$$\mathrm{KL}(p(x,c)\mid q(x,c))=-\sum_{i}\left\langle\log\frac{p(x_i,x_{\mathrm{pa}(i)}\mid c)}{p(x_{\mathrm{pa}(i)}\mid c)p(x_i\mid c)}\right\rangle_{p(x_i,x_{\mathrm{pa}(i)},c)}+C \tag{10.7.14}$$

这表明在单父限制下并且每棵树 $q(x\mid c)$ 具有相同的结构时，最小化 KL 散度等同于最大化条件互信息项的总和。因此，通过练习 10.6，我们知道这也等价于对父结构的极大似然设置。我们可以通过找到最大权重生成树来找到这个解，比如在 Chow-Liu 树场景下。

第 11 章

Bayesian Reasoning and Machine Learning

隐变量学习

在许多模型中，有些变量不可以直接被观察到，是潜在的或“隐藏的”。在无法观察到某些数据时，也会发生同样的情况。在本章中，我们将讨论在缺失此类信息的情况下采取的学习方法，特别是期望最大化算法和其相关的变体。

11.1 隐变量和缺失数据

实际上，数据输入中经常会出现缺失，导致我们在确定可能性时获得不完整的信息。观测变量可以分为可见变量(我们实际上知道其状态)和缺失变量(其状态理论上是已知的，但在特定数据点中缺失)。

在模型中，并非所有变量都能够观测到的另一个情况是所谓的隐藏变量或潜在变量模型。在这种情况下，有些变量对于模型的描述至关重要，但从未被观测到。例如，一个模型中的基本物理过程可能包含了潜在过程，这些过程对于描述模型至关重要，但无法直接测量。

11.1.1 为什么隐/缺失变量会使过程复杂化

在学习第 9 章中描述的模型参数时，我们假设我们拥有完整的信息来定义数据 $p(x|\theta)$ 的联合模型的所有变量。考虑 9.3 节中的接触石棉-吸烟-患肺癌网络，定义多变量 $x=(a,s,c)$，如果病人 n 有完整的记录，则此记录的似然是：

$$p(x^n|\theta)=p(a^n,s^n,c^n|\theta)=p(c^n|a^n,s^n,\theta_c)p(a^n|\theta_a)p(s^n|\theta_s) \tag{11.1.1}$$

它是按表元素参数分解的。我们利用这一特性说明了，无论是在极大似然框架中还是在贝叶斯框架中，表元素 θ 可以通过只考虑局部信息来学习。

现在考虑的情况是，对一些病人而言，只有部分信息是可用的。例如，病人 n 有着不完整的记录 $x^n=(c=1,s=1)$，意思是病人患有癌症而且吸烟，但他是否接触过石棉尚不得而知。由于我们只能使用“可见的”可用信息，因此使用边缘似然估计参数似乎是合理的(见 11.1.2 节)：

$$p(x^n|\theta)=\sum_a p(a,s^n,c^n|\theta)=\sum_a p(c^n|a,s^n,\theta_c)p(a|\theta_a)p(s^n|\theta_s) \tag{11.1.2}$$

然而，由于似然方程(11.1.2)不能以 $f_s(\theta_s)f_a(\theta_a)f_c(\theta_c)$ 的形式将表元素参数进行因子分解，导致使用边缘似然计算困难。在这种情况下，不同表之间的参数互相耦合使得似然的极大化更为复杂。

贝叶斯学习也有类似的复杂性。正如我们在 9.4.1 节中所看到的，在对每个条件概率表参数 θ 进行先验因子分解的情况下，后验概率也会进行因子分解。然而，缺失的变量在后验参数分布中引入了相关性，使后验更加复杂。在极大似然和贝叶斯两种情况下，都有一个定义良好的表参数或后验的似然函数。

请注意，缺失的数据并不总是使参数后验不可因子分解。例如，如果在上述例子中，患癌状态未被观察到，则因为患癌是一个没有后代的对撞节点，所以条件分布简单地加和为 1，其中一个因子与 a 相关，另一个与 s 相关。

11.1.2　随机缺失假设

在什么情况下，使用边缘似然评估参数是有效的？我们将变量 x 划分为“可见”的 x_{vis} 和“不可见”的 x_{inv}，这样所有变量的集合可记为 $x=[x_{\text{xis}}, x_{\text{inv}}]$。对可见变量，我们有一个观察到的状态 $x_{\text{vis}}=v$，而不可见变量的状态是未知的。要完成设想，我们还需要对反映数据何时缺失的过程进行建模。我们使用一个指示符 $m_{\text{inv}}=1$ 来表示不可见变量状态未知的情况，然后需要模型 $p(m_{\text{inv}}|x_{\text{vis}}, x_{\text{inv}}, \theta)$。现在，对既包含可见信息又包含不可见信息的数据点，

$$p(x_{\text{vis}}=v, m_{\text{inv}}=1|\theta)=\sum_{x_{\text{inv}}} p(x_{\text{vis}}=v, x_{\text{inv}}, m_{\text{inv}}=1|\theta) \tag{11.1.3}$$

$$=\sum_{x_{\text{inv}}} p(m_{\text{inv}}=1|x_{\text{vis}}=v, x_{\text{inv}}, \theta) p(x_{\text{vis}}=v, x_{\text{inv}}|\theta) \tag{11.1.4}$$

假设生成不可见数据的机制与参数和缺失值 x_{inv} 无关：

$$p(m_{\text{inv}}=1|x_{\text{vis}}=v, x_{\text{inv}}, \theta)=p(m_{\text{inv}}=1|x_{\text{vis}}=v) \tag{11.1.5}$$

可得：

$$p(x_{\text{vis}}=v, m_{\text{inv}}=1|\theta)=p(m_{\text{inv}}=1|x_{\text{vis}}=v)\sum_{x_{\text{inv}}} p(x_{\text{vis}}=v, x_{\text{inv}}|\theta) \tag{11.1.6}$$

$$=p(m_{\text{inv}}=1|x_{\text{vis}}=v) p(x_{\text{vis}}=v|\theta) \tag{11.1.7}$$

只有 $p(x_{\text{vis}}=v|\theta)$这一项传递了关于模型参数 θ 的信息。因此，如果假设造成数据缺失的机制仅和可见状态相关，那么我们可以简单地使用边缘似然来评估参数。这被称为随机缺失(MAR)假设，见图 11.1。

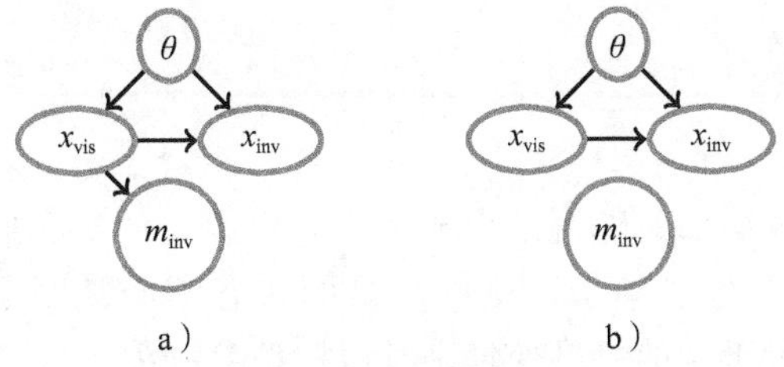

图 11.1　a) 中是随机缺失假设。生成缺失数据的机制既不和模型的参数 θ 相关，也不和缺失数据的值相关。b) 随机缺失假设。生成缺失数据的机制完全独立于模型。请注意，在这两种情况下，x_{vis} 和 x_{inv} 之间的箭头方向是不相关的

例 11.1(非随机缺失)　EZsurvey.org 在街上拦住行人，并询问他们最喜欢的颜色。所有最喜欢粉红色的人都拒绝回答这个问题，而喜欢其他任何颜色的所有人都会回答这个问题。基于数据，EZsurvey.org 制作了行人最喜欢颜色的柱状图，同时根据可见数据的似然，自信地认为行人中没有一个人喜欢粉红色。为简单起见，我们假设只有蓝色、绿色和粉红色三种颜色。EZsurvey.org 试图找到带有概率 θ_b、θ_g 和 θ_p 的柱状图，且 $\theta_b+\theta_g+\theta_p=1$。每个答复者都产生一个可见的答复 x，且 $\text{dom}(x)=\{$蓝色，绿色，粉红色$\}$，如果没有回复则 $m=1$。有三个人被问到他们最喜欢的颜色，并给出了数据：

$$\{x^1, x^2, x^3\}=\{\text{蓝色}, \text{缺失}, \text{绿色}\} \tag{11.1.8}$$

仅基于可见数据的似然，对独立同分布数据，我们可以得到对数似然：

$$L(\theta_b, \theta_g, \theta_p)=\log\theta_b+\log\theta_g+\lambda(1-\theta_b-\theta_g-\theta_p) \tag{11.1.9}$$

最后一个拉格朗日项确保了归一化。最大化上述表达式，可以得到：

$$\theta_b=\frac{1}{2},\quad \theta_g=\frac{1}{2},\quad \theta_p=0 \tag{11.1.10}$$

因此，EZSurvey.org 得出了一个错误的结论，即没有人喜欢粉红色，尽管现实是有喜欢粉红色的人，只是他们不想说。EZSurvey.org 产生不合理结果的原因在于没有正确考虑生成数据的机制。在这种情况下，数据不是随机缺失的，因为数据是否缺失取决于缺失变量的状态。

生成数据(包括缺失数据)的正确机制是：

$$p(x^1=蓝色|\theta)p(m^2=1|\theta)p(x^3=绿色|\theta)=\theta_b\theta_p\theta_g=\theta_b(1-\theta_b-\theta_g)\theta_g \tag{11.1.11}$$

其中使用了 $p(m^2=1|\theta)=\theta_p$，因为一个数据是缺失数据的概率与最喜欢的颜色为粉红色的概率相同。极大化似然我们可以得到：

$$\theta_b=\frac{1}{3},\quad \theta_g=\frac{1}{3},\quad \theta_p=\frac{1}{3} \tag{11.1.12}$$

结果正如我们所预期的那样。另外，如果有另一个可见变量——t，表示一天中的时间，以及行人回答问题的概率仅取决于时间 t(例如，在高峰时段，有缺失数据的概率很高)，那么我们确实可以将缺失的数据视为随机缺失的。

一个比随机缺失更强的假设是，缺失数据的机制完全独立于所有其他模型过程：

$$p(m_{\text{inv}}=1|x_{\text{vis}}=v,x_{\text{inv}},\theta)=p(m_{\text{inv}}=1) \tag{11.1.13}$$

这被称为*完全随机缺失*。这适用于一部分隐变量模型，在这些模型中，变量状态总是缺失的，不受任何其他因素的影响。

11.1.3　极大似然

在接下来的讨论中，我们将假设任何缺失数据都是随机缺失或完全随机缺失的。我们将变量划分为知道状态的“可见”变量 v 和“隐”变量 h，这些变量的状态不会被观察到。为了极大化似然，我们可以通过单独优化关于 θ 的可见变量来学习模型参数 θ：

$$p(v|\theta)=\sum_h p(v,h|\theta) \tag{11.1.14}$$

11.1.4　可辨别性问题

边缘似然目标函数仅依赖 $p(v|\theta)$的参数，因此可能存在等效的参数解。例如，考虑一个隐变量模型，其分布为：

$$p(x_1,x_2|\theta)=\theta_{x_1,x_2} \tag{11.1.15}$$

其中变量 x_2 从未被观察到。这意味着边缘似然仅取决于 $p(x_1|\theta)=\sum_{x_2}\theta_{x_1,x_2}$。给定一个极大似然解 θ^*，我们总能找到一个等效的极大似然解 θ'(参见练习 11.9)：

$$\sum_{x_2}\theta'_{x_1,x_2}=\sum_{x_2}\theta^*_{x_1,x_2} \tag{11.1.16}$$

在其他情况下，边缘似然的参数空间中存在固有的对称性。例如，考虑二值变量上的网络：

$$p(c,a,s)=p(c\mid a,s)p(a)p(s) \tag{11.1.17}$$

假设 $p(s)$概率表已知，我们的目标是学习接触石棉的概率表 $\hat{p}(a=1)$以及患癌的概率表：

$$\hat{p}(c=1\mid a=1,s=1),\quad \hat{p}(c=1\mid a=1,s=0),\quad \hat{p}(c=1\mid a=0,s=1),\quad \hat{p}(c=1\mid a=0,s=0) \tag{11.1.18}$$

其中我们使用“^”符号来表示这些是参数估计。

假设有些数据缺失，比如变量 a 的状态从未被观察到。在这种情况下，通过交换 a 的状态给出等效的解决方案(因为具有相同的边缘似然)：

$$\hat{p}'(a=0)=\hat{p}(a=1) \tag{11.1.19}$$

因此四个表为：

$$\begin{aligned}&\hat{p}'(c=1\mid a=0,s=1)=\hat{p}(c=1\mid a=1,s=1),\quad \hat{p}'(c=1\mid a=0,s=0)=\hat{p}(c=1\mid a=1,s=0)\\&\hat{p}'(c=1\mid a=1,s=1)=\hat{p}(c=1\mid a=0,s=1),\quad \hat{p}'(c=1\mid a=1,s=0)=\hat{p}(c=1\mid a=0,s=0)\end{aligned} \tag{11.1.20}$$

在更一般的情况中也会出现类似的情况，其中变量的状态一直不可观察(混合模型就是一个很好的例子)，从而在解空间中产生固有的对称性。极大似然算法的一个众所周知的特点是，“碰撞”发生在训练的初始阶段，其中就包含这些对称解的碰撞。

11.2 期望最大化

期望最大化，即 EM 算法是一种方便、通用的迭代方法，可以利用缺失的数据/隐变量来极大化似然。它的实现通常简单直接，并且可以实现参数空间中的大跳转，特别是在初始迭代中。

11.2.1 变分 EM

EM 算法的主要特点是会形成一个替代目标函数，消除了 11.1.1 节中讨论的参数耦合的影响，这意味着单个参数的更新是可以实现的，类似于完全观察到数据的情况。它的工作方式是用一个下界代替边缘似然——正是这个下界具有有用的解耦形式。

我们首先考虑一个单变量对(v, h)，其中 v 表示“可见”，h 表示“隐藏”。数据模型为 $p(v,h\mid\theta)$且我们的目的是极大化边缘似然 $p(v\mid\theta)$来设置 θ。为得到边缘似然的下界，我们考虑一个“变分”分布 $q(h\mid v)$和参数模型 $p(h\mid v,\theta)$之间的 KL 散度(非负)：

$$\mathrm{KL}(q(h\mid v)\mid p(h\mid v,\theta))\equiv\langle\log q(h\mid v)-\log p(h\mid v,\theta)\rangle_{q(h\mid v)}\geqslant 0 \tag{11.2.1}$$

“变分”一词指这种分布将是一个优化问题的参数。使用 $p(h\mid v,\theta)=p(h,v\mid\theta)/p(v\mid\theta)$且已知 $p(v\mid\theta)$和 h 无关，有：

$$\mathrm{KL}(q(h\mid v)\mid p(h\mid v,\theta))=\langle\log q(h\mid v)\rangle_{q(h\mid v)}-\langle\log p(h,v\mid\theta)\rangle_{q(h\mid v)}+\log p(v\mid\theta)\geqslant 0 \tag{11.2.2}$$

重新排列，我们得到了一个边缘似然的界[⊖]：

$$\log p(v\mid\theta)\geqslant\underbrace{-\langle\log q(h\mid v)\rangle_{q(h\mid v)}}_{\text{熵}}+\underbrace{\langle\log p(h,v\mid\theta)\rangle_{q(h\mid v)}}_{\text{能量}} \tag{11.2.3}$$

能量项也被称为“完全数据期望对数似然”。由于 θ 依赖的能量项在形式上类似于完全观察到的情况，所以这个界可能是有用的，除缺失数据的项的对数似然用一个预因子加权

⊖ 这类似于统计物理学中的标准分区函数，术语“能量”和“熵”都来自于此。

外。方程(11.2.3)是单个训练示例的边缘似然界。在数据服从独立同分布的前提下，所有训练数据 $\mathcal{V} = \{v^1, \cdots, v^N\}$ 的对数似然是单个数据对数似然的加和：

$$\log p(\mathcal{V} \mid \theta) = \sum_{n=1}^{N} \log p(v^n \mid \theta) \qquad (11.2.4)$$

对训练数据求和，我们得到对数（边缘）似然的一个界：

$$\log p(\mathcal{V} \mid \theta) \geqslant \widetilde{L}(\{q\}, \theta) \equiv \underbrace{- \sum_{n=1}^{N} \langle \log q(h^n \mid v^n) \rangle_{q(h^n \mid v^n)}}_{\text{熵}} + \underbrace{\sum_{n=1}^{N} \langle \log p(h^n, v^n \mid \theta) \rangle_{q(h^n \mid v^n)}}_{\text{能量}}$$

$$(11.2.5)$$

可以注意到，当我们令 $q(h^n \mid v^n) = p(h^n \mid v^n, \theta)(n = 1, \cdots, N)$ 时，下界 $\hat{L}(\{q\}, \theta)$ 是准确的（也就是说，等式右边等于对数似然）。

这个下界既依赖于 θ，又依赖于变分分布的集合 $\{q\}$。我们的目标是尽力优化这个关于 θ 与 $\{q\}$ 的界限。这样做，我们将提高下界，并有希望由此提高似然本身。一个简单的优化下界迭代过程是首先固定 θ 优化关于 $\{q\}$ 的界，再固定 $\{q\}$ 优化关于 θ 的界。这两个步骤分别被称为"E-步"和"M-步"，重复这两步到收敛为止。

E-步：对固定的 θ，找到最大化方程(11.2.5)的分布 $q(h^n \mid v^n)$，其中 $n = 1, \cdots, N$。

M-步：对固定的 $q(h^n \mid v^n)$，其中 $n = 1, \cdots, N$，找到最大化方程(11.2.5)的参数 θ。

11.2.2 经典 EM

在上述的变分 E-步中，完全最优的设置是：

$$q(h^n \mid v^n) = p(h^n \mid v^n, \theta) \qquad (11.2.6)$$

由于 q 在 M-步中是固定的，因此执行 M-步优化相当于仅最大化能量项，参见算法 11.1。从这里开始，我们将使用术语"EM"来指经典的 EM 算法，除非另有说明。值得注意的是，EM 算法通常不能保证找到完全最优的极大似然解，并且可能陷入局部最优，见例 11.2 的讨论。

算法 11.1 期望最大化。计算具有隐变量的数据的极大似然值。输入：一个分布 $p(x \mid \theta)$ 以及数据集 $\mathcal{V}$。返回极大似然的候选参数 θ。

1：$t = 0$ ▷迭代计数器

2：选择参数的初始设置 θ^0 ▷初始化

3：**while** θ 不收敛（或似然不收敛）**do**

4： $t \leftarrow t + 1$

5： **for** $n = 1$ 到 N **do** ▷遍历所有数据点

6： $q_t^n(h^n \mid v^n) = p(h^n \mid v^n, \theta^{t-1})$ ▷E-步

7： **end for**

8： $\theta^t = \arg\max_\theta \sum_{n=1}^{N} \langle \log p(h^n, v^n \mid \theta) \rangle_{q_t^n(h^n \mid v^n)}$ ▷M-步

9：**end while**

10：**return** θ^t ▷最大似然参数估计

例 11.2（单参数模型的 EM）　我们考虑一个足够小的模型，使得可以完整地绘制 EM 算法的演化。该模型建立在一个单一可见变量 v（$\mathrm{dom}(v)=\mathbb{R}$）和一个二状态隐变量 h（$\mathrm{dom}(h)=\{1,2\}$）上。我们定义一个模型 $p(v,h|\theta)=p(v|h,\theta)p(h)$ 且有：

$$p(v|h,\theta)=\frac{1}{\sqrt{\pi}}\mathrm{e}^{-(v-\theta h)^2} \tag{11.2.7}$$

并且，$p(h=1)=p(h=2)=0.5$。对于观察值 $v=2.75$，我们的目的是找到优化似然的参数 θ：

$$p(v=2.75|\theta)=\sum_{h=1,2}p(v=2.75|h,\theta)p(h)=\frac{1}{2\sqrt{\pi}}(\mathrm{e}^{-(2.75-\theta)^2}+\mathrm{e}^{-(2.75-2\theta)^2}) \tag{11.2.8}$$

图 11.2a 中绘制了对数似然，在 $\theta=1.325$ 时最优。如果给定 h 的状态，则对数似然将是单个凸点，而不是在缺失数据的情况下更复杂的双凸点。要使用 EM 方法找到最优的 θ，我们需要计算能量项：

$$\langle\log p(v,h|\theta)\rangle_{q(h|v)}=\langle\log p(v|h,\theta)\rangle_{q(h|v)}+\langle\log p(h)\rangle_{q(h|v)} \tag{11.2.9}$$

$$=-\langle(v-\theta h)^2\rangle_{q(h|v)}+C \tag{11.2.10}$$

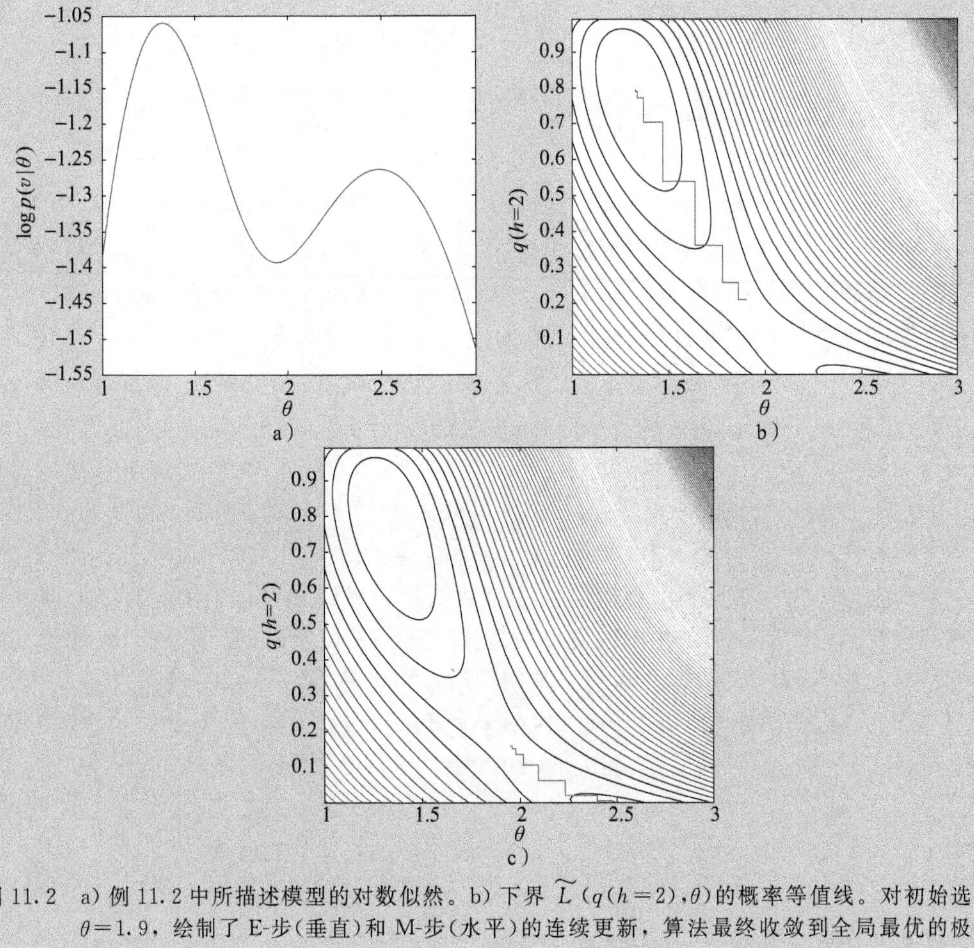

图 11.2　a) 例 11.2 中所描述模型的对数似然。b) 下界 $\widetilde{L}(q(h=2),\theta)$ 的概率等值线。对初始选择 $\theta=1.9$，绘制了 E-步（垂直）和 M-步（水平）的连续更新，算法最终收敛到全局最优的极大似然。c) 从 $\theta=1.95$ 开始，EM 算法收敛到一个局部最优

q 和分布对应两个 h 状态，且归一化要求 $q(1)+q(2)=1$。由于归一化，我们可以只使用 $q(2)$ 来完全参数化 q。然后迭代 EM 过程来优化下界：

$$\log p(v=2.75|\theta)\geqslant\widetilde{L}(q(2),\theta)$$
$$\equiv -q(1)\log q(1)-q(2)\log q(2)-\sum_{h=1,2}q(h)(2.75-\theta h)^2+C \tag{11.2.11}$$

从初始 θ 开始，EM 算法寻找优化 $\widetilde{L}(q(2),\theta)$ 的 q 分布(E-步)，然后更新 θ(M-步)。根据初始 θ，找到的似然解要么是全局最优的，要么是局部最优的，如图 11.2 所示。

在这种情况下，用 $\theta^{\text{new}}=v\langle h\rangle_{q(h)}/\langle h^2\rangle_{q(h)}$ 解析求解 M-步是容易的。类似地，在 E-步中令 $q^{\text{new}}(h)=p(h|v,\theta)$，则：

$$q^{\text{new}}(h=2)=\frac{p(v=2.75|h=2,\theta)p(h=2)}{p(v=2.75)}=\frac{\mathrm{e}^{-(2.75-2\theta)^2}}{\mathrm{e}^{-(2.75-2\theta)^2}+\mathrm{e}^{-(2.75-\theta)^2}} \tag{11.2.12}$$

其中，我们使用了：

$$p(v=2.75)=p(v=2.75|h=1,\theta)p(h=1)+p(v=2.75|h=2,\theta)p(h=2) \tag{11.2.13}$$

例 11.3 考虑一个简单的模型：

$$p(x_1,x_2|\theta) \tag{11.2.14}$$

其中，$\text{dom}(x_1)=\text{dom}(x_2)=\{1,2\}$。假设有一个不受限的分布：

$$p(x_1,x_2|\theta)=\theta_{x_1,x_2},\quad \theta_{1,1}+\theta_{1,2}+\theta_{2,1}+\theta_{2,2}=1 \tag{11.2.15}$$

我们的目标是从数据 $\boldsymbol{x}^1=(1,1)$、$\boldsymbol{x}^2=(1,?)$ 和 $\boldsymbol{x}^3=(?,2)$ 中学习 θ。经典 EM 的能量项是：

$$\log p(x_1=1,x_2=1|\theta)+\langle\log p(x_1=1,x_2|\theta)\rangle_{p(x_2|x_1=1,\theta^{\text{old}})}+\langle\log p(x_1,x_2=2|\theta)\rangle_{p(x_1|x_2=2,\theta^{\text{old}})} \tag{11.2.16}$$

将上述每一项完全展开，并按行分开，给出能量项：

$$\log\theta_{1,1} \tag{11.2.17}$$
$$+p(x_2=1|x_1=1,\ \theta^{\text{old}})\log\theta_{1,1}+p(x_2=2|x_1=1,\ \theta^{\text{old}})\log\theta_{1,2} \tag{11.2.18}$$
$$+p(x_1=1|x_2=2,\ \theta^{\text{old}})\log\theta_{1,2}+p(x_1=2|x_2=2,\ \theta^{\text{old}})\log\theta_{2,2} \tag{11.2.19}$$

此表达式类似于完全观察到的数据的标准对数似然，不同之处在于缺失数据的项具有加权对数参数。参数在这个界中被简单地解耦(除了平凡的归一化约束)，因此找到最优的参数是简单的。这是通过 M-步更新实现的，该更新给出了：

$$\theta_{1,1}\propto 1+p(x_2=1|x_1=1,\theta^{\text{old}})\quad \theta_{1,2}\propto p(x_2=2|x_1=1,\theta^{\text{old}})+p(x_1=1|x_2=2,\theta^{\text{old}})$$
$$\theta_{2,1}=0\quad \theta_{2,2}\propto p(x_1=2|x_2=2,\theta^{\text{old}}) \tag{11.2.20}$$

其中 $p(x_2|x_1,\theta^{\text{old}})\propto\theta^{\text{old}}_{x_1,x_2}$(E-步)等。E-步和 M-步迭代，直到收敛。

EM 算法会增大似然

通过构造，尽管 EM 算法不能减小似然的下界，但一个重要的问题是对数似然本身在此过程中是否一定会增大。

在两次连续迭代中，我们使用 θ' 作为新参数，使用 θ 作为先前的参数。使用 $q(h^n|v^n)=p(h^n|v^n,\theta)$ 作为参数的一个函数，单变量对 (v,h) 的下界取决于 θ 和 θ'：

$$\mathrm{LB}(\theta'|\theta)\equiv-\langle\log p(h|v,\theta)\rangle_{p(h|v,\theta)}+\langle\log p(h,v|\theta')\rangle_{p(h|v,\theta)} \tag{11.2.21}$$

根据下界方程(11.2.3)的定义，我们有：

$$\log p(v|\theta')=\mathrm{LB}(\theta'|\theta)+\mathrm{KL}(p(h|v,\theta)|p(h|v,\theta')) \tag{11.2.22}$$

也就是说，KL 散度是下界和真实似然之间的差值。我们也可以写：

$$\log p(v|\theta)=\mathrm{LB}(\theta|\theta)+\underbrace{\mathrm{KL}(p(h|v,\theta)|p(h|v,\theta))}_{0} \tag{11.2.23}$$

因此，

$$\log p(v|\theta')-\log p(v|\theta)=\underbrace{\mathrm{LB}(\theta'|\theta)-\mathrm{LB}(\theta|\theta)}_{\geqslant 0}+\underbrace{\mathrm{KL}(p(h|v,\theta)|p(h|v,\theta'))}_{\geqslant 0} \tag{11.2.24}$$

第一个断言是正确的，根据 M-步的定义，我们寻找的是 θ'，对于界，它比我们的初始值 θ 更大。根据 KL 散度的非负性，第二个断言也是正确的。

对多个数据点，我们只需将 $\log p(v^n|\theta)$ 的每个界相加。因此，我们得出的重要结论是，EM 算法不仅增大了边缘似然的下界，而且增大了边缘似然本身(更准确地说，EM 不能减小这些量)。

共享参数和表

在模型中，参数通常是在各组件之间共享的。EM 在这种共享参数情况下的应用本质上是简单的。根据能量项，我们需要确定发生共享参数的所有项。共享参数的目标是对包含共享参数的所有能量项加和。

11.2.3 信念网络中的应用

从概念上讲，EM 在训练拥有缺失数据的信念网络中的应用是简单明了的。这种较量与其说是概念性的，不如说是名义上的。我们从一个例子开始，从这个例子中可以从直觉上获得关于一般情况的信息。

例 11.4 考虑一个网络：

$$p(a,c,s)=p(c|a,s)p(a)p(s) \tag{11.2.25}$$

对这个网络，我们有一组数据，但变量 a 的状态从未被观察到，见图 11.3。我们的目标是学习条件概率表 $p(c|a,s)$、$p(a)$ 和 $p(s)$。为将 EM 算法(算法 11.1)应用于这种情况，我们首先假设初始参数 θ_a^0、θ_s^0 和 θ_c^0。

s	c
1	1
0	0
1	1
1	0
1	1
0	0
0	1

图 11.3 包含吸烟者信息的数据库(1 表示是吸烟者)以及肺癌信息(1 表示患了肺癌)。每一行都代表 1 个人的信息，此数据库共代表 7 个人

第一个 E-步，迭代 $t=1$，在隐变量上定义了一组分布(这里隐变量是 a)。为了便于书写，我们用 $q_t^n(a)$ 代替 $q_t^n(a|v^n)$。之后：

$$q_{t=1}^{n=1}(a)=p(a|c=1,s=1,\theta^0),\quad q_{t=1}^{n=2}(a)=p(a|c=0,s=0,\theta^0) \tag{11.2.26}$$

对 7 个训练样本($n=1,\cdots,7$)，以此类推。

我们现在进入第一个 M-步，任何迭代 t 的能量项为：

$$E(\theta)=\sum_{n=1}^{7}\langle\log p(c^n|a^n,s^n)+\log p(a^n)+\log p(s^n)\rangle_{q_t^n(a)} \tag{11.2.27}$$

$$=\sum_{n=1}^{7}\{\langle\log p(c^n|a^n,s^n)\rangle_{q_t^n(a)}+\langle\log p(a^n)\rangle_{q_t^n(a)}+\log p(s^n)\} \tag{11.2.28}$$

最后一项是变量 s 的对数似然，而 $p(s)$仅在这个项中显式地出现。因此，通常的极大似然规则适用于此，$p(s=1)$简单地由数据库中 $s=1$ 发生的相对次数来表示，即 $p(s=1)=4/7$，$p(s=0)=3/7$。

参数 $p(a=1)$对能量项的贡献表现在如下项中：

$$\sum_n\{q_t^n(a=0)\log p(a=0)+q_t^n(a=1)\log p(a=1)\} \tag{11.2.29}$$

使用归一化条件，得到：

$$\log p(a=0)\sum_n q_t^n(a=0)+\log(1-p(a=0))\sum_n q_t^n(a=1) \tag{11.2.30}$$

求关于 $p(a=0)$的微分并且求解零导数，得到 $p(a=0)$的 M-步更新为：

$$p(a=0)=\frac{\sum_n q_t^n(a=0)}{\sum_n q_t^n(a=0)+\sum_n q_t^n(a=1)}=\frac{1}{N}\sum_n q_t^n(a=0) \tag{11.2.31}$$

也就是说，在标准的极大似然估计中，我们将得到上述公式中数据的实际计数，这里用我们猜测的值 $q_t^n(a=0)$和 $q_t^n(a=1)$替换了它们。

对于 $p(c=1|a=0,s=1)$也有类似的过程。再一次，我们需要考虑归一化意味着 $p(c=0|a=0,s=1)$也产生了贡献，这一项对能量项的贡献来自于 $s=1$ 的数据索引 n：

$$\sum_{n:c^n=1,s^n=1}q_t^n(a=0)\log p(c=1|a=0,s=1)+\sum_{n:c^n=0,s^n=1}q_t^n(a=0)\log(1-p(c=1|a=0,s=1))$$

关于 $p(c=1|a=0,s=1)$的优化给出：

$$p(c=1|a=0,s=1)=\frac{\sum_n\mathbb{I}[c^n=1]\mathbb{I}[s^n=1]q_t^n(a=0)}{\sum_n\mathbb{I}[c^n=1]\mathbb{I}[s^n=1]q_t^n(a=0)+\sum_n\mathbb{I}[c^n=0]\mathbb{I}[s^n=1]q_t^n(a=0)} \tag{11.2.32}$$

为了比较，在完整数据情况下的设置为：

$$p(c=1|a=0,s=1)=\frac{\sum_n\mathbb{I}[c^n=1]\mathbb{I}[s^n=1]\mathbb{I}[a^n=0]}{\sum_n\mathbb{I}[c^n=1]\mathbb{I}[s^n=1]\mathbb{I}[a^n=0]+\sum_n\mathbb{I}[c^n=0]\mathbb{I}[s^n=1]\mathbb{I}[a^n=0]} \tag{11.2.33}$$

这些更新之间有一种直观的关系：在缺失数据的情况下，我们用假设的分布 q 代替指示器。迭代 E-和 M-步，这些参数将收敛到一个局部似然最优。

11.2.4 一般情况

多变量 x 上的信念网络一般形式如下：

$$p(x)=\prod_{i} p(x_i \mid \mathrm{pa}(x_i)) \tag{11.2.34}$$

一些变量将被观察到，而另一些变量将被隐藏。因此，我们将变量 x 划分为可见的和隐藏的，多变量部分 $x=(v,h)$。给定服从独立同分布的数据集 $\mathcal{V}=\{v^1,\cdots,v^N\}$，我们感兴趣的是学习 $p(x)$表，以极大化可见数据集 $\mathcal{V}$ 上的似然。对每个数据索引 n，每个多变量 $x^n=(v^n,h^n)$可分为可见的和隐藏的两部分。通常来说，上标用于指示数据点，下标用于指示变量数目。

根据方程(11.2.5)，信念网络的能量项的形式是：

$$\sum_{n}\langle \log p(x^n)\rangle_{q_t(h^n|v^n)}=\sum_{n}\sum_{i}\langle \log p(x_i^n \mid \mathrm{pa}(x_i^n))\rangle_{q_t(h^n|v^n)} \tag{11.2.35}$$

这里 t 用于指示 EM 算法的迭代次数。同时，定义以下表示法是有用的：

$$q_t^n(x)=q_t(h^n|v^n)\delta(v,v^n) \tag{11.2.36}$$

这意味着 $q_t^n(x)$在观察到的状态中设置了可见变量，并在未观察到的变量上定义了条件分布。然后定义混合分布：

$$q_t(x)=\frac{1}{N}\sum_{n=1}^{N} q_t^n(x) \tag{11.2.37}$$

方程(11.2.35)左侧的能量项可以更简洁地写成：

$$\sum_{n}\langle \log p(x^n)\rangle_{q_t(h^n|v^n)}=N\langle \log p(x)\rangle_{q_t(x)} \tag{11.2.38}$$

如需了解这一点，请考虑上式右侧：

$$N\langle \log p(x)\rangle_{q_t(x)}=N\sum_{x}[\log p(x)]\frac{1}{N}\sum_{n} q_t(h^n|v^n)\delta(v,v^n)=\sum_{n}\langle \log p(x^n)\rangle_{q_t(h^n|v^n)} \tag{11.2.39}$$

将这种简洁的表示法用于能量项和信念网络的结构，我们可以把能量项分解为：

$$\langle \log p(x)\rangle_{q_t(x)}=\sum_{i}\langle \log p(x_i \mid \mathrm{pa}(x_i))\rangle_{q_t(x)}=\sum_{i}\langle\langle \log p(x_i \mid \mathrm{pa}(x_i))\rangle_{q_t(x_i|\mathrm{pa}(x_i))}\rangle_{q_t(\mathrm{pa}(x_i))} \tag{11.2.40}$$

这意味着最大化能量项等同于最小化下式：

$$\sum_{i}\langle\langle \log q_t(x_i \mid \mathrm{pa}(x_i))\rangle_{q_t(x_i|\mathrm{pa}(x_i))}-\langle \log p(x_i \mid \mathrm{pa}(x_i))\rangle_{q_t(x_i|\mathrm{pa}(x_i))}\rangle_{q_t(\mathrm{pa}(x_i))} \tag{11.2.41}$$

在这里，我们增加了第一项常数项，使它具有 KL 散度的形式。由于这是独立的 KL 散度的总和，因此最优的 M-步为：

$$p^{\mathrm{new}}(x_i \mid \mathrm{pa}(x_i))=q_t(x_i \mid \mathrm{pa}(x_i)) \tag{11.2.42}$$

实际上，在所有变量 x 的状态上存储 $q_t(x)$是非常昂贵的。幸运的是，由于 M-步只需要每个变量 x_i 的家族分布，因此只需要局部分布 $q_t^n(x_i,\mathrm{pa}(x_i))$。进而，我们可以省去全局 $q_t(x)$并等效地使用下式：

$$p^{\mathrm{new}}(x_i \mid \mathrm{pa}(x_i))=\frac{\sum_{n} q_t^n(x_i,\mathrm{pa}(x_i))}{\sum_{n'} q_t^{n'}(\mathrm{pa}(x_i))} \tag{11.2.43}$$

使用 EM 算法，E-步的最优设置是使用 $q_t(h^n|v^n)=p^{\text{old}}(h^n|v^n)$。使用这种表示法，EM 算法可以像在算法 11.2 中一样被简洁地描述出来。另见 EMbeliefnet. m。图 11.4 给出了 EM 迭代下对数似然演化的图解。对不太熟悉上述基于 KL 散度的推导的读者，我们针对例 11.5 中的特殊情形描述了一种基于拉格朗日乘子的更经典的方法。

算法 11.2　用于信念网络的 EM。输入：可见变量 $\mathcal{V}$ 上的信念网络有向无环图和数据集。返回表 $p(x_i|\text{pa}(x_i))(i=1,\cdots,K)$ 的极大似然估计。

$t=1$　▷迭代计数器
令 $p_t(x_i|\text{pa}(x_i))$ 为初始值　▷初始化
while $p(x_i|\text{pa}(x_i))$ 不收敛(或似然不收敛) **do**
　$t\leftarrow t+1$
　for $n=1$ 到 N **do**　▷遍历所有数据点
　　$q_t^n(x)=p_t(h^n|v^n)\delta(v,v^n)$　▷E-步
　end for
　for $i=1$ 到 K **do**　▷遍历所有变量
　　$$p_{t+1}(x_i|\text{pa}(x_i))=\frac{\sum_{n=1}^{N}q_t^n(x_i,\text{pa}(x_i))}{\sum_{n'=1}^{N}q_t^{n'}(\text{pa}(x_i))}$$　▷M-步
　end for
end while
return $p_t(x_i|\text{pa}(x_i))$　▷最大似然参数估计

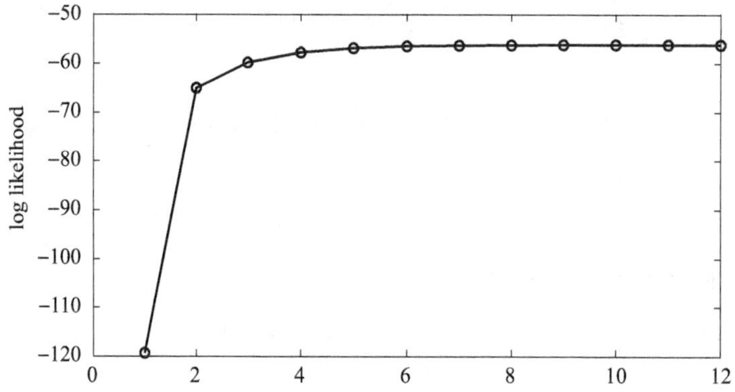

图 11.4　EM 训练过程下的对数似然与迭代的演化(来自练习 11.1)。请注意，刚开始进展非常迅速，但收敛速度可能很慢

例 11.5(另一个信念网络例子)　考虑具有离散变量的五变量分布：

$$p(x_1,x_2,x_3,x_4,x_5)=p(x_1|x_2)p(x_2|x_3)p(x_3|x_4)p(x_4|x_5)p(x_5) \tag{11.2.44}$$

其中，变量 x_2 和 x_4 在训练数据中始终隐藏，而 x_1，x_3，x_5 在训练数据中始终存在。该分布可以表示为以下信念网络：

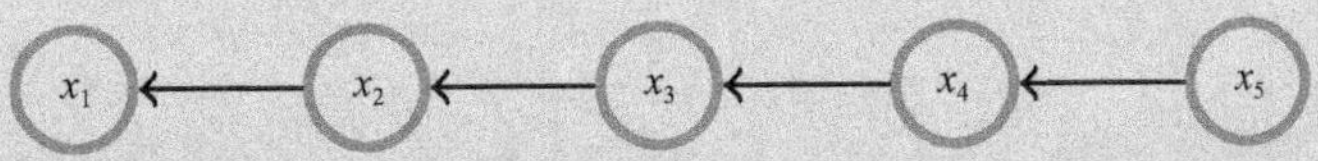

通过最大化能量项给出 M-步。根据能量项的一般形式，即式(11.2.35)，我们需要考虑隐变量 $h=(x_2,x_4)$上以可见变量 $v=(x_1,x_3,x_5)$为条件的变分分布 $q(h|v)$。使用 n 作为数据点索引，t 作为 EM 迭代计数器，对每一个数据点构造以下变分分布：

$$q_t(x_2^n,x_4^n|x_1^n,x_3^n,x_5^n) \tag{11.2.45}$$

为使公式表示更为简洁，我们这里省去了 t，且将上面的内容简单地写成 $q^n(x_2,x_4)$。这样，对能量项的贡献具有如下形式：

$$\sum_n \langle \log p(x_1^n|x_2)p(x_2|x_3^n)p(x_3^n|x_4)p(x_4|x_5^n)p(x_5^n)\rangle_{q^n(x_2,x_4)} \tag{11.2.46}$$

这可以写成：

$$\sum_n \langle \log p(x_1^n|x_2)\rangle_{q^n(x_2,x_4)} + \sum_n \langle \log p(x_2|x_3^n)\rangle_{q^n(x_2,x_4)} + \sum_n \langle \log p(x_3^n|x_4)\rangle_{q^n(x_2,x_4)} + \sum_n \langle \log p(x_4|x_5^n)\rangle_{q^n(x_2,x_4)} + \sum_n \log p(x_5^n) \tag{11.2.47}$$

现在可以利用一个有用的属性，即每项只依赖于该项所代表的家族中的那些隐变量。所以我们可以写成：

$$\sum_n \langle \log p(x_1^n|x_2)\rangle_{q^n(x_2)} + \sum_n \langle \log p(x_2|x_3^n)\rangle_{q^n(x_2)} + \sum_n \langle \log p(x_3^n|x_4)\rangle_{q^n(x_4)} + \sum_n \langle \log p(x_4|x_5^n)\rangle_{q^n(x_4)} + \sum_n \log p(x_5^n) \tag{11.2.48}$$

最后一项可以使用极大似然求得。因此，考虑一个更复杂的表 $p(x_1|x_2)$。表元素 $p(x_1=i|x_2=j)$何时会出现在能量项中呢？答案是每当 x_1^n 处于状态 i 时。由于对变量 x_2 的所有状态有一个求和(由于平均值)，因此也有一个变量 x_2 处于状态 j 的项。于是，形如 $p(x_1=i|x_2=j)$的项，对能量项的贡献是：

$$\sum_n \mathbb{I}[x_1^n=i]q^n(x_2=j)\log p(x_1=i|x_2=j) \tag{11.2.49}$$

其中，如果 x_1^n 处于状态 i，则指示函数 $\mathbb{I}[x_1^n=i]$等于 1，否则等于 0。为了确保表的归一化，我们添加一个拉格朗日项：

$$\sum_n \mathbb{I}[x_1^n=i]q^n(x_2=j)\log p(x_1=i|x_2=j)+\lambda\left\{1-\sum_k p(x_1=k|x_2=j)\right\} \tag{11.2.50}$$

求关于 $p(x_1=i|x_2=j)$的微分并置 0，我们得到：

$$\sum_n \mathbb{I}[x_1^n=i]\frac{q^n(x_2=j)}{p(x_1=i|x_2=j)}=\lambda \tag{11.2.51}$$

或者：

$$p(x_1=i|x_2=j)\propto \sum_n \mathbb{I}[x_1^n=i]q^n(x_2=j) \tag{11.2.52}$$

因此，

$$p(x_1=i|x_2=j)=\frac{\sum_n \mathbb{I}[x_1^n=i]q^n(x_2=j)}{\sum_{n,k}\mathbb{I}[x_1^n=k]q^n(x_2=j)} \tag{11.2.53}$$

由 E-步，我们可得：

$$q^n(x_2=j)=p^{\text{old}}(x_2=j|x_1^n,x_3^n,x_5^n) \tag{11.2.54}$$

给定一些证据变量后，这种最优分布很容易计算，因为这是家族的边缘分布。因此，对表的 M-步更新为：

$$p^{\text{new}}(x_1=i|x_2=j)=\frac{\sum_n \mathbb{I}[x_1^n=i]p^{\text{old}}(x_2=j|x_1^n,x_3^n,x_5^n)}{\sum_{n,k}\mathbb{I}[x_1^n=k]p^{\text{old}}(x_2=j|x_1^n,x_3^n,x_5^n)} \tag{11.2.55}$$

如果没有隐藏的数据，则等式(11.2.55)将改为：

$$p^{\text{new}}(x_1=i|x_2=j)\propto \sum_n \mathbb{I}[x_1^n=i]\mathbb{I}[x_2^n=j] \tag{11.2.56}$$

因此，在一般的 EM 情况下，我们所做的就是用确定性函数的缺失变量等效值 $p^{\text{old}}(x_2=i|x_1^n,x_3^n,x_5^n)$替换确定性函数(诸如 $\mathbb{I}[x_2^n=i]$)。

11.2.5　收敛性

EM 的收敛速度可能很慢，特别是当缺失观察数据的个数大于可见观察数据的个数时。在实践中，人们经常结合 EM 和基于梯度的过程来改进收敛性，见 11.6 节。还有就是，对数似然通常是参数的非凸函数。这意味着可能存在多个局部最优解，并且找到的解通常取决于初始化。

11.2.6　马尔可夫网络中的应用

虽然目前为止，例子都是关于信念网络的，但是我们也可以将 EM 应用于学习有缺失数据的马尔可夫网络的参数。对于在可见变量和隐变量上定义的，每个团 c 具有独立参数 θ_c 的马尔可夫网络：

$$p(v,h|\theta)=\frac{1}{Z(\theta)}\prod_c \phi_c(h,v|\theta_c) \tag{11.2.57}$$

EM 的变分下界为：

$$\log p(v|\theta)\geqslant H(q)+\sum_c \langle \log\phi_c(h,v|\theta_c)\rangle_{q(h)}-\log Z(\theta) \tag{11.2.58}$$

其中 $H(p)$是分布的熵函数，$H(p)\equiv-\langle \log p(x)\rangle_{p(x)}$。尽管在第二项中，界解耦了簇参数，但是参数在归一化过程中是耦合的：

$$Z(\theta)=\sum_{v,h}\prod_{c=1}^{C}\phi_c(h,v|\theta_c),\quad \theta=(\theta_1,\cdots,\theta_C) \tag{11.2.59}$$

因此，我们不能根据参数偏移直接优化上述参数上的界。一种方法是使用上面的附加界 $\log Z(\theta)$，对于迭代尺度，使用 9.6.4 节介绍的内容来解耦 Z 中的团参数，细节作为练习留给感兴趣的读者。

11.3 EM 的扩展

11.3.1 部分 M-步

在每一次迭代中，不需要找到能量项的完全最优解。只要找到一个参数 θ'，它比当前参数 θ 具有更高的能量，那么，11.2.2 节所要求的条件仍然有效，并且在每次迭代时，似然都不能减小。

11.3.2 部分 E-步

E-步要求我们找到下式关于 $q(h^n|v^n)$ 的最优解：

$$\log p(\mathcal{V}|\theta) \geqslant -\sum_{n=1}^{N} \langle \log q(h^n|v^n) \rangle_{q(h^n|v^n)} + \sum_{n=1}^{N} \langle \log p(h^n, v^n|\theta) \rangle_{q(h^n|v^n)} \tag{11.3.1}$$

完全最优设置是：

$$q(h^n|v^n) = p(h^n|v^n) \tag{11.3.2}$$

对于保证在每次迭代中似然增加，在 11.2.2 节中我们要求使用这个 q 的完全最优设置。因此，不幸的是，一般情况下，不能保证部分 E-步(其中固定 θ，只部分优化关于 q 的下界)总会增加似然。当然，它保证增加似然的下界，但不包括似然本身。我们将在下面讨论一些部分 E-步方案。

难处理的能量项

EM 算法假设我们可以计算：

$$\langle \log p(h, v|\theta) \rangle_{q(h|v)} \tag{11.3.3}$$

然而，在某些情况下，我们无法计算关于 q 的完全最优形式的平均值。在这种情况下，通常可以考虑 q-分布的受限类 $\mathcal{Q}$，它的平均值可以计算。例如，平均值容易计算的一个类为因子分解分布 $q(h|v) = \prod_j q(h_j|v)$，另一个流行的类是高斯 q 分布。然后，通过使用数值优化例程，我们就可以找到类 $\mathcal{Q}$ 中的最优 q 分布：

$$q^{\text{opt}} = \underset{q \in \mathcal{Q}}{\operatorname{argmin}} \operatorname{KL}(q(h) | p(h|v, \theta)) \tag{11.3.4}$$

或者，对 q 分布，我们可以采用一定的结构化形式，并通过自由形式的泛函演算来学习分布的最优因子。想更多地了解这个方法，可见 28.4.2 节。

维特比(Viterbi)训练

部分 E-步的极端情况是将 $q(h^n|v^n)$ 限制为 δ 函数。在这种情况下，熵项 $\langle \log q(h^n|v^n) \rangle_{q(h^n|v^n)}$ 是常数(h 离散时为零)，因此最优的 δ 函数 q 为：

$$q(h^n|v^n) = \delta(h^n, h_*^n) \tag{11.3.5}$$

其中：

$$h_*^n = \underset{h}{\operatorname{argmax}}\, p(h, v^n|\theta) \tag{11.3.6}$$

当用在能量项中时，关于 q 的平均值是微不足道的，能量项简单地变成：

$$\sum_{n=1}^{N} \log p(h_*^n, v^n|\theta) \tag{11.3.7}$$

然后，在对数似然上得到相应的界：

$$\log p(\mathcal{V}|\theta) \geqslant H + \sum_{n=1}^{N} \log p(h_*^n, v^n|\theta) \tag{11.3.8}$$

其中 H 是 δ 函数的熵(H 离散时为零)。

作为这种技术的部分理由，假如有足够的数据，那么有人可能希望作为参数 θ 的函数的似然在最优值周围急剧达到峰值。这意味着，在收敛时后验 $p(h|v,\theta^{\text{opt}})$ 对 δ 函数的逼近是合理的，且使用维特比训练法的 EM 更新将产生一个与 θ^{opt} 大致相同的新 θ。然而，对任何好的次优 θ，$p(h|v,\theta)$ 可能离 δ 函数较远，因此，维特比更新在使似然本身增加方面不太可靠。这说明维特比更新中 θ 的初始化比标准 EM 算法更加重要。请注意，由于维特比训练对应的是部分 E-步，因此使用这个受限的 q 分布类的 EM 训练只能保证增加对数似然的下界，而不是似然本身。

这种技术在语音识别社区中很流行，用于训练 HMM，也是术语维特比训练产生的地方。

随机 EM

流行的另一近似 $q(h^n|v^n)$ 的分布是使用由抽取自完全最优分布 $p(h^n|v^n,\theta)$ 的样本形成的经验分布。这种方法在 $p(h^n|v^n,\theta)$ 中抽取样本 $h_1^n,\cdots,h_L^n$（关于抽样问题的讨论，见第 27 章）并形成如下 q 分布：

$$q(h^n|v^n)=\frac{1}{L}\sum_{l=1}^{L}\delta(h^n,h_l^n) \tag{11.3.9}$$

能量就成正比于：

$$\sum_{n=1}^{N}\sum_{l=1}^{L}\log p(h_l^n,v^n|\theta) \tag{11.3.10}$$

因此，就像在维特比训练中一样，对这个受限的 q 类，能量总是可计算的。如果 $p(h^n|v^n)$ 的样本是可靠的，那么随机训练将产生一个能量函数，其特征（平均）与经典 EM 算法下的真正能量相同。这意味着，随着样本数的增加，随机 EM 得到的解应该趋向于经典 EM 的解。

11.4　EM 的失败案例

虽然 EM 算法非常有用，但在某些情况下它不起作用。考虑下面的似然：

$$p(v|\theta)=\int_h p(v|h,\theta)p(h),\quad 有\ p(v|h,\theta)=\delta(v,f(h|\theta)) \tag{11.4.1}$$

如果我们尝试使用 EM 方法，将会失败（另请参见练习 7.8）。为搞清为什么会这样，进行以下分析，M-步设置了：

$$\theta_{\text{new}}=\underset{\theta}{\operatorname{argmax}}\langle\log p(v,h|\theta)\rangle_{p(h|v,\theta_{\text{old}})}=\underset{\theta}{\operatorname{argmax}}\langle\log p(v|h,\theta)\rangle_{p(h|v,\theta_{\text{old}})} \tag{11.4.2}$$

其中我们用到了对这个模型，$p(h)$ 独立于 θ 的事实。在 $p(v|h,\theta)=\delta(v,f(h|\theta))$ 的情况下，有：

$$p(h|\theta_{\text{old}})\propto\delta(v,f(h|\theta_{\text{old}}))p(h) \tag{11.4.3}$$

因此，对能量项的优化给出以下更新：

$$\theta_{\text{new}}=\underset{\theta}{\operatorname{argmax}}\langle\log\delta(v,f(h|\theta))\rangle_{p(h|v,\theta_{\text{old}})} \tag{11.4.4}$$

由于 $p(h|\theta^{\text{old}})$ 除在 h^* 处 $v=f(h^*|\theta_{\text{old}})$ 之外，处处为零，因此能量项变为 $\log\delta(f(h^*|\theta_{\text{old}}),f(h^*|\theta))$。如果 $\theta\neq\theta_{\text{old}}$ 则这会负无穷，反之等于 0。因此 $\theta=\theta_{\text{old}}$ 是最优的，并且 EM 算法没有成功产生有意义的参数更新[⊖]。这种情况会在实践中发生，特别是在独立成分分析

⊖ 对于离散变量和 Kronecker delta，当 $\theta=\theta_{\text{old}}$ 时能量项达到最大值 0。然而对于连续变量，Dirac delta 函数的对数形式没有得到良好的定义。考虑到 δ 函数作为窄宽度高斯的极限，对于任意小而有限的宽度，当 $\theta=\theta_{\text{old}}$ 时，能量是最大的。

的背景下[240]。虽然对输出使用 δ 函数显然是极端的，但当 $p(v|h,\theta)$ 接近确定值时，参数更新也会出现类似的减速。

我们可以使用下面的分布来导出 EM 算法，以尝试避免这种情况：

$$p_\epsilon(v,h|\theta)=(1-\epsilon)\delta(v,f(h|\theta))p(h)+\epsilon n(v,h),\quad 0\leqslant\epsilon\leqslant 1 \tag{11.4.5}$$

其中 $n(v,h)$ 是隐变量 h 上的一个任意分布。原确定性模型对应于 $p_0(v,h|\theta)$。定义：

$$p_\epsilon(v|\theta)=\int_h p_\epsilon(v,h|\theta),\quad p_\epsilon(v|\theta)=(1-\epsilon)p_0(v|\theta)+\epsilon n(v) \tag{11.4.6}$$

对 $p_\epsilon(v|\theta)(0<\epsilon<1)$ 的 EM 算法满足：

$$p_\epsilon(v|\theta_{\text{new}})-p_\epsilon(v|\theta_{\text{old}})=(1-\epsilon)(p_0(v|\theta_{\text{new}})-p_0(v|\theta_{\text{old}}))>0 \tag{11.4.7}$$

这暗含着：

$$p_0(v|\theta_{\text{new}})-p_0(v|\theta_{\text{old}})>0 \tag{11.4.8}$$

这意味着在非确定性情况($0<\epsilon<1$)下，EM 算法保证在每次迭代时增大确定性模型 $p_0(v|\theta)$ 的似然(除非已经收敛)。这种“防冻剂”技术在用 EM 学习马尔可夫决策过程中的应用参见[108]。

11.5 变分贝叶斯

变分贝叶斯(VB)类似于 EM，它帮助我们处理隐变量。然而，它是一种返回参数后验分布的贝叶斯方法，而不是像极大似然那样给出单一最优解 θ。为了使符号用起来简单，我们最初只假定一个有观察数据 v 的数据点。我们感兴趣的是参数后验：

$$p(\theta|v)\propto p(v|\theta)p(\theta)=\sum_h p(v,h|\theta)p(\theta) \tag{11.5.1}$$

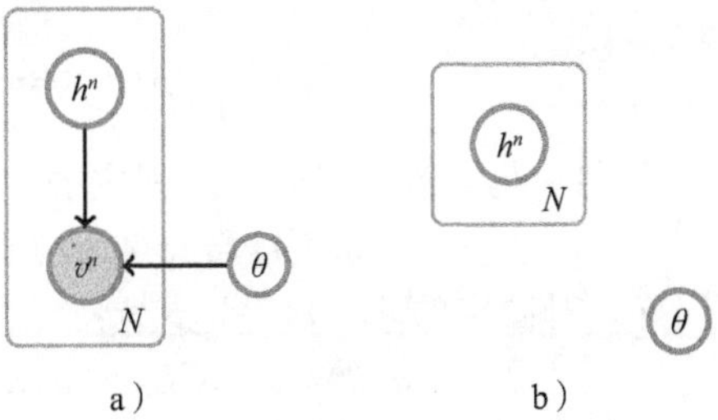

图 11.5　a) 具有隐变量的模型的常规形式。b) 一种用于变分贝叶斯的因子分解后验近似

变分贝叶斯方法假定了联合隐变量和参数后验的因子分解近似：

$$p(h,\theta|v)\approx q(h)q(\theta) \tag{11.5.2}$$

可见图 11.5。通过最小化 $p(h,\theta|v)$ 和 $q(h)q(\theta)$ 之间的 KL 散度(下面会讨论)，可以找到最优的因子 $q(h)$ 和 $q(\theta)$。

边缘似然下界

通过最小化 KL 散度：

$$\mathrm{KL}(q(h)q(\theta)|p(h,\theta|v))=\langle\log q(h)\rangle_{q(h)}+\langle\log q(\theta)\rangle_{q(\theta)}-\langle\log p(h,\theta|v)\rangle_{q(h)q(\theta)}\geqslant 0 \tag{11.5.3}$$

我们可以得到下界：

$$\log p(v)\geqslant-\langle\log q(h)\rangle_{q(h)}-\langle\log q(\theta)\rangle_{q(\theta)}+\langle\log p(v,h,\theta)\rangle_{q(h)q(\theta)} \tag{11.5.4}$$

最小化关于 $q(\theta)$ 和 $q(h)$ 的 KL 散度相当于获得 $\log p(v)$ 的最紧下界。首先固定 $q(\theta)$ 并求解 $q(h)$，然后固定 $q(h)$ 并求解 $q(\theta)$ 的简单的坐标化过程，类似于 EM 算法的 E-步和 M-步。

E-步为：

$$q^{\text{new}}(h)=\underset{q(h)}{\operatorname{argmin}}\mathrm{KL}(q(h)q^{\text{old}}(\theta)|p(h,\theta|v)) \tag{11.5.5}$$

M-步为：

$$q^{\text{new}}(\theta)=\underset{q(\theta)}{\operatorname{argmin}}\mathrm{KL}(q^{\text{new}}(h)q(\theta)|p(h,\theta|v)) \tag{11.5.6}$$

算法 11.3 描述了对一组观察值 $\mathcal{V}$ 和隐变量 $\mathcal{H}$ 进行上述计算的过程。对以参数化或其他方式限制的分布 $q(\mathcal{H})$ 和 $q(\theta)$，返回的是最小 KL 意义下的最优分布。通常，变分贝叶斯的每次迭代都保证增大边缘似然的下界，而不是边缘似然本身。与 EM 算法一样，变分贝叶斯(经常)会有局部最大值问题。这意味着收敛的解依赖于初始化。

算法 11.3　变分贝叶斯

$t=0$　▷迭代计数器
选择初始分布 $q_0(\theta)$.　▷初始化
while θ 不收敛(或似然不收敛) **do**
　$t \leftarrow t+1$
　$q_t(\mathcal{H})=\underset{q(\mathcal{H})}{\text{argmin}}\text{KL}(q(\mathcal{H})q_{t-1}(\theta)\,|\,p(\mathcal{H},\theta\,|\,\mathcal{V}))$　▷E-步
　$q_t(\theta)=\underset{q(\theta)}{\text{argmin}}\text{KL}(q_t(\mathcal{H})q(\theta)\,|\,p(\mathcal{H},\theta\,|\,\mathcal{V}))$　▷M-步
end while
return $q_t(\theta)$　▷后验参数近似

不受限的近似

固定 $q(\theta)$，$q(h)$ 对 KL 散度方程(11.5.3)的贡献是：

$$\langle \log q(h)\rangle_{q(h)}-\langle \log p(v,h,\theta)\rangle_{q(h)q(\theta)}=\text{KL}(q(h)\,|\,\tilde{p}(h))+C \tag{11.5.7}$$

其中：

$$\tilde{p}(h)\equiv\frac{1}{\tilde{Z}}\exp(\langle \log p(v,h,\theta)\rangle_{q(\theta)}) \tag{11.5.8}$$

$\tilde{Z}$ 是归一化常数。因此，对固定的 $q(\theta)$，E-步将 $q(h)$ 设置为 $\tilde{p}$：

$$q(h)\propto\exp\langle \log p(v,h,\theta)\rangle_{q(\theta)}\propto\exp\langle \log p(v,h\,|\,\theta)\rangle_{q(\theta)} \tag{11.5.9}$$

同样，对固定的 $q(h)$，M-步为：

$$q(\theta)\propto\exp\langle \log p(v,h,\theta)\rangle_{q(h)}=p(\theta)\exp\langle \log p(v,h\,|\,\theta)\rangle_{q(h)} \tag{11.5.10}$$

将这些 E-步和 M-步更新迭代到收敛。

独立同分布数据

在独立同分布假设的前提下，我们得到了整个数据集 $\mathcal{V}=\{v^1,\cdots,v^N\}$ 的边缘似然：

$$\log p(\mathcal{V})\geqslant\sum_n\{-\langle \log q(h^n)\rangle_{q(h^n)}-\langle \log q(\theta)\rangle_{q(\theta)}+\langle \log p(v^n,h^n,\theta)\rangle_{q(h^n)q(\theta)}\} \tag{11.5.11}$$

对任何 $q(h^n)$ 和 $q(\theta)$，该下界都是成立的，但来自 VB 过程的收敛估计是最紧的。对一个独立同分布数据集，在直接且不失一般性的情况下，我们可以假设：

$$q(h^1,\cdots,h^N)=\prod_n q(h^n) \tag{11.5.12}$$

在此基础上，我们得出了算法 11.4。

算法 11.4　变分贝叶斯(独立同分布数据)

$t=0$　▷迭代计数器
选择初始分布 $q_0(\theta)$.　▷初始化
while θ 不收敛(或似然不收敛) **do**
　$t \leftarrow t+1$
　for $n=1$ 到 N **do**　▷遍历所有数据点

$q_t^n(h^n) \propto \exp\left(\langle \log p(v^n, h^n | \theta)\rangle_{q_{t-1}(\theta)}\right)$ ▷E-步

end for

$q_t(\theta) \propto p(\theta)\exp\left(\sum_n \langle \log p(v^n, h^n | \theta)\rangle_{q_t^n(h^n)}\right)$ ▷M-步

end while

return $q_t^n(\theta)$ ▷后验参数近似

11.5.1 EM 是一种特殊的变分贝叶斯

如果我们希望找到只对应于最可能点 θ_* 的参数后验的摘要(summary)，那么我们可以使用一种受限形式的 $q(\theta)$：

$$q(\theta) = \delta(\theta, \theta_*) \tag{11.5.13}$$

其中 θ_* 是参数的单一最优值。把这个假设代入方程(11.5.4)，我们就得到了下界：

$$\log p(v|\theta_*) \geqslant -\langle \log q(h)\rangle_{q(h)} + \langle \log p(v, h, \theta_*)\rangle_{q(h)} + C \tag{11.5.14}$$

则 M-步为：

$$\theta_* = \underset{\theta}{\operatorname{argmax}}(\langle \log p(v, h|\theta)\rangle_{q(h)} + \log p(\theta)) \tag{11.5.15}$$

对均匀先验 $p(\theta) = C$，这等价于 EM 算法中的能量最大化。在对 $q(h^n)$ 的 VB 的 E-步更新中使用这个单一的最优值，我们有：

$$q_t^n(h) \propto p(v, h|\theta_*) \propto p(h|v, \theta_*) \tag{11.5.16}$$

这是 EM 的标准 E-步。因此 EM 是 VB 在均匀先验 $p(\theta) = C$ 下的一个特例，这和后验参数的 δ 函数近似。

11.5.2 示例：用于接触石棉-吸烟-患肺癌网络的变分贝叶斯

在 9.4 节中，我们展示了如何应用贝叶斯方法来训练信念网络，从而得到参数的后验分布。在我们之前的讨论中，数据是可完全观察的。在这里，我们回到这一情况，但现在假定有些观察值可能缺失。这使得贝叶斯分析更加复杂，并且引出了 VB 等近似方法。

让我们重新考虑二值变量的接触石棉-吸烟-患肺癌网络中的贝叶斯学习(如 9.4 节所述)：

$$p(a, c, s) = p(c|a, s)p(a)p(s) \tag{11.5.17}$$

其中，我们使用因子分解的参数先验：

$$p(\theta_c)p(\theta_a)p(\theta_s) \tag{11.5.18}$$

当所有的数据都服从独立同分布且可观察时，参数后验也可因子分解。但是，如 11.1.1 节所述，如果接触石棉 a 的状态未观察到，则参数后验不再可因子分解：

$$p(\theta_a, \theta_s, \theta_c | \mathcal{V}) \propto p(\theta_a)p(\theta_s)p(\theta_c)p(\mathcal{V}|\theta_a, \theta_s, \theta_c) \tag{11.5.19}$$

$$\propto p(\theta_a)p(\theta_s)p(\theta_c)\prod_n p(v^n|\theta_a, \theta_s, \theta_c) \tag{11.5.20}$$

$$\propto p(\theta_a)p(\theta_s)p(\theta_c)\prod_n p(s^n|\theta_s)\sum_{a^n} p(c^n|s^n, a^n, \theta_c)p(a^n|\theta_a) \tag{11.5.21}$$

其中，对 a 的求和不利于因子分解为单个表参数的乘积。这意味着表示后验变得更加困难，因为我们不能通过仅在每个参数表上使用后验分布来精确地做到这一点。在这种情况下，VB 可能很有用，因为它使我们能够将因子分解强加于后验。在 VB 中，我们考虑了

参数和隐变量 $q(h)q(\theta)$ 上的后验近似。在本例中，$\theta=(\theta_a,\theta_s,\theta_c)$ 且潜变量是接触石棉 a^n（每个数据点一个），可见变量是吸烟和患肺癌：$\mathcal{V}=\{s^n,c^n\}(n=1,\cdots,N)$。所有这些变量的精确联合分布是：

$$p(\theta_a,\theta_s,\theta_c,a^1,\cdots,a^N\mid\mathcal{V})\propto\underbrace{p(\theta_a)p(\theta_s)p(\theta_c)}_{\text{先验}}\underbrace{\prod_n p(c^n\mid s^n,a^n,\theta_c)p(s^n\mid\theta_s)p(a^n\mid\theta_a)}_{\text{后验}} \tag{11.5.22}$$

在 VB 中，我们做了一个因子分解的假设，将参数和潜变量分开：

$$p(\theta,a^{1:N}\mid\mathcal{V})\approx q(\theta)q(a^{1:N}) \tag{11.5.23}$$

从方程(11.5.9)的一般结果来看，我们有(忽略了与指数中的 a 无关的项)：

$$q(a^{1:N})\propto\exp\Big(\sum_n\langle\log p(c^n\mid s^n,a^n,\theta_c)\rangle_{q(\theta_c)}+\sum_n\langle\log p(a^n\mid\theta_a)\rangle_{q(\theta_a)}\Big) \tag{11.5.24}$$

由此，我们可立即得到，我们的近似可自动因子分解：

$$q(a^{1:N})=\prod_n q(a^n) \tag{11.5.25}$$

同样，从方程(11.5.10)我们有：

$$q(\theta)\propto p(\theta)\exp\Big(\sum_n\langle\log p(c^n\mid s^n,a^n,\theta_c)p(s^n\mid\theta_s)p(a^n\mid\theta_a)\rangle_{q(a^n)}\Big) \tag{11.5.26}$$

$$=p(\theta)\exp\Big(\sum_n\langle\log p(c^n\mid s^n,a^n,\theta_c)\rangle_{q(a^n)}\Big)\Big\{\prod_n p(s^n\mid\theta_s)\Big\}\exp\Big(\sum_n\langle\log p(a^n\mid\theta_a)\rangle_{q(a^n)}\Big) \tag{11.5.27}$$

由于参数先验可以因子分解，因此我们可以收集 θ_a、θ_s 和 θ_c 中的项，并看到 VB 假设自动产生因子化参数后验近似。因此，我们的 VB 近似形式是(见图 11.6)：

$$p(\theta_a,\theta_s,\theta_c,a^1,\cdots,a^N\mid\mathcal{V})\approx q(\theta_a)q(\theta_c)q(\theta_s)\prod_n q(a^n) \tag{11.5.28}$$

剩下的就是形成 E-步($q(a^n)$更新)和 M-步($q(\theta)$更新)，如下所述。

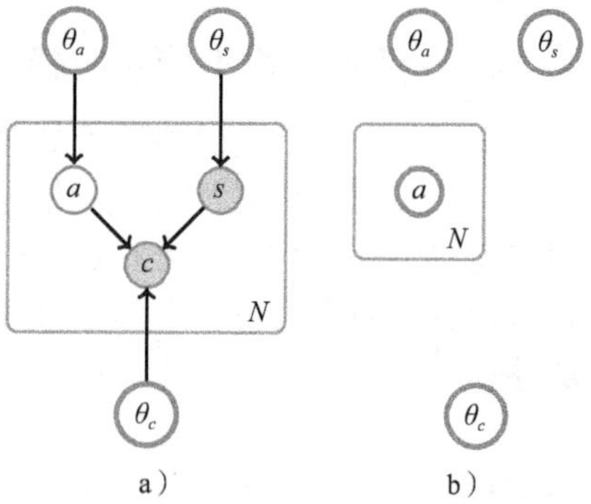

图 11.6 a) 带因子分解参数先验的接触石棉-吸烟-患肺癌模型。变量 c 与 s 可观察，变量 a 始终缺失。b) 因子分解参数后验近似

M-步：$q(\theta)$ 更新

由上我们有：

$$q(\theta_a)\propto p(\theta_a)\prod_n\exp\langle\log p(a^n\mid\theta_a)\rangle_{q(a^n)} \tag{11.5.29}$$

其中：

$$\langle\log p(a^n\mid\theta_a)\rangle_{q(a^n)}=q(a^n=1)\log\theta_a+q(a^n=0)\log(1-\theta_a) \tag{11.5.30}$$

因此：

$$\exp\langle\log p(a^n\mid\theta_a)\rangle_{q(a^n)}=\theta_a^{q(a^n=1)}(1-\theta_a)^{q(a^n=0)} \tag{11.5.31}$$

使用 Beta 分布先验很方便：

$$p(\theta_a)=B(\theta_a\mid\alpha,\beta)\propto\theta_a^{\alpha-1}(1-\theta_a)^{\beta-1} \tag{11.5.32}$$

因此后验近似也是 Beta 分布：

$$q(\theta_a)=B\left(\theta_a|\alpha+\sum_n q(a^n=1),\beta+\sum_n q(a^n=0)\right) \tag{11.5.33}$$

经过同样的计算可得：

$$q(\theta_s)=B\left(\theta_s|\alpha+\sum_n \mathbb{I}[s^n=1],\beta+\sum_n \mathbb{I}[s^n=0]\right) \tag{11.5.34}$$

最后，我们为 c 的每个父状态提供了一个表。比如：

$$q(\theta_c(a=0,s=1))=B\left(\theta_c|\alpha+\sum_n \mathbb{I}[s^n=1]q(a^n=0),\beta+\sum_n \mathbb{I}[s^n=0]q(a^n=1)\right) \tag{11.5.35}$$

这些都让人想起标准的贝叶斯方程，即方程(9.4.15)，只不过缺失的数据计数已经被 q 的数据所取代。

E-步：$q(a^n)$更新

根据方程(11.5.24)，我们有：

$$q(a^n)\propto\exp(\langle\log p(c^n|s^n,a^n,\theta_c)\rangle_{q(\theta_c)}+\langle\log p(a^n|\theta_a)\rangle_{q(\theta_a)}) \tag{11.5.36}$$

例如，假设对于数据点 n，s 处于状态 1，c 处于状态 0，则：

$$q(a^n=1)\propto\exp\langle\log(1-\theta_c(s=1,a=1))\rangle_{q(\theta_c(s=1,a=1))}+\langle\log\theta_a\rangle_{q(\theta_a)} \tag{11.5.37}$$

且：

$$q(a^n=0)\propto\exp(\langle\log(1-\theta_c(s=1,a=0))\rangle_{q(\theta_c(s=1,a=1))}+\langle\log(1-\theta_a)\rangle_{q(\theta_a)}) \tag{11.5.38}$$

这些更新需要计算 Beta 分布均值$\langle\log\theta\rangle_{B(\theta|\alpha,\beta)}$和$\langle\log(1-\theta)\rangle_{B(\theta|\alpha,\beta)}$，这些计算起来非常简单，参见练习 8.17。

然后通过迭代方程(11.5.33、11.5.34、11.5.35、11.5.37 和 11.5.38)给出完整的 VB 过程，直到收敛。

给定一个收敛的因子分解近似，然后计算一个边缘概率表，例如 $p(a=1|\mathcal{V})$是很简单的，在给定以下近似的情况下：

$$p(a=1|\mathcal{V})\approx\int_{\theta_a}q(a=1|\theta_a)q(\theta_a)=\frac{\alpha+\sum_n q(a^n=1)}{\alpha+\sum_n q(a^n=0)+\beta+\sum_n q(a^n=1)} \tag{11.5.39}$$

用 VB 在任意结构化的信念网络中学习表是对此处所述技术的一个简单的扩展。在因子分解近似 $q(h,\theta)=q(h)q(\theta)$下，总是会得到一个类似于完整数据情况的简单更新方程，只是缺失数据会用变分近似代替。然而，如果一个变量有许多缺失的父变量，那么均值中与 q 分布有关的状态数就会变得难以处理，并且进一步限制了近似的形式，或额外的界是必要的。

我们可以很容易地将上述情况推广到多项式变量的狄利克雷分布的情况，见练习 11.5。事实上，到指数族的扩展是直接的。

11.6　用梯度法优化似然

当缺失的信息量小于完整的信息量时，EM 算法通常运转得很好。在这种情况下，EM 的收敛性与牛顿梯度法的大致相同。然而，如果缺失信息的比例接近整体，则 EM 收敛会非常缓慢。对连续参数 θ，另一种选择是直接计算似然的梯度，并将其作为标准连续变量优化例程的一部分。使用下面的恒等式计算梯度将很简单。考虑对数似然：

$$L(\theta)=\log p(v|\theta) \tag{11.6.1}$$

导数可以写为：

$$\partial_\theta L(\theta)=\frac{1}{p(v|\theta)}\partial_\theta p(v|\theta)=\frac{1}{p(v|\theta)}\partial\theta\int_h p(v,h|\theta) \tag{11.6.2}$$

这里，我们可以将导数放入积分里：

$$\partial_\theta L(\theta)=\frac{1}{p(v|\theta)}\int_h \partial_\theta p(v,h|\theta)=\int_h p(h|v,\theta)\partial_\theta \log p(v,h|\theta)=\langle\partial_\theta \log p(v,h|\theta)\rangle_{p(h|v,\theta)} \tag{11.6.3}$$

其中我们使用了 $\partial \log f(x)=(1/f(x))\,\partial f(x)$。等号右边是对数完全似然导数的均值。这与 EM 算法中能量项的导数密切相关，但请注意，这里的均值是针对当前的分布参数 θ 计算的，而不是像在 EM 中的 θ^{old}。用这种方法计算隐变量模型的导数比较简单。然后，这些导数可以作为标准优化例程的一部分，例如共轭梯度[256]。

11.6.1　无向模型

虽然方程式(11.6.3)代表一般情况，但并不总是能够容易地计算所需的均值。考虑一个包含隐变量和可见变量的无向模型：

$$p(v,h|\theta)=\frac{1}{Z(\theta)}\exp(\phi(v,h|\theta)) \tag{11.6.4}$$

对独立同分布数据，可见变量上的对数似然是(假设 v 和 h 是离散变量)：

$$L(\theta)=\sum_n\left(\log\sum_h \exp\phi(v^n,h|\theta)-\log\sum_{h,v}\exp\phi(v,h|\theta)\right) \tag{11.6.5}$$

其梯度为：

$$\frac{\partial}{\partial\theta}L=\sum_n\left(\underbrace{\left\langle\frac{\partial}{\partial\theta}\phi(v^n,h|\theta)\right\rangle_{p(h|v^n,\theta)}}_{\text{受限的均值}}\underbrace{-\left\langle\frac{\partial}{\partial\theta}\phi(v,h|\theta)\right\rangle_{p(h,v|\theta)}}_{\text{自由均值}}\right) \tag{11.6.6}$$

对一个马尔可夫网络，这是难以处理的(配分函数 Z 不能被有效地计算出来)，梯度是尤其难以估计的，因为这是两个不同的均值，且每个均值都需要估计。这意味着即使计算得到梯度的符号也是很困难的，所以一般学习非结构化马尔可夫网络是非常困难的。(具有隐单元的非结构化玻尔兹曼机是一个特殊的例子)。

11.7　总结

- 如果数据随机缺失，则我们可以通过极大化观察数据的似然来学习参数。
- 变分期望最大化算法是在缺失信息的前提下极大似然学习的通用算法。
- 经典的 EM 算法是变分 EM 的特例，保证了每一次迭代时似然都会增加(或不降低)。
- 在缺失信息的情况下，贝叶斯学习可能存在问题，因为根据先验的假设，通常不考虑后验因素。在这种情况下，近似是有用的，例如变分贝叶斯，它假设参数与隐/缺失变量之间存在因子分解。
- 对隐变量模型，梯度可以很容易地计算出来，并且可以作为优化例程的一部分。在 EM 收敛速度慢的情况下，这提供了一种替代的训练方法。

11.8　代码

demoEMchestclinic.m：EM 在学习胸部诊断概率表中的应用。

在示例代码中，我们取原始胸部诊断网络[185]并从该网络中提取数据样本。我们感兴趣的是，看看我们是否可以使用 EM 算法来估计基于数据(其中随机丢失部分数据)的表。我们假设自己知道正确的信念网络结构，只是条件概率表是未知的。我们假设逻辑门表是已知的，所以我们不需要学习它。

EMbeliefnet. m：信念网络的 EM 训练。

该代码实现了对基于可能含缺失值的数据的信念网络表的极大似然学习。

11.9 练习题

练习 11.1(打印机噩梦延续) 继续图 9.21 中给出的信念网络，下表显示了在打印机上收集的数据，其中“?”表示缺失元素。每一列表示一个数据点。使用 EM 算法学习网络的所有条件概率表。

该表包含在 EMprinter. mat 中，该文件用状态 1,2,nan 代替 0,1,?（由于 BRML 工具箱要求状态编号为 1,2,…)。假设打印纸无褶皱、没有燃烧气味以及打印质量良好，则磁鼓机有问题的概率是多少？

熔丝组件故障	?	?	?	1	0	0	?	0	?	0	0	?	1	?	1
磁鼓机	?	0	?	0	1	0	0	1	?	?	1	1	?	0	0
吸出	1	1	0	?	?	1	0	1	0	?	0	1	?	0	?
纸张质量差	1	0	1	0	1	?	1	0	1	1	?	1	1	?	0
磨损的滚筒	0	0	?	?	?	0	1	?	0	0	?	0	?	1	1
燃烧的气味	0	?	?	1	0	0	0	0	0	?	0	?	1	0	?
印刷质量差	1	1	1	0	1	1	0	1	0	0	1	1	?	?	0
纸张褶皱	0	0	1	0	0	0	?	0	1	?	0	0	1	1	1
多纸递送	0	?	1	0	?	0	1	0	1	?	0	0	?	0	1
卡纸	?	0	1	1	?	0	1	1	1	1	0	?	0	1	?

练习 11.2 考虑以下定义在离散变量上的分布，

$$p(x_1,x_2,x_3,x_4,x_5)=p(x_1|x_2,x_4)p(x_2|x_3)p(x_3|x_4)p(x_4|x_5)p(x_5), \tag{11.9.1}$$

其中，变量 x_2 和 x_4 始终隐藏在训练数据中，而 x_1、x_3 和 x_5 始终可观察到。尝试导出表 $p(x_1|x_2)$ 的 EM 更新。

练习 11.3 考虑一个简单的二变量信念网络：

$$p(y,x)=p(y|x)p(x) \tag{11.9.2}$$

其中 y 与 x 都是二值变量，$\text{dom}(x)=\{1,2\}$，$\text{dom}(y)=\{1,2\}$。训练集为$\{(y^n, x^n), n=1,\cdots,N\}$，在某些情况下其中的 x^n 缺失。我们特别感兴趣的是从这些数据中学习 $p(x)$。有人建议只需查看从其中观察到 x 的数据点，然后将 $p(x=1)$设置为观察到的 x 处于状态 1 的比例，即可得到 $p(x)$。解释此建议过程如何与极大似然以及 EM 相关。

练习 11.4 假设序列 $v_1,\cdots,v_T(v_t\in\{1,\cdots,V\})$由马尔可夫链生成。对一个长度为 T 的单链，我们有：

$$p(v_1,\cdots,v_T)=p(v_1)\prod_{t=1}^{T-1}p(v_{t+1}|v_t) \tag{11.9.3}$$

为简单起见，我们将可见变量的序列表示为：

$$\boldsymbol{v}=(v_1,\cdots,v_T) \tag{11.9.4}$$

对一个由 h 标记的马尔可夫链，

$$p(\boldsymbol{v}|h)=p(v_1|h)\prod_{t=1}^{T-1}p(v_{t+1}|v_t,h) \tag{11.9.5}$$

总共有一组 H 个这样的马尔可夫链($h=1,\cdots,H$)。因此，在可见变量上的分布为：

$$p(\boldsymbol{v})=\sum_{h=1}^{H}p(\boldsymbol{v}|h)p(h) \tag{11.9.6}$$

1. 有一组训练序列 $\boldsymbol{v}^n(n=1,\cdots,N)$。假设每个序列 $\boldsymbol{v}^n$ 独立且都是从具有 H 个分量的马尔可夫链混合模型中提取的，试推导用于训练该模型的 EM 算法。

2. 文件 sequences.mat 包含一个单元阵列序列 `sequence{mu}(t)` 中的一组虚拟生物序列。因此 `suquence{3}(:)` 是第三序列，GTCTCCTCCCTCTCTGAAC 由 20 个时间步组成。总共有 20 个这样的序列。你的任务是将这些序列聚类为两个簇，假设每个簇都是由一个马尔可夫链建模的。通过将序列 v^n 分配给 $p(h \mid v^n)$ 最高的状态来确定哪些序列属于同一簇。你可能会用到 mixMarkov.m。

练习 11.5　使用因子分解参数近似，按照 EMbeliefnet.m 的思路在狄利克雷先验条件下执行 VB，得到一个通用的例程 `VBbeliefnet(pot,x,pars)`。假设全局和局部参数对先验以及近似分布 q 独立，见 9.4.1 节。

练习 11.6　考虑一个三"层"的玻尔兹曼机，具有如下形式：

$$p(\boldsymbol{v},\boldsymbol{h}_1,\boldsymbol{h}_2,\boldsymbol{h}_3 \mid \theta)=\frac{1}{Z}\phi(\boldsymbol{v},\boldsymbol{h}_1 \mid \theta^1)\phi(\boldsymbol{h}_1,\boldsymbol{h}_2 \mid \theta^2)\phi(\boldsymbol{h}_2,\boldsymbol{h}_3 \mid \theta^3) \tag{11.9.7}$$

其中 $\dim \boldsymbol{v}=\dim \boldsymbol{h}_1=\dim \boldsymbol{h}_2=\dim \boldsymbol{h}_3=V$。

$$\phi(\boldsymbol{x},\boldsymbol{y} \mid \theta) = \exp\Big(\sum_{i,j=1}^{V} W_{ij}x_i y_j + A_{ij}x_i x_j + B_{ij}y_i y_j\Big) \tag{11.9.8}$$

所有变量都是具有状态 0,1 的二值变量而且每一层 l 的参数为 $\theta^l=\{\boldsymbol{W}^l,\boldsymbol{A}^l,\boldsymbol{B}^l\}$。

1. 就模型对可见数据 $v^1,\cdots,v^N$ 的拟合而言，上述三层模型是否比两层模型更强大？（因子 $\phi(\boldsymbol{h}_2,\boldsymbol{h}_3 \mid \theta^3)$ 在两层模型中不存在。）
2. 如果使用受限势：

$$\phi(\boldsymbol{x},\boldsymbol{y} \mid \theta) = \exp\Big(\sum_{i,j} W_{ij}x_i y_j\Big) \tag{11.9.9}$$

三层模型是否能够比两层模型更好地拟合可见数据？

练习 11.7　sigmoid 信念网络由下面的分层网络定义：

$$p(\boldsymbol{x}^L)\prod_{l=1}^{L} p(\boldsymbol{x}^{l-1} \mid \boldsymbol{x}^l) \tag{11.9.10}$$

其中向量变量由二值变量 $\boldsymbol{x}^l \in \{0,1\}^{w_l}$ 构成，且层 l 的宽度为 w_l。另外，

$$p(\boldsymbol{x}^{l-1} \mid \boldsymbol{x}^l)=\prod_{i=1}^{w_l} p(x_i^{l-1} \mid \boldsymbol{x}^l) \tag{11.9.11}$$

且：

$$p(x_i^{l-1}=1 \mid \boldsymbol{x}^l)=\sigma(\boldsymbol{w}_{i,l}^{\mathrm{T}}\boldsymbol{x}^l),\quad \sigma(x)=1/(1+\mathrm{e}^{-x}) \tag{11.9.12}$$

权重向量 $\boldsymbol{w}_{i,l}$ 描述来自父层的相互作用。顶层 $p(\boldsymbol{x}^L)$ 描述了一个因子分解分布 $p(x_1^L),\cdots,p(x_{w_L}^L)$。

1. 绘制该分布的信念网络结构。
2. 假设所有层的宽度 w 相等，那么对于层 $\boldsymbol{x}^0$，计算似然 $p(\boldsymbol{x}^0)$ 的计算复杂度是多少？
3. 假设对一个等宽网络的完全因子分解近似为：

$$p(\boldsymbol{x}^1,\cdots,\boldsymbol{x}^L \mid \boldsymbol{x}^0) \approx \prod_{l=1}^{L}\prod_{i=1}^{w} q(x_i^l) \tag{11.9.13}$$

写出单个观察数据 $\boldsymbol{x}^0$ 的变分 EM 过程的能量项，并讨论计算能量项的可处理性。

练习 11.8　说明如何找到最大化方程(11.1.9)的分量 $0 \leqslant (\theta_b,\theta_g,\theta_p) \leqslant 1$。

练习 11.9　有一个 2×2 的概率表 $p(x_1=i,x_2=j)=\theta_{i,j}$，其中 $0 \leqslant \theta_{i,j} \leqslant 1$，$\sum_{i=1}^{2}\sum_{j=1}^{2}\theta_{i,j}=1$ 是使用极大边缘似然学习到的，其中 x_2 从未被观察到。证明如果下式：

$$\boldsymbol{\theta}=\begin{pmatrix} 0.3 & 0.3 \\ 0.2 & 0.2 \end{pmatrix} \tag{11.9.14}$$

作为极大边缘似然解给出，则：

$$\boldsymbol{\theta}=\begin{pmatrix} 0.2 & 0.4 \\ 0.4 & 0 \end{pmatrix} \tag{11.9.15}$$

有相同的边缘似然分数。

贝叶斯模型选择

到目前为止，我们主要是在参数层面上使用贝叶斯定理进行推断。应用在模型层面上，贝叶斯定理给出了一种评估竞争模型的方法，为经典的统计假设检验技术提供了一种替代方法。

12.1 用贝叶斯方法比较模型

给定两个模型 M_1 和 M_2(参数分别为 θ_1 和 θ_2)，以及相关的参数先验，

$$p(x,\theta_1|M_1)=p(x|\theta_1,M_1)p(\theta_1|M_1), \quad p(x,\theta_2|M_2)=p(x|\theta_2,M_2)p(\theta_2|M_2) \tag{12.1.1}$$

如何比较模型在拟合一组数据 $\mathcal{D}=\{x_1,\cdots,x_N\}$时的性能？贝叶斯定理在模型中的应用给出了回答这类问题的框架——一种贝叶斯假设检验的形式，可应用于模型层面。更一般地，给定一组有索引的模型 $M_1,\cdots,M_m$，以及与每个模型相关的适当性的先验信念 $p(M_i)$，我们感兴趣的是模型的后验概率：

$$p(M_i|\mathcal{D})=\frac{p(\mathcal{D}|M_i)p(M_i)}{p(\mathcal{D})} \tag{12.1.2}$$

其中：

$$p(\mathcal{D})=\sum_{i=1}^{m}p(\mathcal{D}|M_i)p(M_i) \tag{12.1.3}$$

模型 M_i 的参数为 θ_i，则模型的似然为：

$$p(\mathcal{D}|M_i)=\int p(\mathcal{D}|\theta_i,M_i)p(\theta_i|M_i)\mathrm{d}\theta_i \tag{12.1.4}$$

在离散参数空间中，积分用求和代替。注意，每个模型的参数数量 $\dim(\theta_i)$不需要相同。

这里要注意的一点是 $p(M_i|\mathcal{D})$仅指相对于指定的模型集 $M_1,\cdots,M_m$ 的概率，不是模型 M 拟合得“很好”的绝对概率。要计算这样的量，需要指定所有可能的模型。虽然解释后验 $p(M_i|\mathcal{D})$需要谨慎，但是比较两个相互竞争的模型假设 M_i 和 M_j 是简单的，只需要贝叶斯因子

$$\underbrace{\frac{p(M_i|\mathcal{D})}{p(M_j|\mathcal{D})}}_{\text{后验概率}}=\underbrace{\frac{p(\mathcal{D}|M_i)}{p(\mathcal{D}|M_j)}}_{\text{贝叶斯因子}}\underbrace{\frac{p(M_i)}{p(M_j)}}_{\text{先验概率}} \tag{12.1.5}$$

这不需要在所有可能的模型上进行积分或求和。我们也称后验概率为后验贝叶斯因子。

12.2 例证：掷硬币

我们将考虑两个例证，以测试一枚硬币是否有偏向。第一个例证使用离散的参数空间来使计算变得简单。在第二个例证中，我们使用一个连续的参数空间。在这两种情况下，我们都有包含序列 $x^1,\cdots,x^N$ 的数据集 $\mathcal{D}$，每个输出的域为 $\mathrm{dom}(x^n)=\{\text{heads},\text{tails}\}$。

12.2.1 离散参数空间

考虑两个相互竞争的模型，一个对应公平的硬币，另一个对应有偏向的硬币。硬币的偏向即硬币落下之后正面朝上的概率，由 θ 指定，所以对一个真正公平的硬币有 $\theta=0.5$。为简单起见，我们假定 $\mathrm{dom}(\theta)=\{0.1,0.2,\cdots,0.9\}$。对公平的硬币，我们使用图 12.1a 所示的分布 $p(\theta|M_{\text{fair}})$，对有偏向的硬币使用图 12.1b 所示的分布 $p(\theta|M_{\text{biased}})$。请注意，这些先验本质上对我们的主观信念，即我们认为硬币有偏向或者没有进行编码。我们可以选择任意希望的先验分布。贝叶斯框架的一个优点是，在这样做的过程中，我们可以说明自己的意思是什么，在这种情况下就是“有偏向”或者“公平”。这是框架的“主观”美，如果其他人不同意先验的主观选择，则可以自由地声明自己的竞争假设并采取相应的分析，添加进可能的可用模型中。

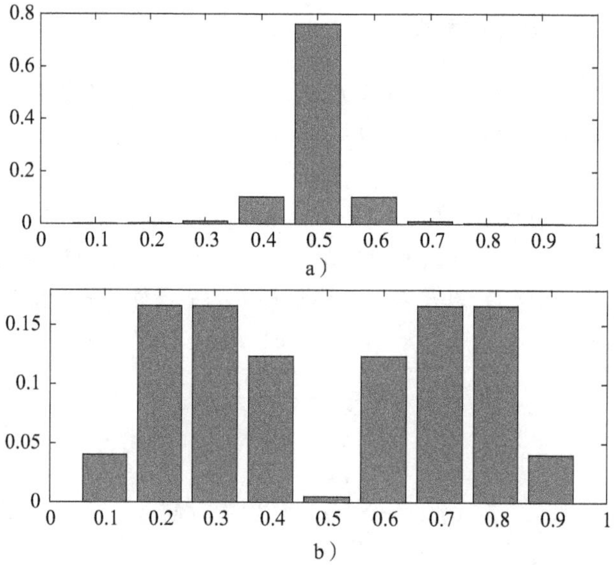

图 12.1 a) 一枚“公平”硬币的离散先验 $p(\theta|M_{\text{fair}})$ 模型。对一个无任何偏向的硬币有 $\theta=0.5$，对应一个先验 $\delta(\theta,0.5)$。然而，我们在这里采取更一般的形式来说明如何使用更丰富的先验假设。b) 一枚有偏向的“不公平”硬币的先验 $p(\theta|M_{\text{biased}})$。在这两种情况下，我们都在对我们认为“公平”和“不公平”的问题做出显式的选择

对每个模型 M，该模型产生包含 N_H 头和 N_T 尾的数据 $\mathcal{D}$ 的似然为：

$$p(\mathcal{D}|M)=\sum_{\theta}p(\mathcal{D}|\theta,M)p(\theta|M)=\sum_{\theta}\theta^{N_H}(1-\theta)^{N_T}p(\theta|M) \tag{12.2.1}$$

$$=0.1^{N_H}(1-0.1)^{N_T}p(\theta=0.1|M)+\cdots+0.9^{N_H}(1-0.9)^{N_T}p(\theta=0.9|M) \tag{12.2.2}$$

假设 $p(M_{\text{fair}})=p(M_{\text{biased}})$，则后验概率为两个模型似然的比。

例 12.1（离散参数空间）

- 5 正 2 反。在方程(12.2.2)中，使用 $N_H=5$ 和 $N_T=2$，我们可以得到 $p(\mathcal{D}|M_{\text{fair}})=0.00786$ 以及 $p(\mathcal{D}|M_{\text{biased}})=0.0072$。后验概率为：

$$\frac{p(M_{\text{fair}}|\mathcal{D})}{p(M_{\text{biased}}|\mathcal{D})}=1.09 \tag{12.2.3}$$

表示两个模型之间几乎没有差异。

- 50 正 20 反。对这种情况，重复上面的计算，我们可以得到 $p(\mathcal{D}|M_{\text{fair}})=1.5\times10^{-20}$ 以及 $p(\mathcal{D}|M_{\text{biased}})=1.4\times10^{-19}$。后验概率为：

$$\frac{p(M_{\text{fair}}|\mathcal{D})}{p(M_{\text{biased}}|\mathcal{D})}=0.109 \tag{12.2.4}$$

表明我们对有偏向模型的信念是对公平模型的 10 倍左右。

12.2.2 连续参数空间

这里我们重复上面的计算，不过要在连续参数空间中。和离散情形下一样，我们可以自由选择任何想要的先验。下面我们考虑一些简单的先验，可以使积分计算容易一些。

公平的硬币

对于公平的硬币，单峰先验是合适的。方便起见，我们选择 Beta 分布：

$$p(\theta|M_{\text{fair}})=B(\theta|a,b),\quad B(\theta|a,b)\equiv\frac{1}{B(a,b)}\theta^{a-1}(1-\theta)^{b-1} \tag{12.2.5}$$

因为其共轭于二项式分布，且所需积分计算容易。对公平的硬币，我们选择了 $a=50$ 和 $b=50$，如图 12.2a 所示。似然为：

$$p(\mathcal{D}|M_{\text{fair}})=\int_\theta p(\theta|M_{\text{fair}})\theta^{N_H}(1-\theta)^{N_T}=\frac{1}{B(a,b)}\int_\theta \theta^{a-1}(1-\theta)^{b-1}\theta^{N_H}(1-\theta)^{N_T} \tag{12.2.6}$$

$$=\frac{1}{B(a,b)}\int_\theta \theta^{N_H+a-1}(1-\theta)^{N_T+b-1}=\frac{B(N_H+a,N_T+b)}{B(a,b)} \tag{12.2.7}$$

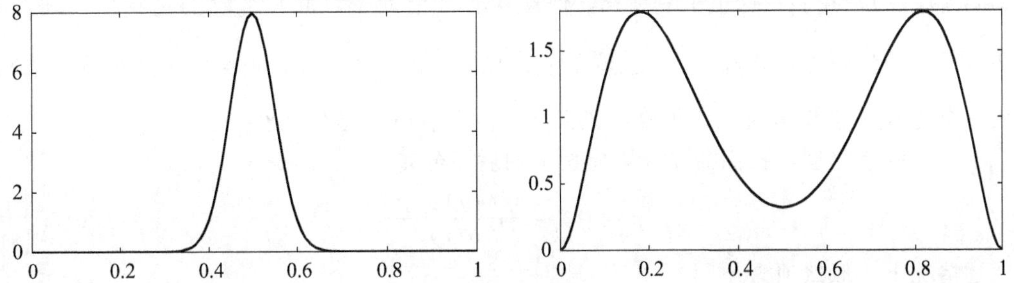

a)　　b)

图 12.2　正面概率密度先验 $p(\theta)$。a) 对公平的硬币我们选择 $p(\theta|M_{\text{fair}})=B(\theta|50,50)$。b) 对有偏向的硬币我们选择 $p(\theta|M_{\text{biased}})=0.5(B(\theta|3,10)+B(\theta|10,3))$。注意两种情况下纵坐标尺度会有所不同

有偏向的硬币

对于有偏向的硬币，我们使用双峰分布，简单起见，我们选择两个 Beta 分布的混合分布：

$$p(\theta|M_{\text{biased}})=\frac{1}{2}[B(\theta|a_1,b_1)+B(\theta|a_2,b_2)] \tag{12.2.8}$$

如图 12.2b 所示。模型似然 $p(\mathcal{D}|M_{\text{biased}})$ 为：

$$p(\mathcal{D}|M_{\text{biased}})=\int_{\theta}p(\theta|M_{\text{biased}})\theta^{N_H}(1-\theta)^{N_T}$$
$$=\frac{1}{2}\left\{\frac{B(N_H+a_1,N_T+b_1)}{B(a_1,b_1)}+\frac{B(N_H+a_2,N_T+b_2)}{B(a_2,b_2)}\right\} \tag{12.2.9}$$

假设事先无先验偏好，无论对公平或有偏向的硬币，$p(M)=C$，并在离散参数情况下重复上述场景。

例 12.2(连续参数空间)

- 5 正 2 反。这里 $p(\mathcal{D}|M_{\text{fair}})=0.0079$，$p(\mathcal{D}|M_{\text{biased}})=0.00622$。后验概率为：

$$\frac{p(M_{\text{fair}}|\mathcal{D})}{p(M_{\text{biased}}|\mathcal{D})}=1.27 \tag{12.2.10}$$

  表示两个模型之间几乎没有差异。

- 50 正 20 反。这里 $p(\mathcal{D}|M_{\text{fair}})=9.4\times10^{-21}$，$p(\mathcal{D}|M_{\text{biased}})=1.09\times10^{-19}$。后验概率为：

$$\frac{p(M_{\text{fair}}|\mathcal{D})}{p(M_{\text{biased}}|\mathcal{D})}=0.087 \tag{12.2.11}$$

  表明我们对有偏向模型的信念是对公平模型的 11 倍左右。

12.3　奥卡姆剃刀和贝叶斯复杂性惩罚

我们回到 1.3.1 节的骰子问题。假设有两个骰子，它们的点数 s_1 和 s_2 是未知的。只有两个点数的和 $t=s_1+s_2$ 是已知的。然后，我们计算两个骰子的后验联合点数分布 $p(s_1,s_2|t=9)$。我们在这里重复计算，但现在有多个骰子，并且尴尬的是我们不知道有多少骰子，只知道点数之和为 9。也就是说，我们知道 $\sum_{i=1}^{n}s_i=9$，但是骰子的个数 n 未知。假设一个先验任意数 n 的概率相等，那么 n 上的后验分布是什么？

根据贝叶斯定理，我们需要计算模型上的后验分布：

$$p(n|t)=\frac{p(t|n)p(n)}{p(t)} \tag{12.3.1}$$

在上述情况下，似然项为：

$$p(t|n)=\sum_{s_1,\cdots,s_n}p(t,s_1,\cdots,s_n|n)=\sum_{s_1,\cdots,s_n}p(t|s_1,\cdots,s_n)\prod_i p(s_i)$$
$$=\sum_{s_1,\cdots,s_n}\mathbb{I}\left[t=\sum_{i=1}^{n}s_i\right]\prod_i p(s_i) \tag{12.3.2}$$

其中对所有的点数而言有 $p(s_i)=1/6$。通过枚举所有 6^n 个状态，我们可以显式地计算 $p(t|n)$，如图 12.3 所示。重要的观察是，随着解释数据的模型变得更加“复杂”(n 增加)，更多的状态变得可以访问。假设 $p(n)=C$，则后验 $p(n|t=9)$如图 12.4 所示。在后验中，只有 3 种可行的模型，即 $n=2,3,4$，因为其余的模型要么太复杂，要么不可能。

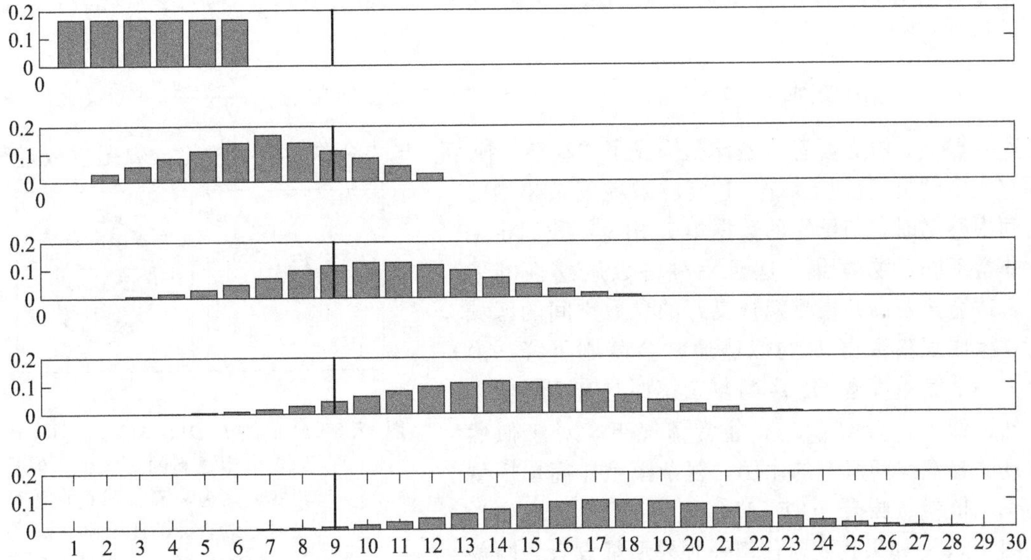

图 12.3 骰子总点数的似然 $p(t|n)$，5 个面板从上到下的 n 依次为 1、2、3、4、5。横轴为总点数 t。垂直线表示对骰子数目不同的 $p(t=9|n)$的比较。关于 t 的归一化，使得可以达到更多状态的更复杂模型具有较低的似然

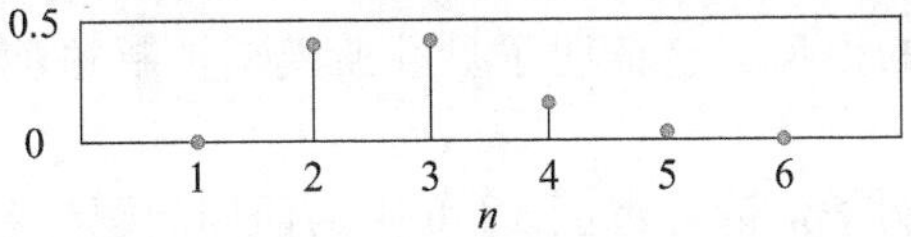

图 12.4 在观察到的总点数为 9 的情况下，骰子数的后验分布 $p(n|t=9)$

奥卡姆剃刀准则

对于参数为 $\boldsymbol{\theta}$ 的模型 M，生成数据的似然为：

$$p(\mathcal{D}|M)=\int_{\boldsymbol{\theta}} p(\mathcal{D}|\boldsymbol{\theta},M)p(\boldsymbol{\theta}|M) \tag{12.3.3}$$

为简化讨论，我们使用参数空间上的均匀先验：

$$p(\boldsymbol{\theta}|M)=1/V \tag{12.3.4}$$

其中 V 是参数空间的容量(离散情况下的状态数)。则有：

$$p(\mathcal{D}|M)=\frac{\int_{\boldsymbol{\theta}} p(\mathcal{D}|\boldsymbol{\theta},M)}{V} \tag{12.3.5}$$

我们可以通过在值ϵ上进行阈值处理来近似似然 $p(\mathcal{D}|\boldsymbol{\theta},M)$：

$$p(\mathcal{D}|\boldsymbol{\theta},M)\approx\begin{cases}L^* & p(\mathcal{D}|\boldsymbol{\theta},M)\geqslant\epsilon\\0 & p(\mathcal{D}|\boldsymbol{\theta},M)<\epsilon\end{cases} \tag{12.3.6}$$

也就是说，当似然是可观的(大于ϵ)时，我们为它赋值 L^*，否则赋值 0。则

$$p(\mathcal{D}|M)=L^*\frac{V^\epsilon}{V},\quad V^\epsilon\equiv\int_{\boldsymbol{\theta}:p(\mathcal{D}|\boldsymbol{\theta},M)\geqslant\epsilon}1 \tag{12.3.7}$$

然后，可以将模型似然 $p(\mathcal{D}|M)$解释为近似高似然值 L^* 乘以其与高似然值的参数容量的比值。

考虑具有相应参数 $\boldsymbol{\theta}$ 和 ϕ 的两个模型 M_{simple} 和 M_{complex}。然后，对均匀参数先验，我们可以得到近似：

$$p(\mathcal{D}|M_{\text{simple}})=L^*_{\text{simple}}\frac{V^{\epsilon}_{\text{simple}}}{V_{\text{simple}}},\quad p(\mathcal{D}|M_{\text{complex}})=L^*_{\text{complex}}\frac{V^{\epsilon}_{\text{complex}}}{V_{\text{complex}}} \tag{12.3.8}$$

在这一点上，有必要思考是什么构成了“复杂”模型。与“简单”模型相比，数据生成过程具有一定的灵活性。因此，这意味着在复杂模型的空间中移动时，与给定的数据集 $\mathcal{D}$ 相比，我们将生成非常不同的数据集。这是一种参数敏感性的形式，这意味着离开模型拟合良好的参数空间的区域时，生成观察数据 $\mathcal{D}$ 的似然通常会急剧下降。因此，一个简单模型 M_{simple} 与复杂模型具有相同极大似然，即 $L^*_{\text{simple}}\approx L^*_{\text{complex}}$，通常情况下，对于似然可观的参数空间所占的比例，复杂模型比简单模型要小，也就意味着 $p(\mathcal{D}|M_{\text{simple}})>p(\mathcal{D}|M_{\text{complex}})$，见图 12.5。如果我们对任何一种模型都没有先验偏好，即 $p(M_{\text{simple}})=p(M_{\text{complex}})$，则贝叶斯因子为：

$$\frac{p(M_{\text{simple}}|\mathcal{D})}{p(M_{\text{complex}}|\mathcal{D})}=\frac{p(\mathcal{D}|M_{\text{simple}})}{p(\mathcal{D}|M_{\text{complex}})} \tag{12.3.9}$$

而贝叶斯因子通常倾向于具有相似极大似然值的两个竞争模型中比较简单的模型。这证明了贝叶斯模型推断的奥卡姆剃刀，它惩罚了过于复杂的模型。

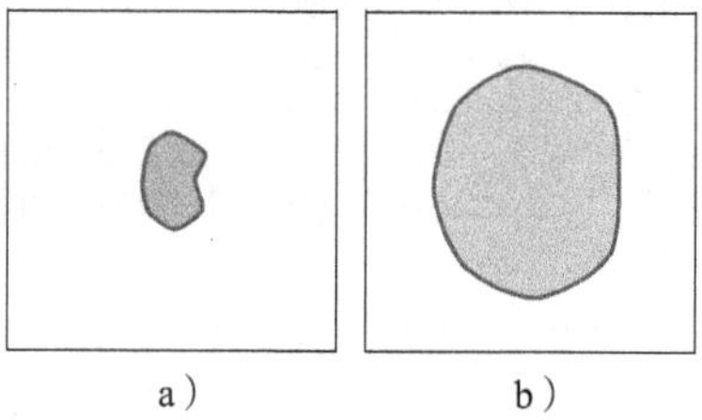

图 12.5 a) 似然 $p(\mathcal{D}|\boldsymbol{\theta},M_{\text{complex}})$ 具有比简单模型更高的最大值，但是当我们往远离高似然的区域移动时，似然会迅速下降。b) 似然 $p(\mathcal{D}|\boldsymbol{\theta},M_{\text{simple}})$ 的最大值低于复杂模型，但当我们离开高似然区域时，似然变化较小。对简单模型，模型拟合良好的参数空间的对应容量可能更大

作为这种效果的一个例子，请考虑图 12.6 中的回归问题，我们考虑以下两个“干净”的基本回归函数模型：

$$\begin{aligned}M_{\text{simple}}&:\ y_0=ax\\ M_{\text{complex}}&:\ y_0=ax+\cos(bx)\end{aligned} \tag{12.3.10}$$

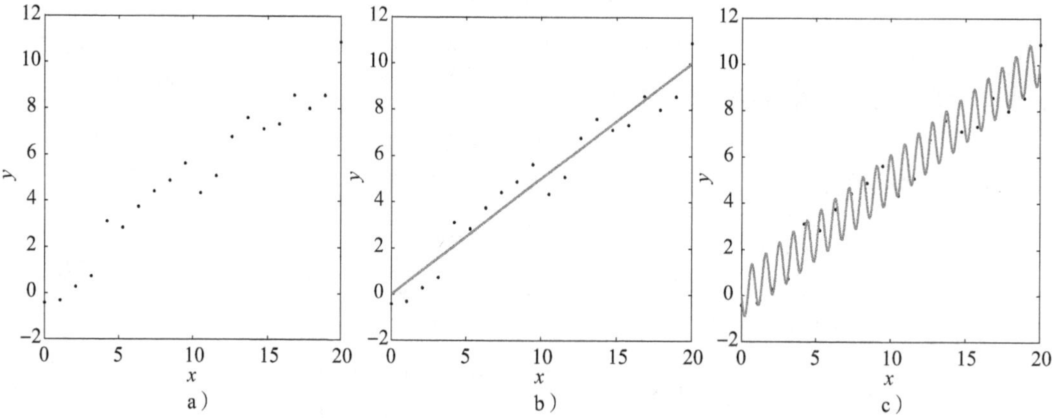

图 12.6 a) 我们想要为其拟合回归模型的数据。b) 最佳“简单”模型拟合 $y=ax$，极大似然为 5.9×10^{-11}。c) 最佳“复杂”模型拟合 $y=ax+\cos(bx)$，极大似然为 1.1×10^{-10}

为考虑到观察数据中的噪声，$y=y_0+\epsilon$，$\epsilon\sim\mathcal{N}(\epsilon|0,\sigma^2)$，我们使用模式：

$$p(y|x,a,M_{\text{simple}})=\mathcal{N}(y|ax,\sigma^2) \tag{12.3.11}$$

则对于一组输入 $\mathcal{X}$，独立观察数据集合 $\mathcal{Y}$ 的似然为：

$$p(\mathcal{Y}|\mathcal{X},M_{\text{simple}})=\int_a p(a|M_{\text{simple}})\prod_{n=1}^{N} p(y^n|x^n,a,M_{\text{simple}}) \tag{12.3.12}$$

同样地，

$$p(y|x,a,b,M_{\text{complex}})=\mathcal{N}(y|ax+\cos(bx),\sigma^2) \tag{12.3.13}$$

以及

$$p(\mathcal{Y}|\mathcal{X},M_{\text{complex}})=\int_{a,b} p(a,b|M_{\text{complex}})\prod_{n=1}^{N} p(y^n|x^n,a,b,M_{\text{complex}}) \tag{12.3.14}$$

用含 21 个值的离散集合表示 a，这些值在 0.4 到 0.6 之间均匀排列，对 b 使用含 121 个离散值的集合，这些值在 −15 到 15 之间均匀排列，我们可以计算出相应的似然 $p(\mathcal{Y}|\mathcal{X},a,M_{\text{simple}})$和 $p(\mathcal{Y}|\mathcal{X},a,b,M_{\text{complex}})$。对这些数据，极大似然为：

$$\max_a p(\mathcal{Y}|\mathcal{X},a,M_{\text{simple}})=5.9\times10^{-11},\quad \max_{a,b} p(\mathcal{Y}|\mathcal{X},a,b,M_{\text{complex}})=1.1\times10^{-10} \tag{12.3.15}$$

因此，更复杂的模型具有更高的极大似然。然而，如图 12.7 所示，对数据拟合较好的复杂模型的参数空间所占比例相对较小。对这两个模型的参数空间使用扁平先验，可得：

$$p(\mathcal{Y}|\mathcal{X},M_{\text{simple}})=1.36\times10^{-11},\quad p(\mathcal{Y}|\mathcal{X},M_{\text{complex}})=1.87\text{e}-12\times10^{-11} \tag{12.3.16}$$

与简单的模型相比，复杂模型尽管有 2 倍于简单模型的极大似然，但它成为正确模型的概率大约仅为八分之一。

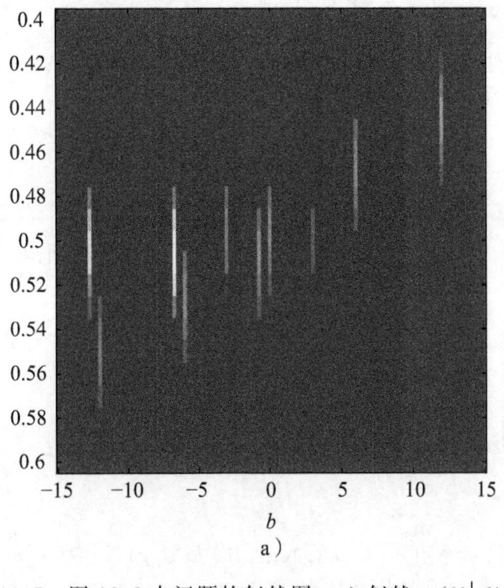

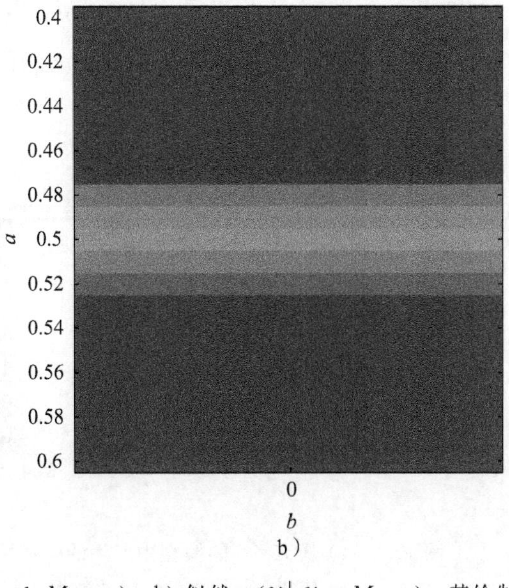

图 12.7　图 12.6 中问题的似然图。a) 似然 $p(\mathcal{Y}|\mathcal{X},a,b,M_{\text{complex}})$。b) 似然 $p(\mathcal{Y}|\mathcal{X},a,M_{\text{simple}})$，其绘制比例与图 a 相同。这显示了“复杂”模型的似然特征，当我们在参数空间中从高似然点移动一个很小的距离时，似然会大幅下降。虽然复杂模型的极大似然高于简单模型，但是复杂模型拟合数据的参数空间容量比简单模型小，从而得到 $p(\mathcal{Y}|\mathcal{X},M_{\text{simple}})>p(\mathcal{Y}|\mathcal{X},M_{\text{complex}})$

12.4　连续情况示例：曲线拟合

考虑周期函数的加和集：

$$y_0(x)\equiv w_0+w_1\cos(x)+w_2\cos(2x)+\cdots+w_K\cos(Kx) \tag{12.4.1}$$

可以方便地以向量形式表示：

$$y_0(x) \equiv \boldsymbol{w}^{\mathrm{T}} \boldsymbol{\phi}(x) \tag{12.4.2}$$

其中，$\boldsymbol{\phi}(x)$是一个 $K+1$ 维的向量，元素为：

$$\boldsymbol{\phi}(x) \equiv (1, \cos(x), \cos(2x), \cdots, \cos(Kx))^{\mathrm{T}} \tag{12.4.3}$$

且向量 $\boldsymbol{w}$ 为加和函数的权重。从这个分布中抽取数据集 $\mathcal{D}=\{(x^n, y^n),\ n=1,\cdots,N\}$，其中 y^n 是被加性零均值方差为σ^2 的高斯噪声损坏的干净数据 $y_0(x^n)$：

$$y^n = y_0(x^n) + \epsilon^n, \quad \epsilon^n \sim \mathcal{N}(\epsilon^n \mid 0, \sigma^2) \tag{12.4.4}$$

见图 12.8 和图 12.9。假设数据服从独立同分布，我们感兴趣的是给定观察数据，求系数的后验概率：

$$p(K \mid \mathcal{D}) = \frac{p(\mathcal{D} \mid K) p(K)}{p(\mathcal{D})} = \frac{p(K) \prod_n p(x^n)}{p(\mathcal{D})} p(y^1, \cdots, y^N \mid x^1, \cdots, x^N, K) \tag{12.4.5}$$

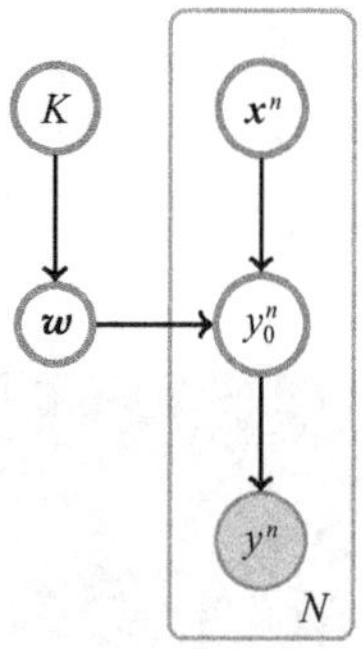

图 12.8　一种层次贝叶斯回归模型在独立同分布数据假设下的信念网络表示请注意，y_0^n 上的中间节点被包括进来以突出显示“干净”基础模型的角色。由于 $p(y \mid \boldsymbol{w}, \boldsymbol{x}) = \int_{y_0} p(y \mid y_0) p(y_0 \mid \boldsymbol{w}, \boldsymbol{x}) = \int_{y_0} \mathcal{N}(y \mid y_0, \sigma^2) \delta(y_0 - \boldsymbol{w}^{\mathrm{T}} \boldsymbol{x}) = \mathcal{N}(y \mid \boldsymbol{w}^{\mathrm{T}} \boldsymbol{x}, \sigma^2)$，因此如果我们需要，则可以删除中间节点 y_0，并将从 $\boldsymbol{w}$ 和 $\boldsymbol{x}^n$ 发出的箭头直接连接到 y^n

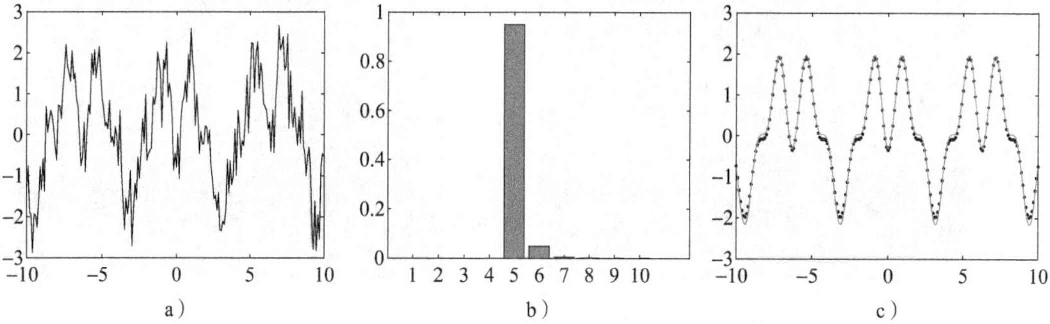

图 12.9　a) 从 $K=5$ 的模型中产生的带加性高斯噪声 $\sigma=0.5$ 的数据。b) 后验 $p(K \mid \mathcal{D})$。c) 使用$\langle \boldsymbol{w} \rangle^{\mathrm{T}} \phi(x)$恢复的数据，其中$\langle \boldsymbol{w} \rangle$是最优维模型 $p(\boldsymbol{w} \mid \mathcal{D}, K=5)$的均值后验向量。实线绘制的是数据恢复图，圆点绘制的是真正的底层干净数据

假设我们没有对模型中的频数进行偏好设置的先验 $p(K)=C$。所以，上述似然项可由积分给出：

$$p(y^1, \cdots, y^N \mid x^1, \cdots, x^N, K) = \int_{\boldsymbol{w}} p(\boldsymbol{w} \mid K) \prod_{n=1}^{N} p(y^n \mid x^n, \boldsymbol{w}, K) \tag{12.4.6}$$

对 $p(\boldsymbol{w} \mid K) = \mathcal{N}(\boldsymbol{w} \mid 0, \boldsymbol{I}_K / \alpha)$，被积函数是关于 $\boldsymbol{w}$ 的高斯函数，可以直接进行积分计算，(见 8.4 节和练习 12.3)：

$$2\log p(y^1,\cdots,y^N|x^1,\cdots,x^N,K)=-N\log(2\pi\sigma^2)-\sum_{n=1}^{N}\frac{(y^n)^2}{\sigma^2}+\boldsymbol{b}^{\mathrm{T}}\boldsymbol{A}^{-1}\boldsymbol{b}-\log\det(\boldsymbol{A})+K\log(\alpha) \tag{12.4.7}$$

其中：

$$\boldsymbol{A}\equiv\alpha\boldsymbol{I}+\frac{1}{\sigma^2}\sum_{n=1}^{N}\boldsymbol{\phi}(x^n)\boldsymbol{\phi}^{\mathrm{T}}(x^n),\quad \boldsymbol{b}\equiv\frac{1}{\sigma^2}\sum_{n=1}^{N}y^n\boldsymbol{\phi}(x^n) \tag{12.4.8}$$

假设 $\alpha=1$，$\sigma=0.5$，我们从一个具有 $K=5$ 个分量的模型中抽样了一些数据，如图 12.9a 所示。给定这些数据，假设我们知道正确的噪声程度 σ 以及先验精度 $\alpha=1$，任务是推断用于生成此数据的多项式项的数量 K。图 12.9b 中绘制的后验 $p(K|\mathcal{D})$在 $K=5$ 时快速达到峰值，这是用于生成数据的值。图 12.9c 中绘制 $K=5$ 的干净后验均值重构$\langle y_0^n|\mathcal{D}\rangle$。

12.5　模型似然近似

对一个有连续参数向量 $\boldsymbol{\theta}$($\dim(\boldsymbol{\theta})=K$)和数据 $\mathcal{D}$ 的模型，似然为：

$$p(\mathcal{D}|M)=\int p(\mathcal{D}|\boldsymbol{\theta},M)p(\boldsymbol{\theta}|M)\mathrm{d}\boldsymbol{\theta} \tag{12.5.1}$$

对于泛型表达式：

$$p(\mathcal{D}|\boldsymbol{\theta},M)p(\boldsymbol{\theta}|M)=\exp(-f(\boldsymbol{\theta})) \tag{12.5.2}$$

除非 f 是一个特别简单的形式(例如，$\boldsymbol{\theta}$ 的二次型)，否则对于大 K，式(12.5.1)中的积分是高维的，不能精确地求值。因此，为了在实践中实现贝叶斯模型比较方法，通常需要对模型似然使用某种形式的近似。

12.5.1　拉普拉斯法

通过拉普拉斯法(28.2 节)给出了对式(12.5.1)的简单近似，其找到了后验的最优$\boldsymbol{\theta}^*$，然后基于局部曲率在该点拟合高斯分布，得到：

$$\log p(\mathcal{D}|M)\approx\log p(\mathcal{D}|\boldsymbol{\theta}^*,M)+\log p(\boldsymbol{\theta}^*|M)+\frac{1}{2}\log\det(2\pi\boldsymbol{H}^{-1}) \tag{12.5.3}$$

其中，$\boldsymbol{\theta}^*$是 MAP 解：

$$\boldsymbol{\theta}^*=\underset{\boldsymbol{\theta}}{\operatorname{argmax}}\,p(\mathcal{D}|\boldsymbol{\theta},M)p(\boldsymbol{\theta}|M) \tag{12.5.4}$$

另外 $\boldsymbol{H}$ 为在$\boldsymbol{\theta}^*$点处估计的 $f(\boldsymbol{\theta})\equiv-\log p(\mathcal{D}|\boldsymbol{\theta},M)p(\boldsymbol{\theta}|M)$的黑塞矩阵。

对独立同分布数据 $\mathcal{D}=\{x^1,\cdots,x^N\}$，上式可变为：

$$p(\mathcal{D}|M)=\int p(\boldsymbol{\theta}|M)\prod_{n=1}^{N}p(x^n|\boldsymbol{\theta},M)\mathrm{d}\boldsymbol{\theta} \tag{12.5.5}$$

在这种情况下，拉普拉斯方法计算的函数最优值为：

$$-f(\boldsymbol{\theta})=\log p(\boldsymbol{\theta}|M)+\sum_{n=1}^{N}\log p(x^n|\boldsymbol{\theta},M) \tag{12.5.6}$$

拉普拉斯近似的部分证明是随着数据点 N 的数目增加，后验通常会变得越来越接近于最可能解释数据的峰值。这意味着在大数据限制下，窄宽度的高斯分布将是一个很好的近似。衡量近似程度的高低通常比较困难。拉普拉斯法的流行是因为它足够简单，尽管很明显在某些情况下后验是强非高斯的，在这种情况下，拉普拉斯法应该谨慎使用。

12.5.2　贝叶斯信息准则

贝叶斯信息准则(BIC)是拉普拉斯法的一个更简单的版本，它用粗略的近似代替了精确的黑塞矩阵。对于独立同分布数据，黑塞矩阵可根据训练数据数 N 和一些严重的近似进行缩放，即设置 $\boldsymbol{H}\approx N\boldsymbol{I}_K$，其中 $K=\dim(\boldsymbol{\theta})$。继续使用拉普拉斯法的记号，这给出了近似：

$$\log p(\mathcal{D}|M)\approx\log p(\mathcal{D}|\boldsymbol{\theta}^*,M)+\log p(\boldsymbol{\theta}^*|M)+\frac{K}{2}\log 2\pi-\frac{K}{2}\log N \tag{12.5.7}$$

对一个用于惩罚参数向量长度的简单先验 $p(\boldsymbol{\theta}|M)=\mathcal{N}(\boldsymbol{\theta}|\boldsymbol{O},\boldsymbol{I})$，上式可化解为：

$$\log p(\mathcal{D}|M)\approx\log p(\mathcal{D}|\boldsymbol{\theta}^*,M)-\frac{1}{2}(\boldsymbol{\theta}^*)^{\mathrm{T}}\boldsymbol{\theta}^*-\frac{K}{2}\log N \tag{12.5.8}$$

BIC[262]通过忽略惩罚项来近似式(12.5.8)，给出了：

$$\mathrm{BIC}=\log p(\mathcal{D}|\boldsymbol{\theta}^*,M)-\frac{K}{2}\log N \tag{12.5.9}$$

通常，当在 $\boldsymbol{\theta}$ 上没有指定特定的先验时，就使用 BIC，在这种情况下，$\boldsymbol{\theta}^*$ 是通过极大似然给出的。BIC 可以作为一种比较模型的近似方法，其中的 $-\frac{K}{2}\log N$ 可以惩罚模型的复杂度。通常，拉普拉斯近似方程(12.5.3)比 BIC 更好地反映了后验参数估计中的不确定性。其他旨在改进拉普拉斯法的技术在 28.3 节和 28.8 节中进行讨论。

12.6　结果分析的贝叶斯假设检验

在结果分析中，我们希望分析一些实验数据的结果。然而，假设我们没有建立数据生成机制的详细模型，而是问一些一般性的问题，比如结果是否支持一些基本假设，比如是否两个分类器表现不同，等等。我们讨论的技术是相当普遍的，但我们用分类器分析来形容它们的具体性。因此，我们在这里考虑的中心问题是如何评估两个分类器的性能是否不同。对基于贝叶斯分类器的技术，原则上，总是有直接的方法计算 $p(M|\mathcal{D})\propto p(M)\int_\theta p(\mathcal{D}|\theta,M)p(\theta|\mathcal{D},M)$ 来估计模型 M 的适用性。在这里我们考虑的情况不太幸运，在这种情况下，唯一可以得到的信息是两个分类器的测试性能。

为了简要描述基本问题，我们考虑两个分类器 A 和 B，它们预测 55 个测试实例的类别。分类器 A 产生了 20 个错误分类，35 个正确分类；分类器 B 产生了 23 个错误分类，32 个正确分类。分类器 A 比分类器 B 好吗？由于测试样本较少，我们不能直接说 A 比 B 好。

另外，如果分类器 A 产生 200 个错误分类和 350 个正确分类，而分类器 B 产生 230 个错误分类和 320 个正确分类，那么直观地，我们可以认为分类器 A 优于分类器 B。也许从机器学习的角度来看，最实际相关的问题是，给定可用的测试信息，从概率结果来看，分类器 A 优于分类器 B。虽然这个问题可以用贝叶斯过程(12.6.5 节)来解决，但我们首先关注一个更简单的问题，即分类器 A 和 B 是否相同[16]。

12.6.1　结果分析

考虑这样一种情况，即两个分类器 A 和 B 已经在某些数据上进行了测试，因此对于测试集中的每个示例，我们都有一个结果对：

$$(o_a(n), o_b(n)), n=1,\cdots,N \tag{12.6.1}$$

其中 N 是测试数据点的个数且 $o_a \in \{1,\cdots,Q\}$（o_b 情况类似）。也就是说，有 Q 种可能出现的结果类别。例如，对于二分类，通常有四种情况：

$$\mathrm{dom}(o)=\{\mathrm{TruePositive}, \mathrm{FalsePositive}, \mathrm{TrueNegative}, \mathrm{FalseNegative}\} \tag{12.6.2}$$

如果分类器的预测类别为 $c\in\{\mathrm{true},\ \mathrm{false}\}$ 且真实的类别为 $t\in\{\mathrm{true},\ \mathrm{false}\}$，则有如下定义：

$$\begin{array}{lll} \mathrm{TruePositive} & c=\mathrm{true} & t=\mathrm{true} \\ \mathrm{FalsePositive} & c=\mathrm{true} & t=\mathrm{false} \\ \mathrm{TrueNegative} & c=\mathrm{false} & t=\mathrm{false} \\ \mathrm{FalseNegative} & c=\mathrm{false} & t=\mathrm{true} \end{array} \tag{12.6.3}$$

我们将分类器 A 的输出结果定义为 $\boldsymbol{o}_a=\{o_a(n), n=1,\cdots,N\}$。同样地，对分类器 B 有 $\boldsymbol{o}_b=\{o_b(n), n=1,\cdots,N\}$。具体来说，我们要检验以下两个假设。

1. H_{indep}：$\boldsymbol{o}_a$ 与 $\boldsymbol{o}_b$ 来自不同的类别分布。

2. H_{same}：$\boldsymbol{o}_a$ 与 $\boldsymbol{o}_b$ 来自相同的类别分布。

在这两种情况下，我们使用类别模型 $p(\boldsymbol{o}_c=q\mid\boldsymbol{\gamma},\boldsymbol{H})=\gamma_q^c$，其中参数 $\boldsymbol{\gamma}^c$ 未知。假设 2 对应于两个分类器使用相同的参数，即 $\boldsymbol{\gamma}^a=\boldsymbol{\gamma}^b$，假设 1 对应于使用不同的参数，我们将在下面讨论。在贝叶斯框架中，我们希望找到一个模型或假设生成数据的可能性。对任意假设 H，我们有：

$$p(H\mid\boldsymbol{o}_a,\boldsymbol{o}_b)=\frac{p(\boldsymbol{o}_a,\boldsymbol{o}_b\mid H)p(H)}{p(\boldsymbol{o}_a,\boldsymbol{o}_b)} \tag{12.6.4}$$

其中 $p(H)$ 是 H 为正确假设的先验信念。注意，归一化常数 $p(\boldsymbol{o}_a,\boldsymbol{o}_b)$ 和假设无关。对所有的假设，我们认为试验间相互独立：

$$p(\boldsymbol{o}_a,\boldsymbol{o}_b\mid H)=\prod_{n=1}^{N}p(o_a(n),o_b(n)\mid H) \tag{12.6.5}$$

为取得进一步的进展，我们需要弄清这些假设的含义。

12.6.2 H_{indep}：模型似然

根据贝叶斯定理，我们可以将后验假设概率写为：

$$p(H_{\mathrm{indep}}\mid\boldsymbol{o}_a,\boldsymbol{o}_b)=\frac{p(\boldsymbol{o}_a,\boldsymbol{o}_b,H_{\mathrm{indep}})}{p(\boldsymbol{o}_a,\boldsymbol{o}_b)}=\frac{p(\boldsymbol{o}_a,\boldsymbol{o}_b\mid H_{\mathrm{indep}})p(H_{\mathrm{indep}})}{p(\boldsymbol{o}_a,\boldsymbol{o}_b)} \tag{12.6.6}$$

分类器 A 的结果模型是用连续参数 $\boldsymbol{\alpha}$ 指定的，给出了 $p(\boldsymbol{o}_a\mid\boldsymbol{\alpha},H_{\mathrm{indep}})$。同样地，分类器 B 的用 $\boldsymbol{\beta}$ 指定。有限的数据量意味着我们对这些参数值是不确定的，因此上面分子中的联合项是：

$$p(\boldsymbol{o}_a,\boldsymbol{o}_b,H_{\mathrm{indep}})=\int p(\boldsymbol{o}_a,\boldsymbol{o}_b\mid\boldsymbol{\alpha},\boldsymbol{\beta},H_{\mathrm{indep}})p(\boldsymbol{\alpha},\boldsymbol{\beta}\mid H_{\mathrm{indep}})p(H_{\mathrm{indep}})\mathrm{d}\boldsymbol{\alpha}\mathrm{d}\boldsymbol{\beta} \tag{12.6.7}$$

$$=p(H_{\mathrm{indep}})\int p(\boldsymbol{o}_a\mid\boldsymbol{\alpha},H_{\mathrm{indep}})p(\boldsymbol{\alpha}\mid H_{\mathrm{indep}})\mathrm{d}\boldsymbol{\alpha}\int p(\boldsymbol{o}_b\mid\boldsymbol{\beta},H_{\mathrm{indep}})p(\boldsymbol{\beta}\mid H_{\mathrm{indep}})\mathrm{d}\boldsymbol{\beta} \tag{12.6.8}$$

其中我们假设：

$$p(\boldsymbol{\alpha},\boldsymbol{\beta}\mid H_{\mathrm{indep}})=p(\boldsymbol{\alpha}\mid H_{\mathrm{indep}})p(\boldsymbol{\beta}\mid H_{\mathrm{indep}})\quad 和\quad p(\boldsymbol{o}_a,\boldsymbol{o}_b\mid\boldsymbol{\alpha},\boldsymbol{\beta},H_{\mathrm{indep}})=p(\boldsymbol{o}_a\mid\boldsymbol{\alpha},H_{\mathrm{indep}})p(\boldsymbol{o}_b\mid\boldsymbol{\beta},H_{\mathrm{indep}}) \tag{12.6.9}$$

关于这些独立性假设的描述，参见图 12.10a。请注意，人们可能会期望有一个特定的限制，即两个模型 A 和 B 是不同的。然而，由于模型是假设独立的且每个参数都是从有效的无限集合中抽样的($\boldsymbol{\alpha}$ 和 $\boldsymbol{\beta}$ 是连续的)，随机抽样的 $\boldsymbol{\alpha}$ 和 $\boldsymbol{\beta}$ 的值相同的先验概率为零，因此我们可以认为 H_{indep} 等价于 $H_{\text{different}}$。

由于我们处理的是类别分布，所以使用狄利克雷先验(与类别分布共轭)是很方便的：

$$p(\boldsymbol{\alpha} \mid H_{\text{indep}}) = \frac{1}{Z(\boldsymbol{u})} \prod_q \boldsymbol{\alpha}_q^{u_q - 1}, \quad Z(\boldsymbol{u}) = \frac{\prod_{q=1}^{Q} \Gamma(u_q)}{\Gamma\left(\sum_{q=1}^{Q} u_q\right)} \tag{12.6.10}$$

先验超参数 $\boldsymbol{u}$ 控制分布的聚集程度，参见图 8.6。对所有 q，设置 $u_q=1$ 对应于一个均匀先验。观察值 $\boldsymbol{o}_a$ 的似然为：

$$\int p(\boldsymbol{o}_a \mid \boldsymbol{\alpha}, H_{\text{indep}}) p(\boldsymbol{\alpha} \mid H_{\text{indep}}) \mathrm{d}\boldsymbol{\alpha} = \int \prod_q \boldsymbol{\alpha}_q^{\sharp_q^a} \frac{1}{Z(\boldsymbol{u})} \prod_q \boldsymbol{\alpha}_q^{u_q-1} \mathrm{d}\alpha = \frac{Z(\boldsymbol{u} + \sharp^a)}{Z(\boldsymbol{u})} \tag{12.6.11}$$

其中，$\sharp^a$ 是包含分量 $\sharp_q^a$ 的向量，是数据中变量 a 处于状态 q 的次数。因此：

$$p(\boldsymbol{o}_a, \boldsymbol{o}_b, H_{\text{indep}}) = p(H_{\text{indep}}) \frac{Z(\boldsymbol{u}+\sharp^a)}{Z(\boldsymbol{u})} \frac{Z(\boldsymbol{u}+\sharp^b)}{Z(\boldsymbol{u})} \tag{12.6.12}$$

其中 $Z(\boldsymbol{u})$ 由方程(12.6.10)给出。

12.6.3　H_{same}：模型似然

对于 H_{same}，假设两个分类器的结果是由相同的类别分布产生的，见图 12.10b。因此：

$$p(\boldsymbol{o}_a, \boldsymbol{o}_b, H_{\text{same}}) = p(H_{\text{same}}) \int p(\boldsymbol{o}_a \mid \boldsymbol{\alpha}, H_{\text{same}}) p(\boldsymbol{o}_b \mid \boldsymbol{\alpha}, H_{\text{same}}) p(\boldsymbol{\alpha} \mid H_{\text{same}}) \mathrm{d}\boldsymbol{\alpha} \tag{12.6.13}$$

$$= p(H_{\text{same}}) \frac{Z(\boldsymbol{u}+\sharp^a+\sharp^b)}{Z(\boldsymbol{u})} \tag{12.6.14}$$

贝叶斯因子

如果我们假定对每个假设都没有偏好，那么 $p(H_{\text{indep}})=p(H_{\text{same}})$，则：

$$\frac{p(H_{\text{indep}} \mid \boldsymbol{o}_a, \boldsymbol{o}_b)}{p(H_{\text{same}} \mid \boldsymbol{o}_a, \boldsymbol{o}_b)} = \frac{Z(\boldsymbol{u}+\sharp^a) Z(\boldsymbol{u}+\sharp^b)}{Z(\boldsymbol{u}) Z(\boldsymbol{u}+\sharp^a+\sharp^b)} \tag{12.6.15}$$

这个比率越高，我们就越相信数据是由两个不同的类别分布产生的。

例 12.3　两个人分别使用状态 1、2、3 将每个图像的表情分类为快乐、悲伤、正常。下面的数据的每一列代表由两个人分类的图像(人 1 是第一行，人 2 是第二行)。这两个人是基本一致的吗?

1	3	1	3	1	1	3	2	2	3	1	1	1	1	1	1	1	1	1	2
1	3	1	2	2	3	3	3	2	3	3	2	2	2	2	1	2	1	3	2

为回答这个问题，我们进行了一个 H_{indep} 与 H_{same} 的测试。根据上面的数据，人 1 的计数向量为[13,3,4]，人 2 的为[4,9,7]。基于类别分布的均匀先验且这两种假设没有先验偏好，则后验贝叶斯因子为：

$$\frac{p(\text{人 1 和人 2 分类结果不同})}{p(\text{人 1 和人 2 分类结果相同})}=\frac{Z([14,4,5])Z([5,10,8])}{Z([1,1,1])Z([18,13,12])}=12.87 \tag{12.6.16}$$

其中 Z 函数在方程(12.6.10)中给出。很明显两个人对图像的分类不同。

以下我们会讨论更多关于 H_{indep} 与 H_{same} 的测试。如上所述，本测试所需的唯一数据是来自数据的计数向量。假设本次测试有三种结果，即 $Q=3$，比如 $\text{dom}(o)=\{\text{good},\text{bad},\text{ugly}\}$，我们希望测试两个分类器是否基本上会产生相同的结果分布，或者不同的结果。在整个过程中，我们假设在表元素上的先验为均匀先验，即 $u=1$。

例 12.4(H_{indep} 与 H_{same})

- 我们有了两组输出计数 $\sharp^a=[39,26,35]$ 和 $\sharp^b=[63,12,25]$。可得后验贝叶斯因子方程(12.6.15)为 20.7，这是支持两个分类器不同的有力证据。
- 或者，考虑另外两组输出计数 $\sharp^a=[52,20,28]$ 和 $\sharp^b=[44,14,42]$。然后，后验贝叶斯因子方程(12.6.15)为 0.38，针对两个分类器不同的证据是比较薄弱的。
- 最后一个例子，考虑计数 $\sharp^a=[459,191,350]$ 和 $\sharp^b=[465,206,329]$。这给出了一个 0.008 的后验贝叶斯因子方程(12.6.15)，这就能够有力地证明这两个分类器在统计上是相同的。

在所有情况下，结果与用于生成计数数据的实际模型一致。

12.6.4　相关结果分析

本节我们考虑结果相关的情况。例如，当分类器 A 运转良好时，分类器 B 也将很好地开展工作。我们感兴趣的是评估这一假设：

$$H_{\text{dep}}\text{：这两个分类器产生的结果是相关的} \tag{12.6.17}$$

要做到这一点，我们假设在联合状态上有一个类别分布，参见图 12.10c：

$$p(o_a(n),o_b(n)\mid \boldsymbol{P},H_{\text{dep}}) \tag{12.6.18}$$

其中，$\boldsymbol{P}$ 是一个 $Q\times Q$ 的概率矩阵：

$$[\boldsymbol{P}]_{ij}=p(\boldsymbol{o}_a=i,\boldsymbol{o}_b=j) \tag{12.6.19}$$

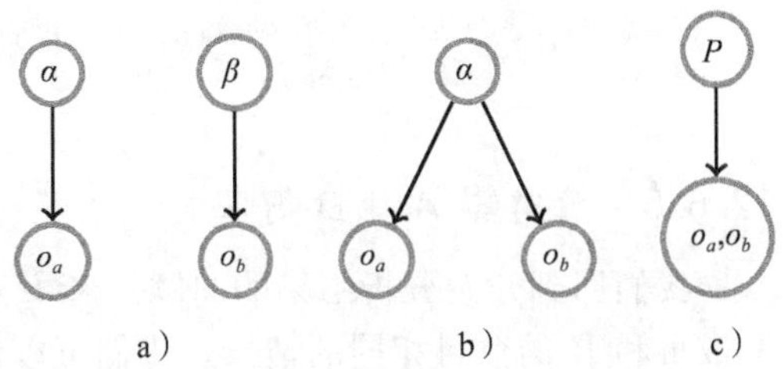

图 12.10　a) H_{indep}：对应于独立生成的两个分类器结果。b) H_{same}：两个结果是由相同分布产生的。c) H_{dep}：两个结果相关

因此 $[\boldsymbol{P}]_{ij}$ 是 A 产生结果 i 且 B 表示结果 j 的概率。则：

$$p(\boldsymbol{o}\mid H_{\text{dep}})=\int p(\boldsymbol{o},\boldsymbol{P}\mid H_{\text{dep}})\text{d}\boldsymbol{P}=\int p(\boldsymbol{o}\mid \boldsymbol{P},H_{\text{dep}})p(\boldsymbol{P}\mid H_{\text{dep}})\text{d}\boldsymbol{P}$$

为方便起见，我们写为 $\boldsymbol{o}=(\boldsymbol{o}_a,\boldsymbol{o}_b)$。假设 $\boldsymbol{P}$ 有参数为 $\boldsymbol{U}$ 的狄利克雷先验，则：

$$p(\boldsymbol{o},H_{\text{dep}})=p(H_{\text{dep}})\frac{Z(\text{vec}(\boldsymbol{U}+\sharp))}{Z(\text{vec}(\boldsymbol{U}))} \tag{12.6.20}$$

其中，vec($\boldsymbol{D}$)是将矩阵 $\boldsymbol{D}$ 的行拼接在一起形成的向量。这里♯是计数矩阵，其中$[\sharp]_{ij}$等于 N 个数据点中联合结果($\boldsymbol{o}_a=i,\boldsymbol{o}_b=j$)发生的次数。假设均匀先验$[\boldsymbol{U}]_{ij}=1$，$\forall_{i,j}$。

对结果相关性进行测试：$\boldsymbol{H}_{\mathrm{dep}}$ 与 $\boldsymbol{H}_{\mathrm{indep}}$

为测试分类器的结果是否相关，与假设它们相互独立时采用的 H_{indep} 相反，我们使用 H_{dep} 并假设 $p(H_{\mathrm{indep}})=p(H_{\mathrm{dep}})$，

$$\frac{p(H_{\mathrm{indep}}|\boldsymbol{o})}{p(H_{\mathrm{dep}}|\boldsymbol{o})}=\frac{Z(\boldsymbol{u}+\sharp^a)}{Z(\boldsymbol{u})}\frac{Z(\boldsymbol{u}+\sharp^b)}{Z(\boldsymbol{u})}\frac{Z(\mathrm{vec}(\boldsymbol{U}))}{Z(\mathrm{vec}(\boldsymbol{U}+\sharp))} \tag{12.6.21}$$

例 12.5(H_{dep} 与 H_{indep})

- 考虑输出结果计数矩阵♯：

$$\begin{pmatrix} 98 & 7 & 93 \\ 168 & 13 & 163 \\ 245 & 12 & 201 \end{pmatrix} \tag{12.6.22}$$

即$\sharp^a=[511,32,457]$，以及$\sharp^b=[198,344,458]$。则有：

$$\frac{p(H_{\mathrm{indep}}|\boldsymbol{o})}{p(H_{\mathrm{dep}}|\boldsymbol{o})}=3\,020 \tag{12.6.23}$$

有力的证据证明分类器是独立运转的。

- 考虑输出结果计数矩阵♯：

$$\begin{pmatrix} 82 & 120 & 83 \\ 107 & 162 & 4 \\ 170 & 203 & 70 \end{pmatrix} \tag{12.6.24}$$

即$\sharp^a=[359,485,156]$，以及$\sharp^b=[284,273,443]$。则有：

$$\frac{p(H_{\mathrm{indep}}|\boldsymbol{o})}{p(H_{\mathrm{dep}}|\boldsymbol{o})}=2\times10^{-18} \tag{12.6.25}$$

有力的证据证明分类器的运转是相关的。

这些结果实际上与在每种情况下生成数据的方式一致。

12.6.5 分类器 A 比 B 好吗

我们回到开始分析结果的问题。考虑到在测试集中观察分类器 A 的(二值变量)误差的数目和 B 的数目相同的情景，我们可以说哪个分类器更好吗？这对应于二分类 $Q=2$ 的特殊情况，其中 dom(e)={correct,incorrect}。然后，θ_a 表示分类器 A 生成正确标签的概率，θ_b 同理，则判断这一点的一种方法是比较以下假设。

1. $H_{a>b}$：$\boldsymbol{o}_a$ 和 $\boldsymbol{o}_b$ 来自于不同的二项分布，对应的概率分别为 θ_a、θ_b 且 $\theta_a>\theta_b$。
2. H_{same}：$\boldsymbol{o}_a$ 和 $\boldsymbol{o}_b$ 来自于相同的二项分布。

记 $\mathcal{D}=\{\boldsymbol{o}_A,\boldsymbol{o}_B\}$，并假定独立的参数先验，我们有：

$$p(\mathcal{D}|H_{a>b})=\int_{\theta_a>\theta_b}p(\boldsymbol{o}_A|\theta_a)p(\boldsymbol{o}_B|\theta_b)p(\theta_a)p(\theta_b) \tag{12.6.26}$$

使用：

$$p(\boldsymbol{o}_A|\theta_a)=\theta_a^{\sharp^a_{\mathrm{correct}}}(1-\theta_a)^{\sharp^a_{\mathrm{incorrect}}},\quad p(\boldsymbol{o}_B|\theta_b)=\theta_b^{\sharp^b_{\mathrm{correct}}}(1-\theta_b)^{\sharp^b_{\mathrm{incorrect}}} \tag{12.6.27}$$

以及 Beta 分布先验：

$$p(\theta_a)=B(\theta_a|u_1,u_2),\quad p(\theta_b)=B(\theta_b|u_1,u_2) \tag{12.6.28}$$

就可以很容易地用 Beta 函数 $B(x,y)$表示：

$$p(\mathcal{D}|H_{a>b})=\frac{B(u_1+\#^a_{\text{correct}},u_2+\#^a_{\text{incorrect}})B(u_1+\#^b_{\text{correct}},u_2+\#^b_{\text{incorrect}})}{(B(u_1,u_2))^2}\int_{\theta_a>\theta_b}p(\theta_a>\theta_b|\mathcal{D},H_{a>b}) \tag{12.6.29}$$

其中：

$$p(\theta_a>\theta_b|\mathcal{D},H_{a>b})=\int_{\theta_a>\theta_b}B(\theta_a|u_1+\#^a_{\text{correct}},u_2+\#^a_{\text{incorrect}})B(\theta_b|u_1+\#^b_{\text{correct}},u_2+\#^b_{\text{incorrect}}) \tag{12.6.30}$$

需要对上述积分进行数值计算，见 betaXbiggerY. m。对 H_{same} 假设，使用 $\theta=\theta_a=\theta_b$：

$$p(\mathcal{D}|H_{\text{same}})=\frac{1}{B(u_1,u_2)}\int_\theta \theta^{u_1+\#^a_{\text{correct}}+\#^b_{\text{correct}}}(1-\theta)^{u_2+\#^a_{\text{incorrect}}+\#^b_{\text{incorrect}}} \tag{12.6.31}$$

$$=\frac{B(u_1+\#^a_{\text{correct}}+\#^b_{\text{correct}},u_2+\#^a_{\text{incorrect}}+\#^b_{\text{incorrect}})}{B(u_1,u_2)} \tag{12.6.32}$$

然后 A 是否优于 B 的问题可以通过计算解决：

$$\frac{p(\mathcal{D}|H_{a>b})}{p(\mathcal{D}|H_{\text{same}})}=\frac{B(u_1+\#^a_{\text{correct}},u_2+\#^a_{\text{incorrect}})B(u_1+\#^b_{\text{correct}},u_2+\#^b_{\text{incorrect}})}{B(u_1,u_2)B(u_1+\#^a_{\text{correct}}+\#^b_{\text{correct}},u_2+\#^a_{\text{incorrect}}+\#^b_{\text{incorrect}})}p(\theta_a>\theta_b|\mathcal{D},H_{a>b}) \tag{12.6.33}$$

检验商项，我们发现这与 H_{indep} 假设相关，且有：

$$\frac{p(\mathcal{D}|H_{a>b})}{p(\mathcal{D}|H_{\text{same}})}=\frac{p(\mathcal{D}|H_{\text{indep}})}{p(\mathcal{D}|H_{\text{same}})}p(\theta_a>\theta_b|\mathcal{D},H_{a>b}) \tag{12.6.34}$$

其中第二项降低了 H_{indep} 对 H_{same} 贝叶斯因子的影响。这是直观的，因为 $H_{a>b}$ 在参数空间上的约束比 H_{indep} 多。

例 12.6　分类器 A 错误分类 20 个，正确分类 35 个，分类器 B 错误分类 27 个，正确分类 28 个。使用均匀先验 $u_1=u_2=1$，可得：

$$p(\theta_a>\theta_b|\boldsymbol{o}_A,\boldsymbol{o}_B,H_{\text{indep}})=\texttt{betaXbiggerY(1+35,1+20,1+28,1+27)}=0.909 \tag{12.6.35}$$

那么贝叶斯因子是：

$$\frac{p(\mathcal{D}|H_{a>b})}{p(\mathcal{D}|H_{\text{same}})}=\frac{B(1+35,1+20)B(1+28,1+27)}{B(1,1)B(1+35+28,1+20+27)}0.909=0.516 \tag{12.6.36}$$

另外，如果分类器 A 有 200 个错误，350 个正确分类；分类器 B 有 270 个错误，280 个正确分类，则我们有：

$$p(\theta_a>\theta_b|\boldsymbol{o}_A,\boldsymbol{o}_B,H_{\text{same}})=\texttt{betaXbiggerY(1+350,1+200,1+280,1+270)}=1.0 \tag{12.6.37}$$

且：

$$\frac{p(\mathcal{D}|H_{a>b})}{p(\mathcal{D}|H_{\text{same}})}=\frac{B(1+350,1+200)B(1+280,1+270)}{B(1,1)B(1+350+280,1+200+270)}1.0=676 \tag{12.6.38}$$

这显示了直观的效果，即使正确/不正确的分类的比例对两种情况而言都没有改变，但是我们对确定哪个是更好的分类器的信心随着数据量的增加而增加。另请参见图 12.11。

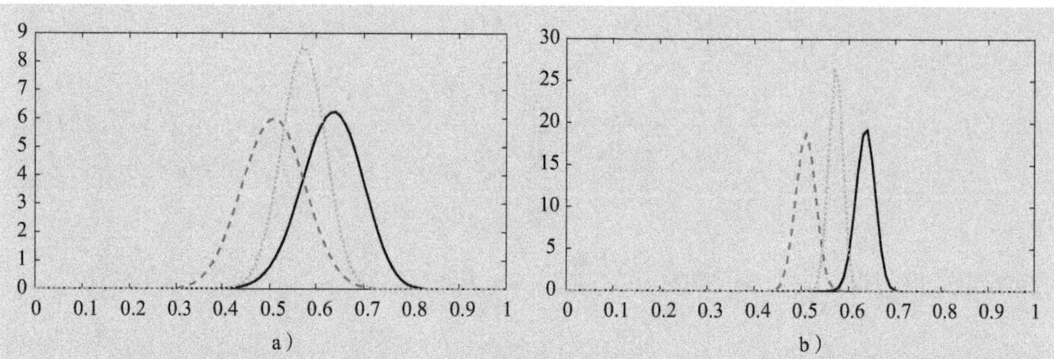

图 12.11　两个分类器 A 和 B，及它们正确分类的概率的后验分布(使用一致的 Beta 先验)。a) 对有 35 个正确标签和 20 个错误标签的 A，有 $B(x\mid 1+35,1+20)$(实线)。对有 28 个正确标签 27 个错误标签的 B，有 $B(y\mid 1+28,1+27)$(虚线)。同时绘制了假设两个分类器结果相同的后验，$B(x\mid 1+35+28,1+20+27)$(点线)。虽然两个分类器 A 和 B 的后验重叠较小，但它们都与假设分类器结果相同的后验重叠。因此，没有明显的证据表明 A 比 B 好。b) 对有 350 个正确标签和 200 个错误标签的 A，有 $B(x\mid 1+350,1+200)$(实线)。对有 280 个正确标签 270 个错误标签的 B，有 $B(y\mid 1+280,1+270)$(虚线)。随着数据量的增加，分布之间的重叠减小，一个分类器比另一个分类器更好的确定性也相应增加

12.7　总结

- 贝叶斯定理使我们能够根据模型的似然来评估模型的拟合程度。
- 在贝叶斯方法中没有必要明确惩罚“复杂”模型，因为它在后验参数分布上的积分自动地结合了奥卡姆剃刀效应。
- 计算模型的似然可能是一项复杂的任务。在连续参数模型中，拉普拉斯方法提供了一个简单的近似，BIC 是拉普拉斯近似的一个更简单的版本。
- 通过简单的贝叶斯假设检验，可以在有限的数据基础上对性能进行评估。

12.8　代码

demoBayesErrorAnalysis. m：贝叶斯误差分析演示程序。

betaXbiggerY. m：$p(x>y)$，对于 $x\sim B(x\mid a,b)$ 和 $y\sim B(y\mid c,d)$。

12.9　练习题

练习 12.1　编写一个程序来实现 12.2.1 节中公平/有偏向的掷硬币模型选择实例，θ 使用离散域。解释如何克服在处理大数据 N_H 和 N_T(1 000 左右)时的数值问题。

练习 12.2　你在 Dodder 的对冲基金工作，经理想要根据今天的信息 $\boldsymbol{x}_t$ 建立第二天的“回报” y_{t+1} 的模型。作为“因素”的载体，$\boldsymbol{x}_t$ 每天都能捕捉市场的重要方面。经理认为一个简单的线性模型：

$$y_{t+1}=\sum_{k=1}^{K} w_k x_{kt} \tag{12.9.1}$$

是合理的并且要求你根据历史信息 $\mathcal{D}=\{(\boldsymbol{x}_t,\ y_{t+1}),\ t=1,\cdots,T-1\}$ 找到权重向量 $\boldsymbol{w}$。此外，他还为你提供每天的“波动率” σ_t^2 的度量。

1. 假设回报服从独立同分布高斯分布：

$$p(y_{1:T} \mid \boldsymbol{x}_{1:T}, \boldsymbol{w}) = \prod_{t=2}^{T} p(y_t \mid \boldsymbol{x}_{t-1}, \boldsymbol{w}) = \prod_{t=2}^{T} \mathcal{N}(y_t \mid \boldsymbol{w}^{\mathrm{T}} \boldsymbol{x}_{t-1}, \sigma_t^2) \tag{12.9.2}$$

解释如何用极大似然法设置权重向量 $\boldsymbol{w}$。

2. 然而，你的对冲基金经理确信，其中一些因素对预测是毫无帮助的，并希望你尽可能地消除这些因素的影响。要做到这一点，你决定使用贝叶斯模型选择方法，其中先验为：

$$p(\boldsymbol{w} \mid M) = N(\boldsymbol{w} \mid \boldsymbol{0}, \boldsymbol{I}) \tag{12.9.3}$$

其中 $M=1,\cdots,2^K-1$ 为模型索引，每个模型只使用这些因子的一个子集。通过将整数 M 转化为二值向量表示，模型描述了哪些因子要被使用。例如，如果 $K=3$，则会有 7 种模型：

$$\{0,0,1\},\{0,1,0\},\{1,0,0\},\{0,1,1\},\{1,0,1\},\{1,1,0\},\{1,1,1\} \tag{12.9.4}$$

其中，第一个模型为 $y_t = w_3 x_3$，权重先验为 $p(w_3)=\mathcal{N}(w_3 \mid 0,1)$。同样地，模型 7 将是 $y_t = w_1 x_1 + w_2 x_2 + w_3 x_3$，权重先验为 $p(w_1, w_2, w_3) = \mathcal{N}((w_1, w_2, w_3) \mid (0,\ 0,\ 0),\ \boldsymbol{I}_3)$。

模型先验选择为均匀先验 $p(M)=C$。给出了该模型的层次贝叶斯网络，并说明了如何通过适当的自适应方程(12.4.7)，利用贝叶斯模型的选择找到数据的最优模型。

3. 使用数据 dodder.mat，对 $K=6$ 执行上述贝叶斯模型选择，并找出 $x_1,\cdots,x_6$ 中哪一个最有可能解释数据。

练习 12.3　在此，我们将推导表达式(12.4.7)和它的另一种形式。

1. 从下式开始：

$$p(\boldsymbol{w}) \prod_{n=1}^{N} p(y^n \mid \boldsymbol{w}, x^n, K) = \mathcal{N}(\boldsymbol{w} \mid \boldsymbol{0}, \boldsymbol{I}/\alpha) \prod_{n} \mathcal{N}(y^n \mid \boldsymbol{w}^{\mathrm{T}} \phi(x^n), \sigma^2) \tag{12.9.5}$$

$$= \frac{1}{(2\pi\alpha^{-1})^{K/2}} \mathrm{e}^{-\frac{\alpha}{2}\boldsymbol{w}^{\mathrm{T}}\boldsymbol{w}} \frac{1}{(2\pi\sigma^2)^{N/2}} \mathrm{e}^{-\frac{1}{2\sigma^2}\sum_n (y^n - \boldsymbol{w}^{\mathrm{T}}\phi(x^n))^2} \tag{12.9.6}$$

证明上式可被写为：

$$\frac{1}{(2\pi\alpha^{-1})^{K/2}} \frac{1}{(2\pi\sigma^2)^{N/2}} \mathrm{e}^{-\frac{1}{2\sigma^2}\sum_n (y^n)^2} \mathrm{e}^{-\frac{1}{2}\boldsymbol{w}^{\mathrm{T}}\boldsymbol{A}\boldsymbol{w} + \boldsymbol{b}^{\mathrm{T}}\boldsymbol{w}} \tag{12.9.7}$$

其中：

$$\boldsymbol{A} = \alpha \boldsymbol{I} + \frac{1}{\sigma^2} \sum_n \boldsymbol{\phi}(x^n) \boldsymbol{\phi}^{\mathrm{T}}(x^n) \quad \boldsymbol{b} = \frac{1}{\sigma^2} \sum_n y^n \boldsymbol{\phi}(x^n) \tag{12.9.8}$$

2. 通过完全平方(见 8.4.1 节)，导出式(12.4.7)。

3. 因为每个 $y^n (n=1,\cdots,N)$ 是与 $\boldsymbol{w}$ 线性相关的且 $\boldsymbol{w}$ 服从高斯分布，则联合向量 $y^1,\cdots,y^N$ 也是服从高斯分布的。使用高斯传播(结果 8.3)，导出 $\log p(y^1,\cdots,y^N \mid x^1,\cdots,x^N)$ 的另一种形式。

练习 12.4　类似于例 12.3，三个人将图像分为三个类别中的一个。下表中的每一列表示每个图像的分类，上面的行是来自人 1 的类别，中间的是人 2 的，下面的是人 3 的。试估计 p(图像类别 | 人$=i$)，假设对于人 i，每个图像类别都是独立于此分布绘制的。

1	3	1	3	1	1	3	2	2	3	1	1	1	1	1	1	1	1	1	2
1	3	1	2	2	3	3	3	2	3	3	2	2	2	2	1	2	1	3	2
1	2	1	1	1	3	2	2	2	3	1	2	1	2	1	1	2	3	3	2

假设中没有先验偏好，且在计数上有均匀的先验，计算：

$$\frac{p(\text{人 1、2 和 3 分类结果不同})}{p(\text{人 1、2 和 3 分类结果相同})} \tag{12.9.9}$$

练习 12.5　考虑一个有 R 个正确分类和 W 个错误分类的分类器。这个分类器比随机猜测好吗？设 $\mathcal{D}$ 表示 R 对 W 错的答案。同时假设分类是独立同分布的。

1. 证明在假设数据纯粹是随机生成的情况下，似然是：

$$p(\mathcal{D} \mid \mathcal{H}_{\mathrm{random}}) = 0.5^{R+W} \tag{12.9.10}$$

2. 将 θ 定义为分类器出错的概率。则：

$$p(\mathcal{D}|\theta)=\theta^{R}(1-\theta)^{W} \tag{12.9.11}$$

现在考虑：

$$p(\mathcal{D}|\mathcal{H}_{\text{non random}})=\int_{\theta}p(\mathcal{D}|\theta)p(\theta) \tag{12.9.12}$$

证明对 Beta 先验 $p(\theta)=B(\theta|a,b)$，

$$p(\mathcal{D}|\mathcal{H}_{\text{non random}})=\frac{B(R+a,W+b)}{B(a,b)} \tag{12.9.13}$$

其中，$B(a,b)$是 Beta 函数。

3. 将随机假设和非随机假设视为同样可能的先验假设，证明：

$$p(\mathcal{H}_{\text{random}}|\mathcal{D})=\frac{0.5^{R+W}}{0.5^{R+W}+\dfrac{B(R+a,W+b)}{B(a,b)}} \tag{12.9.14}$$

4. 对于均匀先验 $a=b=1$，计算有 10 个正确分类和 12 个错误分类的概率，数据来自一个纯随机分布[根据方程(12.9.14)]。对 100 个正确分类和 120 个错误分类重复此操作。

5. 证明随机分类器误差的标准差为 $0.5\sqrt{R+W}$，并与上述计算结果相关联。

练习 12.6　我们在这里感兴趣的是讨论一种方法来学习一个信念网络中边的方向。考虑一个分布：

$$p(x,y|\theta,M_{y\to x})=p(x|y,\theta_{x|y})p(y|\theta_{y}) \tag{12.9.15}$$

其中 θ 是条件概率表的参数。对先验 $p(\theta)=p(\theta_{x|y})p(\theta_{y})$ 和独立同分布数据 $\mathcal{D}=\{x^{n},y^{n},n=1,\cdots,N\}$，数据的似然是：

$$p(\mathcal{D}|M_{y\to x})=\int_{\theta}p(\theta_{x|y})p(\theta_{y})\prod_{n}p(x^{n}|y^{n},\theta_{x|y})p(y^{n}|\theta_{y}) \tag{12.9.16}$$

对于二值变量 $x\in\{0,1\}$ 和 $y\in\{0,1\}$，有：

$$p(y=1|\theta_{y})=\theta_{y},\quad p(x=1|y,\theta_{x|y})=\theta_{1|y} \tag{12.9.17}$$

以及 Beta 分布先验：

$$p(\theta_{y})=B(\theta_{y}|\alpha,\beta),\quad p(\theta_{1|y})=B(\theta_{1|y}|\alpha_{1|y},\beta_{1|y}),\quad p(\theta_{1|1},\theta_{1|0})=p(\theta_{1|1})p(\theta_{1|0}) \tag{12.9.18}$$

1. 证明 $p(\mathcal{D}|M_{y\to x})$等于：

$$\frac{B(\#(x=1,y=0)+\alpha_{1|0},\#(x=0,y=0)+\beta_{1|0})}{B(\alpha_{1|0},\beta_{1|0})}\frac{B(\#(x=1,y=1)+\alpha_{1|1},\#(x=0,y=1)+\beta_{1|1})}{B(\alpha_{1|1},\beta_{1|1})}\times\frac{B(\#(y=1)+\alpha,\#(y=0)+\beta)}{B(\alpha,\beta)} \tag{12.9.19}$$

2. 求出一个类似的模型表达式，它的边方向与上述讨论的是相反的，即 $p(\mathcal{D}|M_{x\to y})$，假设此反向模型的所有超参数的值相同。

3. 使用上述方法，导出贝叶斯因子的一个简单表达式：

$$\frac{p(\mathcal{D}|M_{y\to x})}{p(\mathcal{D}|M_{x\to y})} \tag{12.9.20}$$

4. 通过选择适当的超参数，给出一个数值例子说明如何对一个启发式算法进行编码，该算法是如果表 $p(x|y)p(y)$比 $p(y|x)p(x)$ "更确定"，那么我们应该更喜欢模型 $M_{x\to y}$。针对下面情形证明给出的结果：

$$\#(x=0,y=0)=10,\quad \#(x=0,y=1)=10,\quad \#(x=1,y=0)=0,\quad \#(x=1,y=1)=0$$

第三部分

Bayesian Reasoning and Machine Learning

机器学习

机器学习本质上是从大规模数据集中提取价值，通常最终目标是构建一种可以模拟或提高人类/生物性能的算法。

在本部分，我们首先讨论机器学习的一些基本概念，即监督学习和无监督学习，然后讨论机器学习及其相关领域的一些标准模型。

机器学习涉及的领域广泛，下图表示的是主题之间的松散关联。在本部分，我们将讨论一些标准的机器学习概念，包括经典算法的概率变体。

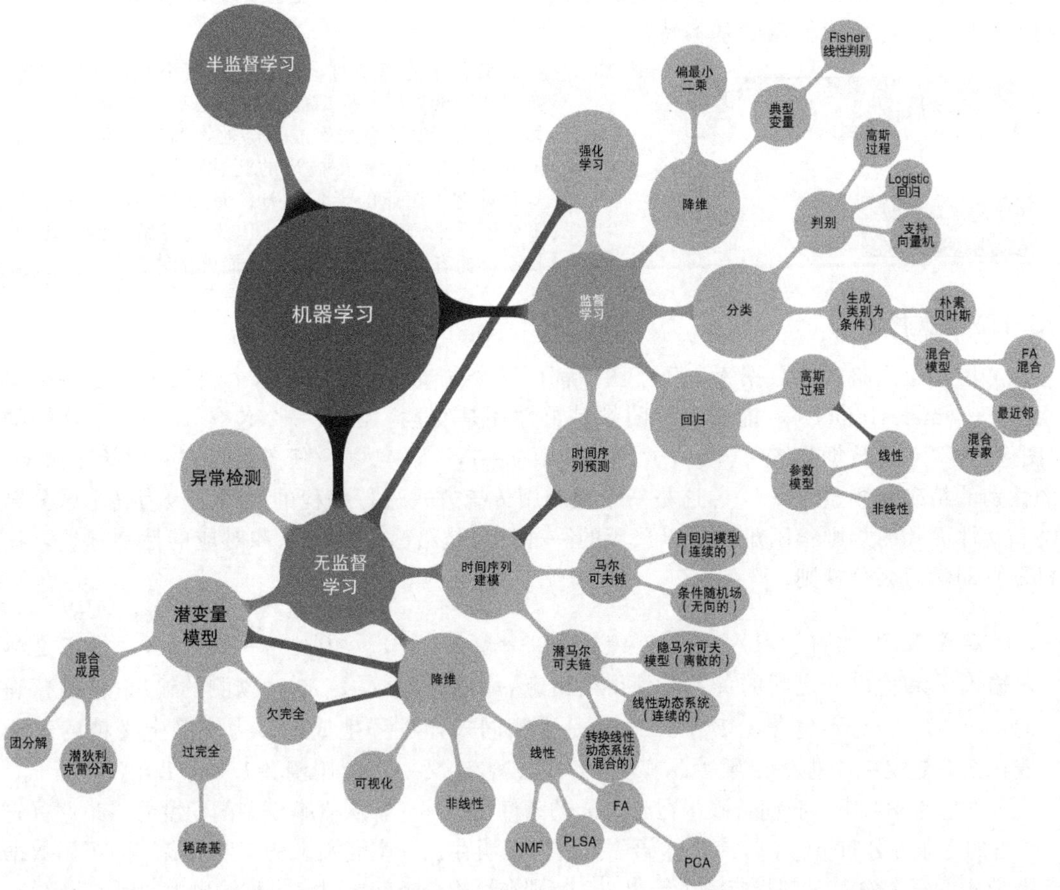

机器学习的概念

机器学习是与自动化大规模数据分析相关的研究领域。从学科发展脉络上看，该领域的研究主要集中在受生物学启发的模型上，其长期目标主要是构建能够处理信息和生物系统的模型和算法。该领域还包括许多传统的统计领域，但重点还是数学模型和预测。目前，机器学习是计算机科学和相关流行的大规模信息处理领域的核心。

13.1 机器学习的类型

广义来说，机器学习的两个主要子领域是监督学习和无监督学习。监督学习的重点是精确预测，无监督学习的目标是找到对数据的紧凑(compact)描述。在这两种情况下，人们都致力于寻找能够很好地概括未知数据的方法。从这个意义上讲，数据分为用于训练模型的数据和用于测试所训练模型性能的数据，如图 13.1 所示。在详细讨论监督学习之前，我们先讨论一些学习框架的基本特征。

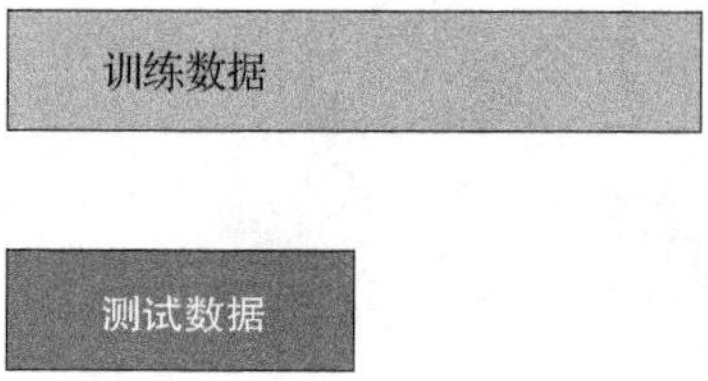

图 13.1 在训练和评估模型时，概念上有两个数据源：训练数据和测试数据。模型的参数仅根据训练数据设定。如果生成测试数据与生成训练数据的底层进程相同，则通过测量训练所得模型的测试数据的性能，可以得到对泛化性能的无偏估计。重要的是，测试性能不应该用来调整模型参数，因为这样做的话，我们就不再拥有一个独立的模型性能度量体系

13.1.1 监督学习

考虑一个人脸图像数据库，每个图像都由一个向量 $\boldsymbol{x}$ ⊖表示。每个图像 $\boldsymbol{x}$ 都是一个输出类 $y\in\{\text{male},\text{female}\}$，能够表示图像是男性还是女性。已知一个包含 10 000 个这样的“图像 类”对的数据集 $\mathcal{D}=\{(x^n,y^n)\}$，其中 $n=1,\cdots,10\,000$。任务是得到一幅新图像 $\boldsymbol{x}^*$ 的性别的精确预测量 $y(\boldsymbol{x}^*)$。这是一个很难用传统方式进行编程的问题，因为确定区分男性和女性面孔的规则很困难。可以采用的一种方法是给出人脸图像和对应的性别标签，让机器自动学习区分规则。

定义 13.1(监督学习) 给定一组数据 $\mathcal{D}=\{(x^n,y^n)\}$，其中 $n=1,\cdots,N$，任务是学习输入 x 和输出 y 之间的关系，使得当给定一个新的输入 x^* 时，预测的输出 y^* 是精确的。(x^*,y^*)对不包含在 $\mathcal{D}$ 中，和 $\mathcal{D}$ 是由相同未知进程生成的。为明确定义精度意味着什么，定义一个损失函数 $L(y^{\text{pred}},y^{\text{true}})$，或者定义一个效用函数 $U=-L$。

在监督学习中，我们着眼于在已知 x 的条件下描述 y。从概率模型的角度看，我们首先考虑的是条件分布 $p(y|x,\mathcal{D})$。术语“监督”表明存在一个名义上的“监督者”为可用数据集 $\mathcal{D}$ 中的每个输入 x 都指定一个输出 y，特别在讨论分类问题时，也称输出为“标签”。

⊖ 对于 $m\times n$ 的元素为 $\boldsymbol{F}_{mn}$ 的人脸图像矩阵，可以通过堆叠矩阵元素形成向量。

根据过去的观察数据 $y(1), y(2), \cdots, y(T)$ 来预测明天的股票价格 $y(T+1)$，是监督学习的一个例子。已知一个时间和价格集 $\mathcal{D}=\{(t, y(t))\}$，其中 $t=1, \cdots, T$，时间 t 是输入，价格 $y(t)$ 是输出。

例 13.1　一位父亲决定教他年幼的儿子什么是跑车，他发现这很难用语言去解释，他决定举几个例子。他们站在一座高速公路桥上，每辆车都从桥下经过。每当跑车经过时，父亲就会大喊那是一辆跑车！10 分钟后，父亲问儿子是否明白什么是跑车。儿子说："当然，很简单。"一辆旧的红色大众甲壳虫经过时，儿子喊道："那是一辆跑车！"父亲垂头丧气地问："你为什么这么说？""因为所有的跑车都是红色的！"儿子回答说。

这是一个监督学习的例子。在这里，父亲扮演监督者的角色，而他的儿子是"学生"(或"学习者")。这个例子说明了机器学习过程会遇到的各种问题，因为要确定一辆车是否是跑车是不容易的——如果知道如何确定，我们就不需要经历学习的过程了。这个例子还强调了一个问题，即在训练数据上表现良好和在测试数据上表现良好是有区别的。监督学习的有趣之处主要在于它可以总结一个很好的基本规则，并基于这个规则对新的输入做出准确的预测。如果没有足够的训练数据，就可能会像在这个场景中一样，泛化性能不理想。

分类问题的输出是离散的。在分类问题中，我们通常使用 c 作为输出。回归问题的输出是连续的。例如，你所在的超市需要根据防晒霜的历史需求信息，来预测下个月的防晒霜需求量。在某些情况下，我们可以对连续输出进行离散化，转而考虑相应的分类问题，但在其他情况下(比如输出 $\boldsymbol{y}$ 是一个高维连续值向量)，这样做就是不切实际或不符合行事逻辑的。

13.1.2　无监督学习

定义 13.2(无监督学习)　给定一组数据 $\mathcal{D}=\{x^n\}$，其中 $n=1, \cdots, N$，在无监督学习中，我们的目标是找到一个可信且紧凑的数据描述。目标的作用在于量化描述的精确性。在无监督学习中没有特殊的预测变量，因此从概率的角度出发，我们对 $p(x)$ 分布进行建模。用于生成数据的模型的似然是衡量数据描述精确性的一个常用指标。

例 13.2　某连锁超市希望通过大量结账数据来发现有多少种不同的基本客户购买行为。客户在一次逛超市过程中购买并结账的商品的情况用一个 1 000 维(很稀疏)的向量 $\boldsymbol{x}$ 来表示，若客户购买了商品 i 则向量 $\boldsymbol{x}$ 的第 i 个元素为 1，反之为 0。连锁超市希望基于全国商店 1 000 万个这样的结账向量($\mathcal{D}=\{x^n\}$，其中 $n=1, \cdots, 10^7$)发现购买行为的模式。

在这里给出的表中，每一列(除第 1 列)元素分别反映了一个客户购买商品的情况(显示了 7 个客户对 10 000 个商品中前 6 个商品的购买情况)，为 1 表示客户购买了对应的商品，为 0 则表示没有购买。我们希望在数据中找到共同的模式，比如购买尿布的人也可能购买阿司匹林。

咖啡	1	0	0	1	0	0	0
茶	0	0	1	0	0	0	0
牛奶	1	0	1	1	0	1	1
啤酒	0	0	0	1	1	0	1
尿布	0	0	1	0	1	0	1
阿司匹林	0	1	1	0	1	0	1

例 13.3(聚类) 下表展示了一组不带标签的二维数据点。简单观察数据，我们可以看到有两个明显的聚类，一个以(0,5)为中心，另一个以(35,45)为中心。数据的一个合理的紧凑描述是：有两个聚类，一个的中心在(0,0)处，一个的中心在(35,45)处，两个的标准差都为10。

x_1	−2	−6	−1	11	−1	46	33	42	32	45
x_2	7	22	1	1	−8	52	40	33	54	39

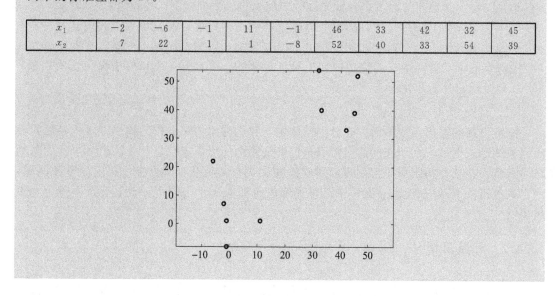

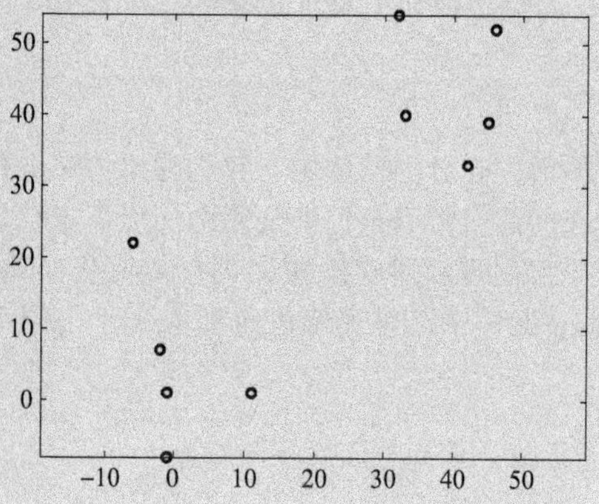

13.1.3 其他学习框架

除了监督学习和无监督学习以外，还有一些其他的学习框架。

- 异常检测。婴儿一开始会处理大量令人困惑的感官数据。过一段时间，婴儿开始了解自身所处的环境，因此对来自相同环境的感官数据是熟悉的或是可以预料到的。当一个陌生的面孔出现时，婴儿会意识到这是自身不熟悉的，就会感到不安。婴儿已经学会了对环境的表征，能够区分预期的和意外的，这就是一个无监督学习的例子。检测工业过程中的异常事件(工厂监视)、发动机监视和客户的意外购买行为模式都属于异常检测领域。异常检测也称为“新奇”检测。
- 在线(顺序)学习。在之前介绍的场景中，都会预先给定数据 $\mathcal{D}$。但在在线学习中，数据是按顺序到达的，随着新数据的到达，我们会不断地更新模型。在线学习在有监督和无监督的环境下都可以进行。
- 与环境交互。在某些情况下，代理也许能以某种方式与其所在的环境进行交互。这种交互虽然使学习变得复杂，但同时也可以提升学习的潜力。

- 查询(主动)学习。在查询学习中，代理有能力从环境中请求数据。例如，预测器可能感知到自己对空间中某些区域 x 的预测能力比较弱，就会请求来自该区域的更多训练数据。查询学习也可以在一个无监督的环境中进行，这个环境中的代理人可能会请求目前 $p(x)$信息不充分的区域中的信息。
- 强化学习。在强化学习中，代理处在一个它可能采取行动的环境中。有些行动可能最终是有益的(例如带来产出)，有些则可能是灾难性的(例如导致被吃)。基于先前积累的经验，代理需要了解在特定的情况下应该采取什么行动，以便最大化“实现期望的长期目标(例如，长期生存)”的概率。强化学习还需要强化能够带来长期回报的行动。强化学习与控制理论、马尔可夫决策过程还有博弈论密切相关。我们在7.9.2 节中讨论了 MDP，并简要地提及了如何基于延迟奖励来学习环境，我们不会进一步讨论这个主题，而是给读者推荐专门的参考文献，例如[284]。

❑ 半监督学习。在机器学习中，一个常见的场景是有少量带标签的数据和大量不带标签的数据同时存在。例如，我们可以看到很多人脸图像，然而只有一小部分带标签的能作为已识别面孔的实例。在半监督学习中，人们试图使用不带标签的数据来学习一个比仅使用带标签数据学习的分类器更好的分类器。这是一个常见的现象，因为收集不带标签的数据，其成本往往相对低廉(例如，拍照)，而且标签通常是由人来分配的，导致带标签数据的成本比较昂贵。

13.2　监督学习

监督学习和无监督学习是相对成熟的领域，具有大量的实用工具和相关的理论分析成果。我们的目的是简要介绍这些方法背后的问题和蕴含的“哲学”原理，本节学习监督学习，特别是分类问题。

13.2.1　效用和损失

给定一个新的输入 x^*，最优预测取决于出错的代价有多大，这可以使用损失函数(或者效用函数)来量化。*决策函数* $c(x^*)$将为新的输入 x^* 生成一个类标签，在形成该决策函数时，我们并不知道真正的类，只知道它的替代，即预测分布 $p(c|x^*)$。用 $U(c^{\text{true}},c^{\text{pred}})$表示当真实值为 c^{true} 时预测值 c^{pred} 的效用，则决策函数的期望效用为

$$U(c(x^*))=\sum_{c^{\text{true}}}U(c^{\text{true}},c(x^*))p(c^{\text{true}}|x^*) \tag{13.2.1}$$

最优决策函数是能使期望效用取最大值的决策函数：

$$c(x^*)=\underset{c(x^*)}{\operatorname{argmax}}U(c(x^*)) \tag{13.2.2}$$

同样地，对于损失 $L(c^{\text{true}},c(x))$，把关于 $p(c,x)$的期望损失称为风险。最优决策函数是关于 θ 的使风险取最小值的决策函数。

0-1 损失/效用

“正确预测的数量”是基于下述 0-1 效用(或其相反数：0-1 损失)来衡量预测性能的：

$$U(c^{\text{true}},c^*)=\begin{cases}1,c^*=c^{\text{true}}\\0,c^*\neq c^{\text{true}}\end{cases} \tag{13.2.3}$$

对于二分类问题，期望效用公式为：

$$U(c(x^*))=\begin{cases}p(c^{\text{true}}=1\mid x^*)\text{for } c(x^*)=1\\ p(c^{\text{true}}=2\mid x^*)\text{for } c(x^*)=2\end{cases} \tag{13.2.4}$$

为得到最高的期望效用，决策函数 $c(x^*)$应该与选择最高的类概率 $p(c\mid x^*)$的过程对应：

$$c(x^*)=\begin{cases}1,p(c=1\mid x^*)>0.5\\ 2,p(c=2\mid x^*)>0.5\end{cases} \tag{13.2.5}$$

在平局的情况下，各个类以相同的概率被随机选择。

一般损失/效用函数

一般地，对于二分类问题，我们有：

$$U(c(x^*))=\begin{cases}U(c^{\text{true}}=1,c^*=1)p(c^{\text{true}}=1\mid x^*)+U(c^{\text{true}}=2,c^*=1)p(c^{\text{true}}=2\mid x^*)\text{for } c(x^*)=1\\ U(c^{\text{true}}=1,c^*=2)p(c^{\text{true}}=1\mid x^*)+U(c^{\text{true}}=2,c^*=2)p(c^{\text{true}}=2\mid x^*)\text{for } c(x^*)=2\end{cases} \tag{13.2.6}$$

最优决策函数 $c(x^*)$选择期望效用最高的类。使用元素为

$$U_{ij}=\boldsymbol{U}(c^{\text{true}}=i,c^{\text{pred}}=j) \tag{13.2.7}$$

的效用矩阵可以很容易地将其推广到多分类情况。其中，矩阵的元素 U_{ij} 表示当真实类是 i 时，预测类 j 的效用。同理，我们也可以考虑损失矩阵，元素为 $L_{ij}=-U_{ij}$。在一些应用中，效用矩阵是高度不对称的。考虑这样一个医疗场景，我们要预测患者是否患有癌症，$\text{dom}(c)=\{$癌症,良性$\}$。如果真实类是癌症，我们的预测类是良性，那么可能会给患者带来可怕的后果；如果真实类是良性，我们的预测类是癌症，那么给患者带来的打击较小。这种不对称的效用更倾向于保守的决策，在上述场景中，我们更倾向于认为样本的真实类是癌症而不是良性，即使对这两类的预测概率是相等的。

在求解式(13.2.5)中的最优决策函数 $c(x^*)$时，我们假设模型 $p(c,x)$是正确的。然而，在实践中，我们通常不知道数据的正确模型，我们所拥有的只是一个实例数据集 $\mathcal{D}=\{(x^n,c^n)\}$，其中 $n=1,\cdots,N$，以及我们所掌握的领域内的知识。因此，我们需要形成一个 $p(c,x\mid\mathcal{D})$分布，理想情况下的该分布接近真实但未知的联合数据分布 $p^{\text{true}}(c,x)$。只有这样，才有希望把我们的决策很好地推广到训练数据以外的实例。机器学习领域的研究者围绕着不同的策略来解决在 $p^{\text{true}}(c,x)$未知情况下的问题。

平方损失/效用

在回归问题中，一个常见的损失函数是平方损失：

$$L(y^{\text{true}},y^{\text{pred}})=(y^{\text{true}}-y^{\text{pred}})^2 \tag{13.2.8}$$

其中，y^{pred} 为预测值，y^{true} 为真实值，两者均为实数。接下来按照上面的决策框架展开，对于连续变量将求和替换为求积分。

13.2.2 使用经验分布

当不知道正确模型 $p^{\text{true}}(c,x)$时，直接方法是用下述经验分布代替它：

$$p(c,x\mid\mathcal{D})=\frac{1}{N}\sum_{n=1}^{N}\delta(c,c^n)\delta(x,x^n) \tag{13.2.9}$$

也就是说，我们假设基本分布是通过在数据集中的每个点(x^n,c^n)上设置相等的质量来近似的。基于此给出经验期望效用：

$$\langle U(c,c(x))\rangle_{p(c,x\mid\mathcal{D})}=\frac{1}{N}\sum_{n}U(c^n,c(x^n)) \tag{13.2.10}$$

或者其相反数经验风险：

$$R=\frac{1}{N}\sum_{n}L(c^{n},c(x^{n})) \tag{13.2.11}$$

假设在预测正确的类时损失最小，$c(x^n)=c^n$ 给出了训练数据中每一输入的最优决策 $c(x)$。但是，对不包含在 $\mathcal{D}$ 中的任何新数据 x^*，$c(x^*)$是未定义的。为了定义新输入所属的类别，可以使用参数函数 $c(x|\theta)$。例如，对一个 $\mathrm{dom}(c)=\{1,2\}$ 的二分类问题，线性决策函数为：

$$c(\boldsymbol{x}|\theta)=\begin{cases}1, \boldsymbol{\theta}^{\mathrm{T}}\boldsymbol{x}+\theta_0\geqslant 0\\ 2, \boldsymbol{\theta}^{\mathrm{T}}\boldsymbol{x}+\theta_0<0\end{cases} \tag{13.2.12}$$

如果向量输入 $\boldsymbol{x}$ 在由向量 $\boldsymbol{\theta}$ 和位移 θ_0 定义的超平面的正侧，则将其赋给第 1 类，否则赋给第 2 类(在学习第 17 章时会讲解对这一点的几何解释)。然后，经验风险成为参数 $\theta=\{\boldsymbol{\theta},\theta_0\}$ 的函数：

$$R(\theta|\mathcal{D})=\frac{1}{N}\sum_{n}L(c^{n},c(x^{n}|\theta)) \tag{13.2.13}$$

最优参数 θ 是使经验风险最小的 θ：

$$\theta_{\mathrm{opt}}=\underset{\theta}{\operatorname{argmin}}R(\theta|\mathcal{D}) \tag{13.2.14}$$

对于新数据点 x^* 的分类决策由 $c(x^*|\theta_{\mathrm{opt}})$给出。

在这种经验风险最小化方法中，随着决策函数 $c(x|\theta)$变灵活，经验风险会下降。然而，如果 $c(x|\theta)$过于灵活，我们将没有信心保证 $c(x|\theta)$对新的输入 x^* 表现良好。原因是对于灵活的决策函数 $c(x|\theta)$，哪怕 x 发生一点小变化，类标签也会改变。这种灵活性看起来似乎是好的，因为它意味着我们能够找到一个参数设置 θ，使得对训练数据拟合得很好。然而，由于我们只是基于已知的训练数据得到了决策函数，因此当把决策函数应用于非训练数据时，太灵活会导致它快速发生变化，从而泛化效果不佳。为了限制 $c(x|\theta)$的复杂性，我们可以将下述惩罚性的经验风险降至最低：

$$R'(\theta|\mathcal{D})=R(\theta|\mathcal{D})+\lambda P(\theta) \tag{13.2.15}$$

其中 $P(\theta)$是一个用于惩罚复杂函数 $c(x|\theta)$的函数。正则化常数 λ 决定了这个惩罚的强度，通常通过验证来设置。经验风险方法如图 13.2 所示。

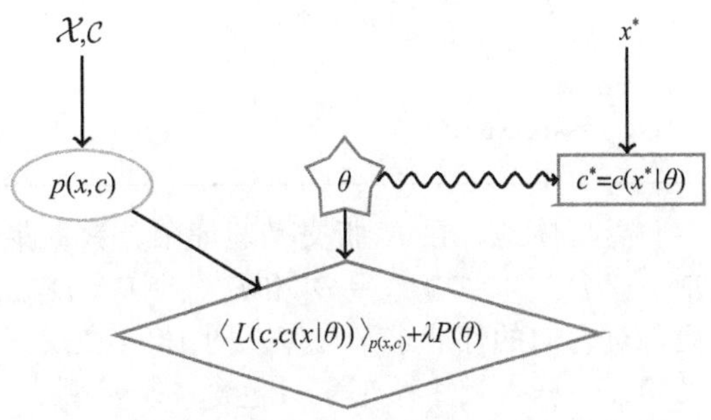

图 13.2 经验风险方法。给定数据集 $\mathcal{X}$ 和 $\mathcal{C}$，通常使用经验分布来建立数据模型 $p(x,c)$。对分类器 $c(x|\theta)$，参数 θ 是通过将关于 θ 的惩罚性的经验风险最小化学习得到的。在给定最优的 θ 时，新的输入 x^* 被赋给类 $c(x^*|\theta)$

对上面的线性决策函数，惩罚那些发生巨大变化的类别是合理的，因为我们希望在只改变输入 $\boldsymbol{x}$ 的一小部分时，(平均而言)类标签的变化能最小。在 $\boldsymbol{\theta}^{\mathrm{T}}\boldsymbol{x}+\theta_0$ 中，两个输入 $\boldsymbol{x}_1$ 和 $\boldsymbol{x}_2$ 的平方差是 $(\boldsymbol{\theta}^{\mathrm{T}}\Delta\boldsymbol{x})^2$，其中 $\Delta\boldsymbol{x}\equiv\boldsymbol{x}_2-\boldsymbol{x}_1$。通过限制 θ 的长度，我们限制了分类器的能力，改变类只在输入空间的一个小的变化。假设两个数据点之间的距离服从一个均值为 0、协方差矩阵为 $\sigma^2\boldsymbol{I}$ 的同性多元高斯分布，那么平方差均值为 $\langle(\boldsymbol{\theta}^{\mathrm{T}}\Delta\boldsymbol{x})^2\rangle=\sigma^2\boldsymbol{\theta}^{\mathrm{T}}\boldsymbol{\theta}$，激励着将参数 $\boldsymbol{\theta}$ 的欧式平方长度作为惩罚项，即 $P(\theta)=\boldsymbol{\theta}^{\mathrm{T}}\boldsymbol{\theta}$。

验证

在最小化惩罚性的经验风险时，我们需要设置正则化常数 λ。给学习所得的分类器

$c(x|\theta)$设置几个不同的 λ 值，并在每次设置后给分类器输入相同的验证数据 $\mathcal{D}_{\text{validate}}$ 来评估分类器的性能，性能最好那次的 λ 值就是最终设置的正则化常数。重要的是，验证数据不是训练模型所用的数据，因为我们知道用训练数据验证模型时 λ 的最优设定为 0，而且模型几乎没有泛化能力。

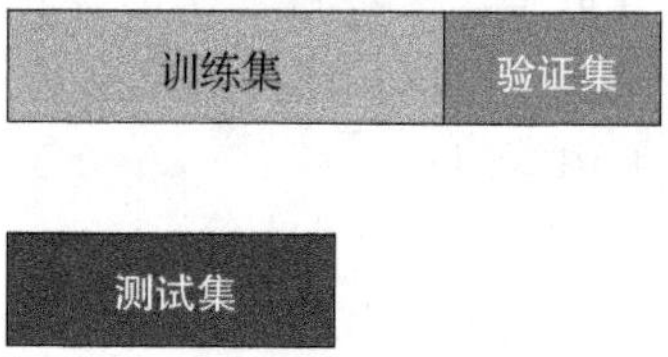

图 13.3　可以使用训练数据基于不同的正则化常数来训练模型，最优正则化常数由模型在验证数据上的经验性能确定，使用单独的测试数据能够独立地评估模型的泛化性能

给定数据集 $\mathcal{D}$，我们将其分割为不相交的子集 $\mathcal{D}_{\text{train}}$ 和 $\mathcal{D}_{\text{validate}}$，其中验证集的大小通常要小于训练集，如图 13.3 所示。对每个参数 λ_a，都需要找出最小的经验风险参数 θ_a。选择使模型拥有最小验证风险的 λ 作为最优 λ。许多实践者会使用最优正则化常数 λ，在整个数据集 $\mathcal{D}$ 的基础上重新训练 θ。

在交叉验证中，会多次将数据集分割为训练集和验证集，每次分割时都会获得验证结果。每次分割都会产生一个不同的训练集 $\mathcal{D}^i_{\text{train}}$ 和验证集 $\mathcal{D}^i_{\text{validate}}$，以及一个最优的惩罚性的经验风险参数 θ^i_a 和相关的(非正则化的)验证性能 $R(\theta^i_a|\mathcal{D}^i_{\text{validate}})$。正则化常数 λ_a 的性能为验证性能除以 i 得到的平均值最优正则化常数的平均验证误差最小，其设置过程见算法 13.1。

算法 13.1　使用交叉验证设置正则化常数

选择一组正则化参数 $\lambda_1,\cdots,\lambda_A$
选择一组训练和测试集划分 $\{\mathcal{D}^i_{\text{train}},\ \mathcal{D}^i_{\text{validate}}\}i=1,\cdots,K$
for $a=1$ 到 A **do**
　　for $i=1$ 到 K **do**
　　　　$\theta^i_a=\underset{\theta}{\operatorname{argmin}}[R(\theta|\mathcal{D}^i_{\text{train}})+\lambda_a P(\theta)]$
　　end for
　　$L(\lambda_a)=\dfrac{1}{K}\sum_{i=1}^{K}R(\theta^i_a|\mathcal{D}^i_{\text{validate}})$
end for
$\lambda_{\text{opt}}=\underset{\lambda_a}{\operatorname{argmin}}L(\lambda_a)$

更具体地，在 K 折交叉验证中，数据集 $\mathcal{D}$ 被分割成 K 个大小相等的不相交子集 $\mathcal{D}_1,\mathcal{D}_2,\cdots,\mathcal{D}_K$。令 $\mathcal{D}^i_{\text{validate}}=\mathcal{D}_i$ 和 $\mathcal{D}^i_{\text{train}}=\mathcal{D}\setminus\mathcal{D}^i_{\text{validate}}$，这样就得到了总共 K 个不同的训练-验证集，对它们的性能求平均值。图 13.4 在实践中，10 折交叉验证很受欢迎，就像留一法交叉验证一样，其中验证集只包含一个示例。

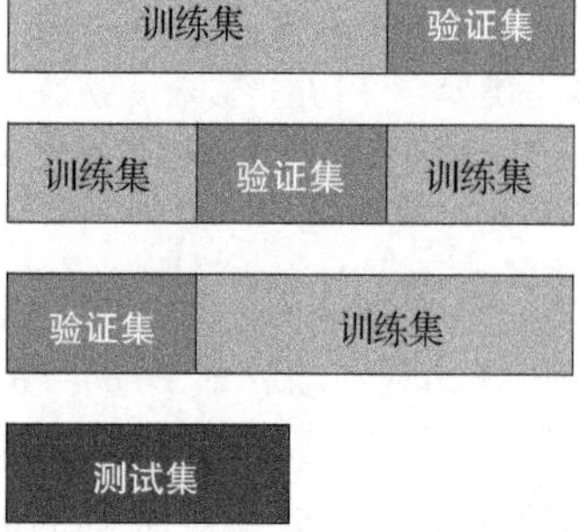

图 13.4　在交叉验证中，数据集被分成几个训练-验证集。图中描述的是 3 折交叉验证。对一系列正则化常数，基于不同分割点的经验验证性能求平均，就找到了最优正则化常数

例 13.4（找到一个好的正则化常数）　在图 13.5 中，我们将 $a\sin(wx)$ 函数拟合到绘制的数据中，在最小化平方损失的过程中学习参数 a 和 w。非正则化方式（图 13.5a）严重过拟合了数据，并且验证误差较大。为了得到更平滑的解决方式，使用正则化项 w^2。分别计算几个基于不同正则化常数值 λ 的验证误差，$\lambda=0.5$ 时验证误差最低。使用验证-最优 λ 对 a 和 w 重新训练得到的结果拟合了数据，这是合理的，如图 13.5b。

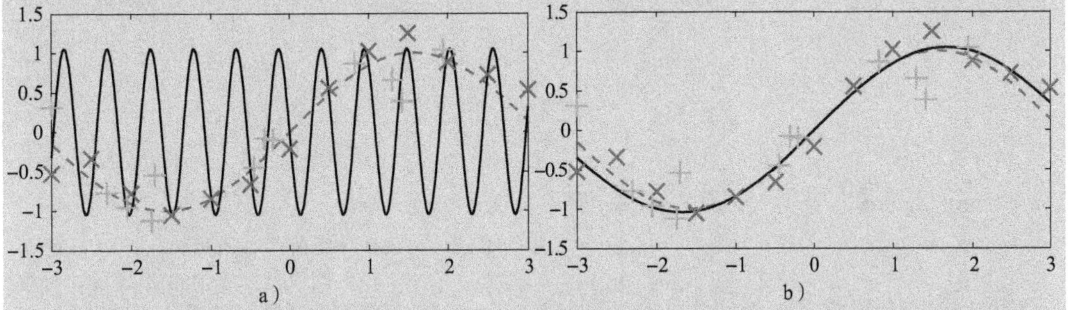

图 13.5　图中虚线表示产生噪声数据的真正函数的图像，实线表示从数据中学习到的函数的图像。a) 中的符号×表示对训练数据的非正则化拟合（$\lambda=0$），虽然对训练数据拟合良好，但验证实例的误差较大，用＋表示。b) 展示了正则化拟合（$\lambda=0.5$），当训练误差较大时，验证误差较小

经验风险方法的优点有以下几点。

- 在大量训练数据的限制下，经验分布趋于正确的分布。
- 判别函数是在最小风险的基础上选择的，这是我们最终感兴趣的量化值。
- 这个过程在概念上很好理解。

经验风险方法的缺点有以下几点。

- 数据服从经验分布这种假设似乎有些极端，尤其是就少量训练数据来说。对 $p(x)$ 更合理的假设是考虑可能出现的 x，而不仅仅是训练数据集中的那些。
- 如果损失函数发生变化，则需要对判别函数进行再训练。
- 有些问题需要对预测的置信度进行估计。虽然可能有启发式的方法来评估预测的可信度，但这并不是该框架固有的。
- 当存在许多惩罚参数时，在参数的离散网格中执行交叉验证就不再可行。
- 在验证过程中，许多模型都经过了训练，最终只留下一个模型，其余的都被丢弃了。

13.2.3　贝叶斯决策方法

使用经验分布的另一种选择是首先用模型 $p(c,x|\theta)$ 拟合训练数据 $\mathcal{D}$。然后基于这个模型，决策函数 $c(x)$ 由关于这个模型的最大期望效用（或最小风险）自动确定，如式(13.2.6)所示，该式中用 $p(c,x|\theta)$ 来代替未知的 $p(c^{\text{true}}|x)$。图 13.6 是贝叶斯决策方法的原理图。

用 $p(c,x|\theta)$ 拟合数据 $\mathcal{D}$ 的方法主要有两种：生成方法和判别方法，如图 13.7 所示。我们可以用下述两个式子参数化联合分布：

$$p(c,x|\theta)=p(c|x,\theta_{c|x})p(x|\theta_x)\quad \text{判别方法} \tag{13.2.16}$$

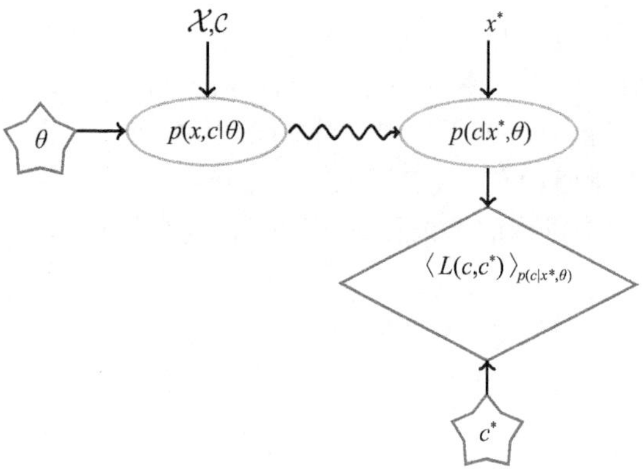

图 13.6　贝叶斯决策方法的原理图。模型 $p(x,c|\theta)$ 被拟合到数据中。在学得最优模型参数 θ 后，我们计算 $p(c|x,\theta)$。对于新的输出 x^*，假设的“真实值”服从 $p(c|x^*,\theta)$分布。预测(决策)值由 c^* 给出，该 c^* 能使期望风险$\langle L(c,c^*)\rangle_{p(c|x^*,\theta)}$降到最低

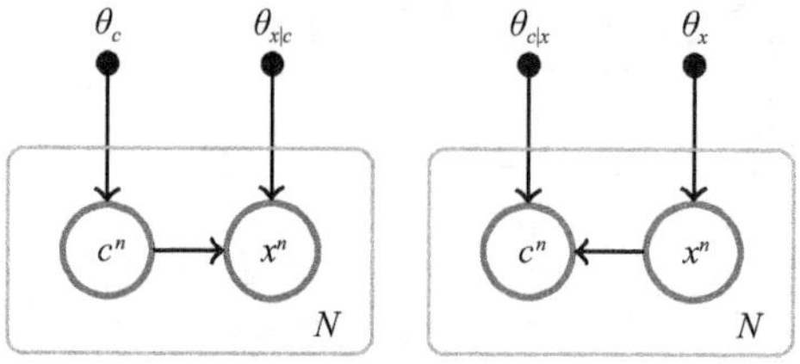

a)　　　　b)

图 13.7　概率分类的两种通用策略。a) x 的类依赖生成模型，在学得参数后，通过把 x 作为证据和推断 $p(c|x)$得到分类。b) 一种判别分类方法 $p(c|x)$

或者

$$p(c,x|\theta)=p(x|c,\theta_{x|c})p(c|\theta_c)\quad \text{生成方法} \tag{13.2.17}$$

我们将在下文考虑使用这两种方法，建立一个能够区分男性和女性人脸的系统。假设我们有一个人脸图像数据库，其中每个图像都表示为实值向量 $\boldsymbol{x}^n$ ($n=1,\cdots,N$)，还有标签 $c^n\in\{0,1\}$，用于说明图像是男性还是女性。

生成方法 $p(\boldsymbol{x},c|\theta)=p(\boldsymbol{x}|c,\theta_{x|c})p(c|\theta_c)$

为方便起见，我们对参数 θ 使用极大似然训练。假设数据 $\mathcal{D}$ 是独立同分布的，有对数似然：

$$\log p(\mathcal{D}|\theta)=\sum_n \log p(\boldsymbol{x}^n|c^n,\theta_{x|c})+\sum_n \log p(c^n|\theta_c) \tag{13.2.18}$$

我们看到，只有第 1 项与 $\theta_{x|c}$有相关性，只有第 2 项包含 θ_c。这意味着学习最优参数的过程相当于分离男性类的数据并拟合模型 $p(\boldsymbol{x}|c=\text{male},\theta_{x|\text{male}})$。同样，我们可以分离女性数据，并拟合一个单独的模型 $p(\boldsymbol{x}|c=\text{female},\theta_{x|\text{female}})$。类别分布 $p(c|\theta_c)$根据训练数据中男性和女性所占的比例设定。

为了确定一个新图像 $\boldsymbol{x}^*$ 属于男性类别还是女性类别，我们使用贝叶斯定理：

$$p(c=\text{male}|\boldsymbol{x}^*)=\frac{p(\boldsymbol{x}^*,c=\text{male}|\theta_{x|\text{male}})}{p(\boldsymbol{x}^*,c=\text{male}|\theta_{x|\text{male}})+p(\boldsymbol{x}^*,c=\text{female}|\theta_{x|\text{female}})} \tag{13.2.19}$$

根据 0-1 损失，如果这个概率大于 0.5，那么将 x^* 归为男性，否则归为女性。对一般的损失函数，我们使用这个概率作为决策过程的一部分，如式(13.2.6)所示。

以下为这种方法的优缺点。

- 优点。关于数据结构的先验信息通常天然地由生成模型 $p(x|c)$指定。例如，男性一般眉毛更重，下巴更方，等等。

● 缺点。生成方法并不直接针对分类模型 $p(c|x)$，因为生成式训练的目标是对 $p(x|c)$ 进行建模。如果数据 x 是复杂的，那么寻找合适的生成数据模型 $p(x|c)$ 是一项艰巨的任务。此外，由于每个生成模型都是针对某个类单独训练的，所以模型之间不存在对解释数据 x 的竞争。建立 $p(c|x)$ 模型可能更简单，特别是当类之间的决策边界具有一个简单的形式时，即便每个类的数据分布比较复杂，如图 13.8 所示。

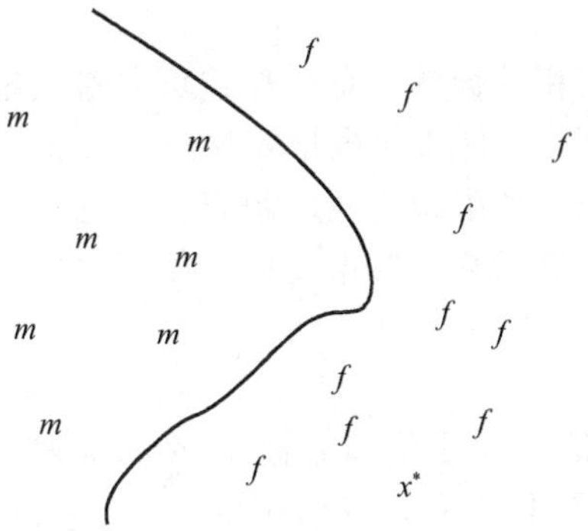

图 13.8 每个点都表示一个带有类标签的高维向量，标签为男性或女性。$\boldsymbol{x}^*$ 点是一个新的点，我们想要预测这个点是男性还是女性。在生成方法中，男性模型 $p(\boldsymbol{x}|\text{male})$ 生成类似于“m”点的数据，女性模型 $p(\boldsymbol{x}|\text{female})$ 生成类似于“f”点的数据。然后我们使用贝叶斯定理计算会用到两个拟合模型的概率 $p(\text{male}|\boldsymbol{x}^*)$，两个模型见文。在判别方法中，我们直接建立了一个 $p(\text{male}|\boldsymbol{x}^*)$ 模型，该模型不太关心点 m 或点 f 的分布情况，而是描述了可以将这两类点分开的边界，见图 13.8 中的线。在这种情况下，不需要对数据的分布进行建模，因为我们的决策只与点位于决策边界的哪一侧有关

判别方法 $p(\boldsymbol{x},c|\theta)=p(c|\boldsymbol{x},\theta_{c|x}p(\boldsymbol{x}|\theta_x)$

假定数据是独立同分布的，那么对数似然为：

$$\log p(\mathcal{D}|\theta)=\sum_n \log p(c^n|\boldsymbol{x}^n,\theta_{c|x})+\sum_n \log p(\boldsymbol{x}^n|\theta_x) \tag{13.2.20}$$

等号右侧两项中的参数是独立的，因此极大似然训练相当于将为给定训练数据 $\boldsymbol{x}$ 找到最佳预测类 c 的参数 $\theta_{c|x}$。建模数据时用的参数 θ_x 只出现在上面的第 2 项中，因此可将设置该参数作为一个独立的无监督学习问题。该方法将决策边界的建模与输入数据分布的建模分离开来，如图 13.8 所示。

新数据 $\boldsymbol{x}^*$ 的分类基于下式得到：

$$p(c|\boldsymbol{x},\theta_{c|x}^{\text{opt}}) \tag{13.2.21}$$

相较生成方法，该方法仍然学习联合分布 $p(c,\boldsymbol{x})=p(c|x)p(x)$，如果需要，该分布可以作为决策过程的一部分，如式(13.2.6)。

以下是这种方法的优缺点。

● 优点。与生成方法中的类条件数据分布不同，判别方法直接解决了在建立决策边界模型的基础上寻找精确分类器 $p(c|\boldsymbol{x})$ 的问题。虽然每个类的数据可能以复杂的方式分布，但是它们之间的决策边界相对容易建模。

● 缺点。判别方法通常被训练成“黑盒”分类器，很少有先验知识来描述给定类的数据是如何分布的。使用生成方法通常更容易表达领域知识。

混合生成判别法

我们可以使用先验信息中的生成式描述 $p(x|c)$，来形成一个联合分布 $p(x,c)$，从中可以使用贝叶斯定理构建一个判别模型 $p(c|x)$。具体地，我们可以使用：

$$p(c|x,\theta)=\frac{p(x|c,\theta_{x|c})p(c|\theta_c)}{\sum_c p(x|c,\theta_{x|c})p(c|\theta_c)} \tag{13.2.22}$$

然后，通过最大化出现在正确类中的概率，可以找到这个混合模型的参数 $\theta=(\theta_{x|c},\theta_c)$。这针对 $p(x|\theta_x)$学习了一个单独的模型。这种方法似乎同时利用了判别方法和生成方法的优点，因为我们可以更容易地将领域知识合并到生成模型 $p(x|c,\theta_{x|c})$中，并且以判别的方式训练它。这种方法在实践中很少采用，因为得到的似然函数形式以一种复杂的方式依赖于参数。在这种情况下，θ_c 和 $\theta_{x|c}$之间没有参数分离(与以前生成方法和判别方法的情况相同)。

特征和预处理

通常在判别训练中，将原始输入转换为更直接地捕获相关标签信息的形式可以极大地提高性能。例如，在对男性和女性人脸进行分类的情况下，可能直接根据人脸向量 $\mathbf{x}$ 的元素构建分类器比较困难。然而，使用包含几何信息的特征，如眼睛之间的距离、嘴巴的宽度等，可能会使寻找分类器变得更容易。在实际应用中，也经常对数据进行预处理以去除噪声，对图像进行中心化处理，等等。

半监督学习中低维表示的学习

一种利用大量不带标签的训练数据来改善分类的方法首先是找到数据 x 的低维表示 h。在此基础上，从 h 到 c 的映射可能比从 x 到 c 的映射更加简单。我们使用 $c^n=\varnothing$表示数据 n 的类别信息缺失了，然后利用可见数据构建似然：

$$p(\mathcal{C},\mathcal{X},\mathcal{H}|\theta)=\prod_n\{p(c^n|h^n,\theta_{c|h})\}^{\mathbb{I}[c^n\neq\varnothing]}p(x^{n|h^n},\theta_{x|h})p(h^n|\theta_h)\tag{13.2.23}$$

并使用极大似然来设置参数，例如：

$$\theta^{\mathrm{opt}}=\underset{\theta}{\operatorname{argmax}}\sum_{\mathcal{H}}p(\mathcal{C},\mathcal{X},\mathcal{H}|\theta)\tag{13.2.24}$$

图 13.9 展示了半监督学习的过程。

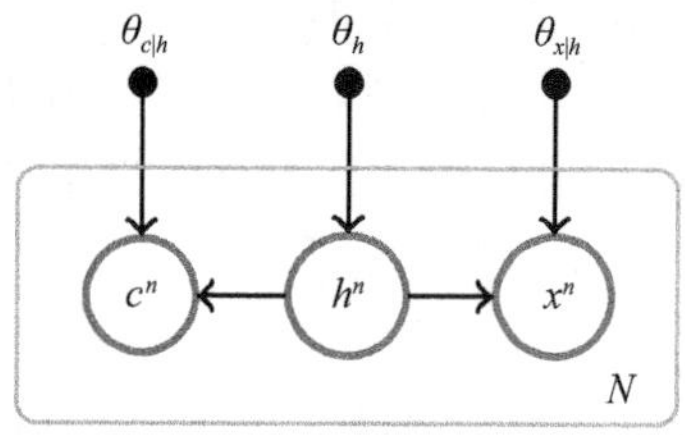

图 13.9　半监督学习策略。当 c^n 缺失时，$p(c^n|h^n)$项就没有了。大量的训练数据有助于模型学习到数据 x 的良好的低维/压缩表示 h。使用这种低维表示拟合分类模型 $p(c|h)$可能比直接从复杂数据拟合模型到类 $p(c|x)$容易得多

贝叶斯决策方法的特点

贝叶斯决策方法有以下优点。

- 这是一种概念上“干净”的方法，在这种方法中，一个人尽其所能对环境建模(使用生成方法或判别方法)，独立于随后的决策过程。在这种情况下，学习环境的过程与它对期望效用的影响是分开的。
- 由于最大化操作，对新输入 x^* 的决策 c^* 可能是一个高度复杂的函数。
- 如果 $p(x,c|\theta)$是数据的“真实”模型，那么这种方法是最优的。

贝叶斯决策方法有以下缺点。

- 如果环境模型 $p(c,x|\theta)$较差，那么由于模型环境与预测相分离，预测 c^* 可能高度不精确。
- 为避免将模型 $p(c,x|\theta)$的学习与其对决策的影响完全分离，在实践中，通常会往环境模型 $p(c,x|\theta)$中加入正则化项，这些项由基于经验损失的验证设置。

13.3 贝叶斯决策和经验决策的比较

经验风险方法和贝叶斯方法处于哲学谱系的极端。在经验风险方法中，人们做出了一个似乎过于简单的数据生成假设。然而，决策函数的参数是根据决策任务来设置的。另外，贝叶斯方法试图学习有意义的 $p(c,x)$，而不考虑将其作为更大决策过程的最终用途。我们可以用什么“客观”标准来学习 $p(c,x)$？尤其是如果我们只对低测试风险的分类感兴趣。下面的例子旨在概括我们一直在讨论的贝叶斯方法和经验风险方法。请注意，我们之前编码的效用表明它们都是诸如类标签的东西。然而，该理论更普遍地适用于效用 $u(c,d)$，其中 d 是某个决策(不一定是类标签 c 的形式)。

例 13.5(两种通用决策方法) 考虑这样一种情况，我们需要根据患者的信息 $\boldsymbol{x}$ 就是否要做手术做一个决策 d。手术的效用 $u(c,d)$取决于患者是否患有癌症 c。例如：

$$\begin{array}{ll} u(\text{cancer},\text{operate})=100 & u(\text{benign},\text{operate})=30 \\ u(\text{cancer},\text{don't operate})=0 & u(\text{benign},\text{don't operate})=70 \end{array} \tag{13.3.1}$$

我们对患者是否患有癌症有独立真实的评估，并产生了一系列历史记录 $\mathcal{D}=\{(\boldsymbol{x}^n,c^n)\}$，其中 $n=1,2,\cdots,N$。面对一个带有信息 $\boldsymbol{x}$ 的新患者，我们需要做出是否为他做手术的决策。

在贝叶斯决策方法中，人们首先会建立一个模型 $p(c|\boldsymbol{x},\mathcal{D})$(例如使用判别模型，如逻辑回归，详见 17.4.1 节)，然后使用这个模型，最终决策是能够最大化期望效用的决策：

$$d=\underset{d}{\operatorname{argmax}}[p(\text{cancer}|\boldsymbol{x},\mathcal{D})u(\text{cancer},d)+p(\text{benign}|\boldsymbol{x},\mathcal{D})u(\text{benign},d)] \tag{13.3.2}$$

在这种方法中，学习模型 $p(c|\boldsymbol{x},\mathcal{D})$的过程与做决策过程中模型的最终用途是分离的。这种方法的优点在于从期望效用的角度来看，模型 $p(c|\boldsymbol{x},\mathcal{D})$是最优的——这里假设该模型是“正确的”。不幸的是，这种情况很少发生。考虑到有限的模型资源，专注于确保癌症预测的正确性可能是有意义的，因为这对效用有更重要的影响。然而，从形式上讲，这需要破坏框架。

当使用经验效用方法时，任务可以表述为将患者信息 $\boldsymbol{x}$ 转化为手术决策 d。为此，可以将其参数化为 $d(\boldsymbol{x})=f(\boldsymbol{x}|\boldsymbol{\theta})$，然后在最大化经验效用的过程中学习参数 θ：

$$u(\boldsymbol{\theta})=\sum_n u(f(x^n|\boldsymbol{\theta}),c^n) \tag{13.3.3}$$

例如，$\boldsymbol{x}$ 表示患者信息，$\boldsymbol{\theta}$ 为参数，我们可以使用线性决策函数，例如：

$$f(\boldsymbol{x}|\boldsymbol{\theta})=\begin{cases}\boldsymbol{\theta}^{\mathrm{T}}\boldsymbol{x}\geqslant 0 & d=\text{operate} \\ \boldsymbol{\theta}^{\mathrm{T}}\boldsymbol{x}<0 & d=\text{don't operate}\end{cases} \tag{13.3.4}$$

这种方法的优点是决策的参数与做决策的效用直接相关。然而，我们可能有一个很好的 $p(c|\boldsymbol{x})$模型，并希望利用它。缺点是我们不能很容易地将领域知识整合到决策函数中。

这两种方法在实践中都得到了广泛应用，哪一种方法更受欢迎在很大程度上取决于问题本身，而贝叶斯方法在形式上看起来是最优的，它很容易出现模型规格说明错误。一种实用的可替代贝叶斯方法的方法是将参数化分布 $p(c,x|\lambda)$拟合到数据 $\mathcal{D}$ 中，其中 λ 惩罚了拟合分布的复杂性，λ 通过风险中的验证设置。这有一个潜在的优势，即允许

人们在根据竞争模型的实际预测风险对其进行评估时，纳入有关 $p(c,x)$ 的合理的先验信息。同样，对经验风险方法，可以通过使用更合理的数据模型 $p(c,x)$ 来修改极端的经验分布假设。

13.4 总结

- 监督学习和无监督学习是本书讨论的机器学习的两个主要分支。
- 监督学习中的两种经典分类方法是经验风险最小化和贝叶斯决策方法。
- 在经验风险最小化中，通常没有显式的数据模型，重点是对预测器的最终使用。
- 在贝叶斯决策方法中，会建立显式的数据模型，最终决策/分类的做出独立于模型对数据的拟合。

对机器学习的一般介绍见[216]。[34]是贝叶斯决策方法的一个很好的参考。[303]对基于经验风险的方法进行了讨论。

13.5 练习题

练习 13.1　给定分布 $p(x|\text{class1})=\mathcal{N}(x|\mu_1,\sigma_1^2)$ 和 $p(x|\text{class2})=\mathcal{N}(x|\mu_2,\sigma_2^2)$，以及与两者分别对应的先验 p_1 和 $p_2(p_1+p_2=1)$，计算决策边界 $p(\text{class}|x)=0.5$，显式地将其表示为 μ_1、μ_2、σ_1^1、σ_2^2、p_1 和 p_2 的函数。决策边界有多少个解，它们都是合理的吗？

练习 13.2　在 0-1 损失中，如果对于所有的 $j\neq k$ 都有 $p(\text{class}k|\boldsymbol{x})>p(\text{class}j|\boldsymbol{x})$，则贝叶斯定理选择类 k。假设我们使用一个随机决策规则，以 $q(\text{class}j|\boldsymbol{x})$ 的概率选择类 j。计算该决策规则的误差，并证明使用贝叶斯定理可将误差降至最小。

练习 13.3　对一个新的输入 x，$p(c=1|x)=0.7$、$p(c=2|x)=0.2$ 和 $p(c=3|x)=0.1$ 给出了类 c 的预测模型。对应的效用矩阵 $\boldsymbol{U}(c^{\text{true}},c^{\text{pred}})$ 的元素为：

$$\begin{pmatrix} 5 & 3 & 1 \\ 0 & 4 & -2 \\ -3 & 0 & 10 \end{pmatrix} \tag{13.5.1}$$

就最小期望效用而言，最好的决策是什么？

练习 13.4　考虑从两个不同类生成的数据点，类 1 具有 $p(x|c=1)\sim\mathcal{N}(x|m_1,\sigma^2)$ 分布，类 2 具有 $p(x|c=2)\sim\mathcal{N}(x|m_2,\sigma^2)$ 分布。两个类的先验概率为 $p(c=1)=p(c=2)=1/2$。要求证明后验概率 $p(c=1|x)$ 为

$$p(c=1|x)=\frac{1}{1+\exp-(ax+b)} \tag{13.5.2}$$

并且根据 m_1，m_2 和 σ^2 确定 a 和 b。

练习 13.5　WowCo.com 是一家新发展起来的预测公司。经过多年失败的尝试，他们终于找到了一个隐藏了上万亿个单元的神经网络，到上周为止，对于互联网上发布的每一个学习问题，它都能达到零测试误差，每个学习问题都包括训练集和测试集。他们为自己的成就感到自豪，积极地推销自己的产品，声称"它能完美地预测所有已知问题"。要求讨论是否可以根据这些声明来判断他们的产品是否值得购买。

练习 13.6　对预测模型 $\tilde{p}(y|x)$ 和真正的数据生成分布 $p(x,y)$，可以定义一个形如

$$A=\int_{x,y} p(x,y)\tilde{p}(y|x) \tag{13.5.3}$$

的精度指标。这是真实分布和预测分布的 average overlap。

1. 通过定义：

$$\hat{p}(x,y)\equiv\frac{p(x,y)\widetilde{p}(y|x)}{A} \tag{13.5.4}$$

和考虑：

$$\mathrm{KL}(q(x,y)\,|\,\hat{p}(x,y))\geqslant 0 \tag{13.5.5}$$

证明对任意分布 $q(x,y)$，有：

$$\log A\geqslant\langle\log\widetilde{p}(y|x)\rangle_{q(x,y)}-\mathrm{KL}(q(x,y)\,|\,p(x,y)) \tag{13.5.6}$$

2. 考虑一个训练集 $\mathcal{D}=\{(x^n,y^n)\}$，其中 $n=1,\cdots,N$，定义经验分布为：

$$q(x,y)=\frac{1}{N}\sum_{n=1}^{N}\delta(x,x^n)\delta(y,y^n) \tag{13.5.7}$$

证明：

$$\log A\geqslant\frac{1}{N}\sum_{n=1}^{N}\log\widetilde{p}(y^n|x^n)-\mathrm{KL}(q(x,y)\,|\,p(x,y)) \tag{13.5.8}$$

这表明对数预测精度的下界，由训练精度以及经验分布与未知真实数据生成机制之间的“差距”确定。根据这个朴素边界(不考虑可能的过拟合)，提高预测精度的最佳方法是提高训练精度(因为 KL 项是预测器的独立变量)。随着 N 的增加，经验分布趋于真实分布，KL 项变小，证明最小化了经验误差。

假定训练的输出是从分布 $p(y|x)=\delta(y,f(x))$中抽取的，该分布是确定的，要求证明：

$$\log A\geqslant\frac{1}{N}\sum_{n=1}^{N}\log\widetilde{p}(y^n|x^n)-\mathrm{KL}(q(x)\,|\,p(x)) \tag{13.5.9}$$

也因此，只要训练数据能够被完全准确地预测，就可以通过下式将精度与经验分布和真实输入分布相关联：

$$A\geqslant\exp(-\mathrm{KL}(q(x)\,|\,p(x))) \tag{13.5.10}$$

练习 13.7　假如你希望基于 x 和 y 两种输入为变量 c 学习一个分类器，现在有一个生成模型 $p(y|c)$和一个判别模型 $p(c|x)$。说明如何将这些组合起来形成一个模型 $p(c|x,y)$。

第 14 章

Bayesian Reasoning and Machine Learning

最近邻分类

通常，当面临分类问题时，首先采用一种简单的方法来生成基线模型是有用的，这样更复杂的方法可以与之进行比较。在本章中，我们讨论简单的最近邻方法。最近邻方法非常流行，并且表现出人意料地好。我们还将讨论这些方法如何与概率混合模型建立关系。

14.1 像你的邻居那样做

成功的预测通常依赖于数据的平滑性——若类别标签会因为我们在输入空间中移动少部分数据而产生变化，那问题基本上是随机的且没有哪个算法能对它进行良好的泛化。在机器学习中可以对目前的问题构建适当的平滑性度量标准，借此让算法获得更好的泛化。最近邻方法是一个有用的研究起点，因为它能方便地对基本的平滑性直觉编码且易于编程。

在分类问题中，每一个输入向量都有一个对应的类别标签 $c^n\in\{1,\cdots,C\}$。给定一个有 N 个训练样本的训练集 $\mathcal{D}=\{\boldsymbol{x}^n,c^n\}(n=1,\cdots,N)$ 和一个新的数据点 $\boldsymbol{x}$，我们的目标是得到一个正确的分类 $c(\boldsymbol{x})$。对这种监督学习问题，一个简单但有效的策略是：对新数据点 $\boldsymbol{x}$，找到这个训练集中离其最近的输入，并使用这个最近输入的分类作为其分类，如算法 14.1 所示。

算法 14.1 给定训练集 $\mathcal{D}=\{(\boldsymbol{x}^n,c^n),n=1,\cdots,N\}$，用最近邻分类算法来为向量 $\boldsymbol{x}$ 分类：

1：计算测试点 $\boldsymbol{x}$ 与每个训练点的相异度 $d^n=d(\boldsymbol{x},\boldsymbol{x}^n),n=1,\cdots,N$.

2：找到最接近 $\boldsymbol{x}$ 的训练点 $\boldsymbol{x}^{n^*}$：

$$n^*=\underset{n}{\operatorname{argmin}}\, d(\boldsymbol{x},\boldsymbol{x}^n)$$

3：分配类别标签 $c(\boldsymbol{x})=c^{n^*}$.

4：如果有两个或多个具有不同类别标签的最近邻居，则选择数量最多的类别。如果没有一个数量最多的类别，我们就使用 K-最近邻

对表示两个不同数据点的向量 $\boldsymbol{x}$ 和 $\boldsymbol{x}'$，我们用相异度函数 $d(\boldsymbol{x},\boldsymbol{x}')$衡量“邻近度”。一个常用的相异度是平方欧几里得距离：

$$d(\boldsymbol{x},\boldsymbol{x}')=(\boldsymbol{x}-\boldsymbol{x}')^{\mathrm{T}}(\boldsymbol{x}-\boldsymbol{x}') \tag{14.1.1}$$

它可简写为$(\boldsymbol{x}-\boldsymbol{x}')^2$。基于平方欧几里得距离，决策边界由具有不同训练标签的最近邻训练点的垂直平分线确定，如图 14.1 所示。这将输入空间分割为同等分类的区域，我们可将其称为 Voronoi 划分。

虽然最近邻方法是简单且直观的，然而仍存在一些问题。

- 我们应该如何测量点与点之间的距离？虽然平方欧几里得距离方法很受欢迎，但并不能通用。欧几里得距离的一个基本局限是它没有考虑数据分布的形式。例如，若向量 $\boldsymbol{x}$ 的分量长度变化很大，那么最大分量长度将会主导平方距离，而忽略其他分量中可能有用的某个类别的特定信息。马哈拉诺比斯距离(Mahalanobis distance)就

是一个不错的替代方法，其公式如下：

$$d(\boldsymbol{x},\boldsymbol{x}')=(\boldsymbol{x}-\boldsymbol{x}')^{\mathrm{T}}\boldsymbol{\Sigma}^{-1}(\boldsymbol{x}-\boldsymbol{x}') \tag{14.1.2}$$

其中 $\boldsymbol{\Sigma}$ 是(所有类别的)输入的协方差矩阵，它能够有效缩放输入向量的分量，因此可以克服上述问题。

- 因为分类时必须将新数据点与训练集中的所有数据点进行比较，因此需要存储整个数据集。这可以通过“编辑数据”的方法得到部分解决，该方法具体是从训练集中移除对决策边界影响很小甚至没有影响的数据点。根据训练数据点分布的几何形状，通过依次检查 $\boldsymbol{x}$ 的每个分量 $\boldsymbol{x}_i$ 的值，也可以更快地找到最近的邻居。这样一种通过轴对齐来划分空间的方法称为 KD 树[219]，这种方法能去掉训练集中候选最近邻数据点的集合并得到新的集合 $\boldsymbol{x}^*$，尤其是在低维的情况下。
- 若数据点是高维的，则计算每个距离的代价会变得昂贵。主成分分析(PCA)方法(见第 15 章)是一种解决这个问题的方法，它用 $\boldsymbol{x}$ 在低维的投影 $\boldsymbol{p}$ 代替 $\boldsymbol{x}$。这样两点之间的欧式距离 $(\boldsymbol{x}^a-\boldsymbol{x}^b)^2$ 就可以通过 $(\boldsymbol{p}^a-\boldsymbol{p}^b)^2$ 得到近似的结果，详述见 15.2.4 节。这样不但可以加快计算速度还可以提升分类的精度，因为只有大规模的数据特征被保留在 PCA 的预测中。
- 目前尚不清楚如何处理缺失的数据或整合先验信念和领域知识。

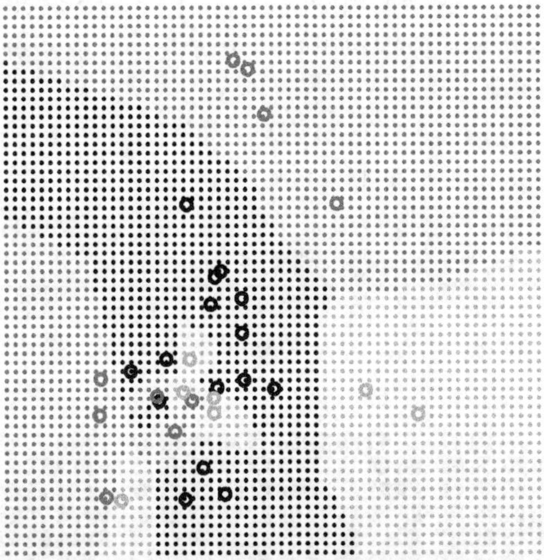

图 14.1 在最近邻分类中，给新的向量分配训练集中离其最近向量的标签。这里有 3 个类别，圆圈表示训练数据，颜色表示它们所属的类别。决策边界是分段线性的，每个分段对应着属于不同类别的两个数据点之间的垂直平分线，从而与输入空间的 Voronoi 划分相互缠绕

14.2 K-最近邻

如果邻居数据点出现了错误(使用了不正确的训练类别标签)，或者在其所在类中并不是一个具有代表性的例子，那么通常对新数据点的分类将是错误的。通过使用多个最近邻居，我们希望实现一个更稳健的分类器，它拥有更平滑的决策边界(受单个邻居的影响较小)。若我们假设将欧式距离作为相异度的度量，则 K-最近邻方法会考虑一个以测试点 $\boldsymbol{x}$ 为中心的超球面，超球面的半径不断增加直到恰好包含 K 列输入。类别标签 $c(\boldsymbol{x})$是超球面内包含最多的类，如图 14.2 所示。

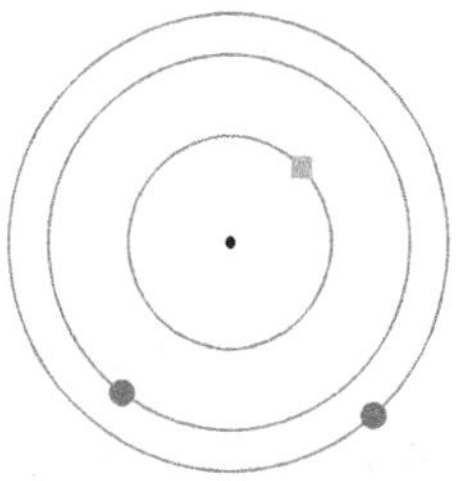

图 14.2　在 K-最近邻中，我们用一个超球面来包围想要分类的点(这里是中心点)。图 14.2 中内圈上的方形对应最近的邻居。然而，当使用 3-最近邻时，我们发现有 2 个圆形类别的邻居和 1 个方形类别的邻居。因此我们将中心点归类为圆形类别。若不同类别的邻居个数相当，则需要增加 K 来打破这种局面

对 *K* 的选择

虽然 $K>1$ 时有一定的意义，但是当 $K=N$(N 为训练数据点的个数)时意义较小。当 K 非常大时，所有的分类将变得相似——这时只需将每一个新的数据点 $\boldsymbol{x}$ 归为包含训练集数据最多的类别。这说明存在一个能提供最佳泛化性能的最佳 K 设置。这可以由交叉验证来确定，如 13.2.2 节中所述。

例 14.1(手写数字)　考虑手写数字 0 和手写数字 1 这两个类别，每一个数字包含 28×28=784 个像素点。训练集由 300 个 0 和 300 个 1 组成，它们中分别有一个子集绘制在图 14.3a 和图 14.3b 中。为测试最近邻方法(基于欧氏距离)的性能，我们使用另外一个包含 600 个数字的独立测试集，结果显示 600 个测试数据的类别标签均被成功预测。高成功率的原因在于 0 和 1 这两个样例十分不同，可以很容易进行区分。

一个更加困难的任务是区分 1 和 7。我们现在用 300 个 1 和 300 个 7 作为训练集重复上述实验，它们的子集分别如图 14.3b 和图 14.3c 所示。我们还是使用 600 个新的测试数据(包含 300 个 1 和 300 个 7)来评估性能。这次，使用最近邻分类方法出现了 18 个错误分类——即这个二分类问题的错误率为 3%，这 18 个分错类的数据点绘制在图 14.4 中。若我们使 $K=3$，则分类错误的数据点可减少至 14 个——其性能略有提升。顺便一提，最好的机器学习方法对现实世界数字的分类误差是小于 1%的，比“普通”人的表现要好。

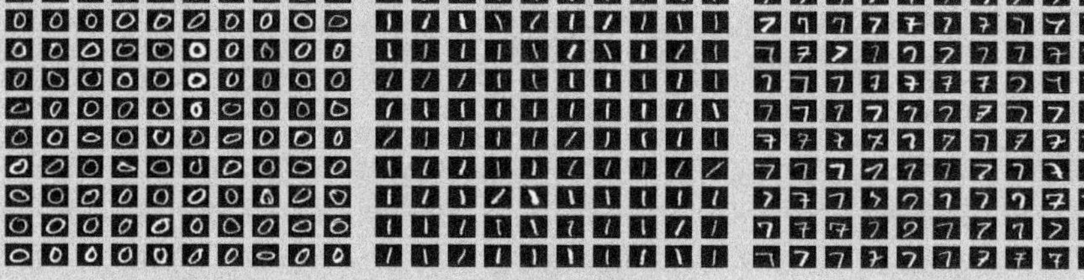

a）数字0　　b）数字1　　c）数字7

图 14.3　训练集中的一些训练样本

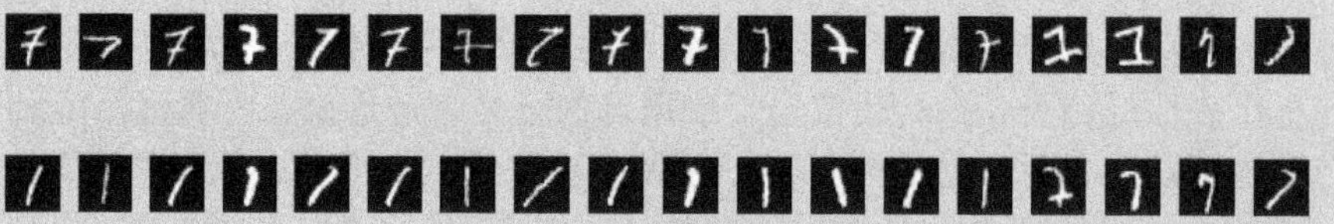

图 14.4　用最近邻分类方法对“1”和“7”进行分类。其中第 1 行是 600 个测试数据中 18 个分类错误的数据，第 2 行是训练集中与第 1 行的每个测试数据对应的最近邻居

14.3 最近邻的概率解释

考虑我们有两个类别——类别 0 和类别 1 的数据。我们为类别 0 中的数据构建了如下混合模型：

$$p(\boldsymbol{x}|c=0)=\frac{1}{N_0}\sum_{n\in\text{类别}0}\mathcal{N}(\boldsymbol{x}|\boldsymbol{x}^n,\sigma^2\boldsymbol{I})=\frac{1}{N_0}\frac{1}{(2\pi\sigma^2)^{D/2}}\sum_{n\in\text{类别}0}\mathrm{e}^{-(\boldsymbol{x}-\boldsymbol{x}^n)^2/(2\sigma^2)} \tag{14.3.1}$$

该模型在每一个数据点处都放置了一个高斯分布。其中，D 表示数据点 $\boldsymbol{x}$ 的维度，N_0 表示类别 0 中数据点的个数，σ^2 表示方差。这是一个 Parzen 估计器，其将数据建模为以训练点为中心的高斯分布的均匀加权和。

相似地，对类别 1 中的数据：

$$p(\boldsymbol{x}|c=1)=\frac{1}{N_1}\sum_{n\in\text{类别}1}\mathcal{N}(\boldsymbol{x}|\boldsymbol{x}^n,\sigma^2\boldsymbol{I})=\frac{1}{N_1}\frac{1}{(2\pi\sigma^2)^{D/2}}\sum_{n\in\text{类别}1}\mathrm{e}^{-(\boldsymbol{x}-\boldsymbol{x}^n)^2/(2\sigma^2)} \tag{14.3.2}$$

为了对新的数据点 $\boldsymbol{x}^*$ 分类，我们运用贝叶斯定理：

$$p(c=0|\boldsymbol{x}^*)=\frac{p(\boldsymbol{x}^*|c=0)p(c=0)}{p(\boldsymbol{x}^*|c=0)p(c=0)+p(\boldsymbol{x}^*|c=1)p(c=1)} \tag{14.3.3}$$

将 $N_0/(N_0+N_1)$ 设定为 $p(c=0)$ 的极大似然函数，且 $p(c=1)=N_1/(N_0+N_1)$。公式(14.3.3)可类似地表达为 $p(c=1|\boldsymbol{x}^*)$。可以利用如下比值来看哪个类别更合适：

$$\frac{p(c=0|\boldsymbol{x}^*)}{p(c=1|\boldsymbol{x}^*)}=\frac{p(\boldsymbol{x}^*|c=0)p(c=0)}{p(\boldsymbol{x}^*|c=1)p(c=1)} \tag{14.3.4}$$

若该比值大于 1，我们就将 $\boldsymbol{x}^*$ 分类为类别 0，否则分类为类别 1。

公式(14.3.4)是 $\boldsymbol{x}^*$ 的一个复杂函数。然而，若 σ^2 很小，那么分子，即指数项的和将由类别 0 中的离数据点 $\boldsymbol{x}^*$ 最接近的那个 $\boldsymbol{x}^{n_0}$ 决定。类似地，分母将由类别 1 中离数据点 $\boldsymbol{x}^*$ 最近的那个数据点 $\boldsymbol{x}^{n_1}$ 决定。因此，在这种情况下：

$$\frac{p(c=0|\boldsymbol{x}^*)}{p(c=1|\boldsymbol{x}^*)}\approx\frac{\mathrm{e}^{-(\boldsymbol{x}^*-\boldsymbol{x}^{n_0})^2/(2\sigma^2)}p(c=0)/N_0}{\mathrm{e}^{-(\boldsymbol{x}^*-\boldsymbol{x}^{n_1})^2/(2\sigma^2)}p(c=1)/N_1}=\frac{\mathrm{e}^{-(\boldsymbol{x}^*-\boldsymbol{x}^{n_0})^2/(2\sigma^2)}}{\mathrm{e}^{-(\boldsymbol{x}^*-\boldsymbol{x}^{n_1})^2/(2\sigma^2)}} \tag{14.3.5}$$

当 $\sigma^2\to 0$ 时，若 $\boldsymbol{x}^*$ 距离 $\boldsymbol{x}^{n_0}$ 更近，则我们将 $\boldsymbol{x}^*$ 分类为类别 0；若 $\boldsymbol{x}^*$ 离 $\boldsymbol{x}^{n_1}$ 更近，则我们将 $\boldsymbol{x}^*$ 分类为类别 1。因此，最近邻($K=1$)方法被还原成一个概率生成模型的极限情况，如图 14.5 所示。

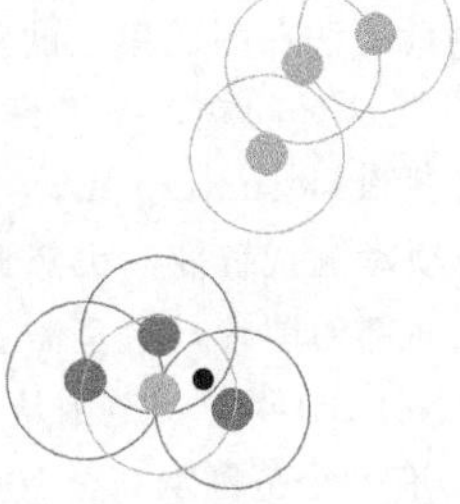

图 14.5　用概率的方式解释最近邻方法。对每个类，我们用高斯混合来对来自类 $p(\boldsymbol{x}|c)$ 的数据建模，在每个训练点处设置一个宽度为 σ^2 的各项同性高斯。每个高斯分布的宽度由圆表示。在 $\sigma^2\to 0$ 时，一个新的数据点(小黑点)被归进其最近邻居的类。对于有限的 $\sigma^2>0$，非最近的邻居具有一定的影响力，从而产生最近邻方法的软版本

K-近邻方法的研究目的是产生一个具有鲁棒性且无代表性的单个最近邻居。为确保在概率解释中具有相似的鲁棒性，我们可以使用有限值 $\sigma^2>0$，这样可以对极端概率进行

平滑分类，并且意味着有更多的点（不仅仅是最近的点）将在式(14.3.4)中具有一定的贡献。我们可直接进行超过两个类的扩展，这里需要每个类的类条件生成模型。

通过使用更丰富的数据来生成模型，我们可能会超越 Parzen 估计器。我们将在后面的章节，尤其是第 20 章中详细研究这些事例。

当最近邻很远时

对新的输入数据 $\boldsymbol{x}^*$ 离训练数据很远的情况，最近邻方法及其软概率变体可以确信地将 $\boldsymbol{x}^*$ 分类为离其最近的训练数据的类别。这可以说与我们想得到的南辕北辙，即分类应倾向于（依据每个类的训练数据的数量的）类别的先验分布。避免出现这个问题的一种方法是，对每个类别，在所有数据的均值上增加一个虚构的具有大方差的混合分量，每个类别具有一个。对离训练数据近的新输入，这个虚构的分量没有明显的影响。然而，当我们离开训练数据的高密度区域时，这个额外的虚构分量将占主导地位，因为它的方差比其他分量的都要大。在 $\boldsymbol{x}^*$ 离训练数据无穷远的情况下，由于从 $\boldsymbol{x}^*$ 到每个虚构类数据的距离相同，因此无法根据 $\boldsymbol{x}^*$ 的位置产生类别信息，具体见 20.3.3 节的示例。

14.4 总结

- 最近邻方法是常用的分类方法。
- 最近邻方法可以理解为每个混合分量模型在一个可以忽略的小协方差矩阵的限制下的高斯的一类条件混合。

14.5 代码

nearNeigh. m：K-近邻。
majority. m：在矩阵每一列中寻找占多数的元素。
demoNearNeigh. m：K-近邻样例。

14.6 练习题

练习 14.1 NNdata. mat 文件包含手写数字 5 和 9 的训练数据和测试数据。运用留一法交叉验证，找到 K-近邻的最优 K 值，并用它来计算运用此方法在测试集上的精度。

练习 14.2 编写一个常规的 `SoftNearNeigh(xtrain,xtest,trainlabels,sigma)` 来实施软近邻，类似 nearNeigh. m。这里 `sigma` 是公式(14.3.1)的方差 σ^2。NNdata. mat 包含了手写数字 5 和 9 的训练数据和测试数据，利用留一法交叉验证，找到最优的 σ^2 并用它计算运用此方法在测试集上的精度，需要特别指出的是，在运用该方法时，你可能会面临数值上的困难。为克服这个问题，要考虑对数运算，并需要考虑当 a 和 b 都是大(负)数时如何计算 $\log(e^a+e^b)$ 的值。另请参阅 logsumexp. m。

练习 14.3 *YoMan*！（一本男性杂志）的编辑有一个好主意。由于最近一项对测试智商的民意调查取得成功，她决定做一个“美貌指数”(BQ)测试，她收集了尽可能多的男性面部的图片，这里需要确保所有图像都缩放到相同大小并调整到相同亮度。接下来她给每一个男性面部打 BQ 得分，范围从 0（“挑战审美”）到 100（“天赋美貌”）。因此，对每一个具有真实值的 D 维图像 $\boldsymbol{x}$，有一个范围从 0 至 100 的关联值 b，她总共收集了 N 个图像及其关联值$\{(\boldsymbol{x}^n, b^n), n=1,\cdots,N\}$。一天早上，她进入你的办公室并告诉你一个好消息：你的任务是对男性的 BQ 做一个测试。她解释道，这样男性就会在网上发送他们面部图片 $\boldsymbol{x}^*$ 给我们杂志，之后会立即得到一个自动响应的 BQ 分数 b^*。

1. 第一步，你决定使用 K-近邻方法来为一个新的测试图片 $\boldsymbol{x}^*$ 指定一个 BQ 分数 b^*。描述如何确定要使用的邻居的最优数量。
2. 你的经理对你的算法很满意，但对算法中没有提供任何对美貌度的解释而感到一丝失望，她希望得到一个未来版本的 *YoMan*！杂志。为了解决这个问题，你决定基于线性回归创建如下模型：

$$b=\boldsymbol{w}^{\mathrm{T}}\boldsymbol{x} \tag{14.6.1}$$

其中 $\boldsymbol{w}$ 是选择进行最小化的向量参数：

$$E(\boldsymbol{w})=\sum_n(b^n-\boldsymbol{w}^{\mathrm{T}}\boldsymbol{x}^n)^2$$

训练过后(找到合适的 $\boldsymbol{w}$)，*YoMan*！该如何以简单的方式向读者解释哪些面部特征对确定自己的 BQ 很重要呢？

无监督的线性降维

高维数据在机器学习及相关领域中普遍存在。实际上，经常会出现数据维度多于样本数量的情况。在这样的情况下我们需要寻找一种数据的低维表示。本章我们论述一些能通过从表示中去除“噪声”来提高预测效果的经典方法。

15.1 高维空间——低维流形

在机器学习中，问题数据常常是高维的——图像、词袋的描述、基因表达式等。在这种情况下，数据常常不能集中地分布在数据空间中，这意味着数据中有很大一部分是未知的。对于例 14.1，其数字表示共有 784 维，因此对于二元像素点，可能的图像共有 $2^{784} \approx 10^{236}$ 张。尽管如此，我们还是希望只凭少数几个数字就(让人类)理解如何识别 7。因此，表示数字的图像在 784 维的空间中只占据非常有限的一部分空间，并且我们期望只用很小的自由度来描述数据，并保证合理的准确率。尽管数据向量可能具有非常高的维度，但它们通常会靠近更低维度的“流形”(通俗来讲，二维流形对应于嵌入高维空间中的一张扭曲的纸)，这意味着数据的分布是非常受限的。在这里我们专注于计算效率较高的线性降维技术，其中高维数据点 $\boldsymbol{x}$ 通过下式向下投影到较低维向量 $\boldsymbol{y}$

$$\boldsymbol{y}=\boldsymbol{F}\boldsymbol{x}+C \tag{15.1.1}$$

其中矩阵 $\boldsymbol{F}$ 的维度为 $\dim(\boldsymbol{y})\times\dim(\boldsymbol{x})$，且 $\dim(\boldsymbol{y})<\dim(\boldsymbol{x})$。尽管本章中的方法在很大程度上是非概率性的，但许多方法具有天然的概率解释。例如，PCA 与因子分析密切相关(见 21 章)。

15.2 主成分分析

如图 15.1 所示，如果数据位于靠近线性子空间的地方，那么我们可以通过使用仅跨越线性子空间的向量相对精确地表示每个数据点。

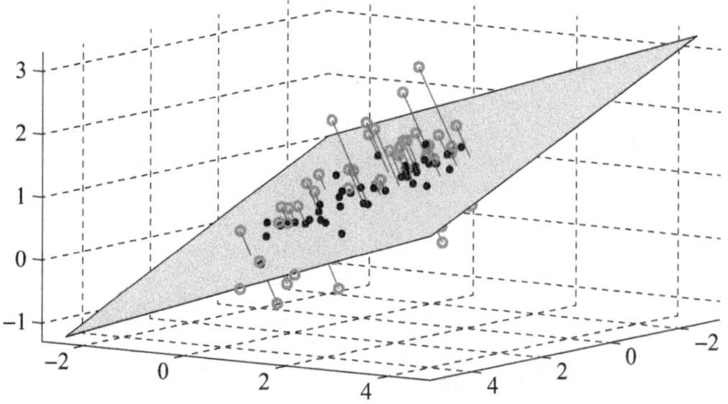

图 15.1 在线性降维中，得到的线性子空间能使数据点(浅色圈)与它们在平面上的投影(深色点)之间的平均平方距离最小

在这种情况下，我们的目标是发现一个可以近似表示原始数据的低维坐标系。我们将数据点 $\boldsymbol{x}^n$ 近似表示为：

$$\boldsymbol{x}^n \approx \boldsymbol{c} + \sum_{j=1}^{M} y_j^n \boldsymbol{b}^j \equiv \tilde{\boldsymbol{x}}^n \tag{15.2.1}$$

这里，向量 $\boldsymbol{c}$ 是一个常向量，它定义了线性子空间中的一个点，$\boldsymbol{b}^j$ 是跨越线性子空间的基向量(也称为“主成分系数”或“载荷”)。请注意，在定义主成分分析(PCA)时要加常向量 $\boldsymbol{c}$。总体来说我们可以写成 $\boldsymbol{B}=[\boldsymbol{b}^1,\cdots,\boldsymbol{b}^M]$。$y_i^n$ 是数据 n 的低维坐标，用来形成数据点 n 的低维表示 $\boldsymbol{y}^n$，我们可以将这些低维向量写成 $\boldsymbol{Y}=[\boldsymbol{y}^1,\cdots,\boldsymbol{y}^N]$。公式(15.2.1)表示在给定低维表示 $\boldsymbol{y}^n$(分量为 y_i^n，$i=1,\cdots,M$)的情况下重构 $\tilde{\boldsymbol{x}}^n$ 的过程。对于维度为 $\dim(\boldsymbol{x})=D$ 的数据空间，我们希望仅使用 M 个($M\ll D$ 是一个很小的数)坐标 $\boldsymbol{y}$ 来准确描述数据。

使用 $\boldsymbol{x}$ 与其重构 $\tilde{\boldsymbol{x}}$ 之间的平方距离误差可以方便地确定最优的低维表示：

$$E(\boldsymbol{B},\boldsymbol{Y},\boldsymbol{c}) = \sum_{n=1}^{N}\sum_{i=1}^{D}[x_i^n - \tilde{x}_i^n]^2 \tag{15.2.2}$$

很容易证明最优偏差 $\boldsymbol{c}$ 是数据的均值 $\sum_n \boldsymbol{x}^n/N$，见练习 15.1。因此，我们假设数据已经居中$\left(\text{含有零均值，}\sum_n \boldsymbol{x}^n=\boldsymbol{0}\right)$，从而可以将 $\boldsymbol{c}$ 设置为零向量，并在接下来专注于寻找最优基向量 $\boldsymbol{B}$。

15.2.1　推导最优线性重构

为了找到最优的基向量 $\boldsymbol{B}$(规定$[\boldsymbol{B}]_{i,j}=b_i^j$)和相应的低维坐标 $\boldsymbol{Y}$，我们希望最小化每个向量 $\boldsymbol{x}$ 和其重构 $\tilde{\boldsymbol{x}}^n$ 之间的平方差之和：

$$E(\boldsymbol{B},\boldsymbol{Y}) = \sum_{n=1}^{N}\sum_{i=1}^{D}\left[x_i^n - \sum_{j=1}^{M} y_j^n b_i^j\right]^2 = \operatorname{trace}((\boldsymbol{X}-\boldsymbol{B}\boldsymbol{Y})^{\mathrm{T}}(\boldsymbol{X}-\boldsymbol{B}\boldsymbol{Y})) \tag{15.2.3}$$

其中 $\boldsymbol{X}=[\boldsymbol{x}^1,\cdots,\boldsymbol{x}^N]$。

这里有一个重要的发现：由于重构误差 $E(\boldsymbol{B},\boldsymbol{Y})$ 只依赖于乘积 $\boldsymbol{BY}$，所以 $\boldsymbol{B}$ 和 $\boldsymbol{Y}$ 的最优解并不唯一。实际上，为不失一般性，我们可以将 $\boldsymbol{B}$ 约束为正交矩阵。为了证明这一点，考虑基 $\boldsymbol{B}$ 的可逆变换 $\boldsymbol{Q}$，使得 $\tilde{\boldsymbol{B}}\equiv\boldsymbol{BQ}$ 是一个正交矩阵，$\tilde{\boldsymbol{B}}^{\mathrm{T}}\tilde{\boldsymbol{B}}=\boldsymbol{I}$。由于 $\boldsymbol{Q}$ 是可逆的，因此通过定义 $\tilde{\boldsymbol{Y}}=\boldsymbol{Q}^{-1}\boldsymbol{Y}$，有 $\boldsymbol{BY}=\tilde{\boldsymbol{B}}\tilde{\boldsymbol{Y}}$。$\tilde{\boldsymbol{Y}}$ 是不受约束的(因为没有约束 $\boldsymbol{Y}$)，为不失一般性，我们在正交约束 $\boldsymbol{BB}=\boldsymbol{I}$ 下考虑等式(15.2.3)，即基向量是相互正交的并且为单位长度。

对等式(15.2.3)求关于 y_k^n 的微分，我们可以得到(约束 $\boldsymbol{B}$ 为正交矩阵)：

$$-\frac{1}{2}\frac{\partial}{\partial y_k^n}E(\boldsymbol{B},\boldsymbol{Y}) = \sum_i\left[x_i^n - \sum_j y_j^n b_i^j\right]b_i^k = \sum_i x_i^n b_i^k - \sum_j y_j^n \underbrace{\sum_i b_i^j b_i^k}_{\delta_{jk}} = \sum_i x_i^n b_i^k - y_k^n$$

因此，平方误差 $E(\boldsymbol{B},\boldsymbol{Y})$ 在 $y_k^n=\sum_i b_i^k x_i^n$ 时导数为 0，即：

$$\boldsymbol{Y}=\boldsymbol{B}^{\mathrm{T}}\boldsymbol{X} \tag{15.2.4}$$

现在我们将这个解代入方程(15.2.3)，将平方误差写为只含 $\boldsymbol{B}$ 的函数。其中会使用：

$$(\boldsymbol{X}-\boldsymbol{BY})^{\mathrm{T}}(\boldsymbol{X}-\boldsymbol{BY}) = \boldsymbol{X}^{\mathrm{T}}\boldsymbol{X} - \boldsymbol{X}^{\mathrm{T}}\boldsymbol{BB}^{\mathrm{T}}\boldsymbol{X} - \boldsymbol{X}^{\mathrm{T}}\boldsymbol{BB}^{\mathrm{T}}\boldsymbol{X} + \boldsymbol{X}^{\mathrm{T}}\boldsymbol{B}\underbrace{\boldsymbol{B}^{\mathrm{T}}\boldsymbol{B}}_{\boldsymbol{I}}\boldsymbol{B}^{\mathrm{T}}\boldsymbol{X} \tag{15.2.5}$$

该式的最后两项会相互抵消。然后根据 $\operatorname{trace}(\boldsymbol{ABC})=\operatorname{trace}(\boldsymbol{CAB})$，我们得到：

$$E(\boldsymbol{B})=\operatorname{trace}(\boldsymbol{X}\boldsymbol{X}^{\mathrm{T}}(\boldsymbol{I}-\boldsymbol{B}\boldsymbol{B}^{\mathrm{T}})) \tag{15.2.6}$$

因此目标函数变为：

$$E(\boldsymbol{B})=(N-1)[\operatorname{trace}(\boldsymbol{S})-\operatorname{trace}(\boldsymbol{S}\boldsymbol{B}\boldsymbol{B})^{\mathrm{T}}] \tag{15.2.7}$$

其中 $\boldsymbol{S}$ 是数据的样本协方差矩阵[⊖]。由于我们假设数据是零均值的，所以：

$$\boldsymbol{S}=\frac{1}{N-1}\boldsymbol{X}\boldsymbol{X}^{\mathrm{T}}=\frac{1}{N-1}\sum_{n=1}^{N}\boldsymbol{x}^{n}(\boldsymbol{x}^{n})^{\mathrm{T}} \tag{15.2.8}$$

更一般地，对于非零均值的数据，我们有：

$$\boldsymbol{S}=\frac{1}{N-1}\sum_{n=1}^{N}(\boldsymbol{x}^{n}-\boldsymbol{m})(\boldsymbol{x}^{n}-\boldsymbol{m})^{\mathrm{T}},\quad \boldsymbol{m}=\frac{1}{N}\sum_{n=1}^{N}\boldsymbol{x}^{n} \tag{15.2.9}$$

为了在约束 $\boldsymbol{B}^{\mathrm{T}}\boldsymbol{B}=\boldsymbol{I}$ 下，最小化等式(15.2.7)，我们使用一个拉格朗日乘子的集合 $\boldsymbol{L}$，使得目标变为最小化下式：

$$-\operatorname{trace}(\boldsymbol{S}\boldsymbol{B}\boldsymbol{B}^{\mathrm{T}})+\operatorname{trace}(\boldsymbol{L}(\boldsymbol{B}^{\mathrm{T}}\boldsymbol{B}-\boldsymbol{I})) \tag{15.2.10}$$

(忽略常数前因子 $N-1$ 和 $\operatorname{trace}(\boldsymbol{S})$项)。由于约束是对称的，因此我们可以假设 $\boldsymbol{L}$ 也是对称的。求等式(15.2.3)对 $\boldsymbol{B}$ 的微分并令结果等于 0，我们得到在最优解处满足：

$$\boldsymbol{S}\boldsymbol{B}=\boldsymbol{B}\boldsymbol{L} \tag{15.2.11}$$

我们需要找到满足这个等式的矩阵 $\boldsymbol{B}$ 和 $\boldsymbol{L}$。当 $\boldsymbol{L}$ 是对角阵时可以得到一个解，这是特征方程的一种形式：$\boldsymbol{B}$ 的每一列是 $\boldsymbol{S}$ 的对应特征向量。在这种情况下，$\operatorname{trace}(\boldsymbol{S}\boldsymbol{B}\boldsymbol{B})=\operatorname{trace}(\boldsymbol{L})$，正是 $\boldsymbol{B}$ 的特征向量对应的特征值之和。对该特征解，有：

$$\frac{1}{N-1}E(\boldsymbol{B})=-\operatorname{trace}(\boldsymbol{L})+\operatorname{trace}(\boldsymbol{S})=-\sum_{i=1}^{M}\lambda_i+C \tag{15.2.12}$$

由于我们希望最小化 $E(\boldsymbol{B})$，因此我们使用对应最大特征值的特征向量来定义基向量。如果我们将特征值按 $\lambda_1\geqslant\lambda_2,\cdots$排序，则根据公式(15.2.7)，平方误差计算为：

$$\frac{1}{N-1}E(\boldsymbol{B})=\operatorname{trace}(\boldsymbol{S})-\operatorname{trace}(\boldsymbol{L})=\sum_{i=1}^{D}\lambda_i-\sum_{i=1}^{M}\lambda_i=\sum_{i=M+1}^{D}\lambda_i \tag{15.2.13}$$

虽然这个特征问题的解是唯一的，但这仅可用于定义解的子空间，因为可以旋转并缩放 $\boldsymbol{B}$ 和 $\boldsymbol{Y}$，使得平方损失的值完全相同(因为最小二乘目标仅取决于乘积 $\boldsymbol{B}\boldsymbol{Y}$)。我们可以额外要求基向量($\boldsymbol{B}$ 的列)对应于最大方差的方向，这可以作为我们选择非旋转特征解的依据，如 15.2.2 节中所阐述的那样。

15.2.2 最大方差准则

为了打破最小二乘投影对于旋转和缩放的不变性，我们需要一个额外的准则。其中一种是，先搜索单一的方向 $\boldsymbol{b}$，使得投影到这个方向的数据的方差在所有这类投影数据的方差中是最大的。这么做是有意义的，因为我们要寻找的就是沿着它们数据变化会很大的那些“有趣”方向。对单个向量 $\boldsymbol{b}$ 运用等式(15.2.4)，有：

$$y^{n}=\sum_{i}b_i x_i^{n} \tag{15.2.14}$$

对单位长度的向量 $\boldsymbol{b}$，数据点在其方向上的投影是 $\boldsymbol{b}^{\mathrm{T}}\boldsymbol{x}^{n}$。因此平方投影的和为：

$$\sum_{n}(\boldsymbol{b}^{\mathrm{T}}\boldsymbol{x}^{n})^{2}=\boldsymbol{b}^{\mathrm{T}}\left[\sum_{n}\boldsymbol{x}^{n}(\boldsymbol{x}^{n})^{\mathrm{T}}\right]\boldsymbol{b}=(N-1)\boldsymbol{b}^{\mathrm{T}}\boldsymbol{S}\boldsymbol{b} \tag{15.2.15}$$

⊖ 在这里，我们使用无偏的样本协方差矩阵，因为这是文献中的标准。如果我们用第 8 章中定义的样本协方差矩阵替换它，那么唯一需要改变的就是用 N 替换 $N-1$，这对用 PCA 找到的解的形式没有影响。

忽略常数，对单个的基向量 $\boldsymbol{b}$，这是等式(15.2.7)的负数。因为在最优情况下，$\boldsymbol{b}$ 是一个特征向量，满足 $\boldsymbol{S}\boldsymbol{b}=\lambda\boldsymbol{b}$，并且平方投影变为 $\lambda(N-1)$。所以最大化投影数据方差的最优的单个方向 $\boldsymbol{b}$ 是对应于 $\boldsymbol{S}$ 的最大特征值的特征向量。在这个准则下，下一个最优的方向 $\boldsymbol{b}^{(2)}$ 应该与第一个方向正交，很容易可以证明 $\boldsymbol{b}^{(2)}$ 是第二大的特征向量，以此类推。这解释了为什么尽管平方损失公式(15.2.7)对于基向量的任意旋转(和缩放)是不变的，但是由特征分解给出的基向量具有对应于最大方差方向的额外属性。这些由 PCA 找到的最大方差方向称为*主方向*。

15.2.3　PCA 算法

PCA 算法的流程见算法 15.1。在 $\boldsymbol{y}=\boldsymbol{F}\boldsymbol{x}$ 的符号定义中，投影矩阵 $\boldsymbol{F}$ 对应于 $\boldsymbol{E}^{\mathrm{T}}$。类似地，对重构方程(15.2.1)，坐标 $\boldsymbol{y}^n$ 对应于 $\boldsymbol{E}^{\mathrm{T}}\boldsymbol{x}^n$，$\boldsymbol{b}^i$ 对应于 $\boldsymbol{e}^i$。

算法 15.1　用 PCA 构建数据集 $\{\boldsymbol{x}^n, n=1,\cdots,N\}$ 的 M 维近似，且 $\dim(\boldsymbol{x}^n)=D$

1：找到 $D\times 1$ 的样本均值向量和 $D\times D$ 的协方差矩阵

$$\boldsymbol{m}=\frac{1}{N}\sum_{n=1}^{N}\boldsymbol{x}^n,\quad \boldsymbol{S}=\frac{1}{N-1}\sum_{n=1}^{N}(\boldsymbol{x}^n-\boldsymbol{m})(\boldsymbol{x}^n-\boldsymbol{m})^{\mathrm{T}}$$

2：找到协方差矩阵 $\boldsymbol{S}$ 的特征向量 $\boldsymbol{e}^1,\cdots,\boldsymbol{e}^D$，排序使得 $\boldsymbol{e}^i$ 的特征值大于 $\boldsymbol{e}^j$ 的($i<j$)。形成矩阵 $\boldsymbol{E}=[\boldsymbol{e}^1,\cdots,\boldsymbol{e}^M]$.

3：每个数据点 $\boldsymbol{x}^n$ 的低维表示为

$$\boldsymbol{y}^n=\boldsymbol{E}^{\mathrm{T}}(\boldsymbol{x}^n-\boldsymbol{m})\tag{15.2.16}$$

4：原始数据点 $\boldsymbol{x}^n$ 的近似重构为

$$\boldsymbol{x}^n\approx\boldsymbol{m}+\boldsymbol{E}\boldsymbol{y}^n\tag{15.2.17}$$

5：根据近似求得所有训练数据的总均方误差为

$$\sum_{n=1}^{N}(x^n-\tilde{\boldsymbol{x}}^n)^2=(N-1)\sum_{j=M+1}^{D}\lambda_j\tag{15.2.18}$$

其中 $\lambda_{M+1}\cdots\lambda_D$ 是在投影中舍弃的特征值.

PCA 重构数据到子空间的正交投影，协方差矩阵的 M 个最大特征值对应的特征向量跨越了该子空间，如图 15.2 所示。

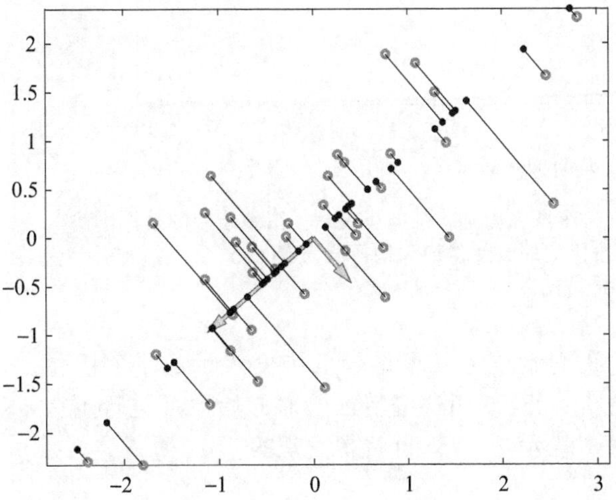

图 15.2　使用一维的 PCA 得到的二维数据的投影。图中绘制了原始数据点 $\boldsymbol{x}$(大圈)和用一维 PCA 重构的数据 $\tilde{\boldsymbol{x}}$(小点)。线段表示原始数据点在第一个特征向量上的正交投影。两个箭头表示两个特征向量，它们根据它们对应的特征值的平方根进行缩放。数据经过零均值中心化处理。在这种情况下，对每个“高维”数据点 $\boldsymbol{x}$，其“低维”表示 $\boldsymbol{y}$ 是从沿着第一个特征向量方向的原始数据点点到对应的正交投影点的距离(可能为负)

例 15.1(降低数字的维度) 有 892 个手写数字 5 的图像。每个图像由 28×28=784 个实值像素构成，如图 15.3 所示，每个图像都被堆叠成一个 784 维的向量。这些给定了一个 784×892 维的数据矩阵 $\boldsymbol{X}$。该数据的协方差矩阵具有如图 15.4 所示的特征值谱，这里只画了 100 个最大的特征值。注意在大约 40 个分量之后，均方重构误差将变得很小，表明数据与 40 维的线性子空间比较接近。特征向量通过 pca.m 计算。使用不同数量的特征向量(100、30 和 5)的重构绘制在图 15.3 中。注意仅使用少量特征向量时，重构更接近于均值图像。

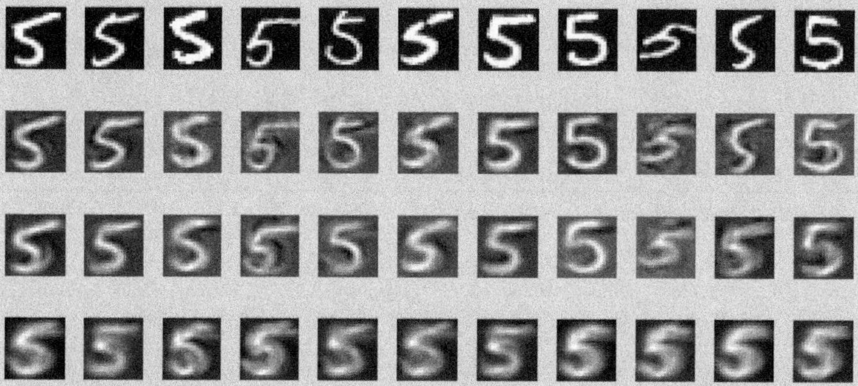

图 15.3 第 1 行是从 892 个示例的数据中选取的部分数字 5。其余 3 行分别绘制的是使用 100、30 和 5 个特征向量(从上到下)对第 1 行数字的重构。注意，较少特征向量的重构表示彼此之间的可变性较小，并且更类似于平均的 5 的图像

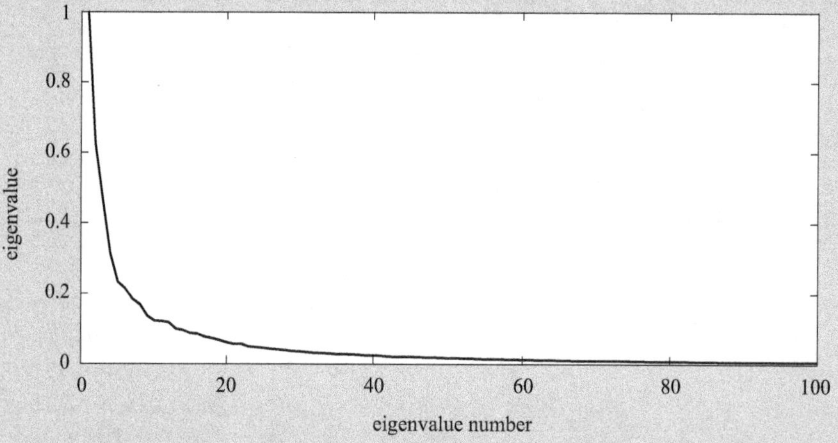

图 15.4 数字数据由 892 个数字 5 组成，每个图像由 784 维向量表示。图中绘制的是样本协方差矩阵的 100 个最大特征值(按比例缩放使得最大特征值为 1)

例 15.2(特征脸) 图 15.5 给出了我们希望为其求得较低维度表示的示例图像。使用 PCA 表示均值和前 48 个“特征脸”，以及使用这些特征脸对原始数据进行重构，如图 15.6 所示。如 15.3.2 节所述，PCA 表示是由 SVD 技术发现的。

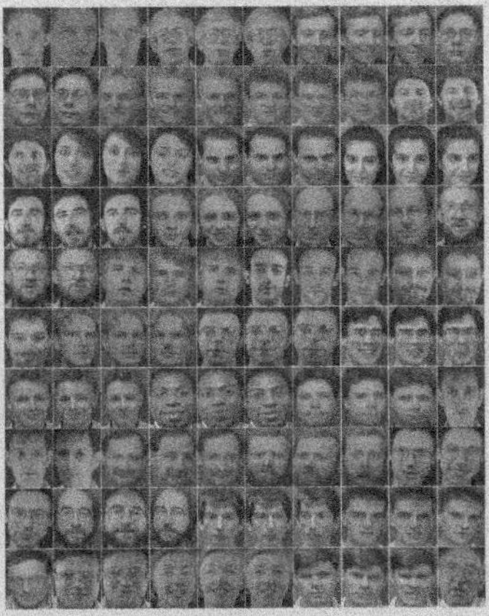

图 15.5 100 个训练图像。每个图像由 92×112=10 304 个灰度像素组成。对这些图像进行缩放，使每张图像包含的像素总和为 1。所有图像中每个像素的平均值为 9.70×10^{-5}。这是完整的 Olivetti Research Face 数据集中 400 张图像的一个子集

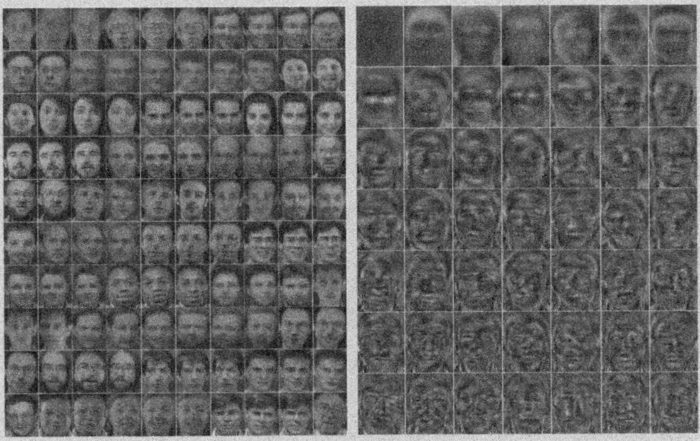

a) b)

图 15.6 a) 使用 49 个特征图像的组合对图 15.5 中的图像进行 SVD 重构。b) 使用图 15.5 中图像的 SVD 重构，并取均值和 48 个对应最大特征值的特征向量得到的特征图像。对应最大特征值的图像在第一行中，对应接下来的 7 个最大特征值的图像在第二行，以此类推。均方根重构误差为 1.121×10^{-5}，这比 PLSA(见图 15.16)略有改进

15.2.4 PCA 和最近邻分类

在第 14 章的最近邻分类中，我们需要计算数据点之间的距离。对高维数据计算向量间的平方欧氏距离代价会很昂贵，并且对噪声会敏感。因此，首先将数据投影到较低维度表示会很有效。例如，在例 14.1 中，在构造区分数字 1 和数字 7 的分类器时，我们可以形成一个更低维的表示并将其作为数据的更鲁棒的表示。为此，我们首先忽略类别标签以构建包含 1 200 个训练样本的数据集。然后将每一个训练样本 $\boldsymbol{x}^n$ 投影到更低维度的 PCA 表示 $\boldsymbol{y}^n$。随后，将所有距离计算 $(\boldsymbol{x}^a-\boldsymbol{x}^b)^2$ 替换成 $(\boldsymbol{y}^a-\boldsymbol{y}^b)^2$。证明如下，考虑：

$$
\begin{aligned}
(\boldsymbol{x}^a-\boldsymbol{x}^b)^{\mathrm{T}}(\boldsymbol{x}^a-\boldsymbol{x}^b) &\approx (\boldsymbol{E}\boldsymbol{y}^a+\boldsymbol{m}-\boldsymbol{E}\boldsymbol{y}^b-\boldsymbol{m})^{\mathrm{T}}(\boldsymbol{E}\boldsymbol{y}^a+\boldsymbol{m}-\boldsymbol{E}\boldsymbol{y}^b-\boldsymbol{m}) \\
&=(\boldsymbol{y}^a-\boldsymbol{y}^b)^{\mathrm{T}}\boldsymbol{E}^{\mathrm{T}}\boldsymbol{E}(\boldsymbol{y}^a-\boldsymbol{y}^b) \\
&=(\boldsymbol{y}^a-\boldsymbol{y}^b)^{\mathrm{T}}(\boldsymbol{y}^a-\boldsymbol{y}^b)
\end{aligned} \tag{15.2.19}
$$

其中，最后两行利用了特征向量的正交性，即 $\mathbf{E}^{\mathrm{T}}\mathbf{E}=\mathbf{I}$。

使用 19 个主成分(选择 19 的原因参见例 15.3)和最近邻规则对 1 和 7 进行分类时，在 600 个样本中产生了 14 个分类错误，相比之下，使用未投影数据的标准方法产生了 18 个分类错误。对此提升的合理解释是数据的 PCA 表示更加鲁棒，因为只保留空间中的“有趣”方向，丢弃了低方差方向。

例 15.3(寻找最优 PCA 维度)　对 600 个数字 1 的样本和 600 个数字 7 的样本，将一半的数据用于训练，一半用于测试。将 600 个训练样本进一步分为 400 个样本的训练集和 200 个样本的验证集。使用 PCA 降低输入的维度，然后使用最近邻方法对 200 个验证集样本分类。实验尝试采取了不同的维度，根据验证的结果，19 被选为最优的 PCA 成分数目见图 15.7。PCA 维度选 19 时，600 个独立样本的独立测试误差为 14。

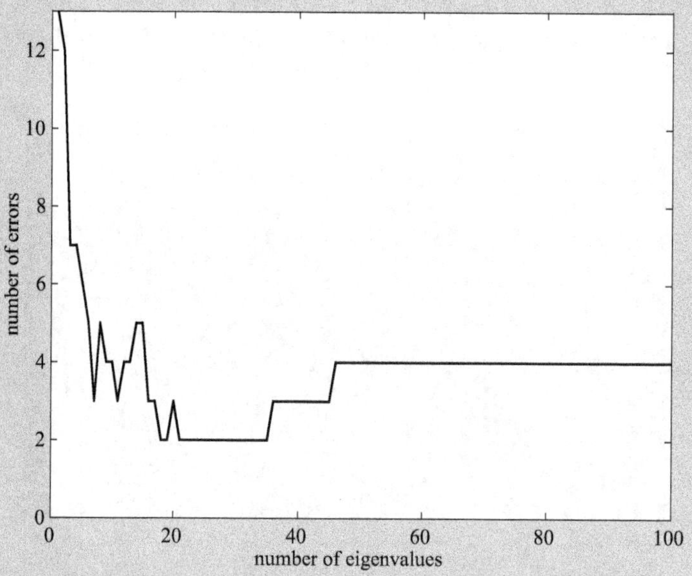

图 15.7　寻找最优 PCA 维度，以方便最近邻算法对手写数字进行分类。这里使用 400 个训练样例，并在 200 个其他样例上绘制了验证误差。根据验证误差，我们看到维度为 19 是合理的

15.2.5　PCA 的评价

数据的“内在”维度

线性子空间应该有多少维？根据等式(15.2.13)，重构误差与丢弃的特征值的总和成正比。绘制特征值谱(递减排列的特征值集合)，我们希望看到少许大值和许多小值。如果数据确实接近 M 维线性子空间，那么我们将看到 M 个大的特征值，其余的则非常小。这给出了数据的自由度或内在维度。然后将对应于小特征值的方向解释为“噪声”。

非线性的降维

在 PCA 中，我们预先假设数据接近一个线性子空间。这是一个好的假设吗？更一般地，我们希望讨论数据位于低维的非线性子空间中的情况。此外，数据通常是聚集的——手写的 4 外观接近并形成了一个簇，与手写 8 形成的簇相分离。尽管如此，由于线性降维在计算上相对简单，因此是最常见的降维技术之一。

15.3 高维数据

对 $D\times D$ 的矩阵，计算特征分解的复杂度为 $O(D^3)$。你可能想知道如何在高维数据上使用 PCA。例如，如果有 500 张包含 $1\,000\times1\,000=10^6$ 个像素的图像，那么协方差矩阵将是 $10^6\times10^6$ 的方阵。直接找到该矩阵的特征分解似乎是一个巨大的挑战。然而在这种情况下，只有 500 个这样的向量，意味着非零特征值的数量不会超过 500。可以利用这一事实来降低朴素方法的 $O(D^3)$ 复杂度，本节将展开描述。

15.3.1 对于 $N<D$ 的特征分解

首先，对零均值数据，样本协方差矩阵可以表示为：

$$[\boldsymbol{S}]_{ij}=\frac{1}{N-1}\sum_{n=1}^{N}x_i^n x_j^n \tag{15.3.1}$$

表示成矩阵形式：

$$\boldsymbol{S}=\frac{1}{N-1}\boldsymbol{X}\boldsymbol{X}^{\mathrm{T}} \tag{15.3.2}$$

其中 $D\times N$ 的矩阵 $\boldsymbol{X}$ 包含了所有数据向量：

$$\boldsymbol{X}=[\boldsymbol{x}^1,\cdots,\boldsymbol{x}^N] \tag{15.3.3}$$

由于矩阵 $\boldsymbol{M}$ 的特征向量等价于 $\gamma\boldsymbol{M}$ 的特征向量(γ 为标量)，因此可以更简单地考虑 $\boldsymbol{X}\boldsymbol{X}^{\mathrm{T}}$ 的特征向量。用 $\boldsymbol{E}$ 表示 $D\times N$ 的特征向量矩阵，$N\times N$ 的对角阵 $\boldsymbol{\Lambda}$ 表示特征值矩阵，则缩放的协方差矩阵 $\boldsymbol{S}$ 的特征分解满足：

$$\boldsymbol{X}\boldsymbol{X}^{\mathrm{T}}\boldsymbol{E}=\boldsymbol{E}\boldsymbol{\Lambda}\Rightarrow\boldsymbol{X}^{\mathrm{T}}\boldsymbol{X}\boldsymbol{X}^{\mathrm{T}}\boldsymbol{E}=\boldsymbol{X}^{\mathrm{T}}\boldsymbol{E}\boldsymbol{\Lambda}\Rightarrow\boldsymbol{X}^{\mathrm{T}}\boldsymbol{X}\widetilde{\boldsymbol{E}}=\widetilde{\boldsymbol{E}}\boldsymbol{\Lambda} \tag{15.3.4}$$

其中 $\widetilde{\boldsymbol{E}}=\boldsymbol{X}^{\mathrm{T}}\boldsymbol{E}$。上面的最后一个表达式为 $\boldsymbol{X}^{\mathrm{T}}\boldsymbol{X}$ 的特征向量。由于该矩阵是 $N\times N$ 的，计算特征分解需要进行 $O(N^3)$次操作，而对原始高维空间需要 $O(D^3)$次操作。因此我们可以更简单地计算该矩阵的特征向量矩阵 $\widetilde{\boldsymbol{E}}$ 和特征值矩阵 $\boldsymbol{\Lambda}$。然后我们使用 $\boldsymbol{\Lambda}$ 的对角元素作为 $\boldsymbol{S}$ 的特征值，使用下式得到特征向量矩阵：

$$\boldsymbol{E}=\boldsymbol{X}\widetilde{\boldsymbol{E}}\boldsymbol{\Lambda}^{-1} \tag{15.3.5}$$

15.3.2 通过奇异值分解的 PCA

另一种通过特征分解来寻找 PCA 的解决方案是使用 $D\times N$ 的矩阵 $\boldsymbol{X}$ 的奇异值分解(SVD)。有：

$$\boldsymbol{X}=\boldsymbol{U}\boldsymbol{D}\boldsymbol{V}^{\mathrm{T}} \tag{15.3.6}$$

其中$\boldsymbol{U}^{\mathrm{T}}\boldsymbol{U}=\boldsymbol{I}_D$，$\boldsymbol{V}^{\mathrm{T}}\boldsymbol{V}=\boldsymbol{I}_N$，且 $\boldsymbol{D}$ 是由(正的)奇异值组成的 $D\times N$ 的对角矩阵。假设分解已经对奇异值进行排序，使得 $\boldsymbol{D}$ 中左上角的元素为最大的奇异值。因此，矩阵 $\boldsymbol{X}\boldsymbol{X}^{\mathrm{T}}$ 可以写作：

$$\boldsymbol{X}\boldsymbol{X}^{\mathrm{T}}=\boldsymbol{U}\boldsymbol{D}\boldsymbol{V}^{\mathrm{T}}\boldsymbol{V}\boldsymbol{D}^{\mathrm{T}}\boldsymbol{U}^{\mathrm{T}}=\boldsymbol{U}\widetilde{\boldsymbol{D}}\boldsymbol{U}^{\mathrm{T}} \tag{15.3.7}$$

其中 $\widetilde{\boldsymbol{D}}\equiv\boldsymbol{D}\boldsymbol{D}^{\mathrm{T}}$ 是一个 $D\times D$ 的对角矩阵，其对角线上的元素先是 N 个平方奇异值，其余为 0。由于 $\boldsymbol{U}\widetilde{\boldsymbol{D}}\boldsymbol{U}^{\mathrm{T}}$ 具有特征分解的形式，因此使用 $\boldsymbol{X}$ 的奇异值分解等效于使用 PCA 的结果，其中特征向量由 $\boldsymbol{U}$ 给出，相应的特征值由奇异值的平方给出。

等式(15.3.6)表明 PCA 是矩阵分解方法的一种形式：

$$\boldsymbol{X}=\boldsymbol{U}\boldsymbol{D}\boldsymbol{V}^{\mathrm{T}}\approx\boldsymbol{U}_M\boldsymbol{D}_M\boldsymbol{V}_M^{\mathrm{T}} \tag{15.3.8}$$

其中 $\boldsymbol{U}_M$、$\boldsymbol{D}_M$ 和 $\boldsymbol{V}_M$ 表示仅采用矩阵中的前 $\boldsymbol{M}$ 个奇异值。

15.4 潜在语义分析

在文档分析的文献中，PCA 也被称为潜在语义分析(LSA)，用于分析 N 个文档。每个文档都由单词出现次数的向量表示：

$$\boldsymbol{x}^n=(x_1^n,\cdots,x_D^n)^{\mathrm{T}} \tag{15.4.1}$$

例如，第一个元素 x_1^n 可能统计了单词“cat”在文档 n 中出现的次数，x_2^n 表示“dog”的次数，等等。首先选择含 D 个单词的字典来形成这个**词袋**[⊖]。向量元素 x_i^n 是文档 n 中单词 i 出现的次数(可能是归一化后计算得到的)。通常 D 会很大，大约在 10^6 的数量级，并且由于任何文档只包含字典中可用单词的一小部分，因此 $\boldsymbol{x}$ 将非常稀疏。使用 $\sharp_{i,n}$ 表示在文档 n 中词语 i 出现的次数，则词频可定义为：

$$\mathrm{tf}_i^n=\frac{\sharp_{i,n}}{\sum_i \sharp_{i,n}} \tag{15.4.2}$$

这样表示的一个问题是经常出现的单词(如“the”)将占主导地位。为了解决这个问题，可以通过查看包含词语 i 的文档数量来确定该词语的独特性，并定义逆文档频率为：

$$\mathrm{idf}_i\equiv\log\frac{N}{\text{包含词语 } i \text{ 的文档数量}} \tag{15.4.3}$$

上述词频表示的替代方案是词频-逆文档频率(TF-IDF)表示，由下式给出：

$$x_i^n=\mathrm{tf}_i^n\times\mathrm{idf}_i \tag{15.4.4}$$

它赋予在某个文档中经常出现的词语高权重，尽管其他文档中很少出现该词语。

给定一组文档 $\mathcal{D}$，LSA 的目标是形成每个文档的较低维度表示。整个文档数据库由所谓的**词语-文档矩阵**表示：

$$\boldsymbol{X}=[\boldsymbol{x}^1,\cdots,\boldsymbol{x}^N] \tag{15.4.5}$$

其为 $D\times N$ 的矩阵，其元素通常为词频或 TF-IDF 表示。在这种情况下，PCA 中的主要方向定义了“主题”。PCA 对文档分析可能是次优的，因为我们预计潜在主题的存在只会使数据的数量增加。PCA 的一个相关版本被称为 PLSA，其中约束分解结果仅含有正元素这将在 15.6 节中讨论。

例 15.4(潜在主题) 现在有一个包含单词 influenza，flu，headache，nose，temperature，bed，cat，dog，rabbit，pet 的小字典。数据库包含大量讨论疾病的文档和讨论流感影响的文档，以及一些不是针对疾病的背景文章，其他文档也讨论宠物相关问题。一些更形式化的文章专门使用“influenza”这一术语，而另一些相对“简单”的文档使用非形式化术语“flu”。每个文档由十维向量表示，如果在文档中存在单词 i，则其向量的元素 i 被设置为 1，否则为 0。数据表示在图 15.8 中。数据由人工机制生成，并在 demoLSI.m 中有详细描述。

在这个数据上使用 PCA 的结果在图 15.9 中表示，其中我们绘制了特征向量，按其特征值进行缩放。为了方便解释，我们在公式(15.2.1)中不使用偏置项 $\boldsymbol{c}$。第一个特征向量将所有“ailment”单词分组在一起，第二个特征向量将“pet”单词分组在一

⊖ 更一般地，可以考虑词语计数，其中词语可以是单个单词、单词集，甚至是子单词。

起，第三个特征向量则处理了“influenza”和“flu”这两个术语的不同用法。请注意，与聚类模型(例如，请参见 20.3 节)不同的是，在 PCA(和相关方法如 PLSA)中，一个数据点原则上可以由许多基向量构建，因此一个文档可以表示不同主题的混合。

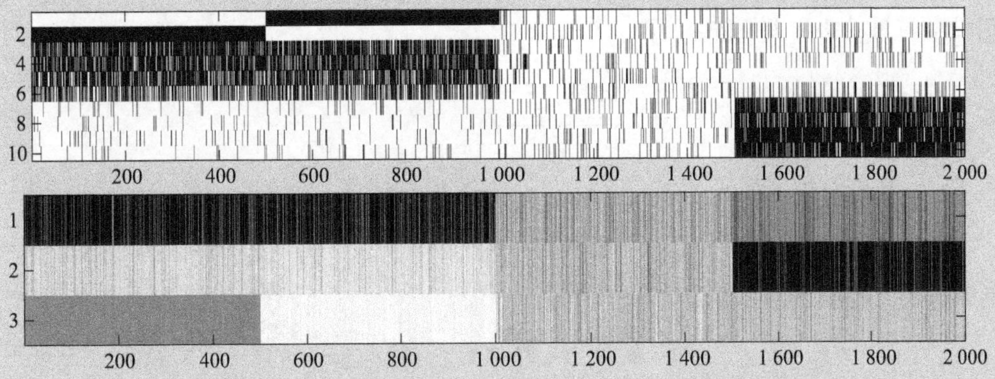

图 15.8 上半部分是包含 10 个单词和 2 000 个文档的字典的文档数据。黑色表示文档中存在单词。数据由两个不同的主题和一个随机的背景主题组成。第一个主题包含两个子主题，两个子主题的区别仅在于它们对前两个单词“influenza”和“flu”的使用。图中下半部分是每个数据点在两个主要成分上的投影

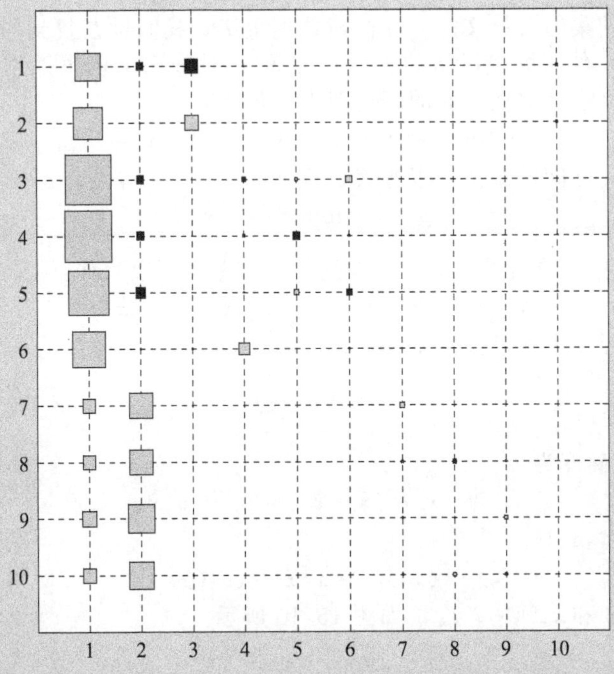

图 15.9 特征向量矩阵 $\boldsymbol{E}$ 的 Hinton 图，其中每个特征向量列由相应的特征值缩放得到。深色方块表示正值，浅色方块表示负值(每个方块的面积对应于幅度)，从图中可以看出只有少数大的特征值。注意，任何特征向量的符号都是无关紧要的。第一个特征向量对应于一个普遍出现 influenza，flu，headache，nose，temperature，bed 等单词的主题。第二个特征向量表示单词“pet”的主题。第三个特征向量表明 influenza 和 flu 之间存在负相关关系。将特征向量解释为“主题”可能不够准确，因为根据定义，基本特征向量是正交的。此结果与使用两个分量的 PSLA 的结果的对比参见图 15.14

缩放

在 LSA 中，通常对变换进行缩放使得投影向量的协方差矩阵近似于单位协方差矩阵（假设数据中心化）。使用下式：

$$\boldsymbol{y}=\sqrt{N-1}\boldsymbol{D}_M^{-1}\boldsymbol{U}_M^{\mathrm{T}}\boldsymbol{x} \tag{15.4.6}$$

得到投影向量的协方差矩阵：

$$\frac{1}{N-1}\sum_n \boldsymbol{y}^n(\boldsymbol{y}^n)^{\mathrm{T}}=\boldsymbol{D}_M^{-1}\boldsymbol{U}_M^{\mathrm{T}}\underbrace{\sum_n \boldsymbol{x}^n(\boldsymbol{x}^n)^{\mathrm{T}}}_{\boldsymbol{X}\boldsymbol{X}^{\mathrm{T}}}\boldsymbol{U}_M\boldsymbol{D}_M^{-1}=\boldsymbol{D}_M^{-1}\boldsymbol{U}_M^{\mathrm{T}}\boldsymbol{U}\boldsymbol{D}\boldsymbol{D}^{\mathrm{T}}\boldsymbol{U}^{\mathrm{T}}\boldsymbol{U}_M\boldsymbol{D}_M^{-1}\approx\boldsymbol{I}$$

给定 $\boldsymbol{y}$，近似的重构变量 $\widetilde{\boldsymbol{x}}$ 为：

$$\widetilde{\boldsymbol{x}}=\frac{1}{\sqrt{N-1}}\boldsymbol{U}_M\boldsymbol{D}_M\boldsymbol{y} \tag{15.4.7}$$

则两个点 $\boldsymbol{x}^a$ 和 $\boldsymbol{x}^b$ 的欧氏距离可以近似为：

$$d(\widetilde{\boldsymbol{x}}^a,\widetilde{\boldsymbol{x}}^b)=\frac{1}{N-1}(\boldsymbol{y}^a-\boldsymbol{y}^b)^{\mathrm{T}}\boldsymbol{D}_M\boldsymbol{U}_M^{\mathrm{T}}\boldsymbol{U}_M\boldsymbol{D}_M(\boldsymbol{y}^a-\boldsymbol{y}^b)\approx\frac{1}{N-1}(\boldsymbol{y}^a-\boldsymbol{y}^b)^{\mathrm{T}}\boldsymbol{D}_M^2(\boldsymbol{y}^a-\boldsymbol{y}^b)$$

通常忽略 $\boldsymbol{D}_M^2$ 项（以及 $1/(N-1)$ 因子），并且将投影空间中的不相似度视为 $\boldsymbol{y}$ 向量之间的欧式距离。

15.4.1 信息检索

考虑从网页中搜集的大量文档，并构建数据集 $\mathcal{D}$。我们旨在找到与指定查询文档最相似的文档。对文档 n 使用词袋风格的表示，即 $\boldsymbol{x}^n$；对查询文档也采用类似表示，即 $\boldsymbol{x}^*$。我们首先定义距离来衡量文档之间的不相似性，例如：

$$d(\boldsymbol{x}^n,\boldsymbol{x}^m)=(\boldsymbol{x}^n-\boldsymbol{x}^m)^{\mathrm{T}}(\boldsymbol{x}^n-\boldsymbol{x}^m) \tag{15.4.8}$$

然后最小化 $\boldsymbol{x}^n$ 和 $\boldsymbol{x}^*$ 之间的距离，以寻找目标文档：

$$n_{\mathrm{opt}}=\underset{n}{\operatorname{argmin}}\, d(\boldsymbol{x}^n,\boldsymbol{x}^*) \tag{15.4.9}$$

文档 $\boldsymbol{x}^{n_{\mathrm{opt}}}$ 就是我们的结果。两个文档间的平方差也可以写作：

$$(\boldsymbol{x}-\boldsymbol{x}')^{\mathrm{T}}(\boldsymbol{x}-\boldsymbol{x}')=\boldsymbol{x}^{\mathrm{T}}\boldsymbol{x}+\boldsymbol{x}'^{\mathrm{T}}\boldsymbol{x}'-2\boldsymbol{x}^{\mathrm{T}}\boldsymbol{x}' \tag{15.4.10}$$

如果词袋的表示已经变换到单位长度，

$$\hat{\boldsymbol{x}}=\frac{x}{\sqrt{\boldsymbol{x}^{\mathrm{T}}\boldsymbol{x}}} \tag{15.4.11}$$

使得 $\hat{\boldsymbol{x}}^{\mathrm{T}}\hat{\boldsymbol{x}}=1$，则距离变为：

$$(\hat{\boldsymbol{x}}-\hat{\boldsymbol{x}}')^{\mathrm{T}}(\hat{\boldsymbol{x}}-\hat{\boldsymbol{x}}')=2(1-\hat{\boldsymbol{x}}^{\mathrm{T}}\hat{\boldsymbol{x}}') \tag{15.4.12}$$

这也等价于考虑余弦相似性：

$$s(\hat{\boldsymbol{x}},\hat{\boldsymbol{x}}')=\hat{\boldsymbol{x}}^{\mathrm{T}}\hat{\boldsymbol{x}}'=\cos(\theta) \tag{15.4.13}$$

其中 θ 是单位向量 $\hat{\boldsymbol{x}}$ 和 $\hat{\boldsymbol{x}}'$ 间的角度，如图 15.10 所示。

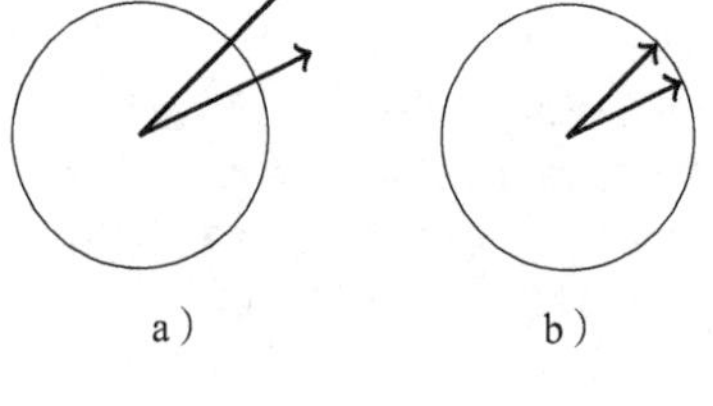

图 15.10　a）两个词袋向量的距离很大。b）归一化向量。本节所讲的距离就是欧氏距离，欧氏距离与向量之间的角度有关。在图 b 所示的情况下，即使单词出现的次数不同，具有相同单词相对频率的两个文档也将具有相同的不相似性

使用词袋表示的困难在于，这种表示中存在非常多 0。因此差异可能是由“噪声”，而不是由查询文档和数据库中文档的真实相似性引起的。LSA 通过对高维的 $\boldsymbol{x}$ 使用更低维的表示 $\boldsymbol{y}$，在一定程度上减轻了这个问题。$\boldsymbol{y}$ 捕捉了数据中的主要变化并且对随机的不相关的噪声不敏感。因此，使用由更低维的 $\boldsymbol{y}$ 定义的不相似性会更加鲁棒，并且可能检索到更有用的文档。

例 15.5　继续例 15.4，假设上传使用术语“flu”的查询文档时，可能也对含有“influenza”的文档感兴趣。然而，检索查询词“flu”并不包含“influenza”一词，因此如何检索这些文档呢？由于使用 PCA(LSA)时，第一个分量将把所有“influenza”术语分组在一起，因此如果我们只使用 $\boldsymbol{y}$ 表示的第一个分量来比较文档，那么检索操作将与文档是否使用术语“flu”或者“influenza”无关。

15.5　带有缺失数据的 PCA

当数据矩阵 $\boldsymbol{X}$ 的某些值缺失时，上述的标准 PCA 算法便不能使用。遗憾的是，当某些 x_i^n 缺失时没有能够“快速修复”的 PCA 解法，并且需要调用更复杂的数值程序。在这种情况下，一个简单的方法是只针对 $\boldsymbol{X}$ 中存在的元素让平方重构误差变小。即[㊀]

$$E(\boldsymbol{B},\boldsymbol{Y})=\sum_{n=1}^{N}\sum_{i=1}^{D}\gamma_i^n\left[x_i^n-\sum_j y_j^n b_i^j\right]^2 \tag{15.5.1}$$

若第 n 个向量中的第 i 个元素可获取，则其中 $\gamma_i^n=1$，否则为 0。求微分，则最优的权值满足(假设 $\boldsymbol{B}^{\mathrm{T}}\boldsymbol{B}=\boldsymbol{I}$)：

$$\sum_{i,j}\gamma_i^m y_j^m b_i^j b_i^k=\sum_i \gamma_i^m x_i^m b_i^k \tag{15.5.2}$$

然后用平方误差替代该表达式，并在正交归一化约束下最小化关于 $\boldsymbol{B}$ 的误差。另一种迭代优化过程如下：首先选择一个随机的 $D\times M$ 的矩阵 $\hat{\boldsymbol{B}}$，然后迭代下面两步直到收敛。

固定 $\boldsymbol{B}$ 优化 $\boldsymbol{Y}$

对固定的 $\hat{\boldsymbol{B}}$，下式：

$$E(\hat{\boldsymbol{B}},\boldsymbol{Y})=\sum_{n=1}^{N}\sum_{i=1}^{D}\gamma_i^n\left[x_i^n-\sum_j y_j^n \hat{b}_i^j\right]^2 \tag{15.5.3}$$

是一个关于矩阵 $\boldsymbol{Y}$ 的二次函数，可以直接优化。通过求其微分并令结果等于 0 即可获得定点条件：

$$\sum_i \gamma_i^n\left(x_i^n-\sum_l y_l^n \hat{b}_i^l\right)\hat{b}_i^k=0 \tag{15.5.4}$$

使用矩阵记号定义以下几项：

$$[\boldsymbol{y}^{(n)}]_l=y_n^l,\quad [\boldsymbol{M}^{(n)}]_{kl}=\sum_i \hat{b}_i^l\hat{b}_i^k\gamma_i^n,\quad [\boldsymbol{c}^n]_k=\sum_i \gamma_i^n x_i^n \hat{b}_i^k \tag{15.5.5}$$

得到一个线性系统的集合：

$$\boldsymbol{c}^{(n)}=\boldsymbol{M}^{(n)}\boldsymbol{y}^{(n)},\quad n=1,\cdots,N \tag{15.5.6}$$

可以使用高斯消元来求解 $\boldsymbol{y}^n$ 的每个线性系统[㊁]。上述线性系统中的一个或者多个可能是欠

㊀ 为了简便，我们假设没有均值项。

㊁ 如果不想显式地使用矩阵逆，可以使用 matlab 中的“\”运算符。

定(underdetermined)的——当 $\boldsymbol{X}$ 的第 n 个数据列中的观察数据少于成分 M 时，可能会发生这种情况。在这种情况下，可以使用伪逆来提供最小长度的解。

固定 $\boldsymbol{Y}$ 优化 $\boldsymbol{B}$

现在固定 $\boldsymbol{Y}$ 并考虑函数：

$$E(\boldsymbol{B},\hat{\boldsymbol{Y}})=\sum_{n=1}^{N}\sum_{i=1}^{D}\gamma_i^n\left[x_i^n-\sum_j \hat{y}_j^n b_i^j\right]^2 \tag{15.5.7}$$

对固定的 $\hat{\boldsymbol{Y}}$，上述表达式是关于 $\boldsymbol{B}$ 的二次函数，可以用线性代数再次优化。这对应于为 $\boldsymbol{B}$ 的第 i 行求解一组线性系统：

$$\boldsymbol{m}^{(i)}=\boldsymbol{F}^{(i)}\boldsymbol{b}^{(i)} \tag{15.5.8}$$

其中：

$$[\boldsymbol{m}^{(i)}]_k=\sum_n \gamma_i^n x_i^n \hat{y}_k^n,\quad [\boldsymbol{F}^{(i)}]_{kj}=\sum_n \gamma_i^n \hat{y}_j^n \hat{y}_k^n \tag{15.5.9}$$

在数学上，有 $\boldsymbol{b}^{(i)}=\boldsymbol{F}^{(i)^{-1}}\boldsymbol{m}^{(i)}$。

这种方式可以保证迭代地减小平方误差损失值直到达到最小值。该方法在 svdm.m 中实现——参见图 15.11。基于每次更新 $\boldsymbol{X}$ 的一列(即在线更新)的更高效方法，可参见例[53]。

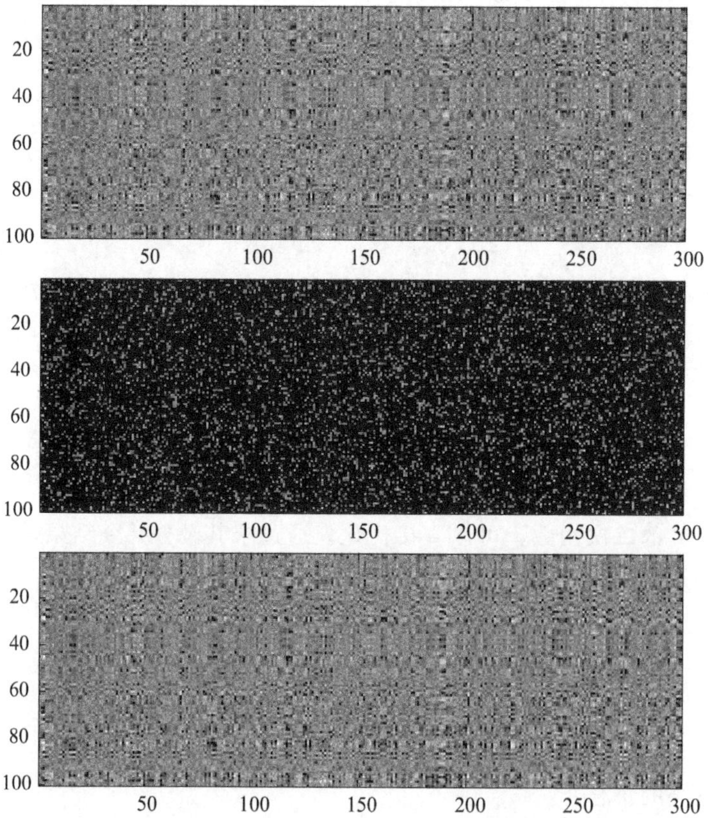

图 15.11　上面的图是原始数据矩阵 $\boldsymbol{X}$，黑色表示数据缺失，白色表示存在。数据由只有 5 个基向量的集合构成。中间的图是带缺失数据的 $\boldsymbol{X}$(80%稀疏)。下面的图是使用 svdm.m 中方法得到的重构数据，这里 SVD 被用于缺失数据。这个问题本质上很简单，因为尽管有许多缺失的元素，但数据是由适合 SVD 的模型构建的。这种技术可应用于协作过滤和推荐系统，其中人们希望“填充”矩阵中的缺失值

15.5.1　寻找主方向

对于有缺失数据的情况，使用上述方法找到的基 $\boldsymbol{B}$ 仅基于最小化平方重构误差，因此不一定满足最大方差(或主方向)准则，即 $\boldsymbol{B}$ 的列沿着特征方向。对于给定的 $\boldsymbol{B}$、$\boldsymbol{Y}$ 和近似分解 $\boldsymbol{X} \approx \boldsymbol{BY}$，对全部数据执行 SVD 可以返回一组新的正交基 $\boldsymbol{U}$，通过 $\boldsymbol{BY}=\boldsymbol{USV}^{\mathrm{T}}$ 返回一组正交基 $\boldsymbol{U}$。

15.5.2　使用带有缺失数据的 PCA 协同过滤

数据库中包含一组向量，每个向量都描述了数据库中一个用户给电影的评分。向量 $\boldsymbol{x}^n$ 中的元素 x_i^n 表示用户 n 对第 i 个电影的评分。对所有的 N 个用户，矩阵 $\boldsymbol{X}=[\boldsymbol{x}^1,\cdots,\boldsymbol{x}^N]$ 具有许多缺失值，因为每个用户仅对 D 个电影中的小部分给出评分。在一个实际例子中，可能有 $D=10\,000$ 个电影和 $N=1\,000\,000$ 个用户。对任意用户 n，需要为其评分向量 $\boldsymbol{x}^n$ 中的缺失项预测合理的值，以给他们提供观看哪个电影的建议。作为缺失数据问题，可以使用上面的 svdm. m 来调整 $\boldsymbol{B}$ 和 $\boldsymbol{Y}$。给定 $\boldsymbol{B}$ 和 $\boldsymbol{Y}$，我们可以使用下式对 $\boldsymbol{X}$ 的所有元素形成重构：

$$\widetilde{\boldsymbol{X}}=\boldsymbol{BY} \tag{15.5.10}$$

从而对缺失值给出预测。

15.6　矩阵分解方法

给定数据矩阵 $\boldsymbol{X}$，其每列代表一个数据点，通过近似矩阵分解 $\boldsymbol{X} \approx \boldsymbol{BY}$ 得到基矩阵 $\boldsymbol{B}$ 和权重(或坐标)矩阵 $\boldsymbol{Y}$。象征性地，矩阵分解具有如下形式：

$$\underbrace{(\boldsymbol{X}:\text{数据})}_{D\times N} \approx \underbrace{(\boldsymbol{B}:\text{基})}_{D\times M}\underbrace{(\boldsymbol{Y}:\text{权重/分量})}_{M\times N} \tag{15.6.1}$$

考虑数据矩阵的 SVD，不难看出 PCA 属于矩阵分解。在本节中，我们将考虑一些常见的矩阵分解方法。前面章节讨论的矩阵分解方法属于欠完全分解(under-complete decomposition)，其实过完全分解(over-complete decomposition)也是有趣的，我们下面进行讨论。

欠完全分解

当 $M<D$ 时，基向量数量小于维度，如图 15.12a 所示。矩阵 $\boldsymbol{B}$ 被称为“高的”或“瘦的”。在这种情况下，矩阵 $\boldsymbol{Y}$ 形成了数据 $\boldsymbol{X}$ 的低维近似表示，PCA 是一个典型的例子。

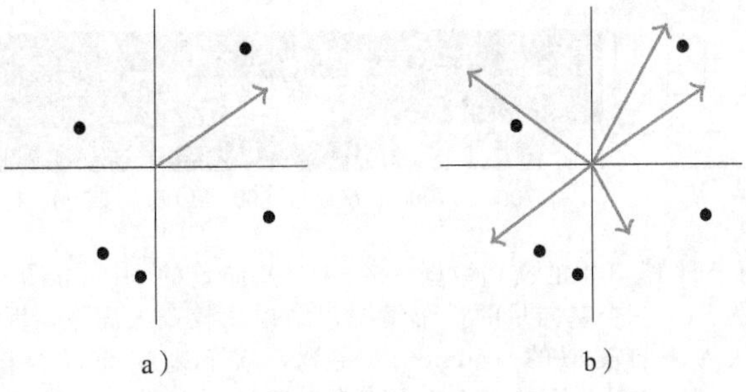

图 15.12　a) 欠定表示。基向量太少，无法准确表示数据点。b) 超定表示，基向量太多，无法用基向量的线性组合形成数据点的唯一表示

过完全分解

当 $M>D$ 时，基是过完全的，即基向量的数量大于维度，如图 15.12b 所示。在这种

情况下，需要对基或者分量添加额外的约束。例如，要求仅使用基向量中的一小部分来产生任意给定 $\boldsymbol{x}$ 的表示；或者要求基向量本身是稀疏的。这种稀疏表示在理论神经生物学中很常见，其中能量效率、处理速度和鲁棒性问题令人感兴趣。

下面我们讨论一些流行的受限矩阵分解方法，特别是对基向量和分量都施加正定约束的方法。

15.6.1　概率潜在语义分析

考虑两个目标 x 和 y，其中 $\mathrm{dom}(x)=\{1,\cdots,I\}$，$\mathrm{dom}(y)=\{1,\cdots,J\}$；和一个数据集 $\{(x^n,y^n),n=1,\cdots,N\}$。通过一个计数矩阵(元素为 C_{ij})来描述观察到 $x=i,y=j$ 的次数。我们可以将这个计数矩阵转换成一个“频率”矩阵 $\boldsymbol{p}$，其元素为：

$$p(x=i,y=j)=\frac{C_{ij}}{\sum_{ij}C_{ij}} \tag{15.6.2}$$

我们希望找到图 15.13a 所示形式的频率矩阵的分解：

$$\underbrace{p(x=i,y=j)}_{X_{ij}}\approx\sum_k\underbrace{\tilde{p}(x=i\mid z=k)}_{B_{ik}}\underbrace{\tilde{p}(y=j\mid z=k)\tilde{p}(z=k)}_{Y_{kj}}\equiv\tilde{p}(x=i,y=j) \tag{15.6.3}$$

即将矩阵分解成基矩阵 $\boldsymbol{B}$ 和权重矩阵 $\boldsymbol{Y}$ 相乘的形式。这样的分解可以解释为发现潜在主题 $\boldsymbol{z}$ 来描述 $\boldsymbol{x}$ 和 $\boldsymbol{y}$ 的联合行为。

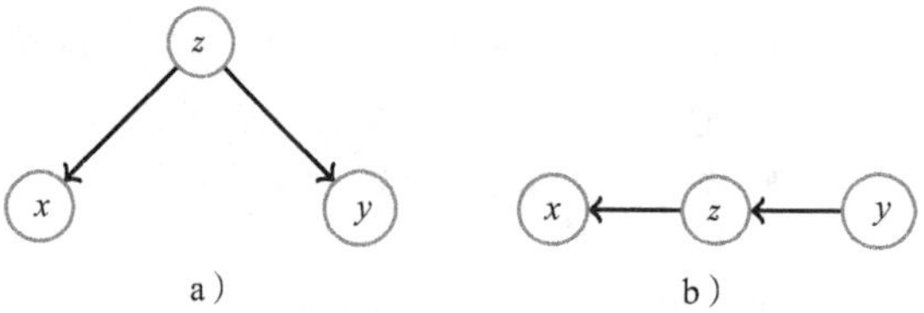

图 15.13　a) 联合 PLSA。b) 条件 PLSA

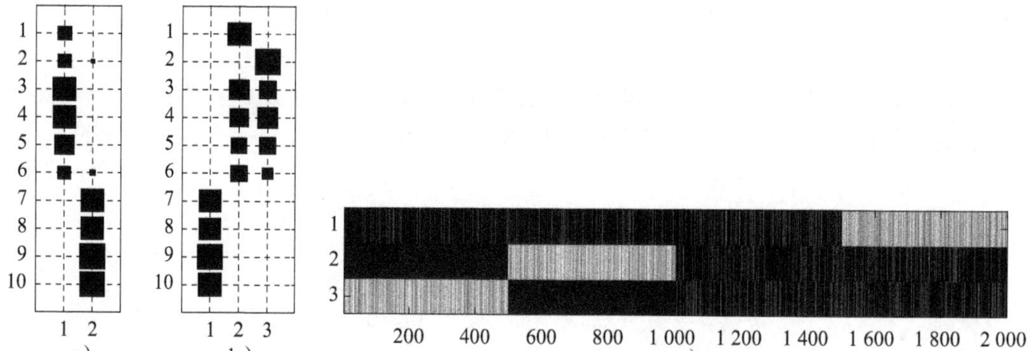

图 15.14　PLSA 用于图 15.8 中的文档数据。a) 两个基向量的 Hinton 图。b) 三个基向量的 Hinton 图。c) 三个基向量的投影情况。结果比较令人满意，因为前 1 000 个文档显然被认为来自类似的“ailment”主题，接下来的 500 个来自其他非特定的“background”主题，而最后 500 个来自单独的“pet”主题

一种 EM 风格的训练算法

为了找到近似分解，我们首先需要度量以 p_{ij} 为元素的矩阵和以 $\tilde{p}_{ij}$ 为元素的近似矩阵的差异。由于所有元素以 0、1 为界且和为 1，因此我们可以将 p 作为联合概率，$\tilde{p}$ 作

为其近似。KL 散度是对概率差异的一种有效度量，p 和 $\tilde{p}$ 的 KL 散度是：

$$\mathrm{KL}(p\,|\,\tilde{p})=\langle\log p\rangle_p-\langle\log\tilde{p}\rangle_p \tag{15.6.4}$$

由于 p 固定，因此最小化关于 $\tilde{p}$ 的 KL 散度等价于最大化“似然”项$\langle\log\tilde{p}\rangle_p$。即：

$$\sum_{x,y}p(x,y)\log\tilde{p}(x,y) \tag{15.6.5}$$

其中符号$\sum_z$表示对变量 z 的所有状态求和。运用 EM 风格的算法可以便捷地学习 $\tilde{p}(x|z)$，$\tilde{p}(y|z)$和 $\tilde{p}(z)$。首先考虑：

$$\mathrm{KL}(q(z|x,y)\,|\,\tilde{p}(z|x,y))=\sum_z q(z|x,y)\log q(z|x,y)-\sum_z q(z|x,y)\log\tilde{p}(z|x,y)\geqslant 0 \tag{15.6.6}$$

使用：

$$\tilde{p}(z|x,y)=\frac{\tilde{p}(x,y,z)}{\tilde{p}(x,y)} \tag{15.6.7}$$

并重新排列后给出边界，

$$\log\tilde{p}(x,y)\geqslant-\sum_z q(z|x,y)\log q(z|x,y)+\sum_z q(z|x,y)\log\tilde{p}(z,x,y) \tag{15.6.8}$$

将其插入上述的“似然”项，得到边界：

$$\begin{aligned}\sum_{x,y}p(x,y)\log\tilde{p}(x,y)\geqslant&-\sum_{x,y}p(x,y)\sum_z q(z|x,y)\log q(z|x,y)+\\&\sum_{x,y}p(x,y)\sum_z q(z|x,y)[\log\tilde{p}(x|z)+\log\tilde{p}(y|z)+\log\tilde{p}(z)]\end{aligned} \tag{15.6.9}$$

M-步

对于固定的 $\tilde{p}(x|z)$和 $\tilde{p}(y|z)$，$\tilde{p}(z)$对于边界的贡献是：

$$\sum_{x,y}p(x,y)\sum_z q(z|x,y)\log\tilde{p}(z) \tag{15.6.10}$$

很容易看出最优的 $\tilde{p}(z)$为：

$$\tilde{p}(z)=\sum_{x,y}q(z|x,y)p(x,y) \tag{15.6.11}$$

因此等式(15.6.10)是 $\mathrm{KL}\left(\sum_{x,y}q(z|x,y)p(x,y)\,|\,\tilde{p}(z)\right)$(取决于常数)。类似地，对于固定的 $\tilde{p}(y|z)$和 $\tilde{p}(z)$，$\tilde{p}(x|z)$对于边界的贡献是：

$$\sum_{x,y}p(x,y)\sum_z q(z|x,y)\log\tilde{p}(x|z) \tag{15.6.12}$$

因此，最优地，

$$\tilde{p}(x|z)\propto\sum_y p(x,y)q(z|x,y) \tag{15.6.13}$$

类似地，

$$\tilde{p}(y|z)\propto\sum_x p(x,y)q(z|x,y) \tag{15.6.14}$$

E-步

对于每次迭代，最优的 q 分布为：

$$q(z|x,y)=\tilde{p}(z|x,y) \tag{15.6.15}$$

这在 M-步中始终是固定的。

因为该方法类似于 EM 程序的推广，所以在 E-步和 M-步的迭代下，“似然”公式(15.6.5)保证递增(同时 KL 散度，即式(15.6.4)递减)。该程序在算法 15.2 中给出，同时 demo-

PLSA.m 中给出了一个示例。对上式进行推广，例如使用更简单的 q 分布(对应于通用 EM 程序)，通过修改上述推导直接可以得到相应的泛化结果。

算法 15.2 PLSA：给定一个元素为 $p(x=i,y=j)$ 的频率矩阵，返回一个分解 $\sum_k \tilde{p}(x=i|z=k)\tilde{p}(y=j|z=k)\tilde{p}(z=k)$。见 plsa.m。

1：初始化 $\tilde{p}(z), \tilde{p}(x|z), \tilde{p}(y|z)$.
2：**while** 不收敛 **do**
3：　令 $q(z|x,y)=\tilde{p}(z|x,y)$　▷E-步
4：　令 $\tilde{p}(x|z)\propto\sum_y p(x,y)q(z|x,y)$　▷M-步
5：　令 $\tilde{p}(y|z)\propto\sum_x p(x,y)q(z|x,y)$
6：**end while**
7：令 $\tilde{p}(z)=\sum_{x,y} p(x,y)q(z|x,y)$

例 15.6(文档 PLSA)　我们重复了对图 15.8 中小文档数据的分析，现在我们使用 PLSA。正如从图 15.14 中看到的，所找到的基是可解释且直观的。同样，在这些基向量上的“投影”也是合理的，并且与我们的预期相对应。双基模型的有限表达性使得两个术语“influenza”和“flu”被置于相同的基向量中，并且每个基向量都清楚地表示两个不重叠的主题。注意，通常我们并不要求主题之间不重叠，只是这个例子恰巧是这种情况。对于较丰富的三基向量模型，该模型可以清楚地区分出两个相似的主题，只是在一个词上有所不同。

条件 PLSA

如图 15.13b 所示，在某些情况下，考虑条件频率矩阵：

$$p(x=i|y=j) \tag{15.6.16}$$

并且寻找一种近似分解：

$$\underbrace{p(x=i|y=j)}_{X_{ij}}\approx\sum_k\underbrace{\tilde{p}(x=i|z=k)}_{B_{ik}}\underbrace{\tilde{p}(z=k|y=j)}_{Y_{kj}} \tag{15.6.17}$$

更自然一些。为此推导 EM 风格的算法很简单，参见练习 15.9 和算法 15.3。

算法 15.3 条件 PLSA：给定一个元素为 $p(x=i|y=j)$ 的频率矩阵，返回一个分解 $\sum_k \tilde{p}(x=i|z=k)\tilde{p}(z=k|y=j)$。见 plsaCond.m。

1：初始化 $\tilde{p}(x|z), \tilde{p}(z|y)$.
2：**while** 不收敛 **do**
3：　令 $q(z|x,y)=\tilde{p}(z|x,y)$　▷E-步
4：　令 $\tilde{p}(x|z)\propto\sum_y p(x|y)q(z|x,y)$　▷M-步
5：　令 $\tilde{p}(z|y)\propto\sum_x p(x|y)q(z|x,y)$
6：**end while**

例 15.7(发现基)　一组图像数据由图 15.15a 给出。这些图像通过首先定义 4 个基本图像(图 15.15b)来创建。每个基本图像都是正(凸)的，并按比例缩放，使像素的总和为 1，即 $\sum_i p(x=i|z=k)=1$，其中 $k=1,\cdots,4$，x 对像素进行索引，见图 15.15。然后，使用随机选择的 4 个权重的正集合(在权值之和为 1 的约束下)对这些图像求和，生成一个包含元素 $p(x=i|y=j)$ 和以 j 为索引的训练图像。重复 144 次，形成完整的训练集合，如图 15.15a 所示。任务是在仅给定训练集图像的前提下，重构形成图像的基。我们假设我们知道正确的基图像数目，即 4。在本任务中使用条件 PLSA 进行学习的结果如图 15.15c 所示，使用 SVD 的结果如图 15.15d 所示。在这种情况下，PLSA 根据生成图像的方式找到正确的“自然”基。特征基在训练图像的均方重构误差方面较好，但在这种情况下不符合数据生成的约束条件。

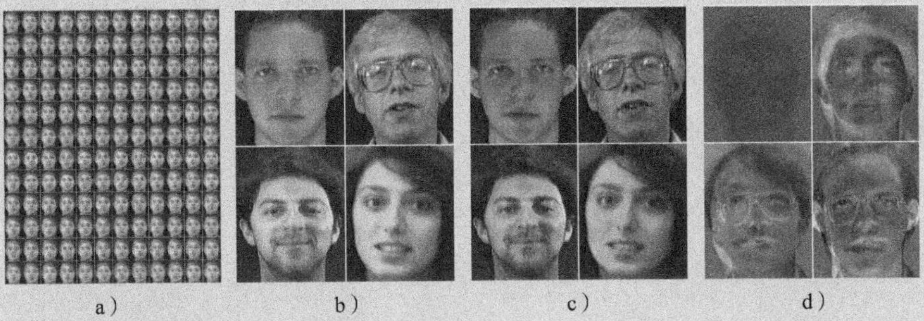

图 15.15　a) 训练数据，由基本图像的正(凸)组合组成。b) 所选的用于导出训练数据的基本图像。c) 在训练数据的基上，使用条件 PLSA 进行学习。d) 特征基(有时称为“特征脸”)

例 15.8(特征脸与 PLSA 脸)　回到例 15.2，现在重新运行实验，寻找一个 PLSA 基，而不是一个特征基。在图 15.16 中，我们展示了原 100 幅图像的重构以及相应的 PLSA 基。由于最优的均方误差解是由 PCA 给出的，因此 PLSA 解的重构误差必然更高(相对于 PCA，PLSA 对解的形式有更多的约束)。然而，PLSA 发现的基更具有解释性，因为正特征被求和以产生一个图像。因此，PLSA 基向量往往相当稀疏。

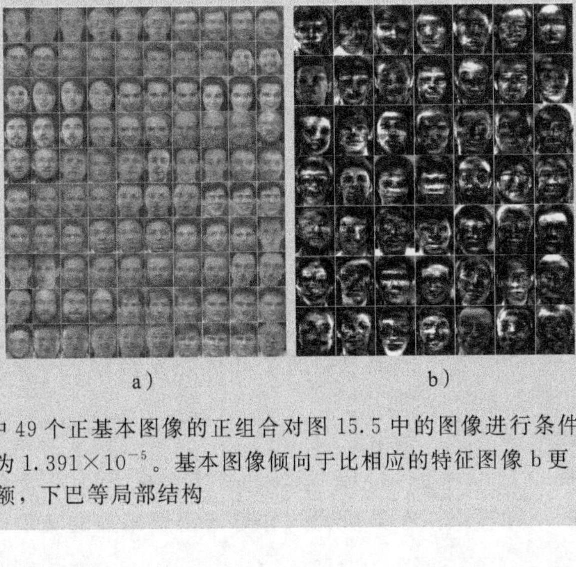

图 15.16　a 使用 b 中 49 个正基本图像的正组合对图 15.5 中的图像进行条件 PLSA 重构。均方根重构误差为 1.391×10^{-5}。基本图像倾向于比相应的特征图像 b 更“局部化”。在这里可以看到前额，下巴等局部结构

15.6.2 拓展和变化

PLSA 和隐含狄利克雷分布

PLSA 的另一种观点是作为生成模型的一种形式。我们将用与隐狄利克雷分布(20.6.1 节)相同的语言描述它，因为这两个模型非常相似。我们将描述文档 n 的生成过程。文档由定义在 K 个潜在主题 $\boldsymbol{\pi}^n\left(0\leqslant\pi_k^n\leqslant 1,\ \sum_{k=1}^{L}\pi_k^n=1\right)$ 上的分布来描述，这些主题分布将形成模型的参数。文档 n 是我们生成的单词列表，生成过程如后所述。对文档中位于 w 处的单词，我们首先从 $p(z_w=k \mid n)=\pi_k^n$ 中为该单词绘制一个主题 z_w。给定该单词位置的主题，现在根据主题 k 的单词分布生成单词 v_w^n：

$$p(v_w^n=i \mid z_w^n=k)=\theta_{i|k} \tag{15.6.18}$$

重复对文档中的 W_n 个单词位置执行此过程。这描述了一个分布：

$$p(v_1^n,\cdots,v_{W_n}^n,z_1^n,\cdots,z_{W_n}^n)=\prod_{w=1}^{W^n}p(v_w^n \mid z_w^n)p(z_w^n \mid n) \tag{15.6.19}$$

则观察数据的边缘分布为：

$$p(v_1^n,\cdots,v_{W_n}^n)=\prod_{w=1}^{W^n}\sum_{z_w^n}p(v_w^n \mid z_w^n)p(z_w^n \mid n) \tag{15.6.20}$$

由于 z_w^n 只是一个求和变量，因此可以将上式简化为：

$$p(v_1^n,\cdots,v_{W_n}^n)=\prod_{w=1}^{W^n}\sum_{k}p(v_w^n \mid k)p(k \mid n) \tag{15.6.21}$$

考虑我们的 D 个单词的字典中的一个特定单词 i。每次文档中出现单词 i，我们都会得到一个因子 $\sum_k p(i \mid k)p(k \mid n)$。因此，似然的等价表达式为：

$$p(v_1^n,\cdots,v_{W_n}^n)=\prod_{i=1}^{D}\left(\sum_{k}p(v_w^n=i \mid k)p(k \mid n)\right)^{f_{i,n}} \tag{15.6.22}$$

其中 $f_{i,n}$ 为文档 n 中单词 i 出现的频率。假设我们以相同的方式生成每个文档，那么一个文档集合的似然就是上述概率的乘积，每个文档对应一个概率。该模型的参数是每个主题的单词分布 $\theta_{i|k}$ 和每个文档 π_n^k 的主题分布。最大化关于这些参数的似然等价于最大化对数似然：

$$\sum_{n=1}^{N}\sum_{i=1}^{D}f_{i,n}\log\sum_{k=1}^{K}p(i \mid k)p(k \mid n) \tag{15.6.23}$$

其中 $p(i \mid k)=\theta_{k|i}$ 且 $p(k \mid n)=\pi_k^n$。这恰好是 PLSA 的形式。如果归一化频率计数 $p(i,n)=f(i,n)/\sum_{i,n}f_{i,n}$，则这是具有因子分解的 PLSA

$$p(i,n)\approx\sum_{k}\tilde{p}(i \mid k)\tilde{p}(k \mid n) \tag{15.6.24}$$

这是一个有效的 EM 类型的算法，见练习 15.10。与隐狄利克雷分布的不同之处在于，这些主题分布不是以 $\tilde{p}(k \mid n)$ 作为一个参数，而是从狄利克雷分布中抽样。另一种对 PLSA 的概率解释可以通过泊松过程[59]来实现。

非负矩阵因子分解

非负矩阵因子分解(NMF)考虑一种基矩阵和权重矩阵均为非负元素的分解，可以看作带约束的因子分析的一种形式。在某研究内容与其密切相关的文献中，对 PLSA 做了概括(没有要求基或成分和为 1)。在所有情况下都存在 EM 类型的训练算法，尽管它们的收敛速度很慢。我们将在独立成分分析的讨论中遇到类似的模型，如 21.6 节。

基于梯度的训练

EM 类型算法易于推导和实现，但收敛性较差。用基于梯度的方法来同时优化基和成分已经成熟，但需要参数化以确保解的确定性。

数组分解

根据多个基可以简单地将该方法扩展到多维数组的分解。例如：

$$p(s,t,u)\approx\sum_{v,w}\tilde{p}(s,t,u|v,w)\tilde{p}(v,w)=\sum_{v,w}\tilde{p}(s,t|u,v)\tilde{p}(u|w)\tilde{p}(v)\tilde{p}(w) \tag{15.6.25}$$

这种拓展只需要额外的簿记。

15.6.3　PLSA/NMF 的应用

引文建模

我们有一系列研究文档引用了其他文档。例如，文档 1 可能引用了文档 3、2、10 等。仅给出每个文档的引用列表，我们能否确定关键论文和引用它们的领域？注意这与查找引用最多的文档的问题不同，我们希望找到的是领域文档及其与领域的相关性。

使用变量 $d\in\{1,\cdots,D\}$索引文档，变量 $c\in\{1,\cdots,D\}$索引引用($\boldsymbol{d}$ 和 $\boldsymbol{c}$ 都是研究论文的索引，具有相同的域)。如果文档 $d=i$ 引用了论文 $c=j$，则令矩阵中 $C_{ij}=1$。如果没有引用，则将 C_{ij} 设置为 0。我们可以形成文档和其引文的“分布”：

$$p(d=i,c=j)=\frac{C_{ij}}{\sum_{ij}C_{ij}} \tag{15.6.26}$$

并使用 PLSA 将此矩阵分解为引文-主题，见例 15.9。

例 15.9(引文建模)　Cora 语料库[202]包含大约 30 000 篇计算机科学研究论文的存档。从这个档案中，[67]的作者提取了机器学习类别的论文，包括 4 220 个文档和 38 372 个引用。由此得到分布方程 15.6.19。此外，这些文档还被手动分类为 7 个主题：基于案例的概率推理、遗传算法、神经网络、概率方法、强化学习、规则学习和理论。在[67]中，联合 PLSA 方法适用于使用 $\dim(z)=7$ 的主题的数据。从训练的模型中，表达式 $p(c=j\mid z=k)$根据领域 $z=k$ 定义了论文 j 的权威性。该方法发现了直观上有意义的主题，如表 15.1 所示。

表 15.1　根据 $p(c|z)$排名最高的文档。(因子主题标签是基于与 Cora 主题的相似性手动分配的。转载自[67])

因子 1	(强化学习)
0.010 8	Learning to predict by the methods of temporal differences. Sutton.
0.006 6	Neuronlike adaptive elements that can solve difficult learning control problems. Barto et al.
0.006 5	Practical Issues in Temporal Difference Learning. Tesauro.
因子 2	(规则学习)
0.003 8	Explanation-based generalization: a unifying view. Mitchell et al.
0.003 7	Learning internal representations by error propagation. Rumelhart et al.
0.003 6	Explanation-Based Learning: An Alternative View. DeJong et al.

(续)

因子 3	(神经网络)
0.012 0	Learning internal representations by error propagation. Rumelhart et al.
0.006 1	Neural networks and the bias-variance dilemma. Geman et al.
0.004 9	The Cascade-Correlation learning architecture. Fahlman et al.
因子 4	(理论)
0.009 3	Classification and Regression Trees. Breiman et al.
0.006 6	Learnability and the Vapnik-Chervonenkis dimension. Blumer et al.
0.005 5	Learning Quickly when Irrelevant Attributes Abound. Littlestone.
因子 5	(概率推理)
0.011 8	Probabilistic Reasoning in Intelligent Systems：Networks of Plausible Inference. Pearl.
0.009 4	Maximum likelihood from incomplete data via the em algorithm. Dempster et al.
0.005 6	Local computations with probabilities on graphical structures. Lauritzen et al.
因子 6	(遗传算法)
0.015 7	Genetic Algorithms in Search，Optimization，and Machine Learning. Goldberg.
0.013 2	Adaptation in Natural and Artificial Systems. Holland.
0.009 6	Genetic Programming：On the Programming of Computers by Means of Natural Selection. Koza.
因子 7	(逻辑)
0.006 3	Efficient induction of logic programs. Muggleton et al.
0.005 4	Learning logical definitions from relations. Quinlan.
0.003 3	Inductive Logic Programming Techniques and Applications. Lavrac et al.

网站建模

考虑一组以 i 为索引的网站。如果网站 j 指向了网站 i，则设置 $C_{ij}=1$，否则 $C_{ij}=0$，从而给出网站之间连接的有向图。由于网站通常只讨论少数“主题”，因此使用 PLSA 分解可以很好地解释为什么两个网站之间存在连接。事实证明，这些算法对互联网搜索很有用，例如确定网站的潜在主题并识别最权威的网站。

物理模型

在某些物理情景下，非负分解会自然地发生。例如，在声学中，多个从不同的信号源发出的能量可以进行线性组合以形成我们观察到的信号。想象声音信号中存在两种信号，比如来自钢琴和歌手的。使用 NMF，可以为两种信号分别学习一个单独的基，然后仅用其中一个来重构给定的信号。这意味着人们可以从一段录音中移除歌声，只留下钢琴声。关于声学中更标准的概率模型见[285]。这类似于仅使用所学习的基础图像之一来重构图 15.15a 中的图像，参见例 15.7。有关声学模型，具体见[306]。

15.7 核 PCA

核 PCA 是 PCA 的非线性扩展，旨在发现非线性流形。这里我们只简要介绍一下这种方法。在核 PCA 中，我们用“特征”向量 $\tilde{\boldsymbol{x}}\equiv\phi(\boldsymbol{x})$ 替换每个 $\boldsymbol{x}$。注意，这里没有像之前一样，将 $\tilde{\boldsymbol{x}}$ 解释为近似重构，而是特征映射 ϕ 通过向量 $\boldsymbol{x}$ 产生了更高维的向量 $\tilde{\boldsymbol{x}}$。例如，我们可以使用下式映射一个二维的向量 $\boldsymbol{x}=[x_1,x_2]^{\mathrm{T}}$：

$$\phi(\boldsymbol{x})=[x_1,x_2,x_1^2,x_2^2,x_1x_2,x_1^3,\cdots]^{\mathrm{T}} \tag{15.7.1}$$

然后，我们想对这些更高维的特征向量执行 PCA，再将特征向量映射回原始空间 $\boldsymbol{x}$。主要的挑战是在没有显式计算 PCA 的情况下，在可能非常高维的特征向量空间中做到这点。请注意，在标准 PCA 中，对于零均值数据，可以对样本矩阵进行特征分解[⊖]：

$$\boldsymbol{S}=\frac{1}{N}\widetilde{\boldsymbol{X}}\widetilde{\boldsymbol{X}}^{\mathrm{T}} \tag{15.7.2}$$

为简单起见，我们在此专注于寻找的第一主成分 $\widetilde{\boldsymbol{e}}$，其对应特征值 $\lambda(\lambda'=N\lambda)$满足：

$$\widetilde{\boldsymbol{X}}\widetilde{\boldsymbol{X}}^{\mathrm{T}}\widetilde{\boldsymbol{e}}=\lambda'\widetilde{\boldsymbol{e}} \tag{15.7.3}$$

通过预乘 $\widetilde{\boldsymbol{X}}^{\mathrm{T}}$ 获得“对偶”的表示，因此，对于 $\widetilde{\boldsymbol{f}}\equiv\widetilde{\boldsymbol{X}}\widetilde{\boldsymbol{e}}$，标准 PCA 特征问题减少到求解：

$$\widetilde{\boldsymbol{X}}^{\mathrm{T}}\widetilde{\boldsymbol{X}}\widetilde{\boldsymbol{f}}=\lambda'\widetilde{\boldsymbol{f}} \tag{15.7.4}$$

然后恢复特征的特征向量 $\widetilde{\boldsymbol{e}}$：

$$\widetilde{\boldsymbol{X}}\widetilde{\boldsymbol{f}}=\lambda'\widetilde{\boldsymbol{e}} \tag{15.7.5}$$

注意，矩阵 $\widetilde{\boldsymbol{X}}^{\mathrm{T}}\widetilde{\boldsymbol{X}}$ 的元素为：

$$[\widetilde{\boldsymbol{X}}^{\mathrm{T}}\widetilde{\boldsymbol{X}}]_{mn}=\phi(\boldsymbol{x}^m)^{\mathrm{T}}\phi(\boldsymbol{x}^n) \tag{15.7.6}$$

我们它看成向量之间的标量积。这意味着矩阵是正(半)有限的，我们可以等价地使用协方差函数核(可参见 19.3 节)：

$$[\widetilde{\boldsymbol{X}}^{\mathrm{T}}\widetilde{\boldsymbol{X}}]_{mn}=k(\boldsymbol{x}^m,\boldsymbol{x}^n)=K_{mn} \tag{15.7.7}$$

因此等式(15.7.4)可以被写作：

$$\boldsymbol{K}\widetilde{\boldsymbol{f}}=\lambda'\widetilde{\boldsymbol{f}} \tag{15.7.8}$$

然后求解特征方程，求出 N 维主对偶特征向量 $\widetilde{\boldsymbol{f}}$。特征值 $\widetilde{\boldsymbol{x}}$ 的投影由下式给出：

$$y=\widetilde{\boldsymbol{x}}^{\mathrm{T}}\widetilde{\boldsymbol{e}}=\frac{1}{\lambda}\widetilde{\boldsymbol{x}}^{\mathrm{T}}\widetilde{\boldsymbol{X}}\widetilde{\boldsymbol{f}} \tag{15.7.9}$$

更一般地，对于数量较大的成分，第 i 个核的 PCA 投影 y_i 可以直接用核表示为：

$$y_i=\frac{1}{N\lambda^i}\sum_{n=1}^{N}k(\boldsymbol{x},\boldsymbol{x}^n)\widetilde{f}_n^i \tag{15.7.10}$$

其中 i 是特征值标签，$\widetilde{f}_n^i$ 是 $\boldsymbol{K}$ 的第 i 个特征向量的第 n 个成分。

上述推导隐含地假设了特征 $\widetilde{\boldsymbol{x}}$ 是零均值的。即使原始数据 $\boldsymbol{x}$ 为零均值，由于非线性映射，特征也可能不是零均值。为了纠正这一点，只需要用下式替换式(15.7.8)中的矩阵 $\boldsymbol{K}$：

$$K'_{mn}=k(\boldsymbol{x}^m,\boldsymbol{x}^n)-\frac{1}{N}\sum_{d=1}^{N}k(\boldsymbol{x}^d,\boldsymbol{x}^n)-\frac{1}{N}\sum_{d=1}^{N}k(\boldsymbol{x}^m,\boldsymbol{x}^d)+\frac{1}{N^2}\sum_{d=1,d'=1}^{N}k(\boldsymbol{x}^{d'},\boldsymbol{x}^d) \tag{15.7.11}$$

寻找重构

以上通过式(15.7.10)给出了找到 KPCA 投影 $\boldsymbol{y}$ 的过程。然而，在许多情况下，我们还希望使用较低维度的 $\boldsymbol{y}$ 进行近似重构。这并不简单，因为从 $\boldsymbol{y}$ 到 $\boldsymbol{x}$ 的映射通常是高度非线性的。下面我们将概述实现这一目标的过程。

首先我们找到特征空间 $\widetilde{\boldsymbol{x}}$ 的重构 $\widetilde{\boldsymbol{x}}^*$，即

$$\widetilde{\boldsymbol{x}}^*=\sum_i y_i\widetilde{\boldsymbol{e}}^i=\sum_i y_i\frac{1}{\lambda_i}\sum_n\widetilde{f}_i^n\phi(\boldsymbol{x}^n) \tag{15.7.12}$$

⊖ 我们使用归一化常数 N 而非 $N-1$，这只是为了符号用起来方便。在实践中，使用二者的区别不大。

给定 $\widetilde{x}^*$，尝试寻找原数据空间中投影到 $\widetilde{x}^*$ 的点 $\boldsymbol{x}'$。可以通过最小化下式：

$$E(\boldsymbol{x}')=(\phi(\boldsymbol{x}')-\widetilde{x}^*)^2 \tag{15.7.13}$$

忽略常数得到：

$$E(\boldsymbol{x}')=k(\boldsymbol{x}',\boldsymbol{x}')-2\sum_i \frac{y_i}{\lambda_i}\sum_n \widetilde{f}_i^n k(\boldsymbol{x}^n,\boldsymbol{x}') \tag{15.7.14}$$

然后通过最小化 $E(\boldsymbol{x}')$ 来确定 $\boldsymbol{x}'$。

15.8 典型相关分析

考虑变量 $\boldsymbol{x}$ 和 $\boldsymbol{y}$，它们是对同一目标的“不同视角的描述”。例如，$\boldsymbol{x}$ 可能代表视频片段，$\boldsymbol{y}$ 代表相应的音频。给定一个集合 $\{(\boldsymbol{x}^n,\boldsymbol{y}^n),n=1,\cdots,N\}$，一个有趣的挑战是识别音频和视频文件的哪些部分是强相关的。例如，人们可能会认为，视频的嘴部区域与音频有很强的相关性。

实现此目标，一种方法是使用投影 $\boldsymbol{a}^{\mathrm{T}}\boldsymbol{x}$ 和 $\boldsymbol{b}^{\mathrm{T}}\boldsymbol{y}$ 将每个 $\boldsymbol{x}$ 和 $\boldsymbol{y}$ 投影到一维，使得投影之间的相关性最大。$\boldsymbol{a}^{\mathrm{T}}\boldsymbol{x}$ 和 $\boldsymbol{b}^{\mathrm{T}}\boldsymbol{y}$ 之间的非归一化相关性是：

$$\sum_n \boldsymbol{a}^{\mathrm{T}}\boldsymbol{x}^n\boldsymbol{b}^{\mathrm{T}}\boldsymbol{y}^n=\boldsymbol{a}^{\mathrm{T}}\left[\sum_n \boldsymbol{x}^n\boldsymbol{y}^{n\mathrm{T}}\right]\boldsymbol{b} \tag{15.8.1}$$

定义：

$$\boldsymbol{S}_{xy}\equiv\frac{1}{N}\sum_n \boldsymbol{x}^n\boldsymbol{y}^{n\mathrm{T}} \tag{15.8.2}$$

类似地，对 $\boldsymbol{S}_{xy}$，$\boldsymbol{S}_{xx}$，$\boldsymbol{S}_{yy}$，归一化的相关性为：

$$\frac{\boldsymbol{a}^{\mathrm{T}}\boldsymbol{S}_{xy}\boldsymbol{b}}{\sqrt{\boldsymbol{a}^{\mathrm{T}}\boldsymbol{S}_{xx}\boldsymbol{a}}\sqrt{\boldsymbol{b}^{\mathrm{T}}\boldsymbol{S}_{yy}\boldsymbol{b}}} \tag{15.8.3}$$

由于等式(15.8.2)对于 $\boldsymbol{a}$ 和 $\boldsymbol{b}$ 的长度缩放是不变的，因此可以等价地考虑目标函数：

$$E(\boldsymbol{a},\boldsymbol{b})=\boldsymbol{a}^{\mathrm{T}}\boldsymbol{S}_{xy}\boldsymbol{b} \tag{15.8.4}$$

使 $\boldsymbol{a}\boldsymbol{S}_{xx}\boldsymbol{a}=1$，$\boldsymbol{b}\boldsymbol{S}_{yy}\boldsymbol{b}=1$。为了找到在此约束下的最优投影 $\boldsymbol{a}$ 和 $\boldsymbol{b}$，使用拉格朗日函数：

$$\mathcal{L}(\boldsymbol{a},\boldsymbol{b},\lambda_a,\lambda_b)\equiv\boldsymbol{a}^{\mathrm{T}}\boldsymbol{S}_{xy}\boldsymbol{b}+\frac{\lambda_a}{2}(1-\boldsymbol{a}^{\mathrm{T}}\boldsymbol{S}_{xx}\boldsymbol{a})+\frac{\lambda_b}{2}(1-\boldsymbol{b}^{\mathrm{T}}\boldsymbol{S}_{yy}\boldsymbol{b}) \tag{15.8.5}$$

由此得到零导数准则：

$$\boldsymbol{S}_{xy}\boldsymbol{b}=\lambda_a\boldsymbol{S}_{xx}\boldsymbol{a},\quad \boldsymbol{S}_{yx}\boldsymbol{a}=\lambda_b\boldsymbol{S}_{yy}\boldsymbol{b} \tag{15.8.6}$$

因此：

$$\boldsymbol{a}^{\mathrm{T}}\boldsymbol{S}_{xy}\boldsymbol{b}=\lambda_a\boldsymbol{a}^{\mathrm{T}}\boldsymbol{S}_{xx}\boldsymbol{a}=\lambda_a,\quad \boldsymbol{b}^{\mathrm{T}}\boldsymbol{S}_{yx}\boldsymbol{a}=\lambda_b\boldsymbol{b}^{\mathrm{T}}\boldsymbol{S}_{yy}\boldsymbol{b}=\lambda_b \tag{15.8.7}$$

由于 $\boldsymbol{a}\boldsymbol{S}_{xy}\boldsymbol{b}=\boldsymbol{b}\boldsymbol{S}_{yx}\boldsymbol{a}$，因此在最优时有 $\lambda_a=\lambda_b=\lambda$。假设 $\boldsymbol{S}_{yy}$ 可逆，则：

$$\boldsymbol{b}=\frac{1}{\lambda}\boldsymbol{S}_{yy}^{-1}\boldsymbol{S}_{yx}\boldsymbol{a} \tag{15.8.8}$$

用它来消除等式(15.8.6)中的 $\boldsymbol{b}$，得到：

$$\boldsymbol{S}_{xy}\boldsymbol{S}_{yy}^{-1}\boldsymbol{S}_{yx}\boldsymbol{a}=\lambda^2\boldsymbol{S}_{xx}\boldsymbol{a} \tag{15.8.9}$$

这是一个广义特征问题。假设 $\boldsymbol{S}_{xx}$ 是可逆的，那么可以等价写成：

$$\boldsymbol{S}_{xx}^{-1}\boldsymbol{S}_{xy}\boldsymbol{S}_{yy}^{-1}\boldsymbol{S}_{yx}\boldsymbol{a}=\lambda^2\boldsymbol{a} \tag{15.8.10}$$

这是一个标准特征问题(尽管有 λ^2 作为特征值)。一旦解决了这个问题，就可以使用等式(15.8.8)得到 $\boldsymbol{b}$。

15.8.1　SVD 方程

通过首先以 $\boldsymbol{UDV}^{\mathrm{T}}$ 的形式计算

$$\boldsymbol{S}_{xx}^{-\frac{1}{2}}\boldsymbol{S}_{xy}\boldsymbol{S}_{yy}^{-\frac{1}{2}} \tag{15.8.11}$$

的 SVD 并提取 $\boldsymbol{U}$ 的最大奇异向量 $\boldsymbol{u}_1$（$\boldsymbol{U}$ 的第一列），证明我们可以找到 $\boldsymbol{a}$（$\boldsymbol{x}$ 的最佳投影）。且最佳的 $\boldsymbol{a}$ 为 $\boldsymbol{S}_{xx}^{-\frac{1}{2}}\boldsymbol{u}_1$，类似的，最佳的 $\boldsymbol{b}$ 为 $\boldsymbol{S}_{yy}^{-\frac{1}{2}}\boldsymbol{v}_1$，其中 $\boldsymbol{v}_1$ 是 $\boldsymbol{V}$ 的第一列。以这种方式，可以清楚的发现 M 个方向的拓展 $\boldsymbol{A}=[\boldsymbol{a}^1,\cdots,\boldsymbol{a}^M]$ 和 $\boldsymbol{B}=[\boldsymbol{b}^1,\cdots,\boldsymbol{b}^M]$，并采用相应的前 M 个奇异值。这样做可以最大化标准

$$\frac{\operatorname{trace}(\boldsymbol{A}^{\mathrm{T}}\boldsymbol{S}_{xy}\boldsymbol{B})}{\sqrt{\operatorname{trace}(\boldsymbol{A}^{\mathrm{T}}\boldsymbol{S}_{xx}\boldsymbol{A})}\sqrt{\operatorname{trace}(\boldsymbol{B}^{\mathrm{T}}\boldsymbol{S}_{yy}\boldsymbol{B})}} \tag{15.8.12}$$

这种方法在 cca.m 中给出，参见图 15.17 的演示。同样还可以证明 CCA 对应于因子载荷形式的块限制下的因子分析，参见 21.2.1 节。

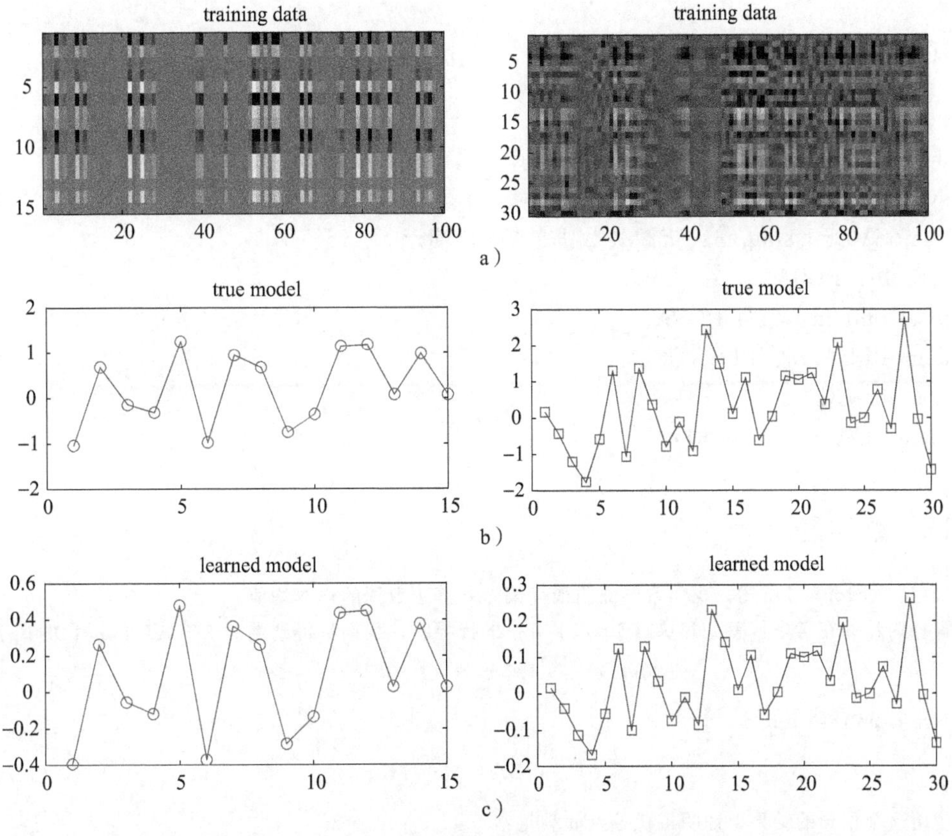

图 15.17　CCA。a) 训练数据。顶部包含 100 维的 $\boldsymbol{X}$ 矩阵，15 维的点，下面对应的是 30 维的 $\boldsymbol{Y}$ 矩阵。b) 使用 $\boldsymbol{X}=\boldsymbol{Ah}$，$\boldsymbol{Y}=\boldsymbol{Bh}$ 处理 a 中的数据，其中 $\boldsymbol{A}$ 为 15×1 的矩阵，$\boldsymbol{B}$ 为 30×1 的矩阵。潜在的 $\boldsymbol{h}$ 是一个 1×100 维的随机选择的向量。c) 矩阵 $\boldsymbol{A}$ 和矩阵 $\boldsymbol{B}$ 由 CCA 学习。注意，在缩放和符号更改之前，它们接近于真实的 $\boldsymbol{A}$ 和 $\boldsymbol{B}$。参见 demoCCA.m

CCA 和相关的内核扩展已应用于机器学习中，例如为了模拟图像和文本之间的相关性以改进文本查询中的图像检索，参见[139]。

15.9 总结

- PCA 是一种经典的线性降维方法，并假设数据接近线性子空间。
- 可以通过数据协方差矩阵的特征分解或者使用数据矩阵的 SVD 分解来找到 PCA 表示。
- 更一般地，PCA 是矩阵分解方法的特例。其他标准方法包括 PLSA 和非负矩阵因子分解，可以将其视为 PCA 的约束形式(积极性约束)。
- CCA 试图找到联合模拟两个相关数据空间的低维表示。CCA 是概率因子分析模型的一个特例。

PCA 出现在许多不同的研究领域，可以有不同的参考价值。例如，它也被称为 Karhunen-Loève 分解和适当的正交分解。

降维的另一个重要用途是数据可视化。诸如 PCA 之类的方法可以在这种情况下使用，但不是为了产生视觉上可解释的结果而设计的。关于该领域研究的讨论见[253]和[301]。

15.10 代码

pca. m：PCA。
demoLSI：潜在语义索引/分析的演示。
svdm. m：带缺失数据的 SVD。
demoSVDmissing. m：带缺失数据的 SVD 演示。
plsa. m：PLSA。
plsaCond. m：条件 PLSA。
demoPLSA. m：PLSA 演示。
cca. m：CCA。
demoCCA. m：CCA 演示。

15.11 练习题

练习 15.1 如 15.2 节所述，我们希望证明最优偏差 $\boldsymbol{c}$ 等于数据的样本均值。

1. 解释为什么在考虑偏差 $\boldsymbol{c}$ 和执行 15.2.1 节中的推导时，我们将得到类似于等式(15.2.1)的式子：
$$E(\boldsymbol{B},\boldsymbol{c})=\sum_n(\boldsymbol{x}^n-\boldsymbol{c})^{\mathrm{T}}(\boldsymbol{I}-\boldsymbol{B}\boldsymbol{B}^{\mathrm{T}})(\boldsymbol{x}^n-\boldsymbol{c}) \tag{15.11.1}$$
2. 对矩阵 $\boldsymbol{M}$ 证明下式：
$$\frac{\partial}{\partial \boldsymbol{c}}\boldsymbol{c}^{\mathrm{T}}\boldsymbol{M}\boldsymbol{c}=\boldsymbol{M}\boldsymbol{c}+\boldsymbol{M}^{\mathrm{T}}\boldsymbol{c} \tag{15.11.2}$$
3. 使用这个偏导的结果，证明最优偏差 $\boldsymbol{c}$ 满足：
$$\boldsymbol{0}=(\boldsymbol{I}-\boldsymbol{B}\boldsymbol{B}^{\mathrm{T}})\sum_n(\boldsymbol{x}^n-\boldsymbol{c}) \tag{15.11.3}$$
由此确定最优偏差为数据的均值，$\boldsymbol{c}=\sum_{n=1}^{N}\boldsymbol{x}^n/N$。

练习 15.2 考虑一个二维数据集，其中数据位于单位半径圆的圆周上。如果我们试图将维度减少到一维，在这个数据集上使用 PCA 会有什么影响？给出数据的另一种一维表示。

练习 15.3 考虑向量 $\boldsymbol{x}^a$、$\boldsymbol{x}^b$ 和它们对应的 PCA 近似 $\boldsymbol{c}+\sum_{i=1}^{M}a_i\boldsymbol{e}^i$、$\boldsymbol{c}+\sum_{i=1}^{M}b_i\boldsymbol{e}^i$，其中特征向量 $\boldsymbol{e}^i$ ($i=$

$1,\cdots,M$)相互正交并为单位长度。特征向量 $\boldsymbol{e}^i$ 对应的特征值为 λ^i。使用该数据的 PCA 表示近似 $(\boldsymbol{x}^a-\boldsymbol{x}^b)^2$，并证明其等于$(\boldsymbol{a}-\boldsymbol{b})^2$。

练习 15.4　说明如何将等式(15.8.9)中 CCA 问题的 $\boldsymbol{a}$ 的解转化为等式(15.8.11)所表示的形式，如文中所述。

练习 15.5　令 $\boldsymbol{S}$ 为数据的协方差矩阵。定义 $\boldsymbol{x}^a$ 和 $\boldsymbol{x}^b$ 的 Mahalanobis 距离为：

$$(\boldsymbol{x}^a-\boldsymbol{x}^b)^{\mathrm{T}}\boldsymbol{S}^{-1}(\boldsymbol{x}^a-\boldsymbol{x}^b) \tag{15.11.4}$$

解释如何使用 M 维 PCA 近似该距离。

练习 15.6(具有外部输入的 PCA)　在某些应用中，人们可能会怀疑某些外部变量 $\boldsymbol{v}$ 对数据 $\boldsymbol{x}$ 的分布方式有很大的影响。例如，如果 $\boldsymbol{x}$ 表示一张图像，我们可能知道图像产生时的光照条件 $\boldsymbol{v}$ 将对图像造成很大的影响。因此，将已知的光照条件包含在图像的低维表示中是有意义的。注意，我们不想形成联合变量$(\boldsymbol{x},\boldsymbol{v})$的低维表示，而是想形成单独的 $\boldsymbol{x}$ 的低维表示，且观察到的一些变化可能是由 $\boldsymbol{v}$ 造成的。因此我们假设一个近似：

$$\boldsymbol{x}^n \approx \sum_j y_j^n \boldsymbol{b}^j + \sum_k v_k^n \boldsymbol{c}^k \tag{15.11.5}$$

其中，系数 $y_i^n(i=1,\cdots,N,\ n=1,\cdots,N)$，基向量 $\boldsymbol{b}^j(j=1,\cdots,J)$ 以及 $\boldsymbol{c}^k(k=1,\cdots,K)$需要被确定。给定外部输入 $\boldsymbol{v}^1,\cdots,\boldsymbol{v}^N$。$\boldsymbol{x}^n$ 与其线性重构，即等式(15.11.5)之间的平方误差损失的和为：

$$E=\sum_{n,i}\left(x_i^n-\sum_j y_j^n b_i^j-\sum_k v_k^n c_i^k\right)^2 \tag{15.11.6}$$

寻找最小化 E 的参数$\{\boldsymbol{b}^j,\ \boldsymbol{c}^k\}$，其中 $j=1,\cdots,J$，$k=1,\cdots,K$。

练习 15.7　考虑下面的三维数据点：

$$(1.3,1.6,2.8)(4.3,-1.4,5.8)(-0.6,3.7,0.7)(-0.4,3.2,5.8)(3.3,-0.4,4.3)(-0.4,3.1,0.9) \tag{15.11.7}$$

通过以下方式执行 PCA：

1. 计算数据的均值 $\boldsymbol{c}$；
2. 计算数据的协方差矩阵 $S=\frac{1}{6}\sum_{n=1}^{6}\boldsymbol{x}^n(\boldsymbol{x}^n)^{\mathrm{T}}-\boldsymbol{c}\boldsymbol{c}^{\mathrm{T}}$；
3. 寻找协方差矩阵的特征值和特征向量 $\boldsymbol{e}_i$；
4. 你应该发现只有两个特征值很大，因此只使用两个分量就能很好地表示数据，令 $\boldsymbol{e}_1$ 和 $\boldsymbol{e}_2$ 为具有最大特征值的两个特征向量，计算每个数据点的二维表示$(\boldsymbol{e}_1^{\mathrm{T}}(\boldsymbol{x}^n-\boldsymbol{c}),\ \boldsymbol{e}_2^{\mathrm{T}}(\boldsymbol{x}^n-\boldsymbol{c}))$，其中 $n=1,\cdots,6$；
5. 计算每个数据点的重构 $\boldsymbol{c}+(\boldsymbol{e}_1^{\mathrm{T}}(\boldsymbol{x}^n-\boldsymbol{c}))\boldsymbol{e}_1+(\boldsymbol{e}_2^{\mathrm{T}}(\boldsymbol{x}^n-\boldsymbol{c}))\boldsymbol{e}_2$，其中 $n=1,\cdots,6$。

练习 15.8　证明含有缺失数据时，等式(15.5.11)中给出的变换解 $\widetilde{\boldsymbol{B}}$ 满足$\widetilde{\boldsymbol{B}}^{\mathrm{T}}\widetilde{\boldsymbol{B}}=\boldsymbol{I}$。

练习 15.9　考虑“条件频率矩阵”：

$$p(x=i\,|\,y=j) \tag{15.11.8}$$

根据 15.6.1 节，展示如何为具有下面形式的矩阵的近似分解推导一个 EM 风格的算法：

$$p(x=i\,|\,y=j)\approx\sum_k \widetilde{p}(x=i\,|\,z=k)\widetilde{p}(z=k\,|\,y=j) \tag{15.11.9}$$

其中 $k=1,\cdots,Z$，$i=1,\cdots,X$，$j=1,\cdots,Y$。

练习 15.10　考虑一个元素为 $p(i,n)$的概率矩阵，且 $0\leqslant p(i,n)\leqslant 1$，$\sum_{i,n}p(i,n)=1$，我们希望通过以下因子分解来近似它：

$$p(i,n)\approx\sum_k \widetilde{p}(i\,|\,k)\widetilde{p}(k\,|\,n) \tag{5.11.10}$$

假设通过最小化 $\mathrm{KL}(p\,|\,\widetilde{p})$找到了因子 $\widetilde{p}$，证明以下得到的更新方程：

$$\widetilde{p}^{\,\mathrm{new}}(i\,|\,k)\propto\widetilde{p}(i\,|\,k)\sum_n\frac{\widetilde{p}(i,n)\widetilde{p}(k\,|\,n)}{\sum_k\widetilde{p}(i\,|\,k)\widetilde{p}(k\,|\,n)} \tag{15.11.11}$$

$$\widetilde{p}^{\,\mathrm{new}}(k\,|\,n)\propto\widetilde{p}(k\,|\,n)\sum_i\frac{\widetilde{p}(i,n)\widetilde{p}(k\,|\,n)}{\sum_k\widetilde{p}(i\,|\,k)\widetilde{p}(k\,|\,n)} \tag{15.11.12}$$

有监督的线性降维

PCA 是一种流行且非常有用的方法。然而，如果在分类问题中使用投影数据，而不用数据的类标签，所得到的低维表示在分类任务中的表现可能不太理想。在本章中，我们将讨论一些降低数据维度的经典方法，从而使生成的数据在类之间很好地分离。

16.1 有监督线性投影

在第 15 章中，我们讨论了使用无监督过程的降维。在可获得类别信息的情况下，我们最终的目标是降低维度以提高分类效果，因此在形成投影时有必要使用可用的类别信息。考虑两类数据。对第一类，共有 N_1 个数据点：

$$\mathcal{X}_1=\{\boldsymbol{x}_1^1,\cdots,\boldsymbol{x}_1^{N_1}\} \tag{16.1.1}$$

类似地，对第二类，共有 N_2 个数据点：

$$\mathcal{X}_2=\{\boldsymbol{x}_2^1,\cdots,\boldsymbol{x}_2^{N_2}\} \tag{16.1.2}$$

我们希望找到一个线性投影：

$$\boldsymbol{y}=\boldsymbol{W}^{\mathrm{T}}\boldsymbol{x} \tag{16.1.3}$$

其中 $\dim(\boldsymbol{W})=D\times L\,(L<D)$，使得对属于同一类别的两个数据点 $\boldsymbol{x}^i$ 和 $\boldsymbol{x}^j$，它们的投影 $\boldsymbol{y}^i$ 和 $\boldsymbol{y}^j$ 间的距离应该很小。相反，对属于不同类别的数据点，它们的投影之间的距离应该很大。这对于分类任务可能很有用，因为对一个新数据点 $\boldsymbol{x}^*$，如果其投影：

$$\boldsymbol{y}^*=\boldsymbol{W}^{\mathrm{T}}\boldsymbol{x}^* \tag{16.1.4}$$

接近第一类数据的投影，则我们希望 $\boldsymbol{x}^*$ 属于第一类。在形成监督投影时，只保留数据的类判别部分，因此该过程可以被认作有监督的特征提取的一种形式。

16.2 Fisher 线性判别

我们首先关注二分类数据。简单起见，将数据投影到一维。16.3 节的典型变量算法可以处理一般情况。

高斯假设

使用高斯函数对每个类的数据建模。即

$$p(\boldsymbol{x}_1)=\mathcal{N}(\boldsymbol{x}_1|\boldsymbol{m}_1,\boldsymbol{S}_1),\quad p(\boldsymbol{x}_2)=\mathcal{N}(\boldsymbol{x}_2|\boldsymbol{m}_2,\boldsymbol{S}_2) \tag{16.2.1}$$

其中，$\boldsymbol{m}_1$ 是第一类数据的样本均值，$\boldsymbol{S}_1$ 是为样本协方差矩阵；对第二类数据有类似定义。两类数据点的投影由下式给出：

$$y_1^n=\boldsymbol{w}^{\mathrm{T}}\boldsymbol{x}_1^n,\quad y_2^n=\boldsymbol{w}^{\mathrm{T}}\boldsymbol{x}_2^n \tag{16.2.2}$$

由于投影是线性的，因此投影得到的分布依然是高斯的，

$$p(y_1)=\mathcal{N}(y_1|\mu_1,\sigma_1^2),\quad \mu_1=\boldsymbol{w}^{\mathrm{T}}\boldsymbol{m}_1,\quad \sigma_1^2=\boldsymbol{w}^{\mathrm{T}}\boldsymbol{S}_1\boldsymbol{w} \tag{16.2.3}$$

$$p(y_2)=\mathcal{N}(y_2|\mu_2,\sigma_2^2),\quad \mu_2=\boldsymbol{w}^{\mathrm{T}}\boldsymbol{m}_2,\quad \sigma_2^2=\boldsymbol{w}^{\mathrm{T}}\boldsymbol{S}_2\boldsymbol{w} \tag{16.2.4}$$

我们需要寻找一个使两个投影分布有最小重叠的投影 $\boldsymbol{w}$。可以通过最大化投影得到的

高斯分布的均值来实现，即最大化$(\mu_1-\mu_2)^2$。然而，如果方差σ_1^2和σ_2^2也很大，则在类中仍可能存在较大的重叠。因此可以使用一个有效的目标函数：

$$\frac{(\mu_1-\mu_2)^2}{\pi_1\sigma_1^2+\pi_2\sigma_2^2} \tag{16.2.5}$$

其中π_i表示第i类数据所占的比例。对投影$\boldsymbol{w}$，目标函数为：

$$F(\boldsymbol{w})=\frac{\boldsymbol{w}^{\mathrm{T}}(\boldsymbol{m}_1-\boldsymbol{m}_2)(\boldsymbol{m}_1-\boldsymbol{m}_2)^{\mathrm{T}}\boldsymbol{w}}{\boldsymbol{w}^{\mathrm{T}}(\pi_1\boldsymbol{S}_1+\pi_2\boldsymbol{S}_2)\boldsymbol{w}}=\frac{\boldsymbol{w}^{\mathrm{T}}\boldsymbol{A}\boldsymbol{w}}{\boldsymbol{w}^{\mathrm{T}}\boldsymbol{B}\boldsymbol{w}} \tag{16.2.6}$$

其中：

$$\boldsymbol{A}=(\boldsymbol{m}_1-\boldsymbol{m}_2)(\boldsymbol{m}_1-\boldsymbol{m}_2)^{\mathrm{T}},\quad \boldsymbol{B}=\pi_1\boldsymbol{S}_1+\pi_2\boldsymbol{S}_2 \tag{16.2.7}$$

由等式(16.2.6)对$\boldsymbol{w}$求导可得到最优的$\boldsymbol{w}$。即

$$\frac{\partial}{\partial \boldsymbol{w}}\frac{\boldsymbol{w}^{\mathrm{T}}\boldsymbol{A}\boldsymbol{w}}{\boldsymbol{w}^{\mathrm{T}}\boldsymbol{B}\boldsymbol{w}}=\frac{2}{(\boldsymbol{w}^{\mathrm{T}}\boldsymbol{B}\boldsymbol{w})^2}\left[(\boldsymbol{w}^{\mathrm{T}}\boldsymbol{B}\boldsymbol{w})\boldsymbol{A}\boldsymbol{w}-(\boldsymbol{w}^{\mathrm{T}}\boldsymbol{A}\boldsymbol{w})\boldsymbol{B}\boldsymbol{w}\right] \tag{16.2.8}$$

使之为 0，有：

$$(\boldsymbol{w}^{\mathrm{T}}\boldsymbol{B}\boldsymbol{w})\boldsymbol{A}\boldsymbol{w}=(\boldsymbol{w}^{\mathrm{T}}\boldsymbol{A}\boldsymbol{w})\boldsymbol{B}\boldsymbol{w} \tag{16.2.9}$$

乘上$\boldsymbol{B}$的逆得到：

$$\boldsymbol{B}^{-1}(\boldsymbol{m}_1-\boldsymbol{m}_2)(\boldsymbol{m}_1-\boldsymbol{m}_2)^{\mathrm{T}}\boldsymbol{w}=\frac{\boldsymbol{w}^{\mathrm{T}}\boldsymbol{A}\boldsymbol{w}}{\boldsymbol{w}^{\mathrm{T}}\boldsymbol{B}\boldsymbol{w}}\boldsymbol{w} \tag{16.2.10}$$

由于$(\boldsymbol{m}_1-\boldsymbol{m}_2)^{\mathrm{T}}\boldsymbol{w}$是标量，因此最优投影由下式给出：

$$\boldsymbol{w}\propto\boldsymbol{B}^{-1}(\boldsymbol{m}_1-\boldsymbol{m}_2) \tag{16.2.11}$$

虽然比例因子与$\boldsymbol{w}$有关，但由于等式 16.2.6 中的目标函数$F(\boldsymbol{w})$对于$\boldsymbol{w}$的重新缩放是不变的，可以将其取为常数，因此得到：

$$\boldsymbol{w}=k\boldsymbol{B}^{-1}(\boldsymbol{m}_1-\boldsymbol{m}_2) \tag{16.2.12}$$

通常将$\boldsymbol{w}$缩放到单位长度，即$\boldsymbol{w}^{\mathrm{T}}\boldsymbol{w}=1$，使得：

$$k=\frac{1}{\sqrt{(\boldsymbol{m}_1-\boldsymbol{m}_2)^{\mathrm{T}}\boldsymbol{B}^{-2}(\boldsymbol{m}_1-\boldsymbol{m}_2)}} \tag{16.2.13}$$

图 16.1 中给出了该方法的示例，它表明有监督的降维能够产生比诸如 PCA 的无监督降维方法更适合于后续分类的较低维度表示。

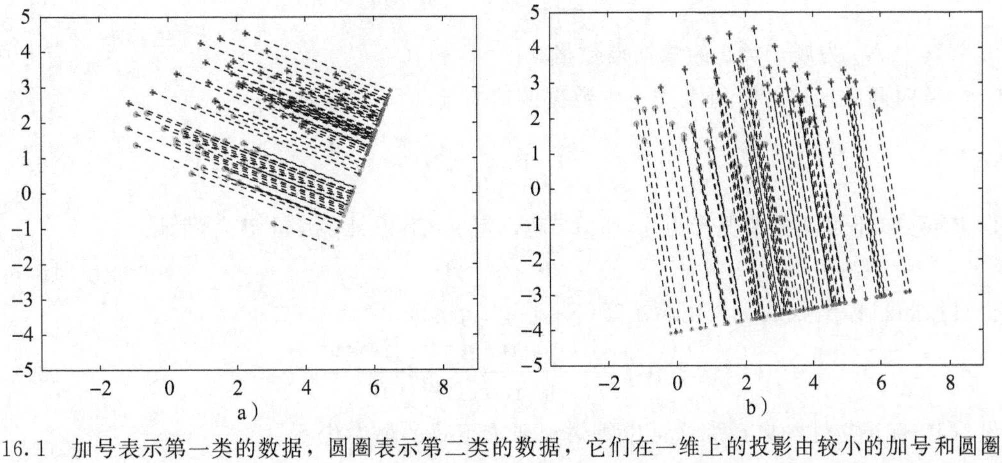

图 16.1 加号表示第一类的数据，圆圈表示第二类的数据，它们在一维上的投影由较小的加号和圆圈表示。a) Fisher 线性判别分析。b) 使用 PCA 的无监督降维作为对照。在投影中有相当多两类点的重叠。在图 a 和 b 中，一维投影都是沿直线的距离，从直线上任意选定的固定点开始测量

也可以从不同的初始目标得到等式(16.2.12)。通过将投影视为回归问题 $y=\boldsymbol{w}^{\mathrm{T}}\boldsymbol{x}+b$，其中输出 y 根据第一类和第二类分别定义为 y_1 和 y_2，可以表明，对适当选择的 y_1 和 y_2，公式(16.2.12)给出了使用最小二乘标准的解[89,44]。这也提出了一种规范 LDA 的方法，参见练习 16.3。LDA 的内核扩展是可能的，见[83，265]。

当朴素方法失效时

上述推导依赖于 $\boldsymbol{B}$ 的逆存在。然而，在实践中，$\boldsymbol{B}$ 可能是不可逆的，因此上述过程需要修改。$\boldsymbol{B}$ 不可逆的情况出现在数据点数量 N_1+N_2 小于维数 D 时。一个相关的问题是，输入向量的元素永远不变。例如，对手写数字的问题，角边的像素实际上总是 0。对这样的像素 z，矩阵 $\boldsymbol{B}$ 在$[B]_{z,z}$ 处将为 0(实际上，$\boldsymbol{B}$ 的第 z 行和第 z 列都将为 0)，这使得对任何有如下形式的向量：

$$\boldsymbol{w}^{\mathrm{T}}=(0,0,\cdots,w_z,0,0,\cdots,0)\Rightarrow\boldsymbol{w}^{\mathrm{T}}\boldsymbol{B}\boldsymbol{w}=0 \tag{16.2.14}$$

这表明 Fisher 目标函数的分母可以变为零，目标函数不明确。我们将在 16.3.1 节讨论这些问题。

16.3 典型变量

典型变量将 Fisher 方法推广到解决含 1 个以上维度和 2 个以上类别的投影问题。任意点的投影由下式给出：

$$\boldsymbol{y}=\boldsymbol{W}^{\mathrm{T}}\boldsymbol{x} \tag{16.3.1}$$

其中 $\boldsymbol{W}$ 为 $D\times L$ 的矩阵。假设 c 类中的数据 $\boldsymbol{x}$ 服从高斯分布，即：

$$p(\boldsymbol{x})=\mathcal{N}(\boldsymbol{x}\mid\boldsymbol{m}_c,\boldsymbol{S}_c) \tag{16.3.2}$$

则投影 $\boldsymbol{y}$ 同样服从高斯分布：

$$p(\boldsymbol{y})=\mathcal{N}(\boldsymbol{y}\mid\boldsymbol{W}^{\mathrm{T}}\boldsymbol{m}_c,\boldsymbol{W}^{\mathrm{T}}\boldsymbol{S}_c\boldsymbol{W}) \tag{16.3.3}$$

通过类比等式(16.2.7)，我们定义以下矩阵。

- **类间离散度**。求出整个数据集的均值 $\boldsymbol{m}$ 和每个类 c 的均值 $\boldsymbol{m}_c$。得到：

$$\boldsymbol{A}\equiv\sum_{c=1}^{C}N_c(\boldsymbol{m}_c-\boldsymbol{m})(\boldsymbol{m}_c-\boldsymbol{m})^{\mathrm{T}} \tag{16.3.4}$$

  其中 N_c 为属于类 c 的数据点数量，$c=1,\cdots,C$。

- **类内离散度**。计算每个类 c 中数据的协方差矩阵 $\boldsymbol{S}_c$。定义：

$$\boldsymbol{B}\equiv\sum_{c=1}^{C}N_c\boldsymbol{S}_c \tag{16.3.5}$$

假设 $\boldsymbol{B}$ 可逆(不可逆的情况参见 16.3.1 节)，定义 Cholesky 因子 $\widetilde{\boldsymbol{B}}$，满足：

$$\widetilde{\boldsymbol{B}}^{\mathrm{T}}\widetilde{\boldsymbol{B}}=\boldsymbol{B} \tag{16.3.6}$$

一个自然的目标函数是最大化瑞丽商(Rayleigh quotient)

$$F(\boldsymbol{W})\equiv\frac{\mathrm{trace}(\boldsymbol{W}^{\mathrm{T}}\widetilde{\boldsymbol{B}}^{-\mathrm{T}}\boldsymbol{A}\widetilde{\boldsymbol{B}}^{-1}\boldsymbol{W})}{\mathrm{trace}(\boldsymbol{W}^{\mathrm{T}}\boldsymbol{W})} \tag{16.3.7}$$

假设对 $\boldsymbol{W}$ 有正交性约束，那么可以等效地要求下式的最大化：

$$F(\boldsymbol{W})\equiv\mathrm{trace}(\boldsymbol{W}^{\mathrm{T}}\boldsymbol{C}\boldsymbol{W}),\quad 满足\ \boldsymbol{W}^{\mathrm{T}}\boldsymbol{W}=\boldsymbol{I} \tag{16.3.8}$$

其中：

$$C \equiv \frac{1}{D}\widetilde{B}^{-\mathrm{T}} A \widetilde{B}^{-1} \tag{16.3.9}$$

由于 C 对称并且半正定，因此它具有实特征分解：

$$C = E\Lambda E^{\mathrm{T}} \tag{16.3.10}$$

其中 $\Lambda=\mathrm{diag}(\lambda_1, \lambda_2, \cdots, \lambda_D)$ 为包含特征值的非负对角阵，并且特征值按递减顺序排序，即 $\lambda_1 \geqslant \lambda_2 \geqslant \cdots$ 且 $E^{\mathrm{T}}E=I$。因此：

$$F(W) = \mathrm{trace}(W^{\mathrm{T}} E\Lambda E^{\mathrm{T}} W) \tag{16.3.11}$$

通过设置 $W=[e_1, \cdots, e_L]$，其中 e_l 为第 l 个特征向量，目标函数 $F(W)$ 变为了前 L 个特征值的和。该设置最大化了目标函数，因为从 E 的任何其他列形成 W 都将得到更小的和。该过程在算法 16.1 中概述。注意，由于 A 的秩为 C，因此存在的非零特征值和其对应的方向不超过 $C-1$ 个。

算法 16.1　典型变量

1：计算类间离散矩阵 A[式 (16.3.4)] 和类内离散矩阵 B[式 (16.3.5)].

2：计算 B 的 Cholesky 因子 $\widetilde{B}$.

3：计算 $\widetilde{B}^{-\mathrm{T}} A \widetilde{B}^{-1}$ 的 L 个主特征向量 $[e_1, \cdots, e_L]$.

4：返回 $W=[e_1, \cdots, e_L]$ 作为投影矩阵.

16.3.1　处理零空间

上述典型变量(以及 Fisher 的 LDA)的推导需要矩阵 B 具有可逆性。但是，正如我们在 16.2 节中讨论的，可能会遇到 B 不可逆的情况。一个解决方案是要求 W 只位于由数据跨越的子空间中(即零空间没有贡献)，如图 16.2 所示。

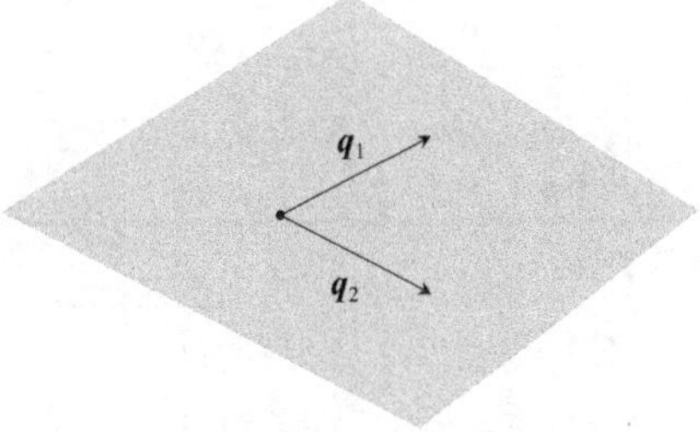

图 16.2　每个三维数据点都位于一个二维平面上，这意味着矩阵 B 不是满秩的，因此不可逆。一个解是找到张成平面的向量 q_1 和 q_2，然后用这些向量表示典型变量解。

为此，我们首先将所有类的训练数据连接成一个大矩阵 X。例如，使用返回正交非方基矩阵 Q 的 thin-SVD 技术可以找到 X 的基。然后要求在这一组基中用某些矩阵 W' 表示解 W：

$$W = QW' \tag{16.3.12}$$

将其代入典型变量目标函数，即式(16.3.7)，得到：

$$F(W') \equiv \frac{\mathrm{trace}(W'^{\mathrm{T}} Q^{\mathrm{T}} A Q W')}{\mathrm{trace}(W'^{\mathrm{T}} Q^{\mathrm{T}} B Q W')} \tag{16.3.13}$$

这与标准商，即等式(16.3.7)的形式相同。用

$$A' \equiv Q^{\mathrm{T}} A Q \tag{16.3.14}$$

替换类间离散度 A，用

$$B' \equiv Q^{\mathrm{T}} B Q \tag{16.3.15}$$

替换类内离散度 B。在这种情况下，由于 B 被投影到跨越数据的基上，因此 B' 保证可逆。然后通过典型变量，返回矩阵 W'，如 16.3 节所述。之后通过等式(16.3.12)给出变换，返回 W。另见 CanonVar. m。

例 16.1(对数字数据使用典型变量)　我们应用典型变量将数字数据投影到二维平面上，见图 16.3。有 800 个“3”(图中用加号表示)的样本，800 个“5”(圆圈)的样本，800 个“7”(菱形)的样本，因此共有 2 400 个样本位于一个 784(28×28 的像素)维的空间中。典型变量在二维平面上的投影几乎没有类别重叠，参见图 16.3a。作为对照，PCA 技术丢弃类别信息后形成的投影显示出高度的类别重叠。典型变量和 PCA 投影效果不同是由于对投影矩阵 $\boldsymbol{W}$ 的约束条件不同。PCA 中 $\boldsymbol{W}$ 是统一的；而在典型变量中，$\boldsymbol{W}^{\mathrm{T}}\boldsymbol{B}\boldsymbol{W}=\boldsymbol{I}$，这意味着 $\boldsymbol{W}$ 将与类内离散度矩阵的最大特征值的平方根的倒数成比例。由于典型变量目标与线性缩放无关，因此可以根据需要用任意标量前因子 $\gamma\boldsymbol{W}$ 对 $\boldsymbol{W}$ 进行缩放。

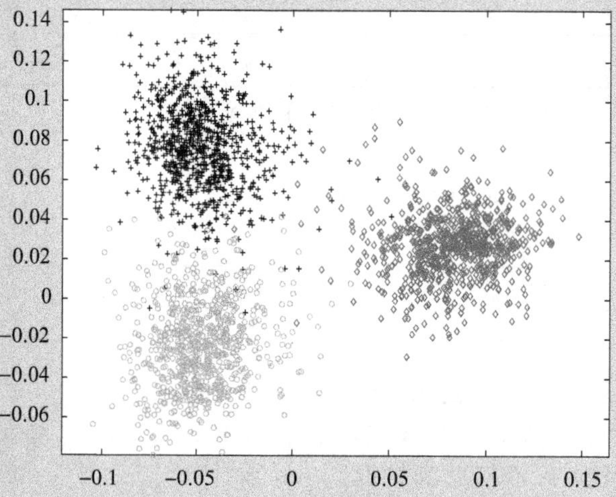

a)

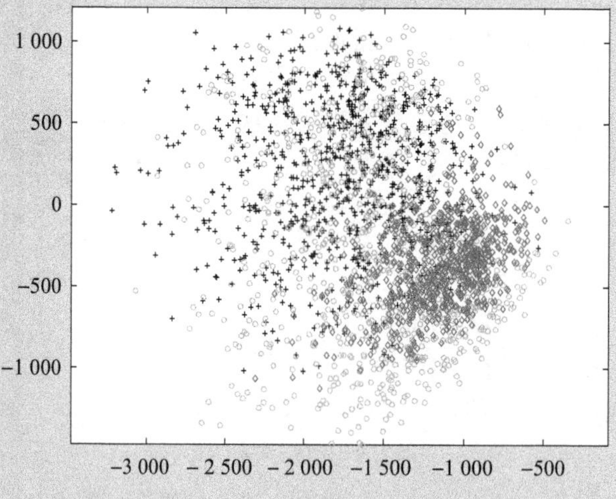

b)

图 16.3　a) 手写数字 3(“+”)，5(“○”)和 7(“◇”)的典型变量投影示例。每个数字各有 800 个样本。图中是二维的投影。b) PCA 投影作为对照

16.4　总结

- Fisher 的线性判别式寻求一个标量投影，该标量投影对于来自两个类别中的每一个类别的数据都有最大的不同。
- 典型变量将 Fisher 方法推广到适用于多个类别和多个投影维度。
- Fisher 方法和典型变量与标准特征问题有关。

典型变量的适用性取决于我们假设，即高斯函数对数据的良好描述。显然，如果数据是多峰的，那么使用单个高斯函数对每个类中的数据建模效果会很差。这可能导致投影存在大量的类别重叠。原则上，使用更复杂的分布在概念上没有困难，并且存在更一般的标准，例如最大化投影分布之间的 KL 散度。然而，这样的标准通常导致优化非常困难。典型变量由于其简单性和在构造投影时缺乏局部最优问题而广受欢迎。

16.5　代码

CanonVar. m：典型变量。

demoCanonVarDigits. m：典型变量的演示。

16.6　练习题

练习 16.1　如果数据点的数量小于维度，Fisher 线性判别将发生什么变化？

练习 16.2　修改 demoCanonVarDigits. m 并在三维空间投影和可视化数字数据。

练习 16.3　考虑 N_1 个第一类的数据点 $\boldsymbol{x}_{n_1}(n_1=1,\cdots,N_1)$ 和 N_2 个第二类的数据点 $\boldsymbol{x}_{n_2}(n_2=1,\cdots,N_2)$。为该数据定义一个线性预测器：

$$y=\boldsymbol{w}^{\mathrm{T}}\boldsymbol{x}+b \tag{16.6.1}$$

目的是预测第一类数据的值 y_1 和第二类数据的值 y_2。拟合程度由下式度量：

$$E(\boldsymbol{w},b\,|\,y_1,y_2)=\sum_{n_1=1}^{N_1}(y_1-\boldsymbol{w}^{\mathrm{T}}\boldsymbol{x}_{n_1}-b)^2+\sum_{n_2=1}^{N_2}(y_2-\boldsymbol{w}^{\mathrm{T}}\boldsymbol{x}_{n_2}-b)^2 \tag{16.6.2}$$

证明通过设置 $y_1=(N_1+N_2)/N_1$ 和 $y_2=(N_1+N_2)/N_2$，可使最小化 E 的 $\boldsymbol{w}$ 对应于 Fisher 的 LDA 的解。提示：首先证明以下两个零导数条件。

$$\sum_{n_1}(y_1-b-\boldsymbol{w}^{\mathrm{T}}\boldsymbol{x}_{n_1})+\sum_{n_2}(y_2-b-\boldsymbol{w}^{\mathrm{T}}\boldsymbol{x}_{n_2})=0 \tag{16.6.3}$$

和

$$\sum_{n_1}(y_1-b-\boldsymbol{w}^{\mathrm{T}}\boldsymbol{x}_{n_1})\boldsymbol{x}_{n_1}^{\mathrm{T}}+\sum_{n_2}(y_2-b-\boldsymbol{w}^{\mathrm{T}}\boldsymbol{x}_{n_2})\boldsymbol{x}_{n_2}^{\mathrm{T}}=0 \tag{16.6.4}$$

它们可以被化简到单个等式：

$$N(\boldsymbol{m}_1-\boldsymbol{m}_2)=\left(N\boldsymbol{B}+\frac{N_1N_2}{N}(\boldsymbol{m}_1-\boldsymbol{m}_2)(\boldsymbol{m}_1-\boldsymbol{m}_2)^{\mathrm{T}}\right)\boldsymbol{w} \tag{16.6.5}$$

其中 $\boldsymbol{B}$ 与等式(16.2.7)处 LDA 中的定义相同。

注意，这里提出了一种规范 LDA 的方法，即为 $E(\boldsymbol{w},\ b\,|\,y_1,y_2)$ 添加一个 $\lambda\boldsymbol{w}^{\mathrm{T}}\boldsymbol{w}$ 项。可以用来将等式(16.3.5)重新定义为：

$$\boldsymbol{B}'=\boldsymbol{B}+\lambda\boldsymbol{I} \tag{16.6.6}$$

也就是说，为协方差矩阵 $\boldsymbol{B}$ 增加了 $\lambda\boldsymbol{I}$。通过交叉验证，可以确定最优的正则化常数 λ。

练习 16.4　考虑 892 个数字 5(digit5. mat)和 1 028 个数字 7(digit7. mat)的数字数据。制作一个训练集，

由每个数字类的前500个样本组成。使用典型变量首先将数据投影到十维，然后计算其余数字上的最近邻性能。再使用PCA将数据减少到十维，并比较最终的最近邻分类性能。同时，也要可视化由典型变量找到的10个方向和PCA的10个主要方向。

练习 16.5　考虑如下形式的目标函数：

$$F(w)\equiv\frac{A(w)}{B(w)} \tag{16.6.7}$$

其中$A(w)$和$B(w)$为正函数，我们的任务是最大化关于w的$F(w)$。即使$A(w)$和$B(w)$是简单函数，这个目标函数也可能没有简单的代数解。我们可以考虑另一个目标函数，即

$$J(w,\lambda)=A(w)-\lambda B(w) \tag{16.6.8}$$

其中λ为标量常数。随机选择初始化点w^{old}并设置

$$\lambda^{\text{old}}\equiv A(w^{\text{old}})/B(w^{\text{old}}) \tag{16.6.9}$$

在这种情况下$J(w^{\text{old}},\lambda^{\text{old}})=0$。现在选择一个$w$使得：

$$J(w,\lambda^{\text{old}})=A(w)-\lambda^{\text{old}}B(w)\geqslant 0 \tag{16.6.10}$$

由于$J(w^{\text{old}},\lambda^{\text{old}})=0$，因此上式是可能成立的。如果我们找到一个使得$J(w,\lambda^{\text{old}})>0$的$w$，则

$$A(w)-\lambda^{\text{old}}B(w)>0 \tag{16.6.11}$$

证明对于这样的w，有$F(w)>F(w^{\text{old}})$，并对$F(w)$形式的目标函数提出迭代优化方法。

线性模型

在本章中，我们将基于对数据拟合简单线性模型讨论一些经典预测方法。这些方法包括线性回归和逻辑回归等标准方法，以及它们的核函数变体。我们还讨论流行的支持向量机和确保良好泛化性能的相关方法。

17.1 简介：拟合直线

给定训练数据$\{(x^n,y^n),n=1,\cdots,N\}$，其中有标量输入$x^n$和标量输出$y^n$。一个线性回归拟合是：

$$y(x)=a+bx \tag{17.1.1}$$

为了确定最优参数a、b，我们使用观察到的输出与线性回归拟合之间的差异作为度量，例如平方训练误差的总和：

$$E(a,b)=\sum_{n=1}^{N}[y^n-y(x^n)]^2=\sum_{n=1}^{N}(y^n-a-bx^n)^2 \tag{17.1.2}$$

这也被称为*普通最小二乘法*，它最小化点y到拟合线的平均垂直距离(*残差*)，如图 17.1a 所示。

我们的任务是找到最小化$E(a,b)$的参数a和b。对a和b求偏导，我们得到：

$$\frac{\partial}{\partial a}E(a,b)=-2\sum_{n=1}^{N}(y^n-a-bx^n),\quad \frac{\partial}{\partial b}E(a,b)=-2\sum_{n=1}^{N}(y^n-a-bx^n)x^n \tag{17.1.3}$$

除以N并令结果等于零，解以下两个线性方程得到最优参数：

$$\langle y\rangle-a-b\langle x\rangle=0,\quad \langle xy\rangle-a\langle x\rangle-b\langle x^2\rangle=0 \tag{17.1.4}$$

使用符号$\langle f(x,y)\rangle$来表示$\frac{1}{N}\sum_{n=1}^{N}f(x^n,y^n)$。我们可以很容易地求解方程(17.1.4)来确定$a$和$b$：

$$a=\langle y\rangle-b\langle x\rangle \tag{17.1.5}$$

$$b\langle x^2\rangle=\langle yx\rangle-\langle x\rangle(\langle y\rangle-b\langle x\rangle)\Rightarrow b[\langle x^2\rangle-\langle x\rangle^2]=\langle xy\rangle-\langle x\rangle\langle y\rangle \tag{17.1.6}$$

于是：

$$b=\frac{\langle xy\rangle-\langle x\rangle\langle y\rangle}{\langle x^2\rangle-\langle x\rangle^2} \tag{17.1.7}$$

将得到的b值代入等式(17.1.5)中即得到a的值。

与普通最小二乘回归相反，在第 15 章中，PCA 最小化了y与拟合线的正交投影，并且被称为*正交最小二乘*——参见例 17.1。

例 17.1 在图 17.1 中，我们绘制了 singbat 中每秒啁啾(chirp)数c与华氏温度t。生物学家认为啁啾的数量和华氏温度之间存在以下简单的关系：

$$c=a+bt \tag{17.1.8}$$

上式需要确定参数 a 和 b。对 singbat 数据，拟合结果绘制在图 17.1a 中。为了比较，我们在图 17.1b 中绘制了使用 PCA 的拟合结果，它最小化了从数据到拟合线的平方正交投影的总和。

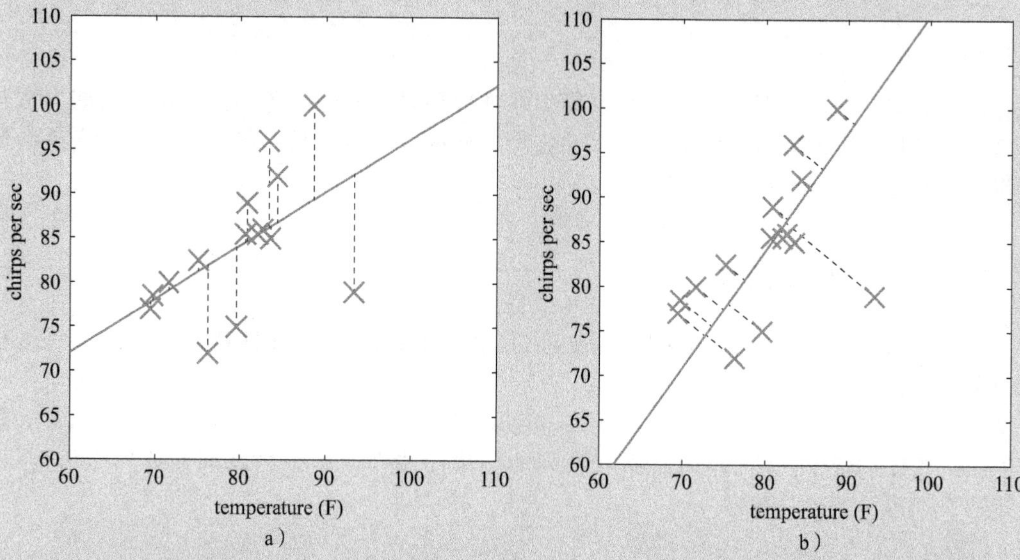

图 17.1　来自 singbat 的数据——每秒啁啾的数量与华氏温度的关系。a) 用线性回归拟合 singbat 数据。b) PCA 拟合数据。在回归中，我们最小化残差——从数据点到线的垂直距离。在 PCA 中，拟合最小化对直线的正交投影。两条拟合线都经过了数据的平均值

17.2　线性参数回归模型

我们可以将上述讨论概括为拟合向量输入 $\boldsymbol{x}$ 的线性函数。对数据集 $\{(\boldsymbol{x}^n, y^n), n=1,\cdots,N\}$，线性参数回归模型(LPM)[㊀]定义为：

$$y(\boldsymbol{x})=\boldsymbol{w}^{\mathrm{T}}\boldsymbol{\phi}(\boldsymbol{x}) \tag{17.2.1}$$

其中 $\boldsymbol{\phi}(\boldsymbol{x})$ 是输入向量的向量值函数。例如式(17.1.1)，在直线拟合，且使用标量输入和标量输出的情况下，我们有：

$$\boldsymbol{\phi}(x)=(1,x)^{\mathrm{T}}, \quad \boldsymbol{w}=(a,b)^{\mathrm{T}} \tag{17.2.2}$$

我们将训练误差定义为观察到的输出与对以下线性模型的预测之间的平方差的总和：

$$E(\boldsymbol{w})=\sum_{n=1}^{N}(y^n-\boldsymbol{w}^{\mathrm{T}}\boldsymbol{\phi}^n)^2, \quad 其中\ \boldsymbol{\phi}^n\equiv\boldsymbol{\phi}(\boldsymbol{x}^n) \tag{17.2.3}$$

我们现在想要通过最小化 $E(\boldsymbol{w})$ 来确定参数向量 $\boldsymbol{w}$。就 $\boldsymbol{w}$ 的组成而言，训练误差为：

$$E(\boldsymbol{w})=\sum_{n=1}^{N}\left(y^n-\sum_i w_i\phi_i^n\right)\left(y^n-\sum_j w_j\phi_j^n\right) \tag{17.2.4}$$

对 w_k 求偏导，并令结果为 0 得到：

$$\sum_{n=1}^{N}y^n\phi_k^n=\sum_i w_i\sum_{n=1}^{N}\phi_i^n\phi_k^n \tag{17.2.5}$$

㊀ 注意模型关于参数 $\boldsymbol{w}$ 是线性的，关于参数 $\boldsymbol{x}$ 则不一定是线性的。

或者用矩阵表示：

$$\sum_{n=1}^{N} y^n \boldsymbol{\phi}^n = \sum_{n=1}^{N} \boldsymbol{\phi}^n (\boldsymbol{\phi}^n)^{\mathrm{T}} \boldsymbol{w} \tag{17.2.6}$$

这些被称为正规方程，并得到解为：

$$\boldsymbol{w} = \left(\sum_{n=1}^{N} \boldsymbol{\phi}^n (\boldsymbol{\phi}^n)^{\mathrm{T}} \right)^{-1} \sum_{n=1}^{N} y^n \boldsymbol{\phi}^n \tag{17.2.7}$$

虽然我们以矩阵逆的形式写出了解，但是在实践中还是应使用高斯消元法找到数值解，因为后者更快，而且数值更稳定。

例 17.2(三次多项式拟合)　一个三次多项式由下式给出：

$$y(x) = w_1 + w_2 x + w_3 x^2 + w_4 x^3 \tag{17.2.8}$$

作为 LPM，可以将其表示为：

$$\boldsymbol{\phi}(x) = (1, x, x^2, x^3)^{\mathrm{T}} \tag{17.2.9}$$

普通最小二乘解形如式(17.2.18)。拟合的三次多项式绘制在图 17.2 中，另见 demoCubicPoly. m。

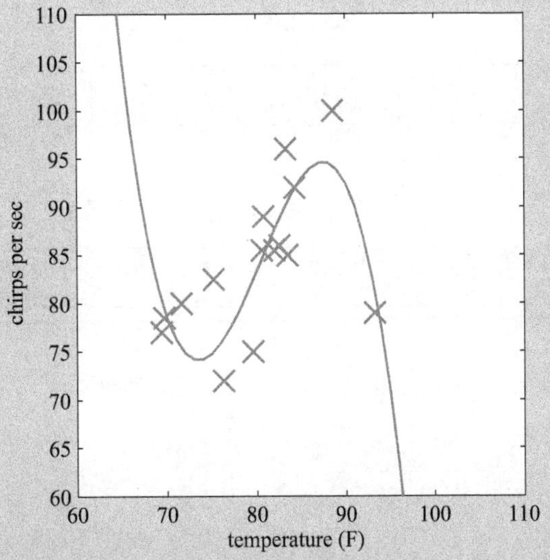

图 17.2　对 singbat 数据的三次多项式拟合

例 17.3(预测股票价格)　在图 17.3 中，我们将带有向量输入 $\boldsymbol{x}$ 的 LPM 拟合到标量输出 y。向量 $\boldsymbol{x}$ 代表影响公司股票价格的因素，标量 y 代表股票价格。对冲基金经理认为股票价格可能与因素线性相关，具体为：

$$y_t = \sum_{i=1}^{5} w_i x_{it} \tag{17.2.10}$$

并且希望拟合参数 $\boldsymbol{w}$ 以便使用该模型来预测未来的股票价格。使用普通最小二乘法解决该问题很简单，这只是一个具有线性 ϕ 函数的 LPM。图 17.3 是一个示例。这些模型也构成了金融行业中更复杂模型的基础，参见例子[210]。

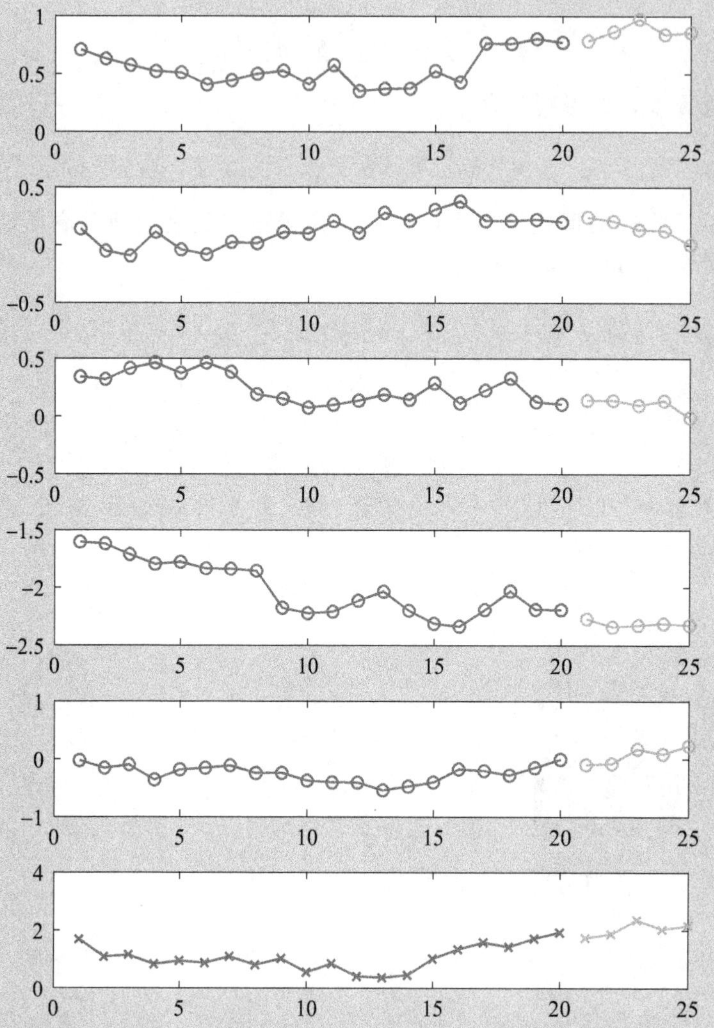

图 17.3 使用线性 LPM 预测股票价格。前五个面板分别显示 20 个训练日(较深)和 5 个测试日(较浅)的输入 $x_1,\cdots,x_5$。每一天的相应训练输出(股票价格)y 在最后一个面板中给出。$y_{21},\cdots,y_{25}$ 是基于 $y_t=\sum_i w_i x_{it}$ 做出的预测，其中 $\boldsymbol{w}$ 使用普通最小二乘法训练。当正则项为 $0.01\boldsymbol{w}^{\mathrm{T}}\boldsymbol{w}$ 时，OLS 学习到的 $\boldsymbol{w}$ 为[1.42,0.62,0.27,0.26,1.54]。尽管这些模型很简单，但它们在金融行业中的应用非常广泛，在寻找可能预示未来股票价格的因素 x 方面发挥了巨大作用。可参考 demoLPMhedge.m

17.2.1 向量输出

可以直接将上一节的模型推广到应用于向量输出 y 的情形。对每个输出分量 y_i 使用单独的权重向量 $\boldsymbol{w}_i$，我们有：

$$y_i(\boldsymbol{x})=\boldsymbol{w}_i^{\mathrm{T}}\boldsymbol{\phi}(\boldsymbol{x}) \tag{17.2.11}$$

数学表示与之前类似，我们可以将每个输出的训练误差定义为：

$$E(\boldsymbol{w}_i)=\sum_n (y_i^n-\boldsymbol{w}_i^{\mathrm{T}}\boldsymbol{\phi}^n)^2,\quad E(\boldsymbol{w})=\sum_i E(\boldsymbol{w}_i) \tag{17.2.12}$$

由于训练误差分解为单个项，一个输出对应一项，因此每个输出对应的权重可以单独训练。换句话说，问题被分解为一组独立的标量输出问题。如果参数 $\boldsymbol{w}$ 被各输出绑定或共享，则训练仍然是直接的，因为目标函数保持关于参数的线性，这留给感兴趣的读者当作练习。

17.2.2　正则化

在大多数情况下，我们不仅希望找到对训练数据拟合得最好的函数，还希望找到泛化效果很好的函数。为了控制拟合函数的复杂性，我们可以在训练误差中增加一个额外的正则化项 $R(\boldsymbol{w})$ 来惩罚输出的快速变化，具体为：

$$E'(\boldsymbol{w})=E(\boldsymbol{w})+\lambda R(\boldsymbol{w}) \tag{17.2.13}$$

其中 λ 是调整正则化项强度的标量。例如，可以添加到等式(17.2.3)的正则化项是：

$$R(\boldsymbol{w})=\sum_{n=1}^{N}\sum_{n'=1}^{N}\mathrm{e}^{-\gamma(\boldsymbol{x}^n-\boldsymbol{x}^{n'})^2}\left[y(\boldsymbol{x}^n)-y(\boldsymbol{x}^{n'})\right]^2 \tag{17.2.14}$$

因子 $[y(\boldsymbol{x}^n)-y(\boldsymbol{x}^{n'})]^2$ 用于惩罚对应于两个输入的输出之间的巨大差异，因子 $\exp[-\gamma(\boldsymbol{x}^n-\boldsymbol{x}^{n'})^2]$ 的作用是使两个输入向量 $\boldsymbol{x}^n$ 和 $\boldsymbol{x}^{n'}$ 差异更小的项具有更大的权重，γ 是固定的长度尺度参数。由于 $y=\boldsymbol{w}^{\mathrm{T}}\boldsymbol{\phi}(\boldsymbol{x})$，因此表达式(17.2.14)可以写成：

$$\boldsymbol{w}^{\mathrm{T}}\boldsymbol{R}\boldsymbol{w} \tag{17.2.15}$$

其中，

$$\boldsymbol{R}\equiv\sum_{n=1}^{N}\sum_{n'=1}^{N}\mathrm{e}^{-\gamma(\boldsymbol{x}^n-\boldsymbol{x}^{n'})^2}(\boldsymbol{\phi}^n-\boldsymbol{\phi}^{n'})(\boldsymbol{\phi}^n-\boldsymbol{\phi}^{n'})^{\mathrm{T}} \tag{17.2.16}$$

加上正则化项后的训练误差为：

$$E'(\boldsymbol{w})=\sum_{n=1}^{N}(y^n-\boldsymbol{w}^{\mathrm{T}}\boldsymbol{\phi}^n)^2+\lambda\boldsymbol{w}^{\mathrm{T}}\boldsymbol{R}\boldsymbol{w} \tag{17.2.17}$$

求其关于 $\boldsymbol{w}$ 的偏导数并令结果等于零，我们发现最优 $\boldsymbol{w}$ 为：

$$\boldsymbol{w}=\left(\sum_{n}\boldsymbol{\phi}^n(\boldsymbol{\phi}^n)^{\mathrm{T}}+\lambda\boldsymbol{R}\right)^{-1}\sum_{n=1}^{N}y^n\boldsymbol{\phi}^n \tag{17.2.18}$$

在实践中，通常使用正则化器来惩罚权重的总平方长度：

$$R(\boldsymbol{w})=\boldsymbol{w}^{\mathrm{T}}\boldsymbol{w}=\sum_{i}w_i^2 \tag{17.2.19}$$

这对应于设置 $\boldsymbol{R}=\boldsymbol{I}$，可称为岭回归。可以使用验证集来确定诸如 λ 和 γ 的正则化参数，详见 13.2.2 节。

17.2.3　径向基函数

分量如下的非线性函数 $\phi(\boldsymbol{x})$ 是一个流行的 LPM：

$$\phi_i(\boldsymbol{x})=\exp\left(-\frac{1}{2\alpha^2}(\boldsymbol{x}-\boldsymbol{m}^i)^2\right) \tag{17.2.20}$$

这些基函数是凸起形状的，凸起 i 的中心为 $\boldsymbol{m}^i$，宽度为 α。在图 17.4 中给出了一个例子，其中绘制的几个径向基函数具有不同的中心。在 LPM 回归中，我们可以使用这些径向基函数的线性组合来拟合数据。对向量输入可以应用相同的方法。对向量 $\boldsymbol{x}$ 和中心 $\boldsymbol{m}$，径向基函数取决于 $\boldsymbol{x}$ 和 $\boldsymbol{m}$ 之间的距离，在输入空间中表现为如图 17.6 所示的凸起。

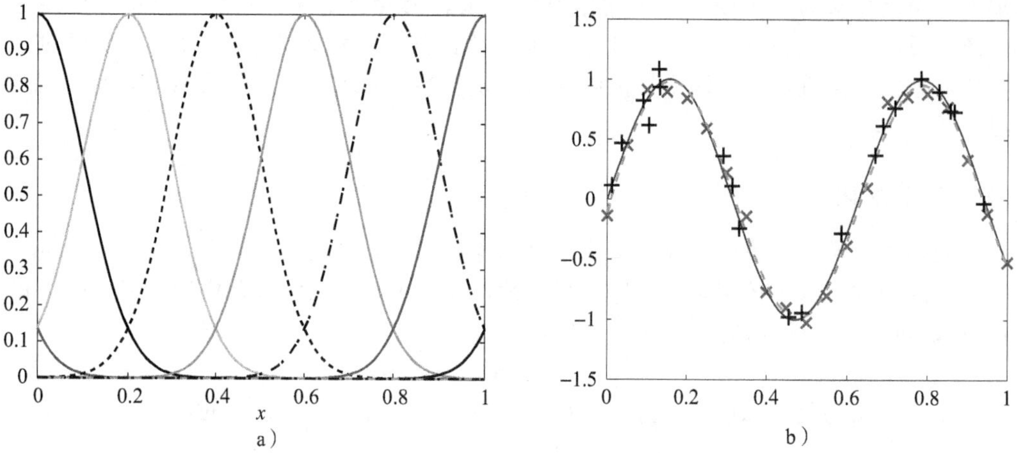

图 17.4　a) 一组宽度固定($\alpha=1$)的径向基函数 $\exp\left[-\frac{1}{2}(\boldsymbol{x}-\boldsymbol{m}^i)^2\right]$，以 m^i 为中心均匀分布。通过对这些函数进行线性组合，我们可以形成一个灵活的函数类。b) ×是训练点，+是验证点。实线是正确的基函数 $\sin(10x)$，对其加入少量加性噪声进行破坏以形成训练数据。虚线是基于验证集的最优预测器

例 17.4(设置 α)　考虑使用 16 个径向基函数来拟合图 17.4b 中的数据，这些函数均匀地分布在输入空间中，具有宽度参数 α 和正则化项 $\lambda\boldsymbol{w}^{\mathrm{T}}\boldsymbol{w}$。函数在测试数据上的泛化性能在很大程度上取决于宽度和正则化参数 λ。为了找到这些参数的合理取值，我们可以使用验证集。简单起见，我们将正则化参数设置为 $\lambda=0.000\,1$，并使用验证集确定合适的 λ。在图 17.5 中，我们将验证误差 $E(\boldsymbol{w})$ 绘制为 α 的函数，验证数据来自图 17.4b，径向基函数来自图 17.4a；然后选择验证误差最小时的 α，即 0.25 为 α 的最优配置。图 17.4b 也给出了对这个最优 α 的预测。

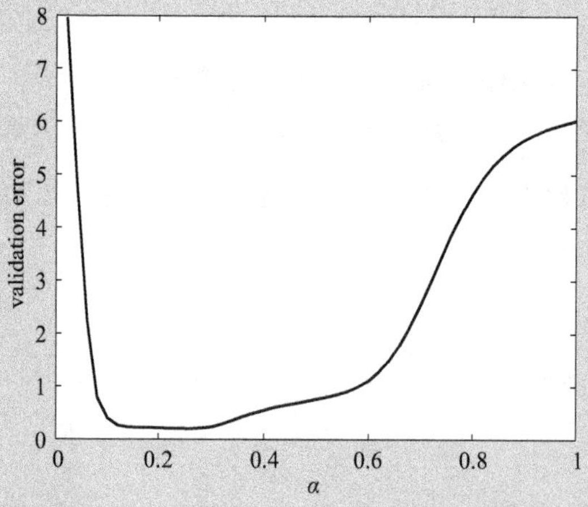

图 17.5　验证误差

维度灾难

如果数据在某些输入区域内具有“不平凡”的行为，那么我们需要用凸起类型的函数均匀地覆盖该区域的输入空间。在上面的例子中，对一个一维输入空间我们使用了 16 个

基函数。在二维中，如果我们希望对每个维度都覆盖与此相同的离散化级别，则我们需要 $16^2=256$ 个基函数。同样，对于十维，我们需要 $16^{10}\approx 10^{12}$ 个函数。要拟合这样的 LPM，需要求解含 10^{12} 个以上变量的线数性方程组。伴随输入空间维度的增加产生的基函数数量的这种爆发式增长就是“维度灾难”。

一种可能的补救措施是使基函数分布得非常广，以便每个基函数都能覆盖更多的高维空间。然而，这意味着拟合的函数将缺乏灵活性，因为它被约束为平滑的。另一种方法是将基函数置于训练输入点的中心，并在训练输入附近添加一些随机的基函数。这背后的基本原理是，当进行预测时，我们很可能会看到接近训练点的新点 x——我们不需要对所有空间做出准确的预测。另一种方法是使基函数的位置自适应，允许它们在空间中移动，以最小化误差。这种方法被用于神经网络模型[43]中。还有一种方法是重新表达通过重新参数化问题来拟合 LPM 的问题，如下所述。

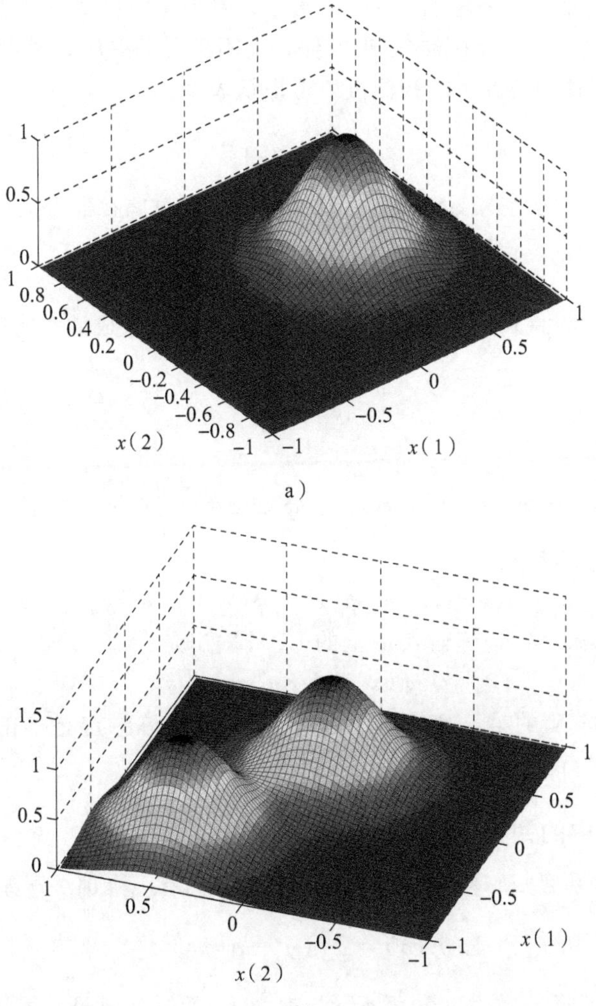

图 17.6　a) 径向基函数 $\exp\left[-\frac{1}{2}(\boldsymbol{x}-\boldsymbol{m}^1)^2/\alpha^2\right]$ 的输出，这里有 $\boldsymbol{m}^1=(0,0.3)^{\mathrm{T}}$ 和 $\alpha=0.25$。b) 两个分别具有 $\boldsymbol{m}^1$ 和 $\boldsymbol{m}^2=(0.5,-0.5)^{\mathrm{T}}$ 的径向基函数的联合输出

17.3　对偶表示和核

考虑一组训练数据，输入为 $\mathcal{X}=\{\boldsymbol{x}^n, n=1,\cdots,N\}$，对应的输出为 y^n，其中 $n=1,\cdots,N$。对以下 LPM：

$$f(\boldsymbol{x})=\boldsymbol{w}^{\mathrm{T}}\boldsymbol{x} \tag{17.3.1}$$

我们希望找到“最佳拟合”参数 $\boldsymbol{w}$。假设已经找到了最佳参数 $\boldsymbol{w}^*$。$\mathcal{X}$ 的零空间是与 $\mathcal{X}$ 中的所有输入正交的 $\boldsymbol{x}^{\perp}$。也就是说，如果：

$$(\boldsymbol{x}^{\perp})^{\mathrm{T}}\boldsymbol{x}^n=0, \quad n=1,\cdots,N \tag{17.3.2}$$

那么 $\boldsymbol{x}^{\perp}$ 在零空间中。考虑在零空间中有一个额外分量的向量 $\boldsymbol{w}_*$，

$$(\boldsymbol{w}_*+\boldsymbol{x}^{\perp})^{\mathrm{T}}\boldsymbol{x}^n=\boldsymbol{w}_*^{\mathrm{T}}\boldsymbol{x}^n \tag{17.3.3}$$

这意味着在 $\mathcal{X}$ 张成的空间之外增加对 $\boldsymbol{w}_*$ 的贡献，对训练数据的预测没有影响。如果训练准则仅取决于 LPM 预测训练数据的效果如何，就不需要考虑从 $\mathcal{X}$ 外部对 $\boldsymbol{w}$ 的贡献了。也就是说，在不失一般性的情况下，我们可以考虑该表示：

$$\boldsymbol{w}=\sum_{m=1}^{N}a_m\boldsymbol{x}^m \tag{17.3.4}$$

参数 $a=(a_1,\cdots,a_N)$ 称为对偶参数。然后我们可以根据对偶参数直接写出 LPM 的输出，

$$\boldsymbol{w}^{\mathrm{T}}\boldsymbol{x}^n=\sum_{m=1}^{N}a_m(\boldsymbol{x}^m)^{\mathrm{T}}\boldsymbol{x}^n \tag{17.3.5}$$

更一般地，对向量函数 $\phi(\boldsymbol{x})$，解将位于 $\phi(\boldsymbol{x}^1),\cdots,\phi(\boldsymbol{x}^N)$ 张成的空间里，

$$\boldsymbol{w}=\sum_{n=1}^{N}a_n\boldsymbol{\phi}(\boldsymbol{x}^n) \tag{17.3.6}$$

并且我们可以写：

$$\boldsymbol{w}^{\mathrm{T}}\boldsymbol{\phi}(\boldsymbol{x}^n)=\sum_{m=1}^{N}a_m\boldsymbol{\phi}(\boldsymbol{x}^m)^{\mathrm{T}}\boldsymbol{\phi}(\boldsymbol{x}^n)=\sum_{m=1}^{N}a_mK(\boldsymbol{x}^m,\boldsymbol{x}^n) \tag{17.3.7}$$

其中我们定义了一个核函数：

$$K(\boldsymbol{x}^m,\boldsymbol{x}^n)\equiv\boldsymbol{\phi}(\boldsymbol{x}^m)^{\mathrm{T}}\boldsymbol{\phi}(\boldsymbol{x}^n)\equiv[\boldsymbol{K}]_{m,n} \tag{17.3.8}$$

然后，在矩阵形式下，训练输入 x 上的 LPM 输出是：

$$\boldsymbol{w}^{\mathrm{T}}\boldsymbol{\phi}(\boldsymbol{x}^n)=[\boldsymbol{K}\boldsymbol{a}]_n=\boldsymbol{a}^{\mathrm{T}}\boldsymbol{k}^n \tag{17.3.9}$$

其中 $\boldsymbol{k}^n$ 是 Gram 矩阵 $\boldsymbol{K}$ 的第 n 列。通过构造，Gram 矩阵一定是半正定的，核函数是协方差函数，参见 19.3 节。

17.3.1　对偶空间中的回归

对一般的最小二乘回归，使用方程(17.3.9)，我们有一个训练误差：

$$E(\boldsymbol{a})=\sum_{n=1}^{N}(y^n-\boldsymbol{a}^{\mathrm{T}}\boldsymbol{k}^n)^2 \tag{17.3.10}$$

方程(17.3.10)类似于将 $\boldsymbol{w}$ 换为 $\boldsymbol{a}$ 和将 $\boldsymbol{\phi}(\boldsymbol{x}^n)$ 换为 $\boldsymbol{k}^n$ 的标准回归方程(17.2.3)。同样，正则化项可以表示为：

$$\boldsymbol{w}^{\mathrm{T}}\boldsymbol{w}=\sum_{n,m=1}^{N}a_na_m\boldsymbol{\phi}(\boldsymbol{x}^n)\boldsymbol{\phi}(\boldsymbol{x}^m)=\boldsymbol{a}^{\mathrm{T}}\boldsymbol{K}\boldsymbol{a} \tag{17.3.11}$$

因此，通过直接类比，$\boldsymbol{a}$ 的最优解是：

$$a=\left(\sum_{n=1}^{N}\boldsymbol{k}^{n}(\boldsymbol{k}^{n})^{\mathrm{T}}+\lambda\boldsymbol{K}\right)^{-1}\sum_{n=1}^{N}y^{n}\boldsymbol{k}^{n} \tag{17.3.12}$$

我们可以更方便地表达上述解，首先写为：

$$a=\left(\sum_{n=1}^{N}\boldsymbol{K}^{-1}\boldsymbol{k}^{n}(\boldsymbol{k}^{n})^{\mathrm{T}}+\lambda\boldsymbol{I}\right)^{-1}\sum_{n=1}^{N}y^{n}\boldsymbol{K}^{-1}\boldsymbol{k}^{n} \tag{17.3.13}$$

既然 $\boldsymbol{k}^n$ 是 $\boldsymbol{K}$ 的第 n 列，那么 $\boldsymbol{K}^{-1}\boldsymbol{k}^n$ 就是单位矩阵的第 n 列。因此，只要稍加操作，我们就可以更简单地将方程(17.3.13)改写为：

$$\boldsymbol{a}=(\boldsymbol{K}+\lambda\boldsymbol{I})^{-1}\boldsymbol{y} \tag{17.3.14}$$

其中 y 是由训练输入 $y^1,\cdots,y^N$ 组成的向量。使用此方法，对新输入 $\boldsymbol{x}^*$ 的预测为：

$$y(\boldsymbol{x}^*)=\boldsymbol{k}_*^{\mathrm{T}}(\boldsymbol{K}+\lambda\boldsymbol{I})^{-1}\boldsymbol{y} \tag{17.3.15}$$

其中向量 $\boldsymbol{k}_*$ 的分量是：

$$[\boldsymbol{k}_*]_m=K(x^*,x^m) \tag{17.3.16}$$

这种对偶空间解表明，预测完全可以用核 $K(\boldsymbol{x},\boldsymbol{x}')$来表示，这意味着我们可以不定义向量函数 $\boldsymbol{\phi}(\boldsymbol{x})$，而直接定义核函数。在第 19 章中，这种方法也用于高斯过程，使我们能够有效地使用非常高(甚至无限)维的向量 $\boldsymbol{\phi}$ 而不需要显式地计算它们。注意，Gram 矩阵 $\boldsymbol{K}$ 的维度为 $N\times N$，这意味着在方程(17.3.16)中进行矩阵求逆的计算复杂度为 $O(N^3)$。对于中到大的 N(大于 5 000)，这代价将是非常昂贵的，需要进行数值近似。这与在原始权重空间中求解正规方程的计算复杂度 $O(\dim(\boldsymbol{\phi})^3)$形成对比。因此对偶参数化帮助我们摆脱了维度灾难，因为在对偶参数化中学习的复杂性与训练点的数量成三次方比例，而不是与 $\boldsymbol{\phi}$ 向量的维度成三次方比例。

17.4 线性参数分类模型

在一个二分类问题中，我们给定训练数据 $\mathcal{D}=\{(\boldsymbol{x}^n,c^n),n=1,\cdots,N\}$，其中标签 $c\in\{0,1\}$。受 LPM 回归模型的启发，我们可以使用下式指定新输入 $\boldsymbol{x}$ 属于 1 类的概率：

$$p(c=1|\boldsymbol{x})=f(\boldsymbol{x}^{\mathrm{T}}\boldsymbol{w}) \tag{17.4.1}$$

其中 $0\leqslant f(x)\leqslant 1$。在统计学文献中，$f(x)$被称为均值函数——逆函数 $f^{-1}(x)$是链接函数[⊖]。函数 $f(x)$的两种常用选择是 logit 函数和 probit 函数。logit 函数是：

$$f(x)=\frac{\mathrm{e}^x}{1+\mathrm{e}^x}=\frac{1}{1+\mathrm{e}^{-x}} \tag{17.4.2}$$

该函数也称为逻辑 sigmoid 函数并且记作 $\sigma(x)$，如图 17.7 所示。缩放版本定义为：

$$\sigma_\beta(x)=\sigma(\beta x) \tag{17.4.3}$$

一个密切相关的模型是 probit 回归模型，它使用标准正态分布的累积分布代替了逻辑 sigmoid：

$$f(x)=\frac{1}{\sqrt{2\pi}}\int_{-\infty}^{x}\mathrm{e}^{-\frac{1}{2}t^2}\,\mathrm{d}t=\frac{1}{2}(1+\mathrm{erf}(x)) \tag{17.4.4}$$

其中标准误差函数为：

$$\mathrm{erf}(x)\equiv\frac{2}{\sqrt{\pi}}\int_0^x\mathrm{e}^{-t^2}\,\mathrm{d}t \tag{17.4.5}$$

⊖ 这些模型是统计文献中“广义线性模型”类的一部分，其中包括作为特殊情况的回归模型和分类模型。

probit 函数和 logit 函数的形状在重新缩放下相似，如图 17.7 所示。下面我们集中讨论 logit 函数。

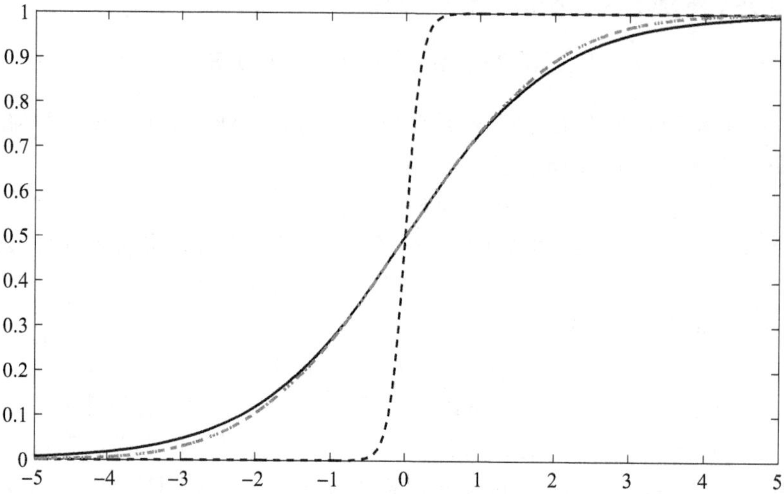

图 17.7　逻辑 sigmoid 函数 $\sigma_\beta(x)=1/(1+e^{-\beta x})$。参数 β 决定 sigmoid 函数的陡度。实线表示 $\beta=1$，虚线表示 $\beta=10$。当 $\beta\to\infty$ 时，sigmoid 函数趋于 Heaviside 阶跃函数。点线是 $\lambda=\sqrt{\pi}/4$ 的误差(probit)函数 $0.5(1+\text{erf}(\lambda x))$，它与标准的 sigmoid 函数($\beta=1$)相靠近

17.4.1　逻辑回归

逻辑回归与如下模型相对应：

$$p(c=1\mid \boldsymbol{x})=\sigma(b+\boldsymbol{x}^{\mathrm{T}}\boldsymbol{w}) \tag{17.4.6}$$

其中 b 是标量，$\boldsymbol{w}$ 是向量。

决策边界

决策边界被定义为满足 $p(c=1\mid \boldsymbol{x})=p(c=0\mid \boldsymbol{x})=0.5$ 的 $\boldsymbol{x}$ 的集合。这由如下超平面给出：

$$b+\boldsymbol{x}^{\mathrm{T}}\boldsymbol{w}=0 \tag{17.4.7}$$

在 $b+\boldsymbol{x}^{\mathrm{T}}\boldsymbol{w}>0$ 的超平面一侧，输入 $\boldsymbol{x}$ 被分类为 1 类，在另一侧则被分类为 0 类。“偏置”参数 b 简单地将决策边界移动一个常数距离。决策边界的方向由 $\boldsymbol{w}$ 决定，即超平面的法线，如图 17.8 所示。为了阐明几何解释，设 $\boldsymbol{x}$ 是决策边界上的一个点，并考虑一个新的点 $\boldsymbol{x}^*=\boldsymbol{x}+\boldsymbol{w}^{\perp}$，其中 $\boldsymbol{w}^{\perp}$ 是垂直于 $\boldsymbol{w}$ 的向量，因此 $\boldsymbol{w}^{\mathrm{T}}\boldsymbol{w}^{\perp}=0$。故：

$$b+\boldsymbol{w}^{\mathrm{T}}\boldsymbol{x}^*=b+\boldsymbol{w}^{\mathrm{T}}(\boldsymbol{x}+\boldsymbol{w}^{\perp})=b+\boldsymbol{w}^{\mathrm{T}}\boldsymbol{x}+\boldsymbol{w}^{\mathrm{T}}\boldsymbol{w}^{\perp}=b+\boldsymbol{w}^{\mathrm{T}}\boldsymbol{x}=0 \tag{17.4.8}$$

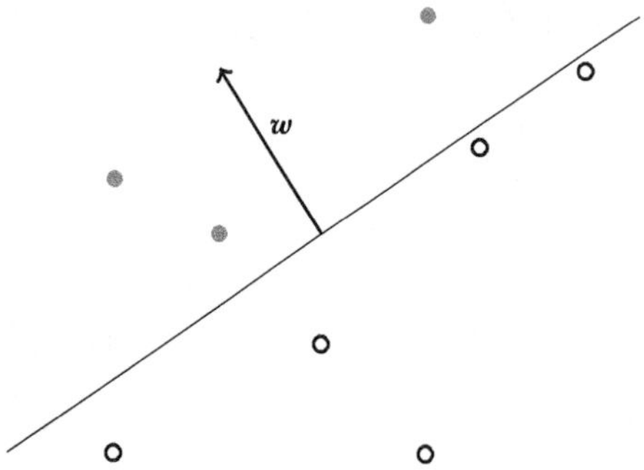

图 17.8　决策边界 $p(c=1\mid \boldsymbol{x})=0.5$(实线)。对于二维数据，决策边界是一条线。如果 1 类的所有训练数据(实心圆)都在线的一侧，0 类的(空心圆)都在另一侧，则该数据是线性可分的。更一般地，$\boldsymbol{w}$ 定义超平面的法线，如果两个类中的数据分别位于超平面的一侧，则数据是线性可分的

因此，如果 $\boldsymbol{x}$ 在决策边界上，$\boldsymbol{x}$ 加上任何垂直于 $\boldsymbol{w}$ 的向量也在决策边界上，则在 D 维中，垂直于 $\boldsymbol{w}$ 的向量空间占据 $D-1$ 维超平面。

> **定义 17.1(线性可分性)** 如果 1 类的所有训练数据都在超平面的一侧，0 类的都在另一侧，则该数据被称为线性可分的。

对于 D 维数据，假设训练点不超过 D 个，那么如果它们是线性无关的，则它们是线性可分的。为了搞清这一点，如果 $\boldsymbol{x}^n$ 在 1 类中，则令 $c^n=+1$；如果 $\boldsymbol{x}^n$ 在 0 类中，则令 $c^n=-1$。对线性可分的数据，有：

$$\boldsymbol{w}^{\mathrm{T}}\boldsymbol{x}^n+b=\epsilon^n c^n, \quad n=1,\cdots,N \tag{17.4.9}$$

其中ϵ^n 是任意的正常数。上述方程表明，每个输入都在决策边界的正确一侧。如果有 $N=D$ 个数据点，那么上式可以用矩阵形式写为：

$$\boldsymbol{X}\boldsymbol{w}+\boldsymbol{b}=\epsilon c \tag{17.4.10}$$

其中 $\boldsymbol{X}$ 是第 n 列包含 $\boldsymbol{x}^n$ 和$[\boldsymbol{b}]_i=b$ 的方阵。假设 $\boldsymbol{X}$ 是可逆的，则解是：

$$\boldsymbol{w}=\boldsymbol{X}^{-1}(\epsilon c-\boldsymbol{b}) \tag{17.4.11}$$

偏置 b 可以设置为任意值。这表明，如果 $\boldsymbol{x}^n$ 是线性无关的，则我们总是可以找到一个线性分离数据的超平面。如果数据不是共线的(都处在相同的 $D-1$ 维子空间)，则额外的偏置使得 $D+1$ 个任意标记的点在 D 维中线性分离。

以下四个训练点和各自的类别标签给出了线性不可分的示例数据集：

$$\{([0,0],0),([0,1],1),([1,0],1),([1,1],0)\} \tag{17.4.12}$$

该数据表示 XOR 函数，如图 17.9 所示。此函数不是线性可分的，因为没有任何直线可以让两类数据分别处于其一侧。只能使用非线性决策边界来对线性不可分的数据分类。在原始数据空间中，数据可能是线性不可分的。另一种方法是使用非线性向量函数将数据映射到较高维，这将创建一组非线性相关的高维向量，然后可以使用高维超平面进行分离。我们在第 17.4.5 节中对此进行了讨论。

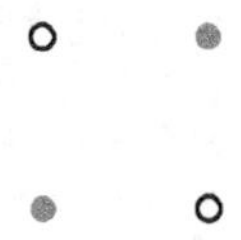

图 17.9 XOR 函数

感知器

在这里我们简要描述一下感知器，这是人工智能领域的一个重要的早期模型，示例见[43]。感知器确定性地将 $\boldsymbol{x}$ 分配给 1 类(如果 $b+\boldsymbol{w}^{\mathrm{T}}\boldsymbol{x}\geqslant 0$)，或者 0 类。即

$$p(c=1|\boldsymbol{x})=\theta(b+\boldsymbol{x}^{\mathrm{T}}\boldsymbol{w}) \tag{17.4.13}$$

其中阶跃函数被定义为：

$$\theta(x)=\begin{cases}1 & x>0\\ 0 & x\leqslant 0\end{cases} \tag{17.4.14}$$

如果考虑逻辑回归模型：

$$p(c=1|\boldsymbol{x})=\sigma_\beta(b+\boldsymbol{x}^{\mathrm{T}}\boldsymbol{w}) \tag{17.4.15}$$

而且取极限 $\beta\to\infty$，则我们有类似以下分类器的感知器：

$$p(c=1|\boldsymbol{x})=\begin{cases}1 & b+\boldsymbol{x}^{\mathrm{T}}\boldsymbol{w}>0\\ 0.5 & b+\boldsymbol{x}^{\mathrm{T}}\boldsymbol{w}=0\\ 0 & b+\boldsymbol{x}^{\mathrm{T}}\boldsymbol{w}<0\end{cases} \tag{17.4.16}$$

这个“概率感知器”和标准感知器之间唯一的区别是在技术上定义了阶跃函数在 0 处的值。因此，感知器从本质上可以被看作逻辑回归模型的一种极限情况。

极大似然训练

对于此类判别模型，我们不对输入分布 $p(\boldsymbol{x})$ 建模，而是等价地考虑输出类别变量集 $\mathcal{C}$ 在训练输入集 $\mathcal{X}$ 条件下的似然。我们假设每个数据点都是从相同的生成数据的分布中独立抽取的(标准的独立同分布假设)，则似然为(显式写出对参数 b，$\boldsymbol{w}$ 的条件相关性)：

$$\begin{aligned} p(\mathcal{C}|b,\boldsymbol{w},\mathcal{X}) &= \prod_{n=1}^{N} p(c^n|\boldsymbol{x}^n,b,\boldsymbol{w})\cancel{p(\boldsymbol{x}^n)} \\ &= \prod_{n=1}^{N} p(c=1|\boldsymbol{x}^n,b,\boldsymbol{w})^{c^n}(1-p(c=1|\boldsymbol{x}^n,b,\boldsymbol{w}))^{1-c^n}\cancel{p(\boldsymbol{x}^n)} \end{aligned} \tag{17.4.17}$$

其中 $c^n\in\{0,1\}$。对于逻辑回归模型，这给出了如下对数似然：

$$L(\boldsymbol{w},b)=\sum_{n=1}^{N} c^n\log\sigma(b+\boldsymbol{w}^{\mathrm{T}}\boldsymbol{x}^n)+(1-c^n)\log(1-\sigma(b+\boldsymbol{w}^{\mathrm{T}}\boldsymbol{x}^n)) \tag{17.4.18}$$

梯度上升

$L(\boldsymbol{w},b)$ 的最大化没有封式解，需要进行数值计算。最简单的方法之一是梯度上升，梯度为：

$$\nabla_{\boldsymbol{w}}L=\sum_{n=1}^{N}(c^n-\sigma(\boldsymbol{w}^{\mathrm{T}}\boldsymbol{x}^n+b))\boldsymbol{x}^n \tag{17.4.19}$$

在这里，我们利用了逻辑 sigmoid 函数的导数关系，即：

$$\mathrm{d}\sigma(x)/\mathrm{d}x=\sigma(x)(1-\sigma(x)) \tag{17.4.20}$$

与偏置参数有关的导数是：

$$\frac{\mathrm{d}L}{\mathrm{d}b}=\sum_{n=1}^{N}(c^n-\sigma(\boldsymbol{w}^{\mathrm{T}}\boldsymbol{x}^n+b)) \tag{17.4.21}$$

然后，梯度上升过程对应于使用以下式子更新权重和偏置参数：

$$\boldsymbol{w}^{\text{new}}=\boldsymbol{w}+\eta\,\nabla_{\boldsymbol{w}}L,\quad b^{\text{new}}=b+\eta\frac{\mathrm{d}L}{\mathrm{d}b} \tag{17.4.22}$$

其中学习率 η 是足够小的标量，以确保收敛⊖。上述规则的应用将导致对数似然逐渐增加。二维数据上的例子如图 17.10 所示。

批训练

显式地列出更新公式(17.4.22)，如下所示：

$$\boldsymbol{w}^{\text{new}}=\boldsymbol{w}+\eta\sum_{n=1}^{N}(c^n-\sigma(\boldsymbol{w}^{\mathrm{T}}\boldsymbol{x}^n+b))\boldsymbol{x}^n,\quad b^{\text{new}}=b+\eta\sum_{n=1}^{N}(c^n-\sigma(\boldsymbol{w}^{\mathrm{T}}\boldsymbol{x}^n+b)) \tag{17.4.23}$$

这被称为*批更新*，因为参数 $\boldsymbol{w}$ 和 b 只有在通过整批训练数据之后才更新。对线性可分数据，我们还可以证明权重在收敛时一定趋于无限。取方程(17.4.19)与 $\boldsymbol{w}$ 的标量乘积，我们有零梯度要求：

$$\sum_{n=1}^{N}(c^n-\sigma^n)\boldsymbol{w}^{\mathrm{T}}\boldsymbol{x}^n=0 \tag{17.4.24}$$

其中 $\sigma^n\equiv\sigma(\boldsymbol{w}^{\mathrm{T}}\boldsymbol{x}^n+b)$。为简单起见，我们假定 $b=0$。对线性可分数据，我们有：

$$\boldsymbol{w}^{\mathrm{T}}\boldsymbol{x}^n\begin{cases}>0 & c^n=1\\ <0 & c^n=0\end{cases} \tag{17.4.25}$$

⊖ 原则上，每个参数可以使用不同的学习率。

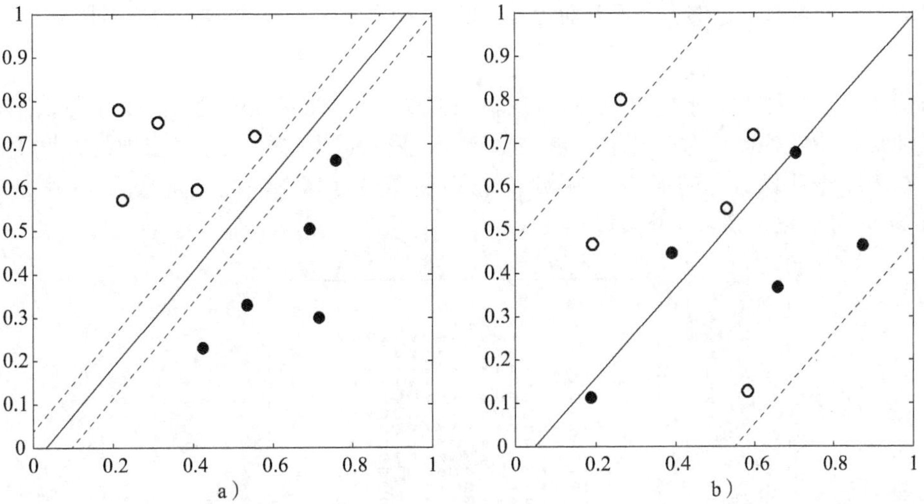

图 17.10 在 $\eta=0.1$ 的批处理梯度上升 10 000 次后，决策边界 $p(c=1|\boldsymbol{x})=0.5$(实线)，以及置信边界 $p(c=1|\boldsymbol{x})=0.9$ 和 $p(c=1|\boldsymbol{x})=0.1$。a)线性可分数据。b)非线性可分数据。注意置信区间如何保持宽度，见 demoLogReg. m

然后，利用 $0\leqslant\sigma^n\leqslant 1$ 的事实，我们有：

$$(c^n-\sigma^n)\boldsymbol{w}^{\mathrm{T}}\boldsymbol{x}^n\begin{cases}\geqslant 0 & c^n=1\\ \geqslant 0 & c^n=0\end{cases} \tag{17.4.26}$$

因此，每个$(c^n-\sigma^n)\boldsymbol{w}^{\mathrm{T}}\boldsymbol{x}^n$ 项都是非负的，而零梯度条件要求这些项的和为 0。只有当所有的项都为 0 时，才会满足此条件，这也意味着 $c^n=\sigma^n$，sigmoid 函数饱和，以及权重是无穷大的。

在线训练

在实践中，通常在考虑每个训练示例配对$(\boldsymbol{x}^n, c^n)$之后，更新参数：

$$\boldsymbol{w}^{\text{new}}=\boldsymbol{w}+\frac{\eta}{N}(c^n-\sigma(\boldsymbol{w}^{\mathrm{T}}\boldsymbol{x}^n+b))\boldsymbol{x}^n, \quad b^{\text{new}}=b+\frac{\eta}{N}(c^n-\sigma(\boldsymbol{w}^{\mathrm{T}}\boldsymbol{x}^n+b)) \tag{17.4.27}$$

在线训练的一个优点是不需要存储数据集，因为只需要存储当前的输入即可。如果数据是线性可分的，则上述在线训练过程将收敛(前提是 η 不太大)。但是，如果数据不是线性可分的，则在线训练过程将不会收敛，因为相反的类别标签将以一种方式连续拉动权重，然后每个冲突的示例则以另一种方式进行更新。对于感知器(用 $\theta(x)$代替 $\sigma(x)$)和线性可分数据的极限情况，在线更新会在有限的步中收敛[229,43]，对于线性不可分数据则不收敛。

误差曲面几何

对数似然 $L(\boldsymbol{w})$的黑塞矩阵具有如下元素⊖：

$$\boldsymbol{H}_{ij}\equiv\frac{\partial^2 L}{\partial w_i w_j}=-\sum_n x_i^n x_j^n \sigma^n(1-\sigma^n) \tag{17.4.28}$$

这是负半定的，因为对任何 $\boldsymbol{z}$，有：

$$\sum_{ij} z_i \boldsymbol{H}_{ij} z_j=-\sum_{i,j,n} z_i x_i^n z_j x_j^n \sigma^n(1-\sigma^n)\leqslant-\sum_n\left(\sum_i z_i x_i^n\right)^2\leqslant 0 \tag{17.4.29}$$

⊖ 为了简单起见，我们忽略了偏置 b，这可以很容易地通过将 $\boldsymbol{x}$ 扩展到 $D+1$ 个分量中含有 1 的 $D+1$ 维向量 $\hat{\boldsymbol{x}}$ 来处理。对 $D+1$ 维 $\hat{\boldsymbol{w}}=(\boldsymbol{w}^{\mathrm{T}}, w_{D+1})^{\mathrm{T}}$，我们有 $\hat{\boldsymbol{w}}^{\mathrm{T}}\hat{\boldsymbol{x}}=\boldsymbol{w}^{\mathrm{T}}\boldsymbol{x}+w_{D+1}$。

这意味着只要学习率 η 足够小，误差曲面就是凹的(一个倒碗状)，批梯度也上升收敛到最优解。

例 17.5(手写数字分类)　我们将逻辑回归应用于例 14.1 中的 600 个手写数字，其中在训练集中有 300 个数字 1 和 300 个数字 7。采用适当选择的停止准则的梯度上升训练，在 600 个测试点上的误差数为 12 个，而使用最近邻方法的误差数为 14 个。有关学习 $\boldsymbol{w}$ 的可视化，请参见图 17.11。

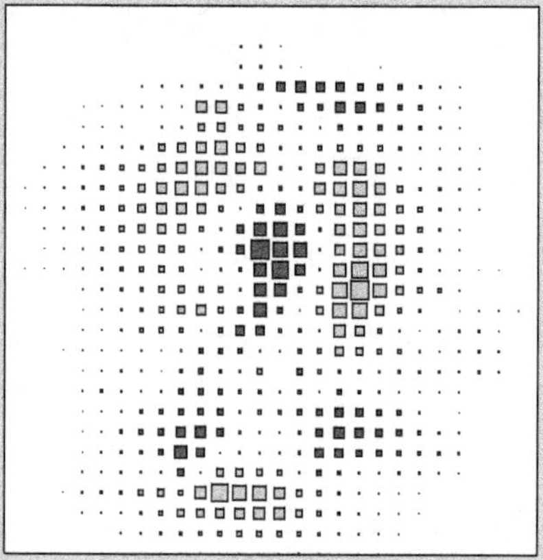

图 17.11　用于对手写数字 1 和 7 进行分类的逻辑回归。图显示的是 784 维学习权重向量 $\boldsymbol{w}$ 的 Hinton 图，绘制为一个 28×28 的图像，用于可视化。浅色方块是正权值，在这个分量中具有(正)值的输入 $\boldsymbol{x}$ 将倾向于增加将输入分类为 7 的概率。类似地，在深色区域具有正贡献的输入往往会增加将输入分类为 1 的概率。注意，每个输入 $\boldsymbol{x}$ 的元素要么为正，要么为零

17.4.2　超越一阶梯度上升

因为曲面有一个单一的最优值，所以可利用牛顿更新：

$$\boldsymbol{w}^{\text{new}}=\boldsymbol{w}^{\text{old}}+\eta\boldsymbol{H}^{-1}\boldsymbol{w}^{\text{old}} \tag{17.4.30}$$

其中 $\boldsymbol{H}$ 是如上所述的黑塞矩阵且 $0<\eta<1$，该方法通常比梯度上升收敛得快很多。然而，对于 $\dim(\boldsymbol{w})\gg 1$ 的大规模问题，黑塞矩阵的逆在计算上要求很高，有限的存储器 BFGS 或共轭梯度方法是更实用的替代方案，参见 A.4 节。

17.4.3　避免分类过拟合

如果数据是线性可分的，权重将继续增加，分类将变得极端。这是不可取的，原因是由此产生的分类将会过拟合。防止这种情况发生的一种方法是提前停止，只执行有限数量的梯度更新。另一种方法是在目标函数中增加惩罚项，像这样：

$$L'(\boldsymbol{w},b)=L(\boldsymbol{w},b)-\alpha\boldsymbol{w}^{\mathrm{T}}\boldsymbol{w} \tag{17.4.31}$$

标量常数 $\alpha>0$ 鼓励使用 $\boldsymbol{w}$ 的较小值(请记住，我们希望最大化对数似然)。可以使用验证数据确定一个适当的 α 值。

17.4.4　多分类

对两个以上的类别，可以使用 softmax 函数：

$$p(c=i|\boldsymbol{x})=\frac{e^{\boldsymbol{w}_i^{\mathrm{T}}\boldsymbol{x}+b_i}}{\sum_{j=1}^{C}e^{\boldsymbol{w}_j^{\mathrm{T}}\boldsymbol{x}+b_j}} \tag{17.4.32}$$

其中 C 是类别的数量。当 $C=2$ 时，这简化为了逻辑 sigmoid 模型。可以看出，这种情况下的似然也是凹的，见练习 17.3 和[319]。然后，基于梯度的训练方法可以应用到这些模型的训练中，作为两类别案例的直接扩展。

17.4.5 分类的核技巧

上述介绍的逻辑回归的一个缺点是决策曲面——超平面简单。与回归情况相似的是，实现更复杂的非线性决策边界的一种方法是将输入 $\boldsymbol{x}$ 以非线性的方式映射到高维 $\phi(\boldsymbol{x})$ 并使用下式：

$$p(c=1|\boldsymbol{x})=\sigma(\boldsymbol{w}^{\mathrm{T}}\phi(\boldsymbol{x})+b) \tag{17.4.33}$$

映射到更高维空间可以更容易地找到分离数据的超平面，因为任何线性无关的点集都可以被线性分离，前提是我们有与数据点一样多的维度。对于极大似然准则，我们可以使用与以前完全相同的算法，其中将 $\boldsymbol{x}$ 替换为 $\boldsymbol{\phi}(\boldsymbol{x})$。有关使用二次函数的演示，参见图 17.12。由于只有 $\boldsymbol{\phi}$ 向量之间的标量积起作用，因此可以再次使用 17.3 节的对偶表示，其中我们假设权重为：

$$\boldsymbol{w}=\sum_n \alpha_n \phi(\boldsymbol{x}^n) \tag{17.4.34}$$

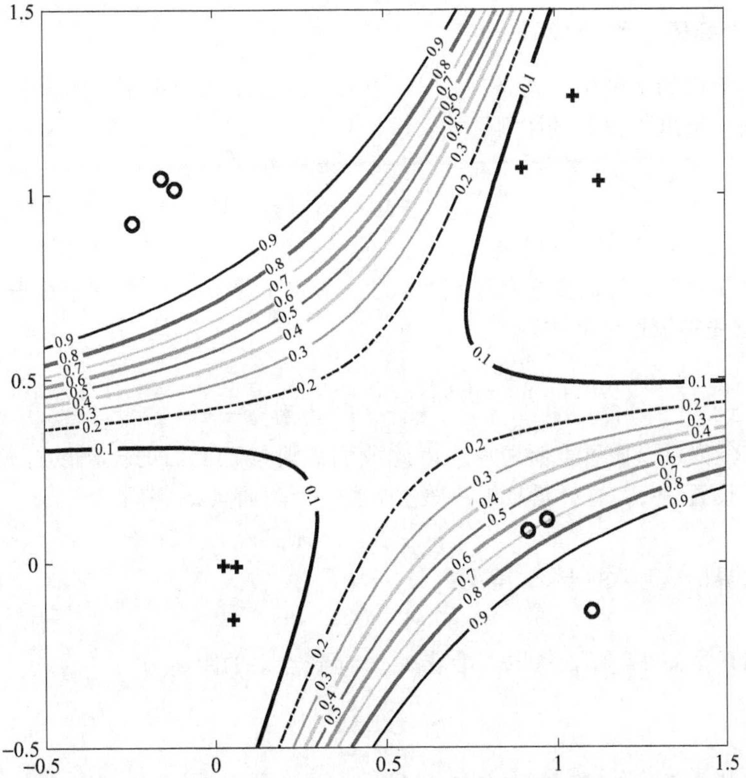

图 17.12 使用二次函数 $\boldsymbol{\phi}(\boldsymbol{x})=(1,x_1,x_2,x_1^2,x_2^2,x_1x_2)^{\mathrm{T}}$ 的逻辑回归 $p(c=1|\boldsymbol{x})=\sigma(\boldsymbol{w}^{\mathrm{T}}\phi(\boldsymbol{x}))$。进行了梯度上升的 1 000 次迭代训练，学习率 $\eta=0.1$。图中绘制的是两个类别(交叉和圆圈)的数据点，以及相等概率等值线。决策边界为 0.5-概率等值线。参见 demoLogRegNonLinear. m

然后我们根据对偶参数 α_n 找到一个解。这可能是有利的，因为训练点数可能比 ϕ 的维度更少。分类器只依赖于标量乘积 $\mathbf{w}^{\mathrm{T}}\phi(\mathbf{x})=\sum_n \alpha_n \boldsymbol{\phi}(\mathbf{x}^n)^{\mathrm{T}}\boldsymbol{\phi}(\mathbf{x})$，我们可以使用正定核 $\mathbf{K}(\mathbf{x},\mathbf{x}')$ 表示更一般的分类器：

$$p(c=1|\mathbf{x})=\sigma\left(\sum_n a_n \mathbf{K}(\mathbf{x},\mathbf{x}^n)\right) \tag{17.4.35}$$

为方便起见，我们可以将上式写为：

$$p(c=1|\mathbf{x})=\sigma(\mathbf{a}^{\mathrm{T}}\mathbf{k}(\mathbf{x})) \tag{17.4.36}$$

其中 N 维向量 $\mathbf{k}(\mathbf{x})$ 有元素 $[\mathbf{k}(\mathbf{x})]_m=K(\mathbf{x},\mathbf{x}^m)$。这样，上式与逻辑回归的原始阐述形式完全相同，即向量线性组合的函数。因此，可以使用相同的训练算法来最大化似然，只需将 $\mathbf{x}^n$ 替换为 $\mathbf{k}(\mathbf{x}^n)$。细节留给感兴趣的读者，并密切跟踪高斯过程的分类处理，具体内容见第 19.5 节。

17.5　支持向量机

与核逻辑回归一样，支持向量机(SVM)是核线性分类器的一种形式。然而，支持向量机使用的目标更显式地鼓励良好的泛化性能。支持向量机并不适合于概率框架，因此我们在这里只对它进行简要的描述，同时为读者提供关于这个主题的相关文献[㊀]，这里的描述很大程度上受到了[76]的启发。

17.5.1　最大间隔线性分类器

在支持向量机的文献中，通常使用 $+1$ 和 -1 来表示两个类别。对由权重 $\mathbf{w}$ 和偏置 b 定义的超平面，给出了如下线性判别式：

$$\mathbf{w}^{\mathrm{T}}\mathbf{x}+b\begin{cases}\geqslant 0 & \text{类别为}+1\\ <0 & \text{类别为}-1\end{cases} \tag{17.5.1}$$

对 $\mathbf{w}^{\mathrm{T}}\mathbf{x}+b=0$ 上接近决策边界的点 $\mathbf{x}$，$\mathbf{x}$ 中的小变化就可能导致分类发生变化。因此，为了使分类器更加稳健，我们要求对于训练数据，决策边界应该与数据至少分开有限的距离 ϵ^2(假设数据首先是线性可分的)：

$$\mathbf{w}^{\mathrm{T}}\mathbf{x}+b\begin{cases}\geqslant \epsilon^2 & \text{类别为}+1\\ <-\epsilon^2 & \text{类别为}-1\end{cases} \tag{17.5.2}$$

由于 $\mathbf{w}$、b 和 ϵ^2 都可以任意重新缩放，因此我们需要修正上面的比例以打破这种不变性，便捷的做法是设置 $\epsilon=1$，这样最接近决策边界的 $+1$ 类的点 $\mathbf{x}_+$ 满足：

$$\mathbf{w}^{\mathrm{T}}\mathbf{x}_+ +b=1 \tag{17.5.3}$$

最接近决策边界的 -1 类的点 $\mathbf{x}_-$ 满足：

$$\mathbf{w}^{\mathrm{T}}\mathbf{x}_- +b=-1 \tag{17.5.4}$$

根据向量代数图 17.13，从原点沿着 $\mathbf{w}$ 方向到点 $\mathbf{x}$ 的距离为：

$$\frac{\mathbf{w}^{\mathrm{T}}\mathbf{x}}{\sqrt{\mathbf{w}^{\mathrm{T}}\mathbf{w}}} \tag{17.5.5}$$

然后，两个类的超平面之间的间隔是沿方向 $\mathbf{w}$ 的两个距离之间的差值：

㊀ http://www.support-vector.net。

$$\frac{\boldsymbol{w}^{\mathrm{T}}}{\sqrt{\boldsymbol{w}^{\mathrm{T}}\boldsymbol{w}}}(\boldsymbol{x}_{+}-\boldsymbol{x}_{-})=\frac{2}{\sqrt{\boldsymbol{w}^{\mathrm{T}}\boldsymbol{w}}} \tag{17.5.6}$$

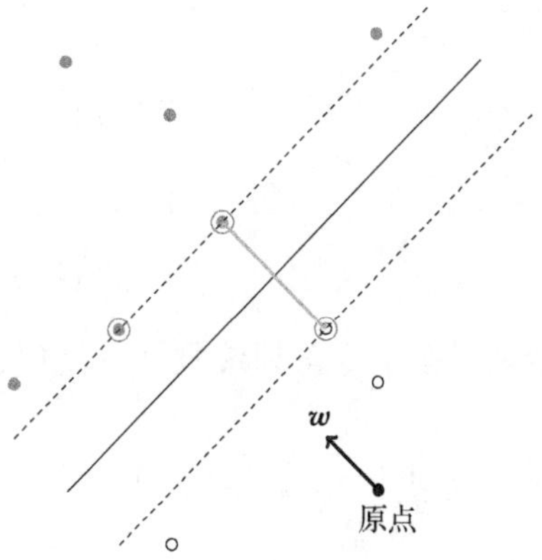

图 17.13 支持向量机对两个类别(空心圆和实心圆)的数据进行分类决策边界为 $\boldsymbol{w}^{\mathrm{T}}\boldsymbol{x}+b=0$(深实线)。对线性可分数据，其与最大间隔超平面和与最近的另一类别的点等距。这些支持向量以外圆突出显示，间隔以浅实线突出显示。决策边界与原点的距离为 $-b/\sqrt{\boldsymbol{w}^{\mathrm{T}}\boldsymbol{w}}$，一般点 $\boldsymbol{x}$ 沿 $\boldsymbol{w}$ 方向距原点的距离为 $\boldsymbol{x}^{\mathrm{T}}\boldsymbol{w}/\sqrt{\boldsymbol{w}^{\mathrm{T}}\boldsymbol{w}}$

为将两个超平面之间的距离设置为最大，我们需要最小化长度 $\boldsymbol{w}^{\mathrm{T}}\boldsymbol{w}$。鉴于每个 $\boldsymbol{x}^n$ 都有一个相应的标签 $\boldsymbol{y}^n\in\{+1,\ -1\}$，为了正确分类训练标签并最大化间隔，优化问题相当于：

$$\text{最小化}\quad \frac{1}{2}\boldsymbol{w}^{\mathrm{T}}\boldsymbol{w}\quad \text{针对}\ y^n(\boldsymbol{w}^{\mathrm{T}}\boldsymbol{x}^n+b)\geqslant 1,\quad n=1,\cdots,N \tag{17.5.7}$$

这是二次规划问题，因子 0.5 只是为了方便。

为解释潜在的标记错误的训练点(或者不能线性可分的数据)，我们放宽了确切的分类约束并使用：

$$y^n(\boldsymbol{w}^{\mathrm{T}}\boldsymbol{x}^n+b)\geqslant 1-\xi^n \tag{17.5.8}$$

其中 $\xi^n\geqslant 0$ 为“松弛变量”，用于度量 $\boldsymbol{x}^n$ 离正确间隔的距离，见图 17.14。若 $0<\xi^n<1$，则数据点 $\boldsymbol{x}^n$ 位于决策边界的正确一侧。若 $\xi^n>1$，则数据点被分为与其训练标签相反的类别。理想情况下，我们希望限制这些“违规” ξ^n 的规模。在这里，我们简要描述两种标准方法。

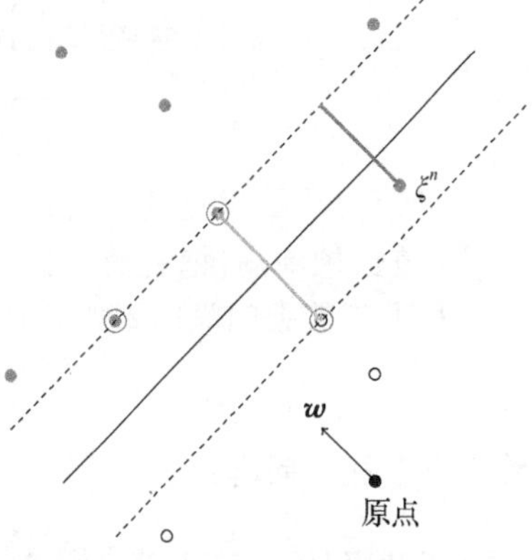

图 17.14 松弛间隔

2 范数软间隔

2 范数软间隔的优化目标是：

$$\text{minimize}\quad \frac{1}{2}\boldsymbol{w}^{\mathrm{T}}\boldsymbol{w}+\frac{C}{2}\sum_n(\xi^n)^2\quad \text{s.t.}\ \ y^n(\boldsymbol{w}^{\mathrm{T}}\boldsymbol{x}^n+b)\geqslant 1-\xi^n,\quad n=1,\cdots,N \tag{17.5.9}$$

其中 C 用于控制把训练数据标记错误的数量。常数 C 需要使用验证集凭经验确定。由式(17.5.9)表示的优化问题可以使用拉格朗日函数表示为：

$$L(\boldsymbol{w},b,\xi,\alpha)=\frac{1}{2}\boldsymbol{w}^{\mathrm{T}}\boldsymbol{w}+\frac{C}{2}\sum_n(\xi^n)^2-\sum_n\alpha^n[y^n(\boldsymbol{w}^{\mathrm{T}}\boldsymbol{x}^n+b)-1+\xi^n],\quad \alpha^n\geqslant 0,\quad \xi^n\geqslant 0 \tag{17.5.10}$$

其关于 $\boldsymbol{w}$、b、ξ 最小，并且关于 α 最大。对于在决策边界 $y^n(\boldsymbol{w}^{\mathrm{T}}\boldsymbol{x}^n+b)-1+\xi^n>0$ 的“正确”侧的点 $\boldsymbol{x}^n$，使得最大化关于 α 的 L 需要将对应的 α^n 设置为零。只有位于决策边界上的支持向量的训练点具有非零 α^n。求拉格朗日函数的微分并令结果等于零，我们就有了以下条件：

$$\frac{\partial}{\partial w_i}L(\boldsymbol{w},b,\xi,\alpha)=w_i-\sum_n \alpha^n y^n x_i^n=0 \tag{17.5.11}$$

$$\frac{\partial}{\partial b}L(\boldsymbol{w},b,\xi,\alpha)=-\sum_n \alpha^n y^n=0 \tag{17.5.12}$$

$$\frac{\partial}{\partial \xi^n}L(\boldsymbol{w},b,\xi,\alpha)=C\xi^n-\alpha^n=0 \tag{17.5.13}$$

由此，我们看到 $\boldsymbol{w}$ 的解是：

$$\boldsymbol{w}=\sum_n \alpha^n y^n \boldsymbol{x}^n \tag{17.5.14}$$

由于只有支持向量具有非零 α^n，因此 $\boldsymbol{w}$ 的解通常仅依赖于少量训练数据。使用这些条件代替原始问题，则目标相当于最小化下式：

$$L(\alpha)=\sum_n \alpha^n-\frac{1}{2}\sum_{n,m} y^n y^m \alpha^n \alpha^m (\boldsymbol{x}^n)^{\mathrm{T}} x^m-\frac{1}{2C}\sum_n (\alpha^n)^2$$
$$\text{s.t.} \quad \sum_n y^n \alpha^n=0, \quad \alpha^n \geqslant 0 \tag{17.5.15}$$

如果我们定义：

$$K(\boldsymbol{x}^n,\boldsymbol{x}^m)=(\boldsymbol{x}^n)^{\mathrm{T}}\boldsymbol{x}^m \tag{17.5.16}$$

则优化问题是：

$$\begin{aligned}&\text{minimize} \quad \sum_n \alpha^n-\frac{1}{2}\sum_{n,m} y^n y^m \alpha^n \alpha^m \left(K(\boldsymbol{x}^n,\boldsymbol{x}^m)+\frac{1}{C}\delta_{n,m}\right)\\ &\text{s.t.} \quad \sum_n y^n \alpha^n=0, \quad \alpha^n \geqslant 0\end{aligned} \tag{17.5.17}$$

17.5.3 节讨论了优化这一目标。

1 范数软间隔(框式约束)

在 1 范数软间隔版本中，使用以下 1 范数惩罚：

$$C\sum_n \xi^n \tag{17.5.18}$$

给出以下优化问题：

$$\text{minimize} \quad \frac{1}{2}\boldsymbol{w}^{\mathrm{T}}\boldsymbol{w}+C\sum_n \xi^n \quad \text{s.t.} \quad y^n(\boldsymbol{w}^{\mathrm{T}}\boldsymbol{x}^n+b)\geqslant 1-\xi^n, \xi^n \geqslant 0, \quad n=1,\cdots,N \tag{17.5.19}$$

其中 C 是根据经验确定的惩罚因子，用于控制把训练数据标记错误的数量。为了重新构造优化问题，我们使用拉格朗日函数：

$$L(\boldsymbol{w},b,\xi)=\frac{1}{2}\boldsymbol{w}^{\mathrm{T}}\boldsymbol{w}+C\sum_n \xi^n-\sum_n \alpha^n[y^n(\boldsymbol{w}^{\mathrm{T}}\boldsymbol{x}^n+b)-1+\xi^n]-\sum_n r^n\xi^n, \quad \alpha^n\geqslant 0, \xi^n\geqslant 0, r^n \geqslant 0 \tag{17.5.20}$$

引入变量 r^n 是为了给出非平凡解(否则 $\alpha^n=C$)。遵循与 2 范数情况类似的论证，对拉格朗日函数求微分并令结果等于零，我们得出优化问题：

$$\begin{aligned}&\text{minimize} \quad \sum_n \alpha^n-\frac{1}{2}\sum_{n,m} y^n y^m \alpha^n \alpha^m K(\boldsymbol{x}^n,\boldsymbol{x}^m)\\ &\text{s.t.} \quad \sum_n y^n \alpha^n=0, \quad 0\leqslant \alpha^n \leqslant C\end{aligned} \tag{17.5.21}$$

这与 2 范数问题密切相关，除了我们现在有框式约束 $0\leqslant\alpha^n\leqslant C$。

17.5.2　使用核

最终目标[式(17.5.17)和式(17.5.21)]只通过标量乘积$(\boldsymbol{x}^n)^{\mathrm{T}}\boldsymbol{x}^n$依赖于输入的$\boldsymbol{x}^n$，如果我们将$\boldsymbol{x}$映射到$\boldsymbol{x}$的一个向量函数，那么有：

$$K(\boldsymbol{x}^n,\boldsymbol{x}^m)=\phi(\boldsymbol{x}^n)^{\mathrm{T}}\phi(\boldsymbol{x}^m) \tag{17.5.22}$$

这意味着我们可以使用任何正半定核 K 并生成非线性分类器。另见 19.3 节。

17.5.3　执行优化

上述两个软间隔支持向量机优化问题[式(17.5.17)和式(17.5.21)]都是二次规划，其精确的计算成本可以扩展为$O(N^3)$。虽然这些问题可以用通用例程解决，但在实践中更倾向于利用问题的结构专门定制例程。特别令人感兴趣的是对α的子集进行优化的“分块”技术。在仅更新α的两个分量的限制下，这可以通过分析实现，从而产生序列最小化优化算法，其实际性能通常为$O(N^2)$或更好。此算法的变体[100]在 SVMtrain.m 中提供。演示如图 17.15 所示。

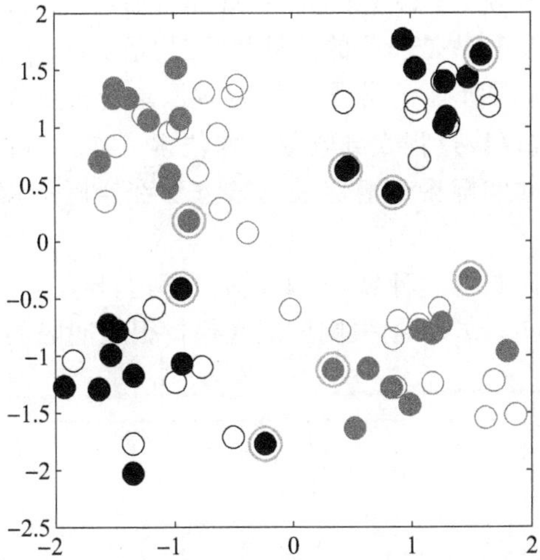

图 17.15　支持向量机训练(实心红、蓝圆代表不同类别的训练数据。支持向量以绿色突出显示。对空心圆表示的测试数据，支持向量机分配给它们的类是按颜色分配的。见 demoSVM.m。)

一旦找到最优解$\alpha_*^1,\cdots,\alpha_*^N$，则新点$\boldsymbol{x}$的决策函数为：

$$\sum_n \alpha_*^n y^n K(\boldsymbol{x}^n,\boldsymbol{x})+b_* \begin{cases} >0 & \text{分给类别 } 1 \\ <0 & \text{分给类别 } -1 \end{cases} \tag{17.5.23}$$

最优b_*由最大间隔条件[式(17.5.3)和式(17.5.4)]确定：

$$b_*=\frac{1}{2}\left[\min_{y^n=1}\sum_m \alpha_*^m y^m K(\boldsymbol{x}^m,\boldsymbol{x}^n)-\max_{y^n=-1}\sum_m \alpha_*^m y^m K(\boldsymbol{x}^m,\boldsymbol{x}^n)\right] \tag{17.5.24}$$

17.5.4　概率解释

核逻辑回归具有支持向量机的一些特征，但没有表达出较大的间隔要求。此外，支持向量机的稀疏数据使用与我们在 18.2.5 节中讨论的相关向量机相似。然而，MAP 分配与 SVM 完全匹配的概率模型受到概率分布归一化要求的阻碍。虽然可以说，支持向量机与相关概率模型之间没有完全令人满意的直接匹配，但可以得到近似匹配[272]。

17.6　异常值的软 0-1 鲁棒性损失

支持向量机和逻辑回归都可能被异常值误导。对于支持向量机，远离决策边界正确侧的被错误标记的数据点将有大的 ξ。然而，由于完全不鼓励这么大的 ξ，因此支持向量机不太可能接受这样的解决方案。对于逻辑回归，产生远离决策边界正确侧的标记错误的数据点的概率非常小，因此在实践中不会发生这种情况。这意味着经过极大似然训练的模型将永远不会出现这样的解决方案。因此，在这两种情况下，被错误标记的数据点(或异常值)可能对决策边界的位置产生重大影响。

一种处理异常值的鲁棒技术是使用 0-1 损失，其中异常值只造成相对较小的损失。它的软变体通过使用下式得到：

$$\sum_{n=1}^{N}[\sigma_\beta(b+\boldsymbol{w}^{\mathrm{T}}x^n)-c^n]^2+\lambda\boldsymbol{w}^{\mathrm{T}}\boldsymbol{w} \tag{17.6.1}$$

这用来对 $\boldsymbol{w}$ 和 b 最小化。当 $\beta\to\infty$ 时，上述第一项趋于 0-1 损失。第二项表示对 $\boldsymbol{w}$ 长度的惩罚并防止过拟合。这种软 0-1 损失的核扩展非常简单。

不幸的是，目标式(17.6.1)是非凸的并且找到最优的 $\boldsymbol{w}$、b 在计算上是困难的。一个简单的方案是固定除 w_i 外的所有 $\boldsymbol{w}$ 分量，然后对该单个参数执行数值一维优化。然后，选择另一个参数 w_j，并重复该过程直到收敛。像往常一样，可以使用验证数据来设置 λ。非凸高维目标函数最小化的实际困难意味着这些方法在实际应用中很少使用。在[307]中讨论了该领域的实际尝试。

图 17.16 给出了逻辑回归与这种软 0-1 损失之间差异的一个例证，它说明了逻辑回归如何受数据点质量的影响，0-1 损失则试图在保持很大间隔的同时尽量减少错误分类的次数。

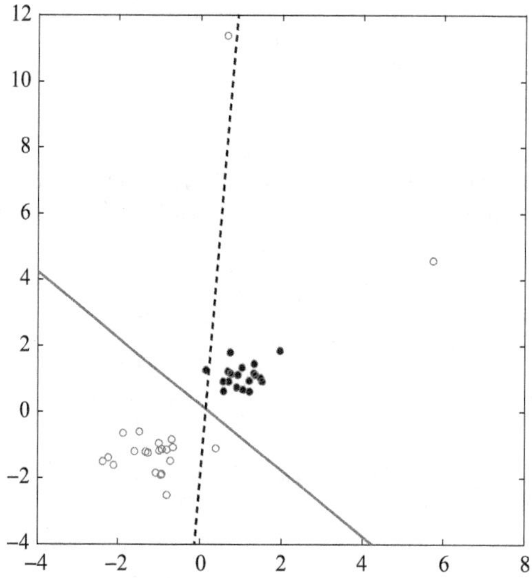

图 17.16　软 0-1 损失决策边界(实线)与逻辑回归决策边界(虚线)。使用软 0-1 损失的错误分类训练点数为 2，而逻辑回归的错误分类训练点数为 3。$\lambda=0.01$ 用于软 0-1 损失的惩罚项，并且 $\beta=10$。对于逻辑回归，没有使用惩罚项。异常值对逻辑回归的决策边界具有显著影响，而软 0-1 损失实质上放弃了离群点，并对剩余点进行了分类。见 demoSoftLoss.m

17.7 总结

- 基于最小二乘的线性回归模型拟合起来简单，只需求解线性方程组。
- 在分类问题中，极大似然准则通常导致参数简单的凹形函数，基于该函数，简单的基于梯度的学习方法适合于训练。
- 众所周知的和历史上重要的感知器可以被看作逻辑回归的极限情况。
- 这些线性模型的核扩展使人们能够在分类情况下找到非线性决策边界。这些技术与高斯过程密切相关。

历史注释

感知器在人工智能和机器学习领域有着悠久的历史。Rosenblatt 将感知器作为人类学习的模型进行了讨论，认为它的分布性质(输入-输出“模式”存储在权重向量中)与被认为存在于生物系统中的信息存储类型密切相关[252]。为处理非线性决策边界，随后的神经网络社区的主要研究方向是使用多层结构，将感知器的输出作为对其他感知器的输入，从而产生潜在的高度非线性判别函数。这方面的研究在很大程度上受生物信息处理类比的启发，在生物信息处理中，分层结构是普遍存在的。这种多层人工神经网络非常诱人，一旦经过训练，就能很快地做出决定。然而，可靠地训练这些系统是一项非常复杂的任务，在参数上放置先验的概率概括会导致计算困难。虽然从生物学的角度来看，也许不那么鼓舞人心，但使用核技巧来提高线性分类器的能力的另一种方法具有易于训练和推广到概率变体的优点。然而，最近对多层系统的兴趣重新崛起，新的启发式方法旨在改善训练困难的问题，例如[148]所述。

17.8 代码

demoCubicPoly. m：拟合三次多项式的演示。
demoLogReg. m：逻辑回归演示。
LogReg. m：逻辑回归梯度上升训练。
demoLogRegNonLinear. m：使用非线性 $\phi(x)$进行逻辑回归演示。
SVMtrain. m：使用 SMO 算法的支持向量机训练。
demoSVM. m：支持向量机演示。
demoSoftLoss. m：软损失演示。
softloss. m：软损失函数。

17.9 练习题

练习 17.1

1. 给出一个二维数据集的实例，该数据集的数据是线性可分的，但不是线性独立的。
2. 能否找到一个线性独立但线性不可分的数据集？

练习 17.2 证明普通最小二乘回归和正交最小二乘回归对数据$\{(x^n, y^n), n=1,\cdots,N\}$拟合的直线都通过点$\sum_{n=1}^{N}(x^n, y^n)/N$。

练习 17.3 考虑下述 softmax 函数，用于将输入向量 $\boldsymbol{x}$ 分类为$c(c=1,\cdots,C)$。

$$p(c|\boldsymbol{x})=\frac{\mathrm{e}^{\boldsymbol{w}_c^{\mathrm{T}}\boldsymbol{x}}}{\sum_{c'=1}^{C}\mathrm{e}^{\boldsymbol{w}_{c'}^{\mathrm{T}}\boldsymbol{x}}} \tag{17.9.1}$$

一组输入类别示例由 $\mathcal{D}=\{(\boldsymbol{x}^n,c^n),\ n=1,\cdots,N\}$ 给出。

1. 当 $C=2$ 时，将该模型与逻辑回归相关联。
2. 假设数据服从独立同分布，写出以输入为条件的类别的对数似然 L。
3. 计算元素如下的黑塞矩阵：

$$\boldsymbol{H}_{ij}=\frac{\partial^2 L(\mathcal{D})}{\partial w_i w_j} \tag{17.9.2}$$

其中 $\boldsymbol{w}$ 是叠加向量。

$$\boldsymbol{w}=(\boldsymbol{w}_1^{\mathrm{T}},\cdots,\boldsymbol{w}_C^{\mathrm{T}})^{\mathrm{T}} \tag{17.9.3}$$

并证明黑塞矩阵是负半定的，即对任何 $\boldsymbol{z}$ 都有 $\boldsymbol{z}^{\mathrm{T}}\boldsymbol{H}\boldsymbol{z}\leqslant 0$。

提示：在某个点上，需要使用方差为非负的结果。

练习 17.4　由方程(17.5.9)导出对偶优化问题方程(17.5.15)。

练习 17.5　利用下式将数据点 $\boldsymbol{x}$ 投影到较低维向量 $\acute{\boldsymbol{x}}$ 上。

$$\acute{\boldsymbol{x}}=\boldsymbol{M}\boldsymbol{x} \tag{17.9.4}$$

其中 M 是给定的“胖”(短而宽)矩阵。对一组数据 $\{\boldsymbol{x}^n,n=1,\cdots,N\}$ 和其对应的二值类别标签 $y^n\in\{0,1\}$，利用投影数据点 $\acute{\boldsymbol{x}}^n$ 上的逻辑回归，对应于原高维空间 $\boldsymbol{x}$ 中的受限逻辑回归形式，说明在使用逻辑回归之前使用诸如 PCA 之类的算法首先降低数据维度是否合理。

练习 17.6　逻辑 sigmoid 函数定义为 $\sigma(x)=\mathrm{e}^x/(1+\mathrm{e}^x)$，求其逆函数 $\sigma^{-1}(x)$。

练习 17.7　给定数据集 $\mathcal{D}=\{(\boldsymbol{x}^n,c^n),\ n=1,\cdots,N\}$，其中 $c^n\in\{0,1\}$，且逻辑回归使用模型 $p(c=1|\boldsymbol{x})=\sigma(\boldsymbol{w}^{\mathrm{T}}\boldsymbol{x}+b)$。假设数据服从独立同分布，证明对数似然 L 关于 $\boldsymbol{w}$ 的导数是：

$$\nabla_{\boldsymbol{w}}L=\sum_{n=1}^{N}(c^n-\sigma(\boldsymbol{w}^{\mathrm{T}}\boldsymbol{x}^n+b))\boldsymbol{x}^n \tag{17.9.5}$$

练习 17.8　给定数据集 $\mathcal{D}=\{(\boldsymbol{x}^n,c^n),\ n=1,\cdots,N\}$，其中 $c^n\in\{0,1\}$，$\boldsymbol{x}$ 是一个 D 维向量。

1. 证明如果能够利用超平面 $\boldsymbol{w}^{\mathrm{T}}\boldsymbol{x}+b$ 将训练数据线性分离，那么同样可以利用超平面 $\widetilde{\boldsymbol{w}}^{\mathrm{T}}\boldsymbol{x}+\widetilde{b}$ 将该数据线性分离，其中 $\widetilde{\boldsymbol{w}}=\lambda\boldsymbol{w}$、$\widetilde{b}=\lambda b$，任意标量 $\lambda>0$。
2. 上述结果对线性可分数据逻辑回归的极大似然训练有什么影响？

练习 17.9　给定数据集 $\mathcal{D}=\{(\boldsymbol{x}^n,c^n),\ n=1,\cdots,N\}$，其中 $c^n\in\{0,1\}$，$\boldsymbol{x}$ 是一个 N 维向量。因此，我们在 N 维空间中具有 N 个数据点。在文中我们找到了一个超平面(由 $\boldsymbol{w}$ 和 b 参数化)可以线性分离我们需要的数据，对每个数据点 $\boldsymbol{x}^n$，有 $\boldsymbol{w}^{\mathrm{T}}\boldsymbol{x}^n+b=\epsilon^n$，其中对于 $c^n=1$，$\epsilon^n>0$；对于 $c^n=0$，$\epsilon^n<0$。此外，我们还提出了一种寻找这样一个超平面的算法。试对逻辑回归极大似然训练与该算法的关系进行论述。

练习 17.10　给定数据集 $\mathcal{D}=\{(\boldsymbol{x}^n,c^n),\ n=1,\cdots,N\}$，其中 $c^n\in\{0,1\}$，$\boldsymbol{x}$ 是向量输入，判别模型为：

$$p(c=1|\boldsymbol{x})=\sigma(b_0+v_1 g(\boldsymbol{w}_1^{\mathrm{T}}\boldsymbol{x}+b_1)+v_2 g(\boldsymbol{w}_2^{\mathrm{T}}\boldsymbol{x}+b_2)) \tag{17.9.6}$$

其中 $g(x)=\exp(-0.5x^2)$，$\sigma(x)=\mathrm{e}^x/(1+\mathrm{e}^x)$(这是一个具有单个隐层和两个隐藏单元的神经网络[43])。

1. 基于常见的独立同分布假设写出以输入为条件的类别的对数似然。
2. 根据网络参数 $\boldsymbol{w}_1$、$\boldsymbol{w}_2$、b_1、b_2、v_0、v_1 和 v_2 的函数计算对数似然的导数。
3. 论述该模型与逻辑回归的关系。
4. 论述该模型的决策边界。

贝叶斯线性模型

上一章讨论了线性模型在分类和回归中的应用。在本章中我们将讨论使用先验参数和运用该参数得到的后验分布。这展现了一个很有用的拓展，因为它使我们能够以有原则的方式指定先验知识，并考虑到当数据有限且具有较大的不确定性时，如何对参数进行最优估计。

18.1 加性高斯噪声回归

在第 17 章中，线性模型是利用极大似然函数训练的，并没有处理这样的问题：从概率的角度来看，由于可用的训练数据有限，因此参数估计具有内在的不确定性。回归是根据观察到的数据 $\mathcal{D}=\{(\boldsymbol{x}^n,y^n),n=1,\cdots,N\}$ 推断出的映射，其中 $(\boldsymbol{x}^n,y^n)$ 表示一对输入-输出。这里我们讨论的标量输出(和向量输入 $\boldsymbol{x}$)的情况可以直接扩展到向量输出 $\boldsymbol{y}$ 的情况。我们假设每个(干净的)输入都是由模型 $f(\boldsymbol{x};\boldsymbol{w})$ 生成的，其中函数 f 的参数 $\boldsymbol{w}$ 是未知的。一个观察到的输出 y 是由加了噪声 η 的模型生成的，即

$$y=f(\boldsymbol{x};\boldsymbol{w})+\eta \tag{18.1.1}$$

若噪声是服从高斯分布的 $\eta\sim\mathcal{N}(\eta|0,\sigma^2)$，那么模型以以下概率得到对输入 $\boldsymbol{x}$ 的输出 y：

$$p(y|\boldsymbol{w};\boldsymbol{x})=\mathcal{N}(y|f(\boldsymbol{x};\boldsymbol{w}),\sigma^2)=\frac{1}{\sqrt{2\pi\sigma^2}}\exp\left(-\frac{1}{2\sigma^2}[y-f(\boldsymbol{x};\boldsymbol{w})]^2\right) \tag{18.1.2}$$

在这里，我们的兴趣只在对输出分布建模上，不考虑对输入分布建模，因此没有参数用于对输入进行建模。若我们假设每个输入-输出数据对都是独立生成的，则生成数据的似然函数为：

$$p(\mathcal{D}|\boldsymbol{w})=\prod_{n=1}^{N}p(y^n|\boldsymbol{w};\boldsymbol{x}^n)p(\boldsymbol{x}^n) \tag{18.1.3}$$

我们可以用先验的权重分布 $p(\boldsymbol{w})$ 来量化对每个参数适用性的先验信念。记 $\mathcal{D}=\{\mathcal{D}_x,\mathcal{D}_y\}$，则后验权重分布为：

$$p(\boldsymbol{w}|\mathcal{D})\propto p(\mathcal{D}|\boldsymbol{w})p(\boldsymbol{w})\propto p(\mathcal{D}_y|\boldsymbol{w},\mathcal{D}_x)p(\boldsymbol{w}) \tag{18.1.4}$$

使用高斯噪声假设，为方便起见，我们定义 $\beta=1/\sigma^2$，可以得到：

$$\log p(\boldsymbol{w}|\mathcal{D})=-\frac{\beta}{2}\sum_{n=1}^{N}[y^n-f(\boldsymbol{x}^n;\boldsymbol{w})]^2+\log p(\boldsymbol{w})+\frac{N}{2}\log\beta+C \tag{18.1.5}$$

需要注意方程(18.1.5)和正则化训练误差方程(17.2.17)之间的相似性。在概率框架中，我们用加性高斯噪声的假设来识别平方误差和的选择，类似地，正则化项用 $\log p(\boldsymbol{w})$ 标识。

18.1.1 贝叶斯线性参数模型

正如第 17 章所讨论的，线性参数模型的形式如下：

$$f(\boldsymbol{x};\boldsymbol{w})=\sum_{i=1}^{B}w_i\phi_i(\boldsymbol{x})\equiv\boldsymbol{w}^{\mathrm{T}}\boldsymbol{\phi}(\boldsymbol{x}) \tag{18.1.6}$$

这里参数 w_i 也叫作“权重”且基函数的数量是 $\dim(\boldsymbol{w})=B$。此类模型具有线性参数相关性，但如果基函数 $\phi_i(\boldsymbol{x})$在 $\boldsymbol{x}$ 中是非线性函数，则可能表示出非线性的输入-输出映射。由于输出以 $\boldsymbol{w}$ 作为线性缩放参数，因此我们可以通过惩罚较大的权重值来避免极端输出。因此一个合适的权重先验为：

$$p(\boldsymbol{w}|\alpha)=\mathcal{N}(\boldsymbol{w}|0,\alpha^{-1}\boldsymbol{I})=\left(\frac{\alpha}{2\pi}\right)^{\frac{B}{2}}\exp\left(-\frac{\alpha}{2}\boldsymbol{w}^{\mathrm{T}}\boldsymbol{w}\right) \tag{18.1.7}$$

其中精度 α 是逆方差，若 α 较大，那么权重向量 $\boldsymbol{w}$ 的总平方长度建议取较小的值。进而指定完整模型，如图 18.1 所示。

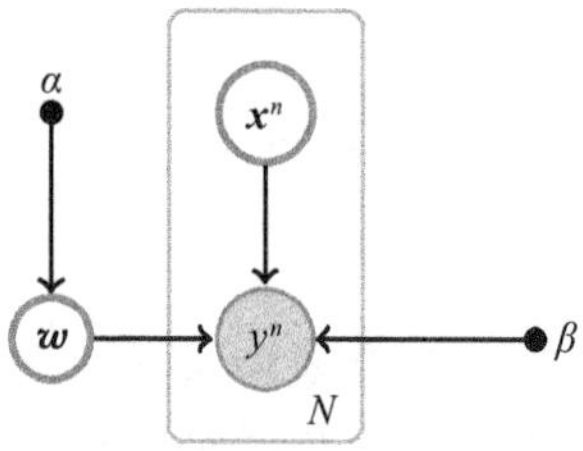

图 18.1　贝叶斯回归模型的信念网络表示。假设数据服从 i. i. d.，超参数 α 作为一种正则化方式，控制了先验权重 $\boldsymbol{w}$ 的灵活性。超参数 β 控制着观测值上的噪声级别

在高斯噪声的假设下，后验分布为：

$$\log p(\boldsymbol{w}|\Gamma;\mathcal{D})=-\frac{\beta}{2}\sum_{n=1}^{N}[y^n-\boldsymbol{w}^{\mathrm{T}}\boldsymbol{\phi}(\boldsymbol{x}^n)]^2-\frac{\alpha}{2}\boldsymbol{w}^{\mathrm{T}}\boldsymbol{w}+C \tag{18.1.8}$$

这里 $\Gamma=\{\alpha,\beta\}$表示超参数集合。用于确定函数 $\boldsymbol{\phi}$ 的参数也可能包含在超参数集合中。完成 8.4.1 节的完全平方后，权重后验是一个高斯分布：

$$p(\boldsymbol{w}|\Gamma;\mathcal{D})=\mathcal{N}(\boldsymbol{w}|\boldsymbol{m},\boldsymbol{S}) \tag{18.1.9}$$

这里协方差和均值通过如下计算得到：

$$\boldsymbol{S}=\left(\alpha\boldsymbol{I}+\beta\sum_{n=1}^{N}\boldsymbol{\phi}(\boldsymbol{x}^n)\boldsymbol{\phi}^{\mathrm{T}}(\boldsymbol{x}^n)\right)^{-1},\quad \boldsymbol{m}=\beta\boldsymbol{S}\sum_{n=1}^{N}y^n\boldsymbol{\phi}(\boldsymbol{x}^n) \tag{18.1.10}$$

对输入 $\boldsymbol{x}$，均值的预测函数为：

$$\bar{f}(\boldsymbol{x})\equiv\int f(\boldsymbol{x};\boldsymbol{w})p(\boldsymbol{w}|\mathcal{D},\Gamma)\mathrm{d}\boldsymbol{w}=\boldsymbol{m}^{\mathrm{T}}\phi(\boldsymbol{x}) \tag{18.1.11}$$

类似地，潜在估计的干净函数的方差为：

$$\mathrm{var}(f(\boldsymbol{x}))=\left\langle[\boldsymbol{w}^{\mathrm{T}}\boldsymbol{\phi}(\boldsymbol{x})]^2\right\rangle_{p(\boldsymbol{w}|\mathcal{D},\Gamma)}-\bar{f}(\boldsymbol{x})^2=\boldsymbol{\phi}^{\mathrm{T}}(\boldsymbol{x})\boldsymbol{S}\boldsymbol{\phi}(\boldsymbol{x}) \tag{18.1.12}$$

输出方差 $\mathrm{var}(f(\boldsymbol{x}))$是由输入变量而不是训练输出 y 决定的。因此加性噪声 η 与模型的输出无关，预测方差为：

$$\mathrm{var}(y(\boldsymbol{x}))=\mathrm{var}(f(\boldsymbol{x}))+\sigma^2 \tag{18.1.13}$$

对输入 $\boldsymbol{x}$，它表示“噪声”输出的方差。

例 18.1　在图 18.2b 中，我们使用了 15 个高斯基函数来表示对图 18.2a 中数据的均值预测，这些基函数为：

$$\phi_i(x)=\exp(-0.5(x-c_i)^2/\lambda^2) \tag{18.1.14}$$

这里宽度 $\lambda=0.03^2$，中心 c_i 均匀地分布在一维输入空间中，范围为 -2 至 2。我们通过设置 $\beta=100$ 和 $\alpha=1$ 来设置其他的超参数。对超参数的选择不佳，将导致预测产生严重的过拟合，图 18.2c 中使用 ML-II 参数(下面会介绍)解决了该问题。

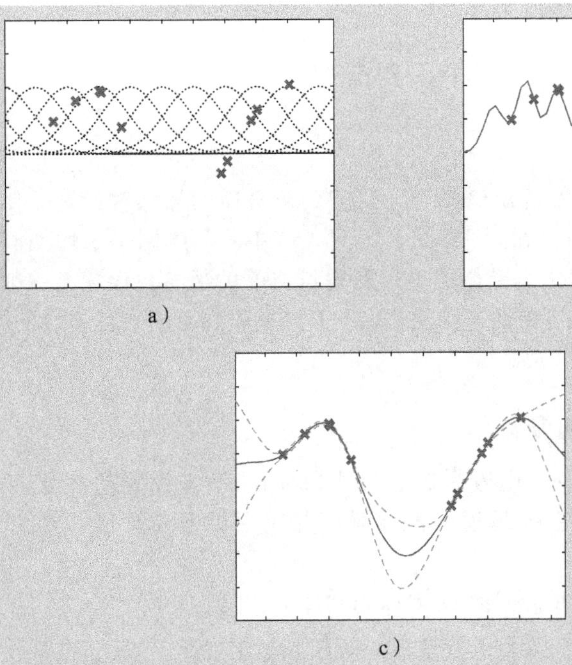

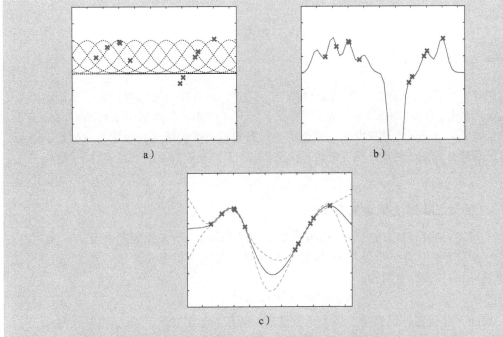

图 18.2　横轴表示输入 x，纵轴表示输出 y。a) 原始输入-输出训练数据和基函数 $\phi_i(x)$。b) 运用(选择不当)的固定超参数和正则化的训练数据得到的预测。c) 运用由 ML-II 优化过的超参数得到的预测。绘制是基于基本函数的标准误差 $\overline{f}(x)\pm\sqrt{\mathrm{var}(f(x))}$ 的

18.1.2　确定超参数：ML-II

超参数后验分布为：

$$p(\Gamma\mid\mathcal{D})\propto p(\mathcal{D}\mid\Gamma)p(\Gamma), \tag{18.1.15}$$

MAP 给出了一个简单的后验概述，它采用单一的“最优”设置：

$$\Gamma^{*}=\underset{\Gamma}{\operatorname{argmax}}\,p(\Gamma\mid\mathcal{D}) \tag{18.1.16}$$

若超参数的先验信念是欠缺的($p(\Gamma)\approx C$)，则相当于用 Γ 来最大化边缘似然：

$$p(\mathcal{D}\mid\Gamma)=\int p(\mathcal{D}\mid\Gamma,\boldsymbol{w})p(\boldsymbol{w}\mid\Gamma)\mathrm{d}\boldsymbol{w} \tag{18.1.17}$$

这个设置超参数的方法叫作“ML-II”[34]或证据程序[196]。

对含高斯加性噪声的贝叶斯线性参数模型，计算边缘似然方程(18.1.17)仅涉及高斯积分。推导边缘似然表达式的直接方法是考虑：

$$p(\mathcal{D}\mid\Gamma,\boldsymbol{w})p(\boldsymbol{w})=\exp\left(-\frac{\beta}{2}\sum_{n=1}^{N}\left[y^{n}-\boldsymbol{w}^{\mathrm{T}}\boldsymbol{\phi}(\boldsymbol{x}^{n})\right]^{2}-\frac{\alpha}{2}\boldsymbol{w}^{\mathrm{T}}\boldsymbol{w}\right)(\beta/2\pi)^{N/2}(\alpha/2\pi)^{B/2} \tag{18.1.18}$$

通过整理 $\boldsymbol{w}$ 中的项(完全平方方法，见 8.4.1 节)，上式表示具有其他因子的 $\boldsymbol{w}$ 中的高斯。在对这个高斯积分之后我们得到：

$$2\log p(\mathcal{D}\mid\Gamma)=-\beta\sum_{n=1}^{N}(y^{n})^{2}+\boldsymbol{d}^{\mathrm{T}}\boldsymbol{S}^{-1}\boldsymbol{d}+\log\det(\boldsymbol{S})+B\log\alpha+N\log\beta-N\log(2\pi) \tag{18.1.19}$$

这里：

$$\boldsymbol{d}=\beta\sum_{n}\boldsymbol{\phi}(\boldsymbol{x}^{n})y^{n} \tag{18.1.20}$$

可代替的表达式见练习 18.2。

例 18.2 我们回到图 18.2 的示例中，尝试找到更合适的超参数设置。使用超参数 α、β、λ 优化表达式(18.1.19)得到图 18.2c 的结果，其中我们绘制了平均预测和标准预测的误差线。这表明通过最大化边缘似然可以获得可接受的超参数设置。一般地，若超参数的数量与数据点的数量相比较低，则使用 ML-II 超参数将不会有过拟合的风险。

18.1.3 使用 EM 算法学习超参数

如上所述，我们可以通过最大化边缘似然公式(18.1.17)来设置超参数 Γ。实现这一目标的一个简单的计算过程是将 $\boldsymbol{w}$ 理解为潜变量，并应用于 EM 算法，如 11.2 节所述。由公式(18.1.17)得能量项为：

$$E\equiv\left\langle \log p(\mathcal{D}\mid \boldsymbol{w},\Gamma)p(\boldsymbol{w}\mid\Gamma)\right\rangle_{p(\boldsymbol{w}\mid\mathcal{D},\Gamma^{\text{old}})} \tag{18.1.21}$$

根据一般的 EM 流程，我们需要最大化能量项。对超参数 Γ 而言，能量的导数为：

$$\frac{\partial}{\partial\Gamma}E\equiv\left\langle\frac{\partial}{\partial\Gamma}\log p(\mathcal{D}\mid \boldsymbol{w},\Gamma)p(\boldsymbol{w}\mid\Gamma)\right\rangle_{p(\boldsymbol{w}\mid\mathcal{D},\Gamma^{\text{old}})} \tag{18.1.22}$$

对具有高斯权重和噪声分布的贝叶斯 LPM，我们可得到：

$$\frac{\partial}{\partial\beta}E=\frac{N}{2\beta}-\frac{1}{2}\sum_{n=1}^{N}\left\langle\left[y^{n}-\boldsymbol{w}^{\mathrm{T}}\boldsymbol{\phi}(\boldsymbol{x}^{n})\right]^{2}\right\rangle_{p(\boldsymbol{w}\mid\Gamma^{\text{old}},\mathcal{D})} \tag{18.1.23}$$

$$=\frac{N}{2\beta}-\frac{1}{2}\sum_{n=1}^{N}\left[y^{n}-\boldsymbol{m}^{\mathrm{T}}\boldsymbol{\phi}(\boldsymbol{x}^{n})\right]^{2}-\frac{1}{2}\text{trace}\left(\boldsymbol{S}\sum_{n=1}^{N}\boldsymbol{\phi}(\boldsymbol{x}^{n})\boldsymbol{\phi}^{\mathrm{T}}(\boldsymbol{x}^{n})\right) \tag{18.1.24}$$

这里 $\boldsymbol{S}$ 和 $\boldsymbol{m}$ 由方程(18.1.10)给出。通过求解零导数得到 M-步更新：

$$\frac{1}{\beta^{\text{new}}}=\frac{1}{N}\sum_{n=1}^{N}\left[y^{n}-\boldsymbol{m}^{\mathrm{T}}\boldsymbol{\phi}(\boldsymbol{x}^{n})\right]^{2}+\text{trace}(\boldsymbol{S}\hat{\boldsymbol{S}}) \tag{18.1.25}$$

这里：

$$\hat{\boldsymbol{S}}\equiv\frac{1}{N}\sum_{n=1}^{N}\boldsymbol{\phi}(\boldsymbol{x}^{n})\boldsymbol{\phi}^{\mathrm{T}}(\boldsymbol{x}^{n}) \tag{18.1.26}$$

类似地，对 α，有：

$$\frac{\partial}{\partial\alpha}E=\frac{B}{2\alpha}-\frac{1}{2}\left\langle\boldsymbol{w}^{\mathrm{T}}\boldsymbol{w}\right\rangle_{p(\boldsymbol{w}\mid\Gamma^{\text{old}},\mathcal{D})}=\frac{B}{2\alpha}-\frac{1}{2}\left(\text{trace}(\boldsymbol{S})+\boldsymbol{m}^{\mathrm{T}}\boldsymbol{m}\right)$$

令等式为零，给出更新：

$$\frac{1}{\alpha^{\text{new}}}=\frac{1}{B}\left(\text{trace}(\boldsymbol{S})+\boldsymbol{m}^{\mathrm{T}}\boldsymbol{m}\right) \tag{18.1.27}$$

等式(18.1.37)给出了可以比 EM 算法收敛得更快的另一种不动点过程。其他超参数(例如基函数的宽度)封闭形式的更新通常不可用，并且相应的能量项需要在数值上进行优化。

18.1.4 使用梯度进行超参数优化

为关于超参数 Γ 进行对方程(18.1.17)的最大化，我们可以利用方程(11.6.3)中的一般特性，这个特性在这种情况下体现为：

$$\frac{\partial}{\partial \Gamma}\log p(\mathcal{D}|\Gamma)=\left\langle\frac{\partial}{\partial \Gamma}\log p(\mathcal{D}|\boldsymbol{w},\Gamma)p(\boldsymbol{w}|\Gamma)\right\rangle_{p(\boldsymbol{w}|\mathcal{D},\Gamma)} \tag{18.1.28}$$

因为似然函数独立于 α，

$$\frac{\partial}{\partial \alpha}\log p(\mathcal{D}|\Gamma)=\left\langle\frac{\partial}{\partial \alpha}\log p(\boldsymbol{w}|\alpha)\right\rangle_{p(\boldsymbol{w}|\Gamma,\mathcal{D})} \tag{18.1.29}$$

所以运用

$$\log p(\boldsymbol{w}|\alpha)=-\frac{\alpha}{2}\boldsymbol{w}^{\mathrm{T}}\boldsymbol{w}+\frac{B}{2}\log\alpha+C \tag{18.1.30}$$

我们得到：

$$\frac{\partial}{\partial \alpha}\log p(\mathcal{D}|\Gamma)=\frac{1}{2}\left\langle-\boldsymbol{w}^{\mathrm{T}}\boldsymbol{w}+\frac{B}{\alpha}\right\rangle_{p(\boldsymbol{w}|\Gamma,\mathcal{D})} \tag{18.1.31}$$

将导数设置为零，最优参数 α 满足：

$$0=-\langle\boldsymbol{w}^{\mathrm{T}}\boldsymbol{w}\rangle_{p(\boldsymbol{w}|\Gamma,\mathcal{D})}+\frac{B}{\alpha} \tag{18.1.32}$$

现在可以形成一个不动点方程：

$$\alpha^{\mathrm{new}}=\frac{B}{\langle\boldsymbol{w}^{\mathrm{T}}\boldsymbol{w}\rangle_{p(\boldsymbol{w}|\Gamma,\mathcal{D})}} \tag{18.1.33}$$

对该模型，这等同于方程(18.1.27)中的 EM 更新。对高斯后验，$p(\boldsymbol{w}|\Gamma,\mathcal{D})=\mathcal{N}(\boldsymbol{w}|\boldsymbol{m},\boldsymbol{S})$，

$$\langle\boldsymbol{w}^{\mathrm{T}}\boldsymbol{w}\rangle=\mathrm{trace}(\langle\boldsymbol{w}\boldsymbol{w}^{\mathrm{T}}\rangle-\langle\boldsymbol{w}\rangle\langle\boldsymbol{w}\rangle^{\mathrm{T}}+\langle\boldsymbol{w}\rangle\langle\boldsymbol{w}\rangle^{\mathrm{T}})=\mathrm{trace}(\boldsymbol{S})+\boldsymbol{m}^{\mathrm{T}}\boldsymbol{m} \tag{18.1.34}$$

$$\alpha^{\mathrm{new}}=\frac{B}{\mathrm{trace}(\boldsymbol{S})+\boldsymbol{m}^{\mathrm{T}}\boldsymbol{m}} \tag{18.1.35}$$

可以类似地找到梯度和相关的不动点的更新，对 β 的更新也等价于对该模型的 EM 更新。

Gull-MacKay 不动点迭代

从方程(18.1.32)中我们得到：

$$0=-\alpha\langle\boldsymbol{w}^{\mathrm{T}}\boldsymbol{w}\rangle_{p(\boldsymbol{w}|\Gamma,\mathcal{D})}+B=-\alpha\boldsymbol{S}-\alpha\boldsymbol{m}^{\mathrm{T}}\boldsymbol{m}+B \tag{18.1.36}$$

由此，另一种不动点方程[136,195]为：

$$\alpha^{\mathrm{new}}=\frac{B-\alpha\,\mathrm{trace}(\boldsymbol{S})}{\boldsymbol{m}^{\mathrm{T}}\boldsymbol{m}} \tag{18.1.37}$$

在实践中，该更新比方程(18.1.35)能更快地收敛。类似地，我们可以选择另一种方式来更新 β：

$$\beta^{\mathrm{new}}=\frac{1-\beta\,\mathrm{trace}(\boldsymbol{S}\hat{\boldsymbol{S}})}{\frac{1}{N}\sum_{n=1}^{N}[y^n-\boldsymbol{m}^{\mathrm{T}}\boldsymbol{\phi}(\boldsymbol{x}^n)]^2} \tag{18.1.38}$$

例 18.3(学习基函数的宽度)　在图 18.3 中，我们绘制了使用贝叶斯 LPM 的回归问题中的训练数据。这里使用了 10 个径向基函数：

$$\phi_i(x)=\exp(-0.5(x-c_i)^2/\lambda^2) \tag{18.1.39}$$

这里 $c_i(i=1,\cdots,10)$ 在 -2 到 2 之间均匀分布。超参数 α 和 β 可通过 ML-II 在 EM 更新下学得。对一个固定的宽度 λ，我们将提出预测，每次都为这个宽度找到最优的 α 和 β。如图 18.4 所示，得到了一个最优联合超参数 α，β，λ 的设置，该图展示了一个宽度范围内的边缘对数似然函数。由联合超参数 α，β，λ 得到的拟合结果是合理的。

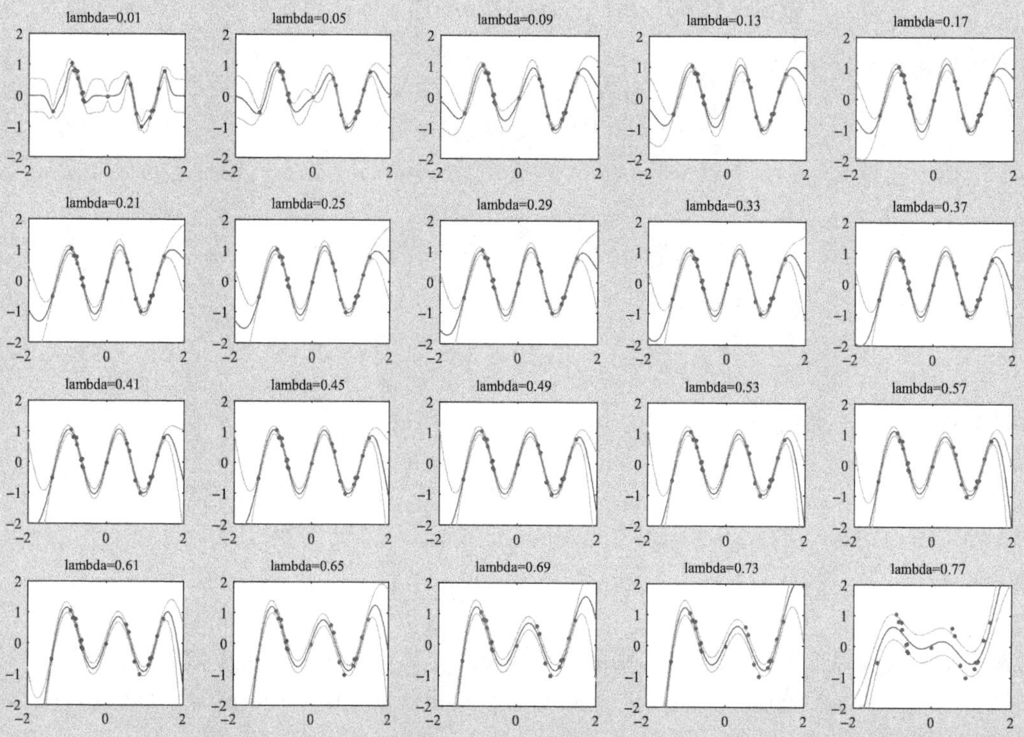

图 18.3　针对不同宽度 λ 的径向基函数预测。对每一个 λ，ML-II 会通过 EM 算法收敛来得到最优的 α，β 并随后用它们来进行预测。在每个面板中，点表示训练点，水平轴为 x，垂直轴为 y。图中绘制了均值预测以及一个基于标准差的预测误差条。依据 ML-II，当 $\lambda=0.37$ 时会得到最优的模型，如图 18.4 所示。更小的 λ 值会使数据过拟合，产生太过“粗糙”的函数。大的 λ 值会产生欠拟合现象，产生太过“平滑”的函数。见 demoBayesLinReg. m

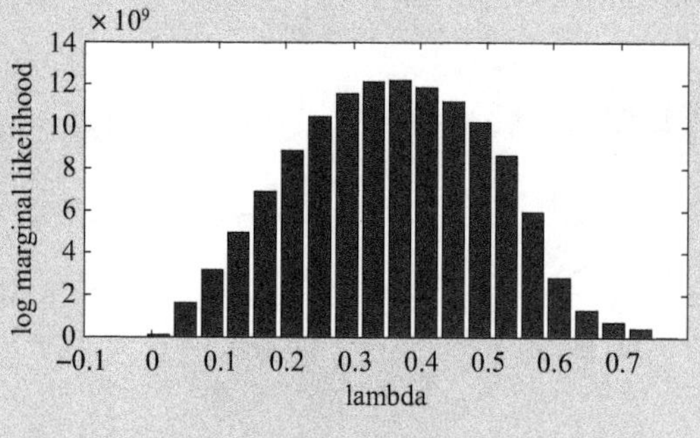

图 18.4　边缘对数似然函数 $\log p(\mathcal{D}|\lambda,\alpha^*(\lambda),\beta^*(\lambda))$利用 ML-II 得到了最优超参数 α 和 β 的值，这些最优值取决于 λ 的取值。通过 ML-II 可知，当设置 $\lambda=0.37$ 时可以得到最优的模型。从图 18.3 中我们可以看到该模型对数据进行了合理的拟合

18.1.5　验证似然函数

用 ML-II 发现的超参数能最优地解释训练数据。原则上，这些参数与最适合预测的那些参数不同，因此在实践中，通过验证的方式设置超参数也是合理的。一种方法是通过最小化验证集上的预测误差来设置超参数。另一种通用的方法是通过它们在验证集 $\{\mathcal{X}_{\text{val}},\mathcal{Y}_{\text{val}}\}\equiv\{(\boldsymbol{x}_{\text{val}}^m,y_{\text{val}}^m),m=1,\cdots,M\}$ 上的似然函数来设置超参 Γ：

$$p(\mathcal{Y}_{\text{val}}|\Gamma,\mathcal{X}_{\text{train}},\mathcal{Y}_{\text{train}},\mathcal{X}_{\text{val}})=\int_{\boldsymbol{w}}p(\mathcal{Y}_{\text{val}}|\boldsymbol{w},\Gamma)p(\boldsymbol{w}|\Gamma,\mathcal{X}_{\text{train}},\mathcal{Y}_{\text{train}})\tag{18.1.40}$$

由此可以得到(见练习 18.3)：

$$\log p(\mathcal{Y}_{\mathrm{val}}|\Gamma,\mathcal{D}_{\mathrm{train}},\mathcal{X}_{\mathrm{val}})=-\frac{1}{2}\log\det(2\pi\boldsymbol{C}_{\mathrm{val}})-\frac{1}{2}(\boldsymbol{y}_{\mathrm{val}}-\boldsymbol{\Phi}_{\mathrm{val}}\boldsymbol{m})^{\mathrm{T}}\boldsymbol{C}_{\mathrm{val}}^{-1}(\boldsymbol{y}_{\mathrm{val}}-\boldsymbol{\Phi}_{\mathrm{val}}\boldsymbol{m}) \tag{18.1.41}$$

其中 $\boldsymbol{y}_{\mathrm{val}}=[y_{\mathrm{val}}^{1},\cdots,y_{\mathrm{val}}^{M}]^{\mathrm{T}}$，协方差矩阵为：

$$\boldsymbol{C}_{\mathrm{val}}\equiv\boldsymbol{\Phi}_{\mathrm{val}}\boldsymbol{S}\boldsymbol{\Phi}_{\mathrm{val}}^{\mathrm{T}}+\sigma^{2}\boldsymbol{I}_{M} \tag{18.1.42}$$

解释变量的设计矩阵为：

$$\boldsymbol{\Phi}_{\mathrm{val}}^{\mathrm{T}}=[\boldsymbol{\phi}(\boldsymbol{x}_{\mathrm{val}}^{1}),\cdots,\boldsymbol{\phi}(\boldsymbol{x}_{\mathrm{val}}^{M})] \tag{18.1.43}$$

通过最大化关于 Γ 的式(18.1.41)，可以找到最优超参数 Γ^{*}。

18.1.6　预测和模型平均

对固定的超参数，贝叶斯 LPM 在权重 $\boldsymbol{w}$ 上定义了高斯后验分布。分布可用于计算预期的预测量以及预测量的方差。然而，更一般的情况是，我们可以在超参数自身上放置先验分布并获得相应的后验分布：

$$p(\Gamma|\mathcal{D})\propto p(\mathcal{D}|\Gamma)p(\Gamma) \tag{18.1.44}$$

然后通过对后验权重和超参数一起积分，得到函数均值的预测量：

$$\overline{f}(\boldsymbol{x})=\iint f(\boldsymbol{x};\boldsymbol{w})p(\boldsymbol{w},\Gamma|\mathcal{D})\mathrm{d}\boldsymbol{w}\mathrm{d}\Gamma=\int\left\{\int f(\boldsymbol{x};\boldsymbol{w})p(\boldsymbol{w}|\Gamma,\mathcal{D})\mathrm{d}\boldsymbol{w}\right\}p(\Gamma|\mathcal{D})\mathrm{d}\Gamma \tag{18.1.45}$$

大括号中的项是对固定超参数的均值预测量。然后，等式(18.1.45)通过超参数 $p(\Gamma|\mathcal{D})$ 的后验概率对每个均值预测量进行加权。这是组合模型预测值的一般方法，其中每个模型通过其后验概率进行加权。然而，计算超参数后验的积分有一定的挑战，因此通常需要用近似的方式。如果超参数能由数据确定，则我们可以通过找到 MAP 超参数来代替上述超参数的积分，使用：

$$\overline{f}(\boldsymbol{x})\approx\int f(\boldsymbol{x};\boldsymbol{w})p(\boldsymbol{w}|\Gamma^{*},\mathcal{D})\mathrm{d}\boldsymbol{w} \tag{18.1.46}$$

在扁平先验 $p(\Gamma)=C$ 下，这相当于使用由 ML-II 设置超参数的均值预测量。另一种方法是从后验分布 $p(\Gamma|\mathcal{D})$ 中抽取样本 $\Gamma^{l}(l=1,\cdots,L)$，然后通过对样本取平均值来形成预测量：

$$\overline{f}(\boldsymbol{x})\approx\frac{1}{L}\sum_{l=1}^{L}\int f(\boldsymbol{x};\boldsymbol{w})p(\boldsymbol{w}|\Gamma^{l},\mathcal{D})\mathrm{d}\boldsymbol{w} \tag{18.1.47}$$

18.1.7　稀疏线性模型

大家普遍感兴趣的问题是尝试使用尽可能少的输入来解释数据。通俗来说，我们可以尝试使用有限数量的特征 $\phi_i(\boldsymbol{x})$来找到最简约的解释。从贝叶斯 LPM 的角度来看，我们需要一个先验，它能限制只有有限数量的权重分量 w_i 被激活，其余分量均被设置为零。形式化地，这对应于权重上的非高斯先验，可阻碍对精确贝叶斯方法的使用。非贝叶斯方法会利用惩罚项，如利用 L_1 正则化 $\sum_i|w_i|$，其中 LPM 的目标函数仍然是凹的[292]，这与在贝叶斯设置中使用拉普拉斯先验密切相关。这里我们简要讨论一些针对稀疏线性回归的近似方法。

相关向量机

相关向量机假设在确定 $\boldsymbol{w}$ 的解时，基函数向量的分量只有少量是相关的。对于预测量，

$$f(\boldsymbol{x};\boldsymbol{w})=\sum_{i=1}^{B}w_i\phi_i(\boldsymbol{x})\equiv\boldsymbol{w}^{\mathrm{T}}\boldsymbol{\phi}(\boldsymbol{x}) \tag{18.1.48}$$

通常情况下，某些基函数是冗余的，因为其他基函数的线性组合可以在损失准确度不大的情况下再现训练的输出。为利用这个效果并追求一种简约的解决方案，我们可以使用更准确的先验，来使每个 w_i 足够小：

$$p(\boldsymbol{w}|\boldsymbol{\alpha})=\prod_i p(w_i|\alpha_i) \tag{18.1.49}$$

为方便计算，在 RVM 中通常选择高斯分布：

$$p(w_i|\alpha_i)=\mathcal{N}(w_i|0,\alpha_i^{-1})=\left(\frac{\alpha_i}{2\pi}\right)^{\frac{1}{2}}\exp\left(-\frac{\alpha_i}{2}w_i^2\right) \tag{18.1.50}$$

通过优化超参数 α_i 实现稀疏化，大的 α_i 能有效迫使权重分量 w_i 取零。对 18.1.1 节的描述要求的修改是用下式来替代 $\boldsymbol{S}$：

$$\boldsymbol{S}=\left(\mathrm{diag}(\boldsymbol{\alpha})+\beta\sum_{n=1}^{N}\boldsymbol{\phi}(\boldsymbol{x}^n)\boldsymbol{\phi}^{\mathrm{T}}(\boldsymbol{x}^n)\right)^{-1} \tag{18.1.51}$$

然后边缘似然为：

$$2\log p(\mathcal{D}|\Gamma)=-\beta\sum_{n=1}^{N}(y^n)^2+\boldsymbol{d}^{\mathrm{T}}\boldsymbol{S}^{-1}\boldsymbol{d}-\log\det(\boldsymbol{S})+\sum_{i=1}^{B}\log\alpha_i+N\log\beta-N\log(2\pi) \tag{18.1.52}$$

利用 EM 算法对 β 的更新是没有变化的，对每个 α_i 的更新变为：

$$\frac{1}{\alpha_i^{\mathrm{new}}}=[\boldsymbol{S}]_{ii}+m_i^2 \tag{18.1.53}$$

这种方法的一个潜在缺陷是有多少个参数就需要多少个超参数，使用 ML-II 寻找最优超参数可能会有问题，从而导致过于激进地“修剪”权重。这可以通过使用更完整的贝叶斯方法来改善[295]。

针板先验

对稀疏线性模型的一种自然的替代方法是使用二进制指标 $s_i\in\{0,1\}$：

$$f(\boldsymbol{x};\boldsymbol{w})=\sum_{i=1}^{B}s_i w_i\phi_i(\boldsymbol{x}),\quad p(\boldsymbol{w})=\prod_i\mathcal{N}(w_i|0,\sigma^2) \tag{18.1.54}$$

这样只有那些 $s_i=1$ 的权重 w_i 才会对函数产生一些影响。可以通过在联合集 $p(s_1,\cdots,s_B)$（能使只有少数 s_i 为 1，其余都为 0）上选择先验来指定稀疏程度。这可以通过伯努利分布的乘积来实现：

$$p(\boldsymbol{s})=\prod_{i=1}^{B}\theta^{s_i}(1-\theta)^{1-s_i} \tag{18.1.55}$$

这里通过 $0\leqslant\theta\leqslant1$ 来指定先验的稀疏程度。这相当于使用原来的 LPM：

$$f(\boldsymbol{x};\boldsymbol{w})=\sum_{i=1}^{B}w_i\phi_i(\boldsymbol{x}), \tag{18.1.56}$$

“针板”权重先验为：

$$p(\boldsymbol{w}|\boldsymbol{s})=\prod_i\{s_i\mathcal{N}(w_i|0,\sigma^2)+(1-s_i)\delta(w_i)\} \tag{18.1.57}$$

这要么让 0 处具有尖峰值（当 $s_i=0$ 时），要么给出一个分布更广泛的高斯“板”分布 $\mathcal{N}(w_i|0,\sigma^2)$（当 $s_i=1$ 时）。这两个公式是等价的，并且为权重形成一个非高斯后验，此过程需要近似方法。流行的近似方法包括第 27 章的吉布斯抽样和第 28 章的变分方法。

18.2 分类

对以下逻辑回归模型：

$$p(c=1|\boldsymbol{w},\boldsymbol{x})=\sigma\left(\sum_{i=1}^{B}w_i\phi_i(\boldsymbol{x})\right) \tag{18.2.1}$$

极大似然法仅返回单个最优 $\boldsymbol{w}$。为处理在估计 $\boldsymbol{w}$ 过程中不可避免的不确定性，我们需要确定后验分布。为此，我们首先在权重分布 $p(w)$上定义先验分布(至于回归问题，一个方便的选择是使用高斯分布)：

$$p(\boldsymbol{w}|\alpha)=\mathcal{N}(\boldsymbol{w}|\boldsymbol{0},\alpha^{-1}\boldsymbol{I})=\frac{\alpha^{B/2}}{(2\pi)^{B/2}}\exp(-\alpha\boldsymbol{w}^{\mathrm{T}}\boldsymbol{w}/2) \tag{18.2.2}$$

其中 α 是逆方差(也称为精度)。给定输入类别标签的数据集 $\mathcal{D}=\{(\boldsymbol{x}_n,\boldsymbol{c}_n),n=1,\cdots,N\}$，后验参数为：

$$p(\boldsymbol{w}|\alpha,\mathcal{D})=\frac{p(\mathcal{D}|\boldsymbol{w},\alpha)p(\boldsymbol{w}|\alpha)}{p(\mathcal{D}|\alpha)}=\frac{1}{p(\mathcal{D}|\alpha)}p(\boldsymbol{w}|\alpha)\prod_{n=1}^{N}p(c^n|\boldsymbol{x}^n,\boldsymbol{w}) \tag{18.2.3}$$

不巧的是，这种分布不符合任何标准形式，并且确切地推断诸如均值之类的统计数据在形式上是难以计算的。

18.2.1 超参数优化

类似于回归问题，可以通过最大化边缘似然来设置诸如 α 这样的超参数：

$$p(\mathcal{D}|\alpha)=\int p(\mathcal{D}|\boldsymbol{w})p(\boldsymbol{w}|\alpha)\mathrm{d}\boldsymbol{w}=\int\prod_{n=1}^{N}p(c^n|\boldsymbol{x}^n,\boldsymbol{w})\left(\frac{\alpha}{2\pi}\right)^{B/2}\exp\left(-\frac{\alpha}{2}\boldsymbol{w}^{\mathrm{T}}\boldsymbol{w}\right)\mathrm{d}\boldsymbol{w} \tag{18.2.4}$$

有几种方法可以用来近似这个积分，下面我们讨论拉普拉斯和变分高斯技术。然而，所有方法的共同点是，梯度的形式仅在近似于后验的统计数据中不同。出于这个原因，我们首先推导在两种近似方法中都适用的通用超参数更新公式。

为了找到最优 α，我们求 $\log p(\mathcal{D}|\alpha)$的零导数。这相当于线性回归，我们立即获得导数：

$$\frac{\partial}{\partial\alpha}\log p(\mathcal{D}|\alpha)=\frac{1}{2}\left\langle-\boldsymbol{w}^{\mathrm{T}}\boldsymbol{w}+\frac{B}{\alpha}\right\rangle_{p(\boldsymbol{w}|\alpha,\mathcal{D})} \tag{18.2.5}$$

将导数设置为零，最优 α 满足：

$$0=-\langle\boldsymbol{w}^{\mathrm{T}}\boldsymbol{w}\rangle_{p(\boldsymbol{w}|\alpha,\mathcal{D})}+\frac{B}{\alpha} \tag{18.2.6}$$

现在可以形成一个不动点方程：

$$\alpha^{\mathrm{new}}=\frac{B}{\langle\boldsymbol{w}^{\mathrm{T}}\boldsymbol{w}\rangle_{p(\boldsymbol{w}|\alpha,\mathcal{D})}} \tag{18.2.7}$$

上述表达式中的均值不能精确计算出来，并且由关于后验 $q(\boldsymbol{w}|\alpha,\mathcal{D})$的近似的均值替代。对后验的一个高斯近似 $q(\boldsymbol{w}|\alpha,\mathcal{D})=\mathcal{N}(\boldsymbol{w}|\boldsymbol{m},\boldsymbol{S})$，

$$\langle\boldsymbol{w}^{\mathrm{T}}\boldsymbol{w}\rangle=\mathrm{trace}(\langle\boldsymbol{w}\boldsymbol{w}^{\mathrm{T}}\rangle-\langle\boldsymbol{w}\rangle\langle\boldsymbol{w}\rangle^{\mathrm{T}}+\langle\boldsymbol{w}\rangle\langle\boldsymbol{w}\rangle^{\mathrm{T}})=\mathrm{trace}(\boldsymbol{S})+\boldsymbol{m}^{\mathrm{T}}\boldsymbol{m} \tag{18.2.8}$$

$$\alpha^{\mathrm{new}}=\frac{B}{\mathrm{trace}(\boldsymbol{S})+\boldsymbol{m}^{\mathrm{T}}\boldsymbol{m}.} \tag{18.2.9}$$

在这种情况下，Gull-MacKay 可这样替代不动点方程[136,195]：

$$\alpha^{\text{new}}=\frac{\boldsymbol{B}-\alpha\boldsymbol{S}}{\boldsymbol{m}^{\mathrm{T}}\boldsymbol{m}} \tag{18.2.10}$$

超参数更新[式(18.2.9)和式(18.2.10)]具有与回归模型相同的形式。然而，回归模型和分类模型中后验的均值 $\boldsymbol{m}$ 跟协方差矩阵 $\boldsymbol{S}$ 是不同的。在分类情况下，我们需要近似均值和协方差矩阵，如下所述。

18.2.2　拉普拉斯近似

对拉普拉斯近似，28.2 节是通过在后验的最可能点周围局部拟合高斯来进行的简单近似。逻辑回归模型的权重后验由下式给出：

$$p(\boldsymbol{w}\mid\alpha,\mathcal{D})\propto\exp(-E(\boldsymbol{w})) \tag{18.2.11}$$

其中：

$$E(\boldsymbol{w})=\frac{\alpha}{2}\boldsymbol{w}^{\mathrm{T}}\boldsymbol{w}-\sum_{n=1}^{N}\log\sigma(\boldsymbol{w}^{\mathrm{T}}\boldsymbol{h}^{n}),\quad \boldsymbol{h}^{n}\equiv(2c^{n}-1)\boldsymbol{\phi}^{n} \tag{18.2.12}$$

通过用 $\boldsymbol{w}$ 中的二次函数来近似 $E(\boldsymbol{w})$，我们可以得到 $q(\boldsymbol{w}\mid D,\alpha)$ 的高斯近似。为此，我们首先找到 $E(\boldsymbol{w})$ 的最小值，求导并获得：

$$\nabla E=\alpha\boldsymbol{w}-\sum_{n=1}^{N}(1-\sigma^{n})\boldsymbol{h}^{n},\quad \sigma^{n}\equiv\sigma(\boldsymbol{w}^{\mathrm{T}}\boldsymbol{h}^{n}) \tag{18.2.13}$$

可以很简便地用牛顿法来找到最优值，黑塞矩阵的元素如下：

$$H_{ij}\equiv\frac{\partial^{2}}{\partial w_{i}\partial w_{j}}E(\boldsymbol{w}) \tag{18.2.14}$$

这由下式得到：

$$\boldsymbol{H}=\alpha\boldsymbol{I}+\underbrace{\sum_{n=1}^{N}\sigma^{n}(1-\sigma^{n})\boldsymbol{\phi}^{n}(\boldsymbol{\phi}^{n})^{\mathrm{T}}}_{\boldsymbol{J}} \tag{18.2.15}$$

注意，黑塞矩阵是半正定的(参见练习 18.4)，因此函数 $E(\boldsymbol{w})$ 是凸的(碗形)，并且找到最小的 $E(w)$ 值在数值上是没有问题的。然后牛顿更新为：

$$\boldsymbol{w}^{\text{new}}=\boldsymbol{w}-\boldsymbol{H}^{-1}\nabla E \tag{18.2.16}$$

具体更新过程总结到算法 18.1 中。给定收敛的 $\boldsymbol{w}$，后验近似由下式给出：

$$q(\boldsymbol{w}\mid\mathcal{D},\alpha)=\mathcal{N}(\boldsymbol{w}\mid\boldsymbol{m},\boldsymbol{S}),\quad \boldsymbol{S}\equiv\boldsymbol{H}^{-1} \tag{18.2.17}$$

其中 $\boldsymbol{m}=\boldsymbol{w}^{*}$ 是 $E(\boldsymbol{w})$ 的最小点的收敛估计，且 $\boldsymbol{H}$ 是 $E(\boldsymbol{w})$ 在这点的黑塞矩阵。

算法 18.1　贝叶斯逻辑回归的证明过程

1：初始化 $\boldsymbol{w}$ 和 α.
2：**while** 不收敛 **do**
3：　迭代式 (18.2.16) 和式 (18.2.15) 直至收敛以找到最优 $\boldsymbol{w}^{*}$.　▷E-步
4：　根据式 (18.2.9) 更新 α.　▷M-步
5：**end while**

近似边缘似然

使用拉普拉斯近似，边缘似然由下式给出：

$$p(\mathcal{D}\mid\alpha)=\int_{\boldsymbol{w}}p(\mathcal{D}\mid\boldsymbol{w})p(\boldsymbol{w}\mid\alpha)=\int_{\boldsymbol{w}}\prod_{n=1}^{N}p(c^{n}\mid\boldsymbol{x}^{n},\boldsymbol{w})\left(\frac{\alpha}{2\pi}\right)^{B/2}\mathrm{e}^{-\frac{\alpha}{2}\boldsymbol{w}^{\mathrm{T}}\boldsymbol{w}}\propto\int_{\boldsymbol{w}}\mathrm{e}^{-E(\boldsymbol{w})} \tag{18.2.18}$$

对最优值 $\boldsymbol{m}=\boldsymbol{w}^*$，我们使用下式近似边缘似然(见28.2节)：

$$\log p(\mathcal{D}|\alpha)\approx L(\alpha)\equiv-\frac{\alpha}{2}(\boldsymbol{w}^*)^{\mathrm{T}}\boldsymbol{w}^*+\sum_n\log\sigma((\boldsymbol{w}^*)^{\mathrm{T}}\boldsymbol{h}^n)-\frac{1}{2}\log\det(\alpha\boldsymbol{I}+\boldsymbol{J})+\frac{B}{2}\log\alpha \tag{18.2.19}$$

给定边缘似然的近似值 $L(\alpha)$，优化超参数的另一种策略是优化关于 α 的 $L(\alpha)$。通过直接对 $L(\alpha)$ 进行求导，读者可以证明所得到的更新实际上等同于在对后验统计的拉普拉斯近似下使用一般条件方程(18.2.6)。

做出预测

最终，我们的兴趣是在新的情况下进行分类，对后验权重的不确定性进行平均分配(假设 α 固定为合适的值)，

$$p(c=1|\boldsymbol{x},\mathcal{D})=\int p(c=1|\boldsymbol{x},\boldsymbol{w})p(\boldsymbol{w}|\mathcal{D})\mathrm{d}\boldsymbol{w} \tag{18.2.20}$$

对于 $\boldsymbol{w}$ 的 $\boldsymbol{B}$ 维积分无法通过解析方法计算，需要进行数值近似。使用拉普拉斯近似，我们将精确后验 $p(\boldsymbol{w}|\boldsymbol{D})$ 替换为拉普拉斯方法的高斯近似 $q(\boldsymbol{w}|\mathcal{D})=\mathcal{N}(\boldsymbol{w}|\boldsymbol{m},\boldsymbol{S})$：

$$p(c=1|\boldsymbol{x},\mathcal{D})\approx\int p(c=1|\boldsymbol{x},\boldsymbol{w})q(\boldsymbol{w}|\mathcal{D})\mathrm{d}\boldsymbol{w}=\int\sigma(\widetilde{\boldsymbol{x}}^{\mathrm{T}}\boldsymbol{w})\mathcal{N}(\boldsymbol{w}|\boldsymbol{m},\boldsymbol{S})\mathrm{d}\boldsymbol{w} \tag{18.2.21}$$

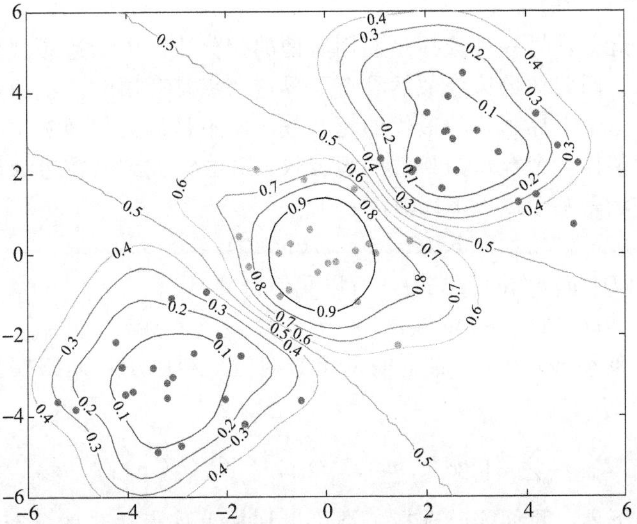

图18.5 使用径向基函数的贝叶斯逻辑回归 $\phi_i(\boldsymbol{x})=\exp(-\lambda(\boldsymbol{x}-\boldsymbol{m}_i)^2)$，将中心 $\boldsymbol{m}_i$ 放在训练点的子集上。浅色点是来自类别1的训练数据，深色点是来自类别0的训练数据。概率等值线表示在类别1中的概率。ML-II 发现的最优值是0.45(λ 设置为2)。请参阅 demoBayesLogRegression.m

其中，为了让符号使用起来方便，记 $\widetilde{\boldsymbol{x}}\equiv\phi(\boldsymbol{x})$。为了计算预测，我们需要在 B 维中执行积分。然而，由于 $\sigma(\widetilde{\boldsymbol{x}}^{\mathrm{T}}\boldsymbol{w})$ 项通过标量乘积 $\widetilde{\boldsymbol{x}}^{\mathrm{T}}\boldsymbol{w}$ 依赖于 $\boldsymbol{w}$，因此我们只需要在一维投影 $h\equiv\widetilde{\boldsymbol{x}}^{\mathrm{T}}\boldsymbol{w}$ 上的积分(参见练习18.5)。有：

$$p(c=1|\boldsymbol{x},\mathcal{D})\approx\int\sigma(h)q(h|\boldsymbol{x},\mathcal{D})\mathrm{d}h \tag{18.2.22}$$

由于在拉普拉斯近似下 $\boldsymbol{w}$ 是服从高斯分布的，因此线性投影 $\boldsymbol{h}$ 也是如此：

$$q(h|\boldsymbol{x},\mathcal{D})=\mathcal{N}(h|\widetilde{\boldsymbol{x}}^{\mathrm{T}}\boldsymbol{m},\widetilde{\boldsymbol{x}}^{\mathrm{T}}\boldsymbol{\Sigma}\widetilde{\boldsymbol{x}}) \tag{18.2.23}$$

然后可以通过数值评估 $\boldsymbol{h}$ 中高斯分布上的一维积分，等式(18.2.22)来进行预测。下面讨

论用于计算它的快速近似方法。

近似逻辑 sigmoid 的高斯均值

在高斯后验近似做预测，需要计算下式：

$$I \equiv \langle \sigma(x) \rangle_{\mathcal{N}(x|\mu,\sigma^2)} \tag{18.2.24}$$

高斯积分是一个明显的数值候选[245]。另一种方法是用适当变换的误差函数替换逻辑 sigmoid[196]，原因是误差函数的高斯均值是另一个误差函数。使用单个误差函数，一个近似为㊀：

$$\sigma(x) \approx \frac{1}{2}(1+\operatorname{erf}(\upsilon x)) \tag{18.2.25}$$

这两个函数在 $-\infty$、0、∞ 处一致。合理的准则是这两个函数的导数应该在 $x=0$ 处一致，因为它们在原点周围具有局部相同的斜率，并且具有全局相似的形状。使用 $\sigma(0)=0.5$，并且导数是 $\sigma(0)(1-\sigma(0))$，这需要：

$$\frac{1}{4}=\frac{\upsilon}{\sqrt{\pi}} \Rightarrow \upsilon=\frac{\sqrt{\pi}}{4} \tag{18.2.26}$$

通过采用缩放的误差函数的凸组合可以获得更准确的近似[23]，参见 logsigapp. m。

18.2.3　变分高斯近似

除了拉普拉斯近似，另一种选择是使用所谓的变分法。由于边缘似然是可用于例如超参数选择的关键量，因此对数边缘似然具有下界这一点是有用的。就像在 EM 中一样，人们可以通过最大化这个下界来找到最优的超参数，而不是最大化似然本身。为了使符号使用起来简单，我们整体上舍弃作为条件的超参数，并尝试找到对数边缘似然 $p(\mathcal{D})$的下界。获得边界的一种方法是基于以下 KL 散度：

$$\mathrm{KL}(q(\boldsymbol{w})\,|\,p(\boldsymbol{w}\,|\,\mathcal{D})) \geqslant 0 \tag{18.2.27}$$

因为 $p(\boldsymbol{w}\,|\,\mathcal{D})=p(\mathcal{D}\,|\,\boldsymbol{w})p(\boldsymbol{w})/p(\mathcal{D})$，所以我们得到：

$$\log p(\mathcal{D}) \geqslant \langle \log p(\mathcal{D}\,|\,\boldsymbol{w})p(\boldsymbol{w}) \rangle_{q(\boldsymbol{w})} - \langle \log q(\boldsymbol{w}) \rangle_{q(\boldsymbol{w})} \tag{18.2.28}$$

这个适合于任何分布 $q(\boldsymbol{w})$。$\langle \cdot \rangle_q$ 表示关于 q 的期望。利用逻辑回归模型的显式形式，得到右侧为：

$$\mathcal{B}_{\mathrm{KL}} \equiv \sum_{n=1}^{N} \langle \log \sigma(s_n \boldsymbol{w}^{\mathrm{T}} \tilde{\boldsymbol{x}}_n) \rangle_{q(\boldsymbol{w})} - \mathrm{KL}(q(\boldsymbol{w})\,|\,p(\boldsymbol{w})) \tag{18.2.29}$$

为了形成易处理的下界，我们需要选择一类可以评估上述表达式的分布 $q(\boldsymbol{w})$，例如高斯分布 $q(\boldsymbol{w})=\mathcal{N}(\boldsymbol{w}\,|\,\boldsymbol{m},\boldsymbol{S})$。对于高斯先验 $p(\boldsymbol{w})=\mathcal{N}(\boldsymbol{w}\,|\,0,\boldsymbol{\Sigma})$，求 $\mathrm{KL}(q(\boldsymbol{w})\,|\,p(\boldsymbol{w}))$是直截了当的。为了方便起见，我们使用 Cholesky 分解 $\boldsymbol{S}=\boldsymbol{C}^{\mathrm{T}}\boldsymbol{C}$($\boldsymbol{C}$ 为上三角矩阵)来参数化近似的协方差矩阵。由此得出：

$$-2\mathrm{KL}(q(\boldsymbol{w})\,|\,p(\boldsymbol{w}))=4\sum_i \log C_{ii} - \log \det(\boldsymbol{\Sigma}) + \operatorname{trace}(\boldsymbol{C}^{\mathrm{T}}\boldsymbol{C}\boldsymbol{\Sigma}^{-1}) + \boldsymbol{m}^{\mathrm{T}}\boldsymbol{\Sigma}^{-1}\boldsymbol{m} + \boldsymbol{B} \tag{18.2.30}$$

此处 $B=\dim(\tilde{\boldsymbol{x}})$。在计算边界[式(18.2.29)]时，出现问题的剩余项是：

㊀ 请注意，这里用的误差函数的定义与 inatlab 中用的一致，即 $\operatorname{erf}(x)=\frac{2}{\sqrt{\pi}}\int_0^x \mathrm{e}^{-t^2}\mathrm{d}t$。其他地方也将其定义为标准高斯 $\frac{2}{\sqrt{\pi}}\int_{-\infty}^{x} \mathrm{e}^{-\frac{1}{2}t^2}\mathrm{d}t$ 的累积密度函数。

$$I_n \equiv \langle \log\sigma(s_n \boldsymbol{w}^{\mathrm{T}} \widetilde{\boldsymbol{x}}_n) \rangle_{\mathcal{N}(\boldsymbol{w}|\boldsymbol{m},\boldsymbol{S})} \tag{18.2.31}$$

我们定义激励 $a_n \equiv s_n \boldsymbol{w}^{\mathrm{T}} \widetilde{\boldsymbol{x}}_n$，因为 $\boldsymbol{w}$ 是服从高斯分布的，所以激励也服从，有：

$$p(a_n) = \mathcal{N}(a_n \mid \widetilde{\mu}_n, \widetilde{\sigma}_n^2), \quad \widetilde{\mu}_n = s_n \widetilde{\boldsymbol{x}}_n^{\mathrm{T}} \boldsymbol{m}, \quad \widetilde{\sigma}_n^2 = \widetilde{\boldsymbol{x}}_n^{\mathrm{T}} \boldsymbol{C}^{\mathrm{T}} \boldsymbol{C} \widetilde{\boldsymbol{x}}_n \tag{18.2.32}$$

因此：

$$I_n = \langle \log\sigma(a_n) \rangle_{\mathcal{N}(a_n|\widetilde{\mu}_n, \widetilde{\sigma}_n^2)} = \langle \log\sigma(\widetilde{\mu}_n + z\widetilde{\sigma}_n) \rangle_z$$

其中$\langle \cdot \rangle_z$ 表示关于标准正态分布 $z \sim \mathcal{N}(z \mid 0,1)$的期望。这样，可以通过任何标准的一维数值积分方法计算 I_n，例如通过高斯求积法。由于对近似高斯的任何参数 $\boldsymbol{m}$、$\boldsymbol{C}$ 在数值上可以访问边界[式(18.2.29)]，我们可以通过下界的直接数值最大化来寻找最优参数。关于 $\boldsymbol{m}$ 的边界梯度是：

$$\frac{\partial \mathcal{B}_{\mathrm{KL}}}{\partial \boldsymbol{m}} = -\boldsymbol{\Sigma}^{-1} \boldsymbol{m} + \sum_{n=1}^{N} s_n \widetilde{\boldsymbol{x}}_n (1 - \langle \sigma(\widetilde{\mu}_n + z\widetilde{\sigma}_n) \rangle_z) \tag{18.2.33}$$

类似地，可以证明：

$$\frac{\partial \mathcal{B}_{\mathrm{KL}}}{\partial \boldsymbol{C}} = \boldsymbol{C}^{-\mathrm{T}} - \boldsymbol{C}\boldsymbol{\Sigma}^{-1} + \boldsymbol{C} \sum_{n=1}^{N} \frac{\widetilde{\boldsymbol{x}}_n \widetilde{\boldsymbol{x}}_n^{\mathrm{T}}}{\widetilde{\sigma}_n} \langle z\sigma(\widetilde{\mu}_n + z\widetilde{\sigma}_n) \rangle_z \tag{18.2.34}$$

并理解只采用了矩阵表达式的上三角部分。可以证明，边界方程(18.2.29)在均值和协方差中是凹的[61]。然后可以将这些梯度用作通用优化例程的一部分，以找到最优的 $\boldsymbol{m}$ 和 $\boldsymbol{C}$ 近似参数。

18.2.4 局部变分近似

对上面的 KL 边界方法的替代方案是使用所谓的局部方法来使被积函数中的每项有界。对下界：

$$p(\mathcal{D}) = \int \prod_n \sigma(s_n \boldsymbol{w}^{\mathrm{T}} \widetilde{\boldsymbol{x}}_n) p(\boldsymbol{w}) \mathrm{d}\boldsymbol{w} \tag{18.2.35}$$

我们可以求逻辑 sigmoid 函数的下界[156]，见图 18.6：

$$\sigma(x) \geqslant \sigma(\xi) \left(\frac{1}{2}(x - \xi) - \lambda(\xi)(x^2 - \xi^2) \right), \quad \lambda(\xi) \equiv \frac{1}{2\xi}\left(\sigma(\xi) - \frac{1}{2} \right) \tag{18.2.36}$$

因此：

$$\log\sigma(s_n \boldsymbol{w}^{\mathrm{T}} \widetilde{\boldsymbol{x}}_n) \geqslant \log\sigma(\xi_n) + \frac{1}{2} s_n \boldsymbol{w}^{\mathrm{T}} \widetilde{\boldsymbol{x}}_n - \frac{1}{2}\xi_n - \lambda(\xi_n)[(\boldsymbol{w}^{\mathrm{T}} \widetilde{\boldsymbol{x}}_n)^2 - \xi_n^2] \tag{18.2.37}$$

通过这些我们可以得到：

$$p(\mathcal{D}) \geqslant \int \mathrm{d}\boldsymbol{w} \mathcal{N}(\boldsymbol{w} \mid 0, \boldsymbol{\Sigma}) \prod_n \mathrm{e}^{\log\sigma(\xi_n) + \frac{1}{2} s_n \boldsymbol{w}^{\mathrm{T}} \widetilde{\boldsymbol{x}}_n - \frac{1}{2}\xi_n - \lambda(\xi_n)[(\boldsymbol{w}^{\mathrm{T}} \widetilde{\boldsymbol{x}}_n)^2 - \xi_n^2]} \tag{18.2.38}$$

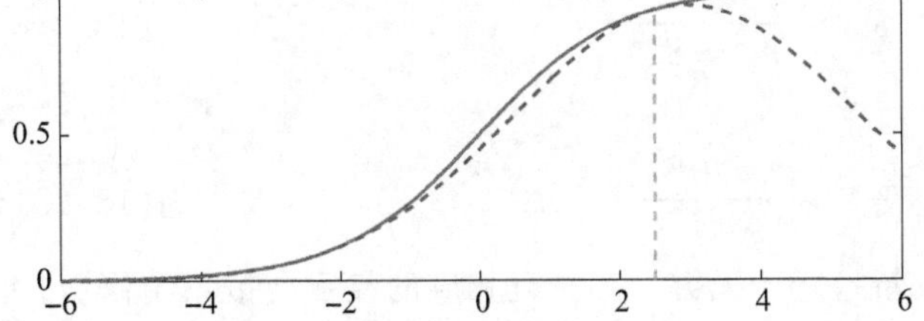

图 18.6　逻辑 sigmoid 函数 $\sigma(x) = 1/(1+\exp(-x))$(实曲线)和高斯下界(虚曲线)，工作点为 $\xi = 2.5$

固定 $\xi_n (n=1,\cdots,N)$，对右侧关于 $\boldsymbol{w}$ 进行积分，从而产生下界：

$$\log p(\mathcal{D}) \geqslant \frac{1}{2} \log \frac{\det(\hat{\boldsymbol{S}})}{\det(\boldsymbol{\Sigma})} + \frac{1}{2} \hat{\boldsymbol{m}}^{\mathrm{T}} \hat{\boldsymbol{S}}^{-1} \hat{\boldsymbol{m}} + \sum_{n=1}^{N} \left[\log\sigma(\xi_n) - \frac{\xi_n}{2} + \lambda(\xi_n) \xi_n^2 \right] \tag{18.2.39}$$

其中：

$$\boldsymbol{A}=\boldsymbol{\Sigma}^{-1}+2\sum_{n=1}^{N}\lambda(\xi_n)\widetilde{\boldsymbol{x}}_n\widetilde{\boldsymbol{x}}_n^{\mathrm{T}},\quad \boldsymbol{b}=\sum_{n=1}^{N}\frac{1}{2}s_n\widetilde{\boldsymbol{x}}_n,\quad \hat{\boldsymbol{S}}\equiv\boldsymbol{A}^{-1},\quad \hat{\boldsymbol{m}}\equiv\boldsymbol{A}^{-1}\boldsymbol{b} \tag{18.2.40}$$

接下来，可以关于变分参数 ξ_n 来最大化下界函数(18.2.39)。在收敛时，我们可以选择高斯分布 $\mathcal{N}(\boldsymbol{w}|\hat{\boldsymbol{m}},\hat{\boldsymbol{S}})$ 作为对后验的近似。

与 KL 变分过程关联

作为对 18.2.3 节中描述的 KL 过程中的数值积分的替代，我们可以使用式(18.2.37)为式(18.2.29)中有问题的项 $\langle\log\sigma(s_n\boldsymbol{w}^{\mathrm{T}}\widetilde{\boldsymbol{x}}_n)\rangle_{q(\boldsymbol{w})}$ 定界。正如我们在 28.5 节讨论的那样，这使我们能够将 KL 边界方法和局部边界边界方法联系起来[61]，证明对不受限的 Cholesky 参数 $\boldsymbol{C}$，KL 方法可以求出比本地方法更紧的下界。

作为这些近似的说明，对二维数据($D=2$)，我们在图 18.7 中绘制了后验和近似的等值线，这再次证明了局部近似具有过紧的性质，另外绘制的拉普拉斯近似用于比较，不产生边界。

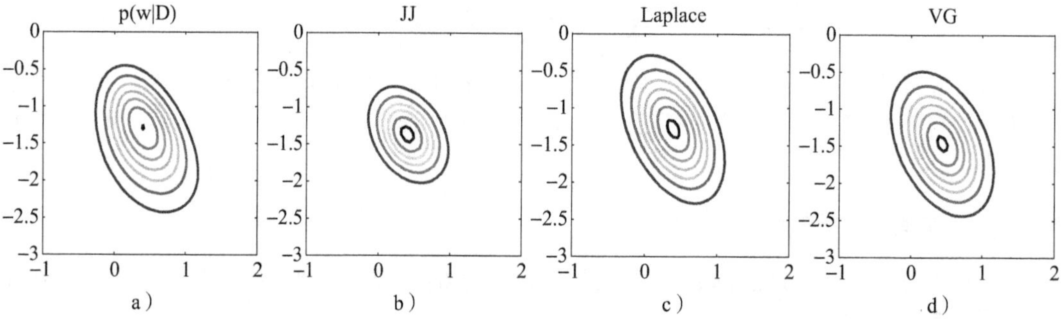

图 18.7　对基于 $N=20$ 个数据点的二维贝叶斯逻辑回归后验的后验近似。a) 真实的后验。b) 来自 Jaakola-Jordan 局部近似的高斯分布。c) 拉普拉斯高斯近似。d) 来自 KL 方法的变分高斯近似

18.2.5　用于分类的相关向量机

将 18.1.7 节的稀疏线性模型方法应用于分类是很简单的。例如，在采用 RVM 先验分类时，和之前一样，我们希望使用下式使每个权重都较小：

$$p(\boldsymbol{w}|\boldsymbol{\alpha})=\prod_i p(w_i|\alpha_i),\quad p(w_i|\alpha_i)=\mathcal{N}\left(w_i\,|\,0,\frac{1}{\alpha_i}\right) \tag{18.2.41}$$

对先前 ML-II 方法的唯一改变是用下式代替等式(18.2.13)和等式(18.2.15)：

$$[\nabla E]_i=\alpha_i w_i-\sum_n(1-\sigma^n)h_i^n,\quad \boldsymbol{H}=\mathrm{diag}(\boldsymbol{\alpha})+\boldsymbol{J} \tag{18.2.42}$$

这些在牛顿更新公式中的使用和前面一样。α 的更新式由下式给出：

$$\alpha_i^{\mathrm{new}}=\frac{1}{m_i^2+S_{ii}} \tag{18.2.43}$$

类似地，Gull-MacKay 更新如下：

$$\alpha_i^{\mathrm{new}}=\frac{1-\alpha_i S_{ii}}{m_i^2} \tag{18.2.44}$$

运行此过程，通常会发现 α 的许多更新趋近于无穷大，并且相应的权重会被系统修剪。其余权重通常对应于同一类数据点的聚类质量中心的基函数(在径向基函数情况下)，如图 18.8 所示。作为对比 SVM 情况中保留的数据点趋近于在决策边界上。RVM 保留的训练点数量往往非常小——确实比 SVM 框架中保留的要小。虽然 RVM 不支持大的间隔，因此可能是一个不太鲁棒的分类器，但它确实保留了概率框架的优点[296]。结合用于学习

α_i 的 ML-II 过程，对 RVM 的一个潜在批评就是它在修剪方面过于激进。实际上，当人们可以验证运行 demoBayesLogRegRVM. m 时，通常会找到一个问题实例，其中存在一组 α_i，使得训练数据可以被完美地分类。然而，在使用 ML-II 之后，如此多的 α_i 被设置为零，训练数据不再能够被完美地分类。另一种方法是采用针板先验，尽管需要更复杂的近似方法，但这种技术可以减少过度侵略性的修剪。

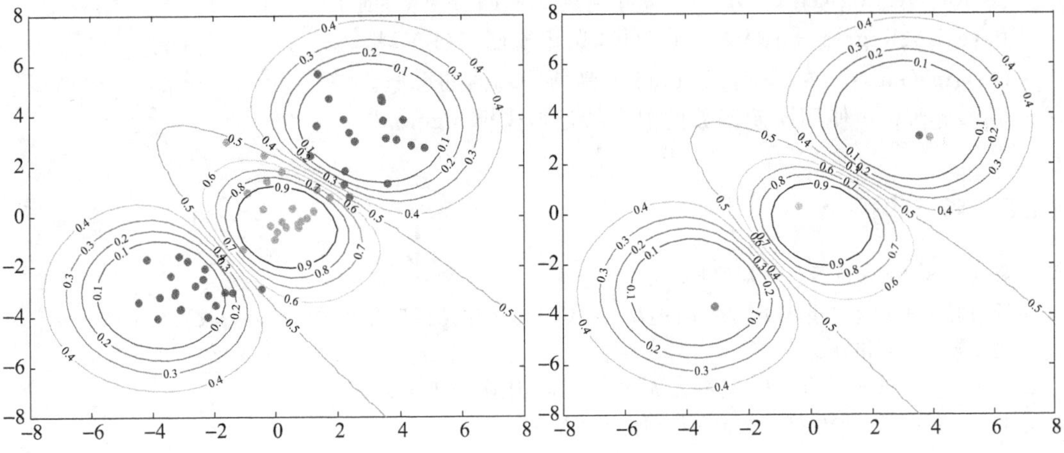

a)　　　　b)

图 18.8　使用 RVM 和径向基函数 $e^{-\lambda(x-m)^2}$ 进行分类，在训练数据的子集中放置基函数。绿点是来自 1 类的训练数据，红点是来自 0 类的训练数据。等值线表示属于 1 类的概率。a) 训练点。b) 训练点的相关值加权 $1/\alpha_n$。几乎所有数据都有这样一个值，它太小以至于数据真消失了。请参阅 demoBayesLogRegRVM. m

18.2.6　多分类案例

简单来说，我们可以在 1-m 类别编码方案下使用 softmax 函数来处理多类别情形。类别概率是：

$$p(c=m\mid y)=\frac{e^{y_m}}{\sum_{m'} e^{y}_{m'}} \tag{18.2.45}$$

这里自动执行了限制：$\sum_m p(c=m)=1$。简单来看，对 C 类别，拉普拉斯估计的时间复杂度为 $O(C^3N^3)$。然而，通过详细的时间证明，时间复杂度可以缩减到 $O(CN^3)$，类似于高斯分类模型中可能节省的成本。

18.3　总结

- 通过在参数上使用高斯先验来实现线性回归的简单扩展，结合输出上加性高斯噪声的假设，后验分布是高斯分布，就可以很容易地得出预测。
- 在分类情况下，通过对参数使用简单的高斯先验，不需要闭合形式贝叶斯解，但需要近似。然而，后验参数表现良好，因此简单的单峰近似可能是足够的。

18.4 代码

demoBayesLinReg. m：贝叶斯线性回归演示。

BayesLinReg. m：贝叶斯线性回归。

demoBayesLogRegRVM. m：贝叶斯逻辑回归(RVM)演示。

BayesLogRegressionRVM. m：贝叶斯逻辑回归(RVM)。

avsigmaGauss. m：逻辑 sigmoid 的高斯平均值的近似。

logigapp. m：使用误差函数的混合的近似逻辑 sigmoid。

18.5 练习题

练习 18.1 这个练习涉及贝叶斯回归。

1. 证明对 $f=\boldsymbol{w}^{\mathrm{T}}\boldsymbol{x}$ 和 $p(\boldsymbol{w})\sim\mathcal{N}(\boldsymbol{w}\mid\boldsymbol{0},\boldsymbol{\Sigma})$，$p(f\mid\boldsymbol{x})$是服从高斯分布的。此外，找到这个高斯分布的均值和协方差矩阵。
2. 考虑一个目标点 $t=f+\epsilon$，其中$\epsilon\sim\mathcal{N}(\epsilon\mid 0,\sigma^2)$，计算 $p(f\mid t,\boldsymbol{x})$。

练习 18.2 一个贝叶斯线性参数回归模型由下式给出：

$$y^n=\boldsymbol{w}^{\mathrm{T}}\boldsymbol{\phi}(\boldsymbol{x}^n)+\eta^n \tag{18.5.1}$$

向量符号 $\boldsymbol{y}=(y^1,\cdots,y^N)^{\mathrm{T}}$ 可以写为：

$$\boldsymbol{y}=\boldsymbol{\Phi}\boldsymbol{w}+\eta \tag{18.5.2}$$

这里 $\boldsymbol{\Phi}^{\mathrm{T}}=[\boldsymbol{\phi}(\boldsymbol{x}^1),\cdots,\boldsymbol{\phi}(\boldsymbol{x}^N)]$，$\eta$ 是协方差为$\beta^{-1}\boldsymbol{I}$ 的零均值高斯分布向量。数据集的边缘似然的表达式见公式(18.1.19)。我们的目标是为以下给定超参数 Γ 的似然找到更紧凑的表达式：

$$p(y^1,\cdots,y^N\mid\boldsymbol{x}^1,\cdots,\boldsymbol{x}^N,\Gamma) \tag{18.5.3}$$

因为 y^n 与 $\boldsymbol{w}$ 和 $p(\boldsymbol{w})=\mathcal{N}(\boldsymbol{w}\mid\boldsymbol{0},\alpha^{-1}\boldsymbol{I})$线性相关，因此 $\boldsymbol{y}$ 是均值为下的高斯分布：

$$\langle\boldsymbol{y}\rangle=\boldsymbol{\Phi}\langle\boldsymbol{w}\rangle=\boldsymbol{0} \tag{18.5.4}$$

协方差矩阵为：

$$\boldsymbol{C}=\langle\boldsymbol{y}\boldsymbol{y}^{\mathrm{T}}\rangle-\langle\boldsymbol{y}\rangle\langle\boldsymbol{y}\rangle^{\mathrm{T}}=\langle(\boldsymbol{\Phi}\boldsymbol{w}+\boldsymbol{\eta})(\boldsymbol{\Phi}\boldsymbol{w}+\boldsymbol{\eta})^{\mathrm{T}}\rangle \tag{18.5.5}$$

1. 证明协方差矩阵可以表示为：

$$\boldsymbol{C}=\frac{1}{\beta}\boldsymbol{I}+\frac{1}{\alpha}\boldsymbol{\Phi}\boldsymbol{\Phi}^{\mathrm{T}} \tag{18.5.6}$$

2. 因此证明边缘似然可以表示为：

$$\log p(y^1,\cdots,y^N\mid\boldsymbol{x}^1,\cdots,\boldsymbol{x}^N,\Gamma)=-\frac{1}{2}\log\det(2\pi\boldsymbol{C})-\frac{1}{2}\boldsymbol{y}^{\mathrm{T}}\boldsymbol{C}^{-1}\boldsymbol{y} \tag{18.5.7}$$

练习 18.3 基于练习 18.2，导出验证集上的对数似然表达式(18.1.41)。

练习 18.4 考虑等式(18.2.12)中定义的函数 $E(\boldsymbol{w})$。

1. 证明具有以下元素的黑塞矩阵：

$$H_{ij}\equiv\frac{\partial^2}{\partial w_i\partial w_j}E(\boldsymbol{w})=\left[\alpha\boldsymbol{I}+\sum_{n=1}^{N}\sigma^n(1-\sigma^n)\boldsymbol{\phi}^n(\boldsymbol{\phi}^n)^{\mathrm{T}}\right]_{ij} \tag{18.5.8}$$

2. 证明黑塞矩阵是正定的。

练习 18.5 证明对任何函数 $f(\cdot)$，下式成立。

$$\int f(\boldsymbol{x}^{\mathrm{T}}\boldsymbol{w})p(\boldsymbol{w})\mathrm{d}\boldsymbol{w}=\int f(h)p(h)\mathrm{d}h \tag{18.5.9}$$

其中 $p(h)$是对标量 $\boldsymbol{x}^{\mathrm{T}}\boldsymbol{w}$ 的分布。意义是对上述形式的任何高维积分都可以被简化为关于“场”h 的分布的一维积分。

练习 18.6 本练习涉及贝叶斯逻辑回归。我们的兴趣点在于根据对边缘对数似然的拉普拉斯近似推导出

最优正则化参数 α，似然为：

$$\log p(\mathcal{D}|\alpha) \approx L(\alpha) \equiv -\frac{\alpha}{2}(\boldsymbol{w})^{\mathrm{T}}\boldsymbol{w} + \sum_{n}\log\sigma(\boldsymbol{w}^{\mathrm{T}}\boldsymbol{h}^{n}) - \frac{1}{2}\log\det(\alpha\boldsymbol{I}+\boldsymbol{J}) + \frac{B}{2}\log\alpha \tag{18.5.10}$$

拉普拉斯过程首先找到最小化 $\alpha\boldsymbol{w}^{\mathrm{T}}\boldsymbol{w}/2 - \sum_{n}\log\sigma(\boldsymbol{w}^{\mathrm{T}}\boldsymbol{h}^{n})$ 的最优 $\boldsymbol{w}^{*}$，如公式(18.2.12)所示，这取决于 α 的设置。因此，形式化的计算方法是，在找到优化 $L(\alpha)$ 的 α 时，我们应该使用总导数公式：

$$\frac{\mathrm{d}L}{\mathrm{d}\alpha} = \frac{\partial L}{\partial\alpha} + \sum_{i}\frac{\partial L}{\partial w_i}\frac{\partial w_i}{\partial\alpha} \tag{18.5.11}$$

但是，当在 $\boldsymbol{w}=\boldsymbol{w}^{*}$ 处评估时，$\frac{\partial L}{\partial\boldsymbol{w}}=\boldsymbol{0}$。这意味着为了计算关于 α 的导数，我们只需要考虑具有显式 α 相关性的项。令导数等于零并使用：

$$\partial\log\det(\boldsymbol{M}) = \mathrm{trace}(\boldsymbol{M}^{-1}\partial\boldsymbol{M}) \tag{18.5.12}$$

证明最优 α 满足以下不动点方程：

$$\alpha^{\mathrm{new}} = \frac{N}{(\boldsymbol{w}^{*})^{\mathrm{T}}\boldsymbol{w}^{*} + \mathrm{trace}((\alpha\boldsymbol{I}+\boldsymbol{J})^{-1})} \tag{18.5.13}$$

第 19 章

Bayesian Reasoning and Machine Learning

高斯过程

在贝叶斯线性参数模型中，唯一相关的计算量是数据向量之间的内积。从这个动机出发，在高斯过程中，我们提出一个不一定涉及任何数据的“参数化”模型的预测方法。这样的模型被称为灵活的贝叶斯预测器。

19.1 非参数预测

高斯过程(GP)是灵活的贝叶斯模型，其在概率建模框架中拟合得很好。在进一步描述高斯过程之前，我们先回顾下构建预测器需要什么信息。给定训练集：

$$\mathcal{D}=\{(x^n,y^n),n=1,\cdots,N\}=\mathcal{X}\cup\mathcal{Y} \tag{19.1.1}$$

其中 x^n 是数据点 n 的输入，y^n 是其对应的输出(在回归情形中是一个连续变量，在分类情形中是一个离散变量)，我们的目标是为新的输入 x^* 预测 y^*。在判别框架中，不对输入 x 建模，仅对输出在给定输入的条件下建模。给定联合模型：

$$p(y^1,\cdots,y^N,y^*\mid x^1,\cdots,x^N,x^*)=p(\mathcal{Y},y^*\mid\mathcal{X},x^*) \tag{19.1.2}$$

可进一步用条件分布形成预测器 $p(y^*\mid x^*,\mathcal{D})$。在之前的章节中，我们已经使用了 i. i. d. 假设，即每个数据点是从同一个生成分布中独立抽样得到的。在这里，我们类似地给出下面的假设：

$$p(y^1,\cdots,y^N,y^*\mid x^1,\cdots,x^N,x^*)=p(y^*\mid\mathcal{X},x^*)\prod_n p(y^n\mid\mathcal{X},x^*) \tag{19.1.3}$$

然而，由于预测条件 $p(y^*\mid\mathcal{D},x^*)=p(y^*\mid\mathcal{X},x^*)$没有用到训练集的输出，意味着这个假设并没有太大用处。因此，我们需要对输出指定一个联合非因子分解的分布来构建一个非平凡的预测器。

19.1.1 从参数化到非参数化

回顾对参数化模型的 i. i. d. 假设，我们用了参数 θ 对输入-输入分布 $p(y\mid x,\theta)$建模。在参数化模型中使用下式形成预测：

$$p(y^*\mid x^*,\mathcal{D})\propto p(y^*,x^*,\mathcal{D})=\int_\theta p(y^*,\mathcal{Y},x^*,\mathcal{X},\theta)\propto\int_\theta p(y^*,\mathcal{Y}\mid\theta,x^*,\mathcal{X})p(\theta\mid \cancel{x^*},\mathcal{X}) \tag{19.1.4}$$

在给定 θ，数据服从 i. i. d. 的假设下，可得到：

$$p(y^*\mid x^*,\mathcal{D})\propto\int_\theta p(y^*\mid x^*,\theta)p(\theta)\prod_n p(y^n\mid\theta,x^n)\propto\int_\theta p(y^*\mid x^*,\theta)p(\theta\mid\mathcal{D}) \tag{19.1.5}$$

其中：

$$p(\theta\mid\mathcal{D})\propto p(\theta)\prod_n p(y^n\mid\theta,x^n) \tag{19.1.6}$$

通过求关于参数 θ 的积分，可得到联合分布：

$$p(y^*,\mathcal{Y}|x^*,\mathcal{X})=\int_\theta p(y^*|x^*,\theta)p(\theta)\prod_n p(y^n|\theta,x^n) \tag{19.1.7}$$

这一般不会分解为单个数据项，如图 19.1 所示。非参数方法的思想是，在不需要显式参数模型的情况下指定 $p(y^*,\mathcal{Y}|x^*,\mathcal{X})$的形式。构建非参数模型的一种方法是，从参数模型出发，然后通过积分去掉参数。为使这个方法变得可行，我们需要使用一个简单的具有高斯参数先验的线性参数预测器。在回归问题中，这种选择能得到一个闭合式的结果，而在分类情形下需要数值近似。

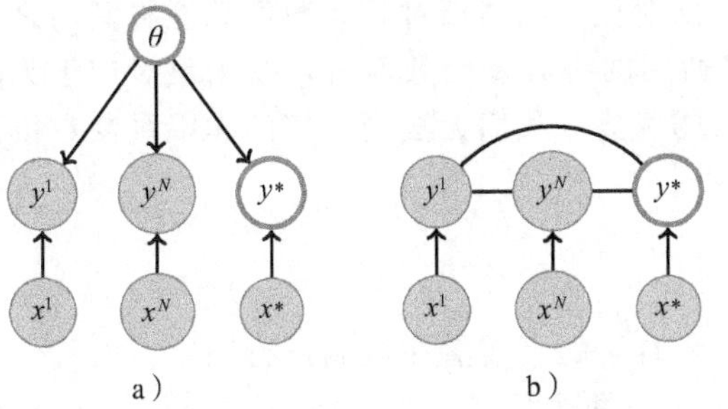

图 19.1　a) 用于预测的参数模型，假设数据服从 i. i. d. 。b) 通过积分去掉参数 θ 之后的模型。我们的非参数模型会得到这种结构

19.1.2　从贝叶斯线性模型到高斯过程

本节我们先简要回顾下 18.1.1 节的贝叶斯线性参数模型。对参数 $\boldsymbol{w}$ 和基函数 $\phi_i(x)$，输出为(假设没有输出噪声)：

$$y=\sum_i w_i\phi_i(x) \tag{19.1.8}$$

将 $y^1,\cdots,y^N$ 写成向量 $\boldsymbol{y}$，那么预测器可写为：

$$\boldsymbol{y}=\boldsymbol{\Phi w} \tag{19.1.9}$$

其中 $\boldsymbol{\Phi}=[\phi(x^1),\cdots,\phi(x^N)]^{\mathrm{T}}$ 是设计矩阵。假设一个高斯权重先验：

$$p(\boldsymbol{w})=\mathcal{N}(\boldsymbol{w}|\boldsymbol{0},\boldsymbol{\Sigma}_w) \tag{19.1.10}$$

则联合输出：

$$p(\boldsymbol{y}|\boldsymbol{x})=\int_w \delta(\boldsymbol{y}-\boldsymbol{\Phi w})p(\boldsymbol{w}) \tag{19.1.11}$$

是一个高斯分布，其均值为：

$$\langle\boldsymbol{y}\rangle=\boldsymbol{\Phi}\langle\boldsymbol{w}\rangle_{p(\boldsymbol{w})}=\boldsymbol{0} \tag{19.1.12}$$

协方差矩阵为：

$$\langle\boldsymbol{y}\boldsymbol{y}^{\mathrm{T}}\rangle=\boldsymbol{\Phi}\langle\boldsymbol{w}\boldsymbol{w}^{\mathrm{T}}\rangle_{p(\boldsymbol{w})}\boldsymbol{\Phi}^{\mathrm{T}}=\boldsymbol{\Phi}\boldsymbol{\Sigma}_w\boldsymbol{\Phi}^{\mathrm{T}}=(\boldsymbol{\Phi}\boldsymbol{\Sigma}_w^{\frac{1}{2}})(\boldsymbol{\Phi}\boldsymbol{\Sigma}_w^{\frac{1}{2}})^{\mathrm{T}} \tag{19.1.13}$$

这里我们可以看出，$\boldsymbol{\Sigma}_w$ 通过其 Cholesky 分解吸收进 $\boldsymbol{\Phi}$。换言之，不失一般性，我们可以假设 $\boldsymbol{\Sigma}_w=\boldsymbol{I}$。因此，在通过积分去掉权重之后，贝叶斯线性回归模型在任意输出集 $\boldsymbol{y}$ 上引入了一个高斯分布，如下：

$$p(\boldsymbol{y}|\boldsymbol{x})=\mathcal{N}(\boldsymbol{y}|\boldsymbol{0},\boldsymbol{K}) \tag{19.1.14}$$

其中协方差矩阵 $\boldsymbol{K}$ 仅和训练输入相关，体现在：

$$[\boldsymbol{K}]_{n,n'}=\boldsymbol{\phi}(x^n)^{\mathrm{T}}\boldsymbol{\phi}(x^{n'}),\quad n,n'=1,\cdots,N \tag{19.1.15}$$

将矩阵 $\boldsymbol{K}$ 构造成向量内积的形式保证了其是半正定矩阵，可参考 19.4.2 节。在通过积分去掉权重之后，与模型直接相关的唯一量是协方差矩阵 $\boldsymbol{K}$。因此在高斯过程中，我们直接指定联合输出协方差矩阵 $\boldsymbol{K}$ 为两个输入的函数，而不是指定它为一个具有参数 $\boldsymbol{w}$ 的

线性模型。具体来说，我们需要为两个输入 x^n 和 $x^{n'}$ 指定协方差矩阵的元素 n 和 n'。可用一个协方差函数 $k(x^n, x^{n'})$

$$[\mathbf{K}]_{n,n'} = k(x^n, x^{n'}) \tag{19.1.16}$$

由协方差函数 k 得到的矩阵 $\mathbf{K}$ 被称为 Gram 矩阵。我们所需的函数 $k(x^n, x^{n'})$ 的形式非常特殊——当用于创建矩阵 $\mathbf{K}$ 的元素时，其必须产生一个正定矩阵。我们将在 19.3 节讨论如何构造这样的协方差函数。一种显式直接的构造方式是，由基向量 $\boldsymbol{\phi}(x^n)$ 和 $\boldsymbol{\phi}(x^{n'})$ 的内积构造协方差函数。针对有限维的 $\boldsymbol{\phi}$，这被称为有限维高斯过程。给定任意协方差函数，我们总能找到对应的基向量表示，即对任意的高斯过程，我们总能将其与之前的参数化贝叶斯 LPM 相关联。然而，对许多通用的协方差函数而言，基函数对应于无限维向量。也正是这种情形凸显了高斯过程框架的优势，我们无法用对应的无限维参数模型进行有效计算。

19.1.3　函数的先验

许多机器学习应用的本质是对数据生成过程背后的真实潜在机制进行限制，而我们依赖于一般的“光滑性”假设。比如我们可能希望对两个比较近的输入 x 和 x'，它们对应的输出 y 和 y' 应该是相似的。可以把许多机器学习中的一般技术看作对光滑性的不同刻画。高斯过程框架在这方面的一个优点是其很好地刻画了函数的数学光滑性，使人们对此过程有信心。

给定协方差矩阵 $\mathbf{K}$，等式 19.1.14 这样指定了函数[㊀]的分布：给定输入点集合 $\mathbf{x} = (x^1, \cdots, x^N)$ 和一个 $N \times N$ 的协方差矩阵 $\mathbf{K}$，然后从等式(19.1.14)定义的高斯分布中抽取一个向量 $\mathbf{y} = (y^1, \cdots, y^N)$，再在有限的点集合 $(x^n, y^n)(n=1, \cdots, N)$ 上绘制抽样的“函数”。高斯过程对应于哪种类型的函数呢？在图 19.2a 中，我们绘制了从平方指数协方差函数(定义在均匀分布在 -2 到 3 之间的空间里的 500 个样本点上)中抽样的三个函数。每个样本函数看起来都相对光滑。相反地，对 Ornstein Uhlenbeck 协方差函数来说，样本函数(图 19.2c)看起来是局部高低不平的。如在 19.4.1 节中讨论的那样，这些光滑性与协方差函数的形式有关。

考虑两个标量输入 x^i 和 x^j，及其对应的抽样输出 y^i 和 y^j。对 $k(x^i, x^j)$ 较大的协方差函数，我们希望 y^i 和 y^j 非常相似，因为它们是高度相关的。相反地，对 $k(x^i, x^j)$ 较小的协方差函数，我们希望 y^i 和 y^j 是相互独立的。一般来说，我们希望 y^i 和 y^j 之间的相关性随着 x^i 和 x^j 逐渐远离而减小[㊁]。

零均值假设意味着，如果我们抽样了很多这样的函数，则这些函数在给定数据点 x 处的均值趋于 0。同样地，对任意两个点 x 和 x'，如果我们对所有这样的样本函数计算对应的 y 和 y' 之间的样本协方差，则其会趋于协方差函数值 $k(x, x')$。零均值假设很容易通过定义一个均值函数 $m(x)$ 而松弛，得到 $p(\mathbf{y}|\mathbf{x}) = N(\mathbf{y}|\mathbf{m}, \mathbf{K})$。在许多实际情形中经常遇到的是“去趋势化”数据，即这样的均值趋势是被去除了的。基于这样的原因，机器学习文献中有许多高斯过程的发展是针对零均值这种情形的。

㊀ “函数”这个词存在混淆，因为对输入-输出映射我们并没有一个显式的函数形式。对任意有限输入集合 $x^1, \cdots, x^N$，“函数”值为这些数据点处的输出 $y^1, \cdots, y^N$。

㊁ 对周期函数来说，即使输入之间距离很远，也可能得到很高的相关性。

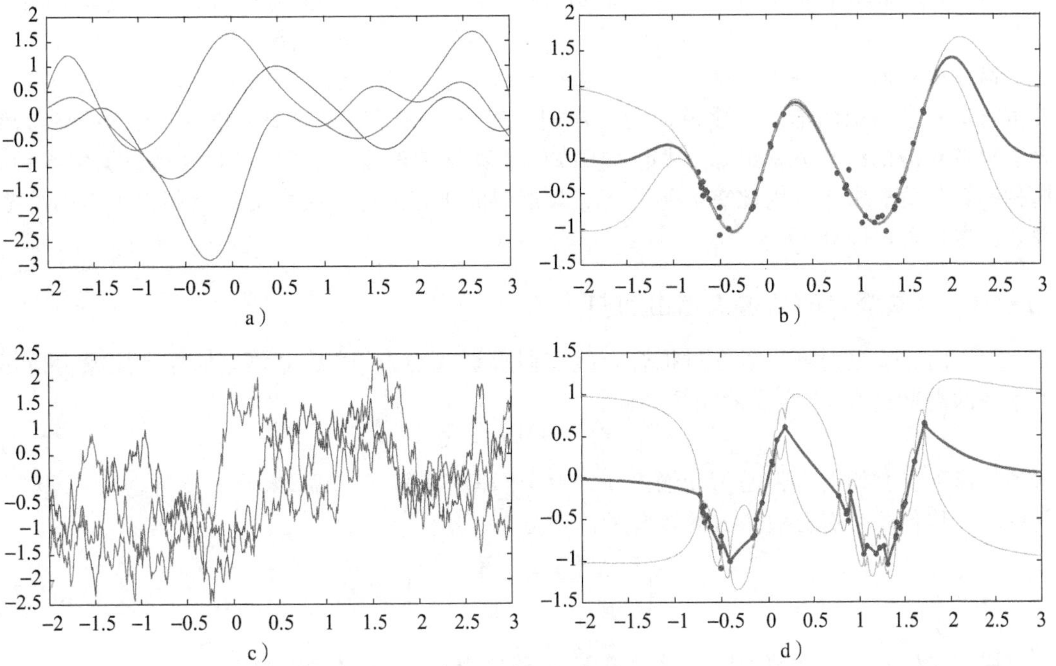

图 19.2　从 −2 到 3 的输入空间中均匀分布着 1 000 个数据点 $x^1,\cdots,x^{1000}$。a) 从带有平方指数协方差函数的高斯过程先验中抽取的三个样本，其中 $\lambda=2$。1 000×1 000 的协方差矩阵 $\boldsymbol{K}$ 是由平方指数核定义的，使用 `mvrandn(zeros(1000,1),K,3)` 从其中抽样。b) 基于训练点的预测。绘制的是基于平方指数协方差的后验预测函数。中间的线是均值预测，在两边有标准误差条。对数边缘似然≈70。c) 来自 Ornstein Uhlenbeck 高斯过程先验的三个样本，其中 $\lambda=2$。d) 对 Ornstein Uhlenbeck 协方差的后验预测。对数边缘似然≈3，这意味着平方指数协方差比更粗糙的 Ornstein Uhlenbeck 协方差更受数据的支持

19.2　高斯过程预测

对一个数据集 $\mathcal{D}=\{\boldsymbol{x},\boldsymbol{y}\}$ 和新输入 x^*，零均值高斯过程对给定联合输入 $x^1,\cdots,x^N$，x^* 条件下的联合输出 $y^1,\cdots,y^N$，y^* 建立了一个高斯模型。方便起见，我们将这个模型写为：

$$p(\boldsymbol{y},y^*\mid\boldsymbol{x},x^*)=\mathcal{N}(\boldsymbol{y},y^*\mid\boldsymbol{0}_{N+1},\boldsymbol{K}^+)\qquad(19.2.1)$$

其中 $\boldsymbol{0}_{N+1}$ 是一个 $N+1$ 维的零向量。协方差矩阵 $\boldsymbol{K}^+$ 是如下图所示的一个分块矩阵：

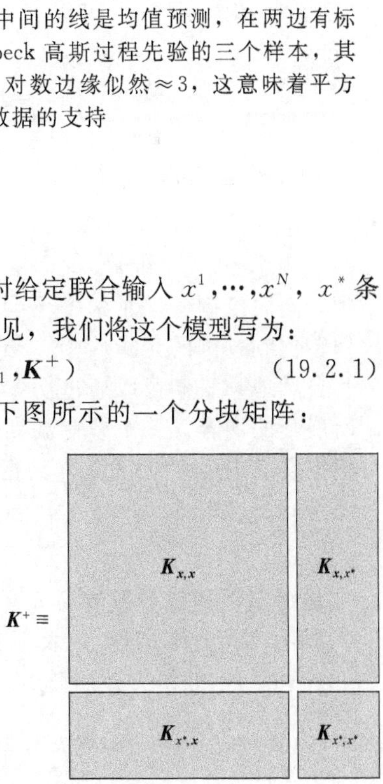

其中 $\boldsymbol{K}_{\boldsymbol{x},\boldsymbol{x}}$ 是训练输入集 $\boldsymbol{x}=(x^1,\cdots,x^N)$ 的协方差矩阵，即

$$[\boldsymbol{K}_{\boldsymbol{x},\boldsymbol{x}}]_{n,n'}\equiv k(x^n,x^{n'}),\quad n,n'=1,\cdots,N\qquad(19.2.2)$$

$N\times1$ 的向量 $\boldsymbol{K}_{\boldsymbol{x},x^*}$ 的元素为：

$$[\boldsymbol{K}_{\boldsymbol{x},x^*}]_{n,*}\equiv k(x^n,x^*)\quad n=1,\cdots,N\qquad(19.2.3)$$

$\boldsymbol{K}_{x^*,\boldsymbol{x}}$ 是上述向量的转置。标量协方差矩阵为：

$$\boldsymbol{K}_{x^*,x^*}\equiv k(x^*,x^*)\qquad(19.2.4)$$

通过高斯条件(使用了结果 8.4)可得到预测分布 $p(y^*|x^*,\boldsymbol{x},\boldsymbol{y})$，并给出一个高斯分布：

$$p(y^*|x^*,\mathcal{D})=\mathcal{N}(y^*|\boldsymbol{K}_{x^*,x}\boldsymbol{K}_{x,x}^{-1}\boldsymbol{y},\boldsymbol{K}_{x^*,x^*}-\boldsymbol{K}_{x^*,x}\boldsymbol{K}_{x,x}^{-1}\boldsymbol{K}_{x,x^*}) \tag{19.2.5}$$

高斯过程回归是一个准确方法且不存在局部极小点的问题。更进一步，高斯过程由于其可自动对预测中的不确定建模而受人欢迎。然而，由于需要对矩阵求逆(或通过高斯消去法求解对应的线性方程组)，因此做预测的计算复杂度是 $O(N^3)$。对大型数据集来说，这种计算代价非常大，因此有大量关于有效近似的研究。这些技术的讨论超出了本书的范围，读者可参考[248]。

19.2.1　带有噪声的训练集输出回归

为了防止模型对噪声数据过拟合，我们假设训练输出 y^n 是由独立加性高斯噪声损坏了干净的高斯过程 f^n 生成的结果，即：

$$y^n=f^n+\epsilon^n,\quad \text{其中}\epsilon^n\sim\mathcal{N}(\epsilon^n|0,\sigma^2) \tag{19.2.6}$$

这种情形下，我们的兴趣是为新输入 x^* 预测干净的信号 f^*。那么分布 $p(\boldsymbol{y},f^*|\boldsymbol{x},x^*)$ 是一个零均值，带有分块协方差矩阵的高斯分布：

$$\begin{pmatrix}\boldsymbol{K}_{x,x}+\sigma^2\boldsymbol{I} & \boldsymbol{K}_{x,x^*}\\ \boldsymbol{K}_{x^*,x} & \boldsymbol{K}_{x^*,x^*}\end{pmatrix} \tag{19.2.7}$$

因此用等式(19.2.5)做预测时，只需将 $\boldsymbol{K}_{x,x}$ 替换为 $\boldsymbol{K}_{x,x}+\sigma^2\boldsymbol{I}$。因为：

$$\langle y^n\rangle=\langle f^n\rangle+\langle\epsilon^n\rangle=0+0 \tag{19.2.8}$$

同时，使用噪声与干净信号相互独立的假设 $f^m \perp\!\!\!\perp \epsilon^n$，以及两个噪声之间相互独立的假设 $f^m \perp\!\!\!\perp \epsilon^n$，其中 $m\neq n$，可得到：

$$\begin{aligned}\langle y^m y^n\rangle&=\langle(f^m+\epsilon^m)(f^n+\epsilon^n)\rangle\\&=\underbrace{\langle f^m f^n\rangle}_{k(x^m,x^n)}+\underbrace{\langle f^m\epsilon^n\rangle}_{\langle f^m\rangle\langle\epsilon^n\rangle}+\underbrace{\langle f^n\epsilon^m\rangle}_{\langle f^n\rangle\langle\epsilon^m\rangle}+\underbrace{\langle\epsilon^m\epsilon^n\rangle}_{\sigma^2\delta_{m,n}}.\end{aligned} \tag{19.2.9}$$

再使用 $\langle\epsilon^m\rangle=0$ 可得到等式(19.2.7)。

例 19.1　一维输入 x 和一维输出 y 对应的训练数据绘制在图 19.2b 和图 19.2d 中，同时绘制了基于两个不同协方差函数拟合的均值回归函数。注意先验的光滑性如何转化到预测的光滑性中。函数空间先验的光滑性是由选择的协方差函数决定的。顺其自然地，我们可以通过协方差函数在原点处的行为来部分理解这一点，如 19.4.1 节所展开的内容。一个看待高斯过程回归的直观方式是从先验中抽样无穷个函数，然后根据它们通过似然项拟合数据的程度“过滤”这些函数，得到函数的一个后验分布。参考 demoGPreg. m。

边缘似然和超参数学习

对用 $N\times 1$ 维向量 $\boldsymbol{y}$ 表示的 N 个一维训练输入的集合，和一个定义在输入 $x=(x^1,\cdots,x^N)$ 上的协方差矩阵 $\boldsymbol{K}$，对数边缘似然为：

$$\log p(\boldsymbol{y}|\boldsymbol{x})=-\frac{1}{2}\boldsymbol{y}^{\mathrm{T}}\boldsymbol{K}^{-1}\boldsymbol{y}-\frac{1}{2}\log\det(2\pi\boldsymbol{K}) \tag{19.2.10}$$

可通过极大化边缘似然学习协方差函数的任意自由(超)参数。比如，一个平方指数协方差函数有参数 λ，v_0：

$$k(x,x')=v_0\exp\left\{-\frac{1}{2}\lambda(x-x')^2\right\} \tag{19.2.11}$$

等式(19.2.11)中的参数 λ 为输入指定了合适的长度比例，v_0 是函数的方差。边缘似然，即式(19.2.10)与这些参数的相关性通常是复杂的，且不存在极大似然最优的闭合形式表达式，此时可用数值优化技术如共轭梯度来解决这个问题。

向量输入

对向量输入和标量输出的回归问题，我们需要将协方差定义为两个向量之间的函数 $k(\boldsymbol{x},\boldsymbol{x}')$。使用定义 19.3 中协方差函数的乘积性质，一种简单的方式是定义：

$$k(\boldsymbol{x},\boldsymbol{x}')=\prod_i k(x_i,x_i') \tag{19.2.12}$$

比如，对平方指数协方差函数来说，这种做法可得到：

$$k(\boldsymbol{x},\boldsymbol{x}')=\mathrm{e}^{-(\boldsymbol{x}-\boldsymbol{x}')^2} \tag{19.2.13}$$

尽管“相关”形式也是可能的，见练习 19.6。我们可以使用参数泛化上述定义：

$$k(\boldsymbol{x},\boldsymbol{x}')=v_0\exp\left\{-\frac{1}{2}\sum_{l=1}^{D}\lambda_l(x_l-x_l')^2\right\} \tag{19.2.14}$$

其中 x_l 是 $\boldsymbol{x}$ 的第 l 个元素，$\theta=(v_0,\lambda_1,\cdots,\lambda_D)$是参数。等式(19.2.14)中的 λ_l 可使每个输入维度有不同的长度比例，这可以通过极大化边缘似然来学习。对不相关的输入，对应的 λ_l 会变得很小，从而模型会忽略第 l 个输入维度。

19.3 协方差函数

协方差函数 $k(x,x')$是一种特别的函数，因为它们定义的是一个正定矩阵。这些函数也被称为“核”，特别是在机器学习文献中。

定义 19.1(协方差函数) 给定任意数据集 $x^1,\cdots,x^M$，协方差函数 $k(x^i,x^j)$定义了一个 $M\times M$ 的矩阵：

$$[\boldsymbol{C}]_{i,j}=k(x^i,x^j)$$

这样的 $\boldsymbol{C}$ 是半正定的。

19.3.1 从旧的协方差函数中构造新的协方差函数

利用下面的规则可根据现有的协方差函数 k_1、k_2[197,248]生成新的协方差函数(见练习 19.1)。

定义 19.2(加和)

$$k(\boldsymbol{x},\boldsymbol{x}')=k_1(\boldsymbol{x},\boldsymbol{x}')+k_2(\boldsymbol{x},\boldsymbol{x}') \tag{19.3.1}$$

定义 19.3(乘积)

$$k(\boldsymbol{x},\boldsymbol{x}')=k_1(\boldsymbol{x},\boldsymbol{x}')k_2(\boldsymbol{x},\boldsymbol{x}') \tag{19.3.2}$$

定义 19.4(乘积空间) 对 $\boldsymbol{z}=\begin{pmatrix}\boldsymbol{x}\\ \boldsymbol{y}\end{pmatrix}$，有：

$$k(z,z')=k_1(\boldsymbol{x},\boldsymbol{x}')+k_2(\boldsymbol{y},\boldsymbol{y}') \tag{19.3.3}$$

及：

$$k(z,z')=k_1(\boldsymbol{x},\boldsymbol{x}')k_2(\boldsymbol{y},\boldsymbol{y}') \tag{19.3.4}$$

定义 19.5(垂直缩放) 对任意函数 $a(\boldsymbol{x})$，有：

$$k(\boldsymbol{x},\boldsymbol{x}')=a(\boldsymbol{x})k_1(\boldsymbol{x},\boldsymbol{x}')a(\boldsymbol{x}') \tag{19.3.5}$$

定义 19.6(变形和嵌入) 对任意映射 $\boldsymbol{x}\rightarrow\boldsymbol{u}(\boldsymbol{x})$，有：

$$k(\boldsymbol{x},\boldsymbol{x}')=k_1(\boldsymbol{u}(\boldsymbol{x}),\boldsymbol{u}(\boldsymbol{x}')) \tag{19.3.6}$$

其中映射 $\boldsymbol{u}(\boldsymbol{x})$可以是任意维度。

下面给出的是机器学习中常用的部分协方差函数。读着可参考[248]和[118]中给出的更流行的协方差函数。

19.3.2 平稳协方差函数

定义 19.7(平稳核) 如果一个核 $k(x,x')$仅依赖于 $\boldsymbol{x}-\boldsymbol{x}'$，那么它是平稳的。即

$$k(\boldsymbol{x},\boldsymbol{x}')=k(\boldsymbol{x}-\boldsymbol{x}') \tag{19.3.7}$$

对一个平稳的协方差函数，我们记为 $k(\boldsymbol{d})$，其中 $\boldsymbol{d}=\boldsymbol{x}-\boldsymbol{x}'$。这意味着，对于从高斯过程抽样得到的函数，平均来说，函数仅和输入之间的距离相关而不是和一个输入的绝对位置。换言之，平均来说，函数是平移不变性的。对各向同性协方差函数来说，协方差被定义为距离$|\boldsymbol{d}|$的函数。这样构造出的协方差函数是旋转不变性的。

定义 19.8(平方指数)

$$k(\boldsymbol{d})=\exp(-|\boldsymbol{d}|^2) \tag{19.3.8}$$

平方指数是最普遍使用的协方差函数之一。有很多方式可说明其是一个协方差函数。一个基本的方法是考虑：

$$\exp\left(-\frac{1}{2}(\boldsymbol{x}^n-\boldsymbol{x}^{n'})^{\mathrm{T}}(\boldsymbol{x}^n-\boldsymbol{x}^{n'})\right)=\exp\left(-\frac{1}{2}|\boldsymbol{x}^n|^2\right)\exp\left(-\frac{1}{2}|\boldsymbol{x}^{n'}|^2\right)\exp((\boldsymbol{x}^n)^{\mathrm{T}}\boldsymbol{x}^{n'}) \tag{19.3.9}$$

上式右边等式的前两项是形如 $\phi(\boldsymbol{x}^n)\phi(\boldsymbol{x}^{n'})$的一个核。最后一项 $k_1(\boldsymbol{x}^n,\boldsymbol{x}^{n'})=(\boldsymbol{x}^n)^{\mathrm{T}}\boldsymbol{x}^{n'}$是线性核。取指数，写出指数的幂级数展开，我们有：

$$\exp(k_1(\boldsymbol{x}^n,\boldsymbol{x}^{n'}))=\sum_{i=1}^{\infty}\frac{1}{i!}k_1^i(\boldsymbol{x}^n,\boldsymbol{x}^{n'}) \tag{19.3.10}$$

这可表示为 k_1 的一系列带有正系数的整数幂。由上文中的乘积(与自身)和加和规则可知，这也是一个核。又因为等式(19.3.9)是两个核的乘积，因此其也是一个核。

定义 19.9(γ-指数)

$$k(\boldsymbol{d})=\exp(-|\boldsymbol{d}|^{\gamma}),\quad 0<\gamma\leqslant 2 \tag{19.3.11}$$

当 $\gamma=2$ 时，得到平方指数协方差函数。当 $\gamma=1$ 时，是 Ornstein Uhlenbeck 协方差函数。

定义 19.10（Matérn）

$$k(\boldsymbol{d})=|\boldsymbol{d}|^{\upsilon}K_{\upsilon}(|\boldsymbol{d}|) \tag{19.3.12}$$

其中 K_{υ} 是修改后的贝塞尔函数，$\upsilon>0$。

定义 19.11（有理二次型）

$$k(\boldsymbol{d})=(1+|\boldsymbol{d}|^{2})^{-\alpha},\quad \alpha>0 \tag{19.3.13}$$

定义 19.12（周期） 对一维 x 和 x'，可先将 x 映射为二维向量 $\boldsymbol{u}(x)=(\cos(x),\sin(x))$，然后用平方指数协方差函数 $\exp(-(\boldsymbol{u}(x)-\boldsymbol{u}(x'))^{2})$[197]：

$$k(x-x')=\exp(-\boldsymbol{\lambda}\ \sin^{2}(\omega(x-x'))),\quad \boldsymbol{\lambda}>0 \tag{19.3.14}$$

得到平稳（和各向同性）协方差函数，如图 19.3a 所示。

19.3.3 非平稳协方差函数

定义 19.13（线性核）

$$k(\boldsymbol{x},\boldsymbol{x}')=\boldsymbol{x}^{\mathrm{T}}\boldsymbol{x}' \tag{19.3.15}$$

定义 19.14（神经网络核）

$$k(\boldsymbol{x},\boldsymbol{x}')=\arcsin\left(\frac{2\boldsymbol{x}^{\mathrm{T}}\boldsymbol{x}'}{\sqrt{1+2\boldsymbol{x}^{\mathrm{T}}\boldsymbol{x}}\sqrt{1+2\boldsymbol{x}'^{\mathrm{T}}\boldsymbol{x}'}}\right) \tag{19.3.16}$$

这个协方差定义的函数总是经过原点。为了改变这点，可以用嵌入 $\boldsymbol{x}\to(1,\boldsymbol{x})$，其中 1 代表距离原点的偏置。为了改变偏置和非偏置贡献的比例，可以引入附加参数 $\boldsymbol{x}\to(b,\lambda\boldsymbol{x})$。神经网络协方差函数可推导为一个有无穷隐节点的神经网络的极限情形[318]，该过程中需用到[22]中的精确积分结果，如图 19.3b 所示。

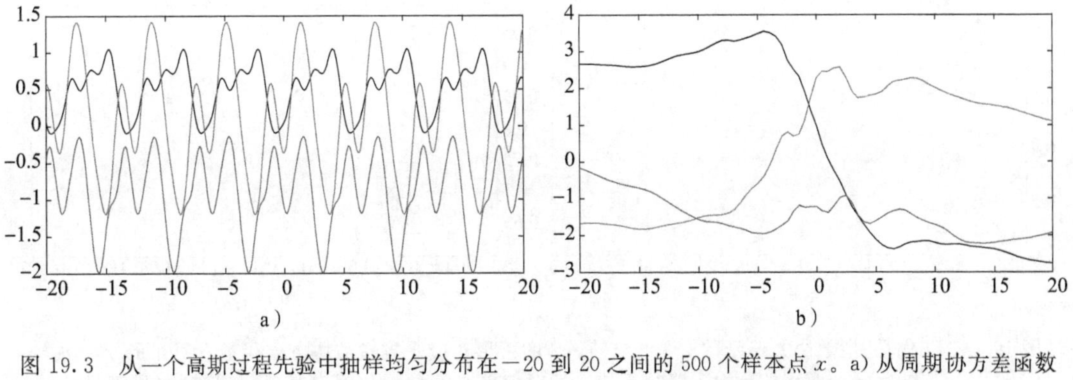

图 19.3 从一个高斯过程先验中抽样均匀分布在 −20 到 20 之间的 500 个样本点 x。a) 从周期协方差函数 $\exp(-2\sin^{2}0.5(x-x'))$ 中的抽样。b) 从 $b=5$ 和 $\lambda=1$ 的神经网络协方差函数中的抽样

定义 19.15（吉布斯）

$$k(\boldsymbol{x},\boldsymbol{x}')=\prod_{i}\left(\frac{r_i(\boldsymbol{x})r_i(\boldsymbol{x}')}{r_i^2(\boldsymbol{x})+r_i^2(\boldsymbol{x}')}\right)^{\frac{1}{2}}\exp\left(-\frac{(x_i-x_i')^2}{r_i^2(\boldsymbol{x})+r_i^2(\boldsymbol{x}')}\right) \tag{19.3.17}$$

其中函数 $r_i(\boldsymbol{x})>0$[123]。

19.4 协方差函数的分析

19.4.1 函数的光滑性

我们观察一个平移不变性核 $k(x,x')=k(x-x')$ 的局部光滑性。对两个一维数据点 x 和 x'，两者之间的距离是一个非常小的量 $\delta \ll 1$，即 $x'=x+\delta$，那么输出 y 和 y' 之间的协方差可用泰勒展开式表示为：

$$k(x,x') \approx k(0)+\delta \frac{\mathrm{d}k}{\mathrm{d}x}\Big|_{x=0}+O(\delta^2) \tag{19.4.1}$$

因此协方差在局部区域的改变取决于协方差函数的一阶导数。对平方指数协方差函数 $k(x)=\mathrm{e}^{-x^2}$，

$$\frac{\mathrm{d}k}{\mathrm{d}x}=-2x\mathrm{e}^{-x^2} \tag{19.4.2}$$

其在 $x=0$ 处为 0。这意味着，对平方指数协方差函数来说，协方差在一阶导数处的改变为 0，仅更高阶的 δ^2 有贡献。

对 Ornstein Uhlenbeck 协方差函数 $k(x)=\mathrm{e}^{-|x|}$，其在原点处的右导数为：

$$\lim_{\delta \to 0}\frac{k(\delta)-k(0)}{\delta}=\lim_{\delta \to 0}\frac{\mathrm{e}^{-\delta}-1}{\delta}=-1 \tag{19.4.3}$$

该式可用洛必达规则得到。因此，对 Ornstein Uhlenbeck 协方差函数来说，其一阶导数处的改变是负的。在局部邻域内，这种协方差上的减小比平方指数协方差函数的更快速，如图 19.4 所示。因为低协方差意味着低相关性(在高斯分布中)，所以从 Ornstein Uhlenbeck 过程生成的函数是粗糙的，而在平方指数情况下它们是光滑的。通过检查协方差函数(谱密度)的特征值-频率图，可以对平稳情形进行更形式化的处理，详见 19.4.3 节。粗糙函数的高频分量的特征值密度高于光滑函数的。

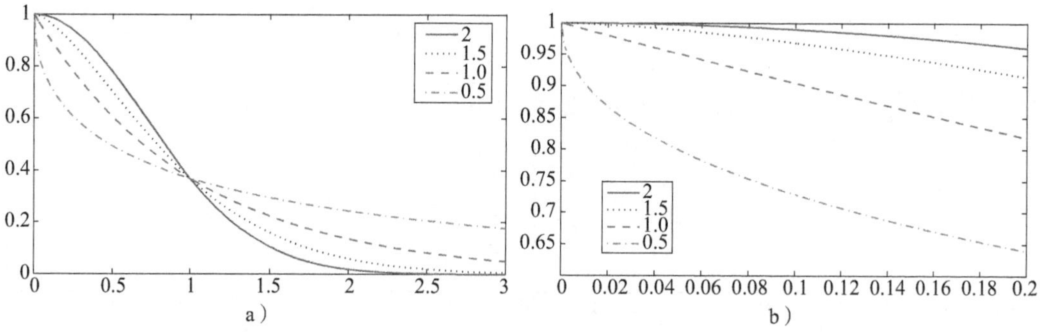

图 19.4 a) 伽马-指数协方差函数 $\mathrm{e}^{-|x|^{\gamma}}$。$\gamma=2$ 的情形对应平方指数协方差函数。对小的 γ，协方差作为 x 的距离的函数下降得更快，即对应更小 γ 的函数将会是局部粗糙的(尽管具有较高的长相关性)。b) 对 a 在原点处的局部放大图。对平方指数协方差函数来说，$\gamma=2$ 时协方差函数的导数为 0，而 Ornstein Uhlenbeck 协方差 $\gamma=1$ 对协方差下降有一阶贡献，表明局部 Ornstein Uhlenbeck 抽样函数比平方指数函数粗糙得多

19.4.2 Mercer 核

考虑函数：

$$k(x,x')=\boldsymbol{\phi}(x)^{\mathrm{T}}\boldsymbol{\phi}(x')=\sum_{s=1}^{B}\phi_s(x)\phi_s(x') \tag{19.4.4}$$

其中 $\boldsymbol{\phi}(x)$是一个向量，其分量为函数 $\phi_1(x),\phi_2(x),\cdots,\phi_B(x)$。对数据集 $x^1,\cdots,x^P$，构造矩阵 $\boldsymbol{K}$，其元素为：

$$[\boldsymbol{K}]_{ij}=k(x^i,x^j)=\sum_{s=1}^{B}\phi_s(x^i)\phi_s(x^j) \tag{19.4.5}$$

我们声明这样构造的矩阵 $\boldsymbol{K}$ 是半正定的，因此是一个有效的协方差矩阵。回顾，当一个矩阵对任意非零向量 $\boldsymbol{z}$，有 $\boldsymbol{z}^{\mathrm{T}}\boldsymbol{K}\boldsymbol{z}\geqslant 0$，则其是半正定的。那么使用上述关于 $\boldsymbol{K}$ 的定义，我们有：

$$\boldsymbol{z}^{\mathrm{T}}\boldsymbol{K}\boldsymbol{z}=\sum_{i,j=1}^{P}z_iK_{ij}z_j=\sum_{s=1}^{B}\underbrace{\left[\sum_{i=1}^{P}z_i\phi_s(x^i)\right]}_{\gamma_s}\underbrace{\left[\sum_{j=1}^{P}\phi_s(x^j)z_j\right]}_{\gamma_s}=\sum_{s=1}^{B}\gamma_s^2\geqslant 0 \tag{19.4.6}$$

因此可任意写为等式(19.4.4)形式的函数都是一个协方差函数。我们可以使用下式将 Mercer 核推广为复函数 $\boldsymbol{\phi}(x)$：

$$k(x,x')=\boldsymbol{\phi}(x)^{\mathrm{T}}\boldsymbol{\phi}^{\dagger}(x') \tag{19.4.7}$$

其中 † 代表复数共轭。那么从输入 $x^i(i=1,\cdots,P)$得到的矩阵 $\boldsymbol{K}$ 就是半正定的，因为对任意实值向量 $\boldsymbol{z}$，有：

$$\boldsymbol{z}^{\mathrm{T}}\boldsymbol{K}\boldsymbol{z}=\sum_{s=1}^{B}\underbrace{\left[\sum_{i=1}^{P}z_i\phi_s(x^i)\right]}_{\gamma_s}\underbrace{\left[\sum_{j=1}^{P}\phi_s^{\dagger}(x^j)z_j\right]}_{\gamma_s^{\dagger}}=\sum_{s=1}^{B}|\gamma_s|^2\geqslant 0 \tag{19.4.8}$$

其中我们使用了复数变量的通用结果 $xx^{\dagger}=|x|^2$。对实值函数 $f(s)\geqslant 0$ 和标量复值函数 $\phi(x,s)$，核函数可进一步推广为：

$$k(x,x')=\int f(s)\phi(x,s)\phi^{\dagger}(x,s)\mathrm{d}s \tag{19.4.9}$$

然后将求和替换为积分(假设我们可以将 $\boldsymbol{z}$ 分量上的和与 s 上的积分交换)，可得：

$$\boldsymbol{z}^{\mathrm{T}}\boldsymbol{K}\boldsymbol{z}=\int f(s)\underbrace{\left[\sum_{i=1}^{P}z_i\phi(x^i,s)\right]}_{\gamma(s)}\underbrace{\left[\sum_{j=1}^{P}\phi^{\dagger}(x^j,s)z_j\right]}_{\gamma^{\dagger}(s)}\mathrm{d}s=\int f(s)|\gamma(s)|^2\mathrm{d}s\geqslant 0 \tag{19.4.10}$$

19.4.3 对平稳核的傅里叶分析

对有傅里叶变换 $\tilde{g}(s)$的函数 $g(x)$，其可用逆傅里叶变换写为：

$$g(x)=\frac{1}{2\pi}\int\tilde{g}(s)\mathrm{e}^{-\mathrm{i}xs}\mathrm{d}s \tag{19.4.11}$$

其中 $\mathrm{i}\equiv\sqrt{-1}$。那么对有傅里叶变换 $\tilde{k}(s)$的平稳核 $k(x)$，可以写：

$$k(x-x')=\frac{1}{2\pi}\int\tilde{k}(s)\mathrm{e}^{-\mathrm{i}(x-x')s}\mathrm{d}s=\frac{1}{2\pi}\int\tilde{k}(s)\mathrm{e}^{-\mathrm{i}xs}\mathrm{e}^{\mathrm{i}x's}\mathrm{d}s \tag{19.4.12}$$

其与等式(19.4.9)的形式是等价的，其中令傅里叶变换 $\tilde{k}(s)$为 $f(s)$，和 $\phi(x,s)=\mathrm{e}^{-\mathrm{i}sx}$。因此，若傅里叶变换 $\tilde{k}(s)$是正的，那么平移不变性核 $k(x-x')$是一个协方差函数。Bochner 定理[248]认为，任何平移不变性协方差函数都必须有这样的傅里叶表示。

傅里叶变换在平方指数核中的应用

对平移不变性平方指数核 $k(x)=\mathrm{e}^{-\frac{1}{2}x^2}$，其傅里叶变换为：

$$\tilde{k}(s)=\int_{-\infty}^{\infty}\mathrm{e}^{-\frac{1}{2}x^2+\mathrm{i}sx}\mathrm{d}x=\mathrm{e}^{-\frac{s^2}{2}}\int_{-\infty}^{\infty}\mathrm{e}^{-\frac{1}{2}(x+\mathrm{i}s)^2}\mathrm{d}x=\sqrt{2\pi}\,\mathrm{e}^{-\frac{s^2}{2}} \tag{19.4.13}$$

因此平方指数核的傅里叶变换是一个高斯。因为这是正的，所以平方指数核是一个协方差函数。

19.5　用高斯过程分类

将高斯过程框架应用于分类问题需要将高斯回归项 $p(y|x)$ 替换为对应的分类项 $p(c|x)$，c 为离散标签。为了实现这种替换，我们用高斯过程定义一个潜连续空间 y，然后用下式将其映射为一个类别概率：

$$p(c|x)=\int p(c|y,\cancel{x})p(y|x)\mathrm{d}y=\int p(c|y)p(y|x)\mathrm{d}y \tag{19.5.1}$$

给定训练数据集 $\mathcal{X}=\{x^1,\cdots,x^N\}$，其对应类别标签 $\mathcal{C}=\{c^1,\cdots,c^N\}$，以及一个新输入 x^*，那么：

$$p(c^*|x^*,\mathcal{C},\mathcal{X})=\int p(c^*|y^*)p(y^*|\mathcal{X},\mathcal{C})\mathrm{d}y^* \tag{19.5.2}$$

其中：

$$\begin{aligned}p(y^*|\mathcal{X},\mathcal{C})&\propto p(y^*,\mathcal{C}|\mathcal{X})\\&=\int p(y^*,\mathcal{Y},\mathcal{C}|\mathcal{X},x^*)\mathrm{d}\mathcal{Y}\\&=\int p(\mathcal{C}|\mathcal{Y})p(y^*,\mathcal{Y}|\mathcal{X},x^*)\mathrm{d}\mathcal{Y}\\&=\int\underbrace{\left\{\prod_{n=1}^{N}p(c^n|y^n)\right\}}_{\text{类别映射}}\underbrace{p(y^1,\cdots,y^N,y^*|x^1,\cdots,x^N,x^*)}_{\text{高斯过程}}\mathrm{d}y^1,\cdots,\mathrm{d}y^N\end{aligned} \tag{19.5.3}$$

图 19.5 展示了联合类别和隐变量 y 分布的图结构。边缘后验 $p(y^*|\mathcal{X},\mathcal{C})$是一个边缘高斯过程，乘以从潜激活函数到类别概率的非高斯映射集合。我们可以更方便地将预测问题重新表述如下：

$$p(y^*,\mathcal{Y}|x^*,\mathcal{X},\mathcal{C})\propto p(y^*,\mathcal{Y},\mathcal{C}|x^*,\mathcal{X})\propto p(y^*|\mathcal{Y},x^*,\mathcal{X})p(\mathcal{Y}|\mathcal{C},\mathcal{X}) \tag{19.5.4}$$

其中：

$$p(\mathcal{Y}|\mathcal{C},\mathcal{X})\propto\left\{\prod_{n=1}^{N}p(c^n|y^n)\right\}p(y^1,\cdots,y^N|x^1,\cdots,x^N) \tag{19.5.5}$$

等式(19.5.4)中的 $p(y^*|\mathcal{Y},x^*,\mathcal{X})$项不包含任何类别信息，仅是一个条件高斯。以上描述的优点在于，我们可以形成对 $p(\mathcal{Y}|\mathcal{C},\mathcal{X})$的近似，然后在不需要重新返回这种近似的情况下，在对不同 x^* 的预测中重新使用这种近似[319,248]。

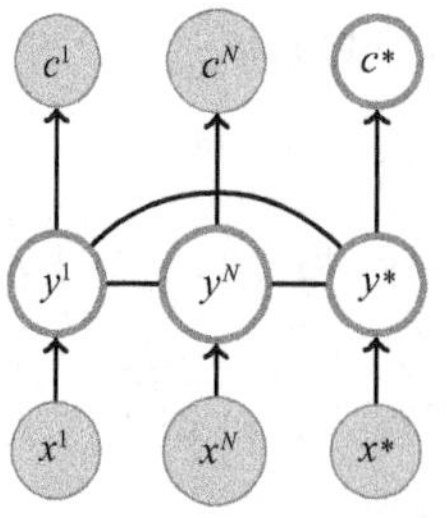

图 19.5　高斯过程分类。高斯过程对给定观测值 $c^1,\cdots,c^N$ 时的潜激活值 $y^1,\cdots,y^N$，y^* 引入了一个高斯分布，然后通过训练数据与潜激活值 y^* 之间的关联对新输入 x^* 进行分类

19.5.1　二分类

对二分类情形，我们需要 $c\in\{1,0\}$的定义。因此需要对实数激活值 y 求 $p(c=1|y)$。

一个方便的选择是逻辑转移函数㊀：

$$\sigma(x)=\frac{1}{1+\mathrm{e}^{-x}} \tag{19.5.6}$$

那么：

$$p(c|y)=\sigma((2c-1)y) \tag{19.5.7}$$

是一个有效的分布，因为$\boldsymbol{\sigma}(-x)=1-\boldsymbol{\sigma}(x)$保证了对类别的加和是 1。困难之处在于，这种非线性类别映射使得等式(19.5.3)中的后验分布计算起来非常困难，因为 $y^1,\cdots,y^N$ 上的积分写不出解析式。在这种情况下，我们可以应用许多近似技巧，包括类似于 18.2.3 节所述的变分法。下面我们介绍最简单的拉普拉斯方法，更复杂的方法可参考[248]。

19.5.2 拉普拉斯近似

在 28.2 节所述的拉普拉斯方法中，我们用一个高斯分布 $q(\mathcal{Y}|\mathcal{C},\mathcal{X})$㊁去近似非高斯分布[式(19.5.5)]，

$$p(\mathcal{Y}|\mathcal{C},\mathcal{X})\approx q(\mathcal{Y}|\mathcal{C},\mathcal{X}) \tag{19.5.8}$$

再由式(19.5.4)可知，可通过联合高斯得到近似预测：

$$p(y^*,\mathcal{Y}|x^*,\mathcal{X},\mathcal{C})\approx p(y^*|\mathcal{Y},x^*,\mathcal{X})q(\mathcal{Y}|\mathcal{C},\mathcal{X}) \tag{19.5.9}$$

接下来，我们边缘化该高斯得到 y^* 的高斯分布，然后通过 $p(c^*|y^*)$将其用于预测。

为了简洁，我们定义类别标签向量和输出为：

$$\boldsymbol{c}=(c^1,\cdots,c^N)^{\mathrm{T}},\quad \boldsymbol{y}=(y^1,\cdots,y^N)^{\mathrm{T}} \tag{19.5.10}$$

并且不再以输入 x 为条件。同时，方便起见，我们定义：

$$\sigma=(\sigma(y^1),\cdots,\sigma(y^N))^{\mathrm{T}} \tag{19.5.11}$$

寻找众数

28.2 节中的拉普拉斯近似对应于分布的众数处的一个二阶展开式。因此，我们的任务是寻找下式的极大点：

$$p(\boldsymbol{y}|\boldsymbol{c})\propto p(\boldsymbol{y},\boldsymbol{c})=\exp(\boldsymbol{\Psi}(\boldsymbol{y})) \tag{19.5.12}$$

其中：

$$\boldsymbol{\Psi}(\boldsymbol{y})=\boldsymbol{c}^{\mathrm{T}}\boldsymbol{y}-\sum_{n=1}^{N}\log(1+\mathrm{e}^{y_n})-\frac{1}{2}\boldsymbol{y}^{\mathrm{T}}\boldsymbol{K}_{x,x}^{-1}\boldsymbol{y}-\frac{1}{2}\log\det(\boldsymbol{K}_{x,x})-\frac{N}{2}\log 2\pi \tag{19.5.13}$$

极大点需要用数值方法求出，使用牛顿法是方便的[133,319,248]：

$$\boldsymbol{y}^{\mathrm{new}}=\boldsymbol{y}-(\nabla\nabla\boldsymbol{\Psi})^{-1}\nabla\boldsymbol{\Psi} \tag{19.5.14}$$

求式(19.5.13)关于 y 的导数，可得到梯度和黑塞矩阵：

$$\nabla\boldsymbol{\Psi}=(\boldsymbol{c}-\boldsymbol{\sigma})-\boldsymbol{K}_{x,x}^{-1}\boldsymbol{y} \tag{19.5.15}$$

$$\nabla\nabla\boldsymbol{\Psi}=-\boldsymbol{K}_{x,x}^{-1}-\boldsymbol{D} \tag{19.5.16}$$

其中“噪声”矩阵为：

$$\boldsymbol{D}=\mathrm{diag}(\sigma_1(1-\sigma_1),\cdots,\sigma_N(1-\sigma_N)) \tag{19.5.17}$$

将这些式子代入牛顿更新表达式(19.5.14)，得到：

$$\boldsymbol{y}^{\mathrm{new}}=\boldsymbol{y}+(\boldsymbol{K}_{x,x}^{-1}+\boldsymbol{D})^{-1}(\boldsymbol{c}-\boldsymbol{\sigma}-\boldsymbol{K}_{x,x}^{-1}\boldsymbol{y}) \tag{19.5.18}$$

为了避免不必要的求逆，该式可重写为：

㊀ 我们也会将其称为“sigmoid 函数”。更严格地说，sigmoid 函数是指任何“s”形函数(“s”来源于希腊语)。

㊁ 一些作者仅使用拉普拉斯近似去近似一个积分。这里我们使用这个术语表示对一个非高斯分布的高斯近似。

$$y^{\text{new}} = \mathbf{K}_{x,x}(\mathbf{I} + \mathbf{D}\mathbf{K}_{x,x})^{-1}(\mathbf{D}\mathbf{y} + \mathbf{c} - \boldsymbol{\sigma}) \tag{19.5.19}$$

对一个初始 $\mathbf{y}$，重复应用式(19.5.19)直到收敛。而其可保证是收敛的，因为黑塞矩阵是负定的，因此有唯一极大值。

做预测

得到收敛解 $\tilde{\mathbf{y}}$ 之后，可写出高斯近似：

$$q(\mathbf{y} \mid \mathcal{X}, x^*, \mathcal{C}) = \mathcal{N}(\mathbf{y} \mid \tilde{\mathbf{y}}, (\mathbf{K}_{x,x}^{-1} + \mathbf{D})^{-1}) \tag{19.5.20}$$

现在我们有了 $p(y^* \mid \mathbf{y})$ 的高斯分布，以及对式(19.5.9)的近似 $q(\mathbf{y} \mid \mathcal{X}, x^*, \mathcal{C})$ 的高斯分布，那么可用下式做预测：

$$p(y^* \mid x^*, \mathcal{X}, \mathcal{C}) \approx \int p(y^* \mid x^*, \mathcal{X}, \mathbf{y}) q(\mathbf{y} \mid \mathcal{X}, x^*, \mathcal{C}) \mathrm{d}\mathbf{y} \tag{19.5.21}$$

其中由 8.4.2 节的高斯条件可知：

$$p(y^* \mid \mathbf{y}, x^*, \mathcal{X}) = \mathcal{N}(y^* \mid \mathbf{K}_{x^*,x}\mathbf{K}_{x,x}^{-1}\mathbf{y}, \mathbf{K}_{x^*,x^*} - \mathbf{K}_{x^*,x}\mathbf{K}_{x,x}^{-1}\mathbf{K}_{x,x^*}) \tag{19.5.22}$$

我们也可以将其写为一个线性系统：

$$y^* = \mathbf{K}_{x^*,x}\mathbf{K}_{x,x}^{-1}\mathbf{y} + \eta \tag{19.5.23}$$

其中 $\eta \sim \mathcal{N}(\eta \mid 0, \mathbf{K}_{x^*} - \mathbf{K}_{x^*,x}\mathbf{K}_{x,x}^{-1}\mathbf{K}_{x,x^*})$。结合等式(19.5.23)和式(19.5.20)，并对 $\mathbf{y}$ 和噪声 η 取平均，可得到：

$$\langle y^* \mid x^*, \mathcal{X}, \mathcal{C} \rangle \approx \mathbf{K}_{x^*,x}\mathbf{K}_{x,x}^{-1}\tilde{\mathbf{y}} = \mathbf{K}_{x^*,x}(\mathbf{c} - \boldsymbol{\sigma}(\tilde{\mathbf{y}})) \tag{19.5.24}$$

类似地，可得到潜预测的方差为：

$$\mathrm{var}(y^* \mid x^*, \mathcal{X}, \mathcal{C}) \approx \mathbf{K}_{x^*,x}\mathbf{K}_{x,x}^{-1}(\mathbf{K}_{x,x}^{-1} + \mathbf{D})^{-1}\mathbf{K}_{x,x}^{-1}\mathbf{K}_{x,x^*} + \mathbf{K}_{x^*,x^*} - \mathbf{K}_{x^*,x}\mathbf{K}_{x,x}^{-1}\mathbf{K}_{x,x^*} \tag{19.5.25}$$

$$= \mathbf{K}_{x^*,x^*} - \mathbf{K}_{x^*,x}(\mathbf{K}_{x,x} + \mathbf{D}^{-1})^{-1}\mathbf{K}_{x,x^*} \tag{19.5.26}$$

其中最后一行等式可由定义 A.11 得到。

由此可得对新输入 x^* 的类别预测为：

$$p(c^* = 1 \mid x^*, \mathcal{X}, \mathcal{C}) \approx \langle \sigma(y^*) \rangle_{\mathcal{N}(y^* \mid \langle y^* \rangle, \mathrm{var}(y^*))} \tag{19.5.27}$$

对逻辑 sigmoid 函数计算高斯积分时，可使用基于误差函数 $\mathrm{erf}(x)$ 的 sigmoid 函数的一个近似，参考 18.2.2 节和 avsigmaGauss. m。

例 19.2 图 19.6 给出了一个二分类的例子，其中绘制了带有二分类标签的一维输入训练数据，以及对输入数据的类别概率预测。两种情形中的协方差函数均为 $2\exp(|x_i - x_j|^\gamma) + 0.001\delta_{ij}$。平方指数协方差函数得到了比 Ornstein Uhlenbeck 协方差函数更光滑的类别预测。参考 demoGPclass1D. m 和 demoGPclass. m。

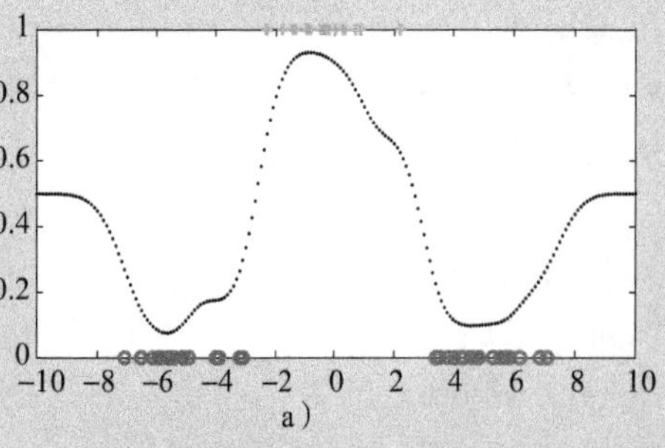

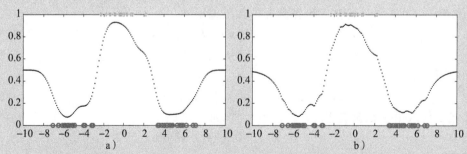

图 19.6 用高斯过程分类。x 轴是输入，y 轴是类别。绿色是类别为 1 的数据样本，红色是类别为 0 的。点线是对跨越 x 轴的数据点 x^* 预测的 $p(c=1 \mid x^*)$。a) 平方指数协方差函数($\gamma=2$)。b) Ornstein Uhlenbeck 协方差函数($\gamma=1$)。参见 demoGPclass1D. m

边缘似然

边缘似然表达式为：

$$p(\mathcal{C}|\mathcal{X})=\int_{y}p(\mathcal{C}|\mathcal{Y})p(\mathcal{Y}|\mathcal{X}) \tag{19.5.28}$$

在拉普拉斯近似下，边缘似然可近似为：

$$p(\mathcal{C}|\mathcal{X})\approx\int_{\boldsymbol{y}}\exp(\Psi(\tilde{\boldsymbol{y}}))\exp\left(-\frac{1}{2}(\boldsymbol{y}-\tilde{\boldsymbol{y}})^{\mathrm{T}}\boldsymbol{A}(\boldsymbol{y}-\tilde{\boldsymbol{y}})\right) \tag{19.5.29}$$

其中 $\boldsymbol{A}=-\nabla\nabla\Psi$。对 $\boldsymbol{y}$ 积分得到：

$$\log p(\mathcal{C}|\mathcal{X})\approx\log q(\mathcal{C}|\mathcal{X}) \tag{19.5.30}$$

其中：

$$\log q(\mathcal{C}|\mathcal{X})=\Psi(\tilde{\boldsymbol{y}})-\frac{1}{2}\log\det(2\pi\boldsymbol{A}) \tag{19.5.31}$$

$$=\Psi(\tilde{\boldsymbol{y}})-\frac{1}{2}\log\det(\boldsymbol{K}_{x,x}^{-1}+\boldsymbol{D})+\frac{N}{2}\log 2\pi \tag{19.5.32}$$

$$=\boldsymbol{c}^{\mathrm{T}}\tilde{\boldsymbol{y}}-\sum_{n=1}^{N}\log(1+\exp(\tilde{y}_n))-\frac{1}{2}\tilde{\boldsymbol{y}}^{\mathrm{T}}\boldsymbol{K}_{x,x}^{-1}\tilde{\boldsymbol{y}}-\frac{1}{2}\log\det(\boldsymbol{I}+\boldsymbol{K}_{x,x}\boldsymbol{D}) \tag{19.5.33}$$

其中 $\tilde{\boldsymbol{y}}$ 是式(19.5.18)收敛时的解。可以使用收敛时的 $\boldsymbol{K}_{x,x}^{-1}\tilde{\boldsymbol{y}}=\boldsymbol{c}-\boldsymbol{\sigma}(\boldsymbol{y})$ 来简化上式。

19.5.3 超参数优化

可用近似边缘似然去估计核的超参数 θ。在计算近似边缘似然的导数时需稍微注意，因为最优的 $\tilde{\boldsymbol{y}}$ 依赖于 θ。我们使用总求导公式[26]：

$$\frac{\mathrm{d}}{\mathrm{d}\theta}\log q(\mathcal{C}|\mathcal{X})=\frac{\partial}{\partial\theta}\log q(\mathcal{C}|\mathcal{X})+\sum_{i}\frac{\partial}{\partial\tilde{y}_i}\log q(\mathcal{C}|\mathcal{X})\frac{\mathrm{d}}{\mathrm{d}\theta}\tilde{y}_i \tag{19.5.34}$$

$$\frac{\partial}{\partial\theta}\log q(\mathcal{C}|\mathcal{X})=-\frac{1}{2}\frac{\partial}{\partial\theta}[\boldsymbol{y}^{\mathrm{T}}\boldsymbol{K}_{x,x}^{-1}\boldsymbol{y}+\log\det(\boldsymbol{I}+\boldsymbol{K}_{x,x}\boldsymbol{D})] \tag{19.5.35}$$

使用对矩阵行列式和矩阵逆的求导公式，可得到上式的解析表达式。因为 Ψ 在 $\tilde{\boldsymbol{y}}$ 处的导数为 0，且 $\boldsymbol{D}$ 显式依赖于 $\tilde{\boldsymbol{y}}$，故：

$$\frac{\partial}{\partial\tilde{y}_i}\log q(\mathcal{C}|\mathcal{X})=-\frac{1}{2}\frac{\partial}{\partial\tilde{y}_i}\log\det(\boldsymbol{I}+\boldsymbol{K}_{x,x}\boldsymbol{D}) \tag{19.5.36}$$

对隐式导数的计算，可用收敛时的

$$\tilde{\boldsymbol{y}}=\boldsymbol{K}_{x,x}(\boldsymbol{c}-\boldsymbol{\sigma}(\boldsymbol{y})) \tag{19.5.37}$$

得到：

$$\frac{\mathrm{d}}{\mathrm{d}\theta}\tilde{\boldsymbol{y}}=(\boldsymbol{I}+\boldsymbol{K}_{x,x}\boldsymbol{D})^{-1}\frac{\partial}{\partial\theta}\boldsymbol{K}_{x,x}(\boldsymbol{c}-\boldsymbol{\sigma}) \tag{19.5.38}$$

将这些结果代入式(19.5.34)可得到导数的显式表达式，具体可参考练习 19.7。

19.5.4 多分类

很容易将前面的框架扩展到多分类情形中，可以使用以下 softmax 函数来实现：

$$p(c=m|y)=\frac{\mathrm{e}^{y_m}}{\sum_{m'}\mathrm{e}^{y_{m'}}} \tag{19.5.39}$$

其自动受限于 $\sum_{m}p(c=m)=1$。直观来看，对 C 类别这样的情形，拉普拉斯近似的计算复

杂度是 $O(C^3N^3)$。然而，通过细心设计的实现步骤，计算复杂度可降为 $O(CN^3)$，具体细节读者可参考[319，248]。

19.6 总结

- 高斯过程是强大的回归模型，且能从数学机制上很好地理解它。
- 预测时的计算复杂度是数据样本数量的三次方，这妨碍了其在大型数据集上的应用，因此需要近似实现。
- 对用高斯过程分类的分析较为困难，需要近似。后验是凹函数的对数，因此简单的单峰近似机制能提供满意的结果。
- 许多统计和物理上的模型都与高斯过程相关。比如，第 24 章的线性动态系统可被看作有受限的高斯过程。
- 近年来，高斯过程在机器学习社区中得到了很大的发展，同时对回归和分类问题寻找有效近似依然是业内活跃的研究课题。读者有兴趣的话可进一步参考[263]和[248]。

19.7 代码

GPreg. m：用高斯过程解决回归。
demoGPreg. m：高斯过程回归演示程序。
covfnGE. m：伽马-指数协方差函数。
GPclass. m：用高斯过程分类。
demoGPclass. m：用高斯过程分类演示程序。

19.8 练习题

练习 19.1 协方差函数 $k(x,x')$ 的 Gram 矩阵 $\boldsymbol{K}$ 是半正定的，因此对合适的 u_{il} 可写为

$$K_{ij}=\sum_l u_{il}u_{jl} \tag{19.8.1}$$

1. 对合适的 Gram 矩阵 $\boldsymbol{K}^1$ 和 $\boldsymbol{K}^2$，两个协方差函数和的 Gram 矩阵 $k^+(x,x')=k_1(x,x')+k_2(x,x')$ 可写为：

$$\boldsymbol{K}^+=\boldsymbol{K}^1+\boldsymbol{K}^2 \tag{19.8.2}$$

证明 $k^+(x,x')$ 是一个协方差函数。

2. 考虑两个半正定矩阵的元素对(阿达马)乘积，即

$$K_{ij}^*=K_{ij}^1K_{ij}^2 \tag{19.8.3}$$

用 $K_{ij}^1=\sum_l u_{il}u_{jl}$ 和 $K_{ij}^2=\sum_m v_{im}v_{jm}$ 证明 $\boldsymbol{K}^*$ 是半正定的，并因此两个协方差函数的乘积 $k^*(x,x')=k_1(x,x')k_2(x,x')$ 是一个协方差函数。

练习 19.2 证明元素值为 $S_{ij}=\sum_{n=1}^{N}x_i^nx_j^n/N-\overline{x}_i\overline{x}_j$，其中 $\overline{x}_i=\sum_{n=1}^{N}x_i^n/N$ 的协方差矩阵是半正定的。

练习 19.3 证明

$$k(x-x')=\exp(-|\sin(x-x')|) \tag{19.8.4}$$

是一个协方差函数。

练习 19.4 考虑一维输入 x_i 的函数：

$$f(x_i,x_j)=\exp\left(-\frac{1}{2}(x_i-x_j)^2\right) \tag{19.8.5}$$

证明

$$f(x_i,x_j)=\exp\left(-\frac{1}{2}x_i^2\right)\exp(x_ix_j)\exp\left(-\frac{1}{2}x_j^2\right) \tag{19.8.6}$$

并通过对上式中间项进行泰勒展开，证明 $\exp\left(-\frac{1}{2}(x_i-x_j)^2\right)$ 是一个核，并将核 $f(x_i,x_j)$ 写为两个无穷维向量的内积。

练习 19.5 证明由协方差函数 $k_1(\boldsymbol{x},\boldsymbol{x}')$ 构造的

$$k(\boldsymbol{x},\boldsymbol{x}')=f(k_1(\boldsymbol{x},\boldsymbol{x}')) \tag{19.8.7}$$

也是一个协方差函数，其中 $f(x)$ 是带有正系数的多项式函数。并证明 $\exp(k_1(\boldsymbol{x},\boldsymbol{x}'))$ 和 $\tan(k_1(\boldsymbol{x},\boldsymbol{x}'))$ 也是协方差函数。

练习 19.6 对协方差函数：

$$k_1(\boldsymbol{x},\boldsymbol{x}')=f((\boldsymbol{x}-\boldsymbol{x}')^{\mathrm{T}}(\boldsymbol{x}-\boldsymbol{x}')) \tag{19.8.8}$$

证明

$$k_2(\boldsymbol{x},\boldsymbol{x}')=f((\boldsymbol{x}-\boldsymbol{x}')^{\mathrm{T}}\boldsymbol{A}(\boldsymbol{x}-\boldsymbol{x}')) \tag{19.8.9}$$

也是一个有效协方差函数，其中 $\boldsymbol{A}$ 是半正定对称矩阵。

练习 19.7 证明式(19.5.34)中边缘似然的拉普拉斯近似的导数为：

$$\frac{\mathrm{d}}{\mathrm{d}\theta}\log q(\mathcal{C}\mid\mathcal{X})=\frac{1}{2}\boldsymbol{y}^{\mathrm{T}}\boldsymbol{K}_{x,x}^{-1}\boldsymbol{K}'_{x,x}\boldsymbol{K}_{x,x}^{-1}\boldsymbol{y}-\frac{1}{2}\mathrm{trace}(\boldsymbol{L}^{-1}\boldsymbol{K}'_{x,x}\boldsymbol{D})-\frac{1}{2}\sum_i M_{ii}D'_{ii}[\boldsymbol{L}^{-1}\boldsymbol{K}'_{x,x}(\boldsymbol{c}-\boldsymbol{\sigma})]_i \tag{19.8.10}$$

其中：

$$\boldsymbol{K}'_{x,x}\equiv\frac{\partial}{\partial\theta}\boldsymbol{K}_{x,x},\quad \boldsymbol{L}\equiv\boldsymbol{I}+\boldsymbol{K}_{x,x}\boldsymbol{D},\quad \boldsymbol{M}\equiv\boldsymbol{L}^{-1}\boldsymbol{K}_{x,x},\quad \boldsymbol{D}'\equiv\mathrm{diag}\left(\frac{\partial}{\partial y_1}D_{11},\frac{\partial}{\partial y_2}D_{22},\cdots\right) \tag{19.8.11}$$

提示：可能会用到一般求导结论

$$\frac{\partial}{\partial x}\boldsymbol{A}^{-1}=-\boldsymbol{A}^{-1}\left(\frac{\partial}{\partial x}\boldsymbol{A}\right)\boldsymbol{A}^{-1},\quad \frac{\partial}{\partial x}\log\det(\boldsymbol{A})=\mathrm{trace}\left(\boldsymbol{A}^{-1}\frac{\partial}{\partial x}\boldsymbol{A}\right) \tag{19.8.12}$$

练习 19.8(字符串核) 令 x 和 x' 是两个字符串，$\phi_s(x)$ 为字符 s 在字符串 x 中出现的次数。那么对于：

$$k(x,x')=\sum_s w_s\phi_s(x)\phi_s(x') \tag{19.8.13}$$

当每个字符权重 w_s 是正数时，其是一个(字符串核)协方差函数。

1. 给定一组关于政治的字符串和另一组关于运动的字符串，说明如何构造使用字符串核的高斯过程分类器。
2. 解释如何通过调整权重 w_s 来改善分类器对数据的拟合程度，并给出对数边缘似然在拉普拉斯近似下对 w_s 的导数的表达式。

练习 19.9(向量回归) 考虑在训练集 $\mathcal{X}\cup\mathcal{Y}=\{\boldsymbol{x}^n,\boldsymbol{y}^n,n=1,\cdots,n\}$ 上预测向量输出 $\boldsymbol{y}$。为了构建高斯过程预测器

$$p(\boldsymbol{y}^*\mid\boldsymbol{x}^*,\mathcal{X},\mathcal{Y}) \tag{19.8.14}$$

需要使用高斯模型

$$p(\boldsymbol{y}^1,\cdots,\boldsymbol{y}^N,\boldsymbol{y}^*\mid\boldsymbol{x}^1,\cdots,\boldsymbol{x}^n,\boldsymbol{x}^*) \tag{19.8.15}$$

高斯过程需要指定两个不同输入向量对应的输出之间的协方差 $c(y_i^m,y_j^n\mid\boldsymbol{x}^n,\boldsymbol{x}^m)$。证明在维度之间相互独立的假设下，有：

$$c(y_i^m,y_j^n\mid\boldsymbol{x}^n,\boldsymbol{x}^m)=c_i(y_i^m,y_i^n\mid\boldsymbol{x}^n,\boldsymbol{x}^m)\delta_{i,j} \tag{19.8.16}$$

其中 $c_i(y_i^m,y_i^n\mid\boldsymbol{x}^n,\boldsymbol{x}^m)$ 是第 i 维上的协方差函数，可单独对每个输出维度 i 独立地构建分离的高斯过程预测器。

练习 19.10 考虑 24.1 节中线性动态系统的马尔可夫更新式：

$$\boldsymbol{x}_t = \boldsymbol{A}\boldsymbol{x}_{t-1} + \boldsymbol{\eta}_t, \quad t \geqslant 2 \tag{19.8.17}$$

其中 $\boldsymbol{A}$ 是给定的矩阵，$\boldsymbol{\eta}_t$ 是一个零均值，且协方差为 $\langle \eta_{i,t}\eta_{j,t'} \rangle = \sigma^2 \delta_{i,j}\delta_{t,t'}$ 的高斯噪声。同时 $p(\boldsymbol{x}_1) = \mathcal{N}(\boldsymbol{x}_1 \mid \boldsymbol{0}, \boldsymbol{\Sigma})$。

1. 证明 $\boldsymbol{x}_1, \cdots, \boldsymbol{x}_t$ 服从高斯分布。
2. 证明 $\boldsymbol{x}_1, \cdots, \boldsymbol{x}_t$ 的协方差矩阵的元素为：

$$\langle \boldsymbol{x}_{t'} \boldsymbol{x}_t^{\mathrm{T}} \rangle = \boldsymbol{A}^{t'-1} \boldsymbol{\Sigma} (\boldsymbol{A}^{t-1})^{\mathrm{T}} + \sigma^2 \sum_{\tau=2}^{\min(t,t')} \boldsymbol{A}^{t'-\tau} (\boldsymbol{A}^{t-\tau})^{\mathrm{T}} \tag{19.8.18}$$

   并解释为什么线性动态系统是一个（受限的）高斯过程。
3. 考虑：

$$\boldsymbol{y}_t = \boldsymbol{B}\boldsymbol{x}_t + \boldsymbol{\epsilon}_t \tag{19.8.19}$$

   其中 $\boldsymbol{\epsilon}_t$ 是一个零均值，且协方差为 $\langle \epsilon_{i,t}\, \epsilon_{j,t'} \rangle = \nu^2 \delta_{i,j}\delta_{t,t'}$ 的高斯噪声。向量 $\boldsymbol{\epsilon}$ 与向量 $\boldsymbol{\eta}$ 之间不相关。证明向量序列 $\boldsymbol{y}_1, \cdots, \boldsymbol{y}_t$ 是带有合适协方差函数的高斯过程。

第 20 章

混合模型

混合模型假设数据本质上与混合中的其他分量聚在一起，形成簇。在本章中，我们从学习缺失数据的角度来看混合模型，并讨论一些经典算法，如高斯混合模型的 EM 训练。我们还会讨论更强大的模型，这些模型允许对象可为多个簇的组成部分，而这些模型通常用于文档建模等领域。

20.1 使用混合模型估计密度

混合模型是将一组分量模型组合在一起生成的表达更为丰富的模型：

$$p(v)=\sum_{h=1}^{H}p(v|h)p(h) \tag{20.1.1}$$

变量 v 是“可见的”或“可观察的”，域为 $\mathrm{dom}(h)=\{1,\cdots,H\}$ 的离散变量 h 对每个分量模型 $p(v|h)$ 及其权重 $p(h)$ 进行索引。变量 v 可以是离散的或连续的。混合模型在聚类数据的过程中具有天然的应用，其中 h 用于索引簇。可通过考虑如何从模型方程(20.1.1)中生成样本数据点 v，对其进行解释。首先，我们从 $p(h)$ 中抽样一个簇 h，然后从 $p(v|h)$ 中抽样一个可见的状态 v。

对一组服从独立同分布的数据 $v^1,\cdots,v^N$，混合模型的形式为(如图 20.1 所示)：

$$p(v^1,\cdots,v^N,h^1,\cdots,h^N)=\prod_{n=1}^{N}p(v^n|h^n)p(h^n) \tag{20.1.2}$$

从中可以看出观察数据的似然函数为：

$$p(v^1,\cdots,v^N)=\prod_{n=1}^{N}\sum_{h^n}p(v^n|h^n)p(h^n) \tag{20.1.3}$$

可以得出，最可能的数据点到簇的分配是通过下式定义的推断来实现的：

$$\underset{h^1,\cdots,h^N}{\mathrm{argmax}}\,p(h^1,\cdots,h^N|v^1,\cdots,v^N) \tag{20.1.4}$$

这是由于分布的因子分解形式等同于计算每个数据点的$\underset{h^n}{\mathrm{argmax}}\,p(h^n|v^n)$。

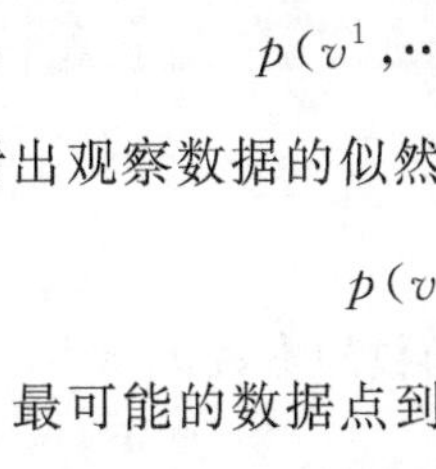

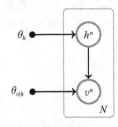

图 20.1　混合模型的图表示是具有单个隐节点的 DAG，h 对混合模型分量进行索引；给定 h 的设置，然后我们从 $p(v|h)$中生成一个观察数据 v。N 个观察数据的独立性意味着模型可由同样的“板”复制而得。这建立在参数在所有数据点处都是一样的假设之上

然而，在大多数应用中，簇的“位置”是先验未知的，并且需要学习模型的参数 θ 来定位这些簇的位置。显式地写出与参数的相关性，那么单个数据点 v 及其对应的簇索引 h 的模型为：

$$p(v,h|\theta)=p(v|h,\theta_{v|h})p(h|\theta_h) \tag{20.1.5}$$

然后，混合模型的最优参数 $\theta_{v|h}$、θ_h 通常通过极大似然来估计：

$$\theta_{\mathrm{opt}}=\underset{\theta}{\operatorname{argmax}}\, p(v^1,\cdots,v^N|\theta)=\underset{\theta}{\operatorname{argmax}}\prod_n p(v^n|\theta) \tag{20.1.6}$$

可通过如基于梯度的优化方法来得到上式的数值解。或者将分量索引视为潜变量，然后用 EM 算法进行求解。如下一节所述，EM 算法可在许多经典模型中产生简单的更新公式。

例 20.1　图 20.2 中的数据天然地具有两个簇，并且可以用两个二维高斯的混合来建模，每个高斯描述一个簇。这里对“簇”的含义有清晰的直观解释，如果两个数据点可能由同一个模型分量生成，则混合模型将这两个数据点放在同一个簇中。先验是我们不知道这两个簇的位置，需要找到参数。每个簇的高斯均值和协方差为 $\boldsymbol{m}_h$ 和 $\boldsymbol{C}_h(h=1,2)$。这可以使用极大似然来实现。

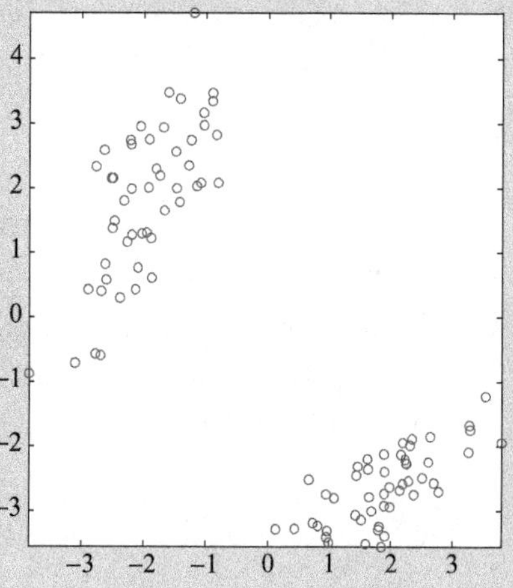

图 20.2　呈现出簇结构的二维数据。在这种情况下，可用具有合适的均值 $\boldsymbol{m}_1$、$\boldsymbol{m}_2$ 和协方差 $\boldsymbol{C}_1$、$\boldsymbol{C}_2$ 的高斯混合模型 $1/2\mathcal{N}(\boldsymbol{x}|\boldsymbol{m}_1,\boldsymbol{C}_1)+1/2\mathcal{N}(\boldsymbol{x}|\boldsymbol{m}_2,\boldsymbol{C}_2)$ 对数据进行拟合。对于人眼来说，识别这些簇是一项容易的任务；然而，我们对能自动应对非常高维的数据聚类的方法感兴趣，该情形中，聚类解(簇)可能不那么明显

20.2　混合模型的期望最大化

我们的任务是找到能够最大化观察值 $v^1,\cdots,v^N$ 的似然函数的参数 θ：

$$p(v^1,\cdots,v^N|\theta)=\prod_{n=1}^{N}\left\{\sum_h p(v^n|h,\theta)p(h|\theta)\right\} \tag{20.2.1}$$

通过将索引 h 视为缺失变量，可以使用 11.2 节的 EM 算法来训练该混合模型。这里有两组参数：每个分量模型 $p(v|h,\theta_{v|h})$ 的参数 $\theta_{v|h}$，以及混合权重 $p(h|\theta_h)$ 的参数 θ_h。根据 11.2 节中给出的针对独立同分布数据的一般方法，在 M-步，我们需要考虑能量项：

$$E(\theta)=\sum_{n=1}^{N}\langle\log p(v^n,h|\theta)\rangle_{p^{\mathrm{old}}(h|v^n)} \tag{20.2.2}$$

$$=\sum_{n=1}^{N}\langle\log p(v^n|h,\theta_{v|h})\rangle_{p^{\mathrm{old}}(h|v^n)}+\sum_{n=1}^{N}\langle\log p(h|\theta_h)\rangle_{p^{\mathrm{old}}(h|v^n)} \tag{20.2.3}$$

并且最大化关于参数 $\theta_{v|h}$ 和 $\theta_h(h=1,\cdots,H)$ 的式(20.2.3)。E-步的更新表达式为：

$$p^{\mathrm{new}}(h|v^n)\propto p(v^n|h,\theta_{v|h}^{\mathrm{old}})p(h|\theta_h^{\mathrm{old}}) \tag{20.2.4}$$

对初始参数 θ，更新 E-步和 M-步直到收敛。这是训练混合模型的一般方法。下面我们将了解这些更新如何适用于某些特定模型。

20.2.1　不受限的离散表

在这里，我们考虑训练一个简单的信念网络 $p(v|h,\theta_{v|h})p(h|\theta_h)$，且 $\mathrm{dom}(v)=\{1,\cdots,V\}$，$\mathrm{dom}(h)=\{1,\cdots,H\}$，其中表是不受限的。这是 11.2 节讨论的更一般框架的一个特例，但是看看如何为这种特定情况推导出 EM 算法是有益的。

M-步：$p(h)$

如果没有对 $p(h|\theta_h)$添加限制，那我们可以将参数简单地写为 $p(h)$，并理解 $0\leqslant p(h)\leqslant 1$ 和 $\sum_h p(h)=1$。隔离方程(20.2.3)对 $p(h)$的相关性，我们得到：

$$\sum_{n=1}^{N}\langle\log p(h)\rangle_{p^{\text{old}}(h|v^n)}=\sum_h \log p(h)\sum_{n=1}^{N}p^{\text{old}}(h|v^n) \tag{20.2.5}$$

我们现在希望在 $\sum_h p(h)=1$ 的限制下，最大化关于 $p(h)$的方程(20.2.5)。可以运用不同的方法来执行此受限优化。一种方法是使用拉格朗日乘数，参见练习 20.4。另一种可以说是更优雅的方法，即基于上述与 KL 散度的相似性，使用 11.2 节中描述的方法。首先，我们定义分布：

$$\tilde{p}(h)\equiv\frac{\sum_{n=1}^{N}p^{\text{old}}(h|v^n)}{\sum_h\sum_{n=1}^{N}p^{\text{old}}(h|v^n)}=\frac{1}{N}\sum_{n=1}^{N}p^{\text{old}}(h|v^n) \tag{20.2.6}$$

然后最大化方程(20.2.5)，相当于最大化下式：

$$\langle\log p(h)\rangle_{\tilde{p}(h)}=\underbrace{\langle\log p(h)\rangle_{\tilde{p}(h)}-\langle\log\tilde{p}(h)\rangle_{\tilde{p}(h)}}_{-\mathrm{KL}(\tilde{p}|p)}+\langle\log\tilde{p}(h)\rangle_{\tilde{p}(h)} \tag{20.2.7}$$

因为等式(20.2.5)通过常数因子 N 与$\langle\log p(h)\rangle_{\tilde{p}(h)}$有关。通过从等式(20.2.7)中减去独立项$\langle\log\tilde{p}(h)\rangle_{\tilde{p}(h)}$，我们得到负 KL 散度 $\mathrm{KL}(\tilde{p}|p)$。这意味着最优 $p(h)$是最小化 KL 散度的分布。因此，最优 $p(h)=\tilde{p}(h)$，从而给出 M-步：

$$p^{\text{new}}(h)=\frac{1}{N}\sum_{n=1}^{N}p^{\text{old}}(h|v^n) \tag{20.2.8}$$

M-步：$p(v/h)$

方程(20.2.3)与 $p(v|h)$的相关性是：

$$\sum_{n=1}^{N}\langle\log p(v^n|h,\theta_{v|h})\rangle_{p^{\text{old}}(h|v^n)}=\sum_v\sum_{n=1}^{N}\sum_{h=1}^{H}\mathbb{I}[v^n=v]p^{\text{old}}(h|v^n)\log p(v|h) \tag{20.2.9}$$

如果分布 $p(v|h,\theta_{v|h})$不受限，则我们可以应用类似 KL 散度的方法，就像我们在 11.2 节及以上对 $p(h)$所做的那样。作为该方法的替代方案，我们在此描述拉格朗日方法在这种情况下如何工作。我们需要确保 $p(v|h)$是每种混合状态 $h=1,\cdots,H$ 的分布。这可以使用一组拉格朗日乘数来实现，给出拉格朗日函数：

$$\mathcal{L}\equiv\sum_{v=1}^{V}\sum_{n=1}^{N}\sum_{h=1}^{H}\mathbb{I}[v^n=v]p^{\text{old}}(h|v^n)\log p(v|h)+\sum_{h=1}^{H}\boldsymbol{\lambda}(h)\Big(1-\sum_{v=1}^{V}p(v|h)\Big) \tag{20.2.10}$$

对 $p(v=i|h=j)$求导并令其为零：

$$\frac{\partial \mathcal{L}}{\partial p(v=i\mid h=j)}=\sum_{n=1}^{N}\frac{\mathbb{I}[v^n=i]p^{\text{old}}(h=j\mid v^n=i)}{p(v=i\mid h=j)}-\lambda(h=j)=0 \tag{20.2.11}$$

求解这个式子，我们有：

$$p(v=i\mid h=j)=\frac{1}{\lambda(h=j)}\sum_{n=1}^{N}\mathbb{I}[v^n=i]p^{\text{old}}(h=j\mid v^n=i) \tag{20.2.12}$$

使用归一化要求，$\sum_{v} p(v=i\mid h=j)=1$ 展示了 $\lambda(h=j)$只是上述等式的分子，对 v 求和。因此，M-步更新由下式给出：

$$p^{\text{new}}(v=i\mid h=j)=\frac{\sum_{n=1}^{N}\mathbb{I}[v^n=i]p^{\text{old}}(h=j\mid v^n=i)}{\sum_{i=1}^{V}\sum_{n=1}^{N}\mathbb{I}[v^n=i]p^{\text{old}}(h=j\mid v^n=i)} \tag{20.2.13}$$

E-步

根据一般的 EM 过程，我们最好设置 $p^{\text{new}}(h\mid v^n)=p^{\text{old}}(h\mid v^n)$为：

$$p^{\text{new}}(h\mid v^n)=\frac{p^{\text{old}}(v^n\mid h)p^{\text{old}}(h)}{\sum_{h} p^{\text{old}}(v^n\mid h)p^{\text{old}}(h)} \tag{20.2.14}$$

重复方程(20.2.8)、方程(20.2.13)和方程(20.2.14)直到收敛并保证似然方程(20.2.1)不能减少。表和混合概率的初始化会严重影响解决方案的质量，因为似然函数通常具有局部最优。如果使用随机初始化，建议记录似然本身的收敛值，以查看哪些参数具有更高的似然。具有最高似然的解决方案是优选的。

20.2.2　伯努利分布乘积的混合模型

作为示例混合模型，以及可用于实际聚类的模型，请参见例 20.2，我们描述了一个简单的混合模型，可用于聚类二值向量 $\boldsymbol{v}=(v_1,\cdots,v_D)$，其中 $v_i\in\{0,1\}$。伯努利乘积[⊖]混合模型由下式给出：

$$p(\boldsymbol{v})=\sum_{h=1}^{H}p(h)\prod_{i=1}^{D}p(v_i\mid h) \tag{20.2.15}$$

其中每个项 $p(v_i\mid h)$是伯努利分布。该模型如图 20.3 所示，参数为 $p(h)$和 $p(v_i=1\mid h)$，且 $\text{dom}(h)=\{1,\cdots,H\}$。理解模型的一种方法是设想抽样过程。在这种情况下，对每个数据点 n，我们从 $p(h)$中抽样一个簇，其索引为 $h\in\{1,\cdots,H\}$。然后对每个 $i=1,\cdots,D$，我们从 $p(v_i\mid h)$中抽样状态 $v_i\in\{0,1\}$。

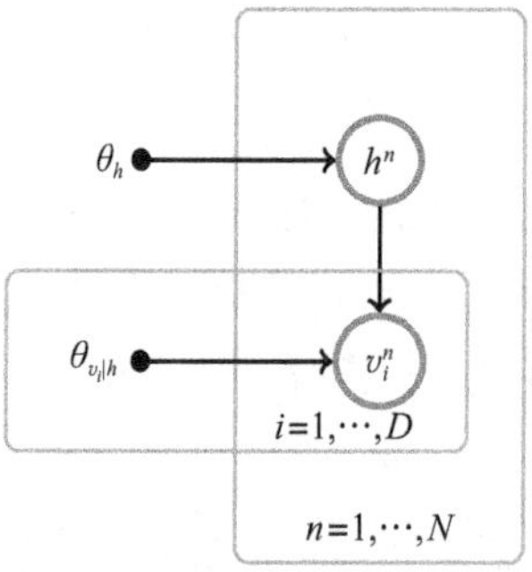

图 20.3　伯努利分布乘积的混合模型。贝叶斯方法中会给参数一个先验。此处，我们简单地用极大似然来估计参数值

⊖　这与朴素贝叶斯分类器类似，其中类别标签始终是隐变量。

EM 训练

为了使用极大似然训练模型，使用 EM 算法是方便的，像往常一样，先写出能量项：

$$\sum_n \langle \log p(\boldsymbol{v}^n, h) \rangle_{p^{\text{old}}(h|\boldsymbol{v}^n)} = \sum_n \sum_i \langle \log p(v_i^n | h) \rangle_{p^{\text{old}}(h|\boldsymbol{v}^n)} + \sum_n \langle \log p(h) \rangle_{p^{\text{old}}(h|\boldsymbol{v}^n)} \tag{20.2.16}$$

然后对表元素执行最大化。从 11.2 节的一般结果，我们知道 M-步等同于观察所有变量时的极大似然，然后用条件分布 $p(h|v)$替换未观察到的变量 h。使用这个，我们可以立即写下 M-步：

$$p^{\text{new}}(v_i = 1 | h = j) = \frac{\sum_n \mathbb{I}[v_i^n = 1] p^{\text{old}}(h = j \mid \boldsymbol{v}^n)}{\sum_n \mathbb{I}[v_i^n = 1] p^{\text{old}}(h = j \mid \boldsymbol{v}^n) + \sum_n \mathbb{I}[v_i^n = 0] p^{\text{old}}(h = j \mid \boldsymbol{v}^n)}$$

$$p^{\text{new}}(h = j) = \frac{\sum_n p^{\text{old}}(h = j \mid \boldsymbol{v}^n)}{\sum_{h'} \sum_n p^{\text{old}}(h' \mid \boldsymbol{v}^n)} \tag{20.2.17}$$

以及 E-步：

$$p^{\text{new}}(h = j \mid \boldsymbol{v}^n) \propto p^{\text{old}}(h = j) \prod_{i=1}^{D} p^{\text{old}}(v_i^n | h = j) \tag{20.2.18}$$

迭代方程(20.2.17)和方程(20.2.18)直到收敛。

如果数据点 n 缺少特征 i，则需要对相应 v_i^n 的状态求和。对该模型执行求和的效果仅仅是从算法中去除相应的因子 $p(v_i^n|h)$，参见练习 20.1。

初始化

EM 算法可能对初始条件非常敏感。考虑以下初始化：$p(v_i = 1 | \boldsymbol{h} = \boldsymbol{j}) = 0.5$，其中 $p(h)$任意设定。这意味着在第一次迭代时，$p^{\text{old}}(h = j \mid \boldsymbol{v}^n) = p(h = j)$。随后的 M-步更新是：

$$p^{\text{new}}(h) = p^{\text{old}}(h), \quad p^{\text{new}}(v_i | h = j) = p^{\text{new}}(v_i | h = j') \tag{20.2.19}$$

其中 j、j'任意取值。这意味着参数 $p(v|h)$立即与 h 无关，并且在数值上，模型在对称解中捕获。因此，以非对称方式初始化参数是有意义的。

该模型可以很容易地扩展到含两个以上输出类别的情况，这留给感兴趣的读者练习。

例 20.2(调查问卷) 公司向一组客户发出一份包含一组 $\boldsymbol{D}$ 个(答案为“是”“否”)问题的调查问卷。客户的二值答复存储在向量 $\boldsymbol{v} = (v_1, \cdots, v_D)$中。总共有 $\boldsymbol{N}$ 个客户发回他们的问卷，即 $\boldsymbol{v}^1, \cdots, \boldsymbol{v}^N$，公司希望通过分析它，找出自己拥有的客户类型。公司假设有 H 类基本类型的客户，其响应概况仅由客户类型定义。

图 20.4 中的数据来自包含 5 个问题的问卷，涉及 150 个受访者。数据有大量缺失值。我们假设有 $\boldsymbol{H} = 2$ 种受访者，并试图将所有受访者分配到两个簇中。对该数据运行 EM 算法，使用表的随机初始值，产生图 20.5 中的结果。将每个数据点 $\boldsymbol{v}^n$ 分配给具有最大后验概率 $h^n = \underset{h}{\text{argmax}}\, p(h \mid \boldsymbol{v}^n)$的簇，基于此给定训练模型 $p(\boldsymbol{v}|h)p(h)$，模型将 90%的数据分配给正确的簇(在此模拟案例中已知)。见 MIXprodBern.m.

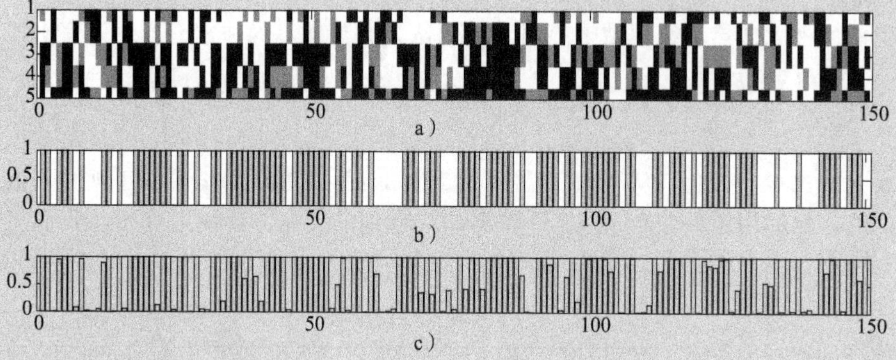

图 20.4　a) 调查问卷的答复数据。其中白色表示“是”，黑色表示“否”，灰色表示没有答复(缺失数据)。该训练数据由伯努利模型的双分量乘积生成。通过随机删除数据集中的值来模拟缺失数据。b) 从数据中抽样的“正确” h 值。“0”表示 $h^n=1$，“1”表示 $h^n=2$。c) 估计的 $p(h_i^n=2\mid \boldsymbol{v}^n)$值

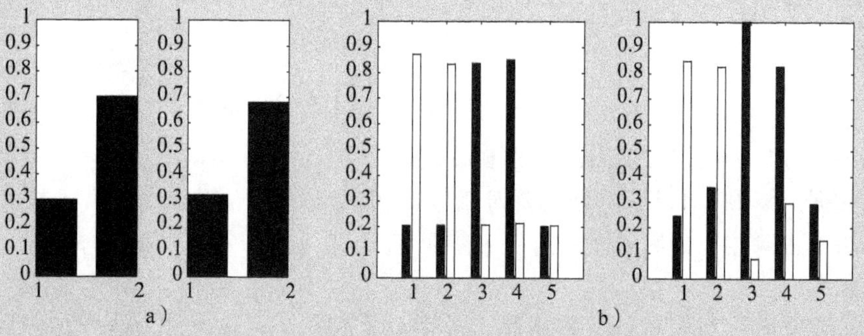

图 20.5　伯努利乘积混合模型的 EM 学习过程。a) 真实 $p(h)$(左)和学习到的 $p(h)$(右)，其中 $\boldsymbol{h}=1,2$。b) 真实 $p(v\mid h)$(左)和学习到的 $p(v\mid h)$(右)，其中 $v=1,\cdots,5$。每对列对应于 $p(v_i\mid h=1)$(右列)和 $p(v_i\mid h=2)$(左列)，其中 $i=1,\cdots,5$。学习的概率合理地接近真实值

例 20.3(手写数字)　我们有 5 000 个手写数字的集合，我们希望将它们分成 20 组，如图 20.6a 所示。每个数字是 28×28=784 维二值向量。使用伯努利乘积的混合模型，经过 50 次 EM 迭代(随机初始化)训练，这些簇显示在图 20.6b 中。正如我们所看到的，该方法捕获数据中的天然簇，例如有两种类型的“1”，一种比另一种稍微倾斜；有两种类型的 4，等等。

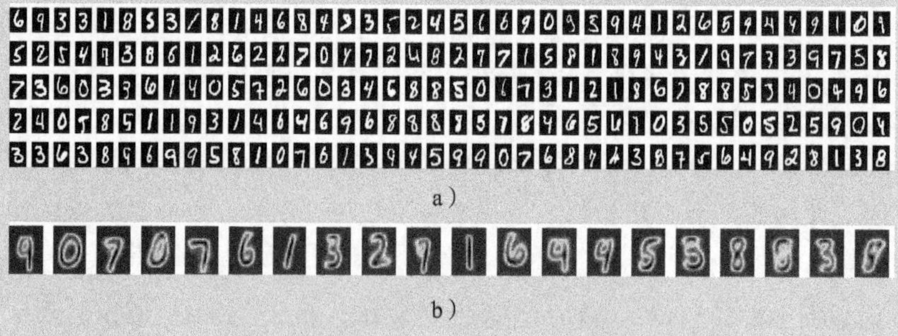

图 20.6　a) 在训练集中选择 5 000 个手写数字中的 200 个。b) 对于 $h=1,\cdots,20$ 的混合模型，训练后的簇输出 $p(v_i=1\mid h)$。请参阅 demoMixBernoulliDigits. m

20.3 高斯混合模型

我们现在转向对连续向量观察值 $\boldsymbol{x}$ 进行建模($\boldsymbol{x}$ 相当于之前的“可见”变量 v)。高斯可作为连续混合模型的一种非常方便的分量，因为其构成概率质量的“隆起”，有助于对模型的直观解释。作为提醒，一个连续变量 $\boldsymbol{x}$ 的 D 维高斯分布为：

$$p(\boldsymbol{x}|\boldsymbol{m},\boldsymbol{S})=\frac{1}{\sqrt{\det(2\pi\boldsymbol{S})}}\exp\left\{-\frac{1}{2}(\boldsymbol{x}-\boldsymbol{m})^{\mathrm{T}}\boldsymbol{S}^{-1}(\boldsymbol{x}-\boldsymbol{m})\right\} \tag{20.3.1}$$

其中 $\boldsymbol{m}$ 是均值，$\boldsymbol{S}$ 是协方差矩阵。那么高斯混合为：

$$p(\boldsymbol{x})=\sum_{i=1}^{H}p(\boldsymbol{x}|\boldsymbol{m}_i,\boldsymbol{S}_i)p(i) \tag{20.3.2}$$

其中 $p(i)$ 是第 i 个分量的混合权重。对数据集 $\mathcal{X}=\{\boldsymbol{x}^1,\cdots,\boldsymbol{x}^N\}$，以及假设数据服从 i. i. d. ，对数似然为：

$$\log p(\mathcal{X}|\theta)=\sum_{n=1}^{N}\log\sum_{i=1}^{H}p(i)\frac{1}{\sqrt{\det(2\pi\boldsymbol{S}_i)}}\exp\left\{-\frac{1}{2}(\boldsymbol{x}^n-\boldsymbol{m}_i)^{\mathrm{T}}\boldsymbol{S}_i^{-1}(\boldsymbol{x}^n-\boldsymbol{m}_i)\right\} \tag{20.3.3}$$

其中参数为 $\theta=\{\boldsymbol{m}_i,\boldsymbol{S}_i,p(i),i=1,\cdots,H\}$。可使用极大似然得到的最优的参数 θ。需注意，模型的约束条件为 $\boldsymbol{S}_i$ 是对称正定矩阵，且 $0\leqslant p(i)\leqslant 1$，$\sum_i p(i)=1$。将 $\boldsymbol{S}_i$(比如 Cholesky 分解)和 $p(i)$(比如 softmax)对应的约束条件参数化之后，可使用基于梯度的优化方法求解模型。这种情形下，使用 EM 方法也极为方便，因为其能自动提供保证约束成立的参数更新方式。

20.3.1 EM 算法

对 11.2 节所述的一般方法来说，我们需要在 M-步考虑能量项。将分量索引 i 看作隐变量，那么能量项为：

$$\sum_{n=1}^{N}\langle\log p(\boldsymbol{x}^n,i)\rangle_{p^{\mathrm{old}}(i|\boldsymbol{x}^n)}=\sum_{n=1}^{N}\langle\log[p(\boldsymbol{x}^n|i)p(i)]\rangle_{p^{\mathrm{old}}(i|\boldsymbol{x}^n)} \tag{20.3.4}$$

代入高斯分量的定义，可得：

$$\sum_{n=1}^{N}\sum_{i=1}^{H}p^{\mathrm{old}}(i|\boldsymbol{x}^n)\left\{-\frac{1}{2}(\boldsymbol{x}^n-\boldsymbol{m}_i)^{\mathrm{T}}\boldsymbol{S}_i^{-1}(\boldsymbol{x}^n-\boldsymbol{m}_i)-\frac{1}{2}\log\det(2\pi\boldsymbol{S}_i)+\log p(i)\right\} \tag{20.3.5}$$

在 M-步需要最大化关于变量 $\boldsymbol{m}_i$，$\boldsymbol{S}_i$，$p(i)$的上式。

M-步：优化 $\boldsymbol{m}_i$

最大化关于 $\boldsymbol{m}_i$ 的等式(20.3.5)等价于最小化下式：

$$\sum_{n=1}^{N}\sum_{i=1}^{H}p^{\mathrm{old}}(i|\boldsymbol{x}^n)(\boldsymbol{x}^n-\boldsymbol{m}_i)^{\mathrm{T}}\boldsymbol{S}_i^{-1}(\boldsymbol{x}^n-\boldsymbol{m}_i) \tag{20.3.6}$$

求该式关于 $\boldsymbol{m}_i$ 的导数，并令其等于 0 可得：

$$-2\sum_{n=1}^{N}p^{\mathrm{old}}(i|\boldsymbol{x}^n)\boldsymbol{S}_i^{-1}(\boldsymbol{x}^n-\boldsymbol{m}_i)=\boldsymbol{0} \tag{20.3.7}$$

因此最优的 $\boldsymbol{m}_i$ 满足：

$$m_i = \frac{\sum_{n=1}^{N} p^{\text{old}}(i|\boldsymbol{x}^n)\boldsymbol{x}^n}{\sum_{n=1}^{N} p^{\text{old}}(i|\boldsymbol{x}^n)} \tag{20.3.8}$$

定义成员分布为：

$$p^{\text{old}}(n|i) \equiv \frac{p^{\text{old}}(i|\boldsymbol{x}^n)}{\sum_{n=1}^{N} p^{\text{old}}(i|\boldsymbol{x}^n)} \tag{20.3.9}$$

其量化了属于第 i 个簇的数据点成员。那么可将式(20.3.8)更简洁地写为以下更新：

$$\boldsymbol{m}_i^{\text{new}} = \sum_{n=1}^{N} p^{\text{old}}(n|i)\boldsymbol{x}^n \tag{20.3.10}$$

直观地，这将簇 i 的均值更新为所有数据点的加权平均，其中权重为数据点到簇 i 的成员。

M-步：更新 $\boldsymbol{S}_i$

优化关于 $\boldsymbol{S}_i$ 的等式(20.3.5)等价于最小化下式：

$$\sum_{n=1}^{N} \left\langle (\Delta_i^n)^{\mathrm{T}} \boldsymbol{S}_i^{-1} \Delta_i^n - \log\det(\boldsymbol{S}_i^{-1}) \right\rangle_{p^{\text{old}}(i|\boldsymbol{x}^n)} \tag{20.3.11}$$

其中 $\Delta_i^n \equiv \boldsymbol{x}^n - \boldsymbol{m}_i$。为了方便矩阵计算，单独提取出含有 $\boldsymbol{S}_i$ 的项，得到：

$$\operatorname{trace}\left(\boldsymbol{S}_i^{-1} \sum_{n=1}^{N} p^{\text{old}}(i|\boldsymbol{x}^n)\Delta_i^n(\Delta_i^n)^{\mathrm{T}}\right) - \log\det(\boldsymbol{S}_i^{-1}) \sum_{n=1}^{N} p^{\text{old}}(i|\boldsymbol{x}^n) \tag{20.3.12}$$

求上式关于 $\boldsymbol{S}_i^{-1}$ 的导数，并令其等于 0 可得：

$$\sum_{n=1}^{N} p^{\text{old}}(i|\boldsymbol{x}^n)\Delta_i^n(\Delta_i^n)^{\mathrm{T}} - \boldsymbol{S}_i \sum_{n=1}^{N} p^{\text{old}}(i|\boldsymbol{x}^n) = \boldsymbol{0} \tag{20.3.13}$$

使用成员分布 $p^{\text{old}}(n|i)$，可得到更新公式为：

$$\boldsymbol{S}_i^{\text{new}} = \sum_{n=1}^{N} p^{\text{old}}(n|i)(\boldsymbol{x}^n - \boldsymbol{m}_i)(\boldsymbol{x}^n - \boldsymbol{m}_i)^{\mathrm{T}} \tag{20.3.14}$$

此处相当于将属于簇 i 的数据点根据均值平移，然后取它们的协方差。这种更新方式保证了 $\boldsymbol{S}_i$ 是一个对称半正定矩阵。一种特殊情形是约束 $\boldsymbol{S}_i$ 为对角阵，其对应的更新公式如下(见练习 20.2)：

$$\boldsymbol{S}_i = \sum_{n=1}^{N} p^{\text{old}}(n|i)\operatorname{diag}((\boldsymbol{x}^n - \boldsymbol{m}_i)(\boldsymbol{x}^n - \boldsymbol{m}_i)^{\mathrm{T}}) \tag{20.3.15}$$

其中 diag($\boldsymbol{M}$)是仅保留矩阵 $\boldsymbol{M}$ 的对角线元素，令其他元素为 0 得到的新矩阵。一种更极端的情形是用 isotropic 高斯 $\boldsymbol{S}_i = \sigma_i^2\boldsymbol{I}$。读者可能会发现，这种情形下对 σ_i^2 的最优更新方式是，取其为对角约束下更新的协方差矩阵的对角元素的平均值，

$$\sigma_i^2 = \frac{1}{D}\sum_{n=1}^{N} p^{\text{old}}(n|i)(\boldsymbol{x}^n - \boldsymbol{m}_i)^2 \tag{20.3.16}$$

M-步：最优混合系数

如果不对权重添加任何约束，那么可用等式(20.2.8)给出的一般更新公式进行更新，

$$p^{\text{new}}(i) = \frac{1}{N}\sum_{n=1}^{N} p^{\text{old}}(i|\boldsymbol{x}^n) \tag{20.3.17}$$

E-步

根据 11.2 节讲述的一般 EM 算法步骤，E-步为：

$$p(i \mid \boldsymbol{x}^n) \propto p(\boldsymbol{x}^n \mid i) p(i). \tag{20.3.18}$$

具体地，上式可由 responsibility 写为：

$$p(i \mid \boldsymbol{x}^n) = \frac{p(i) \exp\left\{-\frac{1}{2}(\boldsymbol{x}^n - \boldsymbol{m}_i)^{\mathrm{T}} \boldsymbol{S}_i^{-1} (\boldsymbol{x}^n - \boldsymbol{m}_i)\right\} \det(\boldsymbol{S}_i)^{-\frac{1}{2}}}{\sum_{i'} p(i') \exp\left\{-\frac{1}{2}(\boldsymbol{x}^n - \boldsymbol{m}_{i'})^{\mathrm{T}} \boldsymbol{S}_{i'}^{-1} (\boldsymbol{x}^n - \boldsymbol{m}_{i'})\right\} \det(\boldsymbol{S}_{i'})^{-\frac{1}{2}}} \tag{20.3.19}$$

按照顺序迭代等式(20.3.8)、式(20.3.14)、式(20.3.17)和式(20.3.19)直到收敛。注意，这意味着在更新协方差时用到了新的均值，参考算法 20.1。

针对高斯混合的 EM 算法很大程度上依赖于初始化，我们将在下一节讨论这个问题。此外，也需要对协方差矩阵添加一些约束，保证找到的是合理的解。

算法 20.1 针对高斯混合模型的 EM 训练

1: 初始化均值 $\boldsymbol{m}_i$，协方差 $\boldsymbol{S}_i$ 和权重 $p(i) > 0$，$\sum_i p(i) = 1$ $i = 1, \cdots, H$.

2: **while** 似然不收敛或未达到终止标准 **do**

3:    **for** $n = 1, \cdots, N$ **do**

4:       **for** $i = 1, \cdots, H$ **do**

5:          $p(i \mid x^n) = p(i) \exp\left\{-\frac{1}{2}(\boldsymbol{x}^n - \boldsymbol{m}_i)^{\mathrm{T}} \boldsymbol{S}_i^{-1} (\boldsymbol{x}^n - \boldsymbol{m}_i)\right\} \det(\boldsymbol{S}_i)^{-\frac{1}{2}}$ ▷响应

6:       **end for**

7:    标准化 $p(i \mid x^n)$ 以满足 $\sum_i p(i \mid x^n) = 1$

8:    $p(n \mid i) = p(i \mid x^n)$ ▷成员

9:    **end for**

10: 标准化 $p(n \mid i)$ 以满足 $\sum_n p(n \mid i) = 1$，i 为任意值.

11: **for** $i = 1, \cdots, H$ **do**

12:     $\boldsymbol{m}_i = \sum_{n=1}^{N} p(n \mid i) \boldsymbol{x}^n$ ▷对均值的 M-步

13:     $\boldsymbol{S}_i = \sum_{n=1}^{N} p(n \mid i)(\boldsymbol{x}^n - \boldsymbol{m}_i)(\boldsymbol{x}^n - \boldsymbol{m}_i)^{\mathrm{T}}$ ▷对协方差的 M-步

14:     $p(i) = \frac{1}{N} \sum_{n=1}^{N} p(i \mid x^n)$ ▷对权重的 M-步

15: **end for**

16: $L = \sum_{n=1}^{N} \log \sum_{i=1}^{H} p(i) \frac{1}{\sqrt{\det(2\pi \boldsymbol{S}_i)}} \exp\left\{-\frac{1}{2}(\boldsymbol{x}^n - \boldsymbol{m}_i)^{\mathrm{T}} \boldsymbol{S}_i^{-1} (\boldsymbol{x}^n - \boldsymbol{m}_i)\right\}$ ▷对数似然

17: **end while**

20.3.2 实际问题

无穷带来的问题

当用极大似然去拟合高斯混合模型时存在一个问题。考虑将某个分量 $p(\boldsymbol{x} \mid \boldsymbol{m}_i, \boldsymbol{S}_i)$ 的均值 $\boldsymbol{m}_i$ 设为某个数据点，即 $\boldsymbol{m}_i = \boldsymbol{x}^n$。那么该分量对数据点 $\boldsymbol{x}^n$ 的贡献为：

$$p(\boldsymbol{x}^n \mid \boldsymbol{m}_i, \boldsymbol{S}_i) = \frac{1}{\sqrt{\det(2\pi \boldsymbol{S}_i)}} \mathrm{e}^{-\frac{1}{2}(\boldsymbol{x}^n - \boldsymbol{x}^n)^{\mathrm{T}} \boldsymbol{S}_i^{-1} (\boldsymbol{x}^n - \boldsymbol{x}^n)} = \frac{1}{\sqrt{\det(2\pi \boldsymbol{S}_i)}} \tag{20.3.20}$$

当协方差矩阵的"宽度"趋于 0（即 $\boldsymbol{S}_i$ 的特征值趋于 0）时，该概率密度会变得无穷。因此可通过选择零-宽度高斯来得到一个极大似然解，同时得到无穷似然。这显然不是我们希望出现的，因为在这种情况下极大似然解以不合理的方式约束参数。请注意，这与 EM 算法无关，而是极大似然法本身的一个性质。因此，所有用极大似然法拟合无约束高斯混合模型的计算方法，只要陷入有利的局部极大点，就能成功地找到“合理”的解。一种补救方法是针对高斯宽度加入约束条件，以确保它们不会变得太小。另一种方法是监视每个协方差矩阵的特征值，如果某步更新得到的新特征值小于期望阈值，则舍弃该步更新。我们在 GMMem. m 中使用了类似方式，对协方差矩阵的行列式(特征值的乘积)进行约束，使其大于所指定的最小值。也可以将极大似然在高斯模型中的失败，看作不合适先验的后果。实际上，极大似然等价于对每个矩阵 $\boldsymbol{S}_i$ 给一个均匀先验时的 MAP。而这是不合理的，因为协方差矩阵被要求是正定和宽度不为零的。针对这个问题，可用贝叶斯方法来解决，对协方差矩阵给一个先验。一个自然的选择是 Wishart 分布，在要求协方差矩阵是对角阵时也可选择伽马分布。

初始化

针对协方差矩阵的一种有用初始化策略是，将其设置为方差较大的对角阵。这给分量提供了一个“感知”数据所在位置的机会。图 20.7 给出了该算法的性能说明。

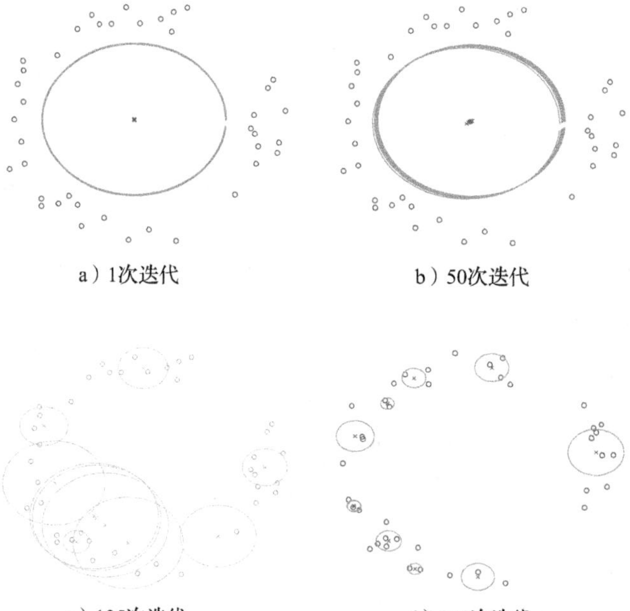

a）1次迭代　b）50次迭代

c）125次迭代　d）150次迭代

图 20.7　训练包含 10 个各向同性高斯的混合模型。a) 如果以比较大的方差作为初始化，即使只迭代 1 次，高斯的中心也距离数据均值较近。b) 高斯开始分离。c) 高斯一个接一个的朝数据的合适位置移动。d) 收敛时的解。此处，高斯的方差被约束为大于一个指定值。参考 demoGMMem. m

打破对称

如果将协方差矩阵的元素初始化为较大值，那么 EM 算法在开始时似乎没有什么用，因为每个分量都与其他分量挤在一起来试图解释数据。最终，一个高斯分量脱离并负责解释它附近的数据，如图 20.7 所示。这种初始碰撞来源于解本身固有的对称性，我们重新标记这些分量的名称并不会对似然产生任何影响。对称性会严重阻碍 EM 在包含大量分量的混合模型中的使用，因为排列数会随分量数的增加而急剧增加。一种启发式方法是从少量分量开始，比如两个，它们的对称性破坏问题相对轻微。一旦找到了一个局部破坏的解，就会有更多的模型被包含在混合模型中，并在当前找到的解附近被初始化。以这种方式，可找到一种分层机制。另外一种流行的初始化方式是，以 K-均值算法找到的中心作为高斯分量的均值，参考 20.3.5 节，然而 K-均值本身需要一种启发式的初始化。

20.3.3 用高斯混合模型做分类

为了构建一个有力的分类器，可将高斯混合模型作为一个类别条件生成模型(class conditional generative model)的一部分。考虑只有两个类别的数据，类别 $c\in\{1,2\}$。我们可以对来自类别 1 的数据 $\mathcal{X}_1$ 拟合一个高斯混合模型 $p(\boldsymbol{x}|c=1,\mathcal{X}_1)$，对类别 2 的数据 $\mathcal{X}_2$ 拟合另一个高斯混合模型 $p(\boldsymbol{x}|c=2,\mathcal{X}_2)$。这样就会得到两个类别条件高斯混合模型，

$$p(\boldsymbol{x}|c,\mathcal{X}_c)=\sum_{i=1}^{H}p(i|c)\mathcal{N}(\boldsymbol{x}|\boldsymbol{m}_i^c,\boldsymbol{S}_i^c) \tag{20.3.21}$$

对一个新的输入 $\boldsymbol{x}^*$ 来说，其后验类别概率为：

$$p(c|\boldsymbol{x}^*,\mathcal{X})\propto p(\boldsymbol{x}^*|c,\mathcal{X}_c)p(c) \tag{20.3.22}$$

其中 $p(c)$是先验类别概率。对 $p(c)$的极大似然设定为，令其与训练样本中属于类别 c 的样本数成正比。

过于自信的分类

考虑距离两个类别的训练数据均较远的一个测试样本 $\boldsymbol{x}^*$。对这样的数据点来说，两个类别生成模型生成它的概率都很低。然而，一个概率会以指数速率高于另一个(因为高斯在不同速率下以指数速率下降)，意味着对有一个距离 $\boldsymbol{x}^*$ 最近的分量的类别来说，其后验概率会接近于 1。这不算一个好性质，因为我们最终会充满信心地去预测一个与我们见过的数据并不相似的新数据。我们倾向于得到相反的结论，即对于远离训练数据的新数据，分类置信度下降，所有类别的概率相等。

针对这种情形的一种备选方案是，对高斯混合模型中非常广泛的类别额外加一个分量。首先收集来自所有类别的输入数据为数据集 $\mathcal{X}$，令所有数据的均值和方差分别为 $\boldsymbol{m}$ 和 $\boldsymbol{S}$。然后在每一类 c 数据对应的模型上加一个高斯分量(去掉了记号中的 $\mathcal{X}$)：

$$p(\boldsymbol{x}|c)=\sum_{i=1}^{H}\tilde{p}_i^c\mathcal{N}(\boldsymbol{x}|\boldsymbol{m}_i^c,\boldsymbol{S}_i^c)+\tilde{p}_{H+1}^c\mathcal{N}(\boldsymbol{x}|\boldsymbol{m},\lambda\boldsymbol{S}) \tag{20.3.23}$$

其中：

$$\tilde{p}_i^c\propto\begin{cases}p_i^c & i\leqslant H\\ \delta & i=H+1\end{cases} \tag{20.3.24}$$

其中 δ 是个很小的正数，λ 是协方差的系数(在 demoGMMclass.m 中取 $\delta=0.0001$，$\lambda=10$)。额外加的分量对训练似然的影响可以忽略不计，因为它们的权重较小，但相对于其他分量来说方差较大，如图 20.8 所示。然而，当我们离开前 H 个分量有可评估质量的区域时，额外分量的影响将会增加，因为它具有较高的方差。如果我们在高斯混合模型中对每一类别都添加相同的附加分量，那么这个附加分量对每个类别的影响将是相同的，当我们远离其他分量的影响时，它将占据主导地位。因此对于远离训练数据的点来说，其属于每个类别的可能性大致相等，因为在该区域，附加的广泛成分以相同的度量支配着每个类别。此时后验分布会趋于先验类别概率 $p(c)$，从而减轻当测试点远离训练数据时，由单个高斯混合模型主导所造成的有害影响。

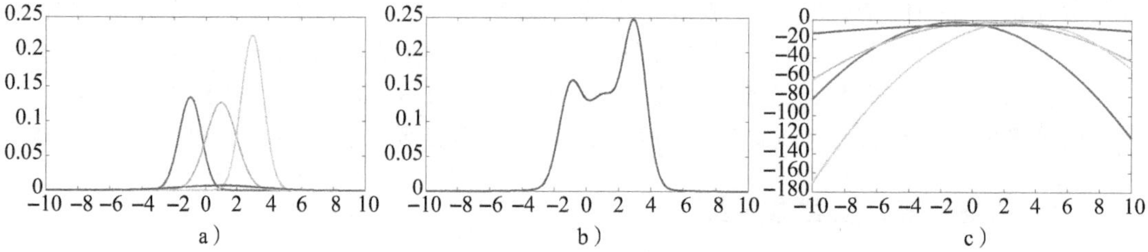

图 20.8 a) 有 $H=4$ 个分量的高斯混合模型。其中有一个方差较大，权重较小的分量(紫色)，其在其他三个分量有可评估质量的区域影响较小。随着我们离得越远，这个附加分量的影响将会增大。b) a 对应的高斯混合模型概率密度函数。c) 在对数尺度上绘制，每个远离原点的高斯的影响力变得更加清晰

例 20.4 图 20.9a 中的数据对每一类别都有一个簇结构。基于对两个类别分别拟合一个高斯混合模型，远离训练数据的测试样本被很自信地分类为类别 1。这并不是想要的结果，因为我们更希望远离训练数据的样本是在不确定的情况下被分类的。通过对每个类别加入一个额外的大方差高斯分量，该分量对训练数据的类别概率影响很小，然而具有使测试点的类别概率在最大程度上不确定的期望特性，参考图 20.9b。

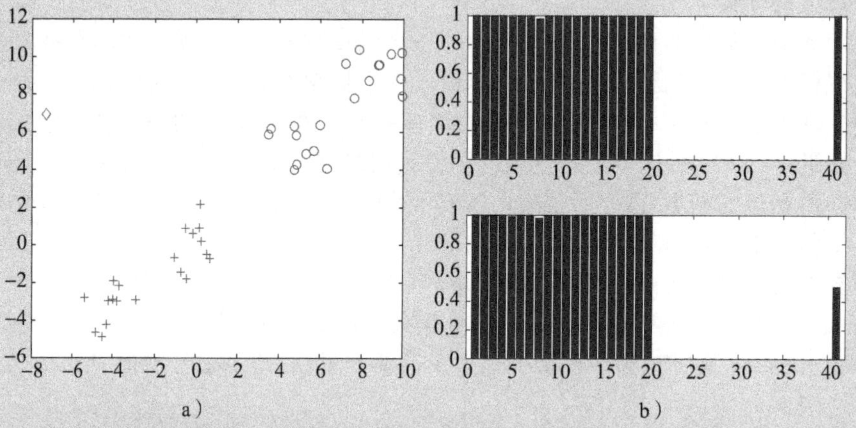

图 20.9 类别条件高斯混合模型的训练及分类。a) 来自两个不同类别的数据。我们用包含两个分量的高斯混合模型进行拟合，其中每个分量对应一个类别。菱形是远离训练数据的一个需要被分类的测试样本。b) 上面的图是 40 个训练样本的类别概率 $p(c=1|n)$，第 41 个数据点是测试样本，该图展示了测试样本属于类别 1 的情况。下面的图是包含了额外大方差高斯分量的类别概率，此时对测试样本的类别标签是极度不确定的。参考 demoGMMclass. m

20.3.4 Parzen 估计器

Parzen 估计器通过在每个数据点上放置一个“质量的隆起”$\rho(\boldsymbol{x}|\boldsymbol{x}^n)$形成：

$$p(\boldsymbol{x})=\frac{1}{N}\sum_{n=1}^{N}\rho(\boldsymbol{x}|\boldsymbol{x}^n) \tag{20.3.25}$$

一个较为流行的选择是(针对 D 维 $\boldsymbol{x}$)：

$$\rho(\boldsymbol{x}|\boldsymbol{x}^n)=\mathcal{N}(\boldsymbol{x}|\boldsymbol{x}^n,\sigma^2\boldsymbol{I}_D) \tag{20.3.26}$$

其对应的高斯混合为：

$$p(\boldsymbol{x})=\frac{1}{N}\sum_{n=1}^{N}\frac{1}{(2\pi\sigma^2)^{D/2}}\exp\left(-\frac{1}{2\sigma^2}(\boldsymbol{x}-\boldsymbol{x}^n)^2\right) \tag{20.3.27}$$

Parzen 估计器不需要训练过程，仅需要将 N 个样本点存储起来。虽然 Parzen 技术是一种合理又廉价的构建密度估计器的方式，但它并不能使我们对数据有更简单的描述。特别地，我们不能做聚类，因为对数据生成过程没有更少的簇假设。这与在分量数目 $H \leqslant N$ 固定的情况下使用极大似然训练的高斯混合模型形成了对比。

20.3.5 K-均值

考虑包含 K 个各向同性高斯的混合模型：

$$p(\boldsymbol{x})=\sum_{i=1}^{K}p_i\mathcal{N}(\boldsymbol{x}\,|\,\boldsymbol{m}_i,\sigma^2\boldsymbol{I}) \tag{20.3.28}$$

其中约束每个协方差矩阵等于 $\sigma^2\boldsymbol{I}$，混合权重 $p_i \geqslant 0$，$\sum_i p_i=1$。尽管当某个高斯分量的均值 $\boldsymbol{m}_i$ 等于某个数据样本且 $\sigma^2\to 0$ 时，EM 算法会失败，但通过约束所有的分量，使其有同样的方差 σ^2，算法在极限情况 $\sigma^2\to 0$ 下也可以被很好地定义。在练习 20.3 中，读者可以这种情况下的成员分布等式(20.3.9)变成了确定性的

$$p(n\,|\,i)\propto\begin{cases}1 & \text{若 } \boldsymbol{m}_i \text{ 离 } \boldsymbol{x}^n \text{ 最近}\\ 0 & \text{其他}\end{cases} \tag{20.3.29}$$

在这个极限下，EM 算法对均值 $\boldsymbol{m}_i$ 的更新式(20.3.10)为离 $\boldsymbol{m}_i$ 最近的数据点的均值。这个极限以及受限的高斯混合模型就变成了 K-均值算法，如算法 20.2 所示。尽管 K-均值算法简单，但它收敛速度很快，并且在合理的中心初始化条件下，常常能给出一个合理的聚类结果，如图 20.10 所示。

算法 20.2 K-均值

1：初始化均值 $\boldsymbol{m}_i$，$i=1,\cdots,K$.
2：**while** 不收敛 **do**
3：　对于每个中心 i，寻找所有使得 i 是最近(按欧几里得距离)中心的 $\boldsymbol{x}^n$.
4：　称这组点为 $\mathcal{N}_i$. 令 N_i 为集合 $\mathcal{N}_i$ 中数据点的数量.
5：　更新均值

$$\boldsymbol{m}_i^{\text{new}}=\frac{1}{N_i}\sum_{n\in\mathcal{N}_i}\boldsymbol{x}^n$$

6：**end while**

K-均值通常被用作一种简单的数据压缩形式，发送的不是数据点 $\boldsymbol{x}^n$，而是它所关联的中心的索引。这称为向量量化是有损压缩的一种形式。为提高压缩质量，可以使用更多的信息，例如 $\boldsymbol{x}^n$ 和离其最近的均值 $\boldsymbol{m}$ 之间的距离的近似，这也可以用来改善对压缩数据点的重构。

20.3.6 贝叶斯混合模型

贝叶斯扩展包括对混合模型中的每个模型的参数以及分量的混合权重加一个先验信息。大多数情况下，这会得到一个很难积分的边缘似然。近似该积分的方法包含抽样技术[106]。针对贝叶斯高斯混合模型的变分近似可参考[120,71]。

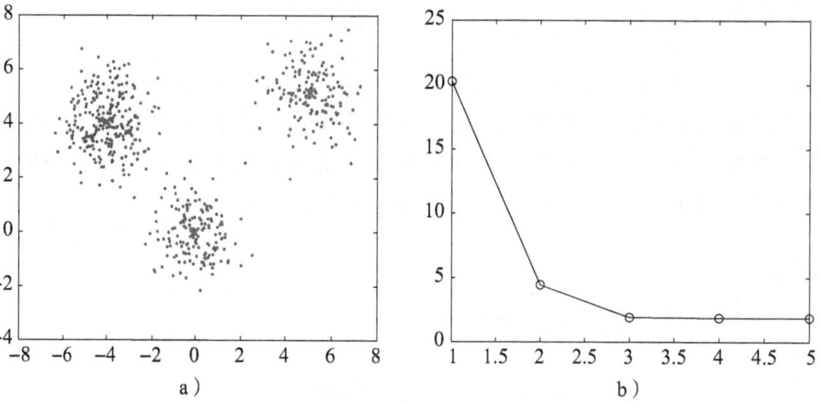

图 20.10 a) 用包含 3 个分量的 K-均值对 550 个数据点进行聚类。红色叉号为均值。b) 到最近中心的均值平方距离随着算法迭代的演化过程。均值被初始化为接近数据的总体平均值。参考 demoKmeans.m

20.3.7 半监督学习

在某些情形中，我们可能会知道某些数据点属于哪个混合分量。例如，给定我们希望对其进行聚类的图像集合，我们已经拥有了图像子集的簇标签。给定这些信息，我们想要用指定的分量数 H 和参数 θ 去拟合模型。我们将已知的 M 个数据点以及其对应的分量记为 $(v_*^m, h_*^m)(m=1,\cdots,M)$，其余 h^n 分量未知的数据点记为 $(v^n, h^n)(n=1,\cdots,N)$。那么模型目标是极大化似然：

$$p(v_*^{1:M}, v^{1:N} \mid h_*^{1:M}, \theta)=\left\{\prod_m p(v_*^m \mid h_*^m, \theta)\right\}\left\{\prod_n \sum_{h^n} p(v^n \mid h^n, \theta) p(h^n)\right\} \tag{20.3.30}$$

如果我们将所有的数据点合并在一起，则该式本质上等价于标准的无监督情况，只是一些 h 被固定为已知的状态。其对 EM 算法的影响仅在于，对已知状态的有标签数据点来说，$p(h \mid v_*^m)$ 项变成了 δ 函数 $p(h \mid v_*^m)=\delta_{h, h_*^m}$，因此只需对标准算法做一点小改变，参见练习 20.6。

20.4 混合专家模型

混合专家模型[163]是对输入相关的混合权重的扩展。对一个输出 y(一个离散的类别或者连续的回归变量)和输入 $\boldsymbol{x}$ 来说，其一般形式如下(也可参考图 20.11)：

$$p(y \mid \boldsymbol{x}, \boldsymbol{W}, \boldsymbol{U})=\sum_{h=1}^{H} p(y \mid \boldsymbol{x}, \boldsymbol{w}_h) p(h \mid \boldsymbol{x}, \boldsymbol{U}), \tag{20.4.1}$$

这里 h 是对混合分量的索引。每个专家 h 都带有参数 $\boldsymbol{w}_h$ $(\boldsymbol{W}=[\boldsymbol{w}_1, \cdots, \boldsymbol{w}_H])$，以及对应的门参数 $\boldsymbol{u}_h$ $(\boldsymbol{U}=[\boldsymbol{u}_1, \cdots, \boldsymbol{u}_H])$。不像标准的混合模型，这里分量分布 $p(h \mid \boldsymbol{x}, \boldsymbol{U})$ 与输入 $\boldsymbol{x}$ 相关。这种所谓的门分布通常被认为是 softmax 形式的：

$$p(h \mid \boldsymbol{x}, \boldsymbol{U})=\frac{\mathrm{e}^{\boldsymbol{u}_h^{\mathrm{T}} \boldsymbol{x}}}{\sum_h \mathrm{e}^{\boldsymbol{u}_h^{\mathrm{T}} \boldsymbol{x}}} \tag{20.4.2}$$

其主旨是，我们有包含 H 个预测模型(专家)的集合，每一个都有不同的参数 $\boldsymbol{w}_h$ $(h=$

$1,\cdots,H$)。模型 h 对于输入 $\boldsymbol{x}$ 预测的输出有多合适取决于输入 $\boldsymbol{x}$ 与权重向量 $\boldsymbol{u}_h$ 的对齐程度。这样，输入 $\boldsymbol{x}$ 就被分配给了合适的专家。

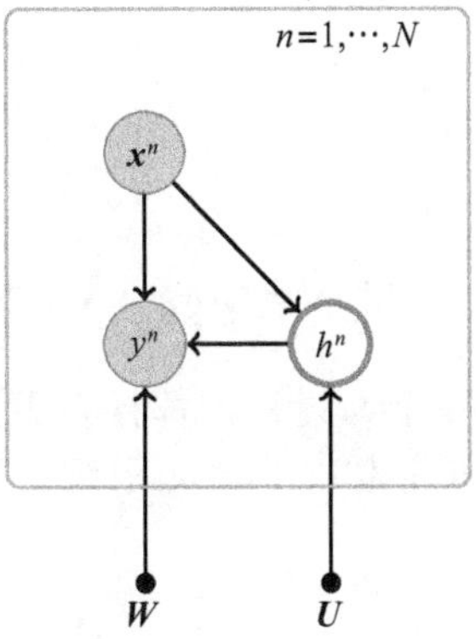

图 20.11 混合专家模型。给定输入 $\boldsymbol{x}^n$，对输出 y^n(实数或连续值)的预测是各个专家 $p(y^n|\boldsymbol{x}^n,\boldsymbol{w}_{h^n})$ 的平均值。通过门控机制以概率 $p(h^n|\boldsymbol{x}^n,\boldsymbol{U})$ 选择专家 h^n，以便某些专家更有责任为输入空间中的 $\boldsymbol{x}^n$ 预测输出。参数 $\boldsymbol{W}$、$\boldsymbol{U}$ 可以在边缘化隐专家索引 $h^1,\cdots,h^N$ 后使用极大似然估计来学习

学习参数

极大似然训练可以通过 EM 的一种形式来实现。我们不会完全推导出混合专家模型的 EM 算法，仅对推导过程指明一个方向。对单个输入样本 $\boldsymbol{x}$，EM 能量项为：

$$\langle \log p(y|\boldsymbol{x},\boldsymbol{w}_h)p(h|\boldsymbol{x},\boldsymbol{U})\rangle_{p(h|\boldsymbol{x},\boldsymbol{W}^{\text{old}},\boldsymbol{U}^{\text{old}})} \tag{20.4.3}$$

对回归模型来说，一个简单的选择为：

$$p(y|\boldsymbol{x},\boldsymbol{w}_h)=\mathcal{N}(y|\boldsymbol{x}^{\mathrm{T}}\boldsymbol{w}_h,\sigma^2) \tag{20.4.4}$$

对(二)分类模型来说为：

$$p(y=1|\boldsymbol{x},\boldsymbol{w}_h)=\sigma(\boldsymbol{x}^{\mathrm{T}}\boldsymbol{w}_h) \tag{20.4.5}$$

在这两种情形下，计算能量函数关于参数 $\boldsymbol{W}$ 的导数都是简单的，因此 EM 算法是容易使用的。另一种方法是直接使用 11.6 节中讨论的标准方法计算似然的梯度。

从贝叶斯角度，要考虑的是：

$$p(y,\boldsymbol{W},\boldsymbol{U},h|\boldsymbol{x})=p(y|\boldsymbol{x},\boldsymbol{w}_h)p(h|\boldsymbol{x},\boldsymbol{u})p(\boldsymbol{W})p(\boldsymbol{U}) \tag{20.4.6}$$

其中假设 $p(\boldsymbol{W})=\prod_h p(\boldsymbol{w}_h)$ 和 $p(\boldsymbol{U})=\prod_h p(\boldsymbol{u}_h)$。计算边缘似然所需的积分通常是困难的，需要做近似处理。对回归和分类的变分处理可分别参考[311]和[45]。[157]考虑了对专家数量进行估计的贝叶斯模型选择的扩展。

20.5 指标模型

指标模型通过给簇分配一个更一般的先验，将之前提到的混合模型进行泛化。为了和其他文献保持一致，我们用 z 表示指标，h 表示隐变量，尽管它们扮演着相同的角色。带有参数 θ 的聚类模型和联合指标先验 $p(z^{1:N})$ 形式为(如图 20.12a 所示)：

$$p(v^{1:N}|\theta)=\sum_{z^{1:N}}p(v^{1:N}|z^{1:N},\theta)p(z^{1:N}) \tag{20.5.1}$$

由于 z^n 指示簇成员，

$$p(v^{1:N}|\theta)=\sum_{z^{1:N}}p(z^{1:N})\prod_{n=1}^{N}p(v^n|z^n,\theta) \tag{20.5.2}$$

下面我们讨论聚类中不同的指标先验 $p(z^{1:N})$。

20.5.1　联合指标法：因子分解先验

假设指标是先验独立的，即

$$p(z^{1:N})=\prod_{n=1}^{N}p(z^n),\quad z^n\in\{1,\cdots,K\} \tag{20.5.3}$$

那么根据等式(20.5.2)可得到：

$$p(v^{1:N}|\theta)=\sum_{z^{1:N}}\prod_{n=1}^{N}p(v^n|z^n,\theta)p(z^n)=\prod_{n=1}^{N}\sum_{z^n}p(v^n|z^n,\theta)p(z^n) \tag{20.5.4}$$

该式覆盖了等式(20.1.3)中定义的标准混合模型。正如我们在下面讨论的那样，更复杂的联合指标先验可用于明确地控制指标分配的复杂度，打开通往本质上“无限维”模型的路径。

20.5.2　Polya 先验

对簇(混合分量)数目较多，即 $K\gg 1$ 的情形来说，使用因子分解联合指标分布可能会导致过拟合，从而得到意义很小或没有意义的簇。一种控制混合分量有效数量的方法是，用参数 π 正则化复杂度(如图 20.12b 和图 20.12c 所示)：

$$p(z^{1:N})=\int_{\pi}\left\{\prod_{n}p(z^n|\pi)\right\}p(\pi) \tag{20.5.5}$$

其中 $p(z|\pi)$是类别分布，

$$p(z^n=k|\pi)=\pi_k \tag{20.5.6}$$

这意味着，比如，如果 π_k 很小，那我们不太可能对任意数据点 n 选择簇 k。对 $p(\pi)$的一个方便选择是狄利克雷分布(因为它是类别分布的共轭分布)，

$$p(\pi)=\text{Dirichlet}(\pi|\alpha)\propto\prod_{k=1}^{K}\pi_k^{\alpha/K-1} \tag{20.5.7}$$

等式(20.5.5)中关于 π 的积分是可解析的，可得到 Polya 分布：

$$p(z^{1:N})=\frac{\Gamma(\alpha)}{\Gamma(N+\alpha)}\prod_{k=1}^{K}\frac{\Gamma(N_k+\alpha/K)}{\Gamma(\alpha/K)},\quad N_k\equiv\sum_{n}\mathbb{I}[z^n=k] \tag{20.5.8}$$

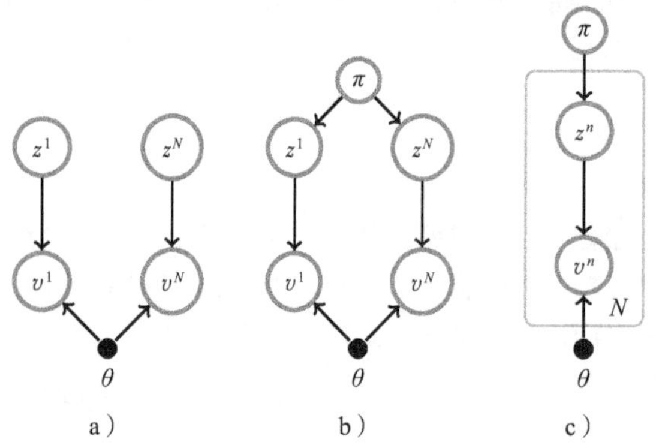

图 20.12　a) 一种针对数据 $v^{1:N}$ 的通用混合模型。z^n 指示每个数据点所属的簇。θ 是参数集合，$z^n=k$ 意味着对数据点 v^n 选择参数 θ^k。b) 对潜在的大量簇来说，控制复杂度的一种方法是限制联合指标分布。c) 图 b 的板符号表示

那么使用的簇数目可由 $U=\sum_{k}\mathbb{I}[N_k>0]$ 给出。可能的簇数目的分布由参数 α 控制。等式(20.5.7 中)的 α/K 保证了 $K\to\infty$时得到的极限是合理的，如图 20.13 所示，其中极限模型被称为狄利克雷过程混合模型。这种方法意味着，即使对非常大的 K，活跃分量 U

的数量仍然受到限制，所以我们不需要明确地限制可能的分量数 K 的值。

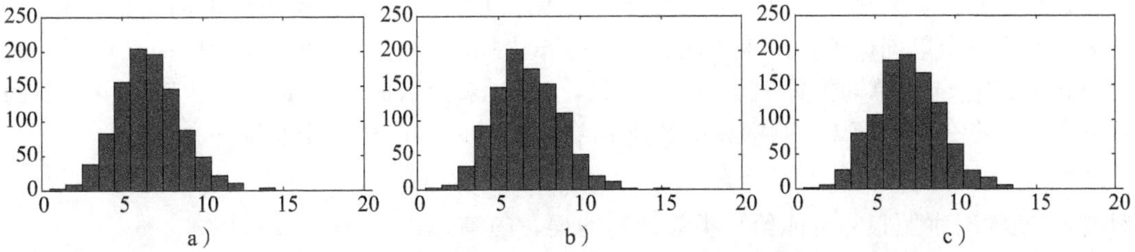

图 20.13 当从 $\alpha=2$，有 $N=50$ 个数据点的 Polya 分布式(20.5.8)中抽样指标时，唯一簇数量 U 的分布。a) $K=50$。b) $K=100$。c) $K=1\,000$。即使簇的数目 K 比样本点个数还大，使用的簇的数量 U 依然是受限的。参考 demoPolya.m

聚类可由 $\underset{z^{1:N}}{\operatorname{argmax}} p(z^{1:N} \mid v^{1:N})$ 实现。实际应用中，一般用：

$$\underset{z^n}{\operatorname{argmax}} p(z^n \mid v^{1:N}) \tag{20.5.9}$$

不幸的是，针对这类模型的后验推断 $p(z^n \mid v^{1:N})$ 通常是很难计算的，需要用近似推断技术。关于这些技术的详细讨论超出了本书的范围，读者可参考[180]中的确定性变分方法和[222]中对抽样方法的讨论。

20.6 混合成员模型

与假定每个对象是从单个簇生成的标准混合模型不同，在混合成员模型中，一个对象可能是多个组的成员。下面讨论的潜在狄利克雷分配是这种混合成员模型的一个例子，也是近年来发展起来的许多模型之一[4,99]。

20.6.1 潜在狄利克雷分布

潜在狄利克雷分布(LDA)[47]认为每个数据点可能属于多个簇。该模型的一个经典应用场景是识别文档集合中的主题簇。单个文档包含一个单词序列，例如：

$$v=(\text{the},\text{cat},\text{sat},\text{on},\text{the},\text{mat}) \tag{20.6.1}$$

如果每个单词在可用字典 D 中都被分配了一个唯一的状态(比如，dog=1，tree=2，cat=3，…)，那么我们可以将第 n 个文档表示为单词索引的向量：

$$v^n=(v_1^n,\cdots,v_{W_n}^n),\quad v_i^n\in\{1,\cdots,D\} \tag{20.6.2}$$

其中 W_n 是第 n 个文档中单词的数量。每个文档中的单词数量可能会有所不同，尽管它们使用的字典是固定的。

目标是在假设每个文档包含多于 1 个主题时，寻找文档中的公共主题。可首先考虑一个潜在的生成模型，包括隐话题(稍后我们会将其积分掉)。对每个文档 n，我们都有主题 $\boldsymbol{\pi}^n$ 的分布，$\sum_{k=1}^{K}\pi_k^n=1$，这从主题成员的角度对文档给出了一种潜在描述。比如，文献 n(讨论与野生动物保护有关的主题)可能有一个关于潜在的“动物”和“环境”主题的高质量的主题分布。需注意，这些主题确实是潜在的，根据潜在主题所产生的单词类型，将命名为“动物”。如 20.5.2 节所述，为了控制复杂度，可以使用狄利克雷先验限制任何特定文档中活动的主题数量：

$$p(\pi^n \mid \alpha)=\text{Dirichlet}(\pi^n \mid \alpha) \tag{20.6.3}$$

其中 $\boldsymbol{\alpha}$ 是主题数量组成的向量。

我们先抽样一个概率分布(直方图)$\boldsymbol{\pi}^n$ 来表示可能在这个文档中出现的主题。然后，对文档中的每个单词位置，从该主题的单词分布中抽取一个主题以及随后的一个单词。对文档 n 和其第 w 个单词位置 v_w^n，用 $z_w^n \in \{1,\cdots,K\}$ 来指示该单词属于 K 个可能主题中的哪一个。对每一个主题 k，对字典中的所有单词 $i=1,\cdots,D$ 给一个类别分布：

$$p(v_w^n=i \mid z_w^n=k,\theta)=\theta_{i\mid k} \tag{20.6.4}$$

例如，“动物”主题很有可能给出类似动物的词，等等。

然后可给出用于对文档 v^n(具有 W_n)单词位置进行抽样的生成模型(如图 20.14 所示)：

1. 选择 $\boldsymbol{\pi}^n \sim \text{Dirichlet}(\boldsymbol{\pi}^n \mid \boldsymbol{\alpha})$。
2. 对每个单词位置 $v_w^n(w=1,\cdots,W_n)$：
(a) 选择一个主题 $z_w^n \sim p(z_w^n \mid \boldsymbol{\pi}^n)$；
(b) 选择一个单词 $v_w^n \sim p(v_w^n \mid \theta_{\cdot \mid z_w^n})$。

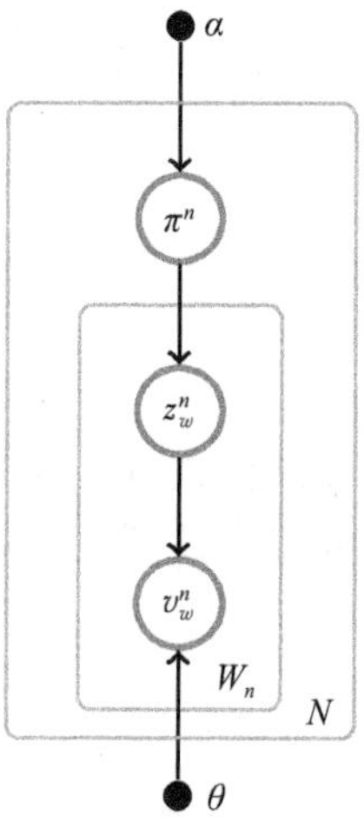

图 20.14　潜在狄利克雷分布。对于文档 n，我们首先抽样主题的分布 $\boldsymbol{\pi}^n$。然后对于在文档中的每个单词位置 $w=1,\cdots,W_n$，我们从主题分布中抽样一个主题 z_w^n。给定主题，我们从该主题的单词分布中抽样一个单词。模型的参数是每个主题的词分布 θ，以及主题分布的参数 $\boldsymbol{\alpha}$

训练 LDA 模型对应于学习与主题数量相关的参数 $\boldsymbol{\alpha}$ 和描述每个主题内单词分布的参数 θ。不幸的是，很难计算出学习后验时所需的边缘。针对这类模型的近似推断是一个值得研究的课题，最近变分法和抽样法均已被提出用于解决这个问题[47,290,243]。

LDA 和 PLSA 之间是密切相似的，它们都用潜在主题的分布来描述一个文档。LDA 是一个概率模型，其涉及的一些问题比如设置超参数值，可用极大似然解决。而 PLSA 本质上是一种矩阵分解技术(例如 PCA)。因此，PLSA 的超参数设置等问题是通过使用验证集来解决的。此外，PLSA 仅能描述训练数据，而 LDA 是生成数据模型，原则上其可以用于合成新的文档。

例 20.5　图 20.15[47] 中给出了使用 LDA 的一个例子。这些文档摘自 TREC 美联社的语料库，其包含 16 333 篇新闻报道文章，有 23 075 个独特的术语。在删除了标准的停止词列表(如“the”“a”等常用词，不删它们会主导统计)之后，使用 EM 算法(带有变分近似推断)找出了 100-主题 LDA 模型的狄利克雷和条件类别参数。图 20.15a 给出了四种类别分布 $\theta_{i\mid k}$ 的高频单词。这些分布捕获了语料库中的一些潜在主题。本文给出了语料库中的一个示例文档，并用颜色标记出了其最有可能的潜在主题对应的单词。

Arts	Budgets	Children	Education
new	million	children	school
film	tax	women	students
show	program	people	schools
music	budget	child	education
movie	billion	years	teachers
play	federal	families	high
musical	year	work	public
best	spending	parents	teacher
actor	new	says	bennett
first	state	family	manigat
york	plan	welfare	namphy
opera	money	men	state
theater	programs	percent	president
actress	government	care	elementary
love	congress	life	haiti

a)

The William Randolph Hearst Foundation will give $1.25 million to Lincoln Center, Metropolitan Opera Co., New York Philharmonic and Juilliard School. Our board felt that we had a real opportunity to make a mark on the future of the performing arts with these grants an act every bit as important as our traditional areas of support in health, medical research, education and the social services, Hearst Foundation President Randolph A. Hearst said Monday in announcing the grants. Lincoln Centers share will be $200,000 for its new building, which will house young artists and provide new public facilities. The Metropolitan Opera Co. and New York Philharmonic will receive $400,000 each. TheJuilliard School, where music and the performing arts are taught, will get $250,000. The Hearst Foundation, a leading supporter of the Lincoln Center Consolidated Corporate Fund, will make its usual annual $100,000 donation, too.

b)

图 20.15 a) LDA 发现的潜在主题的子集以及与每个主题相关的高概率单词。每一列表示一个主题，主题名称(如 "arts")是在观察了该主题对应的最大可能的单词之后，手动添加的。b) 训练数据中的一个文档，根据最可能的潜在主题对单词进行了着色。这说明了模型的混合成员关系本质，将数据点(在这种情形下是指文档)分配到几个簇(主题)中。转载自[47]

20.6.2 基于图的数据表示

在各种上下文中混合成员模型使用时，通过可用数据的形式对其加以区分。在这里，我们重点分析对象集合之间的交互表示。特别地，数据是经过处理的，因此所有感兴趣的信息都由一个交互矩阵来描述。对基于图的数据表示，如果两个对象在表示数据对象的图上是相邻的，则它们是相似的。比如，在社交网络领域，图中每个节点都表示一个个体，节点之间的连接代表两个个体是朋友关系。给定这样一个图，我们可能希望识别出有密切联系的朋友的社区。以社交网络来解释，在图 20.16a 中，个体 3 是其工作组(1,2,3)的成员，同时也属于扑克组(3,4,5)。这两组人在其他方面是不相交的。探索这样的分组与图划分形成了对比，在图划分中，每个节点只能被分配给一组子图中的一个，如图 20.16b 所示，对这些子图来说，一个典型的准则是每个子图的大小应该大致相同，且子图之间联系较少[170]。

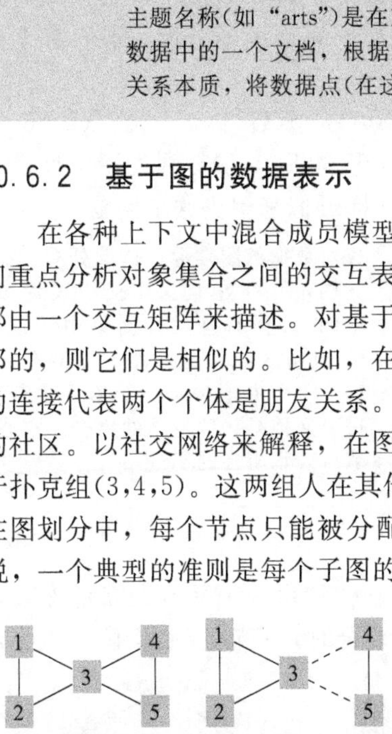

a) b)

图 20.16 a) 以无向图形式表示的 5 个个体的社交网络。在这里，个体 3 属于组(1,2,3)和(3,4,5)。b) 相比之下，在图划分中，人们将图分成大致相等的不相交分区，以使每个节点仅是单个分区的成员，并且分区之间的边数最小化

另一个例子是，图中的节点表示产品，节点 i 和 j 之间的连接表示购买产品 i 的顾客也经常购买产品 j。目的是将图分解为组，每个组对应于顾客通常都会购买的产品[129]。基于图的表示被越来越广泛地应用于生物信息学中，其中节点代表基因，两个节点之间的连接表示这两个基因具有相似的活动特征。此时的任务是识别类似行为基因构成的组[5]。

20.6.3 成对数据

考虑两种类型的对象，比如电影和用户。每个电影由 $f=1,\cdots,F$ 索引，每个用户由 $u=1,\cdots,U$ 索引。用户 u 与电影 f 之间的交互可用矩阵 $\boldsymbol{M}_{uf}$ 中的元素描述，该矩阵表示用户给电影的评分。成对数据集包括一个这样的矩阵，目的是通过寻找电影和用户的类型对矩阵进行分解，从而解释评级。

另一个例子是考虑由一个交互矩阵描述的文档集合，其中如果单词 w 出现在文档 d 中，则 $\mathbf{M}_{wd}$ 为 1，否则为 0。这个矩阵可由图 20.17a 中的二分图来表示。下面的节点代表文档，上面的节点表示单词，中间的连接表示该单词出现在该文档中。然后将文档分配给组或潜在的主题，可用少量潜在节点解释原二分图的连接结构，如图 20.17b 所示。也可将这个过程看作 PLSA 一节中矩阵分解的一种形式[149,205]：

$$\mathbf{M}_{wd} \approx \sum_t \mathbf{U}_{wt} \mathbf{V}_{td}^{\mathrm{T}} \tag{20.6.5}$$

其中 t 代表主题的索引，特征矩阵 $\mathbf{U}$ 和 $\mathbf{V}$ 分别对应单词到主题的映射和主题到文档的映射。这与潜在狄利克雷分布不同，后者有一个概率解释，即先生成一个主题，然后在所选择主题条件下生成一个单词。这里文档-主题矩阵 $\mathbf{V}$ 和单词-主题矩阵 $\mathbf{U}$ 之间的交互是非概率的。在文献[205]中，实值数据可使用下式进行建模：

$$p(\mathbf{M}|\mathbf{U},\mathbf{W},\mathbf{V}) = \mathcal{N}(\mathbf{M}|\mathbf{UWV}^{\mathrm{T}},\sigma^2\mathbf{I}) \tag{20.6.6}$$

其中 $\mathbf{U}$ 和 $\mathbf{V}$ 是二值矩阵，实值矩阵 $\mathbf{W}$ 是一个主题交互矩阵。在这一观点中，给定成对观察结果矩阵 $\mathbf{M}$ 的情况下，学习过程由推断 $\mathbf{U}$、$\mathbf{W}$ 和 $\mathbf{V}$ 组成。假设因子分解先验，那么这些矩阵上的后验为：

$$p(\mathbf{U},\mathbf{W},\mathbf{V}|\mathbf{M}) \propto p(\mathbf{M}|\mathbf{U},\mathbf{W},\mathbf{V})p(\mathbf{U})p(\mathbf{W})p(\mathbf{V}) \tag{20.6.7}$$

一种方便的选择是指定 $\mathbf{W}$ 为高斯先验分布，特征矩阵 $\mathbf{U}$ 和 $\mathbf{V}$ 从 Beta-伯努利先验中抽样而得。这样产生的后验分布是难以计算的，[205]中使用了抽样近似来解决这个问题。

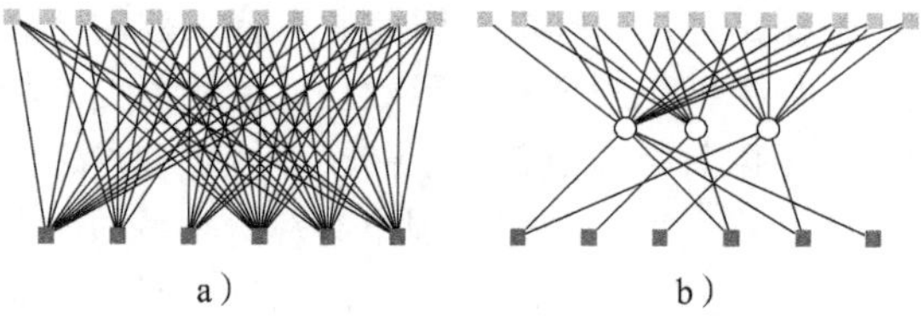

图 20.17 成对数据的图表示。a) 此处有 6 篇文档，13 个单词。连接线表示该单词-文档对有在数据集中出现。b) 使用 3 个主题对图 a 的潜在分解。一个主题对应一个单词集合，每个文档是一些主题的集合。空心节点表示潜在的变量

20.6.4 一元数据

在一元数据中，只有一种类型的对象，对象之间的相互作用由一个平方交互矩阵来表示。比如可能有这样的一个矩阵，当蛋白质 i 和 j 能相互结合时，其对应元素值 A_{ij} 为 1，否则为 0。交互矩阵的描述可由一个图给出，其中边代表交互，比如图 20.18。在下一节中，我们将讨论一种特殊的混合成员模型，并突出潜在的应用。该方法基于图的团分解，因此需要对基于团的图表示进行简短的介绍。

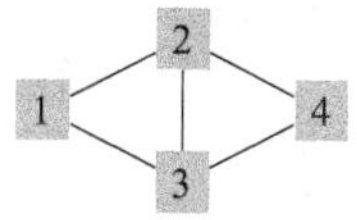

图 20.18 最小团覆盖为(1,2,3)和(2,3,4)

20.6.5 一元二值数据的团和邻接矩阵

对称邻接矩阵具有元素 $A_{ij} \in \{0,1\}$，其中 1 表示节点 i 和 j 之间有连接。对于图 20.18 中的图，邻接矩阵是：

$$\mathbf{A} = \begin{pmatrix} 1 & 1 & 1 & 0 \\ 1 & 1 & 1 & 1 \\ 1 & 1 & 1 & 1 \\ 0 & 1 & 1 & 1 \end{pmatrix} \tag{20.6.8}$$

其中在对角线上包括自连接。给定 $\mathbf{A}$，我们的目标是找到一个“更简单”的描述，揭示底

层的簇结构，如图 20.18 中的(1,2,3)和(2,3,4)。给定图 20.18 中的无向图，关联矩阵 $\boldsymbol{F}_{\text{inc}}$ 是邻接结构的替代描述[87]。给定图中的 V 个节点，我们按如下方式构造 $\boldsymbol{F}_{\text{inc}}$：对图中的每个连接 $i \sim j$，形成矩阵 $\boldsymbol{F}_{\text{inc}}$ 的列，除了第 i 行和第 j 行中的 1 之外，其他元素为 0。同时列的排序是任意的。例如，对图 20.18 中的图，关联矩阵是：

$$\boldsymbol{F}_{\text{inc}} = \begin{pmatrix} 1 & 1 & 0 & 0 & 0 \\ 1 & 0 & 1 & 1 & 0 \\ 0 & 1 & 1 & 0 & 1 \\ 0 & 0 & 0 & 1 & 1 \end{pmatrix} \tag{20.6.9}$$

关联矩阵具有以下特性：原始图的邻接结构由关联矩阵与其自身的外积给出。对角线元素包含每个节点的度数(连接数)。对我们的例子，这给出了：

$$\boldsymbol{F}_{\text{inc}} \boldsymbol{F}_{\text{inc}}^{\text{T}} = \begin{pmatrix} 2 & 1 & 1 & 0 \\ 1 & 3 & 1 & 1 \\ 1 & 1 & 3 & 1 \\ 0 & 1 & 1 & 2 \end{pmatrix} \tag{20.6.10}$$

所以：

$$\boldsymbol{A} = \boldsymbol{H}(\boldsymbol{F}_{\text{inc}} \boldsymbol{F}_{\text{inc}}^{\text{T}}) \tag{20.6.11}$$

这里 $H(\cdot)$是元素对的赫维赛德阶跃函数，如果 $\boldsymbol{M}_{ij} > 0$ 则$[H(\boldsymbol{M})]_{ij}$ 为 1，否则为 0。对关联矩阵的一个有用的观点是它在图中识别出两个团(这里我们在非最大意义上使用术语“团”)。在图 20.18 中有五个 2-团，$\boldsymbol{F}_{\text{inc}}$ 的每一列指定了每个 2-团中有哪些元素。在图上，我们可以将这种邻接分解描述为二分图，如图 20.19a 所示，其中空心节点代表五个 2-团。可以推广关联矩阵以描述更大的团。考虑以下矩阵作为图 20.18 的分解，及其外积：

$$\boldsymbol{F} = \begin{pmatrix} 1 & 0 \\ 1 & 1 \\ 1 & 1 \\ 0 & 1 \end{pmatrix}, \quad \boldsymbol{F}\boldsymbol{F}^{\text{T}} = \begin{pmatrix} 1 & 1 & 1 & 0 \\ 1 & 2 & 2 & 1 \\ 1 & 2 & 2 & 1 \\ 0 & 1 & 1 & 1 \end{pmatrix} \tag{20.6.12}$$

其中 $\boldsymbol{F}$ 代表分解成两个 3-团。与关联矩阵一样，每列代表一个团，含有“1”的行表示哪些元素属于该列定义的团。该分解可以表示为图 20.19b 的二分图。对图 20.18，$\boldsymbol{F}_{\text{inc}}$ 和 $\boldsymbol{F}$ 都满足：

$$\boldsymbol{A} = H(\boldsymbol{F}\boldsymbol{F}^{\text{T}}) = H(\boldsymbol{F}_{\text{inc}} \boldsymbol{F}_{\text{inc}}^{\text{T}}) \tag{20.6.13}$$

可以将等式(20.6.13)视为二值(对称)方阵 $\boldsymbol{A}$ 到二值非方阵的矩阵因子分解。对我们的聚类目的，使用 $\boldsymbol{F}$ 的分解优于关联分解，因为 $\boldsymbol{F}$ 将图分解为较少数量的较大团。对于寻找最小数量的最大完全连通子集的问题的形式化说明是在计算上难以解决的问题 MIN CLIQUE COVER[114,268]。

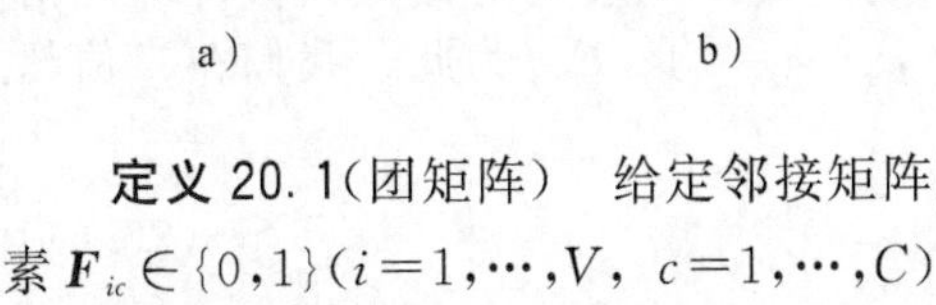

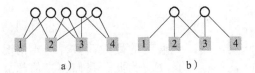

图 20.19 图 20.18 的分解的二分图表示。阴影节点表示观察到的变量，空心节点表示潜变量。a) 关联矩阵表示。b) 最小团分解

定义 20.1(团矩阵) 给定邻接矩阵$[A]_{ij}(i,j=1,\cdots,V, A_{ii}=1)$，团矩阵 $\boldsymbol{F}$ 具有元素 $\boldsymbol{F}_{ic} \in \{0,1\}(i=1,\cdots,V,\ c=1,\cdots,C)$，所以 $\boldsymbol{A} = H(\boldsymbol{F}\boldsymbol{F}^{\text{T}})$。

对角元素$[\boldsymbol{F}\boldsymbol{F}^{\text{T}}]_{ii}$ 表示有节点 i 出现的团数或列数。非对角元素$[\boldsymbol{F}\boldsymbol{F}^{\text{T}}]_{ij}$ 包含节点 i 和 j 共同存在的团数或列数[19]。

虽然找到团分解 $\boldsymbol{F}$ 很容易(例如使用关联矩阵)，但找到具有最少列数的团分解，即求解 MIN CLIQUE COVER 是 NP-难问题[114,10]。在[131]中，要求团是最大的，尽管在我们的定义中，团可能是非最大的。

邻接矩阵的生成模型

给定邻接矩阵 $\boldsymbol{A}$ 和团矩阵 $\boldsymbol{F}$ 的先验，我们的关注点在于后验：

$$p(\boldsymbol{F}|\boldsymbol{A})\propto p(\boldsymbol{A}|\boldsymbol{F})p(\boldsymbol{F}) \tag{20.6.14}$$

我们首先关注生成项 $p(\boldsymbol{A}|\boldsymbol{F})$。为了找到“连接良好”的簇，我们放松了在原始图中以完美团的形式进行分解的约束，并将连接的缺失视为远离完美团的统计波动。给定 $V\times C$ 的矩阵 $\boldsymbol{F}$ 后，我们希望 $\boldsymbol{f}_i$ 与 $\boldsymbol{f}_j$ 之间的行㊀重叠越高，i 和 j 之间有连接的概率越大。例如，这可以通过使用下式完成：

$$p(A_{ij}=1|\boldsymbol{F})=\sigma(\boldsymbol{f}_i\boldsymbol{f}_j^{\mathrm{T}}) \tag{20.6.15}$$

它具有：

$$\sigma(x)\equiv(1+\mathrm{e}^{\beta(0.5-x)})^{-1} \tag{20.6.16}$$

其中 β 用于控制方程的陡度，如图 20.20 所示。等式(20.6.16)中的 0.5 移位确保 σ 近似于阶梯函数，因为 σ 的参数是整数。对于等式(20.6.15)，如果 $\boldsymbol{f}_i$ 和 $\boldsymbol{f}_j$ 在相同位置具有至少一个“1”，则 $\boldsymbol{f}_i\boldsymbol{f}_j-0.5>0$ 并且 $p(A_{ij}=1|\boldsymbol{F})$很高。缺少连接贡献 $p(A_{ij}=0|\boldsymbol{F})=1-p(A_{ij}=1|\boldsymbol{F})$。参数 β 控制 $\sigma(\boldsymbol{F}\boldsymbol{F}^{\mathrm{T}})$与 $\boldsymbol{A}$ 匹配的严格程度。对大 β，允许的灵活性很小，只能确定团。对小 β，如果不是少数缺失连接的子集，将聚集成团。β 的设置取决于用户和问题。

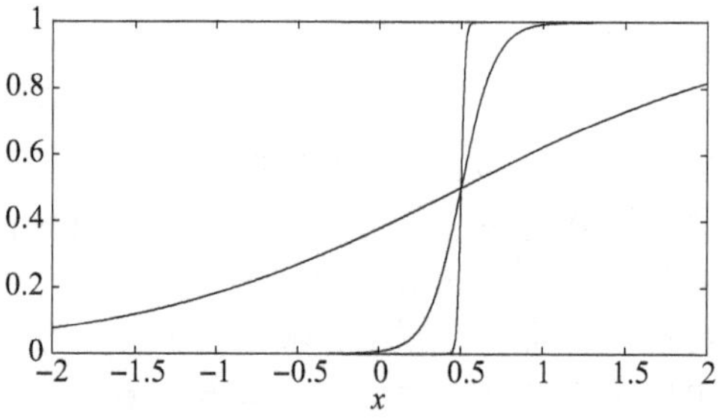

图 20.20　函数 $\sigma(x)\equiv(1+\mathrm{e}^{\beta(0.5-x)})^{-1}$，其中 $\beta=1$、10、100。随着 β 的增加，这个 sigmoid 函数趋于阶跃函数

假设邻接矩阵的每个元素都独立地抽样自生成过程，观察 $\boldsymbol{A}$ 的联合概率是(忽略其对角线元素)：

$$p(\boldsymbol{A}|\boldsymbol{F})=\prod_{i,j}[\sigma(\boldsymbol{f}_i\boldsymbol{f}_j^{\mathrm{T}})]^{A_{ij}}[1-\sigma(\boldsymbol{f}_i\boldsymbol{f}_j^{\mathrm{T}})]^{1-A_{ij}} \tag{20.6.17}$$

我们最终关注的量是团结构的后验分布，即方程(20.6.14)，对其我们现在在团矩阵上指定先验 $p(\boldsymbol{F})$。

团矩阵先验 $p(\boldsymbol{F})$

由于我们对聚类感兴趣，理想情况下我们希望将图中尽可能多的节点放置在一个簇中。这意味着我们希望将邻接矩阵 $\boldsymbol{A}$ 的贡献偏向于从少量 $\boldsymbol{F}$ 列中产生。为实现这一目标，我们首先将 $\boldsymbol{F}$ 重新参数化为：

$$\boldsymbol{F}=(\alpha_1\boldsymbol{f}^1,\cdots,\alpha_{C_{\max}}\boldsymbol{f}^{C_{\max}}) \tag{20.6.18}$$

其中 $\alpha_c\in\{0,1\}$扮演指标的角色，$\boldsymbol{f}^c$ 是 $\boldsymbol{F}$ 的第 c 列，$C_{\max}$ 是假定的最大簇数。理想情况下，我们希望找到一个具有状态 1 中较少指标 $\alpha_1,\cdots,\alpha_{C_{\max}}$ 的 $\boldsymbol{F}$。为此，我们在二值超立方体 $\boldsymbol{\alpha}=(\alpha_1,\cdots,\alpha_{C_{\max}})$上定义先验分布：

$$p(\alpha|\nu)=\prod_c \nu^{\alpha_c}(1-\nu)^{1-\alpha_c} \tag{20.6.19}$$

㊀ 我们使用下标 $\boldsymbol{f}_i$ 来表示 F 的第 i 行。

为了使少量的 α_c 为 1，我们使用具有合适参数的 Beta 先验 $p(\nu)$ 来确保 ν 小于 0.5。这产生了 Beta-伯努利分布：

$$p(\alpha)=\int_{\nu} p(\alpha \mid \nu) p(\nu)=\frac{B(a+N, b+C_{\max}-N)}{B(a, b)} \tag{20.6.20}$$

其中 $B(a,b)$ 是 Beta 函数，$N=\sum_{c=1}^{C_{\max}}\alpha_c$ 是状态 1 中的指标数。为了使只有少数分量应该是活动的，我们设置 $a=1$ 和 $b=3$。分布[式(20.6.20)]位于二值超立方体 $\{0,1\}^{C_{\max}}$ 的顶点上，具有的偏置朝向靠近原点 $(0,\cdots,0)$ 的顶点。通过等式(20.6.18)，$\boldsymbol{\alpha}$ 上的先验往 F 中引入先验。得到的分布 $p(\boldsymbol{F},\boldsymbol{\alpha}\mid\mathbf{A})\propto p(\boldsymbol{F}\mid\boldsymbol{\alpha})p(\boldsymbol{\alpha})$ 在形式上是难以处理的，[19]中使用变分技术解决了它。

在矩阵中指定零点的约束下，团矩阵在正定矩阵的参数化中也起着天然的作用，参见习题 20.7[19]。

例 20.6(政治类图书聚类) 数据包括亚马逊的在线书商销售的 105 本关于政治的书。邻接矩阵的元素值 $A_{ij}=1$(图 20.21a)表示同时购买图书 i 和图书 j(来自 Valdis Krebs)。此外，根据精通政治的读者的判断，图书被标记为“自由主义的”“中性的”或“保守的”。我们希望仅使用矩阵 $\mathbf{A}$ 对图书进行聚类，然后观察所得簇是否在某种程度上对应于每本书的归属政治倾向。注意，此处所用的信息量是最小的，聚类算法仅知道共同购买信息(矩阵 $\mathbf{A}$)，没有关于图书的任何其他信息，比如内容或标题。给定初始化 $C_{\max}=200$ 个团，Beta 参数 $a=1$、$b=3$ 和陡度 $\beta=10$，得到的最可能的后验边缘解包含 142 个团(图 20.21b)，给出了邻接矩阵 $\mathbf{A}$ 的完美重构。比较而言，该关联矩阵有 441 个 2-团。然而，这个团矩阵太大，无法对数据提供简洁的解释。实际上，簇比图书更多。为了更好地对数据进行聚类，我们固定 $C_{\max}=10$，然后重新运行算法。在一个仅是近似团分解中得到的结果是 $\mathbf{A}\approx H(\boldsymbol{F}\boldsymbol{F}^{\mathrm{T}})$，如图 20.21c 所示。图 20.22 绘制了得到的 105×10 的近似团矩阵，展示了单个图书如何出现在多个簇中。有趣的是，仅用邻接矩阵发现的簇与每本书的政治倾向有一定的对应关系；团 5,6,7,8,9 很大程度上对应于保守类图书。大多数书属于多个团/簇，这表明它们不是单一的主题书，这与混合成员模型的假设一致。

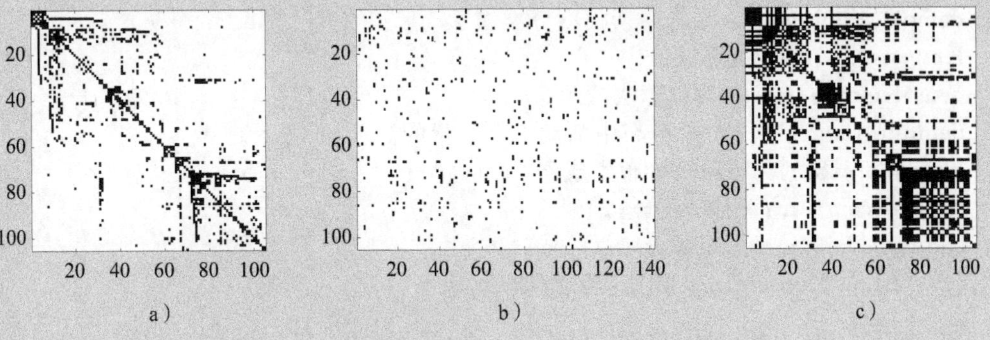

图 20.21 a) 105 本政治图书的邻接矩阵(黑色=1)。b) 团矩阵：521 个非零元素。c) 使用 10 个团的近似团矩阵的邻接矩阵恢复。也可参见图 20.22 和 demoCliqueDecomp. m

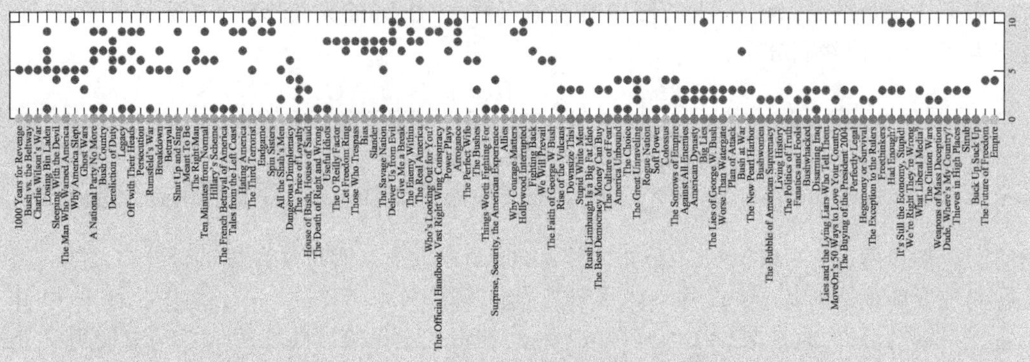

图 20.22　对 105 本政治类图书的聚类。105×10 的团矩阵被一个精通政治的读者分成 3 组。黑色方块表示 $q(f_{ic})>0.5$。有自由主义的图书(红色)，保守的图书(绿色)和中性的图书(黄色)。通过仔细观察，团 5,6,7,8,9 很大程度上对应于保守类的图书

20.7　总结

- 混合模型是离散的潜变量模型，可以使用极大似然进行训练。
- 经典的训练方法是使用 EM 算法，尽管基于梯度的方法也是可能的。
- 标准混合模型假设先验每个对象(数据点)可以只是单个簇的成员。
- 在混合成员模型中，对象可以先验地属于多个簇。诸如隐狄雷克雷分布之类的模型具有有趣的应用，例如文本建模，包括潜在主题的自动发现。
- 混合成员模型也可以考虑用于一元或二元数据。

关于混合建模的文献很广泛，文献的详细概述和入口包含在[204]中。

20.8　代码

MIXprodBern. m：伯努利分布积混合的 EM 训练。
demoMixBernoulli. m：伯努利分布积混合的演示。
GMMem. m：高斯混合的 EM 训练。
GMMloglik. m：高斯混合模型的对数似然。
demoGMMem. m：混合高斯 EM 算法演示。
demoGMMclass. m：混合高斯模型分类演示。
Kmeans. m：K-均值算法。
demoKmeans. m：K-均值算法演示。
demoPolya. m：从 Polya 分布中活动集群数量的演示。
dirrnd. m：狄利克雷随机分布生成器。
cliquedecomp. m：团矩阵分解。
cliquedecomp. m：团矩阵分解(C 语言)。
DemoCliqueDecomp. m：团矩阵分解演示。

20.9　练习题

练习 20.1　考虑用于向量观察数据 $\boldsymbol{v}$ 的因子分解模型的混合：

$$p(\boldsymbol{v})=\sum_h p(h)\prod_i p(v_i\,|\,h) \tag{20.9.1}$$

对独立同分布的数据$\boldsymbol{v}^n(n=1,\cdots,N)$，某些观察分量可能会缺失，因此例如第五个数据点的第三个分量 v_3^5 是未知的。展示在对应于忽略了缺失分量 v_i^n 的观察数据上进行极大似然训练的过程。

练习 20.2 在协方差矩阵为对角矩阵的约束下，导出最优 EM 更新以拟合高斯混合。

练习 20.3 考虑 K 个各向同性高斯的混合，这些高斯具有相同的协方差矩阵，$\boldsymbol{S}_i=\sigma^2\boldsymbol{I}$。在极限 $\sigma^2\to 0$ 下，证明 EM 算法趋向于 K-均值聚类算法。

练习 20.4 考虑项：

$$\sum_{n=1}^{N}\langle\log p(h)\rangle_{p^{\text{old}}(h|v^n)} \tag{20.9.2}$$

我们希望优化关于分布 $p(h)$的上式。这可以通过定义拉格朗日函数来实现：

$$L=\sum_{n=1}^{N}\langle\log p(h)\rangle_{p^{\text{old}}(h|v^n)}+\lambda\left(1-\sum_{h}p(h)\right) \tag{20.9.3}$$

求拉格朗日函数关于 $p(h)$的微分和用归一化约束 $\sum_h p(h)=1$，证明最优结果为：

$$p(h)=\frac{1}{N}\sum_{n=1}^{N}p^{\text{old}}(h\mid v^n) \tag{20.9.4}$$

练习 20.5 我们证明了使用极大似然拟合无约束高斯混合是有问题的，因为通过将一个高斯放置在数据点上并让协方差矩阵的行列式变为零，我们获得极大的似然值。相反地，当用单个高斯模型 $\mathcal{N}(\boldsymbol{x}\mid\boldsymbol{\mu},\boldsymbol{\Sigma})$去拟合独立同分布数据 $\boldsymbol{x}^1,\boldsymbol{x}^2,\cdots,\boldsymbol{x}^N$ 时，表明 $\boldsymbol{\Sigma}$ 的极大似然最优具有非零行列式，并且最优似然仍然是有限的。

练习 20.6 适当地修改 GMMem.m 以便它可以处理半监督情景，其中一些观察 v 的混合分量 h 是已知的。

练习 20.7 你希望在指定元素为零的约束下参数化协方差矩阵 $\boldsymbol{S}$。约束由一个特殊矩阵 $\boldsymbol{A}$ 给出，如果 $S_{ij}=0$ 则 $A_{ij}=0$，否则 $A_{ij}=1$。考虑一个团矩阵 $\boldsymbol{Z}$，对此有：

$$\mathbf{A}=H(\mathbf{Z}\mathbf{Z}^{\mathrm{T}}) \tag{20.9.5}$$

以及矩阵：

$$\boldsymbol{S}_*=\boldsymbol{Z}_*\boldsymbol{Z}_*^{\mathrm{T}} \tag{20.9.6}$$

其中：

$$[\boldsymbol{Z}^*]_{ij}=\begin{cases}0 & Z_{ij}=0\\ \theta_{ij} & Z_{ij}=1\end{cases} \tag{20.9.7}$$

这里有参数 θ。展示对任意 θ，$\boldsymbol{S}_*$ 是半正定的，并且在 $\boldsymbol{A}$ 指定的零约束下参数化协方差矩阵。

潜线性模型

在本章中，我们将讨论一些简单的连续潜变量模型。因子分析模型是经典的统计模型，本质上是 PCA 的概率版本。使用这些模型可形成简单的低维数据生成模型。在此，我们以人脸识别的应用为例。通过扩展模型以在潜变量上使用非高斯先验，从而发现数据的独立维度，并且产生与 PCA 处理数据时截然不同的低维表示。

21.1 因子分析

在第 15 章中，我们讨论了 PCA，它基于数据靠近线性子空间的假设形成数据的低维表示。在这里，我们描述了一个相关的概率模型，可以设想出对贝叶斯方法的扩展。概率模型也可以用作更大、更复杂的模型(例如混合模型)的分量，以此实现自然泛化。

我们使用 $\boldsymbol{v}$ 来描述一个真实的数据向量，以强调这是一个可见(可观察到)的量。然后由一组向量给出数据集：

$$\mathcal{V}=\{\boldsymbol{v}^1,\cdots,\boldsymbol{v}^N\} \tag{21.1.1}$$

其中 $\dim(\boldsymbol{v})=D$。我们的目的在于找到数据的低维概率描述。如果数据靠近 H 维线性子空间，那么我们可以通过低 H 维坐标系精确地近似到每个数据点。通常，数据点不会完全位于线性子空间中，我们可以使用高斯噪声来模拟这种差异。数学上，因子分析(FA)模型根据下式生成观察值 $\boldsymbol{v}$(如图 21.1 所示)：

$$\boldsymbol{v}=\boldsymbol{F}\boldsymbol{h}+\boldsymbol{c}+\boldsymbol{\epsilon} \tag{21.1.2}$$

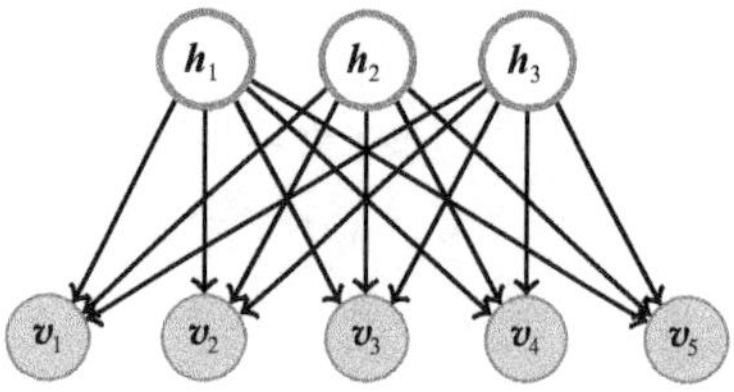

图 21.1 FA。可见向量变量 $\boldsymbol{v}$ 通过线性映射与向量隐变量 $\boldsymbol{h}$ 相关，在每个可见变量上具有独立的加性高斯噪声。隐变量的先验可以被认为是各向同性高斯，因此在其分量上是独立的

其中，噪声 $\boldsymbol{\epsilon}$ 服从均值为零、协方差为 $\boldsymbol{\Psi}$ 的高斯分布：

$$\boldsymbol{\epsilon}\sim\mathcal{N}(\boldsymbol{\epsilon}\mid\boldsymbol{0},\boldsymbol{\Psi}) \tag{21.1.3}$$

恒定偏置 $\boldsymbol{c}$ 设定为坐标系的原点[⊖]。$D\times H$ 的因子载荷矩阵 $\boldsymbol{F}$ 起到与 PCA 中的基矩阵类似的作用。类似地，隐坐标 $\boldsymbol{h}$ 相当于 15.2 节中使用的分量。FA 与 PCA 不同的地方是 $\boldsymbol{\Psi}$ 的选取：

- PCA

$$\boldsymbol{\Psi}=\sigma^2\boldsymbol{I} \tag{21.1.4}$$

- FA

$$\boldsymbol{\Psi}=\mathrm{diag}(\psi_1,\cdots,\psi_D) \tag{21.1.5}$$

⊖ 根据应用，有时可以将原点强制为零以帮助解释因子，这使得我们只需对框架进行微小的修改。

因此，FA 与 PCA 不同，它对非子空间的噪声 $\boldsymbol{\Psi}$ 有更丰富的描述。

概率描述

根据公式(21.1.2)和公式(21.1.3)，给定 $\boldsymbol{h}$，数据服从高斯分布(均值为 $\boldsymbol{Fh}+\boldsymbol{c}$，协方差为 $\boldsymbol{\Psi}$)：

$$p(\boldsymbol{v}|\boldsymbol{h})=\mathcal{N}(\boldsymbol{v}|\boldsymbol{Fh}+\boldsymbol{c},\boldsymbol{\Psi})\propto\exp\left(-\frac{1}{2}(\boldsymbol{v}-\boldsymbol{Fh}-\boldsymbol{c})^{\mathrm{T}}\boldsymbol{\Psi}^{-1}(\boldsymbol{v}-\boldsymbol{Fh}-\boldsymbol{c})\right) \tag{21.1.6}$$

要完成模型，我们需要指定隐分布 $p(\boldsymbol{h})$。选择高斯分布比较方便：

$$p(\boldsymbol{h})=\mathcal{N}(\boldsymbol{h}|\boldsymbol{0},\boldsymbol{I})\propto\exp(-\boldsymbol{h}^{\mathrm{T}}\boldsymbol{h}/2) \tag{21.1.7}$$

在此先验下，坐标 $\boldsymbol{h}$ 将优先集中在接近 $\boldsymbol{0}$ 的位置。如果从 $p(\boldsymbol{h})$ 中抽样 $\boldsymbol{h}$ 向量然后使用 $p(\boldsymbol{v}|\boldsymbol{h})$绘制 $\boldsymbol{v}$ 的值，则抽样的 $\boldsymbol{v}$ 向量将在 $\boldsymbol{v}$ 空间中的产生两种形状的点，如图 21.2 所示。使用相关的高斯先验 $p(\boldsymbol{h})=\mathcal{N}(\boldsymbol{h}|\boldsymbol{0},\boldsymbol{\Sigma}_H)$对模型的灵活性没有影响，因为 $\boldsymbol{\Sigma}_H$ 可以被吸收到 $\boldsymbol{F}$ 中，见练习 21.3。由于 $\boldsymbol{v}$ 与 $\boldsymbol{h}$ 通过公式(21.1.2)线性相关，并且 $\boldsymbol{\epsilon}$ 和 $\boldsymbol{h}$ 都是高斯分布，因此 $\boldsymbol{v}$ 是高斯分布。此时可以使用传播方法计算均值和协方差：

$$p(\boldsymbol{v})=\int p(\boldsymbol{v}|\boldsymbol{h})p(\boldsymbol{h})\mathrm{d}\boldsymbol{h}=\mathcal{N}(\boldsymbol{v}|\boldsymbol{c},\boldsymbol{FF}^{\mathrm{T}}+\boldsymbol{\Psi}) \tag{21.1.8}$$

这说明我们的数据模型是以 $\boldsymbol{c}$ 为中心的高斯模型，协方差矩阵被约束为 $\boldsymbol{FF}^{\mathrm{T}}+\boldsymbol{\Psi}$ 形式。因此，FA 的自由参数的数量是 $D(H+1)$。与具有 $D(D+1)/2$ 个自由参数的 $\boldsymbol{v}$ 上的无约束协方差相比，通过选择 $\boldsymbol{H}\ll\boldsymbol{D}$，我们在 FA 中估计的参数明显少于无约束协方差情况下的参数。

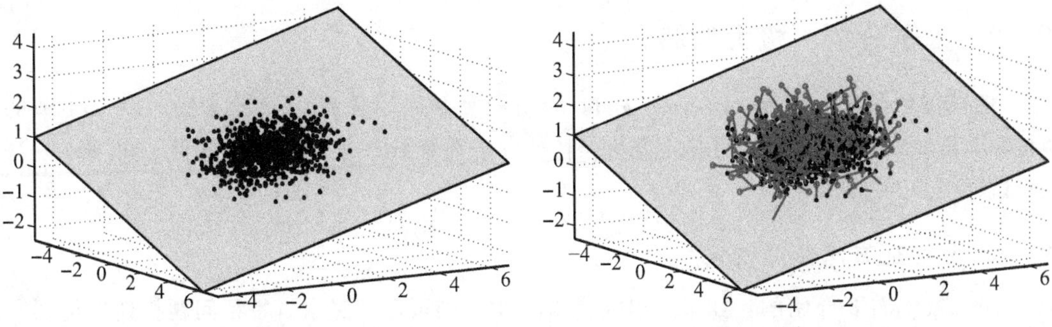

图 21.2 因子分析：从模型生成 1 000 个点。a) 从 $\mathcal{N}(\boldsymbol{h}|\boldsymbol{0},\boldsymbol{I})$中抽样的 1 000 个潜二维点 $\boldsymbol{h}^n$。通过 $\boldsymbol{x}_0^n=\boldsymbol{c}+\boldsymbol{Fh}^n$ 将它们变换成三维平面上的点。$\boldsymbol{x}_0$ 的协方差是简并(degenerate)的，具有协方差矩阵 $\boldsymbol{FF}^{\mathrm{T}}$。b) 对平面上的每个点 $\boldsymbol{x}_0^n$，从 $\mathcal{N}(\boldsymbol{\epsilon}|\boldsymbol{0},\boldsymbol{\Psi})$中抽取随机噪声向量，并将其添加到平面内的向量中以形成样本 $\boldsymbol{x}^n$，用红色绘制。点的分布在空间中形成“薄饼”。平面下方的点未在图中显示

因子旋转下的似然不变性

由于矩阵 $\boldsymbol{F}$ 仅通过 $\boldsymbol{FF}^{\mathrm{T}}+\boldsymbol{\Psi}$ 出现在最终模型 $p(\boldsymbol{v})$中，因此如果我们使用 $\boldsymbol{FR}(\boldsymbol{RR}^{\mathrm{T}}=\boldsymbol{I})$旋转 $\boldsymbol{F}$，则似然不变：

$$\boldsymbol{FR}(\boldsymbol{FR})^{\mathrm{T}}+\boldsymbol{\Psi}=\boldsymbol{FRR}^{\mathrm{T}}\boldsymbol{F}^{\mathrm{T}}+\boldsymbol{\Psi}=\boldsymbol{FF}^{\mathrm{T}}+\boldsymbol{\Psi} \tag{21.1.9}$$

因此，$\boldsymbol{F}$ 的解空间不是唯一的——我们可以任意旋转 $\boldsymbol{F}$ 矩阵并产生同样可能的数据模型。因此，在解释 $\boldsymbol{F}$ 的元素时需要注意。通过使用合适的旋转矩阵 $\boldsymbol{R}$，Varimax 提供了可解释性更强的 $\boldsymbol{F}$。目的是产生旋转的 $\boldsymbol{F}$，其中每列仅具有少量的大值。找到合适的旋转会导致非线性优化问题，需要在数值上求解。具体参见文献[200]。

21.1.1 找到最优偏置

对一组数据$\mathcal{V}$，使用通常的独立同分布假设，则对数似然是：

$$\log p(\mathcal{V}|\boldsymbol{F},\boldsymbol{\Psi},\boldsymbol{c})=\sum_{n=1}^{N}\log p(\boldsymbol{v}^n)=-\frac{1}{2}\sum_{n=1}^{N}(\boldsymbol{v}^n-\boldsymbol{c})^{\mathrm{T}}\boldsymbol{\Sigma}_D^{-1}(\boldsymbol{v}^n-\boldsymbol{c})-\frac{N}{2}\log\det(2\pi\boldsymbol{\Sigma}_D) \tag{21.1.10}$$

其中：

$$\boldsymbol{\Sigma}_D\equiv\boldsymbol{F}\boldsymbol{F}^{\mathrm{T}}+\boldsymbol{\Psi} \tag{21.1.11}$$

求方程(21.1.10)关于$\boldsymbol{c}$的导数，并使其等于零，我们可以得到极大似然的最优设置，即偏置$\boldsymbol{c}$是数据均值：

$$\boldsymbol{c}=\frac{1}{N}\sum_{n=1}^{N}\boldsymbol{v}^n\equiv\overline{\boldsymbol{v}} \tag{21.1.12}$$

我们将始终使用此设置。通过此设置，可以将对数似然方程(21.1.10)写为：

$$\log p(\mathcal{V}|\boldsymbol{F},\boldsymbol{\Psi})=-\frac{N}{2}(\mathrm{trace}(\boldsymbol{\Sigma}_D^{-1}\boldsymbol{S})+\log\det(2\pi\boldsymbol{\Sigma}_D)) \tag{21.1.13}$$

其中$\boldsymbol{S}$是样本的协方差矩阵：

$$\boldsymbol{S}=\frac{1}{N}\sum_{n=1}^{N}(\boldsymbol{v}-\overline{\boldsymbol{v}})(\boldsymbol{v}-\overline{\boldsymbol{v}})^{\mathrm{T}} \tag{21.1.14}$$

21.2 因子分析：极大似然

现在特别假设$\boldsymbol{\Psi}=\mathrm{diag}(\psi_1,\cdots,\psi_D)$。考虑两种学习因子载荷$\boldsymbol{F}$的方法：21.2.1节的“特征”方法[⊖]和21.2.2节的EM方法。特征方法在统计和软件包中很常见，而EM方法在机器学习中更常见。

21.2.1 特征方法似然优化

正如我们将要介绍的，如果给出噪声矩阵$\boldsymbol{\Psi}$，则可以通过求解特征问题找到最优因子矩阵$\boldsymbol{F}$。如果$\boldsymbol{\Psi}$未知，那么从最初猜测的$\boldsymbol{\Psi}$可以找到最优$\boldsymbol{F}$并使用它来重新估计噪声$\boldsymbol{\Psi}$，迭代这两步过程直到收敛。本节偏重理论而非技术，读者可以在初次阅读时跳过此节。

固定$\boldsymbol{\Psi}$优化$\boldsymbol{F}$

为找到$\boldsymbol{F}$的极大似然设置，我们求对数似然方程(21.1.13)关于$\boldsymbol{F}$的导数，并令其等于零。即

$$\boldsymbol{0}=\mathrm{trace}(\boldsymbol{\Sigma}_D^{-1}(\partial_{\boldsymbol{F}}\boldsymbol{\Sigma}_D)\boldsymbol{\Sigma}_D^{-1}\boldsymbol{S})-\mathrm{trace}(\boldsymbol{\Sigma}_D^{-1}\partial_{\boldsymbol{F}}\boldsymbol{\Sigma}_D) \tag{21.2.1}$$

使用：

$$\partial_{\boldsymbol{F}}(\boldsymbol{\Sigma}_D)=\partial_{\boldsymbol{F}}(\boldsymbol{F}\boldsymbol{F}^{\mathrm{T}})=\boldsymbol{F}(\partial_{\boldsymbol{F}}\boldsymbol{F}^{\mathrm{T}})+(\partial_{\boldsymbol{F}}\boldsymbol{F})\boldsymbol{F}^{\mathrm{T}} \tag{21.2.2}$$

当下式成立时，给出一个平稳点：

$$\boldsymbol{\Sigma}_D^{-1}\boldsymbol{F}=\boldsymbol{\Sigma}_D^{-1}\boldsymbol{S}\boldsymbol{\Sigma}_D^{-1}\boldsymbol{F} \tag{21.2.3}$$

因此最优$\boldsymbol{F}$满足：

$$\boldsymbol{F}=\boldsymbol{S}\boldsymbol{\Sigma}_D^{-1}\boldsymbol{F} \tag{21.2.4}$$

⊖ 这里的介绍参考的是文献[324]。

使用 $\boldsymbol{\Sigma}_D$ 的定义式(21.1.11)，可以重写 $\boldsymbol{\Sigma}_D^{-1}\boldsymbol{F}$ 为(见练习 21.4)：

$$\boldsymbol{\Sigma}_D^{-1}\boldsymbol{F}=\boldsymbol{\Psi}^{-1}\boldsymbol{F}(\boldsymbol{I}+\boldsymbol{F}^{\mathrm{T}}\boldsymbol{\Psi}^{-1}\boldsymbol{F})^{-1} \tag{21.2.5}$$

将其代入零导数条件，公式(21.2.4)可以重新整理为：

$$\boldsymbol{F}(\boldsymbol{I}+\boldsymbol{F}^{\mathrm{T}}\boldsymbol{\Psi}^{-1}\boldsymbol{F})=\boldsymbol{S}\boldsymbol{\Psi}^{-1}\boldsymbol{F} \tag{21.2.6}$$

使用重参数化技巧：

$$\widetilde{\boldsymbol{F}}\equiv\boldsymbol{\Psi}^{-\frac{1}{2}}\boldsymbol{F},\quad \widetilde{\boldsymbol{S}}=\boldsymbol{\Psi}^{-\frac{1}{2}}\boldsymbol{S}\boldsymbol{\Psi}^{-\frac{1}{2}} \tag{21.2.7}$$

等式(21.2.6)可以写为“各向向性”形式：

$$\widetilde{\boldsymbol{F}}(\boldsymbol{I}+\widetilde{\boldsymbol{F}}^{\mathrm{T}}\widetilde{\boldsymbol{F}})=\widetilde{\boldsymbol{S}}\widetilde{\boldsymbol{F}} \tag{21.2.8}$$

我们假设变换后的因子矩阵 $\widetilde{\boldsymbol{F}}$ 具有瘦 SVD 分解：

$$\widetilde{\boldsymbol{F}}=\boldsymbol{U}_H\boldsymbol{L}\boldsymbol{W}^{\mathrm{T}} \tag{21.2.9}$$

其中 $\dim(\boldsymbol{U}_H)=D\times H$，$\dim(\boldsymbol{L})=H\times H$，$\dim(\boldsymbol{W})=H\times H$，并且：

$$\boldsymbol{U}_H^{\mathrm{T}}\boldsymbol{U}_H=\boldsymbol{I}_H,\quad \boldsymbol{W}^{\mathrm{T}}\boldsymbol{W}=\boldsymbol{I}_H \tag{21.2.10}$$

$\boldsymbol{L}=\mathrm{diag}(l_1,\cdots,l_H)$是 $\widetilde{\boldsymbol{F}}$ 的奇异值。将这个假设代入等式(21.2.8)可以得到：

$$\boldsymbol{U}_H\boldsymbol{L}\boldsymbol{W}^{\mathrm{T}}(\boldsymbol{I}_H+\boldsymbol{W}\boldsymbol{L}^2\boldsymbol{W}^{\mathrm{T}})=\widetilde{\boldsymbol{S}}\boldsymbol{U}_H\boldsymbol{L}\boldsymbol{W}^{\mathrm{T}} \tag{21.2.11}$$

可推出：

$$\boldsymbol{U}_H(\boldsymbol{I}_H+\boldsymbol{L}^2)=\widetilde{\boldsymbol{S}}\boldsymbol{U}_H,\quad \boldsymbol{L}^2=\mathrm{diag}(l_1^2,\cdots,l_H^2) \tag{21.2.12}$$

等式(21.2.12)是 $\boldsymbol{U}_H$ 的特征方程。直觉上，很明显我们需要找到 $\widetilde{\boldsymbol{S}}$ 的特征分解，然后将 $\boldsymbol{U}_H$ 的列向量设置为与最大特征值对应的那些特征向量。下面我们将详细介绍这一点。

确定适当的特征值

我们将解的形式与 $\widetilde{\boldsymbol{S}}$ 的特征分解联系起来：

$$\widetilde{\boldsymbol{S}}=\boldsymbol{U}\boldsymbol{\Lambda}\boldsymbol{U}^{\mathrm{T}},\quad \boldsymbol{U}=[\boldsymbol{U}_H\,|\,\boldsymbol{U}_r] \tag{21.2.13}$$

其中 $\boldsymbol{U}_r$ 是选择的任意附加列，用于完成 $\boldsymbol{U}_H$ 以形成正交 U，$\boldsymbol{U}^{\mathrm{T}}\boldsymbol{U}=\boldsymbol{U}\boldsymbol{U}^{\mathrm{T}}=\boldsymbol{I}$。使用 $\boldsymbol{\Lambda}=\mathrm{diag}(\lambda_1,\cdots,\lambda_D)$，等式(21.2.12)规定 $1+l_i^2=\lambda_i$，或 $l_i=\sqrt{\lambda_i-1}$，其中 $i=1,\cdots,H$。给定 $\widetilde{\boldsymbol{F}}$ 的解，$\boldsymbol{F}$ 的解由公式(21.2.7)求得。为确定最优 λ_i，我们下面写出关于 λ_i 的对数似然。使用新的参数化技巧：

$$\boldsymbol{\Sigma}_D=\boldsymbol{\Psi}^{\frac{1}{2}}(\widetilde{\boldsymbol{F}}\widetilde{\boldsymbol{F}}^{\mathrm{T}}+\boldsymbol{I})\boldsymbol{\Psi}^{\frac{1}{2}} \tag{21.2.14}$$

且 $\boldsymbol{S}=\boldsymbol{\Psi}^{\frac{1}{2}}\widetilde{\boldsymbol{S}}\boldsymbol{\Psi}^{\frac{1}{2}}$，我们有：

$$\mathrm{trace}(\boldsymbol{\Sigma}_D^{-1}\boldsymbol{S})=\mathrm{trace}((\widetilde{\boldsymbol{F}}\widetilde{\boldsymbol{F}}^{\mathrm{T}}+\boldsymbol{I}_D)^{-1}\widetilde{\boldsymbol{S}}) \tag{21.2.15}$$

这个新的参数化技巧中的对数似然公式(21.1.10)是：

$$-\frac{2}{N}\log p(\mathcal{V}|\boldsymbol{F},\boldsymbol{\Psi})=\mathrm{trace}((\boldsymbol{I}_D+\widetilde{\boldsymbol{F}}\widetilde{\boldsymbol{F}}^{\mathrm{T}})^{-1}\widetilde{\boldsymbol{S}})+\mathrm{logdet}(\boldsymbol{I}_D+\widetilde{\boldsymbol{F}}\widetilde{\boldsymbol{F}}^{\mathrm{T}})+\mathrm{logdet}(2\pi\boldsymbol{\Psi}) \tag{21.2.16}$$

使用 $\lambda_i=1+l_i^2$，则公式(21.2.9)可以写为：

$$\boldsymbol{I}_D+\widetilde{\boldsymbol{F}}\widetilde{\boldsymbol{F}}^{\mathrm{T}}=\boldsymbol{I}_D+\boldsymbol{U}_H\boldsymbol{L}^2\boldsymbol{U}_H^{\mathrm{T}}=\boldsymbol{U}\mathrm{diag}(\boldsymbol{\lambda}_1,\cdots,\boldsymbol{\lambda}_H,1,\cdots,1)\boldsymbol{U}^{\mathrm{T}} \tag{21.2.17}$$

所以这个矩阵的逆是由 $\boldsymbol{U}\mathrm{diag}(\boldsymbol{\lambda}_1^{-1},\cdots,\boldsymbol{\lambda}_H^{-1},1,\cdots,1)\boldsymbol{U}^{\mathrm{T}}$ 给出的，因此：

$$\mathrm{trace}((\boldsymbol{I}_D+\widetilde{\boldsymbol{F}}\widetilde{\boldsymbol{F}}^{\mathrm{T}})^{-1}\widetilde{\boldsymbol{S}})=\sum_i\frac{\boldsymbol{\lambda}_i}{\boldsymbol{\lambda}_i'},\quad \lambda_i'=\begin{cases}\boldsymbol{\lambda}_i & i\leqslant H\\ 1 & i>H\end{cases} \tag{21.2.18}$$

相似地，

$$\operatorname{logdet}(\boldsymbol{I}_D+\widetilde{\boldsymbol{F}}\widetilde{\boldsymbol{F}}^{\mathrm{T}})=\sum_{i=1}^{H}\log\lambda_i \tag{21.2.19}$$

使用上式可以将对数似然写为特征值(对固定 $\boldsymbol{\Psi}$)的函数：

$$-\frac{2}{N}\log p(\mathcal{V}|\boldsymbol{F},\boldsymbol{\Psi})=\sum_{i=1}^{H}\log\lambda_i+H+\sum_{i=H+1}^{D}\lambda_i+\operatorname{logdet}(2\pi\boldsymbol{\Psi}) \tag{21.2.20}$$

为最大化似然，我们需要将以上等式的右边进行最小化处理。由于 $\log\lambda<\lambda$，因此我们应该在 $\sum_i\log\lambda_i$ 项中放置最大的 $\boldsymbol{H}$ 特征值。因此，固定的 $\boldsymbol{\Psi}$ 解是：

$$\boldsymbol{F}=\boldsymbol{\Psi}^{\frac{1}{2}}\boldsymbol{U}_H(\boldsymbol{\Lambda}_H-\boldsymbol{I}_H)^{\frac{1}{2}}\boldsymbol{R} \tag{21.2.21}$$

其中：

$$\boldsymbol{\Lambda}_H\equiv\operatorname{diag}(\lambda_1,\cdots,\lambda_H) \tag{21.2.22}$$

是 $\boldsymbol{\Psi}^{-\frac{1}{2}}\boldsymbol{S}\boldsymbol{\Psi}^{-\frac{1}{2}}$ 的 H 个最大特征值，且 $\boldsymbol{U}_H$ 是对应特征向量的矩阵。$\boldsymbol{R}$ 是任意正交阵。

基于 SVD 的方法

除了求出 $\boldsymbol{\Psi}^{-\frac{1}{2}}\boldsymbol{S}\boldsymbol{\Psi}^{-\frac{1}{2}}$ 的特征分解外，我们还可以考虑运用 SVD 来避免形成协方差矩阵：

$$\widetilde{\boldsymbol{X}}=\frac{1}{\sqrt{N}}\boldsymbol{\Psi}^{-\frac{1}{2}}\boldsymbol{X} \tag{21.2.23}$$

其中，中心数据矩阵是：

$$\boldsymbol{X}\equiv[\boldsymbol{v}^1-\overline{\boldsymbol{v}},\cdots,\boldsymbol{x}^N-\overline{\boldsymbol{v}}] \tag{21.2.24}$$

给定一个瘦分解：

$$\widetilde{\boldsymbol{X}}=\boldsymbol{U}_H\widetilde{\boldsymbol{\Lambda}}\widetilde{\boldsymbol{W}}^{\mathrm{T}} \tag{21.2.25}$$

这样我们得到特征值 $\lambda_i=\widetilde{\Lambda}_{ii}^2$。当矩阵 $\boldsymbol{X}$ 太大而不能存储在内存中时，在线 SVD 方法是可用的。

找到最优 $\boldsymbol{\Psi}$

对数似然方程(21.1.13)在下式情况下关于 $\boldsymbol{\Psi}$ 求导的结果为零：

$$\boldsymbol{\Psi}=\operatorname{diag}(\boldsymbol{S}-\boldsymbol{F}\boldsymbol{F}^{\mathrm{T}}) \tag{21.2.26}$$

其中，$\boldsymbol{F}$ 可以从公式(21.2.21)得出。公式(21.2.26)和公式(21.2.21)没有封闭形式的解。简单的迭代方案是首先对 $\boldsymbol{\Psi}$ 的对角元素进行猜测，然后使用方程(21.2.21)找到最优解 $\boldsymbol{F}$。随后用以下公式更新 $\boldsymbol{\Psi}$：

$$\boldsymbol{\Psi}^{\text{new}}=\operatorname{diag}(\boldsymbol{S}-\boldsymbol{F}\boldsymbol{F}^{\mathrm{T}}) \tag{21.2.27}$$

我们用公式(21.2.21)更新 $\boldsymbol{F}$，用公式(21.2.27)更新 $\boldsymbol{\Psi}$，直到收敛，参见算法 21.1。

算法 21.1　使用 SVD 对 N 个 D 维数据点 $\boldsymbol{v}^1,\cdots,\boldsymbol{v}^N$ 进行因子分析。H 是所需因子的潜数目

1：初始化对角噪声 $\boldsymbol{\Psi}$
2：找出数据 $\boldsymbol{v}^1,\cdots,\boldsymbol{v}^N$ 的均值 $\widetilde{\boldsymbol{v}}$
3：找出数据 $v_i^1,\cdots,v_i^N$ 的每个分量 i 的方差 σ_i^2
4：计算中心矩阵 $\boldsymbol{X}=[\boldsymbol{v}^1-\overline{\boldsymbol{v}},\cdots,\boldsymbol{x}^N-\overline{\boldsymbol{v}}]$
5：**while** 似然不收敛或未达到终止准则 **do**
6：　　形成缩放数据矩阵 $\widetilde{\boldsymbol{X}}=\boldsymbol{\Psi}^{-\frac{1}{2}}\boldsymbol{X}/\sqrt{N}$
7：　　执行 SVD——$\widetilde{\boldsymbol{X}}=\boldsymbol{U}\widetilde{\boldsymbol{\Lambda}}\widetilde{\boldsymbol{W}}^{\mathrm{T}}$ 并令 $\boldsymbol{\Lambda}=\widetilde{\boldsymbol{\Lambda}}^2$

令 $\boldsymbol{U}_H$ 为 $\boldsymbol{U}$ 的前 H 列并令 $\boldsymbol{\Lambda}_H$ 为 $\boldsymbol{\Lambda}$ 的前 H 个对角项.

$\boldsymbol{F}=\boldsymbol{\Psi}^{\frac{1}{2}}\boldsymbol{U}_H(\boldsymbol{\Lambda}_H-\boldsymbol{I}_H)^{\frac{1}{2}}$ ▷因子更新

$L=-\frac{N}{2}\left\{\sum_{i=1}^{H}\log\lambda_i+H+\sum_{i=H+1}^{D}\lambda_i+\log\det(2\pi\boldsymbol{\Psi})\right\}$ ▷对数似然

$\boldsymbol{\Psi}=\operatorname{diag}(\sigma^2)-\operatorname{diag}(\boldsymbol{F}\boldsymbol{F}^{\mathrm{T}})$ ▷噪声更新

end while

用于更新噪声矩阵 $\boldsymbol{\Psi}$ 的替换方案可以显著改善收敛。例如，仅更新 $\boldsymbol{\Psi}$ 的单个分量，其余固定的分量使用封闭形式的表达来实现[324]。

21.2.2 期望最大化

在机器学习中流行的用于训练 FA 的一种替代方式是使用 EM 算法。我们假设偏置 $\boldsymbol{c}$ 已被设置为最优的数据均值 $\overline{\boldsymbol{v}}$。

M-步

和往常一样，我们需要考虑能量项(忽略常数)：

$$E(\boldsymbol{F},\boldsymbol{\Psi})=-\sum_{n=1}^{N}\left\langle\frac{1}{2}(\boldsymbol{d}^n-\boldsymbol{F}\boldsymbol{h})^{\mathrm{T}}\boldsymbol{\Psi}^{-1}(\boldsymbol{d}^n-\boldsymbol{F}\boldsymbol{h})\right\rangle_{q(\boldsymbol{h}|\boldsymbol{v}^n)}-\frac{N}{2}\operatorname{logdet}(\boldsymbol{\Psi}) \tag{21.2.28}$$

其中 $\boldsymbol{d}^n\equiv\boldsymbol{v}^n-\overline{\boldsymbol{v}}$。最优变分分布 $q(\boldsymbol{h}\mid\boldsymbol{v}^n)$ 由下面的 E-步确定。最大化 $E(\boldsymbol{F},\boldsymbol{\Psi})$(关于 $\boldsymbol{F}$)给出：

$$\boldsymbol{F}=\boldsymbol{A}\boldsymbol{H}^{-1} \tag{21.2.29}$$

其中：

$$\boldsymbol{A}\equiv\frac{1}{N}\sum_n\boldsymbol{d}^n\langle\boldsymbol{h}\rangle^{\mathrm{T}}_{q(\boldsymbol{h}|\boldsymbol{v}^n)},\quad \boldsymbol{H}\equiv\frac{1}{N}\sum_n\langle\boldsymbol{h}\boldsymbol{h}^{\mathrm{T}}\rangle_{q(\boldsymbol{h}|\boldsymbol{v}^n)} \tag{21.2.30}$$

最终有：

$$\boldsymbol{\Psi}=\frac{1}{N}\sum_n\operatorname{diag}\left(\langle(\boldsymbol{d}^n-\boldsymbol{F}\boldsymbol{h})(\boldsymbol{d}^n-\boldsymbol{F}\boldsymbol{h})^{\mathrm{T}}\rangle_{q(\boldsymbol{h}|\boldsymbol{v}^n)}\right)=\operatorname{diag}\left(\frac{1}{N}\sum_n\boldsymbol{d}^n(\boldsymbol{d}^n)^{\mathrm{T}}-2\boldsymbol{F}\boldsymbol{A}^{\mathrm{T}}+\boldsymbol{F}\boldsymbol{H}\boldsymbol{F}^{\mathrm{T}}\right) \tag{21.2.31}$$

注意，在上述的协方差更新中使用了新的 $\boldsymbol{F}$。

E-步

上面的更新依赖于统计信息 $\langle\boldsymbol{h}\rangle_{q(\boldsymbol{h}|\boldsymbol{v}^n)}$ 和 $\langle\boldsymbol{h}\boldsymbol{h}^{\mathrm{T}}\rangle_{q(\boldsymbol{h}|\boldsymbol{v}^n)}$。对 E-步我们选择使用 EM 方法，有：

$$q(\boldsymbol{h}\mid\boldsymbol{v}^n)\propto p(\boldsymbol{v}^n\mid\boldsymbol{h})p(\boldsymbol{h})=\mathcal{N}(\boldsymbol{h}\mid\boldsymbol{m}^n,\boldsymbol{\Sigma}) \tag{21.2.32}$$

其中：

$$\boldsymbol{m}^n=\langle\boldsymbol{h}\rangle_{q(\boldsymbol{h}|\boldsymbol{v}^n)}=(\boldsymbol{I}+\boldsymbol{F}^{\mathrm{T}}\boldsymbol{\Psi}^{-1}\boldsymbol{F})^{-1}\boldsymbol{F}^{\mathrm{T}}\boldsymbol{\Psi}^{-1}\boldsymbol{d}^n,\quad \boldsymbol{\Sigma}=(\boldsymbol{I}+\boldsymbol{F}^{\mathrm{T}}\boldsymbol{\Psi}^{-1}\boldsymbol{F})^{-1} \tag{21.2.33}$$

利用这些结果，我们可用公式(21.2.30)来表示统计量，如：

$$\boldsymbol{H}=\boldsymbol{\Sigma}+\frac{1}{N}\sum_n\boldsymbol{m}^n(\boldsymbol{m}^n)^{\mathrm{T}} \tag{21.2.34}$$

迭代方程(21.2.29)、方程(21.2.31)和方程(21.2.33)直到收敛。对任何 EM 算法，似然方程(21.1.10)(在 $\boldsymbol{\Psi}$ 的对角约束下)在每次迭代时都会增加。使用 EM 算法的收敛速度比使用特征方法(21.2.1 节)的慢。然而，如果提供合理的初始化，这两个训练算法的性能是类似的。有用的初始化是使用 PCA，然后将 $\boldsymbol{F}$ 设置为主要方向。

FA 混合

概率模型的一个优点是，它们可以成为更复杂的模型的分量，例如混合 FA[294]。然后可以使用基于 EM 或梯度的方法进行训练。贝叶斯扩展显然是令人感兴趣的，虽然形式上难以处理，但可以使用近似方法解决，例如[106，193，120]。

21.3 示例：人脸建模

FA 在统计学和机器学习中有着广泛的应用。作为 FA 的一个创造性的应用，为了突出模型的概率性，我们在此描述一种将潜线性模型作为核心的人脸建模技术[246]。考虑一组人脸图像 $\mathcal{X}=\{\boldsymbol{x}_{ij},i=1,\cdots,I;j=1,\cdots,J\}$，向量 $\boldsymbol{x}_{ij}$ 表示第 i 个人的第 j 个图像。作为人脸的潜线性模型，我们考虑：

$$\boldsymbol{x}_{ij}=\boldsymbol{\mu}+\boldsymbol{F}\boldsymbol{h}_i+\boldsymbol{G}\boldsymbol{w}_{ij}+\boldsymbol{\epsilon}_{ij} \tag{21.3.1}$$

这里，$\boldsymbol{F}(\dim(\boldsymbol{F})=D\times F)$用于建模人与人之间的差异，$\boldsymbol{G}(\dim(\boldsymbol{G})=D\times G)$用于建模在每个人的不同图像中与姿势、光照相关的差异。公式

$$\boldsymbol{f}_i\equiv\boldsymbol{\mu}+\boldsymbol{F}\boldsymbol{h}_i \tag{21.3.2}$$

解释了不同个体之间的差异。固定 i，公式

$$\boldsymbol{G}\boldsymbol{w}_{ij}+\boldsymbol{\epsilon}_{ij},\quad \boldsymbol{\epsilon}_{ij}\sim\mathcal{N}(\boldsymbol{\epsilon}_{ij}\mid\boldsymbol{0},\boldsymbol{\Sigma}) \tag{21.3.3}$$

解释了个体 i 的不同图像之间的差异，说明了为什么同一人的两张图像看上去不一样，如图 21.3 所示。

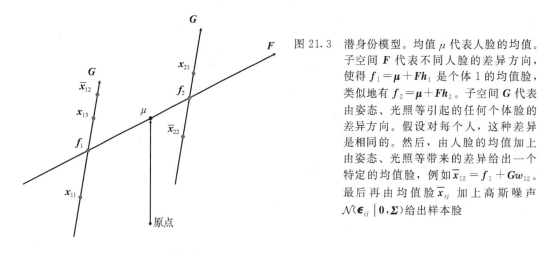

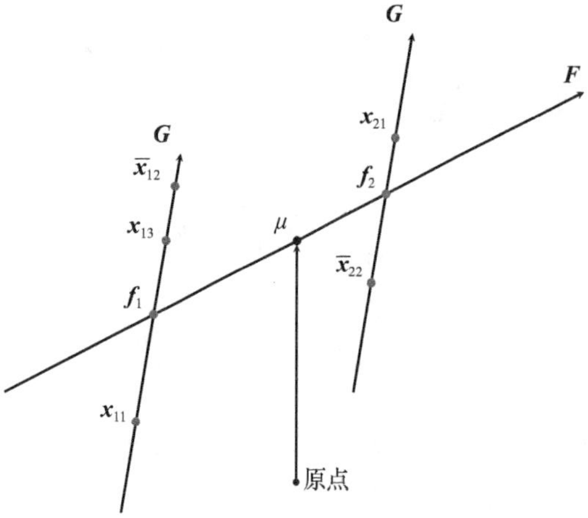

图 21.3 潜身份模型。均值 μ 代表人脸的均值。子空间 $\boldsymbol{F}$ 代表不同人脸的差异方向，使得 $\boldsymbol{f}_1=\boldsymbol{\mu}+\boldsymbol{F}\boldsymbol{h}_1$ 是个体 1 的均值脸，类似地有 $\boldsymbol{f}_2=\boldsymbol{\mu}+\boldsymbol{F}\boldsymbol{h}_2$。子空间 $\boldsymbol{G}$ 代表由姿态、光照等引起的任何个体脸的差异方向。假设对每个人，这种差异是相同的。然后，由人脸的均值加上由姿态、光照等带来的差异给出一个特定的均值脸，例如 $\bar{\boldsymbol{x}}_{12}=\boldsymbol{f}_1+\boldsymbol{G}\boldsymbol{w}_{12}$。最后再由均值脸 $\bar{\boldsymbol{x}}_{ij}$ 加上高斯噪声 $\mathcal{N}(\boldsymbol{\epsilon}_{ij}\mid\boldsymbol{0},\boldsymbol{\Sigma})$ 给出样本脸

作为一个概率线性潜变量模型，对一个图像 $\boldsymbol{x}_{ij}$，有：

$$p(\boldsymbol{x}_{ij}\mid\boldsymbol{h}_i,\boldsymbol{w}_{ij},\theta)=\mathcal{N}(\boldsymbol{x}_{ij}\mid\boldsymbol{\mu}+\boldsymbol{F}\boldsymbol{h}_i+\boldsymbol{G}\boldsymbol{w}_{ij},\boldsymbol{\Sigma}) \tag{21.3.4}$$

$$p(\boldsymbol{h}_i)=\mathcal{N}(\boldsymbol{h}_i\mid\boldsymbol{0},\boldsymbol{I}),\quad p(\boldsymbol{w}_{ij})=\mathcal{N}(\boldsymbol{w}_{ij}\mid\boldsymbol{0},\boldsymbol{I}) \tag{21.3.5}$$

参数是 $\theta=\{\boldsymbol{F},\boldsymbol{G},\boldsymbol{\mu},\boldsymbol{\Sigma}\}$。对图像集合，假设数据是服从独立同分布的，

$$p(\mathcal{X},\boldsymbol{w},\boldsymbol{h}\mid\theta)=\prod_{i=1}^{I}\left\{\prod_{j=1}^{J}p(\boldsymbol{x}_{ij}\mid\boldsymbol{h}_i,\boldsymbol{w}_{ij},\theta)p(\boldsymbol{w}_{ij})\right\}p(\boldsymbol{h}_i) \tag{21.3.6}$$

其图模型如图 21.4 所示。学习的任务是极大化似然：

$$p(\mathcal{X}\mid\theta)=\int_{\boldsymbol{w},\boldsymbol{h}}p(\mathcal{X},\boldsymbol{w},\boldsymbol{h}\mid\theta) \tag{21.3.7}$$

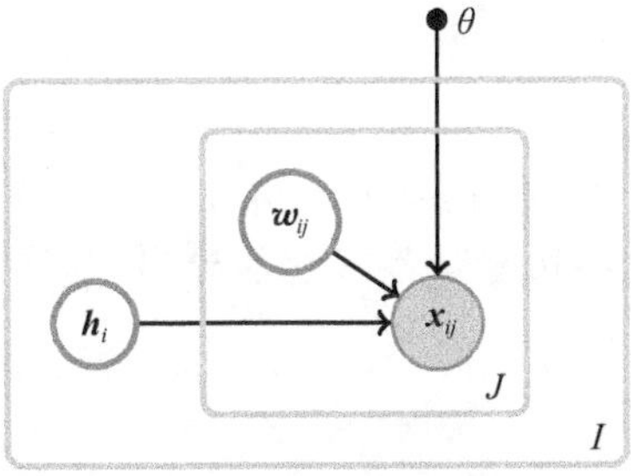

图 21.4　第 i 个人的第 j 张图像 $\boldsymbol{x}_{ij}$，这是使用带参数 θ 的线性潜模型建模的

通过使用叠加向量(这里仅针对个人，$I=1$)，可以将该模型看作 FA 的一个受限版本：

$$\begin{pmatrix}\boldsymbol{x}_{11}\\ \boldsymbol{x}_{12}\\ \vdots\\ \boldsymbol{x}_{1J}\end{pmatrix}=\begin{pmatrix}\mu\\ \mu\\ \vdots\\ \boldsymbol{\mu}\end{pmatrix}+\begin{pmatrix}\boldsymbol{F} & \boldsymbol{G} & \boldsymbol{0} & \cdots & \boldsymbol{0}\\ \boldsymbol{F} & \boldsymbol{0} & \boldsymbol{G} & \cdots & \boldsymbol{0}\\ \vdots & \vdots & \vdots & & \vdots\\ \boldsymbol{F} & \boldsymbol{0} & \boldsymbol{0} & \cdots & \boldsymbol{G}\end{pmatrix}\begin{pmatrix}\boldsymbol{h}_1\\ \boldsymbol{w}_{11}\\ \boldsymbol{w}_{12}\\ \vdots\\ \boldsymbol{w}_{1J}\end{pmatrix}+\begin{pmatrix}\boldsymbol{\epsilon}_{11}\\ \boldsymbol{\epsilon}_{12}\\ \vdots\\ \boldsymbol{\epsilon}_{1J}\end{pmatrix}\tag{21.3.8}$$

推广到多人($I>1$)是很简单的。该模型可以使用特征法的受限形式进行训练，也可以使用[246]中描述的 EM 算法进行训练。图 21.5 中给出了来自训练模型的示例图像。

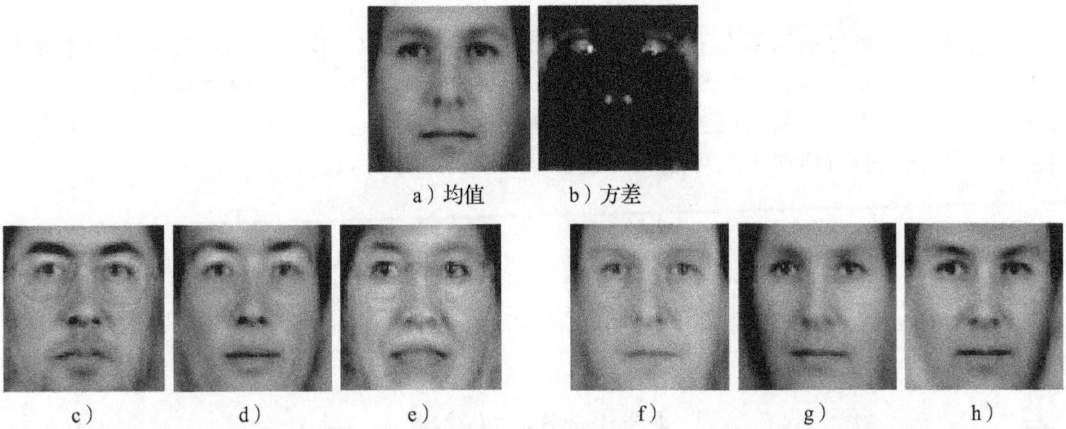

图 21.5　人脸图像的潜身份模型。每张图像由 70×70×3 的向量表示(其中 3 表示 RGB 颜色编码数)。数据库中有 $I=195$ 个人，每人 $J=4$ 张图像。图 b 为每个像素的标准差——黑色表示低，白色表示高。图 c～e 来自个体子空间 $\boldsymbol{F}$ 之间的三个方向。图 f～h 为固定 h，从 $\boldsymbol{w}$ 中随机抽取的个体子空间 $\boldsymbol{G}$ 中的三个样本。本图选自[246]

识别

使用上述针对人脸图像的受限 FA 模型，可以将其应用范围扩展到分类问题，就像我们现在描述的那样。在闭集人脸识别中，一种新的“探测”(probe)人脸 $\boldsymbol{x}_*$ 将与训练人脸库中的个体 n 相匹配。在模型 $\mathcal{M}_n$ 中，强制第 n 个人脸与测试人脸共享其潜身份变量 $\boldsymbol{h}_n$，这表明这些人脸属于同一个人[㊀]，如图 21.6 所示。假设每个人都只有一张示例图像($J=1$)：

㊀ 这类似于 12.6 节的贝叶斯结果分析，其中假设误差要么是从相同的模型中产生的，要么由另一个不同的模型产生。

$$p(\boldsymbol{x}_1,\cdots,\boldsymbol{x}_I,\boldsymbol{x}_*|\mathcal{M}_n)=p(\boldsymbol{x}_n,\boldsymbol{x}_*)\prod_{i=1,i\neq n}^{I}p(\boldsymbol{x}_i) \tag{21.3.9}$$

然后，贝叶斯定理给出了后验类别分配：

$$p(\mathcal{M}_n|\boldsymbol{x}_1,\cdots,\boldsymbol{x}_I,x_*)\propto p(\boldsymbol{x}_1,\cdots,\boldsymbol{x}_I,x_*|\mathcal{M}_n)p(\mathcal{M}_n) \tag{21.3.10}$$

对于均匀先验，$p(\mathcal{M}_n)$是常数，可以忽略。所有这些边缘量都很容易导出，因为它们是高斯边缘。

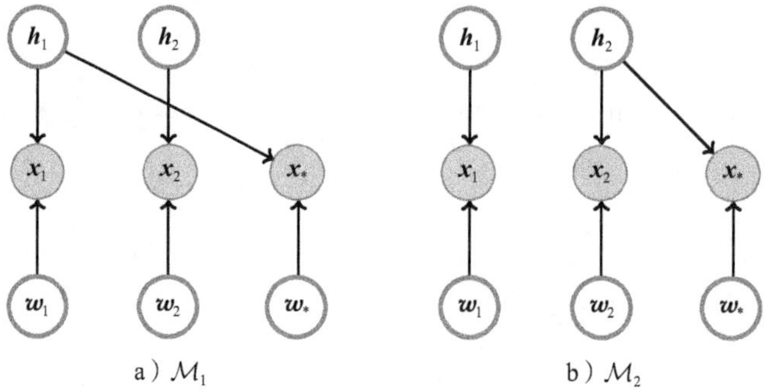

图 21.6 人脸识别模型($J=1$)。a) 在模型 $\mathcal{M}_1$ 中，假设测试图像(或“探测图像”)$\boldsymbol{x}_*$来自个体 1，尽管有不同的姿态、光照。b) 对模型 $\mathcal{M}_2$，假设测试图像来自个体 2，通过计算 $p(\boldsymbol{x}_1,\boldsymbol{x}_2,\boldsymbol{x}_*|\mathcal{M}_1)$ 和 $p(\boldsymbol{x}_1,\boldsymbol{x}_2,\boldsymbol{x}_*|\mathcal{M}_2)$，然后使用贝叶斯定理来推断 $\boldsymbol{x}_*$最可能属于哪个人

在实践中，最好的结果在子空间维数 F 和子空间维数 G 都等于 128 时得到，这种模型的性能能与最先进的技术相媲美[246]。概率模型的一个好处是，该模型对混合模型的扩展在本质上是简单的，从而可进一步提高性能。相关模型也可用于“开集”人脸识别问题，其中探测人脸可能属于也可能不属于数据库中的个体[246]。

21.4 概率主成分分析

概率 PCA(PPCA)[297]对应于有限制条件 $\boldsymbol{\Psi}=\sigma^2\boldsymbol{I}_D$ 的 FA。将这个假设代入特征-解方程(21.2.21)，得到：

$$\boldsymbol{F}=\sigma\boldsymbol{U}_H(\boldsymbol{\Lambda}_H-\boldsymbol{I}_H)^{\frac{1}{2}}\boldsymbol{R} \tag{21.4.1}$$

其中特征值($\boldsymbol{\Lambda}_H$ 的对角线元素)和相应的特征向量($\boldsymbol{U}_H$ 的列)是 $\sigma^{-2}\boldsymbol{S}$ 的最大特征值。因为 $\sigma^{-2}\boldsymbol{S}$ 的特征值是通过对$\boldsymbol{S}$ 的特征值简单缩放σ^{-2} 倍而得(且特征向量不变)，因此可以等效地写为：

$$\boldsymbol{F}=\boldsymbol{U}_H(\boldsymbol{\Lambda}_H-\sigma^2\boldsymbol{I}_H)^{\frac{1}{2}}\boldsymbol{R} \tag{21.4.2}$$

其中$\boldsymbol{R}$ 是一个任意正交矩阵，满足$\boldsymbol{R}\boldsymbol{R}^{\mathrm{T}}=\boldsymbol{I}$。$\boldsymbol{U}_H$ 和$\boldsymbol{\Lambda}_H$ 是样本协方差矩阵$\boldsymbol{S}$ 的特征向量和相应的特征值。当$\sigma^2\to 0$ 时，恢复为经典 PCA(15.2 节)。注意，要与 PCA 完全对应，需要设置 $\boldsymbol{R}=\boldsymbol{I}$，这将沿着主方向指向 $\boldsymbol{F}$。

优化 σ^2

PPCA 的一个特别方便之外是可以立即找到最优噪声 σ^2。我们对 $\boldsymbol{S}$ 的特征值进行排序，使 $\lambda_1\geqslant\lambda_2,\cdots,\geqslant\lambda_D$。方程(21.2.20)给出了对数似然的表达式，其中特征值为 $\sigma^{-2}\boldsymbol{S}$。因此，在用 λ_i/σ^2 替换 λ_i 时，我们可以用σ^2 和样本协方差矩阵 $\boldsymbol{S}$ 的特征值写出对数似然的显式表达式：

$$L(\sigma^2)=-\frac{N}{2}\left(D\log(2\pi)+\sum_{i=1}^{H}\log\lambda_i+\frac{1}{\sigma^2}\sum_{i=H+1}^{D}\lambda_i+(D-H)\log\sigma^2+H\right) \tag{21.4.3}$$

通过对 $L(\sigma^2)$求微分并令其等于零，得到对 σ^2 的极大似然最优设置：

$$\sigma^2=\frac{1}{D-H}\sum_{j=H+1}^{D}\lambda_j \tag{21.4.4}$$

总之，取样本协方差矩阵 $\boldsymbol{S}$ 的 H 个主特征值和对应的特征向量，用方程(21.4.4)设置方差，就得到了 PPCA。PPCA 的单次训练特性使其成为一种很有吸引力的算法，同时也为 FA 提供了一种有效的初始化方法。

例 21.1(FA 和 PPCA 的比较) 我们同时训练 PPCA 和 FA 来建模手写数字 7 的图像。在含 100 张图像的数据库中，我们使用 5 个隐单元同时拟合 PPCA 和 FA(在每种情况下从相同的随机初始化开始进行 100 次 EM 迭代)。这些模型的学习因子如图 21.7 所示。为了解每个模型对数据拟合的好坏程度，我们从这些模型中抽取了 25 个样本，如图 21.8 所示。与 PPCA 相比，在 FA 中，每个观察像素上的单个噪声可以更清晰地表示零样本方差的区域。

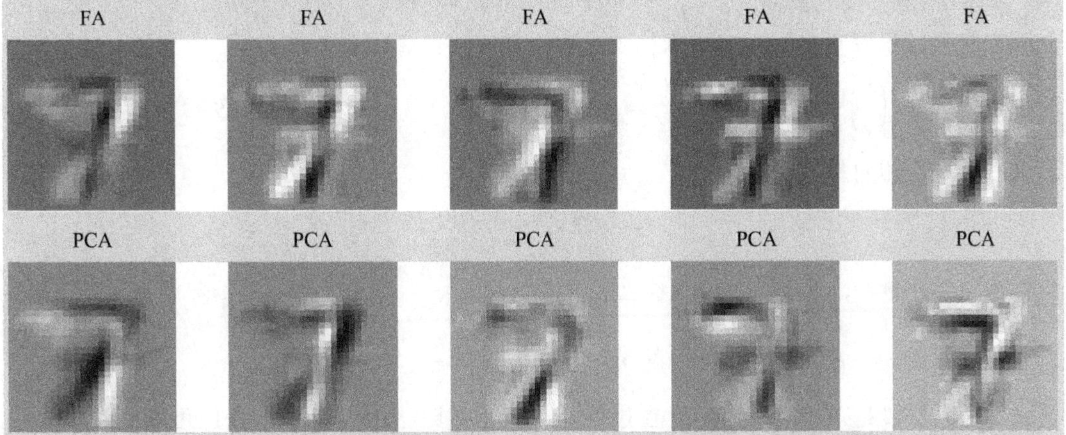

图 21.7 对 5 个隐单元的模型，这里绘制了在 100 个手写数字 7 的图像示例上训练 PPCA 和 FA 的结果。上面一行包含 5 个 FA 因子，下面一行绘制了来自 PPCA 的 5 个最大特征向量

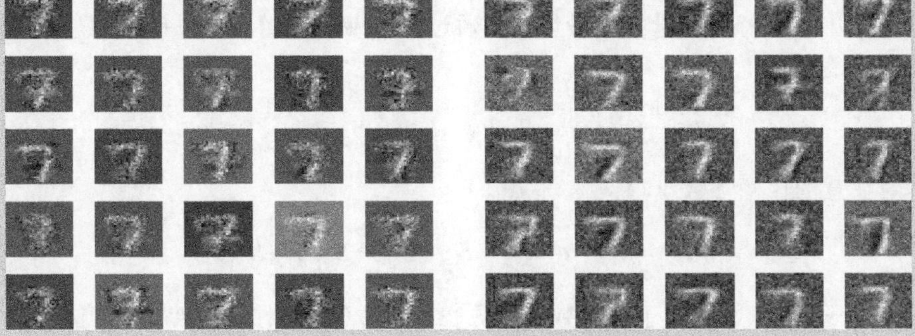

a) FA　　b) PPCA

图 21.8 a) 来自学习到的 FA 模型的 25 个样本。注意噪声方差如何影响像素，图像边界上的像素为零。b) 来自学习到的 PPCA 模型的 25 个样本，在每个像素上具有相同的噪声方差

21.5 典型相关分析和因子分析

前文概述了典型相关分析(Canonical Correlation Analysis，CCA)(见15.8节)是如何与受限FA相关的。简单回顾一下，CCA考虑两个空间 X 和 Y，其中 X 可以代表说话人的音频序列，Y 代表说话人面部的相应视频序列。这两个数据流是相关的，因为我们希望嘴部区域周围的部分与语音信号相关。CCA的目的是找到一种低维表示，这种低维表示能够解释 X 和 Y 空间之间的相关性。

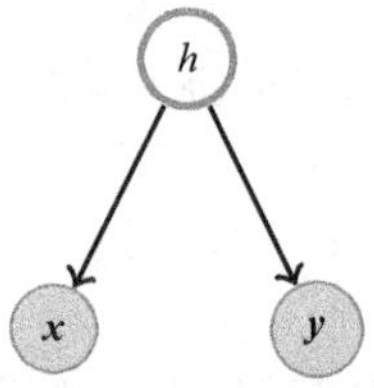

图21.9　CCA。CCA对应于潜变量模型，其中共同潜变量同时生成观察到的 x 变量和 y 变量。因此，这是一种受限FA

实现与CCA类似效果的模型是使用潜因子 h 同时作为 X 和 Y 空间中数据的基础，如图21.9所示。即

$$p(\boldsymbol{x},\boldsymbol{y})=\int p(\boldsymbol{x}|h)p(\boldsymbol{y}|h)p(h)\mathrm{d}h \tag{21.5.1}$$

其中：

$$p(\boldsymbol{x}|h)=\mathcal{N}(\boldsymbol{x}|h\boldsymbol{a},\boldsymbol{\Psi}_x),\quad p(\boldsymbol{y}|h)=\mathcal{N}(\boldsymbol{y}|h\boldsymbol{b},\boldsymbol{\Psi}_y),\quad p(h)=\mathcal{N}(h|0,1) \tag{21.5.2}$$

我们可以将方程(21.5.2)表示为FA的一种形式：

$$\begin{pmatrix}\boldsymbol{x}\\\boldsymbol{y}\end{pmatrix}=\begin{pmatrix}\boldsymbol{a}\\\boldsymbol{b}\end{pmatrix}h+\begin{pmatrix}\boldsymbol{\epsilon}_x\\\boldsymbol{\epsilon}_y\end{pmatrix},\quad \boldsymbol{\epsilon}_x\sim\mathcal{N}(\boldsymbol{\epsilon}_x|\boldsymbol{0},\boldsymbol{\Psi}_x),\quad \boldsymbol{\epsilon}_y\sim\mathcal{N}(\boldsymbol{\epsilon}_y|\boldsymbol{0},\boldsymbol{\Psi}_y) \tag{21.5.3}$$

通过使用堆叠的向量：

$$\boldsymbol{z}=\begin{pmatrix}\boldsymbol{x}\\\boldsymbol{y}\end{pmatrix},\quad \boldsymbol{f}=\begin{pmatrix}\boldsymbol{a}\\\boldsymbol{b}\end{pmatrix} \tag{21.5.4}$$

并整合出潜变量 h，得到：

$$p(\boldsymbol{z})=\mathcal{N}(\boldsymbol{z}|\boldsymbol{0},\boldsymbol{\Sigma}),\quad \boldsymbol{\Sigma}=\boldsymbol{f}\boldsymbol{f}^{\mathrm{T}}+\boldsymbol{\Psi},\quad \boldsymbol{\Psi}=\begin{pmatrix}\boldsymbol{\Psi}_x & \boldsymbol{0}\\\boldsymbol{0} & \boldsymbol{\Psi}_y\end{pmatrix} \tag{21.5.5}$$

因此，这显然仅是一个FA模型，在这种具有单个潜因子的情况下。我们可以通过极大化一组数据的似然来学习最优 $\boldsymbol{a}$ 和 $\boldsymbol{b}$。从FA结果方程(21.2.6)出发，给出最优 $\boldsymbol{f}$($\boldsymbol{S}$ 为样本协方差矩阵)：

$$\boldsymbol{f}(1+\boldsymbol{f}^{\mathrm{T}}\boldsymbol{\Psi}^{-1}\boldsymbol{f})=\boldsymbol{S}\boldsymbol{\Psi}^{-1}\boldsymbol{f}\Rightarrow\boldsymbol{f}\propto\boldsymbol{S}\boldsymbol{\Psi}^{-1}\boldsymbol{f} \tag{21.5.6}$$

因此，由 $\boldsymbol{S}\boldsymbol{\Psi}^{-1}$ 的主特征向量给出最优 $\boldsymbol{f}$。通过强加 $\boldsymbol{\Psi}_x=\sigma_x^2\boldsymbol{I}$ 和 $\boldsymbol{\Psi}_y=\sigma_y^2\boldsymbol{I}$，上述方程可以表示为耦合方程：

$$\boldsymbol{a}\propto\frac{1}{\sigma_x^2}\boldsymbol{S}_{xx}\boldsymbol{a}+\frac{1}{\sigma_y^2}\boldsymbol{S}_{xy}\boldsymbol{b},\quad \boldsymbol{b}\propto\frac{1}{\sigma_x^2}\boldsymbol{S}_{yx}\boldsymbol{a}+\frac{1}{\sigma_y^2}\boldsymbol{S}_{yy}\boldsymbol{b} \tag{21.5.7}$$

消除 $\boldsymbol{b}$，对任意的比例常数 γ，

$$\left(\boldsymbol{I}-\frac{\gamma}{\sigma_x^2}\boldsymbol{S}_{xx}\right)\boldsymbol{a}=\frac{\gamma^2}{\sigma_x^2\sigma_y^2}\boldsymbol{S}_{xy}\left(\boldsymbol{I}-\frac{\gamma}{\sigma_y^2}\boldsymbol{S}_{yy}\right)^{-1}\boldsymbol{S}_{yx}\boldsymbol{a} \tag{21.5.8}$$

在极限 $\sigma_x^2,\sigma_y^2\to0$ 中，这趋向于零导数条件方程(15.8.9)，因此CCA实际上是FA的一种极限形式(详见[12])。以这种方式看待CCA，将其扩展到使用多个潜维度 H 就会变得非常清楚，还能了解概率解释性的好处，具体请参阅练习21.2。

正如我们已经指出的，CCA对应于通过极大化联合似然分布 $p(\boldsymbol{x},\boldsymbol{y}|\boldsymbol{w},\boldsymbol{u})$ 来训练一种形式的FA。如果 $\boldsymbol{x}$ 表示输入，$\boldsymbol{y}$ 表示输出，那么我们更感兴趣的是找到好的预测表示。

在这种情况下，基于最大化条件分布 $p(\boldsymbol{y}|\boldsymbol{x},\boldsymbol{w},\boldsymbol{u})$的训练对应于称为偏最小二乘法的技术的特殊情况，该算法参见[83]。对这部分有兴趣的读者可以多加练习。

21.6 独立成分分析

独立成分分析(ICA)使用坐标系 $\boldsymbol{h}$ 寻求对数据 $\boldsymbol{v}$ 的表示，其中分量 h_i 是相互独立的[239,152]。这种独立的坐标系可以说是对数据的自然表示。在 ICA 中，通常假定观察值与潜变量 $\boldsymbol{h}$ 线性相关。由于技术原因，最实用且最方便的选择是使用㊀：

$$\boldsymbol{v}=\boldsymbol{A}\boldsymbol{h} \tag{21.6.1}$$

其中 $\boldsymbol{A}$ 是一个平方混合矩阵，使得观察值 $\boldsymbol{v}$ 的似然是：

$$p(\boldsymbol{v}|\boldsymbol{A})=\int p(\boldsymbol{v}|\boldsymbol{h},\boldsymbol{A})\prod_i p(h_i)\mathrm{d}\boldsymbol{h}=\int\delta(\boldsymbol{v}-\boldsymbol{A}\boldsymbol{h})\prod_i p(h_i)\mathrm{d}\boldsymbol{h}=\frac{1}{|\det(\boldsymbol{A})|}\prod_i p([\boldsymbol{A}^{-1}\boldsymbol{v}]_i) \tag{21.6.2}$$

对给定的数据集 $\mathcal{V}=(\boldsymbol{v}^1,\cdots,\boldsymbol{v}^N)$和先验 $p(h)$，我们的目的是找到矩阵 $\boldsymbol{A}$。对独立同分布数据，用 $\boldsymbol{B}=\boldsymbol{A}^{-1}$ 可以很方便地写出对数似然，

$$L(\boldsymbol{B})=N\log\det(\boldsymbol{B})+\sum_n\sum_i\log p([\boldsymbol{B}\boldsymbol{v}^n]_i) \tag{21.6.3}$$

注意，高斯先验是：

$$p(h)\propto\exp(-h^2) \tag{21.6.4}$$

对数似然变成：

$$L(\boldsymbol{B})=N\log\det(\boldsymbol{B})-\sum_n(\boldsymbol{v}^n)^{\mathrm{T}}\boldsymbol{B}^{\mathrm{T}}\boldsymbol{B}\boldsymbol{v}^n+c \tag{21.6.5}$$

它关于正交旋转矩阵 $\boldsymbol{B}\to\boldsymbol{R}\boldsymbol{B}(\boldsymbol{R}^{\mathrm{T}}\boldsymbol{R}=\boldsymbol{I})$是不变的。这意味着对高斯先验 $p(h)$，我们不能唯一地估计混合矩阵。为了破坏这个旋转不变性，我们需要使用非高斯先验。假设我们有一个非高斯先验 $p(h)$，取关于 $\boldsymbol{B}_{ab}$ 的导数，得到：

$$\frac{\partial}{\partial\boldsymbol{B}_{ab}}L(\boldsymbol{B})=NA_{ba}+\sum_n\phi([\boldsymbol{B}\boldsymbol{v}]_a)v_b^n \tag{21.6.6}$$

其中，

$$\phi(x)\equiv\frac{\mathrm{d}}{\mathrm{d}x}\log p(x)=\frac{1}{p(x)}\frac{\mathrm{d}}{\mathrm{d}x}p(x) \tag{21.6.7}$$

然后，给出 $\boldsymbol{B}$ 的一个简单梯度上升学习规则：

$$\boldsymbol{B}^{\mathrm{new}}=\boldsymbol{B}+\eta\left(\boldsymbol{B}^{-\mathrm{T}}+\frac{1}{N}\sum_n\phi(\boldsymbol{B}\boldsymbol{v}^n)(\boldsymbol{v}^n)^{\mathrm{T}}\right) \tag{21.6.8}$$

另一种近似牛顿更新的“自然梯度”算法[7,198]通过对梯度右乘 $\boldsymbol{B}^{\mathrm{T}}\boldsymbol{B}$ 进行更新：

$$\boldsymbol{B}^{\mathrm{new}}=\boldsymbol{B}+\eta\left(\boldsymbol{I}+\frac{1}{N}\sum_n\boldsymbol{\phi}(\boldsymbol{B}\boldsymbol{v}^n)(\boldsymbol{B}\boldsymbol{v}^n)^{\mathrm{T}}\right)\boldsymbol{B} \tag{21.6.9}$$

这里，η 是一个学习率，在代码 ica.m 中我们将其设置为 0.5。算法的性能对先验函数 $\phi(x)$的选择相对不敏感，在 ica.m 中我们使用 tanh 函数。在图 21.10 的例子中，数据明显具有“X”形状，尽管“X”的轴不是正交的。在这种情况下，ICA 和 PCA 表示是非常不同的。一个明显的扩展是考虑输出上的噪声，见练习 21.6，其中 EM 算法是可用的。然而，

㊀ 这一处理遵循[198]中所述。

在低输出噪声的极限情况下，EM 算法形式上是失败的，这与 11.4 节中的一般性讨论有关。

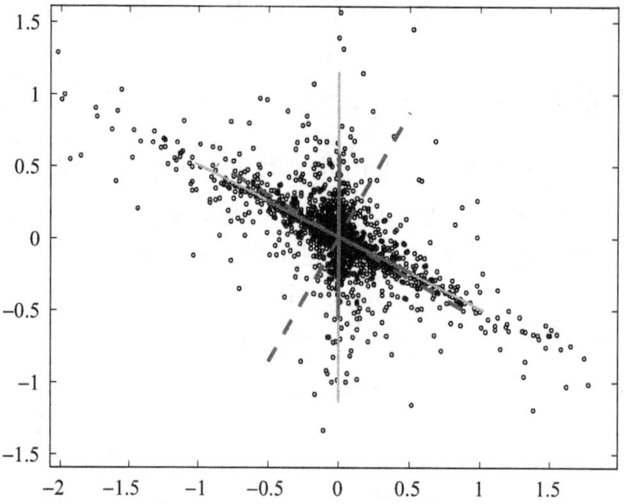

图 21.10　从先验 $p(x_i)\propto\exp(-5\sqrt{|x_i|})$ 中抽样潜数据，混合矩阵 $\boldsymbol{A}$(图中用绿色线表示)用于创建观察到的二维向量 $\boldsymbol{y}=\boldsymbol{A}\boldsymbol{x}$。红线是 ica. m 根据观察结果估计的混合矩阵。作为比较，PCA 生成蓝色虚线表示的分量。注意，图中对分量做了缩放以提高视觉效果。如预期的那样，PCA 发现了具有最大方差的正交方向。然而，ICA 正确地估计了分量被独立生成的方向。参见 demoICA. m

一种流行的替代估计方法是 FastICA ㊀，并且可以与迭代极大似然优化过程相关。ICA 也可以从几个不同的方向发展，包括信息论[30]。深入讨论和相关扩展见参考文献[152]。

21.7　总结

- 因子分析是一种用于找到数据低维表示的经典概率方法。
- 一般情况下没有封闭形式的解，迭代过程通常用于查找极大似然参数。
- 典型相关分析是因子分析的一个特例。
- 在非高斯潜变量先验的假设下，可以发现数据中的独立方向。

21.8　代码

FA. m：因子分析。
demoFA. m：因子分析的示例。
ica. m：独立成分分析。
demoICA. m：独立成分分析的示例。

21.9　练习题

练习 21.1(FA 与缩放)　假设一个 $\boldsymbol{H}$ 因子模型适用于 $\boldsymbol{x}$，现在考虑变换 $\boldsymbol{y}=\boldsymbol{C}\boldsymbol{x}$，其中 $\boldsymbol{C}$ 是一个非奇异对角方阵。证明 FA 具有缩放不变性，即通过对因子载荷进行适当的缩放，$\boldsymbol{H}$ 因子模型也适用于 $\boldsymbol{y}$。需

㊀ 参见 www. cis. hut. fi/projects/ica/fastica/。

要如何缩放具体的因子？

练习 21.2　对一个受限 FA 模型：

$$x=\begin{pmatrix}A & 0\\ 0 & B\end{pmatrix}h+\epsilon,\quad \epsilon\sim\mathcal{N}(\epsilon\mid 0,\mathrm{diag}(\psi_1,\cdots,\psi_n)),\quad h\sim\mathcal{N}(h\mid 0,I) \tag{21.9.1}$$

要求推导矩阵 A 和 B 的极大似然 EM 算法，假设数据点 $x^1,\cdots,x^N$ 是独立同分布的。

练习 21.3　FA 的一个显然的扩展是考虑相关先验：

$$p(h)=\mathcal{N}(h\mid 0,\Sigma_H) \tag{21.9.2}$$

证明：如果不对因子载荷矩阵 F 施加限制，则使用相关先验 $p(h)$ 是与原始不相关 FA 模型等价的模型。

练习 21.4　利用 Woodbury 恒等式和方程(21.2.3)中 Σ_D 的定义，证明可以将 $\Sigma_D^{-1}F$ 重写为：

$$\Sigma_D^{-1}F=\Psi^{-1}F(I+F^{\mathrm{T}}\Psi^{-1}F)^{-1} \tag{21.9.3}$$

练习 21.5　对于对数似然函数：

$$L(\sigma^2)=-\frac{N}{2}\left(D\log(2\pi)+\sum_{i=1}^{H}\log\lambda_i+\frac{1}{\sigma^2}\sum_{i=H+1}^{D}\lambda_i+(D-H)\log\sigma^2+H\right) \tag{21.9.4}$$

证明 $L(\sigma^2)$ 对于

$$\sigma^2=\frac{1}{D-H}\sum_{j=H+1}^{D}\lambda_j \tag{21.9.5}$$

是最大的。

练习 21.6　考虑一个 ICA 模型，其中 y 代表输出，x 代表潜分量：

$$p(y,x\mid W)=\prod_j p(y_j\mid x,W)\prod_i p(x_i),\quad W=[w_1,\cdots,w_J] \tag{21.9.6}$$

且有：

$$p(y_j\mid x,W)=\mathcal{N}(y_j\mid w_j^{\mathrm{T}}x,\sigma^2) \tag{21.9.7}$$

1. 对上面的模型，为一组独立同分布数据 $y^1,\cdots,y^N$ 推导 EM 算法，并证明 M-步中需要的统计量是 $\langle x\rangle_{p(x\mid y^n,W)}$ 和 $\langle xx^{\mathrm{T}}\rangle_{p(x\mid y^n,W)}$。
2. 证明对一个非高斯先验 $p(x_i)$，后验：

$$p(x\mid y,W) \tag{21.9.8}$$

是非因子分解、非高斯并且通常是难解的(它的归一化常数不能精确计算)。

3. 证明当 $\sigma^2\to 0$ 时，不能用 EM 算法。

第 22 章

Bayesian Reasoning and Machine Learning

潜能力模型

在本章中，我们讨论潜变量模型的应用，以确定模型在应用中的能力。这些模型适用于考试成绩预测、足球比赛预测和在线游戏分析等场合。

22.1 Rasch 模型

假设一次考试中，学生 s 回答问题 q，回答正确则 $x_{qs}=1$，否则 $x_{qs}=0$。对 N 个学生和 Q 个问题的集合，$Q\times N$ 的矩阵 $\boldsymbol{X}$ 给出了所有学生的表现。根据这些数据，我们评估每个学生的能力。一种方法是将能力 α_s 定义为学生 s 正确回答问题的分数。更合理的分析是认为一些问题比其他问题难度大，这样，回答难题的学生应该比回答相同数量简单问题的学生得到更高的分数。然而，我们事先并不知道哪些问题是困难的，所以需要基于 $\boldsymbol{X}$ 来估计。为考虑问题难度的内在差异，我们可以根据学生的潜能力 α_s 和问题 δ_q 的潜难度来建模学生 s 正确解决问题 q 的概率。一个简单的响应生成模型是(如图 22.1 所示)：

$$p(x_{qs}=1\mid\boldsymbol{\alpha},\boldsymbol{\delta})=\sigma(\alpha_s-\delta_q) \tag{22.1.1}$$

其中 $\sigma(x)=1/(1+\mathrm{e}^{-x})$。在该模型下，潜能力越高，问题的潜难度越高，学生就越有可能正确回答问题。

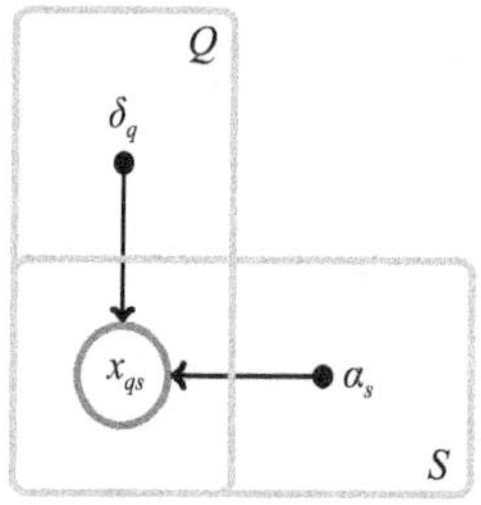

图 22.1 用于分析问题的 Rasch 模型。如果学生 s 正确回答了问题 q，则矩阵 $\boldsymbol{X}$ 的元素 $x_{qs}=1$。模型是利用学生的潜能力 α_s 和问题的潜难度 δ_q 生成的

22.1.1 极大似然训练

我们可以使用极大似然找到最优参数 $\boldsymbol{\alpha}$ 和 $\boldsymbol{\delta}$。在独立同分布假设下，这个模型中数据 $\boldsymbol{X}$ 的似然是：

$$p(\boldsymbol{X}\mid\boldsymbol{\alpha},\boldsymbol{\delta})=\prod_{s=1}^{S}\prod_{q=1}^{Q}\sigma(\alpha_s-\delta_q)^{x_{qs}}(1-\sigma(\alpha_s-\delta_q))^{1-x_{qs}} \tag{22.1.2}$$

对数似然是：

$$L\equiv\log p(\boldsymbol{X}\mid\boldsymbol{\alpha},\boldsymbol{\delta})=\sum_{q,s}x_{qs}\log\sigma(\alpha_s-\delta_q)+(1-x_{qs})\log(1-\sigma(\alpha_s-\delta_q)) \tag{22.1.3}$$

求导得到：

$$\frac{\partial L}{\partial\alpha_s}=\sum_{q=1}^{Q}(x_{qs}-\sigma(\alpha_s-\delta_q)),\quad \frac{\partial L}{\partial\delta_q}=-\sum_{s=1}^{S}(x_{qs}-\sigma(\alpha_s-\delta_q)) \tag{22.1.4}$$

学习参数的一个简单方法是使用梯度上升，参见 demoRasch.m，可以直接将其扩展至牛顿法。

推广到两个以上响应 $x_{qs}\in\{1,2,\cdots\}$时，可以使用 softmax 类函数来实现。更一般地，Rasch 模型属于项目反应理论(item response theory)范畴，这是一个关于问卷分析[102]的主题。

缺失数据

假设数据随机缺失，则可以通过只计算 $\boldsymbol{X}$ 的观察元素的似然来处理缺失数据。在 rasch.m 中，缺失数据被假定编码为 nan，因此基于对包含非 nan 元素的求和，似然和梯度是可以直接计算的。

例 22.1 我们在图 22.2 中展示了使用 Rasch 模型的一个例子，根据一组 50 个问题估计 20 名学生的潜能力。根据每个学生正确回答的问题数，最好的学生依次为：8、6、1、19、4、17、20、7、15、5、12、16、2、3、18、9、11、14、10、13。或者，根据潜能力对学生进行排名，得到 8、6、19、1、20、4、17、7、15、12、5、16、2、3、18、9、11、14、10、13。由于 Rasch 模型考虑了一些学生正确回答难题的事实，因此这与根据正确回答的问题数得到的排名不同(在这种情况下仅略有不同)。例如，学生 20 正确回答了一些难题。

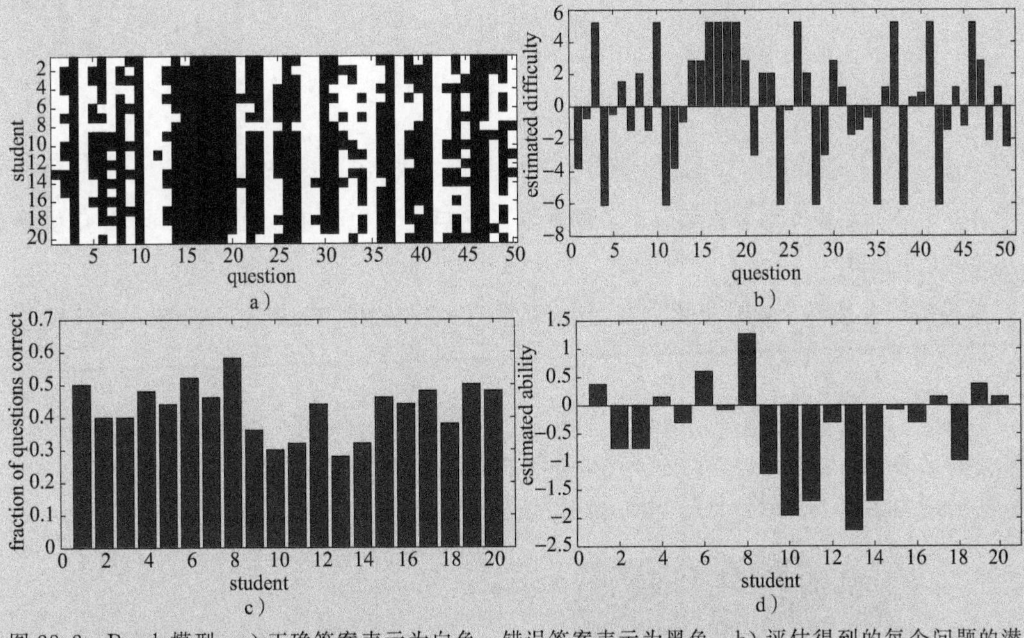

图 22.2 Rasch 模型。a) 正确答案表示为白色，错误答案表示为黑色。b) 评估得到的每个问题的潜难度。c) 每个学生正确回答问题的分数。d) 评估得到的学生的潜能力

22.1.2 贝叶斯 Rasch 模型

Rasch 模型可能会过度拟合数据，尤其是在只有少量数据的情况下。在这种情况下，自然扩展是使用贝叶斯技术，在学生能力和问题难度上放置独立先验，这样学生能力和问题难度的后验可以由下式给出：

$$p(\boldsymbol{\alpha},\boldsymbol{\delta}\mid\boldsymbol{X})\propto p(\boldsymbol{X}\mid\boldsymbol{\alpha},\boldsymbol{\delta})p(\boldsymbol{\alpha})p(\boldsymbol{\delta}) \qquad (22.1.5)$$

自然先验是那些防止参数过大的先验，比如高斯先验：

$$p(\boldsymbol{\alpha})=\prod_s\mathcal{N}(\alpha_s\mid 0,\sigma^2),\quad p(\boldsymbol{\delta})=\prod_q\mathcal{N}(\delta_q\mid 0,\tau^2) \qquad (22.1.6)$$

其中 σ^2 和 τ^2 是超参数，它们可以通过最大化 $p(\boldsymbol{X}|\sigma^2,\tau^2)$学到。然而，即使是使用高斯先验，后验分布 $p(\boldsymbol{\alpha},\boldsymbol{\delta}|\boldsymbol{X})$也不是标准形式，因此近似是必需的。但是，在这种情况下，后验是对数凹函数，所以基于变分或拉普拉斯技术的近似方法是足够充分的，见第 28 章，或者可以使用抽样近似方法，见第 27 章。

22.2 竞争模型

22.2.1 Bradley-Terry-Luce 模型

Bradley-Terry-Luce(BTL)模型评估基于一对一竞争的玩家的能力。这里，我们描述仅出现输赢结果的游戏，而不考虑平局的复杂可能性。对这种输赢方案，BTL 模型是对 Rasch 模型的直接改进，因此对玩家 i 的潜能力 α_i 和玩家 j 的潜能力 α_j，玩家 i 打败玩家 j 的概率由下式给出：

$$p(i \rhd j|\boldsymbol{\alpha})=\sigma(\alpha_i-\alpha_j) \tag{22.2.1}$$

其中 $i \rhd j$ 代表玩家 i 打败玩家 j。基于游戏数据矩阵 $\boldsymbol{X}$：

$$x_{ij}^n=\begin{cases}1 & \text{如果在游戏 } n \text{ 中 } i \rhd j \\ 0 & \text{其他}\end{cases} \tag{22.2.2}$$

模型的似然函数是：

$$p(\boldsymbol{X}|\boldsymbol{\alpha})=\prod_n\prod_{ij}[\sigma(\alpha_i-\alpha_j)]^{x_{ij}^n}=\prod_{ij}[\sigma(\alpha_i-\alpha_j)]^{M_{ij}} \tag{22.2.3}$$

其中 $M_{ij}=\sum_n x_{ij}^n$ 是玩家 i 打败玩家 j 的次数。然后，可以像 Rasch 模型一样使用极大似然或者贝叶斯方法进行训练。

这些模型也被称为**配对对比模型**，由 20 世纪 20 年代的 Thurstone 开创，他将这些模型广泛应用于不同领域的数据[78]。

例 22.2　BTL 模型的示例应用如图 22.3 所示，其中给出了包含玩家 i 打败玩家 j 的次数矩阵 $\boldsymbol{M}$。矩阵 $\boldsymbol{M}$ 是基于“真实能力”从 BTL 模型中提取出的。单独使用 $\boldsymbol{M}$，这些潜能力的极大似然评估与真实能力非常接近。

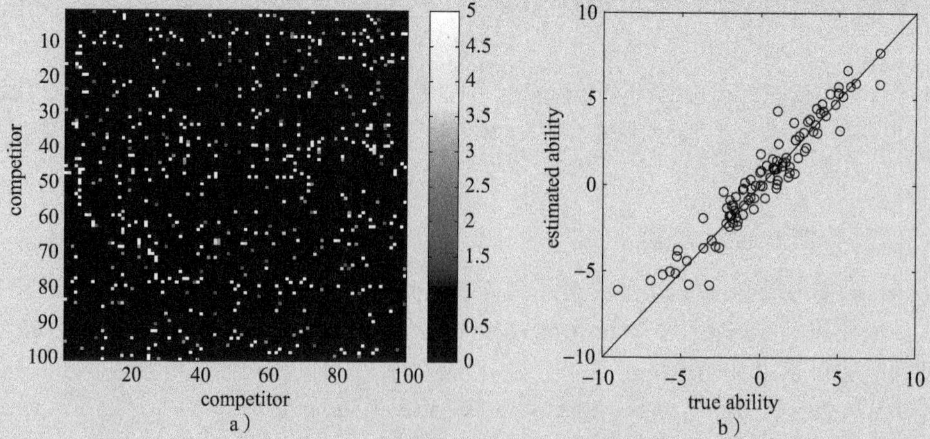

图 22.3　BTL 模型。a) 数据 $\boldsymbol{M}$。b) 100 个玩家的真实能力和评估能力(无标签)。即使数据非常少，也可以对每个竞争者的潜能力进行合理评估

22.2.2 Elo 排名模型

国际象棋排名中使用的 Elo 系统[96]与上面提到的 BTL 模型密切相关，尽管这里考虑平局的可能性会增加复杂性。此外，Elo 系统考虑了对玩家表现变化的度量。对给定的能力 α_i，游戏中玩家 i 的实际表现 π_i 由下式给出：

$$\pi_i = \alpha_i + \epsilon_i \tag{22.2.4}$$

其中$\epsilon_i \sim \mathcal{N}(\epsilon_i \mid 0, \sigma^2)$。方差 σ^2 在所有玩家中是固定的，因此考虑了玩家表现的内在变化。更确切地，Elo 模型修改了 BTL 模型，给出：

$$p(\boldsymbol{X} \mid \boldsymbol{\alpha}) = \int_{\boldsymbol{\pi}} p(\boldsymbol{X} \mid \boldsymbol{\pi}) p(\boldsymbol{\pi} \mid \boldsymbol{\alpha}), \quad p(\boldsymbol{\pi} \mid \boldsymbol{\alpha}) = \mathcal{N}(\boldsymbol{\pi} \mid \alpha, \sigma^2 \boldsymbol{I}) \tag{22.2.5}$$

其中 $p(\boldsymbol{X} \mid \boldsymbol{\pi})$由公式(22.2.3)给出，其中用 $\boldsymbol{\pi}$ 代替$\boldsymbol{\alpha}$。

22.2.3 Glicko 和 TrueSkill 模型

Glicko 模型[127]和 TrueSkill 模型[143]基本上是细化 Elo 模型的贝叶斯版本，其细化过程是用高斯分布建模潜能力，而不是用单个数字：

$$p(\alpha_i \mid \theta_i) = \mathcal{N}(\alpha_i \mid \mu_i, \sigma_i^2) \tag{22.2.6}$$

这可以捕获这样的事实：玩家可能始终合理(高 μ_i 低σ_i^2)或不稳定(高 μ_i 高 σ_i^2)。对于玩家集 S，模型参数是：

$$\theta = \{\mu_i, \sigma_i^2, i = 1, \cdots, S\} \tag{22.2.7}$$

交互模型 $p(\boldsymbol{X} \mid \boldsymbol{\alpha})$就像输赢 Elo 模型，见公式(22.2.1)。给定模型的似然，参数是：

$$p(\boldsymbol{X} \mid \theta) = \int_{\alpha} p(\boldsymbol{X} \mid \boldsymbol{\alpha}) p(\boldsymbol{\alpha} \mid \theta) \tag{22.2.8}$$

这种积分在形式上是难以处理的，需要数值近似。在这种情况下，28.8 节中的期望传播已被证明是一种有用的技术[211]。TrueSkill 模型用于评估在线游戏中玩家的能力，同时还用于考虑团队在锦标赛中的能力。最近的研究使用时间扩展来重新评估国际象棋选手随时间变化的能力[77]。

22.3 总结

- Rasch 模型是潜学生能力和潜问题难度的简单模型。原则上，它能够更好地评估学生的表现，而不仅是计算正确回答问题的数量，因为它隐含地考虑了一些问题比其他问题更为困难的事实。
- 相关模型可用于评估玩家在游戏中的潜能力。

22.4 代码

rasch.m：Rasch 模型训练。
demoRasch.m：Rasch 模型示例。

22.5 练习题

练习 22.1(顽抗的野马) bronco.mat 包含有关野马比赛的信息。有 500 个竞争者和 20 匹野马。一个竞

争者 j 试图在一匹顽抗的野马 i 上停留一分钟，如果竞争者成功，则元素 X_{ij} 为 1，否则为 0。每个竞争者可以尝试三匹野马(缺失数据被编码为 nan)。在观看了所有 500 位业余马术爱好者的表现之后，Desperate Dan 参加了比赛，并贿赂组织者，以避免选到难度大的野马。基于 Rasch 模型，排名前十的难度大的野马是哪些(最难的野马排第一)?

练习 22.2(BTL 训练)　1. 证明 BTL 模型的对数似然函数为：

$$L(\boldsymbol{\alpha})=\sum_{ij} M_{ij}\log\sigma(\alpha_i-\alpha_j) \tag{22.5.1}$$

其中 M_{ij} 是在一组比赛中玩家 i 打败玩家 j 的次数。

2. 计算 $L(\boldsymbol{\alpha})$的梯度。
3. 计算 BTL 模型的黑塞矩阵并验证它是半负定的。

练习 22.3(la reine)　1. 编写一个简单的梯度上升例程，根据一系列的输赢结果来学习竞争者的潜能力。

2. 在一种瑞士"斗牛比赛"的改编形式中，一群牛相互推动直到一方屈服。在比赛结束时，获胜的一头牛被认为是"la reine"，基于 BTL.mat 中的数据(其中 X_{ij} 中包含牛 i 击败牛 j 的次数)，模拟 BTL 模型并返回前十名最优斗牛的排名列表，注意"la reine"排在首位。

练习 22.4　对 BTL 模型的扩展是考虑其他因子来描述竞争者的状态。例如，我们有 S 个足球队的集合，以及一个矩阵集 $\boldsymbol{X}^1,\cdots,\boldsymbol{X}^N$，若在对抗 n 中团队 i 打败团队 j，则 $X_{ij}^n=1$。此外，我们为每个对抗 n 和团队 i 提供二值因子 $f_{h,i}^n\in\{0,1\}(h=1,\cdots,H)$，用来描述团队。比如，对团队 $i=1$，当 Bozo 在对抗 n 中参赛时 $f_{1,1}^n=1$，否则 $f_{1,1}^n=0$。团队 i 在对抗 n 中的能力通过下面的公式衡量：

$$\alpha_i^n=d_i+\sum_{h=1}^{H} w_{h,i} f_{h,i}^n. \tag{22.5.2}$$

其中 d_i 是团队的默认潜能力，假设在所有游戏中这个能力都是不变的。我们为每场对抗都设置以下因素。

1. 在 BTL 模型中使用潜能力的上述定义，给定一组历史游戏$(\boldsymbol{X}^n,\boldsymbol{F}^n),n=1,\cdots,N$，我们感兴趣的是找到最适合描述团队能力的权重 $\boldsymbol{W}$ 和能力 $\boldsymbol{d}$。以所有 $\boldsymbol{W}$ 和 $\boldsymbol{d}$ 的集合的函数形式，写出 BTL 模型的似然函数。
2. 计算这个模型对数似然的梯度。
3. 解释如何使用这个模型来评估 Bozo 对团队 1 的能力贡献的重要性。
4. 给定学习到的 $\boldsymbol{W}$、$\boldsymbol{d}$ 以及已知团队 1 将在明天与团队 2 对抗，解释在给定团队 2 的因子列表 $\boldsymbol{f}$(包括团队中的哪些队员将参赛等问题)的情况下，如何选择最好的团队 1 来使赢得对抗的概率最大。

动态模型

大自然中的生物都生活在一个动态的环境中，可以说，自然智慧体之所以被称为智慧体，很大一部分原因在于它们能够模拟因果关系和行为后果。从这个意义上说，我们对时态数据进行建模就具有重要意义。在大量充斥着人为因素的环境中，在许多情况下预测未来是有意义的，特别是在金融领域以及动态目标追踪领域等。

第四部分论述了一些关于时间序列的经典模型，这些模型可用于表示时态数据，也可用于预测未来。在从物理学到工程学的不同科学分支中，许多这类模型是众所周知的，并且在语音识别、财务预测和控制等领域中被广泛使用。在第 25 章中，我们论述了一些更复杂的模型，在第一次阅读时可以跳过。

针对生物生活在动态世界这一事实，第 26 章讨论了一些在分布式系统中实现信息处理的基本模型。

下图为一些时间序列的动态图模型。第四部分将着重介绍大多数标准模型的推断和学习。

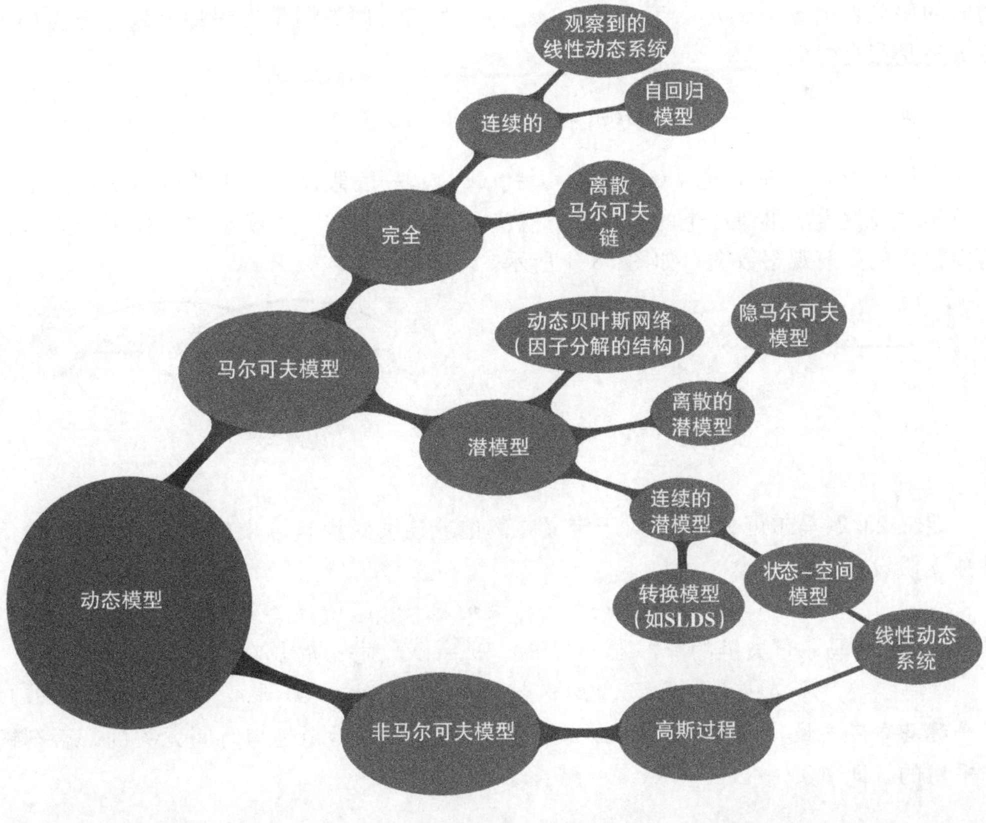

第 23 章

离散状态的马尔可夫模型

在时间序列中，变量数量庞大，而且通常随着新数据的增加而增加，所以需要专门的模型。本章主要围绕生成观察数据的过程基本上是离散的模型这一点展开。基于这些模型又产生了一些经典模型，并被应用于金融、语音处理和网站排名等诸多领域。

23.1 马尔可夫模型

时间序列指数据点呈自然排序的数据集。该顺序一般对应于潜在的单一物理维度，通常是时间，当然也可以是任何其他维度。我们考虑的时间序列模型是基于随机变量集合 $v_1,\cdots,v_T$ 的概率模型，v_t 的索引是离散时间 t。概率时间序列模型需要特定的联合分布 $p(v_1,\cdots,v_T)$。若观察数据 v_t 是离散的，则 $p(v_1,\cdots,v_T)$ 的联合概率表的元素数在指数量级。因此，不能期望一一说明如此数量级的元素，而应创建简化的模型，使得在此模型下，这些元素可以以较低维度的方式参数化。这种简化是时间序列建模的核心，我们将展开讨论一些相关的经典模型。

定义 23.1(时间序列符号)

$$x_{a:b}\equiv x_a,x_{a+1},\cdots,x_b,\quad \text{当 } b\leqslant a \text{ 时有 } x_{a:b}=x_a \tag{23.1.1}$$

对时间序列数据 $v_1,\cdots,v_T$，有模型 $p(v_{1:T})$。为与时间的因果性保持一致，考虑如下级联分解是很自然的：

$$p(v_{1:T})=\prod_{t=1}^{T}p(v_t|v_{1:t-1}) \tag{23.1.2}$$

按照惯例，当 $t=1$ 时，记 $p(v_t|v_{1:t-1})=p(v_1)$。一般假设刚发生的事情所产生的影响比更早之前发生的事情产生的影响更有意义，而且在马尔可夫模型中，预测未来只需要有限数量的先前观察数据，如图 23.1 所示。

图 23.1 a) 一阶马尔可夫链。b) 二阶马尔可夫链

定义 23.2(马尔可夫链) 对于定义在离散或连续变量 $v_{1:T}$ 上的马尔可夫链，以下条件独立假设成立：

$$p(v_t|v_1,\cdots,v_{t-1})=p(v_t|v_{t-L},\cdots,v_{t-1}) \tag{23.1.3}$$

其中 $L\geqslant 1$ 指马尔可夫链的阶。当 $t<1$ 时，$v_t=\varnothing$。对一阶马尔可夫链，

$$p(v_{1:T})=p(v_1)p(v_2|v_1)p(v_3|v_2)\cdots p(v_T|v_{T-1}) \tag{23.1.4}$$

对平稳马尔可夫链，转移概率 $p(v_t=s'|v_{t-1}=s)=f(s',s)$ 是与时间无关的，否则链是非平稳的，即 $p(v_t=s'|v_{t-1}=s)=f(s',s,t)$。

对离散状态一阶时间无关的马尔可夫链，可以使用状态转移图来可视化转移概率 $p(v_t|v_{t-1})$，如图 23.2 所示。

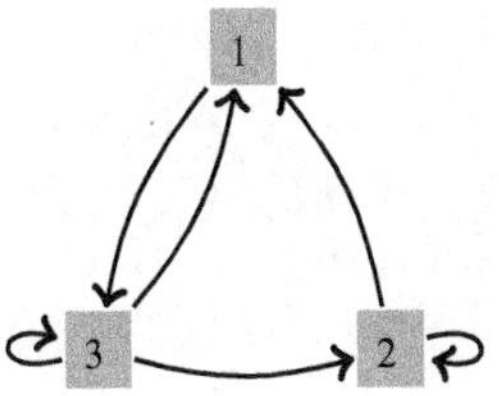

图 23.2　有三个状态的马尔可夫链的状态转移图。注意，状态转移图不是图模型，它仅表示转移矩阵 $\boldsymbol{p}(i|j)$中的非零元素，若从 j 到 i 没有链接，则 $\boldsymbol{p}(i|j)=0$

23.1.1　马尔可夫链的均衡和平稳分布

给定转移概率 $p(x_t|x_{t-1})$，我们想弄清楚边缘分布 $p(x_t)$是如何随着时间演化的。对一个离散状态系统：

$$p(x_t=i)=\sum_j \underbrace{p(x_t=i|x_{t-1}=j)}_{M_{ij}}p(x_{t-1}=j) \tag{23.1.5}$$

给定初始化分布 $p(x_1)$，上式递归地定义了所有未来时间点的边缘分布。我们首先从 $p(x_1)$中抽取一个样本，随后重复地从转移分布 $p(x_\tau|x_{\tau-1})$中抽取样本，这时，边缘分布 $p(x_t=i)$可以解释为在 t 时刻访问状态 i 的频率。也就是说，从 $p(x_1)$中抽取状态 $x_1=s_1$ 之后，我们可以从马尔可夫链中得到一系列的样本 $s_2,\cdots,s_t$。具体地，先从 $p(x_2|x_1=s_1)$抽取样本 $x_2=s_2$，再通过 $p(x_3|x_2=s_2)$抽取样本 $x_3=s_3$，等等。当我们从链中重复抽样新状态后，t 时刻的边缘分布可以由向量$[\boldsymbol{p}_t]_i=p(x_i=i)$和初始分布 $\boldsymbol{p}_1$ 表示：

$$\boldsymbol{p}_t=\boldsymbol{M}\boldsymbol{p}_{t-1}=\boldsymbol{M}^{t-1}\boldsymbol{p}_1 \tag{23.1.6}$$

当 $t\to\infty$时，如果 $\boldsymbol{p}_\infty$独立于初始分布 p_1，则 $\boldsymbol{p}_\infty$称为马尔可夫链的均衡分布。也存在一些不具有均衡分布的马尔可夫链，见练习 23.2。马尔可夫链的所谓的平稳分布由如下条件分布定义：

$$\boldsymbol{p}_\infty(i)=\sum_j p(x_t=i|x_{t-1}=j)p_\infty(j) \tag{23.1.7}$$

在矩阵表示法中，这可以写为向量方程：

$$\boldsymbol{p}_\infty=\boldsymbol{M}\boldsymbol{p}_\infty \tag{23.1.8}$$

因此，平稳分布与转移矩阵的单位特征值的特征向量成正比。注意，一个马尔可夫链可能存在多个平稳分布，参见练习 23.1 和[135]。

例 23.1（网页排序）　尽管马尔可夫链看起来很简单，但它在信息检索和搜索引擎中得到了有趣的应用。定义矩阵：

$$A_{ij}=\begin{cases}1 & \text{如果网站 } j \text{ 有到网站 } i \text{ 的超链接}\\ 0 & \text{其他}\end{cases} \tag{23.1.9}$$

根据上式，可以定义一个马尔可夫转移矩阵，其元素为：

$$M_{ij}=\frac{A_{ij}}{\sum_{i'}A_{i'j}} \tag{23.1.10}$$

这个马尔可夫链的均衡分布有一个解释：使用链接随机地在网站之间跳转，则均衡分布的元素 $p_\infty(i)$表示访问网站 i 的相对次数。这自然可以解释为网站 i 的“重要性”。

如果一个网站在网络中被隔离，则将很少被随机跳转访问；如果某个网站被许多其他网站链接，则会得到更频繁的访问。

原始搜索引擎的工作原理如下：对每个网站 i，收集与该网站相关的单词列表。在对所有网站都执行完此操作后，可以做一个包含单词 w 的“反向”网站列表。当用户搜索单词 w 时，返回包含该单词的网站列表，根据网站的重要性(由均衡分布定义)进行排序。

23.1.2 拟合马尔可夫模型

给定序列 $v_{1:T}$，使用极大似然方法拟合平稳的一阶马尔可夫链相当于通过计算序列中被观察的(一阶)转移的数来设置转移概率：

$$p(v_\tau=i|v_{\tau-1}=j)\propto\sum_{t=2}^{T}\mathbb{I}[v_t=i,v_{t-1}=j] \tag{23.1.11}$$

按照惯例，记 $p(v_\tau=i|v_{\tau-1}=j)\equiv\theta_{i|j}$。故似然函数为(假设 v_1 已知)：

$$p(v_{2:T}|\theta,v_1)=\prod_{t=2}^{T}\theta_{v_t|v_{t-1}}=\prod_{t=2}^{T}\prod_{i,j}\theta_{i|j}^{\mathbb{I}[v_t=i,v_{t-1}=j]} \tag{23.1.12}$$

为归一化，取对数和添加拉格朗日约束：

$$L(\theta)=\sum_{t=2}^{T}\sum_{i,j}\mathbb{I}[v_t=i,v_{t-1}=j]\log\theta_{i|j}+\sum_j\lambda_j\left(1-\sum_i\theta_{i|j}\right) \tag{23.1.13}$$

求上式关于 $\theta_{i|j}$ 的导数并置 0，就得到了符合直觉的设置，即公式(23.1.11)。对一组时间序列 $v_{1:T_n}^n(n=1,\cdots,N)$，通过计算跨时间和数据点的所有转移数来设置转移概率。初始时间点分布的极大似然为 $p(v_1=i)\propto\sum_n\mathbb{I}[v_1^n=i]$。

贝叶斯拟合

为简单起见，假设一个转移分布中的因子化先验分布为：

$$p(\theta)=\prod_j p(\theta_{\cdot|j}) \tag{23.1.14}$$

对每个条件转移分布，一个方便的选择是带超参数 $\boldsymbol{u}_j$ 的狄利克雷分布，即 $p(\theta_{\cdot|j})=\text{Dirichlet}(\theta_{\cdot|j}|\boldsymbol{u}_j)$，因为这样的狄利克雷分布共轭于多分类分布。具体地，

$$p(\theta|v_{1:T})\propto p(v_{1:T}|\theta)p(\theta)\propto\prod_t\prod_{i,j}\theta_{i|j}^{\mathbb{I}[v_t=i,v_{t-1}=j]}\theta_{i|j}^{u_{ij}-1}=\prod_j\text{Dirichlet}(\theta_{\cdot|j}|\hat{\boldsymbol{u}}_j) \tag{23.1.15}$$

其中，$\hat{\boldsymbol{u}}_j=u_{ij}+\sum_{t=2}^{T}\mathbb{I}[v_{t-1}=j,v_t=i]$是数据集中转移 $j\to i$ 的数量。

23.1.3 混合马尔可夫模型

给定序列集合 $\mathcal{V}=\{v_{1:T}^n,n=1,\cdots,N\}$，怎么进行聚类呢？为使符号更简洁，我们假设所有序列具有相同的长度 T，并且到不同长度的扩展是直接的。一种简单的方法是拟合混合马尔可夫模型。假设数据是独立同分布的，$p(\mathcal{V})=\prod_n p(v_{1:T}^n)$，我们为单个序列 $v_{1:T}$ 定义一个混合模型。这里假设每个组成模型都是一阶马尔可夫模型：

$$p(v_{1:T})=\sum_{h=1}^{H}p(h)p(v_{1:T}\mid h)=\sum_{h=1}^{H}p(h)\prod_{t=1}^{T}p(v_t\mid v_{t-1},h) \tag{23.1.16}$$

图模型如图 23.3 所示。之后通过寻找极大似然参数 $p(h)$和 $p(v_t\mid v_{t-1},h)$，并随后根据 $p(h\mid v_{1:T}^n)$分配簇来实现聚类。

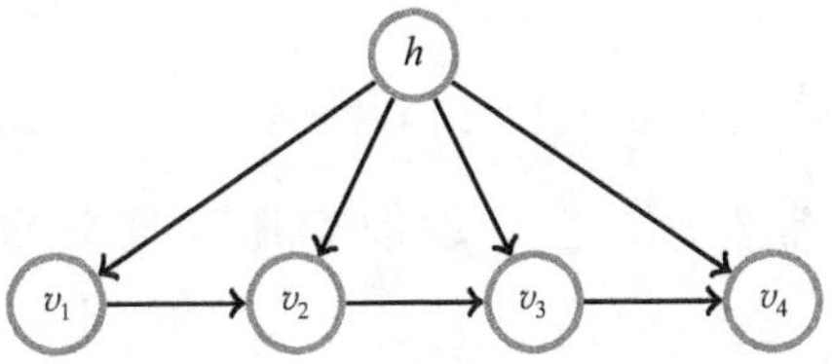

图 23.3 一阶马尔可夫链的混合。离散隐变量 $\mathrm{dom}(h)=1,\cdots,H$ 是马尔可夫链 $\prod_t p(v_t\mid v_{t-1},h)$ 的索引，这种模型可以作为简单的序列聚类工具

EM 算法

EM 算法已经在 11.2 节中介绍过，特别适合在这种情况下用于寻找极大似然解，因为 M-步可以轻易实现。在独立同分布数据的假设下，对数似然是：

$$\log p(\mathcal{V})=\sum_{n=1}^{N}\log\sum_{h=1}^{H}p(h)\prod_{t=1}^{T}p(v_t^n\mid v_{t-1}^n,h) \tag{23.1.17}$$

对 M-步，我们的任务是最大化能量：

$$\begin{aligned}E&=\sum_{n=1}^{N}\langle\log p(v_{1:T}^n,h)\rangle_{p^{\text{old}}(h\mid v_{1:T}^n)}\\&=\sum_{n=1}^{N}\left\{\langle\log p(h)\rangle_{p^{\text{old}}(h\mid v_{1:T}^n)}+\sum_{t=1}^{T}\langle\log p(v_t\mid v_{t-1},h)\rangle_{p^{\text{old}}(h\mid v_{1:T}^n)}\right\}\end{aligned}$$

上式关于参数 $p(h)$的部分为：

$$\sum_{n=1}^{N}\langle\log p(h)\rangle_{p^{\text{old}}(h\mid v_{1:T}^n)} \tag{23.1.18}$$

通过定义：

$$\hat{p}^{\text{old}}(h)\propto\sum_{n=1}^{N}p^{\text{old}}(h\mid v_{1:T}^n) \tag{23.1.19}$$

可以视最大化式(23.1.18)为最小化下式：

$$\mathrm{KL}(\hat{p}^{\text{old}}(h)\mid p(h)) \tag{23.1.20}$$

所以 M-步中的最优选择为设置 $p^{\text{new}}=\hat{p}^{\text{old}}$，也就是：

$$p^{\text{new}}(h)\propto\sum_{n=1}^{N}p^{\text{old}}(h\mid v_{1:T}^n) \tag{23.1.21}$$

如果不太习惯这一论述，可以直接最大化并得到相同的结果，其中添加拉格朗日项来确保 $p(h)$的归一化。

类似地，对于 $p(v_t\mid v_{t-1},h)$，M-步为：

$$p^{\text{new}}(v_t=i\mid v_{t-1}=j,h=k)\propto\sum_{n=1}^{N}p^{\text{old}}(h=k\mid v_{1:T}^n)\sum_{t=2}^{T}\mathbb{I}[v_t^n=i]\mathbb{I}[v_{t-1}^n=j] \tag{23.1.22}$$

初始项 $p(v_1\mid h)$通过下式更新：

$$p^{\text{new}}(v_1=i\mid h=k)\propto\sum_{n=1}^{N}p^{\text{old}}(h=k\mid v_{1:T}^n)\mathbb{I}[v_1^n=i] \tag{23.1.23}$$

最后，E-步设置：

$$p^{\text{old}}(h \mid v_{1:T}^n) \propto p(h)p(v_{1:T}^n \mid h) = p(h) \prod_{t=1}^{T} p(v_t^n \mid v_{t-1}^n, h) \tag{23.1.24}$$

给定初始化项之后，EM 算法迭代式(23.1.21)～式(23.1.24)直到收敛。

对长序列，显式计算许多项的乘积可能会导致数值下溢问题。因此，在实践中最好使用对数函数：

$$\log p^{\text{old}}(h \mid v_{1:T}^n) = \log p(h) + \sum_{t=1}^{T} \log p(v_t^n \mid v_{t-1}^n, h) + c \tag{23.1.25}$$

以这种方式，可以去除所有 h 共有的任何大常数，并且可以准确地计算分布。见 mixMarkov.m。

例 23.2(基因聚类)　考虑下面以乱序呈现的 20 个虚构的基因序列。每个序列都由 20 个符号组成，这些符号来自集合$\{A, C, G, T\}$。任务是基于相同类的基因序列遵循一个平稳的马尔可夫链的假设，尝试将这些序列聚类成两簇。

CATAGGCATTCTATGTGCTG	CCAGTTACGGACGCCGAAAG	TGGAACCTTAAAAAAAAAAA	GTCTCCTGCCCTCTCTGAAC
GTGCCTGGACCTGAAAAGCC	CGGCCGCGCCTCCGGGAACG	AAAGTGCTCTGAAAACTCAC	ACATGAACTACATAGTATAA
GTTGGTCAGCACACGGACTG	CCTCCCCTCCCCTTTCCTGC	CACTACGGCTACCTGGGCAA	CGGTCCGTCCGAGGCACTC
TAAGTGTCCTCTGCTCCTAA	CACCATCACCCTTGCTAAGG	AAAGAACTCCCCTCCCTGCC	CAAATGCCTCACGCGTCTCA
GCCAAGCAGGGTCTCAACTT	CATGGACTGCTCCACAAAGG	AAAAAAACGAAAAACCTAAG	GCGTAAAAAAAGTCCTGGGT

(23.1.26)

一种简单的方法是假设序列是由双峰马尔可夫模型混合生成的，即 $H=2$，并使用极大似然训练模型。似然函数具有局部最优值，因此该过程需要运行多次，并选择具有最高似然函数值的解。之后根据 $p(h=1 \mid v_{1:T}^n)$的值来分配每个序列，如果此后验概率大于 0.5，我们将其分配给簇 1，否则分配给簇 2。按照这个过程，我们找到以下簇：

CATAGGCATTCTATGTGCTG	TGGAACCTTAAAAAAAAAAA
CCAGTTACGGACGCCGAAAG	GTCTCCTGCCCTCTCTGAAC
CGGCCGCGCCTCCGGGAACG	GTGCCTGGACCTGAAAAGCC
ACATGAACTACATAGTATAA	AAAGTGCTCTGAAAACTCAC
GTTGGTCAGCACACGGACTG	CCTCCCCTCCCCTTTCCTGC
CACTACGGCTACCTGGGCAA	TAAGTGTCCTCTGCTCCTAA
CGGTCCGTCCGAGGCACTCG	AAAGAACTCCCCTCCCTGCC
CACCATCACCCTTGCTAAGG	AAAAAAACGAAAAACCTAAG
CAAATGCCTCACGCGTCTCA	GCGTAAAAAAAGTCCTGGGT
GCCAAGCAGGGTCTCAACTT	
CATGGACTGCTCCACAAAGG	

(23.1.27)

其中，第一列中的序列分配给簇 1，第二列中的序列分配给簇 2。在这种情况下，式(23.1.26)中的数据实际上是由双峰马尔可夫混合模型生成的，而后验分配(23.1.27)与已知的簇一致。见 demoMixMarkov.m。

23.2　隐马尔可夫模型

隐马尔可夫模型(HMM)基于隐(潜)变量 $h_{1:T}$ 定义马尔可夫链。可观察(或“可见”)变量通过输出(emission)分布 $p(v_t \mid h_t)$依赖于隐变量。这定义了一个联合分布：

$$p(h_{1:T}, v_{1:T}) = p(v_1 \mid h_1)p(h_1) \prod_{t=2}^{T} p(v_t \mid h_t)p(h_t \mid h_{t-1}) \tag{23.2.1}$$

其图模型如图 23.4 所示。对平稳 HMM 模型，转移分布 $p(h_t \mid h_{t-1})$和输出分布 $p(v_t \mid h_t)$是恒定的。HMM 的使用非常广泛，23.5 节给出了几种应用。

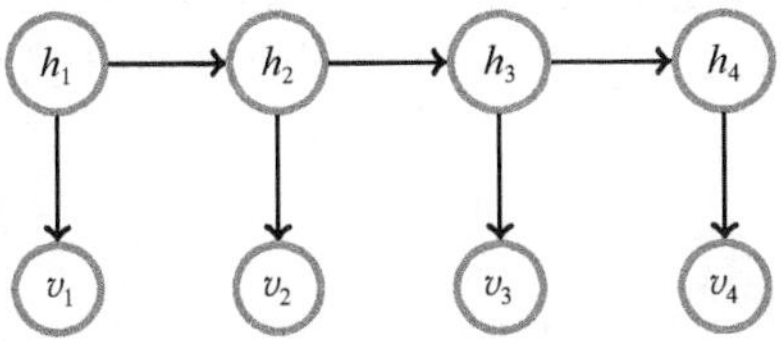

图 23.4　一阶 HMM 模型。“隐”变量 $\mathrm{dom}(h_t)=\{1,\cdots,H\}, t=1:T$。“可见”变量 v_t 可以是离散的也可以是连续的

定义 23.3(转移分布)　对平稳 HMM 模型，转移分布 $p(h_{t+1}|h_t)$由 $H\times H$ 的转移矩阵定义：

$$A_{i',i}=p(h_{t+1}=i'|h_t=i) \tag{23.2.2}$$

且初始分布为：

$$a_i=p(h_1=i). \tag{23.2.3}$$

定义 23.4(输出分布)　对具有离散状态 $v_t\in\{1,\cdots,V\}$的平稳 HMM 模型和输出分布 $p(v_t|h_t)$，定义一个 $V\times H$ 的输出矩阵：

$$B_{i,j}=p(v_t=i|h_t=j) \tag{23.2.4}$$

对于连续的输出，h_t 从 H 个可能输出分布 $p(v_t|h_t)$中选择一个，其中 $h_t\in\{1,\cdots,H\}$。

在工程和机器学习领域，术语 HMM 通常是指离散变量 h_t 的情况，这里我们采用此惯例。在统计学中，术语 HMM 通常指的是具有等式(23.2.1)中的独立结构的任何模型，而不管变量 h_t 的形式如何(例如[58])。

23.2.1　经典的推断问题

关于 HMM 的常见推断问题如下：

- 滤波(filtering)(推断现在)。概率分布为 $p(h_t|v_{1:t})$。
- 预测(prediction)(推断未来)。概率分布为 $p(h_t|v_{1:s})$，其中 $t>s$。
- 平滑(smoothing)(推断过去)。概率分布为 $p(h_t|v_{1:u})$，其中 $t<u$。
- 似然(likelihood)概率分布为 $p(v_{1:T})$。
- 最可能的隐路径(most likely hidden path)(维特比对齐)。概率分布为 $\operatorname*{argmax}_{h_{1:T}} p(h_{1:T}|v_{1:T})$。

最可能的隐路径问题在工程和语音识别文献中称为维特比对齐。所有这些经典的推断问题在计算上都很简单，因为分布是单连通的，所以可以采用任何标准的推断方法来解决这些问题。一阶 HMM 的因子图和联结树如图 23.5 所示，在为这两种结构适当设置了因子和团潜力(clique potential)之后，滤波就相当于从左向右和向上传递信息；平滑相当于沿所有边向前和向后传递/吸收消息的有效时间表。直接导出适当的递归也很简单，我们

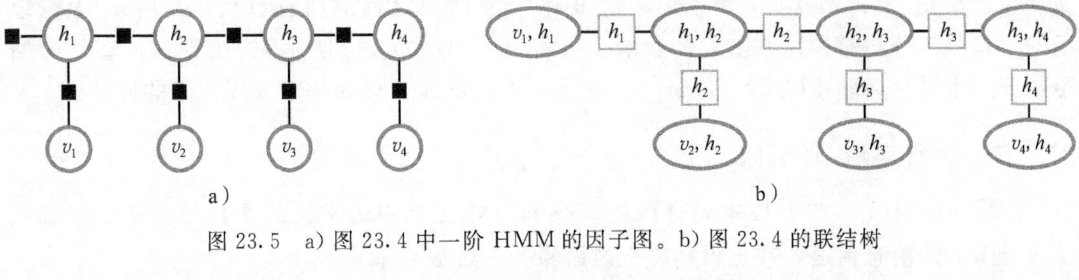

图 23.5　a) 图 23.4 中一阶 HMM 的因子图。b) 图 23.4 的联结树

稍后实现。这对于构造紧凑且数值稳定的算法具有指导意义。下面推导的算法只利用了信念网络结构中的条件独立性语句，因此对所有具有这些条件独立性的模型(例如用积分代替求和的连续状态)，类似的过程都成立。

23.2.2　滤波 $p(h_t|v_{1:t})$

滤波是指给定直到当前 $v_{1:t}$ 的所有信息，确定潜变量 h_t 的分布。为此，首先计算联合边缘分布 $p(h_t,v_{1:t})$，随后对其归一化，获得条件边缘分布 $p(h_t|v_{1:t})$。$p(h_t,v_{1:t})$的递归形式可通过下式获得：

$$p(h_t,v_{1:t})=\sum_{h_{t-1}}p(h_t,h_{t-1},v_{1:t-1},v_t) \tag{23.2.5}$$

$$=\sum_{h_{t-1}}p(v_t|\cancel{v_{1:t-1}},h_t,\cancel{h_{t-1}})p(h_t|\cancel{v_{1:t-1}},h_{t-1})p(v_{1:t-1},h_{t-1}) \tag{23.2.6}$$

$$=\sum_{h_{t-1}}p(v_t|h_t)p(h_t|h_{t-1})p(h_{t-1},v_{1:t-1}) \tag{23.2.7}$$

其中的消去操作根据的是模型的条件独立性假设。因此，如果定义：

$$\alpha(h_t)=p(h_t,v_{1:t}) \tag{23.2.8}$$

则等式(23.2.7)给出了 α-递归：

$$\alpha(h_t)=\underbrace{p(v_t|h_t)}_{\text{校正部分}}\underbrace{\sum_{h_{t-1}}p(h_t|h_{t-1})\alpha(h_{t-1})}_{\text{预测部分}}\quad t>1 \tag{23.2.9}$$

其中，

$$\alpha(h_1)=p(h_1,v_1)=p(v_1|h_1)p(h_1) \tag{23.2.10}$$

这个递归可以解释为：已滤波的分布 $\alpha(h_{t-1})$通过动力学向前传播一个时间步，得到 t 时刻新的“先验”分布；然后，根据观察数据 v_t 调整该分布，将得到的新分布合并到滤波后的分布中(这也称为预测-校正方法)。由于每个 α 都小于1，并且递归中涉及乘以小于1的项，因此 α-递归可以变得非常小。为避免出现数值问题，建议使用 $\log\alpha(h_t)$。参见HMMforward.m。

归一化之后可得到已滤波的后验分布：

$$p(h_t|v_{1:t})\propto\alpha(h_t) \tag{23.2.11}$$

如果只需要已滤波的后验分布，那么可以按照自己的意愿自由缩放 α-递归。在这种情况下，可替代 $\log\alpha$ 消息的方法是使用归一化的 α 消息，以便 $\sum_{h_t}\alpha(h_t)=1$。

对已滤波的后验分布，可以将等式(23.2.7)直接写成递归的形式：

$$p(h_t|v_{1:t})\propto\sum_{h_{t-1}}p(v_t|h_t)p(h_t|h_{t-1})p(h_{t-1}|v_{1:t-1})\quad t>1 \tag{23.2.12}$$

直观地，$p(h_{t-1}|v_{1:t-1})$项的作用是移除图中 $t-1$ 时刻之前的所有节点，并用 h_t 上修改后的“先验”分布替换这些节点的影响。可将 $p(v_t|h_t)p(h_t|h_{t-1})$视为似然，在贝叶斯更新下产生联合后验 $p(h_t,h_{t-1}|v_{1:t})$。在下一个时间步，前面的后验成为新的先验。

23.2.3　并行平滑 $p(h_t|v_{1:T})$

计算 $p(h_t|v_{1:T})$的方法主要有两种。在HMM文献中最常见的是并行方法，它等同于因子图上的消息传递。在这里，将平滑后验分为过去和未来：

$$p(h_t,v_{1:T})=p(h_t,v_{1:t},v_{t+1:T})=\underbrace{p(h_t,v_{1:t})}_{\text{过去}}\underbrace{p(v_{t+1:T}|h_t,\cancel{v_{1:t}})}_{\text{未来}}=\alpha(h_t)\beta(h_t) \tag{23.2.13}$$

其中的消去操作根据的是 h_t 将过去与未来分开这个事实。$\alpha(h_t)$项通过“前向”α-递归(23.2.9)得到。$\beta(h_t)$项可以通过下述的后向 β-递归得到。前向和后向递归是独立的，因此可以并行运行，将它们的结果相结合以后就是已平滑的后验。

β-递归

$$p(v_{t:T}|h_{t-1})=\sum_{h_t}p(v_t,v_{t+1:T},h_t|h_{t-1}) \tag{23.2.14}$$

$$=\sum_{h_t}p(v_t|\cancel{v_{t+1:T}},h_t,\cancel{h_{t-1}})p(v_{t+1:T},h_t|h_{t-1}) \tag{23.2.15}$$

$$=\sum_{h_t}p(v_t|h_t)p(v_{t+1:T}|h_t,\cancel{h_{t-1}})p(h_t|h_{t-1}) \tag{23.2.16}$$

定义：

$$\beta(h_t)\equiv p(v_{t+1:T}|h_t) \tag{23.2.17}$$

则等式(23.2.16)给出了 β-递归：

$$\beta(h_{t-1})=\sum_{h_t}p(v_t|h_t)p(h_t|h_{t-1})\beta(h_t)\quad 2\leqslant t\leqslant T \tag{23.2.18}$$

其中，$\beta(h_T)=1$。对前向传递，建议使用对数函数以简化计算。如果只需要后验分布，那么也可以在每个阶段执行局部归一化，使得 $\sum_{b_1}\beta(h_t)=1$。这是因为只有 β 部分的相对大小才是重要的。平滑后验则由下式给出：

$$p(h_t|v_{1:T})\equiv\gamma(h_t)=\frac{\alpha(h_t)\beta(h_t)}{\sum_{h_t}\alpha(h_t)\beta(h_t)} \tag{23.2.19}$$

将 α-递归和 β-递归相结合的算法称为前向-后向算法。

23.2.4　校正平滑

对已平滑的后验，除了并行平滑外，还有一种方法是直接构建一个递归。实现这种方法需要认识到对现在的制约会在未来变得多余：

$$p(h_t|v_{1:T})=\sum_{h_{t+1}}p(h_t,h_{t+1}|v_{1:T})=\sum_{h_{t+1}}p(h_t|h_{t+1},v_{1:t},\cancel{v_{t+1:T}})p(h_{t+1}|v_{1:T}) \tag{23.2.20}$$

这给 $\gamma(h_t)\equiv p(h_t|v_{1:T})$提供了一个递归：

$$\gamma(h_t)=\sum_{h_{t+1}}p(h_t|h_{t+1},v_{1:t})\gamma(h_{t+1}) \tag{23.2.21}$$

其中，$\gamma(h_T)\propto\alpha(h_T)$。$p(h_t|h_{t+1},v_{1:t})$项可以通过滤波结果 $p(h_t|v_{1:t})$计算：

$$p(h_t|h_{t+1},v_{1:t})=\frac{p(h_{t+1},h_t|v_{1:t})}{p(h_{t+1}|v_{1:t})}=\frac{p(h_{t+1}|h_t)p(h_t|v_{1:t})}{p(h_{t+1}|v_{1:t})} \tag{23.2.22}$$

其中，$p(h_{t+1}|v_{1:t})=\sum_{h_t}p(h_{t+1}|h_t)p(h_t|v_{1:t})$项可以通过归一化计算，这是动态逆转的一种形式，就好像我们正在将 HMM 中的隐状态逆转到隐状态的箭头方向。其也被称为 Rauch-Tung-Striebel 平滑器㊀，是顺序进行的，因为我们需要先完成 α-递归，之后再开始

㊀ 这项技术一般用于连续变量的情况，这里我们也将其用于离散变量。

γ-递归。这就是所谓的校正平滑器，因为它“校正”了滤波结果。有趣的是，一旦进行了滤波，在随后的 γ-递归期间便不需要证据状态 $v_{1:T}$。$\alpha-\beta$ 递归和 $\alpha-\gamma$ 递归是通过下式相关联的：

$$\gamma(h_t) \propto \alpha(h_t)\beta(h_t) \tag{23.2.23}$$

计算配对边缘分布 $p(h_t, h_{t+1} | v_{1:T})$

为实现 23.3.1 节介绍的 EM 算法，我们需要诸如 $p(h_t, h_{t+1} | v_{1:T})$之类的项。这些项可以通过在因子图或联结树(其中配对边缘分布包含在团中，如图 23.5b 所示)上传递消息来获得。或者，显式递归如下：

$$\begin{aligned} p(h_t, h_{t+1} | v_{1:T}) &\propto p(v_{1:t}, v_{t+1}, v_{t+2:T}, h_{t+1}, h_t) \\ &= p(v_{t+2:T} | \cancel{v_{1:t}, v_{t+1}, h_t}, h_{t+1}) p(v_{1:t}, v_{t+1}, h_{t+1}, h_t) \\ &= p(v_{t+2:T} | h_{t+1}) p(v_{t+1} | \cancel{v_{1:t}, h_t}, h_{t+1}) p(v_{1:t}, h_{t+1}, h_t) \\ &= p(v_{t+2:T} | h_{t+1}) p(v_{t+1} | h_{t+1}) p(h_{t+1} | \cancel{v_{1:t}}, h_t) p(v_{1:t}, h_t) \end{aligned} \tag{23.2.24}$$

重新排列，可以得到：

$$p(h_t, h_{t+1} | v_{1:T}) \propto \alpha(h_t) p(v_{t+1} | h_{t+1}) p(h_{t+1} | h_t) \beta(h_{t+1}) \tag{23.2.25}$$

具体参见 HMMsmooth. m。

似然 $p(v_{1:T})$

由观察数据组成的序列的似然可通过下式计算：

$$p(v_{1:T}) = \sum_{h_T} p(h_T, v_{1:T}) = \sum_{h_T} \alpha(h_T) \tag{23.2.26}$$

通过分解，可以得到另一种计算方法：

$$p(v_{1:T}) = \prod_{t=1}^{T} p(v_t | v_{1:t-1}) \tag{23.2.27}$$

每个因子的计算方式如下：

$$p(v_t | v_{1:t-1}) = \sum_{h_t} p(v_t, h_t | v_{1:t-1}) \tag{23.2.28}$$

$$= \sum_{h_t} p(v_t | h_t, \cancel{v_{1:t-1}}) p(h_t | v_{1:t-1}) \tag{23.2.29}$$

$$= \sum_{h_t} p(v_t | h_t) \sum_{h_{t-1}} p(h_t | h_{t-1}, \cancel{v_{1:t-1}}) p(h_{t-1} | v_{1:t-1}) \tag{23.2.30}$$

其中，最后的 $p(h_{t-1} | v_{1:t-1})$是滤波结果。

两种方法的输出序列的似然都只需要一个前向的计算(滤波)。如果需要，似然也可以用等式(23.2.13)计算：

$$p(v_{1:T}) = \sum_{h_t} \alpha(h_t)\beta(h_t) \tag{23.2.31}$$

这对于 $1 \leqslant t \leqslant T$ 成立。

23.2.5　从 $p(h_{1:T} | v_{1:T})$中抽样

有时我们希望从后验分布 $p(h_{1:T} | v_{1:T})$中抽样联合轨迹 $h_{1:T}$。27.2.2 节中描述了一种通用方法，该方法可以应用于这种情况，以观察数据 $v_{1:T}$ 为条件，可以将潜分布写为马尔可夫网络。这意味着后验分布 $p(h_{1:T} | v_{1:T})$是一个简单的线性马尔可夫链，将分布重新表达为：

$$p(h_{1:T}|v_{1:T})=p(h_1|h_2,v_{1:T})\cdots p(h_{T-1}|h_T,v_{1:T})p(h_T|v_{1:T}) \quad (23.2.32)$$

其中，从等式(23.2.25)得到：

$$p(h_{t-1}|h_t,v_{1:T})\propto p(h_{t-1},h_t|v_{1:T})\propto\alpha(h_{t-1})p(h_t|h_{t-1}) \quad (23.2.33)$$

然后开始抽样，首先从 $p(h_T|v_{1:T})$中抽样状态 h_T，再使用等式(23.2.23)从 $p(h_{T-t}|h_T,v_{1:T})$中抽样状态 h_{T-t}。因为首先需要进行滤波来计算所需的“时间反转”转移分布 $p(h_{t-1}|h_t,v_{1:T})$，故此过程称为前向滤波后向抽样。

23.2.6　最可能的联合状态

对固定的 $v_{1:T}$，$p(h_{1:T}|v_{1:T})$的最可能的路径 $h_{1:T}$ 与下式的最可能的状态相同：

$$p(h_{1:T},v_{1:T})=\prod_t p(v_t|h_t)p(h_t|h_{t-1}) \quad (23.2.34)$$

最可能的路径可以使用因子图的最大乘积(max-product)版本或联结树上的最大吸收(max-absorption)来找到。或者，可以通过下式进行显式推导：

$$\max_{h_T}\prod_{t=1}^{T}p(v_t|h_t)p(h_t|h_{t-1})=\left\{\prod_{t=1}^{T-1}p(v_t|h_t)p(h_t|h_{t-1})\right\}\underbrace{\max_{h_T}p(v_T|h_T)p(h_T|h_{T-1})}_{\mu(h_{T-1})} \quad (23.2.35)$$

消息 $\mu(h_{T-1})$将信息从链的末端传递到倒数第二个时间步。以这种方式继续，定义递归如下：

$$\mu(h_{t-1})=\max_{h_t}p(v_t|h_t)p(h_t|h_{t-1})\mu(h_t)\quad 2\leqslant t\leqslant T \quad (23.2.36)$$

其中，$\mu(h_T)=1$。这意味着最大化 $h_2,\cdots,h_T$ 的效果是压缩成一个消息 $\mu(h_1)$，这样最可能的状态 h_1^* 是：

$$h_1^*=\underset{h_1}{\operatorname{argmax}}\,p(v_1|h_1)p(h_1)\mu(h_1) \quad (23.2.37)$$

计算后，通过回溯得到：

$$h_t^*=\underset{h_t}{\operatorname{argmax}}\,p(v_t|h_t)p(h_t|h_{t-1}^*)\mu(h_t) \quad (23.2.38)$$

最大乘积方法的这种特殊情况称为维特比算法。类似地，可以使用 N-最大-积算法来获得 N 个最可能的隐藏路径。

23.2.7　预测

单步预测分布由下式给出：

$$p(v_{t+1}|v_{1:t})=\sum_{h_t,h_{t+1}}p(v_{t+1}|h_{t+1})p(h_{t+1}|h_t)p(h_t|v_{1:t}) \quad (23.2.39)$$

例 23.3(定位示例)　你在楼上睡着了，楼下的噪声吵醒了你。你意识到有个窃贼在一楼，试图通过听他发出的声音来了解他的位置。你在思维层面将一楼划分为 5×5 的网格，对每个网格位置，你知道当某人处于该位置时地板将吱吱作响的概率，如图 23.6a 所示。你还知道某人在黑暗中可能在哪些位置撞到哪些东西的概率，如图 23.6b 所示。

地板吱吱作响和撞到东西可以独立发生。此外，假设窃贼在一个时间步内只会向前、向后、向左或向右移动一个方格。要求基于一系列撞到/没撞到和有吱吱声/无吱吱声的信息，如图 23.7a 所示，试图根据自己对一楼的了解来判断窃贼可能在哪儿。

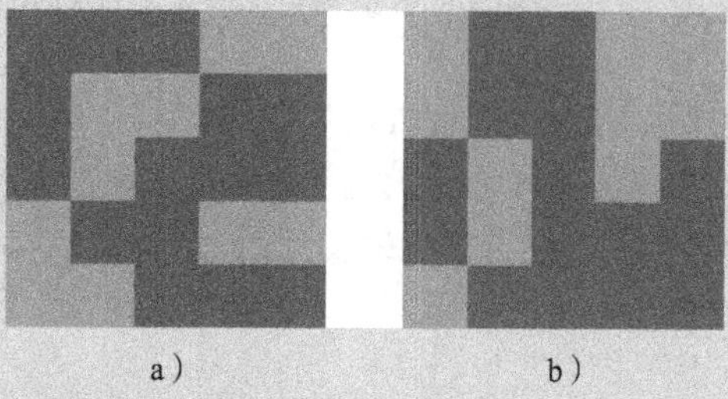

图 23.6　定位窃贼。潜变量 $h_t \in \{1,\cdots,25\}$ 表示位于房屋一楼 5×5 网格上的位置。a) 25 个位置中，每一个位置"吱吱作响"的概率，即 $p(v^{\text{creak}}|h)$。浅色方块表示概率为 0.9，深色方块表示概率为 0.1。b) 窃贼在 25 个位置中撞到某个东西的概率，即 $p(v^{\text{bump}}|h)$

可以使用 HMM 表示这个场景，其中潜变量 $h \in \{1,\cdots,25\}$ 表示网格位置。可见变量具有合成形式 $v=v^{\text{creak}} \otimes v^{\text{bump}}$，其中 v^{creak} 和 v^{bump} 各自有两种状态。为使用标准代码，使用四个状态形成一个新的可见变量 v：

$$p(v|h)=p(v^{\text{creak}}|h)p(v^{\text{bump}}|h) \tag{23.2.40}$$

根据已知信息，我们将所要求的任务用滤波分布 $p(h_t|v_{1:t})$ 表示，如图 23.7 所示。在开始时，滤波分布在许多状态中，且呈现出明显的混乱，因为我们还没有掌握足够的信息来确定窃贼的位置。随着时间的推移，我们收集了更多信息，滤波分布开始集中在少数几个状态。窃贼在 $T=10$ 时离开后，警察到达并试图根据你提供的吱吱声和撞到物体的信息序列来推断窃贼去过的地方。在任何时刻 t，关于窃贼可能已经入室的信息都用平滑分布 $p(h_t|v_{1:10})$ 表示。平滑分布通常比滤波分布更集中在少数几个状态，因为我们有更多信息(来自过去和未来)来得到当时的窃贼位置。警察对窃贼行动轨迹的唯一最佳猜测是由最可能的联合隐状态 $\underset{h_{1:10}}{\operatorname{argmax}} p(h_{1:10}|v_{1:10})$ 提供的。见 demoHMMburglar. m。

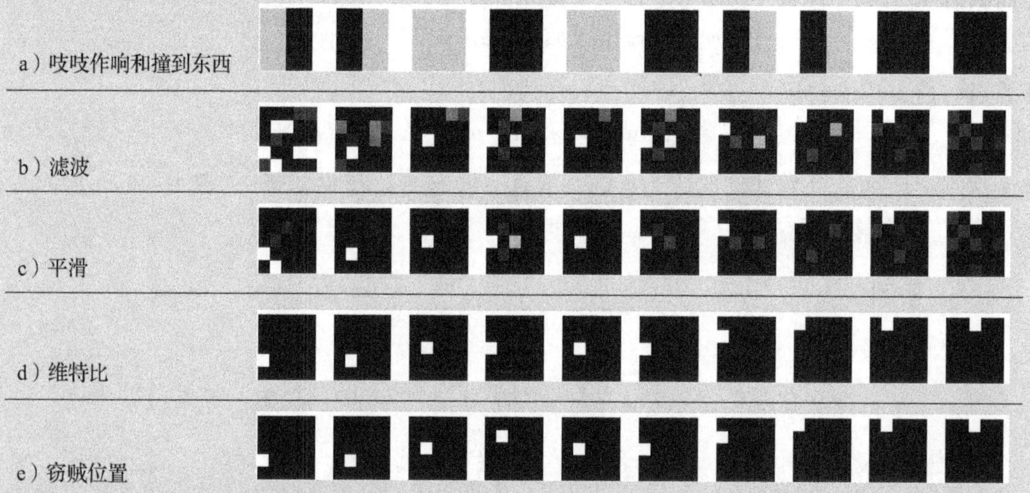

图 23.7　定位窃贼 10 个时间步。a) 每个面板代表可见变量 $v_t=(v_t^{\text{creak}}, v_t^{\text{bump}})$。其中，$v_t^{\text{creak}}=1$ 表示地板发出"吱吱声"，否则 $v_t^{\text{creak}}=2$；$v_t^{\text{bump}}=1$ 表示"撞到东西"，否则 $v_t^{\text{bump}}=2$。10 个面板分别对应 $t=1,\cdots,10$ 时刻的情况。面板的左半部分代表 v_t^1，右半部分代表 v_t^2。浅色表示有吱吱声或撞到东西，深色表示没有。b) 滤波分布 $p(h_t|v_{1:t})$ 表示我们认为的窃贼位置。c) 平滑分布 $p(h_t|v_{1:10})$ 表示窃贼位置的分布，因为我们知道过去和未来的观察数据。d) 最可能的(维特比)窃贼路径 $\underset{h_{1:10}}{\operatorname{argmax}} p(h_{1:10}|v_{1:10})$。e) 窃贼的实际路径

23.2.8　自定位和被绑架的机器人

机器人具有基于网格的内部环境地图，以及每个位置 $h\in\{1,\cdots,H\}$ 预期的传感器读数。“绑架”机器人并将其放置在环境中的某个地方后，机器人开始移动，并收集传感器读数。基于这些读数 $v_{1:t}$ 和预定动作 $m_{1:t}$，机器人试图通过将实际的传感器读数与每个位置预期传感器读数的内部地图进行比较，从而确定自己的位置。由于车轮在地板上打滑，因此机器人的预定动作(例如“向前移动”)可能不会成功。机器人鉴于拥有的所有信息，想推断 $p(h_t|v_{1:t},m_{1:t})$。这个问题与例 23.3 的不同之处在于机器人现在知道它将做的预定动作。这可以提供关于它可能在哪里的更多信息。我们可以将其视为额外的“可见”信息，尽管将其视为额外的输入信息更为自然。这个场景的模型如图 23.8 所示，公式如下：

$$p(v_{1:T},m_{1:T},h_{1:T})=\prod_{t=1}^{T}p(v_t|h_t)p(h_t|h_{t-1},m_{t-1})p(m_t) \tag{23.2.41}$$

可见变量 $v_{1:T}$ 是已知的，预定动作 $m_{1:T}$ 也是已知的。该模型表示机器人选择的动作是随机的(因此没有关于下一步的决策)。假设机器人拥有定义模型条件分布的全部信息(环境地图以及所有状态转移和输出概率)。如果只关注机器人的定位，那么由于输入 m 是已知的，因此这个模型实际上是一种与时间相关的 HMM：

$$p(v_{1:T},h_{1:T})=\prod_{t=1}^{T}p(v_t|h_t)p(h_t|h_{t-1},t) \tag{23.2.42}$$

其中与时间相关的转移 $p(h_t|h_{t-1},t)$ 由预定动作 m_{t-1} 定义。所有要求的推断任务都遵循标准的平稳 HMM 算法，尽管是用已知的与时间相关的转移替换与时间无关的转移 $p(h_t|h_{t-1})$。

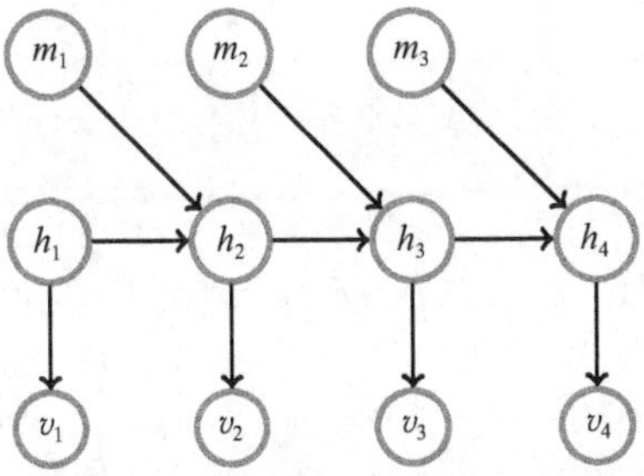

图 23.8　机器人自定位模型。每次机器人做的预定动作记为 m_t。作为一个生成式模型，知道预定动作 m_t 和当前网格位置 h_t 后，机器人就知道它在下一个时间步应该在的位置以及在那里预期的传感器读数 v_{t+1}。要求仅基于传感器读数 $v_{1:T}$ 和预定动作 $m_{1:T}$ 推断机器人位置的分布 $p(h_{1:T}|m_{1:T},v_{1:T})$

若在自定位和映射(SLAM)中，机器人不知道自己的环境地图，则相当于在探索环境时必须即时学习转移和输出分布。

例 23.4(机器人定位)　考虑以下玩具跟踪问题(来自 Taylan Cemgil)。如图所示，机器人在有 S 个点的圆形走廊中移动并且在任何时候占据其中的一点。在每个时间步 t，机器人以概率ϵ停留在当前位置，或以概率 $1-\epsilon$向逆时针方向移动到下一点。

这可以简单地表示为 $S\times S$ 的矩阵 $\mathbf{A}$，其中元素 $A_{ji}=p(h_t=j|h_{t-1}=i)$。例如，S=3 时，有：

$$\mathbf{A}=\epsilon\begin{pmatrix}1&0&0\\0&1&0\\0&0&1\end{pmatrix}+(1-\epsilon)\begin{pmatrix}0&0&1\\1&0&0\\0&1&0\end{pmatrix} \tag{23.2.43}$$

在每个时间步 t，机器人传感器都测量其位置，以概率 w 获得正确位置或以概率 $1-w$ 获得均匀随机位置。例如，$S=3$ 时，有：

$$\boldsymbol{B}=w\begin{pmatrix}1&0&0\\0&1&0\\0&0&1\end{pmatrix}+\frac{(1-w)}{3}\begin{pmatrix}1&1&1\\1&1&1\\1&1&1\end{pmatrix}\tag{23.2.44}$$

该 HMM 定义的过程的典型实现 $y_{1:T}$ 如图 23.9a 所示，其中 $S=50,\epsilon=0.5,T=30,w=0.3$。我们感兴趣的是根据噪声位置测量值推断机器人的真实位置。t 时刻的真实位置可以根据滤波后验 $p(h_t|v_{1:t})$推断，如图 23.9b 所示，其中至多使用 t 个测量值；或者根据平滑后验 $p(h_t|v_{1:T})$推断，如图 23.9c 所示，其中会用到来自过去和未来的观察数据，因此通常更准确。

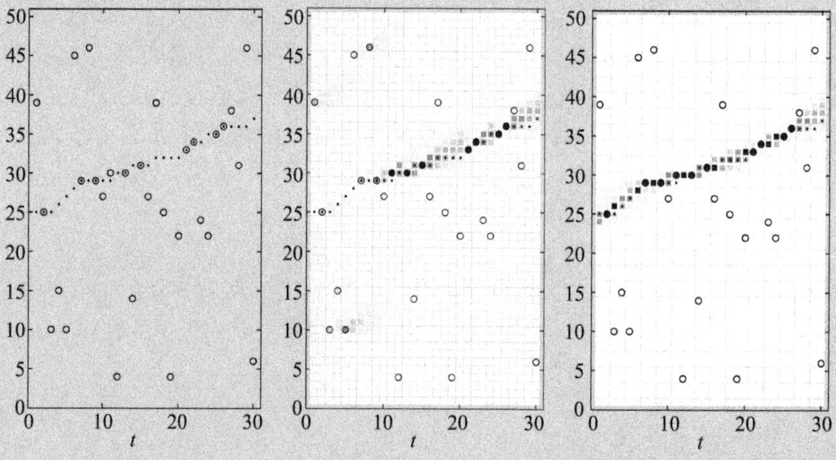

a)　　b)　　c)

图 23.9　使用 $S=50$ 的 HMM 对机器人跟踪问题进行滤波和平滑。a) HMM 示例的一个实现。点表示机器人的真实潜位置，空心圆表示噪声位置测量值。b) 正方形表示每个时间步 t 的滤波分布 $p(h_t|v_{1:t})$。该概率与灰度级成正比，黑色对应于 1，白色对应于 0。注意，第一个时间步的后验是多模式的，因此无法准确估计真实位置。c) 正方形表示每个时间步 t 的平滑分布 $p(t|v_{1:T})$。注意，对 $t<T$，我们回顾性地估计位置，并且与滤波后的估计相比，不确定性显著降低

23.2.9　自然语言模型

利用从字母到字母的转移(所谓的 bigram)可以得到一个简单的语言生成模型。在下面的例子中，我们在 HMM 中使用它来清除错误的输入。

例 23.5(粗短的手指)　手指粗短的打字员可能会误按与正确键相邻的键。为简单起见，我们假设有 27 个键：从小写字母 a 到小写字母 z 和空格键。为对此进行建模，我们使用输出分布 $B_{ij}=p(v=i|h=j)$，其中 $i=1,\cdots,27,j=1,\cdots,27$，如图 23.10 所示。字母到下一个字母的频率数据库，产生了英语中的转移矩阵 $A_{ij}=p(h'=i|h=j)$。为简单起见，我们假设 $p(h_1)$是均匀分布。我们还假设每次按键都会成功按下一个键。

给定键入的序列“kezrninh”，请问最可能与它对应的单词是什么？通过列出 200 个最可能的隐序列(使用 N-最大-积算法)并删去那些不在标准英语词典中的序列，得到最可能的词是“learning”。请参阅 demoHMMbigram. m。

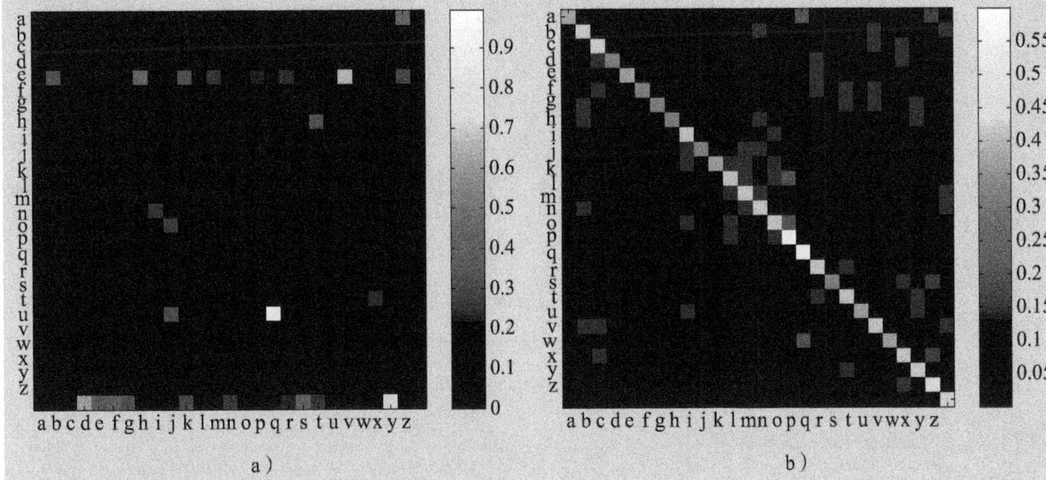

图 23.10　a) 英语中字母到字母转移矩阵 $p(h'=i|h=j)$。b) 具有“粗短手指”的打字员的字母输出矩阵，其中键盘上的键或相邻的键可能被击中

23.3　学习 HMM

给定一组数据 $\mathcal{V}=\{\boldsymbol{v}^1,\cdots,\boldsymbol{v}^N\}$，其包含 N 个序列，序列 $\boldsymbol{v}^n=v_{1:T_n}^n$ 的长度为 T_n。为尽可能得到生成数据 $\mathcal{V}$，需要寻找 HMM 转移矩阵 $\boldsymbol{A}$、输出矩阵 $\boldsymbol{B}$ 和初始向量 $\boldsymbol{a}$。假设数据是独立同分布的，那么每个序列都是独立生成的，并假设已知隐状态 H 的数量。为简单起见，我们在此集中讨论离散可见变量的情况，假设已知状态 V 的数量。求解 HMM 时，虽然用 EM 算法或基于梯度的极大似然方法是直截了当的，但是似然函数具有许多局部最优，在初始化时需要小心处理。

23.3.1　EM 算法

EM 算法在 HMM 中的应用称为 Baum-Welch 算法，并遵循 11.2 节中概述的一般策略。在这种情况下，使用 EM 算法很方便，并且 M-步存在闭合形式表达式。

M-步

假设数据服从独立同分布，M-步是通过最大化以下“能量”给出的：

$$\sum_{n=1}^{N}\langle\log p(v_1^n,v_2^n,\cdots,v_{T^n}^n,h_1^n,h_2^n,\cdots,h_{T^n}^n)\rangle_{p^{\text{old}}(\boldsymbol{h}^n|\boldsymbol{v}^n)} \tag{23.3.1}$$

该能量是关于参数 $\boldsymbol{A}$、$\boldsymbol{B}$ 和 $\boldsymbol{a}$ 的，$\boldsymbol{h}^n$ 表示 $h_{1:T_n}$。写成 HMM 的形式，可以得到：

$$\sum_{n=1}^{N}\left\{\langle\log p(h_1)\rangle_{p^{\text{old}}(h_1|\boldsymbol{v}^n)}+\sum_{t=1}^{T_n-1}\langle\log p(h_{t+1}|h_t)\rangle_{p^{\text{old}}(h_t,h_{t+1}|\boldsymbol{v}^n)}+\sum_{t=1}^{T_n}\langle\log p(v_t^n|h_t)\rangle_{p^{\text{old}}(h_t|\boldsymbol{v}^n)}\right\} \tag{23.3.2}$$

为了紧凑，我们去掉 h 变量中的序列索引。为避免潜在的混淆，我们用 $p^{\text{new}}(h_1=i)$表示初始隐变量处于状态 i 的概率表的(新)元素。优化关于 $p(h_1)$的式(23.3.2)并令 $p(h_1)$为一个分布，可以得到：

$$a_i^{\text{new}} \equiv p^{\text{new}}(h_1=i)=\frac{1}{N}\sum_{n=1}^{N} p^{\text{old}}(h_1=i \mid \boldsymbol{v}^n) \tag{23.3.3}$$

这是初始隐变量处于状态 i 的平均次数(关于 p^{old})。类似地，转移矩阵的 M-步是：

$$A_{i',i}^{\text{new}} \equiv p^{\text{new}}(h_{t+1}=i' \mid h_t=i) \propto \sum_{n=1}^{N}\sum_{t=1}^{T_n-1} p^{\text{old}}(h_t=i, h_{t+1}=i' \mid \boldsymbol{v}^n) \tag{23.3.4}$$

这是从隐状态 i 到隐状态 i'的转移发生的次数，基于所有次数(因为我们假设平稳性)和训练序列取了平均值。进行归一化，可得：

$$A_{i',i}^{\text{new}}=\frac{\sum_{n=1}^{N}\sum_{t=1}^{T_n-1} p^{\text{old}}(h_t=i, h_{t+1}=i' \mid \boldsymbol{v}^n)}{\sum_{i'}\sum_{n=1}^{N}\sum_{t=1}^{T_n-1} p^{\text{old}}(h_t=i, h_{t+1}=i' \mid \boldsymbol{v}^n)} \tag{23.3.5}$$

最后，输出矩阵的 M-步更新是：

$$B_{j,i}^{\text{new}} \equiv p^{\text{new}}(v_t=j \mid h_t=i) \propto \sum_{n=1}^{N}\sum_{t=1}^{T_n} \mathbb{I}[v_t^n=j]\, p^{\text{old}}(h_t=i \mid \boldsymbol{v}^n) \tag{23.3.6}$$

对于处在状态 j 的观察数据，这是隐状态为 i 的预期次数。比例常数由归一化确定。

E-步

在计算上述的 M-步时，$p^{\text{old}}(h_1=i \mid \boldsymbol{v}^n)$、$p^{\text{old}}(h_t=i, h_{t+1}=i' \mid \boldsymbol{v}^n)$和 $p^{\text{old}}(h_t=i \mid \boldsymbol{v}^n)$可利用 23.2.1 节中描述的技术，通过平滑推断得到。

重复方程(23.3.3)、方程(23.3.5)和方程(23.3.6)直到收敛。见 HMMem.m 和 demoHMMlearn.m。

参数初始值

EM 算法收敛于似然的局部最大值，并且通常不能保证算法可以找到全局最大值。如何最好地初始化参数是一个棘手的问题，一个适当的输出分布初始化结果通常对成功至关重要[247]。一个实践策略是基于首先将更简单的非时序混合模型 $\sum_h p(v \mid h)p(h)$ 拟合到数据，并在此基础上初始化输出分布 $p(v \mid h)$。

连续的观察数据

对连续的向量观察数据 $\boldsymbol{v}_t$，且 $\dim(\boldsymbol{v}_t)=D$，需要一个模型 $p(\boldsymbol{v}_t \mid h_t)$将离散状态 h_t 映射到输出的分布上。使用连续输出不会改变任何标准的推断消息传递方程，因此基本上可以对任意复杂的输出分布进行推断。实际上，对于滤波、平滑和维特比推断，不需要输出分布 $p(v \mid h)=\phi(v,h)/Z$ 的归一化常数 Z。然而，对于学习，由于这依赖于模型的参数，所以需要该归一化常数。

23.3.2　混合输出

为得到更丰富的输出模型(特别是对于连续的观察数据)，一种方法是使用以下混合模型：

$$p(v_t \mid h_t)=\sum_{k_t} p(v_t \mid k_t, h_t)\, p(k_t \mid h_t) \tag{23.3.7}$$

其中 k_t 是离散的求和变量。对于学习，有必要将 k_t 视为额外的潜变量，然后直接实现 EM 算法。使用符号 q 作为 p^{old} 的简写，则 E-步设置为：

$$q(k_t \mid h_t^n) \propto p(v^n \mid h_t^n, k_t) p(k_t \mid h_t) \tag{23.3.8}$$

能量由下式给出：

$$E = \sum_n \sum_{t=1}^{T} \left\langle -\langle \log q(k_t \mid h_t^n) \rangle_{q(k_t \mid h_t^n)} + \langle \log p(v_t^n \mid k_t, h_t^n) \rangle_{q(k_t \mid h_t^n)} + \langle \log p(k_t \mid h_t^n) \rangle_{q(k_t \mid h_t^n)} \right\rangle_{q(h_t^n \mid v_{1:T}^n)} \tag{23.3.9}$$

每个输出分量 $p(v=a \mid h=b, k=c)$ 的作用是：

$$\sum_n \sum_{t=1}^{T} q(k_t = c \mid h_t^n = b) q(h_t^n = b \mid v_{1:T}^n) \log p(v_t^n \mid h=b, k=c) \tag{23.3.10}$$

对固定的 $q(k_t = c \mid h_t^n = b)$，需要对上述关于输出参数的表达式进行数值优化。类似地，混合权重对能量界限的作用是：

$$\log p(k=c \mid h=b) \sum_n \sum_{t=1}^{T} q(k_t = c \mid h_t^n = b) q(h_t^n = b \mid v_{1:T}^n) \tag{23.3.11}$$

这样混合权重的 M-步更新是：

$$p(k=c \mid h=b) \propto \sum_n \sum_{t=1}^{T} q(k_t = c \mid h_t^n = b) q(h_t^n = c \mid v_{1:T}^n) \tag{23.3.12}$$

在这种情况下，EM 算法由一个“输出”EM 循环组成，在循环中转移分布和 $q(h_t^n = b \mid v_{1:T}^n)$ 是固定的。在此期间，学习了输出分布 $p(v \mid h, k)$，更新了分布 $q(k_t = c \mid h_t^n = b)$。“转移”EM 循环固定了输出分布 $p(v \mid h)$，学习了最佳转移分布 $p(h_t \mid h_{t-1})$。

23.3.3 HMM-GMM 模型

对连续观察数据的混合输出模型，其常用的分量为高斯分布：

$$p(\mathbf{v}_t \mid k_t, h_t) = \mathcal{N}(\mathbf{v}_t \mid \boldsymbol{\mu}_{k_t, h_t}, \boldsymbol{\Sigma}_{k_t, h_t}) \tag{23.3.13}$$

其中 k_t 和 h_t 是 $K \times H$ 个均值向量和协方差矩阵的索引。这些均值和协方差的 EM 更新很容易从等式(23.3.9)推导出来，参见练习 23.14。这些模型在跟踪类应用和语音识别领域很常见(通常限制协方差矩阵是对角阵)。

23.3.4 判别训练

HMM 可用于序列的监督学习。每个序列 $v_{1:T}^n$ 都有一个对应的类标签 c^n。例如，我们可能会将一个特定的作曲家变量 $c \in \{1, \cdots, C\}$ 与序列 $v_{1:T}$ 联系起来，并希望构建一个模型来为新的音乐序列预测作曲家。使用 HMM 进行分类的一种生成方法是为每个类分别训练一个单独的 HMM，即 $p(v_{1:T} \mid c)$，然后使用贝叶斯定理为新音乐序列 $v_{1:T}^*$ 形成分类，有：

$$p(c^* \mid v_{1:T}^*) = \frac{p(v_{1:T}^* \mid c^*) p(c^*)}{\sum_{c'=1}^{C} p(v_{1:T}^* \mid c') p(c')} \tag{23.3.14}$$

然而，如果数据是噪声数据且难以建模，则这种生成方法可能无法正常工作，因为每个模型的大部分表达能力都用于对复杂数据进行建模，而不是集中在决策边界上。在诸如语音识别的应用中，当以判别方式训练模型时，性能经常能得到改善。在判别训练中[164]，定义了一个新的判别模型该模型由 C 个使用下式的 HMM 构成：

$$p(c|v_{1:T})=\frac{p(v_{1:T}|c)p(c)}{\sum_{c'=1}^{C}p(v_{1:T}|c')p(c')} \tag{23.3.15}$$

然后最大化一组观察类别和相应的观察数据 $v_{1:T}$ 的似然。对于数据对$(c^n, v_{1:T}^n)$，对数似然是

$$\log p(c^n|v_{1:T}^n)=\underbrace{\log p(v_{1:T}^n|c^n)}_{\text{生成似然}}+\log p(c^n)-\log\sum_{c'=1}^{C}p(v_{1:T}^n|c')p(c') \tag{23.3.16}$$

上式的第一项表示生成似然项，最后一项表示判别项。虽然推导 EM 算法的更新受到判别项的阻碍，但使用 11.6 节中描述的技术计算梯度是直接且可行的。

23.4 相关模型

23.4.1 显式持续时间模型

对具有自转移 $p(h_t=i|h_{t-1}=i)\equiv\theta_i$ 的 HMM，潜动态在 τ 个时间步中保持在状态 i 的概率为 θ_i^τ，其随时间呈指数衰减。然而，在实践中，我们经常希望将动态限制为在最小时间步长内保持相同状态，或者服从指定的持续时间分布。强制执行此操作的方法是使用潜计数器变量 c_t，该变量的初始值是从具有最大持续时间 $D_{\max}$ 的持续时间分布 $p_{\text{dur}}(c_t)$中抽样的持续时间。然后在每个时间步，计数器递减 1，直到为 1，之后再抽样一个新的持续时间：

$$p(c_t|c_{t-1})=\begin{cases}\delta(c_t, c_{t-1}-1) & c_{t-1}>1\\ p_{\text{dur}}(c_t) & c_{t-1}=1\end{cases} \tag{23.4.1}$$

只有当 $c_t=1$ 时，状态 h_t 才能转移：

$$p(h_t|h_{t-1}, c_t)=\begin{cases}\delta(h_t, h_{t-1}) & c_t>1\\ p_{\text{tran}}(h_t|h_{t-1}) & c_t=1\end{cases} \tag{23.4.2}$$

其中，计数器变量 c 定义了一个联合潜分布 $p(c_{1:T}, h_{1:T})$，确保 h 保持在所需的最小时间步内，如图 23.11 所示。由于$\dim(c_t\otimes h_t)=D_{\max}H$，因此该模型中推断的计算复杂度可以按比例缩放为 $O(TH^2D_{\max}^2)$。然而，当运行前向和后向递归时，转移分布的确定性本质意味着这个复杂度可以减少到 $O(TH^2D_{\max})$[215]，具体可参见练习 23.15。

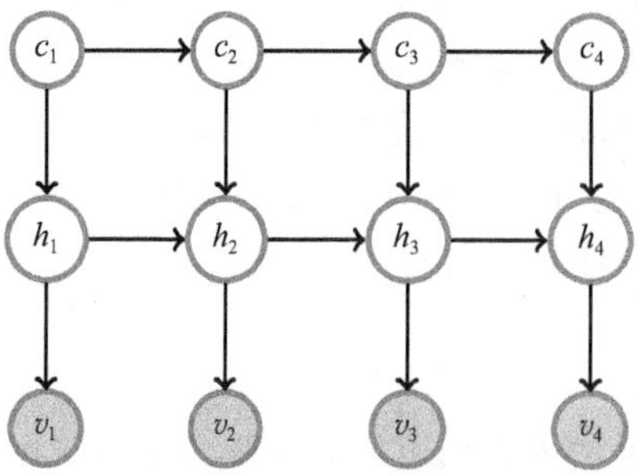

图 23.11 一个显式持续时间的 HMM 模型。计数器变量 c_t 确定性地递减到 0，当减到 1 时，允许一个 h 发生转移，并为持续时间 c_t 抽样一个新的值

隐半监督马尔可夫模型泛化了显式持续时间模型，其中一旦对新的持续时间 c_t 进行抽样，模型就会输出定义在下一个 c_t 观察值的某一段上的分布 $p(v_{t:t+c_t}-1|h_t)$[233]。

23.4.2 输入-输出 HMM

输入-输出 HMM(IOHMM)[32]是一个带有附加输入变量 $x_{1:T}$ 的 HMM，见图 23.12。每个输入可以是连续的或离散的，并调节如下转移分布：

$$p(v_{1:T}, h_{1:T} | x_{1:T}) = \prod_t p(v_t | h_t, x_t) p(h_t | h_{t-1}, x_t) \tag{23.4.3}$$

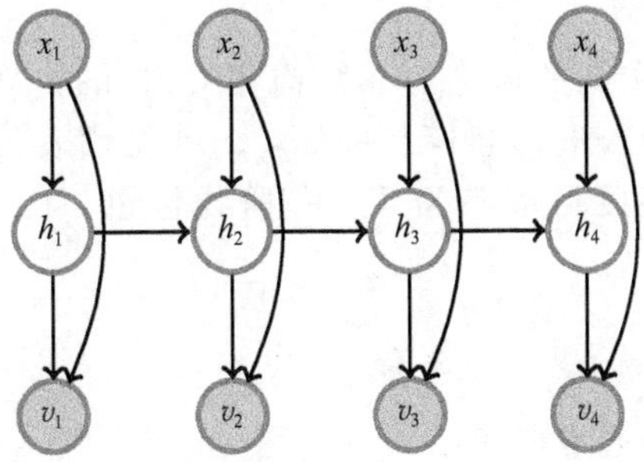

图 23.12 一阶 IOHMM。输入节点 x 和输出节点 v 是深色的，以示它们的状态在训练期间是已知的。在测试期间，输入是已知，输出是预测得到的

IOHMM 可以用作条件预测器，其中输出 v_t 表示在 t 时刻的预测值。在连续输入和离散输出的情况下，$p(v_t | h_t, x_t)$和 $p(h_t | h_{t-1}, x_t)$表通常使用非线性函数进行参数化，例如：

$$p(v_t = y | h_t = h, x_t = x, \boldsymbol{w}) \propto \exp(\boldsymbol{w}_{h,y}^{\mathrm{T}} \boldsymbol{\phi}_{h,y}(x)) \tag{23.4.4}$$

其中，$\phi_{h,y}(x)$指输入 x 的向量函数。然后以与处理标准 HMM 类似的方式进行推断。定义：

$$\alpha(h_t) \equiv p(h_t, v_{1:t} | x_{1:t}) \tag{23.4.5}$$

其前向传播为：

$$\alpha(h_t) = \sum_{h_{t-1}} p(h_t, h_{t-1}, v_{1:t-1}, v_t | x_{1:t}) \tag{23.4.6}$$

$$= \sum_{h_{t-1}} p(v_t | v_{1:t-1}, x_{1:t}, h_t, h_{t-1}) p(h_t | v_{1:t-1}, x_{1:t}, h_{t-1}) p(v_{1:t-1}, h_{t-1} | x_{1:t}) \tag{23.4.7}$$

$$= p(v_t | x_t, h_t) \sum_{h_{t-1}} p(h_t | h_{t-1}, x_t) \alpha(h_{t-1}) \tag{23.4.8}$$

其 γ 后向传播为：

$$\begin{aligned} p(h_t | x_{1:T}, v_{1:T}) &= \sum_{h_{t+1}} p(h_t, h_{t+1} | x_{1:t+1}, x_{t+2:T}, v_{1:T}) \\ &= \sum_{h_{t+1}} p(h_t | h_{t+1}, x_{1:t+1}, v_{1:t}) p(h_{t+1} | x_{1:T}, v_{1:T}) \end{aligned} \tag{23.4.9}$$

其中需要：

$$\begin{aligned} p(h_t | h_{t+1}, x_{1:t+1}, v_{1:t}) &= \frac{p(h_{t+1}, h_t | x_{1:t+1}, v_{1:t})}{p(h_{t+1} | x_{1:t+1}, v_{1:t})} \\ &= \frac{p(h_{t+1} | h_t, x_{t+1}) p(h_t | x_{1:t}, v_{1:t})}{\sum_{h_t} p(h_{t+1} | h_t, x_{t+1}) p(h_t | x_{1:t}, v_{1:t})} \end{aligned} \tag{23.4.10}$$

似然函数可由 $\sum_{h_T} \alpha(h_T)$得到。

方向偏差

考虑在给定过去和未来输入信息 $x_{1:T}$ 的情况下预测输出分布 $p(v_t|x_{1:T})$。因为隐状态是不被观察的，所以 $p(v_t|x_{1:T})=p(v_t|x_{1:t})$。继而，IOHMM 预测仅使用过去的信息且不参考任何未来的上下文信息。这种“方向偏差”有时是有问题的(特别是在自然语言建模中)，并且会推动无向模型的使用，例如条件随机场。

23.4.3　线性链条件随机场

线性链条件随机场(CRF)是我们在 9.6.5 节中简要讨论的非结构化 CRF 的扩展，并且可用于对给定输入向量 $\boldsymbol{x}$ 的一组输出 $y_{1:T}$ 的分布进行建模。例如，$\boldsymbol{x}$ 可能代表英语句子，$y_{1:T}$ 表示到法语的转移。注意，向量 $\boldsymbol{x}$ 的维度可以不为 T。一阶线性链 CRF 具有形式：

$$p(y_{1:T}|\boldsymbol{x},\lambda)=\frac{1}{Z(\boldsymbol{x},\lambda)}\prod_{t=2}^{T}\phi_t(y_t,y_{t-1},\boldsymbol{x},\lambda) \tag{23.4.11}$$

其中 λ 是势(potential)的自由参数。在实践中，势通常形如：

$$\exp\left(\sum_{k=1}^{K}\lambda_k f_{k,t}(y_t,y_{t-1},\boldsymbol{x})\right) \tag{23.4.12}$$

其中 $f_{k,t}(y_t,y_{t-1},\boldsymbol{x})$ 是“特征”，另见 9.6.5 节。给定一组输入-输出序列对 $\{(x^n,y_{1:T}^n),n=1,\cdots,N\}$(为了简便，假设所有序列都具有相同的长度 T)，可以通过极大似然来学习参数。在数据服从标准的独立同分布的假设下，对数似然是：

$$L(\lambda)=\sum_{t,n}\sum_{k}\lambda_k f_k(y_t^n,y_{t-1}^n,\boldsymbol{x}^n)-\sum_{n}\log Z(\boldsymbol{x}^n,\lambda) \tag{23.4.13}$$

读者可以轻易验证对数似然的函数图像是凹的，使得目标函数没有局部最优。梯度由下式给出：

$$\frac{\partial}{\partial\lambda_i}L(\lambda)=\sum_{n,t}\left(f_i(y_t^n,y_{t-1}^n,\boldsymbol{x}^n)-\langle f_i(y_t,y_{t-1},\boldsymbol{x}^n)\rangle_{p(y_t,y_{t-1}|\boldsymbol{x}^n,\lambda)}\right) \tag{23.4.14}$$

因此，机器学习需要推断边缘项 $p(y_t,y_{t-1}|\boldsymbol{x},\lambda)$。由于式(23.4.11)对应于如图 23.13 所示的线性链因子图，这可以使用标准因子图消息传递或通过派生显式算法来实现，参见练习 23.10。给定梯度，可以使用任何标准的数值优化例程来学习参数 λ。在一些应用中，特别是在自然语言处理中，特征向量 $f_1,\cdots,f_K$ 的维数 K 可能成千上万。这意味着 Hessian 的存储对基于牛顿的训练是不可行的，通常首选有限的内存方法或共轭梯度技术[309]。

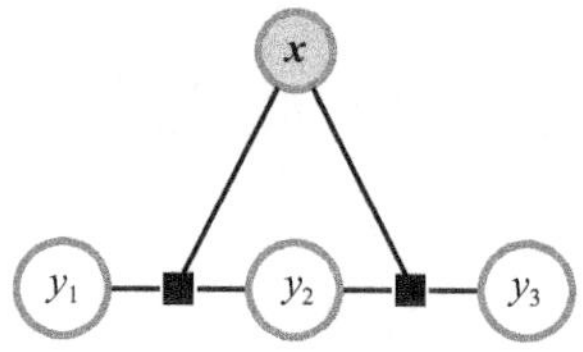

图 23.13　线性链 CRF 由于输入 $\boldsymbol{x}$ 是观察到的，因此分布仅是线性链因子图，可以直接使用消息传递对配对的边缘分布 $p(y_t,\ y_{t-1}|x)$ 进行推断

训练好模型之后，我们可以使用该模型为新输入 x^* 找到最可能的输出序列。这是直截了当的，因为：

$$y_{1:T}^*=\underset{y_{1:T}}{\operatorname{argmax}}\prod_{t}\phi_t(y_t,y_{t-1},\boldsymbol{x}^*,\lambda) \tag{23.4.15}$$

再次对应于一个简单的线性链，对其使用最大乘积推断即可产生所需的结果，参见练习 23.9。有关的小例子，请参见例 9.11。

23.4.4 动态贝叶斯网络

动态贝叶斯网络，即 DBN 指随时间重复的信念网络。对 D 维多变量 $\boldsymbol{x}_t$，DBN 定义了一个联合模型：

$$p(\boldsymbol{x}_1,\cdots,\boldsymbol{x}_T)=\prod_{t=1}^{T}\prod_{i=1}^{D}p(x_i(t)\mid \boldsymbol{x}_{\setminus i}(t),\boldsymbol{x}(t-1)) \tag{23.4.16}$$

其中 $\boldsymbol{x}_{\setminus i}(t)$表示 t 时刻除 $x_i(t)$外的一组变量。选择每个 $p(x_i(t)\mid \boldsymbol{x}_{\setminus i}(t),\boldsymbol{x}(t-1))$的形式，使总体分布保持非循环。在每个时间步 t 都有一组变量 $x_i(t)(i=1,\cdots,D)$，其中一些可能是观察到的。在一阶 DBN 中，每个变量 $x_i(t)$都有来自于前一个时间片 $\boldsymbol{x}_{t-1}$ 的一组变量或当前时间片的双亲变量。在大多数应用中，模型在时间上是齐次的，因此可以用双时间片模型完整地描述分布，如图 23.14 所示对高阶模型的推广很简单。

耦合 HMM 是一种特殊的 DBN，可以用来建模耦合的“信息流”，例如视频和音频，参见图 23.15[225]。

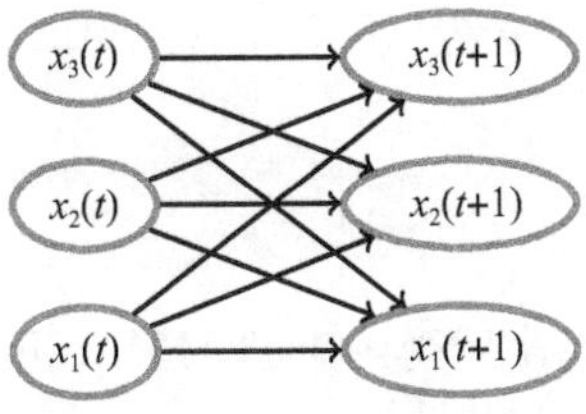

图 23.14 动态贝叶斯网络。该图没有显示在同一时间片处的变量之间可能的转移

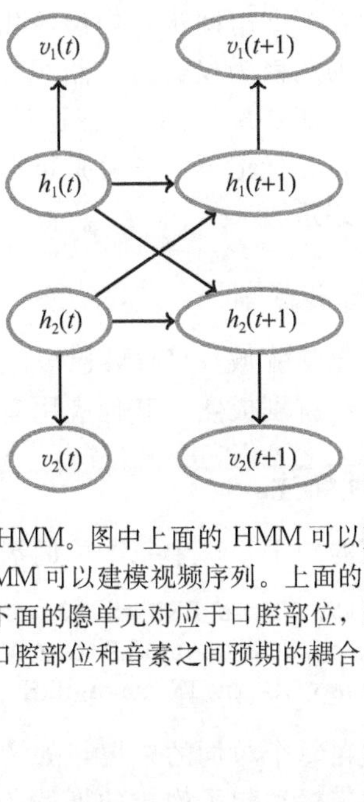

图 23.15 耦合 HMM。图中上面的 HMM 可以建模语音，下面的 HMM 可以建模视频序列。上面的隐单元对应于音素，下面的隐单元对应于口腔部位，因此这个模型建立了口腔部位和音素之间预期的耦合

23.5 应用

23.5.1 目标跟踪

HMM 可用于跟踪移动的物体，这要基于对物体动力学(在转移分布中编码)以及对如何观察位置已知的物体的理解(在输出分布中编码)。给定一个观察到的序列，就可以推断出隐位置。例 3.1 就是一个典型的例子。HMM 已经应用于许多跟踪场景中，如跟踪视频中的人物和音乐音调等[58,247,55]。

23.5.2 自动语音识别

有许多语音识别系统使用了 HMM[322]。粗略来说，原始标量语音信号 $x_{1:T}$ 首先被转换成连续的听觉向量 $\boldsymbol{v}_{1:T}$ 的流，其中 $\boldsymbol{v}_t$ 表示以时刻 t 为中心的时间小窗口内的语音信号中出现的频率。这些听觉向量通常是通过对这个时间小窗口的语音信号进行离散傅里叶变

换，以及模仿人类听觉处理的变换形成的。或者，也可以使用观察到的声波波形的线性编码的相关形式[144]。

相应的离散潜状态 h_t 代表音素——人类语音的基本单位(标准英语中有 44 个)。训练数据由人类语言学家精心构建，他将确定每个时刻 t 的音素 h_t 和许多不同的观察序列 $x_{1:T}$。给定每个听觉向量 $\boldsymbol{v}_t$ 和相关的音素 h_t，可以使用极大似然将高斯 $p(\boldsymbol{v}_t|h_t)$(通常是各向同性的)的混合拟合到 $\boldsymbol{v}_t$。这形成了 HMM 的输出分布。

使用音素(带标签的)数据库，可以学习到音素转移 $p(h_t|h_{t-1})$(通过简单计数)并形成 HMM 的转移分布。注意，在这种情况下，由于“隐”变量 h 和观察数据 $\boldsymbol{v}$ 在训练期间是已知的，因此训练 HMM 是直截了当的，总的来说就是使用观察到的听觉向量和相关的音素独立地训练输出分布和转移分布。

对一个新的听觉向量序列 $\boldsymbol{v}_{1:T}$，可以使用 HMM 通过时间来推断最可能的音素序列，即 $\underset{h_{1:T}}{\operatorname{argmax}}\, p(h_{1:T}|\boldsymbol{v}_{1:T})$，这既考虑了音素生成听觉向量的方式，也考虑了音素转移的先验语言约束。人们的说话速度不同导致的问题可以通过*时间扭曲*(time-warping)技术解决，让潜在的音素在若干时间步长内保持相同的状态。如果用 HMM 对单个单词建模，则自然要将隐状态序列约束为仅通过一组可用音素集合“前向传播”(即除了可能的当前状态之外，其他状态不能二次访问)。在这种情况下，转换矩阵的结构对应于 DAG 的状态转移图。在适当的状态标记下，这总是可以用三角形的*从左到右的转移矩阵*(left-to-right transition matrix)表示。

23.5.3　生物信息学

在生物信息学领域，HMM 已广泛应用于基因序列建模。使用受约束的 HMM 形式的多序列比对已经特别成熟。其他应用有基因发现和蛋白质家族建模[178,91]。

23.5.4　词性标注

考虑下面的句子，其中每个单词都带有词性标注：

```
hospitality_NN is_BEZ an_AT excellent_JJ virtue_NN ,_,
but_CC not_XNOT when_WRB the_ATI guests_NNS have_HV
to_TO sleep_VB in_IN rows_NNS in_IN the_ATI cellar_NN !_!
```

词性标注在每个单词的末尾，如“NN”是单数名词标注，“ATI”是冠词标注等。给定一个由这种带标注句子构成的训练集，任务是标注一个新句子。一种方法是使用 h_t 作为标注，v_t 作为单词，并用 HMM 拟合此数据。对训练数据，标签和单词都是观察到的，能使转移分布和输出分布的极大似然训练通过简单的计数就实现。给定一个新的单词序列，可以使用维特比算法推断出最可能的标签序列。

最近的词性标注倾向于使用 CRF，其中输入序列 $x_{1:T}$ 是句子，输出序列 $y_{1:T}$ 是标注序列。线性链 CRF 的一个可能的参数化方式是使用 $\phi(y_{t-1},y_t)\phi(y_t,\boldsymbol{x})$ 形式的势，见 9.6.5 节，其中第一个因子用于编码语言的语法结构，第二个因子用于编码先验可能的标签 y_t[181]。

23.6　总结

- 时间序列需要简化假设，比如马尔可夫假设，这使得为过程指定模型是可行的。

- 离散状态马尔可夫链是确定性有限状态转移到状态之间随机转移的推广。
- 马尔可夫模型的混合和其扩展可以用作简单的时间序列聚类模型。
- 隐马尔可夫模型是流行的时间序列模型，其中潜过程是离散状态马尔可夫链。观察数据可以是离散的，也可以是连续的，并且滤波、平滑和计算最可能的联合潜序列的经典推理任务在计算上非常简单。
- 动态贝叶斯网络本质上是结构化的 HMM，其条件独立性在其转移和输出分布中编码。
- HMM 在从语音识别到基因序列分析等多种跟踪场景中有着广泛的应用。
- 无向线性链结构，例如条件随机场，在诸如将输入序列转换为结构化输出序列的自然语言处理等领域很受欢迎。

23.7 代码

demoMixMarkov. m：混合马尔可夫模型的例子(demo)。
mixMarkov. m：混合马尔可夫模型。
demoHMMinference. m：HMM 推断的例子。
HMMforward. m：前向 α-递归。
HMMbackward. m：前向 β-递归。
HMMgamma. m：RTSγ“校正”递归。
HMMsmooth. m：单个和配对的 α-β 平滑。
HMMviterbi. m：最有可能的状态(维特比)算法。
demoHMMburglar. m：窃贼定位的例子。
demoHMMbigram. m：粗短的手指键入的例子。
HMMem. m：HMM 的 EM 算法(Baum-Welch)。
demoHMMlearn. m：HMM 的 EM 算法例子(Baum-Welch)。
demoLinearCRF. m：学习线性链 CRF 的例子。
linearCRFpotential. m：线性 CRF 势。
linearCRFgrad. m：线性 CRF 梯度。
linearCRFloglik. m：线性 CRF 对数似然。

23.8 练习题

练习 23.1 随机矩阵 $\boldsymbol{M}_{ij}$ 中的每个元素都是非负的，且 $\sum_i \boldsymbol{M}_{ij}=1$。假设对特征值 λ 和特征向量 $\boldsymbol{e}$，有 $\sum_j \boldsymbol{M}_{ij}\boldsymbol{e}_j=\lambda\boldsymbol{e}_i$ 成立。要求通过基于 i 求和，来表明如果 $\sum_i e_i>0$，那么 λ 一定等于 1。

练习 23.2 已知一个马尔可夫链，其转移矩阵为：

$$\boldsymbol{M}=\begin{pmatrix}0 & 1\\ 1 & 0\end{pmatrix} \tag{23.8.1}$$

要求证明这个马尔可夫链没有均衡分布，并给出该链的一个平稳分布。

练习 23.3 已知一个具有三个状态($M=3$)和两个输出符号的 HMM，其从左到右的状态转移矩阵为：

$$\boldsymbol{A}=\begin{pmatrix}0.5 & 0.0 & 0.0\\ 0.3 & 0.6 & 0.0\\ 0.2 & 0.4 & 1.0\end{pmatrix} \tag{23.8.2}$$

其中，$\boldsymbol{A}_{ij} \equiv p(h_{t+1}=i \mid h_t=j)$，输出矩阵 $\boldsymbol{B}_{ij} \equiv p(v_t=i \mid h_t=j)$ 为：

$$\boldsymbol{B}=\begin{pmatrix}0.7 & 0.4 & 0.8\\ 0.3 & 0.6 & 0.2\end{pmatrix} \tag{23.8.3}$$

初始状态概率向量 $\boldsymbol{a}=(0.9\quad 0.1\quad 0.0)^{\mathrm{T}}$。给定一个观察到的符号序列 $v_{1:3}=(1, 2, 1)$，要求：

1. 计算 $p(v_{1:3})$；
2. 计算 $p(h_1 \mid v_{1:3})$；
3. 找到最可能的隐状态序列 $\underset{h_{1:3}}{\operatorname{argmax}} p(h_{1:3} \mid v_{1:3})$。

练习 23.4　做这个练习前可先回顾例 23.5。“手指粗短”的打字员键入了长度为 27 的长字符串 rgenmonleunosbpnntje vrancg，请问最可能正确的英语句子是什么？在解码序列列表中，这个序列的 $\log p(h_{1:27} \mid v_{1:27})$ 是多少？需要适当修改 demoHMMbigram.m。

练习 23.5　证明如果将 HMM 的转移矩阵 $\boldsymbol{A}$ 和输出矩阵 $\boldsymbol{B}$ 初始化为一致的常数值，则 EM 算法无法有意义地更新参数。

练习 23.6　考虑为 HMM 寻找最可能的联合输出序列 $v_{1:T}$：

$$v_{1:T}^{*} \equiv \underset{v_{1:T}}{\operatorname{argmax}} p(v_{1:T}) \tag{23.8.4}$$

其中，

$$p(h_{1:T}, v_{1:T})=\prod_{t=1}^{T} p(v_t \mid h_t) p(h_t \mid h_{t-1}) \tag{23.8.5}$$

1. 解释为什么通常无法找到该问题的局部消息传递算法，并讨论找到精确解的计算复杂度。
2. 解释如何调整 EM 算法以形成用于求近似 $v_{1:T}^{*}$ 的递归算法。解释你的方法为什么在每次迭代中都能保证有一个改进的解决方案。另外，解释如何使用局部消息传递实现该算法。

练习 23.7　解释如何基于受约束的转移矩阵，使用 EM 算法训练 HMM。特别地，解释如何学习具有三角形结构的转移矩阵。

练习 23.8　使用对应关系 $A=1$、$C=2$、$G=3$ 和 $T=4$ 定义一个 4×4 的转移矩阵 $\boldsymbol{p}$，其产生了序列：

$$A, C, G, T, A, C, G, T, A, C, G, T, A, C, G, T, \cdots \tag{23.8.6}$$

现在定义一个新的转移矩阵：

```
pnew = 0.9*p + 0.1*ones(4)/4          (23.8.7)
```

定义一个 4×4 的转移矩阵 $\boldsymbol{q}$，其产生了序列：

$$T, G, C, A, T, G, C, A, T, G, C, A, T, G, C, A, \cdots \tag{23.8.8}$$

现在定义一个新的转移矩阵：

```
qnew = 0.9*q + 0.1*ones(4)/4          (23.8.9)
```

假设处于马尔可夫链的初始状态的概率 $p(h_1)$ 对于 A、C、G 和 T 四种状态都是常数。

1. 马尔可夫链 pnew 生成序列 S 的概率是多少，其中序列 S 为：

$$S \equiv A, A, G, T, A, C, T, T, A, C, C, T, A, C, G, C \tag{23.8.10}$$

2. 类似地，qnew 生成 S 的概率是多少？与 qnew 相比，S 在 pnew 下有更高的似然，这有意义吗？
3. 使用函数 randgen.m，从 pnew 定义的马尔可夫链中生成 100 个长度为 16 的序列。类似地，从由 qnew 定义的马尔可夫链中生成 100 个长度为 16 的序列。将所有这些序列连接到单元阵列 v 中，且 v{1}包含第一个序列，v{200}包含最后一个序列。使用 MixMarkov.m 了解生成这些序列的极大似然参数。假设有 $H=2$ 两种马尔可夫链。在 phgv 中返回的结果表明序列分配的后验概率。你同意找到的解决方案吗？
4. 取等式(23.8.10)中定义的序列 S。定义具有 4 个输出状态的输出分布，使得：

$$p(v=i \mid h=j)=\begin{cases}0.7 & i=j\\ 0.1 & i\neq j\end{cases} \tag{23.8.11}$$

使用该输出分布和等式(23.8.7)定义的转移矩阵 pnew，适当地调整 demoHMMinferenceSimple.m

以找到产生观察序列 S 的最可能的隐序列 $h^{p}_{1:16}$。对转移矩 qnew，重复该计算，给出 $h^{q}_{1:16}$。$h^{p}_{1:16}$ 和 $h^{q}_{1:16}$ 哪个隐序列更好，证明你的答案。

练习 23.9　对任意定义的势 $\phi_t(h_{t-1},h_t)$，推导出一种能找到以下最可能的联合状态的算法：

$$\underset{h_{1:T}}{\operatorname{argmax}} \prod_{t=2}^{T} \phi_t(h_{t-1},h_t) \tag{23.8.12}$$

1. 首先考虑

$$\underset{h_{1:T}}{\operatorname{argmax}} \prod_{t=2}^{T} \phi_t(h_{t-1},h_t) \tag{23.8.13}$$

证明如何将 h_T 的最大化推到乘积的内部，并将最大化的结果解释为消息：

$$\gamma_{T-1\leftarrow T}(h_{T-1}) \tag{23.8.14}$$

2. 推导以下递归：

$$\gamma_{t-1\leftarrow t}(h_{t-1})=\max_{h_t}\phi_t(h_t,h_{t-1})\gamma_{t\leftarrow t+1}(h_t) \tag{23.8.15}$$

3. 解释上面的递归如何实现对下式的计算：

$$\underset{h_1}{\operatorname{argmax}} \prod_{t=2}^{T} \phi_t(h_t,h_{t-1}) \tag{23.8.16}$$

4. 解释为什么一旦计算出 h_1 最可能的状态，就可以有效地计算剩余的最优状态 $h_2,\cdots,h_T$。

练习 23.10　对任意定义的势 $\phi_t(h_{t-1},h_t)$，根据联合分布：

$$p(h_{1:T}) \propto \prod_{t=2}^{T} \phi_t(h_{t-1},h_t) \tag{23.8.17}$$

推导一个计算配对边缘分布的算法：

$$p(h_t,h_{t-1}) \tag{23.8.18}$$

1. 首先考虑：

$$\sum_{h_1,\cdots,h_T} \prod_{t=2}^{T} \phi_t(h_t,h_{t-1}) \tag{23.8.19}$$

证明如何将 h_1 上的求和推到乘积的内部，并将求和的结果解释为消息：

$$\alpha_{1\to 2}(h_2)=\sum_{h_1}\phi_2(h_1,h_2) \tag{23.8.20}$$

2. 证明变量 $h_{1:t-1}$ 上的求和可以通过以下递归完成：

$$\alpha_{t-1\to t}(h_t)=\sum_{h_{t-1}}\phi_t(h_{t-1},h_t)\alpha_{t-2\to t-1}(h_{t-1}) \tag{23.8.21}$$

3. 同样地，证明可以将 h_T 上的求和推到乘积的内部以定义：

$$\beta_{T-1\leftarrow T}(h_{T-1})=\sum_{h_T}\phi_T(h_{T-1},h_T) \tag{23.8.22}$$

证明变量 $h_{T:t+1}$ 上的求和可以通过以下递归完成：

$$\beta_{t\leftarrow t+1}(h_t)=\sum_{h_{t+1}}\phi_{t+1}(h_t,h_{t+1})\beta_{t+1\leftarrow t+2}(h_{t+1}) \tag{23.8.23}$$

4. 证明：

$$p(h_t,h_{t-1}) \propto \alpha_{t-2\to t-1}(h_{t-1})\phi(h_{t-1},h_t)\beta_{t\leftarrow t+1}(h_t) \tag{23.8.24}$$

练习 23.11　定义一个二阶 HMM：

$$p(h_{1:T},v_{1:T})=p(h_1)p(v_1\mid h_1)p(h_2\mid h_1)p(v_2\mid h_2)\prod_{t=3}^{T}p(h_t\mid h_{t-1},h_{t-2})p(v_t\mid h_t) \tag{23.8.25}$$

按照与一阶 HMM 类似的方法，显式地推导一个消息传递算法来计算以下最可能的联合状态：

$$\underset{h_{1:T}}{\operatorname{argmax}}\, p(h_{1:T}\mid v_{1:T}) \tag{23.8.26}$$

练习 23.12　基于无约束的离散转移和输出矩阵的假设，推导一种计算 HMM 的对数似然梯度的算法。

练习 23.13　考虑定义在隐变量 $\mathcal{H}=\{h_1,\cdots,h_T\}$，和可观察变量为 $\mathcal{V}=\{v_1,\cdots,v_T\}$上的 HMM：

$$p(\mathcal{V},\mathcal{H})=p(h_1)p(v_1|h_1)\prod_{t=2}^{T}p(h_t|h_{t-1})p(v_t|h_t) \tag{23.8.27}$$

证明以下后验分布 $p(\mathcal{H}|\mathcal{V})$是一个马尔可夫链：

$$p(\mathcal{H}|\mathcal{V})=\widetilde{p}(h_1)\prod_{t=2}^{T}\widetilde{p}(h_t|h_{t-1}) \tag{23.8.28}$$

其中，$\widetilde{p}(h_t|h_{t-1})$和 $\widetilde{p}(h_1)$是适当定义的分布。

练习 23.14　为训练 23.3.3 节中的带有高斯混合输出分布的 HMM(HMM-GMM)，推导均值和协方差的 EM 更新公式如下：

$$\boldsymbol{\mu}_{k,h}^{\text{new}}=\sum_{n=1}^{N}\sum_{t=1}^{T}\rho_{k,h}(t,n)\boldsymbol{v}_t^n \tag{23.8.29}$$

和

$$\boldsymbol{\Sigma}_{k,h}^{\text{new}}=\sum_{n=1}^{N}\sum_{t=1}^{T}\rho_{k,h}(t,n)(\boldsymbol{v}_t^n-\boldsymbol{\mu}_{k,h})(\boldsymbol{v}_t^n-\boldsymbol{\mu}_{k,h})^{\mathrm{T}} \tag{23.8.30}$$

其中，

$$\rho_{k,h}(t,n)=\frac{q(k_t=k|h_t^n=h)q(h_t^n=h|v_{1:T}^n)}{\sum_n\sum_t q(k_t=k|h_t^n=h)q(h_t^n=h|v_{1:T}^n)} \tag{23.8.31}$$

练习 23.15　已经由式(23.4.2)和式(23.4.1)定义的 HMM，其输出分布为 $p(v_t|h_t)$。我们感兴趣的是为以下滤波后的分布推导一个递归：

$$\alpha_t(h_t,c_t)\equiv p(h_t,c_t,v_{1:t}) \tag{23.8.32}$$

1. 证明：

$$\alpha_t(h_t,c_t)=p(v_t|h_t)\sum_{h_{t-1},c_{t-1}}p(h_t|h_{t-1},c_t)p(c_t|c_{t-1})\alpha_{t-1}(h_{t-1},c_{t-1}) \tag{23.8.33}$$

2. 使用这个推导：

$$\frac{\alpha_t(h_t,c_t)}{p(v_t|h_t)}=\sum_{h_{t-1}}p(h_t|h_{t-1},c_t)p(c_t|c_{t-1}=1)\alpha_{t-1}(h_{t-1},c_{t-1}=1)+\sum_{h_{t-1}}p(h_t|h_{t-1},c_t)\sum_{c_{t-1}=2}^{D_{\max}}p(c_t|c_{t-1})\alpha_{t-1}(h_{t-1},c_{t-1}) \tag{23.8.34}$$

3. 证明上式的右侧可以写成：

$$\sum_{h_{t-1}}p(h_t|h_{t-1},c_t)p(c_t|c_{t-1}=1)\alpha_{t-1}(h_{t-1},1)+\mathbb{I}[c_t\neq D_{\max}]\sum_{h_{t-1}}p(h_t|h_{t-1},c_t)\alpha_{t-1}(h_{t-1},c_t+1) \tag{23.8.35}$$

4. 证明 α 的递归由下式给出：

$$\alpha_t(h,1)=p(v_t|h_t=h)p_{\text{dur}}(1)\sum_{h_{t-1}}p_{\text{tran}}(h|h_{t-1})\alpha_{t-1}(h_{t-1},1)+\mathbb{I}[D_{\max}\neq 1]p(v_t|h_t=h)\sum_{h_{t-1}}p_{\text{tran}}(h|h_{t-1})\alpha_{t-1}(h_{t-1},2) \tag{23.8.36}$$

和对于 $c>1$，

$$\alpha_t(h,c)=p(v_t|h_t=h)\{p_{\text{dur}}(c)\alpha_{t-1}(h,1)+\mathbb{I}[c\neq D_{\max}]\alpha_{t-1}(h,c+1)\} \tag{23.8.37}$$

5. 解释为什么持续时间模型中滤波推断的计算复杂度为 $O(TH^2D_{\max})$。
6. 为此持续时间模型导出一个有效的平滑算法。

练习 23.16(模糊字符串搜索)　在较长的文本 $v_1,v_2,\cdots,v_T$ 中，考虑搜索一个模式 $s_1,s_2,\cdots,s_L$。例如，可试图寻找 ACGTAA 模式是否出现在文本 AAACGTAATAT 中。我们可以使用具有 $L+1$ 个状态的 HMM 来建模。其思想是，首先定义一个生成机制，该机制将模式放在文本中(可能多次)。可以通过定义一个潜状态来实现这一点，该状态要么表示不输出模式，要么表示模式中的位置。这里我们定义状态 $h_t=0$ 表示 t 不是模式的起始位置。然后定义：

$$p(h_{t+1}=0 \mid h_t=0)=\tau,\quad p(h_{t+1}=L \mid h_t=0)=1-\tau$$

来表示潜变量 h 或者以概率 τ 保持在非起始点或者以概率 $1-\tau$ 跳到模式 s 的起始点。剩余的潜状态转移定义为：

$$p(h_{t+1} \mid h_t)=\delta(h_{t+1}, h_t-1)$$

它能够确定性地递减潜变量。这被用作模式中位置的计数器。给定模式中的一个位置，输出矩阵由 $p(v_t \mid h_t)$ 给出。在确定性情况中，

$$p(v_t \mid h_t)=\delta(v_t-s_{h_t+1-L})$$

更一般地，可以定义一个分布 $p(v_t \mid h_t)$ 来解释可能的损坏。

1. 证明在确定性(完全匹配)和“模糊”匹配情况下，可以用 $O(TL)$ 操作来计算推断(滤波，平滑和维特比)。(请注意，对完美匹配的情况，读者可以参考经典方法，例如通常运行较快的 Aho-Corasick 和 Boyer-Moore 算法)。
2. 文本 12132324233144241314223142331234，且 $s_t \in \{1,2,3,4\}$，基于 $\tau=0.5$ 和 $p(v_t=i \mid h_t=i)=0.9$ 的假设，寻找模式 2314243 在序列位置 t 开始的平滑概率 p_t，其中在不匹配状态下具有均匀概率。还可以假设当 $h_t=0$ 时，存在均匀的输出分布。

练习 23.17　如 23.2.2 节所述，标准 α-递归为：

$$\alpha(h_t)=p(v_t \mid h_t)\sum_{h_{t-1}} p(h_t \mid h_{t-1})\alpha(h_{t-1}) \tag{23.8.38}$$

的一个数值问题指这些 α 消息通常会在时间上呈指数级递减，从而导致数字下溢。虽然这可以通过计算 $\log\alpha$ 消息来解决，但这需要特别处理消息 α 具有零值的情况。使用 $\log\alpha$ 消息的另一种方法是在每个阶段重新归一化消息，从而生成表示滤波 $p(h_t \mid v_{1:t})$ 的消息。归一化消息的一个缺点是无法直接计算似然项 $p(v_{1:T})=\sum_{h_t}\alpha(h_T)$。但是，有一种方法可以定义归一化消息，并仍然保留计算对数似然所需的信息。定义局部归一化项：

$$z_t \equiv \sum_{h_t} p(v_t \mid h_t)\sum_{h_{t-1}} p(h_t \mid h_{t-1})\tilde{\alpha}(h_{t-1}) \tag{23.8.39}$$

和归一化的消息：

$$\tilde{\alpha}(h_t)=\frac{1}{z_t}p(v_t \mid h_t)\sum_{h_{t-1}} p(h_t \mid h_{t-1})\tilde{\alpha}(h_{t-1}) \tag{23.8.40}$$

其中 $z_1 \equiv \sum_{h_1} p(v_1 \mid h_1)p(h_1)$ 和 $\tilde{\alpha}(h_1)=p(v_1 \mid h_1)p(h_1)/z_1$。证明：

$$\alpha(h_t)=\tilde{\alpha}(h_t)\prod_{\tau=1}^{t} z_\tau \tag{23.8.41}$$

并因此 $\log p(v_{1:T})=\sum_{t=1}^{T}\log(z_t)$。

第 24 章

Bayesian Reasoning and Machine Learning

连续状态的马尔可夫模型

许多物理系统可以被理解为连续变量模型，它们经历状态转移时仅依赖于系统在前一时刻的状态。本章将讨论这个领域的一些经典模型，这些模型高度专门化，以保持推断的易处理性。这些模型广泛应用于从金融到工程中的信号处理等领域。

24.1 观察到的线性动态系统

在许多实际的时间序列应用中，数据是自然连续的，特别是物理环境的模型。与状态离散的马尔可夫模型(第 23 章)相比，在乘积和边缘化等操作下，参数的连续状态分布不是自动封闭的。为使推断和学习能够有效地进行，可以严格限制连续状态转移分布 $p(v_t|v_{t-1})$的形式。一类简单但功能强大的转移分布是线性动态系统。确定性观察到的[⊖]线性动态系统(OLDS)根据以下离散时间更新方程定义向量 $\boldsymbol{v}_t$ 的时间演化：

$$\boldsymbol{v}_t=\boldsymbol{A}_t\boldsymbol{v}_{t-1} \tag{24.1.1}$$

其中 $\boldsymbol{A}_t$ 是 t 时刻的状态转移矩阵。若 $\boldsymbol{A}_t$ 不随着时间 t 变化，则称该过程为平稳的或时间不变的，除非另有显式说明，否则我们始终假设为该过程。

研究 OLDS 的一个动机是，许多描述物理世界的方程可以写成 OLDS。OLDS 很有趣，因为它们可以用作简单的预测模型：$\boldsymbol{v}_t$ 描述 t 时刻的环境状态，$\boldsymbol{A}\boldsymbol{v}_t$ 预测 $t+1$ 时刻的环境状态。因此，这些模型在从工程、物理到经济的许多科学分支中得到了广泛的应用。

由于 OLDS 等式(24.1.1)是确定性的，因此如果我们指定 $\boldsymbol{v}_1$，则所有未来值 v_2，v_3，…也都定义了。对 V 维向量 $\boldsymbol{v}$，其演化可描述为(假设 $\boldsymbol{A}$ 是对角矩阵)：

$$\boldsymbol{v}_t=\boldsymbol{A}^{t-1}\boldsymbol{v}_1=\boldsymbol{P}\boldsymbol{\Lambda}^{t-1}\boldsymbol{P}^{-1}\boldsymbol{v}_1 \tag{24.1.2}$$

其中 $\boldsymbol{\Lambda}=\mathrm{diag}(\lambda_1,\cdots,\lambda_V)$是对角特征值矩阵，$\boldsymbol{P}$ 是 $\boldsymbol{A}$ 的对应特征向量矩阵。如果 $\lambda_i>1$，那么对于大 t，$\boldsymbol{v}_t$ 将趋于无穷。如果 $\lambda_i<1$，则 λ_i^{t-1} 将趋于零。因此，对稳定的系统，不需要大于 1 的特征值，只需要单位特征值$|\lambda_i=1|$并长期使用它。注意，特征值可能是复杂的，与旋转操作相对应，参见练习 24.1。

更一般地，可以考虑在 $\boldsymbol{v}$ 上加入加性噪声并定义随机 OLDS，如下所述。

> **定义 24.1(OLDS)** 对于带噪声的 OLDS，下式给出了向量 $\boldsymbol{v}_t$ 的时间演化：
>
> $$\boldsymbol{v}_t=\boldsymbol{A}_t\boldsymbol{v}_{t-1}+\boldsymbol{\eta}_t \tag{24.1.3}$$
>
> 其中，$\boldsymbol{\eta}_t$ 是从以下高斯分布抽取的噪声向量：
>
> $$\mathcal{N}(\boldsymbol{\eta}_t|\boldsymbol{\mu}_t,\boldsymbol{\Sigma}_t) \tag{24.1.4}$$
>
> 这等价于一阶马尔可夫模型，其状态转移分布为：

⊖ 我们使用术语“观察到的”线性动态系统，以区别于更一般的线性动态系统状态空间模型。在有些文档中，也使用线性动态系统来指我们在本章讨论的模型。

$$p(\boldsymbol{v}_t \mid \boldsymbol{v}_{t-1})=\mathcal{N}(\boldsymbol{v}_t \mid \boldsymbol{A}_t \boldsymbol{v}_{t-1}+\boldsymbol{\mu}_t, \boldsymbol{\Sigma}_t) \tag{24.1.5}$$

在 $t=1$ 时刻，初始分布 $p(\boldsymbol{v}_1)=\mathcal{N}(\boldsymbol{v}_1 \mid \boldsymbol{\mu}_1, \boldsymbol{\Sigma}_1)$。对于 $t>1$，如果参数是时间独立的，即 $\boldsymbol{\mu}_t \equiv \boldsymbol{\mu}$、$\boldsymbol{A}_t \equiv \boldsymbol{A}$、$\boldsymbol{\Sigma}_t \equiv \boldsymbol{\Sigma}$，那么这个过程称为时间不变的。

24.1.1 带噪声的平稳分布

给定带独立的加性噪声的一维线性系统：

$$v_t=a v_{t-1}+\eta_t, \quad \eta_t \sim \mathcal{N}(\eta_t \mid 0, \sigma_v^2) \tag{24.1.6}$$

如果从某个状态 v_1 开始，然后对于 $t>1$，根据 $v_t=a v_{t-1}+\eta_t$ 递归抽样，那么 v_t 的分布是什么？由于转移是线性的，噪声是高斯的，因此 v_t 也一定是高斯的。假设可以将 v_{t-1} 的分布表示为具有均值 μ_{t-1} 和方差 σ_{t-1}^2 的高斯分布，即 $v_{t-1} \sim \mathcal{N}(v_{t-1} \mid \mu_{t-1}, \sigma_{t-1}^2)$。然后使用 $\langle \eta_t \rangle=0$，可得：

$$\langle v_t \rangle=a\langle v_{t-1}\rangle+\langle \eta_t \rangle \Rightarrow \mu_t=a \mu_{t-1} \tag{24.1.7}$$

$$\langle v_t^2 \rangle=\langle (a v_{t-1}+\eta_t)^2 \rangle=a^2\langle v_{t-1}^2\rangle+2a\langle v_{t-1}\rangle\langle \eta_t \rangle+\langle \eta_t^2 \rangle \tag{24.1.8}$$

$$\Rightarrow \sigma_t^2=a^2 \sigma_{t-1}^2+\sigma_v^2 \tag{24.1.9}$$

所以，

$$v_t \sim \mathcal{N}(v_t \mid a \mu_{t-1}, a^2 \sigma_{t-1}^2+\sigma_v^2) \tag{24.1.10}$$

时间趋于无穷大

当 $t \gg 1$ 时，v_t 的分布是否趋于稳定且呈固定的分布？如果 $a \geqslant 1$，则方差随 t 无限增加，均值也是如此。

对于 $a<1$，假设在时间趋于无穷大的情况下存在有限方差 σ_∞^2，由式(24.1.9)可知，平稳分布满足：

$$\sigma_\infty^2=a^2 \sigma_\infty^2+\sigma_v^2 \Rightarrow \sigma_\infty^2=\frac{\sigma_v^2}{1-a^2} \tag{24.1.11}$$

类似地，均值为 $\mu_\infty=a^\infty \mu_1$。因此，对于 $a<1$，均值趋于零，但方差仍然是有限的。尽管 v_{t-1} 的大小在每次迭代时减少 a 的一个因子，但加性噪声平均地提高了 v_{t-1} 的大小，从而在长期内保持稳定。更一般地，对根据非零加性噪声更新向量 $\boldsymbol{v}_t$ 的系统：

$$\boldsymbol{v}_t=\boldsymbol{A} \boldsymbol{v}_{t-1}+\boldsymbol{\eta}_t \tag{24.1.12}$$

只有 $\boldsymbol{A}$ 的所有特征值都小于 1，才存在稳定状态。

24.2 自回归模型

标量的时间不变的自回归(AR)模型定义为：

$$v_t=\sum_{l=1}^{L} a_l v_{t-l}+\eta_t, \quad \eta_t \sim \mathcal{N}(\eta_t \mid \mu, \sigma^2) \tag{24.2.1}$$

其中，$\boldsymbol{a}=(a_1, \cdots, a_L)^{\mathrm{T}}$ 为 AR 模型的系数，σ^2 称为创新(innovation)噪声。该模型基于先前 L 个观察值的线性组合来预测未来值。作为一个信念网络，AR 模型可以写成第 L 阶马尔可夫模型：

$$p(v_{1:T})=\prod_{t=1}^{T} p(v_t \mid v_{t-1}, \cdots, v_{t-L}), \quad i \leqslant 0 \text{ 时 } v_i=\varnothing \tag{24.2.2}$$

其中，

$$p(v_t | v_{t-1}, \cdots, v_{t-L}) = \mathcal{N}\left(v_t \middle| \sum_{l=1}^{L} a_l v_{t-l}, \sigma^2\right) \tag{24.2.3}$$

引入含前 L 个观察值的向量：

$$\hat{\boldsymbol{v}}_{t-1} \equiv [v_{t-1}, v_{t-2}, \cdots, v_{t-L}]^{\mathrm{T}} \tag{24.2.4}$$

可以将式(24.2.3)更简洁地写成：

$$p(v_t | v_{t-1}, \cdots, v_{t-L}) = \mathcal{N}(v_t | \boldsymbol{a}^{\mathrm{T}} \hat{\boldsymbol{v}}_{t-1}, \sigma^2) \tag{24.2.5}$$

AR 模型在金融时间序列预测中得到了广泛应用(例如见参考文献[289])，能够捕获数据中的简单趋势。另一个常见的应用领域是语音处理，对于被分割成长度为 $T \gg L$ 的窗口的一维语音信号，可找到最能够描述每个窗口中信号的 AR 系数[232]。然后，这些 AR 系数形成信号的压缩表示，并被传输到每个窗口，而不是传输原始信号本身。之后基于 AR 系数对信号进行近似重构。以上过程被称为线性预测声码器[274]。注意，用 AR 表示信号的一个有趣特性是，如果我们将信号按比例常数 ρ 缩放，那么：

$$\rho v_t = \sum_{l=1}^{L} a_l \rho v_{t-l} + \rho \eta_t, \tag{24.2.6}$$

因此，适当地缩放噪声，使得可以使用相同的 AR 系数来表示信号。也因此，AR 系数在一定程度上是振幅不变的。

24.2.1　AR 模型的训练

基于下式进行 AR 系数的极大似然训练是直截了当的：

$$\log p(v_{1:T}) = \sum_{t=1}^{T} \log p(v_t | \hat{\boldsymbol{v}}_{t-1}) = -\frac{1}{2\sigma^2} \sum_{t=1}^{T} (v_t - \hat{\boldsymbol{v}}_{t-1}^{\mathrm{T}} \boldsymbol{a})^2 - \frac{T}{2} \log(2\pi\sigma^2) \tag{24.2.7}$$

对上式关于 $\boldsymbol{a}$ 求导，并令结果等于 0，得到：

$$\sum_t (v_t - \hat{\boldsymbol{v}}_{t-1}^{\mathrm{T}} \boldsymbol{a}) \hat{\boldsymbol{v}}_{t-1} = 0 \tag{24.2.8}$$

所以最优的 $\boldsymbol{a}$ 为：

$$\boldsymbol{a} = \left(\sum_t \hat{\boldsymbol{v}}_{t-1} \hat{\boldsymbol{v}}_{t-1}^{\mathrm{T}} \right)^{-1} \sum_t v_t \hat{\boldsymbol{v}}_{t-1} \tag{24.2.9}$$

这些方程可以通过高斯消元法求解。线性系统具有 Toeplitz 形式，可以使用 Levinson-Durbin 方法更有效地解决[90]。同样，最优的 σ^2 为：

$$\sigma^2 = \frac{1}{T} \sum_{t=1}^{T} (v_t - \hat{\boldsymbol{v}}_{t-1}^{\mathrm{T}} \boldsymbol{a})^2 \tag{24.2.10}$$

上面我们假设“负”时间步是可用的，以保持符号简单。如果窗口(用于学习系数)之前的时间不可用，则需要微调，要从 $t = L + 1$ 时刻开始求和。给定已训练的 $\boldsymbol{a}$，可以通过 $v_{t+1} = \hat{\boldsymbol{v}}_t^{\mathrm{T}} \boldsymbol{a}$ 预测未来值。

例 24.1(拟合趋势)　我们用一个简单的例子说明如何使用 AR 模型来估计时间序列数据的趋势。使用极大似然法为如图 24.1 所示的 100 个观察值的集合拟合三阶 AR 模型，然后以递归方式生成以下对均值的预测：

$$\langle y \rangle_t = \begin{cases} \sum_{i=1}^{3} a_i \langle y \rangle_{t-i} & t > 100 \\ y_t & t \leqslant 100 \end{cases}$$

正如所看到的(图 24.1 中的实线)，时间 $t>100$ 的预测均值反映了数据中潜在的趋势。虽然这个例子非常简单，但 AR 模型非常强大，可以模拟复杂的信号行为。

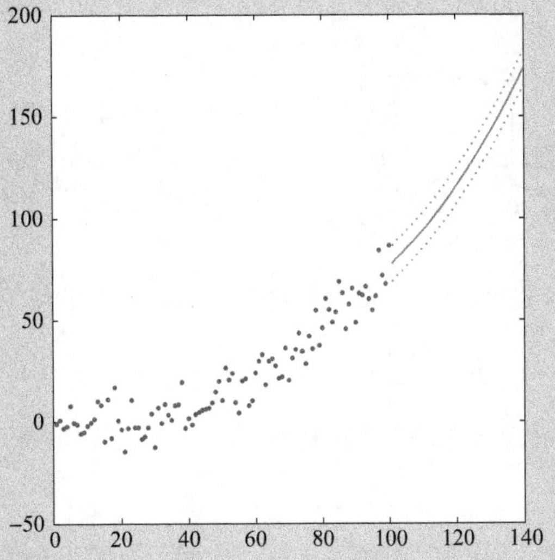

图 24.1　为训练点拟合三阶 AR 模型。x 轴表示时间，y 轴表示时间序列的值。这些点代表 100 个观察值 $y_{1:100}$。实线表示均值预测 $\langle y\rangle_t$ $(t>100)$，虚线表示 $\langle y\rangle_t\pm\sigma$。见 demoARtrain. m

24.2.2　作为 OLDS 的 AR 模型

可以将等式(24.2.1)通过下式写成 OLDS：

$$\begin{pmatrix} v_t \\ v_{t-1} \\ \vdots \\ v_{t-L+1} \end{pmatrix} = \begin{pmatrix} a_1 & a_2 & \cdots & a_L \\ 1 & 0 & \cdots & 0 \\ \vdots & 1 & \cdots & 0 \\ 0 & \cdots & 1 & 0 \end{pmatrix} \begin{pmatrix} v_{t-1} \\ v_{t-2} \\ \vdots \\ v_{t-L} \end{pmatrix} + \begin{pmatrix} \eta_t \\ 0 \\ \vdots \\ 0 \end{pmatrix} \tag{24.2.11}$$

对应的向量形式为：

$$\hat{\boldsymbol{v}}_t = \mathbf{A}\,\hat{\boldsymbol{v}}_{t-1} + \boldsymbol{\eta}_t, \quad \boldsymbol{\eta}_t \sim \mathcal{N}(\boldsymbol{\eta}_t \mid \mathbf{0}, \boldsymbol{\Sigma}) \tag{24.2.12}$$

其中，定义了分块矩阵：

$$\mathbf{A} = \left(\begin{array}{c|c} a_{1:L-1} & a_L \\ \hline \boldsymbol{I} & \mathbf{0} \end{array}\right), \quad \boldsymbol{\Sigma} = \left(\begin{array}{c|c} \sigma^2 & 0_{1,1:L-1} \\ \hline 0_{1:L-1,1} & 0_{1:L-1,1:L-1} \end{array}\right) \tag{24.2.13}$$

在该表示中，向量的第一分量根据标准 AR 模型更新，其余分量保持不变。

24.2.3　时变 AR 模型

除极大似然以外的另一种方法是将学习 AR 系数视为潜 LDS 推断中的一个问题，该模型将在 24.3 节中详细讨论。如果 $\boldsymbol{a}_t$ 是潜 AR 系数，则可以把项：

$$v_t = \hat{\boldsymbol{v}}_{t-1}^{\mathrm{T}} \boldsymbol{a}_t + \eta_t, \quad \eta_t \sim \mathcal{N}(\eta_t \mid 0, \sigma^2) \tag{24.2.14}$$

看作潜 LDS 的输出分布，其中 $\boldsymbol{a}_t$ 为隐变量，$\hat{\boldsymbol{v}}_{t-1}^{\mathrm{T}}$ 为与时间相关的输出矩阵。通过设置一个简单的潜转移：

$$\boldsymbol{a}_t = \boldsymbol{a}_{t-1} + \boldsymbol{\eta}_t^a, \quad \boldsymbol{\eta}_t^a \sim \mathcal{N}(\eta_t^a \mid 0, \sigma_a^2 \boldsymbol{I}) \tag{24.2.15}$$

可使 AR 系数随时间缓慢变化。这定义了一个模型：

$$p(v_{1:T},\boldsymbol{a}_{1:T})=\prod_t p(v_t|\boldsymbol{a}_t,\hat{\boldsymbol{v}}_{t-1})p(\boldsymbol{a}_t|\boldsymbol{a}_{t-1}) \tag{24.2.16}$$

可见图 24.2。其实我们感兴趣的是条件分布 $p(\boldsymbol{a}_{1:T}|v_{1:T})$，因为从中可以计算 AR 系数的 a-后验最可能序列。然后可以应用标准平滑算法生成时变 AR 系数，参见 demoARlds. m。

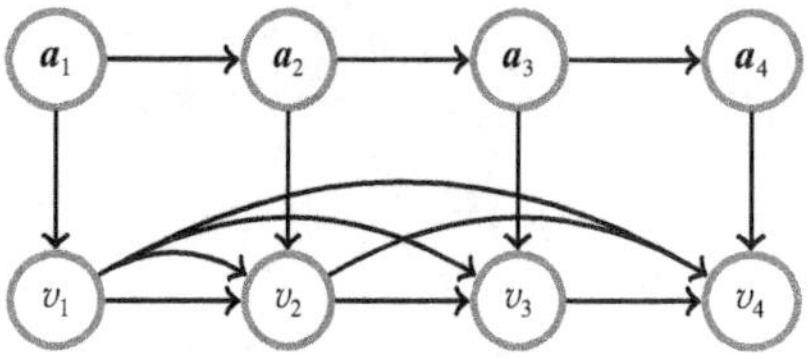

图 24.2 作为潜 LDS 的时变 AR 模型(由于观察值已知，因此该模型是一个时变潜 LDS，其平滑推断决定了时变 AR 系数)

定义 24.2(离散傅里叶变换) 对一个序列 $x_{0:N-1}$，离散傅里叶变换 $f_{0:N-1}$ 定义为：

$$f_k=\sum_{n=0}^{N-1}x_n \mathrm{e}^{-\frac{2\pi i}{N}kn}, \quad k=0,\cdots,N-1 \tag{24.2.17}$$

f_k 是关于 $x_{0:N-1}$ 序列中 k 出现频率的(复数)表示。分量 k 的幂函数定义为复数 f_k 的绝对长度。

定义 24.3(频谱图) 给定时间序列 $x_{1:T}$，时间 t 处的频谱图是在 t 附近的一个窗口中存在的频率的表示。对每个窗口，计算离散傅里叶变换，从中我们获得每个频率中的对数功率向量，然后将窗口(通常)向前移动一步并重新计算离散傅里叶变换。注意，通过取对数，原始信号中的小值可以转换为频谱图中明显可观的值。

例 24.2(夜莺) 在图 24.3a 中，绘制了夜莺歌声(freesound. org，样本 17185)中的 5 秒片段的原始声学记录。还绘制了频谱图，如图 24.3b 所示，其中给出了作为时间函数的信号中存在哪些频率的指示。夜莺歌声非常复杂，但至少在局部是非常重复的。找到哪些段重复了的粗略方法是聚类频谱图的时间片。在图 24.3c 中，展示了拟合高斯混合模型(20.3 节)的结果，其中有 8 个分量，从图中可以看出局部时间内存在一些分量的重复。信号的另一种表示是时变 AR 系数(24.2.3 节)，如图 24.3d 所示。在这种情况下，带有 8 个分量的 GMM 聚类图(图 24.3e)使得夜莺歌唱的不同阶段比频谱图所提供的更清晰。

a)

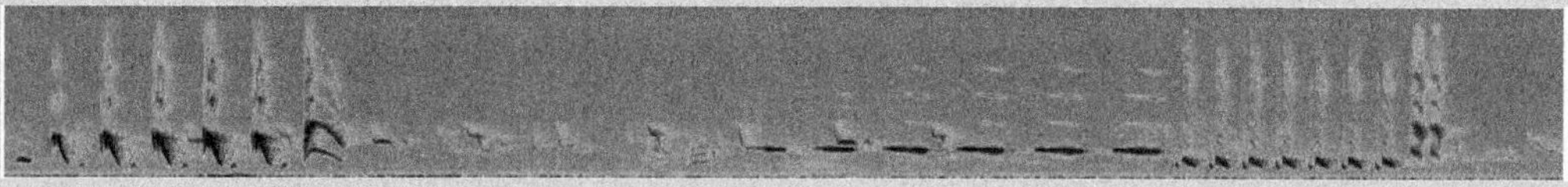

b)

图 24.3 a) 夜莺歌曲的 5 秒原始记录(附加背景鸟鸣)。b) a 的高达 20 000Hz 的频谱图。c) 使用含有 8 个分量的高斯混合模型对图 b 中的结果进行聚类。每次垂直绘制的是簇索引(从 1 到 8)上的分布，因此分量颜色越深，该分量在这个时间点占频谱图时间片的比例越大。d) 使用 $\sigma_v^2=0.001$，$\sigma_h^2=0.001$ 学习的 20 个时变 AR 系数，见 ARlds. m。e) 使用具有 8 个分量的高斯混合模型聚类图 d 中的结果。AR 的分量大致根据不同的歌声制度组合而得

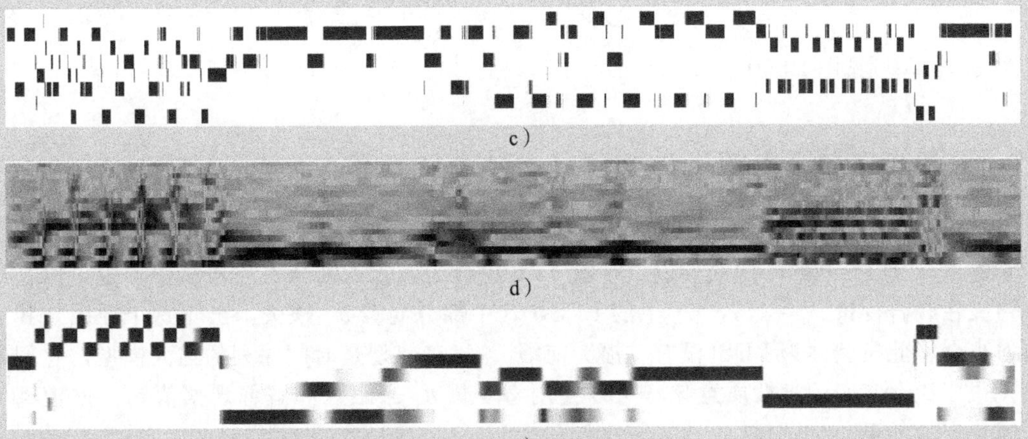

图 24.3 （续）

24.2.4 时变方差 AR 模型

在标准 AR 模型中，即等式(24.2.1)中，假设方差 σ^2 在整个时间内是固定的。对某些行业，尤其是金融业，这是不可取的，因为“波动性”可能会随着时间的推移而发生巨大变化。一个对 AR 模型的简单扩展是：

$$v_t=\sum_{l=1}^{L}a_l v_{t-l}+\eta_t,\quad \eta_t\sim\mathcal{N}(\eta_t|\mu,\sigma_t^2) \tag{24.2.18}$$

$$\bar{v}_t=\sum_{l=1}^{L}a_l v_{t-l} \tag{24.2.19}$$

$$\sigma_t^2=\alpha_0+\sum_{i=1}^{Q}\alpha_i(v_{t-i}-\bar{v}_{t-i})^2 \tag{24.2.20}$$

其中，$\alpha_i\geqslant 0$。其动机是，等式(24.2.20)表示噪声方差的估计，基于均值预测 $\bar{v}$ 与之前 Q 时间步的实际观察值 v 之间的平方差异的加权和。这被称为自回归条件异方差(AutoRegressive Conditional Heteroskedasticity，ARCH)模型见图 24.4a。进一步的扩展是广义 ARCH(GARCH)模型，对此有：

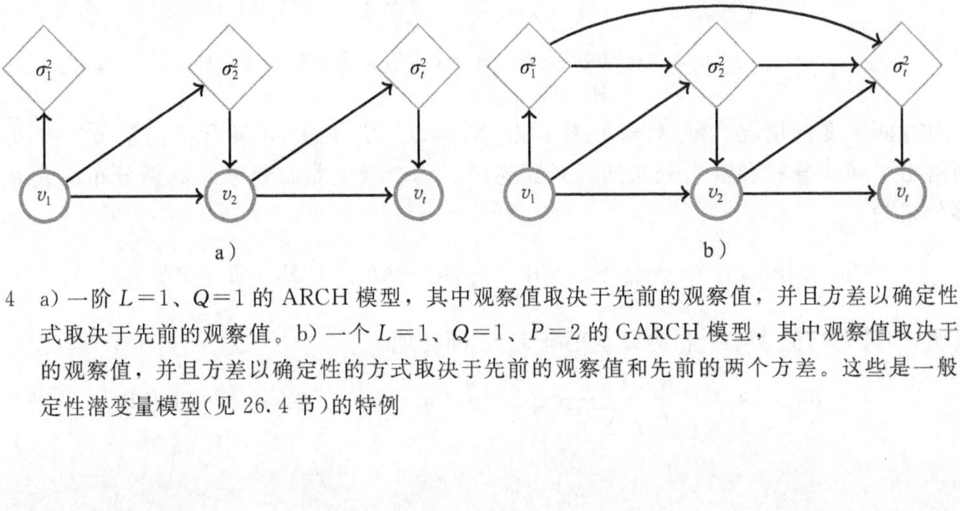

图 24.4　a) 一阶 $L=1$、$Q=1$ 的 ARCH 模型，其中观察值取决于先前的观察值，并且方差以确定性的方式取决于先前的观察值。b) 一个 $L=1$、$Q=1$、$P=2$ 的 GARCH 模型，其中观察值取决于先前的观察值，并且方差以确定性的方式取决于先前的观察值和先前的两个方差。这些是一般的确定性潜变量模型(见 26.4 节)的特例

$$\sigma_t^2=\alpha_0+\sum_{i=1}^{Q}\alpha_i(v_{t-i}-\bar{v}_{t-i})^2+\sum_{i=1}^{P}\beta_i\sigma_{t-i}^2 \tag{24.2.21}$$

其中 $\beta_i \geqslant 0$，可见图 24.4b。

24.3 潜线性动态系统

潜线性动态系统(潜 LDS)在向量序列 $\boldsymbol{h}_{1:T}$ 的潜(或“隐”)空间中定义了随机 LDS。每个观察值 $\boldsymbol{v}_t$ 是潜向量 $\boldsymbol{h}_t$ 的线性函数。潜 LDS 也称为线性高斯状态空间模型，也可以被认作定义在联合变量 $x_t=(v_t, h_t)$上的 LDS，其中部分向量 x_t 缺失。出于这个原因，我们有时也会将此模型称为 LDS(没有“潜”前缀)。这些模型是时间序列的强大模型，它们的使用很广泛，它们的潜性质意味着可以使用潜变量 $\boldsymbol{h}_t$ 来跟踪和解释观察值 $\boldsymbol{v}_t$。该模型的形式化定义如下。

定义 24.4(潜 LDS)

$$\begin{aligned}\boldsymbol{h}_t&=\boldsymbol{A}_t\boldsymbol{h}_{t-1}+\boldsymbol{\eta}_t^h \quad \boldsymbol{\eta}_t^h\sim\mathcal{N}(\boldsymbol{\eta}_t^h\mid\bar{\boldsymbol{h}}_t,\boldsymbol{\Sigma}_t^h) \quad \text{转移模型}\\ \boldsymbol{v}_t&=\boldsymbol{B}_t\boldsymbol{h}_t+\boldsymbol{\eta}_t^v \quad \boldsymbol{\eta}_t^v\sim\mathcal{N}(\boldsymbol{\eta}_t^v\mid\bar{\boldsymbol{v}}_t,\boldsymbol{\Sigma}_t^v) \quad \text{输出模型}\end{aligned} \tag{24.3.1}$$

其中，$\boldsymbol{\eta}_t^h$ 和 $\boldsymbol{\eta}_t^v$ 是噪声向量，$\boldsymbol{A}_t$ 为转移矩阵，$\boldsymbol{B}_t$ 为输出矩阵。项 $\bar{\boldsymbol{h}}_t$ 和 $\bar{\boldsymbol{v}}_t$ 分别是隐偏差和输出偏差。转移模型和输出模型定义了一阶马尔可夫模型：

$$p(\boldsymbol{h}_{1:T},\boldsymbol{v}_{1:T})=p(\boldsymbol{h}_1)p(\boldsymbol{v}_1\mid\boldsymbol{h}_1)\prod_{t=2}^{T}p(\boldsymbol{h}_t\mid\boldsymbol{h}_{t-1})p(\boldsymbol{v}_t\mid\boldsymbol{h}_t) \tag{24.3.2}$$

其中，转移分布和输出分布为高斯分布：

$$p(\boldsymbol{h}_t\mid\boldsymbol{h}_{t-1})=\mathcal{N}(\boldsymbol{h}_t\mid\boldsymbol{A}_t\boldsymbol{h}_{t-1}+\bar{\boldsymbol{h}}_t,\boldsymbol{\Sigma}_t^h),\quad p(\boldsymbol{h}_1)=\mathcal{N}(\boldsymbol{h}_1\mid\boldsymbol{\mu}_\pi,\boldsymbol{\Sigma}_\pi) \tag{24.3.3}$$

$$p(\boldsymbol{v}_t\mid\boldsymbol{h}_t)=\mathcal{N}(\boldsymbol{v}_t\mid\boldsymbol{B}_t\boldsymbol{h}_t+\bar{\boldsymbol{v}}_t,\boldsymbol{\Sigma}_t^v) \tag{24.3.4}$$

图 24.5 将该模型表示为了信念网络，据其可以直观地看出到更高阶的扩展。也可以在每个时刻引入外部输入 $\boldsymbol{o}_t$，这会使隐变量的均值增加 $\boldsymbol{Co}_t$，使观察值的均值增加 $\boldsymbol{Do}_t$。

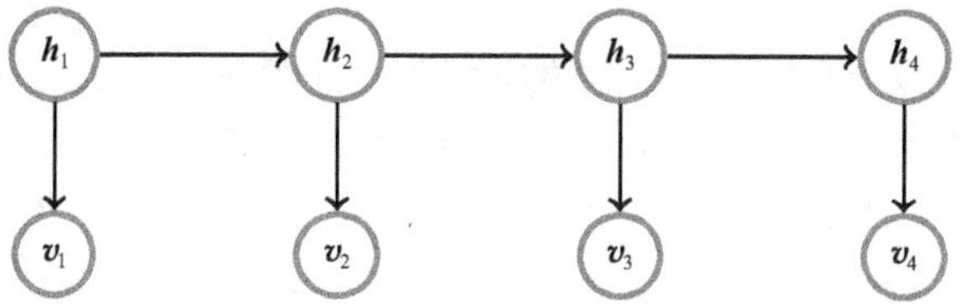

图 24.5　一个(潜)LDS，隐变量和可见变量都是高斯分布

对时间不变的情况，即 $\boldsymbol{A}_t\equiv\boldsymbol{A}$、$\boldsymbol{B}_t\equiv\boldsymbol{B}$、$\boldsymbol{\Sigma}_t^h\equiv\boldsymbol{\Sigma}_h$、$\boldsymbol{\Sigma}_t^v\equiv\boldsymbol{\Sigma}_v$ 和具有零偏差 $\bar{\boldsymbol{v}}_t=\boldsymbol{0},\bar{\boldsymbol{h}}_t=\boldsymbol{0}$，下面给出了转移分布和输出分布的显式表达式。每个隐变量都是多维高斯分布向量 $\boldsymbol{h}_t$，其转移分布为：

$$p(\boldsymbol{h}_t\mid\boldsymbol{h}_{t-1})=\frac{1}{\sqrt{|2\pi\boldsymbol{\Sigma}_h|}}\exp\left(-\frac{1}{2}(\boldsymbol{h}_t-\boldsymbol{A}\boldsymbol{h}_{t-1})^{\mathrm{T}}\boldsymbol{\Sigma}_h^{-1}(\boldsymbol{h}_t-\boldsymbol{A}\boldsymbol{h}_{t-1})\right) \tag{24.3.5}$$

这表明 $\boldsymbol{h}_t$ 具有均值 $\boldsymbol{A}\boldsymbol{h}_{t-1}$ 和协方差矩阵 $\boldsymbol{\Sigma}_h$。同样地，

$$p(\boldsymbol{v}_t\mid\boldsymbol{h}_t)=\frac{1}{\sqrt{|2\pi\boldsymbol{\Sigma}_v|}}\exp\left(-\frac{1}{2}(\boldsymbol{v}_t-\boldsymbol{B}\boldsymbol{h}_t)^{\mathrm{T}}\boldsymbol{\Sigma}_v^{-1}(\boldsymbol{v}_t-\boldsymbol{B}\boldsymbol{h}_t)\right) \tag{24.3.6}$$

描述了具有均值 $\boldsymbol{Bh}_t$ 和协方差矩阵 $\boldsymbol{\Sigma}_v$ 的输出 $\boldsymbol{V}_t$。

例 24.3 考虑在二维向量 $\boldsymbol{h}_t$ 上定义的 LDS：

$$\boldsymbol{h}_{t+1}=\boldsymbol{R}_\theta \boldsymbol{h}_t,\quad 有\ \boldsymbol{R}_\theta=\begin{pmatrix}\cos\theta & -\sin\theta \\ \sin\theta & \cos\theta\end{pmatrix} \tag{24.3.7}$$

$\boldsymbol{R}_\theta$ 在一个时间步长内将向量 $\boldsymbol{h}_t$ 旋转角度 θ。基于这个 LDS，随着时间的推移，在一个圆圈上追踪出点 $\boldsymbol{h}_1,\cdots,\boldsymbol{h}_t$。例如，取 $\boldsymbol{h}_t$ 的标量投影($t=1,\cdots,T$)：

$$\boldsymbol{v}_t=[\boldsymbol{h}_t]_1=[1\quad 0]^{\mathrm{T}}\boldsymbol{h}_t \tag{24.3.8}$$

描述了一个正弦曲线，如图 24.6 所示。通过使用分块对角矩阵 $\boldsymbol{R}=\mathrm{blkdiag}(\boldsymbol{R}_{\theta_1},\cdots,\boldsymbol{R}_{\theta_m})$，和取扩展的 $m\times 2$ 维的 $\boldsymbol{h}_t$ 向量的标量投影，可以用 m 个正弦分量构造对信号的表示。因此，LDS 可以表示可能高度复杂的周期行为。

图 24.6 单个相量绘制为阻尼二维旋转 $\boldsymbol{h}_{t+1}=\gamma\boldsymbol{R}_\theta\boldsymbol{h}_t$，其中阻尼因子 $0<\gamma<1$。通过在 y 轴上投影，相量生成阻尼正弦曲线

24.4 推断

给定观察序列 $\boldsymbol{v}_{1:T}$，本节考虑滤波和平滑，就像对 23.2.1 节的隐马尔可夫模型所做的那样。对隐马尔可夫模型，在导出各种消息传播递归形式时，仅使用由信念网络编码的独立性结构。由于 LDS 具有与隐马尔可夫模型相同的独立性结构，因此在导出 LDS 的更新时可以使用相同的独立性假设。但是，在实现它们时，需要处理的问题是，现在面对的是连续隐变量而不是离散的状态。分布是高斯分布的事实意味着我们可以准确地处理连续的消息。在转换隐马尔可夫模型的消息传递方程时，首先用积分代替求和。例如，滤波递归[式(23.2.7)]变为：

$$p(\boldsymbol{h}_t\mid \boldsymbol{v}_{1:t})\propto\int_{\boldsymbol{h}_{t-1}} p(\boldsymbol{v}_t\mid\boldsymbol{h}_t)p(\boldsymbol{h}_t\mid\boldsymbol{h}_{t-1})p(\boldsymbol{h}_{t-1}\mid\boldsymbol{v}_{1:t-1}),\quad t>1 \tag{24.4.1}$$

由于两个高斯分布的乘积是高斯分布，因此高斯分布的积分也是高斯分布，即得到的 $p(\boldsymbol{h}_t\mid\boldsymbol{v}_{1:t})$ 也是高斯分布。高斯分布的这种闭包性质意味着可以用均值为 $\boldsymbol{f}_{t-1}$，协方差矩阵为 $\boldsymbol{F}_{t-1}$ 的高斯分布 $\mathcal{N}(\boldsymbol{h}_{t-1}\mid\boldsymbol{f}_{t-1},\boldsymbol{F}_{t-1})$ 表示 $p(\boldsymbol{h}_{t-1}\mid\boldsymbol{v}_{1:t-1})$。等式(24.4.1)的作用相当于将均值 $\boldsymbol{f}_{t-1}$ 和协方差 $\boldsymbol{F}_{t-1}$ 更新为 $p(\boldsymbol{h}_t\mid\boldsymbol{v}_{1:t})$ 的均值 $\boldsymbol{f}_t$ 和协方差 $\boldsymbol{F}_t$。下面的任务是为这些更新找到显式的代数公式。

数值稳定性

将为隐马尔可夫模型开发的消息传递推断技术转换为 LDS 在很大程度上是比较直接的。实际上，可以简单地运行一个标准的和-积算法(尽管是针对连续变量)，参见 demosumprodgausscanonldap.m。然而，在长时间序列内，数值的不稳定性会增加，并可能导致非常不准确的结果，这取决于转移分布和输出分布参数以及实现消息更新的方法。出于这个原因，已经开发出在特定参数方案下保持数值稳定的专门例程[304]。对 23.2.1 节的隐马尔可夫模型，我们讨论了两种对平滑的替代方法，即并行 β 方法和串行 γ 方法。β 递归适用于输出分布和转移分布的协方差元素较大的情况，γ 递归更适用于有较小协方差值的标准情况。

分析捷径

在推导推断递归时，需要频繁地对高斯分布求积和求积分。虽然在原则上很简单，但这在代数上可能很烦琐，而且在任何可能的情况下，使用已知的快捷方式是有用的。例如，可以利用高斯随机变量的线性变换是另一个高斯随机变量这个一般结果。同样，利用条件公式和动力学反转直觉也很方便。这些结果在 8.4 节中进行了说明，下面将推导对我们的目的最有用的结果。这也将解释如何推导滤波方程。

考虑高斯随机变量的线性变换：

$$\boldsymbol{y}=\boldsymbol{M}\boldsymbol{x}+\boldsymbol{\eta},\quad \boldsymbol{\eta}\sim\mathcal{N}(\boldsymbol{\eta}\mid\boldsymbol{\mu},\boldsymbol{\Sigma}),\quad \boldsymbol{x}\sim\mathcal{N}(\boldsymbol{x}\mid\boldsymbol{\mu}_x,\boldsymbol{\Sigma}_x) \tag{24.4.2}$$

其中，假设 $\boldsymbol{x}$ 和 $\boldsymbol{\eta}$ 是从独立过程中生成的。为了求出分布 $p(\boldsymbol{y})$，一种方法是形式化地将其写成：

$$p(\boldsymbol{y})=\int\mathcal{N}(\boldsymbol{y}\mid\boldsymbol{M}\boldsymbol{x}+\boldsymbol{\mu},\boldsymbol{\Sigma})\mathcal{N}(\boldsymbol{x}\mid\boldsymbol{\mu}_x,\boldsymbol{\Sigma}_x)\mathrm{d}\boldsymbol{x} \tag{24.4.3}$$

并求积分(通过完全平方)。然而，由于线性变换后的高斯变量是另一个高斯变量，因此可以采用捷径，只求出变换后的变量的均值和协方差矩阵。其均值为：

$$\langle\boldsymbol{y}\rangle=\boldsymbol{M}\langle\boldsymbol{x}\rangle+\langle\boldsymbol{\eta}\rangle=\boldsymbol{M}\boldsymbol{\mu}_x+\boldsymbol{\mu} \tag{24.4.4}$$

为求出 $p(\boldsymbol{y})$的协方差，考虑变量 $\boldsymbol{x}$ 距其均值的位移，即：

$$\Delta\boldsymbol{x}\equiv\boldsymbol{x}-\langle\boldsymbol{x}\rangle \tag{24.4.5}$$

根据定义，协方差矩阵是$\langle\Delta\boldsymbol{x}\Delta\boldsymbol{x}^{\mathrm{T}}\rangle$。对于 $\boldsymbol{y}$，位移是：

$$\Delta\boldsymbol{y}=\boldsymbol{M}\Delta\boldsymbol{x}+\Delta\boldsymbol{\eta} \tag{24.4.6}$$

所以，协方差矩阵为：

$$\begin{aligned}\langle\Delta\boldsymbol{y}\Delta\boldsymbol{y}^{\mathrm{T}}\rangle&=\langle(\boldsymbol{M}\Delta\boldsymbol{x}+\Delta\eta)(\boldsymbol{M}\Delta\boldsymbol{x}+\Delta\eta)^{\mathrm{T}}\rangle\\&=\boldsymbol{M}\langle\Delta\boldsymbol{x}\Delta\boldsymbol{x}^{\mathrm{T}}\rangle\boldsymbol{M}^{\mathrm{T}}+\boldsymbol{M}\langle\Delta\boldsymbol{x}\Delta\boldsymbol{\eta}^{\mathrm{T}}\rangle+\langle\Delta\boldsymbol{\eta}\Delta\boldsymbol{x}^{\mathrm{T}}\rangle\boldsymbol{M}^{\mathrm{T}}+\langle\Delta\boldsymbol{\eta}\Delta\boldsymbol{\eta}^{\mathrm{T}}\rangle\end{aligned}$$

因为假设噪声 $\boldsymbol{\eta}$ 和 $\boldsymbol{x}$ 是独立的，即$\langle\Delta\boldsymbol{\eta}\Delta\boldsymbol{x}^{\mathrm{T}}\rangle=\mathbf{0}$，所以可以得到：

$$\boldsymbol{\Sigma}_y=\boldsymbol{M}\boldsymbol{\Sigma}_x\boldsymbol{M}^{\mathrm{T}}+\boldsymbol{\Sigma} \tag{24.4.7}$$

24.4.1 滤波

将滤波后的分布表示为具有均值 $\boldsymbol{f}_t$ 和协方差矩阵 $\boldsymbol{F}_t$ 的高斯分布：

$$p(\boldsymbol{h}_t\mid\boldsymbol{v}_{1:t})\sim\mathcal{N}(\boldsymbol{h}_t\mid\boldsymbol{f}_t,\boldsymbol{F}_t) \tag{24.4.8}$$

这称为矩表示。我们的任务是根据 $\boldsymbol{f}_{t-1}$ 和 $\boldsymbol{F}_{t-1}$ 找到 $\boldsymbol{f}_t$ 和 $\boldsymbol{F}_t$ 的递归形式。一种方便的方法是首先求出联合分布 $p(\boldsymbol{h}_t,\boldsymbol{v}_t\mid\boldsymbol{v}_{1:t-1})$，然后以 $\boldsymbol{v}_t$ 为条件求出分布 $p(\boldsymbol{h}_t\mid\boldsymbol{v}_{1:t})$。项 $p(\boldsymbol{h}_t,\boldsymbol{v}_t\mid\boldsymbol{v}_{1:t-1})$是高斯分布，其统计数据可以从以下关系中找到：

$$\boldsymbol{v}_t=\boldsymbol{B}\boldsymbol{h}_t+\boldsymbol{\eta}_t^v,\quad \boldsymbol{h}_t=\boldsymbol{A}\boldsymbol{h}_{t-1}+\boldsymbol{\eta}_t^h \tag{24.4.9}$$

使用上式，并假设时间不变性和零偏差，很容易求出：

$$\langle\Delta\boldsymbol{h}_t\Delta\boldsymbol{h}_t^{\mathrm{T}}\mid\boldsymbol{v}_{1:t-1}\rangle=\boldsymbol{A}\boldsymbol{F}_{t-1}\boldsymbol{A}^{\mathrm{T}}+\boldsymbol{\Sigma}_h, \tag{24.4.10}$$

$$\langle\Delta\boldsymbol{v}_t\Delta\boldsymbol{h}_t^{\mathrm{T}}\mid\boldsymbol{v}_{1:t-1}\rangle=\boldsymbol{B}(\boldsymbol{A}\boldsymbol{F}_{t-1}\boldsymbol{A}^{\mathrm{T}}+\boldsymbol{\Sigma}_h), \tag{24.4.11}$$

$$\langle\Delta\boldsymbol{v}_t\Delta\boldsymbol{v}_t^{\mathrm{T}}\mid\boldsymbol{v}_{1:t-1}\rangle=\boldsymbol{B}(\boldsymbol{A}\boldsymbol{F}_{t-1}\boldsymbol{A}^{\mathrm{T}}+\boldsymbol{\Sigma}_h)\boldsymbol{B}^{\mathrm{T}}+\boldsymbol{\Sigma}_v, \tag{24.4.12}$$

$$\langle\boldsymbol{v}_t\mid\boldsymbol{v}_{1:t-1}\rangle=\boldsymbol{B}\boldsymbol{A}(\boldsymbol{h}_{t-1}\mid\boldsymbol{v}_{1:t-1}), \tag{24.4.13}$$

$$\langle\boldsymbol{h}_t\mid\boldsymbol{v}_{1:t-1}\rangle=\boldsymbol{A}\langle\boldsymbol{h}_{t-1}\mid\boldsymbol{v}_{1:t-1}\rangle \tag{24.4.14}$$

对上式，使用我们的前向消息的矩表示：

$$\langle \boldsymbol{h}_{t-1} \mid \boldsymbol{v}_{1:t-1} \rangle \equiv \boldsymbol{f}_{t-1}, \quad \langle \Delta \boldsymbol{h}_{t-1} \Delta \boldsymbol{h}_{t-1}^{\mathrm{T}} \mid \boldsymbol{v}_{1:t-1} \rangle \equiv \boldsymbol{F}_{t-1} \tag{24.4.15}$$

然后，使用条件分布 $p(\boldsymbol{h}_t \mid \boldsymbol{v}_t, \boldsymbol{v}_{1:t-1})$，求得均值：

$$\boldsymbol{f}_t \equiv \langle \boldsymbol{h}_t \mid \boldsymbol{v}_{1:t-1} \rangle + \langle \Delta \boldsymbol{h}_t \Delta \boldsymbol{v}_t^{\mathrm{T}} \mid \boldsymbol{v}_{1:t-1} \rangle \langle \Delta \boldsymbol{v}_t \Delta \boldsymbol{v}_t^{\mathrm{T}} \mid \boldsymbol{v}_{1:t-1} \rangle^{-1} (\boldsymbol{v}_t - \langle \boldsymbol{v}_t \mid \boldsymbol{v}_{1:t-1} \rangle) \tag{24.4.16}$$

和协方差矩阵：

$$\boldsymbol{F}_t \equiv \langle \Delta \boldsymbol{h}_t \Delta \boldsymbol{h}_t^{\mathrm{T}} \mid \boldsymbol{v}_{1:t-1} \rangle - \langle \Delta \boldsymbol{h}_t \Delta \boldsymbol{v}_t^{\mathrm{T}} \mid \boldsymbol{v}_{1:t-1} \rangle \langle \Delta \boldsymbol{v}_t \Delta \boldsymbol{v}_t^{\mathrm{T}} \mid \boldsymbol{v}_{1:t-1} \rangle^{-1} \langle \Delta \boldsymbol{v}_t \Delta \boldsymbol{h}_t^{\mathrm{T}} \mid \boldsymbol{v}_{1:t-1} \rangle \tag{24.4.17}$$

显式地写出以上内容，求得的均值和协方差矩阵：

$$\boldsymbol{f}_t = \boldsymbol{A}\boldsymbol{f}_{t-1} + \boldsymbol{P}\boldsymbol{B}^{\mathrm{T}} (\boldsymbol{B}\boldsymbol{P}\boldsymbol{B}^{\mathrm{T}} + \boldsymbol{\Sigma}_v)^{-1} (\boldsymbol{v}_t - \boldsymbol{B}\boldsymbol{A}\boldsymbol{f}_{t-1}) \tag{24.4.18}$$

$$\boldsymbol{F}_t = \boldsymbol{P} - \boldsymbol{P}\boldsymbol{B}^{\mathrm{T}} (\boldsymbol{B}\boldsymbol{P}\boldsymbol{B}^{\mathrm{T}} + \boldsymbol{\Sigma}_v)^{-1} \boldsymbol{B}\boldsymbol{P} \tag{24.4.19}$$

其中，

$$\boldsymbol{P} \equiv \boldsymbol{A}\boldsymbol{F}_{t-1}\boldsymbol{A}^{\mathrm{T}} + \boldsymbol{\Sigma}_h \tag{24.4.20}$$

递归被初始化为 $\boldsymbol{f}_0 = \boldsymbol{0}$ 和 $\boldsymbol{F}_0 = \boldsymbol{0}$。滤波过程在算法 24.1 中呈现，一个单次更新见 LDSforwardUpdate. m。

可以将协方差矩阵的更新写为：

$$\boldsymbol{F}_t = (\boldsymbol{I} - \boldsymbol{K}\boldsymbol{B})\boldsymbol{P} \tag{24.4.21}$$

其中定义了卡尔曼增益(Kalman gain)矩阵：

$$\boldsymbol{K} = \boldsymbol{P}\boldsymbol{B}^{\mathrm{T}} (\boldsymbol{\Sigma}_V + \boldsymbol{B}\boldsymbol{P}\boldsymbol{B}^{\mathrm{T}})^{-1} \tag{24.4.22}$$

算法 24.1 LDS 前向传播。为 LDS 计算滤波后验 $p(\boldsymbol{h}_t \mid \boldsymbol{v}_{1:t}) \equiv \mathcal{N}(\boldsymbol{f}_t, \boldsymbol{F}_t)$，其中参数为 $\theta_t = \{\boldsymbol{A}, \boldsymbol{B}, \boldsymbol{\Sigma}^h, \boldsymbol{\Sigma}^v, \overline{\boldsymbol{h}}, \overline{\boldsymbol{v}}\}_t$。同时，也返回对数似然 $L = \log p(\boldsymbol{v}_{1:T})$

$\{\boldsymbol{f}_1, \boldsymbol{F}_1, p_1\} = \text{LDSFORWARD}(\boldsymbol{0}, \boldsymbol{0}, \boldsymbol{v}_1; \theta_1)$
$L \leftarrow \log p_1$
for $t \leftarrow 2, T$ **do**
  $\{\boldsymbol{f}_t, \boldsymbol{F}_t, p_t\} = \text{LDSFORWARD}(\boldsymbol{f}_{t-1}, \boldsymbol{F}_{t-1}, \boldsymbol{v}_t; \theta_t)$
  $L \leftarrow L + \log p_t$
end for
function LDSFORWARD$(\boldsymbol{f}, \boldsymbol{F}, \boldsymbol{v}; \theta)$
  $\boldsymbol{\mu}_h \leftarrow \boldsymbol{A}\boldsymbol{f} + \overline{\boldsymbol{h}}$，$\mu_v \leftarrow \boldsymbol{B}\boldsymbol{\mu}_h + \overline{\boldsymbol{v}}$ ▷ $p(\boldsymbol{h}_t, \boldsymbol{v}_t \mid \boldsymbol{v}_{1:t-1})$的均值
  $\Sigma_{hh} \leftarrow \boldsymbol{A}\boldsymbol{F}\boldsymbol{A}^{\mathrm{T}} + \Sigma_h$，$\Sigma_{vv} \leftarrow \boldsymbol{B}\Sigma_{hh}\boldsymbol{B}^{\mathrm{T}} + \boldsymbol{\Sigma}_v$，$\boldsymbol{\Sigma}_{vh} \leftarrow \boldsymbol{B}\boldsymbol{\Sigma}_{hh}$ ▷ $p(\boldsymbol{h}_t, \boldsymbol{v}_t \mid \boldsymbol{v}_{1:t-1})$的协方差
  $\boldsymbol{f}' \leftarrow \boldsymbol{\mu}_h + \boldsymbol{\Sigma}_{vh}^{\mathrm{T}} \boldsymbol{\Sigma}_{vv}^{-1} (v - \mu_v)$，$\boldsymbol{F}' \leftarrow \boldsymbol{\Sigma}_{hh} - \boldsymbol{\Sigma}_{vh}^{\mathrm{T}} \boldsymbol{\Sigma}_{vv}^{-1} \boldsymbol{\Sigma}_{vh}$ ▷找到 $p(\boldsymbol{h}_t \mid \boldsymbol{v}_{1:t})$
  $p' \leftarrow \exp\left(-\frac{1}{2}(\boldsymbol{v} - \boldsymbol{\mu}_v)^{\mathrm{T}} \boldsymbol{\Sigma}_{vv}^{-1} (\boldsymbol{v} - \boldsymbol{\mu}_v)\right) / \sqrt{\det(2\pi\boldsymbol{\Sigma}_{vv})}$ ▷计算 $p(\boldsymbol{v}_t \mid \boldsymbol{v}_{1:t-1})$
  return f', F', p'
end function

对称更新

协方差更新式(24.4.21)的一个潜在的数值问题是它是两个正定矩阵的差。如果存在数值误差，那么 $\boldsymbol{F}_t$ 在数值上可能不是正定的，也不是对称的。使用 Woodbury 恒等式(见定义 A. 11)，方程(24.4.19)可以更简洁地写成：

$$\boldsymbol{F}_t = (\boldsymbol{P}^{-1} + \boldsymbol{B}^{\mathrm{T}} \boldsymbol{\Sigma}_v^{-1} \boldsymbol{B})^{-1} \tag{24.4.23}$$

虽然这是正半定的，但这在数值上是昂贵的，因为涉及两个矩阵的逆变换。另一种方法是用 $\boldsymbol{K}$ 的定义，从而可以写为：

$$\boldsymbol{K\Sigma}_v\boldsymbol{K}^{\mathrm{T}}=(\boldsymbol{I}-\boldsymbol{KB})\boldsymbol{PB}^{\mathrm{T}}\boldsymbol{K}^{\mathrm{T}} \tag{24.4.24}$$

因此，我们得出约瑟夫的对称更新(Joseph's symmetrized update)[115]：

$$\boldsymbol{F}_t=(\boldsymbol{I}-\boldsymbol{KB})\boldsymbol{P}(\boldsymbol{I}-\boldsymbol{KB})^{\mathrm{T}}+\boldsymbol{K\Sigma}_v\boldsymbol{K}^{\mathrm{T}} \tag{24.4.25}$$

上式的右侧是两个正定矩阵相加，这样得到的协方差矩阵的更新在数值上更稳定。在下面的后向传递中也可以使用类似的方法。一种替代方法是避免直接使用协方差矩阵，而是使用它们的平方根作为参数，从而对这些矩阵进行更新[244,40]。

预测

根据定义 24.4，未来可见变量的分布是通过将滤波后的分布向前传播一个时间步得到的(这里针对的是与时间无关的情况)：

$$p(\boldsymbol{v}_{t+1}\mid\boldsymbol{v}_{1:t})=\int_{\boldsymbol{h}_t,\boldsymbol{h}_{t+1}}p(\boldsymbol{v}_{t+1}\mid\boldsymbol{h}_{t+1})p(\boldsymbol{h}_{t+1}\mid\boldsymbol{h}_t)p(\boldsymbol{h}_t\mid\boldsymbol{v}_{1:t}) \tag{24.4.26}$$

$$=\mathcal{N}(\boldsymbol{v}_{t+1}\mid\boldsymbol{B}(\boldsymbol{Af}_t+\bar{\boldsymbol{h}})+\bar{\boldsymbol{v}},\boldsymbol{B}(\boldsymbol{AF}_t\boldsymbol{A}^{\mathrm{T}}+\boldsymbol{\Sigma}_h)\boldsymbol{B}^{\mathrm{T}}+\boldsymbol{\Sigma}_v) \tag{24.4.27}$$

24.4.2　平滑：Rauch-Tung-Striebel 校正方法

平滑后的后验 $p(\boldsymbol{h}_t\mid\boldsymbol{v}_{1:T})$ 必然是高斯分布，因为它是较大高斯分布的条件边缘。通过将后验分布表示为具有均值 $\boldsymbol{g}_t$ 和协方差矩阵 $\boldsymbol{G}_t$ 的高斯分布：

$$p(\boldsymbol{h}_t\mid\boldsymbol{v}_{1:T})\sim\mathcal{N}(\boldsymbol{h}_t\mid\boldsymbol{g}_t,\boldsymbol{G}_t) \tag{24.4.28}$$

可以为 $\boldsymbol{g}_t$ 和 $\boldsymbol{G}_t$ 形成一个递归式，如下所示：

$$p(\boldsymbol{h}_t\mid\boldsymbol{v}_{1:T})=\int_{\boldsymbol{h}_{t+1}}p(\boldsymbol{h}_t,\boldsymbol{h}_{t+1}\mid\boldsymbol{v}_{1:T}) \tag{24.4.29}$$

$$=\int_{\boldsymbol{h}_{t+1}}p(\boldsymbol{h}_t\mid\boldsymbol{v}_{1:T},\boldsymbol{h}_{t+1})p(\boldsymbol{h}_{t+1}\mid\boldsymbol{v}_{1:T})\int_{\boldsymbol{h}_{t+1}}p(\boldsymbol{h}_t\mid\boldsymbol{v}_{1:t},\boldsymbol{h}_{t+1})p(\boldsymbol{h}_{t+1}\mid\boldsymbol{v}_{1:T}) \tag{24.4.30}$$

项 $p(\boldsymbol{h}_t\mid\boldsymbol{v}_{1:t},\boldsymbol{h}_{t+1})$ 可以通过条件化联合分布求得：

$$p(\boldsymbol{h}_t,\boldsymbol{h}_{t+1}\mid\boldsymbol{v}_{1:t})=p(\boldsymbol{h}_{t+1}\mid\boldsymbol{h}_t,\cancel{\boldsymbol{v}_{1:t}})p(\boldsymbol{h}_t\mid\boldsymbol{v}_{1:t}) \tag{24.4.31}$$

这可以用通常的方式获得，即求出均值和协方差矩阵：项 $p(\boldsymbol{h}_t\mid\boldsymbol{v}_{1:t})$ 是一个已知的高斯分布，它通过滤波得到，具有均值 $\boldsymbol{f}_t$ 和协方差矩阵 $\boldsymbol{F}_t$。因此，联合分布 $p(\boldsymbol{h}_t,\boldsymbol{h}_{t+1}\mid\boldsymbol{v}_{1:t})$ 具有均值：

$$\langle\boldsymbol{h}_t\mid\boldsymbol{v}_{1:t}\rangle=\boldsymbol{f}_t,\quad\langle\boldsymbol{h}_{t+1}\mid\boldsymbol{v}_{1:t}\rangle=\boldsymbol{Af}_t \tag{24.4.32}$$

和协方差矩阵元素：

$$\langle\Delta\boldsymbol{h}_t\Delta\boldsymbol{h}_t^{\mathrm{T}}\mid\boldsymbol{v}_{1:t}\rangle=\boldsymbol{F}_t,\quad\langle\Delta\boldsymbol{h}_t\Delta\boldsymbol{h}_{t+1}^{\mathrm{T}}\mid\boldsymbol{v}_{1:t}\rangle=\boldsymbol{F}_t\boldsymbol{A}^{\mathrm{T}},\quad\langle\Delta\boldsymbol{h}_{t+1}\Delta\boldsymbol{h}_{t+1}^{\mathrm{T}}\mid\boldsymbol{v}_{1:t}\rangle=\boldsymbol{AF}_t\boldsymbol{A}^{\mathrm{T}}+\boldsymbol{\Sigma}_h \tag{24.4.33}$$

为找到 $p(\boldsymbol{h}_t\mid\boldsymbol{v}_{1:t},\boldsymbol{h}_{t+1})$，可以使用条件高斯结果，即结果 8.4。但是，使用 8.4.2 节介绍的系统反转结果会变得有用，其将 $p(\boldsymbol{h}_t\mid\boldsymbol{v}_{1:t},\boldsymbol{h}_{t+1})$ 解释为一个在时间上倒退的等价线性系统：

$$\boldsymbol{h}_t=\overleftarrow{\boldsymbol{A}}_t\boldsymbol{h}_{t+1}+\overleftarrow{\boldsymbol{m}}_t+\overleftarrow{\boldsymbol{\eta}}_t \tag{24.4.34}$$

其中：

$$\overleftarrow{\boldsymbol{A}}_t\equiv\langle\Delta\boldsymbol{h}_t\Delta\boldsymbol{h}_{t+1}^{\mathrm{T}}\mid\boldsymbol{v}_{1:t}\rangle\langle\Delta\boldsymbol{h}_{t+1}\Delta\boldsymbol{h}_{t+1}^{\mathrm{T}}\mid\boldsymbol{v}_{1:t}\rangle^{-1} \tag{24.4.35}$$

$$\overleftarrow{\boldsymbol{m}}_t\equiv\langle\boldsymbol{h}_t\mid\boldsymbol{v}_{1:t}\rangle-\langle\Delta\boldsymbol{h}_t\Delta\boldsymbol{h}_{t+1}^{\mathrm{T}}\mid\boldsymbol{v}_{1:t}\rangle\langle\Delta\boldsymbol{h}_{t+1}\Delta\boldsymbol{h}_{t+1}^{\mathrm{T}}\mid\boldsymbol{v}_{1:t}\rangle^{-1}\langle\boldsymbol{h}_{t+1}\mid\boldsymbol{v}_{1:t}\rangle \tag{24.4.36}$$

和 $\overleftarrow{\boldsymbol{\eta}}_t \sim \mathcal{N}(\overleftarrow{\boldsymbol{\eta}}_t \mid \mathbf{0}, \overleftarrow{\boldsymbol{\Sigma}}_t)$，其中：

$$\overleftarrow{\boldsymbol{\Sigma}}_t \equiv \langle \Delta \boldsymbol{h}_t \Delta \boldsymbol{h}_t^{\mathrm{T}} \mid \boldsymbol{v}_{1:t} \rangle - \langle \Delta \boldsymbol{h}_t \Delta \boldsymbol{h}_{t+1}^{\mathrm{T}} \mid \boldsymbol{v}_{1:t} \rangle \langle \Delta \boldsymbol{h}_{t+1} \Delta \boldsymbol{h}_{t+1}^{\mathrm{T}} \mid \boldsymbol{v}_{1:t} \rangle^{-1} \langle \Delta \boldsymbol{h}_{t+1} \Delta \boldsymbol{h}_t^{\mathrm{T}} \mid \boldsymbol{v}_{1:t} \rangle \tag{24.4.37}$$

利用动力学反转方程式(24.4.34)，且假设 $\boldsymbol{h}_{t+1}$ 为高斯分布，则可以直接计算出 $p(\boldsymbol{h}_t \mid \boldsymbol{v}_{1:T})$ 的统计量，其均值为：

$$\boldsymbol{g}_t \equiv \langle \boldsymbol{h}_t \mid \boldsymbol{v}_{1:T} \rangle = \overleftarrow{\boldsymbol{A}}_t \langle \boldsymbol{h}_{t+1} \mid \boldsymbol{v}_{1:T} \rangle + \overleftarrow{\boldsymbol{m}}_t = \overleftarrow{\boldsymbol{A}}_t g_{t+1} + \overleftarrow{\boldsymbol{m}}_t \tag{24.4.38}$$

协方差矩阵为：

$$\boldsymbol{G}_t \equiv \langle \Delta \boldsymbol{h}_t \Delta \boldsymbol{h}_t^{\mathrm{T}} \mid \boldsymbol{v}_{1:T} \rangle = \overleftarrow{\boldsymbol{A}}_t \langle \Delta \boldsymbol{h}_{t+1} \Delta \boldsymbol{h}_{t+1}^{\mathrm{T}} \mid \boldsymbol{v}_{1:T} \rangle \overleftarrow{\boldsymbol{A}}_t^{\mathrm{T}} + \overleftarrow{\boldsymbol{\Sigma}}_t = \overleftarrow{\boldsymbol{A}}_t \boldsymbol{G}_{t+1} \overleftarrow{\boldsymbol{A}}_t^{\mathrm{T}} + \overleftarrow{\boldsymbol{\Sigma}}_t \tag{24.4.39}$$

这个过程是 Rauch-Tung-Striebel 卡尔曼平滑器[249]。这称为“校正”方法，因为它采用滤波后的估计值 $p(\boldsymbol{h}_t \mid \boldsymbol{v}_{1:t})$ 并“校正”它，以形成平滑估计值 $p(\boldsymbol{h}_t \mid \boldsymbol{v}_{1:T})$。该过程在算法 24.2 中概述，并在 LDSbackwardUpdate. m 中详述。另请参见 LDSsmooth. m。

算法 24.2　LDS 后向传播。计算平滑后验分布 $p(\boldsymbol{h}_t \mid \boldsymbol{v}_{1:T})$。这个过程需要算法 24.1 中的滤波结果

$\boldsymbol{G}_T \leftarrow \boldsymbol{F}_T, \boldsymbol{g}_T \leftarrow \boldsymbol{f}_T$
for $t \leftarrow T-1, 1$ **do**
　$\{\boldsymbol{g}_t, \boldsymbol{G}_t\} = \mathrm{LDSBACKWARD}(\boldsymbol{g}_{t+1}, \boldsymbol{G}_{t+1}, \boldsymbol{f}_t, \boldsymbol{F}_t; \theta_t)$
end for
function $\mathrm{LDSBACKWARD}(\boldsymbol{g}, \boldsymbol{G}, \boldsymbol{f}, \boldsymbol{F}; \theta)$
　$\boldsymbol{\mu}_h \leftarrow \boldsymbol{A}f + \overline{\boldsymbol{h}},\quad \boldsymbol{\Sigma}_{h'h'} \leftarrow \boldsymbol{A}\boldsymbol{F}\boldsymbol{A}^{\mathrm{T}} + \boldsymbol{\Sigma}_h,\quad \boldsymbol{\Sigma}_{h'h} \leftarrow \boldsymbol{A}\boldsymbol{F}$　▷$p(\boldsymbol{h}_t, \boldsymbol{h}_{t+1} \mid \boldsymbol{v}_{1:t})$的统计值
　$\overleftarrow{\Sigma} \leftarrow \boldsymbol{F} - \boldsymbol{\Sigma}_{h'h}^{\mathrm{T}} \boldsymbol{\Sigma}_{h'h'}^{-1} \boldsymbol{\Sigma}_{h'h},\quad \overleftarrow{\boldsymbol{A}} \leftarrow \boldsymbol{\Sigma}_{h'h}^{\mathrm{T}} \boldsymbol{\Sigma}_{h'h'}^{-1},\quad \overleftarrow{\boldsymbol{m}} \leftarrow \boldsymbol{f} - \overleftarrow{\boldsymbol{A}} \mu_h$　▷动力学反转 $p(\boldsymbol{h}_t \mid \boldsymbol{h}_{t+1}, \boldsymbol{v}_{1:t})$
　$g' \leftarrow \overleftarrow{\boldsymbol{A}} \boldsymbol{g} + \overleftarrow{\boldsymbol{m}},\quad \boldsymbol{G}' \leftarrow \overleftarrow{\boldsymbol{A}} \boldsymbol{G} \overleftarrow{\boldsymbol{A}}^{\mathrm{T}} + \overleftarrow{\boldsymbol{\Sigma}}$　▷后向传播
　return $\boldsymbol{g}', \boldsymbol{G}'$
end function

从 $p(\boldsymbol{h}_{1:T} \mid \boldsymbol{v}_{1:T})$ 抽取轨迹

可以使用等式(24.4.34)从后验分布 $p(\boldsymbol{h}_{1:T} \mid \boldsymbol{v}_{1:T})$ 中抽取样本轨迹 $\boldsymbol{h}_{1:T}$。我们首先从高斯后验 $p(\boldsymbol{h}_T \mid \boldsymbol{v}_{1:T}) = \mathcal{N}(\boldsymbol{h}_T \mid \boldsymbol{f}_T, \boldsymbol{F}_T)$ 中抽取样本 $\boldsymbol{h}_T$。给定这个值，可以得到：

$$\boldsymbol{h}_{T-1} = \overleftarrow{\boldsymbol{A}}_{T-1} \boldsymbol{h}_T + \overleftarrow{\boldsymbol{m}}_{T-1} + \overleftarrow{\boldsymbol{\eta}}_{T-1} \tag{24.4.40}$$

从零均值高斯分布 $\mathcal{N}(\overleftarrow{\boldsymbol{\eta}}_{T-1} \mid \mathbf{0}, \overleftarrow{\boldsymbol{\Sigma}}_{T-1})$ 中抽样，可以得到 $\boldsymbol{h}_{T-1}$ 的值。以这种方式继续，在时间上反转，建立样本轨迹 $\boldsymbol{h}_T, \boldsymbol{h}_{T-1}, \boldsymbol{h}_{T-2}, \cdots, \boldsymbol{h}_1$。这等价于 23.2.5 节中描述的前向滤波后向抽样方法。

交叉矩

上面给出的动力学反转解释的一个优点是，可以立即得到(学习所需的)交叉矩：

$$\langle \Delta \boldsymbol{h}_t \Delta \boldsymbol{h}_{t+1}^{\mathrm{T}} \mid \boldsymbol{v}_{1:T} \rangle = \overleftarrow{\boldsymbol{A}}_t \boldsymbol{G}_{t+1} \Rightarrow \langle \boldsymbol{h}_t \boldsymbol{h}_{t+1}^{\mathrm{T}} \mid \boldsymbol{v}_{1:T} \rangle = \overleftarrow{\boldsymbol{A}}_t \boldsymbol{G}_{t+1} + \boldsymbol{g}_t \boldsymbol{g}_{t+1}^{\mathrm{T}} \tag{24.4.41}$$

24.4.3　似然

对 23.2 节中的离散隐马尔可夫模型，我们展示了如何直接用滤波后的消息 $\sum_{h_T} \alpha(h_T)$ 来计算似然。因为我们传递的消息分布是条件分布 $p(\boldsymbol{h}_t \mid \boldsymbol{v}_{1:t})$，而不是联合分布 $p(\boldsymbol{h}_t, \boldsymbol{v}_{1:t})$，故这里不能应用这种技术。然而，可以使用以下分解来计算似然：

$$p(\boldsymbol{v}_{1:T}) = \prod_{t=1}^{T} p(\boldsymbol{v}_t \mid \boldsymbol{v}_{1:t-1}) \tag{24.4.42}$$

上式中，$p(\boldsymbol{v}_t \mid \boldsymbol{v}_{1:t-1})=\mathcal{N}(\boldsymbol{v}_t \mid \boldsymbol{\mu}_t, \boldsymbol{\Sigma}_t)$，且有：

$$\begin{aligned} &\boldsymbol{\mu}_1 \equiv \boldsymbol{B}\boldsymbol{\mu}_\pi \quad &\boldsymbol{\Sigma}_1 \equiv \boldsymbol{B}\boldsymbol{\Sigma}\boldsymbol{B}^{\mathrm{T}}+\boldsymbol{\Sigma}_\pi \quad & t=1 \\ &\boldsymbol{\mu}_t \equiv \boldsymbol{B}\boldsymbol{A}\boldsymbol{f}_{t-1} \quad &\boldsymbol{\Sigma}_1 \equiv \boldsymbol{B}(\boldsymbol{A}\boldsymbol{F}_{t-1}\boldsymbol{A}^{\mathrm{T}}+\boldsymbol{\Sigma}_h)\boldsymbol{B}^{\mathrm{T}}+\boldsymbol{\Sigma}_v \quad & t>1 \end{aligned} \tag{24.4.43}$$

然后对数似然为：

$$\log p(\boldsymbol{v}_{1:T})=-\frac{1}{2}\sum_{t=1}^{T}\left[(\boldsymbol{v}_t-\boldsymbol{\mu}_t)^{\mathrm{T}}\boldsymbol{\Sigma}_t^{-1}(\boldsymbol{v}_t-\boldsymbol{\mu}_t)+\log\det(2\pi\boldsymbol{\Sigma}_t)\right] \tag{24.4.44}$$

24.4.4 最可能的状态

由于高斯分布的众数等于它的均值，所以在最可能的联合后验状态之间没有区别：

$$\underset{\boldsymbol{h}_{1:T}}{\operatorname{argmax}}\, p(\boldsymbol{h}_{1:T} \mid \boldsymbol{v}_{1:T}) \tag{24.4.45}$$

以及最可能的边缘状态集为：

$$h_t=\underset{\boldsymbol{h}_t}{\operatorname{argmax}}\, p(\boldsymbol{h}_t \mid \boldsymbol{v}_{1:T}), \quad t=1,\cdots,T \tag{24.4.46}$$

因此，最可能的隐状态序列等价于平滑后的均值序列。

24.4.5 时间独立性和 Riccati 方程

滤波后的 $\boldsymbol{F}_t$ 和平滑后的 $\boldsymbol{G}_t$ 的协方差递归都与观察值 $\boldsymbol{v}_{1:T}$ 无关，仅和模型的参数相关。这是线性高斯系统的一般特征。通常，协方差递归快速收敛到整个动力学中恒定的值，只有接近边界 $t=1$ 和 $t=T$ 时，才有明显差异。因此，实际上通常会降低协方差的时间相关性并用单个与时间无关的协方差逼近它们。这种近似可以显著减少存储需求。收敛的滤波后的 $\boldsymbol{F}$ 满足递归：

$$\boldsymbol{F}=\boldsymbol{A}\boldsymbol{F}\boldsymbol{A}^{\mathrm{T}}+\boldsymbol{\Sigma}_h-(\boldsymbol{A}\boldsymbol{F}\boldsymbol{A}^{\mathrm{T}}+\boldsymbol{\Sigma}_h)\boldsymbol{B}^{\mathrm{T}}(\boldsymbol{B}(\boldsymbol{A}\boldsymbol{F}\boldsymbol{A}^{\mathrm{T}}+\boldsymbol{\Sigma}_h)\boldsymbol{B}^{\mathrm{T}}+\boldsymbol{\Sigma}_v)^{-1}\boldsymbol{B}(\boldsymbol{A}\boldsymbol{F}\boldsymbol{A}^{\mathrm{T}}+\boldsymbol{\Sigma}_h) \tag{24.4.47}$$

这是代数 Riccati 方程的一种形式。可以采用将协方差矩阵 $\boldsymbol{F}$ 初始化为 $\boldsymbol{\Sigma}$ 的技术求解这些方程。这样，就可以使用式(24.4.47)中右侧的式子找到一个新的 $\boldsymbol{F}$，然后递归地更新。或者，使用 Woodbury 恒等式，收敛的协方差矩阵满足：

$$\boldsymbol{F}=((\boldsymbol{A}\boldsymbol{F}\boldsymbol{A}^{\mathrm{T}}+\boldsymbol{\Sigma}_h)^{-1}+\boldsymbol{B}^{\mathrm{T}}\boldsymbol{\Sigma}_v^{-1}\boldsymbol{B})^{-1} \tag{24.4.48}$$

尽管这种形式在形成 $\boldsymbol{F}$ 的迭代求解器时在数值上不太方便(它需要两个矩阵逆运算)。

例 24.4(牛顿轨迹分析) 在空中发射质量和初始速度未知的玩具火箭，且火箭推进系统的恒定加速度也是未知的。众所周知，牛顿定律适用，并且仪器可以在每个时刻 t 对火箭的水平距离 $x(t)$和垂直高度 $y(t)$进行非常嘈杂的测量。基于这些测量，我们的任务是推断火箭在每一时刻的位置。

虽然使用连续时间动力学可能是最合适的考虑，但我们将把它转化为离散时间近似。牛顿定律指出：

$$\frac{\mathrm{d}^2}{\mathrm{d}t^2}x=\frac{f_x(t)}{m}, \quad \frac{\mathrm{d}^2}{\mathrm{d}t^2}y=\frac{f_y(t)}{m} \tag{24.4.49}$$

其中 m 是物体的质量，$f_x(t)$和 $f_y(t)$分别是水平力和垂直力。按照目前的情况，这些方程式在 LDS 框架中不是直接可用的。一种简单的方法是重新参数化时间为变量 $\tilde{t}$，使得 $t\equiv\tilde{t}\Delta$，其中 $\tilde{t}$ 是整数，Δ 是时间单位。那么动力是：

$$x((\tilde{t}+1)\Delta)=x(\tilde{t}\Delta)+\Delta x'(\tilde{t}\Delta), \quad y((\tilde{t}+1)\Delta)=y(\tilde{t}\Delta)+\Delta y'(\tilde{t}\Delta) \tag{24.4.50}$$

其中 $y'(t)\equiv\frac{\mathrm{d}y}{\mathrm{d}t}$。$x'$和 y'的更新方程为：

$$x'((\tilde{t}+1)\Delta)=x'(\tilde{t}\Delta)+f_x(\tilde{t}\Delta)\Delta/m, \quad y'((\tilde{t}+1)\Delta)=y'(\tilde{t}\Delta)+f_x(\tilde{t}\Delta)\Delta/m \tag{24.4.51}$$

这两组耦合离散时间差分方程近似牛顿定律方程(24.4.49)。简单起见，我们重新标记 $a_x(t)=f_x(t)/m(t)$和 $a_y(t)=f_y(t)/m(t)$。这些加速度是未知的，但假设随着时间的推移会缓慢变化：

$$a_x((\tilde{t}+1)\Delta)=a_x(\tilde{t}\Delta)+\eta_x, \quad a_y((\tilde{t}+1)\Delta)=a_y(\tilde{t}\Delta)+\eta_y, \tag{24.4.52}$$

其中 η_x 和 η_y 是噪声项。假设加速度的初始分布是模糊的，使用具有大方差的零均值高斯分布。上述描述的模型可通过下式定义：

$$\boldsymbol{h}_t\equiv[x'(t),x(t),y'(t),y(t),a_x(t),a_y(t)]^{\mathrm{T}} \tag{24.4.53}$$

作为隐变量，得到 $H=6$ 维 LDS，其转移矩阵和输出矩阵如下：

$$\boldsymbol{A}=\begin{pmatrix}1&0&0&0&\Delta&0\\\Delta&1&0&0&0&0\\0&0&1&0&0&\Delta\\0&0&\Delta&1&0&0\\0&0&0&0&1&0\\0&0&0&0&0&1\end{pmatrix}, \quad \boldsymbol{B}=\begin{pmatrix}0&1&0&0&0&0\\0&0&0&1&0&0\end{pmatrix} \tag{24.4.54}$$

使用大的协方差矩阵 $\boldsymbol{\Sigma}_\pi$ 来表明对潜状态的初始值知之甚少。然后基于噪声观测值 $\boldsymbol{v}_t=\boldsymbol{B}\boldsymbol{h}_t+\boldsymbol{\eta}_t$，尝试使用平滑技术来推断未知轨迹。图 24.7 给出了一个演示。尽管存在明显的观察噪声，但是可以准确地推断出物体轨迹。

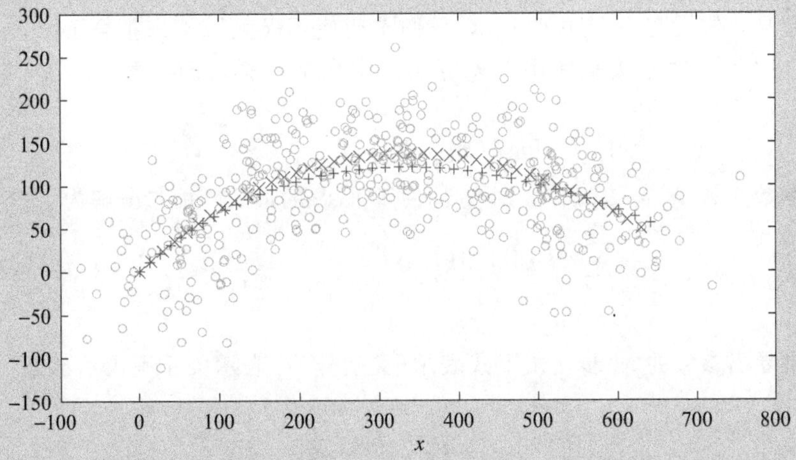

图 24.7 基于噪声观察值(小圆圈)的牛顿弹道物体轨迹估计。所有的时间标签都是已知的，但在图中省略了。“×”点是物体的真实位置，“+”点是每隔几个时间步绘制的物体的估计平滑均值位置$\langle x_t, y_t \mid \boldsymbol{v}_{1:T}\rangle$。见 demoLDStracking. m

24.5 学习 LDS

虽然在许多应用中，特别是潜在的已知物理过程中，LDS 的参数是已知的，但在许多机器学习任务中，需要基于 $\boldsymbol{v}_{1:T}$ 学习 LDS 的参数。简单起见，假设 LDS 的维数 H 是已知的。

24.5.1 可识别性问题

一个有趣的问题是我们是否可以唯一地识别(学习)LDS 的参数。通过任意地置换隐藏变量并翻转它们的符号，得到的解中总会有一些冗余。为了表明可能存在更多等效的解决方案，请考虑以下 LDS：

$$\boldsymbol{v}_t=\boldsymbol{B}\boldsymbol{h}_t+\boldsymbol{\eta}_t^v,\quad \boldsymbol{h}_t=\boldsymbol{A}\boldsymbol{h}_{t-1}+\boldsymbol{\eta}_t^h \tag{24.5.1}$$

现在尝试为这个原始系统转换一个形式，它们产生完全相同的输出 $\boldsymbol{v}_{1:T}$。对于可逆矩阵 $\boldsymbol{R}$，我们考虑：

$$\boldsymbol{R}\boldsymbol{h}_t=\boldsymbol{R}\boldsymbol{A}\boldsymbol{R}^{-1}\boldsymbol{R}\boldsymbol{h}_{t-1}+\boldsymbol{R}\boldsymbol{\eta}_t^h \tag{24.5.2}$$

这可以代表一种新的潜动态：

$$\hat{\boldsymbol{h}}_t=\hat{\boldsymbol{A}}\hat{\boldsymbol{h}}_{t-1}+\hat{\boldsymbol{\eta}}_t^h \tag{24.5.3}$$

其中 $\hat{\boldsymbol{A}}\equiv\boldsymbol{R}\boldsymbol{A}\boldsymbol{R}^{-1}$、$\hat{\boldsymbol{h}}_t\equiv\boldsymbol{R}\boldsymbol{h}_t$ 和 $\hat{\boldsymbol{\eta}}_t^h\equiv\boldsymbol{R}\boldsymbol{\eta}_t^h$。另外，我们可以将输出重新表达为变换后的 $\boldsymbol{h}$ 的函数：

$$\boldsymbol{v}_t=\boldsymbol{B}\boldsymbol{R}^{-1}\boldsymbol{R}\boldsymbol{h}_t+\boldsymbol{\eta}_t^v=\hat{\boldsymbol{B}}\hat{\boldsymbol{h}}_t+\boldsymbol{\eta}_t^v \tag{24.5.4}$$

因此，假设我们对 $\boldsymbol{A}$、$\boldsymbol{B}$ 和 $\boldsymbol{\Sigma}_h$ 没有限制，则存在等效解的无限空间，$\hat{\boldsymbol{A}}=\boldsymbol{R}\boldsymbol{A}\boldsymbol{R}^{-1}$，$\hat{\boldsymbol{B}}=\boldsymbol{B}\boldsymbol{R}^{-1}$，$\hat{\boldsymbol{\Sigma}}_H=\boldsymbol{R}\boldsymbol{\Sigma}_h\boldsymbol{R}^{\mathrm{T}}$，这些都具有相同的似然值。这意味着需要同等谨慎地解释所学习的参数。

24.5.2 EM 算法

简单起见，假设有一个序列 $\boldsymbol{v}_{1:T}$，我们希望使用极大似然来拟合 LDS。由于 LDS 包含潜变量，因此一种方法是使用 EM 算法。像往常一样，EM 算法的 M-步要求最大化能量：

$$\langle\log p(\boldsymbol{v}_{1:T},\boldsymbol{h}_{1:T})\rangle_{p^{\mathrm{old}}(\boldsymbol{h}_{1:T}|\boldsymbol{v}_{1:T})} \tag{24.5.5}$$

这是关于参数为 $\boldsymbol{A}$、$\boldsymbol{B}$、$\boldsymbol{a}$、$\boldsymbol{\Sigma}$、$\boldsymbol{\Sigma}_v$ 和 $\boldsymbol{\Sigma}_h$ 的。由于 LDS 的形式，能量分解为：

$$\langle\log p(\boldsymbol{h}_1)\rangle_{p^{\mathrm{old}}(\boldsymbol{h}_1|\boldsymbol{v}_{1:T})}+\sum_{t=2}^{T}\langle\log p(\boldsymbol{h}_t|\boldsymbol{h}_{t-1})\rangle_{p^{\mathrm{old}}(\boldsymbol{h}_t,\boldsymbol{h}_{t-1}|\boldsymbol{v}_{1:T})}+\sum_{t=1}^{T}\langle\log p(\boldsymbol{v}_t|\boldsymbol{h}_t)\rangle_{p^{\mathrm{old}}(\boldsymbol{h}_t|\boldsymbol{v}_{1:T})} \tag{24.5.6}$$

可以直接推导出参数的 M-步，由下式表示(尖括号 $\langle\cdot\rangle$ 表示关于平滑后验 $p^{\mathrm{old}}(\boldsymbol{h}_{1:T}|\boldsymbol{v}_{1:T})$ 的期望)：

$$\boldsymbol{\mu}_\pi^{\mathrm{new}}=\langle\boldsymbol{h}_1\rangle \tag{24.5.7}$$

$$\boldsymbol{\Sigma}_\pi^{\mathrm{new}}=\langle\boldsymbol{h}_1\boldsymbol{h}_1^{\mathrm{T}}\rangle-\langle\boldsymbol{h}_1\rangle\langle\boldsymbol{h}_1\rangle^{\mathrm{T}} \tag{24.5.8}$$

$$\boldsymbol{A}^{\mathrm{new}}=\sum_{t=1}^{T-1}\langle\boldsymbol{h}_{t+1}\boldsymbol{h}_t^{\mathrm{T}}\rangle\left(\sum_{t=1}^{T-1}\langle\boldsymbol{h}_t\boldsymbol{h}_t^{\mathrm{T}}\rangle\right)^{-1} \tag{24.5.9}$$

$$\boldsymbol{B}^{\mathrm{new}}=\sum_{t=1}^{T}\boldsymbol{v}_t\langle\boldsymbol{h}_t\rangle^{\mathrm{T}}\left(\sum_{t=1}^{T}\langle\boldsymbol{h}_t\boldsymbol{h}_t^{\mathrm{T}}\rangle\right)^{-1} \tag{24.5.10}$$

$$\boldsymbol{\Sigma}_v^{\text{new}}=\frac{1}{T}\sum_{t=1}^{T}(\boldsymbol{v}_t\boldsymbol{v}_t^{\mathrm{T}}-\boldsymbol{v}_t\langle\boldsymbol{h}_t\rangle^{\mathrm{T}}\boldsymbol{B}^{\text{newT}}-\boldsymbol{B}^{\text{new}}\langle\boldsymbol{h}_t\rangle\boldsymbol{v}_t^{\mathrm{T}}+\boldsymbol{B}^{\text{new}}\langle\boldsymbol{h}_t\boldsymbol{h}_t^{\mathrm{T}}\rangle\boldsymbol{B}^{\text{newT}})\tag{24.5.11}$$

$$\boldsymbol{\Sigma}_h^{\text{new}}=\frac{1}{T-1}\sum_{t=1}^{T-1}(\langle\boldsymbol{h}_{t+1}\boldsymbol{h}_{t+1}^{\mathrm{T}}\rangle-\boldsymbol{A}^{\text{new}}\langle\boldsymbol{h}_t\boldsymbol{h}_{t+1}^{\mathrm{T}}\rangle-\langle\boldsymbol{h}_{t+1}\boldsymbol{h}_t^{\mathrm{T}}\rangle\boldsymbol{A}^{\text{newT}}+\boldsymbol{A}^{\text{new}}\langle\boldsymbol{h}_t\boldsymbol{h}_t^{\mathrm{T}}\rangle\boldsymbol{A}^{\text{newT}})\tag{24.5.12}$$

以上可以简化为：

$$\boldsymbol{\Sigma}_v^{\text{new}}=\frac{1}{T}\sum_t(\boldsymbol{v}_t\boldsymbol{v}_t^{\mathrm{T}}-\boldsymbol{v}_t\langle\boldsymbol{h}_t\rangle^{\mathrm{T}}\boldsymbol{B}^{\text{newT}})\tag{24.5.13}$$

同样地，

$$\boldsymbol{\Sigma}_h^{\text{new}}=\frac{1}{T-1}\sum_{t=1}^{T-1}(\langle\boldsymbol{h}_{t+1}\boldsymbol{h}_{t+1}^{\mathrm{T}}\rangle-\boldsymbol{A}^{\text{new}}\langle\boldsymbol{h}_t\boldsymbol{h}_{t+1}^{\mathrm{T}}\rangle)\tag{24.5.14}$$

因此，需要的统计量包括平滑后的均值、协方差矩阵和交叉矩。学习多个时间序列的扩展是直截了当的，因为能简单地在各个序列上求和。

对于 LDS，EM 算法的性能通常在很大程度上取决于初始化。如果去掉隐变量到隐变量的连接，则该模型与因子分析密切相关(LDS 可以被认作因子分析的时间扩展)。因此，一种初始化技术是使用因子分析，将观察结果视为时间独立的，从而学习 $\boldsymbol{B}$ 矩阵。

注意，如 24.5.1 节中所述，虽然 LDS 模型不可识别，但 M-步对于 EM 算法是唯一的。当我们认为 EM 算法是一种条件方法时，这种明显的矛盾就得到了解决，它根据前面的参数进行更新，并最终进行初始化。正是这种初始化打破了不变性。

24.5.3　子空间方法

极大似然训练的一种替代方法是子空间方法[302,266]，这些方法的主要好处是它们避免了 EM 的收敛困难。为了采用子空间方法，考虑一个确定性的 LDS：

$$\boldsymbol{h}_t=\boldsymbol{A}\boldsymbol{h}_{t-1},\quad \boldsymbol{v}_t=\boldsymbol{B}\boldsymbol{h}_t\tag{24.5.15}$$

在这个假设下，$\boldsymbol{v}_t=\boldsymbol{B}\boldsymbol{h}_t=\boldsymbol{B}\boldsymbol{A}\boldsymbol{h}_{t-1}$。更一般地，$\boldsymbol{v}_t=\boldsymbol{B}\boldsymbol{A}^{t-1}\boldsymbol{h}_1$。这意味着 H 维系统是所有可见信息的基础，因为所有的点 $\boldsymbol{A}^t\boldsymbol{h}_1$ 都位于一个 H 维子空间中，然后投影以形成观察向量。这表明某种形式的子空间识别方法将使我们能够学习 $\boldsymbol{A}$ 和 $\boldsymbol{B}$。

给定一组观察向量 $\boldsymbol{v}_1,\cdots,\boldsymbol{v}_t$，考虑由 L 个连续观察向量叠加而成的分块汉克尔矩阵。例如，对于 $T=6$ 和 $L=3$，就是：

$$\boldsymbol{M}=\begin{pmatrix}\boldsymbol{v}_1&\boldsymbol{v}_2&\boldsymbol{v}_3&\boldsymbol{v}_4\\\boldsymbol{v}_2&\boldsymbol{v}_3&\boldsymbol{v}_4&\boldsymbol{v}_5\\\boldsymbol{v}_3&\boldsymbol{v}_4&\boldsymbol{v}_5&\boldsymbol{v}_6\end{pmatrix}\tag{24.5.16}$$

如果 $\boldsymbol{v}$ 是由(无噪声)LDS 生成的，则可以写为：

$$\boldsymbol{M}=\begin{pmatrix}\boldsymbol{B}\boldsymbol{h}_1&\boldsymbol{B}\boldsymbol{h}_2&\boldsymbol{B}\boldsymbol{h}_3&\boldsymbol{B}\boldsymbol{h}_4\\\boldsymbol{B}\boldsymbol{A}\boldsymbol{h}_1&\boldsymbol{B}\boldsymbol{A}\boldsymbol{h}_2&\boldsymbol{B}\boldsymbol{A}\boldsymbol{h}_3&\boldsymbol{B}\boldsymbol{A}\boldsymbol{h}_4\\\boldsymbol{B}\boldsymbol{A}^2\boldsymbol{h}_1&\boldsymbol{B}\boldsymbol{A}^2\boldsymbol{h}_2&\boldsymbol{B}\boldsymbol{A}^2\boldsymbol{h}_3&\boldsymbol{B}\boldsymbol{A}^2\boldsymbol{h}_4\end{pmatrix}=\begin{pmatrix}\boldsymbol{B}\\\boldsymbol{B}\boldsymbol{A}\\\boldsymbol{B}\boldsymbol{A}^2\end{pmatrix}(\boldsymbol{h}_1\quad\boldsymbol{h}_2\quad\boldsymbol{h}_3\quad\boldsymbol{h}_4)\tag{24.5.17}$$

现在求解 $\boldsymbol{M}$ 的 SVD：

$$\boldsymbol{M}=\hat{\boldsymbol{U}}\underbrace{\hat{\boldsymbol{S}}\hat{\boldsymbol{V}}^{\mathrm{T}}}_{\boldsymbol{W}}\tag{24.5.18}$$

其中 $\boldsymbol{W}$ 被称为扩展的可观察性矩阵。矩阵 $\hat{\boldsymbol{S}}$ 将包含高达(隐变量的维数)H 个奇异值，其余的奇异值为 0。从等式(24.5.17)看出，输出矩阵 $\boldsymbol{B}$ 包含在 $\hat{\boldsymbol{U}}_{1:V,1:H}$ 中。然后，估计的隐

变量包含在子矩阵 $\boldsymbol{W}_{1:H,1:T-L+1}$ 中：

$$(\boldsymbol{h}_1 \quad \boldsymbol{h}_2 \quad \boldsymbol{h}_3 \quad \boldsymbol{h}_4)=\boldsymbol{W}_{1:H,1:T-L+1} \tag{24.5.19}$$

之后基于关系 $\boldsymbol{h}_t=\boldsymbol{A}\boldsymbol{h}_{t-1}$，可以通过最小化下式找到 $\boldsymbol{A}$ 的最优最小二乘估计，

$$\sum_{t=2}^{T}(\boldsymbol{h}_t-\boldsymbol{A}\boldsymbol{h}_{t-1})^2 \tag{24.5.20}$$

其最优解为：

$$\boldsymbol{A}=(\boldsymbol{h}_2 \quad \boldsymbol{h}_3 \quad \cdots \quad \boldsymbol{h}_t)(\boldsymbol{h}_1 \quad \boldsymbol{h}_2 \quad \cdots \quad \boldsymbol{h}_{T-1})^{\dagger} \tag{24.5.21}$$

其中 † 表示伪逆，见 LDSsubspace. m。协方差矩阵的估计也可以从拟合分块汉克尔矩阵和扩展的可观察性矩阵的残差中获得。虽然这种推导仅适用于无噪声情况，但是在非零噪声的情况下仍然可以应用这种推导，并且希望获得均值正确的 $\boldsymbol{A}$ 和 $\boldsymbol{B}$ 的估计。除了自身形成解决方案之外，子空间方法还形成了一个初始化 EM 算法的潜在有用方式。

24.5.4 结构化 LDS

许多物理方程在时间和空间上都是局部的。例如，在天气模型中，大气被分成单元 $h_i(t)$，每个单元包含该位置处的压力。描述压力如何更新的等式仅取决于当前单元处的压力和前一时刻 $t-1$ 处的少量相邻单元。如果使用线性模型并且每次测量单元的某些方面，那么天气可由具有高度结构化的稀疏转移矩阵 $\boldsymbol{A}$ 的 LDS 描述。实际上，天气模型是非线性的，但经常使用局部线性近似[271]。又如，在脑成像中，体素(活动的局部立方体)仅依赖于来自先前时间步的相邻体素[112]。

结构化 LDS 的另一个应用是分析时间独立的分量。这被定义为寻找一组独立的潜动态过程，从这些过程中得到的数据是一个投影后的观察值。如果每个独立的动态过程本身可以由 LDS 描述，就会产生具有分块对角转移矩阵 $\boldsymbol{A}$ 的结构化 LDS。这些模型可用于在每个时间分量中可能潜在频率的先验知识下提取独立分量[63]。

24.5.5 贝叶斯 LDS

将先验放在 LDS 的转移参数和输出参数上的扩展通常会使计算似然比较困难。例如，对 $\boldsymbol{A}$ 的先验，似然是 $p(\boldsymbol{v}_{1:T})=\int_{\boldsymbol{A}}p(\boldsymbol{v}_{1:T}|\boldsymbol{A})p(\boldsymbol{A})$，由于似然对矩阵 $\boldsymbol{A}$ 的依赖性是复杂的函数，因此这个似然难以评估。这种情况的近似处理超出了本书的范围，但是我们还是要简单指出，除了确定性变分近似之外，抽样方法[58,106]在这种情况下很受欢迎[28,24,63]。

24.6 转换 AR 模型

虽然本章到目前为止所考虑的 LDS 是强大的，但它们仍有一些固有的限制。例如，它们无法模拟观察过程中的突然变化。这里描述了一个 AR 模型的扩展。考虑 S 个不同 AR 模型的集合，每个模型具有相关系数 $\boldsymbol{a}(s)(s=1,\cdots,S)$，并允许模型每次选择其中一个 AR 模型。对标量值的时间序列 $v_{1:T}$，可以将第 L 阶转换 AR 模型表示为：

$$v_t=\hat{\boldsymbol{v}}_{t-1}^{\mathrm{T}}\boldsymbol{a}(s_t)+\eta_t, \quad \eta_t\sim\mathcal{N}(\eta_t|0,\sigma^2(s_t)) \tag{24.6.1}$$

其中 AR 系数集 $\theta=\{\boldsymbol{a}(s),\sigma^2(s),s\in\{1,\cdots,S\}\}$。离散的转换变量本身具有马尔可夫转移 $p(s_{1:T})=\prod_t p(s_t|s_{t-1})$，因此完整模型为(如图 24.8 所示)：

$$p(v_{1:T},s_{1:T}|\theta)=\prod_t p(v_t|v_{t-1},\cdots,v_{t-L},s_t,|\theta)p(s_t|s_{t-1}) \tag{24.6.2}$$

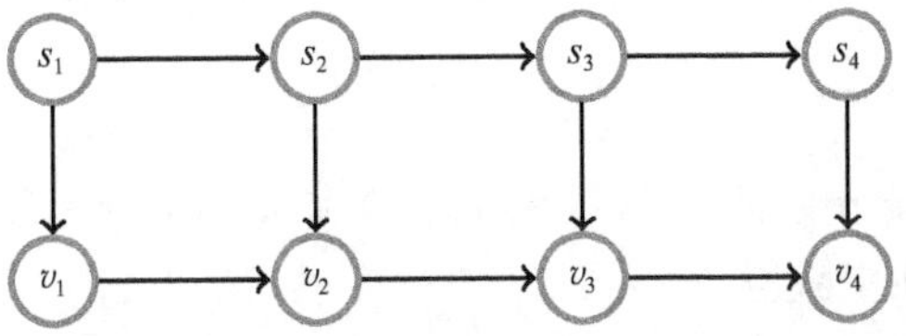

图 24.8 一个一阶转换 AR 模型(在推断方面，如果以 $\boldsymbol{v}_{1:T}$ 为条件，则这是一个隐马尔可夫模型)

24.6.1 推断

给定一个观察到的序列 $v_{1:T}$，参数 θ 的推断很简单，因为这是隐马尔可夫模型的一种形式。为了使这一点更加明显，可以这样表示：

$$p(v_{1:T},s_{1:T})=\prod_t \hat{p}(v_t|s_t)p(s_t|s_{t-1}) \tag{24.6.3}$$

其中：

$$\hat{p}(v_t|s_t)\equiv p(v_t|v_{t-1},\cdots,v_{t-L},s_t)=\mathcal{N}(v_t|\hat{\boldsymbol{v}}_{t-1}^{\mathrm{T}}\boldsymbol{a}(s_t),\sigma^2(s_t)) \tag{24.6.4}$$

注意，输出分布 $\hat{p}(v_t|s_t)$是时间相关的。然后滤波递归式为：

$$\alpha(s_t)=\sum_{s_{t-1}}\hat{p}(v_t|s_t)p(s_t|s_{t-1})\alpha(s_{t-1}) \tag{24.6.5}$$

平滑可以使用标准递归来实现，要把其中的输出分布修改为时间相关的输出分布，见 demoSARinference. m。

对于高频数据，在每个时间点 t，合理地改变转换变量是不太可能。解决此问题的一个简单限制是使用修改后的转移分布：

$$\hat{p}(s_t|s_{t-1})=\begin{cases}p(s_t|s_{t-1}) & \bmod(t,T_{skip})=0\\ \delta(s_t-s_{t-1}) & \text{其他}\end{cases} \tag{24.6.6}$$

24.6.2 采用 EM 学习极大似然

对一组数据 $v_{1:T}$，为拟合 AR 系数和创新方差的集合 $\boldsymbol{a}(s)$和 $\sigma^2(s)(s=1,\cdots,S)$，采用极大似然方法训练数据，具体可以使用 EM 算法。

M-步

除了可忽略不计的常数，能量可由下式给出：

$$E=\sum_t\langle\log p(v_t|\hat{\boldsymbol{v}}_{t-1},\boldsymbol{a}(s_t))\rangle_{p^{\text{old}}(s_t|v_{1:T})}+\sum_t\langle\log p(s_t|s_{t-1})\rangle_{p^{\text{old}}(s_t,s_{t-1})} \tag{24.6.7}$$

我们需要关于参数 θ 最大化上式。利用输出的定义和隔离对 $\boldsymbol{a}$ 的依赖，得到：

$$-2E=\sum_t\left\langle\frac{1}{\sigma^2(s_t)}(v_t-\hat{\boldsymbol{v}}_{t-1}^{\mathrm{T}}\boldsymbol{a}(s_t))^2+\log\sigma^2(s_t)\right\rangle_{p^{\text{old}}(s_t|v_{1:T})}+C \tag{24.6.8}$$

对上式关于 $\boldsymbol{a}(s)$求导，并令结果等于 0，可得到最优的 $\boldsymbol{a}(s)$满足以下线性方程：

$$\sum_t p^{\text{old}}(s_t=s|v_{1:T})\frac{v_t\hat{\boldsymbol{v}}_{t-1}}{\sigma^2(s)}=\left[\sum_t p^{\text{old}}(s_t=s|v_{1:T})\frac{\hat{\boldsymbol{v}}_{t-1}\hat{\boldsymbol{v}}_{t-1}^{\mathrm{T}}}{\sigma^2(s)}\right]\boldsymbol{a}(s) \tag{24.6.9}$$

这可以用高斯消去法求解。类似地，可以证明最大化关于 $\sigma^2(s)$的能量时，更新是：

$$\sigma^2(s)=\frac{1}{\sum_{t'}p^{\text{old}}(s'_t=s|v_{1:T})}\sum_t p^{\text{old}}(s_t=s|v_{1:T})[v_t-\hat{\boldsymbol{v}}_{t-1}^{\mathrm{T}}\boldsymbol{a}(s)]^2 \tag{24.6.10}$$

对 $p(s_t|s_{t-1})$ 的更新遵循对隐马尔可夫模型规则的标准 EM 算法，由等式(23.3.5)，见 SARlearn.m。这里我们不包括先验 $p(s_1)$ 的更新，因为在序列的开始处没有充分的信息，而且假设 $p(s_1)$ 是均匀的。

E-步

M-步需要平滑后的统计数据 $p^{\text{old}}(s_t=s|v_{1:T})$ 和 $p^{\text{old}}(s_t=s,s_{t-1}=s'|v_{1:T})$，它们可以从对隐马尔可夫模型推断中获得。

例 24.5(学习一个转换 AR 模型) 在图 24.9 中，训练数据由转换 AR 模型生成，于是我们知道哪个模型生成了数据的哪些部分。基于训练数据(假设标签 s_t 未知)，采用 EM 拟合转换 AR 模型。在这种情况下，问题很简单，因此可以获得 AR 参数的良好估计以及在哪个时间使用哪些转换。

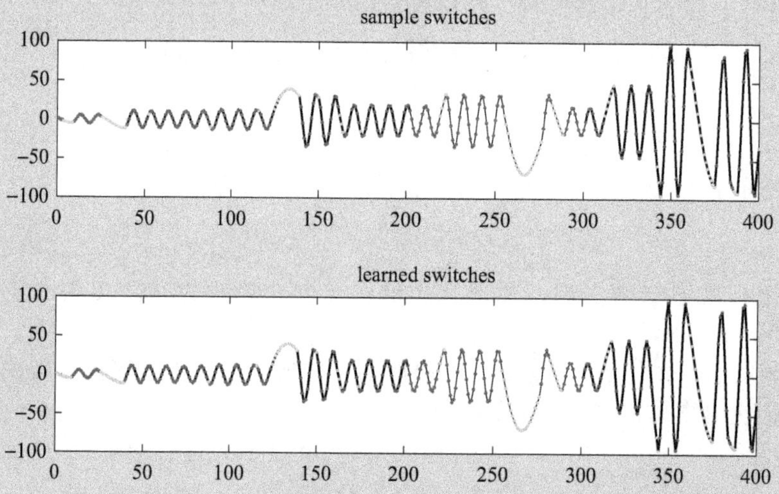

图 24.9 学习一个转换 AR 模型。上面的图显示了训练数据。颜色表示当时两个 AR 模型中的哪一个处于活动状态，虽然这里绘制了这个信息，但这在学习算法过程中是未知的，系数 $\boldsymbol{a}(s)$ 也是如此。然而，我们假设阶 $L=2$ 和转换的数量 $S=2$(即已知)。在下面的图中，再次显示了训练后的时间序列，其中根据每个时间步的最可能平滑的 AR 模型对点进行着色。见 demoSARlearn.m

例 24.6(对部分语音进行建模) 在图 24.10 中，显示了语音信号的一段(对应于口述数字“4”)。我们使用具有 $\boldsymbol{S}=10$ 个状态的转换 AR 模型对该数据建模。10 个可用的 AR 模型分别负责对语音的一个基本子单元建立动态系统[98,208]。该模型采用从左到右的转移矩阵，使用 $\boldsymbol{S}=10$ 个状态，对多个示例的干净语音数字序列进行训练。附加的难题是希望使用该模型来清除带噪声的语音信号。在原始语音信号 v_t 上，一个简单的噪声模型是服从高斯分布的且是加性的，现在形成一个新的噪声观察值 $\tilde{v}_t$。然后基于噪声序列 $\tilde{v}_{1:T}$，我们希望推断转换状态和干净信号 $v_{1:T}$。不幸的是，这项任务不再是转换 AR 的形式，因为现在连续和离散的潜状态都有。在形式上，该模型属于转换 LDS 的一类，如下一章所述。使用这个更复杂模型的结果显示了如何实现对复杂信号的去噪，这是下一章中更高阶内容的铺垫。

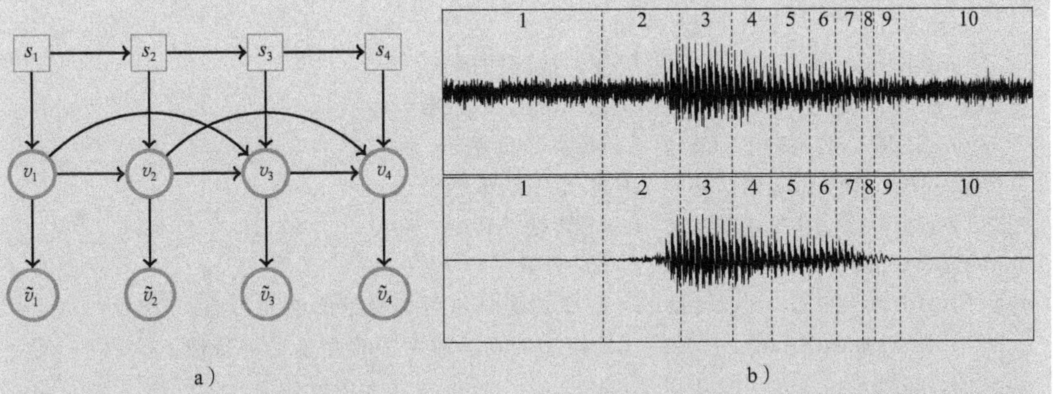

图 24.10　a) 潜转换(二阶)AR 模型。这里的 s_t 表示在 t 时刻，一组 10 个可用的 AR 模型中哪个是活动的。方形节点中是离散变量。b) 使用 a 中的潜转换 AR 模型进行信号重建。上面的图展示了噪声信号 $\tilde{v}_{1:T}$，下面的图展示了重建的干净信号 $v_{1:T}$。虚线和数字表示从左(1)到右(10)10 个状态的最可能的状态分割 $\underset{s_{1:T}}{\text{argmax}}\, p(s_{1:T} \mid \tilde{v}_{1:T})$

24.7　总结

- 连续观察变量可由自回归模型建模。
- 观察到的线性动态系统是自回归模型的向量版本。
- 潜连续动态过程可用于模拟许多物理系统。为了使这些在计算上易于处理，需要限制转移分布和输出分布。潜线性动态系统受线性高斯转移和输出的限制。
- 潜线性动态系统是一种功能强大的时间序列模型，在跟踪和信号表示方面有着广泛的应用。

24.8　代码

在下面的线性动态系统代码中，只给出了最简单的递归形式。没有尝试确保数值稳定性。

LDSforwardUpdate.m：LDS 前向。

LDSbackwardUpdate.m：LDS 后向。

LDSsmooth.m：线性动态系统——滤波和平滑。

LDSforward.m：一种 LDS 前向算法(见第 25 章)。

LDSbackward.m：一种 LDS 后向算法(见第 25 章)。

demoSumprodGaussCanonLDS.m：平滑推断的和-积算法。

demoLDStracking.m：在牛顿系统中跟踪的例子。

LDSsubspace.m：子空间学习(汉克尔矩阵法)。

demoLDSsubspace.m：子空间学习方法的例子。

24.8.1　AR 模型

注意，在代码中，AR 向量 $\boldsymbol{a}$ 的最后一个元素是第一个 AR 系数(即与文本中呈现的顺序相反）。

ARtrain. m：学习 AR 系数（高斯消除）。

demoARtrain. m：将 AR 模型拟合到数据的例子。

ARlds. m：使用 LDS 学习随时间变化的 AR 系数。

demoARlds. m：使用 LDS 学习 AR 系数的例子。

demoSARinference. m：转换 AR 模型中的推断例子。

SARlearn. m：用 EM 算法学习一个转换 AR。

demoSARlearn. m：转换 AR 学习的例子。

HMMforwardSAR. m：转换 AR 模型的隐马尔可夫模型的前向传递。

HMMbackwardSAR. m：转换 AR 模型的隐马尔可夫模型的后向传递。

24.9　练习题

练习 24.1　已知一个二维线性模型：

$$\boldsymbol{h}_t=\boldsymbol{R}_\theta\boldsymbol{h}_{t-1},\quad \boldsymbol{R}_\theta=\begin{pmatrix}\cos\theta & -\sin\theta\\ \sin\theta & \cos\theta\end{pmatrix}\tag{24.9.1}$$

其中 $\boldsymbol{R}_\theta$ 是一个旋转矩阵，指的是在一个时间步内将向量 $\boldsymbol{h}_t$ 旋转角度 θ。

1. 解释为什么旋转矩阵的特征值（通常）是虚数。
2. 解释如何用二维潜 LDS 模拟以角速度 ω 旋转的正弦曲线。
3. 从

$$\begin{pmatrix}x_t\\ y_t\end{pmatrix}=\begin{pmatrix}R_{11} & R_{12}\\ R_{21} & R_{22}\end{pmatrix}\begin{pmatrix}x_{t-1}\\ y_{t-1}\end{pmatrix}\tag{24.9.2}$$

中消掉 y_t，写出用 x_t 和 x_{t-1} 表示 x_{t+1} 的等式。

4. 解释如何使用 AR 模型对正弦曲线建模。
5. 解释描述谐振子（harmonic oscillator）的二阶微分方程 $\ddot{x}=-\lambda x$ 与近似这个微分方程的二阶微分方程之间的关系。是否有可能找到一个与特定点上的微分方程的解完全匹配的差分方程？

练习 24.2　证明对于任何反对称方阵 $\boldsymbol{M}$，

$$\boldsymbol{M}=-\boldsymbol{M}^{\mathrm{T}}\tag{24.9.3}$$

矩阵指数（在 MATLAB 中是 expm）：

$$\boldsymbol{A}=\exp(\boldsymbol{M})\tag{24.9.4}$$

是正交的，也就是，

$$\boldsymbol{A}^{\mathrm{T}}\boldsymbol{A}=\boldsymbol{I}\tag{24.9.5}$$

同时解释如何构造具有复特征值角度控制的随机正交矩阵。

练习 24.3　运行使用 LDS 跟踪弹道对象的 demoLDStracking. m，见例 24.4。修改 demoLDStracking. m，以便除 x 和 y 的位置外，还可以观察到 x 的速度。比较和对比在有和没有这个额外信息两种情况下跟踪的准确性。

练习 24.4　nightsong. mat 包含一个抽样于 44 100Hz 的短的立体声段夜莺歌曲。

1. 使用 `plot(x(:,1))` 绘制原始波形。
2. 使用 `y=myspecgram(x(:,1),1024,44100);imagesc(log(abs(y)))` 绘制频谱。
3. 例程 demoGMMem. m 演示了如何用高斯混合模型拟合数据。混合分配概率包含在 `phgn` 中。编写一个例程，使用 8 个高斯分量对数据 `v=log(abs(y))` 进行聚类，并解释如何将系列 `x` 分割成不同的区域。
4. 检查用 LDS 的解释来拟合 AR 系数的 demoARlds. m。调整例程 demoARlds. m 来学习数据 `x` 的 AR 系数。需要对数据 `x` 进行二次抽样，例如每 4 个数据点抽样一次。利用学习的 AR 系数（使用平滑的结果）拟合具有 8 个分量的高斯混合模型。将所得结果与从拟合频谱图的高斯混合模型中获得的结果进行比较和对比。

练习 24.5 考虑一个有监督学习问题，即基于向量输入 $\boldsymbol{x}_t$ 创建标量输出 y_t 的线性模型：

$$y_t = \boldsymbol{w}_t^{\mathrm{T}} \boldsymbol{x}_t + \boldsymbol{\eta}_t^y \tag{24.9.6}$$

其中，$\boldsymbol{\eta}_t^y$ 是具有零均值，方差为 σ_y^2 的高斯噪声。给定训练数据 $\mathcal{D}=\{(\boldsymbol{x}_t, y_t), t=1,\cdots,T\}$。

1. 对时间不变的权重向量 $\boldsymbol{w}_t \equiv \boldsymbol{w}$，解释如何通过极大似然找到单个权重向量 $\boldsymbol{w}$ 和噪声方差 σ_y^2。
2. 扩展上述模型以包含转移：

$$\boldsymbol{w}_t = \boldsymbol{w}_{t-1} + \boldsymbol{\eta}_t^w \tag{24.9.7}$$

其中，$\boldsymbol{\eta}_t^w$ 是具有零均值，以及给定的协方差矩阵 $\boldsymbol{\Sigma}_w$ 的高斯噪声；$\boldsymbol{w}_1$ 具有零均值。解释如何在相关 LDS 中寻找作为平滑的 $\langle \boldsymbol{w}_t | \mathcal{D} \rangle$。编写一个例程 `W=LinPredAR(X,Y,SigmaW,SigmaY)`，它接收一个输入数据矩阵 $\boldsymbol{X}=[\boldsymbol{x}_1,\cdots,\boldsymbol{x}_T]$，其中每一列包含一个输入，向量 $\boldsymbol{Y}=[y_1,\cdots,y_T]^{\mathrm{T}}$；`SigmaW` 是附加的加权噪声，`SigmaY` 是假定的已知时间不变的输出噪声。返回的 `W` 包含平滑的平均权重。

练习 24.6 本练习涉及形成一种 α-β 式平滑方法，如 23.2.3 节所述，但适用于 LDS。请注意，23.2.3 节中的推导也适用于连续变量，简单地用积分替换求和即可。

1. 由于 LDS 的平滑后验的事实，$\gamma(\boldsymbol{h}_t) \equiv p(\boldsymbol{h}_t | v_{1:T})$ 是高斯分布，并且使用关系 $\gamma(\boldsymbol{h}_t)=\alpha(\boldsymbol{h}_t)\beta(\boldsymbol{h}_t)$，解释对于一个 LDS，为什么 β 的消息可以表示为如下的形式：

$$\beta(\boldsymbol{h}_t) = z_t \exp\left(-\frac{1}{2}\boldsymbol{h}_t^{\mathrm{T}} \boldsymbol{Z}_t \boldsymbol{h}_t + \boldsymbol{h}_t^{\mathrm{T}} \boldsymbol{z}_t\right)$$

其中 $\boldsymbol{Z}_t$ 是(不一定满秩)矩阵。

2. 基于递归：

$$\beta(\boldsymbol{h}_{t-1}) = \int_{\boldsymbol{h}_t} p(\boldsymbol{v}_t | \boldsymbol{h}_t) p(\boldsymbol{h}_t | \boldsymbol{h}_{t-1}) \beta(\boldsymbol{h}_t)$$

推导递归(忽略前因子 z_t)：

$$\boldsymbol{L}_t = \boldsymbol{Q}_t^{-1} + \boldsymbol{B}_t^{\mathrm{T}} \boldsymbol{R}_t^{-1} \boldsymbol{B}_t + \boldsymbol{z}_t$$
$$\boldsymbol{Z}_{t-1} = \boldsymbol{A}_t^{\mathrm{T}} (\boldsymbol{Q}_t^{-1} - \boldsymbol{Q}_t^{-1} \boldsymbol{L}_t^{-1} \boldsymbol{Q}_t^{-1}) \boldsymbol{A}_t$$
$$\boldsymbol{z}_{t-1} = \boldsymbol{A}_t^{\mathrm{T}} \boldsymbol{Q}_t^{-1} \boldsymbol{L}_t^{-1} (\boldsymbol{B}_t^{\mathrm{T}} \boldsymbol{R}_t^{-1} + \boldsymbol{z}_t)$$

其中，初始化 $\boldsymbol{Z}_T=\boldsymbol{0}, \boldsymbol{z}_T=\boldsymbol{0}$。符号 $\boldsymbol{Q}_t \equiv \boldsymbol{\Sigma}_t^h$ 是转移分布 $p(\boldsymbol{h}_t | \boldsymbol{h}_{t-1})$ 的协方差矩阵，$\boldsymbol{R}_t \equiv \boldsymbol{\Sigma}_t^v$ 是输出分布 $p(\boldsymbol{v}_t | \boldsymbol{h}_t)$ 的协方差矩阵。

3. 证明后验协方差和均值由下式给出：

$$(\boldsymbol{F}_t^{-1} + \boldsymbol{Z}_t)^{-1}, \quad (\boldsymbol{F}_t^{-1} + \boldsymbol{Z}_t)^{-1} (\boldsymbol{F}_t^{-1} \boldsymbol{f}_t + \boldsymbol{z}_t)$$

其中，$\boldsymbol{F}_t$ 和 $\boldsymbol{f}_t$ 是滤波的均值和协方差矩阵。

注意，这种并行平滑递归在协方差矩阵较小的情况下是不适用的，因为协方差矩阵的逆的显式出现，可能会在数值稳定性上出现问题。然而，可以在不显式地引用逆噪声协方差矩阵的情况下重新表示递归，参见[17]。

第 25 章
Bayesian Reasoning and Machine Learning

转换线性动态系统

隐马尔可夫模型假设基本过程是离散的，线性动态系统假设基本过程是连续的。但在某些情况下，基本系统可能会从一种连续机制跳转到另一种机制。在本章中，我们将讨论在这样的情况下可使用的一类模型。这类模型涉及的技术要求比前几章更为复杂，而相应的模型能力也更强大。

25.1 简介

对单个 LDS 无法全面描述的复杂时间序列，我们可以将其分成多段，每段均由潜在的不同 LDS 建模，这些模型可以处理基本模型从一个参数集“跳转”到另一个参数集的情况。例如，单个 LDS 模型也许能够很好地表示化工厂的正常流量，但当管道发生中断时，系统的 LDS 模型就由开始的一组线性流动方程变为另一组。这样的场景可以使用两个 LDS 进行建模，且各具有不同的参数，而不同时刻的离散潜变量 $s_t \in \{正常,管道中断\}$ 表示最适合当前时刻的 LDS 是哪个。这种方法被称为转换线性动态系统(SLDS)，在从计量经济学到机器学习等的诸多学科中有着广泛使用[13,64,60,236,325,190]。

25.2 转换线性动态系统简介

在每个时间点 t，转换变量 $s_t \in 1,\cdots,S$ 描述了正在使用 LDS 集中的哪一个。连续的观察(或“可见”)变量 $\boldsymbol{v}_t(\dim(\boldsymbol{v}_t)=V)$ 与连续的隐变量 $\boldsymbol{h}_t(\dim(\boldsymbol{h}_t)=H)$ 线性相关：

$$\boldsymbol{v}_t=\boldsymbol{B}(s_t)\boldsymbol{h}_t+\boldsymbol{\eta}^v(s_t),\quad \boldsymbol{\eta}^v(s_t)\sim\mathcal{N}(\boldsymbol{\eta}^v(s_t)\mid\overline{\boldsymbol{v}}(s_t),\boldsymbol{\Sigma}^v(s_t)) \tag{25.2.1}$$

这里，s_t 描述了在时间点 t，输出矩阵 $\{\boldsymbol{B}(1),\cdots,\boldsymbol{B}(S)\}$ 中的哪一个处于活动状态。观察到的噪声($\boldsymbol{\eta}^v(s_t)$)抽取自以 $\overline{\boldsymbol{v}}(s_{(t)})$ 为均值，$\boldsymbol{\Sigma}^v(s_t)$ 为协方差矩阵的高斯分布。连续隐状态 $\boldsymbol{h}_t$ 的转移动态是线性的，

$$\boldsymbol{h}_t=\boldsymbol{A}(s_t)\boldsymbol{h}_{t-1}+\boldsymbol{\eta}^h(s_t),\quad \boldsymbol{\eta}^h(s_t)\sim\mathcal{N}(\eta^h(s_t)\mid\overline{\boldsymbol{h}}(s_t),\boldsymbol{\Sigma}^h(s_t)) \tag{25.2.2}$$

并且，转换变量 s_t 从可用的集合 $\{\boldsymbol{A}(1),\cdots,\boldsymbol{A}(S)\}$ 中选择单个转移矩阵，高斯转移噪声 $\boldsymbol{\eta}^h(s_t)$ 也和转换变量相关。s_t 动态本质上是以 $p(s_t|s_{t-1})$ 为状态转移的马尔可夫过程。对更一般的“增广”SLDS(aSLDS)模型，转换变量 s_t 与先前的 s_{t-1} 和 $\boldsymbol{h}_{t-1}$ 都相关。这样的模型定义了联合分布(如图 25.1 所示)：

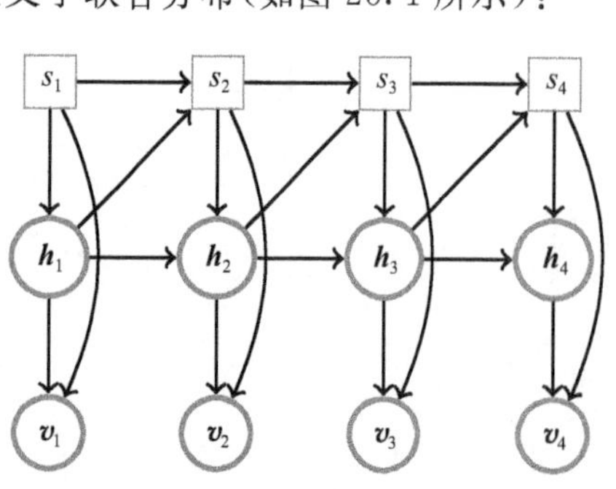

图 25.1 增广 SLDS 的独立结构。方形节点 s_t 表示离散转换变量；$\boldsymbol{h}_t$ 是连续的潜/隐变量，$\boldsymbol{v}_t$ 是连续观测/可见变量。离散状态 s_t 决定了一组中特定线性动态系统在 t 时刻是可操作的。在 SLDS 中，通常不考虑从 $\boldsymbol{h}$ 到 s 的连接

$$p(\boldsymbol{v}_{1:T},\boldsymbol{h}_{1:T},s_{1:T})=\prod_{t=1}^{T}p(\boldsymbol{v}_t|\boldsymbol{h}_t,s_t)p(\boldsymbol{h}_t|\boldsymbol{h}_{t-1},s_t)p(s_t|\boldsymbol{h}_{t-1},s_{t-1})$$

其中，

$$\begin{aligned}p(\boldsymbol{v}_t|\boldsymbol{h}_t,s_t)&=\mathcal{N}(\boldsymbol{v}_t|\bar{\boldsymbol{v}}(s_t)+\boldsymbol{B}(s_t)\boldsymbol{h}_t,\boldsymbol{\Sigma}^v(s_t)),\\p(\boldsymbol{h}_t|\boldsymbol{h}_{t-1},s_t)&=\mathcal{N}(\boldsymbol{h}_t|\bar{\boldsymbol{h}}(s_t)+\boldsymbol{A}(s_t)\boldsymbol{h}_t,\boldsymbol{\Sigma}^h(s_t))\end{aligned}\tag{25.2.3}$$

在时间点 $t=1$，$p(s_1|\boldsymbol{h}_0,s_0)$表示初始转换分布 $p(s_1)$，$p(\boldsymbol{h}_1|\boldsymbol{h}_0,s_1)$表示初始高斯分布 $p(\boldsymbol{h}_1|s_1)=\mathcal{N}(\boldsymbol{h}_1|\boldsymbol{\mu}_\pi(s_1),\ \boldsymbol{\Sigma}_\pi(s_1))$。

SLDS 可以被认作隐马尔可夫模型和 LDS 之间的结合。SLDS 也称为跳转马尔可夫模型或过程，转换卡尔曼滤波器，转换线性高斯状态空间模型，条件线性高斯模型。

25.2.1　精确推断在计算上不可行

SLDS 中的精确滤波和平滑推断都是难以处理的，复杂度随着时间呈指数级增长。用非形式化的方式来解释，即考虑滤波后验推理，通过方程(23.2.9)类推，前向传递是：

$$p(s_{t+1},\boldsymbol{h}_{t+1}|\boldsymbol{v}_{1:t+1})=\sum_{s_t}\int_{\boldsymbol{h}_t}p(s_{t+1},\boldsymbol{h}_{t+1}|s_t,\boldsymbol{h}_t,\boldsymbol{v}_{t+1})p(s_t,\boldsymbol{h}_t|\boldsymbol{v}_{1:t})\tag{25.2.4}$$

在时间步 1，$p(s_1,\boldsymbol{h}_1|\boldsymbol{v}_1)=p(\boldsymbol{h}_1|s_1,\boldsymbol{v}_1)p(s_1|\boldsymbol{v}_1)$是高斯的索引集；在时间步 2，由于状态 s_1 的总和，$p(s_2,\boldsymbol{h}_2|\boldsymbol{v}_{1:2})$将是 S 个高斯的索引集；类似地，在时间步 3，它将是 S^2，并且通常在时间点 t 产生 S^{t-1} 个高斯。因此即使对小 t，精确表示滤波分布所需的分量数量在计算上也是难以处理的。类似地，平滑也是难以处理的。SLDS 难以处理的根源不同于我们以前遇到的“结构难以处理”。在 SLDS 中，就簇变量 $x_{1:T}(x_t\equiv(s_t,\boldsymbol{h}_t))$和可见变量$\boldsymbol{v}_{1:T}$ 而言，分布图是单连通的。因此，从单纯图理论的角度来看，进行推断的难度很小。实际上，如上面所提到的，由于图是单连通的，因此滤波算法的推导是直接的。然而，由于消息的描述需要增加指数级数量的项，因此算法的数值实现是难以处理的。

为了解决这个问题，[106,121,189,175,174]已经引入了几种近似方案。在这里，我们专注于分析使用有限混合高斯来近似转换条件后验的方法。尽管准确的后验分布是分量数达到指数级的混合高斯分布，但我们旨在通过舍弃低权重分量得到能准确代表后验的结果近似。

25.3　高斯和滤波

公式(25.2.4)描述了精确的滤波递归，其中随着时间的推移，分量数呈指数级增长。一般来说，相比于最近的观察值，较远观察值的影响要小得多。这表明“有效时间”是有限的，因此高斯混合分布中相应有限数量的分量足够精确地表示滤波后验。我们的目的是基于 $p(\boldsymbol{h}_t|s_t,\boldsymbol{v}_{1:t})$的高斯混合近似形成 $p(s_t,\boldsymbol{h}_t|\boldsymbol{v}_{1:t})$的递归。给定滤波分布 $p(s_t,\boldsymbol{h}_t|\boldsymbol{v}_{1:t})\approx q(s_t,\boldsymbol{h}_t|\boldsymbol{v}_{1:t})$的近似，精确递归方程(25.2.4)可以近似为：

$$q(s_{t+1},\boldsymbol{h}_{t+1}|\boldsymbol{v}_{1:t+1})=\sum_{s_t}\int_{\boldsymbol{h}_t}p(s_{t+1},\boldsymbol{h}_{t+1}|s_t,\boldsymbol{h}_t,\boldsymbol{v}_{t+1})q(s_t,\boldsymbol{h}_t|\boldsymbol{v}_{1:t})\tag{25.3.1}$$

在下一个时间步对滤波后验的近似将包含比在前一个时间步多 S 倍的分量，并且为了防止混合分量发生指数爆炸，我们随后需要以合适的方式退化混合分布 $q(s_{t+1},\boldsymbol{h}_{t+1}|\boldsymbol{v}_{1:t+1})$。将滤波近似分解为连续和离散的两部分：

$$q(\boldsymbol{h}_t,s_t|\boldsymbol{v}_{1:t})=q(\boldsymbol{h}_t|s_t,\boldsymbol{v}_{1:t})q(s_t|\boldsymbol{v}_{1:t})\tag{25.3.2}$$

并导出单独的滤波更新公式对等式(25.2.4)是有用的，如下所述。

25.3.1　连续滤波

$p(\boldsymbol{h}_t|s_t,\boldsymbol{v}_{1:t})$的精确表示是$O(S^{t-1})$个分量的混合。为了保证计算的可行性，我们用有限的含I个分量的混合分布近似它：

$$q(\boldsymbol{h}_t|s_t,\boldsymbol{v}_{1:t})=\sum_{i_t=1}^{I}q(\boldsymbol{h}_t|i_t,s_t,\boldsymbol{v}_{1:t})q(i_t|s_t,\boldsymbol{v}_{1:t}) \tag{25.3.3}$$

其中，$q(\boldsymbol{h}_t|i_t,s_t,\boldsymbol{v}_{1:t})$是以$\boldsymbol{f}(i_t,s_t)$为均值，$\boldsymbol{F}(i_t,s_t)$为协方差矩阵的高斯分布。更严格地说，我们应该使用符号$\boldsymbol{f}_t(i_t,s_t)$，因为对每个时间点$t$，我们有一组以$i_t,s_t$为索引的均值，尽管我们在这里使用的符号舍弃了这些相关性。

需要着重注意的是，有许多方法对每个状态s_t使用单个高斯分布近似$p(\boldsymbol{h}_t|s_t,\boldsymbol{v}_{1:t})$。自然地，这会产生$p(\boldsymbol{h}_t|\boldsymbol{v}_{1:t})=\sum_{s_t}p(\boldsymbol{h}_t|s_t,\boldsymbol{v}_{1:t})p(s_t|\boldsymbol{v}_{1:t})$的混合高斯分布。然而，使用单个高斯分布近似$p(\boldsymbol{h}_t|s_t,\boldsymbol{v}_{1:t})$时，后验的表示也许是欠缺的。这里，我们的目标是使用混合高斯分布准确近似$p(\boldsymbol{h}_t|s_t,\boldsymbol{v}_{1:t})$。

为了递归实现对分布的近似，我们首先假设知道滤波近似$q(\boldsymbol{h}_t|s_t,\boldsymbol{v}_{1:t})$，然后使用精确动力学前向传播该近似。为此，首先考虑如下关系：

$$\begin{aligned}q(\boldsymbol{h}_{t+1}|s_{t+1},\boldsymbol{v}_{1:t+1})&=\sum_{s_t,i_t}q(\boldsymbol{h}_{t+1},s_t,i_t|s_{t+1},\boldsymbol{v}_{1:t+1})\\&=\sum_{s_t,i_t}q(\boldsymbol{h}_{t+1}|s_t,i_t,s_{t+1},\boldsymbol{v}_{1:t+1})q(s_t,i_t|s_{t+1},\boldsymbol{v}_{1:t+1})\end{aligned} \tag{25.3.4}$$

现在，我们尽可能地用精确的动力学代替并评估上述两个因素。通过这种方式分解更新的作用是，新的滤波近似是混合高斯的形式，其中$q(\boldsymbol{h}_{t+1}|s_t,i_t,s_{t+1},\boldsymbol{v}_{1:t+1})$是高斯分布，$q(s_t,i_t|s_{t+1},\boldsymbol{v}_{1:t+1})$是分量的权重或混合比例。接下来，我们会介绍如何计算这几项。公式(25.3.4)产生了一个有$I\times S$个分量的新高斯混合分布，我们将在计算结束时瓦解回I个分量。

估计 $q(\boldsymbol{h}_{t+1}|s_t,i_t,s_{t+1},v_{1:t+1})$

我们的目的是找到$q(\boldsymbol{h}_{t+1}|s_t,i_t,s_{t+1},\boldsymbol{v}_{1:t+1})$的滤波递归。由于是以转换状态和分量为条件的，因此这对应于单个LDS前向步骤，可以通过首先考虑以下联合分布来评估：

$$q(\boldsymbol{h}_{t+1},\boldsymbol{v}_{t+1}|s_t,i_t,s_{t+1},\boldsymbol{v}_{1:t})=\int_{\boldsymbol{h}_t}p(\boldsymbol{h}_{t+1},\boldsymbol{v}_{t+1}|\boldsymbol{h}_t,\cancel{s_t},\cancel{i_t},s_{t+1},\boldsymbol{v}_{1:t})q(\boldsymbol{h}_t|s_t,i_t,\cancel{s_{t+1}},\boldsymbol{v}_{1:t}) \tag{25.3.5}$$

然后以$\boldsymbol{v}_{t+1}$为条件。在上式中，我们使用尽可能精确的动力学。为减轻符号方面的负担，我们对所有t推出$\bar{\boldsymbol{h}}_t,\bar{\boldsymbol{v}}_t\equiv 0$。精确地前向动力学如下：

$$\boldsymbol{h}_{t+1}=\boldsymbol{A}(s_{t+1})\boldsymbol{h}_t+\boldsymbol{\eta}^h(s_{t+1}),\quad \boldsymbol{v}_{t+1}=\boldsymbol{B}(s_{t+1})\boldsymbol{h}_{t+1}+\boldsymbol{\eta}^v(s_{t+1}), \tag{25.3.6}$$

给定混合分量的索引i_t，

$$q(\boldsymbol{h}_t|\boldsymbol{v}_{1:t},i_t,s_t)=\mathcal{N}(\boldsymbol{h}_t|\boldsymbol{f}(i_t,s_t),\boldsymbol{F}(i_t,s_t)) \tag{25.3.7}$$

我们用精确的动力学方程(25.3.6)传播该高斯分布。那么，$q(\boldsymbol{h}_{t+1},\boldsymbol{v}_{t+1}|s_t,i_t,s_{t+1},\boldsymbol{v}_{1:t})$就是具有如下均值和方差的高斯分布：

$$\begin{aligned}&\boldsymbol{\Sigma}_{hh}=\boldsymbol{A}(s_{t+1})\boldsymbol{F}(i_t,s_t)\boldsymbol{A}^{\mathrm{T}}(s_{t+1})+\boldsymbol{\Sigma}_h(s_{t+1}),\quad \boldsymbol{\Sigma}_{vv}=\boldsymbol{B}(s_{t+1})\boldsymbol{\Sigma}_{hh}\boldsymbol{B}^{\mathrm{T}}(s_{t+1})+\boldsymbol{\Sigma}_v(s_{t+1})\\&\boldsymbol{\Sigma}_{vh}=\boldsymbol{B}(s_{t+1})\boldsymbol{\Sigma}_{hh}=\boldsymbol{\Sigma}_{hv}^{\mathrm{T}},\quad \boldsymbol{\mu}_v=\boldsymbol{B}(s_{t+1})\boldsymbol{A}(s_{t+1})\boldsymbol{f}(i_t,s_t),\quad \boldsymbol{\mu}_h=\boldsymbol{A}(s_{t+1})\boldsymbol{f}(i_t,s_t)\end{aligned} \tag{25.3.8}$$

上述结果通过对使用了结果 8.3 的前向动力学方程，即等式(25.2.1)和等式(25.2.2)求在 $\boldsymbol{h}_t$ 上的积分得到。为得到 $q(\boldsymbol{h}_{t+1}|s_t,i_t,s_{t+1},\boldsymbol{v}_{1:t+1})$，我们现在用标准高斯分布条件公式(结果 8.4)条件化 $\boldsymbol{v}_{t+1}$ 上的 $q(\boldsymbol{h}_{t+1},\boldsymbol{v}_{t+1}|s_t,i_t,s_{t+1},\boldsymbol{v}_{1:t})$，得到：

$$q(\boldsymbol{h}_{t+1}|s_t,i_t,s_{t+1},\boldsymbol{v}_{1:t+1})=\mathcal{N}(\boldsymbol{h}_{t+1}|\boldsymbol{\mu}_{h|v},\boldsymbol{\Sigma}_{h|v}) \tag{25.3.9}$$

其中：

$$\boldsymbol{\mu}_{h|v}=\boldsymbol{\mu}_h+\boldsymbol{\Sigma}_{hv}\boldsymbol{\Sigma}_{vv}^{-1}(\boldsymbol{v}_{t+1}-\boldsymbol{\mu}_v),\quad \boldsymbol{\Sigma}_{h|v}=\boldsymbol{\Sigma}_{hh}-\boldsymbol{\Sigma}_{hv}\boldsymbol{\Sigma}_{vv}^{-1}\boldsymbol{\Sigma}_{vh} \tag{25.3.10}$$

其中，所需的量定义在公式(25.3.8)中。

估计混合权重 $q(s_t,i_t|s_{t+1},\boldsymbol{v}_{1:t+1})$

考虑归一化常数，等式(25.3.4)中的混合权重可以被写成：

$$q(s_t,i_t|s_{t+1},\boldsymbol{v}_{1:t+1})\propto q(\boldsymbol{v}_{t+1}|i_t,s_t,s_{t+1},\boldsymbol{v}_{1:t})q(s_{t+1}|i_t,s_t,\boldsymbol{v}_{1:t})q(i_t|s_t,\boldsymbol{v}_{1:t})q(s_t|\boldsymbol{v}_{1:t}) \tag{25.3.11}$$

等式(25.3.11)中第一个因子 $q(\boldsymbol{v}_{t+1}|i_t,s_t,s_{t+1},\boldsymbol{v}_{1:t})$是以 $\boldsymbol{\mu}_v$ 为均值，$\boldsymbol{\Sigma}_{vv}$ 为协方差矩阵的高斯分布，如等式(25.3.8)所示。最后两个因子 $q(i_t|s_t,\boldsymbol{v}_{1:t})$与 $q(s_t|\boldsymbol{v}_{1:t})$，由之前的滤波迭代给出。最后，$q(s_{t+1}|i_t,s_t,\boldsymbol{v}_{1:t})$写为：

$$q(s_{t+1}|i_t,s_t,\boldsymbol{v}_{1:t})=\begin{cases}\langle p(s_{t+1}|\boldsymbol{h}_t,s_t)\rangle_{q(\boldsymbol{h}_t|i_t,s_t,\boldsymbol{v}_{1:t})} & \text{增广 SLDS}\\ p(s_{t+1}|s_t) & \text{标准 SLDS}\end{cases} \tag{25.3.12}$$

在增广 SLDS 中，通常需要用数值的方法计算式(25.3.12)中的项。一个简单的近似方法是在分布 $q(\boldsymbol{h}_t|i_t,s_t,\boldsymbol{v}_{1:t})$的均值处估计式(25.3.12)。还考虑了协方差信息的另一种方法是从高斯分布 $q(\boldsymbol{h}_t|i_t,s_t,\boldsymbol{v}_{1:t})$中抽取样本，从而通过抽样近似 $p(s_{t+1}|\boldsymbol{h}_t,s_t)$的均值。注意，这并不等同于对具有串行抽样过程(如 27.6.2 节的粒子滤波)的增广 SLDS 进行高斯和滤波。这里的抽样是精确的，不会出现收敛问题。

封闭递归

现在，我们可以计算方程(25.3.4)。对变量 s_{t+1} 的每种设置，我们有一个含 $I\times S$ 个分量的混合高斯。为防止分量的数量随时间推移呈指数增长，我们从数值上将 $q(\boldsymbol{h}_{t+1}|s_{t+1},\boldsymbol{v}_{1:t+1})$退化回含 I 个分量的高斯：

$$q(\boldsymbol{h}_{t+1}|s_{t+1},\boldsymbol{v}_{1:t+1})\to\sum_{i_{t+1}=1}^{I}q(\boldsymbol{h}_{t+1}|i_{t+1},s_{t+1},\boldsymbol{v}_{1:t+1})q(i_{t+1}|s_{t+1},\boldsymbol{v}_{1:t+1}) \tag{25.3.13}$$

数值退化随后生成了新的高斯分量以及相应的混合权重，可以用一些方法将混合高斯分布退化为较小的混合分布。一种直接的方法是重复合并低权重分量，如 25.3.4 节所述。通过这种方式，定义了新的混合系数 $q(i_{t+1}|s_{t+1},\boldsymbol{v}_{1:t+1})$，其中 $i_{t+1}\in 1,\cdots,I$。这完整描述了如何为式(25.3.2)中的连续滤波后验近似 $q(\boldsymbol{h}_{t+1}|s_{t+1},\boldsymbol{v}_{1:t+1})$建立递归。

25.3.2 离散滤波

式(25.3.2)中转换变量分布的递归是：

$$q(s_{t+1}|\boldsymbol{v}_{1:t+1})\propto\sum_{i_t,s_t}q(s_{t+1},i_t,s_t,\boldsymbol{v}_{t+1},\boldsymbol{v}_{1:t}) \tag{25.3.14}$$

上式中的右侧正比于：

$$\sum_{s_t,i_t}q(\boldsymbol{v}_{t+1}|s_{t+1},i_t,s_t,\boldsymbol{v}_{1:t})q(s_{t+1}|i_t,s_t,\boldsymbol{v}_{1:t})q(i_t|s_t,\boldsymbol{v}_{1:t})q(s_t|\boldsymbol{v}_{1:t}) \tag{25.3.15}$$

在对 $q(\boldsymbol{h}_{t+1}|s_{t+1},\boldsymbol{v}_{1:t+1})$ 的递归中，已经计算出了该式的所有项。因此，我们现在具备了计算高斯和滤波前向传递的近似所需的所有量。高斯和滤波示意图如图 25.2 所示，伪代码在算法 25.1 中给出，见 SLDSforward. m。

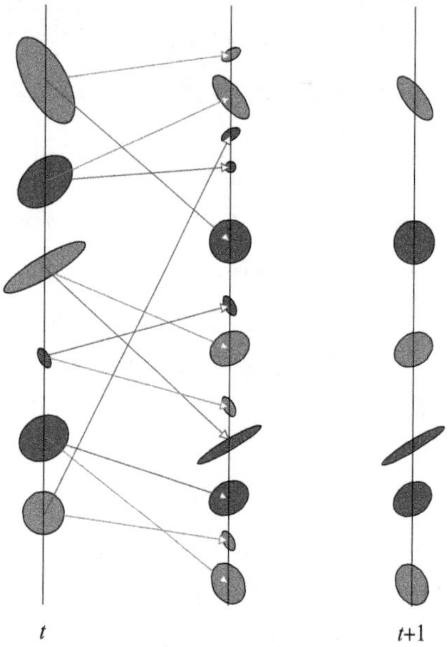

图 25.2　高斯和滤波。左边的列描绘了有两个状态（$S=2$，表示为红色和蓝色）和三个混合分量（$I=3$）的先前高斯混合近似 $q(\boldsymbol{h}_t,i_t|\boldsymbol{v}_{1:t})$，混合权重由每个椭圆的面积表示。存在 $S=2$ 个不同的 LDS，将混合分布的每个分量纳入新的滤波状态，箭头的颜色指示正在使用哪个 LDS。在一个时间步之后，每个混合分量被分成另外的 S 个分量。这样，联合近似 $q(\boldsymbol{h}_{t+1},s_{t+1}|\boldsymbol{v}_{1:t+1})$ 包含 S^2I 个分量（中间列）。为了使表示在计算上易于处理，每个状态 s_{t+1} 的高斯混合被退化回 I 个分量。这意味着每个有颜色的高斯集需要用较小的 I 个分量的高斯混合来近似。有很多方法可以实现这一目标，一个简单但计算上有效的方法是简单地忽略最低权重的分量，如右边的列所示，请参阅 mix2mix. m

算法 25.1　增广 SLDS 前向传递。对滤波后验 $p(s_t|\boldsymbol{v}_{1:t})\equiv\alpha_t$，$p(\boldsymbol{h}_t|s_t,\boldsymbol{v}_{1:t})\equiv\sum_{i_t}w_t(i_t,s_t)\mathcal{N}(\boldsymbol{h}_t|\boldsymbol{f}_t(i_t,s_t),\boldsymbol{F}_t(i_t,s_t))$ 进行近似。返回近似的对数似然 $L\equiv\log p(\boldsymbol{v}_{1:T})$。$I_t$ 是每个高斯混合近似中的分量数。要求 $I_1=1$、$I_2\leqslant S$、$I_t\leqslant S\times I_{t-1}$。$\theta(s)=\{\boldsymbol{A}(s),\boldsymbol{B}(s),\boldsymbol{\Sigma}^h(s),\boldsymbol{\Sigma}^v(s),\overline{\boldsymbol{h}}(s),\overline{\boldsymbol{v}}(s)\}$。例程 LDSFORWARD 参见算法 24.1。

for $s_1\leftarrow 1$ 到 S **do**
　$\{\boldsymbol{f}_1(1,s_1),\boldsymbol{F}_1(1,s_1),\hat{p}\}=\text{LDSFORWARD}(0,0,\boldsymbol{v}_1;\theta(s_1))$
　$\alpha_1\leftarrow p(s_1)\hat{p}$
end for
for $t\leftarrow 2$ 到 T **do**
　for $s_t\leftarrow 1$ 到 S **do**
　　for $i\leftarrow 1$ 到 I_{t-1}，且 $s\leftarrow 1$ 到 S **do**
　　　$\{\boldsymbol{\mu}_{x|y}(i,s),\boldsymbol{\Sigma}_{x|y}(i,s),\hat{p}\}=\text{LDSFORWARD}(\boldsymbol{f}_{t-1}(i,s),\boldsymbol{F}_{t-1}(i,s),\boldsymbol{v}_t;\theta(s_t))$
　　　$p^*(s_t|i,s)\equiv\langle p(s_t|\boldsymbol{h}_{t-1},s_{t-1}=s)\rangle_{p(\boldsymbol{h}_{t-1}|i_{t-1}=i,s_{t-1}=s,\boldsymbol{v}_{1:t-1})}$
　　　$p'(s_t,i,s)\leftarrow w_{t-1}(i,s)p^*(s_t|i,s)\alpha_{t-1}(s)\hat{p}$
　　end for
　　将由 $\boldsymbol{\mu}_{x|y}$，$\boldsymbol{\Sigma}_{x|y}$ 和权重 $p(i,s|s_t)\propto p'(s_t,i,s)$ 定义的高斯混合 $I_{t-1}\times S$ 退化为具有 I_t 分量 $p(\boldsymbol{h}_t|s_t,\boldsymbol{v}_{1:t})\approx\sum_{i_t=1}^{I_t}p(i_t|s_t,\boldsymbol{v}_{1:t})\times p(\boldsymbol{h}_t|s_t,i_t,\boldsymbol{v}_{1:t})$ 的高斯，这定义了新均值 $\boldsymbol{f}_t(i_t,s_t)$、协方差 $\boldsymbol{F}_t(i_t,s_t)$ 和混合权重 $w_t(i_t,s_t)\equiv p(i_t|s_t,v_{1:t})$
　　计算 $\alpha_t(s_t)\propto\sum_{i,s}p'(s_t,i,s)$
　end for

正则化 α_t

$L \leftarrow L+\log\sum_{s_t,i,s} p'(s_t,i,s)$

end for

25.3.3　似然 $p(\boldsymbol{v}_{1:T})$

似然 $p(\boldsymbol{v}_{1:T})$可以是：

$$p(\boldsymbol{v}_{1:T})=\prod_{t=0}^{T-1} p(\boldsymbol{v}_{t+1}\mid \boldsymbol{v}_{1:t}) \tag{25.3.16}$$

其中：

$$p(\boldsymbol{v}_{t+1}\mid \boldsymbol{v}_{1:t})\approx \sum_{i_t,s_t,s_{t+1}} q(\boldsymbol{v}_{t+1}\mid i_t,s_t,s_{t+1},\boldsymbol{v}_{1:t})q(s_{t+1}\mid i_t,s_t,\boldsymbol{v}_{1:t})q(i_t\mid s_t,\boldsymbol{v}_{1:t})q(s_t\mid \boldsymbol{v}_{1:t})$$

在为滤波后验 $q(\boldsymbol{h}_{t+1},s_{t+1}\mid \boldsymbol{v}_{1:t+1})$构建递归的过程中，已经计算出上述表达式中的所有项。

25.3.4　高斯退化

上述滤波递归的核心部分是将高斯混合退化为分量数较少的高斯分布。也就是说，给定含 N 个分量的高斯混合分布：

$$p(\boldsymbol{x})=\sum_{i=1}^{N} p_i\mathcal{N}(\boldsymbol{x}\mid \boldsymbol{\mu}_i,\boldsymbol{\Sigma}_i) \tag{25.3.17}$$

我们希望将上式退化为更小的 $K<N$ 高斯混合分布。本节我们描述一种简单方法，具有有效计算的优点，缺点是没有使用有关混合的空间信息[298]。首先，我们描述如何将混合退化为单个高斯分布。这可以通过求解混合高斯分布[式(25.3.17)]的均值和协方差矩阵来实现，也就是：

$$\boldsymbol{\mu}=\sum_i p_i\boldsymbol{\mu}_i,\quad \boldsymbol{\Sigma}=\sum_i p_i(\boldsymbol{\Sigma}_i+\boldsymbol{\mu}_i\boldsymbol{\mu}_i^{\mathrm{T}})-\boldsymbol{\mu}\boldsymbol{\mu}^{\mathrm{T}} \tag{25.3.18}$$

为了瓦解高斯混合分布，对含 K 个分量的高斯混合分布，我们首先保留具有最大混合权重的 $K-1$ 个分量。使用上述方法将剩余的 $N-K+1$ 个高斯分布简单合并为一个高斯分布。递归地合并混合权重最小的两个高斯分布，诸如这样的启发式替代方法是合理的。

保留一些空间信息的更复杂的方法显然可能是有用的。[189]中提出的方法是一种更合适的方法，它考虑去除在空间上相似的高斯分布(而不仅是低权重分量)，从而保留了可能的解决方案的多样性。在具有上千个时间步的应用中，速度是决定使用哪种退化方法的首要因素。

25.3.5　与其他方法的关系

高斯和滤波可以被看作一种“分析粒子滤波”，以高斯分布的传播替代点分布(δ 函数)的传播。对分量数较少的高斯混合分布的退化操作类似于粒子滤波中的重抽样。由于高斯分布相比于 δ 函数更具表现力，因此高斯和滤波一般会作为使用点粒子的一种改进近似方法。数值比较见[18]。

25.4 高斯和平滑

近似平滑后验 $p(\boldsymbol{h}_t, s_t \mid \boldsymbol{v}_{1:T})$ 比近似滤波后验更复杂，需要额外的近似值。出于这个原因，平滑更容易失败，因为需要满足更多的假设才能保持近似值。我们在这里采用的路线是假设已经执行了高斯和滤波近似，然后对 γ 后向传递进行近似，类似于 23.2.4 节。通过类比 RTS 平滑递归方程(23.2.20)，SLDS 的精确后向传递为：

$$p(\boldsymbol{h}_t, s_t \mid \boldsymbol{v}_{1:T}) = \sum_{s_{t+1}} \int_{\boldsymbol{h}_{t+1}} p(\boldsymbol{h}_t, s_t \mid \boldsymbol{h}_{t+1}, s_{t+1}, \boldsymbol{v}_{1:t}) p(\boldsymbol{h}_{t+1}, s_{t+1} \mid \boldsymbol{v}_{1:T}) \qquad (25.4.1)$$

其中，$p(\boldsymbol{h}_{t+1}, s_{t+1} \mid \boldsymbol{v}_{1:T}) = p(s_{t+1} \mid \boldsymbol{v}_{1:T}) p(\boldsymbol{h}_{t+1} \mid s_{t+1}, \boldsymbol{v}_{1:T})$ 由下一时间步的平滑后验的离散和连续分量组成。递归在时间上向后运行，开始时以滤波结果(在时间点 $t=T$，滤波后验和平滑后验一致)设置初始化值 $p(\boldsymbol{h}_T, s_T \mid \boldsymbol{v}_{1:T})$。除去混合分量的数目会在每一步增加外，由于条件分布项在式(25.4.1)中的 $\boldsymbol{h}_{t+1}$ 中是非高斯的，因此在 h_{t+1} 上求积分是存在问题的。出于这样的原因，从以下精确的关系开始导出近似递归是更加实用的：

$$p(\boldsymbol{h}_t, s_t \mid \boldsymbol{v}_{1:T}) = \sum_{s_{t+1}} p(s_{t+1} \mid \boldsymbol{v}_{1:T}) p(\boldsymbol{h}_t \mid s_t, s_{t+1}, \boldsymbol{v}_{1:T}) p(s_t \mid s_{t+1}, \boldsymbol{v}_{1:T}) \qquad (25.4.2)$$

这可以用 SLDS 动力学更直接地表达为：

$$p(\boldsymbol{h}_t, s_t \mid \boldsymbol{v}_{1:T}) = \sum_{s_{t+1}} p(s_{t+1} \mid \boldsymbol{v}_{1:T}) \langle p(\boldsymbol{h}_t \mid \boldsymbol{h}_{t+1}, s_t, s_{t+1}, \boldsymbol{v}_{1:t}, \cancel{\boldsymbol{v}_{t+1:T}}) \rangle_{p(\boldsymbol{h}_{t+1} \mid s_t, s_{t+1}, \boldsymbol{v}_{1:T})} \times$$
$$\langle p(s_t \mid \boldsymbol{h}_{t+1}, s_{t+1}, \boldsymbol{v}_{1:T}) \rangle_{p(\boldsymbol{h}_{t+1} \mid s_{t+1}, \boldsymbol{v}_{1:T})} \qquad (25.4.3)$$

在形成递归的过程中，我们假设从未来的时间步接近分布 $p(\boldsymbol{h}_{t+1}, s_{t+1} \mid \boldsymbol{v}_{1:T})$。然而，我们还需要分布 $p(\boldsymbol{h}_{t+1} \mid s_t, s_{t+1}, \boldsymbol{v}_{1:T})$，这不是直接已知的，是需要推断的，本质上是一个在计算方面具有挑战性的任务。在期望纠正(EC)方法中，假设以下近似(见图 25.3)：

$$p(\boldsymbol{h}_{t+1} \mid s_t, s_{t+1}, \boldsymbol{v}_{1:T}) \approx p(\boldsymbol{h}_{t+1} \mid s_{t+1}, \boldsymbol{v}_{1:T}) \qquad (25.4.4)$$

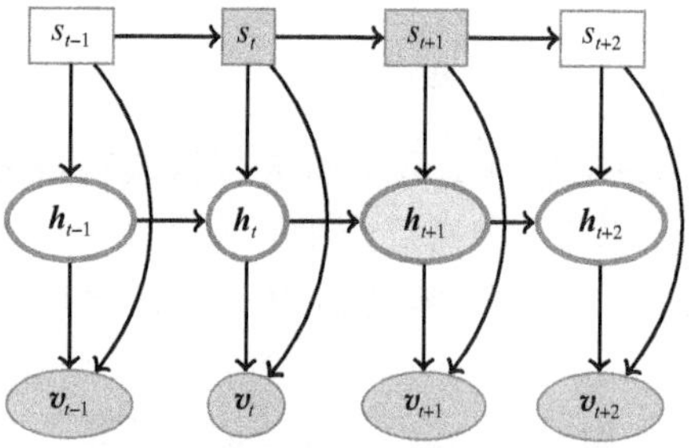

图 25.3　EC 反向传递通过 $p(\boldsymbol{h}_{t+1} \mid s_{t+1}, \boldsymbol{v}_{1:T})$ 近似 $p(\boldsymbol{h}_{t+1} \mid s_{t+1}, s_t, \boldsymbol{v}_{1:T})$。这样做是因为 s_t 仅通过 $\boldsymbol{h}_t$ 间接地影响 $\boldsymbol{h}_{t+1}$，然而 $\boldsymbol{h}_t$ 很可能会受到 $\boldsymbol{v}_{1:t}$ 的严重影响，因此不知道 s_t 的状态可能是次要的。绿色阴影节点是我们希望为其找到后验的变量，蓝色阴影节点的值是已知的，红色阴影节点表示在形成近似过程中假定未知的已知变量

会得到对平滑后验的一个近似递归，

$$p(\boldsymbol{h}_t, s_t \mid \boldsymbol{v}_{1:T}) \approx \sum_{s_{t+1}} p(s_{t+1} \mid \boldsymbol{v}_{1:T}) \langle p(\boldsymbol{h}_t \mid \boldsymbol{h}_{t+1}, s_t, s_{t+1}, \boldsymbol{v}_{1:t}) \rangle_{\boldsymbol{h}_{t+1}} \langle p(s_t \mid \boldsymbol{h}_{t+1}, s_{t+1}, \boldsymbol{v}_{1:T}) \rangle_{\boldsymbol{h}_{t+1}} \qquad (25.4.5)$$

其中，$\langle \cdot \rangle_{\boldsymbol{h}_{t+1}}$ 表示分布 $p(\boldsymbol{h}_{t+1} \mid s_{t+1}, \boldsymbol{v}_{1:T})$ 的均值。在进行近似递归[式(25.4.5)]时，高斯混合在每个时间步都会“长大”，为避免指数爆炸问题，我们使用有限混合近似 $q(\boldsymbol{h}_{t+1}, s_{t+1} \mid \boldsymbol{v}_{1:T})$：

$$p(\boldsymbol{h}_{t+1}, s_{t+1} \mid \boldsymbol{v}_{1:T}) \approx q(\boldsymbol{h}_{t+1}, s_{t+1} \mid \boldsymbol{v}_{1:T}) = q(\boldsymbol{h}_{t+1} \mid s_{t+1}, \boldsymbol{v}_{1:T}) q(s_{t+1} \mid \boldsymbol{v}_{1:T}) \qquad (25.4.6)$$

并将其代入上述近似递归中。根据式(25.4.5)，可以得到近似递归：

$$q(\boldsymbol{h}_t, s_t \mid \boldsymbol{v}_{1:T}) = \sum_{s_{t+1}} q(s_{t+1} \mid \boldsymbol{v}_{1:T}) \underbrace{\langle q(\boldsymbol{h}_t \mid \boldsymbol{h}_{t+1}, s_t, s_{t+1}, \boldsymbol{v}_{1:t}) \rangle_{q(\boldsymbol{h}_{t+1} \mid s_{t+1}, \boldsymbol{v}_{1:T})}}_{q(\boldsymbol{h}_t \mid s_t, s_{t+1}, \boldsymbol{v}_{1:T})} \underbrace{\langle q(s_t \mid \boldsymbol{h}_{t+1}, s_{t+1}, \boldsymbol{v}_{1:t}) \rangle_{q(\boldsymbol{h}_{t+1} \mid s_{t+1}, \boldsymbol{v}_{1:T})}}_{q(s_t \mid s_{t+1}, \boldsymbol{v}_{1:T})} \tag{25.4.7}$$

就像滤波一样，在可能的情况下，我们用精确项替换对应的近似项，并用下式参数化后验：

$$q(\boldsymbol{h}_{t+1}, s_{t+1} \mid \boldsymbol{v}_{1:T}) = q(\boldsymbol{h}_{t+1} \mid s_{t+1}, \boldsymbol{v}_{1:T}) q(s_{t+1} \mid \boldsymbol{v}_{1:T}) \tag{25.4.8}$$

为减少这里的符号负担，我们仅概述在前向传递和后向传递中都使用单分量近似的情况下的方法。使用高斯混合来近似每个 $p(\boldsymbol{h}_{t+1} \mid s_{t+1}, \boldsymbol{v}_{1:T})$，这个扩展在概念上是直观的，细节将会在 25.4.4 节讨论。在单高斯情形中，我们假设对下式有一个可用的高斯近似：

$$q(\boldsymbol{h}_{t+1} \mid s_{t+1}, \boldsymbol{v}_{1:T}) = \mathcal{N}(\boldsymbol{h}_{t+1} \mid \boldsymbol{g}(s_{t+1}), \boldsymbol{G}(s_{t+1})) \tag{25.4.9}$$

25.4.1　连续平滑

对给定的 s_t、s_{t+1}，平滑连续分布的 RTS 形式的递归见等式(25.4.7)，给出了：

$$q(\boldsymbol{h}_t \mid s_t, s_{t+1}, \boldsymbol{v}_{1:T}) = \int_{\boldsymbol{h}_{t+1}} p(\boldsymbol{h}_t \mid \boldsymbol{h}_{t+1}, s_t, s_{t+1}, \boldsymbol{v}_{1:t}) q(\boldsymbol{h}_{t+1} \mid s_{t+1}, \boldsymbol{v}_{1:T}) \tag{25.4.10}$$

为计算式(25.4.10)，我们随后执行 LDS 后向递归的单个更新。

25.4.2　离散平滑

等式(25.4.7)中的第二个均值对应于针对离散变量的递归，并由下式给出：

$$\langle q(s_t \mid \boldsymbol{h}_{t+1}, s_{t+1}, \boldsymbol{v}_{1:t}) \rangle_{q(\boldsymbol{h}_{t+1} \mid s_{t+1}, \boldsymbol{v}_{1:T})} \equiv q(s_t \mid s_{t+1}, \boldsymbol{v}_{1:T}) \tag{25.4.11}$$

$q(s_t \mid \boldsymbol{h}_{t+1}, s_{t+1}, \boldsymbol{v}_{1:t})$关于 $q(\boldsymbol{h}_{t+1} \mid s_{t+1}, \boldsymbol{v}_{1:T})$的均值不能以封闭形式实现。一种简单的方法是使用在均值处的估计来近似均值⊖：

$$\langle q(s_t \mid \boldsymbol{h}_{t+1}, s_{t+1} \boldsymbol{v}_{1:t}) \rangle_{q(\boldsymbol{h}_{t+1} \mid s_{t+1}, \boldsymbol{v}_{1:T})} \approx q(s_t \mid \boldsymbol{h}_{t+1}, s_{t+1}, \boldsymbol{v}_{1:t}) \big|_{\boldsymbol{h}_{t+1} = \langle \boldsymbol{h}_{t+1} \mid s_{t+1}, \boldsymbol{v}_{1:T} \rangle} \tag{25.4.12}$$

其中，$\langle \boldsymbol{h}_{t+1} \mid s_{t+1}, \boldsymbol{v}_{1:T} \rangle$是 $\boldsymbol{h}_{t+1}$ 关于 $q(\boldsymbol{h}_{t+1} \mid s_{t+1}, \boldsymbol{v}_{1:T})$的均值。

用 $\boldsymbol{h}_{t+1}$ 的均值代替 $\boldsymbol{h}_{t+1}$ 得到近似值：

$$\langle q(s_t \mid \boldsymbol{h}_{t+1}, s_{t+1}, \boldsymbol{v}_{1:t}) \rangle_{q(\boldsymbol{h}_{t+1} \mid s_{t+1}, \boldsymbol{v}_{1:T})} \approx \frac{1}{Z} \frac{\mathrm{e}^{-\frac{1}{2} \boldsymbol{z}_{t+1}^{\mathrm{T}}(s_t, s_{t+1}) \boldsymbol{\Sigma}^{-1}(s_t, s_{t+1} \mid \boldsymbol{v}_{1:t}) \boldsymbol{z}_{t+1}(s_t, s_{t+1})}}{\sqrt{\det(\boldsymbol{\Sigma}(s_t, s_{t+1} \mid \boldsymbol{v}_{1:t}))}} q(s_t \mid s_{t+1}, \boldsymbol{v}_{1:t}) \tag{25.4.13}$$

其中：

$$\boldsymbol{z}_{t+1}(s_t, s_{t+1}) \equiv \langle \boldsymbol{h}_{t+1} \mid s_{t+1}, \boldsymbol{v}_{1:T} \rangle - \langle \boldsymbol{h}_{t+1} \mid s_t, s_{t+1}, \boldsymbol{v}_{1:t} \rangle \tag{25.4.14}$$

且 Z 确保了 s_t 的归一化。给定 s_t、s_{t+1} 和观察值 $\boldsymbol{v}_{1:t}$，$\boldsymbol{\Sigma}(s_t, s_{t+1} \mid \boldsymbol{v}_{1:t})$是 $\boldsymbol{h}_{t+1}$ 的滤波协方差矩阵，可以取自式(25.3.8)中的 $\boldsymbol{\Sigma}_{hh}$。也可以考虑将协方差信息考虑在内的近似，尽管上述简单(和快速)方法在实践中可能已经足够了[18,208]。

25.4.3　退化高斯混合

经过 25.4.1 节和 25.4.2 节，我们已经得到式(25.4.8)中的所有项，来计算对式(25.4.7)

⊖ 通常，这种近似的形式为$\langle f(x) \rangle \approx f(\langle x \rangle)$。

的近似。由于式(25.4.7)中对 s_{t+1} 求和，因此在每次迭代时混合分量的数目都要乘以 S。为防止分量数发生指数爆炸，需要把高斯混合式(25.4.7)退化为单个高斯分布：

$$q(\boldsymbol{h}_t, s_t \mid \boldsymbol{v}_{1:T}) \to q(\boldsymbol{h}_t \mid s_t, \boldsymbol{v}_{1:T}) q(s_t \mid \boldsymbol{v}_{1:T}) \tag{25.4.15}$$

对高斯混合的退化将在 25.4.4 节中讨论。

25.4.4　混合分布平滑

基于以下表示对混合情况的扩展是直接的：

$$p(\boldsymbol{h}_t \mid s_t, \boldsymbol{v}_{1:T}) \approx \sum_{j_t=1}^{J} q(j_t \mid s_t, \boldsymbol{v}_{1:T}) q(\boldsymbol{h}_t \mid s_t, j_t, \boldsymbol{v}_{1:T}) \tag{25.4.16}$$

类似于拥有单个分量的情况，

$$\begin{aligned} q(\boldsymbol{h}_t, s_t \mid \boldsymbol{v}_{1:T}) = & \sum_{i_t, j_{t+1}, s_{t+1}} p(s_{t+1} \mid \boldsymbol{v}_{1:T}) p(j_{t+1} \mid s_{t+1}, \boldsymbol{v}_{1:T}) q(\boldsymbol{h}_t \mid j_{t+1}, s_{t+1}, i_t, s_t, \boldsymbol{v}_{1:T}) \times \\ & \langle q(i_t, s_t \mid \boldsymbol{h}_{t+1}, j_{t+1}, s_{t+1}, \boldsymbol{v}_{1:t}) \rangle_{q(\boldsymbol{h}_{t+1} \mid j_{t+1}, s_{t+1}, \boldsymbol{v}_{1:T})} \end{aligned} \tag{25.4.17}$$

对上式最后一行中的均值，可以使用单高斯分布情况中所介绍的方法来处理。为得到 $q(\boldsymbol{h}_t \mid j_{t+1}, s_{t+1}, i_t, s_t, \boldsymbol{v}_{1:T})$ 的近似，我们将其视为以下联合分布的边缘分布：

$$\begin{aligned} q(\boldsymbol{h}_t, \boldsymbol{h}_{t+1} \mid i_t, s_t, j_{t+1}, s_{t+1}, \boldsymbol{v}_{1:T}) = & q(\boldsymbol{h}_t \mid \boldsymbol{h}_{t+1}, i_t, s_t, j_{t+1}, s_{t+1}, \boldsymbol{v}_{1:t}) \\ & q(\boldsymbol{h}_{t+1} \mid i_t, s_t, j_{t+1}, s_{t+1}, \boldsymbol{v}_{1:T}) \end{aligned} \tag{25.4.18}$$

与单个混合的情况相同，$q(\boldsymbol{h}_{t+1} \mid i_t, s_t, j_{t+1}, s_{t+1}, \boldsymbol{v}_{1:T})$ 是有问题的项。类似式(25.4.4)，我们假设：

$$q(\boldsymbol{h}_{t+1} \mid i_t, s_t, j_{t+1}, s_{t+1}, \boldsymbol{v}_{1:T}) \approx q(\boldsymbol{h}_{t+1} \mid j_{t+1}, s_{t+1}, \boldsymbol{v}_{1:T}) \tag{25.4.19}$$

意味着关于当前转换状态 s_t 的信息 i_t 被忽略。随后，我们有：

$$p(\boldsymbol{h}_t \mid s_t, \boldsymbol{v}_{1:T}) = \sum_{i_t, j_{t+1}, s_{t+1}} p(i_t, j_{t+1}, s_{t+1} \mid s_t, \boldsymbol{v}_{1:T}) p(\boldsymbol{h}_t \mid i_t, s_t, j_{t+1}, s_{t+1}, \boldsymbol{v}_{1:T}) \tag{25.4.20}$$

可以选择任意方法将这样的混合分布退化为更小的混合分布，得到：

$$p(\boldsymbol{h}_t \mid s_t, \boldsymbol{v}_{1:T}) \approx \sum_{j_t} q(j_t \mid s_t, \boldsymbol{v}_{1:T}) q(\boldsymbol{h}_t \mid j_t, s_t, \boldsymbol{v}_{1:T}) \tag{25.4.21}$$

算法 25.2 简单描述了得到的过程，包括在前向和后向传递中使用混合分布。

算法 25.2　增广 SLDS：EC 后向传递。使用高斯混合近似 $p(s_t \mid \boldsymbol{v}_{1:T})$ 和 $p(\boldsymbol{h}_t \mid s_t, \boldsymbol{v}_{1:T}) \equiv \sum_{j_t=1}^{J_t} u_t(j_t, s_t) \mathcal{N}(\boldsymbol{g}_t(j_t, s_t), \boldsymbol{G}_t(j_t, s_t))$。$J_T = I_T$，$J_t \leqslant S \times I_t \times J_{t+1}$。这个例程需要用到算法 25.1 的结果。例程 LDSBACKWARD 见算法 24.2。

$\boldsymbol{G}_T \leftarrow \boldsymbol{F}_T, \boldsymbol{g}_T \leftarrow \boldsymbol{f}_T, u_T \leftarrow w_T$

for $t \leftarrow T-1$ 到 1 **do**

　for $s \leftarrow 1$ 到 $S, s' \leftarrow 1$ 到 $S, i \leftarrow 1$ 到 $I_t, j' \leftarrow 1$ 到 J_{t+1} **do**

　　$(\boldsymbol{\mu}, \boldsymbol{\Sigma})(i, s, j', s') = \text{LDSFORWARD}(\boldsymbol{g}_{t+1}(j', s'), \boldsymbol{G}_{t+1}(j', s'), \boldsymbol{f}_t(i, s), \boldsymbol{F}_t(i, s), \theta(s'))$

　　$p(i_t, s_t \mid j_{t+1}, s_{t+1}, v_{1:T}) = \langle p(s_t = s, i_t = i \mid \boldsymbol{h}_{t+1}, s_{t+1} = s', j_{t+1} = j', \boldsymbol{v}_{1:t}) \rangle_{p(\boldsymbol{h}_{t+1} \mid s_{t+1} = s', j_{t+1} = j', \boldsymbol{v}_{1:T})}$

　　$p(i, s, j', s' \mid \boldsymbol{v}_{1:T}) \leftarrow p(s_{t+1} = s' \mid \boldsymbol{v}_{1:T}) u_{t+1}(j', s') p(i_t, s_t \mid j_{t+1}, s_{t+1}, \boldsymbol{v}_{1:T})$

　end for

　for $s_t \leftarrow 1$ 到 S **do**

　　将由权重 $p(i_t = i, s_{t+1} = s', j_{t+1} = j' \mid s_t, \boldsymbol{v}_{1_T}) \propto p(i, s_t, j', s' \mid \boldsymbol{v}_{1:T})$、均值 $\boldsymbol{\mu}(i_t, s_t, j_{t+1}, s_{t+1})$ 和协

方差 $\boldsymbol{\Sigma}(i_t, s_t, j_{t+1}, s_{t+1})$ 定义的混合高斯退化为具有 J_t 个分量的混合高斯。这定义了新的均值 $\boldsymbol{g}_t(j_t, s_t)$、协方差 $\boldsymbol{G}_t(j_t, s_t)$ 和混合权重 $u_t(j_t, s_t)$。

$p(s_t \mid \boldsymbol{v}_{1:T}) \leftarrow \sum_{i_t, j', s'} p(i_t, s_t, j', s' \mid \boldsymbol{v}_{1:T})$

end for

end for

25.4.5　与其他方法的关系

SLDS 的经典平滑近似是广义伪贝叶斯(GPB)[13,173-174]。在 GPB 中，可以从精确的递归开始：

$$p(s_t \mid \boldsymbol{v}_{1:T}) = \sum_{s_{t+1}} p(s_t, s_{t+1} \mid \boldsymbol{v}_{1:T}) = \sum_{s_{t+1}} p(s_t \mid s_{t+1}, \boldsymbol{v}_{1:T}) p(s_{t+1} \mid \boldsymbol{v}_{1:T}) \tag{25.4.22}$$

$p(s_t \mid s_{t+1}, \boldsymbol{v}_{1:T})$很难得到，通过 GPB 进行近似：

$$p(s_t \mid s_{t+1}, \boldsymbol{v}_{1:T}) \approx p(s_t \mid s_{t+1}, \boldsymbol{v}_{1:t}) \tag{25.4.23}$$

代入式(25.4.22)，有：

$$p(s_t \mid \boldsymbol{v}_{1:T}) \approx \sum_{s_{t+1}} p(s_t \mid s_{t+1}, \boldsymbol{v}_{1:t}) p(s_{t+1} \mid \boldsymbol{v}_{1:T}) \tag{25.4.24}$$

$$= \sum_{s_{t+1}} \frac{p(s_{t+1} \mid s_t) p(s_t \mid \boldsymbol{v}_{1:t})}{\sum_{s_t} p(s_{t+1} \mid s_t) p(s_t \mid \boldsymbol{v}_{1:t})} p(s_{t+1} \mid \boldsymbol{v}_{1:T}) \tag{25.4.25}$$

递归以近似的滤波后验 $p(s_T \mid \boldsymbol{v}_{1:T})$为初始化。为 GPB 中的转换状态计算平滑递归等同于在隐马尔可夫模型中进行 RTS 后向传递，与连续变量情况下的后向递归无关。从滤波分布 $p(s_t \mid \boldsymbol{v}_{1:t})$形成平滑分布 $p(s_t \mid \boldsymbol{v}_{1:T})$所需的唯一信息是马尔可夫转换的转移分布 $p(s_{t+1} \mid s_t)$。由于未考虑连续变量传递的信息，因此该近似值会丢弃未来的信息。与 GPB 相比，EC 高斯平滑方法保留了通过连续变量传递的未来信息。GPB 使用递归式(25.4.8)(把其中的 $q(s_t \mid s_{t+1}, \boldsymbol{v}_{1:T})$改为 $q(s_t \mid s_{t+1}, \boldsymbol{v}_{1:t})$)形成 $p(\boldsymbol{h}_t \mid s_t, \boldsymbol{v}_{1:T})$的近似值。在 SLDS-backward.m 中，可以选择使用 EC 或 GPB。

例 25.1(交通流量)　使用 SLDS 进行建模和推断的例子是考虑一个简单的交通流量网络，如图 25.4 所示。这里有 4 个路口 a、b、c、d 和沿着图中所示道路方向的交通流量。交通流量流入 a 路口，然后经过不同的路线到达 d 路口。从路口流出的流量必须与流入路口的流量相匹配(至多相差噪声带来的流量)。在路口 a 和 b 处有交通信号灯，根据它们的状态，使交通流量沿着道路的不同路线行驶。用 ϕ 表示干净(无噪声)流量，我们使用转换线性系统对流量建模：

$$\left.\begin{array}{r}\phi_a(t)\\ \phi_{a\to d}(t)\\ \phi_{a\to b}(t)\\ \phi_{b\to d}(t)\\ \phi_{b\to c}(t)\\ \phi_{c\to d}(t)\end{array}\right\} = \left\{\begin{array}{l}\phi_a(t-1)\\ \phi_a(t-1)(0.75\times\mathbb{I}[s_a(t)=1]+1\times\mathbb{I}[s_a(t)=2])\\ \phi_a(t-1)(0.25\times\mathbb{I}[s_a(t)=1]+1\times\mathbb{I}[s_a(t)=3])\\ \phi_{a\to b}(t-1)0.5\times\mathbb{I}[s_b(t)=1]\\ \phi_{a\to b}(t-1)(0.5\times\mathbb{I}[s_b(t)=1]+1\times\mathbb{I}[s_b(t)=2])\\ \phi_{b\to c}(t-1)\end{array}\right. \tag{25.4.26}$$

通过用六维隐变量 $\boldsymbol{h}_t$ 表示在时间点 t 的流量，可以将上述流量方程写为：

$$\boldsymbol{h}_t = \boldsymbol{A}(s_t)\boldsymbol{h}_{t-1} + \boldsymbol{\eta}_t^h \tag{25.4.27}$$

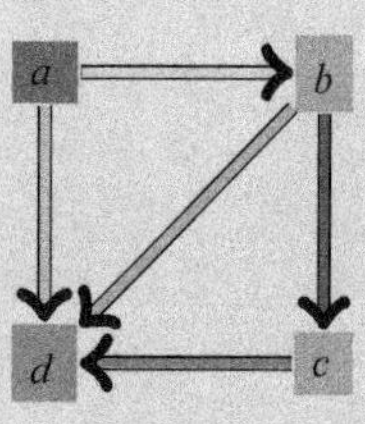

图 25.4　交通流量的表示。$s_a=1$，代表 a 处流出的流量分别以 0.75 和 0.25 的概率经过 $a\to d$ 和 $a\to b$。$s_a=2$，代表 a 处流出的所有流量经过 $a\to d$。$s_a=3$，代表 a 处流出的所有流量经过 $a\to b$。$s_b=1$，代表 b 处流出的流量等概率经过 $b\to d$ 和 $b\to c$。$s_b=2$，代表 b 处流出的所有流量经过 $b\to c$

在式(25.4.27)中，$\boldsymbol{A}(s)$是由转换变量 $s=s_a\otimes s_b$ 索引的一组适当定义的矩阵，其取值有 $3\times 2=6$ 个状态。我们还额外包含了噪声项以对单个时间步中是否停车进行建模。协方差矩阵 $\boldsymbol{\Sigma}_h$ 是对角矩阵，在流量入口 a 点具有更大的方差，以模拟进入系统的总流量是可变的。

下式是在 a 处对流入系统的流量的噪声测量：

$$v_{1,t}=\phi_a(t)+\eta_1^v(t) \tag{25.4.28}$$

下式是在 d 处对流出系统的总流量的噪声测量：

$$v_{2,t}=\phi_{a\to d}(t)+\phi_{b\to d}(t)+\phi_{c\to d}(t)+\eta_2^v(t) \tag{25.4.29}$$

观察模型可以用 $\boldsymbol{v}_t=\boldsymbol{B}\boldsymbol{h}_t+\boldsymbol{\eta}_t^v$ 表示，其中 $\boldsymbol{B}$ 是 2×6 的投影矩阵。转换变量服从简单的马尔可夫转移分布 $p(s_t|s_{t-1})$，在转换时倾向于保持在相同状态而非跳转到另一状态，详细见 demoSLDStraffic. m。

给定上面系统和在 a 处初始化所有流量的先验，我们使用前向(祖先)抽样从模型中抽取样本，其形成观察值 $\boldsymbol{v}_{1:100}$，如图 25.5 所示。仅基于观察结果和已知的模型结构，我们尝试使用高斯和滤波技术，以及平滑(EC 方法)技术来推断潜转换变量和交通流量，其中平滑技术的每个转换状态有两个混合分量，如图 25.6 所示。

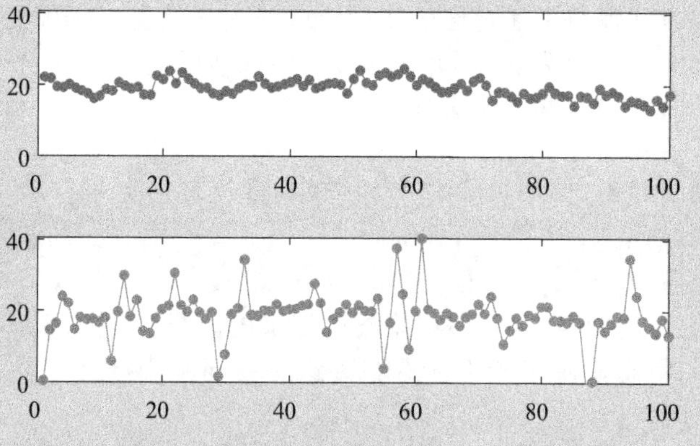

图 25.5　在网络中的两个点处测量的交通流量随时间的演化。传感器测量了流入网络的总流量(上面的图)$\phi_a(t)$，流出网络的总流量(下面的图)$\phi_d(t)=\phi_{a\to d}(t)+\phi_{b\to d}(t)+\phi_{c\to d}(t)$。$a$ 点处的总流入流量经历随机游走。注意，如果所有流量在两个连续的时间步内都沿着 $a\to b\to c$ 的路线，那么在 d 处测量的流量可以暂时降至零

注意，基于将每个连续流量离散为 20 个区间的简单隐马尔可夫模型近似将包含 $2\times 3\times 20^6$ 或 3.84 亿个状态。因此，即使对于大小适当的问题，基于分离的简单近似也是不切实际的。

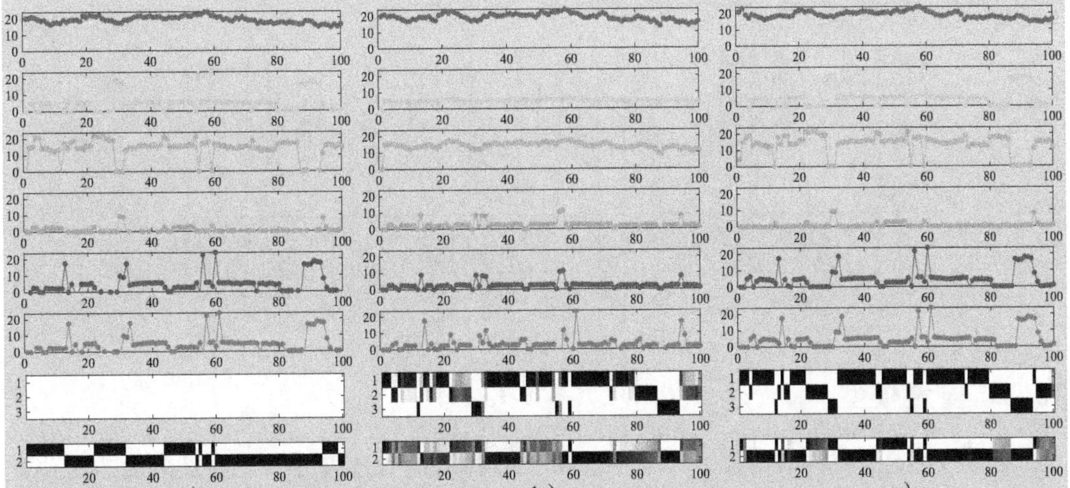

图 25.6　给定图 25.5 中的观察结果，推断出所有潜变量的流量和转换状态。a 中展示了正确的潜流量以及用于生成数据的转换变量状态(随时间变化)。每个面板中的流量对应于图 25.4 中与其颜色相同的边或节点处的流量。b 中展示了基于 $I=2$ 的高斯和前向传递近似的滤波流量。绘制了向量$\langle \boldsymbol{h}_t \mid \boldsymbol{v}_{1:t}\rangle$的 6 个分量，交通信号灯状态 s_a 和 s_b 的后验分布 $p(s_t^a \mid \boldsymbol{v}_{1:t})$和 $p(s_t^b \mid \boldsymbol{v}_{1:t})$绘制在下面。c 中展示了使用高斯和平滑近似(EC 方法，$J=1$)的平滑流量$\langle \boldsymbol{h}_t \mid \boldsymbol{v}_{1:T}\rangle$和相应的平滑开关状态 $p(s_t \mid \boldsymbol{v}_{1:T})$

例 25.2(跟随价格趋势)　以下是股票价格趋势的简单模型，该模型假设价格在反转方向之前趋于继续上涨(或下跌)一段时间：

$$h_{1,t}=h_{1,t-1}+h_{2,t-1}+\eta_1^h(s_t) \tag{25.4.30}$$

$$h_2(t)=\mathbb{I}[s_t=1]h_{2,t-1}+\eta_2^h(s_t) \tag{25.4.31}$$

$$v_t=h_{1,t}+\eta^v(s_t) \tag{25.4.32}$$

这里 h_1 表示“干净”价格，h_2 表示方向。每次只有一个观察变量，即干净的价格和少量的噪声。有两个转换状态 s_t，$\mathrm{dom}(s_t)=\{1,2\}$。当 $s_t=1$ 时，模型正常运行，方向等于前一个方向加上少量噪声 $\eta_2^h(s_t=1)$。而当 $s_t=2$ 时，方向是从具有大方差的高斯分布中抽样的。设置转移分布 $p(s_t|s_{t-1})$使得正常动态更可能，并且当 $s_t=2$ 时，它可能在下一个时间步内回到正常动态。详细信息见 SLDSpricemodel. mat。

图 25.7 绘制了模型中的一些样本，并对转换分布进行了平滑推断，展示了如何分析序列以推断股票价格方向可能发生变化的点。另见练习 25.1。

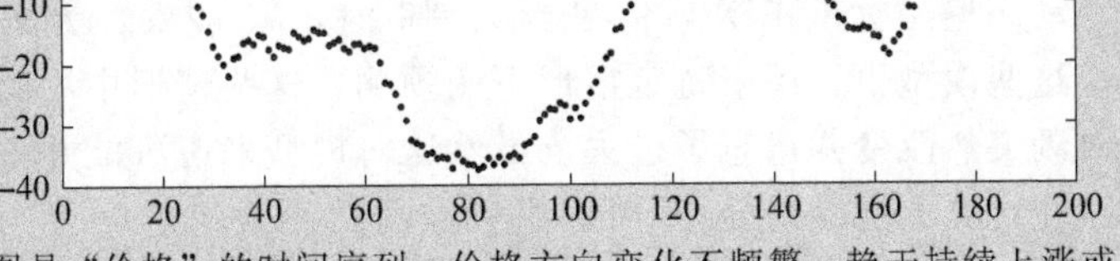

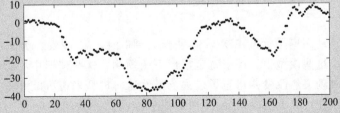

图 25.7　上面的图是“价格”的时间序列，价格方向变化不频繁，趋于持续上涨或下跌。拟合一个简单的 SLDS 模型来捕获这种行为，且基于平滑分布 $p(s_t=2|v_{1:T})$，下面的图给出了价格方向发生显著变化的概率

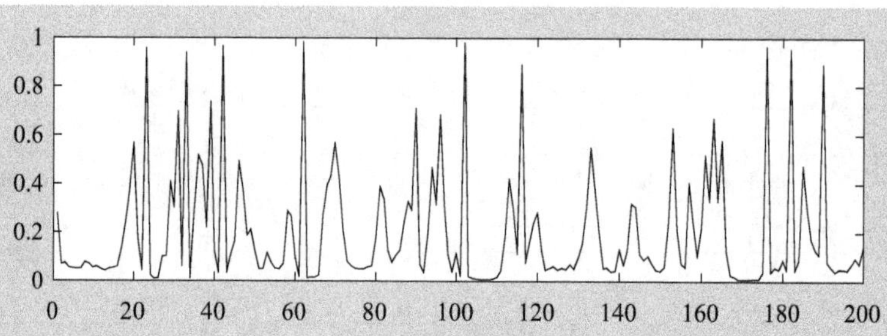

图 25.7 （续）

25.5 重置模型

重置模型是特殊的转换模型，其中转换状态将当前与过去分离，重置潜动态的位置(这些也被称为变化点模型)。虽然这些模型相当常规，但考虑特定模型是有用的，这里我们考虑具有两种状态的 SLDS 变化点模型。我们用状态 $s_t=0$ 表示 LDS 遵循标准动态。但是，当 $s_t=1$ 时，连续动态被重置为一个先验：

$$p(\boldsymbol{h}_t|\boldsymbol{h}_{t-1},s_t)=\begin{cases}p^0(\boldsymbol{h}_t|\boldsymbol{h}_{t-1}) & s_t=0\\ p^1(\boldsymbol{h}_t) & s_t=1\end{cases} \tag{25.5.1}$$

其中，

$$p^0(\boldsymbol{h}_t|\boldsymbol{h}_{t-1})=\mathcal{N}(\boldsymbol{h}_t|\boldsymbol{A}\boldsymbol{h}_{t-1}+\boldsymbol{\mu}^0,\boldsymbol{\Sigma}^0),\quad p^1(\boldsymbol{h}_t)=\mathcal{N}(\boldsymbol{h}_t|\boldsymbol{\mu}^1,\boldsymbol{\Sigma}^1) \tag{25.5.2}$$

类似地，有：

$$p(\boldsymbol{v}_t|\boldsymbol{h}_t,s_t)=\begin{cases}p^0(\boldsymbol{v}_t|\boldsymbol{h}_t) & s_t=0\\ p^1(\boldsymbol{v}_t|\boldsymbol{h}_t) & s_t=1\end{cases} \tag{25.5.3}$$

简单起见，假设转换动态是具有状态转移 $p(s_t|s_{t-1})$的一阶马尔可夫模型，如图 25.8 所示。

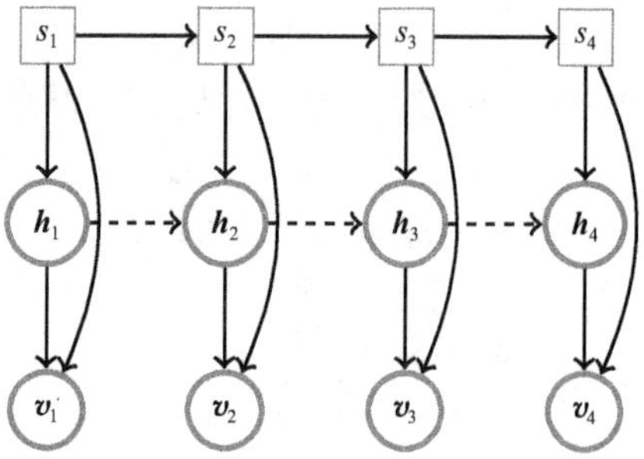

图 25.8　重置模型的独立性结构。方形节点 s_t 表示二值重置变量。$\boldsymbol{h}_t$ 是连续变量，$\boldsymbol{v}_t$ 是连续观察值。如果动态被重置，$s_t=1$，则连续 $\boldsymbol{h}_t$ 与过去的相关性被削减

在该模型下，动态遵循标准 LDS，但是当 $s_t=1$ 时，$\boldsymbol{h}_t$ 被重置为从高斯分布得到的值，与过去无关。这些模型更适用于特定情形下的预测，这些情形中的时间序列遵循一定的趋势但在某个时刻突然改变并遗忘了过去。虽然这对模型来说可能并不是一个很大的改变，但这样的模型在计算上更容易处理(精确滤波推断的复杂度是 $O(T^2)$的倍数，相比于一般两状态 SLDS 中的 $O(T2^T)$)。为搞清这点，考虑滤波递归：

$$\alpha(\boldsymbol{h}_t,s_t)\propto\int_{\boldsymbol{h}_{t-1}}\sum_{s_{t-1}}p(\boldsymbol{v}_t|\boldsymbol{h}_t,s_t)p(\boldsymbol{h}_t|\boldsymbol{h}_{t-1},s_t)p(s_t|s_{t-1})\alpha(\boldsymbol{h}_{t-1},s_{t-1}) \tag{25.5.4}$$

我们现在考虑这两种情况：

$$\alpha(\boldsymbol{h}_t,s_t=0)\propto\int_{\boldsymbol{h}_{t-1}}\sum_{s_{t-1}}p^0(\boldsymbol{v}_t\,|\,\boldsymbol{h}_t)p^0(\boldsymbol{h}_t\,|\,\boldsymbol{h}_{t-1})p(s_t=0\,|\,s_{t-1})\alpha(\boldsymbol{h}_{t-1},s_{t-1}) \tag{25.5.5}$$

$$\begin{aligned}\alpha(\boldsymbol{h}_t,s_t=1)&\propto p^1(\boldsymbol{v}_t\,|\,\boldsymbol{h}_t)p^1(\boldsymbol{h}_t)\int_{\boldsymbol{h}_{t-1}}\sum_{s_{t-1}}p(s_t=1\,|\,s_{t-1})\alpha(\boldsymbol{h}_{t-1},s_{t-1}) \\ &\propto p^1(\boldsymbol{v}_t\,|\,\boldsymbol{h}_t)p^1(\boldsymbol{h}_t)\sum_{s_{t-1}}p(s_t=1\,|\,s_{t-1})\alpha(s_{t-1})\end{aligned} \tag{25.5.6}$$

式(25.5.6)表明 $p(\boldsymbol{h}_t,s_t=1\,|\,\boldsymbol{v}_{1:t})$不是 $\boldsymbol{h}_t$ 中的混合模型，而是仅包含与 $p^1(\boldsymbol{v}_t\,|\,\boldsymbol{h}_t)p^1(\boldsymbol{h}_t)$ 成比例的单个分量。如果在式(25.5.5)中使用这些信息，就有：

$$\begin{aligned}\alpha(\boldsymbol{h}_t,s_t=0)\propto&\int_{\boldsymbol{h}_{t-1}}p^0(\boldsymbol{v}_t\,|\,\boldsymbol{h}_t)p^0(\boldsymbol{h}_t\,|\,\boldsymbol{h}_{t-1})p(s_t=0\,|\,s_{t-1}=0)\alpha(\boldsymbol{h}_{t-1},s_{t-1}=0)+ \\ &\int_{\boldsymbol{h}_{t-1}}p^0(\boldsymbol{v}_t\,|\,\boldsymbol{h}_t)p^0(\boldsymbol{h}_t\,|\,\boldsymbol{h}_{t-1})p(s_t=0\,|\,s_{t-1}=1)\alpha(\boldsymbol{h}_{t-1},s_{t-1}=1)\end{aligned} \tag{25.5.7}$$

假设 $\alpha(\boldsymbol{h}_{t-1},s_{t-1}=0)$是具有 K 个分量的混合分布，则 $\alpha(\boldsymbol{h}_t,s_t=0)$是具有 $K+1$ 分量的混合物。那么，一般而言，$\alpha(\boldsymbol{h}_t,s_t=0)$将包含 T 个分量且 $\alpha(\boldsymbol{h}_t,s_t=1)$是单个分量。与完全的 SLDS 情况相反，分量数目因此仅随时间线性增长，而不是指数增长。这意味着精确滤波的计算复杂度为 $O(T^2)$的倍数。使用 α-β 方法可以实现平滑，参见练习 25.3。尽管 SLDS 的复杂性降低，但对于长时间序列($T\gg1$)，这些重置模型的滤波和平滑在计算上仍然是昂贵的。[52]中讲述的近似基于仅保留有限数量的混合分量，将复杂度降低到线性于 T。

游程形式化

还可以使用“游程”形式描述重置模型，在每个时间点 t 使用潜变量 r_t 描述当前片段的长度。如果发生改变，则将游程变量重置为零，否则将其增加 1：

$$p(r_t\,|\,r_{t-1})=\begin{cases}P_{\mathrm{cp}} & r_t=0\\ 1-P_{\mathrm{cp}} & r_t=r_{t-1}+1\end{cases} \tag{25.5.8}$$

其中 P_{cp} 是重置的概率(或“变化点”)。联合分布由下式给出：

$$p(v_{1:T},r_{1:T})=\prod_t p(r_t\,|\,r_{t-1})p(v_t\,|\,v_{1:t-1},r_t),\quad p(v_t\,|\,v_{1:t-1},r_t)=p(v_t\,|\,v_{t-r_t:t-1}) \tag{25.5.9}$$

可以理解为，如果 $r_t=0$ 则 $p(v_t\,|\,v_{t-r_t:t-1})=p(v_t)$。由于连接数取决于游程 r_t，因此该分布的图模型难以绘制。可以用下式做预测：

$$p(v_{t+1}\,|\,v_{1:t})=\sum_{r_t}p(v_{t+1}\,|\,v_{t-r_t:t})p(r_t\,|\,v_{1:t}) \tag{25.5.10}$$

其中滤波的游程 $p(r_t\,|\,v_{1:t})$由前向递归给出：

$$\begin{aligned}p(r_t,v_{1:t})&=\sum_{r_{t-1}}p(r_t,r_{t-1},v_{1:t-1},v_t)=\sum_{r_{t-1}}p(r_t,v_t\,|\,r_{t-1},v_{1:t-1})p(r_{t-1},v_{1:t-1})\\ &=\sum_{r_{t-1}}p(v_t\,|\,r_t,\cancel{r_{t-1}},v_{1:t-1})p(r_t\,|\,r_{t-1},\cancel{v_{1:t-1}})p(r_{t-1},v_{1:t-1})\\ &=\sum_{r_{t-1}}p(r_t\,|\,r_{t-1})p(v_t\,|\,v_{t-r_t:t-1})p(r_{t-1},v_{1:t-1})\end{aligned}$$

这表明滤波推断的复杂度与 $O(T^2)$成比例。

25.5.1　泊松重置模型

变化点结构不仅限于条件高斯分布情况。为了说明这一点，我们考虑以下模型[⊖]：在每个时间点 t，观察计数 y_t(假设泊松分布具有未知的正强度 h)。强度是恒定的，但在某些未知时间点 t，它会跳到一个新值。指示符变量 c_t 表示时间点 t 是否是这样的变化点。数学上，该模型是：

$$p(h_0)=\mathcal{G}(h_0;a_0,b_0) \tag{25.5.11}$$

$$p(c_t)=\mathcal{BE}(c_t;\pi) \tag{25.5.12}$$

$$p(h_t|h_{t-1},c_t)=\mathbb{I}[c_t=0]\delta(h_t,h_{t-1})+\mathbb{I}[c_t=1]\mathcal{G}(h_t;\nu,b) \tag{25.5.13}$$

$$p(v_t|h_t)=\mathcal{PO}(v_t;h_t) \tag{25.5.14}$$

符号 $\mathcal{G}$，$\mathcal{BE}$ 和 $\mathcal{PO}$ 分别表示伽马、伯努利和泊松分布：

$$\mathcal{G}(h;a,b)=\exp((a-1)\log h-bh-\log\Gamma(a)+a\log b) \tag{25.5.15}$$

$$\mathcal{BE}(c;\pi)=\exp(c\log\pi+(1-c)\log(1-\pi)) \tag{25.5.16}$$

$$\mathcal{PO}(v;h)=\exp(v\log h-h-\log\Gamma(v+1)) \tag{25.5.17}$$

给定观察到的计数 $v_{1:T}$，任务是找到变化的后验概率以及两个连续变化点之间的每个区域的相关强度水平。在通用更新方程(25.5.5)和(25.5.6)中代入上述定义，我们看到 $\alpha(h_t,c_t=0)$是伽马势，$\alpha(h_t,c_t=1)$是伽马势的混合，其中伽马势通过三元组(a,b,l)被定义为：

$$\phi(h)=\mathrm{e}^l\mathcal{G}(h;a,b) \tag{25.5.18}$$

对于校正器更新步骤，我们需要用观察模型 $p(v_t|h_t)=\mathcal{PO}(v_t;h_t)$计算泊松项的乘积。泊松分布一个有用的特性是，根据观察值，潜变量是伽马分布：

$$\mathcal{PO}(v;h)=v\log h-h-\log\Gamma(v+1) \tag{25.5.19}$$

$$=(v+1-1)\log h-h-\log\Gamma(v+1) \tag{25.5.20}$$

$$=\mathcal{G}(h;v+1,1) \tag{25.5.21}$$

因此，更新方程需要两个伽马势的乘积。伽马密度的一个很好的特性是两个伽马密度的乘积也是伽马势：

$$(a_1,b_1,l_1)\times(a_2,b_2,l_2)=(a_1+a_2-1,b_1+b_2,l_1+l_2+g(a_1,b_1,a_2,b_2)) \tag{25.5.22}$$

其中，

$$g(a_1,b_1,a_2,b_2)\equiv\log\frac{\Gamma(a_1+a_2-1)}{\Gamma(a_1)\Gamma(a_2)}+\log(b_1+b_2)+ a_1\log(b_1/(b_1+b_2))+a_2\log(b_2/(b_1+b_2)) \tag{25.5.23}$$

因此，该重置模型的 α 递归在伽马势混合的空间中闭合，在每个时间步处混合分布中具有额外的伽马势。可以使用类似的方法来形成平滑递归。

例 25.3(煤矿开采灾难)　下面将基于煤矿开采灾难数据集[158]说明泊松重置模型。该数据集包括英国从 1851 年到 1962 年的 112 年时间内，每年发生煤矿开采致命灾难的数量。统计文献中广泛认为在引入新的健康和安全法规后，1890 年发生的灾难数发生显著变化。在图 25.9 中，展示了滤波密度的边缘分布 $p(h_t|y_{1:T})$。注意没有限制变化点的数目，原则上允许任何数字。平滑的密度表明在 $t=1890$ 附近急剧下降。

⊖　这个例子是来自 Taylan Cemgil。

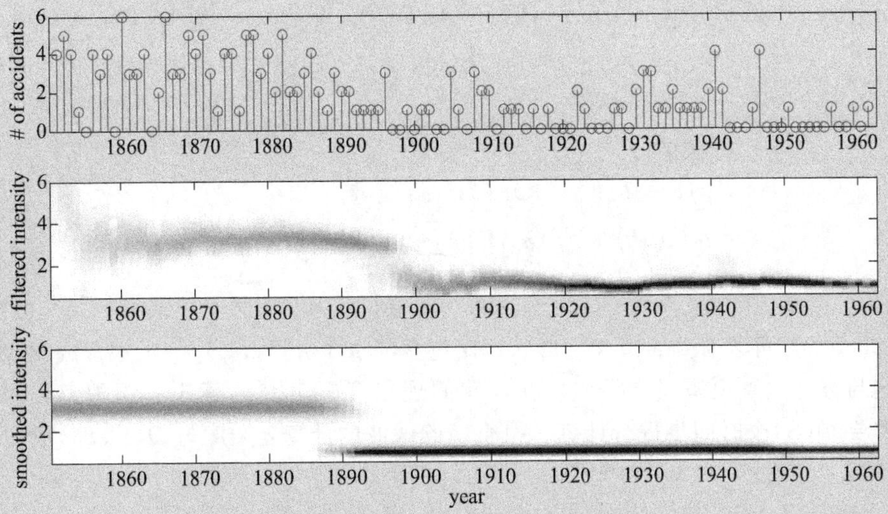

图 25.9　变化点的估计。a 中是煤矿开采灾难数据集。b 中是边缘密度的滤波估计 $p(h_t|v_{1:t})$。c 中是平滑估计 $p(h_t|v_{1:T})$。这里，较深的颜色意味着较高的概率

25.5.2　重置模型-隐马尔可夫模型-线性动态系统

由上面方程(25.5.1)和(25.5.3)定义的重置模型具有广泛的应用，但是因为仅考虑单动态模型而受到限制。一个重要的扩展是考虑一组可用的动态模型，由 $s_t \in \{1,\cdots,S\}$ 索引，重置可以减少连续变量与过去的相关性[101,60]：

$$p(\boldsymbol{h}_t|\boldsymbol{h}_{t-1},s_t,c_t)=\begin{cases}p^0(\boldsymbol{h}_t|\boldsymbol{h}_{t-1},s_t) & c_t=0\\ p^1(\boldsymbol{h}_t|s_t) & c_t=1\end{cases} \tag{25.5.24}$$

状态 s_t 服从马尔可夫动态 $p(s_t|s_{t-1},c_{t-1})$，如图 25.10 所示。如果状态 s_t 发生更改，则会发生重置，否则不会发生重置：

$$p(c_t=1|s_t,s_{t-1})=\mathbb{I}[s_t \neq s_{t-1}] \tag{25.5.25}$$

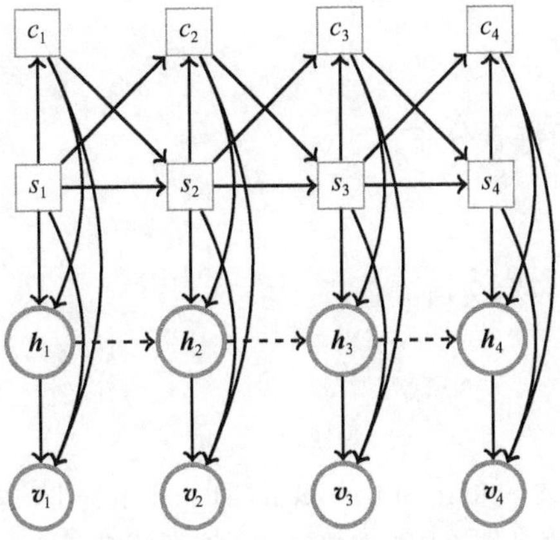

图 25.10　重置-隐马尔可夫模型-线性动态系统模型的独立性结构。方形节点 $c_t \in \{0,1\}$ 表示重置变量，$\boldsymbol{h}_t$ 是连续潜变量，$\boldsymbol{v}_t$ 是连续观察值。离散状态 $s_t \in \{1,\cdots,S\}$ 确定了在时间点 t，正在操作一个有限线性动态系统集中的哪个线性动态系统

该模型滤波的计算复杂度为 $O(S^2T^2)$，可以通过类比于重置 α 递归[用 (h_t,s_t) 替换 h_t 后的方程式(25.5.5)和式(25.5.6)来理解]。为此，我们考虑两种情况的滤波递归：

$$\alpha(\boldsymbol{h}_t,s_t,c_t=0)=\int_{\boldsymbol{h}_{t-1}}\sum_{s_{t-1},c_{t-1}}p^0(\boldsymbol{v}_t|\boldsymbol{h}_t,s_t)p^0(\boldsymbol{h}_t|\boldsymbol{h}_{t-1},s_t)p(s_t|s_{t-1},c_{t-1})\\ p(c_t=0|s_t,s_{t-1})\alpha(\boldsymbol{h}_{t-1},c_{t-1}) \tag{25.5.26}$$

$$\begin{aligned}\alpha(\boldsymbol{h}_t,s_t,c_t=1)&=\int_{\boldsymbol{h}_{t-1}}\sum_{s_{t-1},c_{t-1}}p^1(\boldsymbol{v}_t|\boldsymbol{h}_t,s_t)p^1(\boldsymbol{h}_t|s_t)p(s_t|s_{t-1},c_t)\\ &\quad p(c_t=1|s_t,s_{t-1})\alpha(\boldsymbol{h}_{t-1},s_{t-1},c_{t-1})\\ &=p^1(\boldsymbol{v}_t|\boldsymbol{h}_t,s_t)p^1(\boldsymbol{h}_t|s_t)\sum_{s_{t-1},c_{t-1}}p(c_t=1|s_t,s_{t-1})p(s_t|s_{t-1},c_{t-1})\alpha(s_{t-1},c_{t-1})\end{aligned} \tag{25.5.27}$$

从等式(25.5.27)可以看到$\alpha(\boldsymbol{h}_t,s_t,c_t=1)$仅包含与$p^1(\boldsymbol{v}_t|\boldsymbol{h}_t,s_t)p^1(\boldsymbol{h}_t|s_t)$成比例的单个分量。这与标准重置模型完全类似，除非我们现在需要使用s_t索引一组消息，因此每条消息都需要$O(S)$个时间步进行计算。执行精确滤波的计算复杂度与$O(S^2T^2)$成比例。

25.6　总结

- 转换线性动态系统是离散状态隐马尔可夫模型与连续潜状态线性动态系统的结合。它能够在基础连续过程中对离散跳转进行建模，在从金融到语音处理的各种领域内都有广泛应用。
- SLDS 中的经典推断问题在形式上是不可行的，因为表示消息需要指数级的存储空间。
- 目前已经开发了许多关于 SLDS 的近似方法，在本章中，我们描述了一种基于高斯混合表示的稳健确定性方法。
- 重置模型使得连续变量在重置时能够忘记过去。与 SLDS 不同，此类模型更适合精确推断。对其的扩展包括了重置-隐马尔可夫模型，它允许一组离散和连续状态，其中特殊的离散状态重置连续状态。

25.7　代码

SLDSforward. m：SLDS 前向。
SLDSbackward. m：SLDS 后向(EC)。
mix2mix. m：退化高斯混合分布为更小的高斯混合分布。
SLDSmargGauss. m：边缘化 SLDS 高斯混合。
logeps. m：处理 log(0)的偏移量的对数。
demoSLDStraffic. m：使用转换线性动态系统演示交通流量。

25.8　练习题

练习 25.1　考虑例 25.2 中描述的设置，其中完整的 SLDS 模型在 SLDSpricemodel. mat 中给出，遵循 demoSLDStraffic. m 中使用的符号。给定向量 v 中的数据，任务是为数据拟合一个预测模型。为此，使用含 $I=2$ 个分量的混合近似滤波分布 $p(h_t,s_t|v_{1:t})$。对下一天均价的预测为：

$$v_{t+1}^{\text{pred}}=\langle h_{1,t}+h_{2,t}\rangle_{p(h_t|v_{1:t})} \tag{25.8.1}$$

其中 $p(h_t | v_{1:t}) = \sum_{s_t} p(h_t, s_t | v_{1:t})$。

1. 计算平均预测误差：

```
mean_abs_pred_error=mean(abs(vpred(2:200)-v(2:200)))
```

2. 计算平均初始预测误差：

```
mean_abs_pred_error_naive=mean(abs(v(1:199)-v(2:200)))
```

这相当于表明明天的价格会与今天的价格相同。

提示：可参考 SLDSmargGauss. m。

练习 25.2　图 25.11 中的数据是来自间歇均值回复过程的价格观察值，包含在 meanrev. mat 中。有两种状态，即 $S=2$。存在真实(潜)价格 p_t 和观察到的价格 v_t(绘制的)。当 $s=1$ 时，真实的基础价格以 $r=0.9$ 的速率回复后向传递均值 $m=10$，反之，真实的价格随机游走：

$$p_t = \begin{cases} r(p_{t-1}-m)+m+\eta_t^p & s_t=1 \\ p_{t-1}+\eta_t^p & s_t=2 \end{cases} \tag{25.8.2}$$

其中：

$$\eta_t^p \sim \begin{cases} \mathcal{N}(\eta_t^p \mid 0, 0.0001) & s_t=1 \\ \mathcal{N}(\eta_t^p \mid 0, 0.01) & s_t=2 \end{cases} \tag{25.8.3}$$

观察到的价格与未知价格 p_t 相关，体现为：

$$v_t \sim \mathcal{N}(v_t \mid p_t, 0.001) \tag{25.8.4}$$

已知有 95%的时间 s_{t+1} 处于与时间点 $t>1$ 时相同的状态，且在时间点 $t=1$ 时，s_1 的各状态等可能。同样在 $t=1$ 时，$p_1 \sim \mathcal{N}(p_1 \mid m, 0.1)$。基于这些信息，使用含 $I=2$ 分量的高斯和滤波(使用 SLDSforward. m)，求在时间点 $t=280$ 时动态随机游走的概率 $p(s_{280}=2 \mid v_{1:280})$。重复此计算以基于使用 EC 方法(其中 $I=J=2$ 个分量)来平滑 $p(s_{280}=2 \mid v_{1:400})$。

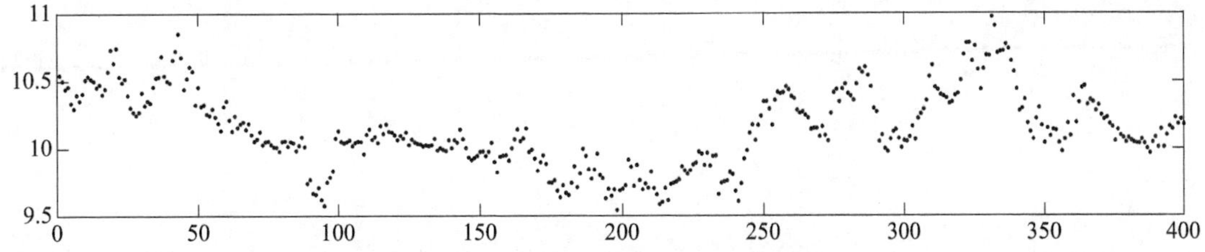

图 25.11　来自间歇均值回复过程的数据

练习 25.3　要求推导一个基于 α-β 方法的平滑递归，用于如 25.5 节所述的重置模型-线性动态系统。下式可以实现平滑：

$$p(\boldsymbol{h}_t, s_t \mid \boldsymbol{v}_{1:T}) \propto \underbrace{p(\boldsymbol{h}_t, s_t \mid \boldsymbol{v}_{1:t})}_{\alpha(\boldsymbol{h}_t, s_t)} \underbrace{p(\boldsymbol{v}_{t+1:T} \mid \boldsymbol{h}_t, s_t)}_{\beta(\boldsymbol{h}_t, s_t)} \tag{25.8.5}$$

由形式化的 β 递归，有：

$$\beta(\boldsymbol{h}_{t-1}, s_{t-1}) = \sum_{s_t} \int_{\boldsymbol{h}_t} p(\boldsymbol{v}_t \mid \boldsymbol{h}_t, s_t) p(\boldsymbol{h}_t \mid \boldsymbol{h}_{t-1}, s_t) p(s_t \mid s_{t-1}) \beta(\boldsymbol{h}_t, s_t) \tag{25.8.6}$$

1. 证明方程(25.8.6)的右侧可以写为：

$$\underbrace{p(s_t=0 \mid s_{t-1}) \int_{\boldsymbol{h}_t} p^0(\boldsymbol{v}_t \mid \boldsymbol{h}_t) p^0(\boldsymbol{h}_t \mid \boldsymbol{h}_{t-1}) \beta(\boldsymbol{h}_t, s_t=0)}_{\beta^0(\boldsymbol{h}_{t-1}, s_{t-1})} + \underbrace{p(s_t=1 \mid s_{t-1}) \int_{\boldsymbol{h}_t} p^1(\boldsymbol{v}_t \mid \boldsymbol{h}_t) p^1(\boldsymbol{h}_t) \beta(\boldsymbol{h}_t, s_t=1)}_{\beta^1(s_{t-1})} \tag{25.8.7}$$

2. 记：

$$\beta(\boldsymbol{h}_t, s_t) = \beta^0(\boldsymbol{h}_t, s_t) + \beta^1(s_t) \tag{25.8.8}$$

然后导出递归：

$$\beta^0(\boldsymbol{h}_{t-1}, s_{t-1}) = p(s_t = 0 \mid s_{t-1}) \int_{\boldsymbol{h}_t} p^0(\boldsymbol{v}_t \mid \boldsymbol{h}_t) p^0(\boldsymbol{h}_t \mid \boldsymbol{h}_{t-1}) [\beta^0(\boldsymbol{h}_t, s_t = 0) + \beta^1(s_t = 0)] \tag{25.8.9}$$

以及：

$$\beta^1(s_{t-1}) = p(s_t = 1 \mid s_{t-1}) \int_{\boldsymbol{h}_t} p^1(\boldsymbol{v}_t \mid \boldsymbol{h}_t) p^1(\boldsymbol{h}_t) [\beta^0(\boldsymbol{h}_t, s_t = 1) + \beta^1(s_t = 1)] \tag{25.8.10}$$

β^1 贡献只是一个标量，因此其表示的复杂性是固定的。根据上面的 β^0 递归，在 β^0 每个时间步的表示中引入一个额外的分量，以保证及时后退。因此，代表 $\beta^0(\boldsymbol{h}_t, s_t)$的分量数将是 $O(T-t)$，因为在时间 T，可以定义 $\beta(h_T, s_t)=1$。这意味着项 $p(\boldsymbol{h}_t, s_t, \boldsymbol{v}_{1:T}) = \alpha(\boldsymbol{h}_t, s_t)\beta(\boldsymbol{h}_t, s_t)$将包含 $O(t(T-t))$个分量。因此，要始终形成完整的平滑传递需要 $O(T^3)$的时间。

分布式计算

在本章中，我们从概率的角度讨论模型，这些模型基于对生物学中神经系统的粗略理解。这是一个迷人的领域，通过参考从标准工具得到的通用模型，我们将展示如何存储和调用模式。我们还讨论了一个通用模型，它使我们能够考虑非线性潜连续动态，同时保持计算的简便性。

26.1 简介

了解自然界中的生物如何处理信息是一个亟待开发的领域，也是科学研究中最为重大的挑战之一。尽管对这一领域的研究尚处于早期阶段，但我们也可以根据大多数系统的一些共同的属性来窥探一二：模式存储在一组神经元中、模式的回顾对噪声是鲁棒的、神经元的活动具有二元性质并且是随机的、信息处理是分布式且高度模块化的，等等。在本章中，我们将讨论一些经典的模型，这些模型已经被开发为用于分析这些特征的试验台[66,81,69,145]，特别是我们将从概率的角度讨论这些经典模型。

26.2 随机 Hopfield 网络

Hopfield 网络是生物记忆的模型，其模式由一组(V 个)互连神经元的活动表示。这里的“网络”指的是神经元集合，如图 26.1 所示，而不是由神经状态分布在时间上展开的信念网络表示，(如图 26.2 所示)。在时间点 t，神经元 i 处于激活($v_i(t)=+1$)或静止($v_i(t)=-1$，也称未激活)状态，这取决于前一时间点 $t-1$ 处神经元的状态。显然，神经元 i 激活状态取决于：

$$a_i(t)\equiv b_i+\sum_{j=1}^{V} w_{ij}v_j(t) \tag{26.2.1}$$

其中 w_{ij} 表示哪个神经元 j 将二进制信号传输给神经元 i 的功效，偏差 b_i 与神经元的激活倾向有关。将时间点 t 的网络状态写为 $\boldsymbol{v}(t)\equiv(v_1(t),\cdots,v_V(t))^{\mathrm{T}}$，神经元 i 在时间点 $t+1$ 激活的概率被建模为：

$$p(v_i(t+1)=1\mid \boldsymbol{v}(t))=\sigma_\beta(a_i(t)) \tag{26.2.2}$$

其中 $\sigma_\beta(x)=1/(1+\mathrm{e}^{-\beta x})$，$\beta$ 用于控制神经元的随机行为水平。处于静止状态的概率由归一化给出：

$$p(v_i(t+1)=-1\mid \boldsymbol{v}(t))=1-p(v_i(t+1)=1\mid \boldsymbol{v}(t))=1-\sigma_\beta(a_i(t)) \tag{26.2.3}$$

这两个规则可以简洁地写成：

$$p(v_i(t+1)\mid \boldsymbol{v}(t))=\sigma_\beta(v_i(t+1)a_i(t)) \tag{26.2.4}$$

可以直接由 $1-\sigma_\beta(x)=\sigma_\beta(-x)$ 得到。当 $\beta\to\infty$ 时，神经元的确定性更新：

$$v_i(t+1)=\mathrm{sgn}(a_i(t)) \tag{26.2.5}$$

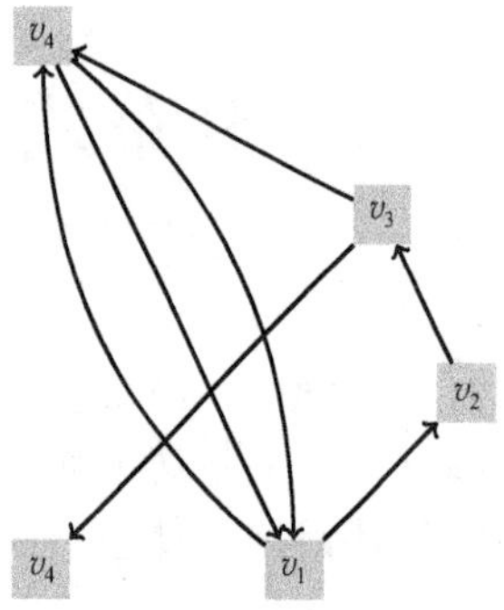

图 26.1　Hopfield 网络的描述(对 5 个神经元)。神经元的连通性由具有元素 w_{ij} 的权重矩阵描述。该图表示在时间 t 的所有神经元的状态的快照，这些神经元作为前一时间点 $t-1$ 的函数同时更新

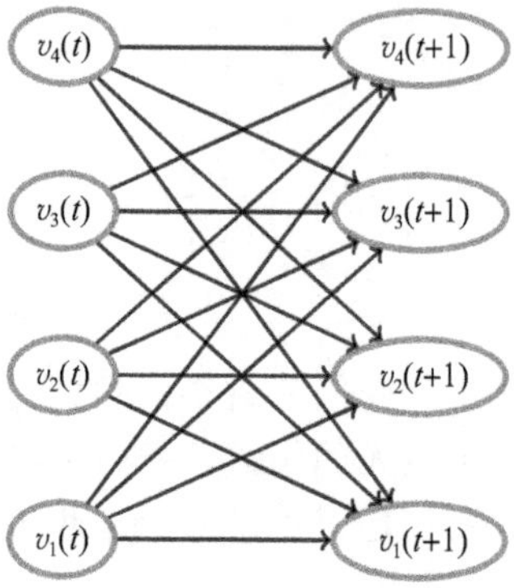

图 26.2　Hopfield 网络的动态信念网络表示。网络通过同时生成前一组中的一组新神经元状态来运行。方程(26.2.6)定义马尔可夫转移矩阵，对转移概率 $v(t)\rightarrow v(t+1)$ 进行建模，并且进一步强加了在给定网络的先前状态的情况下神经元条件独立性的约束

在同步 Hopfield 网络中，所有神经元独立且同时更新，因此我们可以将神经元的时间演化表示为动态信念网络(如图 26.2 所示)：

$$p(\boldsymbol{v}(t+1)\mid\boldsymbol{v}(t))=\prod_{i=1}^{V}p(v_i(t+1)\mid\boldsymbol{v}(t))\tag{26.2.6}$$

鉴于神经元如何更新的描述，我们希望使用网络来做一些有趣的事情，例如存储模式序列并在某些提示下回调它们。模式将存储在权重和偏差中，在下一节中，我们将介绍如何根据简单的本地学习规则找到合适的设置。

26.3　序列学习

26.3.1　单个序列

给定一个网络状态序列 $\mathcal{V}=\{\boldsymbol{v}(1),\cdots,\boldsymbol{v}(T)\}$，我们希望网络“存储”这个序列，以便可以在某些提示下调用它。也就是说，如果网络在训练序列 $\boldsymbol{v}(t=1)$ 的正确起始状态下初始化，则 $t>1$ 的训练序列的其余部分应在确定性动态方程(26.2.5)下再现，没有误差。时间序列学习的两种经典方法是 Hebb 和 Pseudo Inverse(PI)规则[145]。在标准的 Hebb 和 PI 情况下，偏差 b_i 通常设置为零。

标准的 Hebb 规则

标准的 Hebb 规则根据下式设置权重㊀：

$$w_{ij}=\frac{1}{V}\sum_{t=1}^{T-1}v_i(t+1)v_j(t)\tag{26.3.1}$$

㊀ Donald Hebb，神经生物学家表明[140]：

让我们假设反射活动(或“痕迹”)的持续或重复倾向于诱导持久的细胞变化，从而增加其稳定性……当细胞 A 的轴突足够近以激活细胞 B 并且反复或持续地参与其中时，一个或两个细胞中发生一些生长过程或代谢变化，使得 A 的效率，作为细胞环 B 之一增加了。

该陈述有时被误解为意味着权重完全是相关形式方程(26.3.1)(参见[287]的讨论)。这会严重限制性能并引入不利的存储假象，包括局部最小值[145]。

Hebb 规则数学上的动机可以通过考虑：

$$\sum_j w_{ij}v_j(t)=\frac{1}{V}\sum_{\tau=1}^{T-1}v_i(\tau+1)\sum_j v_j(\tau)v_j(t) \tag{26.3.2}$$

$$=\frac{1}{V}v_i(t+1)\sum_j v_j^2(t)+\frac{1}{V}\sum_{\tau\neq t}^{T-1}v_i(\tau+1)\sum_j v_j(\tau)v_j(t) \tag{26.3.3}$$

$$=v_i(t+1)+\frac{1}{V}\sum_{\tau\neq t}^{T-1}v_i(\tau+1)\sum_j v_j(\tau)v_j(t) \tag{26.3.4}$$

如果模式不相关，则以下“干扰”项：

$$\Omega\equiv\frac{1}{V}\sum_{\tau\neq t}^{T-1}v_i(\tau+1)\sum_j v_j(\tau)v_j(t) \tag{26.3.5}$$

会比较小。为此，首先注意，对均匀随机抽取模式，Ω 的均值为 0，因为模式是随机地 ± 1。因此，方差由下式给出：

$$\langle\Omega^2\rangle=\frac{1}{V^2}\sum_{\tau,\tau'\neq t}^{T-1}\sum_{j,k}\langle v_i(\tau+1)v_i(\tau'+1)v_j(\tau)v_j(t)v_k(\tau')v_k(t)\rangle \tag{26.3.6}$$

对于 $j\neq k$，所有项都是相互独立的并且对均值的贡献为 0。因此：

$$\langle\Omega^2\rangle=\frac{1}{V^2}\sum_{\tau,\tau'=1}^{T-1}\sum_j\langle v_i(\tau+1)v_i(\tau'+1)v_j(\tau)v_j(\tau')v_j^2(t)\rangle \tag{26.3.7}$$

当 $\tau\neq\tau'$ 时，所有项都是相互独立的，均值为 0 并且贡献为 0。于是：

$$\langle\Omega^2\rangle=\frac{1}{V^2}\sum_{\tau\neq t}\sum_j\langle v_i^2(\tau+1)v_j^2(\tau)v_j^2(t)\rangle=\frac{T-1}{V} \tag{26.3.8}$$

假设神经元的数量 V 明显大于序列的长度 T，因此干扰的均值将会很小。在这种情况下，等式(26.3.4)中的项 $v_i(t+1)$ 占主导地位，这意味着 $\sum_j w_{ij}v_j(t)$ 的符号将是 $v_i(t+1)$ 的符号，并且回调正确的模式序列。对超出我们范围的内容进行仔细分析，可知 Hebb 规则能够存储长度为 $0.269V$ 时间步的随机(不相关)时间序列[92]。然而，Hebb 规则对相关模式的情况表现欠佳，因为来自其他模式的干扰变得显著[145,69]。

Pseudo Inverse 规则

PI 规则找到矩阵 $[\mathbf{W}]_{ij}=w_{ij}$，该矩阵解决了线性方程：

$$\sum_j w_{ij}v_j(t)=v_i(i+1),\quad t=1,\cdots,T-1 \tag{26.3.9}$$

给定 $\operatorname{sgn}\left(\sum_j w_{ij}v_j(t)\right)=\operatorname{sgn}(v_i(t+1))=v_i(t+1)$ 的条件，以便正确地回调模式。在矩阵表示法中需要：

$$\mathbf{W}\mathbf{V}=\hat{\mathbf{V}} \tag{26.3.10}$$

其中：

$$[\mathbf{V}]_{it}=v_i(t),\quad t=1,\cdots,T-1,\quad [\hat{\mathbf{V}}]_{it}=v_i(t+1),\quad t=2,\cdots,T \tag{26.3.11}$$

对 $T<V$，问题是不确定的，存在多个解。PI 规则给出了一个解：

$$\mathbf{W}=\hat{\mathbf{V}}(\mathbf{V}^{\mathrm{T}}\mathbf{V})^{-1}\mathbf{V}^{\mathrm{T}} \tag{26.3.12}$$

PI 规则可以存储 V 个线性独立模式的任何序列。与标准 Hebb 规则相比，尽管在存储更长相关序列的能力方面具有吸引力，但该规则受到与时间相关模式的影响非常小，如图 26.3 所示。

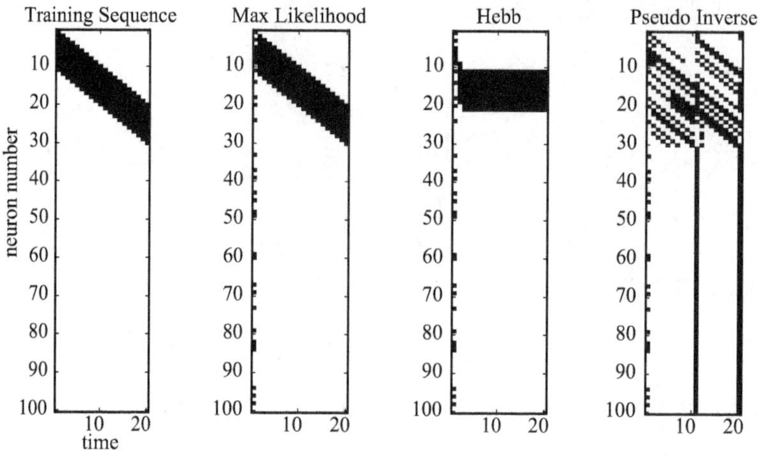

图 26.3　最左边的图片：我们所希望存储的高度相关的训练序列。其他图片表明了在正确的启动状态下初始化后网络随时间演化的情况，但是在 30%噪声情况下出现了网络损坏。在恢复期间，使用了确定性更新 $\beta=\infty$。使用 10 个批处理时训练了极大似然规则，其中 $\eta=0.1$。参见 demoHopfield. m

Hebb 规则极大似然

上述经典算法的替代方法是将其视为动态信念网络，即式(26.2.6)中的模式存储问题[20]。首先，我们需要明确“存储”的含义。鉴于我们将网络初始化在状态 $v(t=1)$，我们希望以高概率生成剩余序列。也就是说，我们希望调整网络参数以使以下概率：

$$p(\boldsymbol{v}(T),\boldsymbol{v}(T-1),\cdots,\boldsymbol{v}(2)\mid\boldsymbol{v}(1)) \tag{26.3.13}$$

是最大的㊀。此外，我们希望以高概率回调序列，不仅是在初始化为正确状态时，还有在状态接近(汉明距离内)正确初始状态 $\boldsymbol{v}(1)$时。

由于动态的马尔可夫性质，条件似然是：

$$p(\boldsymbol{v}(T),\boldsymbol{v}(T-1),\cdots,\boldsymbol{v}(2)\mid\boldsymbol{v}(1))=\prod_{t=1}^{T-1}p(\boldsymbol{v}(t+1)\mid\boldsymbol{v}(t)) \tag{26.3.14}$$

这是从给定状态到给定状态的转移的结果。由于这些转移概率是已知的[式(26.2.6)和式(26.2.2)]，因此可以容易地评估条件似然。序列(条件)对数似然是：

$$L(\boldsymbol{w},b)\equiv\log\prod_{t=1}^{T-1}p(\boldsymbol{v}(t+1)\mid\boldsymbol{v}(t))=\sum_{t=1}^{T-1}\log p(\boldsymbol{v}(t+1)\mid\boldsymbol{v}(t))=\sum_{t=1}^{T-1}\sum_{i=1}^{V}\log\sigma_\beta(v_i(t+1)a_i(t)) \tag{26.3.15}$$

我们的任务是找到权重 $\boldsymbol{w}$ 和偏差 b，使 $L(\boldsymbol{w},b)$最大。这里没有封闭形式的解，参数需要用数值方法确定。然而，这对应于直接的计算问题，因为对数似然是凸函数。为表明这一点，我们计算了黑塞矩阵(为使表示清晰，忽略了 b)：

$$\frac{\mathrm{d}^2L}{\mathrm{d}w_{ij}\,\mathrm{d}w_{kl}}=-\beta^2\sum_{t=1}^{T-1}v_i(t+1)v_j(t)\gamma_i(t)(1-\gamma_i(t))v_k(t+1)v_l(t)\delta_{ik} \tag{26.3.16}$$

其中，我们定义：

$$\gamma_i(t)\equiv1-\sigma_\beta(v_i(t+1)a_i(t)) \tag{26.3.17}$$

容易证明黑塞矩阵是半负定的(见练习 26.4)，因此似然只有一个全局最大值。为增加序列

㊀　静态模式也可以在此框架中被视为一组彼此映射的模式。

的似然，我们可以使用简单的方法，如梯度上升[⊖]：

$$w_{ij}^{\text{new}}=w_{ij}+\eta\frac{\mathrm{d}L}{\mathrm{d}w_{ij}},\quad b_i^{\text{new}}=b_i+\eta\frac{\mathrm{d}L}{\mathrm{d}b_i} \tag{26.3.18}$$

其中：

$$\frac{\mathrm{d}L}{\mathrm{d}w_{ij}}=\beta\sum_{t=1}^{T-1}\gamma_i(t)v_i(t+1)v_j(t),\quad \frac{\mathrm{d}L}{\mathrm{d}b_i}=\beta\sum_{t=1}^{T-1}\gamma_i(t)v_i(t+1) \tag{26.3.19}$$

一般根据经验选择足够小的学习率 η 以确保收敛。极大似然学习规则式(26.3.19)可被视为修改后的 Hebb 学习规则，即当 $\gamma_i(t)\equiv 1$ 时给出基本的 Hebb 规则。随着学习的开展，因子 $\gamma_i(t)$ 通常趋向于接近 1 或 0 的值，因此学习规则可以看作渐近等效于仅在不一致的情况下进行更新（($a_i(t)$ 和 $v_i(t+1)$ 具有不同的符号)。该批训练过程可以容易地转换为在线过程，即在呈现两个连续模式之后立即进行更新。

ML Hebb 规则的存储容量

ML Hebb 规则能够存储 V 个线性独立模式的序列。为此，我们首先为每个神经元 i 形成输入-输出训练集 $\{(v(t),v_i(t+1)),t=1,\cdots,T-1\}$。每个神经元都有一个相应的权重向量 $\{\boldsymbol{w}^i\equiv w_{ij},j=1,\cdots,V\}$，这形成了一个逻辑回归器，或者在极限 $\beta=\infty$ 时，形成一个感知器[145]。为完美地恢复模式，我们只需要构成序列模式线性可分的向量。如果模式是线性独立的，则无论什么样的输出 $\{v_i(t+1),\ t=1,\cdots,T-1\}$，都有这样的性质，见 17.4.1 节。

与感知器规则的关系

在激活很大的极限情况下，即 $|a_i|\gg 1$：

$$\gamma_i(t)\approx\begin{cases}1 & v_i(t+1)a_i<0\\ 0 & v_i(t+1)a_i\geqslant 0\end{cases} \tag{26.3.20}$$

如果激活和所需的下一个输出是相同的符号，则不对神经元 i 进行更新。在这个极限中，式(26.3.19)被称为感知器规则[145,86]。对接近决策边界的激活 a，小的改变可导致神经激活为不同符号。为防止这种情况，通常会加入稳定限制

$$\gamma_i(t)\approx\begin{cases}1 & v_i(t+1)a_i<M\\ 0 & v_i(t+1)a_i\geqslant M\end{cases} \tag{26.3.21}$$

其中 M 是经验选择的正阈值。

例 26.1（存储相关序列）　在图 26.3 中，我们考虑使用三个学习规则存储长度为 $T=20$ 的 100 个神经元的时间序列，三个规则分别是：Hebb，极大似然和 PI。该序列高度相关，因此代表了一项艰巨的学习任务。把偏差 b_i 始终设置为零以便比较。受 30%噪声损坏的训练序列以初始状态被呈现给训练的网络，我们希望能够从该初始噪声状态恢复剩余的训练序列。虽然 Hebb 规则在不相关模式的可行限度内运行，但是该训练序列中的强相关性会导致不好的结果。PI 规则能够存储长度为 100 的序列，但对来自正确初始状态的扰动不鲁棒。经过少量训练后，极大似然规则表现良好。

随机解释

通过简单的操作，式(26.3.19)中的权重更新规则可以写成：

⊖ 当然，可以使用更复杂的方法，如牛顿法或共轭梯度。在神经生物学理论中，重点在于梯度更新样式，这是因为在生物学上这被认为更具合理性。

$$\frac{\mathrm{d}L}{\mathrm{d}w_{ij}}=\sum_{t=1}^{T-1}\frac{1}{2}(v_i(t+1)-\langle v_i(t+1)\rangle_{p(v_i(t+1)|a_i(t))})v_j(t) \tag{26.3.22}$$

因此，随机的在线学习规则为：

$$\Delta w_{ij}(t)=\eta(v_i(t+1)-\tilde{v}_i(t+1))v_j(t) \tag{26.3.23}$$

其中 $\tilde{v}_i(t+1)$以概率 $\sigma_\beta(a_i(t))$被抽样为处在状态 1，否则为−1。如果学习率 η 很小，则这种随机更新将接近学习规则式(26.3.18)和式(26.3.19)。

例 26.2(在持续噪声下回调序列)　我们考虑存储了一个长度 $T=50$ 的序列的 50 个神经元(具有零偏差阈值 θ)，并比较极大似然学习规则与 Hebb、PI 和感知器规则的性能。训练序列的产生过程是：从随机初始状态 $\boldsymbol{v}(1)$开始，然后随机选择 20%的神经元进行翻转，每个选择的神经元以概率 0.5 被翻转，这样给出一个具有高度时间相关性的随机训练序列。

在训练后，网络被初始化为来自训练序列的正确初始状态 $\boldsymbol{v}(t=1)$的噪声损坏版本。然后运行动态(在 $\beta=\infty$)，运行步数与训练序列的长度相同。之后测量与训练序列最终状态 $\boldsymbol{v}(T)$相同的被回调的最终状态的比特部分，如图 26.4 所示。在动态的每个阶段(除了最后一个阶段)，通过用指定概率翻转每个神经元状态，网络的状态被噪声破坏。

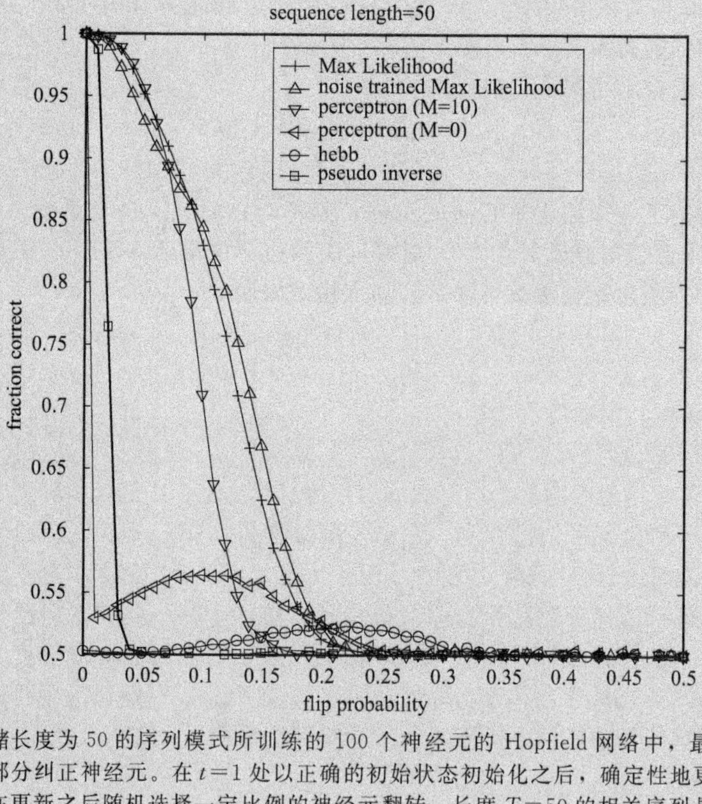

图 26.4　在存储长度为 50 的序列模式所训练的 100 个神经元的 Hopfield 网络中，最终状态 $T=50$ 时一部分纠正神经元。在 $t=1$ 处以正确的初始状态初始化之后，确定性地更新 Hopfield 网络，在更新之后随机选择一定比例的神经元翻转。长度 $T=50$ 的相关序列是通过翻转概率为 0.5，20%的网络中，先前状态产生的。分数正确值 1 表示最终状态的完全恢复，值 0.5 表示性能不比随机猜测的最终状态好。对极大似然，使用 50 个训练时期，其中 $\eta=0.02$。在恢复期间，使用确定性更新 $\beta=\infty$。所呈现的结果超过 5000 次模拟的平均值，导致符号大小的顺序的标准误差

标准的 Hebb 规则表现相对较差，特别是对于小的翻转率，而其他方法表现相对较好，在小翻转率下是鲁棒的。随着翻转率的增加，PI 规则变得不稳定，特别是对那些对网络提出更多要求的较长时间序列。感知器规则可以与极大似然规则一样执行，尽管其性能严格依赖于阈值 M 的适当选择。在小翻转率，$M=0$ 情况下，感知器训练的结果很差。极大似然规则的一个优点是它在不需要调整参数的情况下仍然能表现良好。

图 26.5 中给出了针对较大网络的类似示例，由高度相关的序列组成。使用极大似然过程来学习权重。对于这样的短序列，吸引力非常大且视频序列可以被鲁棒地存储。

a)　　b)

图 26.5 a) 在一个由 81×111=8 991 个神经元组成的集合上，原始的 $T=15$ 二进制视频序列。b) 从一个 20% 的噪声扰动的初始状态开始的重构。每个奇数时间的重构也是随机扰动的。尽管噪声水平很高，但模式序列的吸引力范围非常广泛，即使在单个时间步长之后，模式也会立即回落到模式序列附近

26.3.2 多个序列

我们现在解决学习一组序列 $\{\mathcal{V}^n, n=1,\cdots,N\}$ 的问题。如果我们假设序列之间是相互独立的，则一组序列的对数似然是各个序列的和。梯度由下式给出：

$$\frac{\mathrm{d}L}{\mathrm{d}w_{ij}}=\beta\sum_{n=1}^{N}\sum_{t=1}^{T-1}\gamma_i^n(t)v_i^n(t+1)v_j^n(t),\quad \frac{\mathrm{d}L}{\mathrm{d}b_i}=\beta\sum_{n=1}^{N}\sum_{t=1}^{T-1}\gamma_i^n(t)v_i^n(t+1) \tag{26.3.24}$$

其中：

$$\gamma_i^n(t)\equiv 1-\sigma_\beta(v_i^n(t+1)a_i^n(t)),\quad a_i^n(t)=b_i+\sum_j w_{ij}v_j^n(t) \tag{26.3.25}$$

由于是凸函数的和，因此对数似然保持凸性，也就可以成功使用基于标准梯度的学习算法。

26.3.3 布尔网络

Hopfield 网络是表 $p(v_i(t+1)=1\mid \boldsymbol{v}(t))$ 的一个特定参数化结果。可以考虑对参数施加较少限制。在完全不受限的情况下，每个神经元 i 具有 2^V 个相关的父状态。然而，指定这样指数数目的状态是不现实的。一个有趣的限制是考虑每个神经元只有 K 个父状态，每个表包含 2^K 个元素。由于对数似然是表元素的凸函数，因此可以直接通过极大似然学习表参数。这意味着对于任何给定序列(或序列集)，可以容易地找到使序列重建概率最大的参数。极大似然法也为相关的随机动态系统提供了巨大的吸引力。这些模型在人工生命

和随机布尔网络中受到了广泛关注，其出现的宏观行为来自本地更新规则。这样的类系统也用于研究化学和基因调控网络的鲁棒性[172]。

26.3.4 序列消歧

对仅在可见变量上定义的与时间无关的一阶网络(例如 Hopfield 网络)施加一定的限制，即每次遇到联合状态 v 时，观察结果的状态转移分布 $p(v_{t+1}|v_t=v)$是相同的。这意味着如果序列包含子序列，例如 a,b,a,c，则由于联合状态 a 在不同时间转移到不同状态，因此无法以高概率被回调。

尽管可以尝试使用更高阶马尔可夫模型，即考虑更长的时间背景或者使用时间相关的模型来解决这类序列消歧问题，但这将失去生物学上的合理性。使用潜变量是序列消歧的另一种方法。在 Hopfield 模型中，通过在联合潜-可见空间中建立线性独立的序列，可以增加回调容量，即使单独的可见变量序列不是线性独立的。在 26.4 节中，讨论了扩展仅定义在可见变量上的动态信念网络的一般方法，例如包括非线性更新潜变量的 Hopfield 网络。

26.4 易处理的连续潜变量模型

考虑具有隐(潜)变量 h 和可见变量(观察值)v 的动态信念网络：

$$p(v(1:T),h(1:T))=p(v(1))p(h(1)|v(1))\prod_{t=1}^{T-1}p(v(t+1)|v(t),h(t))\\ p(h(t+1)|v(t),v(t+1),h(t)) \tag{26.4.1}$$

在第 23 章中讲到，如果所有隐变量都是离散的，那么在这些模型中的推断是简单的。但在许多物理系统中，假设连续的 $h(t)$更加自然。在第 24 章中，讨论了这样一个由线性高斯转移和输出形成的易处理的连续 $h(t)$模型——LDS 模型。尽管 LDS 模型很有用，但不能仅用它来表示潜过程中的非线性变化。第 25 章描述的转换 LDS 能够建模非线性连续动态(通过转换)，但这在计算方面极为困难。出于对计算的考虑，问题似乎仅限于纯离散 h(对离散转移没有限制)或是纯连续 h(但被迫用简单的线性动态)。是否存在一种获得具有非线性动态的连续状态的方法，使后验推断依然易于处理？答案是肯定的，只要我们假设隐转移是确定性的[14]。当以可见变量为条件时，剩余的隐单元分布变得不那么重要。这保证了考虑隐空间中丰富的非线性动态是可行的。需要注意，这类模型不限于本章所涉及的分布计算，如第 24 章的 ARCH 和 GARCH 模型就是特殊情况。

26.4.1 确定性潜变量

考虑在可见变量 $v(1:T)$的序列上定义的信念网络。为丰富模型，引入服从非线性马尔可夫转移的附加连续潜变量 $h(1:T)$。为保持推断的易处理性，将潜动态限制为确定性的，即

$$p(h(t+1)|v(t+1),v(t),h(t))=\delta(h(t+1)-f(v(t+1),v(t),h(t),\theta_h)) \tag{26.4.2}$$

(可能是非线性的)函数 f 用于参数化条件概率表。对确定性转移的限制看似严重，但模型仍保留了一些有吸引力的特征：边缘 $p(v(1:T))$是非马尔可夫网络，结合序列中的所有变量，如图 26.6c 所示。而隐单元推断 $p(h(1:T)|v(1:T))$是确定性的，如图 26.6 所示。

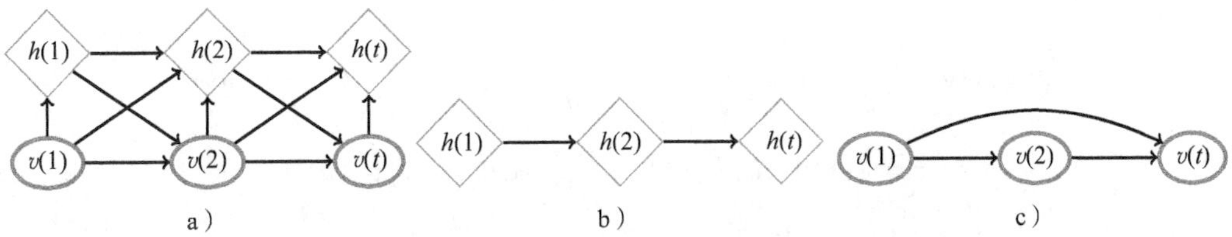

图 26.6　a) 具有确定性隐转移(由菱形表示)的一阶动态信念网络，即每个隐节点处于单一状态，由其父节点确定。b) 可见变量的条件在隐空间中形成一个确定性有向链。隐单元推断可以仅通过前向传播来实现。c) 对隐变量积分给出了串联形式的可见图，因此每个 $v(t)$ 取决于所有的 $v(1: t-1)$

隐和可见分布的可调参数分别由 θ_h 和 θ_v 表示。为了学习，单个训练序列 $v(1:T)$ 的对数似然是：

$$L=\log p(v(1)|\theta_v)+\sum_{t=1}^{T-1}\log p(v(t+1)|v(t),h(t),\theta_v) \tag{26.4.3}$$

其中隐单元值通过递归地使用下式计算：

$$h(t+1)=f(v(t+1),v(t),h(t),\theta_h) \tag{26.4.4}$$

为了用梯度方法极大化对数似然，我们需要关于模型参数的导数。可以根据如下递归计算：

$$\frac{\mathrm{d}L}{\mathrm{d}\theta_v}=\frac{\partial}{\partial\theta_v}\log p(v(1)|\theta_v)+\sum_{t=1}^{T-1}\frac{\partial}{\partial\theta_v}\log p(v(t+1)|v(t),h(t),\theta_v) \tag{26.4.5}$$

$$\frac{\mathrm{d}L}{\mathrm{d}\theta_h}=\sum_{t=1}^{T-1}\frac{\partial}{\partial h(t)}\log p(v(t+1)|v(t),h(t),\theta_v)\frac{\mathrm{d}h(t)}{\mathrm{d}\theta_h} \tag{26.4.6}$$

$$\frac{\mathrm{d}h(t)}{\mathrm{d}\theta_h}=\frac{\partial f(t)}{\partial\theta_h}+\frac{\partial f(t)}{\partial h(t-1)}\frac{\mathrm{d}h(t-1)}{\mathrm{d}\theta_h} \tag{26.4.7}$$

其中，使用简记：

$$f(t)\equiv f(v(t),v(t-1),h(t-1),\theta_h) \tag{26.4.8}$$

因此，可以通过确定性的前向传播来计算导数。训练多个独立产生序列的情况，是通过对上述各个序列求和得到的直接扩展。

虽然确定性潜变量模型表现一般，但在本章内容中，将它们应用于一些简单的神经生物学模型是有意义的，能够丰富具有更强大内部动态的 Hopfield 模型。

26.4.2 增广 Hopfield 网络

为使确定性潜变量模型更显式，考虑连续向量隐变量 $h(t)$ 和离散二值向量可见变量(分量为 $v_i(t)\in\{-1,1\}$)的情况。特别地，将注意力集中在 Hopfield 模型中，该模型使用具有简单线性动态的潜变量进行增广(对于非线性扩展，请参见练习 26.5)：

$$\boldsymbol{h}(t+1)=2\sigma(\boldsymbol{A}\boldsymbol{h}(t)+\boldsymbol{B}\boldsymbol{v}(t))-1 \quad \text{确定性潜转移} \tag{26.4.9}$$

$$p(\boldsymbol{v}(t+1)|\boldsymbol{v}(t),\boldsymbol{h}(t))=\prod_{i=1}^{V}\sigma(v_i(t+1)\phi_i(t)),\quad \boldsymbol{\phi}(t)\equiv\boldsymbol{C}\boldsymbol{h}(t)+\boldsymbol{D}\boldsymbol{v}(t) \tag{26.4.10}$$

该模型推广了循环随机非关联 Hopfield 网络[145]，以包括依赖于先前网络状态的确定性隐单元。模型的参数是 $\boldsymbol{A}$、$\boldsymbol{B}$、$\boldsymbol{C}$ 和 $\boldsymbol{D}$。对基于梯度的训练，我们需要关于每一个参数的导数。关于泛化参数 θ 的对数似然的导数是：

$$\frac{\mathrm{d}}{\mathrm{d}\theta}L=\sum_i \nu_i(t)\frac{\mathrm{d}}{\mathrm{d}\theta}\phi_i(t),\quad \nu_i(t)\equiv(1-\sigma(v_i(t+1)\phi_i(t)))v_i(t+1) \tag{26.4.11}$$

这给出了：

$$\frac{\mathrm{d}}{\mathrm{d}A_{\alpha\beta}}\phi_i(t)=\sum_j C_{ij}\frac{\mathrm{d}}{\mathrm{d}A_{\alpha\beta}}h_j(t),\quad \frac{\mathrm{d}}{\mathrm{d}B_{\alpha\beta}}\phi_i(t)=\sum_j C_{ij}\frac{\mathrm{d}}{\mathrm{d}B_{\alpha\beta}}h_j(t) \tag{26.4.12}$$

$$\frac{\mathrm{d}}{\mathrm{d}C_{\alpha\beta}}\phi_i(t)=\delta_{i\alpha}h_\beta(t),\quad \frac{\mathrm{d}}{\mathrm{d}D_{\alpha\beta}}\phi_i(t)=\delta_{i\alpha}v_\beta(t) \tag{26.4.13}$$

$$\frac{\mathrm{d}}{\mathrm{d}A_{\alpha\beta}}h_i(t+1)=2\sigma_i'(t+1)\sum_j A_{ij}\frac{\mathrm{d}}{\mathrm{d}A_{\alpha\beta}}h_j(t)+\delta_{i\alpha}h_\beta(t) \tag{26.4.14}$$

$$\frac{\mathrm{d}}{\mathrm{d}B_{\alpha\beta}}h_i(t+1)=2\sigma_i'(t+1)\sum_j A_{ij}\frac{\mathrm{d}}{\mathrm{d}B_{\alpha\beta}}h_j(t)+\delta_{i\alpha}v_\beta(t) \tag{26.4.15}$$

$$\sigma_i'(t)\equiv\sigma(h_i(t))(1-\sigma(h_i(t))) \tag{26.4.16}$$

如果我们假设 $\boldsymbol{h}(1)$是给定的固定值(比如 0)，那么可以通过前向传播递归地计算导数。这样，对这种增强的 Hopfield 网络基于梯度的训练是直接的。该模型扩展了原始 Hopfield 模型，能够处理序列中的模糊转移，例如 a,b,a,c，参见例 26.3。在动态系统方面，学习网络是一个吸引子，训练序列作为一个稳定点，这些模型能够学习比没有隐单元的模型更强大的吸引子网络。

例 26.3(序列消歧)　图 26.7a 中的序列包含重复的模式，因此无法仅使用包含可见变量的第一阶模型可靠地回调。为解决这个问题，我们考虑一个具有 3 个可见单元的 Hopfield 网络和 7 个具有确定性(线性)潜动态的隐单元。使用梯度上升训练模型以最大化图 26.7a 中二元序列的可能性。见 demoHopfieldLatent.m。如图 26.7b 所示，学习的网络能够正确地回调序列，即使在不正确的状态下初始化时也是如此，同时不会因为序列转移的不明确而难以理解。

a)　　　　b)

图 26.7　a) 训练序列由 $T=10$ 个时间步的随机向量集($V=3$)组成。b) 使用 $H=7$ 个隐单元进行重建。回调序列的初始状态 $v(t=1)$被设置为正确的初始训练值，尽管其中一个值被翻转。注意，在可以回调形如 $a,b,\cdots,a,c$ 的转移的意义上，该方法能够顺序地消除歧义

26.5　神经模型

26.4 节中介绍的易处理确定性潜变量模型提供了诸如 Hopfield 网络在内的扩展模型，考虑了更多生物学现实过程并且不损失计算的简便性。首先，我们讨论了一类神经模型学习的一般框架[15,241]，这是确定性潜变量模型的一个特例[14]和神经生物学理论的激发响应模型的推广[119]。

26.5.1　随机激发神经元

我们假设神经元 i 根据膜电位 $a_i(t)$激活：

$$p(v_i(t+1)=1\mid \boldsymbol{v}(t),\boldsymbol{h}(t))=p(v_i(t+1)=1\mid a_i(t)) \tag{26.5.1}$$

具体地，我们全程取：

$$p(v_i(t+1)=1\mid a_i(t))=\sigma(a_i(t)) \tag{26.5.2}$$

这里将静态状态定义为 $v_i(t+1)=0$，这样：

$$p(v_i(t+1)\mid a_i(t))=\sigma((2v_i(t+1)-1)a_i(t)) \tag{26.5.3}$$

sigmod 函数 $\sigma(x)$的使用不是必要的，仅为了分析方便而选择。一系列可见状态 $\mathcal{V}=\{v(1),\cdots,v(T)\}$的对数似然是：

$$L=\sum_{t=1}^{T-1}\sum_{i=1}^{V}\log\sigma((2v_i(t+1)-1)a_i(t)) \tag{26.5.4}$$

梯度为：

$$\frac{\mathrm{d}L}{\mathrm{d}w_{ij}}=\sum_{t=1}^{T-1}(v_i(t+1)-\sigma(a_i(t)))\frac{\mathrm{d}a_i(t)}{\mathrm{d}w_{ij}} \tag{26.5.5}$$

其中 $v_i\in\{0,1\}$。这里 w_{ij} 是膜电位的参数(见下文)。在下面的模型中，更多用式(26.5.5)，其中膜电位 $a_i(t)$被描述地越来越复杂。

26.5.2　Hopfield 膜电位

作为第一步，这里将展示 26.3.1 节所述的 Hopfield 极大似然训练规则是如何作为上述框架的特例。Hopfield 膜电位是：

$$a_i(t)\equiv\sum_{j=1}^{V}w_{ij}v_j(t)-b_i \tag{26.5.6}$$

其中 w_{ij} 表示从神经元 j 到神经元 i 的信息传递的功效，b_i 是偏差。通过调整参数 w_{ij} 来学习时间序列 $\mathcal{V}$(为简单起见，b_i 是固定的)，将极大似然框架应用于该模型，我们获得(批)学习规则[使用等式(26.5.5)中的 $\mathrm{d}a_i/\mathrm{d}w_{ij}=v_j(t)$]：

$$w_{ij}^{\text{new}}=w_{ij}+\eta\frac{\mathrm{d}L}{\mathrm{d}w_{ij}},\quad \frac{\mathrm{d}L}{\mathrm{d}w_{ij}}=\sum_{t=1}^{T-1}(v_i(t+1)-\sigma(a_i(t)))v_j(t) \tag{26.5.7}$$

其中，根据经验选择足够小的学习率 η 以确保收敛。等式(26.5.7)匹配等式(26.3.19)(使用±1 编码)。

26.5.3　动态突触

在更现实的突触模型中，神经递质的生成依赖于细胞亚组分产生的有限速率，并且释放囊泡的数量受到激活历史的影响[1]。粗略来看，当神经元激活时，它会从池中释放出一种化学物质。如果神经元短时间连续激活数次，则由于释放化学物质的储存耗尽，其继续激活的能力减弱。这种现象可以通过利用降低膜电位的抑制机制来建模：

$$a_i(t)=w_{ij}x_j(t)v_j(t) \tag{26.5.8}$$

抑制因子 $x_j(t)\in[0,1]$。这些抑制因素的简单动态是[300]：

$$x_j(t+1)=x_j(t)+\delta t\left(\frac{1-x_j(t)}{\tau}-Ux_j(t)v_j(t)\right) \tag{26.5.9}$$

其中 δt、τ 和 U 分别代表时间比例、恢复时间和激发效应参数。要注意，这些抑制因子动态正是确定性隐变量的形式。因此，以极大似然学习框架为学习原则的方式直接包含这些动态突触。对于 Hopfield 势，学习动态可以由式(26.5.5)和式(26.5.9)简单给出，其中：

$$\frac{\mathrm{d}a_i(t)}{\mathrm{d}w_{ij}}=x_j(t)v_j(t) \tag{26.5.10}$$

例 26.4(带抑制的学习)　图 26.8 中证明了 50 个具有动态抑制突触的神经元学习 20 个时间步长的随机时间序列。在学习 w_{ij} 之后，训练的网络以训练序列第一状态被初始化。然后通过学习模型的前向抽样正确地回调序列的剩余状态。在回调期间也绘制了相应的生成因子 $x_i(t)$，我们看到神经元激活逐渐恢复后 x 的特征性下降。为了比较，绘制使用动态设置 w_{ij} 的结果，使用时间 Hebb 规则[式(26.3.1)]。基于相关性的 Hebb 规则的不良表现表明，一般来说，必须将学习规则定制为尝试控制的动态系统。

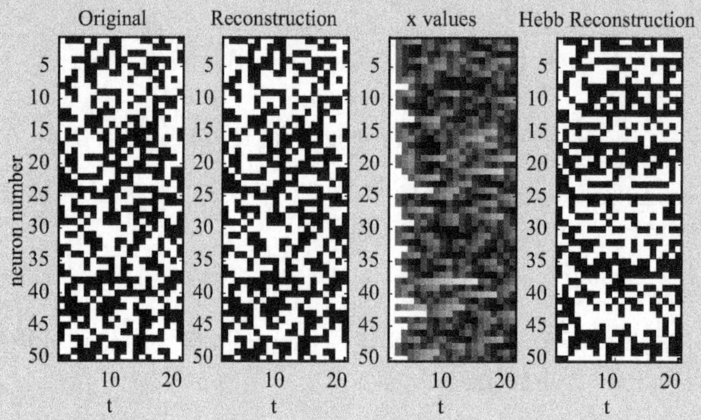

图 26.8　带抑制学习：$U=0.5$，$\tau=5$，$\delta t=1$，$\eta=0.25$。尽管动态明显复杂，但使用极大似然学习适当的神经连接权重是直接的。相反，使用标准 Hebb 规则的重建效果很差

26.5.4　抑制和激活模型

抑制和激活模型向生物现实主义迈进了一大步，如果它接受兴奋刺激($w_{ij}>0$)，则膜电位增加。反之，如果接受抑制刺激($w_{ij}<0$)，则膜电位减少。在激活之后，将膜电位重置为低于激活阈值的低值，然后稳定地增加至静止水平(参见例如[66, 119])。包含这种效果的模型是：

$$a_i(t)=\left(\alpha a_i(t-1)+\sum_j w_{ij}v_j(t)+\theta^{\text{rest}}(1-\alpha)\right)(1-v_i(t-1))+v_i(t-1)\theta^{\text{fired}} \tag{26.5.11}$$

由于 $v_i\in\{0,1\}$，如果神经元 i 在时间 $t-1$ 激活，则电位在时间 t 被重置为 θ。同样，在没有突触输入的情况下，电位与时间常数 $-1/\log\alpha$[15] 的 θ^{rest} 平衡。

尽管在 Hopfield 情况下膜电位的复杂性增加，但这直接为这样新系统导出了适当的学习动态，因为如前所述，隐变量(这里是膜电位)以确定的方式更新。膜电位导数是：

$$\frac{\mathrm{d}a_i(t)}{\mathrm{d}w_{ij}}=(1-v_i(t-1))\left(\alpha\frac{\mathrm{d}a_i(t-1)}{\mathrm{d}w_{ij}}+v_j(t)\right) \tag{26.5.12}$$

通过初始化导数 $\frac{\mathrm{d}a_i(t=1)}{\mathrm{d}w_{ij}}=0$，等式(26.5.5)、式(26.5.11)和式(26.5.12)定义了梯度的一阶递归，可用于以一般的方式 $w_{ij}^{\text{new}}=w_{ij}+\eta\mathrm{d}L/\mathrm{d}w_{ij}$ 调整 w_{ij}。也可以通过替换式(26.5.12)中的项 $v_j(t)$ 为 $x_j(t)v_j(t)$，将突触动态应用于这种情况。

尽管对以这种方式训练的网络神经元反应的属性的详细讨论超出了本文的范围，学习规则式(26.5.12)中一个有趣的结果是，在真实生物系统中实验观测的激发时间依赖于定性一致学习窗口。

26.6　总结

诸如 Hopfield 网络的经典模型可以通过极大似然来训练时间序列。这具有强大的存储

机制，其中模式具有极大的吸引力。

- 如果潜动态是确定性的，则我们可以形成易处理的非线性连续潜系统。这些确定性潜变量模型功能强大，但推断是直接的。
- 我们展示了如何在确定性潜变量框架内考虑神经生物学中的复杂模型，以及如何以直接的方式推导学习规则。重要的是学习规则是在考虑特定神经动态的情况下得到的，否则可能会发生模式存储中的不良影响。

26.7　代码

demoHopfield. m：Hopfield 序列学习演示。
HebbML. m：极大似然梯度上升方法训练一组序列。
HopfieldHiddenNL. m：具有附加非线性潜变量的 Hopfield 网络。
demoHopfieldLatent. m：具有确定性潜变量的 Hopfield 网络演示。
HopfieldHiddenLikNL. m：具有隐变量序列似然性的 Hopfield 网络。

26.8　练习题

练习 26.1　考虑 $V(V\gg 1)$非常大的随机 Hopfield 网络(26.2 节)，用于存储长度为 $T\ll V$ 的单个时间序列 $v(1:T)$。在这种情况下，具有元素 w_{ij} 的权重矩阵在计算上可能难以存储。解释如何证明以下假设：

$$w_{ij}=\sum_{t=1}^{T-1}u_i(t)v_i(t+1)v_j(t) \tag{26.8.1}$$

其中 $u_i(t)$是双参数，并导出双参数 $u_i(t)$的极大似然更新规则。

练习 26.2　用 Hopfield 网络存储原始未压缩二进制视频序列。序列中的每个图像包含 10^6 个二进制像素。以每秒 10 帧的速度，10^6 个神经元能够存储多少小时的视频?

练习 26.3　推导更新式(26.3.22)。

练习 26.4　证明黑塞矩阵(26.3.16)是负半定的。即

$$\sum_{i,j,k,l}x_{ij}x_{kl}\frac{\mathrm{d}^2L}{\mathrm{d}w_{ij}\mathrm{d}w_{kl}}\leqslant 0 \tag{26.8.2}$$

对任何 $x\neq 0$ 成立。

练习 26.5　26.4.2 节的增广 Hopfield 网络具有潜动态：

$$h_i(t+1)=2\sigma\left(\sum_j A_{ij}h_j(t)+B_{ij}v_j(t)\right)-1 \tag{26.8.3}$$

为其推导 26.4.2 节中描述的导数递归。

练习 26.6　对静态模式 $\boldsymbol{v}$ 的存储可以被认为，等同于在时间动态条件下要求概率 $p(\boldsymbol{v}(t+1)=\boldsymbol{v}\mid \boldsymbol{v}(t)=\boldsymbol{v})$ 最高。基于此，估计当模式 10%的元素被翻转时，100 神经元 Hopfield 网络可以稳健重构多少个这样的静态模式。

近似推断

在第一部分，我们讨论了推断，并证明了对于某些模型，这种推断在计算上是好处理的。然而，对许多我们感兴趣的模型是无法执行精确推断的，这就需要进行一定程度的近似。

在第五部分，我们将从基于抽样的方法开始，讨论近似推断。这些广为人知的方法通常源自化学和物理研究，并被广泛应用在数学科学的许多分支中。我们还将讨论确定性近似推断方法，在某些情况下，它们会非常精准。

要记住，没有一种算法能在所有的推断任务中都取得最佳结果。为此，我们将解释推断方法所基于的假设，以便读者根据需求选择合适的推断方法。

第 27 章

Bayesian Reasoning and Machine Learning

抽　　样

对无法精确求解的问题，一种通用的方法是从分布中抽取样本来做近似。在本章中，我们将讨论经典的精确抽样方法，这类方法适用于变量较少或高度结构化的模型。对于不适用经典的精确方法的情况，我们也将讨论近似抽样方法，例如马尔可夫链蒙特卡罗。

27.1 简介

抽样所关注的问题是，从随机变量 x 的分布 $p(x)$ 中抽取样本 $\mathcal{X}=\{x^1,\cdots,x^L\}$。对离散随机变量 x，当样本数量趋近无穷大时，处在状态 s 的样本所占的比例趋近于概率 $p(x=s)$。即

$$\lim_{L\to\infty}\frac{1}{L}\sum_{l=1}^{L}\mathbb{I}[x^l=s]=p(x=s) \tag{27.1.1}$$

相应地，对连续随机变量，样本来自域 R 的概率趋近于 $p(x)$ 在 R 上的积分。给定有限的样本集合，可以对期望值做如下近似：

$$\langle f(x)\rangle_{p(x)}\approx\frac{1}{L}\sum_{l=1}^{L}f(x^l)\equiv\hat{f}_{\mathcal{X}} \tag{27.1.2}$$

$\hat{f}_{\mathcal{X}}$ 中的下标强调了近似值与抽取的样本集合有关。这种抽样近似方法对离散随机变量和连续随机变量都适用。

一个产生样本集合 $\mathcal{X}$ 的抽样过程，本身也可以被看作生成一个分布 $\tilde{p}(\mathcal{X})$ 的过程。假设抽样分布的边缘分布等于目标分布的边缘分布，即 $\tilde{p}(x^l)=p(x^l)$，则关于样本集合 $\mathcal{X}$ 的抽样的近似值 $\hat{f}_{\mathcal{X}}$ 的均值是：

$$\langle\hat{f}_{\mathcal{X}}\rangle_{\tilde{p}(\mathcal{X})}=\frac{1}{L}\sum_{l=1}^{L}\langle f(x^l)\rangle_{\tilde{p}(x^l)}=\langle f(x)\rangle_{p(x)} \tag{27.1.3}$$

因此，只要假设 $\tilde{p}(\mathcal{X})$ 的边缘分布与要求的边缘分布 $p(x)$ 相一致，抽样近似的均值正好就是 f 的均值。换言之，$\hat{f}_{\mathcal{X}}$ 是 $\langle f(x)\rangle_{p(x)}$ 的无偏估计。注意，即使抽样样本 $x^1,\cdots,x^L$ 不相互独立，$\tilde{p}(\mathcal{X})$ 也不能被分解为 $\prod_l\tilde{p}(x^l)$，这个结论仍然成立。

对任何抽样方法，其样本估计值的方差至关重要。如果方差足够小，那么只需要少量的样本就可以让样本均值接近于真实均值(假设是无偏的)。定义：

$$\Delta\hat{f}_{\mathcal{X}}=\hat{f}_{\mathcal{X}}-\langle\hat{f}_{\mathcal{X}}\rangle_{\tilde{p}(\mathcal{X})},\quad \Delta f(x)=f(x)-\langle f(x)\rangle_{p(x)} \tag{27.1.4}$$

近似值的方差为(假设对所有 l，有 $\tilde{p}(x^l)=p(x^l)$)：

$$\langle[\Delta\hat{f}_{\mathcal{X}}]^2\rangle_{\tilde{p}(\mathcal{X})}=\frac{1}{L^2}\sum_{l,l'}\langle\Delta f(x^l)\Delta f(x^{l'})\rangle_{\tilde{p}(x^l,x^{l'})} \tag{27.1.5}$$

$$=\frac{1}{L^2}\left(L\langle[\Delta f(x)]^2\rangle_{\tilde{p}(x)}+\sum_{l\neq l'}\langle\Delta f(x^l)\Delta f(x^{l'})\rangle_{\tilde{p}(x^l,x^{l'})}\right) \tag{27.1.6}$$

假设各样本是独立的，即

$$\widetilde{p}(\mathcal{X})=\prod_{l=1}^{L}\widetilde{p}(x^l)$$

并且 $\widetilde{p}(x)=p(x)$，那么 $\widetilde{p}(x^l,x^{l'})=p(x^l)p(x^{l'})$。式(27.1.6)中的第二项里的 $\langle\Delta f(x^l)\rangle\langle\Delta f(x^{l'})\rangle$ 将为 0，因为 $\langle\Delta f(x)\rangle=0$。那么，

$$\langle[\Delta\hat{f}_{\mathcal{X}}]^2\rangle_{\widetilde{p}(\mathcal{X})}=\frac{1}{L}\langle[\Delta f(x)]^2\rangle_{p(x)} \tag{27.1.7}$$

近似值的方差与样本数量成反比。原则上讲，假设各样本是独立的，那么只要给出少量的样本，就可以实现对期望的精确估计。这个结论与 x 的维度无关。真正困难的地方在于如何从 $p(x)$ 中抽取独立的样本。从高维分布中抽取样本通常是困难的，且很难保证抽取的样本是独立的。如果样本不独立，那么即使近似是无偏的，近似估计的方差也可能会很高，需要大量的样本才能保证对期望的近似足够精确。抽样算法有许多，但只有满足特定要求的算法才是实际可行的。比如马尔可夫链蒙特卡罗方法，其并不产生独立的样本，可能需要大量的样本才能获得令人满意的近似。在推导多变量分布前，让我们先考虑单变量时的情形。

27.1.1 单变量抽样

假设有一个随机数生成器，它能从单位区间[0,1]中均匀随机地抽样。我们将利用这个随机数生成器，从不均匀分布中抽取样本。

离散情况

考虑样本空间为 $\mathrm{dom}(x)=\{1,2,3\}$ 的一维离散分布 $p(x)$：

$$p(x)=\begin{cases}0.6 & x=1\\ 0.1 & x=2\\ 0.3 & x=3\end{cases} \tag{27.1.8}$$

这表示对单位区间[0,1]做了一个分割，其中标记[0,0.6]为状态 1，标记(0.6,0.7]为状态 2，标记(0.7,1]为状态 3，如图 27.1 所示。将点×随机地、均匀地投到单位区间[0,1]里，那么×落在第 1 个区间的概率为 0.6，×落在第 2 个区间的概率为 0.1，×落在第 3 个区间的概率为 0.3。

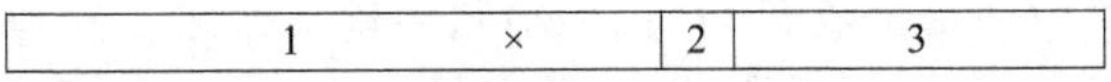

图 27.1 离散情况时，式(27.1.8)的示例。单位区间[0,1]被划分成长度分别为 0.6，0.1 和 0.3 的三个部分

这给出了一个从一维离散分布中抽样的有效途径：从一个均匀分布中抽样，然后找到它处在把单位区间分割后的哪个区间里。这可以用累加法来简单地实现，详见算法 27.1。

算法 27.1 从有 K 个状态的单变量离散分布 p 中抽样

1：标记 K 个状态为 $i=1,\cdots,K$，以及关联概率 p_i.

2：计算累积

$$c_i=\sum_{j\leqslant i}p_j$$

并令 $c_0=0$.

3：从单位区间 [0,1] 中均匀随机抽取一个值 u.

4：找出 i 使得 $c_{i-1}<u\leqslant c_i$.

5：返回状态 i 作为从 p 中抽取的样本.

对有 K 个样本点的离散随机变量，累加法只需 $O(K)$ 步计算，因此我们可以高效地从一维离散分布中抽样。在刚才的例子中，有 $(c_0, c_1, c_2, c_3) = (0, 0.6, 0.7, 1)$。如果我们从 $[0,1]$ 中均匀地采到了 $u=0.66$，那么样本状态为状态 2，因为 u 处在区间 $(c_1, c_2]$ 上。因为各个样本是独立的，所以只需要少量的样本，就能精确地近似这个边缘分布，如图 27.2 所示。

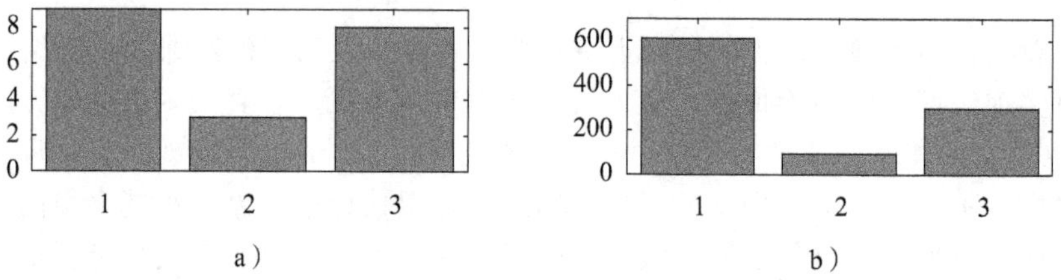

图 27.2　从三状态分布 $p(x)=\{0.6, 0.1, 0.3\}$ 中抽样的柱状图。a) 20 个样本。b) 1 000 个样本。当样本数量增加时，样本的相对频率值将趋近于分布 $p(x)$

连续情况

有了离散情况的单变量抽样方法，我们可以轻松地将其推广到连续情况下。首先，计算概率密度函数的积分：

$$C(y) = \int_{-\infty}^{y} p(x)\mathrm{d}x \tag{27.1.9}$$

接着从 $[0,1]$ 中均匀地采得 u，其对应的样本 x 可以通过求解 $C(x)=u \Rightarrow x=C^{-1}(u)$ 得到。形式化地，通过计算概率密度函数的积分，可以轻松得到连续情况下的单变量模型的变量抽样。

对于某些特定分布，通过坐标变换就可以完成抽样，而不用对 $p(x)$ 进行积分。例如高斯分布，见练习 27.1。

27.1.2　拒绝抽样

如果我们有一个高效的从 $q(x)$ 中抽样的算法，它能否帮助我们从另一个分布 $p(x)$ 中抽样？假设我们只知道用一个常数 Z 可将 $p(x)$ 归一化，即 $p(x)=p^*(x)/Z$。从 $p(x)$ 中抽样的一种方法是使用一个二元的辅助随机变量 $y\in\{0,1\}$，并定义 $q(x,y)=q(x)q(y|x)$，于是：

$$q(x, y=1) = q(x)q(y=1|x) \tag{27.1.10}$$

使用 $q(y=1|x)$ 的优势在于如果我们令 $q(y=1|x)\propto p(x)/q(x)$，则 $q(x,y=1)\propto p(x)$，那么我们可以通过对 $q(x,y)$ 抽样来实现对 $p(x)$ 的抽样。为达到这个目的，我们假设可以找到一个正数 M 使得：

$$q(y=1|x) = \frac{p^*(x)}{Mq(x)} \leqslant 1 \quad \forall x \tag{27.1.11}$$

在给定 x 后，为了对 y 采样，从 $[0,1]$ 中均匀地抽样一个 u，如果 u 小于 $q(y=1|x)$，则令 $y=1$，否则令 $y=0$。为从 $p(x)$ 中抽样，我们首先从 $q(x)$ 中抽取一个候选样本 x^{cand}，然后从 $q(y|x^{\text{cand}})$ 中抽取一个 y。如果 $y=1$，则将候选样本 x^{cand} 作为对 $p(x)$ 的独立抽样结果接受，否则拒绝这个候选样本，详见算法 27.2。值得注意的是，一个候选样本被接受的概率仅仅是正比于 $p(x)$ 的，但对所有的 x，这个正比常数都是相同的，所以这与从 $p(x)$ 中抽样是等效的。

算法 27.2　用拒绝抽样法，从 $p(x)=p^*(x)/Z$ 中抽取 L 个独立样本

给定 $p^*(x)$ 和 $q(x)$，找到 M 使得 $p^*(x)/q(x)\leqslant M$，其中 x 为任意值.
for $l=1$ 到 L **do**
　repeat
　　从 $q(x)$ 中抽取一个候选样本 x^{cand}.
　　Let $a=\dfrac{p^*(x^{\text{cand}})}{Mq(x^{\text{cand}})}$
　　从 0 和 1 之间均匀抽取一个值 u.
　until $u\leqslant a$
　$x^l=x^{\text{cand}}$　　▷接受候选样本
end for

一个候选样本的预期接受概率是：

$$q(y=1)=\int_x q(y=1\mid \boldsymbol{x})q(x)=\frac{Z}{M} \tag{27.1.12}$$

所以，为增加接受概率，应当寻找使 $p^*(x)\leqslant Mq(x)$ 的最小 M。假如 $q(x)$ 带有自由参数 $q(x\mid\beta)$，则可以调节 β 来最小化 M。如果我们令 $q(x)=p(x)$ 并且 $M=Z$，那么 $q(y=1\mid\boldsymbol{x})=1$，抽样效率达到最高。但通常来说，$q(y=1\mid\boldsymbol{x})$ 都小于 1，无法以那么理想的效率抽样。对高维的随机向量 $\boldsymbol{x}$，$q(y=1\mid\boldsymbol{x})$ 通常会远小于 1，这时拒绝抽样会非常低效。以一个简单情况为例，分别分解 $p(\boldsymbol{x})$ 与 $q(\boldsymbol{x})$ 得到 $p(\boldsymbol{x})=\prod_{i=1}^{D}p(x_i)$ 与 $q(\boldsymbol{x})=\prod_{i=1}^{D}q(x_i)$，那么：

$$q(y=1\mid\boldsymbol{x})=\prod_{i=1}^{D}\frac{p^*(x_i)}{M_iq(x_i)}=\prod_{i=1}^{D}q(y=1\mid x_i)=O(\gamma^D) \tag{27.1.13}$$

是 $q(y=1\mid x_i)$ 在各个维度上的代表值(typical value)，其中 $0\leqslant\gamma\leqslant1$。因此 $\boldsymbol{x}$ 的接受概率会随着 $\boldsymbol{x}$ 维度的增加而呈指数级减少。所以，拒绝抽样对于从低维变量中抽取独立样本是一个潜在有用的方法，但不适合用于高维变量。

27.1.3　多变量抽样

对离散情况，一种从多维随机变量(多变量)的分布 $p(x_1,\cdots,x_n)$ 中抽样的方法是先将其转化为等价的一维变量(单变量)的分布，具体方法是：枚举所有可能的联合状态 $(x_1,\cdots,x_n)$，为每个状态分别赋予一个从 1 开始的整数标记 i，然后建立概率为 $p(i)$ 的单变量分布。然后可以用之前提到的方法对其抽样。当然，因为状态的数量随着随机变量的维度增加呈指数级增长，所以对高维的随机变量，这种方法通常也是不可行的。

利用以下关系，我们可以得到另一种对离散情况和连续情况都适用的方法：

$$p(x_1,x_2)=p(x_2\mid x_1)p(x_1) \tag{27.1.14}$$

为从联合分布 $p(x_1,x_2)$ 中抽样，我们首先从单变量分布 $p(x_1)$ 中抽样得到 x_1 的状态，然后在此基础上从单变量分布 $p(x_2\mid x_1)$ 中抽样得到 x_2 的状态。利用链式分解法则，我们可以将其推广到更高维的情况：

$$p(x_1,\cdots,x_n)=p(x_n\mid x_{n-1},\cdots,x_1)p(x_{n-1}\mid x_{n-2},\cdots,x_1)\cdots p(x_2\mid x_1)p(x_1) \tag{27.1.15}$$

为使用这种方法，我们需要知道条件概率 $p(x_i\mid x_{i-1},\cdots,x_1)$。除非条件概率已经被

显式地给出，否则我们需要从联合分布 $p(x_1,\cdots,x_n)$ 中计算得到它。计算这些条件概率需要对指数量级的状态进行求和，除了 n 很小的情况，其他情况下通常是不具有实践性的。然而，对信念网络，可以通过构造特定的条件概率使得这种方法可行，我们将在 27.2 节中进一步讨论此内容。

因此，通常很难从多变量分布中抽取样本，但我们可以充分利用分布的结构属性来使这种计算变得更加可行。将此分布转换为多个单变量分布的乘积是一种常见的方式，对连续变量的转换应当保证定义 8.1 仍然成立。一个经典的例子是从多元高斯中抽样，正如例 27.1 中讨论的那样，我们可以通过适当的坐标变换，将其简化为从单元高斯中抽样的问题。

例 27.1（从多元高斯中抽样） 我们的目标是从多元高斯 $p(\boldsymbol{x})=\mathcal{N}(\boldsymbol{x}|\boldsymbol{m},\boldsymbol{S})$ 中抽取样本。对一般的协方差矩阵 $\boldsymbol{S}$，$p(\boldsymbol{x})$ 不能被分解为单元分布的乘积。但是，考虑以下转换：

$$\boldsymbol{y}=\boldsymbol{C}^{-1}(\boldsymbol{x}-\boldsymbol{m}) \tag{27.1.16}$$

其中，$\boldsymbol{C}$ 满足 $\boldsymbol{C}\boldsymbol{C}^{\mathrm{T}}=\boldsymbol{S}$。因为这是一个线性转换，所以 $\boldsymbol{y}$ 也服从高斯分布。$\boldsymbol{y}$ 的均值是：

$$\langle y\rangle=\langle\boldsymbol{C}^{-1}(\boldsymbol{x}-\boldsymbol{m})\rangle_{p(\boldsymbol{x})}=\boldsymbol{C}^{-1}(\langle\boldsymbol{x}\rangle_{p(\boldsymbol{x})}-\boldsymbol{m})=\boldsymbol{C}^{-1}(\boldsymbol{m}-\boldsymbol{m})=\boldsymbol{0} \tag{27.1.17}$$

$\boldsymbol{y}$ 的均值是 $\boldsymbol{0}$，因此协方差矩阵为：

$$\langle\boldsymbol{y}\boldsymbol{y}^{\mathrm{T}}\rangle_{p(\boldsymbol{x})}=\boldsymbol{C}^{-1}\langle(\boldsymbol{x}-\boldsymbol{m})(\boldsymbol{x}-\boldsymbol{m})^{\mathrm{T}}\rangle_{p(\boldsymbol{x})}\boldsymbol{C}^{-\mathrm{T}}=\boldsymbol{C}^{-1}\boldsymbol{S}\boldsymbol{C}^{-\mathrm{T}}=\boldsymbol{C}^{-1}\boldsymbol{C}\boldsymbol{C}^{\mathrm{T}}\boldsymbol{C}^{-\mathrm{T}}=\boldsymbol{I} \tag{27.1.18}$$

因此：

$$p(\boldsymbol{y})=\mathcal{N}(\boldsymbol{y}|\boldsymbol{0},\boldsymbol{I})=\prod_i\mathcal{N}(y_i|0,1) \tag{27.1.19}$$

可以通过从各均值为 0，方差为 1 的标准单元高斯分布中独立抽样来获得 $\boldsymbol{y}$ 的样本。有了 $\boldsymbol{y}$ 的样本后，可以通过以下式子得到 $\boldsymbol{x}$ 的样本：

$$\boldsymbol{x}=\boldsymbol{C}\boldsymbol{y}+\boldsymbol{m} \tag{27.1.20}$$

从单元高斯中抽样的方法我们已经充分研究过了，一个广泛使用的方法是 Box-Muller 算法，详见练习 27.1。

27.2　祖先抽样

信念网络的普遍形式是：

$$p(x)=\prod_i p(x_i|\mathrm{pa}(x_i)) \tag{27.2.1}$$

假定已知条件概率 $p(x_i|\mathrm{pa}(x_i))$，并且没有随机变量是证据变量，那么我们可以直接从这个分布中抽样。以图 27.3 为例，为方便起见，我们将变量编号，并保证双亲节点的编号总比孩子节点的编号更靠前（即按祖先顺序编号）。

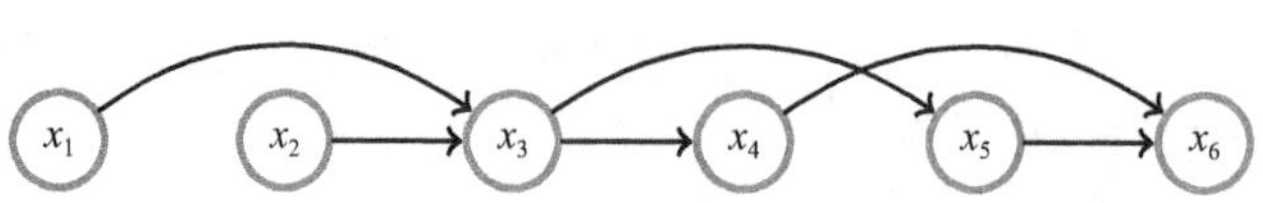

图 27.3　一个没有任何证据变量的，按祖先顺序编号的信念网络。要从这个分布中抽样，我们可以首先抽样编号为 1 的随机变量，然后按顺序抽样编号为 2,…,6 的随机变量

图 27.3 的信念网络是：

$$p(x_1,\cdots,x_6)=p(x_1)p(x_2)p(x_3|x_1,x_2)p(x_4|x_3)p(x_5|x_3)p(x_6|x_4,x_5) \quad (27.2.2)$$

首先，可以从没有双亲的那些节点中抽样，这里是 x_1 和 x_2。有了这些值后，就可以依次对 x_3、x_4、x_5、x_6 抽样。不管图中是否存在循环，这样的前向抽样过程都很简单。这种方法既适用于连续变量，也适用于离散变量。如果有人试图在复杂的多重连通图中执行精确的边际推断方案，那么道德化和三角测量步骤可能导致非常大的团出现，使精确推断变得难以处理。然而，不管循环结构如何，祖先抽样仍然很简单。祖先抽样或“前向”抽样是完美抽样(也称精确抽样)，因为每个样本都是独立地从所要求的分布中抽取的。这与马尔可夫链蒙特卡罗方法(见 27.3 节和 27.4 节)形成对比，这种方法只有在迭代次数趋近无穷时，(相关的)样本才是真正从 $p(x)$中抽取的。

27.2.1 有证据时的情况

当部分变量 x_ε 作为证据被观察到时，我们又如何从目标分布中抽样？形式化地，记 $x=x_\varepsilon\cup x_{\backslash\varepsilon}$，我们希望从以下分布中抽样：

$$p(x_{\backslash\varepsilon}|x_\varepsilon)=\frac{p(x_{\backslash\varepsilon},x_\varepsilon)}{p(x_\varepsilon)} \quad (27.2.3)$$

如果某个证据变量 x_i 没有双亲，那我们可以简单地将其置为观察到的状态并且像之前一样继续向前抽样。例如，要从式(27.2.2)定义的 $p(x_1,x_3,x_4,x_5,x_6|x_2)$中抽样，只需要简单地将 x_2 置为所观察到的状态并且继续向前抽样。这个过程的简单体现在其仅是在以 x_2 为条件的前提下，在部分变量的基础上定义了一个新分布，该分布的信念网络形式可以立即得到，并且仍然保持祖先顺序。

另一种情况，考虑对 $p(x_1,x_2,x_3,x_4,x_5|x_6)$抽样。利用贝叶斯定理，有：

$$p(x_1,x_2,x_3,x_4,x_5|x_6) = \frac{p(x_1)p(x_2)p(x_3|x_1,x_2)p(x_4|x_3)p(x_5|x_3)p(x_6|x_4,x_5)}{\sum\limits_{x_1,x_2,x_3,x_4,x_5} p(x_1)p(x_2)p(x_3|x_1,x_2)p(x_4|x_3)p(x_5|x_3)p(x_6|x_4,x_5)} \quad (27.2.4)$$

以 x_6 为条件意味着定义在非证据变量上的分布的结构改变了，例如 x_4 和 x_5 发生了耦合(以 x_3 为条件时，x_4 与 x_5 是独立的)然而以 x_3 和 x_6 为条件时，x_4 与 x_5 是相关的)。可以尝试找出一个等效的新的前向抽样过程，参考练习 27.3，尽管通常这会像运行精确的推断方法一样复杂。

另一种方法是从非证据的分布中进行前向抽样，然后丢弃所有与证据状态不匹配的样本。练习 27.8 在类似的情况下证明了该过程的合理性。然而，通常并不推荐使用这种方法，因为抽自 $p(x)$的样本与证据相匹配的概率是 $O\left(1/\prod_i \dim x_i^e\right)$，这里的 $\dim x_i^e$ 是第 i 个证据变量的状态数。为消除此影响，可以只要发现有变量状态与证据不相匹配，就丢弃样本。总体而言，获得一次有效样本需要的抽样次数会非常大。因此，正如我们在 27.3 节中讨论的那样，更为常见的是用非精确的抽样过程。

对马尔可夫网络，我们可以通过绘制等效的有向图(参见 6.8 节)，然后在该有向图上使用祖先抽样来精确地抽取样本。具体地，首先选择根团(root clique)，然后持续地使边远离该团。从马尔可夫网络中抽取一个精确样本的方法是首先从根团中抽样，再递归地从该团的子团中抽样。请参阅 potsample.m、JTsample.m 和 demoJTreeSample.m。

27.3 吉布斯抽样

建立在证据上的祖先抽样效率低，这催生了新的技术。吉布斯抽样就是这样一种重要且被广泛使用的技术，通常还易于实现。

无证据时

假设我们已经有了一个从多变量联合分布 $p(x)$ 中抽取的联合样本状态 x^1。现考虑某变量 x_i，我们希望为这个变量抽取新样本。使用条件概率公式，有：

$$p(x)=p(x_i|x_1,\cdots,x_{i-1},x_{i+1},\cdots,x_n)p(x_1,\cdots,x_{i-1},x_{i+1},\cdots,x_n) \quad (27.3.1)$$

已知联合初始状态 x^1，我们可以得到它的各个“双亲”状态 $x_1^1,\cdots,x_{i-1}^1,x_{i+1}^1,\cdots,x_n^1$，接着从以下分布中抽取一个样本 x_i^2：

$$p(x_i|x_1^1,\cdots,x_{i-1}^1,x_{i+1}^1,\cdots,x_n^1)\equiv p(x_i|x_{\backslash i}) \quad (27.3.2)$$

我们假设从这个分布中抽样是很容易的，因为它是单变量的。我们令新样本(在其中只有 x_i 变得不一样了)$x^2=(x_1^1,\cdots,x_{i-1}^1,x_i^2,x_{i+1}^1,\cdots,x_n^1)$。然后，选择另一个变量 x_j 来抽样，重复此过程，直到产生了一个样本集合 $x^1,\cdots,x^L$，其中 x^{l+1} 与 x^l 只有一个分量不同。显然，吉布斯抽样很容易，但这不是一个精确的抽样器，因为其抽得的样本是高度相关的。尽管如此，可如 27.1 节中所述，只要抽样分布的边缘分布是正确的，那么这仍然是一个有效的抽样器。我们在 27.3.1 节中会阐述为什么在抽样次数足够大的情况下，该结论依然成立以及这个抽样器变成了有效的。

对一个一般的分布，条件概率 $p(x_i|x_{\backslash i})$ 仅取决于变量 x_i 的马尔可夫毯。对一个信念网络，x_i 的马尔可夫毯是：

$$p(x_i|x_{\backslash i})=\frac{1}{Z}p(x_i|\text{pa}(x_i))\prod_{j\in\text{ch}(i)}p(x_j|\text{pa}(x_j)) \quad (27.3.3)$$

示例如图 27.4 所示，这种单变量分布的归一化常数很容易得出：

$$Z=\sum_{x_i}p(x_i|\text{pa}(x_i))\prod_{j\in\text{ch}(i)}p(x_j|\text{pa}(x_j)) \quad (27.3.4)$$

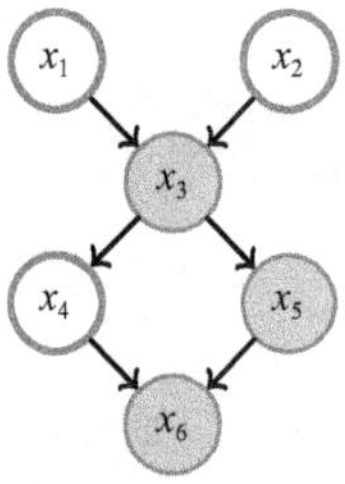

图 27.4　其中深色节点是图 27.3 中的信念网络里的 x_4 的马尔可夫毯。要从 $p(x_4|x_{\backslash 4})$ 中抽样，我们只需将 x_3、x_5 和 x_6 置为证据状态然后从 $p(x_4|x_3)p(x_6|x_4,x_5)/Z$ 中抽样，其中 Z 是一个归一化常数

如果 x_i 是连续变量，只需要把上式的求和用积分代替即可。得益于信念网络的局部结构，在样本更新时只需要其双亲节点和孩子节点的双亲节点的状态。

证据

通过将所有样本的证据变量置为其证据状态，可以很容易地处理证据。这些变量的状态是已知的，也就没有必要对它们进行抽样。然后，如前所述，选择非证据变量，根据其马尔可夫毯确定分布，之后再从该变量中抽取样本。

27.3.1 作为马尔可夫链的吉布斯抽样

在吉布斯抽样中，我们有一个联合变量的样本 x^l，其处于状态 l。基于此，我们生成

一个新的联合样本 x^{l+1}。这意味着对于某分布 $q(x^{l+1}|x^l)$，我们可以将吉布斯抽样写成一个从下式中抽样的过程：

$$x^{l+1} \sim q(x^{l+1}|x^l) \tag{27.3.5}$$

如果我们从分布 $q(i)$中随机地选择需要更新的变量 x_i，那么吉布斯抽样对应于使用以下马尔可夫转移进行抽样：

$$q(x^{l+1}|x^l)=\sum_i q(x^{l+1}|x^l,i)q(i)q(x^{l+1}|x^l,i)=p(x_i^{l+1}|x_{\backslash i}^l)\prod_{j\neq i}\delta(x_j^{l+1},x_j^l) \tag{27.3.6}$$

其中 $q(i)>0$，$\sum_i q(i)=1$。即我们选择一个变量，然后从它的条件分布中抽样，并且从上一个样本中交叉复制其他变量的状态。接下来，我们要证明 $q(x'|x)$的平稳分布是 $p(x)$，这里我们假设 x 是连续的(对于离散情况，证明也是相似的)：

$$\int_x q(x'|x)p(x)=\sum_i q(i)\int_x q(x'|x,i)p(x) \tag{27.3.7}$$

$$=\sum_i q(i)\int_x \prod_{j\neq i}\delta(x_j',x_j)p(x_i'|x_{\backslash i})p(x_i,x_{\backslash i}) \tag{27.3.8}$$

$$=\sum_i q(i)\int_{x_i} p(x_i'|x_{\backslash i}')p(x_i,x_{\backslash i}') \tag{27.3.9}$$

$$=\sum_i q(i)p(x_i'|x_{\backslash i}')p(x_{\backslash i}')=\sum_i q(i)p(x')=p(x') \tag{27.3.10}$$

因此，只要我们不断地从 $q(x'|x)$中抽取样本，在抽样次数趋向无穷大时，就等效于从 $p(x)$中抽取(相关的)样本。对任意的 $q(i)$，只要它总是同等频繁地更新所有的变量，就都是有效的选择。我们还要求 $q(x'|x)$的均衡分布是 $p(x)$，这样不论我们从哪个状态开始，最终都能收敛到 $p(x)$。图 27.5 和 27.3.3 节对这个问题做了详细讨论。

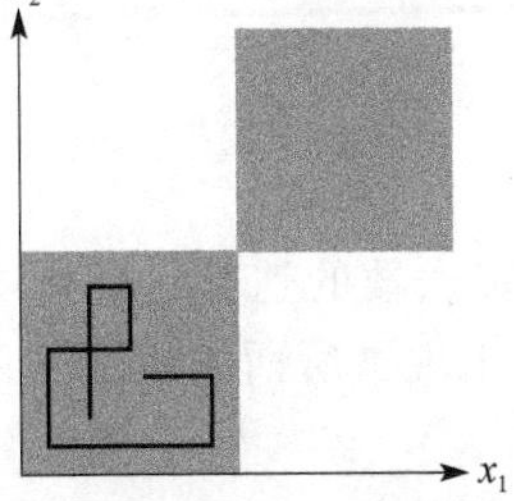

图 27.5　一个吉布斯抽样失败的二维分布。这个二维分布仅分布在深色部分。吉布斯抽样从第 l 个样本的状态(x_1^l,x_2^l)开始，对 $p(x_2|x_1^l)$进行抽样得到(x_1^{l+1},x_2^{l+1})，其中 $x_1^{l+1}=x_1^l$。然后从 $p(x_1|x_2=x_2^{l+1})$中采得另一个新样本。以此类推。如果我们从左上角的区域开始这个过程，那么右上角的区域将永远不会被抽样到

27.3.2　结构化吉布斯抽样

可以通过使用条件概率在其余变量上求解一个易处理的分布来拓展吉布斯抽样。例如，考虑图 27.6a 中的分布：

$$p(x_1,x_2,x_3,x_4)=\phi(x_1,x_2)\phi(x_2,x_3)\phi(x_3,x_4)\phi(x_4,x_1)\phi(x_1,x_3) \tag{27.3.11}$$

单点吉布斯抽样是指我们以四个变量中的三个作为条件，然后从剩下的一个变量中抽样。例如下式，其中用正体 x 表示状态是已知的：

$$p(x_1|\mathrm{x}_2,\mathrm{x}_3,\mathrm{x}_4)\propto\phi(x_1,\mathrm{x}_2)\phi(\mathrm{x}_4,x_1)\phi(x_1,\mathrm{x}_3) \tag{27.3.12}$$

然而，我们可以使用更有限的条件，只要从条件分布中抽样是容易的。在式(27.3.11)中，我们只以 x_3 为条件得到：

$$p(x_1,x_2,x_4|\mathrm{x}_3)\propto\phi(x_1,x_2)\phi(x_2,\mathrm{x}_3)\phi(\mathrm{x}_3,x_4)\phi(x_4,x_1)\phi(x_1,\mathrm{x}_3) \tag{27.3.13}$$

这可以表示为另一个分布：

$$p(x_1,x_2,x_4 \mid \mathrm{x}_3) \propto \phi'(x_1,x_2)\phi'(x_4,x_1) \tag{27.3.14}$$

图 27.6b 中的分布作为 x_1,x_2,x_4 的分布，是一个单连通的马尔可夫网络，正如节 27.2.2 节所述的那样，我们可以轻松地从中抽样。一种简单的方法是通过任何标准方法计算归一化常数，例如，使用因子图方法。然后，可以将该无向线性链转换为有向图，并使用祖先抽样，这些操作的复杂度与条件分布中的变量数量呈线性关系；也可以从一组势中形成联结树，过程是选择根，再在联结树上进行再吸收形成链，之后可以对得到的定向团树(oriented clique tree)执行祖先抽样。这是 GibbsSample. m 采用的方法。

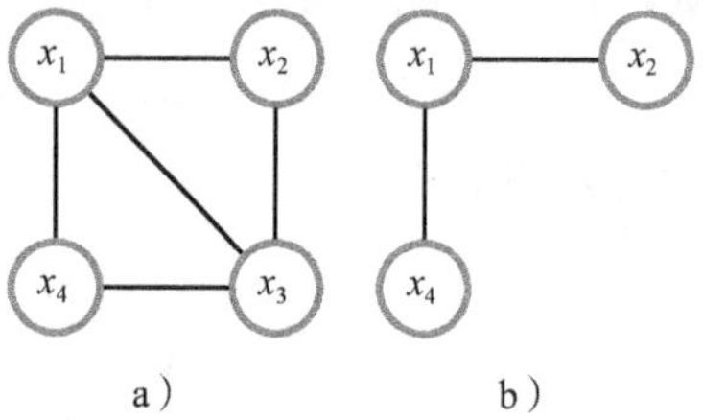

图 27.6　a) 一个“难处理”的分布，以任意三个变量为条件进行吉布斯抽样，都会得到一个简单的单变量条件分布。b) 以 x_3 为条件时，得到的一个新的单连通分布，对此分布进行精确抽样是简单的

在上述例子里，我们也可以以 x_1 为条件得到一个易处理的分布：

$$p(x_3,x_2,x_4 \mid \mathrm{x}_1) \propto \phi(\mathrm{x}_1,x_2)\phi(x_2,x_3)\phi(x_3,x_4)\phi(x_4,\mathrm{x}_1)\phi(\mathrm{x}_1,x_3) \tag{27.3.15}$$

然后使用另一个精确抽样器从这个分布中抽取 x_2,x_3,x_4 的样本。之后，结构化吉布斯抽样过程首先从式(27.3.13)中抽取 x_1,x_2,x_4 的样本，再从式(27.3.15)中抽取 x_2,x_3,x_4 的样本，这两步(用于抽取精确的条件样本)相互迭代。注意，x_2 和 x_4 的值不受限制，不需要与前一个样本的值相同。这个抽样过程通常优于普通的单点吉布斯抽样，因为此时两个相邻样本之间的依赖程度更小。

参考 demoGibbsSample. m，这里对比了同一组势函数下的非结构化和结构化的吉布斯抽样。

27.3.3　备注

如果初始样本 x^1 处于概率很低的状态空间中，则需要一定次数的迭代后，样本才会具有代表性，因为在每次迭代时只更新 x 的一个分量。于是，出现了所谓的燃烧阶段，这个阶段将丢弃初始得到的样本。

在单点吉布斯抽样中，任何两个连续抽取的样本之间都存在高度的相关性，因为每个阶段只更新一个变量。这催生了所谓的*二次抽样*，即在抽样中，每十个样本只保留第 10 个($x^K,x^{K+10},x^{K+20},\cdots$被保留)，其他的样本则被丢弃。

吉布斯抽样十分简单，所以成为最流行的抽样方法之一。特别是在信念网络中，由于马尔可夫毯，吉布斯抽样用起来特别方便。吉布斯抽样是马尔可夫蒙特卡罗方法的一个特例，与其他所有的马尔可夫蒙特卡罗方法一样，其收敛性可能存在问题，因为通常不知道需要多少样本才能让样本估计值足够精确。

吉布斯抽样假设通过更新单个坐标，可以有效地探索整个状态空间。我们还要求对每个状态都进行无限次的访问。在图 27.5 中，我们展示了一个只分布在左下和右上两个区域的二维连续变量分布，此时如果我们从左下区域开始，那么将永远停在那里，并且无法探索到右上区域。当两个区域没有通过“可能的”吉布斯路径连通时，这种情况就会发生。

当分布被分解时，吉布斯抽样器仍然是一个完美的抽样器(假设我们做了适当的二次抽样)，这意味着变量之间是独立的。这表明当变量之间强相关时，吉布斯抽样器的效果会比较差。而如果我们从强相关的二元高斯中进行吉布斯抽样，那么状态空间中的更新会进行得非常缓慢，如图 27.7 所示示例详见 demoGibbsGauss. m。因此，有必要找到使变量间相互独立的变换方式，使吉布斯抽样更加高效。

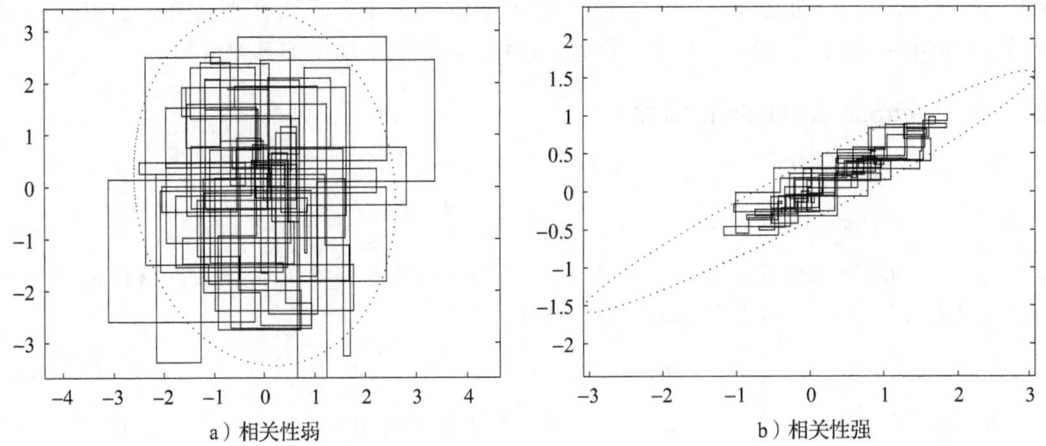

图 27.7 对二元高斯进行 200 次吉布斯抽样，每次抽样只有一个维度被更新。a) 对弱相关性的高斯，吉布斯抽样器在状态空间中的移动非常高效。b) 对强相关的高斯，吉布斯抽样的效果较差，并且不能快速探索整个概率空间，详见 demoGibbsGauss. m

27.4 马尔可夫链蒙特卡罗

我们假设有形式如下的多变量分布：

$$p(x)=\frac{1}{Z}p^*(x) \tag{27.4.1}$$

其中 $p^*(x)$是未归一化的分布，$Z=\int_x p^*(x)$是(难以计算的)归一化常数。假设对任意的状态 s，我们可以求得 $p^*(x=s)$，但无法求得 $p(x=s)$，因为这个归一化常数是难以计算的。马尔可夫链蒙特卡罗(MCMC)的思想在于，不直接从 $p(x)$中抽样，而是从一个不同的分布中抽样，这个分布要使在抽样次数足够大时，可以将抽取的样本看作来自 $p(x)$的。为实现这一点，我们将从平稳分布为 $p(x)$的马尔可夫转移分布中前向抽样。

27.4.1 马尔可夫链

考虑条件分布 $q(x^{l+1}|x^l)$。在给定一个初始样本 x^1 后，我们可以递归地生成一系列新样本 $x^1,x^2,\cdots,x^L$。在经过时间 $L\gg1$ 后，(并且我们假设这里的马尔可夫链是不可简化的，即我们总能从任何一个状态到达其他的任何一个状态；以及非周期的，即不会周期性地重新访问任何状态。)样本是从平稳分布 $q_\infty(x)$中抽取的，对连续变量，该分布定义为：

$$q_\infty(x')=\int_x q(x'|x)q_\infty(x) \tag{27.4.2}$$

对离散变量，也有类似的定义，把积分替换成求和即可。MCMC 的思想在于，对任

何给定的分布 $p(x)$，要找到以 $p(x)$作为平稳分布的转移分布 $q(x'|x)$。如果我们可以做到这一点，就可以通过前向抽样来从马尔可夫链中抽取样本，并随着马尔可夫链向平稳分布收敛，把这些样本作为抽自 $p(x)$的样本。

注意，对每个分布 $p(x)$，都会有不止一个以 $p(x)$为平稳分布的转移分布 $q(x'|x)$。这也回答了为什么会有很多不同的 MCMC 抽样算法，这些算法性质各不相同，适用于不同的分布。我们已经遇到过一种来自 MCMC 家族的抽样器，即吉布斯抽样，它对应于一个特定的转移分布 $q(x'|x)$。下面，我们将讨论 MCMC 家族中的其他成员。

27.4.2 Metropolis-Hastings 抽样

考虑以下转移分布：

$$q(x'|x)=\tilde{q}(x'|x)f(x',x)+\delta(x',x)\left(1-\int_{x''}\tilde{q}(x''|x)f(x'',x)\right) \quad (27.4.3)$$

其中 $\tilde{q}(x'|x)$是所谓的**提议分布**，并且 $0<f(x',x)\leqslant 1$ 是一个正值函数。这定义了一个有效的分布 $q(x'|x)$，因为它是非负的，并且：

$$\int_{x'}q(x'|x)=\int_{x'}\tilde{q}(x'|x)f(x',x)+1-\int_{x''}\tilde{q}(x''|x)f(x'',x)=1 \quad (27.4.4)$$

我们的目标在于找到一个 $f(x',x)$，使得对于任意的提议分布 $\tilde{q}(x'|x)$，$q(x'|x)$的平稳分布都等于 $p(x)$。即

$$\begin{aligned}p(x')&=\int_{x}q(x'|x)p(x)\\&=\int_{x}\tilde{q}(x'|x)f(x',x)p(x)+p(x')\left(1-\int_{x''}\tilde{q}(x''|x')f(x'',x')\right)\end{aligned} \quad (27.4.5)$$

为使其成立，我们要求(将积分变量从 x''改为 x)：

$$\int_{x}\tilde{q}(x'|x)f(x',x)p(x)=\int_{x}\tilde{q}(x|x')f(x,x')p(x') \quad (27.4.6)$$

现在考虑 Metropolis-Hastings **接受函数**：

$$f(x',x)=\min\left(1,\frac{\tilde{q}(x|x')p(x')}{\tilde{q}(x'|x)p(x)}\right)=\min\left(1,\frac{\tilde{q}(x|x')p^*(x')}{\tilde{q}(x'|x)p^*(x)}\right) \quad (27.4.7)$$

该函数对所有的 x'和 x 成立，且具有“细致平衡”性质：

$$f(x',x)\tilde{q}(x'|x)p(x)=\min(\tilde{q}(x'|x)p(x),\tilde{q}(x|x')p(x')) \quad (27.4.8)$$

$$=\min(\tilde{q}(x|x')p(x'),\tilde{q}(x'|x)p(x))=f(x,x')\tilde{q}(x|x')p(x') \quad (27.4.9)$$

因此，这个函数 $f(x',x)$保证了式(27.4.6)成立和 $q(x'|x)$的平稳分布是 $p(x)$。

我们如何从 $q(x'|x)$中抽样呢？式(27.4.3)可以被解释为两个分布的混合，一个与 $\tilde{q}(x'|x)f(x',x)$成比例；另一个是 $\delta(x',x)$乘上混合系数 $1-\int_{x''}\tilde{q}(x''|x)f(x'',x)$。要从 $q(x'|x)$中抽样，我们首先从 $\tilde{q}(x'|x)$中抽样并且以 $f(x',x)$作为接受概率。由于抽样和接受是独立进行的两件事，所以最终接受所抽取的候选样本的概率是两个概率的乘积 $\tilde{q}(x'|x)f(x',x)$。如果拒绝了候选样本，那么我们令新样本 $x'=x$。利用式(27.4.7)的性质，这个过程等效于当下式：

$$\tilde{q}(x|x')p^*(x')>\tilde{q}(x'|x)p^*(x) \quad (27.4.10)$$

成立时，我们接受 $\tilde{q}(x'|x)$中的样本。否则，我们以概率 $\tilde{q}(x|x')p^*(x')/\tilde{q}(x'|x)p^*(x)$接受来自 $\tilde{q}(x'|x)$的样本 x'。注意如果候选样本 x'被拒绝，则将原来的样本 x 作

为新样本，即令 $x'=x$。因此，这个算法的每一次迭代都产生了一个新样本：要么和原来的样本一样，要么是从 $\tilde{q}(x'|x)$ 中抽取的候选样本，详见算法 27.3。一个经验之谈是选择接受概率介于 50%与 85%之间的提议分布[116]。

算法 27.3　Metropolis-Hastings 抽样算法

选择一个开始点 x^1.
for $i=2$ 到 L **do**
　　从提议分布 $\tilde{q}(x'|x^{l-1})$ 中抽取一个候选样本 x^{cand}.
　　Let $a=\dfrac{\tilde{q}(x^{l-1}|x^{\text{cand}})p(x^{\text{cand}})}{\tilde{q}(x^{\text{cand}}|x^{l-1})p(x^{l-1})}$
　　if $a\geqslant 1$ **then** $x^l=x^{\text{cand}}$
　　else　　▷接受候选样本
　　　　从单位区间 [0,1] 中均匀随机抽取一个值 u.
　　　　if $u<a$ **then** $x^l=x^{\text{cand}}$　　▷接受候选样本
　　　　else
　　　　　　$x^l=x^{l-1}$　　▷拒绝候选样本
　　　　end if
　　end if
end for

高斯提议分布

对向量 $\boldsymbol{x}$，一个常用的提议分布是：

$$\tilde{q}(\boldsymbol{x}'|\boldsymbol{x})=\mathcal{N}(\boldsymbol{x}'|\boldsymbol{x},\sigma^2\boldsymbol{I})\propto e^{-\frac{1}{2\sigma^2}(\boldsymbol{x}'-\boldsymbol{x})^2} \tag{27.4.11}$$

其中 $\tilde{q}(\boldsymbol{x}'|\boldsymbol{x})=\tilde{q}(\boldsymbol{x}|\boldsymbol{x}')$，接受函数由公式(27.4.7)变为：

$$f(\boldsymbol{x}',\boldsymbol{x})=\min\left(1,\frac{p^*(\boldsymbol{x}')}{p^*(\boldsymbol{x})}\right) \tag{27.4.12}$$

p^* 是未经归一化的概率，如果候选样本的 $p^*(\boldsymbol{x}')$大于原来样本的 $p^*(\boldsymbol{x})$，就接受候选样本，否则只以概率 $p^*(\boldsymbol{x}')/p^*(\boldsymbol{x})$接受候选样本。若拒绝了候选样本。就将原来的样本 $\boldsymbol{x}$ 作为新样本。如图 27.8 所示。

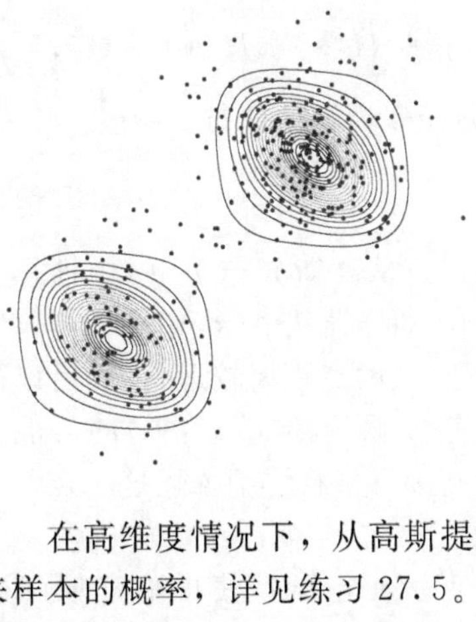

图 27.8　$p(x_1,x_2)$是使用 $\tilde{q}(\boldsymbol{x}'|\boldsymbol{x})=\mathcal{N}(\boldsymbol{x}'|\boldsymbol{x},\boldsymbol{I})$作为提议分布的二元分布，从该二元分布中进行 Metropolis-Hastings 抽样。我们还绘制了 p 的孤立概率等高线。虽然 $p(x)$是多模态的，但其维度足够低，而且模态间足够接近，一个简单的高斯提议分布就足以在两个模态间建立连接。在更高维度的情况下，这样的多模态会产生问题。详见 demoMetropolis. m

在高维度情况下，从高斯提议分布中任意抽取的候选样本的候选概率不太可能高于原来样本的概率，详见练习 27.5。正因为此，只有在非常小的区间内(σ^2 那么小)，才有可能被接受。这限制了我们探索 $\boldsymbol{x}$ 空间的速度，也使得样本之间的相关性变强了。另外，公式(27.4.12)中的接受函数意味着抽样与寻找最佳值不同。若 $\boldsymbol{x}'$ 比 $\boldsymbol{x}$ 有更高的概率，则我们接受 $\boldsymbol{x}'$。然而，我们也可以接受比原来样本概率低的候选样本。

27.5 辅助变量法

MCMC 方法的一个问题是，需要确保我们能够在分布中具有显著概率的区域中有效地移动。对使用局部提议分布(即在某种意义上，它们提议的候选样本不太可能距离原来样本较远)的 Metropolis-Hastings 方法，如果目标分布由几个高概率密度孤岛构成，那么我们从一个岛移动到另一个岛的机会就很小。相反，如果我们使用高方差的、不那么局部化的提议分布来做提议，就有较大的机会任意降落在一个高概率密度岛上。辅助变量法能够提供额外的维度来帮助我们探索，并在某些情况下在孤立的高概率密度岛之间搭建连接的桥梁。另见[214]，其在完美抽样中使用了辅助变量法。

考虑从 $p(x)$ 中抽取样本。对辅助变量 y，我们引入 $p(y|x)$ 以形成联合分布：

$$p(x,y)=p(y|x)p(x) \tag{27.5.1}$$

我们从该联合分布中抽取样本 (x^l,y^l) 后，就可以将 x^l 单独取出，作为从 $p(x)$ 中抽取的有效样本集。如果我们直接从 $p(x)$ 中抽样，再从 $p(y|x)$ 中抽样 y，那么引入 y 实际上是没有意义的，因为它没有参与 x 的抽样过程。为了使其有效，我们必须要让辅助变量参与对 x 抽样的过程。下面，我们将讨论一些常见的辅助变量方法。

27.5.1 混合蒙特卡罗

混合蒙特卡罗(HMC)是一种对连续变量抽样的方法，旨在在样本空间中进行非局部性的跳跃，以从一种模态转变到另一种模态。定义我们希望从中抽样的分布为：

$$p(\boldsymbol{x})=\frac{1}{Z_x}\mathrm{e}^{H_x(\boldsymbol{x})} \tag{27.5.2}$$

其中 $H_x(\boldsymbol{x})$ 是给定的哈密顿函数。我们定义另一个“容易的”辅助分布，从中可以容易地抽取样本：

$$p(\boldsymbol{y})=\frac{1}{Z_y}\mathrm{e}^{H_y(\boldsymbol{y})} \tag{27.5.3}$$

这时，联合分布为：

$$p(\boldsymbol{x},\boldsymbol{y})=p(\boldsymbol{x})p(\boldsymbol{y})=\frac{1}{Z}\mathrm{e}^{H_x(\boldsymbol{x})+H_y(\boldsymbol{y})}=\frac{1}{Z}\mathrm{e}^{H(\boldsymbol{x},\boldsymbol{y})},\quad H(\boldsymbol{x},\boldsymbol{y})\equiv H(\boldsymbol{x})+H(\boldsymbol{y}) \tag{27.5.4}$$

在算法的标准形式里，选择 $\dim(y)=\dim(x)$ 的多元高斯作为辅助分布，所以：

$$H_y(\boldsymbol{y})=-\frac{1}{2}\boldsymbol{y}^{\mathrm{T}}\boldsymbol{y} \tag{27.5.5}$$

HMC 算法首先从 $p(\boldsymbol{y})$ 中抽样，然后从 $p(\boldsymbol{x},\boldsymbol{y})$ 中抽样。从高斯分布 $p(\boldsymbol{y})$ 中抽样是简单的。在接下来的“动态”步骤，使用 Metropolis MCMC 抽样器从 $p(\boldsymbol{x},\boldsymbol{y})$ 中抽样。算法的思想在于，从空间中的点 $(\boldsymbol{x},\boldsymbol{y})$ 处到达另一点 $(\boldsymbol{x}',\boldsymbol{y}')$ 处(这两点距离较远)，然后以高概率接受 (x',y')。如果 $H(\boldsymbol{x}',\boldsymbol{y}')$ 与 $H(\boldsymbol{x},\boldsymbol{y})$ 接近，那么接受候选样本 $(\boldsymbol{x}',\boldsymbol{y}')$ 的可能性将较大。这可以通过遵循“能量” H 的等高线来实现，我们接下来将详细描述这一点。

哈密顿动力学

我们希望用足够小的 $\Delta\boldsymbol{x}$ 和 $\Delta\boldsymbol{y}$ 得到 $\boldsymbol{x}'=\boldsymbol{x}+\Delta\boldsymbol{x}$ 和 $\boldsymbol{y}'=\boldsymbol{y}+\Delta\boldsymbol{y}$，使得哈密顿函数 $H(\boldsymbol{x},\boldsymbol{y})\equiv H_x(\boldsymbol{x})+H_y(\boldsymbol{y})$ 守恒，并且：

$$H(\boldsymbol{x}',\boldsymbol{y}')\approx H(\boldsymbol{x},\boldsymbol{y}) \tag{27.5.6}$$

要满足这一点，首先，我们可以考虑泰勒展开：

$$\begin{aligned}H(\boldsymbol{x}',\boldsymbol{y})&=H(\boldsymbol{x}+\Delta\boldsymbol{x},\boldsymbol{y}+\Delta\boldsymbol{y})\\&\approx H(\boldsymbol{x},\boldsymbol{y})+\Delta\boldsymbol{x}^{\mathrm{T}}\nabla_x H(\boldsymbol{x},\boldsymbol{y})+\Delta\boldsymbol{y}^{\mathrm{T}}\nabla_y H(\boldsymbol{x},\boldsymbol{y})+O(|\Delta\boldsymbol{x}|^2)+O(|\Delta\boldsymbol{y}|^2)\end{aligned} \tag{27.5.7}$$

由于守恒和最高到一阶，因此我们要求：

$$\Delta\boldsymbol{x}^{\mathrm{T}}\nabla_x H(\boldsymbol{x},\boldsymbol{y})+\Delta\boldsymbol{y}^{\mathrm{T}}\nabla_y H(\boldsymbol{x},\boldsymbol{y})=0 \tag{27.5.8}$$

这是对单个标量的要求，有许多不同的 $\Delta\boldsymbol{x}$ 和 $\Delta\boldsymbol{y}$ 满足这个要求。习惯上，我们使用哈密顿动力学，设置：

$$\Delta\boldsymbol{x}=\epsilon\nabla_y H(\boldsymbol{x},\boldsymbol{y}),\quad \Delta\boldsymbol{y}=-\epsilon\nabla_x H(\boldsymbol{x},\boldsymbol{y}) \tag{27.5.9}$$

其中，ϵ是一个足够小的值，能够保证泰勒展开的准确性。因此：

$$\boldsymbol{x}(t+1)=\boldsymbol{x}(t)+\epsilon\nabla_y H_y(\boldsymbol{y}),\quad \boldsymbol{y}(t+1)=\boldsymbol{y}(t)-\epsilon\nabla_x H_x(\boldsymbol{x}) \tag{27.5.10}$$

对 HMC 方法，有$\nabla_x H(\boldsymbol{x},\boldsymbol{y})=\nabla_x H_x(\boldsymbol{x})$和$\nabla_y H(\boldsymbol{x},\boldsymbol{y})=\nabla_y H_y(\boldsymbol{y})$。对于高斯分布，$\nabla_y H_y(\boldsymbol{y})=-\boldsymbol{y}$ 使得：

$$\boldsymbol{x}(t+1)=\boldsymbol{x}(t)-\epsilon\boldsymbol{y},\quad \boldsymbol{y}(t+1)=\boldsymbol{y}(t)-\epsilon\nabla_x H(\boldsymbol{x}) \tag{27.5.11}$$

用有些称为 leapfrog 离散化的方法实现哈密顿动力学，比上面使用简单时间离散化实现更准确，请查看[221]了解详情。

为实现一个对称的提议分布，在动态步骤开始时，我们就等概率地令$\epsilon=+\epsilon_0$ 或$\epsilon=-\epsilon_0$。然后，我们按上述的哈密顿动力学过程执行很多步(通常大约是数百步)来得到一个候选样本$(\boldsymbol{x}',\boldsymbol{y}')$。如果哈密顿动力学在数值上是准确的，则 $H(\boldsymbol{x}',\boldsymbol{y}')$与 $H(\boldsymbol{x},\boldsymbol{y})$的值大致相同。接着我们执行 Metropolis 步骤，如果 $H(\boldsymbol{x}',\boldsymbol{y}')>H(\boldsymbol{x},\boldsymbol{y})$，就接受这个候选样本，否则以概率 $\exp(H(\boldsymbol{x}',\boldsymbol{y}')-H(\boldsymbol{x},\boldsymbol{y}))$接受它。如果拒绝它，则我们将初始样本$(\boldsymbol{x},\boldsymbol{y})$作为样本值。之后结合 $p(\boldsymbol{y})$的抽样步骤，我们执行算法 27.4 描述的抽样过程。

算法 27.4　HMC 抽样

1：开始于 $\boldsymbol{x}^1$
2：**for** $i=1$ 到 L **do**
3：　从 $p(\boldsymbol{y})$ 中抽取一个新样本 $\boldsymbol{y}$.
4：　选择一个随机（前向或后向）轨迹方向.
5：　开始于 x^i,y，按照哈密顿动力学过程执行固定步数，得到候选样本 $\boldsymbol{x}',\boldsymbol{y}'$.
6：　若 $H(\boldsymbol{x}',\boldsymbol{y}')>H(\boldsymbol{x},\boldsymbol{y})$ 则接受候选样本 $\boldsymbol{x}^{i+1}=\boldsymbol{x}'$，否则以概率 $\exp(H(\boldsymbol{x}',\boldsymbol{y}')-H(\boldsymbol{x},\boldsymbol{y}))$ 接受它.
7：　若拒绝了候选样本，则将 $\boldsymbol{x}^{i+1}=\boldsymbol{x}^i$ 作为样本.
8：**end for**

在 HMC 中，我们不仅使用潜在的 $H_x(\boldsymbol{x})$来获得候选样本，也使用 $H_x(\boldsymbol{x})$的梯度。对这个算法成功执行的一个直观解释是，这个算法不像 Metropolis 算法那样“无脑”，因为梯度使得该算法能够在增广的空间内，沿着概率等高线来感知其他的高概率密度区域。人们还可将辅助变量视为动量，就好像样本携带了能够推动自己穿过低概率密度的 $\boldsymbol{x}$ 区域的动力装置。假设动量足够强，那么我们可以逃离具有特定概率密度的局部区域，见图 27.9。

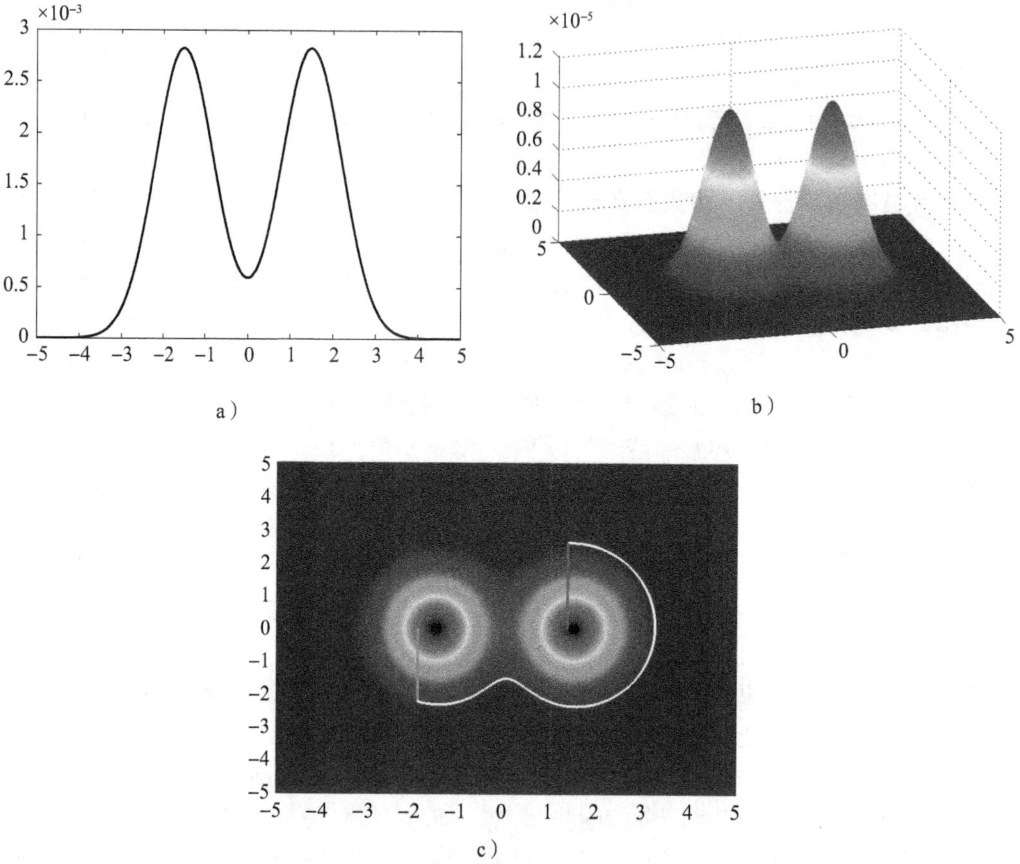

图 27.9　HMC。a 是多模态的分布 $p(x)$，我们希望从中抽样；b 是 HMC 形成的联合分布 $p(x)p(y)$，其中 $p(y)$是高斯分布；c 是 b 的俯视图。从起点 x 开始，首先我们从 $p(y)$中抽样得到一个 y，给出一点(x,y)，这在图 c 中用绿色线表示。接着，我们使用哈密顿动力学(白色线)，以大致恒定的能量在概率等值线上游走固定的步数，给出另一点(x',y')。如果 $H(x',y')>H(x,y')$，则我们接受这个点，并且把 x'作为新样本(红线)；否则以概率 $\exp(H(x',y')-H(x,y'))$接受这个点。如果拒绝了候选点，那么我们令新样本 $x'=x$

27.5.2　Swendson-Wang 法

最初，引入 Swendson-Wang(SW)方法是为缓解从接近临界温度值的 Ising 模型中抽样时遇到的问题[285]。这种情况下会形成大量的具有相同状态的变量孤岛，使得分布中出现强相关变量，此时吉布斯抽样不再适用。该方法已经推广到在其他模型上使用[95]，这里我们只描述 Ising 模型，读者可以查阅[39]了解其推广应用。

没有外场的 Ising 模型定义在变量 $x=(x_1,\cdots,x_n)$上，其中 $x_i\in\{0,1\}$，其形式为：

$$p(x)=\frac{1}{Z}\prod_{i\sim j}\mathrm{e}^{\beta\mathbb{I}[x_i=x_j]} \tag{27.5.12}$$

这意味着，如果方格(square lattice)上的相邻节点 i 和 j 处于相同的状态，那么这是一个潜在贡献值为 e^{β} 的配对马尔可夫网络，否则贡献值为 1。我们假设 $\beta>0$，这将有助于相邻节点处于相同的状态。基于方格的邻居结构让从其中抽样变得很难，特别地，当 $\beta\approx0.9$ 时，特别容易形成大量具有相同状态的变量孤岛。

我们旨在使用实值的“绑定”变量 y_{ij} 作为辅助，来删除有问题的项 $e^{\beta\mathbb{I}[x_i=x_j]}$，对于方格中的每条边，让从条件分布 $p(x|y)$中抽样变得容易。这由以下式子给出：

$$p(x|y)\propto p(y|x)p(x)\propto p(y|x)\prod_{i\sim j}e^{\beta\mathbb{I}[x_i=x_j]} \tag{27.5.13}$$

利用 $p(y|x)$，可以通过以下设置删除 $e^{\beta\mathbb{I}[x_i=x_j]}$项：

$$p(y|x)=\prod_{i\sim j}p(y_{ij}|x_i,x_j)=\prod_{i\sim j}\frac{1}{z_{ij}}\mathbb{I}[0<y_{ij}<e^{\beta\mathbb{I}[x_i=x_j]}] \tag{27.5.14}$$

其中，$\mathbb{I}[0<y_{ij}<e^{\beta\mathbb{I}[x_i=x_j]}]$代表一个定义在 0 和 $e^{\beta\mathbb{I}[x_i=x_j]}$之间的均匀分布；$z_{ij}$ 是归一化常数，$z_{ij}=e^{\beta\mathbb{I}[x_i=x_j]}$。因此：

$$p(x|y)\propto p(y|x)p(x) \tag{27.5.15}$$

$$\propto\prod_{i\sim j}\frac{1}{e^{\beta\mathbb{I}[x_i=x_j]}}\mathbb{I}[0<y_{ij}<e^{\beta\mathbb{I}[x_i=x_j]}]e^{\beta\mathbb{I}[x_i=x_j]} \tag{27.5.16}$$

$$\propto\prod_{i\sim j}\mathbb{I}[0<y_{ij}<e^{\beta\mathbb{I}[x_i=x_j]}] \tag{27.5.17}$$

我们首先假设，对所有的绑定变量$\{y_{ij}\}$我们有一个样本。如果 $y_{ij}>1$，就从 $p(x|y)$中抽样，$1<e^{\beta\mathbb{I}[x_i=x_j]}$必须成立，这限定了 x_i 与 x_j 处于相同的状态。如果 $y_{ij}<1$，则对 x_i 与 x_j 没有限制。因此，当 $y_{ij}>1$ 时，我们将 x_i 与 x_j 绑定在相同的状态下，否则不绑定。

为了从绑定变量 $p(y_{ij}|x_i,x_j)$中抽样，首先考虑 x_i 与 x_j 处于相同状态的情况，有 $p(y_{ij}|x_i=x_j)=U(y_{ij}|[0,e^{\beta}])$。如果 $y_{ij}>1$，绑定将以以下概率发生：

$$p(y_{ij}>1|x_i=x_j)=\int_{y_{ij}=1}^{\infty}\frac{1}{z_{ij}}\mathbb{I}[0<y_{ij}<e^{\beta}]=\frac{e^{\beta}-1}{e^{\beta}}=1-e^{-\beta} \tag{27.5.18}$$

因此，如果 $x_i=x_j$，我们将以 $1-e^{-\beta}$ 的概率将x_i 与 x_j 绑定在一起。另外，如果 x_i 与 x_j 处于不同的状态，则 $p(y_{ij}|x_i\neq x_j)=U(y_{ij}|[0,1])$，$y_{ij}$ 是分布在$[0,1]$上的均匀分布。

在完成上述操作后，对于所有的 x_i 与 x_j 对，我们最终得到一个图，其中有由所有状态相同的绑定变量构成的聚类。然后算法简单地为每个聚类选择一个随机的状态，即以 0.5 的概率将聚类中所有变量的状态设为 1。这很有用，因为我们能更新强相关的变量。作为对比，吉布斯抽样只更改少数变量的状态值，这可能导致抽样过程的减速，吉布斯抽样几乎被冻结。可参考算法 27.5、图 27.10、图 27.11 更多地了解 SW 方法，这个技术已经应用于空间统计，特别是图像恢复领域[147]。

算法 27.5 SW 抽样

1：开始时，随机配置 $x_1^1,\cdots,x_n^1$
2：**for** $l=2$ 到 L **do**
3：　**for** 边集合中的每个 i,j **do**
4：　　若 $x_i^{l-1}=x_j^{l-1}$，则以概率 $1-e^{-\beta}$ 忽略变量 x_i 和 x_j
5：　**end for**
6：　对于上述形成的每个簇，均匀设置它们的状态
7：　这给出了一个新的共同配置 $x_1^l,\cdots,x_n^l$
8：**end for**

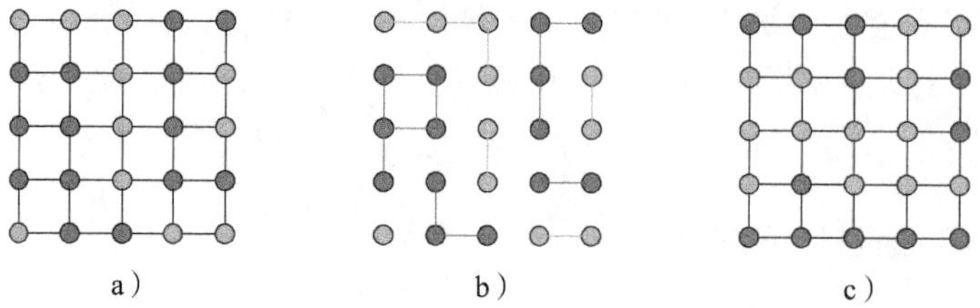

图 27.10 SW 方法更新了 $p(x)\propto\prod_{i\sim j}\exp\beta\mathbb{I}[x_i=x_j]$。a) 当前状态的样本(最近邻方格)。b) 把颜色相同的邻居以概率 $1-e^{-\beta}$ 绑定在一起，形成了变量簇。c) 为每个簇随机赋予一种新的颜色，得到新的样本

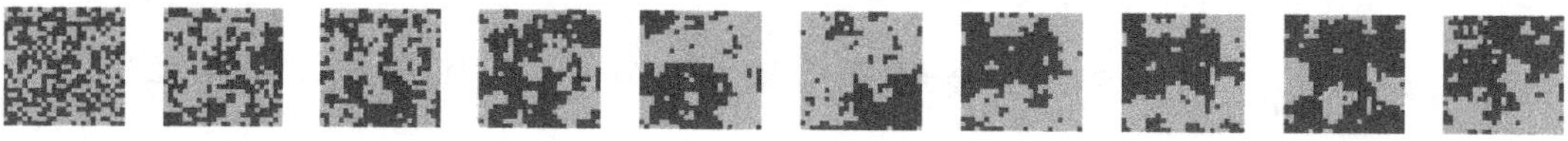

图 27.11 从 25×25 的 Ising 模型 $p(x)\propto\exp\left(\sum_{i\sim j}\beta\mathbb{I}[x_i=x_j]\right)$ 中抽取的 10 个连续样本，其中 $\beta=0.88$，模型接近临界温度值。这里使用了 SW 方法，样本从一个随机的初始状态开始，然后快速地移动并远离了初始状态。这些样本体现了接近临界温度值时的长距离相关性

27.5.3 切片抽样

切片抽样[223]是一种致力于克服有些抽样(例如 Metropolis 方法)中存在的步长选择问题的辅助变量技术，我们这些简单讨论一些[198]和[44]里的内容。我们想要从 $p(x)=\frac{1}{Z}p^*(x)$中抽样，然而归一化常数 Z 是不知道的。引入辅助变量 y，定义分布：

$$p(x,y)=\begin{cases}1/Z & 0\leqslant y\leqslant p^*(x)\\ 0 & \text{其他}\end{cases} \tag{27.5.19}$$

有：

$$\int p(x,y)\mathrm{d}y=\int_0^{p^*(x)}\frac{1}{Z}\mathrm{d}y=\frac{1}{Z}p^*(x)=p(x) \tag{27.5.20}$$

从中可以看出，$p(x,y)$对 y 积分得到的边缘分布正好就是我们要从中抽样的分布。因此，我们从 $p(x,y)$中抽样时，忽略 y 样本得到的就是对 $p(x)$的有效抽样。

我们使用吉布斯抽样从 $p(x,y)$中抽样，首先从 $p(y|x)$中抽样，然后从 $p(x|y)$中抽样。从 $p(y|x)$中抽样就是从均匀分布 $U(y|[0,p^*(x)])$中抽取一个 y。得到 y 后，再从 $p(x|y)$中抽取一个 x。利用 $p(x|y)\propto p(x,y)$，可知 $p(x|y)$是建立在 x 上的分布，能使 $p^*(x)>y$：

$$p(x|y)\propto\mathbb{I}[p^*(x)>y] \tag{27.5.21}$$

也就是说，x 来自满足 $p^*(x)>y$ 的切片，是均匀分布的，见图 27.12。通常来说，计算这个分布的归一化常数是不容易的，因为原则上需要我们搜索整个 x 空间，找到所有满足 $p^*(x)>y$ 的 x。由此切片抽样面临的挑战是要从切片中抽样，使用 MCMC 抽样可以解决这个问题。理想情况下，我们希望得到尽可能多的切片，因为这将改善链的“混合性”(收敛到平稳分布的概率)。如果我们只关注切片中位于 x 局部的一部分，则抽样过程探索整个空间的速度会非常缓慢。如果我们尝试随机抽取一个离 x 较远的点并验证其是否在切片中，那这通常不会成功。

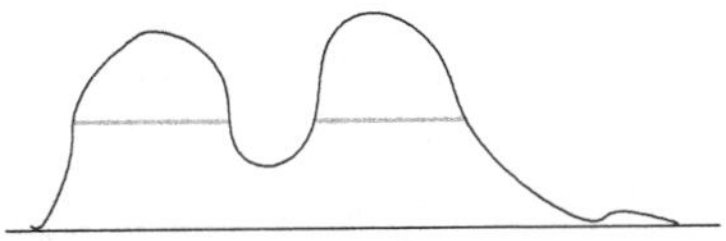

图 27.12 对给定 y 的完整切片。理想情况下的切片抽样会从整个切片的任意位置抽取 x 样本(横线)。但对复杂的分布来说,这通常是难以实现的,我们会构造一个局部的近似切片来代替,见图 27.13

a)

b)

c)

d)

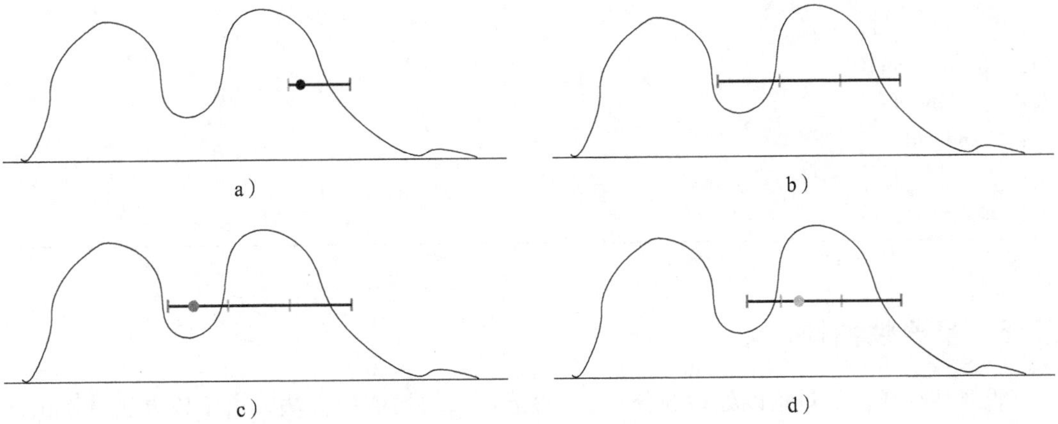

图 27.13 a) 对当前样本 x,我们从 0 到 $p^*(x)$ 中抽样一个 y,给出一点 (x, y)(黑色圆点)。接着,我们在 x 周围选择一个宽度为 w 的区间(水平线段)。水平线段的端点标志着点在切片内(浅色)还是在切片外(深色)。b) 区间以 w 为增量扩大,直到它碰到了切片外的点。c) 给定一个区间并在该区间中均匀抽取一个样本 x',如果它不在切片内(深色),即 $p(x') < y$,则拒绝这个样本,并且区间收缩。d) 从区间内反复抽样,直到样本落在切片内(浅色)后接受它

这里,我们只讨论单变量切片的情况,而不讨论一般的情况。算法 27.6[223] 和图 27.13 描述了合适的折衷方案,确定了初始区间的适当增量扩展。一旦确定了最大的潜在区间,我们就尝试从中抽样。如果区间内的样本点实际上不在切片中,则拒绝该样本,并缩小区间。

算法 27.6 切片抽样(单变量)

1: 选择一个起始点 x^1 以及步长 w.
2: **for** $i = 1$ 到 L **do**
3:   从 $(0, p^*(x^i))$ 中均匀抽取一个垂直坐标 y.
4:   创造水平区间 $(x_{\text{left}}, x_{\text{right}})$,其包含 x^i,方法是:
5:   Draw $r \sim U(r \,|\, (0,1))$
6:   $x_{\text{left}} = x^i - rw$, $x_{\text{right}} = x^i + (1-r)w$.   ▷ 创建初始区间
7:   **while** $p^*(x_{\text{left}}) > y$ **do**
8:     $x_{\text{left}} = x_{\text{left}} - w$ ▷ 向左扩展
9:   **end while**
10: **while** $p^*(x_{\text{right}}) > y$ **do**
11:    $x_{\text{right}} = x_{\text{right}} + w$ ▷ 向右扩展
12: **end while**
13: $accept = \text{false}$
14: **while** $accept = \text{false}$ **do**
15:    从单位区间 $(x_{\text{left}}, x_{\text{right}})$ 中随机抽取一个 x'.
16:    **if** $p^*(x') > y$ **then**
17:      $accept = \text{true}$ ▷ 找到有效样本

```
        else
            修改区间 (x_left, x_right)，方法是：
            if x' > x^i then
                x_right = x'                                        ▷收缩
            else
                x_left = x'
            end if
        end if
    end while
    x^{i+1} = x'
end for
```

27.6　重要性抽样

重要性抽样，是对难以处理的分布 $p(x)$近似求取均值的方法。由于该方法并不试图从 $p(x)$中抽取样本，因此名称中的“抽样”稍显用词不当。此方法从另一个简单的被称为重要性分布的 $q(x)$中抽取一些样本，然后对它们重新加权，使得用来自 $q(x)$的样本可以近似关于 $p(x)$的均值。考虑 $p(x)=\frac{p^*(x)}{Z}$，其中 $p^*(x)$可以求得，但归一化常数 $Z=\int_x p^*(x)$是难以计算的。函数 $f(x)$关于 $p(x)$的均值是：

$$\int_x f(x)p(x)=\frac{\int_x f(x)p^*(x)}{\int_x p^*(x)}=\frac{\int_x f(x)\frac{p^*(x)}{q(x)}q(x)}{\int_x \frac{p^*(x)}{q(x)}q(x)} \tag{27.6.1}$$

我们从 $q(x)$中抽取一系列样本 $x^1,\cdots,x^L$，上式的均值可以用以下式子近似求得：

$$\int_x f(x)p(x)\approx\frac{\sum_{l=1}^{L} f(x^l)\frac{p^*(x^l)}{q(x^l)}}{\sum_{l=1}^{L}\frac{p^*(x^l)}{q(x^l)}}=\sum_{l=1}^{L} f(x^l)w_l \tag{27.6.2}$$

其中，我们定义了归一化重要性权重：

$$w_l=\frac{p^*(x^l)/q(x^l)}{\sum_{l=1}^{L}p^*(x^l)/q(x^l)},\quad 有\sum_{l=1}^{L}w_l=1 \tag{27.6.3}$$

原则上讲，我们为来自 q 的样本赋予新的权重，就可以得到关于 p 的均值的正确结果。

重要性权重向量 $\boldsymbol{w}$ 可以度量 q 拟合 p 的程度，权重向量的长度和样本数量有关，即 $|\boldsymbol{w}|=1/L$。因此，权重向量的分量越多，q 与 p 越不匹配。由于权重度量的是 q 与 p 匹配的程度，因此除非它们匹配得良好，否则将会只有少量的权重占主导，这在高维情况下尤为明显。为了阐明这个问题，考虑一个 D 维多变量 $\boldsymbol{x}$。使用 $\boldsymbol{u}$ 作为未归一化的重要性权重向量，其中 $u_i=p(\boldsymbol{x}^i)/q(\boldsymbol{x}^i)$，一种衡量 $\boldsymbol{u}$ 的两个分量之间差异性的方法是(暂时忽略 $\boldsymbol{x}$ 相关的符号)：

$$\langle (u_i - u_j)^2 \rangle = \langle u_i^2 \rangle + \langle u_j^2 \rangle - 2\langle u_i \rangle \langle u_j \rangle \tag{27.6.4}$$

其中这个均值是关于 q 的。未归一化的权重的均值是：

$$\langle u_i \rangle = \langle u_j \rangle = \int_x \frac{p(\boldsymbol{x})}{q(\boldsymbol{x})} q(\boldsymbol{x}) = 1 \tag{27.6.5}$$

并且：

$$\langle u_i^2 \rangle = \langle u_j^2 \rangle = \left\langle \frac{p^2(\boldsymbol{x})}{q^2(\boldsymbol{x})} \right\rangle_{q(\boldsymbol{x})} = \left\langle \frac{p(\boldsymbol{x})}{q(\boldsymbol{x})} \right\rangle_{p(\boldsymbol{x})} \tag{27.6.6}$$

为简单起见，这里我们假设 $q(\boldsymbol{x})$ 和 $p(\boldsymbol{x})$ 都可以被因子分解，有 $p(\boldsymbol{x}) = \prod_{d=1}^{D} p(x_d)$ 和 $q(\boldsymbol{x}) = \prod_{d=1}^{D} q(x_d)$，并且对于每一个坐标 d，分布之间都是轴对齐的。那么：

$$\langle u_i^2 \rangle = \left\langle \frac{p(x)}{q(x)} \right\rangle_{p(x)}^{D} \tag{27.6.7}$$

既然对于任何的 $q \neq p$，都有 $\left\langle \frac{p(x)}{q(x)} \right\rangle_{p(x)} > 1$（这里是 2-散度，见练习 8.37），那么权重的方差是：

$$\langle (u_i - u_j)^2 \rangle = 2\left(\left\langle \frac{p(x)}{q(x)} \right\rangle_{p(x)}^{D} - 1 \right) \tag{27.6.8}$$

这将随维度 D 呈指数增长。这意味着，可能会出现单个权重占主导的情况。归一化之后，通常来说，高维度下的 $\boldsymbol{w}$ 可能只有一个显著不为 0 的分量。

一种解决这种单个权重处于支配地位问题的方法是*重新抽样*。给定权重分布 $w_1, \cdots, w_L$，从中采取 L 个样本。这组新的样本中，几乎一定会包含重复的值，因为原始的低权重样本几乎不可能会被抽样进来。将这些样本的权重均匀地设置为 $1/L$。这个过程可以选出“拟合得最好”的样本，被称为“*抽样重要性重抽样*”[254]。

27.6.1 序列重要性抽样

我们旨在将重要性抽样用于时序分布 $p(x_{1:t})$，对该分布，从 $q(x_{1:t})$ 中抽取的重要性样本是路径 $x_{1:t}$ 构成的集合。当获得一个新观察数据（t 时刻）时，我们要从 $q(x_{1:t})$ 中抽样到元素为路径 $x_{1:t}^l$ 的样本集。假设在上一个时刻，我们得到了一系列路径 $x_{1:t-1}$ 及其对应的权重 w_{t-1}^l，此时我们可以通过从转移分布 $q(x_t | x_{1:t-1})$ 中简单抽样并更新权重来求得新的权重 w_t^l，期间不需要显式地抽样出全部新路径。具体地，对一条样本路径 $x_{1:t}^l$，考虑以下未归一化的重要性权重：

$$\tilde{w}_t^l = \frac{p^*(x_{1:t}^l)}{q(x_{1:t}^l)} = \frac{p^*(x_{1:t-1}^l)}{q(x_{1:t-1}^l)} \frac{p^*(x_{1:t}^l)}{p^*(x_{1:t-1}^l) q(x_t^l | x_{1:t-1}^l)}, \quad \tilde{w}_1^l = \frac{p^*(x_1^l)}{q(x_1^l)} \tag{27.6.9}$$

利用 $p(x_{1:t}) = p(x_t | x_{1:t-1}) p(x_{1:t-1})$，我们可以忽略常数，并且使用下式递归地等价定义未归一化的权重：

$$\tilde{w}_t^l = \tilde{w}_{t-1}^l \alpha_t^l, \quad t > 1 \tag{27.6.10}$$

其中：

$$\alpha_t^l \equiv \frac{p^*(x_t^l | x_{1:t-1}^l)}{q(x_t^l | x_{1:t-1}^l)} \tag{27.6.11}$$

这意味着在序列重要性抽样（SIS）中，我们只需要定义条件重要性分布 $q(x_t | x_{1:t-1})$。理想的序列重要性分布是 $q(x_t | x_{1:t-1}) = p(x_t | x_{1:t-1})$，但正如我们在接下来的部分讨论

的一样，这通常是不切实际的。序列重要性抽样也被称为“粒子滤波”。

动态信念网络

考虑一个具有 HMM 独立性结构的分布(见图 27.14)

$$p(v_{1:t},h_{1:t})=p(v_1|h_1)p(h_1)\prod_{t=2}^{t}\underbrace{p(v_t|h_t)}_{\text{输出}}\underbrace{p(h_t|h_{t-1})}_{\text{转移}} \tag{27.6.12}$$

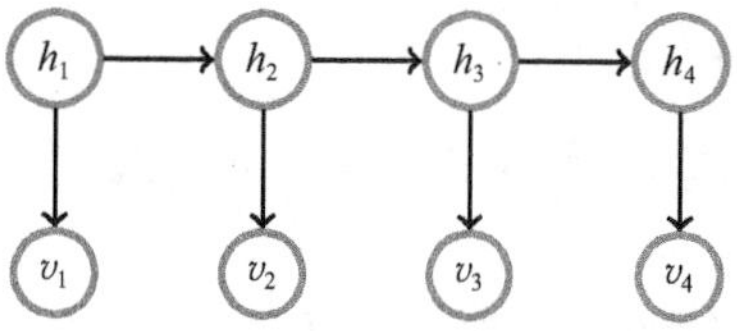

图 27.14　一个动态信念网络。在许多我们感兴趣的应用中，输出分布 $p(v_t|h_t)$ 是非高斯分布，导致滤波/平滑操作难以进行

式(27.6.12)中 $v_{1:t}$ 是观察值，$h_{1:t}$ 是随机变量。我们要根据给定的观察值 $v_{1:t}$ 抽取样本路径 $h_{1:t}$。在某些模型中，比如 HMM 中，这很简单。但在其他情况下，例如输出分布 $p(v_t|h_t)$ 难以归一化时，我们可以用 SIS 来抽样。对动态信念网络，公式(27.6.11)可以简化为：

$$\alpha_t^l\equiv\frac{p(v_t|h_t^l)p(h_t^l|h_{t-1}^l)}{q(h_t^l|h_{1:t-1}^l)} \tag{27.6.13}$$

通过使用以下重要性转移，我们可得到最佳的重要性分布：

$$q(h_t|h_{1:t-1})\propto p(v_t|h_t)p(h_t|h_{t-1}) \tag{27.6.14}$$

然而，通常从这个最佳的分布 $q(h_t|h_{1:t-1})$ 中抽样是困难的，因为输出分布 $p(v_t|h_t)$ 的归一化常数未知。当容易从转移分布中抽样时，一个常用的序列重要性分布是：

$$q(h_t|h_{1:t-1})=p(h_t|h_{t-1}) \tag{27.6.15}$$

此时，根据公式(27.6.11)，由下式递归地定义 $\alpha_t^l=p(v_t|h_t)$ 和归一化常数：

$$\tilde{w}_t^l=\tilde{w}_{t-1}^l p(v_t|h_t^l) \tag{27.6.16}$$

该过程的缺点在于，在少量的迭代之后，因为重要性分布 q 和目标分布 p 之间的不匹配，仅有非常少的粒子权重明显不为 0。这可以使用 27.6 节[154,88]中描述的重新抽样来解决。

27.6.2　将粒子滤波作为近似前向传播

粒子滤波(PF)可被视为精确递归滤波的近似。使用 ρ 表示滤波后的分布：

$$\rho(h_t)\propto p(h_t|v_{1:t}) \tag{27.6.17}$$

精确递归滤波是：

$$\rho(h_t)\propto p(v_t|h_t)\int_{h_{t-1}}p(h_t|h_{t-1})\rho(h_{t-1}) \tag{27.6.18}$$

PF 可以被视为公式(27.6.18)的近似，其中 $\rho(h_{t-1})$ 由 δ 尖峰(spike)的和来近似：

$$\rho(h_{t-1})\approx\sum_{l=1}^{L}w_{t-1}^l\delta(h_{t-1},h_{t-1}^l) \tag{27.6.19}$$

其中 w_{t-1}^l 是归一化的重要性权重 $\sum_{l=1}^{L}w_{t-1}^l=1$，$h_{t-1}^l$ 是粒子。换言之，ρ 被表示为 δ 尖峰的加权混合，其中尖峰的权重和位置是分布的参数。将公式(27.6.19)代入公式(27.6.18)，我们有：

$$\rho(h_t)\approx\frac{1}{Z}p(v_t|h_t)\sum_{l=1}^{L}p(h_t|h_{t-1}^l)w_{t-1}^l \tag{27.6.20}$$

其中常数 Z 用来归一化分布 $\rho(h_t)$，虽然 $\rho(h_{t-1})$是对 δ 尖峰的简单求和，但 $\rho(h_t)$通常不是，因为转移因子和输出因子拓宽了 δ 尖峰。我们接下来的任务是用一个新的 δ 尖峰的和来近似 $\rho(h_t)$，将要讨论的方法不需要知道归一化常数 Z。这很有用，因为在许多跟踪应用中，输出分布 $p(v_t|h_t)$的归一化常数是不知道的。

一种蒙特卡罗抽样近似

要近似方程(27.6.20)中的混合 δ 尖峰函数，一个简单的做法是使用抽样方法生成一系列点。原则上，我们可以使用任意的抽样方法，包括强大的 MCMC 方法。

在粒子滤波中，用重要性抽样来生成新的粒子。也就是说，我们可以从一些重要性分布 $q(h_t)$中生成一个样本集合 $h_t^1,\cdots,h_t^L$，这给出了未归一化的重要性权重为：

$$\tilde{w}_t^l=\frac{p(v_t|h_t^l)\sum_{l'=1}^{L}p(h_t^l|h_{t-1}^{l'})w_{t-1}^{l'}}{q(h_t^l)} \tag{27.6.21}$$

定义归一化的权重为：

$$w_t^l=\frac{\tilde{w}_t^l}{\sum_{l'}\tilde{w}_t^{l'}} \tag{27.6.22}$$

我们得到了一个近似：

$$\rho(h_t)\approx\sum_{l=1}^{L}w_t^l\delta(h_t,h_t^l) \tag{27.6.23}$$

理想情况下，人们会使用使重要性权重均匀的重要性分布，即

$$q(h_t)\propto p(v_t|h_t)\sum_{l=1}^{L}p(h_t|h_{t-1}^l)w_{t-1}^l \tag{27.6.24}$$

然而，由于 $p(v_t|h_t)$的归一化常数未知，因此通常很难直接从中抽样。更简单的做法是从混合转移分布中抽样：

$$q(h_t)=\sum_{l=1}^{L}p(h_t|h_{t-1}^l)w_{t-1}^l \tag{27.6.25}$$

为达到这一点，我们可以先从权重为 $w_{t-1}^1,\cdots,w_{t-1}^L$ 的柱状图中抽样一个分量 l^*。给定这个样本索引，即 l^* 后，我们从 $p(h_t|h_{t-1}^{l^*})$中抽样。在这样的情况下，未归一化的权重简单地变为：

$$\tilde{w}_t^l=p(v_t|h_t^l) \tag{27.6.26}$$

可以从 demoParticleFilter. m 和接下来的例 27.2 中了解更多的关于这个前向抽样重抽样过程的信息。

例 27.2(玩具人脸跟踪示例) 在时刻 t，一个二元的人脸模板处于二维位置 $\boldsymbol{h}_t$ 处，该位置是模板左上角所在的位置。在 $t=1$ 时，人脸的位置是已知的，参见图 27.15a。在接下来的时间，人脸根据以下式子随机移动：

$$\boldsymbol{h}_t=\boldsymbol{h}_{t-1}+\sigma\boldsymbol{\eta}_t \tag{27.6.27}$$

其中 $\boldsymbol{\eta}_t\sim\mathcal{N}(\boldsymbol{\eta}_t|\boldsymbol{0},\boldsymbol{I})$是一个二维的零均值单位协方差矩阵的噪声向量。另外，随机选择整个图像中的一部分像素(二元)并翻转其状态。我们要尝试通过时间来跟踪人脸的左上角。

我们需要在像素上定义输出分布 $p(\boldsymbol{v}_t|\boldsymbol{h}_t)$，其中 $\boldsymbol{v}_i\in\{0,1\}$。考虑以下兼容性函数：

$$\phi(\boldsymbol{v}_t,\boldsymbol{h}_t)=\boldsymbol{v}_t^{\mathrm{T}}\widetilde{\boldsymbol{v}}(\boldsymbol{h}_t) \tag{27.6.28}$$

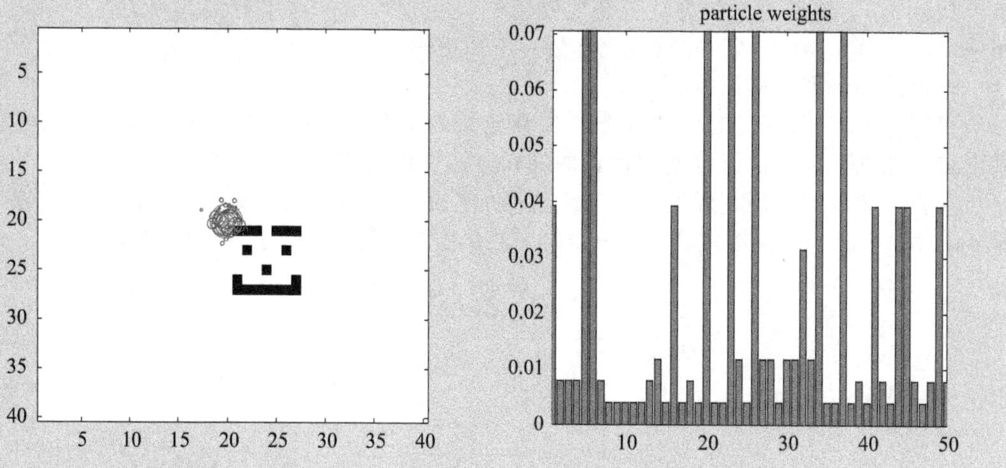

a）

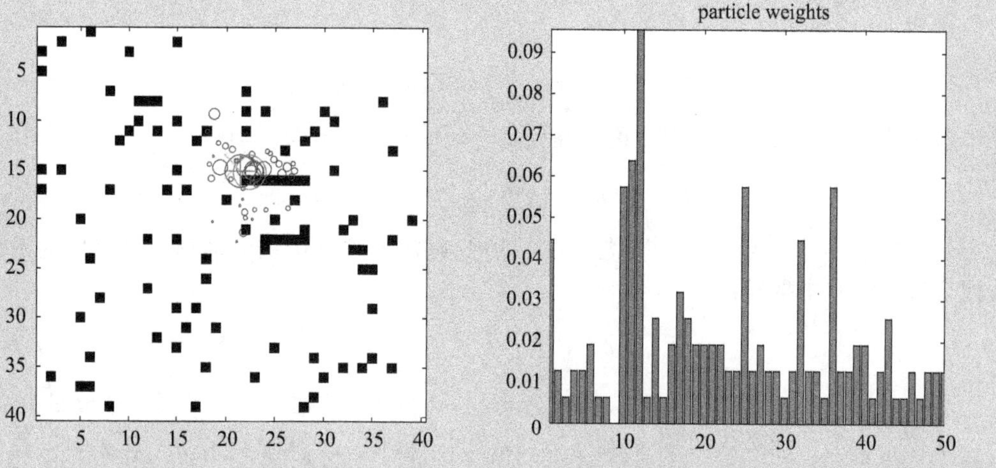

b）

图 27.15　使用包含 50 个粒子的例子滤波器跟踪对象。小圆圈是粒子，大小取决于其权重。人脸左上角的正确位置由“×”标注，滤波后的均值由大圆圈标注，最可能的粒子由“+”标注。a 中是无噪声的人脸模板的初始位置，以及对应的粒子的权重。b 中是有噪声的人脸以及 20 个时间步后的跟踪的模板位置。前向抽样重抽样 PF 算法用来保证非零权重所占的比例不失衡。详见 demoParticleFilter. m

其中$\widetilde{\boldsymbol{v}}(\boldsymbol{h}_t)$是表示整个图像的向量，一个干净的人脸模板放置在位置 $\boldsymbol{h}_t$ 处，模板之外的区域都为 0。$\phi(\boldsymbol{v}_t,\boldsymbol{h}_t)$衡量了特定位置处的人脸模板与影响模板像素的噪声的重叠程度。当观察到的图像 $\boldsymbol{v}_t$ 中有放置在 $\boldsymbol{h}_t$ 处的人脸模板时，兼容性函数取最大值。因此，我们可以定义：

$$p(\boldsymbol{v}_t|\boldsymbol{h}_t)\propto\frac{\boldsymbol{v}_t^{\mathrm{T}}\boldsymbol{h}_t}{\mathbf{1}^{\mathrm{T}}\boldsymbol{h}_t} \tag{27.6.29}$$

一个微妙的地方在于，$\boldsymbol{h}_t$ 是连续的，并且在兼容性函数中，我们首先将 $\boldsymbol{h}_t$ 映射到了其最接近的整数像素表示。在图 27.15a 中，使用了 50 个粒子来跟踪人脸模板。图中粒子按其所对应的权重绘出。对于每个 $t>1$，在图像中随机选择 5%的像素，并且翻转它们的状态。使用前向抽样重抽样方法，尽管存在背景干扰，可我们仍可实现成功跟踪。

真实的跟踪应用涉及复杂的问题，包括跟踪多个对象，对象的变换(缩放、旋转、形态变换)。无论如何，这个原理是大致相同的，许多跟踪应用基于彩色柱状图寻找模板中的兼容性函数。

27.7 总结

- 虽然有证据情况下的前向抽样可能是低效的，但对信念网络等模型可以实现精确抽样。
- 给定从一个分布中独立抽取的样本，只需要少量的样本就可以很好地估计期望。然而，从高维不标准分布中抽取独立样本在计算上是难以实现的。
- MCMC 方法是一种近似抽样方法，该方法在样本数量趋于无穷大时收敛，此时相当从正确的分布中抽取样本。它虽然很强大，但判断是否收敛很困难。此外，样本之间往往高度相关，因此可能需要大量样本才能获得对期望的可靠估计。

27.8 代码

potsample. m：从一组势函数中精确抽样。
ancestralsample. m：从信念网络中进行祖先抽样。
JTsample. m：从一致联结树中抽样。
GibbsSample. m：从一组势函数中进行吉布斯抽样。
demoMetropolis. m：对双峰分布的 Metropolis-Hastings 抽样示例。
metropolis. m：Metropolis-Hastings 抽样。
logp. m：双峰分布的对数。
demoParticleFilter. m：粒子滤波示例(前向抽样重抽样方法)。
placeobject. m：在网格中放置一个对象。
compat. m：兼容性函数。
demoSampleHMM. m：对 HMM 进行朴素吉布斯抽样。

27.9 练习题

练习 27.1(Box-Muller 算法) 令 $x_1 \sim U(x_1 \mid [0,1])$，$x_2 \sim U(x_2 \mid [0,1])$。并且：

$$y_1 = \sqrt{-2\log x_1}\cos 2\pi x_2, \quad y_2 = \sqrt{-2\log x_1}\sin 2\pi x_2 \tag{27.9.1}$$

请证明：

$$p(y_1, y_2) = \int p(y_1 \mid x_1, x_2) p(y_2 \mid x_1, x_2) p(x_1) p(x_2) \mathrm{d}x_1 \mathrm{d}x_2 = \mathcal{N}(y_1 \mid 0,1) \mathcal{N}(y_2 \mid 0,1) \tag{27.9.2}$$

并设计针对单变量正态分布抽样算法。提示：使用结果 8.1，并且对随机变量变量替换。即 $y=(y_1, y_2)$，$x=(x_1, x_2)$。

练习 27.2 考虑分布 $p(x) \propto \exp(\sin(x))$，其中 $-\pi \leqslant x \leqslant \pi$。采用 $q(x)=N(x \mid 0,\sigma^2)$来进行拒绝抽样。证明存在一个合适的 M 使得 $p^*(s)/q(x) \leqslant M$。其中

$$M=\mathrm{e}^{1+\frac{\pi^2}{2\sigma^2}}\sqrt{2\pi\sigma^2} \tag{27.9.3}$$

并且适当选择 σ^2 从 $p(x)$中抽取 10 000 个样本，绘制样本的直方图。

练习 27.3 考虑分布：

$$p(x_1,\cdots,x_6)=p(x_1)p(x_2)p(x_3 \mid x_1,x_2)p(x_4 \mid x_3)p(x_5 \mid x_3)p(x_6 \mid x_4,x_5) \tag{27.9.4}$$

对固定在给定状态 $\dot{s}_5$ 下的 x_5，写出剩余变量的分布 $p'(x_1,x_2,x_3,x_4,x_6)$，并解释如何对这个新的分布进行前向(祖先)抽样。

练习 27.4 考虑定义在具有最近邻相互作用的 $M\times M$ 的方晶格上的一个 Ising 模型：

$$p(x) \propto \exp\beta \sum_{i\sim j} \mathbb{I}[x_i=x_j] \tag{27.9.5}$$

现将 $M\times M$ 的网格看作一个棋盘，并给每个白色的方块一个 w_i 标签，每个黑色的方块一个 b_j 标签，这样每个方格都与一个特定的变量相关联。证明：

$$p(b_1,b_2,\cdots, \mid w_1,w_2,\cdots)=p(b_1 \mid w_1,w_2,\cdots)p(b_2 \mid w_1,w_2,\cdots)\cdots \tag{27.9.6}$$

也就是说，以白色变量为条件，黑色变量是相互独立的。反之，以黑色变量为条件，白色变量是相互独立的。解释如何利用这一点进行吉布斯抽样。(这个过程被称为棋盘抽样或黑白抽样。)

练习 27.5 考虑对称高斯提议分布：

$$\tilde{q}(\boldsymbol{x}' \mid \boldsymbol{x})=\mathcal{N}(\boldsymbol{x}' \mid \boldsymbol{x},\sigma_q^2\boldsymbol{I}) \tag{27.9.7}$$

和目标分布：

$$p(\boldsymbol{x})=\mathcal{N}(\boldsymbol{x} \mid \boldsymbol{0},\sigma_p^2\boldsymbol{I}) \tag{27.9.8}$$

其中 $\dim(\boldsymbol{x})=N$，证明：

$$\left\langle \log\frac{p(\boldsymbol{x}')}{p(\boldsymbol{x})}\right\rangle_{\tilde{q}(\boldsymbol{x}'|\boldsymbol{x})}=-\frac{N\sigma_q^2}{2\sigma_p^2} \tag{27.9.9}$$

讨论这个结果与在高维情况中的高斯提议分布下接受 Metropolis-Hastings 抽样的关系。

练习 27.6 文件 demoSampleHMM.m 展示了对一个 $T=10$ 的 HMM 的后验分布 $p(h_{1:T} \mid v_{1:T})$进行朴素吉布斯抽样。每次吉布斯抽样中都选取一个 h_t，其余的 h 固定不动。过程从 $t=1$ 开始并随时间向前扫描，当达到 $t=T$ 时结束，将联合状态 $h_{1:T}$ 作为来自后验分布的样本。参数 λ 控制如何确定隐转移矩阵 $p(h_t \mid h_{t-1})$将是什么。将 demoSampleHMM.m 以相同的 λ 运行 100 次，计算这 100 次运行的后验边缘分布 $p(h_t \mid v_{1:T})$的均值绝对误差。然后取 $\lambda=0.1$、1、10、20，重复此操作。采用随机抽取的不同转移矩阵和输出矩阵，重复整个过程 20 次，最后对通过吉布斯抽样计算平滑的后验边缘分布时的误差取均值。讨论为什么这个吉布斯抽样过程的性能会随着 λ 的增加而恶化。

练习 27.7 考虑以下 MATLAB 代码片段：

```
c=p(1); i=1; r=rand;
while r>c && i<n
    i=i+1; c=c+p(i);
end
sample=i;
```

1. 解释为什么代码的功能是从具有概率 $p(i)(i=1,\cdots,n)$的离散分布中抽取样本状态 i。
2. 试说明如何从包含无限多个离散状态的分布 $p(i)=\mathrm{e}^{-\lambda}\lambda^i/i(0<\lambda<1,i=0,\cdots,\infty)$中有效地进行抽样。

练习 27.8 本习题要讨论一种称为近似贝叶斯计算(ABC)的方法。该方法的作用是在样本 $\mathcal{D}'$可以由似然 $p(\mathcal{D}' \mid \theta)$生成的情况下提供对参数后验 $p(\theta \mid \mathcal{D})$的近似，即使有可能无法计算出一些未知的归一化常数。例如，如果我们指定一个模型使得 $x_{t+1}=f(x_t \mid \theta)+\eta_t$ 和 $\eta_t \sim \mathcal{N}(\eta_t \mid 0,1)$，那么无须指定 $p(\mathcal{D}' \mid \theta)$的归一化常数，就能够容易地从该模型中抽取一个样本集 $\mathcal{D}'=\{x_1,\cdots,x_T\}$。考虑从后验分布 $p(\theta \mid \mathcal{D}) \propto p(\mathcal{D} \mid \theta)p(\theta)$中抽取样本。

1. 证明对于：

$$q(\mathcal{D},\mathcal{D}',\theta)=q(\mathcal{D}\,|\,\mathcal{D}')p(\mathcal{D}'\,|\,\theta)p(\theta),\quad \text{其中 } q(\mathcal{D}\,|\,\mathcal{D}')=\delta(\mathcal{D}-\mathcal{D}') \tag{27.9.10}$$

边缘分布是：

$$q(\theta\,|\,\mathcal{D})=p(\theta\,|\,\mathcal{D}) \tag{27.9.11}$$

2. 因此证明以下过程的作用是从 $p(\theta\,|\,\mathcal{D})$中生成样本：

(a) 从 $p(\theta\,|\,\mathcal{D})$中抽样 θ；

(b) 从 $p(\mathcal{D}'\,|\,\theta)$中抽样“候选”数据集 $\mathcal{D}'$；

(c) 如果 $\mathcal{D}'=\mathcal{D}$ 则接受“候选”样本作为样本，否则拒绝并转到(a)。

3. 可以放松 δ 函数约束并使用$q(\mathcal{D}\,|\,\mathcal{D}')=\mathcal{N}(\mathcal{D}\,|\,\mathcal{D}',\sigma^2\boldsymbol{I})$之类的分布(对于某些 σ^2)，然后：

$$p(\theta\,|\,\mathcal{D})\approx q(\theta\,|\,\mathcal{D})=\sum_l w_l\delta(\theta-\theta^l),\quad \text{其中 } w_l\equiv\frac{q(\mathcal{D}\,|\,\mathcal{D}^l)}{\sum_{l=1}^{L}q(\mathcal{D}\,|\,\mathcal{D}^l)} \tag{27.9.12}$$

解释这种近似抽样过程如何与 Parzen 估计量相关。请注意，这只需要能够在给定 θ 的情况下抽取数据集 $\mathcal{D}'$——我们没有显式要求 $p(\mathcal{D}'\,|\,\theta)$的归一化。

4. 通过考虑单个 D 维数据点 $\boldsymbol{x}$ 和抽样的数据点 $\boldsymbol{x}_i$，两者生成自相同的基础分布 $\mathcal{N}(\boldsymbol{x}\,|\,\boldsymbol{0},\nu^2\boldsymbol{I}_{D\times D})$。请证明对于非归一化的权重：

$$u_i=\exp\left(-\frac{1}{2\sigma^2}(\boldsymbol{x}-\boldsymbol{x}^i)^2\right) \tag{27.9.13}$$

可以使用以下式子评估典型的权重比率：

$$\left\langle\left(\log\frac{u_i}{u_j}\right)^2\right\rangle_{\mathcal{N}(\boldsymbol{x}|\boldsymbol{0},\nu^2\boldsymbol{I})\mathcal{N}(\boldsymbol{x}^i|\boldsymbol{0},\nu^2\boldsymbol{I})\mathcal{N}(\boldsymbol{x}^j|\boldsymbol{0},\nu^2\boldsymbol{I})}=12D\frac{\nu^4}{\sigma^4} \tag{27.9.14}$$

解释为什么归一化权重通常由单个分量支配，使得上个问题中描述的抽样方法通常是不切实际的。这显示了诸如近似贝叶斯计算之类的方法的“维数灾难”，这意味着在高维参数空间中通常需要非常谨慎地使用这种方法。

练习 27.9　足球队 Aces 队和 Bruisers 队是主要竞争对手。他们本赛季已经打了 20 场比赛，并将再打一场本赛季的决赛。两支球队的守门员整个赛季水平都是一样的，最终比赛也是如此。然而，每支球队都由 20 名队员组成，每队选出 10 名队员组成一支由 11 名队员组成的队伍(还有 1 名守门员)。文件 soccer.mat 包含团队表的历史记录以及哪支球队赢得了比赛(Aces 战胜 Bruisers 为＋1，战败为－1)。两队教练都为球员使用通用评级系统：

2	天才
1	厉害
0	平均水平
－1	差劲
－2	非常差劲

每一场比赛的结果(假设两名守门员的能力相当)都是独立建模的：

$$p(\text{Aces beats Bruisers}\,|\,\boldsymbol{t}^a,\boldsymbol{t}^b,\boldsymbol{a},\boldsymbol{b})=\sigma\left(\sum_{i=1}^{10}(a_{t_i^a}-b_{t_i^b})\right) \tag{27.9.15}$$

其中 $\sigma(x)=1/(1+\exp(-x))$。在这里 $a_j\in\{-2,-1,0,1,2\}(j=1,\cdots,20)$是玩家 j 在 Aces 队中的能力，$b_j\in\{-2,-1,0,1,2\}(j=1,\cdots,20)$是玩家 j 在 Bruisers 队中的能力。Aces 队被选中参加比赛的 10 名选手由 $t_i^a\in\{1,\cdots,20\}$表示，Bruisers 队的由 $t_i^b\in\{1,\cdots,20\}$表示。

1. 哪些是 Aces 的 10 名最佳球员和 Bruisers 的 10 名最佳球员？

2. 鉴于我们知道 Bruisers 将会有 1 到 10 名球员，那么 Aces 能够选取的最好的球员队伍能够最大限度赢得胜利的选择是什么？这与选择上面 10 位最佳 Aces 球员有什么关系？

练习 27.10　考虑一种有 D 种病的情况，患者可能有或没有特定的疾病 $d_i\in\{0,1\}(i=1,\cdots,D)$。这里 $d_i=1$ 表示患者患有疾病 i，$d_i=0$ 表示患者没有疾病 i。患者可能患有多种疾病，有一套医院可以测量的症状记作集合 S，$s_j=1(j=1,\cdots,S)$表示有症状 j，$s_j=0(j=1,\cdots,S)$表示没有症状 j。给定一个简单的疾病症状网络：

$$p(s_1,\cdots,s_S,d_1,\cdots,d_D)=\prod_{j=1}^{S} p(s_j|\boldsymbol{d})\prod_{i=1}^{D} p(d_i) \tag{27.9.16}$$

其中 $\boldsymbol{d}=(d_1,\cdots,d_D)^{\mathrm{T}}$ 和：

$$p(s_j=1|\boldsymbol{d})=\sigma(\boldsymbol{w}_j^{\mathrm{T}}\boldsymbol{d}+b_j) \tag{27.9.17}$$

在上面的 $\sigma(x)$是标准的逻辑 sigmoid 函数 $1/(1+\exp(-x))$，$\boldsymbol{w}_j$ 是症状 j 与疾病相关的参数向量，b_j 与症状的患病率相关。医院已经提供了参数 $\boldsymbol{W}$ 和 $\boldsymbol{b}$ 的集合，先验疾病概率 $\boldsymbol{p}(p(d_i=1)=p_i)$和病人的症状向量 $\boldsymbol{s}$，见 SymptomDiseasePars. mat。使用吉布斯抽样(使用合理数量的 burn-in 和子抽样)来估计向量：

$$[p(d_1=1|\boldsymbol{s}),\cdots,p(d_D=1|\boldsymbol{s})] \tag{27.9.18}$$

练习 27.11　有一个类似于前一个问题的疾病症状网络和 N 个病人记录的集合 $\mathcal{D}=\{(\boldsymbol{s}^n,\boldsymbol{d}^n),n=1,\cdots,N\}$。对于有症状 s 的新患者的疾病预测，推导如下：

$$p(\boldsymbol{d}|\boldsymbol{s},\mathcal{D})=\int_{\boldsymbol{W},\boldsymbol{b},\boldsymbol{p}} p(\boldsymbol{d}|\boldsymbol{s},\boldsymbol{W},\boldsymbol{b},\boldsymbol{p})p(\boldsymbol{W},\boldsymbol{b},\boldsymbol{p}|\mathcal{D}) \tag{27.9.19}$$

其中：

$$\boldsymbol{p}(\boldsymbol{W},\boldsymbol{b},\boldsymbol{p}|\mathcal{D})\propto p(\boldsymbol{W},\boldsymbol{b},\boldsymbol{p})\prod_{n=1}^{N} p(\boldsymbol{s}^n|\boldsymbol{d}^n,\boldsymbol{W},\boldsymbol{b})p(\boldsymbol{d}^n|\boldsymbol{p}) \tag{27.9.20}$$

解释如何使用抽样来估计下式：

$$p(d_i=1|\boldsymbol{s},\mathcal{D}) \tag{27.9.21}$$

确定性近似推断

在近似推断中，抽样这一方法广为人知。本章，我们将介绍名气稍小的确定性近似推断技术。这些技术中的大部分起源于对大规模物理系统的研究，现在它们的应用已经在信息科学中取得巨大成功。

28.1 简介

确定性近似推断技术可以用来替代第 27 章讨论的抽样方法。考虑计算可行性，要从分布中抽取精确的、独立的样本很困难，样本估计值的质量也难以评价。在本章中，我们将讨论一些替代方法。第一种方法称为拉普拉斯近似方法，是一种简单的微扰方法。第二种方法，是为我们所关注的量求解严格的上界或下界。这种方法可以为我们提供一定的信息。例如，它提供边缘概率大于 0.1，这个信息也许足够帮助我们做出更明智的决定。第三种方法是自洽性方法，比如环信念传播。这种方法已使某些领域发生了革命性的变化，例如误差校正领域[198]。有一点很重要，给定相同的计算资源后，无论确定性方法还是随机性方法，没有一种近似推断技术能够在所有问题上都表现得优于其他技术。从这个意义上说，了解各种近似推断方法的性质有助于选择最适合解决所遇到的问题的方法。

28.2 拉普拉斯近似

考虑一个连续变量的分布函数，其形式如下：

$$p(\boldsymbol{x})=\frac{1}{Z}\mathrm{e}^{-E(\boldsymbol{x})} \tag{28.2.1}$$

拉普拉斯方法(Laplace)基于局部微扰，对 $p(\boldsymbol{x})$的某个众数 X^* 做高斯近似。首先，我们通过计算对这个众数进行量化，有：

$$\boldsymbol{x}^*=\underset{\boldsymbol{x}}{\operatorname{argmin}} E(\boldsymbol{x}) \tag{28.2.2}$$

接着，在该众数的邻域，将 $E(\boldsymbol{x})$泰勒展开至第二阶，有：

$$E(\boldsymbol{x})\approx E(\boldsymbol{x}^*)+(\boldsymbol{x}-\boldsymbol{x}^*)^{\mathrm{T}}\nabla E|_{\boldsymbol{x}^*}+\frac{1}{2}(\boldsymbol{x}-\boldsymbol{x}^*)^{\mathrm{T}}\boldsymbol{H}(\boldsymbol{x}-\boldsymbol{x}^*) \tag{28.2.3}$$

其中 $\boldsymbol{H}\equiv\nabla\nabla E(\boldsymbol{x})|_{\boldsymbol{x}^*}$ 是 $E(\boldsymbol{x})$在该众数处的黑塞矩阵。在该众数处，$\nabla E|_{\boldsymbol{x}^*}=\boldsymbol{0}$，我们可以使用以下高斯分布对 $p(\boldsymbol{x})$进行近似：

$$q(\boldsymbol{x})=\frac{1}{Z_q}\mathrm{e}^{-\frac{1}{2}(\boldsymbol{x}-\boldsymbol{x}^*)^{\mathrm{T}}\boldsymbol{H}(\boldsymbol{x}-\boldsymbol{x}^*)}=\mathcal{N}(\boldsymbol{x}|\boldsymbol{x}^*,\boldsymbol{H}^{-1}) \tag{28.2.4}$$

其均值为 $\boldsymbol{x}^*$，协方差矩阵为 $\boldsymbol{H}^{-1}$，且 $Z_q=\sqrt{\det(2\pi\boldsymbol{H}^{-1})}$。我们可以使用上述展开式去估计积分值：

$$\int_{\boldsymbol{x}}\mathrm{e}^{-E(\boldsymbol{x})}\approx\int_{\boldsymbol{x}}\mathrm{e}^{-E(\boldsymbol{x}^*)-\frac{1}{2}(\boldsymbol{x}-\boldsymbol{x}^*)^{\mathrm{T}}\boldsymbol{H}(\boldsymbol{x}-\boldsymbol{x}^*)}=\mathrm{e}^{-E(\boldsymbol{x}^*)}\sqrt{\det(2\pi\boldsymbol{H}^{-1})} \tag{28.2.5}$$

用拉普拉斯方法求得的近似不一定是最优的高斯近似。正如我们在下一节将讨论的，其他标准，例如 $p(x)$与高斯近似间的 KL 散度可能是更合适的选择。拉普拉斯近似的好处在于，相比其他的近似技术，它更简单。

28.3 KL 变分推断的性质

通过变分法，我们可以使用一个简单的分布 $q(x)$来对复杂的分布 $p(x)$做近似。首先，我们定义出衡量近似分布 $q(x)$与原分布 $p(x)$之间差异的办法，然后调整 $q(x)$的参数以降低差异。在物理学文献中，这类技术也被称为“平均场”方法。

在近似推断中，一种被广泛使用的差异性度量是 KL 散度。近似分布 $q(x)$与难以求解的原分布 $p(x)$之间的 KL 散度是：

$$\mathrm{KL}(q|p)=\langle\log q\rangle_q-\langle\log p\rangle_q \tag{28.3.1}$$

容易证明，$\mathrm{KL}(q|p)\geqslant 0$，当且仅当 p 与 q 相同时等号成立，证明见 8.2.1 节。注意，虽然 KL 散度有下界且非负，但它并没有上界，即 KL 散度可以达到无穷大。

28.3.1 归一化常数的界

对以下形式的分布：

$$p(x)=\frac{1}{Z}\mathrm{e}^{\phi(x)} \tag{28.3.2}$$

我们有：

$$\mathrm{KL}(q|p)=\langle\log q(x)\rangle_{q(x)}-\langle\log p(x)\rangle_{q(x)}=\langle\log q(x)\rangle_{q(x)}-\langle\phi(x)\rangle_{q(x)}+\log Z \tag{28.3.3}$$

既然 $\mathrm{KL}(q|p)\geqslant 0$，那我们立即可以得到：

$$\log Z\geqslant\underbrace{-\langle\log q(x)\rangle_{q(x)}}_{\text{熵}}+\underbrace{\langle\phi(x)\rangle_{q(x)}}_{\text{能量}} \tag{28.3.4}$$

在物理界，它被称为“自由能”[255]。因此，$\mathrm{KL}(q|p)$方法求出了归一化常数的一个下界。变分推断的技巧在于，选择一个熵和能量项都易于计算的 q 近似。

28.3.2 边缘分布的界

在贝叶斯模型中，对生成数据 $\mathcal{D}$ 的带有参数 θ 的模型 $\mathcal{M}$ 的似然建模：

$$p(\mathcal{D}|\mathcal{M})=\int_\theta\underbrace{p(\mathcal{D}|\theta,\mathcal{M})}_{\text{似然}}\underbrace{p(\theta|\mathcal{M})}_{\text{先验}} \tag{28.3.5}$$

这个量是模型比较的基础。然而，当 θ 维度较高时，很难对 θ 做积分。利用贝叶斯定理，有：

$$p(\theta|\mathcal{D},\mathcal{M})=\frac{p(\mathcal{D}|\theta,\mathcal{M})p(\theta|\mathcal{M})}{p(\mathcal{D}|\mathcal{M})} \tag{28.3.6}$$

考虑：

$$\begin{aligned}\mathrm{KL}(q(\theta)|p(\theta|\mathcal{D},\mathcal{M}))&=\langle\log q(\theta)\rangle_{q(\theta)}-\langle\log p(\theta|\mathcal{D},\mathcal{M})\rangle_{q(\theta)} &(28.3.7)\\&=\langle\log q(\theta)\rangle_{q(\theta)}-\langle\log p(\mathcal{D}|\theta,\mathcal{M})p(\theta|\mathcal{M})\rangle_{q(\theta)}+\log p(\mathcal{D}|\mathcal{M}) &(28.3.8)\end{aligned}$$

由 KL 散度的非负性，我们可以得到一个下界：

$$\log p(\mathcal{D}|\mathcal{M})\geqslant-\langle\log q(\theta)\rangle_{q(\theta)}+\langle\log p(\mathcal{D}|\theta,\mathcal{M})p(\theta|\mathcal{M})\rangle_{q(\theta)} \tag{28.3.9}$$

$$=\langle\log p(\mathcal{D}|\theta,\mathcal{M})\rangle_{q(\theta)}-\mathrm{KL}(q(\theta)|p(\theta|\mathcal{M}))\tag{28.3.10}$$

对任意的 $q(\theta)$，这个下界都成立，当且仅当 $q(\theta)=p(\theta|\mathcal{D},\mathcal{M})$时，等号成立。由于我们假设了最优分布在计算上难以处理，因此变分界的思想是，选择一个易于计算界的 $q(\theta)$分布族，然后最大化关于 $q(\theta)$的任意参数的界。最后，得到的下界可以在模型比较中代替精确的边缘分布。

28.3.3 边缘量的界

KL 散度方法得到了一个归一化常数的下界。与使用别的方法得到的上界相比，见例子[308]和练习 28.6，我们可以将边缘分布限定为 $l\leqslant p(x_i)\leqslant u$，见练习 28.9。这个限定的紧密程度表明了界推导过程的紧密程度。即使在得到的限定不太紧密的情况下——例如结果是 $0.1<p(\text{患癌}=\text{true})<0.99$，也可能对之后的决策很有用，因为患癌的概率很大，值得采取行动。

28.3.4 使用 KL 散度做高斯近似

最小化 KL$(q|p)$

通过最小化 $\mathrm{KL}(q|p)$，用一个简单的分布 $q(x)$来近似复杂的分布 $p(x)$，得到的 $q(x)$将倾向于关注 $p(x)$的局部的众数，因此也会低估 $p(x)$的方差。为说明这一点，考虑具有相同方差 σ^2 的两个高斯的混合，

$$p(x)=\frac{1}{2}(\mathcal{N}(x|-\mu,\sigma^2)+\mathcal{N}(x|\mu,\sigma^2))\tag{28.3.11}$$

我们使用单个高斯来对它做近似(如图 28.1 所示)：

$$q(x)=\mathcal{N}(x|m,s^2)\tag{28.3.12}$$

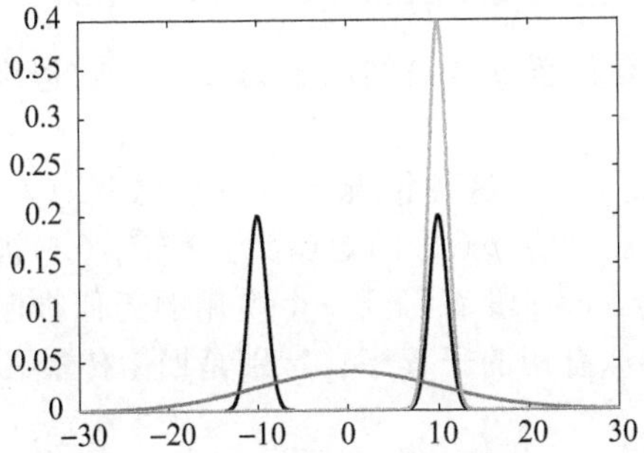

图 28.1 用单个高斯去拟合高斯混合 $p(x)$(蓝色)，绿线最小化了 $\mathrm{KL}(q|p)$对应于拟合局部众数，红线最小化了 $\mathrm{KL}(q|p)$对应于矩的匹配

我们希望找到最优的 m 和 s^2，它们能够最小化

$$\mathrm{KL}(q|p)=\langle\log q(x)\rangle_{q(x)}-\langle\log p(x)\rangle_{q(x)}\tag{28.3.13}$$

如果 $p(x)$的两个高斯分量是分离的，$\mu\gg\sigma$，然后通过将 $q(x)$设置在左边众数的中心 $-\mu$ 处，高斯 $q(x)$仅在接近于 $-\mu$ 的地方有可观的质量，则这时第二个众数 μ 对 KL 散度的贡献可以忽略不计。在这种情况下，我们可以近似 $p(x)\approx\frac{1}{2}q(x)$，所以：

$$\mathrm{KL}(q|p)\approx\langle\log q(x)\rangle_{q(x)}-\langle\log p(x)\rangle_{q(x)}=\log 2\tag{28.3.14}$$

另外，令 $m=0$，这对应 $p(x)$的正确均值，除非 s^2 足够大，否则只捕获了 $q(x)$的少量质量，这给出了一个不良的拟合和非常大的 KL 散度。另一种思路，考虑 $\mathrm{KL}(q|p)=\langle\log q(x)/p(x)\rangle_{q(x)}$，假设 q 在自己有显著质量的区域与 p 非常接近，那么 $q(x)/p(x)$将与 1 接

近，KL 散度自然也很小。令 $m=0$ 意味着，当 q 具有显著质量时，$q(x)/p(x)$很大，因此是一个不良的近似。这个例子的最优解是将高斯放置到接近其中一个众数的区域里。然而，对众数间离得比较近的例子，最优解不必将高斯放置在接近一个众数的位置上。通常，需要用数值方法确定最优的高斯拟合，也就是说，寻找最优均值和(协)方差没有封闭式解。

最小化 KL($p|q$)

需要注意通常 KL 散度不具有对称性，通常 $\mathrm{KL}(q|p)\neq \mathrm{KL}(p|q)$，这也有助于理解 $\mathrm{KL}(p|q)$的性质。基于 $\mathrm{KL}(p|q)$，我们对 p 拟合一个高斯 $q(x)=\mathcal{N}(x|m,s^2)$，有：

$$\mathrm{KL}(p|q)=\langle \log p(x)\rangle_{p(x)}-\langle \log q(x)\rangle_{p(x)}=-\frac{1}{2s^2}\langle (x-m)^2\rangle_{p(x)}-\frac{1}{2}\log s^2+C \quad (28.3.15)$$

最小化关于 m 和 s^2 的 $\mathrm{KL}(p|q)$，得到：

$$m=\langle x\rangle_{p(x)},\quad s^2=\langle (x-m)^2\rangle_{p(x)} \quad (28.3.16)$$

即最优的高斯拟合匹配了 $p(x)$的一阶矩和二阶矩。

在图 28.1 的例子里，$p(x)$的均值为 0，方差很大。因此戏剧化地，这个解和使用 $\mathrm{KL}(q|p)$拟合高斯得到的解不同。使用 $\mathrm{KL}(q|p)$找到的拟合使 q 在局部区域较好地拟合了 p，见练习 28.17，而 $\mathrm{KL}(p|q)$专注于使 q 较好地拟合 p 以便分布的全局统计(可能以好的局部匹配为代价)。

28.3.5　最小化 KL($p|q$)的边缘和矩匹配性质

为简单起见，考虑一个因子分解的近似 $q(x)=\prod_i q(x_i)$，那么：

$$\mathrm{KL}(p|q)=\langle \log p(x)\rangle_{p(x)}-\sum_i \langle \log q(x_i)\rangle_{p(x_i)} \quad (28.3.17)$$

其中，第一个熵项与 $q(x)$无关，可以看作独立于 $q(x)$的常数，上式可看作：

$$\sum_i \mathrm{KL}(p(x_i)|q(x_i)) \quad (28.3.18)$$

最优解为 $q(x_i)=p(x_i)$，即最优的因子分解近似是设置 $q(x_i)$的因子为 $p(x_i)$的边缘分布，见练习 28.13。

另一种产生已知形式近似的近似分布类是指数族。在这种情况下，最小化 $\mathrm{KL}(p|q)$对应于矩匹配，见练习 28.13。在实践中，通常无法计算 $p(x)$的矩(因为分布 $p(x)$被认为是难以处理的)，因此仅基于 $\mathrm{KL}(p|q)$对 p 拟合 q，并没有得到一个实用的近似推断算法。然而，正如我们所看到的，它是一个对局部近似有用的子程序，特别是期望传播。

28.4　用 KL($q|p$)求解变分界

本节中我们将讨论，如何用来自某个分布族的 $q(x)$分布拟合一个难以处理的 $p(x)$分布。如上一节所述，在拟合高斯函数时，需要从数值上找到最优的 q。这本身可能是一个复杂的任务(实际上，这可能与直接对难解的 p 执行精确的推断一样困难)。读者们可能会疑惑，为什么我们要将一个难解的推断任务转化为一个可能同样难解的优化问题。这是因为，优化问题通常会有一些局部光滑的性质，使我们能够基于一般的优化方法，快速找到一个合理的优化。下面，我们将讨论一个具体的实例，为一个难解的 p 分布拟合 q 分布。

28.4.1　配对马尔可夫随机场

这里，我们以一个典型的难处理的分布为例，即定义在二值变量 $x_i\in\{+1,-1\}$

$(i=1,\cdots,D)$上的配对马尔可夫随机场：

$$p(x)=\frac{1}{Z(w,b)}e^{\sum_{i,j}w_{ij}x_ix_j+\sum_i b_ix_i} \tag{28.4.1}$$

这里，配分函数 $Z(w,b)$用来保证归一化：

$$Z(w,b)=\sum_x e^{\sum_{i,j}w_{ij}x_ix_j+\sum_i b_ix_i} \tag{28.4.2}$$

由于 $x_i^2=1$，所以 $w_{ii}x_i^2$ 是常数项，并且不失一般性，我们将 w_{ii} 置为 0。下面的例子将展示提出这个模型的动机

例 28.1(贝叶斯图像去噪) 通过损坏干净图像 x，我们得到了一个二值图像 y。我们的目的在于通过这个损坏的图像恢复出原始图像。假设一个噪声像素生成过程：取干净像素 $x_i\in\pm1$ 并翻转它的状态。有：

$$p(y|x)=\prod_i p(y_i|x_i),\quad p(y_i|x_i)\propto e^{\gamma y_ix_i} \tag{28.4.3}$$

其中，x_i 与 y_i 处于相同状态的概率值是 $e^{\gamma}/(e^{\gamma}+e^{-\gamma})$。我们的兴趣在于获得原始像素的后验概率 $p(x|y)$。我们假设原始图像足够光滑，可以用定义在晶格上的马尔可夫随机场先验来描述它(如图 28.2 所示)：

$$p(x)\propto e^{\sum_{ij}w_{ij}x_ix_j} \tag{28.4.4}$$

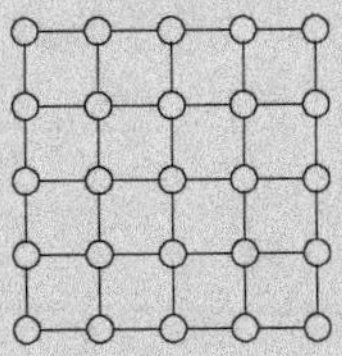

图 28.2 定义在变量集 $x_1,\cdots,x_{25}$ 上的一个平面配对马尔可夫随机场，代表分布 $\prod_{i\sim j}\phi(x_i,x_j)$。在统计物理学中，这样的晶格模型有很多，例如在二元随机变量 $x_i\in\{+1,-1\}$上定义的满足 $\phi(x_i,x_j)=e^{w_{ij}x_ix_j}$ 的 Ising 模型

其中对于相邻的 i 和 j $w_{ij}>0$，否则 $w_{ij}=0$。这编码了假设：干净像素往往与其邻居像素处于相同的状态。在此先验下，不太可能出现与邻居的状态不同的像素。现在，我们有联合分布函数：

$$p(x,y)=p(x)\prod_i p(y_i|x_i)=\frac{1}{Z}e^{\sum_{ij}w_{ij}x_ix_j+\sum_i\gamma y_ix_i} \tag{28.4.5}$$

如图 28.3 所示，从中我们可以得到后验为：

$$p(x|y)=\frac{p(y|x)p(x)}{\sum_x p(y|x)p(x)}\propto e^{\sum_{ij}w_{ij}x_ix_j+\sum_i\gamma y_ix_i} \tag{28.4.6}$$

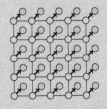

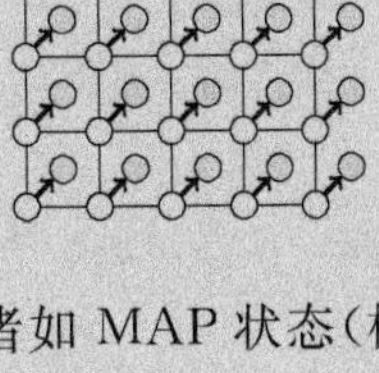

图 28.3 像素上的一个分布。实心节点代表观察到的噪声，空心节点代表定义在潜干净像素上的马尔可夫随机场。我们的任务是根据噪声像素推断干净像素。马尔可夫随机场能使干净像素上的后验分布包含具有相同状态的邻居

诸如 MAP 状态(极大后验概率图像)，边缘分布 $p(x_i|y)$和归一化常数这样的量是让人感兴趣的。此实例等效于例 4.2 中的马尔可夫网络。下页的图片中，左边的是

原始图像，中间是加噪声干扰的图像，右边是使用迭代条件模型找到的最可能后验的干净图像 $\underset{x}{\operatorname{argmax}} p(x|y)$，见 28.9.1 节。

我们在 28.9 节中讨论如何为例 28.1 计算 MAP 状态，并首先关注可以界定归一化常数 Z 的技术，这是一个在模型比较中有用的量。

基于 KL 散度的方法

对于马尔可夫随机场，我们有：

$$\mathrm{KL}(q|p)=\langle\log q\rangle_q-\sum_{ij}w_{ij}\langle x_ix_j\rangle_q-\sum_i b_i\langle x_i\rangle_q+\log Z\geqslant 0 \tag{28.4.7}$$

移项可得对数配分函数的下界：

$$\log Z\geqslant\underbrace{-\langle\log q\rangle_q}_{\text{熵}}+\underbrace{\sum_{ij}w_{ij}\langle x_ix_j\rangle_q+\sum_i b_i\langle x_i\rangle_q}_{\text{能量}} \tag{28.4.8}$$

当 $q=p$ 时，等号成立。然而，这帮助甚小，因为对难解的分布 p 而言，我们无法计算 $\langle x_ix_j\rangle_p$ 和 $\langle x_i\rangle_p$。变分法的思想在于，假设一个更简单易处理的分布 q，对其可以计算这些平均值，以及 q 的熵。最小化关于 $q(x)$ 的任意参数的 KL 散度正相当于最大化这个对数配分函数的下界。

因子分解近似

一个“朴素的”假设是，分布可以被完全因子分解：

$$q(x)=\prod_i q_i(x_i) \tag{28.4.9}$$

这种近似对应的图模型在图 28.4a 中给出，这时：

$$\log Z\geqslant-\sum_i\langle\log q_i\rangle_{q_i}+\sum_{ij}w_{ij}\langle x_ix_j\rangle_{q(x_i,x_j)}+\sum_i b_i\langle x_i\rangle_{q(x_i)} \tag{28.4.10}$$

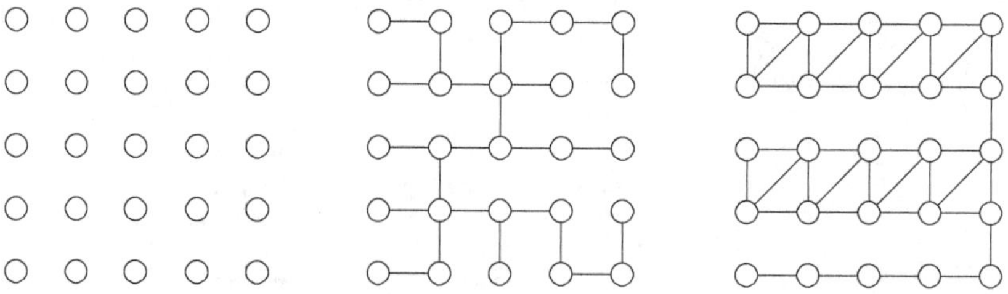

a)　　b)　　c)

图 28.4　a) 简单的平均场近似 $q(x)=\prod_i q_i(x_i)$。b) 生成树近似。c) 可分解的(超树)近似

对因子分解的分布 $q(x)=\prod_i q(x_i)$，和 $\langle x_ix_j\rangle=\langle x_i\rangle\langle x_j\rangle(i\neq j)$。对一个二值变量，我们可以使用以下方便的参数：

$$q_i(x_i=1)=\frac{e^{\alpha_i}}{e^{\alpha_i}+e^{-\alpha_i}} \tag{28.4.11}$$

所以对所有的 $x_i\in\{-1,+1\}$，有：

$$\langle x_i\rangle_{qi}=+1\times q(x_i=1)-1\times q(x_i=-1)=\tanh(\alpha_i) \tag{28.4.12}$$

这给出了以下对数配分函数的下界：

$$\log Z\geqslant\mathcal{B}(\alpha)\equiv\sum_i H(\alpha_i)+\sum_{i\neq j}w_{ij}\tanh(\alpha_i)\tanh(\alpha_j)+\sum_i b_i\tanh(\alpha_i) \tag{28.4.13}$$

其中，$H(\alpha_i)$是根据公式(28.4.11)参数化的分布的二元熵：

$$H(\alpha_i)=\log(e_i^{\alpha}+e^{-\alpha_i})-\alpha_i\tanh(\alpha_i) \tag{28.4.14}$$

找到最小 KL 散度中的最优因子分解近似等价于最大化关于变分参数 α 的界 $\mathcal{B}(\alpha)$。等式(28.4.13)中的变分界 $\mathcal{B}$ 关于 α 是非凸的，而且充斥着局部最优解。因此，找到全局最优是一个典型的计算困难的问题。这看起来，我们只是把一个难以求解的计算 $\log Z$ 的问题转变为了同样求解困难的最大化 $\mathcal{B}(\alpha)$的问题。事实上，用 α 写成因子图，这个优化问题的结构与原始的马尔可夫随机场完全匹配。然而，我们希望通过一个连续优化问题去近似一个困难的离散的求和问题，我们可以对表使用有效的连续变量优化技术。一种特别简单的优化技术是求解下界方程(28.4.13)的零导数。求导并令其等于 0，只需要一点代数知识就能得出最优解需要满足以下方程的：

$$\alpha_i=b_i+\sum_{i,j}w_{ij}\tanh(\alpha_j),\quad\forall i \tag{28.4.15}$$

可以证明根据公式(28.4.15)按顺序更新 α_i 可以增大 $B(\alpha)$。这被称为异步更新，能保证收敛到 KL 散度的(局部)最优，见 28.4.3 节。一旦收敛，解 α 就找到了，还可以得到 $\log Z$ 的一个界，我们可以近似：

$$\langle x_i\rangle_p\approx\langle x_i\rangle_q=\tanh(\alpha_i) \tag{28.4.16}$$

因子分解近似的有效性

什么情况下才能指望这种朴素的因子分解近似方法工作得好呢？显然，如果方程(28.4.1)中的 w_{ij} 足够小，那么分布 p 得到了有效的因子分解且近似将是准确的。一个更有趣的情况是，每个变量 x_i 都有很多的邻居。这种情况下，将马尔可夫随机场写成以下形式将会是有用的(简单起见，忽略偏置项 b_i)：

$$p(x)=\frac{1}{Z}e^{\sum_{ij}w_{ij}x_ix_j}=\frac{1}{Z}e^{D\sum_i x_i\frac{1}{D}\sum_j w_{ij}x_j}=\frac{1}{Z}e^{D\sum_i x_iz_i} \tag{28.4.17}$$

其中局部“场”，被定义为：

$$z_i\equiv\frac{1}{D}\sum_j w_{ij}x_j \tag{28.4.18}$$

z_i 是如何分布的呢？我们现在使用一个循环(但自洽)论证：假设 $p(x)$是能够被因子分解的。假设每个 w_{ij} 是$O(1)$，z_i 的均值是：

$$\langle z_i\rangle=\frac{1}{D}\sum_j w_{ij}\langle x_j\rangle=O(1) \tag{28.4.19}$$

方差是

$$\langle z_i^2\rangle-\langle z_i\rangle^2=\frac{1}{D^2}\sum_{k=1}^{D}w_{ik}^2(1-\langle x_k\rangle^2)=O(1/D) \tag{28.4.20}$$

因此，对于较大的 D，场 z_i 的方差比均值小很多。既然和 $\sum_j w_{ij}x_j$ 中的项 x_j 是相互独立的，假设 w_{ij} 不极端，则中心极限定理的有效性条件成立[135]，并且 z_i 会是高斯分布。特别地，当 D 增大时，围绕均值的波动逐渐消失，我们可以写出：

$$p(x) \approx \frac{1}{Z}\mathrm{e}^{D\sum_i x_i \langle z_i \rangle} \approx \prod_i p(x_i) \tag{28.4.21}$$

因此，p 是近似可因子分解的这一假设在极限情况下的(拥有大量邻居的)马尔可夫随机场上是成立的。因此在(1)一个非常弱连通的系统 $w_{ij} \approx 0$，(2)具有随机权重的大型密集连通系统，这两种情况下因子分解近似将会是合理的。这种完全的因子分解近似也被称为平均场理论，因为对于马尔可夫随机场而言，它假设可以用每个点处场的均值来代替邻居的效果。

28.4.2　一般的平均场方程

对一个一般的难解的分布 $p(x)$，不论是定义在离散变量还是连续变量上，$p(x)$与因子分解近似 $q(x)=\prod_i q(x_i)$ 之间的 KL 散度是：

$$\mathrm{KL}(q(x)\,|\,p(x)) = \sum_i \langle \log q(x_i) \rangle_{q(x_i)} - \langle \log p(x) \rangle_{\prod_i q(x_i)} \tag{28.4.22}$$

将上式中含单个 $q(x_i)$因子的项提取出来，我们得到：

$$\langle \log q(x_i) \rangle_{q(x_i)} - \left\langle \langle \log p(x) \rangle_{\prod_{j\neq i} q(x_j)} \right\rangle_{q(x_i)} \tag{28.4.23}$$

根据归一化常数，于是这就是 $q(x_i)$与正比于 $\exp\left(\langle \log p(x) \rangle_{\prod_{j\neq i} q(x_j)}\right)$ 的分布之间的 KL 散度，使得对 $q(x_i)$的最优设定满足：

$$q(x_i) \propto \exp\left(\langle \log p(x) \rangle_{\prod_{j\neq i} q(x_j)}\right) \tag{28.4.24}$$

这些方程被称为平均场方程，并根据先前的近似因子定义一个新的近似因子。注意如果 $p(x)$的归一化常数是未知的，这也没有问题，因为它被简单地吸收进了因子 $q(x_i)$的因子中。换言之，可以用未归一化的 $p^*(x)$代替方程(28.4.24)中 $p(x)$。从随机选择的初始分布集 $q(x_i)$开始，平均场方程逐渐迭代直至收敛。异步更新保证了 KL 散度在每一阶段都会下降，如下面所述。

28.4.3　异步更新能保证近似效果的提升

对因子分解的变分近似方程(28.4.22)，我们声明每个更新方程(28.4.24)都能降低 KL 散度近似误差。为证明这一点，我们将单个更新分布写为：

$$q_i^{\mathrm{new}} = \frac{1}{Z_i}\exp\langle \log p(x) \rangle_{\prod_{j\neq i} q_j^{\mathrm{old}}} \tag{28.4.25}$$

该更新下的联合分布为：

$$q^{\mathrm{new}} = q_i^{\mathrm{new}} \prod_{j\neq i} q_j^{\mathrm{old}} \tag{28.4.26}$$

近似误差的变化为：

$$\Delta \equiv \mathrm{KL}(q^{\mathrm{new}}\,|\,p) - \mathrm{KL}(q^{\mathrm{old}}\,|\,p) \tag{28.4.27}$$

利用下式：

$$\mathrm{KL}(q^{\mathrm{new}}\,|\,p) = \langle \log q_i^{\mathrm{new}} \rangle_{q_i^{\mathrm{new}}} + \sum_{j\neq i} \langle \log q_j^{\mathrm{old}} \rangle_{q_j^{\mathrm{old}}} - \left\langle \langle \log p(x) \rangle_{\prod_{j\neq i} q_j^{\mathrm{old}}} \right\rangle_{q_i^{\mathrm{new}}} \tag{28.4.28}$$

并定义未归一化的分布：

$$q_i^*(x_i)=\exp\langle\log p(x)\rangle_{\prod_{j\neq i}q_j^{\text{old}}}=Z_j q_i^{\text{new}} \tag{28.4.29}$$

接着：

$$\Delta=\langle\log q_i^{\text{new}}\rangle_{q_i^{\text{new}}}-\langle\log q_i^{\text{old}}\rangle_{q_i^{\text{old}}}-\left\langle\langle\log p\rangle_{\prod_{j\neq i}q_j^{\text{old}}}\right\rangle_{q_i^{\text{new}}}+\left\langle\langle\log p\rangle_{\prod_{j\neq i}q_j^{\text{old}}}\right\rangle_{q_i^{\text{old}}} \tag{28.4.30}$$

$$=\langle\log q_i^*\rangle_{q_i^{\text{new}}}-\log Z_i-\langle\log q_i^{\text{old}}\rangle_{q_i^{\text{old}}}-\langle\log q_i^*\rangle_{q_i^{\text{new}}}+\langle\log q_i^*\rangle_{q_i^{\text{old}}} \tag{28.4.31}$$

$$=-\log Z_i-\langle\log q_i^{\text{old}}\rangle_{q_i^{\text{old}}}+\langle\log q_i^*\rangle_{q_i^{\text{old}}} \tag{28.4.32}$$

$$=-\text{KL}(q_i^{\text{old}}|q_i^{\text{new}})\leqslant 0 \tag{28.4.33}$$

因此：

$$\text{KL}(q^{\text{new}}|p)\leqslant\text{KL}(q^{\text{old}}|p) \tag{28.4.34}$$

使得每次更新 q 的一个分量，都能够保证近似的效果得到提升。注意这个结果是十分一般的，对任意分布 $p(x)$都是成立的。马尔可夫网络中对近似效果提升的保证等价于配分函数中对下界增大(严格讲是不减小)的保证。

备注 28.1(难以求解的能量)　即使对完全的因子分解近似，平均场方法也可能是不易实现的，对此我们需要能够计算$\langle\log p^*(x)\rangle_{\prod_{j\neq i}q(x_j)}$。对某些我们感兴趣模型，这仍然是不能被求解的，所以需要额外的近似方法。

28.4.4　结构化的变分近似

可以通过使用不能因子分解的 $q(x)$来扩展能因子分解的 KL 散度变分近似[257,25]。可以在线性时间内计算变量均值，包括生成树(图 28.4b)和可分解图(图 28.4c)。例如，对于图 28.5a 中的分布：

$$p(x_1,x_2,x_3,x_4)=\frac{1}{Z}\phi(x_1,x_2)\phi(x_2,x_3)\phi(x_3,x_4)\phi(x_4,x_1)\phi(x_1,x_3) \tag{28.4.35}$$

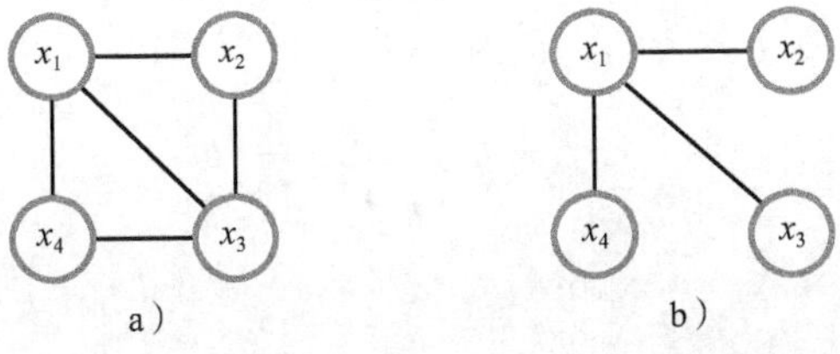

图 28.5　a) 一个简单的难求解分布。b) 一个结构化的单连通近似

一个可处理的分布 q 为(如图 28.5b 所示)：

$$q(x_1,x_2,x_3,x_4)=\frac{1}{\tilde{Z}}\tilde{\phi}(x_1,x_2)\tilde{\phi}(x_1,x_3)\tilde{\phi}(x_1,x_4) \tag{28.4.36}$$

此时我们有：

$$\text{KL}(q|p)=H_q(x_1,x_2)+H_q(x_1,x_3)+H_q(x_1,x_4)-3H_q(x_1)+\sum_{i\sim j}\langle\log\phi(x_i,x_j)\rangle_{q(x_i,x_j)} \tag{28.4.37}$$

其中 $H_q(\mathcal{X})$是 $q(\mathcal{X})$的熵。因为 q 是单连通的，计算其边缘分布和熵都是容易的(因为熵只与图上邻居的边缘分布有关)。然而在此情况下，我们无法直接利用标准的平均场近似的更新方程，因为它们受到 $\sum_{x_j}q(x_i,x_j)=q(x_j)$ 的限制。此时我们可以使用拉格朗日乘数法，或者在均值-场风格的更新步骤中保证，我们考虑了来自耦合项的贡献。

更一般地，我们可以利用任何结构来做近似，例如，使用联结树算法来计算所需要的矩。然而，计算复杂度通常以超树的宽度的指数阶增加[316]。

例 28.2（机械臂：利用推断控制）　控制任务也可以被转化为推断问题，如[166]。考虑二维空间中的 n 连杆机械臂的位置 $\boldsymbol{v}_t=(x_t,y_t)^{\mathrm{T}}$，其中每个连杆 $i\in\{1,\cdots,n\}$ 都是单位长度的，且有角度 $h_{i,t}$：

$$x_t=\sum_{i=1}^{n}\cos h_{i,t},\quad y_t=\sum_{i=1}^{n}\sin h_{i,t} \tag{28.4.38}$$

我们感兴趣的地方在于，用机械臂去跟踪一个序列 $\boldsymbol{v}_{1:T}$，并且使得每次角度 $\boldsymbol{h}_t$ 不会变换得太多。我们可以用以下模型来表达这个经典的控制问题：

$$p(\boldsymbol{v}_{1:T},\boldsymbol{h}_{1:T})=p(\boldsymbol{v}_1|\boldsymbol{h}_1)p(\boldsymbol{h}_1)\prod_{t=2}^{T}p(\boldsymbol{v}_t|\boldsymbol{h}_t)p(\boldsymbol{h}_t|\boldsymbol{h}_{t-1}) \tag{28.4.39}$$

其中：

$$p(\boldsymbol{v}_t|\boldsymbol{h}_t)=\mathcal{N}\left(\boldsymbol{v}_t\,\middle|\,\left(\sum_{i=1}^{n}\cos h_{i,t},\sum_{i=1}^{n}\sin h_{i,t}\right)^{\mathrm{T}},\sigma^2\boldsymbol{I}\right),\quad p(\boldsymbol{h}_t|\boldsymbol{h}_{t-1})=\mathcal{N}(\boldsymbol{h}_t|\boldsymbol{h}_{t-1},\nu^2\boldsymbol{I}) \tag{28.4.40}$$

一种解决方案由极大似然的后验概率序列 $\underset{\boldsymbol{h}_{1:T}}{\operatorname{argmax}}\,p(\boldsymbol{h}_{1:T}\mid\boldsymbol{v}_{1:T})$ 给出。我们换一种思路，考虑每次的最大后验边缘解 $\underset{\boldsymbol{h}_t}{\operatorname{argmax}}\,p(\boldsymbol{h}_t\mid\boldsymbol{v}_{1:T})$。由于非线性观察，这个后验边缘是无法被直接精确计算的。一个简单的近似方法是利用完全因子分解的变分分布 $p(\boldsymbol{h}_{1:T}\mid\boldsymbol{v}_{1:T})\approx q(\boldsymbol{h}_{1:T})$，其中：

$$q(\boldsymbol{h}_{1:T})=\prod_{t=1}^{T}\prod_{i=1}^{n}q(h_i,t) \tag{28.4.41}$$

从平均场方程的一般形式中，我们得出对 $q(h_{i,t})$ 的更新（$1<t<T$）：

$$\begin{aligned}-2\log q(h_{i,t})=&\frac{1}{\nu^2}(h_{i,t}-\bar{h}_{i,t-1})^2+\frac{1}{\nu^2}(h_{i,t}-\bar{h}_{i,t+1})^2+\\&\frac{1}{\sigma^2}(\cos h_{i,t}-\alpha_{i,t})^2+\frac{1}{\sigma^2}(\sin h_{i,t}-\beta_{i,t})^2+C\end{aligned} \tag{28.4.42}$$

其中：

$$\bar{h}_{i,t+1}\equiv\langle h_{i,t+1}\rangle,\quad \alpha_{i,t}\equiv x_t-\sum_{j\neq i}\langle\cos h_{j,t}\rangle,\quad \beta_{i,t}\equiv y_t-\sum_{j\neq i}\langle\sin h_{j,t}\rangle \tag{28.4.43}$$

上面的均值是关于 q 的边缘分布的。因为非线性，所以上述的边缘分布是非高斯的。然而，因为它们都是一维的，所以所需要的均值可以用求积法简单地求出来。迭代上述的平均场方程直到收敛。请参考 demoRobotArm.m 和图 28.6 获得更详细的细节。注意，从点 (x_1,y_1) 开始，将机械臂平滑地移动到所期望的终点 (x_T,y_T) 是这个框架中的一个特别的例子。我们可以通过去掉中间时间的观察值来实现这一点，或者等价地，可以使中间时间的观察值方差极大。

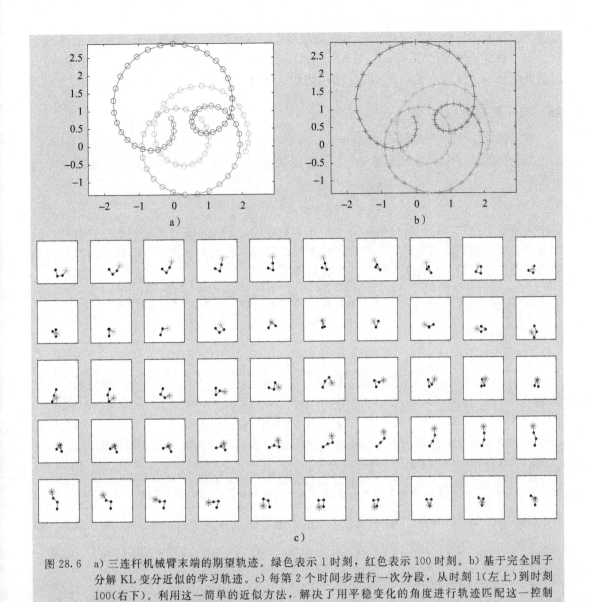

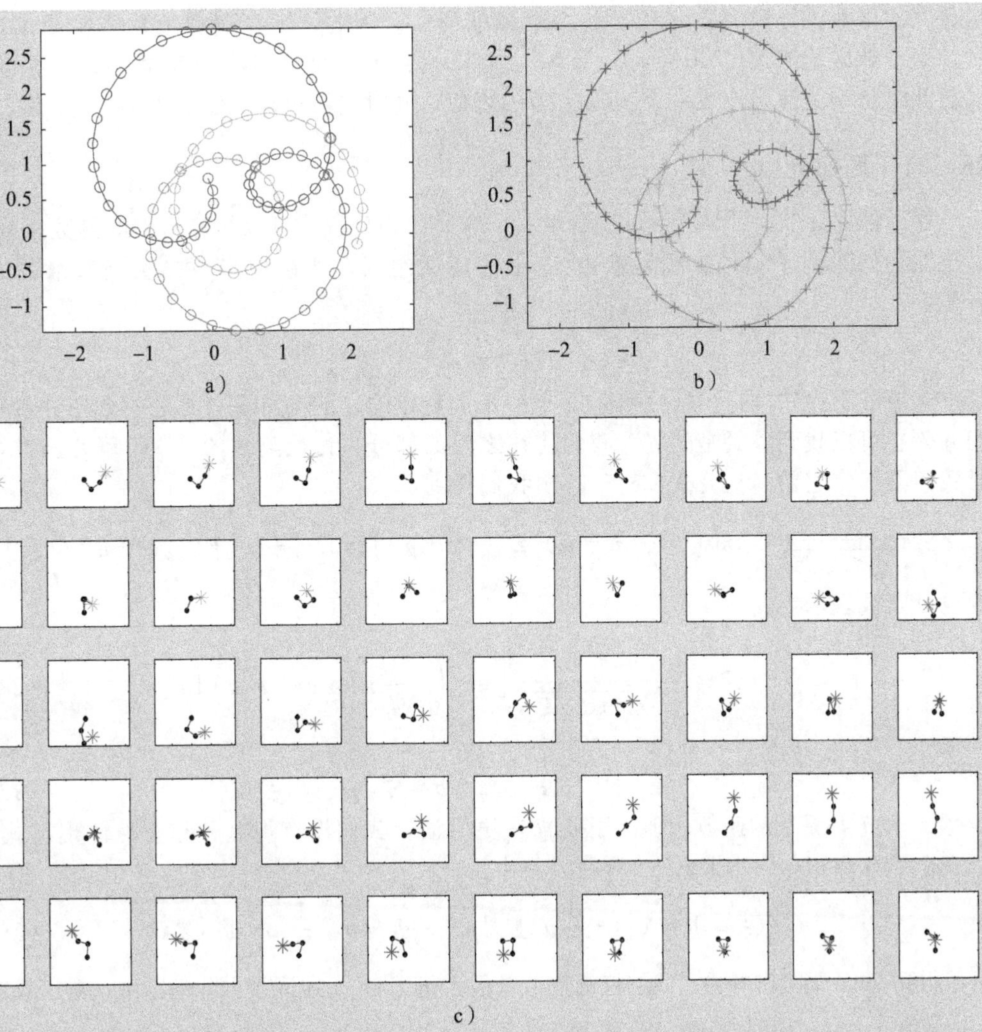

图 28.6　a) 三连杆机械臂末端的期望轨迹。绿色表示 1 时刻，红色表示 100 时刻。b) 基于完全因子分解 KL 变分近似的学习轨迹。c) 每第 2 个时间步进行一次分段，从时刻 1(左上)到时刻 100(右下)。利用这一简单的近似方法，解决了用平稳变化的角度进行轨迹匹配这一控制问题

28.5　局部和 KL 变分近似

在为数据 $\mathcal{D}$ 拟合参数为 $\boldsymbol{w}$ 的模型时，常常会遇到以下形式的参数后验：

$$p(\boldsymbol{w}|\mathcal{D})=\frac{1}{Z}\mathcal{N}(\boldsymbol{w}|\boldsymbol{\mu},\boldsymbol{\Sigma})f(\boldsymbol{w}) \tag{28.5.1}$$

其中：

$$Z=\int\mathcal{N}(\boldsymbol{w}|\boldsymbol{\mu},\boldsymbol{\Sigma})f(\boldsymbol{w})\mathrm{d}\boldsymbol{w} \tag{28.5.2}$$

一个经典的例子是贝叶斯逻辑回归，在 18.2 节中，$\mathcal{N}(\boldsymbol{w}|\boldsymbol{\mu},\boldsymbol{\Sigma})$是权重 $\boldsymbol{w}$ 的先验分布，$f(\boldsymbol{w})$是似然 $p(\mathcal{D}|\boldsymbol{w})$，$Z=p(\mathcal{D})$。除了有限的特殊情况，函数 $f(\boldsymbol{w})$都不是一个简单的

指数二次函数，导致后验分布不是一个标准形式。因此，不可避免地，需要使用近似方法。当参数向量的维度 $\dim(\boldsymbol{w})=W$ 很大时，找到一个足够精确的后验近似是不容易的。我们此时特别关注，形成一个 $p(\boldsymbol{w}|\mathcal{D})$ 的近似，同时也给边缘似然 $p(\mathcal{D})$ 一个下界。

28.5.1 局部近似

在局部方法[226,155,125,235]中，我们用一个合适的，且积分可以计算出来的函数来代替 f。由于在我们的例子里，被积函数由 $\boldsymbol{w}$ 中的高斯组成，所以用指数二次函数来约束尤为方便：

$$f(\boldsymbol{w})\geqslant c(\xi)\mathrm{e}^{-\frac{1}{2}\boldsymbol{w}^{\mathrm{T}}\boldsymbol{F}(\xi)\boldsymbol{w}+\boldsymbol{w}^{\mathrm{T}}\boldsymbol{f}(\xi)} \tag{28.5.3}$$

其中，矩阵 $\boldsymbol{F}(\xi)$、向量 $\boldsymbol{f}(\xi)$ 和标量 $c(\xi)$ 都和特定的 f 函数相关。ξ 是一个变分参数，我们调整它可以找到最紧密的界。我们将在之后的部分再讨论显式的 c，$\boldsymbol{F}$ 和 $\boldsymbol{f}$ 函数，但此时我们不指定它们。从公式(28.5.2)中我们得到：

$$Z\geqslant\frac{c(\xi)}{\sqrt{\det(2\pi\boldsymbol{\Sigma})}}\int\exp\left(-\frac{1}{2}(\boldsymbol{w}-\boldsymbol{\mu})^{\mathrm{T}}\boldsymbol{\Sigma}^{-1}(\boldsymbol{w}-\boldsymbol{\mu})\right)\exp\left(-\frac{1}{2}\boldsymbol{w}^{\mathrm{T}}\boldsymbol{F}(\xi)\boldsymbol{w}+\boldsymbol{w}^{\mathrm{T}}\boldsymbol{f}(\xi)\right)\mathrm{d}\boldsymbol{w}$$

这也可以被表示为：

$$Z\geqslant c(\xi)\frac{\mathrm{e}^{-\frac{1}{2}\boldsymbol{\mu}^{\mathrm{T}}\boldsymbol{\Sigma}^{-1}\boldsymbol{\mu}}}{\sqrt{\det(2\pi\boldsymbol{\Sigma})}}\int\exp\left(-\frac{1}{2}\boldsymbol{w}^{\mathrm{T}}\boldsymbol{A}\boldsymbol{w}+\boldsymbol{w}^{\mathrm{T}}\boldsymbol{b}\right)\mathrm{d}\boldsymbol{w} \tag{28.5.4}$$

其中：

$$\boldsymbol{A}=\boldsymbol{\Sigma}^{-1}+\boldsymbol{F}(\xi),\quad \boldsymbol{b}=\boldsymbol{\Sigma}^{-1}\boldsymbol{\mu}+\boldsymbol{f}(\xi) \tag{28.5.5}$$

虽然 $\boldsymbol{A}$ 和 $\boldsymbol{b}$ 都是 ξ 的函数，但为了使描述更简洁，我们没有把这种相关性体现在式子里。求完全平方和积分，有 $\log Z\geqslant B(\xi)$，其中：

$$\mathcal{B}(\xi)\equiv\log c(\xi)-\frac{1}{2}\boldsymbol{\mu}^{\mathrm{T}}\boldsymbol{\Sigma}^{-1}\boldsymbol{\mu}+\frac{1}{2}\boldsymbol{b}^{\mathrm{T}}\boldsymbol{A}\boldsymbol{b}-\frac{1}{2}\log\det(\boldsymbol{\Sigma}\boldsymbol{A}) \tag{28.5.6}$$

为了得到 $\log Z$ 最紧密的界，我们将调整 ξ 以最大化 $B(\xi)$。在许多实际问题中，对于局部区域函数 f_s 有 $f(\boldsymbol{w})=\prod_{s=1}^{M}f_s(\boldsymbol{w})$。通过单独界定每一个区域，我们得到了一个界 $\mathcal{B}(\xi_1,\cdots,\xi_M)$。接下来，可以调整向量 ξ 来数值地优化这个界。

28.5.2 KL 变分近似

对上述局部方法的替代是一种基于高斯分布拟合的 KL 变分近似。定义：

$$\tilde{p}(\boldsymbol{w})\equiv\frac{\mathcal{N}(\boldsymbol{w}|\boldsymbol{\mu},\boldsymbol{\Sigma})f(\boldsymbol{w})}{Z} \tag{28.5.7}$$

通过最小化 KL 散度 $\mathrm{KL}(q(\boldsymbol{w})|\tilde{p}(\boldsymbol{w}))$ 拟合高斯 $q(\boldsymbol{w})=\mathcal{N}(\boldsymbol{w}|\boldsymbol{m},\boldsymbol{S})$，我们得到了一个下界 $\log Z\geqslant\mathcal{B}_{\mathrm{KL}}(\boldsymbol{m},\boldsymbol{S})$，其中：

$$\mathcal{B}_{\mathrm{KL}}(\boldsymbol{m},\boldsymbol{S})\equiv-\langle\log q(\boldsymbol{w})\rangle-\frac{1}{2}\log\det(2\pi\boldsymbol{\Sigma})-\frac{1}{2}\langle(\boldsymbol{w}-\boldsymbol{\mu})^{\mathrm{T}}\boldsymbol{\Sigma}^{-1}(\boldsymbol{w}-\boldsymbol{\mu})\rangle+(\log f\langle\boldsymbol{w})\rangle$$

其中 $\langle\cdot\rangle$ 代表关于 $q(\boldsymbol{w})$ 的期望。接着我们可以找到令界最大的参数 $\boldsymbol{m}$、$\boldsymbol{S}$。因为高斯的熵是简单的，所以下界里仍然可能有问题的项是 $\langle\log f(\boldsymbol{w})\rangle$。当对某些固定的向量 $\boldsymbol{h}$，$f(\boldsymbol{w})=f(\boldsymbol{w}^{\mathrm{T}}\boldsymbol{h})$ 成立时，$\langle\log f(\boldsymbol{w})\rangle\mathcal{N}(\boldsymbol{w}|\boldsymbol{m},\boldsymbol{S})$ 在计算上是易处理的一类函数。此时，投影 $\boldsymbol{w}^{\mathrm{T}}\boldsymbol{h}$ 也是高斯的，并且：

$$\langle \log f(\boldsymbol{w}^{\mathrm{T}}\boldsymbol{h})\rangle_{\mathcal{N}(\boldsymbol{w}|\boldsymbol{m},\boldsymbol{S})}=\langle \log f(a)\rangle_{\mathcal{N}(a|\boldsymbol{m}^{\mathrm{T}}\boldsymbol{h},\boldsymbol{h}^{\mathrm{T}}\boldsymbol{S}\boldsymbol{h})} \tag{28.5.8}$$

它可以很容易地用任何定积分来计算。显式地，作为 $\boldsymbol{m}$、$\boldsymbol{S}$ 的函数，我们有：

$$2\mathcal{B}_{\mathrm{KL}}(\boldsymbol{m},\boldsymbol{S})\equiv-\log\det(\boldsymbol{S})+W+\log\det(\boldsymbol{\Sigma})-\\ \operatorname{trace}(\boldsymbol{\Sigma}^{-1}(\boldsymbol{S}+(\boldsymbol{m}-\boldsymbol{\mu})(\boldsymbol{m}-\boldsymbol{\mu})^{\mathrm{T}}))+2\langle \log f(a)\rangle_{\mathcal{N}(a|\boldsymbol{m}^{\mathrm{T}}\boldsymbol{h},\boldsymbol{h}^{\mathrm{T}}\boldsymbol{S}\boldsymbol{h})} \tag{28.5.9}$$

在一般情况下，变分界的变分参数是非凹的，假设 f 是对数凸函数，那么 $\mathcal{B}_{\mathrm{KL}}(\boldsymbol{m},\boldsymbol{S})$ 对 $\boldsymbol{m}$ 和 $\boldsymbol{S}$ 都是凸的。通过使用结构化的协方差矩阵 $\boldsymbol{S}$，这个方法可以被扩展到非常高维的问题中去[61]。

局部界和 KL 界的联系

KL 和局部变分方法都为公式(28.5.2)的归一化常数 Z 提供了一个下界。因此，我们希望理解这些界之间的关系。利用 $f(\boldsymbol{w})$ 的界，我们得到了一个新的界：

$$\mathcal{B}_{\mathrm{KL}}(\boldsymbol{m},\boldsymbol{S})\geqslant\widetilde{\mathcal{B}}_{\mathrm{KL}}(\boldsymbol{m},\boldsymbol{S},\xi) \tag{28.5.10}$$

其中：

$$\widetilde{\mathcal{B}}_{\mathrm{KL}}\equiv-\langle \log q(\boldsymbol{w})\rangle-\frac{1}{2}\log\det(2\pi\boldsymbol{\Sigma})-\frac{1}{2}\langle(\boldsymbol{w}-\boldsymbol{\mu})^{\mathrm{T}}\boldsymbol{\Sigma}^{-1}(\boldsymbol{w}-\boldsymbol{\mu})\rangle+\\ \log c(\xi)-\frac{1}{2}\langle \boldsymbol{w}^{\mathrm{T}}\boldsymbol{F}(\xi)\boldsymbol{w}\rangle+\langle \boldsymbol{w}^{\mathrm{T}}\boldsymbol{f}(\xi)\rangle$$

利用公式(28.5.5)，上式可以写为：

$$\widetilde{\mathcal{B}}_{\mathrm{KL}}=-\langle \log q(\boldsymbol{w})\rangle-\frac{1}{2}\log\det(2\pi\boldsymbol{\Sigma})+\log c(\xi)-\\ \frac{1}{2}\boldsymbol{\mu}^{\mathrm{T}}\boldsymbol{\Sigma}^{-1}\boldsymbol{\mu}-\frac{1}{2}\langle \boldsymbol{w}^{\mathrm{T}}\boldsymbol{A}\boldsymbol{w}\rangle+\langle \boldsymbol{w}^{\mathrm{T}}\boldsymbol{b}\rangle \tag{28.5.11}$$

定义：

$$\widetilde{q}(\boldsymbol{w})=\mathcal{N}(\boldsymbol{w}\,|\,\boldsymbol{A}^{-1}\boldsymbol{b},\boldsymbol{A}^{-1}) \tag{28.5.12}$$

那么：

$$\widetilde{\mathcal{B}}_{\mathrm{KL}}=-\mathrm{KL}(q(\boldsymbol{w})\,|\,\widetilde{q}(\boldsymbol{w}))-\frac{1}{2}\log\det(2\pi\boldsymbol{\Sigma})+\\ \log c(\xi)-\frac{1}{2}\boldsymbol{\mu}^{\mathrm{T}}\boldsymbol{\Sigma}^{-1}\mu+\frac{1}{2}\boldsymbol{b}^{\mathrm{T}}\boldsymbol{A}^{-1}\boldsymbol{b}+\frac{1}{2}\log\det(2\pi\boldsymbol{A}^{-1})$$

由于 $\boldsymbol{m}$、$\boldsymbol{S}$ 只出现在 KL 的 $q(\boldsymbol{w})$ 项中，所以调整 $\boldsymbol{m}$、$\boldsymbol{S}$ 使得 $q(\boldsymbol{w})=\widetilde{q}(\boldsymbol{w})$ 时，取得最紧密的界。在此时，$\widetilde{\mathcal{B}}_{\mathrm{KL}}$ 中的 KL 项消失了，并且 $\boldsymbol{m}$、$\boldsymbol{S}$ 由以下式子给出：

$$\boldsymbol{S}_{\xi}=(\boldsymbol{\Sigma}^{-1}+\boldsymbol{F}(\xi))^{-1},\quad \boldsymbol{m}_{\xi}=\boldsymbol{S}_{\xi}(\boldsymbol{\Sigma}^{-1}\boldsymbol{\mu}+\boldsymbol{f}(\xi)) \tag{28.5.13}$$

这样设定变分参数时，界与式(28.5.6)中的局部方法求得的界一致。因为 $\mathcal{B}_{\mathrm{KL}}(\boldsymbol{m},\boldsymbol{S})\geqslant\widetilde{\mathcal{B}}_{\mathrm{KL}}(\boldsymbol{m},\boldsymbol{S},\xi)$，我们得到：

$$\mathcal{B}_{\mathrm{KL}}(\boldsymbol{m}_{\xi},\boldsymbol{S}_{\xi})\geqslant\widetilde{\mathcal{B}}_{\mathrm{KL}}(\boldsymbol{m}_{\xi},\boldsymbol{S}_{\xi},\xi)=\mathcal{B}(\xi) \tag{28.5.14}$$

重要的是，VG 界还可以通过下面的设定再收紧

$$\max_{\boldsymbol{m},\boldsymbol{S}}\mathcal{B}_{\mathrm{KL}}(\boldsymbol{m},\boldsymbol{S})\geqslant\mathcal{B}_{\mathrm{KL}}(\boldsymbol{m}_{\xi},\boldsymbol{S}_{\xi}) \tag{28.5.15}$$

因此，我们证明了，最优的 KL 界比式(28.5.6)的局部变分界和用最佳的局部矩 $\boldsymbol{m}_{\xi}$ 和 $\boldsymbol{S}_{\xi}$ 计算的 KL 界都要更紧。

28.6 互信息最大化：KL 变分方法

在这里，我们讨论 KL 变分方法在信息论中的应用。一个通常的目标是最大化信息传

输，用互信息对它进行度量(参见定义 8.13)：

$$I(X,Y) \equiv H(X) - H(X|Y) \tag{28.6.1}$$

其中，熵和条件熵被定义为：

$$H(X) \equiv -\langle \log p(x) \rangle_{p(x)}, \quad H(X|Y) \equiv -\langle \log p(x|y) \rangle_{p(x,y)} \tag{28.6.2}$$

这里，我们感兴趣的情形是 $p(x)$是固定的，但是 $p(y|x,\theta)$有可调节的参数 θ，我们希望找到能使互信息 $I(X,Y)$最大的 θ。在这种情况下，$H(X)$是常数，这个优化问题等价于最小化条件熵 $H(X|Y)$。不幸的是，在很多实际情况下，$H(X|Y)$是难以计算的。我们将在 28.6.1 节中讨论如何通过 KL 变分方法来最大化互信息。

例 28.3　考虑一个神经网络传输系统，其中 $x_i \in \{0,1\}$代表一个发射神经元处于非放电状态(0)或放电状态(1)，$y_j \in \{0,1\}$是接收神经元。如果每个接收神经元的放电之间是相互独立的，只与发射神经元相关，则我们有：

$$p(\mathbf{y}|\mathbf{x}) = \prod_i p(y_i|\mathbf{x}) \tag{28.6.3}$$

我们以一个例子来说明，其中可以使用：

$$p(y_i = 1|\mathbf{x}) = \sigma(\mathbf{w}_i^{\mathsf{T}}\mathbf{x}) \tag{28.6.4}$$

给定神经元放电的经验分布 $p(\mathbf{x})$，我们的兴趣在于设置权重$\{\mathbf{w}_i\}$以最大化信息传输，如图 28.7 所示。既然 $p(\mathbf{x})$是固定的，那这等效于最大化下式：

$$\langle \log p(\mathbf{x}|\mathbf{y}) \rangle_{p(\mathbf{y}|\mathbf{x})p(\mathbf{x})} \tag{28.6.5}$$

其中 $p(\mathbf{x}|\mathbf{y}) = p(\mathbf{y}|\mathbf{x})p(\mathbf{x})/p(\mathbf{y})$是 $\mathbf{y}$ 的非因子分解的函数(由于项 $p(\mathbf{y})$)。这意味着，条件熵通常是难以计算的，我们需要进行近似。

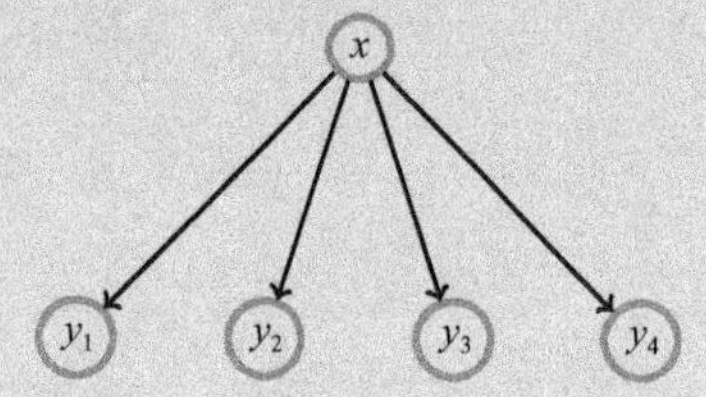

图 28.7　一个信息传输问题。对一个固定的分布 $p(\mathbf{x})$和参数可调的分布 $p(y_j|\mathbf{x}) = \sigma(\mathbf{w}_i^{\mathsf{T}}\mathbf{x})$，找到最优的参数 $\mathbf{w}_i$ 来最大化变量 $\mathbf{x}$ 与 $\mathbf{y}$ 之间的互信息。这类问题在神经科学中很流行，目的在于理解神经元的感受野 $\mathbf{w}_i$ 与环境的统计量 $p(\mathbf{x})$之间的关系

28.6.1　互信息最大化算法

考虑：

$$\mathrm{KL}(p(x|y)|q(x|y)) \geqslant 0 \tag{28.6.6}$$

这立即给出一个下界：

$$\sum_x p(x|y)\log p(x|y) - \sum_x p(x|y)\log q(x|y) \geqslant 0 \tag{28.6.7}$$

在两边同时乘上 $p(y)$，得到：

$$\sum_{x,y} p(y)p(x|y)\log p(x|y) \geqslant \sum_{x,y} p(x,y)\log q(x|y) \tag{28.6.8}$$

根据定义，上式左边的一项是$-H(X|Y)$，因此：

$$I(X,Y) \geqslant H(X) + \langle \log q(x|y) \rangle_{p(x,y)} \equiv \widetilde{I}(X,Y) \tag{28.6.9}$$

从这个互信息的下界中，我们得到了信息最大化(IM)算法[21]。给定分布 $p(x)$和带参数的分布 $p(y|x,\theta)$，我们希望最大化关于 θ 的 $\widetilde{I}(X,Y)$。算法 28.1 提出了一种坐标对优化

过程。信息论中的 Blahut-Arimoto 算法(例子见[199])是一种特殊情况，其中使用了最优解码器：

$$q(x|y) \propto p(y|x,\theta)p(x) \tag{28.6.10}$$

在 Blahut-Arimoto 算法难以实现的应用中，IM 算法可以通过将 q 限制在一个易求解(即可以求出下界)的分布族中提供一种替代方法。Blahut-Arimoto 算法类似于 EM 算法，用于获得极大似然，并保证在每个更新的阶段，互信息不会减少，见 11.2.2 节。同样地，IM 过程类似于变分 EM 过程，该过程的每一步都不能降低互信息的下界。

算法 28.1 在 $p(x)$固定，$p(y|x,\theta)$的参数可调情况下的最大化互信息 $I(X,Y)$的 IM 算法

1：选择一类近似分布 Q(比如因子分布)
2：初始化参数 θ
3：**repeat**
4：　$\theta^{\text{new}} = \underset{\theta}{\operatorname{argmax}} \langle \log q(x|y) \rangle_{p(x)p(y|x,\theta)}$
5：　$q^{\text{new}}(x|y) = \underset{q(x|y)\in Q}{\operatorname{argmax}} \langle \log q(x|y) \rangle_{p(x)p(y|x,\theta^{\text{new}})}$
6：**until** 收敛

28.6.2 线性高斯解码器

IM 框架的一个特殊情况是使用线性高斯解码器：

$$q(\boldsymbol{x}|\boldsymbol{y}) = \mathcal{N}(\boldsymbol{x}|\boldsymbol{U}\boldsymbol{y},\boldsymbol{\Sigma}) \Rightarrow \log q(\boldsymbol{x}|\boldsymbol{y}) = -\frac{1}{2}(\boldsymbol{x}-\boldsymbol{U}\boldsymbol{y})^{\mathrm{T}}\boldsymbol{\Sigma}^{-1}(\boldsymbol{x}-\boldsymbol{U}\boldsymbol{y}) - \frac{1}{2}\log\det(2\pi\boldsymbol{\Sigma}) \tag{28.6.11}$$

将此式代入界方程(28.6.9)，并且关于参数 $\boldsymbol{\Sigma}$ 和 $\boldsymbol{U}$ 进行优化，我们得到：

$$\boldsymbol{\Sigma} = \langle(\boldsymbol{x}-\boldsymbol{U}\boldsymbol{y})(\boldsymbol{x}-\boldsymbol{U}\boldsymbol{y})^{\mathrm{T}}\rangle, \quad \boldsymbol{U} = \langle\boldsymbol{x}\boldsymbol{y}^{\mathrm{T}}\rangle\langle\boldsymbol{y}\boldsymbol{y}^{\mathrm{T}}\rangle^{-1} \tag{28.6.12}$$

其中，$\langle\cdot\rangle \equiv \langle\cdot\rangle_{p(\boldsymbol{x},\boldsymbol{y})}$。在界中使用这个设置得到：

$$I(\boldsymbol{X},Y) \geqslant H(X) - \frac{1}{2}\log\det(\langle\boldsymbol{x}\boldsymbol{x}^{\mathrm{T}}\rangle - \langle\boldsymbol{x}\boldsymbol{y}^{\mathrm{T}}\rangle\langle\boldsymbol{y}\boldsymbol{y}^{\mathrm{T}}\rangle^{-1}\langle\boldsymbol{y}\boldsymbol{x}^{\mathrm{T}}\rangle) - \frac{N}{2}(1+\log 2\pi) \tag{28.6.13}$$

其中 $N=\dim(\boldsymbol{x})$。这相当于对互信息的 Linsker 类高斯近似[191]。因此，我们可以把 Linsker 方法看作 IM 算法的一个特例，该算法仅用于线性高斯解码器。理论上，我们可以通过更强大的非线性高斯解码器来改进 Linsker 方法。在[21]中讨论了该技术在神经系统中的应用。

28.7 环信念传播

信念传播(BP)是对单连通分布 $p(x)$的边缘分布 $p(x_i)$进行精确推断的一种技术。BP 有不同的方法，其中最现代的处理方法，如 5.1.2 节所述，是在对应的因子图上执行的和-积算法。这种算法是局部的——每次更新并不知道图的全局结构。这意味着即使图是多连通的(是个环)，也仍然可以应用此算法，然后“观察会发生什么”。假设图中的环相对较长，我们可以期待环的 BP 算法会收敛到能良好地近似边缘分布的地方。当算法收敛时，结果的准确性可能令人惊喜。接下来，我们将展示如何通过变分方法驱动环的 BP 算法。为此，我们将连接到经典的 BP 算法(而不是因子图和-积算法)。出于这个原因，我们首先简要描述一下经典的 BP 算法。

28.7.1 在无向图中的经典 BP 算法

通过在无向图上根据消息计算边缘分布，我们可以得到 BP。考虑对图 28.8 中的配对马尔可夫网络计算边缘概率 $p(d)=\sum_{a,b,c,e,f} p(a,b,c,d,e,f)$。我们用相同的符号表示节点及其状态，所以 $\sum_b \phi(d,b)$ 表示对变量 b 的状态的求和。为有效地计算求和式，我们可以将求和式表示为：

$$p(d)=\frac{1}{Z}\underbrace{\sum_b \phi(b,d)}_{\lambda_{b\to d}(d)}\underbrace{\sum_a \phi(a,d)}_{\lambda_{a\to d}(d)}\underbrace{\sum_f \phi(d,f)}_{\lambda_{f\to d}(d)}\underbrace{\sum_e \phi(d,e)\underbrace{\sum_c \phi(c,e)}_{\lambda_{c\to e}(e)}}_{\lambda_{e\to d}(d)} \qquad (28.7.1)$$

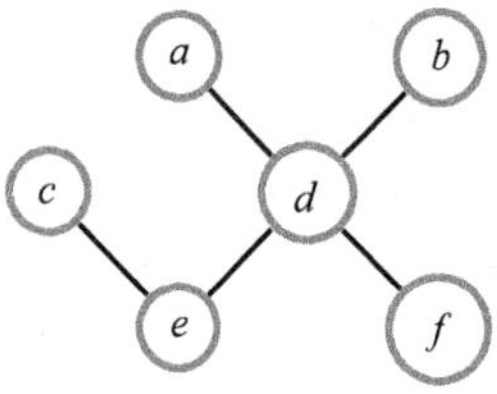

图 28.8 可以通过考虑在马尔可夫随机场上如何计算边缘概率得出 BP。在这种情况下，边缘 $p(d)$ 取决于通过 d 的邻居传递的消息。通过定义图中连接上的局部消息，可以推导出一个计算所有边缘的递归算法

其中我们定义消息 $\lambda_{n_1\to n_2}(n_2)$ 是从节点 n_1 到节点 n_2 发送信息的函数，这是节点 n_2 状态的函数。通常，节点 x_i 通过以下式子向节点 x_j 传递消息：

$$\lambda_{x_i\to x_j}(x_j)=\sum_{x_i}\phi(x_i,x_j)\prod_{k\in \mathrm{ne}(i),k\neq j}\lambda_{x_k\to x_i}(x_i) \qquad (28.7.2)$$

也可见图 28.9。当收敛时，边缘分布 $p(x_i)$ 为：

$$q(x_i)\propto \prod_{i\in \mathrm{ne}(j)}\lambda_{x_j\to x_i}(x_i) \qquad (28.7.3)$$

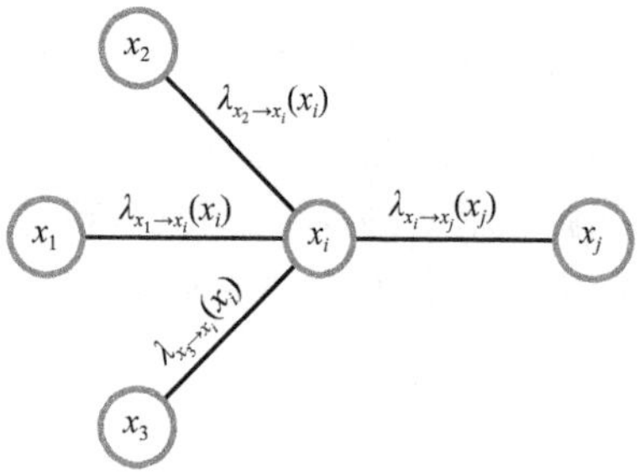

图 28.9 环信念传播。节点一旦接收到来自所有邻居(不包括它想发送消息的邻居)的入向消息后，它可能会向一个邻居发送一条出向消息：$\lambda_{x_i\to x_j}(x_j)=\sum_{x_i}\phi(x_i,x_j)\lambda_{x_1\to x_i}(x_i)\lambda_{x_2\to x_i}(x_i)\lambda_{x_3\to x_i}(x_i)$

前因子由归一化条件确定。配对边缘被近似为：

$$q(x_i,x_j)\propto\left[\prod_{k\in \mathrm{ne}(i)\setminus j}\lambda_{x_k\to x_i}(x_i)\right]\phi(x_i,x_j)\left[\prod_{k\in \mathrm{ne}(j)\setminus i}\lambda_{x_k\to x_j}(x_j)\right] \qquad (28.7.4)$$

对单连通的分布 p，该消息传递方案收敛时边缘概率对应于精确结果。对多连通(环)的结构，BP 通常得到近似的结果。

28.7.2 作为变分过程的环信念传播

通过考虑基于 KL 散度 $\mathrm{KL}(q|p)$ 的标准变分近似项，可以推导出与环 BP 相对应的变分过程[321]。以势 $\phi(x_i,x_j)$ 上定义的配对马尔可夫网络为例，

$$p(x)=\frac{1}{Z}\prod_{i\sim j}\phi(x_i,x_j) \tag{28.7.5}$$

其中 $i\sim j$ 代表着图中的唯一一条边（每条边只计算一次）。使用近似分布 $q(x)$，这里的 KL 下界是：

$$\log Z\geqslant\underbrace{-\langle\log q(x)\rangle_{q(x)}}_{\text{熵}}+\underbrace{\sum_{i\sim j}\langle\log\phi(x_i,x_j)\rangle_{q(x)}}_{\text{能量}} \tag{28.7.6}$$

因为：

$$\langle\log\phi(x_i,x_j)\rangle_{q(x)}=\langle\log\phi(x_i,x_j)\rangle_{q(x_i,x_j)} \tag{28.7.7}$$

对能量的贡献都只通过配对的边缘 $q(x_i,x_j)$ 相关于 $p(x)$，这表明这些边缘应该构成任何近似的自然参数。我们能根据这些配对边缘找到熵 $\langle\log q(x)\rangle_{q(x)}$ 的表达式吗？考虑这样一种情况，其中所需的边缘是：

$$q(x_1,x_2),q(x_2,x_3),q(x_3,x_4) \tag{28.7.8}$$

通过使用联结树表示，或者用简单的代数，能够证明我们使用下式可以根据这些边缘唯一地表示 q：

$$q(x)=\frac{q(x_1,x_2)q(x_2,x_3)q(x_3,x_4)}{q(x_2)q(x_3)} \tag{28.7.9}$$

通过检查式(28.7.9)的分子得到结果是一种直观方法。变量 x_2 出现了两次，变量 x_3 也出现了两次，由于任何联合分布都不能有这样的复制变量，因此我们必须通过除以这些边缘来去除对 x_2 和 x_3 的“过度计数”。在这种情况下，$q(x)$的熵可以写成：

$$H_{q(x)}=-\langle\log q(x)\rangle_{q(x)}=H_q(x_1,x_2)+H_q(x_2,x_3)+H_q(x_3,x_4)-H_q(x_2)-H_q(x_3) \tag{28.7.10}$$

更普遍地，根据第 6 章，任何可分解的图都可以表示为：

$$q(x)=\frac{\prod_c q(\mathcal{X}_c)}{\prod_s q(\mathcal{X}_s)} \tag{28.7.11}$$

其中 $q(\mathcal{X}_c)$是定义在图的团上的边缘分布，其中 $\mathcal{X}_c$ 是团的变量，$q(\mathcal{X}_s)$定义在分隔符上（相邻团的交集）。分布的熵的表达式由边缘熵减去分隔符熵之和给出。

Bethe 自由能

现在考虑一个对应于不可分解图的马尔可夫网络，例如四层循环的网络：

$$p(x)=\frac{1}{Z}\phi(x_1,x_2)\phi(x_2,x_3)\phi(x_3,x_4)\phi(x_4,x_1) \tag{28.7.12}$$

因此，能量项要求我们的近似分布定义出配对的边缘分布：

$$q(x_1,x_2),q(x_2,x_3),q(x_3,x_4),q(x_4,x_1) \tag{28.7.13}$$

假设这些边缘分布都已给出，我们能否找到用配对边缘 $q(x_i,x_j)$表示的一个联合分布 $q(x)$的熵？通常这是不可能的，因为图中包含环（联结树表示将导致大于 2 的团）。然而，一个简单的“不过度计数”近似可以写为：

$$q(x)\approx\frac{q(x_1,x_2)q(x_2,x_3)q(x_3,x_4)q(x_4,x_1)}{q(x_1)q(x_2)q(x_3)q(x_4)} \tag{28.7.14}$$

利用这个近似，我们可以将熵表示为：

$$H_q(x)\approx H_q(x_1,x_2)+H_q(x_2,x_3)+H_q(x_3,x_4)+H_q(x_1,x_4)-\sum_{i=1}^{4}H_q(x_i) \tag{28.7.15}$$

一般来说，为使分布“维数一致”，我们需要使用一个因子 $q(x_i)^{c_i}$ 进行补偿，其中 c_i 是变量 x_i 的邻居数减去 1。使用这种近似的(负)对数配分函数，我们称之为 Bethe 自由能。我们感兴趣的是在满足边缘一致性限制 $\sum_{x_j} q(x_i,x_j)=q(x_i)$ 的情况下，最大化关于参数 $q(x_i,x_j)$ 的这个表达式。这些限制可以通过拉格朗日乘子 $\gamma_{ij}(x_i)$ 来强制实现。我们可以将 Bethe 自由能(近似后的 KL 散度接近一个常数)写为：

$$\mathcal{F}(q,\lambda)\equiv-\sum_{i\sim j}H_q(x_i,x_j)+\sum_i c_i H_q(x_i)-\sum_{i\sim j}\langle\log\phi(x_i,x_j)\rangle_{q(x_i,x_j)}+\sum_{i\sim j}\sum_{x_i}\gamma_{ij}(x_i)\Big(q(x_i)-\sum_{x_j}q(x_i,x_j)\Big) \tag{28.7.16}$$

我们强制实现 q 的归一化时未包括拉格朗日项，因为这里只增加可以在稍后显式地归一化 q 时被吸收的常数。表达式(28.7.16)不再是对数配分函数的一个界，因为近似熵不是真实熵的一个下界。现在的任务是调节参数以最小化公式(28.7.16)，这里的参数是所有配对边缘分布 $q(x_i,x_j)$ 和拉格朗日乘子 γ。一个简单的优化公式(28.7.16)的方式是使用定点迭代法，将 Bethe 自由能对 $q(x_i,x_j)$ 的导数置为 0，对拉格朗日乘子也是类似的操作。求关于 $q(x_i,x_j)$ 的导数并令结果为 0，我们得到：

$$\log q(x_i,x_j)-\log\phi(x_i,x_j)-\gamma_{ij}(x_i)-\gamma_{ji}(x_j)+C=0 \tag{28.7.17}$$

所以

$$q(x_i,x_j)\propto\phi(x_i,x_j)\tilde{\gamma}_{ij}(x_i)\tilde{\gamma}_{ji}(x_j) \tag{28.7.18}$$

其中 $\tilde{\gamma}_{ij}(x_i)\equiv\exp\gamma_{ij}(x_i)$。类似地，将对 $q(x_i)$ 的导数置为 0，我们得到：

$$-c_i\log q(x_i)+\sum_{j\in\mathrm{ne}(i)}\gamma_{ij}(x_i)+C=0 \tag{28.7.19}$$

所以：

$$q(x_i)\propto\prod_{j\in\mathrm{ne}(i)}\tilde{\gamma}_{ij}^{1/c_i}(x_i) \tag{28.7.20}$$

从公式(28.7.18)中，我们可以通过以下映射匹配公式(28.7.4)：

$$\tilde{\gamma}_{ij}(x_i)=\prod_{k\in\mathrm{ne}(i)\backslash j}\lambda_{x_k\to x_i}(x_i) \tag{28.7.21}$$

我们可以验证，这满足式(28.7.20)和式(28.7.3)中的要求，因为：

$$\prod_{j\in\mathrm{ne}(i)}\tilde{\gamma}_{ij}^{1/c_i}(x_i)=\prod_{j\in\mathrm{ne}(i)}\prod_{k\in\mathrm{ne}(i)\backslash j}\lambda_{x_k\to x_i}(x_i)^{1/c_i}=\prod_{j\in\mathrm{ne}(i)}\lambda_{x_j\to x_i}(x_i) \tag{28.7.22}$$

因此，最小化 Bethe 自由能的不动点方程等价于 BP[321]。环 BP 的收敛性在很大程度上依赖于图的拓扑结构和消息更新模式[313,217]。Bethe 自由能观点的潜在好处是，它开启了比 BP 更通用的优化技术的可能性。所谓的双环技术迭代地分离 Bethe 自由能的凸贡献，交织凹贡献。在每个阶段，都可以进行相应的优化[323,146,321]。

环 BP 的有效性

对含环的马尔可夫网络，环中变量的变化最终会反馈回相同的变量。然而，如果环中有大量的变量，并且相邻变量间的连接都不是很强，那么这个环的影响会很小，对变量自身的影响也很小。在这种情况下，人们会希望 BP 近似是准确的。在基于低密度奇偶校验码的错误校正等领域，环 BP 推断特别成功，通常它们被设计为具有这种长环特征的结构[198]，以使环 BP 得到足够好的结果。然而，在许多实际的例子中，环可能非常短(例如晶格上的马尔可夫网络)。在这种情况下，一个简单实现的环 BP 方法很可能会失败。一个自然的扩展是聚类变量，以减轻强大的局部相关性，这种技术被称为 Kikuchi 或簇方差法[168]。更精细的聚类变量的方法可以考虑使用区域图[321,314]。

例 28.4 demoMFBPGibbs.m 比较了朴素平均场、BP 和未结构化的吉布斯抽样在配对马尔可夫网络上进行边缘推断的效果：

$$p(w,x,y,z)=\phi_{wx}(w,x)\phi_{wy}(w,y)\phi_{wz}(w,z)\phi_{xy}(x,y)\phi_{xz}(x,z)\phi_{yz}(y,z) \tag{28.7.23}$$

所有的变量都有 6 种状态。实验中，表是从一个均匀分布的 α 次幂中选出来的。当 α 接近于 0 时，所有表都几乎都是均匀的，因此变量之间变得相互独立，在此情况下平均场、BP 和吉布斯抽样几乎是理想般的适用。当 α 增大到 5 时，变量之间的相关性增强，上述方法的性能变差，特别是均值-场和吉布斯抽样。当 α 增大到 25 时，概率尖锐地分布在单个状态附近，使得后验概率可以被有效地因子分解，如图 28.10 所示。这意味着均值-场近似和吉布斯抽样都可以表现得很好。然而，找到这样一个状态需要的时间复杂度很高，算法将阻塞在局部最优处，如图 28.11 所示。在这种情况下，BP 似乎不太容易陷入局部极小值，而且往往优于均值-场和吉布斯抽样。

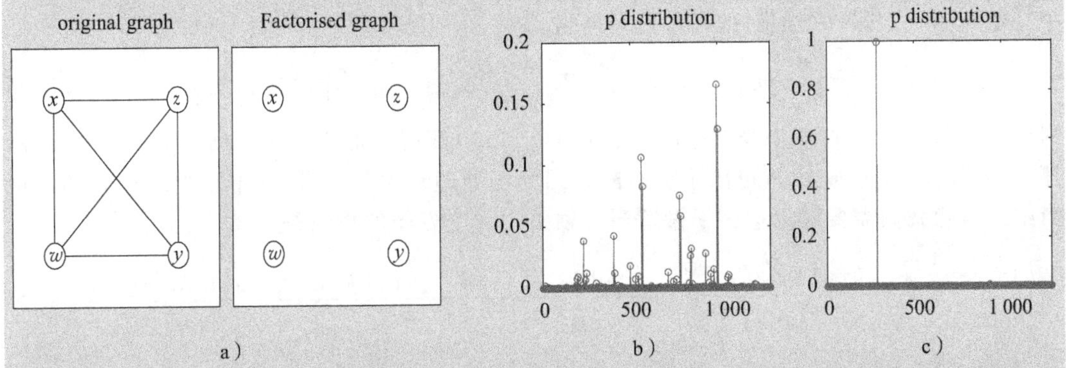

图 28.10 a) 我们希望近似左边的马尔可夫网络里的边缘分布 $p(w),p(x),p(y),p(z)$。所有表都从均匀分布中抽样，然后取 α 次方并重新归一化。右边展示的是朴素平均场的因子分解近似结构。b) 分布的 $6^4=1\,296$ 种状态。这里展示的是当 $\alpha=5$，有许多孤立尖峰时，分布还远没有被因子分解。这时候均值-场和吉布斯抽样性能都不会很好。c) 当 α 增大到 25 时，通常只有一个状态在分布中占据主导地位。虽然分布是简单的，本质上可以因子分解的，但找到这个最大的单个状态在数值上会是一个挑战。详见 demoMFBPGibbs.m 和图 28.11

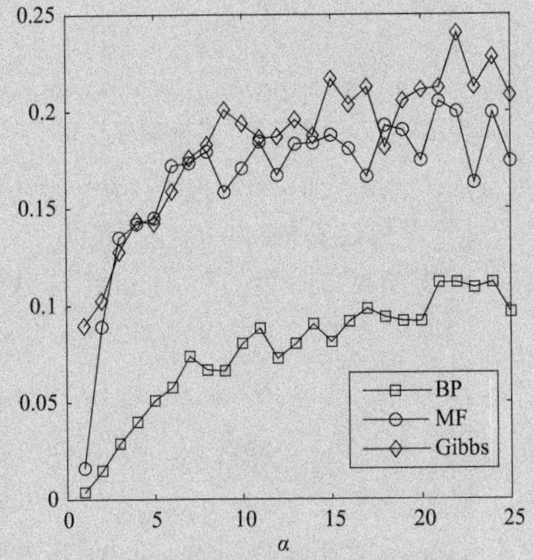

图 28.11 通过环 BP、吉布斯抽样和使用因子分解近似的朴素平均场这三种方法，为图 28.10 中的图计算边缘分布 $p(x_i)$ 时的绝对误差，是四个边缘分布的平均。横轴参数 α 用来控制真实分布的复杂程度，见图 28.10。纵轴是 100 次近似的平均误差。对小的 α，这个分布本质上是可以被因子分解的，所有方法都表现得比较好。当 α 增大时，这个分布的概率集中在少数状态上，找到这些状态也变得困难。所有方法都在每个变量上进行了 50 次更新

28.8 期望传播

在诸如 BP 之类的方案中，消息并不总是能以简洁的形式表示。第 25 章所述的转换线性动态系统就是这样一个例子，它需要指数阶的空间来存储消息。这限制了 BP 算法在离散网络或更广泛的指数族消息中的应用。期望传播(EP)算法在每个阶段将消息投影回选定的分布族，这扩展了 BP 的适用性。这个投影是通过 KL 散度测量得到的[211,264,213]。

考虑在 $\mathcal{X}_i$ 的子集上定义的分布：

$$p(x)=\frac{1}{Z}\prod_i \phi_i(\mathcal{X}_i) \tag{28.8.1}$$

在 EP 里，我们可以找出部分因子 $\phi_i(\mathcal{X}_i)$，使得在将其替换为更简单的因子 $\tilde{\phi}_i(\mathcal{X}_i)$后，分布 $\tilde{p}(x)$易于求解。我们可以通过最小化 KL 散度 $\mathrm{KL}(p|\tilde{p})$来设置 $\tilde{\phi}_i(\mathcal{X}_i)$的自由参数。一般的算法已经在算法 28.2 中给出。为了对算法的步骤有一些直观的了解，我们考虑一个特定的例子，即一个配对的马尔可夫网络：

$$p(x)=\frac{1}{Z}\phi_{1,2}(x_1,x_2)\phi_{2,3}(x_2,x_3)\phi_{3,4}(x_3,x_4)\phi_{4,1}(x_4,x_1) \tag{28.8.2}$$

因子图见图 28.12a。如果我们把所有的 $\phi_{i,j}(x_i,x_j)$都用近似因子 $\tilde{\phi}_{i,j}(x_i)\tilde{\phi}_{i,j}(x_j)$代替，那么得到的联合分布 $\tilde{p}$ 是可因子分解的，因此可处理。由于变量 x_i 不止出现在 p 的一项当中，因此我们需要对近似因子做适当的索引，一个方便的方法是：

$$\tilde{p}(x)=\frac{1}{\tilde{Z}}\underbrace{\tilde{\phi}_{2\to1}(x_1)\tilde{\phi}_{1\to2}(x_2)}_{\approx\phi_{1,2}(x_1,x_2)}\underbrace{\tilde{\phi}_{3\to2}(x_2)\tilde{\phi}_{2\to3}(x_3)}_{\approx\phi_{2,3}(x_2,x_3)}\underbrace{\tilde{\phi}_{4\to3}(x_3)\tilde{\phi}_{3\to4}(x_4)}_{\approx\phi_{3,4}(x_3,x_4)}\underbrace{\tilde{\phi}_{1\to4}(x_4)\tilde{\phi}_{4\to1}(x_1)}_{\approx\phi_{4,1}(x_4,x_1)} \tag{28.8.3}$$

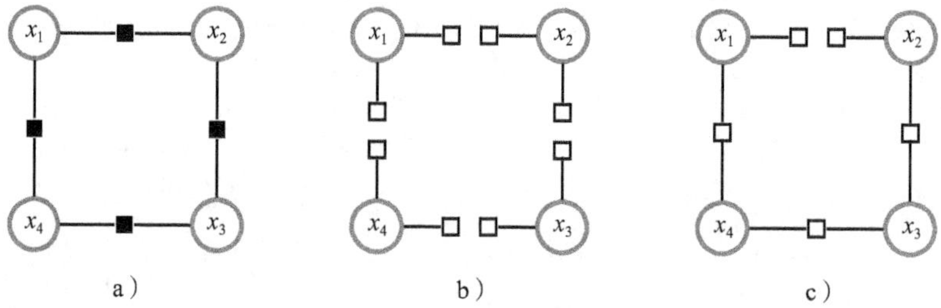

图 28.12 a) 用多连通的因子图表示 $p(x)$。b) EP 用易处理的因子图来近似 a。空心方形表示因子是近似结果的参数。基本 EP 近似把所有 $p(x)$中的因子用乘积因子来代替。c) 树结构的 EP

这在图 28.12b 中展示。EP 算法的思想在于根据自洽性要求，即用精确因子代替对应的近似因子时 $\tilde{p}$ 的边缘没有变化，来确定最优近似因子 $\tilde{\phi}$。考虑近似参数 $\tilde{\phi}_{3\to2}(x_2)$和 $\tilde{\phi}_{2\to3}(x_3)$。为了设置它们，我们首先用精确的因子 $\phi_{2,3}(x_2,x_3)$代替贡献 $\tilde{\phi}_{3\to2}(x_2)$和 $\tilde{\phi}_{2\to3}(x_3)$，这给出了以下修改后的近似：

$$\begin{aligned}\tilde{p}_*&=\frac{1}{\tilde{Z}_*}\tilde{\phi}_{2\to1}(x_1)\tilde{\phi}_{1\to2}(x_2)\phi(x_2,x_3)\tilde{\phi}_{4\to3}(x_3)\tilde{\phi}_{3\to4}(x_4)\tilde{\phi}_{1\to4}(x_4)\tilde{\phi}_{4\to1}(x_1)\\&=\frac{\phi_{2,3}(x_2,x_3)\tilde{Z}\tilde{p}}{\tilde{\phi}_{3\to2}(x_2)\tilde{\phi}_{2\to3}(x_3)\tilde{Z}_*}\end{aligned} \tag{28.8.4}$$

直觉上，如果所有的近似参数都设置正确，那么用精确因子代替对应的近似因子不会改变边缘分布的计算。为了衡量修改后的 $\tilde{p}_*$ 和 $\tilde{p}$ 相比有多少变化，我们用 KL 散度测量 $\tilde{p}$ 分布和我们的近似之间的距离：

$$\mathrm{KL}(\tilde{p}_* | \tilde{p}) = \langle \log \tilde{p}_* \rangle_{\tilde{p}_*} - \langle \log \tilde{p} \rangle_{\tilde{p}_*} \tag{28.8.5}$$

算法 28.2 EP：$p(x)=\frac{1}{Z}\prod_i \phi_i(\mathcal{X}_i)$ 的近似

1：选择 $\tilde{\phi}_i(\mathcal{X}_i)$ 来得到一个可处理的分布：

$$\tilde{p}(x) = \frac{1}{\tilde{Z}}\prod_i \tilde{\phi}_i(\mathcal{X}_i)$$

2：初始化所有参数 $\tilde{\phi}_i(\mathcal{X}_i)$.

3：**repeat**

4：　从 $\tilde{p}$ 中选择 $\tilde{\phi}_i(\mathcal{X}_i)$ 以更新.

5：　将 $\tilde{\phi}_i(\mathcal{X}_i)$ 替换为精确项 $\phi_i(\mathcal{X}_i)$，形成

$$\tilde{p}_* \propto \phi_i(\mathcal{X}_i)\prod_{j\neq i}\tilde{\phi}_j(\mathcal{X}_j)$$

6：　找到 $\tilde{\phi}_i(\mathcal{X}_i)$ 的参数，具体是

$$\tilde{\phi}_i(\mathcal{X}_i) \propto \underset{\tilde{\phi}_i(\mathcal{X}_i)}{\operatorname{argmin}} \mathrm{KL}(\tilde{p}_* | \tilde{p})$$

7：　设置 $\tilde{\phi}_i(\mathcal{X}_i)$ 的任意可能项，通过

$$\sum_x \phi_i(\mathcal{X}_i)\prod_{j\neq i}\tilde{\phi}_j(\mathcal{X}_j) = \sum_x \prod_j \tilde{\phi}_j(\mathcal{X}_j)$$

8：**until** 收敛

9：返回

$$\tilde{p}(x) = \frac{1}{\tilde{Z}}\prod_i \tilde{\phi}_i(\mathcal{X}_i),\quad \tilde{Z} = \sum_x \prod_i \tilde{\phi}_i(\mathcal{X}_i)$$

　作为 $p(x)$ 的近似，其中 $\tilde{Z}$ 为正则化常数 Z 的近似.

我们希望将参数设置为使上述求得的 KL 散度最小的值。因为我们的关注点是更新 $\tilde{\phi}_{3\to2}(x_2)$和 $\tilde{\phi}_{2\to3}(x_3)$，所以我们分离出这些参数对 KL 散度的贡献，即

$$\mathrm{KL}(\tilde{p}_* | \tilde{p}) = \log\tilde{Z} - \langle \log \tilde{\phi}_{3\to2}(x_2)\tilde{\phi}_{2\to3}(x_3)\rangle_{\tilde{p}_*(x_2,x_3)} + C \tag{28.8.6}$$

同样，由于 $\tilde{p}$ 是因子分解的，不超过一个常数倍的正比例因子，$\tilde{Z}$ 与 $\tilde{\phi}_{3\to2}(x_2)$和 $\tilde{\phi}_{2\to3}(x_3)$ 的相关性是：

$$\tilde{Z} \propto \sum_{x_2}\tilde{\phi}_{1\to2}(x_2)\tilde{\phi}_{3\to2}(x_2)\sum_{x_3}\tilde{\phi}_{2\to3}(x_3)\tilde{\phi}_{4\to3}(x_3) \tag{28.8.7}$$

对公式(28.8.6)中的 KL 散度求关于 $\tilde{\phi}_{3\to2}(x_2)$的导数，并令导数为 0，我们得到：

$$\frac{\tilde{\phi}_{1\to2}(x_2)\tilde{\phi}_{3\to2}(x_2)}{\sum_{x_2}\tilde{\phi}_{1\to2}(x_2)\tilde{\phi}_{3\to2}(x_2)} = \tilde{p}_*(x_2) \tag{28.8.8}$$

类似地，关于 $\tilde{\phi}_{2\to3}(x_3)$优化，我们得到：

$$\frac{\tilde{\phi}_{2\to3}(x_3)\tilde{\phi}_{4\to3}(x_3)}{\sum_{x_3}\tilde{\phi}_{2\to3}(x_3)\tilde{\phi}_{4\to3}(x_3)} = \tilde{p}_*(x_3) \tag{28.8.9}$$

近似 Z

上述更新只确定不超过一个比例常数的近似因子。如果我们只想求边缘分布的近似，

则这是可以的，因为任何缺失的比例常数都可以通过对边缘分布归一化来求出。但是如果我们也想近似 Z，就必须关注这些因子。为了解决这个问题，我们将最优的更新写为：

$$\tilde{\phi}_{3\to2}(x_2)=z_{3\to2}\frac{\tilde{p}_*(x_2)}{\tilde{\phi}_{1\to2}(x_2)} \tag{28.8.10}$$

以及：

$$\tilde{\phi}_{2\to3}(x_3)=z_{2\to3}\frac{\tilde{p}_*(x_3)}{\tilde{\phi}_{4\to3}(x_3)} \tag{28.8.11}$$

其中 $z_{3\to2}$ 和 $z_{2\to3}$ 是比例项。我们可以要求近似项 $\tilde{\phi}_{3\to2}(x_2)\tilde{\phi}_{2\to3}(x_3)$ 对 $\tilde{p}$ 和 $\tilde{p}_*$ 的归一化产生一样的影响来求解这些比例项。即

$$\begin{aligned}&\sum_{x_1,x_2,x_3,x_4}\tilde{\phi}_{2\to1}(x_1)\tilde{\phi}_{1\to2}(x_2)\tilde{\phi}_{3\to2}(x_2)\tilde{\phi}_{2\to3}(x_3)\tilde{\phi}_{4\to3}(x_3)\tilde{\phi}_{3\to4}(x_4)\tilde{\phi}_{1\to4}(x_4)\tilde{\phi}_{4\to1}(x_1)\\&=\sum_{x_1,x_2,x_3,x_4}\tilde{\phi}_{2\to1}(x_1)\tilde{\phi}_{1\to2}(x_2)\phi(x_2,x_3)\tilde{\phi}_{4\to3}(x_3)\tilde{\phi}_{3\to4}(x_4)\tilde{\phi}_{1\to4}(x_4)\tilde{\phi}_{4\to1}(x_1)\end{aligned} \tag{28.8.12}$$

将更新方程(28.8.10)和(28.8.11)代入，得到：

$$z_{2\to3}z_{3\to2}=\frac{z^*_{2,3}}{\tilde{z}_{2,3}} \tag{28.8.13}$$

其中：

$$\tilde{z}_{2,3}=\sum_{x_2,x_3}\tilde{\phi}_{1\to2}(x_2)\frac{\tilde{p}_*(x_2)}{\tilde{\phi}_{1\to2}(x_2)}\frac{\tilde{p}_*(x_3)}{\tilde{\phi}_{4\to3}(x_3)}\tilde{\phi}_{4\to3}(x_3) \tag{28.8.14}$$

以及：

$$z^*_{2,3}=\sum_{x_2,x_3}\tilde{\phi}_{1\to2}(x_2)\phi(x_2,x_3)\tilde{\phi}_{4\to3}(x_3) \tag{28.8.15}$$

对任何满足公式(28.8.13)的局部近似 $z_{2\to3}$ 和 $z_{3\to2}$ 的选择都足够保证近似项匹配的规模。举个例子，我们令：

$$z_{2\to3}=z_{3\to2}=\sqrt{\frac{z^*_{2,3}}{\tilde{z}_{2,3}}} \tag{28.8.16}$$

那么，对全局归一化常数 p 的一个近似是：

$$Z\approx\tilde{Z} \tag{28.8.17}$$

上面给出了更新项 $\tilde{\phi}_{3\to2}(x_2)$和 $\tilde{\phi}_{2\to3}(x_3)$的过程。接下来选择另一项并更新相应的近似因子。我们重复这个过程，直到所有的近似参数都收敛(或是在不收敛的情况下，达到了一个合适的终止准则)。算法 28.2 概述了这个过程。

对 EP 的评论

这里补充说明一些内容。

- 对于上面的马尔可夫网络实例，EP 对应于 BP(因子图上的和-积形式)。这在直观上是清楚的，因为在 EP 和 BP 中，传入变量的消息的乘积都与该变量的边缘近似成正比。然而，也有不同之处：在 EP 中，对应一个项近似的所有消息并行更新(上面是 $\tilde{\phi}_{3\to2}(x_2)$和 $\tilde{\phi}_{2\to3}(x_3)$)；而在 BP 中，它们是串行更新的。
- EP 是 BP 的一个有用的扩展，它适用于 BP 消息不能被简单表示的情况。在近似 $\tilde{p}$ 中引入精确的因子 ϕ 将增大对 $\tilde{p}_*$ 近似的复杂度，这通过将近似投影回 $\tilde{p}$ 得以解决。当在指数族中近似分布 $\tilde{p}$ 时，最小的 KL 投影步骤相当于匹配近似分布的矩和

p^*。参考[264]获得更详细的讨论。

- 一般来说，没有必要用因子分解近似来代替联合分布中的所有项。只需要所得到的近似分布是易于处理的就可以，这产生了一个*结构化的* EP 算法，见图 28.12c。
- EP 算法及其扩展与树的重新赋权[308]密切相关，并且部分 EP 旨在弥补消息的过度计数的影响。

28.9 马尔可夫网络的 MAP

考虑马尔可夫网络：

$$p(x)=\frac{1}{Z}\mathrm{e}^{E(x)} \tag{28.9.1}$$

其最可能的状态为：

$$x^*=\underset{x}{\mathrm{argmax}}\,p(x)=\underset{x}{\mathrm{argmax}}\,E(x) \tag{28.9.2}$$

对一般的马尔可夫网络，我们很难利用动态规划直觉来寻找精确的解，因为图一般是含环的。下面我们考虑一些用于近似 x^* 的通用技术。

迭代条件模型

一个简单的通用近似方法如下。首先随机初始化所有的 x。然后选择一个变量 x_i，在保持所有其他变量不变时，找出使 $E(x)$最大的 x_i 的状态。然后重复这个过程，直到收敛。这个轴对齐的优化过程被称为*迭代条件模型*(ICM)[38]。由于马尔可夫性质，很明显，我们可以通过同时优化马尔可夫毯上的所有变量(类似黑白抽样中使用的方法)改进这个 ICM 方法。另一种改进是，通过绑定变量的一个子集来揭示未绑定变量上的单连通结构，然后通过最大-和算法求出未绑定变量上的精确 MAP 状态。之后选择一个新的变量子集来绑定，从而通过解决一系列可处理的问题来找到一个近似解。

对偶分解

一个通用的方法是将一个困难的优化问题分解成一组更容易的问题。在这个方法中，我们先确定易处理的“从”问题 $E_s(x)(s=1,\cdots,S)$，使得“主”问题可以被分解为：

$$E(x)=\sum_s E_s(x) \tag{28.9.3}$$

此时，用于优化主问题的 x 相当于在限制条件 $x_s=x(s=1,\cdots,S)$下优化每一个从问题 $E_s(x_s)$。这个限制可以通过拉格朗日函数来实现：

$$\mathcal{L}(x,\{x_s\},\lambda)=\sum_s E_s(x_s)+\sum_s \lambda_s(x_s-x) \tag{28.9.4}$$

找到关于 x 的平稳点，给出了限制 $\sum_s \lambda_s=0$，因此我们考虑：

$$\mathcal{L}(\{x_s\},\lambda)=\sum_s E_s(x_s)+\lambda_s x_s \tag{28.9.5}$$

给定 λ，我们接着优化每一个从问题：

$$x_s^*=\underset{x_s}{\mathrm{argmax}}(E_s(x_s)+\lambda_s x_s) \tag{28.9.6}$$

A. 6. 1 节的拉格朗日对偶为：

$$\mathcal{L}_s(\lambda_s)=\max_{x_s}(E_s(x_s)+\lambda_s x_s) \tag{28.9.7}$$

在这种情况下，原函数的对偶界是：

$$\sum_s \mathcal{L}_s(\lambda_s)\geqslant E(x^*) \tag{28.9.8}$$

其中 x^* 是主问题 $x^*=\underset{x}{\operatorname{argmax}}E(x)$ 的解。我们可以通过"投影次梯度"法最小化每个 $\mathcal{L}_s(\lambda_s)$ 以更新 λ：

$$\lambda_s'=\lambda-\alpha x_s^* \tag{28.9.9}$$

其中 α 是被选择的正常数。我们做投影，

$$\bar{\lambda}=\frac{1}{S}\sum_s\lambda_s',\quad \lambda_s^{\text{new}}=\lambda_s'-\bar{\lambda} \tag{28.9.10}$$

这保证了 $\sum_s\lambda_s^{\text{new}}=0$。

28.9.1　配对马尔可夫网络

考虑一个配对马尔可夫网络 $p(x)\propto e^{E(x)}$，且有：

$$E(x)\equiv\sum_{i\sim j}f_{ij}(x_i,x_j)+\sum_i g_i(x_i,x_i^0) \tag{28.9.11}$$

其中 $i\sim j$ 表示相邻变量的集合，并且 $f(x_i,x_j)=f(x_j,x_i)$。这意味着马尔可夫网络对应的图中的无向边 $i-j$ 的贡献项是 $f(x_i,x_j)$，而非 $2f(x_i,x_j)$。这里 $f(x_i,x_j)$ 表示配对的相互作用。项 $g(x_i,x_i^0)$ 表示单独的相互作用，为方便，将其写成与一个固定的(非变量)x^0 的配对相互作用。通常项 $f(x_i,x_j)$ 被用于确保相邻的变量 x_i 和 x_j 处在相似的状态下，项 $g_i(x_i,x_i^0)$ 被用来使 x_i 接近我们期望的状态 x_i^0。

迭代条件模型

在图像恢复中，这类模型很有应用价值。在图像恢复中需要对观察到的噪声图像 x^0 进行清洗，见例 28.1 和图 28.3。为此，我们寻找一个干净的图像 x，其中每个干净像素值 x_i 都靠近我们观察到的噪声像素值 x_i^0，同时处于与其干净邻居相似的状态。在例 28.1 中，我们使用 ICM，通过每次更新随机选择的变量来找到最可能的近似。

对偶分解

对马尔可夫网络：

$$E(\boldsymbol{x})=\frac{1}{2}\sum_{ij}x_ix_jw_{ij}+\sum_i c_ix_i=\frac{1}{2}\boldsymbol{x}^{\mathrm{T}}\boldsymbol{W}\boldsymbol{x}+\boldsymbol{x}^{\mathrm{T}}\boldsymbol{c} \tag{28.9.12}$$

我们可以定义易处理的从问题：

$$E_s(\boldsymbol{x})=\frac{1}{2}\boldsymbol{x}^{\mathrm{T}}\boldsymbol{W}_s\boldsymbol{x}+\boldsymbol{x}^{\mathrm{T}}\boldsymbol{c}_s \tag{28.9.13}$$

通过识别一组树结构的矩阵 $\boldsymbol{W}_s$ 使得 $\boldsymbol{W}=\sum_s\boldsymbol{W}_s$，和一元项 $\boldsymbol{c}_s$ 使得 $\boldsymbol{c}=\sum_s\boldsymbol{c}_s$。然后用对偶分解技术对每个从树进行精确求解，并对 λ 进行更新以推动各个树解朝一致发展[177]。[308]中讨论了在一致性限制下求解树的一般方法。

28.9.2　值得关注的二元马尔可夫网络

虽然，一般的 MAP 马尔可夫网络问题没有有效的精确解，但我们将在此讨论一个重要且易处理的特殊例子。考虑为具有二值变量 $x_i(\operatorname{dom}(x_i)=\{0,1\})$ 和正连接 $w_{ij}=w_{ji}\geqslant 0$ 的马尔可夫网络寻找 MAP。此时，我们的任务是找到使下式最大的 x，

$$E(x)\equiv\sum_{i\sim j}w_{ij}\mathbb{I}[x_i=x_j]+\sum_i c_ix_i \tag{28.9.14}$$

其中 $i\sim j$ 表示相邻变量。在这个特殊的例子中，对任意交互 w_{ij} 的拓扑结构都存在一种有效的精确 MAP 算法[134]。该算法首先将 MAP 分配问题转化为等价的最小 s-t 割问

题[41]，对该问题存在有效的算法。在最小 s-t 割问题中，我们需要一个其中边有正权重的图。显然，若 $w_{ij}>0$ 则这点满足，虽然偏置项 $\sum_i c_i x_i$ 需要被处理。

偏置项处理

要将 MAP 分配问题转化为最小割问题，我们需要处理附加项 $\sum_i c_i x_i$ 。首先，考虑加入一个新节点 x_*，并将其与每个现有的节点 i(有权重 c_i)连接所产生的影响。对二值变量 $x_i\in\{0,1\}$使用它，

$$\mathbb{I}[x_i=x_j]=x_i x_j+(1-x_i)(1-x_j)=2x_i x_j-x_i-x_j+1 \tag{28.9.15}$$

这加了一项：

$$\sum_i c_i\mathbb{I}[x_i=x_*]=\sum_i c_i(x_i x_*+(1-x_i)(1-x_*)) \tag{28.9.16}$$

如果我们将 x_* 置为状态 1，则这贡献了：

$$\sum_i c_i x_i \tag{28.9.17}$$

如果置为状态 0，则我们得到：

$$\sum_i c_i(1-x_i)=-\sum_i c_i x_i+C \tag{28.9.18}$$

因此，权重必须为正的要求可以通过定义两个而不是一个额外的节点 x_* 来实现。我们定义一个源点 x_s，将其置为状态 1，并与具有正 c_i 的节点 x_i 相连，我们令 $w_{si}=w_{is}=c_i$。此外，我们还定义一个终点 x_t，将其置为状态 0，并与所有具有负 c_i 的节点相连，使用权重 $w_{it}=w_{ti}=-c_i$(因此这里是正的)。对绑定在状态 1($x_s=1$)的源点和绑定在状态 0($x_t=0$)的终点，包括源点和终点，我们有：

$$E(x)=\sum_{i\sim j} w_{ij}\mathbb{I}[x_i=x_j]+C \tag{28.9.19}$$

这与具有正权重的能量函数(28.9.14)一样。

定义 28.1(图的割)　对一个带有节点 $v_1,\cdots,v_D$，权重 $w_{ij}>0$ 的图 G，其割是将节点分成不相交的 $\mathcal{S}$ 和 $\mathcal{T}$ 两组的一种划分。割的权重被定义为离开 $\mathcal{S}$ 进入 $\mathcal{T}$ 的那些边的权重之和，如图 28.13 所示。

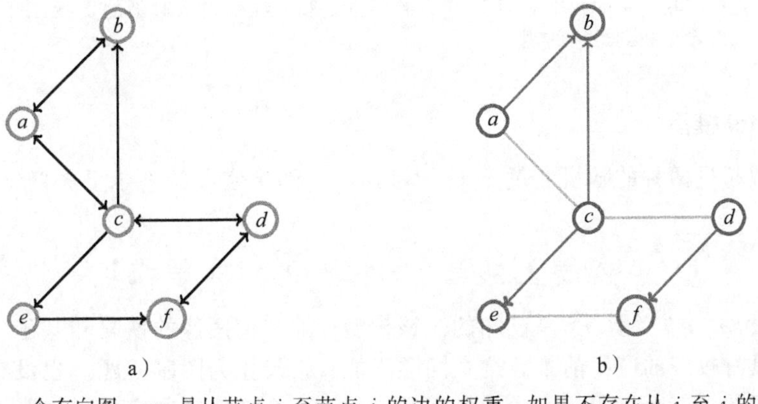

图 28.13　a) 一个有向图，w_{ij} 是从节点 i 至节点 j 的边的权重，如果不存在从 i 至 j 的边，则 $w_{ij}=0$。b) 图割将节点分为两组：$\mathcal{S}$(蓝色)和 $\mathcal{T}$(红色)。直观地说，在把节点分配给状态 1(蓝色)和状态 0(红色)之后，图割的权重等价于处于不同状态的相邻节点之间边权重的和。这里我们高亮对切割的权重有贡献的边，未高亮的边对割的权重无贡献。注意，有向边只有一个方向对权重有贡献

对于对称的 w，割的权重相当于不匹配的相邻节点之间边的权重之和，如图 28.13b 所示。即

$$cut(x)=\sum_{i\sim j}w_{ij}\mathbb{I}[x_i\neq x_j] \tag{28.9.20}$$

因为 $\mathbb{I}[x_i\neq x_j]=1-\mathbb{I}[x_i=x_j]$，我们可以将割的权重等价地定义为：

$$cut(x)=\sum_{i\sim j}w_{ij}(1-\mathbb{I}[x_i=x_j])=-\sum_{i\sim j}w_{ij}\mathbb{I}[x_i=x_j]+C=-E(x)+C \tag{28.9.21}$$

所以，求取最小割相当于最大化 $E(x)$。在马尔可夫网络中，我们将其转换成一个有正交互的带权图，然后需要识别源点和其他所有被分配给状态 1 的变量($\mathcal{S}$中的点)，以及终点和其他所有被分配给状态 0 的变量($\mathcal{T}$中的点)，如图 28.14 所示。我们的任务是找到从 $\mathcal{S}$ 到 $\mathcal{T}$的最小割。离散数学中的一个基本结论是，最小 s-t 割等价于从 s 到 t 的最大流解[41]。存在有效的最大流算法，例子见[50]，对有 D 个节点的图，其时间复杂度为 $O(D^3)$或更低。这意味着，我们可以在 $O(D^3)$复杂度的操作次数里找到值得关注的二元马尔可夫网络的精确 MAP 分配。在 MaxFlow.m 中我们实现了 Ford-Fulkerson 算法(Edmonds-Karp-Dinic 广度优先搜索变体)[94]。

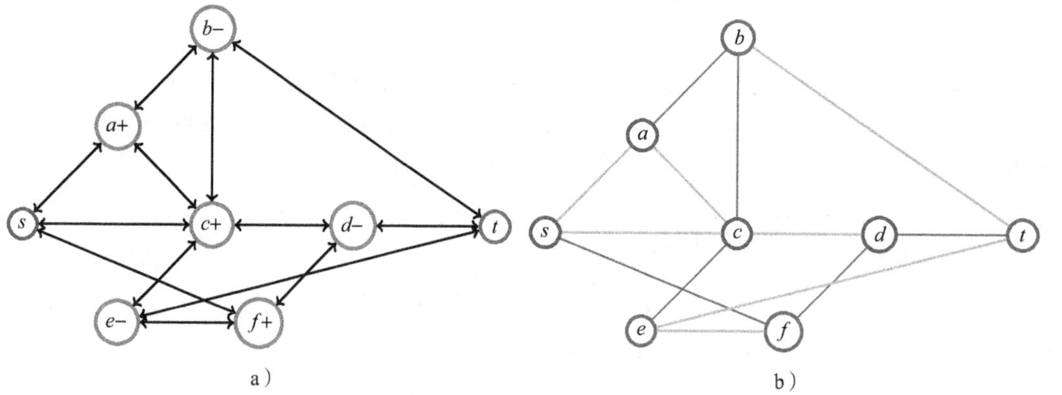

图 28.14　a) 双向权重 $w_{ij}=w_{ji}$ 的图，由源点 s 和终点 t 增广。每个节点都有一个对应的偏置，其符号被指出。源点与对应正偏置的节点相连，带有负偏置的节点则与终点相连。b) 图割将节点分为 $\mathcal{S}$(蓝色)和 $\mathcal{T}$(红色)两组，其中 $\mathcal{S}$ 是源点 s 与状态为 1 的节点的并集，$\mathcal{T}$是终点 t 与状态为 0 的节点的并集。割的权重是 $\mathcal{S}$ 到 $\mathcal{T}$边的权重之和。红线表示对割的贡献，可以被视为惩罚，因为我们希望找到最小的割

28.9.3　Potts 模型

在状态数超过两种的随机变量 $x_i\in\{0,1,2,\cdots,S\}$上定义的马尔可夫网络被称为 Potts 模型：

$$E(x)=\sum_{i\sim j}w_{ij}\mathbb{I}[x_i=x_j]+\sum_i c_i\mathbb{I}[x_i=x_i^0] \tag{28.9.22}$$

其中我们假设 $w_{ij}>0$ 并且 x_i^0 是已知的。该模型在非二值图像的恢复和基于相似度评分的聚类算法中具有较好的应用前景。这个问题不能直接转化为图割问题，也没有有效的精确算法。如下所述，一个有用的方法是将问题近似为一个二值问题序列。

Potts 模型到二元马尔可夫网络的转换

考虑 α-展开表达式：

$$x_i=s_i\alpha+(1-s_i)x_i^{\text{old}} \tag{28.9.23}$$

其中 $s_i \in \{0,1\}$，$\alpha \in \{0,1,2,\cdots,S\}$。这限制了 x_i 的状态，取决于二值变量 s_i，要么为 x_i^{old} 要么是 α。因此，使用一个新的二元向量变量 $\mathbf{s}$，我们可以将 x 限制在整个空间的一个子区域，并仅用 s 来重写一个新的目标函数(见下文)：

$$E(s) = \sum_{i \sim j} w'_{ij} \mathbb{I}[s_i = s_j] + \sum_i c'_i s_i + C \tag{28.9.24}$$

其中 $w'_{ij} > 0$。这个新问题是一种值得关注的二元马尔可夫网络，可以用图割法精确地求解。由于 x 不能访问整个空间，所以这个转换会产生一个限制，但是使我们能够有效地解决受限问题。然后我们(随机)选择另一个 α 值并为新 α 找到最优的新 s。这样我们就可以保证迭代中 E 会递增。

对给定的 α 和 x^{old}，Potts 模型目标函数的转换，可以利用 $s_i \in \{0,1\}$，并考虑下式得到：

$$\begin{aligned}\mathbb{I}[x_i = x_j] &= \mathbb{I}[s_i\alpha + (1-s_i)x_i^{\text{old}} = s_j\alpha + (1-s_j)x_j^{\text{old}}] \\ &= (1-s_i)(1-s_j)\mathbb{I}[x_i^{\text{old}} = x_j^{\text{old}}] + (1-s_i)s_j\mathbb{I}[x_i^{\text{old}} = \alpha] + s_i(1-s_j)\mathbb{I}[x_j^{\text{old}} = \alpha] + s_i s_j \\ &= s_i s_j u_{ij} + a_i s_i + b_j s_j + \text{const.}\end{aligned} \tag{28.9.25}$$

其中：

$$u_{ij} \equiv 1 - \mathbb{I}[x_i^{\text{old}} = \alpha] - \mathbb{I}[x_j^{\text{old}} = \alpha] + \mathbb{I}[x_i^{\text{old}} = x_j^{\text{old}}] \tag{28.9.26}$$

a_i 和 b_i 被明确地定义了。通过枚举，很容易看出 u_{ij} 是 0、1 或 2。对 $s_i \in \{0,1\}$，使用恒等式

$$s_i s_j = \frac{1}{2}(\mathbb{I}[s_i = s_j] + s_i + s_j - 1) \tag{28.9.27}$$

我们可以写出：

$$\mathbb{I}[x_i = x_j] = \frac{u_{ij}}{2}(\mathbb{I}[s_i = s_j] + s_i + s_j) + a_i s_i + b_j s_j + C \tag{28.9.28}$$

因此，$w_{ij}\mathbb{I}[x_i = x_j]$项被转换为正交互项 $\mathbb{I}[s_i = s_j]w_{ij}u_{ij}/2$。所有的一元项很容易被精确映射到对应的一元项 $c'_i s_i$，其中 c'_i定义为 s_i 中所有一元项的和。这表明，原变量 x 的正交互 w_{ij} 映射到了新变量 s 中的正交互。因此，我们可以用图割算法求出 s 的最可能状态。[51]中详细描述了这个过程。

例 28.5(用于图像恢复的 Potts 模型)　图 28.15 给出了一个像素格上的，最近邻之间具有相互作用的图像恢复问题，并选择了合适的 w 和 c。图像不是二元的，因此不能在有效地精确计算最优 MAP。这里使用了 α-展开技术，并结合一种有效的最小割法来近似 MAP，细节见[50]。

a)　　　　　　　　b)

图 28.15　a) 每个像素使用 244 个强度区别的有噪声的灰度图像。b) 恢复图像。采用 α-展开技术，使用合适的 w 与 c，以保证结果合理

28.10　扩展阅读

近似推断是一个非常活跃的研究领域，与凸优化[49]的联系也日益密切。参考[308]查看概述。

28.11　总结

- 确定性方法提供了抽样技术外的另一种选择。
- 对连续分布，如拉普拉斯方法的微扰方法，提供了一个简单的近似。
- 变分界方法，例如最小化 KL 散度，可以提供我们所关注量的界，例如分布的标准化常数和边缘分布。这些是由凸分析派生出的更大类方法的一部分。
- 确定性界方法可以应用于其他领域，如确定互信息的界。
- 当分布的结构接近于树时，自洽性方法(如环 BP)可以非常有效地工作。这些方法在信息论和误差校正等方面取得了很大的成功。
- 通过优化 Bethe 自由能目标函数，也可以解决环 BP 问题，尽管通过该方法无法得到所关注量的界。
- 对于值得关注的二元马尔可夫网络，我们可以在多项式时间内精确地找到 MAP 状态。该方法可以作为一个子例程，用于更复杂的多状态问题，其中 MAP 搜索问题被分解成一系列的二值 MAP 问题。

28.12　代码

LoopyBP.m：环 BP(因子图形式)。
demoLoopyBP.m：环 BP 的示例。
demoMFBPGibbs.m：比较了平均场方法、BP 和吉布斯抽样。
demoMRFclean.m：分析被损坏图像的示例。
MaxFlow.m：最大流最小割算法(Ford-Fulkerson 算法)。
binaryMRFmap.m：优化二元马尔可夫网络。

28.13　练习题

练习 28.1　文件 p.mat 包含三元状态变量上的 $p(x,y,z)$ 分布。使用 BRML 工具箱，找到最优的近似 $q(x,y)q(z)$(它可以最小化 KL 散度 $\mathrm{KL}(q|p)$)并且为最优 q 计算出 KL 散度的值。

练习 28.2　考虑定义在 2×2 晶格上的配对马尔可夫网络，如 pMRF.mat 所示。使用 BRML 工具箱。

1. 通过基于因子图的形式化的环 BP，求最优完全因子分解的近似 $\prod_{i=1}^{4} q_i^{\mathrm{BP}}$。
2. 通过求解变分平均场方程，求最优完全因子分解的近似 $\prod_{i=1}^{4} q_i^{MF}$。
3. 通过纯枚举，计算精确的边缘 p_i。
4. 对所有 4 个变量求平均值，对于 BP 和平均场方程的近似计算边缘的均值期望偏差 $\frac{1}{4}\sum_{i=1}^{4}$

$\frac{1}{2}\sum_{j=1}^{2}|q_i(x=j)-p_i(x=j)|$，并对结果进行评论。

练习 28.3 在 LoopyBP.m 文件中消息调度是随机选择的。修改例程，使用随机生成树上的前向-后向消除序列来选择一个调度。

练习 28.4(二重积分界) 考虑一个界：

$$f(x)\geqslant g(x) \tag{28.13.1}$$

然后对：

$$\tilde{f}(x)\equiv\int_a^x f(x)\mathrm{d}x,\quad \tilde{g}(x)\equiv\int_a^x g(x)\mathrm{d}x \tag{28.13.2}$$

证明：

1. $\tilde{f}(x)\geqslant\tilde{g}(x)$，其中 $x\geqslant a$。
2. $\hat{f}(x)\geqslant\hat{g}(x)$，对于所有的 x 成立，其中：

$$\hat{f}(x)\equiv\int_a^x \hat{f}(x)\mathrm{d}x\quad \hat{g}(x)\equiv\int_a^x \tilde{g}(x)\mathrm{d}x \tag{28.13.3}$$

其意义在于，这种二重积分(或离散变量情况下的求和)是从现有界生成新界的一般过程[187]。

练习 28.5 这个问题涉及为玻尔兹曼机推导标准平均场界和更紧密的下界。

1. 开始于：

$$\mathrm{e}^x\geqslant 0 \tag{28.13.4}$$

用二重积分的方法来证明：$e^x\geqslant e^a(1+x-a)$。

2. 通过代替 $x\to\boldsymbol{s}^{\mathrm{T}}\boldsymbol{W}\boldsymbol{s}$ 为 $\boldsymbol{s}\in\{0,1\}^D$ 和 $a\to\boldsymbol{h}^{\mathrm{T}}\boldsymbol{s}+\theta$，推导出玻尔兹曼机配分函数的一个界：

$$Z=\sum_{\mathrm{s}}\mathrm{e}^{\boldsymbol{s}^{\mathrm{T}}\boldsymbol{W}\boldsymbol{s}} \tag{28.13.5}$$

3. 证明这个界等价于配分函数上的一个朴素平均场的界。提示：首先关于 θ 优化。
4. 讨论如何通过进一步应用二重积分的方法，在玻尔兹曼分布的配分函数上生成更紧密的界。

练习 28.6 考虑一个配对的马尔可夫网络：

$$p(\boldsymbol{x})=\frac{1}{Z}\mathrm{e}^{\boldsymbol{x}^{\mathrm{T}}\boldsymbol{W}\boldsymbol{x}+\boldsymbol{b}^{\mathrm{T}}\boldsymbol{x}} \tag{28.13.6}$$

其中有对称矩阵 $\boldsymbol{W}$。考虑分解：

$$\boldsymbol{W}=\sum_i q_i\boldsymbol{W}_i,\quad i=1,\cdots,I \tag{28.13.7}$$

其中 $0\leqslant q_i\leqslant 1$，$\sum_i q_i=1$，以及对应于每个矩阵 $\boldsymbol{W}_i$ 的图是一棵树。解释如何在归一化常数 Z 上形成上界，并讨论一种求最紧密上界的朴素方法。提示：考虑$\langle e^x\rangle\geqslant e^{\langle x\rangle}$。也可见[312]。

练习 28.7 推导出互信息上的 Linkser 界[公式(28.6.13)]。

练习 28.8 考虑正函数 $f(x)$ 关于分布 $p(x)$ 的均值：

$$J=\log\int_x p(x)f(x) \tag{28.13.8}$$

其中 $f(x)\geqslant 0$。最简单的 Jensen 不等式表明：

$$J\geqslant\int_x p(x)\log f(x) \tag{28.13.9}$$

1. 通过考虑分布 $r(x)\propto p(x)f(x)$，以及 $\mathrm{KL}(q|r)$，对于变分分布 $q(x)$，证明：

$$J\geqslant-\mathrm{KL}(q(x)|p(x))+\langle\log f(x)\rangle_{q(x)} \tag{28.13.10}$$

等号在 $q(x)\propto p(x)f(x)$ 时成立。这表明，如果我们想近似平均值 J，则近似分布 $q(x)$ 的最优选择同时取决于分布 $p(x)$ 和被积函数 $f(x)$。

2. 更进一步地，请证明：

$$J\geqslant-\mathrm{KL}(q(x)|p(x))-\mathrm{KL}(q(x)|f(x))-H(q(x)) \tag{28.13.11}$$

其中 $H(q(x))$ 是 $q(x)$ 的熵。第一项可使 q 接近 p，第二项可使 q 接近 f，第三项可使 q 更快地达到峰值。

练习 28.9　对定义在 D 个二值变量 $\{x_i \in \{0,1\}, i=1,\cdots,D\}$ 上的马尔可夫网络，我们定义：

$$p(x)=\frac{1}{Z}e^{x^{\mathrm{T}}Wx} \tag{28.13.12}$$

证明：

$$p(x_i)=\frac{Z_{\backslash i}}{Z} \tag{28.13.13}$$

其中：

$$Z_{\backslash i} \equiv \sum_{x_1,\cdots,x_{i-1},x_{i+1},\cdots,x_D} e^{x^{\mathrm{T}}Wx} \tag{28.13.14}$$

并解释为什么 $p(x_i)$ 上的一个界需要同时是配分函数 Z 的上界和下界。

练习 28.10　考虑例 28.2 中的模型。在用项 $c_t\exp\left(-\frac{1}{2}\boldsymbol{h}_t^{\mathrm{T}}\boldsymbol{A}_t\boldsymbol{h}_t+\boldsymbol{h}_t^{\mathrm{T}}\boldsymbol{b}_t\right)$ 替换观察因子 $p(\boldsymbol{v}_t|\boldsymbol{h}_t)$ 的基础上实现结构化的 EP 近似。

练习 28.11　考虑这样一个有向图，边 $x\to y$ 的容量是 $c(x,y)\geqslant 0$。边的流 $f(x,y)\geqslant 0$ 不能超过边的容量。其目的是使从已定义的源点 s 到已定义的终点 t 之间的流最大。此外，对于除源点或终点之外的任何节点，流必须被保存($y\neq s, y\neq t$)，

$$\sum_x f(x,y)=\sum_x f(y,x) \tag{28.13.15}$$

一个割将节点划分为两个不重叠的集合 $\mathcal{S}$ 和 $\mathcal{T}$，s 在 $\mathcal{S}$ 中和 t 在 $\mathcal{T}$ 中。请证明：

1. 从 s 到 t 的网络流 $\mathrm{val}(f)$，等于从 $\mathcal{S}$ 到 $\mathcal{T}$ 的流：

$$\mathrm{val}(f)=\sum_{x\in\mathcal{S},y\in\mathcal{T}} f(x,y)-\sum_{y\in\mathcal{T},x\in\mathcal{S}} f(y,x) \tag{28.13.16}$$

2. $\mathrm{val}(f)\leqslant \sum_{x\in\mathcal{S},y\in\mathcal{T}} f(x,y)$ 表明流的上界就是割的容量。

最大流量最小割定理进一步说明，最大流量实际上等于割的容量。

练习 28.12(Potts 模型到 Ising 模型的转换)　考虑在一组多值变量 $x_i(\mathrm{dom}(x_i)=\{0,1,2,\cdots,S\})$ 上定义的函数 $E(x)$：

$$E(x)=\sum_{i\sim j} w_{ij}\mathbb{I}[x_i=x_j]+\sum_i c_i\mathbb{I}[x_i=x_i^0] \tag{28.13.17}$$

其中 $w_{ij}>0$，像素状态 x_i^0 以及 c_i 都未知。我们的目的是找到 $E(x)$ 的近似的最大值。使用受限参数化：

$$x_i=s_i\alpha+(1-s_i)x_i^{\mathrm{old}} \tag{28.13.18}$$

其中，$s_i\in\{0,1\}$。请证明对给定的 $\alpha\in\{0,1,2,\cdots,N\}$，最大化 $E(x)$ 是如何相当于最大化定义在二值变量 s 上的 $\widetilde{E}(s)$ 的，其中 $w'_{ij}>0$ 和：

$$\widetilde{E}(s)=\sum_{i\sim j} w'_{ij}\mathbb{I}[s_i=s_j]+\sum_i c'_i s_i+C \tag{28.13.19}$$

这个新问题是一种值得关注的二元马尔可夫网络，可以用图切割法精确地求解。

练习 28.13　考虑指数族中的近似分布：

$$q(x)=\frac{1}{Z(\boldsymbol{\phi})}e^{\boldsymbol{\phi}^{\mathrm{T}}\boldsymbol{g}(x)} \tag{28.13.20}$$

我们希望使用 KL 散度 $\mathrm{KL}(p|q)$ 来用 $q(x)$ 近似分布 $p(x)$。

1. 请证明最优情况下：

$$\langle \boldsymbol{g}(x)\rangle_{p(x)}=\langle \boldsymbol{g}(x)\rangle_{q(x)} \tag{28.13.21}$$

2. 证明高斯函数可以写成指数形式：

$$\mathcal{N}(x|\mu,\sigma^2)=\frac{1}{Z(\boldsymbol{\phi})}e^{\boldsymbol{\phi}^{\mathrm{T}}\boldsymbol{g}(x)} \tag{28.13.22}$$

其中 $g_1(x)=x$、$g_2(x)=x^2$，$\boldsymbol{\phi}$ 是适当选择的。

3. 从而证明，在最小 $\mathrm{KL}(p|q)$ 的意义下，对任意分布拟合 $\mathcal{N}(x|\mu,\sigma^2)$ 的最优高斯，与以下矩匹配：

$$\mu=\langle x\rangle_{p(x)}, \quad \sigma^2=\langle x^2\rangle_{p(x)}-\langle x\rangle^2_{p(x)} \tag{28.13.23}$$

练习 28.14 对一个二元配对马尔可夫网络 $\boldsymbol{p}$，具有配分函数：

$$Z(w,b)=\sum_x \mathrm{e}^{\sum_{i,j} w_{ij}x_ix_j+\sum_i b_ix_i} \tag{28.13.24}$$

请证明均值 $\langle x_i\rangle_p$ 可以通过如下的生成函数方法得到：

$$\frac{\mathrm{d}}{\mathrm{d}b_i}\log Z(w,b)=\frac{1}{Z(w,b)}\sum_x x_i\mathrm{e}^{\sum_{i\sim j} w_{ij}x_ix_j+\sum_i b_ix_i}=\langle x_i\rangle_p \tag{28.13.25}$$

方差也可以类似地得到：

$$\langle x_ix_j\rangle_p-\langle x_i\rangle_p\langle x_j\rangle_p=\frac{\mathrm{d}^2}{\mathrm{d}b_i\,\mathrm{d}b_j}\log Z(w,b) \tag{28.13.26}$$

通过使用公式(28.4.13)中的平均场界 $\mathcal{B}(\alpha)$ 来替换 $\log Z(w,b)$。请证明用朴素平均场理论给出的近似的均值和方差等价于用上述生成函数下界代替对数函数得到的近似的均值和方差。

练习 28.15 将朴素平均场论应用于配对马尔可夫网络：

$$p(x)\propto \mathrm{e}^{\sum_{i,j} w_{ij}x_ix_j+\sum_i b_ix_i} \tag{28.13.27}$$

且 $\mathrm{dom}(x_i)=\{0,1\}$，通过最小化 KL 散度 $\mathrm{KL}(q\,|\,p)$ 给出一个因子分解近似 $q(x)=\prod_i q(x_i)$。使用这种方法我们可以给出近似：

$$\langle x_ix_j\rangle_p\approx\langle x_i\rangle_q\langle x_j\rangle_q, \quad i\neq j \tag{28.13.28}$$

为得到一个更好的，非因子分解近似的 $\langle x_ix_j\rangle_p$，我们可以拟合一个非因子分解的 q。我们可采用基于自由能的摄动展开式的线性响应法。换言之，请证明为何用如下表达式能够得到一个更好的对 $\langle x_ix_j\rangle_p$ 的非因子分解近似：

$$\langle x_ix_j\rangle_p=p(x_i=1,x_j=1)=p(x_i=1\,|\,x_j=1)p(x_j=1) \tag{28.13.29}$$

练习 28.16 推导出公式(28.8.8)以及公式(28.8.9)。

练习 28.17 考虑通过最小化关于 μ 和 σ^2 的 $\mathrm{KL}(q\,|\,p)$，为分布 $p(x)$ 拟合一个一元高斯分布 $q(x)=\mathcal{N}(x\,|\,\mu,\sigma^2)$。

1. 请证明，在所有量都有良好定义的情况下，近似的高斯函数的最优方差和均值满足隐式方程：

$$\sigma^2=-\frac{1}{\left\langle\frac{\mathrm{d}^2}{\mathrm{d}x^2}\log p(x)\right\rangle_{q(x)}}, \quad \left\langle\frac{\mathrm{d}}{\mathrm{d}x}\log p(x)\right\rangle_{q(x)}=0 \tag{28.13.30}$$

2. 因此，将最优方差与 $p(x)$ 的最大和最小的"局部曲率"联系起来：

$$-\frac{1}{\max_x\frac{\mathrm{d}^2}{\mathrm{d}x^2}\log p(x)}\leqslant\sigma^2\leqslant-\frac{1}{\min_x\frac{\mathrm{d}^2}{\mathrm{d}x^2}\log p(x)} \tag{28.13.31}$$

3. 考虑一个分布 $p(x)$，它是良好分离的高斯 $p(x)=\sum_i p_i\mathcal{N}(x\,|\,\mu_i,\sigma_i^2)$ 的混合。请证明，对一个好的近似，最优选择是设置近似分布的均值为其中一个分量，即 $\mu=\mu_i$。请进一步证明：

$$\sigma^2_{\min}\lesssim\sigma^2\lesssim\sigma^2_{\max} \tag{28.13.32}$$

其中 $\sigma^2_{\min}$ 和 $\sigma^2_{\max}$ 是 $p(x)$ 的高斯分量最小和最大方差。证明为什么最优方差 σ^2 将小于 $p(x)$ 的方差。

附 录

Bayesian Reasoning and Machine Learning

数学基础

A.1 线性代数

A.1.1 向量代数

设 $\boldsymbol{x}$ 为一个 n 维列向量，写为：

$$\begin{pmatrix} x_1 \\ x_2 \\ \vdots \\ x_n \end{pmatrix}$$

所有元素均为 1 的向量我们写作 **1**，同理所有元素均为 0 的向量写作 **0**。

定义 A.1(点积)[㊀] 点积 $\boldsymbol{w}\cdot\boldsymbol{x}$ 定义为：

$$\boldsymbol{w}\cdot\boldsymbol{x}=\sum_{i=1}^{n}w_i x_i=\boldsymbol{w}^{\mathrm{T}}\boldsymbol{x} \tag{A.1.1}$$

向量的长度表示为 $|\boldsymbol{x}|$，长度的平方定义为：

$$|\boldsymbol{x}|^2=\boldsymbol{x}^{\mathrm{T}}\boldsymbol{x}=\boldsymbol{x}^2=x_1^2+x_2^2+\cdots+x_n^2 \tag{A.1.2}$$

单位向量 $\boldsymbol{x}$ 的长度 $|\boldsymbol{x}|=1$。点积的自然几何解释为：

$$\boldsymbol{w}\cdot\boldsymbol{x}=|\boldsymbol{w}||\boldsymbol{x}|\cos(\theta) \tag{A.1.3}$$

其中 θ 为两个向量之间的夹角。因此当两个向量的长度确定后，若 $\theta=0$，两个向量的点积就取得最大值，此时其中一个向量是另外一个向量的常数倍。如果点积 $\boldsymbol{x}^{\mathrm{T}}\boldsymbol{y}=0$，那么代表 $\boldsymbol{x}$ 和 $\boldsymbol{y}$ 是正交的(即它们互相垂直)。如果一组向量互相垂直并且都是单位向量，那么可以称他们为正交向量组。

定义 A.2(线性相关) 如果一组向量 $\boldsymbol{x}^1,\cdots,\boldsymbol{x}^n$ 中存在一个向量 $\boldsymbol{x}^j$ 能够表示为其余向量的线性组合，那么我们称这组向量是线性相关的。如果方程

$$\sum_{i=1}^{n}\alpha_i\boldsymbol{x}^i=0 \tag{A.1.4}$$

的唯一解为所有的 $\alpha_i=0(i=1,\cdots,n)$，则称向量组 $\boldsymbol{x}^1,\cdots,\boldsymbol{x}^n$ 为线性无关的。

A.1.2 作为投影的点积

如图 A.1 所示，假设我们想要通过两个正交单位向量 $\boldsymbol{e}$ 和 $\boldsymbol{e}^*$ 将向量 $\boldsymbol{a}$ 分解为两个分量。其中 $|\boldsymbol{e}|=|\boldsymbol{e}^*|=1$ 并且 $\boldsymbol{e}\cdot\boldsymbol{e}^*=0$。我们就需要找到满足下式的标量值 α 和 β：

㊀ 前文中也译作“内积”。——编辑注

$$\boldsymbol{a}=\alpha\boldsymbol{e}+\beta\boldsymbol{e}^{*} \tag{A.1.5}$$

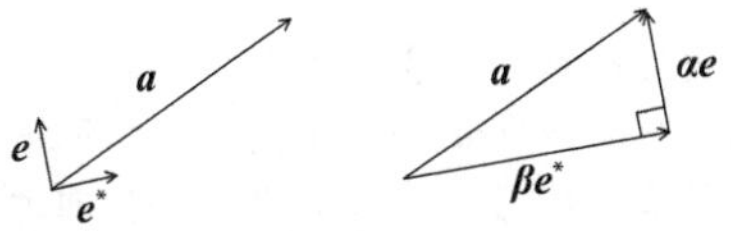

图 A.1　将向量 $\boldsymbol{a}$ 沿单位正交向量 $\boldsymbol{e}$ 和 $\boldsymbol{e}^{*}$ 的方向分解为两个分量。$\boldsymbol{a}$ 在两个向量 $\boldsymbol{e}$ 和 $\boldsymbol{e}^{*}$ 的投影长度分别为 $\boldsymbol{\alpha}$ 和 $\boldsymbol{\beta}$

从中我们可以得到：

$$\boldsymbol{a}\cdot\boldsymbol{e}=\alpha\boldsymbol{e}\cdot\boldsymbol{e}+\beta\boldsymbol{e}^{*}\cdot\boldsymbol{e},\quad \boldsymbol{a}\cdot\boldsymbol{e}^{*}=\alpha\boldsymbol{e}\cdot\boldsymbol{e}^{*}+\beta\boldsymbol{e}^{*}\cdot\boldsymbol{e}^{*} \tag{A.1.6}$$

由向量 $\boldsymbol{e}$ 和 $\boldsymbol{e}^{*}$ 是正交的且都为单位长度，容易得到：

$$\boldsymbol{a}\cdot\boldsymbol{e}=\alpha,\quad \boldsymbol{a}\cdot\boldsymbol{e}^{*}=\beta \tag{A.1.7}$$

这就意味着我们可以用正交分量 $\boldsymbol{e}$ 和 $\boldsymbol{e}^{*}$ 来表示向量 $\boldsymbol{a}$ 为：

$$\boldsymbol{a}=(\boldsymbol{a}\cdot\boldsymbol{e})\boldsymbol{e}+(\boldsymbol{a}\cdot\boldsymbol{e}^{*})\boldsymbol{e}^{*} \tag{A.1.8}$$

$\boldsymbol{a}$ 与 $\boldsymbol{e}$ 之间的点积将向量 $\boldsymbol{a}$ 投影到(单位)向量 $\boldsymbol{e}$ 的方向上。一般地，将向量 $\boldsymbol{a}$ 投影到由 $\boldsymbol{f}$ 指定的方向上，该投影可以表示为 $\frac{\boldsymbol{a}\cdot\boldsymbol{f}}{|\boldsymbol{f}|}\boldsymbol{f}$。

A.1.3　空间中的直线

二维(或更高维)空间中的直线可以这样定义。对某些 s，沿该直线的任何点的向量可以由下式给出：

$$\boldsymbol{p}=\boldsymbol{a}+s\boldsymbol{u},\quad s\in\mathcal{R} \tag{A.1.9}$$

如图 A.2，其中 $\boldsymbol{u}$ 平行于空间中的直线，并且该直线过点 $\boldsymbol{a}$。另一种定义用到了沿直线的所有向量都与直线的法向量 $\boldsymbol{n}$ 正交($\boldsymbol{u}$ 和 $\boldsymbol{n}$ 是正交的)，用式子表示就是：

$$(\boldsymbol{p}-\boldsymbol{a})\cdot\boldsymbol{n}=0\Leftrightarrow\boldsymbol{p}\cdot\boldsymbol{n}=\boldsymbol{a}\cdot\boldsymbol{n} \tag{A.1.10}$$

如果向量 $\boldsymbol{n}$ 为单位长度，则上面表达式的右侧表示从原点到直线的最短距离，在图 A.2 中由虚线表示(因为这是 $\boldsymbol{a}$ 在法向量方向上的投影)。

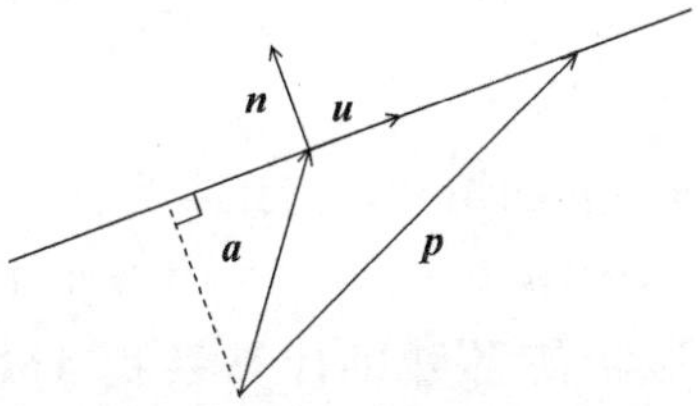

图 A.2　直线可以由某个在直线上的位置向量 $\boldsymbol{a}$ 以及一个沿直线方向的单位向量 $\boldsymbol{u}$ 来表示。在二维空间中，有一个唯一的方向 $\boldsymbol{n}$ 垂直于直线。在三维空间中，垂直于直线的向量张成一个平面，而这个直线的方向 $\boldsymbol{u}$ 就是这个平面的法向量

A.1.4　平面与超平面

如图 A.3 所示，为在任意一个一维空间中定义一个二维平面，可以指定位于该平面的两个向量 $\boldsymbol{u}$ 和 $\boldsymbol{v}$(它们可以不正交)，以及位于平面中的一个位置向量 $\boldsymbol{a}$。从而任一位于平面中的向量 $\boldsymbol{p}$ 可以表示为：

$$\boldsymbol{p}=\boldsymbol{a}+s\boldsymbol{u}+t\boldsymbol{v},\quad (s,t)\in\mathcal{R} \tag{A.1.11}$$

另一种定义是，考虑平面内的任何向量必须与平面的法向量 $\boldsymbol{n}$ 正交，给出：

$$(\boldsymbol{p}-\boldsymbol{a})\cdot\boldsymbol{n}=0\Leftrightarrow\boldsymbol{p}\cdot\boldsymbol{n}=\boldsymbol{a}\cdot\boldsymbol{n} \tag{A.1.12}$$

上面等式的右侧表示从原点到平面的最短距离，由图 A.3 中的虚线绘制。这种表示的优点是它具有与线相同的形式。事实上，(超)平面的这种表示可以独立于空间的维度。此外，我们只需要定义两个变量，即平面的法向量和从原点到平面的距离。

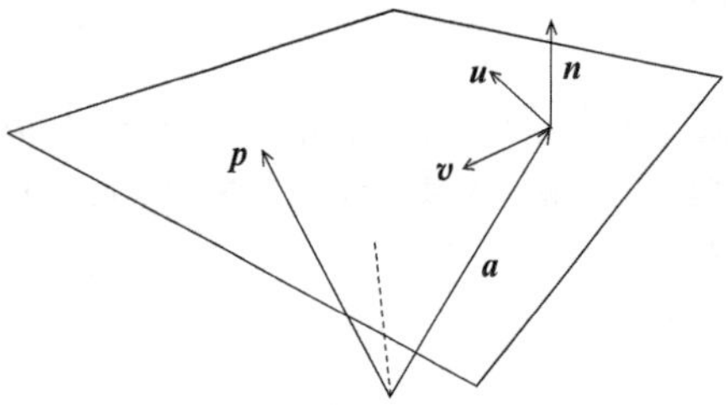

图 A.3 平面可以由平面上的一个点 $\boldsymbol{a}$ 和在平面上的两个相交方向 $\boldsymbol{u}$ 和 $\boldsymbol{v}$ 来指定。平面的法向量是唯一的，并且与从原点到平面上最近点的有向直线的方向相同

A.1.5 矩阵

一个 $m\times n$ 的矩阵 $\boldsymbol{A}$ 是一个 m 行 n 列标量值集合排列成的矩形阵列。一个向量可以看作 $n\times 1$ 的矩阵。矩阵 $\boldsymbol{A}$ 下标为 i,j 的元素可以写为 $A_{i,j}$ 或者为更习惯的 $a_{i,j}$，如果需要更清楚的说明，则可以写为 $[\boldsymbol{A}]_{i,j}$。

定义 A.3(矩阵加法) 对相同大小的两个矩阵 $\boldsymbol{A}$ 和 $\boldsymbol{B}$：

$$[\boldsymbol{A}+\boldsymbol{B}]_{ij}=[\boldsymbol{A}]_{ij}+[\boldsymbol{B}]_{ij} \tag{A.1.13}$$

定义 A.4(矩阵乘法) 对一个 $l\times n$ 的矩阵 $\boldsymbol{A}$ 和一个 $n\times m$ 的矩阵 $\boldsymbol{B}$，它们的乘积 $\boldsymbol{AB}$ 是一个 $l\times m$ 的矩阵，其元素可以表示为：

$$[\boldsymbol{AB}]_{ik}=\sum_{j=1}^{n}[\boldsymbol{A}]_{ij}[\boldsymbol{B}]_{jk};\quad i=1,\cdots,l\quad k=1,\cdots,m \tag{A.1.14}$$

注意通常情况下 $\boldsymbol{AB}\neq\boldsymbol{BA}$。当 $\boldsymbol{AB}=\boldsymbol{BA}$ 时，我们可称矩阵 $\boldsymbol{A}$ 和 $\boldsymbol{B}$ 为可交换的。矩阵 $\boldsymbol{I}$ 为单位矩阵并且为方阵，其主对角线上元素全为 1 而其余元素全为 0。为了更加规范，我们将 $m\times m$ 的单位矩阵写作 $\boldsymbol{I}_m$。因此对于一个 $m\times n$ 的矩阵 $\boldsymbol{A}$，$\boldsymbol{I}_m\boldsymbol{A}=\boldsymbol{AI}_m=\boldsymbol{A}$。单位矩阵的元素 $[\boldsymbol{I}]_{i,j}=\delta_{i,j}$ 由下列 Kronecker 函数给出：

$$\delta_{ij}\equiv\begin{cases}1 & i=j\\0 & i\neq j\end{cases} \tag{A.1.15}$$

定义 A.5(转置) $n\times m$ 的矩阵 $\boldsymbol{B}$ 的转置 $\boldsymbol{B}^{\mathrm{T}}$ 是一个 $m\times n$ 的矩阵，其元素为：

$$[\boldsymbol{B}^{\mathrm{T}}]_{kj}=B_{jk};\quad k=1,\cdots,m\quad j=1,\cdots,n \tag{A.1.16}$$

有 $(\boldsymbol{B}^{\mathrm{T}})^{\mathrm{T}}=\boldsymbol{B}$，$(\boldsymbol{AB})^{\mathrm{T}}=\boldsymbol{B}^{\mathrm{T}}\boldsymbol{A}^{\mathrm{T}}$。如果矩阵 $\boldsymbol{A}$、$\boldsymbol{B}$、$\boldsymbol{C}$ 的形状使得可以计算乘积 $\boldsymbol{ABC}$，那么：

$$(\boldsymbol{ABC})^{\mathrm{T}}=\boldsymbol{C}^{\mathrm{T}}\boldsymbol{B}^{\mathrm{T}}\boldsymbol{A}^{\mathrm{T}} \tag{A.1.17}$$

当方阵 $\boldsymbol{A}$ 满足 $\boldsymbol{A}^{\mathrm{T}}=\boldsymbol{A}$ 时我们称其为对称矩阵。当方阵 $\boldsymbol{A}=\boldsymbol{A}^{\mathrm{T}*}$（其中 $*$ 代表共轭运算符）时，我们称其为自共轭矩阵。对自共轭矩阵，其特征向量是一个具有实数特征值的正交集。

定义 A.6(迹) 矩阵 $\boldsymbol{A}$ 的迹是：

$$\mathrm{trace}(\boldsymbol{A})=\sum_i A_{ii}=\sum_i \lambda_i \tag{A.1.18}$$

其中 λ_i 是 $\boldsymbol{A}$ 的特征值。

A.1.6 线性变换

如果我们定义 $\boldsymbol{u}_i$ 为除了第 i 个元素以外其余元素都为 0 的向量，那么任何一个向量 $\boldsymbol{x}$ 都可以表示为 $\boldsymbol{x}=\sum_i x_i \boldsymbol{u}_i$。从而关于 $\boldsymbol{x}$ 的线性变换可以由以下给出：

$$\boldsymbol{A}\boldsymbol{x}=\sum_i x_i \boldsymbol{A}\boldsymbol{u}_i=\sum_i x_i \boldsymbol{a}_i \tag{A.1.19}$$

其中 $\boldsymbol{a}_i$ 代表矩阵 $\boldsymbol{A}$ 的第 i 列。

旋转

单位向量 $(1,0)^{\mathrm{T}}$ 和 $(0,1)^{\mathrm{T}}$ 在旋转 $\boldsymbol{\theta}$ 度后转换为向量：

$$\begin{pmatrix}\cos\theta\\ \sin\theta\end{pmatrix},\quad \begin{pmatrix}-\sin\theta\\ \cos\theta\end{pmatrix} \tag{A.1.20}$$

从而组成旋转矩阵 $\boldsymbol{R}$ 的列：

$$\boldsymbol{R}=\begin{pmatrix}\cos\theta & -\sin\theta\\ \sin\theta & \cos\theta\end{pmatrix} \tag{A.1.21}$$

$\boldsymbol{R}$ 乘以一个向量 $\boldsymbol{x}$ 即 $\boldsymbol{R}\boldsymbol{x}$，表示将向量 $\boldsymbol{x}$ 旋转了 θ 度。

A.1.7 行列式

定义 A.7(行列式) 对于方阵 $\boldsymbol{A}$，行列式是矩阵 $\boldsymbol{A}$ 的体积的变换量(直到符号变化)。也就是说，我们取单位体积的超立方体，然后通过变换映射每一个顶点得到的最终结果对象的体积就是行列式。记 $[\boldsymbol{A}_{ij}]=a_{ij}$，

$$\det\begin{pmatrix}a_{11} & a_{12}\\ a_{21} & a_{22}\end{pmatrix}=a_{11}a_{22}-a_{21}a_{12} \tag{A.1.22}$$

$$\det\begin{pmatrix}a_{11} & a_{12} & a_{13}\\ a_{21} & a_{22} & a_{23}\\ a_{31} & a_{32} & a_{33}\end{pmatrix}=a_{11}(a_{22}a_{33}-a_{23}a_{32})-a_{12}(a_{21}a_{33}-a_{31}a_{23})+a_{13}(a_{21}a_{32}-a_{31}a_{22}) \tag{A.1.23}$$

对于 3×3 矩阵的行列式有以下形式：

$$a_{11}\det\begin{pmatrix}a_{22} & a_{23}\\ a_{32} & a_{33}\end{pmatrix}-a_{12}\det\begin{pmatrix}a_{21} & a_{23}\\ a_{31} & a_{33}\end{pmatrix}+a_{13}\det\begin{pmatrix}a_{21} & a_{22}\\ a_{31} & a_{32}\end{pmatrix} \tag{A.1.24}$$

3×3 的矩阵 $\boldsymbol{A}$ 的行列式的形式为 $(-1)^{i+1}a_{1i}\det(\boldsymbol{A}_i)$，其中 $\boldsymbol{A}_i$ 是矩阵 $\boldsymbol{A}$ 移除了第 i 行和第 i 列后剩下的 2×2 的矩阵。行列式的这种形式适用于任意维度的矩阵。也就是说，我们可以将行列式递归地定义为沿约化矩阵行列式顶行的展开式。行列式的绝对值就是变换后的体积。

$$\det(\boldsymbol{A}^{\mathrm{T}})=\det(\boldsymbol{A}) \tag{A.1.25}$$

对相同维度的矩阵 $\boldsymbol{A}$ 和 $\boldsymbol{B}$：

$$\det(\boldsymbol{A}\boldsymbol{B})=\det(\boldsymbol{A})\det(\boldsymbol{B}),\quad \det(\boldsymbol{I})=1\Rightarrow\det(\boldsymbol{A}^{-1})=1/\det(\boldsymbol{A}) \tag{A.1.26}$$

定义 A.8(正交矩阵) 当方阵 $\boldsymbol{A}$ 满足 $\boldsymbol{A}\boldsymbol{A}^{\mathrm{T}}=\boldsymbol{I}=\boldsymbol{A}^{\mathrm{T}}\boldsymbol{A}$ 时，我们称其为正交矩阵。由于行列式的性质，我们可以得到一个正交矩阵的行列式为±1，所以正交矩阵对应着一个保留体积的变换。

定义 A. 9(矩阵的秩) 对于一个 $m\times n$ 的矩阵 $\boldsymbol{X}$，$\boldsymbol{X}$ 的秩就是 $\boldsymbol{X}$ 中线性独立的列(行)的最大值。当矩阵的秩等于 min(m,n)时该矩阵为满秩矩阵，否则该矩阵为非满秩矩阵。其中我们称非满秩的方阵为奇异矩阵。

A. 1. 8 矩阵的逆

定义 A. 10(矩阵的逆) 对一个方阵，它的逆满足：

$$\boldsymbol{A}^{-1}\boldsymbol{A}=\boldsymbol{I}=\boldsymbol{A}\boldsymbol{A}^{-1} \tag{A. 1. 27}$$

当矩阵 $\boldsymbol{A}$ 是奇异矩阵时，我们不可能找到矩阵的逆 $\boldsymbol{A}^{-1}$ 满足 $\boldsymbol{A}^{-1}\boldsymbol{A}=\boldsymbol{I}$。从几何上来看，奇异矩阵对应着投影：如果我们使用 $\boldsymbol{A}\boldsymbol{v}$ 来变换一个二维超立方体 a 的每一个顶点 $\boldsymbol{v}$，那么变换后的超立方体的体积为 0。因此，如果 $\det(\boldsymbol{A})=0$，那么矩阵 $\boldsymbol{A}$ 的作用就是投影或者折叠，也就意味着 $\boldsymbol{A}$ 是奇异的。给定一个向量 $\boldsymbol{y}$ 和一个奇异变换 $\boldsymbol{A}$，该奇异变换不能够唯一确定一个 $\boldsymbol{x}$ 满足 $\boldsymbol{y}=\boldsymbol{A}\boldsymbol{x}$。假设逆矩阵存在，那么：

$$(\boldsymbol{A}\boldsymbol{B})^{-1}=\boldsymbol{B}^{-1}\boldsymbol{A}^{-1} \tag{A. 1. 28}$$

对一个非方阵矩阵 $\boldsymbol{A}$，如果 $\boldsymbol{A}\boldsymbol{A}^{\mathrm{T}}$ 是可逆的，那么右伪逆矩阵定义为：

$$\boldsymbol{A}^{\dagger}=\boldsymbol{A}^{\mathrm{T}}(\boldsymbol{A}\boldsymbol{A}^{\mathrm{T}})^{-1} \tag{A. 1. 29}$$

从而满足$\boldsymbol{A}\boldsymbol{A}^{\dagger}=\boldsymbol{I}$。左伪逆矩阵定义为：

$$\boldsymbol{A}^{\dagger}=(\boldsymbol{A}^{\mathrm{T}}\boldsymbol{A})^{-1}\boldsymbol{A}^{\mathrm{T}} \tag{A. 1. 30}$$

从而满足 $\boldsymbol{A}^{\dagger}\boldsymbol{A}=\boldsymbol{I}$。

定义 A. 11[矩阵求逆引理(Woodbury 公式)] 如果存在合适的逆满足：

$$(\boldsymbol{A}+\boldsymbol{U}\boldsymbol{V}^{\mathrm{T}})^{-1}=\boldsymbol{A}^{-1}-\boldsymbol{A}^{-1}\boldsymbol{U}(\boldsymbol{I}+\boldsymbol{V}^{\mathrm{T}}\boldsymbol{A}^{-1}\boldsymbol{U})^{-1}\boldsymbol{V}^{\mathrm{T}}\boldsymbol{A}^{-1} \tag{A. 1. 31}$$

$$\det(\boldsymbol{A}+\boldsymbol{U}\boldsymbol{V}^{\mathrm{T}})=\det(\boldsymbol{A})\det(\boldsymbol{I}+\boldsymbol{V}^{\mathrm{T}}\boldsymbol{A}^{-1}\boldsymbol{U}) \tag{A. 1. 32}$$

定义 A. 12(块矩阵的逆) 对矩阵 $\boldsymbol{A}$、$\boldsymbol{B}$、$\boldsymbol{C}$、$\boldsymbol{D}$，假设下列它们的块矩阵的逆存在：

$$\begin{bmatrix}\boldsymbol{A} & \boldsymbol{B}\\ \boldsymbol{C} & \boldsymbol{D}\end{bmatrix}^{-1}=\begin{bmatrix}(\boldsymbol{A}-\boldsymbol{B}\boldsymbol{D}^{-1}\boldsymbol{C})^{-1} & -(\boldsymbol{A}-\boldsymbol{B}\boldsymbol{D}^{-1}\boldsymbol{C})^{-1}\boldsymbol{B}\boldsymbol{D}^{-1}\\ -\boldsymbol{D}^{-1}\boldsymbol{C}(\boldsymbol{A}-\boldsymbol{B}\boldsymbol{D}^{-1}\boldsymbol{C})^{-1} & \boldsymbol{D}^{-1}\boldsymbol{C}(\boldsymbol{A}-\boldsymbol{B}\boldsymbol{D}^{-1}\boldsymbol{C})^{-1}\boldsymbol{B}\boldsymbol{D}^{-1}\end{bmatrix} \tag{A. 1. 33}$$

A. 1. 9 矩阵逆的计算

对一个 2×2 的矩阵 $\boldsymbol{A}=\begin{pmatrix}a & b\\ c & d\end{pmatrix}$，其逆矩阵为：

$$\frac{1}{ad-bc}\begin{pmatrix}d & -b\\ -c & a\end{pmatrix}=\boldsymbol{A}^{-1} \tag{A. 1. 34}$$

矩阵 $\boldsymbol{A}$ 的行列式的值为 $ad-bc$。目前有许多方法可以计算一个矩阵的逆，我们建议读者阅读更专业的资料，如[280，130]。

如果只想用代数方法求解一个线性系统 $\boldsymbol{A}\boldsymbol{x}=\boldsymbol{b}$，那么它的解为 $\boldsymbol{x}=\boldsymbol{A}^{-1}\boldsymbol{b}$。这就意味着需要计算 $n\times n$ 的矩阵 $\boldsymbol{A}^{-1}$。然而事实上，$\boldsymbol{A}^{-1}$ 并不是我们需要的，只有 $\boldsymbol{x}$ 才是我们需要的。这可以使用高斯消元法[280,130]更快速地得到精度更高的解。

A. 1. 10 特征值与特征向量

矩阵的特征向量对应着一个自然坐标系，这样可以更容易理解由矩阵 $\boldsymbol{A}$ 表示的几何变换。

定义 A.13(特征值和特征向量) 对一个 $n\times n$ 的方阵 $\boldsymbol{A}$，$\boldsymbol{e}$ 是 $\boldsymbol{A}$ 的一个特征向量，它对应的特征值 λ 满足：

$$\boldsymbol{A}\boldsymbol{e}=\lambda\boldsymbol{e} \tag{A.1.35}$$

在几何上，特征向量是一种特殊的方向，变换矩阵 $\boldsymbol{A}$ 在这个方向上的作用相当于对向量 $\boldsymbol{e}$ 进行缩放。对旋转矩阵 $\boldsymbol{R}$，通常情况下旋转不会保留方向，因此特征值和特征向量为复数[这就是傅里叶表示(一种基本旋转表示法)必然是复数的原因]。

对一个 $n\times n$ 的矩阵来说，它有 n 个特征值(包括重复的)，每一个特征值对应一个特征向量。我们将等式(A.1.35)变换为：

$$(\boldsymbol{A}-\lambda\boldsymbol{I})\boldsymbol{e}=\boldsymbol{0} \tag{A.1.36}$$

我们可以将等式(A.1.36)写为 $\boldsymbol{B}\boldsymbol{e}=\boldsymbol{0}$，其中 $\boldsymbol{B}=\boldsymbol{A}-\lambda\boldsymbol{I}$。如果 $\boldsymbol{B}$ 有逆矩阵，那么就有解 $\boldsymbol{e}=\boldsymbol{B}^{-1}\boldsymbol{0}=\boldsymbol{0}$，正好满足零解的特征方程。为了使方程 $\boldsymbol{B}\boldsymbol{e}=\boldsymbol{0}$ 有非零解，我们需要 $\boldsymbol{B}$ 为非奇异矩阵。这等价于 $\boldsymbol{B}$ 的行列式为 0。因此如果 λ 为 $\boldsymbol{A}$ 的特征值，那么：

$$\det(\boldsymbol{A}-\lambda\boldsymbol{I})=0 \tag{A.1.37}$$

这被称为特征方程。这个行列式方程是一个带有 λ 未知数的 n 阶多项式，得到的方程称为特征多项式。一旦我们找到了一个特征值，它对应的特征向量可以通过将该值赋值给式(A.1.35)中的 λ 然后求解关于 $\boldsymbol{e}$ 的线性方程求出。对一个特征值 λ，它所对应的特征向量可能不是唯一的，而是一个特征向量空间。一个关于行列式和特征值的重要关系是：

$$\det(\boldsymbol{A})=\prod_{i=1}^{n}\lambda_i \tag{A.1.38}$$

如果一个矩阵有特征值等于 0，那么它是奇异矩阵。一个矩阵的迹可以由以下公式计算：

$$\operatorname{trace}(\boldsymbol{A})=\sum_i\lambda_i \tag{A.1.39}$$

对一个实对称矩阵 $\boldsymbol{A}=\boldsymbol{A}^{\mathrm{T}}$，它的任意两个不同特征向量 $\boldsymbol{e}^i$ 和 $\boldsymbol{e}^j$，都满足 $(\boldsymbol{e}^i)^{\mathrm{T}}\boldsymbol{e}^j=0$。证明如下：

$$\boldsymbol{A}\boldsymbol{e}^i=\lambda_i\boldsymbol{e}^i\Rightarrow(\boldsymbol{e}^j)^{\mathrm{T}}\boldsymbol{A}\boldsymbol{e}^i=\lambda_i(\boldsymbol{e}^j)^{\mathrm{T}}\boldsymbol{e}^i \tag{A.1.40}$$

由于 $\boldsymbol{A}$ 是对称的，所以：

$$((\boldsymbol{e}^j)^{\mathrm{T}}\boldsymbol{A})\boldsymbol{e}^i=(\boldsymbol{A}\boldsymbol{e}^j)^{\mathrm{T}}\boldsymbol{e}^i=\lambda_j(\boldsymbol{e}^j)^{\mathrm{T}}\boldsymbol{e}^i\Rightarrow\lambda_i(\boldsymbol{e}^j)^{\mathrm{T}}\boldsymbol{e}^i=\lambda_j(\boldsymbol{e}^j)^{\mathrm{T}}\boldsymbol{e}^i \tag{A.1.41}$$

如果 $\lambda_i\neq\lambda_j$，那么只有在 $(\boldsymbol{e}^i)^{\mathrm{T}}\boldsymbol{e}^j=0$ 的条件下上述条件才成立，也就是说特征向量是相互正交的。

定义 A.14(迹-对数公式) 对正定矩阵 $\boldsymbol{A}$，

$$\operatorname{trace}(\log\boldsymbol{A})\equiv\log\det(\boldsymbol{A}) \tag{A.1.42}$$

需要注意的是，上述矩阵对数并不是对矩阵每个元素取对数。在 MATLAB 中，可以使用 `logm` 函数。通常情况下，对解析函数 $f(x)$，$f(\boldsymbol{M})$ 是通过函数幂级数展开来定义的。对式子右端，由于 $\det(\boldsymbol{A})$ 是一个标量，所以对数是一个标量的标准对数。

A.1.11 矩阵分解

定义 A.15(谱分解) 一个 $n\times n$ 的实对称矩阵的特征分解为：

$$\boldsymbol{A}=\sum_{i=1}^{n}\lambda_i\boldsymbol{e}_i\boldsymbol{e}_i^{\mathrm{T}} \tag{A.1.43}$$

其中 λ_i 是特征向量 $\boldsymbol{e}_i$ 对应的特征值并且特征向量组成一个正交集，

$$(\boldsymbol{e}^i)^{\mathrm{T}}\boldsymbol{e}^j=\delta_{ij}(\boldsymbol{e}^i)^{\mathrm{T}}\boldsymbol{e}^i \tag{A.1.44}$$

表示为矩阵是：

$$\boldsymbol{A}=\boldsymbol{E\Lambda E}^{\mathrm{T}} \tag{A.1.45}$$

其中 $\boldsymbol{E}=[\boldsymbol{e}^1,\cdots,\boldsymbol{e}^n]$是特征向量组成的矩阵，$\boldsymbol{\Lambda}$ 是对应的对角特征值矩阵。更一般地，对于一个非对称对角方阵 $\boldsymbol{A}$ 我们有：

$$\boldsymbol{A}=\boldsymbol{E\Lambda E}^{-1} \tag{A.1.46}$$

定义 A. 16(奇异值分解)　$n\times p$ 的矩阵 $\boldsymbol{X}$ 的奇异值分解是：

$$\boldsymbol{X}=\boldsymbol{USV}^{\mathrm{T}} \tag{A.1.47}$$

其中 $\boldsymbol{U}$ 的维度为 $n\times n$ 并且 $\boldsymbol{U}^{\mathrm{T}}\boldsymbol{U}=\boldsymbol{I}_n$。$\boldsymbol{V}$ 的维度为 $p\times p$ 并且 $\boldsymbol{V}^{\mathrm{T}}\boldsymbol{V}=\boldsymbol{I}_p$。

矩阵 $\boldsymbol{S}$ 是维度为 $n\times p$ 的对角矩阵。奇异值是矩阵 $\boldsymbol{S}$ 的对角元素$[\boldsymbol{S}]_{ii}$ 并且为非负数。对奇异值进行排序，使 $\boldsymbol{S}$ 的左上对角线元素为最大的奇异值，并且如果 $i<j$ 那么 $S_{ii}\geqslant S_{jj}$。假设 $\boldsymbol{n}<\boldsymbol{p}$(否则翻转 $\boldsymbol{X}$)，那么奇异值分解的计算复杂度为 $O(4n^2p+8np^2+9n^3)$[130]。对 $\boldsymbol{n}>\boldsymbol{p}$ 的“瘦”奇异值进行分解，只需计算 $\boldsymbol{U}$ 和 $\boldsymbol{S}$ 的前 p 列并进行分解：

$$\boldsymbol{X}=\boldsymbol{U}_p\boldsymbol{S}_p\boldsymbol{V}^{\mathrm{T}} \tag{A.1.48}$$

其中 $\boldsymbol{U}_p$ 的维度为 $n\times p$，$\boldsymbol{S}_p$ 是一个 $p\times p$ 的奇异值对角矩阵。

定义 A. 17(二次型)

$$\boldsymbol{x}^{\mathrm{T}}\boldsymbol{Ax}+\boldsymbol{x}^{\mathrm{T}}\boldsymbol{b} \tag{A.1.49}$$

定义 A. 18(正定矩阵)　如果一个对称矩阵 $\boldsymbol{A}$ 对所有的向量 $\boldsymbol{x}$ 都有 $\boldsymbol{x}^{\mathrm{T}}\boldsymbol{Ax}\geqslant 0$，那么我们称这个矩阵为半正定的。如果一个对称矩阵 $\boldsymbol{A}$ 对所有非零向量 $\boldsymbol{x}$ 都有 $\boldsymbol{x}^{\mathrm{T}}\boldsymbol{Ax}>0$，那么我们称这个矩阵为正定的。一个正定矩阵一定是满秩的，因此一定是可逆的。对 $\boldsymbol{A}$ 进行特征分解：

$$\boldsymbol{x}^{\mathrm{T}}\boldsymbol{Ax}=\sum_i\lambda_i\boldsymbol{x}^{\mathrm{T}}\boldsymbol{e}^i(\boldsymbol{e}^i)^{\mathrm{T}}\boldsymbol{x}=\sum_i\lambda_i(\boldsymbol{x}^{\mathrm{T}}\boldsymbol{e}^i)^2 \tag{A.1.50}$$

当且仅当所有特征值大于 0 时上式大于 0。因此当且仅当 $\boldsymbol{A}$ 的所有特征值都为正时，矩阵为正定矩阵。

特征函数

$$\int_x K(x',x)\phi_a(x)=\lambda_a\phi_a(x') \tag{A.1.51}$$

实对称核 $K(x',x)=K(x,x')$的特征函数是正交的：

$$\int_x \phi_a(x)\phi_b^*(x)=\delta_{ab} \tag{A.1.52}$$

其中 $\phi^*(x)$是 $\phi(x)$的复共轭。一个核是可以分解的(前提是特征值是可数的)：

$$K(x^i,x^j)=\sum_\mu\lambda_\mu\phi_\mu(x^i)\phi_\mu^*(x^j) \tag{A.1.53}$$

然后：

$$\begin{aligned}\sum_{i,j}y_iK(x^i,x^j)y_j&=\sum_{i,j,\mu}\lambda_\mu y_i\phi_\mu(x^i)\phi_\mu^*(x^j)y_j\\&=\sum_\mu\lambda_\mu\underbrace{\Big(\sum_i y_i\phi_\mu(x^i)\Big)}_{z_i}\underbrace{\Big(\sum_i y_i\phi_\mu^*(x^i)\Big)}_{z_i^*}\end{aligned} \tag{A.1.54}$$

如果所有特征值都为正那么上式大于 0(因为对于复数 z，$zz^* \geqslant 0$)。如果特征值是不可数的，那么核函数的分解是：

$$K(x^i, x^j) = \int \lambda(s) \phi(x^i, s) \phi^*(x^j, s) \mathrm{d}s \tag{A.1.55}$$

A.2 多元微积分

定义 A.19(偏导数) 考虑一个 n 变量的函数 $f(x_1, x_2, \cdots, x_n) \equiv f(\boldsymbol{x})$。函数 f 关于 x_i 的偏导数(如果存在)可以定义为以下极限：

$$\frac{\partial f}{\partial x_i} = \lim_{h \to 0} \frac{f(x_1, \cdots, x_{i-1}, x_i + h, x_{i+1}, \cdots, x_n) - f(\boldsymbol{x})}{h} \tag{A.2.1}$$

f 的梯度向量表示为 $\boldsymbol{\nabla} f$ 或者 $\boldsymbol{g}$：

$$\boldsymbol{\nabla} f(\boldsymbol{x}) \equiv \boldsymbol{g}(\boldsymbol{x}) \equiv \begin{pmatrix} \frac{\partial f}{\partial x_1} \\ \vdots \\ \frac{\partial f}{\partial x_n} \end{pmatrix} \tag{A.2.2}$$

梯度的几何意义见图 A.4。椭圆是常量函数 $f(\boldsymbol{x}) = C$ 的轮廓。在任一点 $\boldsymbol{x}$，梯度向量 $\boldsymbol{\nabla} f(\boldsymbol{x})$ 指向函数最大增加的方向。

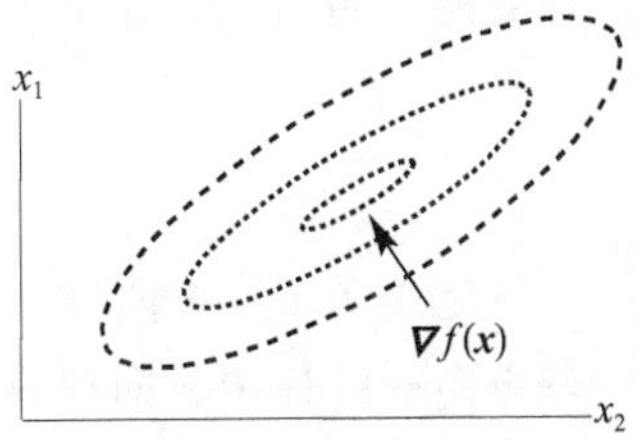

图 A.4 梯度的几何解释

A.2.1 梯度向量

考虑一个自变量为向量 $\boldsymbol{x}$ 的函数 $f(\boldsymbol{x})$。我们研究当向量 $\boldsymbol{x}$ 微小增加($\boldsymbol{x} \to \boldsymbol{x} + \boldsymbol{\delta}$，其中 $\boldsymbol{\delta}$ 为一个长度非常小的向量)时函数的变化量。根据泰勒展开，函数 f 变为：

$$f(\boldsymbol{x} + \boldsymbol{\delta}) = f(\boldsymbol{x}) + \sum_i \delta_i \frac{\partial f}{\partial x_i} + O(\delta^2) \tag{A.2.3}$$

我们可以将上述求和解释为向量 $\boldsymbol{\nabla} f(x)$ 和 $\boldsymbol{\delta}$ 的点积，其中 $|\boldsymbol{\nabla} f|_i = \frac{\partial f}{\partial x_i}$，有：

$$f(\boldsymbol{x} + \delta) = f(\boldsymbol{x}) + (\boldsymbol{\nabla} f) \cdot \delta + O(\delta^2) \tag{A.2.4}$$

梯度所指向的方向就是函数增长最快的方向。要弄清这一点，考虑方向 $\hat{\boldsymbol{p}}$(一个单位向量)。然后沿这个方向移动 δ 个单位后函数值将变为：

$$f(\boldsymbol{x} + \delta \hat{\boldsymbol{p}}) \approx f(\boldsymbol{x}) + \delta\, \boldsymbol{\nabla} f(\boldsymbol{x}) \cdot \hat{\boldsymbol{p}} \tag{A.2.5}$$

函数具有最大变化的方向 $\boldsymbol{p}$ 是使重叠最大化的方向，重叠为：

$$\boldsymbol{\nabla} f(\boldsymbol{x}) \cdot \hat{\boldsymbol{p}} = |\boldsymbol{\nabla} f(\boldsymbol{x})| |\hat{\boldsymbol{p}}| \cos\theta = |\boldsymbol{\nabla} f(\boldsymbol{x})| \cos\theta \tag{A.2.6}$$

其中 θ 为 $\boldsymbol{\nabla} f(\boldsymbol{x})$ 和 $\hat{\boldsymbol{p}}$ 之间的夹角。当 $\theta = 0$ 时，重叠值最大，此时 $\hat{\boldsymbol{p}} = \boldsymbol{\nabla} f(x) / |\boldsymbol{\nabla} f(x)|$。因此，函数变化最快的方向就是沿着 $\boldsymbol{\nabla} f(x)$ 的方向。

A.2.2 高阶导数

一个 n 变量的函数的二阶导数有以下定义：

$$\frac{\partial}{\partial x_i}\left(\frac{\partial f}{\partial x_j}\right) \quad i=1,\cdots,n;\quad j=1,\cdots,n \tag{A.2.7}$$

上式通常写为：

$$\frac{\partial^2 f}{\partial x_i \partial x_j},\quad i\neq j \quad \frac{\partial^2 f}{\partial x_i^2},\quad i=j \tag{A.2.8}$$

如果偏导$\partial^2 f/\partial x_i \partial x_j$和$\partial^2 f/\partial x_j \partial x_i$存在，那么：

$$\partial^2 f/\partial x_i \partial x_j = \partial^2 f/\partial x_j \partial x_i \tag{A.2.9}$$

上式也可以写为$\boldsymbol{\nabla}\boldsymbol{\nabla} f$。那些 n 元函数的二次偏导可以用一种对称方阵 $f(x)$来表示，其名为黑塞矩阵：

$$\boldsymbol{H}_f(\boldsymbol{x})=\begin{bmatrix} \frac{\partial^2 f}{\partial x_1^2} & \cdots & \frac{\partial^2 f}{\partial x_1 \partial x_n} \\ \vdots & & \vdots \\ \frac{\partial^2 f}{\partial x_1 \partial x_n} & \cdots & \frac{\partial^2 f}{\partial x_n^2} \end{bmatrix} \tag{A.2.10}$$

定义 A.20(链式法则)　假设任意 x_j 都可以被 $u_1,\cdots,u_m$ 参数化，即 $x_j=x_j(u_1,\cdots,u_m)$：

$$\frac{\partial f}{\partial u_\alpha}=\sum_{j=1}^{n}\frac{\partial f}{\partial x_j}\frac{\partial x_j}{\partial u_\alpha} \tag{A.2.11}$$

或者用向量表示：

$$\frac{\partial}{\partial u_\alpha} f(\boldsymbol{x}(\boldsymbol{u}))=\boldsymbol{\nabla} f^{\mathrm{T}}(\boldsymbol{x}(\boldsymbol{u}))\frac{\partial \boldsymbol{x}(\boldsymbol{u})}{\partial u_\alpha} \tag{A.2.12}$$

定义 A.21(方向导数)　假设 f 是可微的。我们定义 f 的$(D_v f)(\boldsymbol{x}^*)$为在点 $\boldsymbol{x}^*$ 沿着方向$\boldsymbol{v}$ 的标量方向导数。令 $\boldsymbol{x}=\boldsymbol{x}^*+h\boldsymbol{v}$，那么：

$$(D_v f)(\boldsymbol{x}^*)=\frac{\mathrm{d}}{\mathrm{d}h} f(\boldsymbol{x}^*+h\boldsymbol{v})\Big|_{h=0}=\sum_j v_j \frac{\partial f}{\partial x_j}\Big|_{\boldsymbol{x}=\boldsymbol{x}^*}=\boldsymbol{\nabla} f^{\mathrm{T}}\boldsymbol{v} \tag{A.2.13}$$

A.2.3　矩阵微积分

定义 A.22(矩阵迹的导数)　对矩阵 $\boldsymbol{A}$ 和 $\boldsymbol{B}$，

$$\frac{\partial}{\partial \boldsymbol{A}}\mathrm{trace}(\boldsymbol{AB})\equiv \boldsymbol{B}^{\mathrm{T}} \tag{A.2.14}$$

定义 A.23(矩阵对数-行列式的导数)　log det($\boldsymbol{A}$)的导数是：

$$\partial \log\det(\boldsymbol{A})=\partial \mathrm{trace}(\log \boldsymbol{A})=\mathrm{trace}(\boldsymbol{A}^{-1}\partial \boldsymbol{A}) \tag{A.2.15}$$

因此，

$$\frac{\partial}{\partial \boldsymbol{A}}\log\det(\boldsymbol{A})=\boldsymbol{A}^{-\mathrm{T}} \tag{A.2.16}$$

定义 A.24(矩阵逆的导数)　对一个可逆矩阵 $\boldsymbol{A}$，

$$\partial \boldsymbol{A}^{-1}\equiv -\boldsymbol{A}^{-1}\partial \boldsymbol{A}\boldsymbol{A}^{-1} \tag{A.2.17}$$

A.3 不等式

A.3.1 凸性

定义 A.25(凸函数) 一个函数 $f(x)$为凸函数，当且仅当对任意 $\boldsymbol{x}$、$\boldsymbol{y}$ 和 $0\leqslant\boldsymbol{\lambda}\leqslant1$ 有：

$$f(\lambda x+(1-\lambda)y)\leqslant\lambda f(x)+(1-\lambda)f(y) \tag{A.3.1}$$

如果 $-f(x)$是凸函数，那么 $f(x)$为凹函数。

一种直观的解释是考虑 $\lambda x+(1-\lambda)y$。当我们将 λ 从 0 变化到 1 时，该点的轨迹在 $x(\lambda=0)$和 $y(\lambda=1)$之间。因此当 $\lambda=0$ 时，我们从点$(x,f(x))$开始；当 λ 变大时，我们跟踪点的轨迹，最终得到一个指向当 $\lambda=1$ 时的点$(y,f(y))$的直线。凸性就是说 $f(x)$总是位于这条直线的下方。在几何上，这就意味着函数 $f(x)$总是非递减的。因此如果 $\mathrm{d}^2f(x)/\mathrm{d}x^2\geqslant0$，那么该函数为凸函数。例如，函数 $\log x$ 是凹性的，因为其二次导数为负数：

$$\frac{\mathrm{d}}{\mathrm{d}x}\log x=\frac{1}{x},\quad \frac{\mathrm{d}^2}{\mathrm{d}x^2}\log x=-\frac{1}{x^2} \tag{A.3.2}$$

A.3.2 Jensen 不等式

对一个凸函数 $f(x)$以及任意分布 $p(x)$，由凸函数的定义我们有：

$$f(\langle x\rangle_{p(x)})\leqslant\langle f(x)\rangle_{p(x)} \tag{A.3.3}$$

A.4 优化

定义 A.26(临界点) 当在一点的所有一阶导数全为 0 时(即$\nabla f=\mathbf{0}$)，我们称这一点为驻点或临界点。一个临界点可以为函数的极小值点，极大值点或者为鞍点。

若点 $\boldsymbol{x}^*$ 周围的所有点 $\boldsymbol{x}$ 都满足 $f(\boldsymbol{x}^*)\leqslant f(\boldsymbol{x})$，那么这个点为极小值点。极小值点需要 $\boldsymbol{x}^*$ 为驻点且$\nabla f(\boldsymbol{x}^*)=\mathbf{0}$。函数 $f(\boldsymbol{x})$在最优点的泰勒展开式为：

$$f(\boldsymbol{x}^*+h\boldsymbol{v})=f(\boldsymbol{x}^*)+\frac{1}{2}h^2\boldsymbol{v}^{\mathrm{T}}\boldsymbol{H}_f\boldsymbol{v}+O(h^3) \tag{A.4.1}$$

因此极小值的条件为 $\boldsymbol{v}^{\mathrm{T}}\boldsymbol{H}_f\boldsymbol{v}\geqslant0$，即黑塞矩阵为半正定矩阵。

定义 A.27(极小值的条件) 点 $\boldsymbol{x}^*$ 为极小值点的充分条件为(i) $\nabla f(\boldsymbol{x}^*)=\mathbf{0}$ 以及(ii) $\boldsymbol{H}_f(\boldsymbol{x}^*)$为正定矩阵。

对一个二次函数 $f(\boldsymbol{x})=\boldsymbol{x}^{\mathrm{T}}\boldsymbol{A}\boldsymbol{x}-\boldsymbol{b}^{\mathrm{T}}\boldsymbol{x}+c$，当 $\boldsymbol{A}$ 为对称矩阵时条件$\nabla f(\boldsymbol{x}^*)=\mathbf{0}$
等价于：

$$\boldsymbol{A}\boldsymbol{x}^*-\boldsymbol{b}=0 \tag{A.4.2}$$

如果 $\boldsymbol{A}$ 为可逆矩阵，那么该方程有唯一解 $\boldsymbol{x}^*=\boldsymbol{A}^{-1}\boldsymbol{b}$。如果 $\boldsymbol{A}$ 为一个正定矩阵，那么 $\boldsymbol{x}^*$ 对应一个极小值点。

A.5　多元优化

在大多数情况下函数最优值不能够单独由代数方法求解出，这就意味着我们还需要其他的数值方法。这里我们考虑的搜索技术是迭代的，即我们通过一系列步骤不断逼近极小值点 $\boldsymbol{x}^*$。也许逼近一个多元函数 $f(\boldsymbol{x})$的极小值点的最简单的方法就是将问题分解为一系列的一维问题。随机初始化 $\boldsymbol{x}$ 的值，然后在固定其他变量的情况下选取 $\boldsymbol{x}$ 中的一个变量进行更新。这种协调优化通过一维最小化序列使函数值逐渐变小。虽然这样一个过程很简单，但在高维上效率很低，特别是当 $\boldsymbol{x}$ 的变量之间存在强相关性时。因此，使用考虑到目标局部几何关系的基于梯度的方法将会更好。我们试着考虑一类基于梯度的迭代方法，在第 k 步，我们沿方向 $\boldsymbol{p}_k$ 移动 α_k 步：

$$\boldsymbol{x}_{k+1}=\boldsymbol{x}_k+\alpha_k\boldsymbol{p}_k \tag{A.5.1}$$

A.5.1　固定步长的梯度下降方法

局部地，如果我们位于点 $\boldsymbol{x}_k$，则可以通过往方向 $-\boldsymbol{g}(\boldsymbol{x})$移动一步来减小 $f(\boldsymbol{x})$。为了理解为什么梯度下降是有效的，在此我们考虑一般更新：

$$\boldsymbol{x}_{k+1}=\boldsymbol{x}_k-\alpha\,\boldsymbol{\nabla}_x f \tag{A.5.2}$$

对值较小的 $\boldsymbol{\alpha}$，我们可以使用泰勒公式在点 $\boldsymbol{x}_k$ 附近展开 f：

$$f(\boldsymbol{x}_k+\alpha_k\boldsymbol{p}_k)\approx f(\boldsymbol{x}_k)-\alpha\|\boldsymbol{\nabla}_x f\| \tag{A.5.3}$$

因此 f 的增量为 $\Delta f=-\alpha\|\boldsymbol{\nabla}_x f\|^2$。如果 $\boldsymbol{\alpha}$ 为非无穷小，那么我们总是有可能越过真正的最小值。所以我们使 η 非常小来防止这种情况，但这就意味着优化过程需要很长时间来达到最小值。一个能够提高梯度下降收敛的简单方法是在每一次迭代中包含一定比例的上次迭代变化值，即 $\boldsymbol{p}_k=-\boldsymbol{g}_k-\beta\boldsymbol{g}_{k-1}$，其中 $\boldsymbol{\beta}$ 为动量系数。

梯度下降的一个不好的方面是函数值的变化取决于坐标系。考虑一个用于可逆方阵 $\boldsymbol{M}$ 的新坐标系 $\boldsymbol{x}=\boldsymbol{M}\boldsymbol{y}$。定义 $\hat{f}(\boldsymbol{y})\equiv f(\boldsymbol{x})$。然后，在梯度更新下函数 $\hat{f}$ 的变化是：

$$\Delta\hat{f}\equiv\hat{f}(\boldsymbol{y}-\alpha\,\boldsymbol{\nabla}_y\hat{f})-\hat{f}(\boldsymbol{y})\approx-\alpha\|\boldsymbol{\nabla}_y\hat{f}\|^2 \tag{A.5.4}$$

在原来的坐标系中，$\boldsymbol{x}$ 的变化为：

$$\Delta\boldsymbol{x}=-\alpha\,\boldsymbol{\nabla}_x f$$

由于$\boldsymbol{\nabla}_y\hat{f}=\boldsymbol{M}^{\mathrm{T}}\boldsymbol{\nabla}_x f(\boldsymbol{x})$，因此把 $\boldsymbol{y}$ 的变化转化成 $\boldsymbol{x}$ 的变化，我们可得：

$$\boldsymbol{M}\Delta\boldsymbol{y}=-\alpha\boldsymbol{M}\boldsymbol{M}^{\mathrm{T}}\boldsymbol{\nabla}_x f(\boldsymbol{x})$$

除非 $\boldsymbol{M}\boldsymbol{M}^{\mathrm{T}}=\boldsymbol{I}$，否则上式不会等于 $\Delta\boldsymbol{x}$。同样，函数值的变化是：

$$\Delta\hat{f}=-\alpha\,\boldsymbol{\nabla}_x f(\boldsymbol{x})^{\mathrm{T}}\boldsymbol{M}\boldsymbol{M}^{\mathrm{T}}\boldsymbol{\nabla}_x f(\boldsymbol{x}) \tag{A.5.5}$$

除非 $\boldsymbol{M}$ 为正交矩阵，否则上式与 $\Delta f=-\alpha\|\boldsymbol{\nabla}_x f\|^2$ 不等。

A.5.2　线性搜索的梯度下降

梯度下降思想的一个延伸是沿着最陡峭的方向下降，其由梯度 $\boldsymbol{g}$ 表示，用于计算在该方向上移动时能够最大减少 f 的步长的值。这个包括了解决关于 $\boldsymbol{\alpha}_k$ 的函数 $f(\boldsymbol{x}_k+\boldsymbol{\alpha}_k\boldsymbol{g}_k)$ 的最小化的一维问题，其被熟知为线性搜索(如图 A.5 所示)。为找到在第 k 步时的最优步长，我们选择 $\boldsymbol{\alpha}_k$ 来最小化 $f(\boldsymbol{x}_k+\boldsymbol{\alpha}_k\boldsymbol{p}_k)$。因此设 $F(\lambda)=f(\boldsymbol{x}_k+\lambda\boldsymbol{p}_k)$，到这一步我们就来解决关于 $F(\lambda)$的一维最小化问题。所以我们选择的 $\boldsymbol{\alpha}_k=\lambda^*$ 要满足 $F'(\boldsymbol{\alpha}_k)=0$。就有：

$$F'(\alpha_k)=\frac{\mathrm{d}}{\mathrm{d}h}F(\alpha_k+h)_{|h=0}=\frac{\mathrm{d}}{\mathrm{d}h}f(\boldsymbol{x}_k+\alpha_k\boldsymbol{p}_k+h\boldsymbol{p}_k)_{|h=0}$$
$$=\frac{\mathrm{d}}{\mathrm{d}h}f(\boldsymbol{x}_{k+1}+h\boldsymbol{p}_k)_{|h=0}=(D_{\boldsymbol{p}_k}f)(\boldsymbol{x}_{k+1})=\boldsymbol{\nabla}f^{\mathrm{T}}(\boldsymbol{x}_{k+1})\boldsymbol{p}_k \tag{A.5.6}$$

因此 $F'(\boldsymbol{\alpha}_k)=0$ 意味着在搜索方向的方向导数必须在新点消失并且还意味着 $0=\boldsymbol{g}_{k+1}^{\mathrm{T}}\boldsymbol{p}_k$。如果选择的步长能够在该方向上尽量减少 f 的值，那么此时沿该方向移动，就不能进一步减小 E 的值。因此，下一步将不会考虑该方向并且应该与该方向垂直。这会导致优化过程中出现锯齿状。

图 A.5 采用沿着最陡峭的下降方向的线性搜索方法进行优化。沿着一点的最速降方向(在该方向持续有限的时间)并不会总是以最快的方法到达最低点

A.5.3 使用线性搜索最小化二次函数

考虑最小化二次函数：

$$f(\boldsymbol{x})=\frac{1}{2}\boldsymbol{x}^{\mathrm{T}}\boldsymbol{A}\boldsymbol{x}-\boldsymbol{b}^{\mathrm{T}}\boldsymbol{x}+c \tag{A.5.7}$$

其中 $\boldsymbol{A}$ 是正定且对称的。尽管我们使用线性代数就可以得到这个函数的最小值，但是我们希望将这个函数视为复杂函数的雏形。当我们“放大”平滑函数的最小值时，它将越来越像二次曲线。因此，在如此小的尺度下，适用于二次情形的方法应该也能在一般平滑函数中起作用。如果一般函数在较大范围内看起来大致呈二次型图像，那么这些方法在这种情况下也能很好地工作。一种方法是沿着一个特定方向 $\boldsymbol{p}$ 搜索，然后找到沿着这个方向的最小值。然后我们可以通过尝试其他方向来搜索一个更深的最小值。也就是说，我们可以首先沿着直线 $\boldsymbol{x}+\lambda\boldsymbol{p}$ 搜索，使得函数达到最小值。这就有：

$$\lambda=\frac{(\boldsymbol{b}-\boldsymbol{A}\boldsymbol{x})\cdot\boldsymbol{p}}{\boldsymbol{p}^{\mathrm{T}}\boldsymbol{A}\boldsymbol{p}}=\frac{-\boldsymbol{\nabla}f(\boldsymbol{x})\cdot\boldsymbol{p}}{\boldsymbol{p}^{\mathrm{T}}\boldsymbol{A}\boldsymbol{p}} \tag{A.5.8}$$

我们应该如何选择下个线性搜索反向 $\boldsymbol{p}^{\mathrm{new}}$ 呢？似乎根据 $\boldsymbol{p}^{\mathrm{new}}=-\boldsymbol{\nabla}f(x)$ 选择连续的线性搜索方向 $\boldsymbol{p}$ 是明智的，所以我们每次都将沿最陡下降线最小化函数。然而根据图 A.5，这通常不是最好的选择。如果矩阵 $\boldsymbol{A}$ 为对角矩阵，那么最小化是直截了当的，并且可以针对每个维度独立地执行。因此，如果我们能够找到满足 $\boldsymbol{P}^{\mathrm{T}}\boldsymbol{A}\boldsymbol{P}$ 为对角矩阵的可逆矩阵 $\boldsymbol{P}$，那么解决方案就会很容易，因为：

$$\hat{f}(\hat{\boldsymbol{x}})=\frac{1}{2}\hat{\boldsymbol{x}}^{\mathrm{T}}\boldsymbol{P}^{\mathrm{T}}\boldsymbol{A}\boldsymbol{P}\hat{\boldsymbol{x}}-\boldsymbol{b}^{\mathrm{T}}\boldsymbol{P}\hat{\boldsymbol{x}}+c \tag{A.5.9}$$

当 $\boldsymbol{x}=\boldsymbol{P}\hat{\boldsymbol{x}}$ 时，我们可以分别计算 $\hat{\boldsymbol{x}}$ 的每个维度的最小值，再转换为 $\boldsymbol{x}^*=\boldsymbol{P}\hat{\boldsymbol{x}}^*$。这种矩阵 $\boldsymbol{P}$ 的列向量称为共轭向量。

定义 A.28(共轭向量) 当且仅当对任意 $i,j=1,\cdots,k$ 且 $i\neq j$，满足

$$\boldsymbol{p}_i^{\mathrm{T}}\boldsymbol{A}\boldsymbol{p}_j=0 \text{ 和 } \boldsymbol{p}_i^{\mathrm{T}}\boldsymbol{A}\boldsymbol{p}_i>0 \tag{A.5.10}$$

时，向量 $\boldsymbol{p}_i(i=1,\cdots,k)$ 为矩阵 $\boldsymbol{A}$ 的共轭向量。

上述的两个条件保证了共轭向量之间是线性无关的。假设：

$$\mathbf{0}=\sum_{j=1}^{k}\alpha_j\boldsymbol{p}_j=\sum_{j=1}^{i-1}\alpha_j\boldsymbol{p}_j+\alpha_i\boldsymbol{p}_i+\sum_{j=i+1}^{k}\alpha_j\boldsymbol{p}_j \tag{A.5.11}$$

在上式左边乘上一个 $\boldsymbol{p}_i^{\mathrm{T}}\boldsymbol{A}$ 得到 $0=\alpha_i\boldsymbol{p}_i^{\mathrm{T}}\boldsymbol{A}\boldsymbol{p}_i$。因为 $\boldsymbol{\alpha}_i\boldsymbol{p}_i^{\mathrm{T}}\boldsymbol{A}\boldsymbol{p}_i>0$，所以我们有 $\alpha_i=0$。由于我们可以推广到任意 $i=1,\cdots,k$，所以 α_i 恒为零。

A.5.4 施密特正交化构造共轭向量

假设我们已经有 $\boldsymbol{k}$ 个共轭向量 $\boldsymbol{p}_1,\cdots,\boldsymbol{p}_k$，然后设 $\boldsymbol{v}$ 为与 $\boldsymbol{p}_1,\cdots,\boldsymbol{p}_k$ 都线性无关的向量。然后我们对其进行施密特正交化(Gram-Schmidt procedure)：

$$\boldsymbol{p}_{k+1}=\boldsymbol{v}-\sum_{j=1}^{k}\frac{\boldsymbol{p}_j^{\mathrm{T}}\boldsymbol{A}\boldsymbol{v}}{\boldsymbol{p}_j^{\mathrm{T}}\boldsymbol{A}\boldsymbol{p}_j}\boldsymbol{p}_j \tag{A.5.12}$$

其中如果 $\boldsymbol{A}$ 为正定矩阵，那么很明显能得到向量 $\boldsymbol{p}_1,\cdots,\boldsymbol{p}_{k+1}$ 为共轭向量。我们可以通过以下步骤将 n 个共轭向量组合成一个正定矩阵：首先我们有 n 个线性无关的向量 $\boldsymbol{u}_1,\cdots,\boldsymbol{u}_n$；然后我们设 $\boldsymbol{p}_1=\boldsymbol{u}_1$，通过公式(A.5.12)和已知的 $\boldsymbol{p}_1$、$\boldsymbol{v}=\boldsymbol{u}_2$ 来计算得到 $\boldsymbol{p}_2$；之后设 $\boldsymbol{v}=\boldsymbol{u}_3$，并通过 $\boldsymbol{p}_1$、$\boldsymbol{p}_2$ 来计算 $\boldsymbol{p}_3$；重复上述步骤，我们最终会得到 n 个共轭向量。注意，在该过程的每个阶段，向量 $\boldsymbol{u}_1,\cdots,\boldsymbol{u}_n$ 与向量 $\boldsymbol{p}_1,\cdots,\boldsymbol{p}_n$ 跨越相同的子空间。

A.5.5 共轭向量算法

假设当最小化 $f(\boldsymbol{x})=\dfrac{1}{2}\boldsymbol{x}^{\mathrm{T}}\boldsymbol{A}\boldsymbol{x}-\boldsymbol{b}^{\mathrm{T}}\boldsymbol{x}+c$ 时，我们首先构造 $\boldsymbol{A}$ 的 n 个共轭向量 $\boldsymbol{p}_1,\cdots,\boldsymbol{p}_n$ 来作为我们的搜索方向。由这个可以得到我们的迭代解的形式为：

$$\boldsymbol{x}_{k+1}=\boldsymbol{x}_k+\alpha_k\boldsymbol{p}_k \tag{A.5.13}$$

在每一步中，我们采用线性搜索来选择 α_k：

$$\alpha_k=-\frac{\boldsymbol{p}_k^{\mathrm{T}}\boldsymbol{g}_k}{\boldsymbol{p}_k^{\mathrm{T}}\boldsymbol{A}\boldsymbol{p}_k} \tag{A.5.14}$$

该共轭向量算法具有的几何性质不仅能够解释在新点上沿着方向 $\boldsymbol{p}_k$ 的方向为 0，并且沿着以前的搜索方向 $\boldsymbol{p}_1,\cdots,\boldsymbol{p}_k$ 也为 0，这个性质就是著名的 Luenberger 扩展子空间理论。特别地，$\boldsymbol{\nabla}f^{\mathrm{T}}(\boldsymbol{x}_{n+1})\boldsymbol{p}_i=0(\boldsymbol{i}=1,\cdots,\boldsymbol{n})$等价于：

$$\boldsymbol{\nabla}f^{\mathrm{T}}(\boldsymbol{x}_{n+1})(\boldsymbol{p}_1,\boldsymbol{p}_2,\cdots,\boldsymbol{p}_n)=\mathbf{0} \tag{A.5.15}$$

由于 $\boldsymbol{p}_i$ 是共轭的，所以方阵 $\boldsymbol{P}=(\boldsymbol{p}_1,\boldsymbol{p}_2,\cdots,\boldsymbol{p}_n)$是可逆的，因此$\boldsymbol{\nabla}f(\boldsymbol{x}_{n+1})=0$ 并且点 $\boldsymbol{x}_{n+1}$ 为二次方程 f 的最小值点 $\boldsymbol{x}^*$。

A.5.6 共轭梯度算法

共轭梯度算法(见算法 A.1)是共轭向量算法的特殊情况，我们可以使用该算法在运行过程中构造共轭向量。在共轭向量算法执行了 k 步以后，我们需要构造一个与 $\boldsymbol{p}_1,\cdots,\boldsymbol{p}_k$ 共轭的向量 $\boldsymbol{p}_{k+1}$。在共轭梯度算法中，$\boldsymbol{v}=-\boldsymbol{\nabla}f(\boldsymbol{x}_{k+1})$。在新点，$\boldsymbol{x}_{k+1}$ 的梯度与 $\boldsymbol{p}_i=0$，$i=1,\cdots,\boldsymbol{k}$ 正交，因此$\boldsymbol{\nabla}f(\boldsymbol{x}_{k+1})$与 $\boldsymbol{p}_1,\cdots,\boldsymbol{p}_k$ 线性无关并且为 $\boldsymbol{v}$ 的一个合理选择，除非 $\boldsymbol{\nabla}f(\boldsymbol{x}_{k+1})=0$。在下一个情况中，$\boldsymbol{x}_{k+1}$ 就是我们的最小值点并且同时算法终止。使用标记 $g_k=\boldsymbol{\nabla}f(\boldsymbol{x}_k)$，由施密特正交化等式(A.5.12)得到新搜索方向公式为：

$$\boldsymbol{p}_{k+1}=-\boldsymbol{g}_{k+1}+\sum_{i=1}^{k}\frac{\boldsymbol{p}_i^{\mathrm{T}}\boldsymbol{A}\boldsymbol{g}_{k+1}}{\boldsymbol{p}_i^{\mathrm{T}}\boldsymbol{A}\boldsymbol{p}_i}\boldsymbol{p}_i \tag{A.5.16}$$

由于 $\boldsymbol{p}_{k+1}$ 与 $\boldsymbol{p}_1,\cdots,\boldsymbol{p}_k$ 正交，因此有 $\boldsymbol{p}_{k+1}^{\mathrm{T}}\boldsymbol{g}_{k+1}=-\boldsymbol{g}_{k+1}^{\mathrm{T}}\boldsymbol{g}_{k+1}$。所以 α_{k+1} 可以被写为：

$$\alpha_{k+1}=\frac{\boldsymbol{g}_{k+1}^{\mathrm{T}}\boldsymbol{g}_{k+1}}{\boldsymbol{p}_{k+1}^{\mathrm{T}}\boldsymbol{A}\boldsymbol{p}_{k+1}}, \tag{A.5.17}$$

特别地，$\alpha_{k+1}\neq 0$。现在我们想要展示由于我们已经在先前步骤中也用了共轭梯度算法，从而在等式(A.5.16)中除了求和的最后一项外都消失了。由于在第一步($k=0$)中我们设 $\boldsymbol{p}_1=-\boldsymbol{g}_1$，因此我们将假设 $k>0$。首先需要注意的是：

$$\boldsymbol{g}_{i+1}-\boldsymbol{g}_i=\boldsymbol{A}\boldsymbol{x}_{i+1}-\boldsymbol{b}-(\boldsymbol{A}\boldsymbol{x}_i-\boldsymbol{b})=\boldsymbol{A}(\boldsymbol{x}_{i+1}-\boldsymbol{x}_i)=\alpha_i\boldsymbol{A}\boldsymbol{p}_i \tag{A.5.18}$$

由于 $\boldsymbol{\alpha}_i\neq 0$，因此 $\boldsymbol{A}\boldsymbol{p}_i=(\boldsymbol{g}_{i+1}-\boldsymbol{g}_i)/\alpha_i$。从而在等式(A.5.16)中：

$$\boldsymbol{p}_i^{\mathrm{T}}\boldsymbol{A}\boldsymbol{g}_{k+1}=\boldsymbol{g}_{k+1}^{\mathrm{T}}\boldsymbol{A}\boldsymbol{p}_i=\boldsymbol{g}_{k+1}^{\mathrm{T}}(\boldsymbol{g}_{i+1}-\boldsymbol{g}_i)/\alpha_i=(\boldsymbol{g}_{k+1}^{\mathrm{T}}\boldsymbol{g}_{i+1}-\boldsymbol{g}_{k+1}^{\mathrm{T}}\boldsymbol{g}_i)/\alpha_i \tag{A.5.19}$$

由于 $\boldsymbol{p}_i$ 是由将施密特正交化方法应用到梯度 $\boldsymbol{g}_i$ 所得到的，因此我们有 $\boldsymbol{g}_{k+1}^{\mathrm{T}}\boldsymbol{p}_i=0$ 和 $\boldsymbol{g}_{k+1}^{\mathrm{T}}\boldsymbol{g}_i=0(i=1,\cdots,k)$。这就表明：

$$\boldsymbol{p}_i^{\mathrm{T}}\boldsymbol{A}\boldsymbol{g}_{k+1}=(\boldsymbol{g}_{k+1}^{\mathrm{T}}\boldsymbol{g}_{i+1}-\boldsymbol{g}_{k+1}^{\mathrm{T}}\boldsymbol{g}_i)/\alpha_i=\begin{cases}0 & 1\leqslant i<k\\ \boldsymbol{g}_{k+1}^{\mathrm{T}}\boldsymbol{g}_{k+1}/\alpha_k & i=k\end{cases} \tag{A.5.20}$$

因此等式(A.5.16)简化为：

$$\boldsymbol{p}_{k+1}=-\boldsymbol{g}_{k+1}+\frac{\boldsymbol{g}_{k+1}^{\mathrm{T}}\boldsymbol{g}_{k+1}/\alpha_k}{\boldsymbol{p}_k^{\mathrm{T}}\boldsymbol{A}\boldsymbol{p}_k}\boldsymbol{p}_k \tag{A.5.21}$$

算法 A.1 共轭梯度算法最小化函数 $f(\boldsymbol{x})$

```
k=1
选择 x_1.
p_1 = -g_1
while g_k ≠ 0 do
    α_k = argmin_{α_k} f(x_k + α_k p_k)        ▷线性搜索
    x_{k+1} := x_k + α_k p_k
    β_k := g_{k+1}^T g_{k+1} / (g_k^T g_k)
    p_{k+1} := -g_{k+1} + β_k p_k
    k = k+1
end while
```

可以有更简单的形式，只要将公式(A.5.17)代入 $\boldsymbol{\alpha}_k$ 即可得到：

$$\boldsymbol{p}_{k+1}=-\boldsymbol{g}_{k+1}+\frac{\boldsymbol{g}_{k+1}^{\mathrm{T}}\boldsymbol{g}_{k+1}}{\boldsymbol{p}_k^{\mathrm{T}}\boldsymbol{A}\boldsymbol{p}_k}\frac{\boldsymbol{p}_k^{\mathrm{T}}\boldsymbol{A}\boldsymbol{p}_k}{\boldsymbol{g}_k^{\mathrm{T}}\boldsymbol{g}_k}\boldsymbol{p}_k=-\boldsymbol{g}_{k+1}+\frac{\boldsymbol{g}_{k+1}^{\mathrm{T}}\boldsymbol{g}_{k+1}}{\boldsymbol{g}_k^{\mathrm{T}}\boldsymbol{g}_k}\boldsymbol{p}_k \tag{A.5.22}$$

我们可以写成这种形式：

$$\boldsymbol{p}_{k+1}=-\boldsymbol{g}_{k+1}+\beta_k\boldsymbol{p}_k \text{ 其中 } \beta_k=\frac{\boldsymbol{g}_{k+1}^{\mathrm{T}}\boldsymbol{g}_{k+1}}{\boldsymbol{g}_k^{\mathrm{T}}\boldsymbol{g}_k} \tag{A.5.23}$$

关于 β_k 的公式(A.5.23)来自 Fletcher and Reeves[245]。由于梯度是相互正交的，所以 β_k 也可以写为：

$$\beta_k=\frac{\boldsymbol{g}_{k+1}^{\mathrm{T}}(\boldsymbol{g}_{k+1}-\boldsymbol{g}_k)}{\boldsymbol{g}_k^{\mathrm{T}}\boldsymbol{g}_k}, \tag{A.5.24}$$

上式为 Polak-Ribière 公式。如果 f 不是二次 Polak-Ribière 公式的最常见形式，那么 β_k 的两个表达形式的选择就显得比较重要。这里需要注意的一点是，我们针对最小化二次函数 f 的特殊情况推导出了上述算法。然而，只根据 f 及其梯度来编写的算法，我们没有明确

提及 f 是二次型的事实。因此，这就意味着我们也可以将该算法应用到非二次型的情况。函数 f 越接近于二次型，我们就越能够通过该算法找到最小值。

A.5.7　牛顿法

考虑一个我们想要最小化的函数 $f(\boldsymbol{x})$。该函数的泰勒二次项展开为：

$$f(\boldsymbol{x}+\boldsymbol{\Delta})=f(\boldsymbol{x})+\boldsymbol{\Delta}^{\mathrm{T}}\nabla f+\frac{1}{2}\boldsymbol{\Delta}^{\mathrm{T}}\boldsymbol{H}_f\boldsymbol{\Delta}+\boldsymbol{O}(|\boldsymbol{\Delta}|^3) \tag{A.5.25}$$

其中 $\boldsymbol{H}_f$ 为黑塞矩阵。对上式右边关于 $\boldsymbol{\Delta}$ 求偏导(或者相同地，求平方值)，我们发现右边(忽略项 $O(|\boldsymbol{\Delta}|^3)$)在满足：

$$\nabla f=-\boldsymbol{H}_f\boldsymbol{\Delta}\Rightarrow\boldsymbol{\Delta}=-\boldsymbol{H}_f^{-1}\nabla f \tag{A.5.26}$$

时有最小值。因此，一种最小化 f 的优化路线——牛顿更新就被提出：

$$\boldsymbol{x}_{k+1}=\boldsymbol{x}_k-\epsilon\boldsymbol{H}_f^{-1}\nabla f \tag{A.5.27}$$

其中标量$\epsilon\in(0,1)$在实践中被用来提高收敛性。牛顿法较梯度下降法更好的一点是，目标函数的减少在线性变换($\boldsymbol{x}=\boldsymbol{M}\boldsymbol{y}$)下是不变的。定义 $f(\boldsymbol{y})\equiv f(\boldsymbol{x})$，由于 $\boldsymbol{H}_{\hat{f}}=\boldsymbol{M}^{\mathrm{T}}\boldsymbol{H}_f\boldsymbol{M}$ 和 $\nabla_y\hat{f}=\boldsymbol{M}^{\mathrm{T}}\nabla_x f$，那么 $\boldsymbol{n}$ 在原始 $\boldsymbol{x}$ 系统下的改变量为：

$$-\epsilon\boldsymbol{M}\boldsymbol{\Delta}\boldsymbol{y}=-\epsilon\boldsymbol{M}(\boldsymbol{M}^{\mathrm{T}}\boldsymbol{H}_f\boldsymbol{M})^{-1}\boldsymbol{M}^{\mathrm{T}}\nabla_x f=-\epsilon\boldsymbol{H}_f^{-1}\nabla_x f$$

那就意味着变量(因此函数值)的变化独立于坐标系。

拟牛顿法

对求解大规模问题，如保存黑塞矩阵和求解由此产生的线性系统都需要计算(尤其是矩阵接近于奇异的)。另一种方法是将迭代设为：

$$\boldsymbol{x}_{k+1}=\boldsymbol{x}_k-\alpha_k\boldsymbol{S}_k\boldsymbol{g}_k \tag{A.5.28}$$

对 $\boldsymbol{S}_k=\boldsymbol{A}^{-1}$，我们有牛顿法。而当 $\boldsymbol{S}_k=\boldsymbol{I}$ 时，我们有最速下降法。通常情况下，似乎将 $\boldsymbol{S}_k$ 设为黑塞矩阵的逆的近似值是一个好主意。还要注意的是，$\boldsymbol{S}_k$ 应该为正定的，因此对小的 α_k 我们可以得到下降法。大多数拟牛顿法的思路是利用随下降过程中收集到的信息来构造一个黑塞矩阵$\hat{\boldsymbol{H}}_k$ 近似的逆，并设置 $\boldsymbol{S}_k=\hat{\boldsymbol{H}}_k$，见算法 A.2。如我们所见，对二次优化问题，我们有关系：

$$\boldsymbol{g}_{k+1}-\boldsymbol{g}_k=\boldsymbol{A}(\boldsymbol{x}_{k+1}-\boldsymbol{x}_k) \tag{A.5.29}$$

定义：

$$\boldsymbol{s}_k=\boldsymbol{x}_{k+1}-\boldsymbol{x}_k\quad\text{和}\quad\boldsymbol{y}_k=\boldsymbol{g}_{k+1}-\boldsymbol{g}_k \tag{A.5.30}$$

公式(A.5.29)就变为：

$$\boldsymbol{y}_k=\boldsymbol{A}\boldsymbol{s}_k \tag{A.5.31}$$

因此需要：

$$\widetilde{\boldsymbol{H}}_{k+1}\boldsymbol{y}_i=\boldsymbol{s}_i\quad 1\leqslant i\leqslant k \tag{A.5.32}$$

在 n 次线性独立的步骤后我们就有$\hat{\boldsymbol{H}}_{n+1}=\boldsymbol{A}^{-1}$。对 $k<n$，关于$\hat{\boldsymbol{H}}_k$ 的方程(A.5.32)有无数个解。一个流行的方法为 Broyden-Fletcher-Goldfarb-Shanno(BFGS)更新，如下：

$$\widetilde{\boldsymbol{H}}_{k+1}=\widetilde{\boldsymbol{H}}_k+\left(1+\frac{\boldsymbol{y}_k^{\mathrm{T}}\widetilde{\boldsymbol{H}}_k\boldsymbol{y}_k}{\boldsymbol{y}_k^{\mathrm{T}}\boldsymbol{s}_k}\right)\frac{\boldsymbol{s}_k\boldsymbol{s}_k^{\mathrm{T}}}{\boldsymbol{s}_k^{\mathrm{T}}\boldsymbol{y}_k}-\frac{\boldsymbol{s}_k\boldsymbol{y}_k^{\mathrm{T}}\widetilde{\boldsymbol{H}}_k+\widetilde{\boldsymbol{H}}_k\boldsymbol{y}_k\boldsymbol{s}_k^{\mathrm{T}}}{\boldsymbol{s}_k^{\mathrm{T}}\boldsymbol{y}_k} \tag{A.5.33}$$

这是由向量 $\boldsymbol{S}_k$ 和 $\hat{\boldsymbol{H}}_k\boldsymbol{y}_k$ 构造的$\hat{\boldsymbol{H}}_k$ 的秩 2 修正公式。由算法产生的方向向量 $\boldsymbol{p}_k=-\boldsymbol{H}_k\boldsymbol{g}_k$ 服从：

$$\boldsymbol{p}_i^{\mathrm{T}}\boldsymbol{A}\boldsymbol{p}_j=0\quad 1\leqslant i<j\leqslant k,\quad \widetilde{\boldsymbol{H}}_{k+1}\boldsymbol{A}\boldsymbol{p}_i=\boldsymbol{p}_i\quad 1\leqslant i\leqslant k \tag{A.5.34}$$

拟牛顿法的存储大小与变量数量成正比，因此这些方法只适用于变量个数较小的问题。有限内存的 BFGS 只使用 l 的最近更新来近似计算黑塞矩阵的逆，即式(A.5.33)，从而减少了存储量。相比之下，纯共轭梯度法的内存需求仅与 $\boldsymbol{x}$ 的维度呈线性关系。和之前一样，虽然算法是用二次函数来推导的，但算法的最终形式只取决于 f 及其梯度，因此可以应用于非二次型函数 f。

算法 A.2 拟牛顿法最小化函数 $f(\boldsymbol{x})$

$k=1$
选择 $\boldsymbol{x}_1$.
$\widetilde{\boldsymbol{H}}_1=\mathbf{I}$
while $\boldsymbol{g}_k \neq 0$ **do**
    $\boldsymbol{p}_k=-\widetilde{\boldsymbol{H}}_k \boldsymbol{g}_k$
    $\alpha_k=\underset{\alpha_k}{\operatorname{argmin}} f(\boldsymbol{x}_k+\alpha_k \boldsymbol{p}_k)$ ▷线性搜索
    $\boldsymbol{x}_{k+1}:=\boldsymbol{x}_k+\alpha_k \boldsymbol{p}_k$
    $\boldsymbol{s}_k=\boldsymbol{x}_{k+1}-\boldsymbol{x}_k, \boldsymbol{y}_k=\boldsymbol{g}_{k+1}-\boldsymbol{g}_k$, and update $\widetilde{\boldsymbol{H}}_{k+1}$
    $k=k+1$
end while

A.6 使用拉格朗日乘子的约束优化

首先考虑一个最小化 $f(\boldsymbol{x})$ 的问题，其中 $f(\boldsymbol{x})$ 有唯一约束 $c(\boldsymbol{x})=0$。对这个问题的形式化处理超出了这些注释的范围，需要理解找到最优值的条件[49]。然而作为一个非形式化的讨论，假设我们已经确定一个 $\boldsymbol{x}$ 满足约束 $c(\boldsymbol{x})=0$。我们该如何判断 $\boldsymbol{x}$ 是否使函数 f 最小呢？我们只允许在与约束一致的方向上搜索 $\boldsymbol{x}$ 周围的较低函数值。对一个小的变化 $\boldsymbol{\delta}$，约束的变化是：

$$c(\boldsymbol{x}+\boldsymbol{\delta}) \approx c(\boldsymbol{x})+\delta \cdot \nabla c(\boldsymbol{x}) \tag{A.6.1}$$

我们还可以沿着 $\boldsymbol{\delta}$ 方向探索 f 的变化，其中 $\boldsymbol{\delta} \cdot \nabla c(\boldsymbol{x})=0$，

$$f(\boldsymbol{x}+\boldsymbol{\delta}) \approx f(\boldsymbol{x})+\nabla f(\boldsymbol{x}) \cdot \delta \tag{A.6.2}$$

我们在寻找一个点 $\boldsymbol{x}$ 和方向 $\boldsymbol{\delta}$，使得 f 和 c 变化最小。这两个要求可以表示为找到 $\boldsymbol{x}$ 和 $\boldsymbol{\delta}$ 的最小值：

$$|\boldsymbol{\delta} \cdot \nabla f(\boldsymbol{x})|^2+\gamma|\boldsymbol{\delta} \cdot \nabla c(\boldsymbol{x})|^2 \tag{A.6.3}$$

其中 $\gamma>0$。这是一个简单的二次型，δ 的优化给出了：

$$\nabla f(\boldsymbol{x})=-\gamma \frac{\boldsymbol{\delta} \cdot \nabla c(\boldsymbol{x})}{\boldsymbol{\delta} \cdot \nabla f(\boldsymbol{x})} \nabla c(\boldsymbol{x}) \tag{A.6.4}$$

因此在约束最优条件下，

$$\nabla f(\boldsymbol{x})=\lambda \nabla c(\boldsymbol{x}) \tag{A.6.5}$$

对一些标量 λ。我们可以把这个要求表述为寻找可以构成拉格朗日驻点的 $\boldsymbol{x}$ 和 λ：

$$\mathcal{L}(\boldsymbol{x}, \lambda)=f(\boldsymbol{x})-\lambda \boldsymbol{c}(\boldsymbol{x}) \tag{A.6.6}$$

对 $\boldsymbol{x}$ 求偏导我们可以得到 $\nabla f(\boldsymbol{x})=\lambda \nabla c(\boldsymbol{x})$。然后对 λ 求偏导我们有 $c(\boldsymbol{x})=0$。

在多重约束 $\{c_i(\boldsymbol{x})=0\}$ 情况下，我们发现拉格朗日驻点：

$$\mathcal{L}(\boldsymbol{x}, \lambda)=f(\boldsymbol{x})-\sum_i \lambda_i c_i(\boldsymbol{x}) \tag{A.6.7}$$

A.6.1　拉格朗日对偶

考虑“原始”问题：

$$\text{最小化 } f(\boldsymbol{x}) \text{ 使得 } c(\boldsymbol{x})=0 \tag{A.6.8}$$

拉格朗日对偶定义为：

$$\mathcal{L}(\lambda)=\min_{\boldsymbol{x}}[f(\boldsymbol{x})+\lambda c(\boldsymbol{x})] \tag{A.6.9}$$

通过构造，上式对任意 $\boldsymbol{x}$ 有：

$$\mathcal{L}(\lambda)\leqslant f(\boldsymbol{x})+\lambda \boldsymbol{c}(\boldsymbol{x}) \tag{A.6.10}$$

现在考虑求解原始问题方程(A.6.8)的最优 $\boldsymbol{x}^*$。那么：

$$\mathcal{L}(\lambda)\leqslant \boldsymbol{f}(\boldsymbol{x}^*)+\lambda \boldsymbol{c}(\boldsymbol{x}^*)=f(\boldsymbol{x}^*) \tag{A.6.11}$$

其中最后一步是由 $\boldsymbol{x}^*$ 为原始问题的解，故 $c(\boldsymbol{x}^*)=0$ 得到的。由于 $\mathcal{L}(\boldsymbol{\lambda})\leqslant f(\boldsymbol{x}^*)$，因此通过求解无约束“对偶”问题可以得到最优解 λ：

$$\max_{\lambda}\mathcal{L}(\lambda) \tag{A.6.12}$$

除了提供一个能将原始最优值括起来的界之外，

$$\mathcal{L}(\lambda)\leqslant f(\boldsymbol{x}^*)\leqslant f(\boldsymbol{x}),\quad \text{for } c(\boldsymbol{x})=0 \tag{A.6.13}$$

对偶具有一个有趣的性质，即不管 f 是否凸，它都是凹的。这是因为通过构造函数 $f(\boldsymbol{x})+\lambda c(\boldsymbol{x})$，满足在其中对任一点 $\boldsymbol{x}$ 都是凹的。更明确地说，考虑：

$$\mathcal{L}(\lambda+\delta)=\min_{\boldsymbol{x}}[f(\boldsymbol{x})+(\lambda+\delta)c(\boldsymbol{x})]\leqslant f(\boldsymbol{x})+\lambda c(\boldsymbol{x})+\delta c(\boldsymbol{x}) \tag{A.6.14}$$

同理，

$$\mathcal{L}(\lambda-\delta)\leqslant f(\boldsymbol{x})+\lambda c(\boldsymbol{x})-\delta c(\boldsymbol{x}) \tag{A.6.15}$$

对方程(A.6.14)和方程(A.6.15)取平均后，取两边 $\boldsymbol{x}$ 的最小值，我们得到：

$$\frac{1}{2}(\mathcal{L}(\boldsymbol{\lambda}-\delta)+\mathcal{L}(\boldsymbol{\lambda}+\delta))\leqslant\mathcal{L}(\boldsymbol{\lambda}) \tag{A.6.16}$$

其表明 $\mathcal{L}$ 是凹的。

参考文献

[1] L. F. Abbott, J. A. Varela, K. Sen, and S. B. Nelson. Synaptic Depression and Cortical Gain Control. *Science*, 275:220–223, 1997.

[2] D. H. Ackley, G. E. Hinton, and T. J. Sejnowski. A Learning Algorithm for Boltzmann Machines. *Cognitive Science*, 9:147–169, 1985.

[3] R. P. Adams and D. J. C. MacKay. Bayesian Online Changepoint Detection. Cavendish laboratory, department of physics, University of Cambridge, Cambridge, UK, 2006.

[4] E. Airoldi, D. Blei, E. Xing, and S. Fienberg. A latent mixed membership model for relational data. In *LinkKDD '05: Proceedings of the 3rd international workshop on Link discovery*, pages 82–89, New York, NY, USA, 2005. ACM.

[5] E. M. Airoldi, D. M. Blei, S. E. Fienberg, and E. P. Xing. Mixed membership stochastic blockmodels. *Journal of Machine Learning Research*, 9:1981–2014, 2008.

[6] D. L. Alspach and H. W. Sorenson. Nonlinear Bayesian Estimation Using Gaussian Sum Approximations. *IEEE Transactions on Automatic Control*, 17(4):439–448, 1972.

[7] S-i. Amari. Natural Gradient Learning for Over and Under-Complete Bases in ICA. *Neural Computation*, 11:1875–1883, 1999.

[8] I. Androutsopoulos, J. Koutsias, K. V. Chandrinos, and C. D. Spyropoulos. An experimental comparison of naive Bayesian and keyword-based anti-spam filtering with personal e-mail messages. In *Proceedings of the 23rd annual international ACM SIGIR conference on Research and development in information retrieval*, pages 160–167, New York, NY, USA, 2000. ACM.

[9] N. Arora, S. J Russell, P. Kidwell, and E. B. Sudderth. Global seismic monitoring as probabilistic inference. In J. D. Lafferty, C. K. I. Williams, J. Shawe-Taylor, R. S. Zemel, and A. Culotta, editors, *Advances in Neural Information Processing Systems 23*, pages 73–81. Curran Associates, Inc., 2010.

[10] S. Arora and C. Lund. Hardness of approximations. In *Approximation algorithms for NP-hard problems*, pages 399–446. PWS Publishing Co., Boston, MA, USA, 1997.

[11] F. R. Bach and M. I. Jordan. Thin junction trees. In T. G. Dietterich, S. Becker, and Z. Ghahramani, editors, *Advances in Neural Information Processing Systems (NIPS)*, number 14, pages 569–576, Cambridge, MA, 2001. MIT Press.

[12] F. R. Bach and M. I. Jordan. A probabilistic interpretation of canonical correlation analysis. Computer Science Division and Department of Statistics 688, University of California Berkeley, Berkeley, USA, 2005.

[13] Y. Bar-Shalom and Xiao-Rong Li. *Estimation and Tracking : Principles, Techniques and Software.* Artech House, Norwood, MA, 1998.

[14] D. Barber. Dynamic Bayesian Networks with Deterministic Tables. In S. Becker, S. Thrun, and K. Obermayer, editors, *Advances in Neural Information Processing Systems (NIPS)*, number 15, pages 713–720, Cambridge, MA, 2003. MIT Press.

[15] D. Barber. Learning in Spiking Neural Assemblies. In S. Becker, S. Thrun, and K. Obermayer, editors, *Advances in Neural Information Processing Systems (NIPS)*, number 15, pages 149–156, Cambridge, MA, 2003. MIT Press.

[16] D. Barber. Are two Classifiers performing equally? A treatment using Bayesian Hypothesis Testing. IDIAP-RR 57, IDIAP, Rue de Simplon 4, Martigny, CH-1920, Switerland, May 2004. IDIAP-RR 04-57.

[17] D. Barber. The auxiliary variable trick for deriving kalman smoothers. IDIAP-RR 87, IDIAP, Rue de Simplon 4, Martigny, CH-1920, Switerland, December 2004. IDIAP-RR 04-87.

[18] D. Barber. Expectation Correction for smoothing in Switching Linear Gaussian State Space models. *Journal of Machine Learning Research*, 7:2515–2540, 2006.

[19] D. Barber. Clique Matrices for Statistical Graph Decomposition and Parameterising Restricted Positive Definite Matrices. In D. A. McAllester and P. Myllymaki, editors, *Uncertainty in Artificial Intelligence*, number 24, pages 26–33, Corvallis, Oregon, USA, 2008. AUAI press.

[20] D. Barber and F. V. Agakov. Correlated sequence learning in a network of spiking neurons using maximum likelihood. Informatics Research Reports EDI-INF-RR-0149, Edinburgh University, 2002.

[21] D. Barber and F.V. Agakov. The IM Algorithm: A variational approach to Information Maximization. In *Advances in Neural Information Processing Systems (NIPS)*, number 16, 2004.

[22] D. Barber and C. M. Bishop. Bayesian Model Comparison by Monte Carlo Chaining. In M. C. Mozer, M. I. Jordan, and T. Petsche, editors, *Advances in Neural Information Processing Systems (NIPS)*, number 9, pages 333–339, Cambridge, MA, 1997. MIT Press.

[23] D. Barber and C. M. Bishop. Ensemble Learning in Bayesian Neural Networks. In *Neural Networks and Machine Learning*, pages 215–237. Springer, 1998.

[24] D. Barber and S. Chiappa. Unified Inference for Variational Bayesian Linear Gaussian State-Space Models. In B. Schölkopf, J. Platt, and T. Hoffman, editors, *Advances in Neural Information Processing Systems (NIPS)*, number 19, pages 81–88, Cambridge, MA, 2007. MIT Press.

[25] D. Barber and W. Wiegerinck. Tractable Variational Structures for Approximating Graphical Models. In M. S. Kearns, S. A. Solla, and D. A. Cohn, editors, *Advances in Neural Information Processing Systems (NIPS)*, number 11, pages 183–189, Cambridge, MA, 1999. MIT Press.

[26] D. Barber and C. K. I. Williams. Gaussian processes for Bayesian classification via hybrid Monte Carlo. In M. C. Mozer, M. I. Jordan, and T. Petsche, editors, *Advances in Neural Information Processing Systems NIPS 9*, pages 340–346, Cambridge, MA, 1997. MIT Press.

[27] R. J. Baxter. *Exactly solved models in statistical mechanics*. Academic Press, 1982.

[28] M. J. Beal, F. Falciani, Z. Ghahramani, C. Rangel, and D. L. Wild. A Bayesian approach to reconstructing genetic regulatory networks with hidden factors. *Bioinformatics*, (21):349–356, 2005.

[29] A. Becker and D. Geiger. A sufficiently fast algorithm for finding close to optimal clique trees. *Artificial Intelligence*, 125(1-2):3–17, 2001.

[30] A. J. Bell and T. J. Sejnowski. An Information-Maximization Approach to Blind Separation and Blind Deconvolution. *Neural Computation*, 7(6):1129–1159, 1995.

[31] R. E. Bellman. *Dynamic Programming*. Princeton University Press, Princeton, NJ, 1957. Paperback edition by Dover Publications (2003).

[32] Y. Bengio and P. Frasconi. Input-Output HMMs for sequence processing. *IEEE Trans. Neural Networks*, (7):1231–1249, 1996.

[33] A. L. Berger, S. D. Della Pietra, and V. J. D. Della Pietra. A maximum entropy approach to natural language processing. *Computational Linguistics*, 22(1):39–71, 1996.

[34] J. O. Berger. *Statistical Decision Theory and Bayesian Analysis*. Springer, second edition, 1985.

[35] D. P. Bertsekas. *Nonlinear Programming*. Athena Scientific, 2nd edition, 1999.

[36] D. P. Bertsekas. *Dynamic Programming and Optimal Control*. Athena Scientific, second edition, 2000.

[37] J. Besag. Spatial Interactions and the Statistical Analysis of Lattice Systems. *Journal of the Royal Statistical Society, Series B*, 36(2):192–236, 1974.

[38] J. Besag. On the statistical analysis of dirty pictures. *Journal of the Royal Statistical Society, Series B*, 48:259–302, 1986.

[39] J. Besag and P. Green. Spatial statistics and Bayesian computation. *Journal of the Royal Statistical Society, Series B*, 55:25–37, 1993.

[40] G. J. Bierman. Measurement updating using the U-D factorization. *Automatica*, 12:375–382, 1976.

[41] N. L. Biggs. *Discrete Mathematics*. Oxford University Press, 1990.

[42] K. Binder and A. P. Young. Spin glasses: Experimental facts, theoretical concepts, and open questions. *Rev. Mod. Phys.*, 58(4):801–976, Oct 1986.

[43] C. M. Bishop. *Neural Networks for Pattern Recognition.* Oxford University Press, 1995.

[44] C. M. Bishop. *Pattern Recognition and Machine Learning.* Springer, 2006.

[45] C. M. Bishop and M. Svensén. Bayesian hierarchical mixtures of experts. In U. Kjaerulff and C. Meek, editors, *Proceedings Nineteenth Conference on Uncertainty in Artificial Intelligence*, pages 57–64. Morgan Kaufmann, 2003.

[46] F. Black and M. Scholes. The Pricing of Options and Corporate Liabilities. *Journal of Political Economy*, 81(3):637–654, 1973.

[47] D. Blei, A. Ng, and M. Jordan. Latent Dirichlet allocation. *Journal of machine Learning Research*, (3):993–1022, 2003.

[48] R. R. Bouckaert. *Bayesian belief networks: from construction to inference.* PhD thesis, University of Utrecht, 1995.

[49] S. Boyd and L. Vandenberghe. *Convex Optimization.* Cambridge University Press, 2004.

[50] Y. Boykov and V. Kolmogorov. An experimental comparison of min-cut/max-flow algorithms for energy minimization in vision. *IEEE Trans. Pattern Anal. Mach. Intell.*, 26(9):1124–1137, 2004.

[51] Y. Boykov, O. Veksler, and R. Zabih. Fast approximate energy minimization via graph cuts. *IEEE Trans. Pattern Anal. Mach. Intell.*, 23:1222–1239, 2001.

[52] C. Bracegirdle and D. Barber. Switch-reset models : Exact and approximate inference. In *Proceedings of The Fourteenth International Conference on Artificial Intelligence and Statistics (AISTATS)*, volume 10, 2011.

[53] M. Brand. Incremental singular value decomposition of uncertain data with missing values. In *European Conference on Computer Vision (ECCV)*, pages 707–720, 2002.

[54] J. Breese and D. Heckerman. Decision-theoretic troubleshooting: A framework for repair and experiment. In E. Horvitz and F. Jensen, editors, *Uncertainty in Artificial Intelligence*, number 12, pages 124–132, San Francisco, CA, 1996. Morgan Kaufmann.

[55] H. Bunke and T. Caelli. *Hidden Markov models: applications in computer vision.* Machine Perception and Artificial Intelligence. World Scientific Publishing Co., Inc., River Edge, NJ, USA, 2001.

[56] W. Buntine. Theory refinement on Bayesian networks. In *Uncertainty in Artificial Intelligence*, number 7, pages 52–60, San Francisco, CA, 1991. Morgan Kaufmann.

[57] A. Cano and S. Moral. *Advances in Intelligent Computing - IPMU 1994*, chapter Heuristic Algorithms for the Triangulation of Graphs, pages 98–107. Number 945 in Lectures Notes in Computer Sciences. Springer-Verlag, 1995.

[58] O. Cappé, E. Moulines, and T. Ryden. *Inference in Hidden Markov Models.* Springer, New York, 2005.

[59] A. T. Cemgil. Bayesian Inference in Non-negative Matrix Factorisation Models. Technical Report CUED/F-INFENG/TR.609, University of Cambridge, July 2008.

[60] A. T. Cemgil, B. Kappen, and D. Barber. A Generative Model for Music Transcription. *IEEE Transactions on Audio, Speech and Language Processing*, 14(2):679–694, 2006.

[61] E. Challis and D. Barber. Concave Gaussian Variational Approximations for Inference in Large-Scale Bayesian Linear Models. In *Proceedings of The Fourteenth International Conference on Artificial Intelligence and Statistics (AISTATS)*. JMLR, 2011.

[62] H. S. Chang, M. C. Fu, J. Hu, and S. I. Marcus. *Simulation-based Algorithms for Markov Decision Processes.* Springer, 2007.

[63] S. Chiappa and D. Barber. Bayesian Linear Gaussian State Space Models for Biosignal Decomposition. *Signal Processing Letters*, 14(4):267–270, 2007.

[64] S. Chib and M. Dueker. Non-Markovian Regime Switching with Endogenous States and Time-Varying State Strengths. Econometric Society 2004 North American Summer Meetings 600, Econometric Society, August 2004.

[65] C. K. Chow and C. N. Liu. Approximating discrete probability distributions with dependence trees. *IEEE Transactions on Information Theory*, 14(3):462–467, 1968.

[66] P. S. Churchland and T. J. Sejnowski. *The Computational Brain.* MIT Press, Cambridge, MA, USA, 1994.

[67] D. Cohn and H. Chang. Learning to probabilistically identify authoritative documents. In P. Langley, editor, *International Conference on Machine Learning*, number 17, pages 167–174. Morgan Kaufmann, 2000.

[68] D. Cohn and T. Hofmann. The Missing Link - A Probabilistic Model of Document Content and Hypertext Connectivity. Number 13, pages 430–436, Cambridge, MA, 2001. MIT Press.

[69] A. C. C. Coolen, R. Kühn, and P. Sollich. *Theory of Neural Information Processing Systems.* Oxford University Press, 2005.

[70] G. F. Cooper and E. Herskovits. A Bayesian Method for the Induction of Probabilistic Networks from Data. *Machine Learning*, 9(4):309–347, 1992.

[71] A. Corduneanu and C. M. Bishop. Variational Bayesian Model Selection for Mixture Distributions. In T. Jaakkola and T. Richardson, editors, *Artifcial Intelligence and Statistics*, pages 27–34. Morgan Kaufmann, 2001.

[72] M. T. Cover and J. A. Thomas. *Elements of Information Theory.* Wiley, 1991.

[73] R. G. Cowell, A. P. Dawid, S. L. Lauritzen, and D. J. Spiegelhalter. *Probabilistic Networks and Expert Systems.* Springer, 1999.

[74] D. R. Cox and N. Wermuth. *Multivariate Dependencies.* Chapman and Hall, 1996.

[75] J. C. Cox, S. A. Ross, and M. Rubinstein. Option Pricing: A Simplified Approach. *Journal of Financial Economics*, 7:229–263, 1979.

[76] N. Cristianini and J. Shawe-Taylor. *An Introduction To Support Vector Machines.* Cambridge University Press, 2000.

[77] P. Dangauthier, R. Herbrich, T. Minka, and T. Graepel. Trueskill through time: Revisiting the history of chess. In B. Schölkopf, J. Platt, and T. Hoffman, editors, *Advances in Neural Information Processing Systems (NIPS)*, number 19, pages 569–576, Cambridge, MA, 2007. MIT Press.

[78] H. A. David. *The method of paired comparisons.* Oxford University Press, New York, 1988.

[79] A. P. Dawid. Influence diagrams for causal modelling and inference. *International Statistical Review*, 70:161–189, 2002.

[80] A. P. Dawid and S. L. Lauritzen. Hyper Markov Laws in the Statistical Analysis of Decomposable Graphical Models. *Annals of Statistics*, 21(3):1272–1317, 1993.

[81] P. Dayan and L.F. Abbott. *Theoretical Neuroscience.* MIT Press, 2001.

[82] P. Dayan and G. E. Hinton. Using Expectation-Maximization for Reinforcement Learning. *Neural Computation*, 9:271–278, 1997.

[83] T. De Bie, N. Cristianini, and R. Rosipal. *Handbook of Geometric Computing : Applications in Pattern Recognition, Computer Vision, Neuralcomputing, and Robotics*, chapter Eigenproblems in Pattern Recognition. Springer-Verlag, 2005.

[84] R. Dechter. Bucket Elimination: A unifying framework for probabilistic inference algorithms. In E. Horvitz and F. Jensen, editors, *Uncertainty in Artificial Intelligence*, pages 211–219, San Francisco, CA, 1996. Morgan Kaufmann.

[85] A. P. Dempster, N. M. Laird, and D. B. Rubin. Maximum Likelihood from Incomplete Data via the EM Algorithm. *Journal of the Royal Statistical Society. Series B (Methodological)*, 39(1):1–38, 1977.

[86] S. Diederich and M. Opper. Learning of Correlated Patterns in Spin-Glass Networks by Local Learning Rules. *Physical Review Letters*, 58(9):949–952, 1986.

[87] R. Diestel. *Graph Theory.* Springer, 2005.

[88] A. Doucet and A. M. Johansen. A Tutorial on Particle Filtering and Smoothing: Fifteen years later. In D. Crisan and B. Rozovsky, editors, *Oxford Handbook of Nonlinear Filtering.* Oxford University Press, 2009.

[89] R. O. Duda, P. E. Hart, and D. G. Stork. *Pattern Classification.* Wiley-Interscience Publication, 2000.

[90] J. Durbin. The fitting of time series models. *Rev. Inst. Int. Stat.*, 28:233–243, 1960.

[91] R. Durbin, S. R. Eddy, A. Krogh, and G. Mitchison. *Biological Sequence Analysis : Probabilistic Models of Proteins and Nucleic Acids.* Cambridge University Press, 1999.

[92] A. Düring, A. C. C. Coolen, and D. Sherrington. Phase diagram and storage capacity of sequence processing neural networks. *Journal of Physics A*, 31:8607–8621, 1998.

[93] J. M. Gutierrez E. Castillo and A. S. Hadi. *Expert Systems and Probabilistic Network Models*. Springer Verlag, 1997.

[94] J. Edmonds and R. M. Karp. Theoretical improvements in algorithmic efficiency for network flow problems. *Journal of the ACM*, 19(2):248–264, 1972.

[95] R. Edwards and A. Sokal. Generalization of the fortium-kasteleyn-swendson-wang representation and monte carlo algorithm. *Physical Review D*, 38:2009–2012, 1988.

[96] A. E. Elo. *The rating of chess players, past and present*. Arco, New York, second edition, 1986.

[97] R. F. Engel. GARCH 101: The Use of ARCH/GARCH Models in Applied Econometrics. *Journal of Economic Perspectives*, 15(4):157–168, 2001.

[98] Y. Ephraim and W. J. J. Roberts. Revisiting autoregressive hidden Markov modeling of speech signals. *IEEE Signal Processing Letters*, 12(2):166–169, February 2005.

[99] E. Erosheva, S. Fienberg, and J. Lafferty. Mixed membership models of scientific publications. In *Proceedings of the National Academy of Sciences*, volume 101, pages 5220–5227, 2004.

[100] R-E. Fan, P-H. Chen, and C-J. Lin. Working Set Selection Using Second Order Information for Training Support Vector Machines. *Journal of Machine Learning Research*, 6:1889–1918, 2005.

[101] P. Fearnhead. Exact and Efficient Bayesian inference for multiple changepoint problems. Technical report, Deptartment of Mathematics and Statistics, Lancaster University, 2003.

[102] G. H. Fischer and I. W. Molenaar. *Rasch Models: Foundations, Recent Developments, and Applications*. Springer, New York, 1995.

[103] M. E. Fisher. Statistical Mechanics of Dimers on a Plane Lattice. *Physical Review*, 124:1664–1672, 1961.

[104] B. Frey. Extending Factor Graphs as to Unify Directed and Undirected Graphical Models. In C. Meek and U. Kjærulff, editors, *Uncertainty in Artificial Intelligence*, number 19, pages 257–264. Morgan Kaufmann, 2003.

[105] N. Friedman, D. Geiger, and M. Goldszmidt. Bayesian Network Classifiers. *Machine Learning*, 29:131–163, 1997.

[106] S. Frühwirth-Schnatter. *Finite Mixture and Markov Switching Models*. Springer, 2006.

[107] M. Frydenberg. The chain graph Markov property. *Scandanavian Journal of Statistics*, 17:333–353, 1990.

[108] T. Furmston and D. Barber. Solving deterministic policy (po)mpds using expectation-maximisation and antifreeze. In *First international workshop on learning and data mining for robotics (LEMIR)*, September 2009. In conjunction with ECML/PKDD-2009.

[109] T. Furmston and D. Barber. Variational methods for Reinforcement Learning. In Teh. Y. W. and M. Titterington, editors, *Proceedings of The Thirteenth International Conference on Artificial Intelligence and Statistics (AISTATS)*, volume 9, pages 241–248, Chia Laguna, Sardinia, Italy, May 13-15 2010. JMLR.

[110] T. Furmston and D. Barber. Efficient Inference in Markov Control Problems. In *Uncertainty in Artificial Intelligence*, number 27, Corvallis, Oregon, USA, 2011.

[111] T. Furmston and D. Barber. Lagrange Dual Decomposition for Finite Horizon Markov Decision Processes. In *European Conference on Machine Learning (ECML)*, 2011.

[112] A. Galka, O. Yamashita, T. Ozaki, R. Biscay, and P. Valdes-Sosa. A solution to the dynamical inverse problem of EEG generation using spatiotemporal Kalman filtering. *NeuroImage*, (23):435–453, 2004.

[113] P. Gandhi, F. Bromberg, and D. Margaritis. Learning markov network structure using few independence tests. In *Proceedings of the SIAM International Conference on Data Mining*, pages 680–691, 2008.

[114] M. R. Garey and D. S. Johnson. *Computers and Intractability, A Guide to the Theory of NP-Completeness*. W.H. Freeman and Company, New York, 1979.

[115] A. Gelb. *Applied optimal estimation*. MIT press, 1974.

[116] A. Gelman, G. O. Roberts, and W. R. Gilks. Efficient Metropolis jumping rules. In J. O. Bernardo, J. M. Berger,

A. P. Dawid, and A. F. M. Smith, editors, *Bayesian Statistics*, volume 5, pages 599–607. Oxford University Press, 1996.

[117] S. Geman and D. Geman. Stochastic relaxation, Gibbs distributions, and the Bayesian restoration of images. In *Readings in uncertain reasoning*, pages 452–472, San Francisco, CA, USA, 1990. Morgan Kaufmann Publishers Inc.

[118] M. G. Genton. Classes of kernels for machine learning: A statistics perspective. *Journal of Machine Learning Research*, 2:299–312, 2001.

[119] W. Gerstner and W. M. Kistler. *Spiking Neuron Models.* Cambridge University Press, 2002.

[120] Z. Ghahramani and M. J. Beal. Variational Inference for Bayesian Mixtures of Factor Analysers. In S. A. Solla, T. K. Leen, and K-R. Müller, editors, *Advances in Neural Information Processing Systems (NIPS)*, number 12, pages 449–455, Cambridge, MA, 2000. MIT Press.

[121] Z. Ghahramani and G. E. Hinton. Variational learning for switching state-space models. *Neural Computation*, 12(4):963–996, 1998.

[122] A. Gibbons. *Algorithmic Graph Theory.* Cambridge University Press, 1991.

[123] M. Gibbs. *Bayesian Gaussian processes for regression and classification.* PhD thesis, University of Cambridge, 1997.

[124] W. R. Gilks, S. Richardson, and D. J. Spiegelhalter. *Markov chain Monte Carlo in practice.* Chapman & Hall, 1996.

[125] M Girolami. A variational method for learning sparse and overcomplete representations. *Neural Computation*, 13:2517–2532, 2001.

[126] M. Girolami and A. Kaban. On an equivalence between PLSI and LDA. In *Proceedings of the 26th annual international ACM SIGIR conference on Research and development in information retrieval*, pages 433–434, New York, NY, USA, 2003. ACM Press.

[127] M. E. Glickman. Parameter estimation in large dynamic paired comparison experiments. *Applied Statistics*, 48:377–394, 1999.

[128] A. Globerson and T. Jaakkola. Approximate inference using planar graph decomposition. In B. Schölkopf, J. Platt, and T. Hoffman, editors, *Advances in Neural Information Processing Systems (NIPS)*, number 19, pages 473–480, Cambridge, MA, 2007. MIT Press.

[129] D. Goldberg, D. Nichols, B. M. Oki, and D. Terry. Using collaborative filtering to weave an information tapestry. *Communications ACM*, 35:61–70, 1992.

[130] G. H. Golub and C. F. van Loan. *Matrix Computations.* Johns Hopkins University Press, 3rd edition, 1996.

[131] M. C. Golumbic and I. Ben-Arroyo Hartman. *Graph Theory, Combinatorics, and Algorithms.* Springer-Verlag, 2005.

[132] C. Goutis. A graphical method for solving a decision analysis problem. *IEEE Transactions on Systems, Man and Cybernetics*, 25:1181–1193, 1995.

[133] P. J. Green and B. W. Silverman. *Nonparametric Regression and Generalized Linear Models*, volume 58 of *Monographs on Statistics and Applied Probability.* Chapman and Hall, 1994.

[134] D. M. Greig, B. T. Porteous, and A. H. Seheult. Exact maximum a posteriori estimation for binary images. *Journal of the Royal Statistical Society, Series B*, 2:271–279, 1989.

[135] G. Grimmett and D. Stirzaker. *Probability and Random Processes.* Oxford University Press, second edition, 1992.

[136] S. F. Gull. Bayesian data analysis: straight-line fitting. In J. Skilling, editor, *Maximum entropy and Bayesian methods (Cambridge 1988)*, pages 511–518. Kluwer, 1989.

[137] A. K. Gupta and D. K. Nagar. *Matrix Variate Distributions.* Chapman and Hall/CRC, Boca Raton, Florida USA, 1999.

[138] D. J. Hand and K. Yu. Idiot's Bayes—Not So Stupid After All? *International Statistical Review*, 69(3):385–398, 2001.

[139] D. R. Hardoon, S. Szedmak, and J. Shawe-Taylor. Canonical Correlation Analysis: An Overview with Application to Learning Methods. *Neural Computation*, 16(12):2639–2664, 2004.

[140] D. O. Hebb. *The organization of behavior*. Wiley, New York, 1949.

[141] D. Heckerman. A Tutorial on Learning With Bayesian Networks. Technical Report MSR-TR-95-06, Microsoft Research, Redmond, WA, March 1996. Revised November 1996.

[142] D. Heckerman, D. Geiger, and D. Chickering. Learning Bayesian Networks: The Combination of Knowledge and Statistical Data. *Machine Learning*, 20(3):197–243, 1995.

[143] R. Herbrich, T. Minka, and T. Graepel. TrueSkill™: A Bayesian Skill Rating System. In B. Schölkopf, J. Platt, and T. Hoffman, editors, *Advances in Neural Information Processing Systems (NIPS)*, number 19, pages 569–576, Cambridge, MA, 2007. MIT Press.

[144] H. Hermansky. Should recognizers have ears? *Speech Communication*, 25:3–27, 1998.

[145] J. Hertz, A. Krogh, and R. Palmer. *Introduction to the theory of Neural Computation*. Addison-Wesley, 1991.

[146] T. Heskes. Convexity arguments for efficient minimization of the Bethe and Kikuchi free energies. *Journal of Artificial Intelligence Research*, 26:153–190, 2006.

[147] D. M. Higdon. Auxiliary variable methods for Markov chain Monte Carlo with applications. *Journal of the American Statistical Association*, 93(442):585–595, 1998.

[148] G. E. Hinton and R. R. Salakhutdinov. Reducing the dimensionality of data with neural networks. *Science*, (313):504–507, 2006.

[149] T. Hofmann, J. Puzicha, and M. I. Jordan. Learning from dyadic data. In M. S. Kearns, S. A. Solla, and D. A. Cohn, editors, *Advances in Neural Information Processing Systems (NIPS)*, pages 466–472, Cambridge, MA, 1999. MIT Press.

[150] R. A. Howard and J. E. Matheson. Influence diagrams. *Decision Analysis*, 2(3), 2005. Republished version of the original 1981 report.

[151] J. C. Hull. *Options, Futures, and Other Derivatives*. Prentice Hall, 1997.

[152] A. Hyvärinen, J. Karhunen, and E. Oja. *Independent Component Analysis*. Wiley, 2001.

[153] Aapo Hyvärinen. Consistency of Pseudolikelihood Estimation of Fully Visible Boltzmann Machines. *Neural Computation*, 18(10):2283–2292, 2006.

[154] M. Isard and A. Blake. CONDENSATION Conditional Density Propagation for Visual Tracking. *International Journal of Computer Vision*, 29:5–28, 1998.

[155] T. S. Jaakkola and M. I. Jordan. Variational probabilistic inference and the qmr-dt network. *Journal of Artificial Intelligence Research*, 10:291–322, 1999.

[156] T. S. Jaakkola and M. I. Jordan. Bayesian parameter estimation via variational methods. *Statistics and Computing*, 10(1):25–37, 2000.

[157] R. A. Jacobs, F. Peng, and M. A. Tanner. A Bayesian approach to model selection in hierarchical mixtures-of-experts architectures. *Neural Networks*, 10(2):231–241, 1997.

[158] R. G. Jarrett. A note on the intervals between coal-mining disasters. *Biometrika*, (66):191–193, 1979.

[159] E. T. Jaynes. *Probability Theory : The Logic of Science*. Cambridge University Press, 2003.

[160] F. Jensen, F. V. Jensen, and D. Dittmer. From Influence Diagrams to Junction Trees. In *Proceedings of the 10th Annual Conference on Uncertainty in Artificial Intelligence (UAI-94)*, pages 367–373, San Francisco, CA, 1994. Morgan Kaufmann.

[161] F. V. Jensen and F. Jensen. Optimal Junction Trees. In R. Lopez de Mantaras and D. Poole, editors, *Uncertainty in Artificial Intelligence*, number 10, pages 360–366, San Francisco, CA, 1994. Morgan Kaufmann.

[162] F. V. Jensen and T. D. Nielson. *Bayesian Networks and Decision Graphs*. Springer Verlag, second edition, 2007.

[163] M. I. Jordan and R. A. Jacobs. Hierarchical mixtures of experts and the EM algorithm. *Neural Computation*, 6:181–214, 1994.

[164] B. H. Juang, W. Chou, and C. H. Lee. Minimum classification error rate methods for speech recognition. *IEEE Transactions on Speech and Audio Processing*, 5:257–265, 1997.

[165] L. P. Kaelbling, M. L. Littman, and A. R. Cassandra. Planning and acting in partially observable stochastic domains. *Artificial Intelligence*, 101(1-2):99–134, 1998.

[166] H. J. Kappen. An introduction to stochastic control theory, path integrals and reinforcement learning. In *Proceedings 9th Granada seminar on Computational Physics: Computational and Mathematical Modeling of Cooperative Behavior in Neural Systems*, volume 887, pages 149–181. American Institute of Physics, 2007.

[167] H. J. Kappen and F. B. Rodríguez. Efficient learning in Boltzmann machines using linear response theory. *Neural Compution*, 10(5):1137–1156, 1998.

[168] H. J. Kappen and W. Wiegerinck. Novel iteration schemes for the Cluster Variation Method. In T. G. Dietterich, S. Becker, and Z. Ghahramani, editors, *Advances in Neural Information Processing Systems (NIPS)*, number 14, pages 415–422, Cambridge, MA, 2002. MIT Press.

[169] Y. Karklin and M. S. Lewicki. Emergence of complex cell properties by learning to generalize in natural scenes. *Nature*, (457):83–86, November 2008.

[170] G. Karypis and V. Kumar. A fast and high quality multilevel scheme for partitioning irregular graphs. *Siam Journal on Scientific Computing*, 20(1):359–392, 1998.

[171] P. W. Kasteleyn. Dimer Statistics and Phase Transitions. *Journal of Mathematical Physics*, 4(2):287–293, 1963.

[172] S. A. Kauffman. *At Home in the Universe: The Search for Laws of Self-Organization and Complexity.* Oxford University Press, Oxford, UK, 1995.

[173] C-J. Kim. Dynamic linear models with Markov-switching. *Journal of Econometrics*, 60:1–22, 1994.

[174] C-J. Kim and C. R. Nelson. *State-Space models with regime switching.* MIT Press, 1999.

[175] G. Kitagawa. The Two-Filter Formula for Smoothing and an implementation of the Gaussian-sum smoother. *Annals of the Institute of Statistical Mathematics*, 46(4):605–623, 1994.

[176] U. B. Kjaerulff and A. L. Madsen. *Bayesian Networks and Influence Diagrams : A Guide to Construction and Analysis.* Springer, 2008.

[177] N. Komodakis, N. Paragios, and G. Tziritas. MRF Optimization via Dual Decomposition: Message-Passing Revisited. In *IEEE 11th International Conference on Computer Vision, ICCV*, pages 1–8, 2007.

[178] A. Krogh, M. Brown, I. Mian, K. Sjolander, and D. Haussler. Hidden Markov models in computational biology: Applications to protein modeling. *Journal of Molecular Biology*, 235:1501–1531, 1994.

[179] S. Kullback. *Information Theory and Statistics.* Dover, 1968.

[180] K. Kurihara, M. Welling, and Y. W. Teh. Collapsed Variational Dirichlet Process Mixture Models. In *Proceedings of the International Joint Conference on Artificial Intelligence*, volume 20, pages 2796–2801, 2007.

[181] J. Lafferty, A. McCallum, and F. Pereira. Conditional random fields: Probabilistic models for segmenting and labeling sequence data. In C. E. Brodley and A. P. Danyluk, editors, *International Conference on Machine Learning*, number 18, pages 282–289, San Francisco, CA, 2001. Morgan Kaufmann.

[182] H. Lass. *Elements of Pure and Applied Mathematics.* McGraw-Hill (reprinted by Dover), 1957.

[183] S. L. Lauritzen. *Graphical Models.* Oxford University Press, 1996.

[184] S. L. Lauritzen, A. P. Dawid, B. N. Larsen, and H-G. Leimer. Independence properties of directed Markov fields. *Networks*, 20:491–505, 1990.

[185] S. L. Lauritzen and D. J. Spiegelhalter. Local computations with probabilities on graphical structures and their application to expert systems. *Journal of Royal Statistical Society B*, 50(2):157 – 224, 1988.

[186] D. D. Lee and H. S. Seung. Algorithms for non-negative matrix factorization. In T. K. Leen, T. G. Dietterich, and V. Tresp, editors, *Advances in Neural Information Processing Systems (NIPS)*, number 13, pages 556–562, Cambridge, MA, 2001. MIT Press.

[187] M. A. R. Leisink and H. J. Kappen. A Tighter Bound for Graphical Models. In *Neural Computation*, volume 13, pages 2149–2171. MIT Press, 2001.

[188] V. Lepar and P. P. Shenoy. A Comparison of Lauritzen-Spiegelhalter, Hugin, and Shenoy-Shafer Architectures for Computing Marginals of Probability Distributions. In G. Cooper and S. Moral, editors, *Uncertainty in Artificial Intelligence*, number 14, pages 328–333, San Francisco, CA, 1998. Morgan Kaufmann.

[189] U. Lerner, R. Parr, D. Koller, and G. Biswas. Bayesian Fault Detection and Diagnosis in Dynamic Systems. In *Proceedings of the Seventeenth National Conference on Artificial Intelligence (AIII-00)*, pages 531–537, 2000.

[190] U. N. Lerner. *Hybrid Bayesian Networks for Reasoning about Complex Systems.* Computer science department, Stanford University, 2002.

[191] R. Linsker. Improved local learning rule for information maximization and related applications. *Neural Networks*, 18(3):261–265, 2005.

[192] Y. L. Loh, E. W. Carlson, and M. Y. J. Tan. Bond-propagation algorithm for thermodynamic functions in general two-dimensional Ising models. *Physical Review B*, 76(1):014404, 2007.

[193] H. Lopes and M. West. Bayesian model assessment in factor analysis. *Statistica Sinica*, (14):41–67, 2003.

[194] T. J. Loredo. From Laplace To Supernova Sn 1987A: Bayesian Inference In Astrophysics. In P.F. Fougere, editor, *Maximum Entropy and Bayesian Methods*, pages 81–142. Kluwer, 1990.

[195] D. J. C. MacKay. Bayesian interpolation. *Neural Computation*, 4(3):415–447, 1992.

[196] D. J. C. MacKay. Probable Networks and plausible predictions – a review of practical Bayesian methods for supervised neural networks. *Network: Computation in Neural Systems*, 6(3):469–505, 1995.

[197] D. J. C. MacKay. Introduction to Gaussian Processes. In *Neural Networks and Machine Learning*, volume 168 of *NATO advanced study institute on generalization in neural networks and machine learning*, pages 133–165. Springer, August 1998.

[198] D. J. C. MacKay. *Information Theory, Inference and Learning Algorithms.* Cambridge University Press, 2003.

[199] U. Madhow. *Fundamentals of Digital Communication.* Cambridge University Press, 2008.

[200] K. V. Mardia, J. T. Kent, and J. M. Bibby. *Multivariate Analysis.* Academic Press, 1997.

[201] H. Markram, J. Lubke, M. Frotscher, and B. Sakmann. Regulation of synaptic efficacy by coincidence of postsynaptic APs and EPSPs. *Science*, 275:213–215, 1997.

[202] A. McCallum, K. Nigam, J. Rennie, and K. Seymore. Automating the construction of internet portals with machine learning. *Information Retrieval Journal*, 3:127–163, 2000.

[203] G. McLachlan and T. Krishnan. *The EM Algorithm and Extensions.* John Wiley and Sons, 1997.

[204] G. McLachlan and D. Peel. *Finite Mixture Models.* Wiley Series in Probability and Statistics. Wiley-Interscience, 2000.

[205] E. Meeds, Z. Ghahramani, R. M. Neal, and S. T. Roweis. Modeling Dyadic Data with Binary Latent Factors. In B. Schölkopf, J. Platt, and T. Hoffman, editors, *Advances in Neural Information Processing Systems (NIPS)*, volume 19, pages 977–984, Cambridge, MA, 2007. MIT Press.

[206] M. Meila. An Accelerated Chow and Liu Algorithm: Fitting Tree Distributions to High-Dimensional Sparse Data. In I. Bratko, editor, *International Conference on Machine Learning*, pages 249–257, San Francisco, CA, 1999. Morgan Kaufmann.

[207] M. Meila and M. I. Jordan. Triangulation by continuous embedding. In M. C. Mozer, M. I. Jordan, and T. Petsche, editors, *Advances in Neural Information Processing Systems (NIPS)*, number 9, pages 557–563, Cambridge, MA, 1997. MIT Press.

[208] B. Mesot and D. Barber. Switching Linear Dynamical Systems for Noise Robust Speech Recognition. *IEEE Transactions of Audio, Speech and Language Processing*, 15(6):1850–1858, 2007.

[209] N. Meuleau, M. Hauskrecht, K-E. Kim, L. Peshkin, Kaelbling. L. P., T. Dean, and C. Boutilier. Solving Very Large Weakly Coupled Markov Decision Processes. In *Proceedings of the Fifteenth National Conference on Artificial Intelligence*, pages 165–172, 1998.

[210] T. Mills. *The Econometric Modelling of Financial Time Series.* Cambridge University Press, 2000.

[211] T. Minka. Expectation Propagation for approximate Bayesian inference. In J. Breese and D. Koller, editors, *Uncertainty in Artificial Intelligence*, number 17, pages 362–369, San Francisco, CA, 2001. Morgan Kaufmann.

[212] T. Minka. A comparison of numerical optimizers for logistic regression. Technical report, Microsoft Research, 2003. research.microsoft.com/~minka/papers/logreg.

[213] T. Minka. Divergence measures and message passing. Technical Report MSR-TR-2005-173, Microsoft Research Ltd., Cambridge, UK, December 2005.

[214] A. Mira, J. Møller, and G. O. Roberts. Perfect slice samplers. *Journal of the Royal Statistical Society*, 63(3):593–606, 2001. Series B (Statistical Methodology).

[215] C. Mitchell, M. Harper, and L. Jamieson. On the complexity of explicit duration HMM's. *Speech and Audio Processing, IEEE Transactions on*, 3(3):213–217, May 1995.

[216] T. Mitchell. *Machine Learning*. McGraw-Hill, 1997.

[217] J. Mooij and H. J. Kappen. Sufficient conditions for convergence of Loopy Belief Propagation. *IEEE Information Theory*, 53:4422–4437, 2007.

[218] J. W. Moon and L. Moser. On cliques in graphs. *Israel Journal of Mathematics*, (3):23–28, 1965.

[219] A. Moore. A tutorial on kd-trees. Technical report, 1991. Available from http://www.cs.cmu.edu/~awm/papers.html.

[220] J. Moussouris. Gibbs and Markov Random Systems with Constraints. *Journal of Statistical Physics*, 10:11–33, 1974.

[221] R. M. Neal. Probabilistic inference using Markov Chain Monte Carlo methods. CRG-TR-93-1, Dept. of Computer Science, University of Toronto, 1993.

[222] R. M. Neal. Markov Chain Sampling Methods for Dirichlet Process Mixture Models. *Journal of Computational and Graphical Statistics*, 9(2):249–265, 2000.

[223] R. M. Neal. Slice sampling. *Annals of Statistics*, 31:705–767, 2003.

[224] R. E. Neapolitan. *Learning Bayesian Networks*. Prentice Hall, 2003.

[225] A. V. Nefian, L. Luhong, P. Xiaobo, X. Liu, C. Mao, and K. Murphy. A coupled HMM for audio-visual speech recognition. In *IEEE International Conference on Acoustics, Speech, and Signal Processing*, volume 2, pages 2013–2016, 2002.

[226] H. Nickisch and M. Seeger. Convex Variational Bayesian Inference for Large Scale Generalized Linear Models. *International Conference on Machine Learning*, 26:761–768, 2009.

[227] D. Nilsson. An efficient algorithm for finding the m most probable configurations in a probabilistic expert system. *Statistics and Computing*, 8:159–173, 1998.

[228] D. Nilsson and J. Goldberger. Sequentially finnding the N-best list in Hidden Markov Models. *Internation Joint Conference on Artificial Intelligence (IJCAI)*, 17, 2001.

[229] A. B. Novikoff. On convergence proofs on perceptrons. In *Symposium on the Mathematical Theory of Automata (New York, 1962)*, volume 12, pages 615–622, Brooklyn, N.Y., 1963. Polytechnic Press of Polytechnic Institute of Brooklyn.

[230] F. J. Och and H. Ney. Discriminative training and maximum entropy models for statistical machine translation. In *Proceedings of the Annual Meeting of the Association for Computational Linguistics*, pages 295–302, Philadelphia, July 2002.

[231] B. A. Olshausen and D. J. Field. Sparse coding with an overcomplete basis set: A strategy employed by V1? *Vision Research*, 37:3311–3325, 1998.

[232] A. V. Oppenheim, R. W. Shafer, M. T. Yoder, and W. T. Padgett. *Discrete-Time Signal Processing*. Prentice Hall, third edition, 2009.

[233] M. Ostendorf, V. Digalakis, and O. A. Kimball. From HMMs to Segment Models: A Unified View of Stochastic Modeling for Speech Recognition. *IEEE Transactions on Speech and Audio Processing*, 4:360–378, 1995.

[234] P. Paatero and U. Tapper. Positive matrix factorization: A non-negative factor model with optimal utilization of error estimates of data values. *Environmetrics*, 5:111–126, 1994.

[235] A. Palmer, D. Wipf, K. Kreutz-Delgado, and B. Rao. Variational EM algorithms for non-Gaussian latent variable models. In B. Schölkopf, J. Platt, and T. Hoffman, editors, *Advances in Neural Information Processing Systems (NIPS)*, number 19, pages 1059–1066, Cambridge, MA, 2006. MIT Press.

[236] V. Pavlovic, J. M. Rehg, and J. MacCormick. Learning switching linear models of human motion. In T. K. Leen, T. G. Dietterich, and V. Tresp, editors, *Advances in Neural Information Processing Systems (NIPS)*, number 13, pages 981–987, Cambridge, MA, 2001. MIT Press.

[237] J. Pearl. *Probabilistic Reasoning in Intelligent Systems : Networks of Plausible Inference.* Morgan Kaufmann, 1988.

[238] J. Pearl. *Causality: Models, Reasoning and Inference.* Cambridge University Press, 2000.

[239] B. A. Pearlmutter and L. C. Parra. Maximum Likelihood Blind Source Separation: A Context-Sensitive Generalization of ICA. In M. C. Mozer, M. I. Jordan, and T. Petsche, editors, *Advances in Neural Information Processing Systems (NIPS)*, number 9, pages 613–619, Cambridge, MA, 1997. MIT Press.

[240] K. B. Petersen and O. Winther. The EM algorithm in independent component analysis. In *IEEE International Conference on Acoustics, Speech, and Signal Processing*, volume 5, pages 169–172, 2005.

[241] J-P. Pfister, T. Toyiozumi, D. Barber, and W. Gerstner. Optimal Spike-Timing Dependent Plasticity for Precise Action Potential Firing in Supervised learning. *Neural Computation*, 18:1309–1339, 2006.

[242] J. Platt. Fast Training of Support Vector Machines Using Sequential Minimal Optimization. In B. Schölkopf, C. J. C. Burges, and A. J. Smola, editors, *Advances in Kernel Methods - Support Vector Learning*, pages 185–208. MIT Press, 1999.

[243] I. Porteous, D. Newman, A. Ihler, A. Asuncion, P. Smyth, and M. Welling. Fast collapsed Gibbs sampling for Latent Dirichlet Allocation. In *KDD '08: Proceeding of the 14th ACM SIGKDD international conference on Knowledge discovery and data mining*, pages 569–577, New York, NY, USA, 2008. ACM.

[244] J. E. Potter and R. G. Stern. Statistical filtering of space navigation measurements. In *American Institute of Aeronautics and Astronautics Guidance and Control Conference*, volume 13, pages 775–801, Cambridge, Mass., August 1963.

[245] W. Press, W. Vettering, S. Teukolsky, and B. Flannery. *Numerical Recipes in Fortran.* Cambridge University Press, 1992.

[246] S. J. D. Prince and J. H. Elder. Probabilistic Linear Discriminant Analysis for Inferences About Identity. In *IEEE 11th International Conference on Computer Vision ICCV*, pages 1–8, 2007.

[247] L. R. Rabiner. A tutorial on hidden Markov models and selected applications in speech recognition. *Proc. of the IEEE*, 77(2):257–286, 1989.

[248] C. E. Rasmussen and C. K. I. Williams. *Gaussian Processes for Machine Learning.* MIT Press, 2006.

[249] H. E. Rauch, G. Tung, and C. T. Striebel. Maximum Likelihood estimates of linear dynamic systems. *American Institute of Aeronautics and Astronautics Journal (AIAAJ)*, 3(8):1445–1450, 1965.

[250] T. Richardson and P. Spirtes. Ancestral Graph Markov Models. *Annals of Statistics*, 30(4):962–1030, 2002.

[251] D. Rose, R. E. Tarjan, and E. S. Lueker. Algorithmic aspects of vertex elimination of graphs. *SIAM Journal on Computing*, (5):266–283, 1976.

[252] F. Rosenblatt. The Perceptron: A Probabilistic Model for Information Storage and Organization in the Brain. *Psychological Review*, 65(6):386–408, 1958.

[253] S. T. Roweis and L. J. Saul. Nonlinear Dimensionality Reduction by Locally Linear Embedding. *Science*, 290(5500):2323–2326, 2000.

[254] D. B. Rubin. Using the SIR algorithm to simulate posterior distributions. In M. H. Bernardo, K. M. Degroot, D. V. Lindley, and A. F. M. Smith, editors, *Bayesian Statistics 3*. Oxford University Press, 1988.

[255] D. Saad and M. Opper. *Advanced Mean Field Methods Theory and Practice.* MIT Press, 2001.

[256] R. Salakhutdinov, S. Roweis, and Z. Ghahramani. Optimization with EM and Expectation-Conjugate-Gradient. In T. Fawcett and N. Mishra, editors, *International Conference on Machine Learning*, number 20, pages 672–679, Menlo Park, CA, 2003. AAAI Press.

[257] L. K. Saul and M. I. Jordan. Exploiting tractable substructures in intractable networks. In D. S. Touretzky,

M. Mozer, and M. E. Hasselmo, editors, *Advances in Neural Information Processing Systems (NIPS)*, number 8, pages 486–492, Cambridge, MA, 1996. MIT Press.

[258] L. Savage. *The Foundations of Statistics.* Wiley, 1954.

[259] R. D. Schachter. Bayes-ball: The rational pastime (for determining irrelevance and requisite information in belief networks and influence diagrams). In G. Cooper and S. Moral, editors, *Uncertainty in Artificial Intelligence*, number 14, pages 480–487, San Francisco, CA, 1998. Morgan Kaufmann.

[260] B. Schölkopf, A. Smola, and K. R. Müller. Nonlinear Component Analysis as a Kernel Eigenvalue Problem. *Neural Computation*, 10:1299–1319, 1998.

[261] N. N. Schraudolph and D. Kamenetsky. Efficient Exact Inference in Planar Ising Models. In D. Koller, D. Schuurmans, Y. Bengio, and L. Bottou, editors, *Advances in Neural Information Processing Systems (NIPS)*, number 21, pages 1417–1424, Cambridge, MA, 2009. MIT Press.

[262] E. Schwarz. Estimating the dimension of a model. *Annals of Statistics*, 6(2):461–464, 1978.

[263] M. Seeger. Gaussian Processes for Machine Learning. *International Journal of Neural Systems*, 14(2):69–106, 2004.

[264] M. Seeger. Expectation propagation for exponential families. Technical report, Department of EECS, Berkeley, 2005. www.kyb.tuebingen.mpg.de/bs/people/seeger.

[265] J. Shawe-Taylor and N. Cristianini. *Kernel Methods for Pattern Analysis.* Cambridge University Press, 2004.

[266] S. Siddiqi, B. Boots, and G. Gordon. A Constraint Generation Approach to Learning Stable Linear Dynamical Systems. In J. C. Platt, D. Koller, Y. Singer, and S. Roweis, editors, *Advances in Neural Information Processing Systems (NIPS)*, number 20, pages 1329–1336, Cambridge, MA, 2008. MIT Press.

[267] T. Silander, P. Kontkanen, and P. Myllymäki. On Sensitivity of the MAP Bayesian Network Structure to the Equivalent Sample Size Parameter. In R. Parr and L. van der Gaag, editors, *Uncertainty in Artificial Intelligence*, number 23, pages 360–367, Corvallis, Oregon, USA, 2007. AUAI press.

[268] S. S. Skiena. *The algorithm design manual.* Springer-Verlag, New York, USA, 1998.

[269] E. Smith and M. S. Lewicki. Efficient auditory coding. *Nature*, 439(7079):978–982, 2006.

[270] P. Smolensky. *Parallel Distributed Processing: Volume 1: Foundations*, chapter Information processing in dynamical systems: Foundations of harmony theory, pages 194–281. MIT Press, Cambridge, MA, 1986.

[271] G. Sneddon. *Studies in the atmospheric sciences*, chapter A Statistical Perspective on Data Assimilation in Numerical Models. Number 144 in Lecture Notes in Statistics. Springer-Verlag, 2000.

[272] P. Sollich. Bayesian Methods for Support Vector Machines: Evidence and Predictive Class Probabilities. *Machine Learning*, 46(1-3):21–52, 2002.

[273] D. X. Song, D. Wagner, and X. Tian. Timing Analysis of Keystrokes and Timing Attacks on SSH. In *Proceedings of the 10th conference on USENIX Security Symposium.* USENIX Association, 2001.

[274] A. S. Spanias. Speech coding: a tutorial review. *Proceedings of the IEEE*, 82(10):1541–1582, Oct 1994.

[275] P. Spirtes, C. Glymour, and R. Scheines. *Causation, Prediction, and Search.* MIT press, 2 edition, 2000.

[276] N. Srebro. Maximum Likelihood Bounded Tree-Width Markov Networks. In J. Breese and D. Koller, editors, *Uncertainty in Artificial Intelligence*, number 17, pages 504–511, San Francisco, CA, 2001. Morgan Kaufmann.

[277] H. Steck. *Constraint-Based Structural Learning in Bayesian Networks using Finite Data Sets.* PhD thesis, Technical University Munich, 2001.

[278] H. Steck. Learning the Bayesian Network Structure: Dirichlet Prior vs Data. In D. A. McAllester and P. Myllymaki, editors, *Uncertainty in Artificial Intelligence*, number 24, pages 511–518, Corvallis, Oregon, USA, 2008. AUAI press.

[279] H. Steck and T. Jaakkola. On the Dirichlet prior and Bayesian regularization. In S. Becker, S. Thrun, and K. Obermayer, editors, *NIPS*, pages 697–704. MIT Press, 2002.

[280] G. Strang. *Linear Algebra and Its Applications.* Brooks Cole, 1988.

[281] M. Studený. *On mathematical description of probabilistic conditional independence structures.* PhD thesis, Academy of Sciences of the Czech Republic, 2001.

[282] M. Studený. On non-graphical description of models of conditional independence structure. In *HSSS Workshop on Stochastic Systems for Individual Behaviours.* Louvain la Neueve, Belgium, 22-23 January 2001.

[283] C. Sutton and A. McCallum. An introduction to conditional random fields for relational learning. In L. Getoor and B. Taskar, editors, *Introduction to Statistical Relational Learning.* MIT press, 2006.

[284] R. S. Sutton and A. G. Barto. *Reinforcement Learning: An Introduction.* MIT Press, 1998.

[285] R. J. Swendsen and J-S. Wang. Nonuniversal critical dynamics in Monte Carlo simulations. *Physical Review Letters*, 58:86–88, 1987.

[286] B. K. Sy. A Recurrence Local Computation Approach Towards Ordering Composite Beliefs in Bayesian Belief Networks. *International Journal of Approximate Reasoning*, 8:17–50, 1993.

[287] T. Sejnowski. The Book of Hebb. *Neuron*, 24:773–776, 1999.

[288] R. E. Tarjan and M. Yannakakis. Simple linear-time algorithms to test chordality of graphs, test acyclicity of hypergraphs, and selectively reduce acyclic hypergraphs. *SIAM Journal on Computing*, 13(3):566–579, 1984.

[289] S. J. Taylor. *Modelling Financial Time Series.* World Scientific, second edition, 2008.

[290] Y. W. Teh, D. Newman, and M. Welling. A Collapsed Variational Bayesian Inference Algorithm for Latent Dirichlet Allocation. In J. C. Platt, D. Koller, Y. Singer, and S. Roweis, editors, *Advances in Neural Information Processing Systems (NIPS)*, number 20, pages 1481–1488, Cambridge, MA, 2008. MIT Press.

[291] Y. W. Teh and M. Welling. The unified propagation and scaling algorithm. In T. G. Dietterich, S. Becker, and Z. Ghahramani, editors, *Advances in Neural Information Processing Systems (NIPS)*, number 14, pages 953–960, Cambridge, MA, 2002. MIT Press.

[292] R. Tibshirani. Regression shrinkage and selection via the lasso. *Journal of the Royal Statistical Society (B)*, 58:267–288, 1996.

[293] H. Tijms. *Understanding Probability.* Cambridge University Press, 2003.

[294] M. Tipping and C. M. Bishop. Mixtures of probabilistic principal component analysers. *Neural Computation*, 11(2):443–482, 1999.

[295] M. E. Tipping. Sparse Bayesian Learning and the Relevance Vector Machine. *Journal of Machine Learning Research*, (1):211–244, 2001.

[296] M. E. Tipping. Sparse Bayesian learning and the relevance vector machine. *Journal of Machine Learning Research*, 1:211–244, 2001.

[297] M. E. Tipping and C. M. Bishop. Probabilistic principal component analysis. *Journal of the Royal Statistical Society, Series B*, 61(3):611–622, 1999.

[298] D. M. Titterington, A. F. M. Smith, and U. E. Makov. *Statistical analysis of finite mixture distributions.* Wiley, 1985.

[299] M. Toussaint, S. Harmeling, and A. Storkey. Probabilistic inference for solving (PO)MDPs. Research Report EDI-INF-RR-0934, University of Edinburgh, School of Informatics, 2006.

[300] M. Tsodyks, K. Pawelzik, and H. Markram. Neural Networks with Dynamic Synapses. *Neural Computation*, 10:821–835, 1998.

[301] L. van der Matten and G. Hinton. Visualizing Data using t-SNE. *Journal of Machine Learning Research*, 9:2579–2605, 2008.

[302] P. Van Overschee and B. De Moor. *Subspace Identification for Linear Systems; Theory, Implementations, Applications.* Kluwer, 1996.

[303] V. Vapnik. *The Nature of Statistical Learning Theory.* Springer, New York, 1995.

[304] M. Verhaegen and P. Van Dooren. Numerical Aspects of Different Kalman Filter Implementations. *IEEE Transactions of Automatic Control*, 31(10):907–917, 1986.

[305] T. Verma and J. Pearl. Causal networks : Semantics and expressiveness. In R. D. Schacter, T. S. Levitt, L. N. Kanal, and J.F. Lemmer, editors, *Uncertainty in Artificial Intelligence*, volume 4, pages 69–76, Amsterdam, 1990. North-Holland.

[306] T. O. Virtanen, A. T. Cemgil, and S. J. Godsill. Bayesian extensions to nonnegative matrix factorisation for audio signal modelling. In *IEEE International Conference on Acoustics, Speech, and Signal Processing*, pages 1825–1828, 2008.

[307] G. Wahba. *Support Vector Machines, Repreducing Kernel Hilbert Spaces, and Randomized GACV*, pages 69–88. MIT Press, 1999.

[308] M. J. Wainwright and M. I. Jordan. Graphical models, exponential families, and variational inference. *Foundations and Trends in Machine Learning*, 1(1-2):1–305, 2008.

[309] H. Wallach. Efficient training of conditional random fields. Master's thesis, Division of Informatics, University of Edinburgh, 2002.

[310] Y. Wang, J. Hodges, and B. Tang. Classification of Web Documents Using a Naive Bayes Method. *15th IEEE International Conference on Tools with Artificial Intelligence*, pages 560–564, 2003.

[311] S. Waterhouse, D. Mackay, and T. Robinson. Bayesian methods for mixtures of experts. In D. S. Touretzky, M. Mozer, and M. E. Hasselmo, editors, *Advances in Neural Information Processing Systems (NIPS)*, number 8, pages 351–357, Cambridge, MA, 1996. MIT Press.

[312] C. Watkins and P. Dayan. Q-learning. *Machine Learning*, 8:279–292, 1992.

[313] Y. Weiss and W. T. Freeman. Correctness of Belief Propagation in Gaussian Graphical Models of Arbitrary Topology. *Neural Computation*, 13(10):2173–2200, 2001.

[314] M. Welling, T. P. Minka, and Y. W. Teh. Structured Region Graphs: Morphing EP into GBP. In F. Bacchus and T. Jaakkola, editors, *Uncertainty in Artificial Intelligence*, number 21, pages 609–614, Corvallis, Oregon, USA, 2005. AUAI press.

[315] J. Whittaker. *Graphical Models in Applied Multivariate Statistics.* John Wiley & Sons, 1990.

[316] W. Wiegerinck. Variational approximations between mean field theory and the Junction Tree algorithm. In C. Boutilier and M. Goldszmidt, editors, *Uncertainty in Artificial Intelligence*, number 16, pages 626–633, San Francisco, CA, 2000. Morgan Kaufmann.

[317] W. Wiegerinck and T. Heskes. Fractional Belief Propagation. In S. Becker, S. Thrun, and K. Obermayer, editors, *Advances in Neural Information Processing Systems (NIPS)*, number 15, pages 438–445, Cambridge, MA, 2003. MIT Press.

[318] C. K. I. Williams. Computing with infinite networks. In M. C. Mozer, M. I. Jordan, and T. Petsche, editors, *Advances in Neural Information Processing Systems NIPS 9*, pages 295–301, Cambridge, MA, 1997. MIT Press.

[319] C. K. I. Williams and D. Barber. Bayesian classification with Gaussian processes. *IEEE Trans Pattern Analysis and Machine Intelligence*, 20:1342–1351, 1998.

[320] C. Yanover and Y. Weiss. Finding the M Most Probable Configurations Using Loopy Belief Propagation. In S. Thrun, L. Saul, and B. Schölkopf, editors, *Advances in Neural Information Processing Systems (NIPS)*, number 16, pages 1457–1464, Cambridge, MA, 2004. MIT Press.

[321] J. S. Yedidia, W. T. Freeman, and Y. Weiss. Constructing free-energy approximations and generalized belief propagation algorithms. *Information Theory, IEEE Transactions on*, 51(7):2282–2312, July 2005.

[322] S. Young, D. Kershaw, J. Odell, D. Ollason, V. Valtchev, and P. Woodland. *The HTK Book Version 3.0.* Cambridge University Press, 2000.

[323] A. L. Yuille and A. Rangarajan. The concave-convex procedure. *Neural Computation*, 15(4):915–936, 2003.

[324] J.-H. Zhao, P. L. H. Yu, and Q. Jiang. ML estimation for factor analysis: EM or non-EM? *Statistics and Computing*, 18(2):109–123, 2008.

[325] O. Zoeter. *Monitoring non-linear and switching dynamical systems.* PhD thesis, Radboud University Nijmegen, 2005.

推荐阅读

机器学习：从基础理论到典型算法（原书第2版）

作者：（美）梅尔亚·莫里 阿夫欣·罗斯塔米扎达尔 阿米特·塔尔沃卡尔

译者：张文生 杨雪冰 吴雅婧 ISBN：978-7-111-70894-0

本书是机器学习领域的里程碑式著作，被哥伦比亚大学和北京大学等国内外顶尖院校用作教材。本书涵盖机器学习的基本概念和关键算法，给出了算法的理论支撑，并且指出了算法在实际应用中的关键点。通过对一些基本问题乃至前沿问题的精确证明，为读者提供了新的理念和理论工具。

机器学习：贝叶斯和优化方法（原书第2版）

作者：（希）西格尔斯·西奥多里蒂斯 译者：王刚 李忠伟 任明明 李鹏

ISBN：978-7-111-69257-7

本书对所有重要的机器学习方法和新近研究趋势进行了深入探索，通过讲解监督学习的两大支柱——回归和分类，站在全景视角将这些繁杂的方法一一打通，形成了明晰的机器学习知识体系。

新版对内容做了全面更新，使各章内容相对独立。全书聚焦于数学理论背后的物理推理，关注贴近应用层的方法和算法，并辅以大量实例和习题，适合该领域的科研人员和工程师阅读，也适合学习模式识别、统计/自适应信号处理、统计/贝叶斯学习、稀疏建模和深度学习等课程的学生参考。

推荐阅读

机器学习理论导引

作者：周志华 王魏 高尉 张利军 著 书号：978-7-111-65424-7 定价：79.00元

本书由机器学习领域著名学者周志华教授领衔的南京大学LAMDA团队四位教授合著，旨在为有志于机器学习理论学习和研究的读者提供一个入门导引，适合作为高等院校智能方向高级机器学习或机器学习理论课程的教材，也可供从事机器学习理论研究的专业人员和工程技术人员参考学习。本书梳理出机器学习理论中的七个重要概念或理论工具（即：可学习性、假设空间复杂度、泛化界、稳定性、一致性、收敛率、遗憾界），除介绍基本概念外，还给出若干分析实例，展示如何应用不同的理论工具来分析具体的机器学习技术。

迁移学习

作者：杨强 张宇 戴文渊 潘嘉林 著 译者：庄福振 等 书号：978-7-111-66128-3 定价：139.00元

本书是由迁移学习领域奠基人杨强教授领衔撰写的系统了解迁移学习的权威著作，内容全面覆盖了迁移学习相关技术基础和应用，不仅有助于学术界读者深入理解迁移学习，对工业界人士亦有重要参考价值。全书不仅全面概述了迁移学习原理和技术，还提供了迁移学习在计算机视觉、自然语言处理、推荐系统、生物信息学、城市计算等人工智能重要领域的应用介绍。

神经网络与深度学习

作者：邱锡鹏 著 ISBN：978-7-111-64968-7 定价：149.00元

本书是复旦大学计算机学院邱锡鹏教授多年深耕学术研究和教学实践的潜心力作，系统地整理了深度学习的知识体系，并由浅入深地阐述了深度学习的原理、模型和方法，使得读者能全面地掌握深度学习的相关知识，并提高以深度学习技术来解决实际问题的能力。本书是高等院校人工智能、计算机、自动化、电子和通信等相关专业深度学习课程的优秀教材。